토토라
미생물학 포커스

TORTORA · FUNKE · CASE
강범식 · 김응빈

(주)바이오사이언스출판

이 도서의 국립중앙도서관 출판시 도서목록 (CIP)은 e-CIP 홈페이지
(http://www.nl.go.kr/cip.php)에서 이용하실 수 있습니다.
(CIP 제어번호: CIP2019000409)

토토라 미생물학 포커스

초판 인쇄: **2019년 2월 28일**
초판 발행: **2019년 3월 5일**

저 자: **Tortora · Funke · Case**
편 역: 강범식 · 김응빈
발행인: 문 정 구
발행처: (주)바이오사이언스출판
본 사: **14040 경기도 안양시 동안구 전파로 107(호계동)**
서울 사무소: **06569 서울특별시 서초구 도구로 115, 1층(방배동)**
전 화: (02)581-4057~8
팩 스: (02)581-4059
이메일: inquiry@biosciencepub.com
홈페이지: http://www.biobooks.co.kr
ISBN: 978-89-6824-087-4 93470

등록번호: 제22-3079호
값 28,000원

(주)바이오사이언스출판

저자 소개

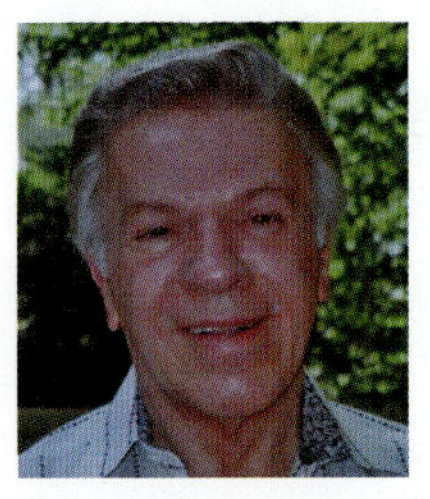

Gerard J. Tortora 토토라 교수는 미국 뉴저지주의 베르겐 커뮤니티 칼리지 생물학과에서 미생물학과 인체해부학, 심리학 등을 가르치고 있다. 1965년에 몬트클레어 주립대학에서 석사 학위를 받았으며 현재는 미국미생물학회(ASM), 인체해부생리학회(HAPS), 미국과학진흥협회(AAAS), 미국교육협회(NEA), 뉴저지교육협회(NJEA), 뉴욕시생물학교수연합회(MACUB) 등 생물학/미생물학 학술단체 회원으로 활동 중이다. 생물학 분야에 많은 저술이 있으며 1995년에 베르겐 커뮤니티 칼리지에서 최우수 교수로 뽑혀 특임교수로 임명되었다. 1996에는 텍사스 대학에서 NISOD 우수상을 받았으며, 커뮤니티 칼리지가 고등교육에 기여하는 바를 알리기 위한 운동에 버겐 커뮤니티 칼리지 대표로 활동하였다.

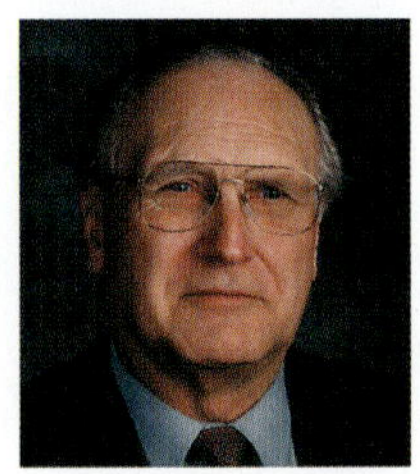

Berdell R. Funke 펀크 교수는 캔사스 주립대학교에서 미생물학 전공으로 학사와 석사, 박사 학위를 받았다. 노스다코다 주립대학교에서 교수로 재직하며 실험과목과 일반미생물학, 식품미생물학, 토양미생물학, 임상기생충학, 병원미생물학 등 미생물학개론 과목을 강의해 오고 있다. 노스다코다 주립 시험소에서 연구원으로도 활동하면서 토양미생물학과 식품미생물학 분야의 많은 연구 논문을 발표했다.

Christine L. Case 케이스 교수는 샌프란시스코 주립대학교에서 미생물학 전공으로 석사 학위를 받았고 노바 사우스이스턴 대학교에서 교육학 박사 학위를 취득했다. 캘리포니아 샌브루노에 있는 스카이라인 대학에서 지난 40년간 미생물학 교수로 재직하고 있다. 미국산업미생물학회(SIM) 이사를 역임했고 ASM과 북캘리포니아 SIM 회원으로 활발한 활동을 하고 있다. ASM과 캘리포니아 헤이워드 우수교육자상을 수상한 바 있다. 2008년에는 헌신적인 학생 지도로 SACNAS 우수지도자상을 받았다. 지도했던 학생들 가운데 일부는 대학생 학술대회에서 발표하여 상을 타기도 했다. 교육뿐만 아니라 집필활동도 꾸준히 하고 있으며 새로운 교수법을 개발하여, 과학의 전수와 사회적 중요성 전파에 매진하고 있다. 또한 열렬한 아마추어 사진작가이기도 한데, 이 책에 그녀의 사진이 여러 장 실려 있다.

편역자 소개

강범식

경북대학교 자연과학대학 생명과학부(생명공학전공)
bskang2@knu.ac.kr

김응빈

연세대학교 생명시스템대학 시스템생물학과
eungbin@yonsei.ac.kr

편역자 서문

미생물학은 질병에 대한 일련의 연구로 시작된 과학이고, 미생물학의 눈부신 발전 덕분에 오늘날 대부분의 전염성 질병을 제어할 수 있게 되었다. 물론 일부 병원성 미생물이 여전히 인류 보건에 심각한 위협이 되고 있는 것도 사실이다. 그럼에도 불구하고 대다수의 미생물은 사람에게 전혀 해를 주지 않고 오히려 큰 혜택을 준다. 다양한 대사 능력 덕분에 심해의 화산 분화구에서 동물의 소화관까지 미생물은 지구에 존재하는 생물 중 가장 널리 퍼져 있으며 미생물의 다양성은 지구상 다른 생물의 다양성을 모두 합친 것보다도 크다. 그러나 이 중에서 현재의 기술로 배양할 수 있는 것은 약 1퍼센트 남짓이다.

자연계에는 아직 우리가 접하지 못한 무수한 미지의 미생물들이 있다. 인간이 환경을 침범해 나가면서 생태계를 파괴하고 더 많은 생물들에게 영향을 미치게 되면 우리는 많은 생물을 파괴하고 우리가 모르는 사이에 세상의 미생물 균형에 문제를 일으킬 수 있다. 우리는 미생물의 세계 안에서 살아간다. 우리가 무언가를 하면 그들은 변화하고, 그러면 다시 우리에게 영향을 준다. 이러한 미생물과의 상호작용은 인간이 존재하는 한 계속될 것이다. 한 가지 분명한 사실은 미생물 없는 삶은 곧 종말이라는 것이다. 따라서 미생물학은 인류의 복지와 안녕을 위해서 꼭 필요한 아주 매력적이고 흥미진진한 연구 분야다. 더욱이 휴먼 마이크로바이옴의 중요성과 빈번하게 출현하고 있는 신종 전염병 등을 고려하면 미생물학은 우리 실생활에 필수적인 학문이 되었다고 해도 과언이 아니다. 문제는 이렇게 방대하고 역동적인 학문 내용을 보통 한 학기 강의에 담아야 한다는 것이다.

이 책은 세계 3대 미생물학 교재 가운데 하나인 "토토라 미생물학 12판"을 한 학기 강의용으로 축약하여 번역한 것이다. 우선 일반생물학과 생화학 등 유관 교과목과의 중복 내용을 최소하면서 미생물학의 핵심 내용을 선별했다. 그런 다음 두 명의 옮긴이가 심도 있는 논의를 통해 번역이 아닌 저술의 관점에서 책의 체제 및 내용을 구성했다. 그리고 원문에 충실하되 번역의 흔적을 최소화하여 최대한 우리말답게 쓰려고 노력했다. 또한 각 장의 맨 앞에는 그 장에서 다루는 내용과 관련된 실제 사례를 소개하는 코너, "미생물 뉴스"를 배치하여 학생들의 흥미와 이해 증진에 도움을 주고자 했다.

끝으로 제한된 시간에 좋은 책을 만들어 주신 (주)바이오사이언스출판의 문정구 대표이사님을 비롯한 편집부 직원 모두에게 고마운 마음을 전하며, 이 책이 미생물 탐험 여행에 처음 나서는 학생들에게 좋은 길잡이 겸 벗이 되기를 소망한다.

2019년 1월

강범식, 김응빈

차례

12 미생물 병원성의 원리 325

13 항미생물제 347

4단원 미생물학 응용

14 생명공학과 DNA 기술 377

15 환경미생물학과 산업미생물학 403

1 미생물과 우리

이 책의 전체 주제는 미생물과 우리 삶과의 관계이다. 이 관계에는 질병이나 음식물 부패와 같이 일부 미생물에 의해 잘 알려진 피해뿐만 아니라 많은 혜택이 포함된다. 미생물의 명명과 분류에 대한 소개로 이번 장을 시작하여 수백 년 남짓한 기간에 인류가 미생물에 대해 얼마나 많이 알게 되었는지를 보여주는 미생물학의 역사를 간략히 이야기할 것이다. 그러고 나서 어떻게 미생물이 생명체와 토양, 공기 중에 있는 탄소와 질소 같은 화학원소를 재활용하여 환경의 균형을 유지하는지에 대한 언급을 통해, 미생물의 놀라운 다양성과 생태계에서의 중요성에 대해 논의한다. 또한 어떻게 미생물이 식품, 화학물질, 의약품 등의 생산과 하수 처리, 해충 박멸, 오염물 제거 등과 같은 산업적인 응용에 활용되는지를 알아본다. 조류 독감과 웨스트 나일(West Nile) 뇌염, 광우병, 설사, 출혈성 발열, 에이즈 등과 같은 질병을 유발하는 미생물에 대해서도 논의할 것이다. 아울러 항생제 내성 세균으로 인해 증가되는 공공 보건 문제도 검토해 본다.

사진에 보이는 세균은 사람 코의 상피세포에 있는 황색포도상구균(*Staphylococcus aureus*)이다. 이 세균은 피부나 코안에서 사람에게 해를 끼치지 않고 산다. 항생제의 남용으로 메티실린 내성 황색포도상구균(methicillin-resistant *S. aureus*, MRSA) 같은 항생제 내성 유전자를 갖는 세균이 늘고 있다.

◀ 사람 코의 상피세포에 있는 *Staphylococcus aureus* 세균

휴먼 마이크로바이옴(Human Microbiome)의 중요성

휴먼 마이크로바이옴 프로젝트(Human Microbiome Project, HMP)는 유전자 염기서열 결정을 통해 장내미생물 조성 변화와 염증성 장질환(inflammatory bowel disease, IBD) 사이의 상관 관계를 밝혀내고 있다.

우리의 몸은 여러 생태계로 이루어진 복합체이다. 이들 생태계는 각각 고유한 미생물 집단을 가지고 있다. 장내미생물 집단과 우리는 편리공생 또는 상리공생 관계에 있다. 그러나 이 미생물 집단이 교란되어 조화가 깨지면(dysbiosis), 인체에 악영향이 초래된다. 예컨대, *Clostridium difficile* 또는 C-diff는 정상 장내미생물총의 소소한 구성원이다. 하지만 항생제 요법으로 정상적인 미생물상이 훼손되면 C-diff가 증식하여 창자에서 염증과 가스 생성을 유발하는 두 가지 독소를 생성한다.

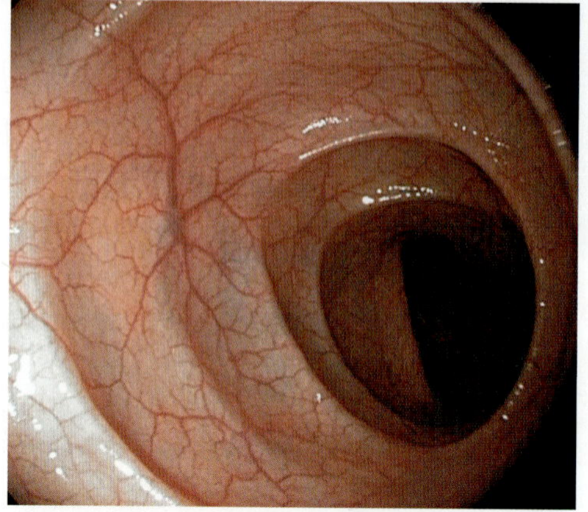

내시경으로 본 건강한 장의 모습

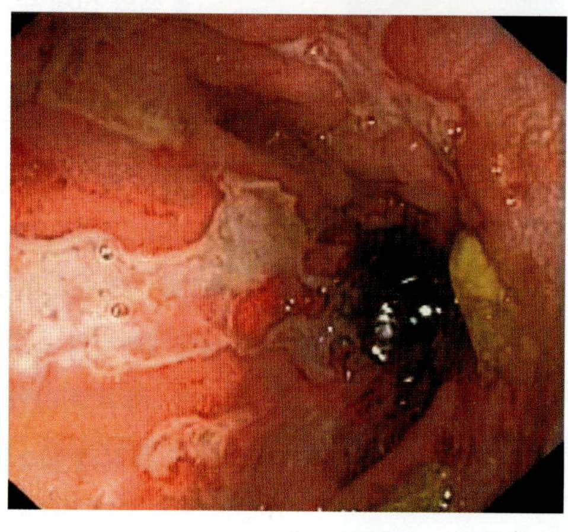

내시경으로 본 크론병 환자의 결장에 생긴 염증 및 궤양

장내미생물상 불균형(Dysbiosis)가 염증성 장질환의 원인인가?

Dysbiosis는 현재 궤양성 대장염과 크론병 같은 염증성 장질환의 가능한 원인으로 면밀하게 연구되고 있다. 이런 의심에 대한 이론적 근거는 낙산(butyrate)과 같은 정상 장내미생물상 대사물 가운데 일부가 항염증 효과를 발휘한다는 사실이다.

장관이 붓는 증상을 동반하는 크론병은 흔히 종양괴사인자-알파(TNF-α)와 인터루킨(IL-12) 같은 염증성 사이토카인(cytokine)의 양이 과도하게 늘어나는 특징이 있다. 전문가들은 이러한 과잉 현상이 염증성 사이토카인을 통제하는 데 도움이 되는 정상 장내미생물상의 균형 붕괴로 야기될 수 있다고 추정한다.

염증성 장질환과 장내미생물상 사이의 연관성을 의심하는 또 다른 단서는 이런 장질환들이 후진국보다는 선진국에서 더 흔하다는 것이다. 선진국에서는 더 많은 항생제를 사용하는 경향이 있다. 연구에 따르면, 장내미생물상이 항생제 치료 후에 다양성을 완전히 회복하지 못할 수도 있는데, 이로 인해 염증을 억제하는 미생물의 손실이 생길 수 있다.

첨단(?) *Clostridium difficile* 감염 치료법

과학자들은 대변 미생물상 이식(fecal microbiota transplant, FMT)으로 C-diff 감염과 일부 IBD를 치료하는 데 성공을 거두었다. 기본적으로 FMT란, 건강한 사람(보통 가족)에게서 대변을 채취한 다음, 이것을 대장내시경이나 위내시경 등을 통해 환자에게 이식하는 것이다. 항생제 치료보다 훨씬 더 효과적이었기 때문에, 미국식품의약국(FDA)은 이에 대한 규제를 최근 완화했다.

좀 더 편리하고 거부감을 줄일 수 있는 미생물 이식 방법에 대한 연구가 현재 진행 중이다. 캘거리 대학의 전염병 전문가인 토마스 루이(Thomas Louie) 박사는 대변을 세 겹의 젤로 싸서 미생물들이 위의 강산 환경에서도 살아 남아 장까지 전달되는 방법을 개발했다. 이 "응가 알약"은 C-diff 감염 환자 치료에 성공했으며, 다른 IBD에도 사용될 것으로 기대하고 있다.

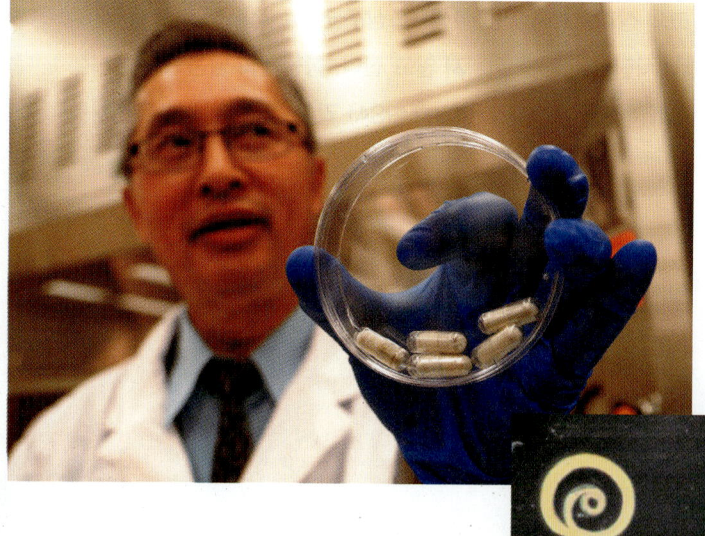

"응가 알약"이 들어 있는 용기를 들고 있는 캘거리 대학의 토마스 루이 박사(사진출처: Associated Press)

생활 속 미생물

미생물(microbe 혹은 **microorganism)**은 보통 너무 작아서 개별적으로는 맨눈으로 볼 수 없는 작은 생명체들이다. 여기에는 세균과 균류(효모와 곰팡이), 원생동물, 미세조류가 포함된다. 또한 바이러스도 미생물에 포함되는데, 이런 비세포성 존재는 때때로 생명체과 비생명체의 경계에 걸쳐 있는 것으로 간주되기도 한다.

사람들은 후천성 면역 결핍증과 같은 주요 질병이나 성가신 감염 또는 음식물 부패와 같은 일상적인 불편함만을 이들 작은 생물체와 연결하는 경향이 있다. 그러나 실제로 질병을 일으키는 미생물은 극소수에 불과하다. 대부분의 미생물은 인간을 비롯한 지구상의 모든 생물이 생명을 유지하는 데 핵심적인 역할을 하고 있다.

혹시 우리가 매일 엄청나게 배출하는 생활 폐기물(음식물 찌꺼기, 분뇨, 생활하수 등)에 대해서 생각해 본 적이 있는가? 만약 미생물이 활동하지 않으면 우리는 더 이상 깨끗한 물을 마실 수 없고 머지않아 우리가 버린 쓰레기 더미에 묻혀 버리게 될 것이다. 이것은 미생물에게서 받는 수많은 도움 가운데 한 가지 사례에 불과하다.

미생물은 산업적으로도 많이 응용된다. 이들은 비타민, 유기산, 효소, 알코올, 그리고 많은 의약품과 같은 화학 제품의 합성에 이용된다. 예를 들면 미생물을 이용하여 아세톤과 부탄올을 생산하고 비타민 B_2(리보플라빈)와 비타민 B_{12}(코발라민, cobalamin)를 생화학적으로 만든다. 미생물이 아세톤과 부탄올을 생산하는 과정은 영국에서 연구를 하던 러시아 출신의 화학자 하임 바이츠만(Chaim Weizmann)이 1914년에 밝혔다. 그 해 8월에 1차 세계 대전의 발발과 함께 아세톤의 생산은 코르다이트(군수품에 사용되는 끈 모양의 무연화약)를 만드는 데에 매우 중요해졌다. 바이츠만의 발견은 전쟁의 승패를 결정짓는 데 중대한 역할을 했다.

또한 식품산업에서도 미생물을 이용하는데, 식초, 김치, 피클, 간장, 치즈, 요구르트, 빵, 알코올 음료 등이 예다. 이제는 미생물 유래 효소를 이용하여 섬유소, 소화 보조제, 하수관 청소제 등과 인슐린을 비롯한 중요한 치료 물질처럼 일반적으로 미생물이 합성하지 않는 물질을 생산하도록 할 수 있다. 미생물 효소는 여러분이 좋아하는 청바지를 만드는 데에도 도움을 줄 수 있다(4쪽 상자 참조).

비록 소수의 미생물만이 **병원성(pathogenic)**이지만 의학과 관련된 보건과학에는 미생물에 대한 실용적 지식이 필요하다. 예를 들면 병원에서 일하는 사람은 보통은 해롭지 않지만 아프거나 부상을 당했을 때는 위협이 될 수 있는 흔한 미생물로부터 환자를 보호할 수 있어야만 한다.

오늘날 미생물은 거의 모든 곳에서 발견되는 것으로 알려져 있다. 그러나 현미경이 발명되기 전까지는 과학자들조차도 미생물을 알지 못했다. 수천 명의 사람들이 치명적인 전염병으로 원인도 모르는 채 죽어 갔다. 우리의 생활을 바꾼 미생물학의 몇 가지 역사적인 이정표를 살펴보면 미생물학의 현재의 개념이 어떻게 정립되었는지를 알 수 있다.

미생물의 명명과 분류

명명법

현재 사용하는 생물의 명명 체계는 1735년 카롤로스 린네(Carolus Linnaeus)가 정립했다. 당시 학자들은 전통적으로 라틴어를 사용했었기 때문에 과학적 명칭이 라틴어로 되었다. 각 생물의 과학적 명칭에 두 개의 이름이 부여되었다. **속명(genus**, 복수형은 *genera*)이 첫 번째 이름이고 항상 대문자로 시작한다. 그 다음에 **종명(specific epithet, species name)**이 따르는데 소문자로 쓴다. 생물은 속명과 종명을 함께 사용하여 지칭하고, 두 이름에 밑줄을 치거나 이탤릭체로 한다. 관습적으로 학명은 한번 언급된 다음에는 속명의 첫 글자와 종 이름으로 축약할 수 있다.

학명은 생물을 지칭하는 것 외에 특정 연구자를 기리거나 그 종의 서식지 등 기타 다른 사항을 나타내기도 한다. 예를 들어 사람의 피부에서 흔히 발견되는 세균인 *Staphylococcus aureus*를 살펴보면 *Staphylo*-는 세포의 뭉쳐진 형태의 배열을 설명하고 *coccus*는 이들의 모양이 구형이라는 것을 가리킨다. 종명인 *aureus*는 라틴어로 금색을 의미하는데 이는 이 세균 콜로니(군체, colony)의 색깔이다. 대장균, *Escherichia coli*의 속명은 과학자의 이름, *Theodor Escherich*를 따온 반면, 종명인 *coli*는 대장균이 결장 혹은 대장에서 사는 것임을 알려준다. 더 많은 사례가 **표 1.1**에 있다.

미생물의 종류

세균

세균(Bacteria, 단수형은 **bacterium)**은 비교적 간단한 단세포 생물이다. 이들의 유전물질은 별도의 핵막으로 둘러싸여 있지 않다. 세균을 핵이 생기기 이전을 의미하는 그리스어를 따라 **원핵생물 (prokaryotes)**이라고 한다. 원핵생물에는 세균과 고세균 모두가 포함된다.

일반적으로 세균의 세포는 몇 가지 모습 가운데 하나이다. **그림 1.1a**에서 보는 간균(*Bacillus*, 막대모양), 구균(*coccus*, 구형이나 타원형), 나선균(*spiral*, 코르크 마개뽑이 모양 또는 곡선형)이 가장 일반적인 형태이지만 일부 세균은 별 모양 또는 사각형이다. 개개의 세균은 쌍(pair) 혹은 사슬, 덩어리 또는 다른 형태의 무리를 이룰 수 있다. 이러한 형성은 일반적으로 세균의 특정한 속 또는 종의 특

미생물학의 응용

유명 청바지: 미생물이 생산?

1873년에 레비 스트라우스(Levi Strauss)와 제이콥 데이비스(Jacob Davis)가 캘리포니아 금광의 광부를 위해 데님 청바지를 처음 만든 이후로 데님 청바지는 점점 더 인기를 끌고 있다. 지금 청바지 제조회사는 독성 폐기물과 관련 비용을 최소화할 수 있는 환경친화적인 생산 방법을 개발하기 위해 미생물학 쪽으로 눈을 돌리고 있다.

부드러운 빈티지 풍의 청바지

이런 청바지는 트리코더마(*Trichoderma*) 곰팡이에서 나온 섬유소분해효소(cellulase)를 이용하여 만든다. 이 효소는 면화의 섬유질을 일부 분해한다. 대부분의 화학반응과는 달리 효소는 보통 안전한 온도와 pH에서 작용한다. 게다가 효소는 단백질이기에 쉽게 분해되어 폐수에서 제거된다.

직물

면 생산에는 많은 땅과 제초제, 비료가 필요하고 그 수확량은 날씨에 따라 좌우된다. 그러나 세균은 환경에 영향을 적게 주면서 면과 폴리에스터 모두를 생산할 수 있다. 글루코노박터 자일라너스(*Gluconacetobacter xylinus*) 세균은 세포벽의 외막에서 포도당 단위체를 간단한 사슬 형태로 연결하여 섬유소를 생산한다. 섬유소 미세섬유는 외막의 구멍을 통해 밀려 나와서 다발을 이루어 리본 형태로 꼬인다.

표백제

과산화물은 염소보다 안전한 표백제이고 효소를 이용하여 직물과 폐수에서 쉽게 제거할 수 있다. 노보 노르디스크 바이오텍(Novo Nordisk Biotech)의 연구자들은 버섯의 과산화효소(peroxidase) 유전자를 효모에 클로닝한 다음 이 효모를 세탁기의 사용조건에서 키웠다. 세탁기에서 살아남은 효모를 과산화효소 생산용 균주로 선택했다.

인디고

인디고(indigo)의 화학적 합성은 높은 pH가 필요하고 공기와 접촉하면 폭발하는 폐기물을 만들어낸다. 그러나 캘리포니아 바이오텍 회사인 제넨코르(Genencor)는 세균을 이용하여 인디고를 생산하는 방법을 개발했다. 연구자들은 토양 세균인 슈도모나스 퓨티다(*Pseudomonas putida*)에서 세균의 부산물인 인돌(indole)을 인디고로 전환하는 한 유전자를 찾아냈다. 이 유전자를 대장균에 넣으면 대장균이 청색으로 변한다.

바이오 플라스틱

미생물로 청바지용 플라스틱 지퍼와 포장 재료도 만들 수 있다. 25종 이상의 세균이 영양분 저장을 위해 폴리히드록시알카노에이트(polyhydroxyalkanoate, PHA) 봉입 과립을 만든다. PHA는 보통 플라스틱과 비슷하고 세균이 만들기 때문에 대부분 세균에 의해 쉽게 분해될 수 있다. PHA는 석유로 만드는 기존의 플라스틱을 대신할 생분해성 대체품이 될 수 있다.

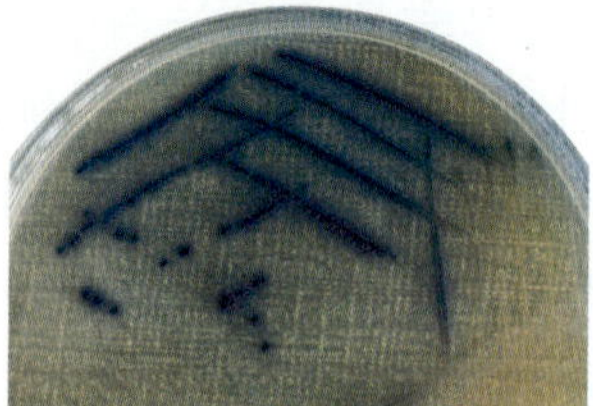

대장균은 트립토판(tryptophan)에서 인디고를 생산한다.

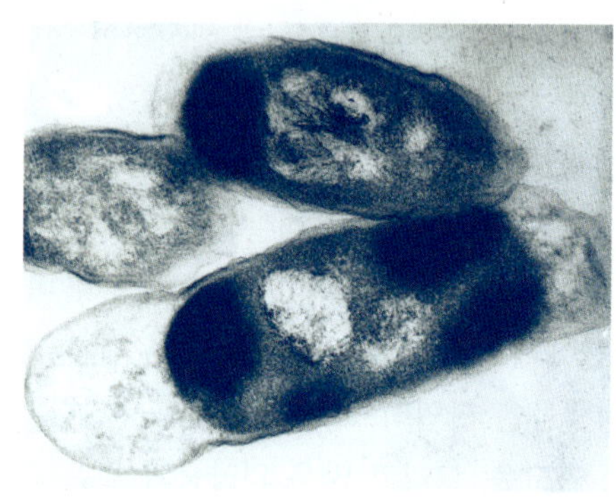

인디고 생산 대장균

표 1.1 학명과 친숙해지기

	발음	속명의 기원	종명의 기원
Salmonella enterica (세균)	살모넬라 엔테리카	공중 위생 미생물학자 Daniel Salmon를 기림	장에서 발견(*entero*-)
Streptococcus pyogenes (세균)	스트렙토코푸스 피아제니즈	사슬형태의 세포모양(*strepto*-)	고름을 형성(*pyo*-)
Saccharomyces cerevisiae (효모)	사카로미세스 세리비세이	설탕을(*saccharo*-) 이용하는 균류(*-myces*)	맥주를 생산(*cerevisia*)
Penicillium chrysogenum (균류)	페니실리움 크리소제눔	현미경으로 보면 붓(*penicill*-) 형태	노란(*chryso*-) 색소를 생산
Trypanosoma cruzi (원생동물)	트리파노소마 크루지	코르크 마개뽑이 모양- (*trypano*-, 송곳; *soma*-, 몸체)	전염병학자 Oswaldo Cruz를 기림

징이다.

세균은 주로 **펩티도글리칸(peptidoglycan)**이라는 탄수화물과 단백질 복합체로 구성된 세포벽에 둘러싸여 있다. (대조적으로 섬유소는 식물과 조류 세포벽의 주요 물질임.) 세균은 보통 동일한 두 개의 세포로 분할하여 번식하는데 이 과정을 **이분법(binary fission)**이라고 한다. 대부분의 세균은 죽었거나 살아 있는 생명체로부터 나오는 유기 화학물질을 영양분으로 이용한다. 일부 세균은 그들 자신의 영양분을 광합성으로 생산하고 일부 세균은 무기물질로부터 영양분을 얻을 수 있다. 많은 세균은 **편모(flagella)**라는 움직이는 부속물을 이용하여 헤엄칠 수 있다. (세균에 대한 자세한 설명은 8장 참조)

고세균

세균처럼 **고세균(archaea)**은 원핵세포로 구성되어 있지만 펩티도글리칸이 없는 세포벽을 가지고 있다. 종종 극한 환경에서 발견되는 고세균은 세 가지 주요 그룹으로 나누어진다. **메탄생성세**

그림 1.1 미생물의 종류. 주의: 이 책 전체에 걸쳐 현미경 이름이 빨간색으로 표시된 경우는 해당 현미경 사진 색깔이 가공되었음을 가리킨다. **(a)** 폐렴을 일으키는 세균 중 하나인 막대 모양의 세균 *Haemophilus influenzae*. **(b)** 흔한 빵곰팡이 *Mucor*는 균류의 한 종류이다. 포자낭에서 방출되어 선호하는 표면에 안착된 포자는 발아하여 영양분을 흡수하기 위해 균사로 그물망을 만든다. **(c)** 먹이 입자로 접근하는 원생동물 아메바. **(d)** 민물 조류 *Volvox*. **(e)** $CD4^+$ T세포에서 출아하는 에이즈를 일으키는 인간면역결핍바이러스.

Q 세균과 고세균, 균류, 원생동물, 조류, 바이러스를 어떻게 세포 구조를 기반으로 구별하는가?

균(methanogens)은 호흡으로 나오는 배설물로 메탄을 생산한다. **극호염세균**(extreme halophiles, *halo* = 소금; *philic* = 좋아하는)은 그레이트 솔트 호수(Great Salt Lake)나 사해(Dead Sea)처럼 염도가 극도로 높은 환경에서 산다. **극호열세균**(extreme thermophiles, *therm* = 열)은 옐로스톤 국립공원의 온천과 같이 뜨거운 유황 물에서 산다. 사람에게 질병을 일으키는 고세균은 알려져 있지 않다.

진균

진균 또는 **곰팡이(fungi**, 단수형은 **fungus)**는 **진핵생물(eukaryotes)**로 이들의 세포는 핵막에 둘러싸여 구별되는 핵 안에 유전물질(DNA)을 갖는다. 진균은 단세포이거나 다세포일 수 있다. 버섯 같은 큰 다세포 진균류는 식물처럼 보일 수도 있으나 대부분은 식물과 달리 광합성을 수행할 수 없다. 진짜 진균은 주로 **키틴**(chitin)이라는 물질로 구성된 세포벽을 갖는다. 단세포 형태의 진균인 **효모**(yeast)는 세균보다 큰 둥근 미생물이다. 가장 전형적인 진균류는 사상균(mold, 그림 1.1b)으로 분지되고 서로 꼬인 긴 필라멘트인 균사(*hyphae*)로 이루어진 **균사체**(mycelium)라는 맨눈으로도 볼 수 있는 크기의 덩어리를 형성한다. 종종 빵이나 과일에서 발견되는 솜처럼 자라는 것이 곰팡이 균사체이다. 진균류는 유성 혹은 무성 생식을 한다. 이들은 환경(흙, 해수, 담수, 혹은 동물 또는 식물 숙주 등)에서 유기물 용액을 흡수하여 영양분을 얻는다. **점균**(slime mold)이라고 불리는 생명체는 진균과 아메바의 특징을 모두 갖는다. 이에 대해서는 9장에서 자세히 다룰 것이다.

원생동물

원생동물(protozoa, 단수형은 **protozoan)**은 단세포성 진핵 미생물이다. 원생동물은 위족이나 편모 혹은 섬모를 이용하여 움직인다. 아메바(그림 1.1c)는 세포질의 확장인 **위족**(pseudopods)이라는 확장된 세포질을 이용하여 이동한다. 다른 원생동물은 긴 **편모**(flagella) 또는 다수의 **섬모**(cilia)라는 운동을 위한 짧은 부속지를 갖는다. 원생동물은 모양이 다양하고 자유 또는 기생(살아 있는 숙주로부터 영양물을 얻음) 생활을 하면서 환경에서 유기 화합물을 섭취한다. 유글레나(*Euglena*) 같은 원생동물은 광합성을 할 수 있다. 이들은 빛을 에너지원으로 그리고 이산화탄소를 당을 만드는 탄소의 주된 공급원으로 사용한다. 원생동물은 유성 혹은 무성 생식을 한다.

조류

조류(algae, 단수형은 **alga)**는 광합성을 하는 진핵생물로 매우 다양한 모습을 하고 있으며 유성과 무성 생식 모두를 한다(그림 1.1d). 미생물학자가 관심을 갖는 조류는 보통 단세포성이다. 대부분의 조류에서 세포벽은 **섬유소**(cellulose)라고 하는 탄수화물로 되어 있다. 조류는 담수와 해수, 흙에 많이 있고 식물과 관련되어 있다. 광합성 수행자로 조류는 성장에 빛, 물, 이산화탄소를 필요로 하지만 일반적으로 환경으로부터 유기 화합물을 필요로 하지는 않는다. 조류는 광합성의 결과로 산소와 탄소를 생산하고 동물을 포함한 다른 생명체는 이를 이용한다. 따라서 이들은 자연의 균형에 중요한 역할을 한다.

바이러스

바이러스(viruses, 그림 1.1e)는 여기서 언급한 미생물 그룹과는 매우 다르다. 이들은 너무 작아서 전자현미경으로만 볼 수 있고 비세포성이다. 구조가 매우 단순한 바이러스 입자는 DNA 또는 RNA 한 종류로 된 코어(core)를 갖고 있다. 이 코어는 단백질 껍질로 둘러싸여 있고, 가끔 외막(envelop)이라고 불리는 지질막으로 둘러싸인 경우도 있다. 모든 살아 있는 세포는 RNA와 DNA를 갖고 있고 화학반응을 수행할 수 있는 자급자족 단위체로 스스로 복제할 수 있다. 반면 바이러스는 다른 생물의 세포 내 장치를 이용해서만 복제할 수 있다. 따라서 바이러스는 이들이 감염한 숙주세포에서 증식할 때만 살아 있는 것으로 간주된다. 이런 의미에서 바이러스는 다른 형태의 기생생물이다. 다른 한편으로 바이러스는 살아 있는 숙주 밖에서 비활성이기 때문에 살아 있는 것으로 간주되지 않는다. (바이러스는 10장에서 자세히 다룬다.)

미생물의 분류

미생물의 존재가 알려지기 전에 모든 생물은 동물계와 식물계로 분류되었다. 동물과 식물의 특성을 갖는 현미경적인 생명체가 17세기 후반에 발견되면서 새로운 분류시스템이 필요했다. 1970년대 후반까지도 생물학자들은 이들 새로운 생물을 분류하는 기준에 대해 합의하지 못했다.

1978년에 칼 우즈(Carl Woese)는 생명체의 세포 조직을 기반으로 분류 체계를 고안해냈다. 이것은 모든 생물을 다음과 같이 세 개의 영역(domain)으로 분류한다.

1. 세균(펩티도글리칸 세포벽)

2. 고세균(세포벽이 있다면 펩티도글리칸이 결핍)

3. 다음을 포함하는 진핵생물(Eukarya)

- 원생생물(점균, 원생동물, 조류)
- 균류(단세포 효모, 다세포 진균, 버섯)
- 식물(이끼, 양치류, 침엽수, 현화식물)
- 동물(해면, 벌레, 곤충, 척추동물)

간략한 미생물학의 역사

세균의 조상은 지구상에 나타난 최초의 살아 있는 세포였다. 대부분의 인류 역사에서 사람들은 질병의 진짜 원인과 이에 대한 효과적인 치료법에 대해 거의 알지 못했다. 이제 미생물학이 현재의 과학기술 상태로 오기까지 박차를 가했던 미생물학의 몇 가지 주요 사건을 살펴보자.

첫 발견

생물학에 있어 가장 중요한 발견 중의 하나가 1655년에 일어났다. 영국인 로버트 후크(Robert Hooke)는 얇은 코르크 조작을 비교적 단순한 현미경을 통해 관측한 후, 생명의 가장 작은 구조 단위를 그가 그것을 부르는 대로 "작은 상자" 혹은 "세포"라고 세상에 보고했다. 후크는 개선된 복합현미경(두 개의 렌즈 쌍을 이용한 것)을 이용하여 개개의 세포를 관찰할 수 있었다. 후크의 발견은 **모든 살아 있는 것은 세포로 구성되어 있다는 세포설(cell theory)**의 시작을 의미한다. 세포의 구조와 기능에 대한 후속 연구는 이 이론을 기초로 했다.

후크의 현미경이 큰 세포를 볼 수 있는 능력이 있었지만 해상도가 낮아 미생물을 확실히 볼 수는 없었다. 실제로 살아 있는 미생물을 최초로 관찰한 사람은 아마도 네덜란드 상인이자 아마추어 과학자인 안톤 반 레벤후크(Anton van Leeuwenhoek)일 것이다. 그는 자신이 제작한 400개가 넘는 현미경의 확대 렌즈을 통해 살아 있는 미생물 관찰했다. 1673년과 1723년 사이에 그는 간단한 단일렌즈 현미경을 통해 본 "극미동물(animalcule)"을 설명하는 일련의 편지를 런던 왕립학회에 보냈다. 반 레벤후크는 빗물과 자신의 대변 그리고 치아에서 긁어낸 물질에서 발견한 "극미동물"의 자세한 그림을 그렸다. 이 그림들은 세균과 원생동물을 묘사한 것으로 확인되었다(그림 1.2).

자연발생설에 대한 논쟁

반 레벤후크가 이전에 보이지 않던 미생물의 세계를 발견한 후, 그 당시 과학계는 이런 작은 살아 있는 것의 기원에 대해 흥미를 갖기 시작했다. 19세기 후반까지 많은 과학자와 철학자는 생명의 어떤 형태는 무생물로부터 우연히 발생한다고 믿었다. 이들은 이런 가설적 과정을 **자연발생(spontaneous generation)**이라고 불렀다. 백여 년 전만 해도 사람들은 두꺼비, 뱀, 생쥐 등은 습한 토양에서 탄생할 수 있다고 보통 믿었다. 파리가 퇴비에서 나오고 구더기(지금 우리는 파리의 애벌레로 알고 있는)는 부패된 시체에서 발생한다는 것이다.

찬반양론의 증거

자연발생에 대한 강력한 반대자인 이탈리아의 의사 프란체스코 레디(Francesco Redi)는 1668년에 부패하는 고기에서 구더기가 자연적으로 발생하지 않는다는 것을 증명하기를 시작했다. 레디는 두 개의 단지에 썩은 고기를 넣었다. 첫 번째 것은 봉인하지 않았고 거기에 파리가 알을 낳고 그 알이 애벌레로 성장했다. 두 번째 단지는 봉인했고 파리가 고기에 알을 낳지 못하였기에 구더기가 보이지 않았다. 그래도 레디의 반대자들은 확신하지 않았고 자연발생에는 신선한 공기가 필요하다고 주장했다. 그래서 레디는 두 번째 실험을 설정했다. 이 실험에서 단지를 봉인하는 대신 아주 가는 망으로 단지를 덮었다. 가제로 덮은 단지에는 공기가 있음에도 불구하고 애벌레가 보이지 않았다. 구더기는 파리가 고기에 알을 남길 수 있을 때만 나타났다.

레디의 결과는 무생물에서 큰 형태의 생명이 발생한다는 오랜

(a) 현미경을 사용하고 있는 레벤후크

CENTIMETERS
렌즈
시료의 위치
시료위치 조정나사
초점 조절장치
재물대 위치 조정나사

(b) 현미경 복제품

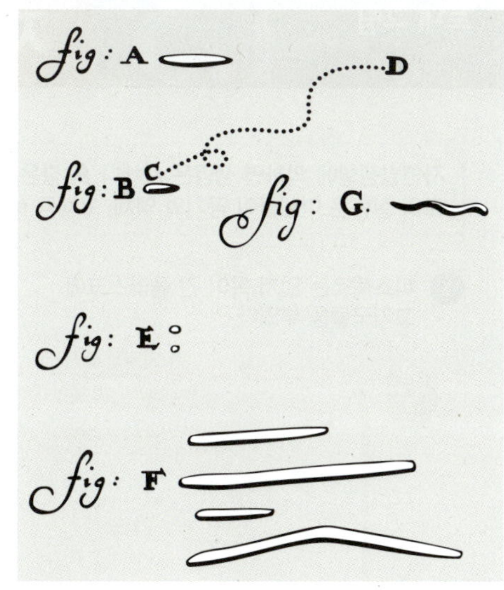

(c) 세균 그림

그림 1.2 안톤 반 레벤후크의 현미경 관찰. (a) 광원을 향하여 놋쇠로 만든 현미경을 잡고 레벤후크는 맨눈으로 보기에 너무 작은 살아 있는 미생물을 관찰할 수 있었다. (b) 시료를 조정 가능한 지점의 끝에 놓고 작은 거의 구형의 렌즈를 통해 다른 쪽에서 관찰했다. 그의 현미경의 가능한 최대 배율은 약 300배였다. (c) 1683년에 반 레벤후크가 그린 세균 그림의 일부. 문자는 세균의 다양한 모양을 표시한다. C~D는 관찰된 운동 방향을 의미한다.

 레벤후크의 발견이 왜 그렇게 중요한가?

신념에 심각한 타격을 주었다. 그러나 많은 과학자들이 여전히 반 레벤후크의 "극미동물(animalcules)"과 같은 작은 생명체는 살아 있지 않은 물질에서 발생하기에 충분히 단순하다고 믿고 있었다.

미생물의 자연발생의 경우, 영국인 존 니담(John Needham)이 영양액(닭고기 국물과 옥수수 수프로 만든)을 뚜껑 덮인 플라스크 안으로 붓기 전에 끓였다 하더라도, 식은 용액이 미생물로 곧 가득하게 되는 것을 발견했던 1745년에는 강화되는 듯했다. 니담은 액체에서 자발적으로 미생물이 발생했다고 주장했다. 20년 후 이탈리아 과학자 나자로 스팔란자니(Lazzaro Spallanzani)는 니담의 용액이 끓인 다음에 아마 공기로부터 미생물이 들어갔을 것이라는 제안을 했다. 스팔란자니는 밀봉한 다음에 가열한 영양용액에서는 미생물의 성장이 발생하지 않았음을 보여주었다. 니담은 자연발생에 필요한 "생명력(vital force)"이 가열에 의해 파괴되고 봉인에 의해 격리되었다는 주장으로 반응했다.

이 무형의 "생명력"은 스팔란자니의 실험 이후 곧 안톤 로랑 라부아지에(Anton Laurent Lavoisier)가 생명에 있어 산소의 중요성을 보여주면서 더욱 신빙성을 얻었다.

생물속생설

이러한 논쟁은 1858년 독일 과학자 루돌프 피르호(Rudolf Virchow)가 살아 있는 세포는 이미 존재하는 살아 있는 세포로부터만 생길 수 있다고 주장하는 **생물속생(biogenesis)**의 개념을 가지고 자연발생설에 도전할 때까지도 여전히 풀리지 않았다. 그는 과학적인 증거를 제공할 수 없었기 때문에 자연발생에 대한 논쟁은 1861년에 프랑스의 과학자 루이 파스퇴르(Louis Pasteur)가 마침내 이 문제를 해결할 때까지 계속되었다.

독창적이고 설득력 있는 일련의 실험으로 파스퇴르는 공기 중에 미생물이 존재하고 있고 이들이 멸균된 용액을 오염할 수 있지만, 공기 그 자체는 미생물을 생성하지 않는다는 것을 보여주었다. 그는 여러 개의 짧은 목을 가진 플라스크에 고기국물을 채우고 내용물을 끓였다. 일부는 열어둔 채 식도록 놔두었다. 며칠 안에 이 플라스크는 미생물에 의해 오염된 것으로 나왔다. 끓인 후 봉인한 다른 플라스크에는 미생물이 없었다. 이러한 결과로 파스퇴르는 공기 중의 미생물이 무생물을 오염시키는 요인이라고 추론했다.

파스퇴르는 다음으로 끝이 열린 목이 긴 플라스크에 고기국물을 넣고 목을 S자 모양으로 구부렸다(그림 1.3). 그 다음 이들 플라스크에 있는 내용물을 끓이고 식혔다. 플라스크에 있는 영양물은 부패하지 않았고 몇 달 후까지도 아무런 생명의 신호도 보여주지 않았다. 파스퇴르의 독창적인 디자인은 공기가 플라스크로 통하도록 허용하지만 구부러진 목은 영양액을 오염시킬 수 있는 공기 중의 미생물을 차단했다.

파스퇴르는 미생물이 비생물체인 고체 위에, 액체 속에, 공기 중에 존재할 수 있다는 것을 보여주었다. 게다가 그는 미생물이 열에

토대 그림 1.3

자연발생설 논박

자연발생설에 의하면 생명은 사체나 흙 같은 무생물에서 자연적으로 생겨날 수 있다. 아래에 설명한 파스퇴르의 실험은 미생물이 공기와 액체, 고체등 비생물체에 존재한다는 것을 증명했다.

1 파스퇴르는 먼저 목이 긴 플라스크에 고기국물을 부었다.

국물에 미생물이 존재한다.

2 다음으로 그는 플라스크의 목을 가열하고 S자 형태로 구부렸다; 그리고 국물을 몇 분 동안 끓였다.

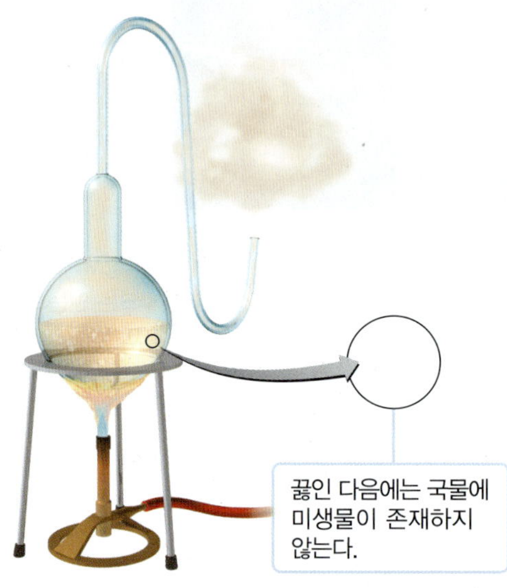

끓인 다음에는 국물에 미생물이 존재하지 않는다.

3 오랜 시간 후에조차도 식은 용액에는 미생물이 나타나지 않았다.

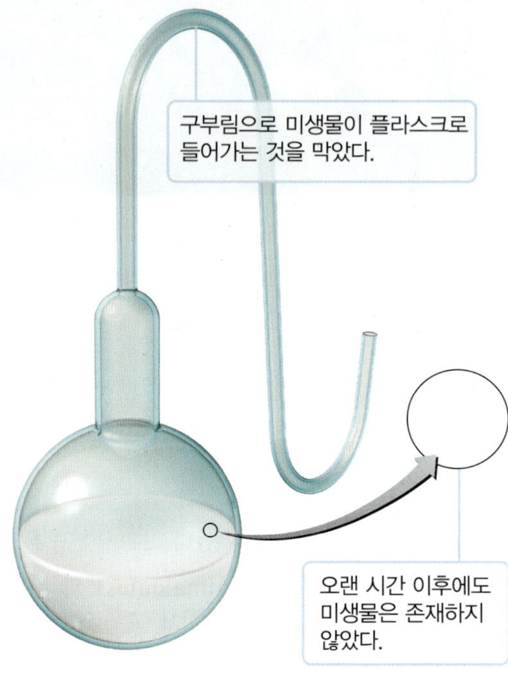

구부림으로 미생물이 플라스크로 들어가는 것을 막았다.

오랜 시간 이후에도 미생물은 존재하지 않았다.

원래 플라스크 가운데 몇 개는 봉인된 상태로 현재 파리에 있는 파스퇴르 연구소에 전시되어 있다. 100년이 넘게 지났어도 오염의 흔적이 보이지 않는다.

핵심 개념

- 파스퇴르는 미생물이 음식물 부패의 주범임을 증명하여 연구자들을 미생물과 질병 사이의 관계 쪽으로 이끌었다.
- 그의 실험과 관찰은 무균기술의 기초를 제공하였고 이것은 오른쪽 사진에서 보이는 것같이 미생물의 오염을 막는 데 사용된다.

의해 파괴될 수 있고 공기 중의 미생물이 영양물 환경에 접근하는 것을 막기 위한 방법을 고안할 수 있다는 것을 결론적으로 보여주었다. 이러한 발견은 원하지 않는 미생물에 의한 오염을 막는 기술인 **무균기술(aseptic techniques)**의 기초가 되었다.

파스퇴르의 연구는 미생물이 비생물에 존재하는 신비로운 힘으로부터 기원하는 것이 아니라는 증거를 제공했다. 오히려 생물이 없는 용액에서 자연발생처럼 보이는 생명의 출현도 공기나 그 용액 자체에 이미 존재하는 미생물의 탓으로 돌릴 수 있었다.

미생물학의 황금기

파스퇴르의 연구를 시작으로 미생물학 분야에서 중요한 발견이 폭발적으로 일어났다. 1857년에서 1914년까지의 기간은 미생물학의 황금기라 할 수 있다. 이 기간 동안 주로 파스퇴르와 로버트 코흐에 의해 주도된 눈부신 발전으로 미생물학이 하나의 과학 분야로 확립되었다. 미생물학의 황금기 동안 일어난 일부 주요 사건이 그림 1.4에 나와 있다.

발효와 저온살균법

미생물과 질병 사이의 관계를 정립해가는 과정 중 중요한 한 단계는 한 프랑스 상인이 파스퇴르에게 와인과 맥주가 시큼해지는 이유를 알아내 달라고 부탁하였을 때부터 시작되었다고 볼 수 있다. 그들은 음료를 먼 거리로 운송할 때 음료가 상하지 않기를 원했다. 많은 과학자들은 공기가 용액 내의 당을 알코올로 전환한다고 믿었다. 파스퇴르는 공기가 아니라 효모라고 부르는 미생물이 공기가 없는

미생물의 황금기

1857 **파스퇴르**—발효
1861 **파스퇴르**—자연발생설 반증
1864 **파스퇴르**—저온살균법
1867 **리스터**—무균 수술
1876 **코흐***—질병의 세균병원설
1879 **나이서**—임질 원인균
1881 **코흐*** —순수배양
핀리—황열병
1882 **코흐***—결핵균
헤스—한천(고체)배지
1883 **코흐***—콜레라균
1884 **메치니코프***—식균작용
그람—그람염색법
에셰리히—대장균
1887 **페트리**—페트리 접시
1889 **키타사토**—파상풍균
1890 **본 베링***—디프테리아 항독소
에를리히*—면역설
1892 **위노그라드스키**—황의 순환
1898 **샤가스**—세균성 이질
1908 **에를리히*** —매독
1910 **샤가스**—크루스 파동편모충
1911 **라루스*** —종양바이러스 (1966 노벨상)

루이스 파스퇴르 (1822~1895)
생물이 무생물에서 자연발생적으로 생기지 않는다는 것을 증명.

조세프 리스터 (1827~1912)
페놀을 이용하여 무균조건하에서 외과 수술을 실시. 미생물이 외과 수술 상처에 감염을 유발함을 증명.

로버트 코흐 (1843~1910)
특정 질병에 대해 특정 미생물을 직접 연결시키는 실험 과정을 확립.

그림 1.4 미생물학의 황금기에 발생한 것을 강조한 미생물학의 중대사건들. 별표는 노벨상 수상을 가리킨다.

Q 미생물학의 황금기가 왜 일어났다고 생각하는가?

상태에서 당을 알코올로 전환한다는 것을 알아내었다. 와인과 맥주를 만드는 데 사용되는 이 과정을 **발효(fermentation)**라고 부른다. 시어짐과 부패는 또 다른 미생물인 세균에 의해 일어난다. 공기가 존재할 때 세균은 알코올을 식초(초산)로 변화시킨다.

부패 문제에 대한 파스퇴르의 해법은 맥주와 와인의 변질을 유발하는 세균의 대부분을 죽이는 정도로만 적절히 가열하는 것이었다. **저온살균법(pasteurization**, 파스퇴르법이라고도 함)이라고 부르는 이 과정은 부패를 줄이고 알코올 음료와 우유 속 유해 미생물 제거를 위해 현재 흔히 사용하는 방법이다. 음식물 부패와 미생물 사이의 관계를 입증한 것은 질병과 미생물과의 관계 확립을 향한 중요한 초석이 되었다.

세균병원설

파스퇴르 시대 이전에도 많은 질병에 대한 효과적인 치료법이 시행착오를 거치며 발견되기는 하였으나 질병의 원인은 몰랐다. 효모가 발효에 결정적인 역할을 한다는 사실을 알게 된 것이 미생물의 활성과 유기물의 물리 화학적인 변화 사이에 대한 첫 번째 연결고리이다. 이 발견은 과학자들에게 미생물이 식물과 동물과도 비슷한 관계를 가질 가능성, 특히 미생물이 질병을 유발할 수 있는 가능성을 일깨워주었다. 이러한 생각이 **질병의 미생물 기원설(germ theory of disease)**이다.

수세기 동안 질병은 개인의 죄악과 악행에 대한 천벌이라고 믿었기에 미생물 기원설은 그 당시에 대부분 사람들은 받아들이기 어려운 개념이었다. 마을 전체 주민이 아플 때 사람들은 하수구나 늪의 유독한 증기에서 나오는 악취의 형태로 나타나는 악마를 종종 질병의 원인이라고 비난했다. 파스퇴르 시대에 태어난 대부분의 사람은 보이지 않는 미생물이 공기를 통해 떠다니며 식물과 동물을 감염시키고 옷과 침구류에 남아 한 사람에서 다른 사람으로 전달된다는 것을 믿기 어려웠다. 이러한 의심에도 불구하고 과학자들은 이 새로운 가설을 뒷받침할 정보를 점차 축적했다.

1865년 파스퇴르는 유럽 전역에 걸쳐 비단산업을 망치는 누에질병과의 싸움을 도와 달라는 요청을 받았다. 이보다 30년 앞선 1835년에 아마추어 현미경학자인 아고스티노 바시(Agostino Bassi)는 또 다른 누에질병이 곰팡이에 의해 일어난다는 것을 증명했다. 바시가 제공한 데이터를 이용하여 파스퇴르는 최근 감염이 원생동물에 의한 것임을 발견하고 감염된 누에 나방을 확인할 수 있는 방법을 개발했다.

1860년대에 영국 외과의사인 조셉 리스터(Joseph Lister)는 진료 과정에 미생물 기원설을 적용했다. 리스터는 다음과 같은 사실을 알고 있었다. (1) 1840년대에 헝가리 내과의사인 이그나즈 제멜바이스(Ignaz Semmelweis)가 그 당시에 의사들이 자신들의 손을 소독하지 않아서 한 환자에게서 다른 환자로 흔하게 감염(산욕열)을 전파한다는 것을 증명한 사례와 (2) 미생물과 동물 질병을 연결 짓는 파스퇴르의 업적, (3) 그 당시에는 소독제가 사용되지 않았지만 페놀(석탄산)이 세균을 죽인다는 것을 알고 있었다. 그래서 그는 수술 상처에 페놀 용액 처리를 시작했다. 이런 실행이 감염과 사망의 빈도를 줄였기에 다른 외과의사도 신속히 이것을 채택했다. 리스터의 이 기술은 미생물이 유발하는 감염을 제어하려는 초창기 의료 시도 중의 하나였다. 사실 그의 발견은 미생물이 수술 상처 감염을 유발한다는 것을 증명했다.

미생물이 실제로 질병을 일으키는 원인이라는 첫 증거는 로버트 코흐에 의해 1876년에 나왔다. 독일인 의사인 코흐는 유럽에서 소와 양을 폐사시키는 질병인 탄저병의 원인을 밝히는 경쟁에서 파스퇴르의 젊은 라이벌이었다. 코흐는 지금은 탄저균(*Bacillus anthracis*)으로 알려진 막대기 모양의 세균을 탄저병으로 죽은 가축의 피에서 발견했다. 그는 이 세균을 영양액에서 배양하고 건강한 동물에게 배양한 샘플을 주입했다. 동물이 병에 걸려 죽은 후, 코흐는 이들의 피에서 세균을 분리하여 원래 분리한 세균과 비교했다. 그는 두 가지 혈액 배양에서 동일한 세균을 발견했다.

이리하여 코흐는 특정 미생물이 특정 질병과 직접적인 관련성을 입증하는 일련의 실험 단계인 **코흐 원칙(Koch's postulates)**을 정했다. 지난 백여 년 동안 특정 세균이 많은 질병을 일으키는 것을 증명하는 조사에서 이와 같은 기준은 매우 귀중하게 여겨져 왔다.

예방접종

가끔씩은 과학자들이 그 원리를 알아내기 전에 치료나 예방법이 개발되기도 한다. 천연두 백신이 한 예다. 1796년 5월 4일, 코흐가 특정 미생물이 탄저병의 원인이라는 것을 밝히기 약 70년 전에 젊은 영국인 의사 에드워드 제너(Edward Jenner)는 천연두로부터 사람을 보호할 방법을 찾기 위한 실험에 착수했다.

천연두 전염병은 엄청난 공포의 대상이었다. 이 질병은 주기적으로 수천 명을 죽이며 유럽을 휩쓸고 갔다. 유럽 정착자들이 신세계에 이 전염병을 처음 가져왔을 때 동쪽 해안의 아메리칸 인디언의 90%가 사망했다.

우유를 짜는 여인이 제너에게 자기는 훨씬 약한 질병인 우두를 이미 앓았기 때문에 천연두에 걸리지 않는다고 알려주자 제너는 그녀의 이야기를 실험에 적용하기로 결정했다. 먼저 제너는 우두 물집을 긁어 모았다. 그리고 건강한 8살짜리 지원자에게 우두에 오염된 바늘로 팔을 긁음으로 우두 물질을 접종했다. 긁은 부위는 부풀어 올랐다. 며칠 안에 지원자는 약하게 아팠으나 회복되었고 다시는 우두나 천연두에 걸리지 않았다. 이 과정을 **예방접종**(vaccination)이라고 하는데, *vacca*는 라틴어로 소를 의미한다. 파스퇴르는 제너의 업적을 기리는 의미로 이 이름을 지었다. 예방접종으로(혹은 질병으로 스스로 회복됨으로) 받게 되는 질병에 대한 보호를 **면역(immunity)**이라고 한다.

제너의 실험 몇 년 뒤인 1880년경에 파스퇴르는 예방접종이 어떻게 작동하는지를 밝혔다. 그는 가금콜레라(fowl cholera)를 일으키는 세균을 실험실에서 오랫동안 기르다 보면 병을 일으키는 능력을 잃게 되는[**병원성**(virulence) 상실, 즉 **비병원성**(avirulent)이 된] 것을 발견했다. 그러나 이것과 독성이 약해진 다른 균주는 이후에 병원성 가금 콜레라균이 감염되면 이에 대항하는 면역을 유도할 능력이 있었다. 이런 현상의 발견은 제너의 성공적인 우두 실험의 원리를 파악하는 데에 단서를 제공했다. 우두와 천연두 둘 다 바이러스에 의해 생긴다. 우두 바이러스는 충분히 천연두에 가까워 두 바이러스에 대해 면역을 유도할 수 있다. 파스퇴르는 백신이라는 용어를 예방접종을 위해 사용하는 비병원성 미생물의 배양균에 사용했다.

제너의 실험은 서구문명에서 살아 있는 바이러스(우두 바이러스)를 면역력 생산에 사용한 최초의 사례이다. 중국에서는 1500년대부터 천연두를 약하게 앓은 사람의 마른 농포의 껍질을 벗겨 곱게 갈아 그 가루를 코로 흡입하게 하여 천연두에 대한 면역을 부여했다고 한다.

아직도 일부 백신은 병원성 종에 대한 면역을 자극하는 관련된 비병원성의 미생물종에서 생산한다. 다른 백신은 사멸시킨 병원성 미생물이나 병원성 미생물의 분리된 일부분, 또는 유전공학기술을 이용하여 만든다.

현대 화학요법의 탄생: "마법 탄환"의 꿈

미생물과 질병 사이의 관계가 확립된 후, 의학 미생물학자들은 감염된 동물이나 사람에게 손상을 주지 않고 병원균을 파괴할 수 있는 물질을 찾는 데에 그 다음 초점을 맞췄다. 화학물질을 이용하여 질병을 치료하는 것을 **화학요법(chemotherapy)**이라고 한다. (이 용어는 일반적으로 암과 같은 비감염성 질환의 화학적 치료를 의미하기도 한다.) 세균이나 곰팡이가 자연적으로 생산하여 다른 미생물에게 해롭게 작용하는 화학물질을 **항생제(antibiotics)**라고 한다. 화학물질을 이용하여 실험실에서 제조한 화학요법용 물질을 **합성 약물(synthetic drug)**이라고 한다. 화학요법의 성공은 특정 화학물질이 미생물에 감염된 숙주보다 미생물에 더 독성이 있다는 사실에 기반을 두고 있다. 항미생물 치료에 대해서는 13장에서 더 자세히 논의할 것이다.

최초의 합성 약물

독일 의사인 폴 에를리히(Paul Ehrlich)는 상상력이 풍부한 과학자로 화학요법 혁명의 신호탄을 발사했다. 의대생이었던 에를리히는 감염된 숙주에는 해가 없으면서 병원균을 찾아서 파괴하는 "마법 탄환"에 대해 깊이 생각하고 있었다. 그러다가 그는 그런 탄환을 찾기 위한 조사를 시작했다. 1910년 수백 개의 물질을 조사한 다음 그는 매독에 대해 효과가 있는 비소 유도체인 **살바르산(salvarsan)**이라는 화학요법 약물을 발견했다. 비소가 들어 있기 때문에 살바르산(salvation + arsenic)이라는 이름이 지어진 이 약물은 매독에서 사람을 구하였다. 이 발견 이전에 유럽의 의료계에서 유일하게 알려진 화학물질은 스페인 정복자가 말라리아 치료에 사용한 남아메리카 나무의 껍질 추출물인 **퀴닌(quinine)**이었다.

1930년대 후반, 과학자들은 미생물을 파괴할 수 있는 여러 가지 합성 약물을 개발했다. 이들 약물의 대부분은 염색물질의 유도체였다. 이는 "마법 탄환"을 찾는 미생물학자들이 일상적으로 직물용으로 제조된 염색물질을 대상으로 항미생물 효과 검사를 했기 때문이다. 아울러, **술폰아마이드(sulfonamide**, 설파제; sulfa drug)도 거의 같은 시기에 합성되었다.

행운의 실수—항생제

일련의 산업용 화학물질을 가지고 계획적으로 개발된 설파제와는 반대로, 최초의 항생제는 우연히 발견되었다. 스코틀랜드 의사이자 세균학자인 알렉산더 플레밍(Alexabder Fleming)은 곰팡이로 오염된 배양배지 일부를 버릴뻔했다. 그는 오염된 배지에 호기심 끄는 성장 패턴을 운 좋게 다시 보게 되었다. 곰팡이 주위에 세균의 성장이 억제되는 깨끗한 지역이 있었던 것이다(그림 1.5). 플레밍은 세균의 성장을 억제하는 곰팡이를 보았던 것이다. 이 곰팡이는 나중에 *Penicillium notatum*(페니실리움 노타툼)으로 확인되었고 그 후 *Penicillium chrysogenum*(페니실리움 크리소게눔)으로 명명되었다. 1928년 플레밍은 곰팡이에서 나오는 활성을 가진 저해제를 페니실린이라고 불렀다. 따라서 페니실린은 균류에서 만들어지는 항생제이다. 페니실린의 광범위한 유용성은 이것이 마침내 임상적으로 검사되고 대량 생산된 1940년대에 와서야 분명하게 드러났다.

이런 초기의 발견 이래 수천 가지의 다른 항생제가 발견되어왔다. 불행히도 문제가 없는 항생제나 화학요법의 약물은 없었다. 많은 항미생물제가 실제로 사람에게 사용하기에는 너무 독성이 강하다. 이들은 병원성 미생물을 죽이지만 감염된 숙주에도 손상을 입힌다. 그 이유는 후에 논의하겠지만 인체 독성은 특히 바이러스성 질환에 대한 치료 약물의 개발에 있어 문제이다. 바이러스의 성장은 정상 숙주세포의 생명 활동에 의존한다. 따라서 바이러스의 증식을 방해하는 약물은 거의 우리 몸의 감염되지 않은 세포에도 영향을 줄 가능성이 높기 때문에 아주 소수의 항바이러스 약물만이 성공적이다.

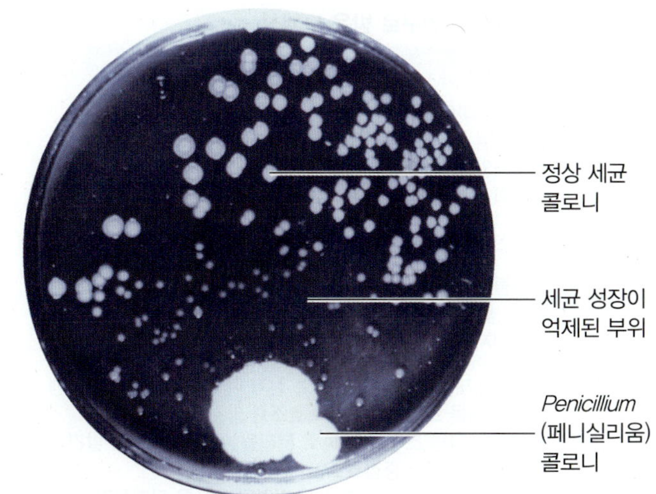

그림 1.5 페니실린의 발견. 알렉산더 플래밍(Alexander Fleming)은 1928에 이 사진을 찍었다. 페니실리움(*Penicillium*) 곰팡이가 우연히 배지에 오염되었고 근처 세균의 성장을 억제하였다.

Q 왜 페니실린이 더 이상 예전에 그랬던 것만큼 효과적이지 않다고 생각하는가?

항미생물 약물과 관련된 또 다른 중요한 문제는 항생제에 저항성이 있는 새로운 미생물종의 출현과 전파이다. 지난 몇 년 동안 점점 더 많은 미생물이 한때는 매우 효과적이던 항생제에 대해 저항성을 획득하고 있다. 약제 내성은 정상적으로 이들을 억제하던 항생제의 특정 양을 견딜 수 있도록 변한 미생물의 유전적 변이의 결과이다. 예를 들어 미생물은 항생제를 불활성화시키는 효소를 생산하거나 항생제가 붙거나 통과하지 못하도록 미생물 자신의 표면을 변화시킬 수 있다.

최근에 출현한 반코마이신(vancomycin) 내성 황색포도상구균(*Staphylococcus aureus*)과 엔테로코코스 훼칼리스(*Enterococcus faecalis*)는 이전에는 치료 가능했던 일부 세균 감염이 곧 항생제로 치료가 불가능해진다는 것을 말하기 때문에 보건의료 전문가에게 경종을 울린다.

현대 미생물학의 발전

약물 내성을 해결하고 바이러스를 확인하고 백신을 개발하는 데에는 정교한 연구 기술과 코흐나 파스퇴르의 시대에서는 결코 꿈도 꿀 수 없는 관련된 연구가 요구된다.

표 1.2 미생물학 분야의 연구로 받은 노벨상

시기	연구 업적
1950년대	스트렙토마이신의 발견 탄수화물 대사에서 크렙스 회로의 화학반응의 단계를 발견 세포배양에서 poliovirus를 배양 생화학 반응에 대한 유전적 조절을 설명
1960년대	후천성 면역 관용을 발견
1980년대	단일클론항체(하나의 순수한 항체) 생산기술의 개발 항체 생산을 유전학으로 설명 암유전자라고 불리는 암을 유발하는 유전자의 발견
1990년대	면역억제제를 사용하여 최초로 장기 이식을 성공적으로 수행 세포 성장을 조절하는 인산화효소를 발견 유전자가 다른 조각의 DNA로 분리될 수 있다는 것을 발견 DNA를 증폭하는 중합효소연쇄반응을 발견 세포독성 T세포가 바이러스에 감염된 세포를 파괴하기 전에 인식하는 방법의 발견
2000년대	단백질분해효소복합체가 불필요한 단백질을 제거하는 방법을 발견 *Helicobacter pylori*가 소화성 궤양을 일으키는 것을 발견 이중 가닥 RNA에 의한 RNA 간섭 또는 유전자 이어맞추기 발견
2010년대	리보솜의 구조와 기능에 대한 자세한 연구

미생물학의 황금기 동안에 다져진 기초가 20세기에 이루어진 여러 가지 기념비적인 성과의 기반이 되었다(**표 1.2**). 면역학과 바이러스학을 비롯한 미생물학의 새로운 분야가 생겨나게 되었다. 가장 최근에는 유전자 재조합 기술이라 불리는 새로운 방법의 개발이 미생물학 모든 분야의 연구와 실용적인 응용에 혁명을 가져왔다.

세균학과 균학

세균에 대한 연구인 **세균학(bacteriology)**은 치아에서 긁어낸 찌꺼기를 대상으로 한 반 레벤후크의 첫 실험에서 시작되었다. 새로운 병원성 세균이 여전히 주기적으로 발견된다. 파스퇴르와 같은 많은 미생물학자는 식품과 환경에서 세균의 역할에 관심을 둔다. 1997년에 흥미로운 발견이 있었는데, 하이드 슐츠(Heide Schulz)가 맨눈으로 볼 수 있을 정도로 큰 세균을 발견한 것이다(폭이 0.2 mm). *Thiomargarita namibiensis*(티오마가리타 나미비엔시스)라는 이름의 이 세균은 아프리카 해안의 진흙에서 산다. *Thiomargarita*는 크기와 생태지위 때문에 이례적이다. 이 세균은 진흙에 사는 동물에게 해로울 수 있는 황화수소를 먹고 산다.

균류에 대한 연구인 **균학(mycology)**은 의학과 농업, 환경 분야를 아우른다. 세균병원설 정립에 기여한 바시의 연구가 곰팡이성 병원균에 초점을 맞추었다는 점을 상기해 보자. 곰팡이 감염비율은 지난 10년 동안 증가되어 병원감염의 10%를 차지한다. 기후와 환경의 변화(가뭄)가 캘리포니아에서 *Coccidioides immitis*(콕시디오이데스 이미티스)의 감염이 10배 증가하게 한 주범이라고 생각된다. 곰팡이 감염을 진단하고 치료하기 위한 새로운 기술 개발 연구가 현재 진행 중에 있다.

면역학

면역학(immunology)은 서구 문명에서 1796년 제너의 첫 번째 백신으로 거슬러 올라간다. 그때부터 면역학에 대한 지식은 꾸준히 축적되고 급속하게 확장되었다. 현재 많은 질병—홍역, 풍진(독일 홍역), 볼거리(유행성 이하선염), 수두, 폐렴구균성 폐렴, 파상풍, 결핵, 인플루엔자, 백일해, 소아마비, B형 간염 등—예방에 사용할 수 있는 백신이 있다. 천연두 백신은 질병 자체를 없애버릴 만큼 효과적이었다. 공공보건 당국은 소아마비 백신으로 인해 수년 내에 소아마비라는 질병도 근절될 것으로 전망한다.

1933년 레베카 란스필드(Rebecca Lancefield)가 연쇄구균(streptococci)을 세포벽 특정 성분에 기초한 혈청형(serotype, 종내의 변이체)에 따라 분류하자고 제안하면서 면역학의 중대한 발전이 시작되었다. 연쇄구균은 여러 질병—인후염, 독성쇼크, 패혈증—의 원인이다. 그녀의 연구 덕분에 면역학적 기술에 기초하여 특이한 병원성 연쇄구균의 빠른 확인이 가능하게 되었다.

1960년에 인체의 자가면역체계가 생산하는 물질인 인터페론이 발견되었다. 인터페론은 바이러스의 증식을 억제하며 바이러스 질환과 암의 치료와 연관된 상당한 연구를 촉발했다.

바이러스학

바이러스학(virology)은 미생물학의 전성기 때 시작되었다. 1892년 드미트리 이바노스키(Dmitri Iwanowski)는 담배의 모자이크병을 일으키는 유기체는 워낙 작아서 모든 세균을 거를 수 있는 미세한 여과기를 통과할 수 있다고 보고했다. 그 당시 이바노스키는 그 의문의 유기체가 바이러스인 것을 알지 못했다. 1935년 웬델 스탠리(Wendell Stanley)는 담배 모자이크 바이러스(tobacco mosaic virus, TMV)라고 불리는 유기체는 근본적으로 기존 미생물과 다르고 아주 단순하고 균질하여 화학물처럼 결정화될 수 있다는 것을 보여주었다. 스탠리의 업적은 바이러스의 구조와 화학적 성질에 대한 연구를 촉진시켰다. 1940년대에 전자현미경의 발달 이래 미생물학자는 바이러스의 구조를 자세하게 관찰할 수 있게 되었고 오늘날 그들의 구조와 활동성에 대해 더 많이 알게 되었다.

유전자 재조합 기술

이제 미생물을 유전적으로 변형시켜 인간의 호르몬을 대량 생산하거나 기타 절실히 필요한 의약품을 생산할 수 있다. 1960년대 후반에 폴 버그(Paul Berg)는 중요 단백질을 부호화하는 사람이나 동물의 DNA(유전자) 조각을 세균의 DNA에 붙일 수 있음을 보여주었다. 그 결과물이 **재조합 DNA(recombinant DNA)**의 최초 사례이다. 재조합 DNA를 세균(혹은 다른 미생물)에 주입하여 원하는 단백질을 다량으로 생산할 수 있다. 여기서부터 발전된 기술을 **유전자 재조합 기술(recombinant DNA technology)**이라고 부른다. 이 기술의 기원은 두 개의 유관 분야에서 찾을 수 있다. 첫 번째는, 미생물의 특징이 유전되는 원리를 연구하는 **미생물 유전학(microbial genetics)**이고, 두 번째는 DNA 분자가 어떻게 유전정보를 담고 있는지와 어떻게 단백질 합성을 지시하는지를 구체적으로 연구하는 **분자생물학(molecular biology)**이다.

분자생물학이 모든 생명체를 대상으로 하지만 어떻게 유전자가 특정한 특징을 결정하는가에 대한 대부분의 지식은 세균 실험을 통해 밝혀졌다. 1930년대를 거칠 때까지 모든 유전자 연구는 식물과 동물 세포에 대한 연구를 기반으로 했다. 그러나 1940년에 과학자들은 단세포 생명체, 특히 유전 및 생화학 연구에 많은 장점이 있는 세균으로 방향을 돌렸다. 장점의 한 가지는 세균이 식물과 동물보다 덜 복잡하다는 것이다. 또 다른 것은 많은 세균의 생애주기가 1시간도 안되기 때문에 과학자들이 비교적 짧은 시간에 연구에 필요한 아주 많은 수의 세균을 배양할 수 있다는 것이다.

단세포 생명체에 대한 연구로 과학이 전환되자 유전학에서 빠른 진보가 이루어졌다. 1941년 비들(George W. Beadle)과 테이텀(Edward L. Tatum)은 유전자와 효소 간의 관계를 증명했다. DNA가 유전물질로 확립된 것은 1944년에 에어버리(Oswald Avery)와 매클라우드(Colin MacLeod), 맥카티(Maclyn McCarty)에 의해서다. 1946년 레더버그(Joshua Lederberg)과 테이텀(Edward L. Tatum)은 접합(conjugation)이라는 과정을 통해 한 세균에서 다른 세균으로 유전 물질이 전달될 수 있다는 것을 밝혔다. 그 후 1953년에 왓슨(James Watson)과 크릭(Francis Crick)은 DNA의 구조와 복제에 대한 모델을 제안했다. 1960년대 초반에는 DNA가 단백질 합성을 조절하는 방법에 관한 폭발적인 발견을 추가로 목격하게 되었다. 1961년 자코브(François Jacob)와 모노(Jacques Monod)는 단백질 합성에 관련된 화학물질인 mRNA를 발견하였고 그 후 이들은 세균에서 유전자 기능의 조절에 관한 최초의 주요 발견을 했다. 같은 시기에 과학자들은 유전부호를 풀 수 있었고 그리하여 mRNA에 있는 단백질 합성 정보가 어떻게 단백질의 아미노산 서열로 번역되는지를 이해하게 되었다.

미생물과 인류의 복지

앞서 언급하였듯이 아주 일부 미생물만이 병원성이다. 과일과 야채에 무른 부위, 육류의 부패, 지방과 기름의 산패와 같은 음식물의 손상을 일으키는 미생물 또한 소수이다. 대다수의 미생물은 사람과 다른 동물, 식물에 여러모로 유익하다. 예를 들어 전기를 생산하고 운송수단에 동력을 공급하는 대체 연료로 사용될 수 있는 메탄과 에탄올을 미생물이 생산한다. 생명공학회사들은 식물의 섬유소를 분해하는 데 세균의 효소를 이용하고, 그 결과 생긴 단순당을 효모가 대사하여 에탄올을 생산할 수 있게 한다. 이어지는 절에서는 이렇게 유용한 미생물의 기능 몇 가지를 개관해 보고, 나중의 장에서 이에 대해 더 상세히 알아본다

필수 원소의 재활용

1880년대 두 명의 미생물학자가 이룬 발견은 지구상에서 생명을 유지하는 생물지화학적 순환(biogeochemical cycle)에 대한 현재 이해의 기초가 되었다. 베이에링크(Martinus Beijerinck)와 위노그라드스키(Sergei Winogradsky)는 어떻게 세균이 흙과 대기 사이에서 필수 원소의 재활용을 돕는지를 처음으로 보여주었다. **미생물 생태학(microbial ecology)**은 미생물과 이들의 환경 사이의 관계를 연구하는 학문으로 이들 과학자의 연구에서 시작되었다. 오늘날 미생물 생태학은 확장되어 미생물 집단이 다양한 환경에 있는 동식물과 어떻게 상호작용하는지에 대한 연구도 포함한다. 환경에 있는 유독 화학물질과 수질 오염 등도 미생물 생태학자들의 관심사이다.

탄소, 질소, 산소, 황, 인 등의 화학원소는 생명유지에 필수적이고 풍부하게 존재하지만 항상 생명체가 이용할 수 있는 형태로 존재하는 것은 아니다. 미생물은 이들 원소를 식물과 동물이 사용할 수 있는 형태로 전환하는 일차적인 책임을 지고 있다. 미생물 중 주로 세균과 균류가 유기물 쓰레기와 죽은 동식물을 분해하여 이산화탄소를 대기로 돌려보낸다. 조류와 남세균(cyanobacteria), 고등 식물은 광합성에서 이산화탄소를 사용하여 동물과 균류, 세균이 이용하는 탄수화물을 생산한다. 질소는 대기 중에 풍부하지만 이 형태로는 식물과 동물이 이용할 수 없다. 세균만이 자연적으로 대기 질소를 식물과 동물이 이용 가능한 형태로 전환할 수 있다.

하수처리: 미생물을 이용한 물의 재활용

환경 보존의 필요성에 대한 우리 사회의 관심이 증가하면서 사람들은 소중한 물의 재활용과, 강과 바다의 오염방지에 대한 책임을 인식하게 되었다. 한 가지 주된 오염원은 하수인데 인간의 배설물과 생활 폐수, 산업 폐수, 지표면 유출수 등으로 이루어진다. 하수의 약 99.9%는 물이며 0.1%의 일부가 부유 고형물이고 나머지는 용해된 다양한 물질이다.

하수처리 설비로 원하지 않는 물질과 해로운 미생물을 제거한다. 이 처리는 다양한 물리적 과정과 유용한 미생물의 작용이 합쳐진 것

이다. 종이와 나무, 유리, 자갈, 플라스틱과 같은 커다란 고체 덩어리가 오수에서 제거된다. 남은 것은 액체와 유기물질로 세균이 이산화탄소, 질산, 인산, 황산, 암모니아, 황화수소, 메탄과 같은 부산물로 전환한다. (하수처리에 대해서는 15장에서 자세히 다룬다.)

생물정화: 미생물을 이용한 오염물질 제거

1988년 과학자들은 오염물질과 다양한 산업과정에서 나오는 독성 폐기물을 제거하는 데에 미생물을 이용하기 시작했다. 예를 들어 일부 세균은 오염물질을 에너지원으로 이용할 수 있다. 다른 세균은 독소를 덜 해로운 물질로 분해하는 효소를 생산한다. 이러한 방법으로 세균을 이용하여—**생물정화(bioremediation)**로 알려진 과정—우물이나 지하수, 화학물질 유출, 독성 부산물에서 유독물을 제거할 수 있다. 일례로 2010년 4월 20일에 발생한 멕시코 만의 시추 장비에서의 대규모 기름 유출 사고의 처리를 들 수 있다. 게다가 세균 효소를 이용하여 환경에 유해한 화학물질을 사용하지 않고 막힌 배수관을 뚫을 수도 있다. 경우에 따라서는 해당 환경에 고유한 토착 미생물이 사용된다. 다른 경우에는 유전적으로 변형된 미생물이 사용된다. 가장 흔히 사용되는 미생물에는 *Pseudomonas*(슈도모나스)와 *Bacillus*(바실루스)속에 속하는 일부 종들이다. *Bacillus*의 효소는 의류에서 얼룩을 제거하기 위해 가정용 세제에 사용되기도 한다.

미생물에 의한 해충 방제

곤충은 질병을 퍼뜨릴 뿐만 아니라 농작물에 엄청난 손상을 입힌다. 그러므로 해충 방제는 농업과 인간 질병 예방에 중요하다.

미국에서 *Bacillus thuringiensis*(바실루스 투린지엔시스)라는 세균이 목초 풀쐐기, 솜벌레, 조명충 나방(옥수수의 해충), 배추벌레, 회색단배나방의 유충, 잎말이병 벌레 등과 같은 해충을 제어하기 위해 광범위하게 사용되어 왔다. 곤충이 먹잇감으로 삼는 작물에 뿌리는 살포제에 이 세균을 함께 넣었다. 세균은 곤충의 소화계를 해치는 단백질 결정체를 만든다. 또한 이 독소 유전자를 일부 식물에 삽입하여 식물 자체가 해충에 저항성을 가지게 만든다.

해충 제어에 화학물질보다 미생물을 이용하여 환경에 주는 피해를 피할 수 있다. DDT 같은 많은 화학 살충제는 독성 오염물질로 토양에 남아 있다가 결국 먹이사슬에 들어가게 된다.

현대 생명공학과 유전자 재조합 기술

앞서 식품이나 화학 제품 생산에 미생물을 산업적으로 사용하는 것에 대해 언급했다. 이렇게 미생물을 실용적으로 응용하는 것을 **생명공학(biotechnology)**이라고 부른다. 수세기에 걸쳐 생명공학이 어떤 형태로든 이용되어 왔지만 이 기술은 지난 수십 년 동안 훨씬 더 정교해졌다. 지난 수년간 생명공학은 유전자 재조합 기술의 등장으로 혁명을 거치면서 세균, 바이러스, 효모와 균류 등을 작은 생화학 공장으로 이용할 수 있는 가능성을 확장하고 있다. 배양된 식물과 동물 세포 그리고 온전한 식물과 동물도 또한 재조합 세포나 개체로 이용될 수 있다.

유전자 재조합 기술의 응용은 해를 거듭할수록 증가하고 있다. 유전자 재조합 기술은 수많은 자연 단백질, 백신, 효소를 생산하기 위해 지금까지 사용되어 왔다. 이런 물질은 의학적으로 이용될 가능성이 크다.

유전자 재조합 기술의 가장 흥미롭고 중요한 결과물은 인간 세포에 결핍 유전자를 삽입하거나 손상된 유전자를 대체하는 **유전자 치료법(gene therapy)**이다. 이러한 기술은 무해한 바이러스를 이용하여 결핍된 유전자 또는 새로운 유전자를 특정 숙주세포로 운반하는데, 숙주세포는 유전자를 포착하여 적절한 염색체로 삽입한다. 1990년부터 유전자 치료는 면역계 세포가 비활성이거나 결핍된 중증 혼합 면역 결핍증(SCID)의 원인인 아데노신탈아미노효소(adenosine deaminase, ADA) 결핍 환자를 치료하는 데 사용되었다. 이외에도 다음과 같은 질환이 치료에 사용될 수 있다: 근육이 파괴되는 뒤셴근이영양증(Duchenne's muscular dystrophy); 호흡기관, 췌장, 침샘, 땀샘 등의 분비 조직 이상인 낭포성 섬유증(cystic fibrosis); 저밀도 지질단백질(low-density lipoprotein, LDL) 수용체가 손상된 상태로 LDL이 세포로 들어가지 못하는 LDL 수용체 결핍. 혈중 LDL 농도가 높아지면 혈관에 지방판을 만들어져 죽상경화증(동맥경화증)이나 관상동맥 질환의 위험도가 높아지게 된다. 치료 결과는 좀 더 평가해봐야 한다. 미래에는 유전자 치료를 통해 혈우병, 당뇨병, 겸상적혈구병 등을 비롯한 다른 유전 질환도 치료할 수 있을 것이다.

의학적 응용뿐만 아니라 유전자 재조합 기술은 농업에도 적용되어 왔다. 예를 들어 유전적으로 변형된 세균이 과일의 서리 피해를 막기 위해 개발되었고 농작물의 해충 피해를 막기 위해 세균을 변형시켰다. 과일과 야채의 모양과 맛, 유통기한 등을 개선하는 데에도 재조합된 DNA가 사용되었다. 농업에 이용할 재조합 DNA의 잠재적 가능성으로 농작물의 내건성, 해충과 미생물 질병에 대한 저항성, 온도 저항성 등을 들 수 있다.

미생물과 인간의 질병

정상 미생물상

우리는 태어나면서부터 죽을 때까지 미생물로 가득 찬 세상에서 살

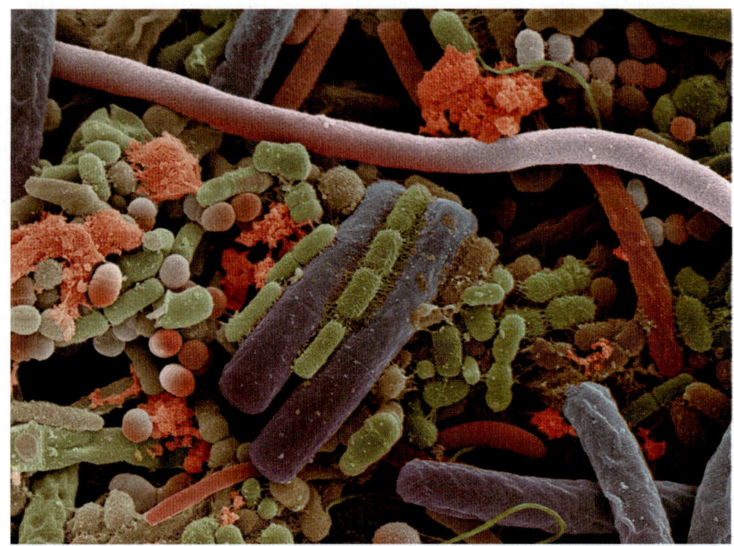

그림 1.6 사람 혀의 표면에서 정상 미생물상의 일부로 발견된 여러 가지 종류의 세균

Q 우리는 미생물에 의한 비타민 K 생산으로 어떻게 이득을 얻는가?

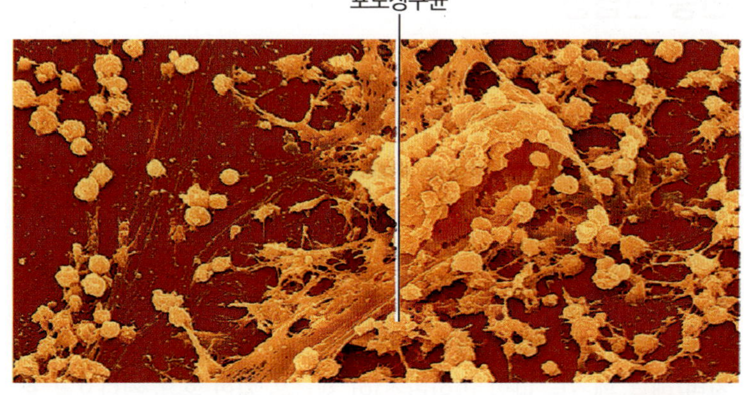

그림 1.7 카테터(catheter)에 생긴 생물막. 포도상구균이 고체 표면에 달라붙어 점액층을 형성한다. 생물막에서 떨어져 나온 세균은 질병을 일으킬 수 있다.

Q 어떻게 생물막의 보호장벽이 항생제에 저항성을 가지게 만드나?

고 우리 모두 다양한 미생물을 몸 안팎에 가지고 있다. 이런 미생물을 **정상 미생물상(normal microbiota,** 그림 1.6)이라고 한다. 정상 미생물상은 우리에게 해롭지 않을 뿐만 아니라 대부분의 경우에 우리에게 실질적인 도움을 준다. 예를 들면 일부 정상 미생물상은 해로운 미생물의 과다한 증식을 막아 질병에서 우리를 보호하고, 다른 정상 미생물상은 비타민 K와 비타민 B와 같은 유용한 물질을 생산한다. 불행히도 일부 환경에서 정상 미생물상이 우리를 아프게 만들 수도 있고 우리와 접촉한 사람들을 감염시킬 수도 있다. 즉 일부 정상 미생물상은 자신의 원래 서식지를 떠나면 질병을 일으킬 수 있다.

미생물이 어떨 때 건강한 사람의 일부로 환영을 받고 어떨 때는 질병의 전조가 되는가? 건강과 질병의 차이는 크게 보면 몸의 자연 방어와 미생물의 질병 유발 특성 사이의 균형이다. 우리의 몸이 특정 미생물의 공격 전술을 극복할 수 있는지는 우리 몸의 **내성(resistance),** 즉 질병을 막아내는 능력에 따른다. 중요한 내성은 피부의 장벽과 점막, 섬모, 위산, 인터페론 같은 항균물질에 의해 제공된다. 미생물은 백혈구나 염증 반응, 발열, 면역계의 특정 반응에 의해 파괴될 수 있다. 때로는 우리의 자연 방어가 침입자를 극복하기에 충분할 만큼 강하지 않아 항생제나 다른 약물이 보충되어야만 한다.

생물막

자연에서 미생물은 물속에서 독립적으로 떠다니거나 헤엄치는 개별 세포로 존재하기도 하고 서로 붙어서 혹은 보통 고체 표면에 부착하여 존재할 수 있다. 후자의 행동을 미생물이 뭉친 복합체인 **생물막(biofilm)**이라 부른다. 호수에 있는 돌 표면에 끈적거리는 것이 생물막이다. 혀로 치아에 있는 생물막을 느낄 수 있다. 이런 생물막은 우리의 점막을 해로운 미생물로부터 보호하고, 호수에 있는 생물막은 수중 동물의 중요한 먹이가 된다. 생물막이 해로울 수도 있다. 이것이 수도관을 막을 수도 있고, 관절 보철과 도뇨관(그림 1.7)과 같은 의료용 임플란트에서 심장 내막염(심장의 염증) 등의 감염을 유발할 수도 있다. 생물막에 있는 세균은 생물막이 보호막을 제공하기 때문에 종종 항생제에 저항성을 갖는다. 생물막에 대해서는 4장에서 설명할 것이다.

감염성 질환

감염성 질환(infectious disease)은 병원균이 병에 걸리기 쉬운 숙주에 침투하는 질병이다. 이 과정에서 병원균은 최소한 생활사 일부를 숙주 안에서 수행하고 그 결과 흔히 질병이 발생한다. 세계대전이 끝날 무렵, 많은 사람들은 감염성 질환이 통제될 것이라고 믿었다. 말라리아는 모기를 죽이는 살충제 DDT의 사용을 통해 박멸될 것이고 백신은 디프테리아를 예방하고 개선된 위생 방법은 콜레라의 전염을 막는 데 도움이 될 것이라고 생각했다. 말라리아는 박멸과는 거리가 멀다. 1986년 이래 뉴저지, 캘리포니아, 플로리다, 뉴욕, 텍사스에서 이 질병이 크게 발생하였고 전 세계적으로 3억 명이 감염되었다. 1994년에 미국에서 나타난 디프테리아는 대규모 디프테리아 유행병을 겪은 구소련의 신생 독립 국가에서 온 여행객에 의해 들어왔다. 이 전염병은 1998년에 통제되었다. 콜레라는 전 세계의 저개발 지역에서 여전히 대규모로 발생하고 있다.

신종 전염병

이와 같은 최근의 대규모 발병 사례는 전염병이 사라지지 않고 오히려 다시 출현하고 증가한다는 사실을 일깨워준다. 또한 다수의 **신종 전염병(emerging infectious disease, EID)**은 최근 몇 해 동안 갑자기 발생했다. 이들은 새롭거나 변화되었고 그 발생률이 증가하거나 가까운 미래에 증가할 가능성이 있는 질병이다. EID가 증가하는 한 요인은 기존 생명체[예로 *Vibrio cholerae*(비브리오 콜레라)]의 진화적 변화이다. 즉, 발달한 현대 운송 수단에 의해 이미 알고 있는 질병(예로 웨스트 나일 바이러스)이 새로운 지역 혹은 집단으로 확산되는 것, 산림 벌채 및 개발 등으로 생태적 변화를 겪는 지역에서 새롭고 드문 전염성 병원체(예로 베네수엘라 출혈성 바이러스)에 노출되는 빈도가 증가하는 것 등이다. 또한 EID는 항생제 내성의 결과(예로 반코마이신 내성 황색포도상구균)로 생길 수도 있다. 최근 몇 년 동안 증가하고 있는 발병 수는 문제가 확산되고 있음을 확실하게 보여준다.

2012년 4월과 2014년 6월 사이에, **중동호흡기증후군 코로나바이러스(Middle East respiratory syndrome coronavirus, MERS-CoV)**라고 하는 새로운 바이러스로 인해 339명의 확인된 환자들과 100명의 사망자가 발생했다. 이 바이러스가 속하는 과(family)의 바이러스들은 감기에서 **중증급성호흡기증후군(severe acute respiratory syndrome, SARS)**까지 질병을 일으킨다. 보고된 모든 사례들이 중동과 연관되어 있기 때문에, 이 새로운 전염병을 중동호흡기증후군, **메르스(MERS)**라고 부른다. SARS는 2002년 중국에서 처음 발병한 전염병이다. 이 질병은 사스 연관 코로나바이러스(SARS-associated coronavirus, SARS-CoV)에 의한 바이러스 감염이다.

돼지 독감(swine flu)으로도 알려진 **H1N1 인플루엔자(독감)**는 인플루엔자 H1N1이라고 하는 새로운 바이러스에 의해 발생한 인플루엔자의 한 유형이다. H1N1는 2009년 4월에 미국에서 처음 발견되었다. 2009년 6월 세계보건기구는 H1N1 독감을 **세계적 유행병(pandemic disease)**으로 선언했다.

조류 인플루엔자 A(H5N1) 혹은 **조류독감(bird flu)**은 동남아시아 8개국에서 수백만 마리의 가금류와 24명을 목숨을 앗아간 2003년에 대중의 관심을 끌었다. 조류 인플루엔자 바이러스는 전 세계적으로 조류에서 발생한다. 2013년에는 중국에서 131명이 또 다른 조류독감, H7N9에 감염되었다. 야생 조류가 인플루엔자를 가금류에 퍼뜨려 죽음에 이르게 한다.

인플루엔자 A 바이러스는 오리와 닭, 돼지, 고래, 말, 물개 등 많은 다양한 동물에서도 발견된다. 보통 인플루엔자 A 바이러스의 각 하위 종류는 특정 종에 특이적이다. 그러나 보통 한 종에서 볼 수 있는 인플루엔자 A 바이러스는 때때로 다른 종으로 넘어가 병을 일으킨다. 모든 하위 종류의 인플루엔자 A 바이러스는 돼지에 감염될 수 있다. 인플루엔자가 동물에서 사람으로 직접 감염되는 것은 드문 일이지만 조류 인플루엔자 A 바이러스와 돼지 인플루엔자 바이러스가 원인이 된 사람의 감염과 발병이 산발적으로 보고되어왔다. 2008년에 조류 인플루엔자에 의해 242명이 감염되었고 이들 중 절반 정도가 목숨을 잃었다. 다행히 이 바이러스는 아직 사람 사이에 성공적으로 전염되도록 진화되지 않았다.

1997년 이후 발견된 조류 인플루엔자에 의한 사람의 감염이 다른 사람으로 전염이 계속되는 결과는 보고되지 않았다. 그러나 조류 바이러스가 변화되어 사람 간에 쉽게 퍼지는 능력을 얻을 가능성이 있기 때문에 사람의 감염과 사람에서 사람으로 전염을 감시하는 것은 중요하다. 미국의 식품의약국(US FDA)은 조류 인플루엔자 바이러스에 대한 사람 백신을 2007년 4월에 승인했다.

항생제는 세균 감염 치료에 중요하다. 그러나 수십 년간에 걸친 항생제 오남용은 항생제 내성 세균이 번성하는 환경을 만들어왔다. 세균 유전자의 무작위 돌연변이는 해당 세균을 항생제 내성 세균으로 만들 수 있다. 그 항생제 존재 하에서 내성 세균은 다른 항생제에 취약한 세균에 비해 증식할 수 있는 이점이 있다. 항생제 내성 세균은 세계 보건의 위기를 가져왔다.

Staphylococcus aureus(황색포도상구균)는 여드름과 종기에서 폐렴, 식중독, 수술 상처 감염까지 광범위하게 사람의 감염을 유발하고 병원 관련 감염의 중요한 원인이다. 황색포도상구균 감염에 페니실린 치료가 초기에 성공을 거둔 후, 페니실린 내성 황색포도상구균이 1950년대 병원에서 주요 위협으로 등장하여 메티실린을 사용하게 되었다. 1980년대에는 **MRSA**라 부르는 **메티실린 내성 황색포도상구균(methicillin-resistant *S. aureus*)**이 등장하고 많은 병원에서 발병되어 반코마이신 사용이 증가되었다. 1990년대 후반에 **반코마이신에 덜 민감한 황색포도상구균(vancomycin-intermediate *S. aureus*, VISA)**의 감염이 보고되었다. 2002년에 미국이 있는 환자에서 **반코마이신 내성 황색포도상구균(vancomycin-resistant *S. aureus*, VRSA)**에 의한 감염이 보고되었다.

2010년 3월 세계보건기구는 북서부 러시아와 같은 일부 지역에서 결핵을 가진 사람 전체의 약 28%가 다약제내성 결핵(MDR-TB)을 갖고 있다고 보고했다. 다약제내성 결핵은 결핵에 가장 효과적인 항생제인 이소니아지드와 리팜피신에까지 내성을 가진 세균에 의해 발생한다.

다양한 가정용 청소 제품에 첨가하는 항균물질은 항생제와 여러 방면에서 유사하다. 올바르게 사용하면 이들은 세균의 성장을 억제한다. 그러나 모든 집안의 표면을 항균제로 문지르면 내성 세균이 살아남는 환경을 만든다.

일상적인 집안 청소와 손 씻기는 필요하지만 기본적인 비누와 세제(항균제 추가 없이)로 충분하다. 또한 염소표백제, 알코올, 암모니아, 과산화수소 같이 빨리 증발하는 화학물질은 잠재적인 병원균을 제거하고 내성 세균의 성장을 촉진하는 잔류물을 남기지 않는다.

웨스트 나일 뇌염(West Nile encephalitis, WNE)은 웨스트 나일 바이러스(West Nile virus)가 유발하는 뇌의 염증이다. WNE는 1937년 우간다의 웨스트 나일 지역에서 처음 진단되었다. 1999년에 북미에서는 처음으로 이 바이러스가 뉴욕시에 있는 사람들에서 나타났다. 2007년에 웨스트 나일 바이러스는 43개 주에서 3,600명 이상을 감염시켰다. 웨스트 나일 바이러스는 이제 48개 주에 있는 텃새에 정착되었다. 새에 의해 운반되는 이 바이러스는 새들 간에 그리고 말과 사람에게 모기를 통해 전송된다. 웨스트 나일 바이러스는 감염된 여행자나 이주 철새에 의해 미국에 도착했을 것이다.

대장균은 인간을 비롯한 척추동물의 대장에서 정상적으로 거주하면서 특정 비타민을 생산하고 소화 못 시키는 물질을 분해하기 때문에 대장균의 존재는 유용하다. 그러나 **대장균 O157:H7**이라고 불리는 종은 장에서 자라면 피가 섞인 설사를 유발한다. 이 종은 1982년에 처음 알려지게 되었고 그때부터 공중보건의 문제로 대두되었다. 현재 이것은 전 세계적으로 설사의 주요 원인이다. 1996년 대장균 O157:H7 감염의 결과로 일본에서 9,000명이 아팠고 7명이 사망했다. 날고기와 살균하지 않은 음료의 오염과 관련된 대장균 O157:H7에 의한 감염이 최근 미국에서 발생하자 공중보건 당국은 식품 속에 있는 세균 검사를 위한 새로운 방법 개발을 모색하게 되었다.

2004년에 새로운 전염병 세균인 클로스트리디움 디피실리균(*Clostridium difficile*)의 출현이 보고되었다. 이 세균은 다른 균보다 더 많은 독소를 생성하며 항생제에 내성이 강하다. 미국에서 *C. difficile* 감염으로 일 년에 약 14,000명의 사람이 죽는다. 거의 모든 *C. difficile* 감염은, 감염된 환자나 주변환경에 접촉하여 손이 오염된 의료진을 통해 환자간에 감염이 자주 전파되는 의료 환경에서 발생한다.

1995년에 콩고 민주공화국의 한 병원 실험실의 연구원이 발열과 출혈이 있는 설사 때문에 창자의 천공이 의심되어 수술을 했다. 출혈이 시작된 후에 그의 피는 혈관에서 응고되기 시작했다. 며칠 후 그가 머문 병원의 의료진에게 비슷한 증상이 발생했다. 이들 중 한 명은 다른 시에 있는 병원으로 옮겨졌다. 두 번째 병원에서 그 환자를 돌보던 사람 역시 증상이 나타났다. 전염병이 잠잠해질 즈음, 315명이 **에볼라 출혈열(Ebola hemorrhagic fever, EHF)**에 걸렸고 이들 중 75% 이상이 사망했다. 이 전염병은 미생물학자들이 그 지역에서 보호장비의 사용에 대한 훈련과 교육을 실시하면서 통제되었다. 감염된 피나 다른 체액 및 조직 접촉이 사람 대 사람의 전염으로 이어진다.

미생물학자들이 사람에서 에볼라 바이러스를 최초로 분리한 것은 앞서 1976년에 콩고 민주공화국에서 발병했을 때이다. (바이러스 이름은 콩고의 에볼라 강에서 따왔다.) 2008년에는 에볼라 바이러스의 149건의 사례가 우간다에서 발생했다. 1989년과 1996년에 필리핀에서 미국으로 수입된 원숭이들에서의 발병은 또 다른 에볼라 바이러스가 원인이었지만 사람의 질병과는 연관되지 않았다.

또 다른 출혈열 바이러스인 **마르부르크 바이러스(Marburg virus)**의 기록된 발병 사례는 드물다. 첫 사례는 우간다에서 온 아프리카 녹색 원숭이를 다루던 유럽의 실험실 근무자였다. 1975년과 1998년 사이에 아프리카에서 네 번의 발발이 확인되었는데 2~154명이 감염되었고 56%의 사망률이 보였다. 2004년 발발로 인해 227명이 죽었다. 미생물학자들은 많은 동물을 연구해왔으나 아직 EHF와 마르부르크 바이러스의 자연 보유숙주를 찾아내지 못했다.

1993년 위스콘신의 밀워키에서 공공 용수 공급을 통해 전파된 **와포자충증(cryptosporidiosis)**의 발생으로 403,000명으로 추산되는 사람이 설사병에 걸렸다. 이 발병의 주범은 원생동물인 포자충(*Cryptosporidium*)이었다. 1976년에 인간 질병의 원인으로 첫 보고된 이것은 개발 도상국에서 설사 질환 원인의 30%를 차지한다. 미국에서는 먹는 물, 수영장, 그리고 오염된 병원 물품 등을 통해 전염되었다.

에이즈(후천성면역결핍증후군; acquired immunodeficiency syndrome, AIDS)는 1981년에 몇몇 젊은 동성애 남자가 과거에 주폐포자충(*Pneumocystis*) 폐렴으로 알려진 희귀한 종류의 폐렴으로 죽었다는 로스엔젤레스발 보고서와 함께 처음 대중의 관심을 끌었다. 이 남자들은 정상적으로 감염성 질병과 싸우는 면역계의 심각한 약화를 겪었다. 곧 이런 사례는 젊은 동성애 남자 사이에서 희귀한 형태의 암인 카포시 육종이 비정상적으로 많이 발생하는 것과 상관관계가 있는 것으로 드러났다. 이런 희귀 질환의 비슷한 증가가 혈우병 환자와 정맥 마약 사용자 사이에도 발견되었다.

연구진은 AIDS의 원인이 이전에는 알려지지 않은 바이러스(그림 1.1e 참조)라는 것을 빠르게 밝혀냈다. 지금은 **인간면역결핍바이러스(human immunodeficiency virus, HIV)**라고 부르는 이 바이러스는 면역체계의 방어에 중요한 백혈구의 한 종류인 $CD4^+$ T세포를 파괴한다. 면역계가 정상 기능을 유지했더라면 다른 미생물 감염과 암을 이겨낼 수 있었을 것이다. 아직까지 이 질병은 한번 증상이 발전하면 피할 수 없이 치명적이다.

의학 연구자는 질병의 패턴을 연구함으로써 HIV가 성관계에 의해 또는 오염된 주사바늘에 의해, 감염된 산모로부터 모유를 통해 신생아로 그리고 수혈에 의해 확산될 수 있다는 것을 밝혀냈다. 간단히 말해서 체액을 통해 한 사람에서 다른 사람으로 전파되어 확산된다. 1985년 이후부터는 수혈에 사용되는 혈액을 대상으로 HIV의 오염 검사를 철저하게 하고 있다. 따라서 이제 이런 식으로 바이러스가 퍼지는 일은 거의 없을 것이다.

2013년 말 기준으로 미국에서는 100만 명 이상이 에이즈와 함께 살고 있다. 5만 명 이상의 미국인이 감염되어 매년 18,000명이 죽는다. 2010년 보건 당국은 130만 명의 미국인이 HIV에 감염되었다고 추정했다. 2009년에 세계보건기구는 전 세계에서 3,300만 명 이상이 HIV/AIDS에 감염되었고 매일 7,500명의 새로운 감염자 생긴다고 보고했다.

향후 과학자들은 미생물학적인 기술을 계속 적용하여 이 치명적인 HIV의 구조와 어떻게 이것이 전염되는지, 어떻게 세포 내에서 자라고 병을 유발하는지, 어떻게 약이 이것에 작용할 수 있는지, 효과적인 백신이 개발될 수 있는지에 대해 더 알려고 할 것이다. 또한 공중보건당국은 교육을 통한 예방법에 초점을 맞추고 있다.

AIDS가 이 세기의 가장 강력하게 건강을 위협하는 것 가운데 하나로 제기되지만 이것이 최초의 심각한 성매개 전염병은 아니다. 매독 또한 한때 치명적인 전염병이었다. 1941년도만 해도 매독으로 미국에서 연간 14,000명의 사망했다. 치료 가능한 약물이 거의 없고 이를 막는 백신이 없어 이 질병을 조절할 노력으로 주로 성적 행동의 변화와 콘돔의 사용에 초점을 맞추었다. 매독을 치료하는 약물의 궁극적인 개발은 이 질병의 확산을 막는 데 크게 기여했다. 미국 질병통제예방센터(CDC)에 따르면 보고된 매독 사례가 1943년에 575,000건을 정점으로 떨어지기 시작하여 2004년에 이때까지 가장 낮은 5,979건이 되었다. 그러나 이후로 사례가 증가하고 있다.

미생물학적인 기술은 과학자들이 매독이나 천연두와의 싸우는 것을 도운 것처럼 21세기에 새로 발생하는 감염성 질환을 밝히는 것을 도와줄 것이다. 의심할 여지 없이 새로운 질병이 나타날 것이다. 에볼라 바이러스와 인플루엔자 바이러스는 능력을 변화하여 다른 숙주 종에 감염할 수 있는 바이러스의 예이다.

항생제로 인해 그리고 미생물을 무기로 사용함으로써 전염성 질병이 다시 출현할 수도 있다. 이전에 제어되던 감염에 대한 공중보건 조치가 무너져 예상치 못한 결핵과 백일해, 디프테리아 등의 발병 사례도 있었다.

* * *

이 책은 엄청나게 다양한 현미경적 생물을 소개한다. 이 책은 여러분에게 에이즈나 설사 같은 질병과 아직 밝혀지지 않은 질병을 일으키는 미생물을 연구하기 위해 특별한 기술과 절차를 미생물학자들이 어떻게 사용하는지를 보여준다. 아울러 여러분은 어떻게 몸이 미생물의 감염에 반응하는지 어떻게 특정 약물이 미생물 질병과 싸우는지에 대해서도 배울 것이다. 마지막으로 우리 주변의 세상에서 미생물이 행하는 많은 유익한 역할에 대해 배울 것이다.

학습 개요

생활 속 미생물(3쪽)

1. 너무 작아 맨눈으로 볼 수 없는 살아 있는 것을 미생물이라고 한다.
2. 미생물은 지구 환경의 균형을 유지하는 데 중요하다.
3. 일부 미생물은 사람과 다른 동물에 살고 있고 건강 유지에 필요하다.
4. 일부 미생물은 음식과 화학물질을 생산하는 데 이용된다.
5. 일부 미생물은 질병을 유발한다.

미생물의 명명과 분류(3~6쪽)

명명법(3쪽)

1. Carolus Linnaeus가 제안된 명명법 체계에서(1735), 살아 있는 각 생명체는 두 개의 이름이 할당된다.
2. 두 개의 이름은 속명과 종명으로 구성되고 둘 다 밑줄 치거나 이탤릭체로 쓴다.

미생물의 종류 (3~6쪽)

3. 세균은 단세포성 생물이다. 이들은 핵이 없기 때문에 원핵생물이라고 표현한다.
4. 대부분의 세균은 펩티도글리칸(peptidoglycan) 세포벽을 가진다; 그들은 이분법으로 나뉘고 편모를 가지기도 한다.
5. 세균은 영양분으로 광범위한 화학물질을 이용할 수 있다.
6. 고세균은 원핵세포로 구성된다; 이들은 세포벽에 펩티도글리칸이 결핍되어 있다.
7. 고세균은 메탄생성세균, 극호염세균, 극호열세균을 포함한다.
8. 균류(버섯, 곰팡이, 효모)는 진핵세포(진정한 핵을 가진 세포)이다. 대부분의 균류는 다세포성이다.
9. 균류는 주위에서 유기물질을 흡수하여 영양분을 얻는다.
10. 원생동물은 단세포성 진핵생물이다.
11. 원생동물은 특수한 구조를 통한 흡수나 섭취로 영양분을 얻는다.
12. 조류는 단세포성 또는 다세포성 진핵생물로 광합성으로 영양분을 얻는다.
13. 조류는 산소와 탄수화물을 생산하고 이를 다른 생명체가 이용한다.

14. 바이러스는 비세포성 개체로 세포에 기생한다.

15. 바이러스는 단백질 껍질로 둘러싸인 핵산 코어(DNA 또는 RNA)로 이루어져 있다. 피막이 껍질을 둘러싸기도 한다.

미생물의 분류 (6쪽)

16. 모든 생명체는 세균, 고세균, 진핵생물로 분류된다. 진핵생물은 원생동물, 균류, 식물, 동물을 포함한다.

간략한 미생물학의 역사 (6~13쪽)

첫 발견 (6쪽)

1. Hooke의 관측은 모든 살아 있는 것은 세포로 구성된다는 개념인 세포설이 발전되는 바탕을 마련했다.

2. Anton van Leeuwenhoek는 간단한 현미경을 사용하여 미생물을 최초로 관측했다(1673).

자연발생설에 대한 논쟁 (6~7쪽)

3. 1880년대 중반까지 많은 사람들은 무생물로부터 살아 있는 생명체가 생긴다는 생각인 자연발생설을 믿었다.

4. Francesco Redi는 파리가 고기에 알을 낳을 수 있을 때만 썩은 고기에서 구더기가 생긴다는 것을 증명했다(1668).

5. John Needham은 미생물이 가열한 영양배지에서 자연적으로 생길 수 있다고 주장했다(1745).

6. Lazzaro Spallanzani는 Needham의 실험을 반복하고 Needham의 실험 결과가 배지로 들어간 공기에 있는 미생물 때문이라고 제안했다(1765).

생물속생설 (7~8쪽)

7. Rudolf Virchow는 생물속생설의 개념을 소개했다: 살아 있는 세포는 이미 존재하는 세포에서만 생길 수 있다(1858).

8. Louis Pasteur는 미생물이 사방에 있는 공기에 있다는 것을 증명하였고 생물속생설의 증거를 제시했다(1861).

9. Pasteur의 발견은 미생물의 오염을 막는 실험실과 의료절차에서 이용하는 무균기술의 발전을 이끌었다.

미생물학의 황금기 (8~10쪽)

10. 미생물학의 과학은 1857년에서 1914년 사이에 빠르게 진보했다.

11. Pasteur는 효모가 당을 알코올로 발효하고 세균이 알코올을 초산으로 산화할 수 있다는 것을 발견했다.

12. 저온살균이라 불리는 가열과정은 일부 알코올 음료와 우유에 있는 미생물을 죽이는 데 이용된다.

13. Agostino Bassi(1835)와 Pasteur(1865)는 미생물과 질병 사이의 인과관계를 증명했다.

14. Joseph Lister는 사람에서 감염을 억제하기 위해 수술 상처를 깨끗이 하는데 소독제의 사용을 도입했다(1860년대).

15. Robert Koch는 미생물이 질병을 일으킨다는 것을 증명했다. 그는 이제는 코흐 원칙(1876)이라고 불리는 일련의 과정을 이용했다. 오늘날 이것은 특정 미생물이 특정 질병을 일으킨다는 것을 증명하는 데 이용된다.

16. 1798년에 Edward Jenner는 우두 물질을 사람에게 접종하면 천연두에 면역이 생기는 것을 증명했다.

17. 1880년경 Pasteur는 비독성 세균이 가금콜레라에 대한 백신으로 사용될 수 있다는 것을 밝혔다; 그는 백신이라는 신조어를 만들었다.

18. 현대의 백신은 살아 있는 비독성 미생물이나 죽은 병원균으로 만들거나 병원균의 분리된 구성성분과 유전자 재조합기술을 이용하여 만든다.

현대 화학요법의 탄생: "마법 탄환"의 꿈 (10~11쪽)

19. 화학요법은 질병을 화학물질로 치료한다.

20. 두 종류의 화학요법제는 합성약물(실험실에서 화학적으로 제조한)과 항생제(자연에서 세균과 균류가 생산하는 다른 미생물의 성장을 억제하는 물질)이다.

21. Paul Ehrlich는 매독을 치료하는 살바르산(salvarsan)이라는 비소함유 화학물질을 소개했다(1910).

22. Alexander Fleming은 곰팡이 페니실리움(*Penicillium*)이 세균 배양의 성장을 억제하는 것을 관찰했다. 그는 활성 성분을 페니실린이라고 명명했다(1928).

23. 연구자들은 항생제 내성 미생물로 인한 문제와 맞싸우고 있다.

현대 미생물학의 발전 (11~13쪽)

24. 세균학은 세균에 대한 연구이고, 균학은 균류에 대한 연구, 기생충학은 기생하는 원생동물과 벌레에 대한 연구이다.

25. 미생물학자는 한 생명체의 전체 유전자에 대한 연구인 유전체학을 세균과 균류, 원생동물을 분류하는 데 활용한다.

26. 에이즈에 대한 연구, 인터페론의 작동에 대한 분석, 새로운 백신의 개발은 현재 면역학에서 관심 있는 연구분야이다.

27. 분자생물학에서 새로운 기술과 전자현미경이 바이러스학 지식의 진보를 가져왔다.

28. 유전자 재조합 기술의 발전은 미생물학의 전분야에 걸쳐 진보를 가져왔다.

미생물과 인류의 복지 (13~14쪽)

1. 미생물은 죽은 식물과 동물을 분해하고 화학 원소를 살아 있는 식물과 동물이 사용하도록 재활용한다.

2. 세균은 하수의 유기물질을 분해하는 데 이용된다.

3. 생물정화 과정은 독성 폐기물을 제거하는 데 세균을 이용한다.

4. 곤충에서 질병을 유발하는 세균은 해충을 생물학적으로 제어하는 데 이용되고 있다. 생물학적 제어는 해충에만 특이적이고 환경에는 해를 끼치지 않는다.

5. 미생물을 이용하여 식품과 화학물질을 생산하는 것을 생명공학이라고 한다.

6. 재조합 DNA를 이용하여 세균은 단백질과 백신, 효소 같은 중요한 물질을 생산할 수 있다.

7. 유전자 요법에서 바이러스는 결핍 또는 손상된 유전자의 대체품을 사람의 세포로 운반하는 데 이용된다.

8. 유전자 변형 세균은 서리와 곤충으로부터 식물을 보호하고 제품의 저장기간을 개선하기 위해 농업에 이용된다.

미생물과 인간의 질병 (14~18쪽)

1. 모든 사람은 몸에 미생물을 가지고 있다; 이들이 정상 미생물상을 이룬다.

2. 미생물종의 질병을 유발하는 특성과 숙주의 저항성은 사람이 병에 걸릴지를 결정하는 중요한 요소이다.

3. 세균의 집단은 표면에 생물막이라는 점액층을 형성한다.

4. 감염성 질환에서 병원균은 취약한 숙주에 침입한다.

5. 신종 전염병(EID)은 최근에 발병률이 증가되는 혹은 가까운 미래에 증가할 가능성을 있는 새롭거나 변화된 질병이다.

학습 질문

복습과 객관식 문제에 대한 해답은 책 뒤에 있음.

복습 문제

개요

1. 자연발생설의 개념은 어떻게 생기게 되었나?

2. 다음에서 미생물이 하는 역할을 간단히 말하시오.
   a. 해충의 생물학적 방제
   b. 원소의 재활용
   c. 정상 미생물상
   d. 하수처리
   e. 인슐린 생산
   f. 백신 생산
   g. 생물막

3. 다음의 과학자에게는 어떤 분야의 미생물이 적합할까?

과학자	분야
______ a. 유독 폐기물의 생분해에 대한 연구	1. 생명공학
______ b. 에볼라 출혈열의 원인 물질에 대한 연구	2. 면역학
______ c. 미생물에서 사람 단백질을 생산하는 연구	3. 미생물 생태학
______ d. 에이즈 증상에 대한 연구	4. 미생물 유전학
______ e. 대장균이 생산하는 독소에 대한 연구	5. 미생물 생리학
______ f. *Cryptosporidium*의 생활사에 대한 연구	6. 분자생물학
______ g. 질병에 대한 유전자 요법의 개발	7. 균류학
______ h. 균류인 *Candida albicans* 대한 연구	8. 바이러스학

4. A열과 B열의 설명이 맞는 것끼리 연결하시오.

A열	B열
______ a. 고세균	1. 세포로 구성되어 있지 않음
______ b. 조류	2. 키틴으로 만들어진 세포벽
______ c. 세균	3. 펩티도글리칸으로 만들어진 세포벽
______ d. 균류	4. 섬유소로 만들어진 세포벽; 광합성을 함
______ e. 기생충	5. 단세포성, 세포벽이 결핍된 복잡한 세포 구조
______ f. 원생동물	6. 다세포성 동물
______ g. 바이러스	7. 세포벽에 펩티도글리칸이 없는 원핵생물

5. A열과 B열의 설명이 맞는 것끼리 연결하시오.

A열	B열
______ a. 에이버리와 매클라우드, 맥카티	1. 천연두에 대한 백신 개발
______ b. 비들과 테이텀	2. 세포에서 DNA가 단백질 합성을 조절하는 방법을 발견
______ c. 버그	3. 페니실린의 발견
______ d. 에를리히	4. 한 세균에서 다른 세균으로 DNA가 전달될 수 있음을 발견
______ e. 플레밍	5. 자연발생설을 반박
______ f. 후크	6. 최초로 바이러스를 특징 지음
______ g. 이바노스키	7. 수술과정에서 처음으로 살균제를 이용
______ h. 자코브와 모노	8. 최초로 세균을 관찰
______ i. 제너	9. 최초로 식물체 물질의 세포를 관측하고 이름 지음
______ j. 코흐	10. 바이러스의 여과성을 관찰
______ k. 란스필드	11. DNA가 유전물질임을 증명
______ l. 레더버그와 테이텀	12. 미생물이 질병을 유발할 수 있음을 증명
______ m. 리스터	13. 살아 있는 세포는 이미 존재하는 살아 있는 세포에서 생긴다고 말함
______ n. 파스퇴르	14. 유전자가 효소를 부호화함을 보여줌
______ o. 스탠리	15. 동물 DNA를 세균 DNA에 접합함
______ p. 반 뢰벤후크	16. 아세톤 생산에 세균을 이용
______ q. 피르호	17. 합성된 화합요법제를 최초로 사용
______ r. 바이츠만	18. 세포벽에 있는 항원을 기준으로 연쇄상구균의 분류체계를 제안

6. 상점에서 다음의 미생물을 구입할 수 있다. 각각을 살 수 있는 이유를 쓰시오.
   a. *Bacillus thuringiensis*
   b. *Saccharomyces*

7. 그려보기 파스퇴르의 실험에서 공기 중의 미생물의 종착지를 그림으로 보이시오.

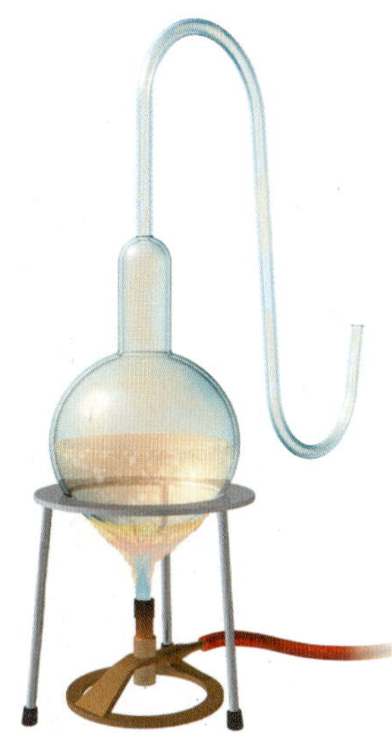

8. 이름 답하기 무슨 종류의 미생물이 펩티도글리칸 세포벽을 가지는지, 핵에 담기지 않은 DNA를 가지는지, 그리고 편모를 가지는지 이름을 쓰시오.

객관식 문제

1. 다음 중 어느 것이 과학적 이름인가?
   a. *Mycobacterium tuberculosis*
   b. Tubercle bacillus

2. 다음 중 세균의 특징이 아닌 것은?
   a. 원핵생물이다
   b. 세포벽에 펩티도글리칸을 가진다
   c. 같은 모양이다
   d. 이분법으로 자란다
   e. 이동할 능력이 있다

3. 다음 중 Koch의 세균병원설의 가장 중요한 요소는 어느 것인가? 이때 동물은 질병의 증상을 보인다.
   a. 동물이 아픈 동물과 접촉했다.
   b. 동물이 저하된 저항성을 가지고 있다.
   c. 동물에서 미생물이 관찰되었다.
   d. 미생물이 동물에 접종된다.
   e. 동물로부터 미생물을 배양할 수 있다.

4. 재조합 DNA는
   a. 세균에 있는 DNA이다.
   b. 유전자의 작동법에 대한 연구이다.
   c. 두 다른 생명체의 유전자를 섞은 결과로 만들어진 DNA이다.
   d. 식품 생산을 위한 세균의 이용이다.
   e. 유전자에 의한 단백질의 생산이다.

5. 다음 서술 중 생물속생설의 가장 정확한 정의는?
   a. 비생물 물질에서 살아 있는 생명체가 생긴다.
   b. 살아 있는 세포는 이미 존재하는 세포로부터만 생길 수 있다.
   c. 생명력은 생명에 필요하다.
   d. 공기는 살아 있는 생명체에 필요하다.
   e. 미생물은 무생물 물질로부터 생길 수 있다.

6. 다음 중 미생물의 유익한 활성은?
   a. 일부 미생물은 식용으로 이용된다.
   b. 일부 미생물은 이산화탄소를 이용한다.
   c. 일부 미생물은 식물 성장을 위해 질소를 제공한다.
   d. 일부 미생물은 하수 처리과정에 이용된다.
   e. 위의 모두

7. 지구상에서 생명이 존재하는데 세균이 필수적이라고 이야기되어 왔다. 다음 중 세균에 의해 행해지는 필수적인 기능은 무엇인가?
   a. 곤충 수의 조절
   b. 직접 음식물로 제공
   c. 유기물질의 분해와 원소의 재활용
   d. 질병을 유발
   e. 인슐린 같은 사람의 호르몬을 생산

8. 다음 중 생물정화의 예는?
   a. 기름을 분해하는 세균을 기름 유출에 적용
   b. 동해 방지를 위해 작물에 세균을 적용
   c. 기체 질소를 이용 가능한 질소 형태로 고정
   d. 인터페론 같은 사람 단백질을 미생물로 생산
   e. 위의 모두

9. Lavoisier가 공기 중의 생명 유지에 필요한 성분이 산소라고는 것을 보였기 때문에 자연발생설에 대한 Spallanzani의 결론은 도전을 받았다. 다음 중 올바른 설명은?
   a. 모든 생명은 공기를 필요로 한다.
   b. 질병을 유발하는 생물체만이 공기를 필요로 한다.
   c. 일부 미생물은 공기를 필요로 하지 않는다.
   d. Pasteur는 그의 생물발생 실험에서 공기를 제거했다.
   e. Lavoisier가 실수했다.

10. 다음 중 대장균에 대한 설명으로 틀린 것은?
   a. 대장균은 Koch에 의해 최초로 확인된 질병을 유발하는 세균이다.
   b. 대장균은 사람의 고유미생물상의 일부이다.
   c. 대장균은 사람의 장에 유익하다.
   d. 질병을 유발하는 대장균의 한 종은 출혈을 동반한 설사를 일으킨다.
   e. 전부 아님

2 미생물의 세포 구조와 기능

미생물은 너무 작아서 맨눈으로는 볼 수 없다. 이들은 현미경으로 관찰해야만 한다. 현미경(microscope)이라는 단어는 라틴어 *micro*(작다)와 그리스어 *skopos*(보기)에서 유래됐다. 현대 미생물학자는 현미경을 사용하여 훨씬 선명하게 레벤후크(van Leewenhoek)의 단렌즈보다 10배에서 1,000배 더 크게 확대한다(그림 1.2b 참조). 이번 장은 여러 종류의 현미경이 어떤 기능을 하는지, 사용할 때 왜 어떤 종류가 다른 것보다 선호되는지에 대한 설명으로 시작한다. 사진에서 보는 헬리코박터 파이로리(*Helicobacter pylori*)는 나선 모양의 세균으로 1886년에 해부용 시신의 위에서 처음 발견되었다.

어떤 미생물은 다른 것에 비해 더 쉽게 볼 수 있는데 그 이유는 이들의 크기가 크고 형태가 더 쉽게 관찰할 수 있는 특징이 있기 때문이다. 그러나 많은 미생물은 여러 염색과정을 거쳐야만 세포벽과 협막, 기타 다른 구조가 무색의 자연 상태를 벗을 수 있다.

모든 살아 있는 세포는 특정 구조 및 기능상의 특성을 기준으로 두 개의 그룹, 원핵생물과 진핵생물로 나눌 수 있다. 원핵생물에서는 유전물질인 DNA가 보통 한 개의 원형 염색체를 이루며 막으로 둘러싸여 있지 않다. 진핵생물은 막으로 둘러싸인 핵 안에 여러 개의 염색체를 갖는다. 원핵생물에는 여러 기능을 수행하는 특화된 구조, 즉 막으로 둘러싸인 세포소기관이 없다.

미생물의 세계에서는 세균과 고세균이 원핵생물이고 진균류(효모와 사상균)와 원생동물, 조류는 진핵생물이다. 진핵세포와 원핵세포 모두 주변에 끈적한 당질피질(glycocalyx)을 가질 수 있다. 자연에서 대부분의 세균은 자유롭게 떠돌아 다니기보다는 다른 세포와 함께 고체표면에 부착되어 발견된다. 당질피질은 접착제로 세포를 어떤 장소에 붙게 만든다.

◀ 위궤양을 일으키는 *Helicobacter pylori* 세균

미생물 뉴스

먼지가 날리는 드럼

조나단(Jonathan)은 52살의 드러머이다. 그는 몸 전체에 식은 땀이 나는 것을 참으려고 애를 썼다. 그의 밴드는 필라델리아 지역 나이트크럽에서 공연 중이고, 그날 저녁 2부 순서를 막 마치려 하고 있다. 조나단은 사실 한동안 기분이 안 좋았다. 그는 지난 3일 동안 몸이 약해진 느낌과 숨이 차는 느낌이 지속되었다. 조나단은 노래를 끝까지 불렀으나 관중의 박수와 함성은 멀리서 들려오는 것처럼 느껴졌다. 그는 인사하기 위해 일어섰다가 쓰러졌다. 조나단은 가벼운 발열과 심한 떨림으로 근처 병원 응급실에 입원하였다. 그는 간호사에게 지난 며칠간 마른 기침도 했다고 말하였다. 담당의사는 가슴 X선 검사와 객담 배양을 지시하였다. 조나단은 탄저균(*Bacillus anthracis*)에 의한 양측성 폐렴 진단을 받았다. 담당의사는 이런 진단에 놀랐다.

어떻게 조나단이 탄저균에 감염되었는가?

조나단이 중환자실에서 치료를 받는 동안 그의 아내와 성인이 된 딸은 담당의사와 질병통제예방센터(CDC)의 조사관과 함께 조나단의 탄저균 감염 원인을 밝히기 위해 이야기를 나누었다. 조나단의 집과 차, 그리고 연습실에 걸쳐 탄저균에 대한 환경조사가 실시되었다. 그러나 그의 아내와 딸은 감염된 징후가 보이지 않았고 그의 밴드 멤버 역시 검사했지만 모두 탄저균에 음성이었다. CDC 조사관은 조나단 가족에게 탄저균은 흙에서 60년까지도 살아남을 수 있는 내생포자를 만든다고 설명한다. 사람에게는 드물지만 방목한 동물과 이것의 가죽이나 다른 부산물을 다루는 사람은 감염될 수 있다. 탄저균 세포는 폴리-D-글루탐산으로 구성된 캡슐을 가지고 있다.

캡슐이 왜 식세포에 의한 소화에 저항성을 가지는가? (식세포는 세균을 삼키고 파괴하는 백혈구이다.)

숙주의 식세포는 탄저균의 캡슐에서 발견되는 D-글루탐산과 같은 D형태의 아미노산을 쉽게 분해하지 못한다. 따라서 감염으로 발전될 수 있다. CDC 조사관의 동물 가죽에 대한 언급은 아내에게 아이디어를 주었다. 조나단은 짐베(*djembe*)라는 서아프리카 드럼을 연주한다. 드럼의 가죽은 서아프리카에서 수입된 말린 염소 가죽으로 만든다. 비록 이들 가죽의 대부분이 합법적으로 수입되지만 일부는 밀수된다. 조나단의 드럼의 가죽이 불법적으로 수입되었고 검역당국에 의해 검사되지 않았을 가능성이 있다. 짐베 드럼을 만들기 위해서는 가죽을 물에 적시고 드럼 몸체에 맞게 늘리고 깎고 갈아야 한다. 무두질 작업 중 가죽이 마르면서 많은 양의 에어로졸화된 먼지가 발생한다. 때때로 이 먼지에 디피콜린산(dipicolinic acid)을 갖는 탄저균의 내생포자가 들어 있기도 한다.

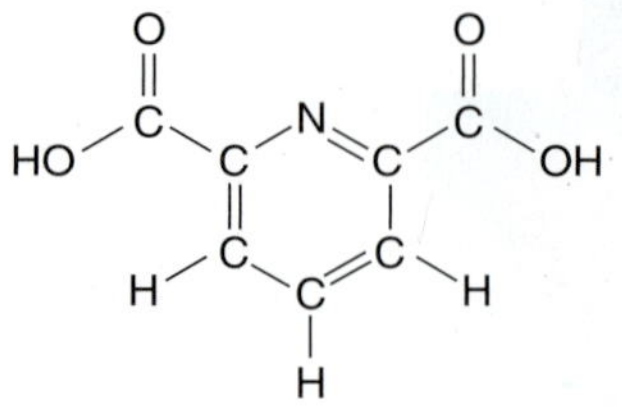

디피콜린산(dipicolinic acid)에 있는 작용기는 무엇인가? 위의 그림을 보시오.

디피콜린산의 작용기는 카르복실기이다. 탄저균 감염은 내생포자와 접촉이나 섭취, 흡입으로 걸릴 수 있다. 조나단의 경우에는 염소 가죽을 늘리고 깎고 가는 과정에서 먼지가 발생되어 드럼의 가죽과 주위 틈에 끼게 되었다. 조나단이 드럼을 두들길 때마다 탄저균 내생포자는 공기 중으로 분무된다. 그는 완전히 회복하였고 지금부터는 드럼의 어떤 부속이라도 합법적으로 수입된 것을 구입하기로 다짐한다.

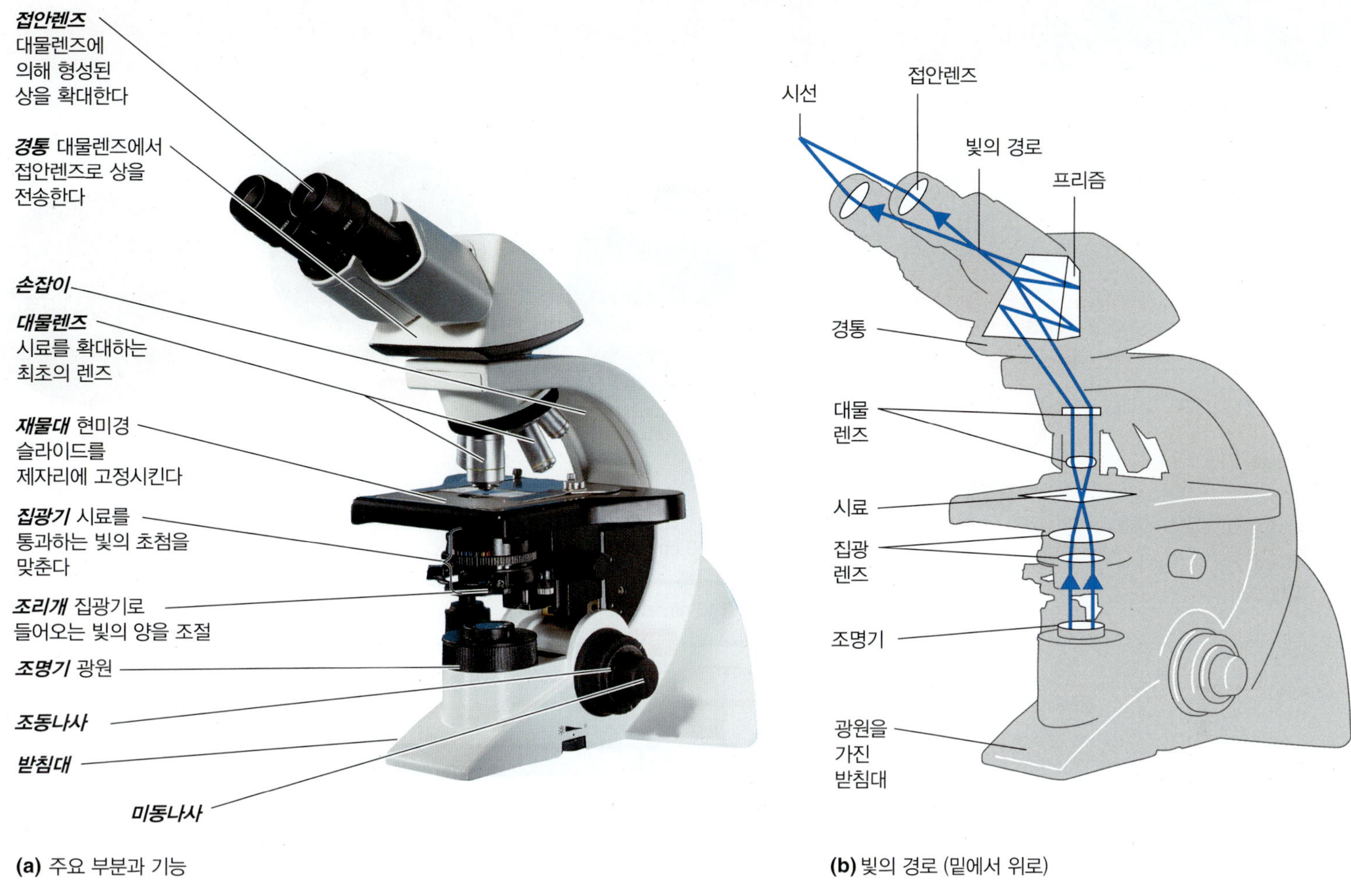

(a) 주요 부분과 기능

(b) 빛의 경로 (밑에서 위로)

그림 2.1 **복합광학현미경**

Q 배율이 40배인 대물렌즈와 10배인 접안렌즈를 가진 복합 광학현미경의 최종 배율은 얼마인가?

현미경: 기구

17세기에 반 레벤후크(van Leewenhoek)가 사용했던 간단한 현미경은 하나의 렌즈만 가지고 있어 돋보기와 비슷하였다. 그러나 반 레벤후크는 그 당시에 세계 최고의 렌즈제작자였다. 그는 단일 렌즈가 미생물을 300배 확대할 수 있을 만큼 정밀하게 연마하였다. 그는 이 간단한 현미경으로 세균을 본 최초의 사람이 되었다(그림 1.2).

로버트 후크(Robert Hooke)와 같은 레벤후크의 동시대 사람들은 여러 개의 렌즈를 가진 복합현미경을 만들었다. 사실 네덜란드 안경 제작자 자카리아스 얀센(Zaccharias Janssen)은 1600년경에 첫 번째 복합현미경을 만든 것으로 인정받는다. 그러나 이러한 초기 복합현미경은 품질이 좋지 않았고 세균을 보는 데에는 사용할 수가 없었다. 조셉 잭슨 리스터(Joesph Jackson Lister; 조셉 리스터의 아버지)가 훨씬 더 나은 현미경을 개발한 1830년까지 그러했다. 리스터 현미경이 다양하게 개선되면서 오늘날 미생물학 연구실에서 사용되는 종류의 현대식 복합현미경으로 개발되었다.

광학현미경

광학현미경(light microscopy)은 시료를 관찰하는 데 가시광선을 사용하는 모든 종류의 현미경을 말한다. 여기서는 여러 종류의 광학현미경을 알아본다.

복합광학현미경

현대의 **복합광학현미경(compound light microscope)**은 일련의 렌즈를 가지고 가시광선을 조명으로 이용한다(그림 2.1a). 복합광학현미경으로 아주 작은 시료 자체뿐만 아니라 그것의 작은 세부까지 조사할 수 있다. 일련의 정밀하게 연마된 렌즈(그림 2.1b)는 선명하게 초점이 맞은 상을 표본 자체보다 몇 배 더 크게 형성한다. 광원인 **조명기(illuminator)**에서 나온 광선이 시료를 관통하게 방향을 잡

토대 그림 2.2 현미경과 배율

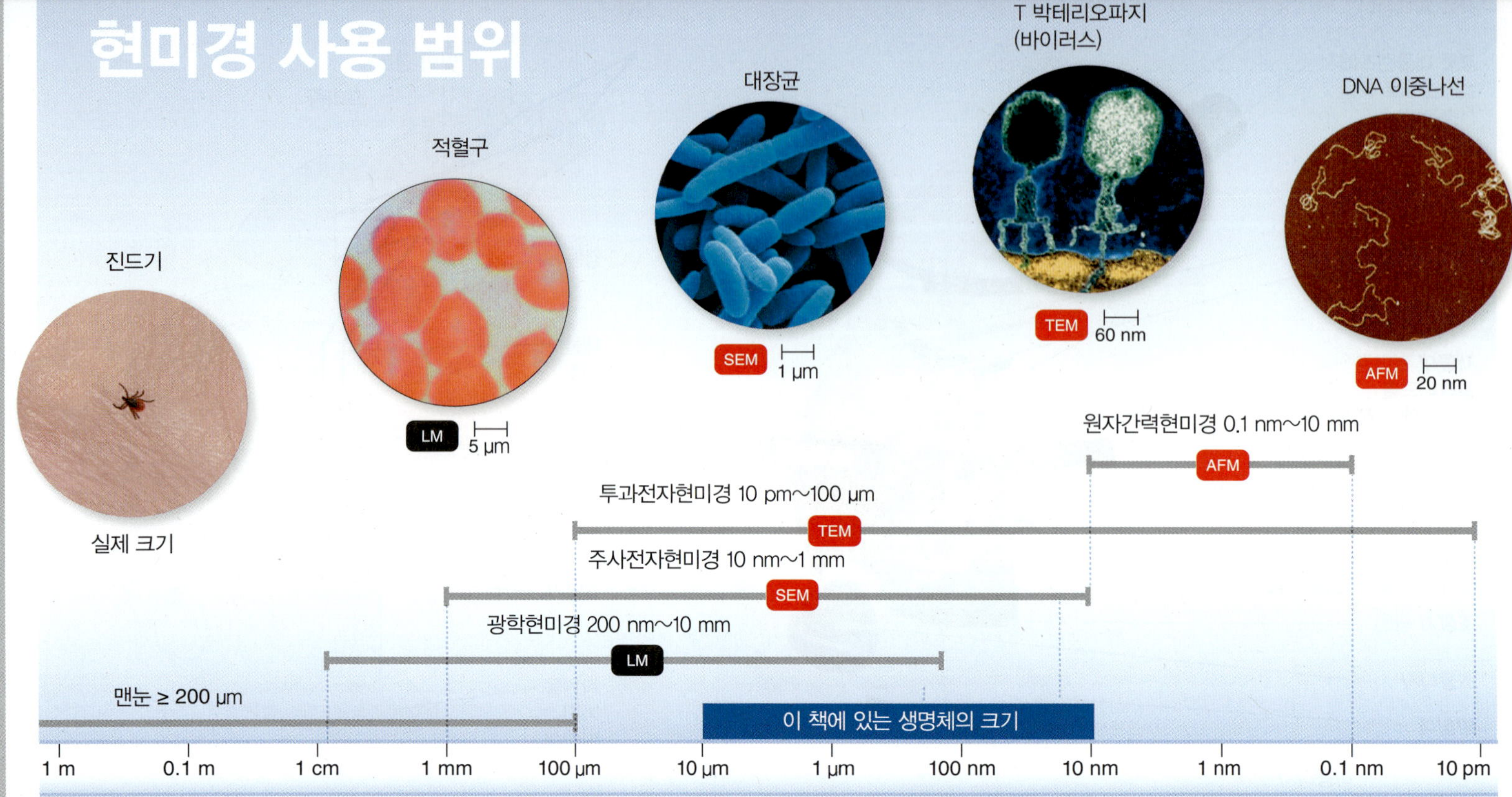

핵심 개념

- 현미경은 작은 물체를 확대하는 데 사용한다.
- 현미경의 종류에 따라 해상도가 다르기 때문에 시료의 크기에 따라 적합한 현미경을 선택한다.
- 이 책에 소개된 대부분의 현미경 사진(아래에 있는 것 같은)에는 표본의 실제 크기를 가늠하는데 도움을 주는 막대자와 기호, 그리고 사진을 찍은 현미경의 종류가 나타나 있다.
- 붉은색 아이콘은 현미경 사진이 가공되어 있다는 것을 말한다.
- 파장이 짧아질수록 해상도는 증가한다.

작은 정보

만일 세균의 길이가 1 μm이고 검지의 길이가 6.5 cm이면 이 손가락에 얼마나 많은 세균을 줄지어 놓을 수 있을까? 답: 32,500.

아주는 **집광렌즈(condenser)**를 거쳐 시료를 통과할 때 이런 배율이 나온다. 여기서부터 광선은 시료에 가장 근접한 렌즈인 **대물렌즈(objective lens)**를 통과한다. 표본의 상은 **접안렌즈(ocular lens)**에 의해 다시 확대된다.

시료의 **총 배율(total magnification)**을 대물렌즈의 배율에 접안렌즈의 배율을 곱해서 계산할 수 있다.

해상도(resolution; 분해능, *resolving power*이라고도 함)는 세부 사항과 구조를 구분할 수 있는 렌즈의 능력이다. 구체적으로 말하면 이것은 소정의 거리를 두고 있는 두 점을 구별하는 렌즈의 능력을 의미한다. 예를 들어 현미경이 0.4 nm의 분해능을 갖는다면 이것은 최소한 0.4 nm 떨어져 있는 두 점을 구별할 수 있다. 기기에 사용되는 빛의 파장이 짧으면 더 큰 해상도를 갖는 것이 현미경의 일반적인 원리이다.

그림 2.2는 사람의 눈과 광학현미경, 전자현미경으로 구분할 수 있는 다양한 표본을 보여준다.

좋은 해상도로 높은 배율(1000배)을 얻으려면 대물렌즈가 시료에 가깝게 위치해야 한다. 빛이 표본과 매체에서 다르게 굴절하면서 통과하되, 염색한 표본을 통해 빛이 통과된 다음에 빛을 잃지는 않아야 한다. 최대 배율로 광선의 방향을 유지하려면 유리슬라이드와 유침용 대물렌즈 사이를 유침(immersion oil)으로 채워야 한다(그림 2.3). 기름은 유리와 같은 굴절률을 가지므로 유침은 현미경의 광학유리의 일부가 된다. 유침을 사용하지 않으면 광선은 슬라이드에

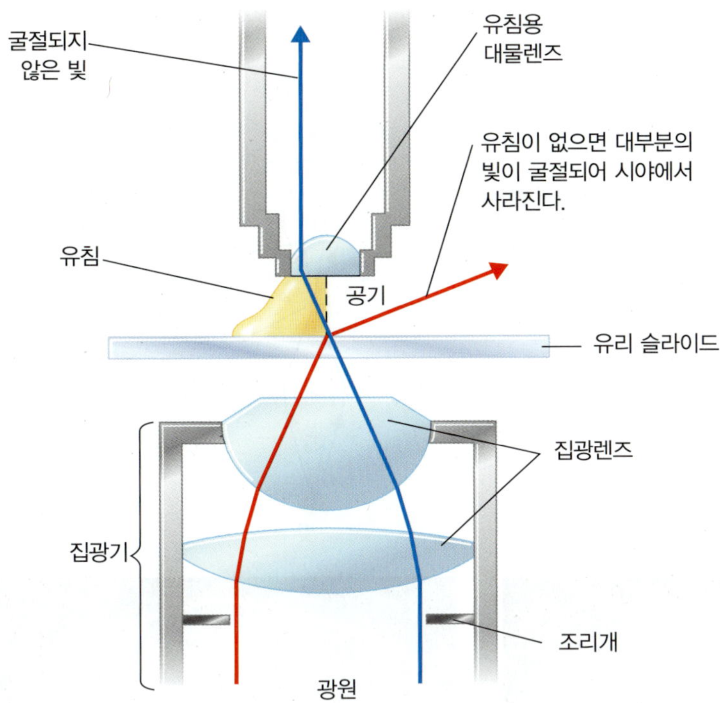

그림 2.3 유침용 대물렌즈를 사용하는 복합현미경에서 굴절. 현미경 슬라이드 유리와 유침(immersion oil)의 굴절률이 같기 때문에 유침용 대물렌즈를 이용하면 광선은 하나에서 다른 것으로 통과할 때 굴절되지 않는다. 배율이 900배보다 크면 유침의 사용이 필요하다.

Q 유침이 1000배에서는 필요하지만 왜 낮은 배율의 물체에는 필요가 없나?

서 공기로 들어갈 때 굴절되고 이들의 대부분을 모으기 위해서는 대물렌즈의 직경을 증가시켜야만 한다. 유침은 대물렌즈의 직경을 증가시키는 것과 같은 효과를 가져온다. 따라서 이것은 렌즈의 분해능을 증가시킨다. 만일 유침용 대물렌즈와 유침을 사용하지 않으면 영상은 해상도가 낮고 희미해질 것이다.

일반적인 작동조건에서 복합광학현미경의 시야는 밝게 켜진다. 빛의 초점을 맞춤으로써 집광렌즈는 **명시야 조명(brightfield illumination)**을 만들어낸다(그림 2.4a).

암시야 현미경

암시야 현미경(darkfield microscope)은 보통 광학현미경으로는 볼 수 없거나, 표준 방법으로 염색할 수 없거나, 염색에 의해 왜곡되어 그들의 특성을 확인할 수 없는 살아 있는 미생물을 조사하는 데 사용된다. 일반 집광장치 대신 암시야 현미경은 불투명 판이 있는 암시야 집광장치를 사용한다. 이 판은 대물렌즈로 직접 들어오는 빛을 차단한다. 시료에 의해 반사되는 빛만 대물렌즈로 들어간다. 직접적인 배경의 빛이 없기 때문에 표본은 검은 배경에 밝게 나타난다(그림 2.4b). 이 기술은 액체에서 부유하는 염색하지 않은 미생물을 조사하는 데 자주 사용된다.

위상차 현미경

미생물을 관찰하는 또 다른 방법은 **위상차 현미경(phase-contrast microscope)**을 이용하는 것이다. 위상차 현미경은 살아 있는 미생물의 내부 구조에 대한 자세한 검사가 가능하기 때문에 특히 유용하다. 또한 시료를 고정(현미경 슬라이드에 미생물을 부착)하거나 염색(미생물을 왜곡하거나 죽일 수 있는 과정)할 필요가 없다.

위상차 현미경에서 빛의 한 세트는 광원에서부터 직접 들어온다. 다른 세트는 시료의 특정 구조에 의해 반사되거나 회절된 빛에서부터 온다. [회절(diffraction)은 시료의 가장자리에 접촉하여 빛이 산란되는 것이다. 회절된 빛은 시료에서 떨어져 통과한 평행광선으로부터 꺾여서 멀어진다.] 두 묶음의 광선—직접 들어오는 빛과 반사 또는 회절된 빛—이 함께 모일 때 이들은 검은색(위상이 틀림)에 회색의 음영을 통해 상대적으로 밝은(위상이 일치) 부분을 갖는 시료의 영상을 접안렌즈에 만들어 낸다(그림 2.4c). 위상차 현미경을 사용하면 세포 내부 구조를 더 선명하게 볼 수 있다.

차등간섭대비 현미경

차등간섭대비(differential interference contrast, DIC) 현미경은 굴절률의 차이를 이용한다는 점에서 위상차 현미경과 유사하다. 그러나 DIC 현미경은 하나가 아닌 두 개의 광선을 이용한다. 프리즘이 광선을 나누어 시료에 대비되는 색상을 추가한다. 따라서 DIC 현미경의 해상도는 표준 위상차 현미경보다 높다. 이미지는 밝은색이며 거의 3차원으로 나타난다(그림 2.5).

형광현미경

형광현미경(fluorescence microscopy)은 물질이 짧은 파장의 빛(자외선)을 흡수하고 더 긴 파장의 빛(가시광선)을 발하는 특성인 형광의 장점을 이용한다. 일부 생물은 자외선 하에서 자연적으로 형광을 띤다. 만일 관측해야 되는 시료가 자연적으로 형광을 띠지 않으면 시료를 형광체(fluorochrome)라고 불리는 형광염료로 염색시킨다. 형광체로 염색한 미생물은 자외선이나 자외선 근처의 광원으로 형광현미경에서 관찰할 때 어두운 배경에 대비되어 발광하는 밝은 형태로 나타난다.

형광현미경은 **형광항체 기술[fluorescent-antibody (FA) technique]** 또는 **면역형광(immunofluorescence)**이라고 불리는 진단 기술에 주로 사용된다. **항체(antibody)**는 사람을 비롯한 많은 동물에서 외부 물질 혹은 **항원(antigen)**에 반응하여 생산되는 자연 방어 분자이다. 특정 항원에 대한 형광항체는 다음과 같이 만들 수 있

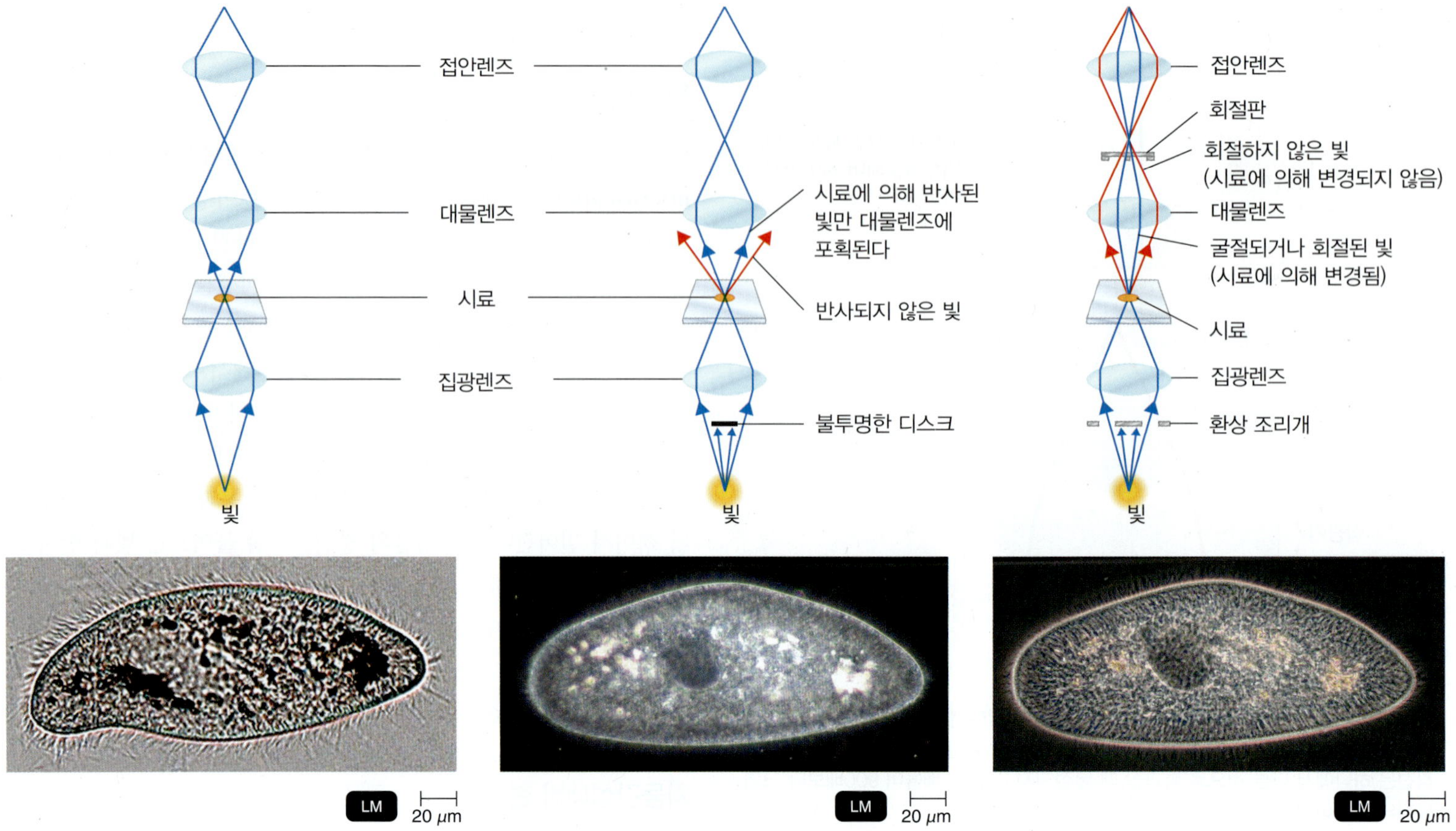

접안렌즈
대물렌즈
시료
집광렌즈
빛

시료에 의해 반사된 빛만 대물렌즈에 포획된다
반사되지 않은 빛
불투명한 디스크
빛

접안렌즈
회절판
회절하지 않은 빛 (시료에 의해 변경되지 않음)
대물렌즈
굴절되거나 회절된 빛 (시료에 의해 변경됨)
시료
집광렌즈
환상 조리개
빛

LM 20 μm

(a) 명시야. (위) 명시야 현미경에서 빛의 경로, 보통의 복합광학현미경에서 만들어내는 조명의 종류. (아래) 명시야 조명이 내부 구조와 투명한 박막(외부를 덮고 있음)의 윤곽을 보여준다.

LM 20 μm

(b) 암시야. (위) 암시야 현미경은 불투명한 디스크를 가진 특별한 집광기를 이용하여 광선의 중앙에 있는 빛을 제거한다. 한 각도에서 들어오는 빛만 시료에 도달한다; 이리하여 시료에 의해 반사된 빛(파란선)만이 대물렌즈에 도달한다. (아래) 암시야 현미경에서 보여주는 검은 배경에 대비하여 세포의 가장자리는 밝고, 일부 내부 구조는 반짝거리는 것으로 보이며 박막은 대체로 보인다.

LM 20 μm

(c) 위상차. (위) 위상차 현미경에서 시료는 환상(고리모양)의 조리개를 통과하는 빛으로 조명된다. 직사광선은 (시료에 의해 변경되지 않은) 시료를 관통함에 따라 회절하거나 굴절되는 광선과 다른 경로로 지나간다. 이 두 광선이 눈에서 합쳐진다. 굴절되거나 회절된 광선은 파란색으로 표시; 직사광선은 붉은색. (아래) 위상차 현미경은 내부구조의 차이를 크게 보여주고 박막을 선명하게 보여준다.

그림 2.4 명시야, 암시야, 위상차 현미경. 그림은 이들 종류의 현미경 각각에서 대비되는 빛의 경로를 보여준다. 사진은 이들 세 가지 다른 현미경 기술을 이용하여 원생동물 *Paramecium*을 비교한다.

명시야, 암시야, 위상차 현미경의 장점은 무엇인가?

다. 동물에 세균과 같은 특정 항원을 주입한다. 그러면 동물은 그 항원에 대한 항체를 생산하기 시작한다. 충분한 시간이 지난 후에 항체를 그 동물의 혈청에서 분리한다. 그 다음 **그림 2.6**와 같이 형광체를 화학적으로 항체에 결합시킨다. 이 형광항체를 미지의 세균이 있는 현미경 슬라이드에 첨가한다. 만일 이 미지의 세균이 동물에 주입한 것과 같은 세균이라면 형광항체는 세균의 표면에 있는 항원과 결합하여 세균에 형광을 나타낸다.

공초점 현미경

공초점 현미경(confocal microscopy)은 삼차원 형상을 재구성하는 데 사용되는 광학현미경 기술이다. 형광현미경처럼 시료를 형광체로 염색하여 이들이 빛을 발하거나 되돌려 보낼 수 있다. 그러나 공초점 현미경은 전체 영역에 조명하는 대신, 짧은 파장(푸른색)의 빛으로 시료의 작은 영역의 한 평면을 조명한다. 조명된 영역에 되돌아오는 빛을 정렬된 조리개를 통해 초첨을 맞춘다. 각 평면은 시료를 물리적으로 자른 미세한 조각의 영상에 해당한다. 전체 시료가 스캔될 때까지 연속되는 평면과 지역이 조명된다. 공초점 현미경은 작은 구멍의 조리개를 사용하기 때문에 다른 현미경에서 발생하는 흔들림이 없다. 그 결과 다른 현미경보다 40%까지 개선된 해상도로 매우 명확한 2차원 영상이 얻어진다.

대부분의 공초점 현미경은 삼차원 영상을 만들기 위해 컴퓨터와 함께 사용된다. 스캔된 시료의 평면들은 영상들의 더미와 유사하며

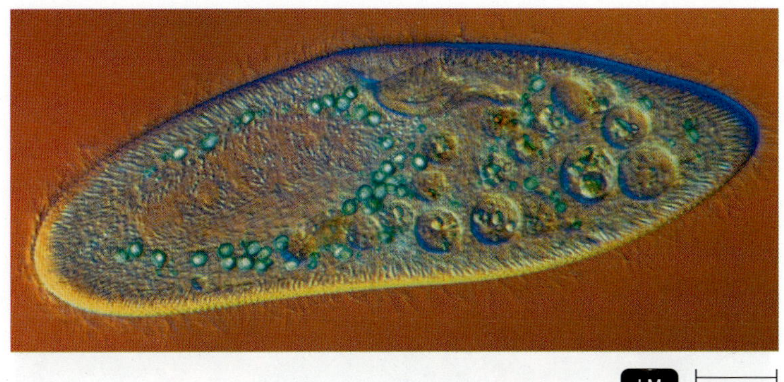

그림 2.5 **차등간섭대비(DIC) 현미경.** 위상차 현미경처럼 DIC는 굴절률의 차이를 이용하여 영상을 생산한다. 이 경우는 *Paramecium*(짚신벌레). 영상의 색상은 현미경에 사용되는 두 개의 광선으로 나누는 프리즘에 의해 생긴 것이다.

Q 왜 DIC 현미경에서 만들어진 영상은 밝은색으로 나타나는가?

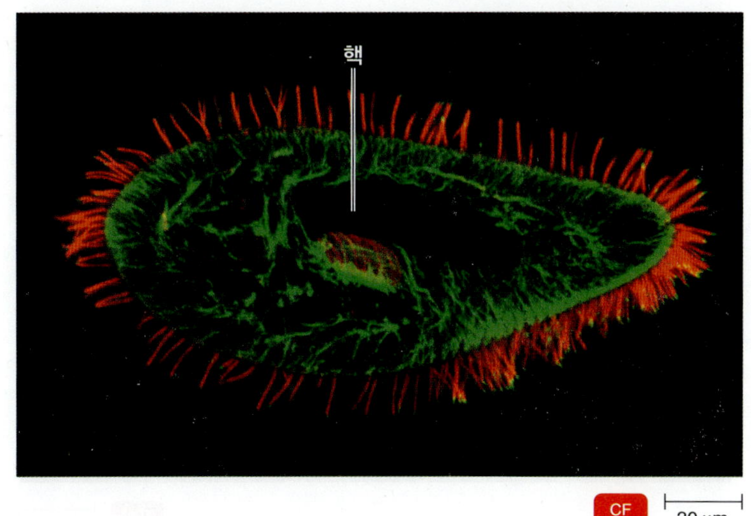

그림 2.7 **공초점 현미경.** 공초첨 현미경은 삼차원 영상을 만들어 내고 세포 내부를 들여다보는 데 이용될 수 있다. 여기서 보이는 것은 *Paramecium multimicronucleatum*에 있는 핵이다.

Q 공초점 현미경의 장점은 무엇인가?

디지털 형태로 변환되어 컴퓨터에 의해 삼차원 형상으로 조립된다. 재구성된 영상은 원하는 방향으로 회전시켜 볼 수 있다. 이 기술은 전체 세포와 세포 구성물의 삼차원 영상을 얻는 데 사용되어 왔다(그림 2.7). 공초첨 현미경은 ATP나 칼슘이온과 같은 물질의 분포와 농도를 추적할 수 있어 세포생리학 연구에 사용된다.

2광자 현미경

2광자 현미경(two-photon microscopy, TPM)용 표본은 공초점 현미경에서처럼 형광체로 염색된다. 2광자 현미경은 긴 파장의 (붉은) 빛을 이용한다. 따라서 빛을 발하도록 형광체를 여기시키는 데에 하나 대신 두 개의 광자가 필요하다. 긴 파장으로 조직 안의 1 mm(1000 μm) 깊이에 살아 있는 세포의 영상을 얻을 수 있다(그림 2.8). 공초첨 현미경은 100 μm 이내의 깊이에서만 세포를 자세히 볼 수 있다. 또한 더 긴 파장은 세포를 손상시키는 일중항 산소(singlet oxygen)를 생성할 가능성이 적다. TPM의 또 다른 장점은

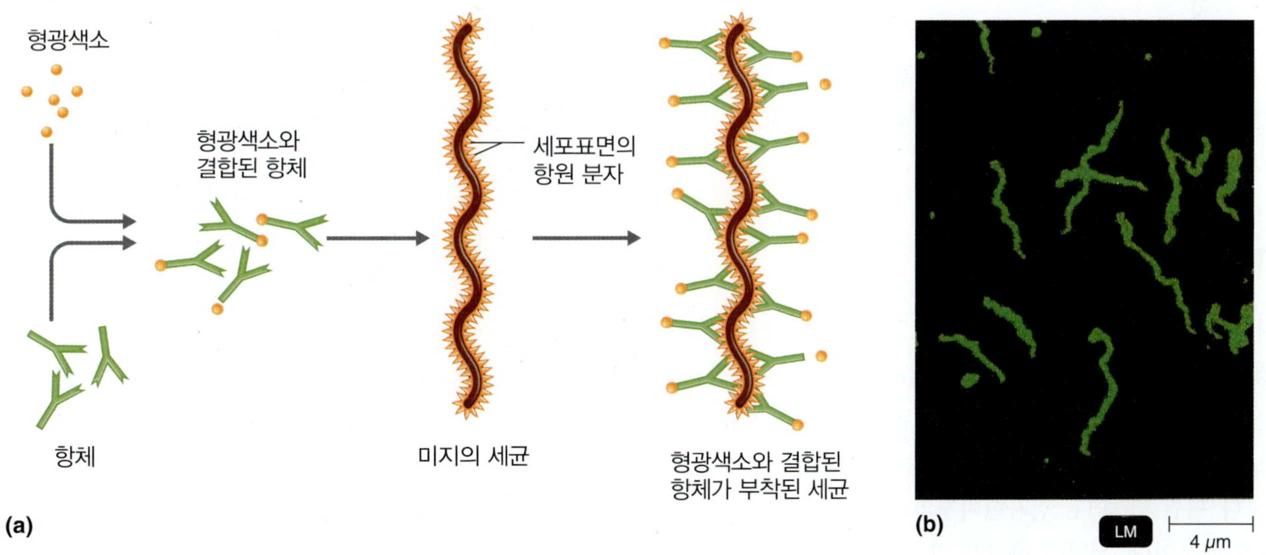

그림 2.6 **면역형광의 원리.** (a) 한 종류의 형광색소를 특정 종류의 세균에 대한 항체와 결합시킨다. 이것을 현미경 슬라이드에 놓인 세균에 첨가하면, 항체는 세균 세포에 부착되고 자외선을 쬐어주면 그 세포는 형광을 띤다. (b) 여기서 보여주는 매독 확인을 위한 형광 트리포네마 항체 흡수(FTA-ABS) 검사에서 *Treponema pallidum*은 더 어두운 배경에 대한 녹색 세포로 나타난다.

Q 왜 다른 세균은 FTA-ABS 검사에서 형광을 나타내지 않는가?

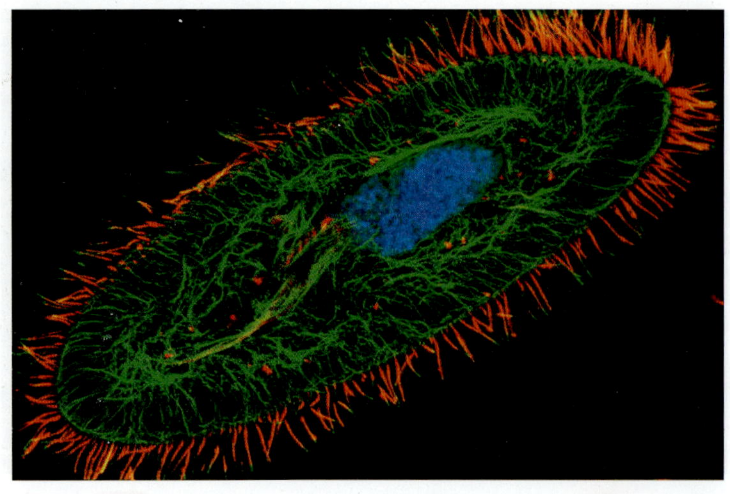

그림 2.8 **2광자 현미경(TPM).** TPM은 살아 있는 세포의 최대 1 mm 깊이까지 자세히 영상을 만들 수 있다. 이 영상은 살아 있는 짚신벌레(*Paramecium*)의 영양 액포(food vacuoles)를 보여준다.

Q TPM과 공초점 현미경 사이의 다른 점은 무엇인가?

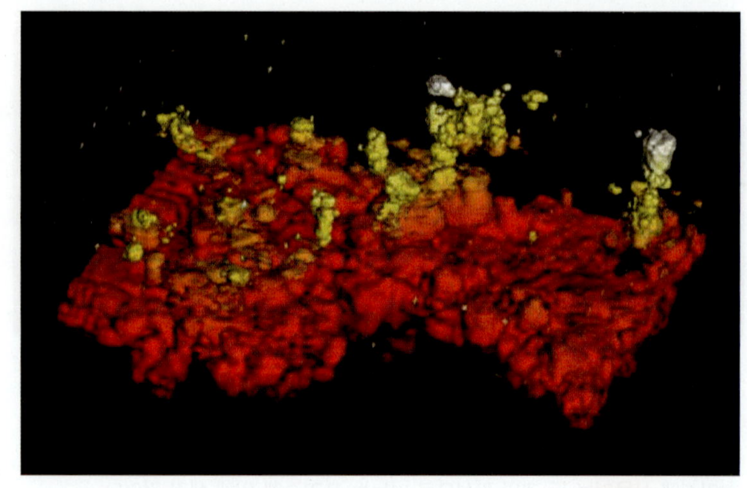

그림 2.9 **유리에 붙은 세균 생물막에 대한 초음파 현미경(SAM) 관찰.** 초음파 현미경의 영상은 본질적으로 표본을 통과하는 음파의 작용을 해석하여 구성된다.

Q SAM에서 사용하는 원리는 무엇인가?

실시간으로 세포의 활성을 추적할 수 있다는 것이다. 예를 들어 면역계의 세포가 항원에 반응하는 것을 관측할 수 있다.

초음파 현미경

초음파 현미경(scanning acoustic microscopy, SAM)은 기본적으로 시료를 통해 전송되는 음파의 작용을 해석하여 영상을 구성한다. 특정 주파수의 한 음파가 시료를 통해 전달되고 이것의 일부가 물질 안에 있는 접촉면에 명중할 때마다 반사되어 돌아온다. 해상도는 약 1 μm이며 SAM은 암세포, 동맥 플라크(죽종), 장비를 더럽히는 세균성 생물막과 같이 다른 표면에 붙어 있는 살아 있는 세포를 연구하는 데 사용된다(그림 2.9).

전자현미경

바이러스나 세포 내부의 구조와 같이 약 0.2 μm 이하의 대상물은 **전자현미경(electron microscope)**으로 검사하여야 한다. 전자현미경에서는 빛을 대신하여 전자 빔이 사용된다. 빛처럼 자유 전자는 파동으로 이동한다. 전자현미경의 분해능은 지금까지 설명한 다른 현미경보다 훨씬 더 좋다. 전자현미경의 더 높은 해상도는 전자의 짧은 파장 때문이다. 전자의 파장은 가시광선의 파장보다 약 10만 배 작다. 따라서 전자현미경은 광학현미경으로 보기에는 너무 작은 구조를 조사하는 데 사용된다.

투과전자현미경

투과전자현미경(transmission electron microscopy, TEM)의 경우, 정밀하게 초점을 맞춘 전자총에서 나온 전자 빔이 특별하게 준비된 아주 얇게 자른 시료를 통과한다(그림 2.10a). 빔은 전자기 집광렌즈에 의해 시료의 작은 지역에 초점이 맞춰진다. 전자기 집광렌즈는 광학현미경의 집광기와 거의 같은 기능을 수행한다. 즉, 전자 빔이 직선으로 시료를 조명하게 한다.

전자현미경은 조명과 초점, 배율을 제어하기 위해 전자기 렌즈를 이용한다. 광학현미경에서 유리 슬라이드 위에 시료를 올려놓는 대신 시료를 보통 구리로 된 그물망 격자에 놓는다. 전자 빔은 시료를 통과한 다음 이미지를 확대하는 전자기 대물렌즈를 통해 지나간다. 마지막으로 전자는 전자기 프로젝트 렌즈에 의해(광학현미경에서는 대안렌즈에 해당) 형광 화면이나 사진 건판에 초점이 맞춰진다. **전자현미경 사진(transmission electron micrograph)**이라고 불리는 최종 영상은 표본의 다른 영역에서 흡수되는 전자의 수에 따라 많은 밝고 어두운 지역으로 나타난다.

투과전자현미경은 10 pm(10^{-12}m)까지도 물체를 구분할 수 있고 일반적으로 물체를 10,000배에서 100,000배 확대한다. 대부분의 현미경 표본이 매우 얇기 때문에 이들의 미세구조와 배경 사이의 대비가 약하다. 대비는 전자를 흡수하여 어두운 이미지를 만들어 내는 염색을 이용하여 크게 확대시킬 수 있다. 납, 오스뮴, 텅스텐, 우라늄 같은 다양한 중금속 염이 보통 염색에 사용된다. 이러한 금속은 시료에 고정시키거나(양성 염색, positive staining), 주변 지역의 전자 불투명도를 증가시키는 데(음성 염색, negative staining) 사용

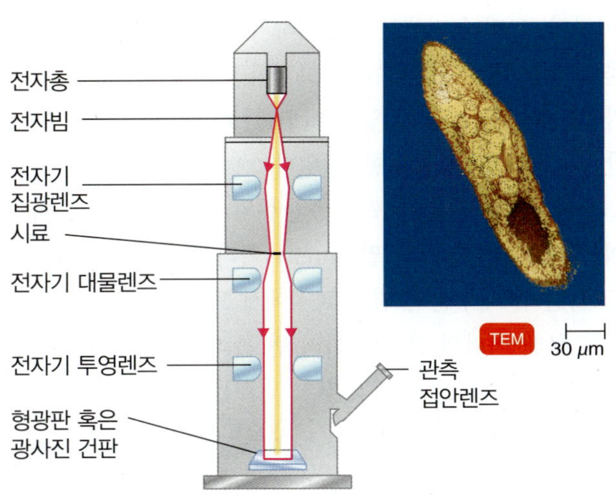

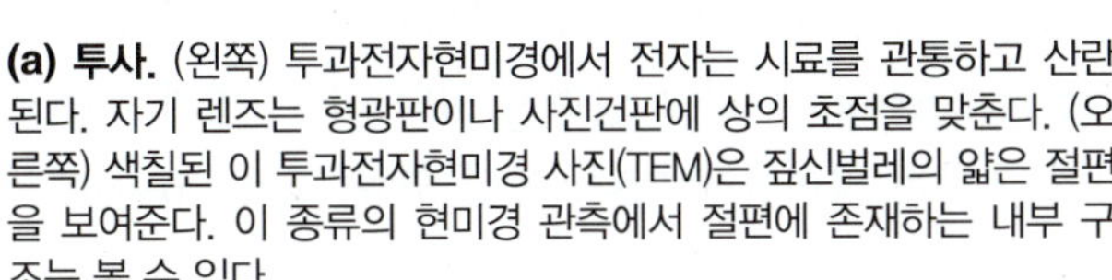

(a) 투사. (왼쪽) 투과전자현미경에서 전자는 시료를 관통하고 산란된다. 자기 렌즈는 형광판이나 사진건판에 상의 초점을 맞춘다. (오른쪽) 색칠된 이 투과전자현미경 사진(TEM)은 짚신벌레의 얇은 절편을 보여준다. 이 종류의 현미경 관측에서 절편에 존재하는 내부 구조는 볼 수 있다.

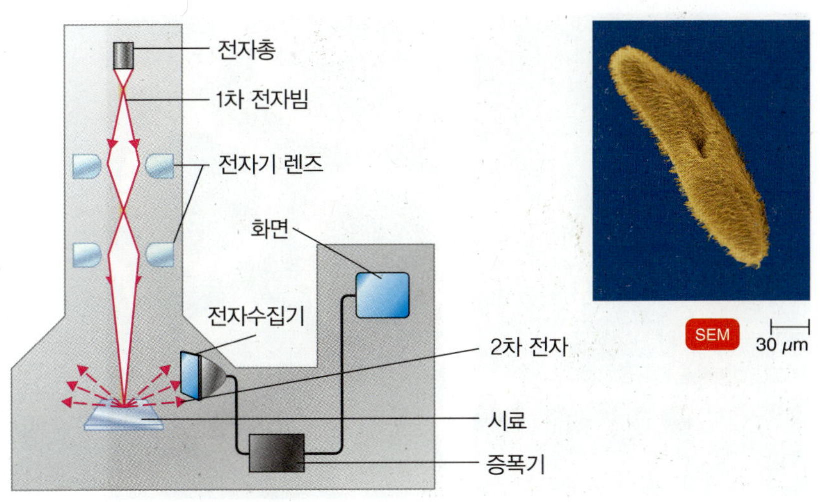

(b) 주사. (왼쪽) 주사전자현미경에서 1차 전자는 시료를 가로질러 휩쓸고 가면서 시료 표면의 전자를 두드린다. 2차 전자는 수집기에 의해 채집되고 증폭되어 화면이나 사진건판으로 전송된다. (오른쪽) 색칠된 이 주사전자현미경 사진(SEM)에서 짚신벌레의 표면 구조를 볼 수 있다. 이 세포가 (a)의 투과전자현미경 사진에서 2차원적으로 나타나는 것에 비해 3차원적으로 보이는 것에 주목하자.

그림 2.10 **투과전자현미경과 주사전자현미경.** 그림은 표본의 영상을 만드는 데 사용되는 전자 빔의 경로를 보여준다. 사진은 이들 두 종류의 전자현미경으로 *Paramecium*을 본 것이다. 비록 전자현미경 사진은 보통 흑백이지만 이 책에서는 영상을 강조하기 위해 이 사진을 비롯한 다른 전자현미경 사진에 인위적으로 채색하였다.

 같은 생명체의 TEM과 SEM 이미지는 어떻게 다른가?

될 수 있다. 음성 염색은 바이러스 입자와 세균의 편모, 단백질 분자 등과 같은 아주 작은 표본의 연구에 유용하다.

투과전자현미경은 높은 해상도를 가지고 있으며 시료의 다른 층을 조사하는 데 매우 유용하다. 그러나 이것도 일부 단점이 있다. 전자의 제한된 투과 능력 때문에 시료의 아주 얇은 박편만을(약 100 μm) 효과적으로 관찰할 수 있다. 따라서 시료는 3차원적인 면이 없다. 또한 시료는 고정되고 탈수되며, 전자의 산란을 막기 위해 높은 진공 하에서 관찰된다. 이러한 처리는 시료를 망가뜨릴 뿐만 아니라 때로는 준비된 세포에 원래는 없던 구조가 나타날 정도로 일부 수축과 왜곡을 유발한다. 그 결과로 나타나는 구조를 인공물(artifact)이라고 한다.

주사전자현미경

주사전자현미경(scanning electron microscopy, SEM)은 투과전자현미경에서 절편화로 발생하는 문제가 없다. 주사전자현미경은 표본의 뚜렷한 삼차원 모습을 제공한다(그림 2.10b). 주사전자현미경에서 전자 총은 정교하게 초점을 맞춘 1차 전자 빔을 만든다. 전자 빔의 전자가 전자기 렌즈를 통해 표본의 표면을 향한다. 1차 전자 빔은 표본의 표면을 때려서 전자가 나오게 하는데, 이렇게 생성된 2차 전자가 전자 수집기로 전송되고 증폭되어 화면이나 사진 감광판에 영상을 만든다. 이 영상을 주사전자현미경 사진(scanning electron micrograph)이라고 한다. 이 현미경은 온전한 세포나 바이러스의 표면 구조를 연구하는 데 특히 유용하다. 실제로 이것은 10 nm 정도까지 매우 가까이 있는 물체를 구분하고 일반적으로 그 물체를 1,000배에서 10,000배 확대한다.

주사탐침 현미경

1980년대 초기부터 **주사탐침 현미경(scanned-probe microscopy)**이라고 부르는 몇 가지 새로운 형태의 현미경이 개발되었다. 이들은 다양한 종류의 탐침을 사용하여 시료의 표면을 조사한다. 새로운 주사탐침 현미경 가운데 주사터널링 현미경과 원자간력 현미경을 설명한다.

주사터널링 현미경

주사터널링 현미경(scanning tunneling microscopy, STM)은 얇은 금속(텅스텐) 탐침으로 시료를 스캔하여 원자들의 융기와 함몰을 보여주는 시료 표면의 이미지를 만들어 낸다(그림 2.11a). STM의 분해능은 전자현미경보다 훨씬 높다; STM은 원자의 1/100 크기의 특징도 확인할 수 있다. 또한 관찰하기 위해 표본을 특별하게

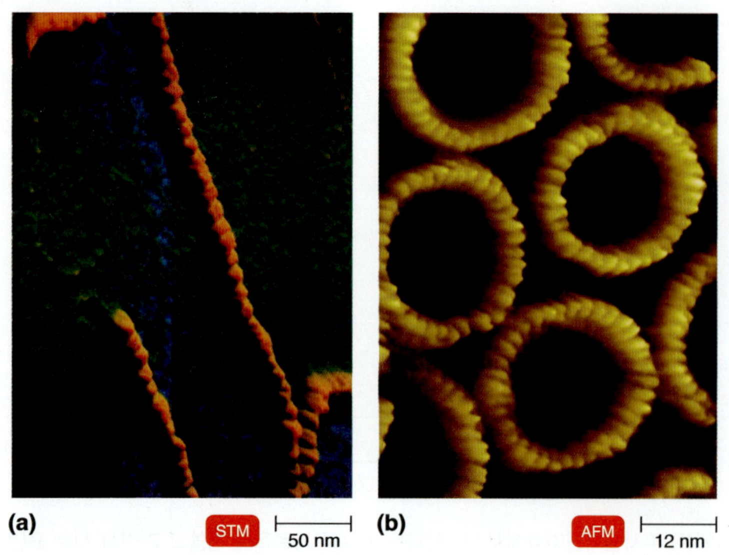

그림 2.11 **주사탐침 현미경.** **(a)** *E. coli*의 RecA 단백질에 대한 주사터널링 현미경(STM) 영상. **(b)** *Clostridium perfringens*의 독소, 퍼플린고라이신(perfringolysin) O에 대한 원자간력 현미경(AFM) 영상. 이 단백질은 사람의 원형질막에 구멍을 뚫는다.

Q 주사탐침 현미경이 차용한 원리는 무엇인가?

준비할 필요도 없다. STM을 사용하면 DNA와 같은 분자를 믿을 수 없을 정도로 자세한 모습으로 보여줄 수 있다.

원자간력 현미경

원자간력 현미경(atomic force microscopy, AFM)에서는 금속과 다이아몬드 탐침이 시료 위를 부드럽게 누른다. 탐침이 시료의 표면을 따라 이동함에 따라 삼차원 영상이 생성된다(그림 2.11b). STM처럼 AFM도 특별한 표본의 준비과정을 필요하지 않는다. AFM은 생물 물질(거의 원자 수준의 상세함으로)과 분자수준의 진행과정(혈액 응고 요소인 섬유소의 모임 같은) 모두를 영상화하는 데 유용하다.

광학현미경을 위한 표본 준비

보통 광학현미경을 통해서 보면 대부분의 미생물은 거의 무색으로 보이기 때문에 이들을 관찰하기 위한 준비를 해야만 한다. 이를 위한 한 방법이 시료를 염색하는 것이다. 다음에서 여러 가지 염색 과정을 설명한다.

염색을 위한 도말과정

대부분의 경우, 미생물 관찰은 염색된 표본준비로 시작된다. **염색(staining)**은 특정 구조를 강조하기 위해 염료로 미생물에 색을 넣은 것을 의미한다. 그러나 미생물을 염색하기 전에 현미경 슬라이드에 미생물을 **고정**(부착)하여야 한다. 고정과정으로 미생물은 죽고 동시에 슬라이드에 고정된다. 이렇게 하면 최소한의 왜곡으로 미생물의 다양한 부분을 그대로 유지할 수 있다

시료가 고정될 때 미생물이 포함된 물질의 얇은 필름이 슬라이드의 표면에 걸쳐 펼쳐진다. **도말(smear)**이라고 불리는 이 필름은 자연 건조시킨다. 대부분의 염색 과정에서 도말된 면을 위로 해서 슬라이드를 분젠 버너의 불꽃에 여러 번 통과시키거나 메탄올로 1분간 슬라이드를 덮음으로써 고정한다. 염료를 처리한 다음 물로 씻는다. 고정이 없으면 염색 과정에서 미생물이 슬라이드에서 씻겨 나갈 것이다. 염색된 미생물은 이제 현미경 검사 준비가 되었다.

염료는 양이온과 음이온으로 구성된 염으로 이중 하나가 색을 띠는 발색단(chromophore)이라고 알려져 있다. 소위 **염기성 염료(basic dye)**의 색상은 양이온에 있다. **산성 염료(acidic dye)**에서 이것은 음이온이다. 보통 세균은 pH 7에서 약간 음전하를 띤다. 따라서 염기성 염료의 색깔이 있는 양이온은 세균 세포의 음전하에 끌린다. 크리스탈 바이올렛, 메틸렌 블루, 말라카이트 그린, 사프라닌을 비롯한 염기성 염료는 산성 염료보다 더 흔하게 사용된다. 산성 염료는 염료의 음이온이 음전하를 띠는 세균 표면에 의해 반발하기 때문에 대부분의 종류의 세균에 끌리지 않는다. 그래서 염료는 대신 배경을 염색한다. 무색의 세균을 색이 있는 배경에 대비시켜 준비하는 것을 **매질염색(negative staining)**이라고 한다. 이것은 세포가 대비되는 어두운 배경에서 눈에 잘 띄게 하기 때문에 세포 전체의 모양과 크기, 협막 등을 관찰하는 데 유용하다(그림 2.14a). 고정이 필요하지 않기 때문에 세포 크기와 모양의 왜곡이 최소화되고 세포는 염색이 되지 않는다. 산성 염료의 예는 에오신과 산성 푹신, 니그로신 등이 있다.

산성 또는 염기성 염료를 가지고 미생물학자는 세 가지 종류의 염색 기법을 사용한다: 단순, 차등, 특수 염색.

단순 염색

단순 염색(simple staining)은 하나의 염기성 염료의 수용액 또는 알코올 용액을 사용한다. 염료에 따라 세포의 다른 부분에 특이적으로 결합하기도 하지만 단순 염색의 주요 목적은 전체 미생물을 강조하여 세포의 모양과 기본 구조를 보는 것이다. 일정 시간 동안 염료를 고정된 도말에 처리하고 씻어낸다. 그리고 슬라이드를 말리고 관찰한다. 가끔 화학물질을 용액에 첨가하여 염색을 강화하는데 이 첨가제를 **매염제(mordant)**라고 한다. 매염제의 한 기능은 생물표본에 대한 염료의 친화도를 증가시키는 것이다. 또 다른 기능은 구조(편모 같은)를 덮어 두껍게 만들어 염색한 후에 보기 쉽게 만드는

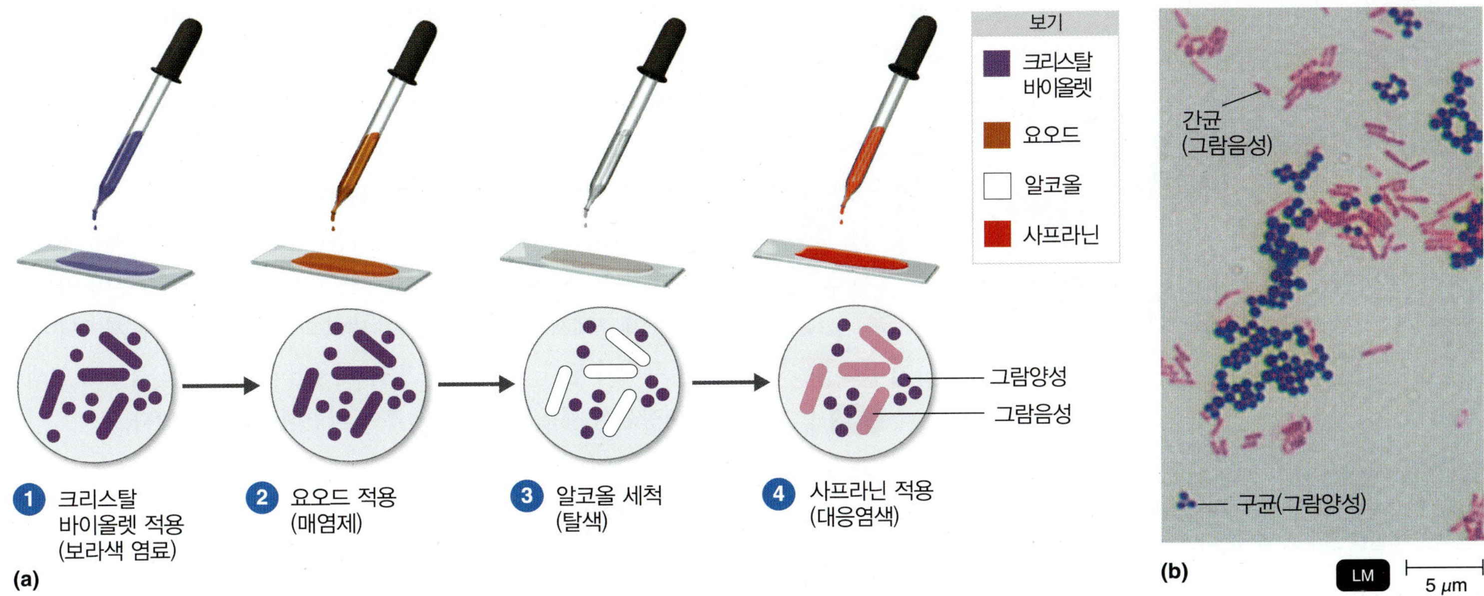

그림 2.12 그람염색. (a) 염색과정. (b) 그람염색한 세균 사진. 구균(자주색)은 그람양성이고 간균(분홍색)은 그람음성이다.

Q 어떻게 그람반응이 항생제를 처방하는 데 유용할 수 있나?

것이다. 실험실에서 흔히 사용되는 일부 단순 염료로는 메틸렌 블루, 석탄산푹신, 크리스탈 바이올렛, 사프라린 등이 있다.

차등 염색

단순 염색과 달리 **차등 염색(differential staining)**은 세균의 종류에 따라 다르게 반응한다. 따라서 이들을 구별하는 데 사용할 수 있다. 가장 많이 세균에 사용되는 차등 염색은 그람염색과 항산성 염색이다.

그람염색

그람염색(Gram stain)은 1884년 덴마크의 세균학자 한스 크리스티안 그람(Hans Christian Gram)이 개발하였다. 세균을 두 개의 그룹, 즉 그람양성과 그람음성으로 분류하기 때문에 가장 유용한 염색법이다.

염색과정은(그림 2.12a)

1. 열고정 도말을 자주색 염기성 염료를 처리한다. 보통 크리스탈 바이올렛. 이 자주색 염료는 모든 세포에 그 색이 전달되기 때문에 이를 **기본 염색(primary staining)**이라고 한다.
2. 잠시 후 보라색 염료를 씻어 내고 도말을 매염제인 요오드를 처리한다. 요오드를 첨가하면 그람양성과 음성 세균 모두 진한 보라색으로 나타난다.
3. 다음 슬라이드를 알코올이나 알코올-아세톤 용액으로 씻는다. 이 용액은 일부 종의 세포에서 보라색을 제거하는 **탈색제(decolorizing agent)**이다. 그러나 다른 종에서는 색이 제거되지 않는다.
4. 알코올을 씻어낸 다음 슬라이드를 염기성 염료인 사프라닌으로 염색한다. 도말을 다시 씻고 말린 다음 현미경으로 관찰한다.

보라색 염료와 요오드는 각 세균의 세포질에서 결합되어 색을 나타낸다. 알코올로 탈색을 시도한 후에도 이 색을 유지하는 세균을 **그람양성(gram-positive)**으로 분류한다. 탈색 후에 보라색을 잃어버리는 세균을 **그람음성(gram-negative)**으로 분류한다(그림 2.12b). 그람음성세균은 알코올 세척 후에 무색이므로 이들을 더 이상 볼 수 없다. 이것이 염기성 염료인 사프라닌 처리를 하는 이유이다. 이것으로 그람음성세균은 분홍색으로 변한다. 기본 염색과 대비되는 색을 갖는 사프라닌과 같은 염색을 **대응염색(counterstain)**이라고 한다. 그람양성세균은 원래의 보라색을 유지하기 때문에 사프라닌에 영향을 받지 않는다.

그람양성세균은 그람음성세균보다 더 두꺼운 펩티도글리칸(이당류와 아미노산) 세포벽을 가지고 있다. 또한 그람음성세균은 지질다당류(지질과 다당류) 층을 세포벽의 일부로 가지고 있다. 그람음성과 그람양성 세포 모두에 처리하였을 때 크리스탈 바이올렛과 그 다음 요오드는 세포로 즉시 들어간다. 세포 내에서 크리스탈 바이올렛과 요오드는 결합하여 CV-I를 형성한다. 이 복합체는 세포로 들어간 클리스탈 바이올렛 분자보다 더 크기 때문에 그람양성 세포의 온전한 펩티도글리칸층에서 알코올에 의해 씻겨 나오지 못한다. 결과적으로 그람양성 세포는 크리스탈 바이올렛 염료의 색을 유지한

그림 2.13 항산성 세균. 세균 *Mycobacterium bovis*가 감염된 이 조직은 항산성 염색에 의해 분홍색으로 혹은 붉게 염색된다. 비항산성 세포(*Staphylococcus*)는 대응염색인 메틸렌 블루로 염색된다.

Q 왜 *Mycobacterium tuberculosis*는 항산성 염색에 의해 쉽게 확인되는가?

다. 그러나 그람음성 세포의 경우는 알코올 세척으로 바깥쪽 지질다당류층이 파괴되고 CV-I 복합체가 얇은 펩티도글리칸층에서 씻겨 나간다. 그 결과 그람음성 세포는 사프라닌 같은 대응염색 때까지 색이 없어지고 그 후 분홍색이 된다.

항산성 염색

또 다른 중요한 염색(세균을 별도의 그룹으로 구분해주는 염색)은 세포벽에 왁스 물질이 있는 세균에만 강하게 결합하는 **항산성 염색(acid-fast stain)**이다. 미생물학자들은 이 염색을 두 가지 중요한 병원균인 *Mycobacterium tuberculosis*와 *Mycobacterium leper*(한센병균)를 비롯한 *Mycobaterium*속의 모든 세균을 식별하는 데 사용한다. 이 염색은 *Norcadia*(노카르디아)속에 속하는 병원균의 식별에도 사용된다. *Mycobacterium*과 *Norcadia*는 항산성이다.

항산성 염색 과정에서 붉은 염료 석탄산푹신(carbolfuchsin)을 고정한 도말에 첨가하고 슬라이드를 몇 분 동안 약하게 가열한다. (가열은 염료의 통과와 유지를 강화한다.) 그 다음 슬라이드를 식히고 물로 씻는다. 도말(도포 표본)은 항산성이 아닌 세균에서는 붉은 염료를 제거하는 탈색제인 산 알코올로 처리한다. 항산성 미생물은 석탄산푹신이 산성 알코올에 보다는 세포벽 지질에 더 잘 용해되기 때문에 핑크나 붉은색을 유지한다(그림 2.13). 세포벽에 이런 지질 성분이 없는 비항산성 세균에서는 석탄산푹신이 탈색과정 동안 빠르게 제거되어 세포는 무색이 된다. 그 다음 도말을 대응염색인 메틸렌 블루로 염색한다. 비항산성 세포는 대응염색 후에 파란색으로 나타난다.

특수 염색

특수 염색은 미생물의 내생포자나 편모와 같은 특정 부분에 색을 내어 구별하기 위해 그리고 협막의 존재를 밝히기 위해 사용한다.

협막 매질염색

많은 미생물은 곧 다룰 **협막(capsule)**이라는 젤라틴 성분으로 덮여 있다. 의학 미생물학에서 협막 존재의 입증은 미생물의 **독성(virulence)**, 즉 병원균이 질병을 일으킬 수 있는 정도를 결정하는 수단이다.

협막 염색은 협막 물질이 물에 녹고 강한 세척 동안 협막이 이탈하거나 제거될 수 있기 때문에 다른 종류의 염색과정보다 더 어렵다. 협막의 존재를 입증하기 위해 미생물학자는 세균에 대비되는 배경을 제공하는 색이 있는 입자(보통 인도 잉크나 니그로신)의 미세 콜로이드 현탁액이 들어 있는 용액에 세균을 섞은 다음 사프라닌 같은 단순 염색으로 염색한다(그림 2.14a). 협막은 화학 조성 때문에 사프라닌을 비롯한 대부분의 생물학적 염료를 수용할 수 없어서 염색된 세균 세포 주위를 둘러싼 후광으로 나타난다.

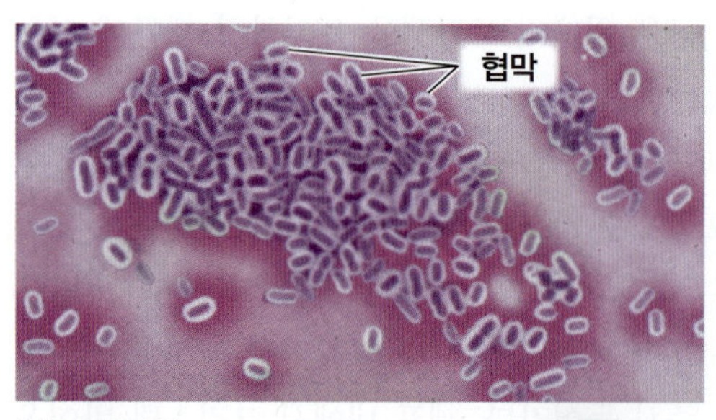

(a) 매질염색 LM 5 μm

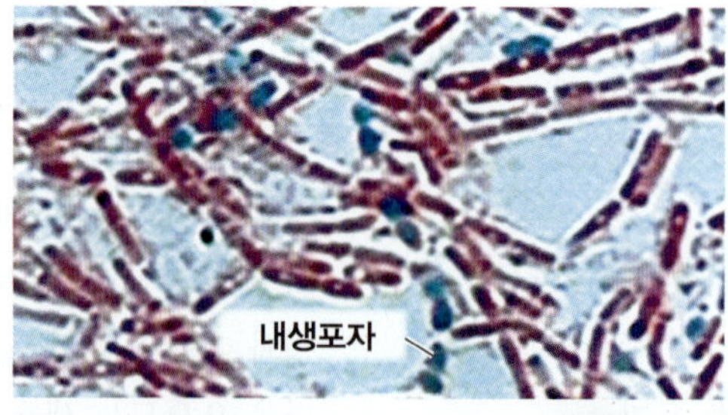

(b) 내생포자 염색 LM 12 μm

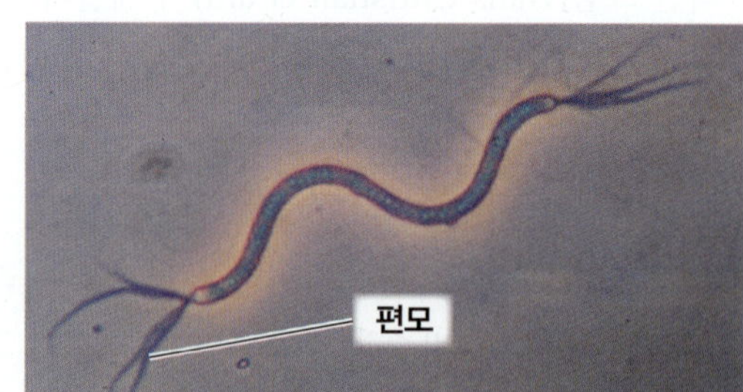

(c) 편모 염색 LM 7 μm

그림 2.14 특수 염색. **(a)** 협막 염색은 배경에 대비를 주게 되어 이들 세균 *Klebsiella pneumoniae*의 협막이 염색된 세포를 둘러싸는 밝은 부분으로 나타나게 된다. **(b)** 내생포자는 간균 *Bacillus cereus*에서 셰퍼-풀톤(Schaeffer-Fulton) 내생포자 염색을 하면 녹색의 타원형으로 보인다. **(c)** 편모는 이들 *Spirillum volutans* 세균의 세포 끝에서 확장된 밀랍처럼 보인다. 세포의 몸체와 연관하여 편모는 매염제로 표본을 처리를 통해 염색층이 축적되기 때문에 원래보다 훨씬 두껍다.

Q 협막과 내생포장 그리고 편모는 세균에게 있어 어떤 가치가 있는가?

내생포자 염색

내생포자(endospore)는 세포 안에 형성되는 특별한 휴면 구조로 매우 강해서 열악한 환경 조건에서 세균을 보호한다. 내생포자가 있는 세균 세포가 그렇게 흔하지는 않지만 몇몇 속의 세균들은 이것을 형성할 수 있다. 내생포자는 단순 염색이나 그람염색 같은 보통의 방법으로는 염색되지 않는데, 이러한 염료가 내생포자의 벽을 통과하지 못하기 때문이다.

가장 흔히 사용되는 내생포자 염색은 **셰퍼-풀톤(Schaeffer-Fulton) 내생포자 염색**(endospore stain, 그림 2.14b)이다. 말라카이트(malachite) 그린이 1차 염색에 사용되는데, 열 고정한 도말에 처리하고 약 5분간 증기로 가열한다. 가열은 염료가 내생포자 벽을 통과하는 것을 도와준다. 그 다음 약 30초 동안 물로 씻어 내생포자를 제외한 세포의 모든 부분에서 말라카이트 그린을 제거한다. 다음으로 사프라닌을 대응염색으로 내생포자 이외의 세포 부분을 염색한다. 적절하게 처리된 도말에서는 내생포자가 빨간색 혹은 분홍색 세포 안에서 초록색으로 나타난다. 내생포자가 많이 굴절하기 때문에 광학현미경하에서 확인할 수도 있지만 특별한 염색이 없이는 저장 물질인 봉입체와 구별할 수 없다.

편모 염색

세균의 **편모(flagella 단수는 flagellum)**는 너무 작아서 광학현미경으로는 염색 없이 볼 수 없는 운동구조이다. 매염제와 석탄산푹신을 이용한 지루하고 섬세한 염색 과정이 편모를 광학현미경으로 볼 수 있도록 편모의 지름을 늘리는 데 사용된다(그림 2.14c). 미생물학자는 편모의 개수와 배열을 보조 진단 수단으로 이용한다.

원핵세포와 진핵세포의 비교: 개관

원핵생물과 진핵생물은 둘 다 핵산, 단백질, 지질, 탄수화물을 가지고 있다는 측면에서 화학적으로 비슷하다. 이들은 영양분 대사와 단백질 합성, 에너지 저장 등에 같은 종류의 화학반응을 사용한다. 우선 진핵생물과 원핵생물은 세포벽과 세포막의 구조가 다르고, 원핵세포는 고유한 기능을 가진 특화된 세포 내 구조인 **세포소기관**(organelle)이 없다. **원핵생물[prokaryote**, 전핵(prenucleus)이라는 뜻의 그리스어에서 유래]의 독특한 주요 특징은 다음과 같다.

1. 원핵생물의 DNA는 막으로 싸여 있지 않고 일반적으로 하나의 원형으로 된 염색체이다. [비브리오 콜레라(*Vibrio cholerae*) 같은 일부 세균은 두 개의 염색체를 가지고 있고, 또 일부 세균의 염색체는 선형이다.]
2. 원핵생물의 DNA는 히스톤(진핵생물에서 발견되는 특수한 염색체 단백질)과 결부되어 있지 않다. 다른 단백질이 DNA와 관련된다.
3. 원핵생물은 막으로 둘러싸인 세포소기관이 없다.
4. 원핵생물의 세포벽에는 거의 항상 복합 다당류인 펩티도글리칸이 들어 있다.
5. 원핵생물은 보통 **이분법(binary fission)**으로 분열한다. 이 과정 동안 DNA는 복제되고 세포는 두 개의 세포로 나뉜다. 진핵세포의 분열에 비해서 이분법에는 적은 수의 구조와 과정이 포함된다.

진핵생물(eukaryotes, '진짜 핵'을 뜻하는 그리스어에서 유래)은 다음과 같은 독특한 특징을 가지고 있다.

1. 진핵생물의 DNA는 핵막으로 세포질과 분리되는 핵 안에서 여러 개의 염색체를 이룬다.
2. 진핵생물의 DNA는 히스톤이라는 염색체 단백질 및 기타 다른 단백질과 지속적으로 결부되어 있다.
3. 진핵생물은 미토콘드리아, 소포체, 골지체, 리소좀과 경우에 따라서는 엽록체 등을 비롯하여 막으로 둘러싸인 다수의 세포소기관을 가지고 있다.
4. 진핵생물에는 화학적으로 간단한 세포벽이 존재하기도 한다.
5. 세포분열은 보통 염색체의 복제와 두 개의 핵이 각각 동일한 세트로 분산되는 유사분열을 포함한다. 이 과정은 풋볼 모양으로 조립된 미세소관인 방추사에 의해 유도된다. 두 세포가 서로 동일하게 만들어지도록 세포질과 세포소기관의 분열이 따른다.

원핵세포과 진핵세포 간의 추가적인 차이점은 표 2.2에 나열되어 있다. 다음에는 원핵세포의 부분을 자세히 설명하기로 한다.

원핵세포

원핵생물 세계의 구성원은 아주 작은 단세포 생물로 세균과 고세균을 포함한다. 세균과 고세균은 비슷해 보이지만 이들의 화학적 구성은 다르다. 형태(모양), 화학적 구성(종종 염색반응으로 확인), 영양 요구, 생화학적 활성, 에너지원(햇빛 또는 화합물) 등을 비롯한 많은 요인으로 수천 종의 세균을 구별할 수 있다.

세균의 크기, 모양, 배열

세균은 아주 다양한 크기와 여러 가지 형태를 갖는다. 대부분 세균의 크기는 직경이 0.2~2.0 μm, 길이는 2~8 μm의 범위이다. 이들은 몇 가지 기본적인 형태를 가지고 있다. 구형의 **구균(coccus,** 복수는 **cocci)**과 막대 모양의 **간균** 또는 **막대균(bacillus,** 복수는 **bacilli)** 그리고 **나선균(spiral)** 등이 이에 속한다.

구균은 주로 둥글지만 타원형이나 한 쪽 면이 길어지거나 납작할 수도 있다. 구균이 번식을 위해 나누어질 때 세포가 서로 붙은 체로 남아 있을 수도 있다. 구균이 분열 후에 짝으로 남게 되면 이를 **쌍구균(diplococci)**이라고 한다. 이들이 분열하여 사슬형태로 붙어서 남게 되면 이를 **연쇄상구균(streptococci,** 그림 2.15a)이라고 한다. 이들이 두 평면으로 나누어져 네 개가 그룹으로 남게 되면 **사분체(tetrad,** 그림 2.15b)가 된다. 세 평면으로 나누어지고 8개가 입방체처럼 붙게 되면 이를 **팔련구균(sarcinae,** 그림 2.15c)이라고 한다. 이들이 여러 면으로 나누어지고 포도송이나 넓은 종이처럼 집단을 이루면 **포도상구균(staphylococci,** 그림 2.15d)이라고 한다. 이러한 그룹의 특징은 종종 어떤 구균인지를 확인하는 데 도움이 된다.

그림 2.15 **구균의 배열.** (a) 한 평면에 대한 분할로 쌍구균과 연쇄상구균이 만들어진다. (b) 두 평면에 대한 분할로 사분체가 만들어지다. (c) 세 평면에 대한 분할로 팔련구균이 만들어지고, (d) 여러 평면에 대한 분할로 포도상구균이 만들어진다.

Q 어떻게 분할 면이 세포의 배열을 결정하는가?

간균은 이것의 짧은 축을 가로지르는 방향으로만 분열한다. 그래서 구균보다 더 적은 수의 간균 그룹이 존재한다. 대부분의 간균은 하나의 막대기처럼 보인다. 이를 **단일간균(single bacilli,** 그림 2.16a)이라고 한다. **쌍간균(diplobacilli)**은 분열한 뒤에 쌍으로 보이고(그림 2.16b), **연쇄상간균(streptobacilli)**은 사슬형태로 발생한다(그림 2.16c). 어떤 간균은 빨대처럼 보인다. 다른 것은 시가 담배처럼 끝이 뾰족하기도 하다. 또 어떤 것들은 타원형이고 구균처럼 보여 **구상간균(coccobacilli)**이라고 불리기도 한다(그림 2.16d).

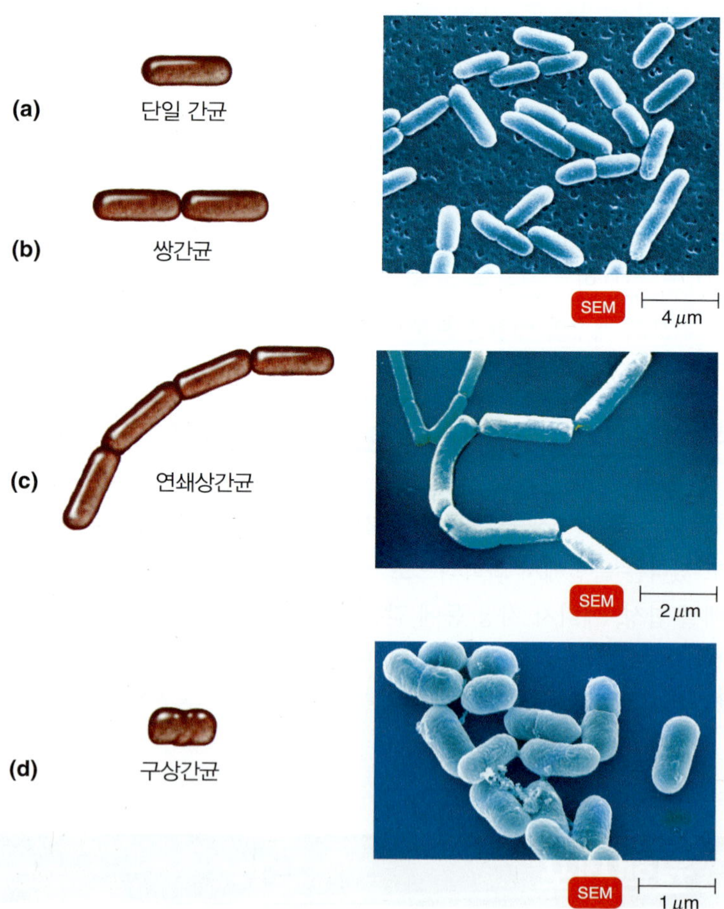

그림 2.16 **간균.** (a) 단일간균. (b) 이중간균. 맨 위의 현미경 사진에서 약간의 연결된 간균의 쌍이 이중간균의 예이다. (c) 연쇄상간균. (d) 구간균.

Q 왜 간균은 사분체나 덩어리를 형성하지 못하나?

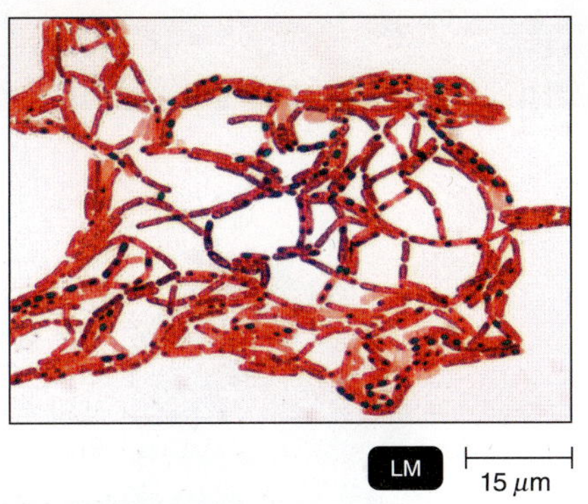

그림 2.17 그람 염색된 *Bacillus anthracis*. *Bacillus* 세포가 늙어감에 따라 세포벽이 얇아지고 그람 반응도 달라진다

Q 바실루스(*Bacillus*)와 간균(bacillus)이라는 용어의 차이는 무엇인가?

"Bacillus"는 미생물학에서 두 가지 의미를 가진다. 하나는 바로 지금 사용한 것처럼 세균의 모양을 말한다. 대문자를 사용하고 이탈릭체로 쓰면 이것은 특정한 속을 의미한다. 예를 들어, 세균 탄저균(*Bacillus anthracis*)은 탄저병을 일으키는 원인균이다. 간균 세포는 종종 길고 뒤틀린 모양의 세포 사슬을 형성한다(그림 2.17).

나선형의 세균에는 하나 또는 그 이상의 뒤틀림이 있으며 똑바른 모양은 전혀 없다. 휘어진 막대기 모양의 세균을 **비브리오(vibrio**, 그림 2.18a)라고 한다. **나선균(spirilla)**이라고 불리는 다른 세균들은 코르크 마개를 뽑기 위한 도구처럼 나선형 모양이고 세포 자체가 꽤 단단하다(그림 2.18b). 또 다른 그룹은 나선형이며 유연한데 이를 **스피로헤타(spirochete**, 그림 2.18c)라고 부른다. 편모라는 프로펠라 같은 외부의 부속물을 이동에 사용하는 나선균과는 다르게 스피로헤타는 축사(axial filament)를 수단으로 이동한다. 이는 편모와 닮았지만 유연한 외부 껍데기에 담겨 있다.

세 가지 기본 형태에 더해 별 모양의 세포[*Stella*(스텔라)속; 그림 2.19a), *Haloarcula*(할로아르쿨라, 그림 2.19b)속에 속하는 평평한 직사각형의 세포(호염성 고세균), 삼각형의 세포 등도 있다.

세균의 모양은 유전자에 의해 결정된다. 유전적으로 대부분의 세균은 **단일형(monomorphic)**이다. 즉, 하나의 모양을 유지한다. 그러나 몇몇 외부환경조건이 그 모양을 변경시킬 수 있다. 만일 모양이 변하면 식별하기가 어려워진다. 게다가 *Rhizobium*(리조비움)과 *Corynebacterium*(코리네박테리움) 같은 세균은 유전적으로 **다형성(pleomorphic)**이다. 이것은 이들이 단지 하나가 아닌 여러 모양을 가질 수 있다는 의미다.

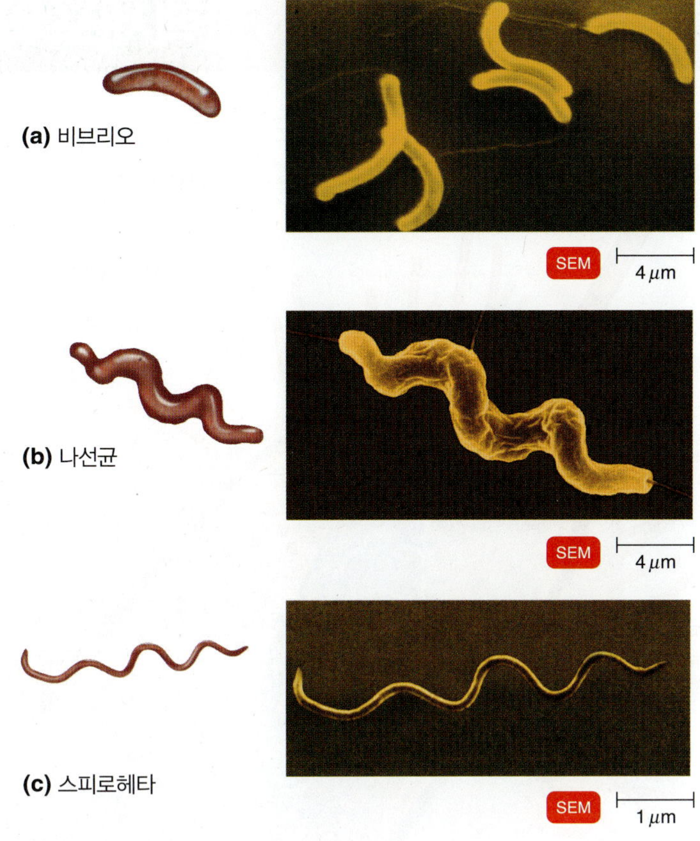

그림 2.18 나선균.

Q 스피로헤타 세균의 구별되는 특징은 무엇인가?

전형적인 원핵세포의 구조는 그림 2.20과 같다. 이것의 구성요소를 다음과 같은 순서에 따라 설명하기로 한다: (1) 세포벽 바깥쪽의 구조, (2) 세포벽 자체, (3) 세포벽 안쪽의 구조.

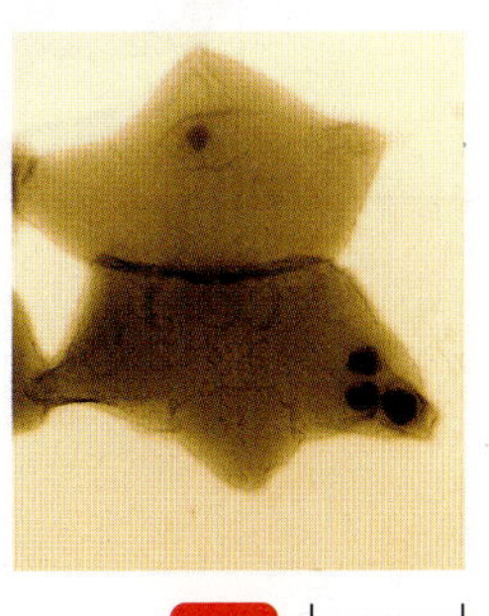

(a) 별모양 세균 TEM 0.5 μm

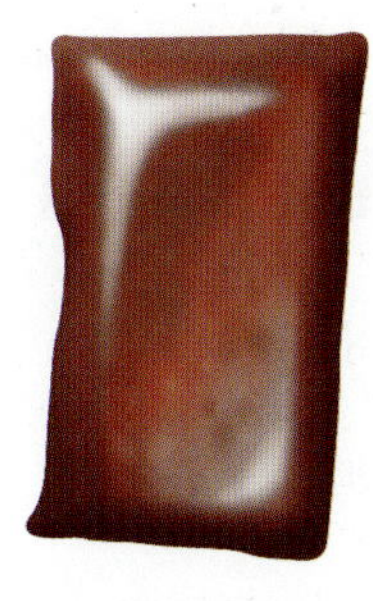

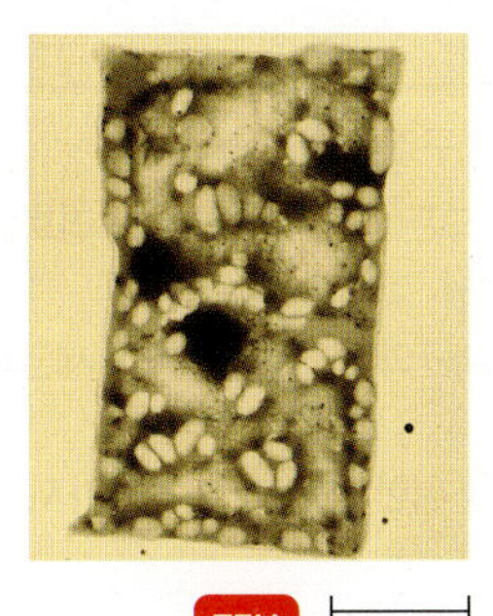

(b) 직사각형 세균 TEM 1 μm

그림 2.19 별 모양과 직사각형의 원핵생물. (a) *Stella*(스텔라, 별 모양). (b) *Haloarcula*(할로아르쿨라), 호염성 고세균의 한 속(직사각형 세포).

Q 세균에 있어 흔한 모양은 무엇인가?

토대 그림 2.20 원핵세포의 구조

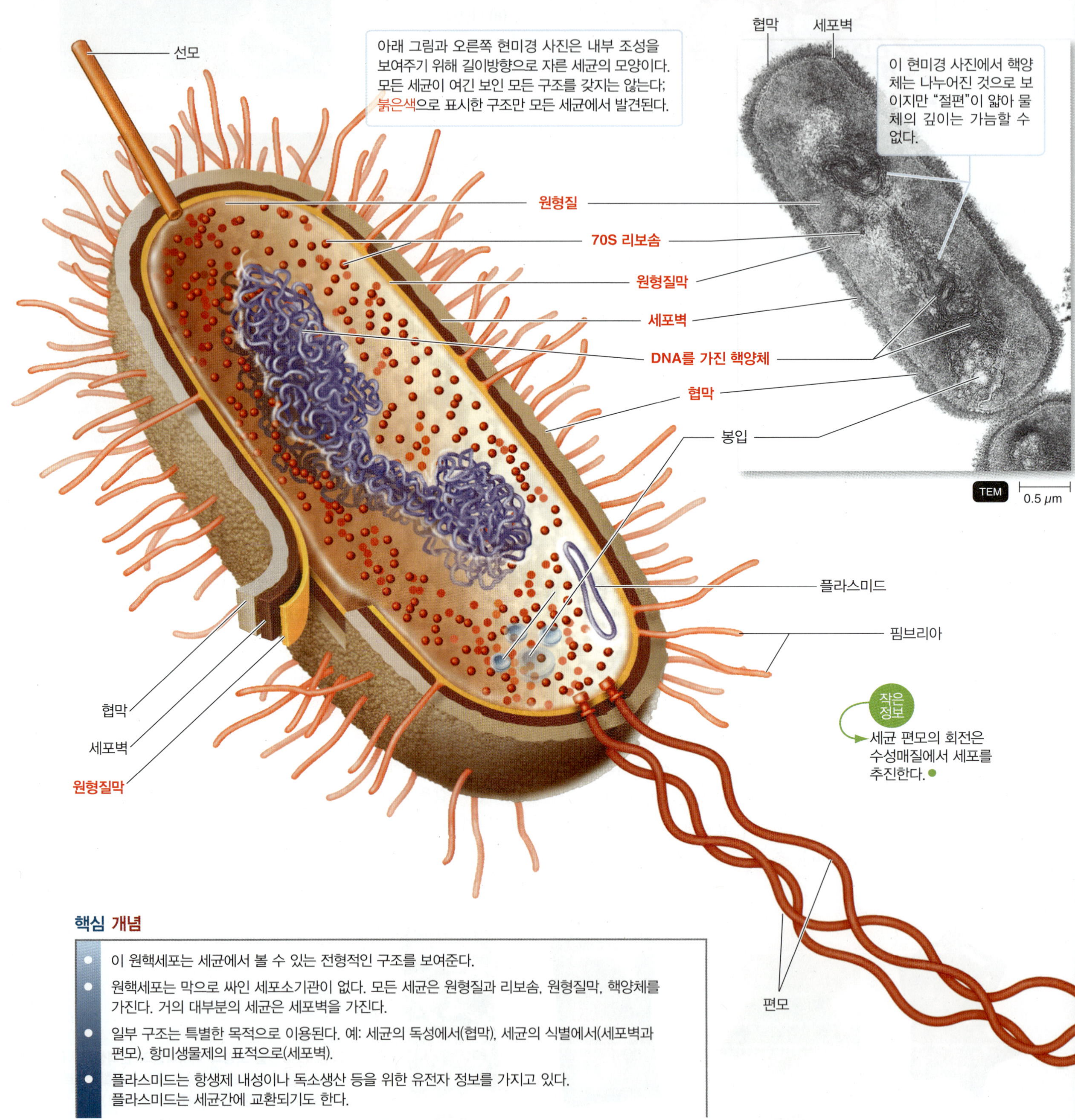

작은 정보

세균 편모의 회전은 수성매질에서 세포를 추진한다.

핵심 개념

- 이 원핵세포는 세균에서 볼 수 있는 전형적인 구조를 보여준다.
- 원핵세포는 막으로 싸인 세포소기관이 없다. 모든 세균은 원형질과 리보솜, 원형질막, 핵양체를 가진다. 거의 대부분의 세균은 세포벽을 가진다.
- 일부 구조는 특별한 목적으로 이용된다. 예: 세균의 독성에서(협막), 세균의 식별에서(세포벽과 편모), 항미생물제의 표적으로(세포벽).
- 플라스미드는 항생제 내성이나 독소생산 등을 위한 유전자 정보를 가지고 있다. 플라스미드는 세균간에 교환되기도 한다.

세포벽 바깥쪽의 구조

원핵 세포벽 외부에 있을 수 있는 구조에는 당질피질과 편모, 축사, 선모, 섬모 등이 있다.

당질피질

많은 원핵생물은 **당질피질(glycocalyx)**이라는 물질을 그들의 표면에 분비한다. 당질피질(당 껍데기를 의미)이란 세포를 둘러싼 물질을 지칭하는 데 사용하는 일반적인 명칭이다. 세균의 당질피질은 점도가 높은(끈끈한) 젤라틴성의 중합체로 세포막의 외부에 있고 다당류, 폴리펩티드 혹은 둘 다로 구성되어 있다. 이것의 화학적 조성은 종에 따라 매우 다양하다. 대부분은 세포 안에서 만들어져 세포 표면으로 분비된다. 만일 이 물질이 조직화되고 세포막에 단단히 부착되면 이 당질피질을 **협막(capsule)**이라고 부른다. 협막의 존재는 앞서 설명했듯이 매질염색을 이용하여 확인할 수 있다(그림 2.14a 참조). 만일 이 물질이 조직화되지 않고 단지 느슨하게 세포막에 붙어 있으면 이 당질피질을 **점액질층(slime layer)**이라고 한다.

당질피질은 생물막의 매우 중요한 요소이다(108쪽 참조). 생물막 안에서 세포가 표적 환경에 부착하고 서로 달라붙는 것을 도와주는 당질피질을 **세포외중합물질(extracellular polymeric substance, EPS)**이라고 부른다. 이 EPS는 그 안에 있는 세포를 보호하고, 세포 간의 소통을 촉진하고, 자연 환경에서 여러 가지 표면에 세포가 부착해서 살 수 있도록 한다.

부착을 통해 세균은 빠르게 흐르는 시냇물의 돌이나 식물의 뿌리, 사람의 치아, 의료용 임플란트, 수도관 그리고 심지어는 다른 세균과 같은 다양한 표면에서 자랄 수 있다.

편모

여러 원핵세포는 **편모(flagella**, 단수는 **flagellum)**를 갖는다. 이것은 긴 필라멘트성 부속물로 세균을 움직이게 한다. 편모가 없는 세균을 **무편모성(atrichous**, 돌출없는)이라고 부른다. 편모는 **주모성(peritrichous**, 세포 전체에 걸쳐 분포; 그림 2.21a) 또는 **극성(polar**, 세포의 한쪽 또는 양쪽 끝에)이다. 극성의 경우, 편모는 **단편모(monotrichous**, 한쪽 끝에 하나의 편모; 그림 2.21b), **총모성(lophotrichous**, 한 극으로부터 나온 편모 뭉치; 그림 2.21c), 혹은 **양모성(amphitrichous**, 세포의 양극에 모두 편모; 그림 2.21d)일 수 있다.

편모는 세 개의 기본 부분으로 나눌 수 있다(그림 2.22). 맨 바깥쪽 긴 부분이 **필라멘트**(filament)인데, 일정한 직경의 구형 단백질인 **플라젤린**(flagellin)이 여러 개의 사슬을 이루어 서로 감싸면서 만들어진 가운데 속이 빈 나선형 구조이다. 대부분의 세균에서 필라멘트는 진핵세포에서 볼 수 있는 막이나 껍데기(sheath)로 싸여 있지 않다. 이 필라멘트는 약간 더 두꺼운 **갈고리**(hook)에 부착되어 있다. 갈고리는 다른 단백질로 구성되어 있다. 편모의 세 번째 부분은 **기저체**(basal body)로 편모를 세포벽과 세포막에 부착시킨다.

이 기저체는 여러 개의 일련의 고리가 삽입되어 있는 작은 중심 막대로 이루어져 있다. 그람음성세균은 두 쌍의 고리를 가지고 있다. 바깥쪽 쌍은 세포벽의 여러 부분에 부착되어 있고, 안쪽 쌍은 세포막에 부착되어 있다. 그람양성세균에서는 안쪽 쌍만 존재한다.

원핵세포의 편모는 비교적 유연한 나선형의 구조로 기저체에서

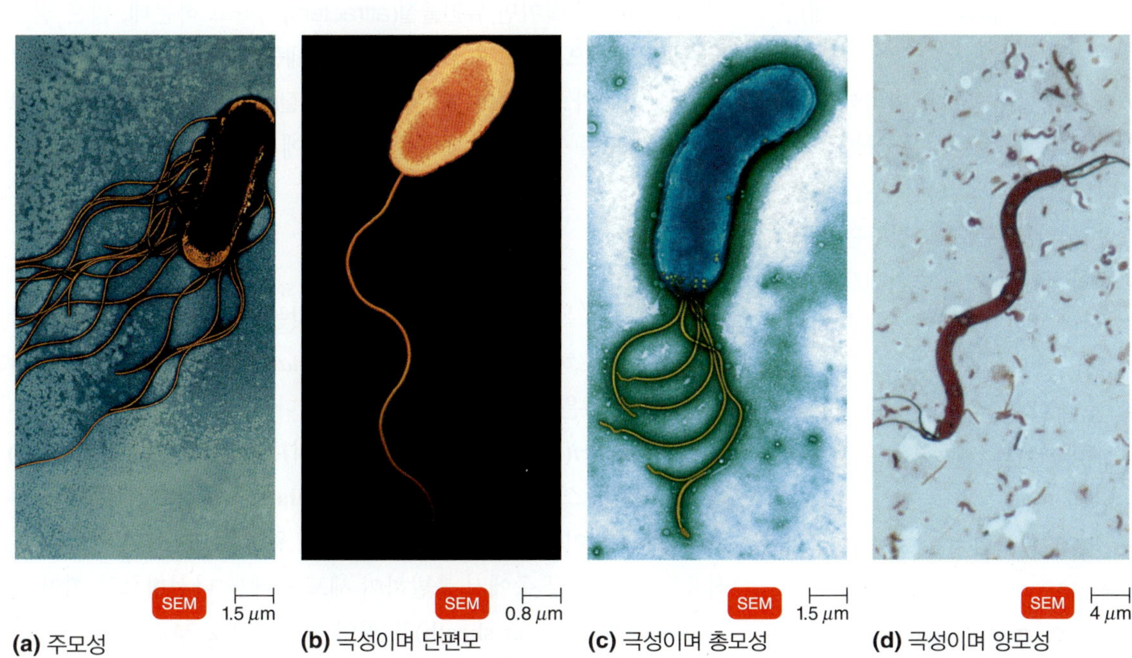

(a) 주모성 **(b)** 극성이며 단편모 **(c)** 극성이며 총모성 **(d)** 극성이며 양모성

그림 2.21 세균 편모의 배열. (a) 주모성. (b)~(d) 극성.

Q 모든 원핵세포가 편모를 가지는 것은 아니다. 편모가 없는 세균을 무엇이라고 부르나?

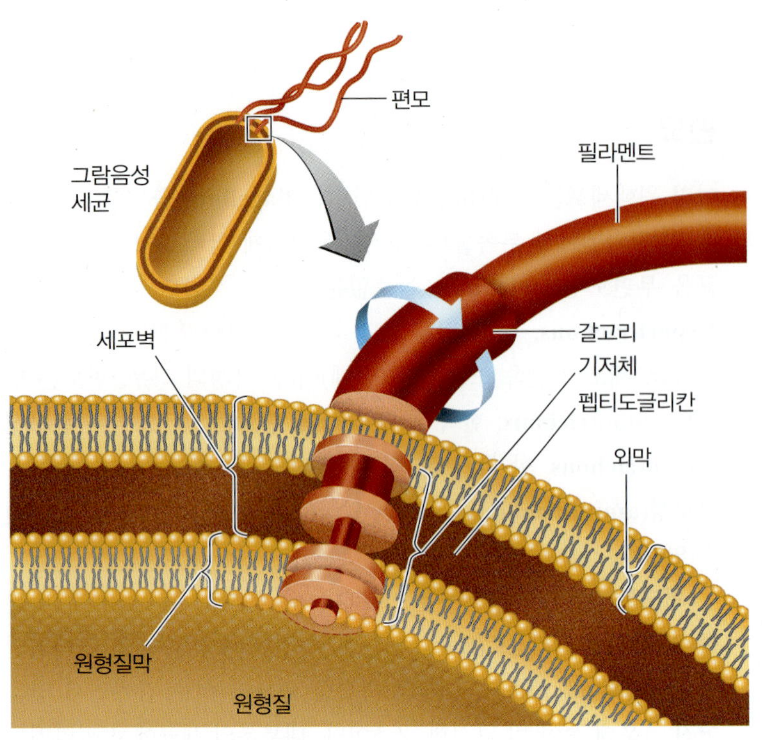

(a) 그람음성세균의 편모의 부분과 부착

(b) 그람양성세균의 편모의 부분과 부착

그림 2.22 **원핵세포 편모의 구조.** 그람음성세균과 그람양성세균의 편모 부분과 부착을 자세한 도해 그림으로 나타내었다.

Q 그람양성세균과 그람음성세균의 기저체는 어떻게 다른가?

회전하여 세포를 이동시킨다. 편모의 회전은 그것의 긴 축을 중심으로 시계 방향 또는 반시계 방향이다. (진핵세포는 이것과 대비되게 파도 같은 움직임으로 파동친다.) 원핵생물 편모의 움직임은 기저체 회전의 결과이다. 이는 전기모터에서 회전축의 움직임과 유사하다. 편모가 회전함에 따라 이들은 다발을 이루고 주위를 둘러싼 액체를 밀어내면서 세균을 추진한다. 편모의 회전은 세포의 지속적인 에너지의 생산에 의존한다.

세균은 편모 회전의 방향과 속도를 변경할 수 있다. 이리하여 다양한 형태의 **운동성(motility)**이 가능하다. 이 운동성은 생물 스스로 움직이는 능력이다. 세균이 한 방향으로 일정 시간 동안 움직일 때 그 움직임을 질주(run 혹은 swim)라고 부른다. 질주는 회전(tumble)이라는 갑작스러운 무작위 방향전환에 의해 주기적으로 중단된다. 그 다음 다시 "질주"를 계속한다. "회전"은 편모가 역방향으로의 회전하여 일어난다(그림 2.23a). 많은 편모를 가지고 있는 어떤 종의 세균은—예로 *Proteus*(프로테우스, 그림 2.23b)—"유주(swarm)" 혹은 빠른 물결같이 고체 배양배지를 가로지르는 이동을 보여줄 수 있다.

운동성의 한 가지 이점은 세균이 좋아하는 환경을 향해서 또는 싫어하는 환경을 피해서 움직일 수 있다는 것이다. 특정 자극을 향하거나 그로부터 도망가는 세균의 이동을 **주성(taxis)**이라고 부른다. 이러한 자극에는 **화학물질(주화성, chemotaxis)**과 **빛(주광성, phototaxis)**이 포함된다. 운동성이 있는 세균은 세포벽 속이나 세포벽 바로 아래의 여러 지점에 수용체를 갖고 있다. 이들 수용체는 산소와 리보오스, 갈락토오스(galactose) 등과 같은 화학적 자극을 인식한다. 이 자극에 반응하여 정보를 편모에 넘긴다. 만일 이 주화성 신호가 긍정적이면 **유인물질**(attractant)이라고 하는데, 많은 질주와 적은 회전으로 그 자극의 방향으로 세균을 이동시킨다. 만일 그 주화성 신호가 부정적이면 이를 **배척물질**(repellent)이라고 부르고 회전의 빈도를 증가시켜 세균을 그 자극에서 멀어지게 한다.

축사

스피로헤타는 독특한 구조와 운동성을 갖는 세균의 한 그룹이다. 잘 알려진 스피로헤타 중 하나인 *Treponema pallidum*(트레포네마 팔리둠, 매독균)은 매독의 원인균이다. 또 다른 스피로헤타인 *Borrelia burgdorferi*(보렐리아 부르그도르페리)는 라임병(Lyme disease)을 일으킨다. 스피로헤타는 **축사(axial filament)** 혹은 **내편모(endoflagella)**를 이용하여 움직이는데, 이는 원섬유(fibril)의 다발로 원섬유는 세포의 끝 쪽에서 출발하여 세포 둘레를 나선형으로 휘어 감고 있으며 외초(outer sheath)로 싸여 있다(그림 2.24).

그림 2.23 **편모와 세균의 운동성**

Q 세균의 편모는 세포를 미나 혹은 당기나?

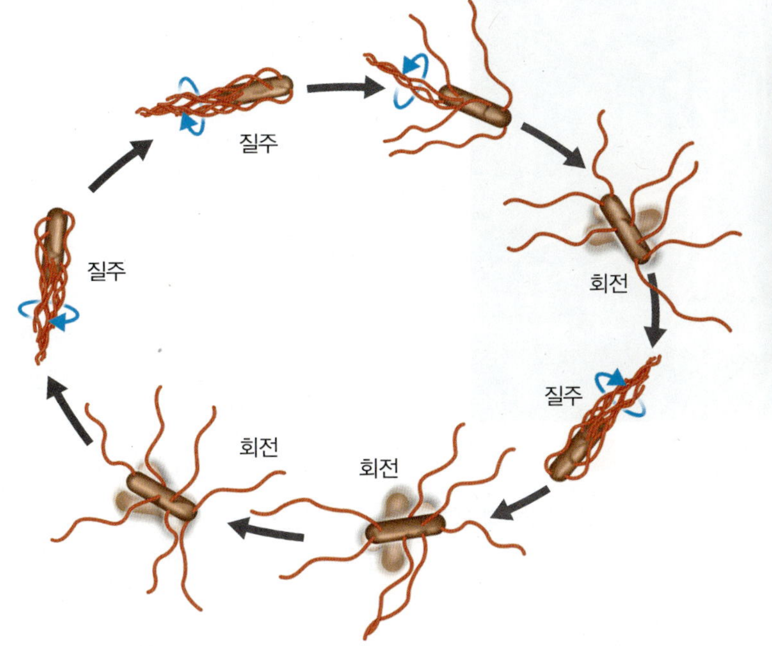

(a) 세균의 질주와 회전. 편모 회전의 방향(파란색 화살표)이 어떤 움직임이 발생하는지를 결정함을 주목한다. 회색 화살표는 세균의 이동 방향을 가리킨다.

TEM 0.8 μm

(b) 유주 단계의 *Proteus* 세포는 1,000개 이상의 주모성 편모를 가지기도 한다.

축사는 스피로헤타의 한쪽 끝에 고정되어 있고 편모와 비슷한 구조를 가지고 있다. 이 필라멘트의 회전은 스피로헤타의 나선형 움직임을 추진하는 외초(outer sheath)의 움직임을 유도한다. 이러한 형식의 움직임은 나선형의 코르크따개가 코르크를 통과하는 것과 비슷한 방식이다. 이런 식의 움직임은 아마 *T. pallidum* 같은 세균이 좀 더 효과적으로 체액을 통과하여 이동하게 할 것이다.

핌브리아와 선모

많은 그람음성세균은 털 같은 부속물을 갖는다. 이것은 편모보다 짧고 곧고 가는데 운동성보다는 부착이나 DNA의 전달에 이용된다. 이러한 구조는 필린(pilin)이라는 단백질이 나선형의 배열로 중심을 둘러싸는 형태로 만들어진다. 이들은 전혀 다른 기능을 갖는 두 가지 종류, 핌브리아와 선모로 나눌 수 있는다. (일부 미생물학자는 두 가지 용어를 구분 없이 사용하는데 이 책에서는 이들을 구별한다.)

핌브리아(fimbriae, 단수는 fimbria)는 세균의 끝 쪽에 생기거나 세포 표면 전체에 걸쳐 고르게 분포할 수 있다. 이들의 개수도 세포당 몇 개에서 수백 개까지 다양하다(그림 2.25). 핌브리아는 서로 간에 또는 물체의 표면에 붙으려는 경향이 있다. 그 결과, 이들은 액체나 유리, 바위 등의 표면에 생물막이나 다른 집합체를 형성하는 데 관여한다. 핌브리아는 또한 몸 안에서 상피조직의 표면에 세균의 부착하는 것을 도와준다. 예를 들면, 임질을 일으키는 세균인 나이세리아 고노로이애(*Neisseria gonorrhoeae*)에 있는 핌브리아는

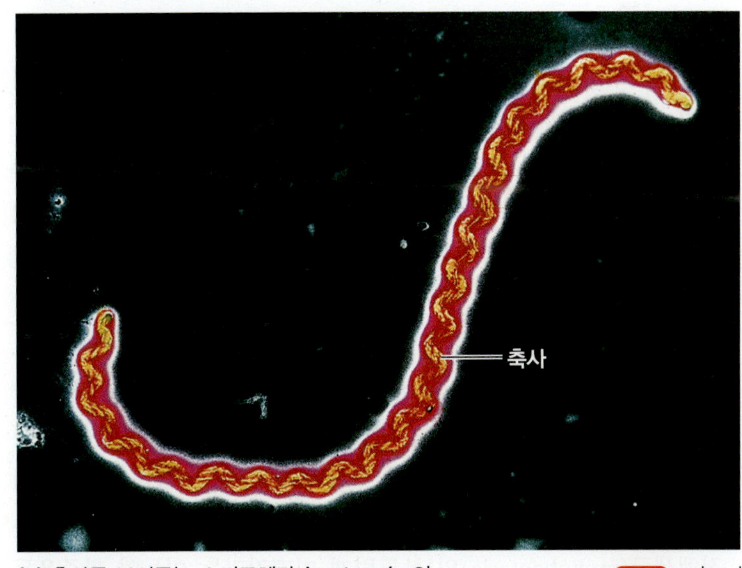

(a) 축사를 보여주는 스피로헤타 *Leptospira*의 현미경 사진

SEM 0.4 μm

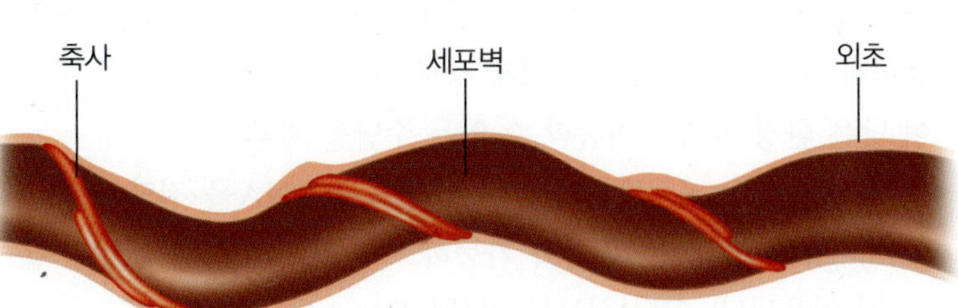

(b) 스피로헤타의 일부를 둘러 감싸는 축사의 그림

그림 2.24 **축사**

Q 내편모는 편모와 어떻게 다른가?

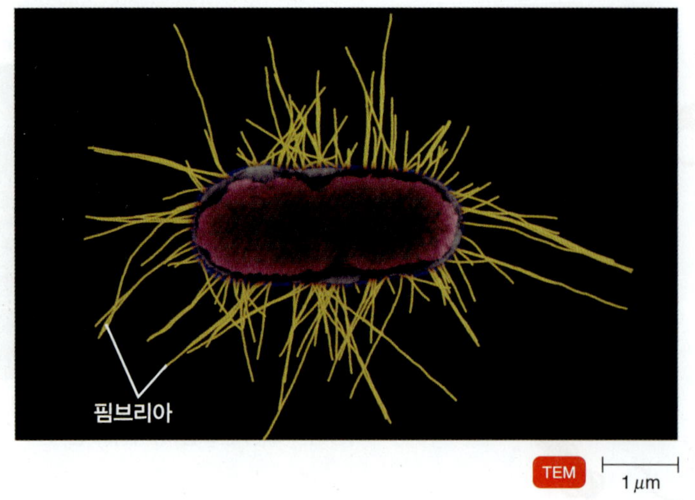

그림 2.25 **핌브리아.** 분열하기 시작한 대장균(*E. coli*)에서 핌프리아는 뻣뻣한 털처럼 보인다.

핌브리아가 콜로니형성에 왜 필요한가?

세균이 점막에 자리를 잡는 것을 도와준다. 일단 자리를 잡으면 세균은 질병을 일으킬 수 있다. 대장균 O157의 핌브리아는 이 세균이 소장의 내층에 부착되는 것을 가능하게 하여 심각한 설사를 일으키게 한다. 핌브리아가 없으면(돌연변이 때문에), 세균이 장내에 자리잡지 못하고 질병도 생기지 않는다.

선모(pili, 단수는 **pilus)**는 일반적으로 핌브리아보다 길고 개수도 세포당 하나 혹은 두 개뿐이다. 선모는 운동성과 DNA 전달에 관여한다. **연축 운동성(twitching motility)**이라는 움직임에서 선모는 소단위 필린의 첨가로 확장되어 다른 세포나 표면에 접촉한 다음, 필린 소단위의 해체를 통해 수축(동력행정, power stroke)한다. 갈고리 모델(grappling hook model)이라고 하는 이 연축 운동성의 결과로 잠깐 움찔거리는 간헐적인 움직임이 나타난다. 연축 운동성은 *Pseudomonas aeruginosa*와 *Neisseria gonorrhoeae*, 대장균의 몇몇 아종에서 관찰된다. 선모가 관여하는 다른 형태의 운동으로는 점액세균(myxobacteria)의 부드럽게 미끄러지는 이동인 **활주운동(gliding motility)**이 있다. 비록 대부분의 점액세균에서 이러한 운동의 정확한 작동원리는 모르는 상태이지만, 몇몇은 선모 수축을 이용한다. 활주운동은 미생물에게 생물막이나 흙과 같이 수분의 함량이 낮은 환경 속에서 이동할 수 있는 수단을 제공한다.

일부 선모는 한 세포에서 다른 세포로 DNA를 전달하는 접합(conjugation)이라는 과정이 가능하도록 서로 가깝게 세균을 옮기는 데 이용된다. 이런 선모를 **접합선모(conjugation pili, sex pili**; 178쪽 참조)라고 부른다. 이 과정에서 F^+ 세포라고 불리는 한 세균의 접합선모는 같은 종이나 혹은 다른 종의 세균의 표면에 있는 수용체에 연결된다. 이렇게 두 개의 세포는 물리적으로 접촉을 하게 되고 DNA가 F^+ 세포에서 다른 세포로 전달되게 된다. 전달된 DNA는 이를 받아들인 세포에게 새로운 기능을 줄 수 있는데, 예를 들어 항생제 내성이나 배지를 더 효율적으로 소화할 수 있는 능력 등과 같은 것이다.

세포벽

세균의 **세포벽(cell wall)**은 복잡한 반강체(semirigid) 구조로 세포의 모양을 책임지고 있다. 이 세포벽은 그 아래에 위치한 연약한 원형질막을 둘러싸고 있고 외부 환경의 유해한 변화로부터 세포막과 세포 내부를 보호한다. 거의 모든 원핵생물은 세포벽을 가지고 있다.

세포벽의 주된 기능은 세포 안쪽의 삼투압이 세포의 바깥쪽보다 높을 때 세균이 터지지 않게 보호하는 것이다. 또한 세균의 모양을 유지하는 것을 도와주고 편모가 부착될 수 있는 지점도 제공한다. 세균의 부피가 증가함에 따라 원형질막과 세포벽도 확장된다. 세포벽은 일부 종에게 질병을 일으키는 능력을 제공하기도 하고 일부 항생제가 작용하는 자리이기 때문에 임상적으로 중요하다. 게다가 세포벽의 화학적 조성은 대부분 세균의 종류를 구별하는 데 이용된다.

조성과 특징

세균의 세포벽은 **펩티도글리칸[peptidoglycan;** 무레인(murein)으로도 알려짐]이라고 하는 고분자의 망으로 이루어져 있다. 펩티도글리칸은 격자를 이루도록 폴리펩티드가 부착된 반복되는 이당류로 구성되어 있다. 이 격자 구조가 세포 전체를 둘러싸고 보호한다. 이당류 부분은 포도당과 관련된 단당류인 N-아세틸글루코사민(N-acetylglucosamine, NAG)과 N-아세틸무람산(N-acetylmuramic acid, NAM, 벽을 의미하는 *murus*로부터)으로 구성되어 있다. NAG와 NAM의 구조적 조성은 그림 2.26과 같다.

펩티도글리칸의 다양한 구성요소들은 세포벽에서 조립된다(그림 2.27a). NAM과 NAG 분자가 번갈아가면서 10~65개의 당이 행으로 연결되어 탄수화물 뼈대를 만든다(펩티도글리칸의 글리칸 부분). 인접한 뼈대는 **폴리펩티드(polypeptide**; 펩티도글리칸의 펩티드 부분)에 의해 연결된다. 펩티드 연결의 구조는 다양하지만, 이것은 언제나 테트라펩티드 곁사슬(tetrapeptide side chain)을 포함하고 있다. 이것은 뼈대의 NAM에 부착되어 있는 네 개의 아미노산으로 이루어지는데, D형과 L형의 아미노산이 번갈아 나타난다. 다른 단백질에서 발견되는 아미노산은 L형이기 때문에 이것은 독특한 특징이다. 나란히 놓인 테트라펩티드 곁사슬은 서로를 직접 결합할 수도 있고 아미노산으로 된 짧은 사슬인 펩티드 가교(peptide cross-bridge)에 의해 연결될 수도 있다.

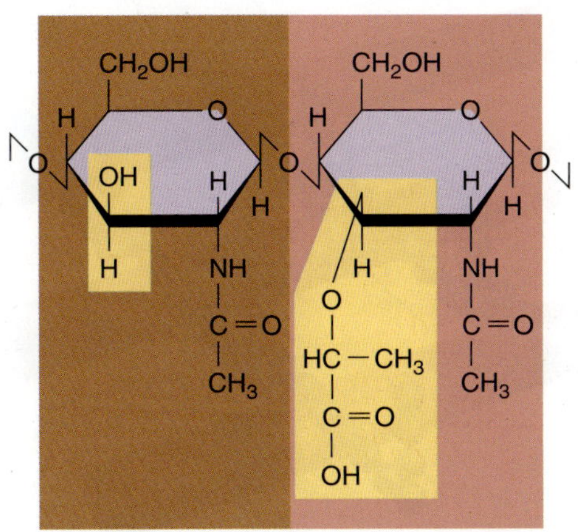

그림 2.26 N-아세틸글루코사민(NAG)과 N-아세틸무람산(NAM)이 펩티도글리칸에서 조립된다. 금색 부분은 두 분자에서 다른 부분을 보여준다. 이들 사이의 연결을 베타-1,4연결(β-1,4 linkage)이라고 한다.

 이들은 어떤 종류의 분자인가: 탄수화물, 지질, 단백질?

페니실린은 펩티도글리칸 행들이 펩티드 가교로 완전하게 연결되는 것을 방해한다(그림 2.27a 참조). 그 결과, 세포벽은 아주 많이 약해지고 세포의 **용해(lysis)**, 즉 원형질막의 파열과 세포질의 손실이 일어난다.

그람양성 세포벽

대부분의 그람양성세균에서 세포벽은 여러 층의 펩티도글리칸으로 구성되어 두껍고 단단한 구조를 이룬다(그림 2.27b). 반면 그람음성세균의 세포벽은 얇은 펩티도글리칸층을 갖고 있다(그림 2.27c).

그람양성세균의 세포벽은 부가적으로 **테이코산(teichoic acid)**을 갖는데 이는 주로 알코올(글리세롤이나 리비톨과 같은)과 인산기로 구성되어 있다. 두 가지 종류의 테이코산이 있다: 펩티도글리칸층을 통과하여 원형질막에 연결되는 **리포테이코산(lipoteichoic acid)**과 펩티도글리칸층에 연결되어 있는 막 **테이코산(wall teichoic acid)**. 이들이 음전하를 띠기 때문에(인산 그룹에서 오는), 테이코산은 양이온과 결합하여 세포의 안팎으로 양이온의 이동을 조절할 수 있다. 이들은 또한 세포의 성장과정에서 심각한 세포벽의 파손과 세포의 용해를 막는 등의 역할을 할 것으로 추정된다.

그람음성 세포벽

그람음성세균의 세포벽은 하나 또는 아주 적은 수의 펩티도글리칸층과 외막으로 이루어져 있다(그림 2.27c 참조). 펩티도글리칸은 외막에 있는 지질단백질(단백질에 공유결합으로 연결된 지질)과 결합되어 있고, 외막과 원형질막 사이의 겔 같은 유동성 부분인 **주변세포질(periplasm)**에 위치한다. 주변세포질에는 높은 농도의 분해효소와 수송단백질이 있다. 그람음성 세포벽에는 테이코산이 없다. 그람음성세균의 세포벽에는 소량의 펩티도글리칸만이 있기 때문에 이들은 기계적인 손상에 좀 더 취약하다.

그람음성세균의 **외막(outer membrane)**은 지질다당류(LPS)와 지질단백질, 인지질로 구성되어 있다(그림 2.27c 참조). 외막은 여러 가지 특화된 기능을 가지고 있다. 이것의 강한 음전하는 숙주의 두 가지 방어 작용인 식작용과 보체의 작용(세포를 용해하고 식작용을 촉진함)을 회피하는 데 있어 중요한 요소이다. 외막은 일부 항생물질(예를 들어 페니실린)과 리소자임 같은 소화효소, 세제, 중금속, 담즙 그리고 일부 염료를 막는 차단막이 된다.

그러나 세포의 대사 유지를 위해 영양분이 반드시 통과해야 하기 때문에 외막이 주위 환경의 모든 물질에 대해 차단막 역할을 하는 것은 아니다. 외막의 투과성의 일부는 막에서 통로를 형성하는 **포린(porin)**이라는 단백질 덕분이다. 포린은 뉴클레오티드, 이당류, 펩티드, 아미노산, 비타민 B_{12}, 철 같은 분자의 이동을 가능하게 한다.

외막의 **지질다당류(lipopolysaccharide, LPS)**는 큰 복합체 분자이다. 이것은 지질과 탄수화물을 함유하고 있으며 세 개의 부분으로 구성된다: (1) 지질 A, (2) 중심 다당류, (3) O 다당류. **지질 A(lipid A)**는 LPS의 지질 부분이고 외막의 맨 위층에 박혀 있다. 그람음성세균이 죽으면 내독소의 기능을 하는 지질 A를 방출한다(12장). 열, 혈관 팽창, 쇼크, 혈액 응고 같은 그람음성세균의 감염과 관련된 증세는 지질 A 때문이다. **중심 다당류(core polysaccharide)**는 지질 A에 부착되어 있는데, 흔치 않은 당을 갖고 있으며 구조적으로 안정성을 제공하는 기능을 한다. **O 다당류(O polysaccharide)**는 중심 다당류에서 밖으로 확장되며 당 분자로 구성되어 있다. O 다당류는 항원으로 작용하기 때문에 그람음성세균의 종간 구별에 유용하게 사용된다.

그람염색의 원리는 그람양성과 그람음성세균 세포벽의 구조적인 차이에 근거한다. 그람양성 세포의 일부는 그람음성 반응을 나타낼 수 있다. 보통 이런 세포들은 죽은 것이다. 그러나 배양이 진행될수록 그람음성 세포처럼 보이는 세균이 증가하는 몇몇 그람양성 속이 있다. *Bacillus*와 *Clostridium*이 이런 예에 해당하는데, 이를 그람부정(gram-variable)이라고 표현하곤 한다.

그람양성과 그람음성세균의 일부 특징 비교는 표 2.1에서 정리되어 있다.

부정형 세포벽

원핵생물 중에서 어떤 종류의 세포는 세포벽을 갖지 않거나 극소량의 세포벽 물질을 가지고 있다. 여기에는 마이코플라스마(*Mycoplasma*)

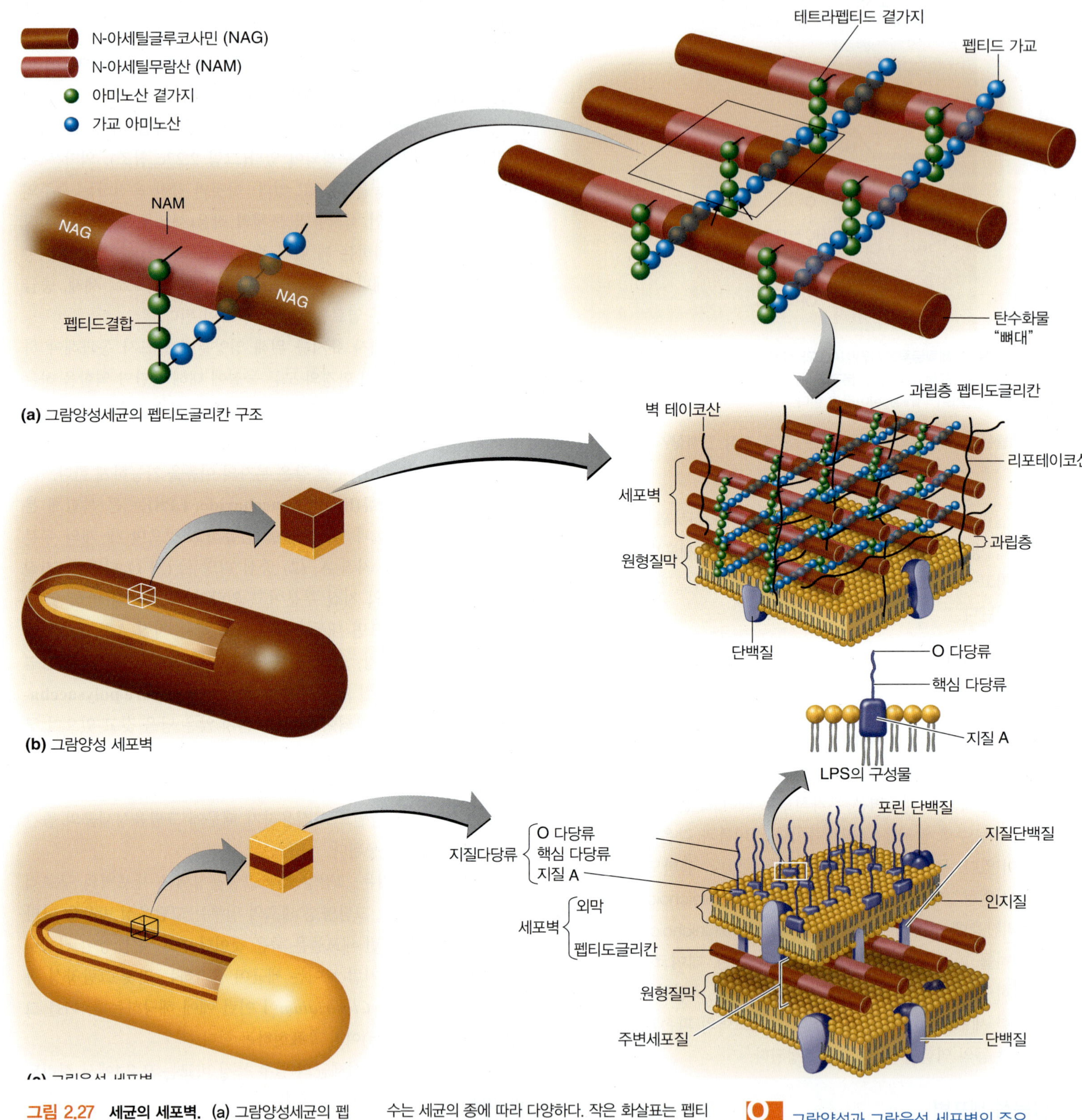

그림 2.27 세균의 세포벽. (a) 그람양성세균의 펩티도글리칸 구조. 탄수화물 뼈대(글리칸 부분)와 테트라펩티드 곁가지(펩티드 부분)가 함께 펩티도글리칸을 만든다. 펩티드 가교의 빈도와 이 가교의 아미노산 수는 세균의 종에 따라 다양하다. 작은 화살표는 펩티드 가교에 의한 펩티도글리칸 열의 연결에서 페니실린이 방해하는 곳을 가리킨다. (b) 그람양성 세포벽. (c) 그람음성 세포벽.

Q 그람양성과 그람음성 세포벽의 주요 구조적 차이점은 무엇인가?

표 2.1 그람양성과 그람음성세균의 일부 특징을 비교

특징	그람양성	그람음성
	LM 12 μm	LM 15 μm
그람반응	크리스탈 바이올렛 염료를 유지하여 파란색 혹은 보라색으로 염색	탈색될 수 있어 대응염색(사프라닌)으로 분홍색이나 붉은색으로 염색
펩티도글리칸층	두꺼움(다수층)	얇음(단일층)
테이코산	많은 세균에 존재	없음
원형질막 공간	과립층	주변세포질
외막	없음	있음
지질다당류(LPS) 함유	사실상 없음	높음
지질과 지질단백질 함유	낮음(항산성 세균은 펩티도글리칸에 연결된 지질을 가짐)	높음(외막이 존재하기 때문)
편모 구조	기저체에 2개의 고리	기저체에 4개의 고리
독소 생산	외독소	내독소와 외독소
물리적 파괴에 저항성	높음	낮음
리소자임에 의한 세포벽 붕괴	높음	낮음(외막을 불안정하게 하는 전처리가 필요)
페니실린과 술파닐아미드에 대한 감수성	높음	낮음
스트렙토마이신, 클로람페니콜, 테트라사이클린에 대한 감수성	낮음	높음
염기성 염료에 의한 억제	높음	낮음
음이온성 계면활성제에 대한 민감성	높음	낮음
아지드화나트륨에 대한 저항성	높음	낮음
건조에 대한 저항성	높음	낮음

속의 구성원과 관련 세균이 포함된다. 마이코플라스마는 살아 있는 숙주 세포 밖에서 자라고 복제될 수 있는 가장 작은 세균으로 알려져 있다. 이들의 작은 크기와 세포벽의 부재 때문에 대부분의 세균 필터를 통과하여 처음에는 바이러스로 오인되었다. 이들의 원형질막에는 세균에서는 유일하게 스테롤(sterols)이라는 지질이 있는데, 이것이 세포의 용해(파열)를 막는 데 도움을 주는 것으로 생각된다.

고세균은 세포벽이 없기도 하고 펩티도글리칸이 아닌 다당류와 단백질로 구성된 흔치 않는 벽을 갖기도 한다. 그러나 이들의 벽은 슈도뮤레인(pseudomurein)이라고 불리는 펩티도글리칸과 비슷한 물질을 가지고 있다. 슈도뮤레인에는 NAM 대신에 N-아세틸탈로사미누론산(N-acetyltalosaminuronic acid)이 들어 있으며, 세균의 세포벽에서 볼 수 있는 D-아미노산이 없다. 고세균은 일반적으로 그람염색이 되지 않으며 펩티도글리칸이 없기 때문에 그람음성처럼 보인다.

항산성 세포벽

*Mycobacterium*속의 모든 세균과 *Nocardia*의 병원성 종의 확인에 사용되는 항산성 염색을 상기해 보자. 이들 세균의 세포벽에는 밀랍 같은 소수성의 지질(**미콜산, mycolic acid**) 함량이 높아서(60%) 그람염색에 사용되는 염료의 침투를 막는다. 미콜산

은 얇은 펩티도글리칸층의 바깥에 층을 형성한다. 미콜산과 펩티도글리칸은 다당류에 의해 서로 붙잡혀 있다. 소수성의 밀랍 같은 세포벽은 액체배양 시, *Mycobacterium*이 덩어리지고 플라스크의 벽에 달라붙는 특성을 유발한다. 항산성 세균은 석탄산푹신(cabolfuchsin)으로 염색이 가능하다. 가열이 염료의 침투를 도와준다. 석탄산푹신은 세포벽을 통과하고 세포질에 결합하며 산-알코올의 세척 과정에서도 제거되지 않는다. 석탄산푹신은 산-알코올보다 세포벽의 미콜산에 더 잘 녹기 때문에 항산성 세균은 석탄산푹신의 붉은색을 유지한다. 만일 항산성 세균의 세포벽에서 미콜산층이 제거된다면 이들은 그람염색에서 그람양성으로 나타날 것이다.

세포벽 손상

세포벽을 손상시키거나 이것의 합성을 방해하는 화학물질은 보통 동물 숙주 세포에는 해를 끼치지 않는다. 왜냐하면 세균의 세포벽은 진핵세포의 것과는 다른 화학물질로 만들어졌기 때문이다. 따라서 몇몇 항미생물 약물은 세포벽 합성을 표적으로 한다. 세포벽에 손상을 주는 한 방법은 리소자임(lysozyme)이라는 분해효소에 노출시키는 것이다. 일부 진핵세포는 이 효소를 원래 가지고 있는데, 땀, 눈물, 점액, 침 등의 구성 성분이기도 하다. 리소자임은 대부분의 그람양성세균의 주된 세포벽 성분에 특히 활성을 가져 세균을 세포용해에 취약하게 만든다. 리소자임은 이당류가 반복되는 펩티도글리칸의 뼈대에서 당 사이 결합의 가수분해를 촉매한다. 이 작용은 절단기로 다리를 지지하는 철골을 자르는 것과 유사하다: 그람양성 세포벽은 리소자임에 의해 거의 완전히 부서진다. 만일 세포용해가 일어나지 않으면 세포 내용물은 원형질막에 의해 둘러싸인 채 남아 있는데 이런 세포벽이 없는 세포를 **원형질체(protoplast)**라고 부른다. 보통 원형질체는 구형이고 대사를 계속 수행할 수 있다.

일부 *Proteus*(프로테우스)속과 다른 속의 구성원은 자신들의 세포벽을 잃어버리고 부정형인 세포 모양으로 부풀 수 있다. 이 형태를 이것을 밝힌 리스터 연구소(Lister Institute)의 이름을 따서 **L형균(L forms)**이라고 불린다. L형균은 자연발생적으로 형성되거나 페니실린(세포벽 형성을 억제하는) 또는 리소자임(세포벽을 제거하는)에 반응하여 생길 수도 있다. L형균은 생존 가능하여 계속해서 분열하거나 세포벽이 있는 상태로 돌아갈 수도 있다.

리소자임이 그람음성세균에 작용하면 일반적으로 세포벽이 그람양성 세포에서의 정도로 파괴되지는 않는다. 외막의 일부도 남아 있다. 이 경우 세포의 내용물과 원형질막 그리고 남아 있는 외부 세포벽 층을 합쳐 **스페로플라스트(spheroplast)**라고 부르는데 이 또한 구형의 구조이다.

원형질체와 스페로플라스트는 순수한 물 혹은 매우 희석된 염이나 당의 용액에서 터진다. 이는 세포 내부의 물 농도가 훨씬 낮아 이들을 둘러싼 액체에서 물 분자가 세포 안으로 빠르게 이동해 들어와 세포를 크게 만들기 때문이다. 이러한 터짐을 **삼투용해(osmotic lysis)**라고 부른다.

세포벽 안쪽의 구조

지금까지는 원핵세포의 세포벽과 그 외부의 구조에 대해 논의했다. 지금부터는 원핵세포의 안쪽을 살펴보고 세포막과 세포의 원형질 안에 있는 구성요소의 구조와 기능에 대해 설명할 것이다.

원형질막(세포막)

원형질막[**세포막**, 또는 내막(inner membrane)]은 세포벽 안쪽에 위치한 얇은 구조로 세포의 원형질을 에워싸고 있다(그림 2.20 참조). 원핵생물의 원형질막은 주로 막에서 가장 풍부한 화학물질인 인지질과 단백질로 구성되어 있다. 진핵생물의 원형질막은 또한 당과 콜레스테롤 같은 스테롤을 갖고 있다. 원핵생물의 원형질막은 스테롤이 결핍되어 있기 때문에 진핵생물의 막보다 덜 단단하다. 하나의 예외는 세포벽이 없는 원핵생물인 *Mycoplasma*(마이코플라스마)로 막에 스테롤을 갖는다.

구조

전자현미경으로 보면 원핵생물과 진핵생물의 원형질막(그리고 그람음성세균의 외막)은 두 층의 구조인 것처럼 보인다. 두 개의 진한 선과 두 선 사이에 밝은 공간이 있다(그림 2.28a). 인지질 분자는 지질 이중층(lipid bilayer)이라고 하는 평행인 두 개의 열로 배열되어 있다(그림 2.28b). 각 인지질 분자는 극성의 머리와 비극성의 꼬리를 가지고 있다. 머리는 친수성인 인산기와 글리세롤로 구성되어 있어 물에 녹고, 비극성의 꼬리는 소수성인 지방산으로 구성되어 있어 물에 녹지 않는다(그림 2.28c). 극성의 머리는 지질 이중층의 양쪽 표면에 배열되어 있고 비극성의 꼬리는 이중층의 안쪽에 위치한다.

세포막의 바깥 표면에 있는 많은 단백질과 일부 지질은 탄수화물을 달고 있다. 탄수화물이 부착된 단백질을 **당단백질(glycoprotein)**이라고 하고 탄수화물이 부착된 지질을 **당지질(glycolipid)**이라고 부른다. 당단백질과 당지질은 둘 다 세포를 보호하고 표면을 미끄럽게 만들고 세포간 상호작용에도 관련된다. 예를 들어 당단백질은 특정 감염질환에서 역할을 한다. 인플루엔자 바이러스나 콜레라와 보툴리눔독소증(botulism)을 일으키는 독소는 세포막에 있는 당단백질에 처음 결합해서 표적 세포에 들어간다.

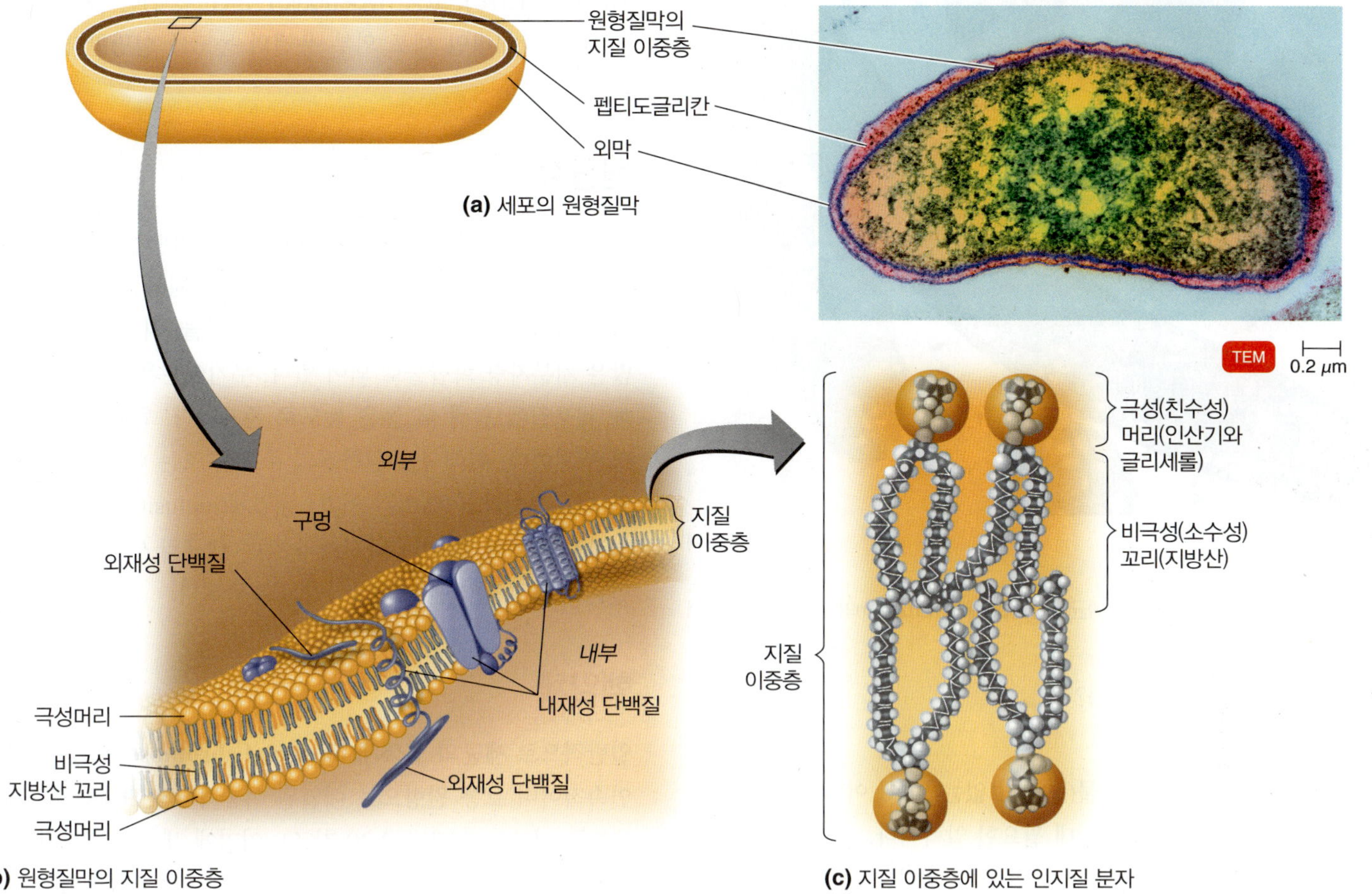

원형질막의 지질 이중층
펩티도글리칸
외막
(a) 세포의 원형질막
TEM 0.2 μm

외부
구멍
외재성 단백질
지질 이중층
내부
내재성 단백질
극성머리
비극성 지방산 꼬리
극성머리
외재성 단백질
(b) 원형질막의 지질 이중층

극성(친수성) 머리(인산기와 글리세롤)
비극성(소수성) 꼬리(지방산)
지질 이중층
(c) 지질 이중층에 있는 인지질 분자

그림 2.28 원형질막. (a) 그람음성세균 *Aquaspirillum serpens*의 안쪽 원형질막을 형성하는 지질 이중층을 보여주는 그림과 현미경 사진. 외막을 포함한 세포벽의 층은 내막의 바깥쪽에 보인다. (b) 지질 이중층과 단백질을 보여주는 내막의 일부분. 그람음성세균의 외막 또한 지질 이중층이다. (c) 지질 이중층에서처럼 배열된 여러 인지질 분자의 공간-채우기 모델.

외재성 단백질과 내재성 단백질의 차이는 무엇인가?

기능

원형질막의 가장 중요한 기능은 이를 통해 물질이 세포 내로 드나드는 선택적인 차단막으로의 역할이다. 이러한 기능으로 원형질막은 **선택적 투과성[selective permeability**; 때로는 반투과성(semipermeability)이라고 부름]을 지닌다고 한다. 이 용어는 어떤 단백질이나 이온은 막을 통과하여 지나가고, 다른 것은 지나가지 못한다는 것을 의미한다. 막의 투과성은 여러 가지 요소에 의해 영향을 받는다. 큰 분자(단백질과 같은)는 원형질막을 통과하지 못하는데 아마 통로 기능을 하는 내재성 막단백질이 만드는 구멍보다 이들 분자가 크기 때문이다. 그러나 작은 분자(물이나 산소, 이산화탄소, 작은 당류 같은)는 일반적으로 쉽게 통과한다. 이온은 막을 아주 천천히 통과한다. 막은 대부분이 인지질로 구성되어 있기 때문에 지질에 쉽게 녹는 물질(산소, 이산화탄소, 비극성의 유기 분자)은 다른 물질보다 더 쉽게 들어가고 나온다. 원형질막을 통과하는 물질의 이동은 곧 설명할 수송 분자에 또한 의존한다.

원형질막은 영양분을 분해하고 에너지를 생산하는 데에도 중요하다. 세균의 원형질막에는 영양분을 분해하고 ATP를 생산하는 화학반응을 촉매하는 단백질이 있다. 일부 세균에서 광합성에 관련된 색소와 효소가 원형질 쪽으로 확장되어 접힌 원형질막에서 발견된다. 이러한 막 구조를 **색소체(chromatophore)** 또는 **틸라코이드(thylakoid**, 그림 2.29)라고 부른다.

원형질막에 의한 삼투

삼투(osmosis)는 용매 분자의 농도가 높은 지역(저농도의 용질 분자)에서 용매 분자의 농도가 낮은 지역(고농도의 용질 분자)으로 선택적 투과막을 통한 용매 분자의 순이동이다. 생명 시스템에서 최고의 용매는 물이다.

선택적 투과막을 통한 물의 이동은 삼투압을 만든다. **삼투압(os-**

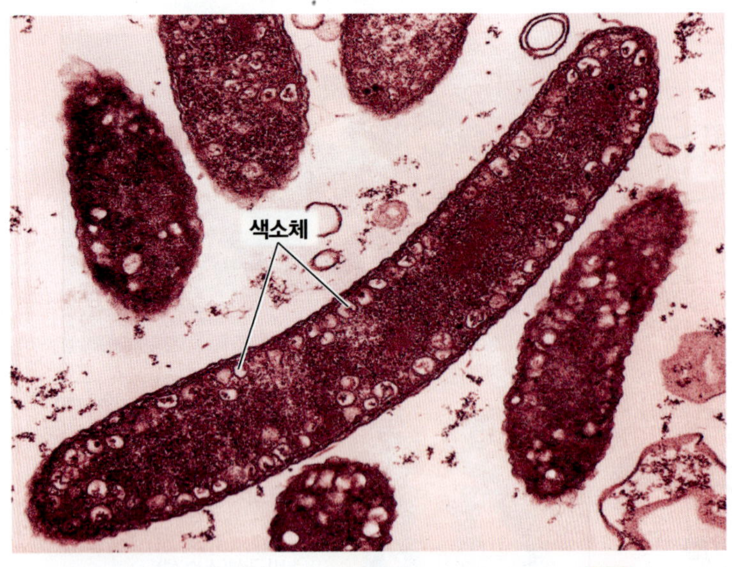

그림 2.29 **색소체.** 자색 비황세균, *Rhodospirillum rubrum*의 현미경 사진에서 색소체는 선명하게 보인다.

Q 색소체의 기능은 무엇인가?

motic pressure)은 순수한 물(용질이 없는 물)이 어떤 용질이 있는 용액으로 이동하는 것을 막는 데 필요한 압력이다.

세균은 세 종류의 삼투 용액을 만날 수 있다: 등장(isotonic), 저장(hypotonic), 고장(hypertonic). **등장액(isotonic solution)**은 용질의 전체 농도가 세포 내의 농도와 같은 매체이다(*iso*는 동일함을 의미). 물이 같은 속도로 세포를 드나든다(순변화는 없음); 세포의 내용물은 세포벽 바깥쪽의 용액과 평형상태에 있다.

앞서 리소자임 또는 특정 항생제(페니실린 같은)가 세균 세포벽에 손상을 끼쳐 세포가 파열되거나 용해된다는 것을 언급했다. 보통 세균의 세포질은 용질의 농도가 높기 때문에 세포벽이 약화되거나 제거되면 삼투압에 의해 추가로 물이 유입되어 이러한 파열이 일어난다. 손상된(또는 제거된) 세포벽은 세포막의 팽창 및 파열을 억제할 수 없다. 이것이 **저장액(hypotonic solution)**에 담겼을 때 발생하는 삼투용해의 예이다. 세포 외부의 저장액은 그 용질의 농도가 세포의 내부보다 낮은 매체이다(*hypo*는 아래 또는 이하라는 의미). 대부분의 세균은 저장액에서 살고 있고 세포벽이 삼투압에 대해 저항하여 세포가 용해되지 않도록 보호한다. 그람음성세균처럼 약한 세포벽을 갖는 세포는 과도한 수분 섭취의 결과로 삼투 용해가 일어나거나 파열될 수 있다.

고장액(hypertonic solution)은 세포 내부보다 용질의 농도가 높은 매체이다(*hyper*는 위 또는 이상을 의미). 삼투에 의해 물이 세포를 떠나기 때문에 고장액에 있는 대부분 세균의 세포는 수축되어 찌그러지거나 원형질분리(plasmolyze)가 일어난다. 등장(isotonic)과 저장(hypotonic), 고장(hypertonic)이라는 용어는 세포 내부의 농도에 대한 상대적인 세포 외부 용액의 농도를 설명한다는 점에 유의하자.

원형질

원핵세포에서 **원형질(cytoplasm)**이라는 용어는 원형질막 안에 있는 세포 물질을 말한다(그림 2.20 참조). 원형질은 약 80%가 물이고 나머지는 주로 단백질(효소)과 탄수화물, 지질, 무기이온, 그리고 많은 저분자량 화합물로 되어 있다. 무기이온은 대부분의 배지에 비해 세포질에 훨씬 더 높은 농도로 존재한다. 원형질은 걸쭉한 반투명 액체이다. 원핵생물 원형질의 주요 구조는 핵양체(DNA를 포함)와 리보솜이라고 부르는 입자, 봉입체(inclusion)라고 불리는 비축 저장소 등이다. 막대나 나선형과 같은 세균의 세포 모양은 원형질에 있는 단백질 필라멘트 때문이라고 추측된다.

핵양체

일반적으로 **세균의 염색체(bacterial chromosome)**는 하나의 길고 연속적이며 보통 원형으로 배열된 이중가닥의 DNA **핵양체(nucleoid)**를 이루는데(그림 2.20 참조), 여기에 세포의 구조와 기능에 필요한 모든 유전정보가 들어 있다. 진핵세포의 염색체와는 달리 세균의 염색체는 핵막으로 둘러싸여 있지 않고 히스톤도 없다. 핵양체는 둥글거나, 길쭉하거나 또는 아령 모양일 수도 있다. 한창 자라고 있는 세균에서는 DNA가 세포 부피의 20%씩이나 차지한다. 이는 세균이 다음 세포에게 전달할 핵 물질을 미리 합성하기 때문이다. 염색체는 원형질막에 부착되어 있다. 원형질막에 있는 단백질이 DNA 복제와 세포분열 동안 딸 세포로 새로운 염색체가 분리되는 데에 역할을 한다고 믿고 있다.

염색체 외에도 세균은 종종 **플라스미드(plasmid)**라는 보통은 작고 원형인 이중 가닥 DNA 분자를 가진다. 이 분자는 염색체 밖에 있는 유전요소이다. 즉, 이들은 세균의 염색체와 연결되어 있지 않고 염색체 DNA와는 독립적으로 복제된다. 연구에 의하면 플라스미드는 원형질막 단백질에 연결되어 있다. 플라스미드에는 보통 5~100개 정도의 유전자가 있는데, 이들은 정상적인 환경 조건에서 살아가는 데에는 없어도 된다. 따라서 세균은 별문제 없이 플라스미드를 얻거나 잃어버릴 수 있다. 그러나 특정 조건에서는 플라스미드가 세균에게 도움을 준다. 플라스미드는 항생제 내성, 유해 금속에 대한 저항성, 독소의 생산, 효소의 합성 등과 같은 활성을 갖는 유전자를 가질 수 있다. 플라스미드는 한 세균에서 다른 세균으로 전달될 수 있다. 사실 플라스미드 DNA는 생명공학에서 유전자의 조작에 사용된다.

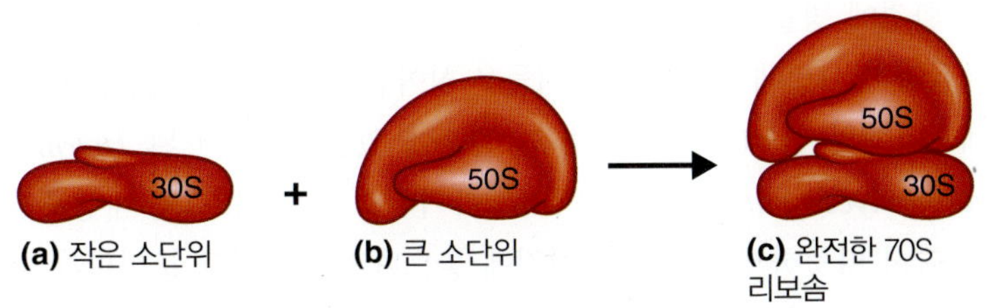

그림 2.30 원핵세포의 리보솜. (a) 작은 30S 소단위와 (b) 큰 50S 소단위가 (c) 완전한 70S 원핵세포 리보솜을 만든다.

Q 항생제 치료요법의 관점에서 원핵세포와 진핵세포 리보솜 간의 차이의 중요성은 무엇인가?

리보솜

모든 진핵세포와 원핵세포에 있는 **리보솜(ribosome)**은 단백질 합성이 일어나는 장소이다. 왕성하게 성장하는 세포처럼 단백질 합성률이 높은 세포에는 많은 수의 리보솜이 있다. 원핵세포의 원형질에는 수만 개의 이런 아주 작은 구조가 있어서 세포질이 과립형 모양을 띠게 한다(그림 2.20 참조).

리보솜은 두 개의 소단위로 구성되어 있는데 각각은 단백질과 리보솜 RNA(ribosomal RNA, rRNA)라고 부르는 RNA로 구성되어 있다. 원핵세포의 리보솜을 70S 리보솜(그림 2.30)이라 부르고 진핵세포의 리보솜은 80S 리보솜으로 알려져 있다. 70S 리보솜은 하나의 rRNA 분자가 들어 있는 작은 30S 소단위와 두 개의 rRNA 분자가 들어 있는 큰 50S 소단위로 이루어져 있다.

여러 항생제가 원핵세포의 리보솜에서 단백질 합성을 억제하는 효과가 있다. 스트렙토마이신(streptomycin)과 젠타마이신(gentamicin)과 같은 항생제는 30S 소단위에 붙어 단백질 합성을 방해한다. 에리트로마이신(erythromycin)과 클로람페니콜(chloramphenicol) 등은 50S 소단위에 붙어 단백질 합성을 방해한다. 원핵세포와 진핵세포의 리보솜 차이 때문에 세균세포는 항생제에 의해 죽는 반면, 숙주인 진핵세포는 영향을 받지 않는다.

봉입

원핵세포의 원형질에는 **봉입(inclusion)**이라고 부르는 여러 종류의 저장물질이 있다. 세포는 특정 영양물을 풍부할 때 저장했다가 환경에서 고갈되었을 때 사용할 수 있다. 실험 증거에 의하면 봉입으로 농축된 고분자는 세포질에서 이들 분자가 퍼져 있으면 야기될 삼투압의 증가를 피할 수 있다. 일부 봉입은 다양한 종류의 세균에 있는 반면 다른 봉입은 소수의 종에만 제한적이어서 식별 기준으로 이용된다.

변색성 과립(이염과립)

이염과립(metachromatic granule)은 큰 봉입으로 이들이 가끔 메틸렌 블루와 같은 특정 파란색 염료에 붉게 염색되는 사실에서 이름이 붙여졌으며, 통틀어서 **볼루틴(volutin)**이라고 알려져 있다. 볼루틴은 ATP 합성에 사용될 수 있는 무기인산[중합인산(polyphosphate)] 저장물질이다. 일반적으로 인산이 풍부한 환경에서 자라는 세포에서 만들어진다. 이염과립은 세균뿐 아니라 조류와 균류, 원생동물에서도 발견된다. 이염과립은 디프테리아(diphtheria) 원인균인 *Corynebacterium diphtheriae*(코리네박테리움 디프테리아)의 특징이어서 이들의 진단에 중요하다.

다당류 과립

다당류 과립(polysaccharide granule)으로 알려진 봉입은 전형적으로 글리코겐과 전분으로 이루어져 있고 이들은 존재는 세포에 요오드를 처리하여 확인할 수 있다. 요오드가 있으면 글리코겐 과립은 붉은 갈색으로 나타나고 전분 과립은 푸르게 보인다.

지질 봉입

지질 봉입(lipid inclusion)은 *Mycobacterium*, *Bacillus*, *Azotobacter*, *Spirillum* 등에 속하는 다양한 종에서 나타난다. 흔히 볼 수 있는 세균 고유의 지질 저장물질은 폴리베타히드록시부티르산(poly-β-hydroxybutyric acid) 중합체이다. 지질 봉입은 수단 염료와 같은 지용성 염료로 세포를 염색해서 알아낸다.

황과립

일부 세균은—예로 *Thiobacillus*속에 속하는 "황세균(sulfurbacteria)"—황과 황을 함유한 복합체를 산화하여 에너지를 얻어낸다. 이 세균은 **황과립(sulfur granule)**을 에너지 저장물질로 사용하기 위해 세포에 저장한다.

카르복시솜

카르복시솜(carboxysome)은 리불로스 2인산 카르복실라제(ribulose 1,5-diphosphate carboxylase) 효소가 있는 봉입이다. 광합성 세균은 이산화탄소를 유일한 탄소원으로 사용하고 이산화탄소 고정을 위해 이 효소가 필요하다. 카르복시솜을 갖는 세균에는 질소화세균(nitrifying bacteria)과 남세균(cyanobacteria), 유황세균(thiobacilli) 등이 있다.

기체소포

남세균과 산소비발생 광합성세균(anoxygenic photosynthetic

bacteria), 호염성세균(halobacteria)을 비롯한 많은 수생 세균에서 **기체소포(gas vacuole)**라고 하는 빈 공간이 발견된다. 각 소포는 단백질로 덮인 빈 원통인 개별 기낭(gas vesicles)들의 열로 이루어져 있다. 기체소포는 부력을 유지하여 해당 세포가 물에서 충분한 양의 산소와 빛, 영양물을 얻을 수 있는 적절한 깊이에 머물게 한다.

마그네토좀

마그네토좀(magnetosome)은 원형질막의 함입으로 둘러싸인 산화철(Fe_3O_4)의 봉입이다. 마그네토좀은 *Magnetospirillum magnetotacticum*을 비롯한 여러 종류의 그람음성세균에서 만들어지고 자석 같은 역할을 한다(그림 2.31). 세균은 마그네토좀을 이용하여 이들이 부착할 적당한 위치에 도달할 때까지 아래로 이동한다. 세포 밖에서 마그네토좀은 과산화수소를 분해할 수 있는데, 이 화합물은 산소가 있을 때 세포 안에서 형성되는 것이다. 과학자들은 마그네토좀이 과산화수소의 축적을 막아 세포를 보호할 것이라 추측한다.

내생포자

필수 영양소가 고갈되면 *Clostridium*과 *Bacillus*속의 세균 같은 특정 그람양성세균은 **내생포자(endospore)**라고 부르는 특화된 휴지세포를 생성한다(그림 2.32). 나중에 보게 될텐데, *Clostridium* 속의 일부는 괴저(gangrene)와 파상풍(tetanus), 보툴리누스 중독(botulism), 식중독 등과 같은 질병을 유발한다. *Bacillus*속에 속하는 일부 세균은 탄저병(anthrax)과 식중독을 일으킨다. 세균에서만 발견되는 내생포자는 두꺼운 벽과 추가된 층이 있는 탈수된 세포로 매우 견고하다.

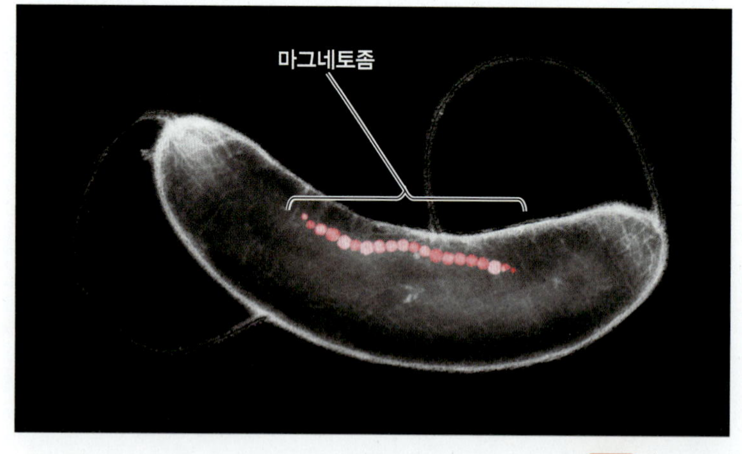

그림 2.31 마그네토좀. *Magnetospirillum magnetotacticum*의 현미경 사진은 마그네토좀의 사슬을 보여준다. 이 세균은 보통 얕은 민물 진흙에서 발견된다.

Q 어떻게 마그네토좀이 자석처럼 행동하는가?

환경에 방출되어 극도로 뜨겁고, 물이 부족하고, 많은 독성 화학 물질과 방사선에 노출되어도 이들은 살아남을 수 있다. 예를 들어 미네소타주의 엘크(Elk) 호수의 언 진흙에 있던 7,500년 된 *Thermoactinomyces vulgaris*(서머액티노마이세스 불가리스)의 내생포자는 다시 따뜻하게 하여 영양배지에 놓으니 발아하였고 도미니카 공화국에서 호박(경화된 나무 수지)에 들어 있던 침 없는 벌의 장에서 발견된 2,500만 년에서 4,000만 년 된 내생포자가 영양배지 위에서 발아하였다는 보고가 있었다. 진정한 내생포자는 그람양성세균에서 발견되지만, Q열(Q fever)을 일으키는 그람음성세균인 *Coxiella burnetii*(콕시엘라 부르네티)는 내생포자와 유사한 구조를 형성한다. 이 구조는 열과 화학 물질에 내성이 있고 내생포자 염색법으로 염색된다..

살아 있는 세포 안에서 내생포자의 형성 과정은 몇 시간 걸리며 **포자형성(sporulation)** 또는 **포자생식(sporogenesis)**이라고 알려져 있다(그림 2.32a). 탄소원이나 질소원 같은 주요 영양소가 부족하거나 없으면 내생포자 형성 세균은 성장하는 세포에서 포자 형성을 시작한다. 포자 형성에서 처음 관찰되는 단계는 새로 복제된 세균의 염색체와 세포질의 일부분이 **포자격벽**(spore septum)이라고 하는 원형질막의 함입에 의해 고립되는 것이다. 이 포자격벽은 염색체와 세포질을 둘러싸는 두 층의 막이 된다. 원래의 세포 안에서 막으로 완전히 둘러싸인 이 구조를 **전포자**(forespore)라고 부른다. 두 층의 막 사이에 두꺼운 펩티도글리칸층이 자리를 잡은 다음, 단백질로 된 두꺼운 **포자외피**(spore coat)가 막의 바깥쪽을 둘러 형성된다. 이 외피가 많은 유독한 화학물질에 대해 내생포자가 저항성을 갖게 한다. 원래의 세포는 분해되고, 내생포자가 방출된다.

내생포자의 직경은 성장하는 세포의 직경보다 작을 수도, 같을 수도, 클 수도 있다. 종에 따라 내생포자는 영양세포의 **한쪽 끝**이나 **그 근처**(그림 2.32b) 또는 **가운데**에 위치할 수 있다. 내생포자가 성숙되면 성장하는 세포 벽은 파열(용해)되어 세포는 죽고 내생포자는 세포 밖으로 나오게 된다.

전포자의 세포질에 존재하는 물은 포자 형성이 완성되는 시점에 대부분 제거되고 내생포자는 대사반응을 수행하지 않는다. 내생포자에는 **피콜린산**(dipicolinic acid, DPA)이라고 불리는 다량의 유기산과 함께 많은 양의 칼슘이온이 들어 있다. DPA는 내생포자 DNA가 손상되지 않도록 보호해준다는 증거도 있다. 극도로 수분이 제거된 내생포자의 중심에는 DNA와 소량의 RNA, 리보솜, 효소 그리고 약간의 중요한 저분자 물질만이 있게 된다. 이들 세포 구성 성분은 나중에 대사를 재개하는 데에 필수적이다.

내생포자는 수천 년 동안 휴면상태로 남아 있을 수 있다. 내생포자가 영양세포 상태로 돌아오는 과정을 **발아(germination)**라고 한다. 발아는 내생포자 외피의 물리적 혹은 화학적 손상으로 시작된

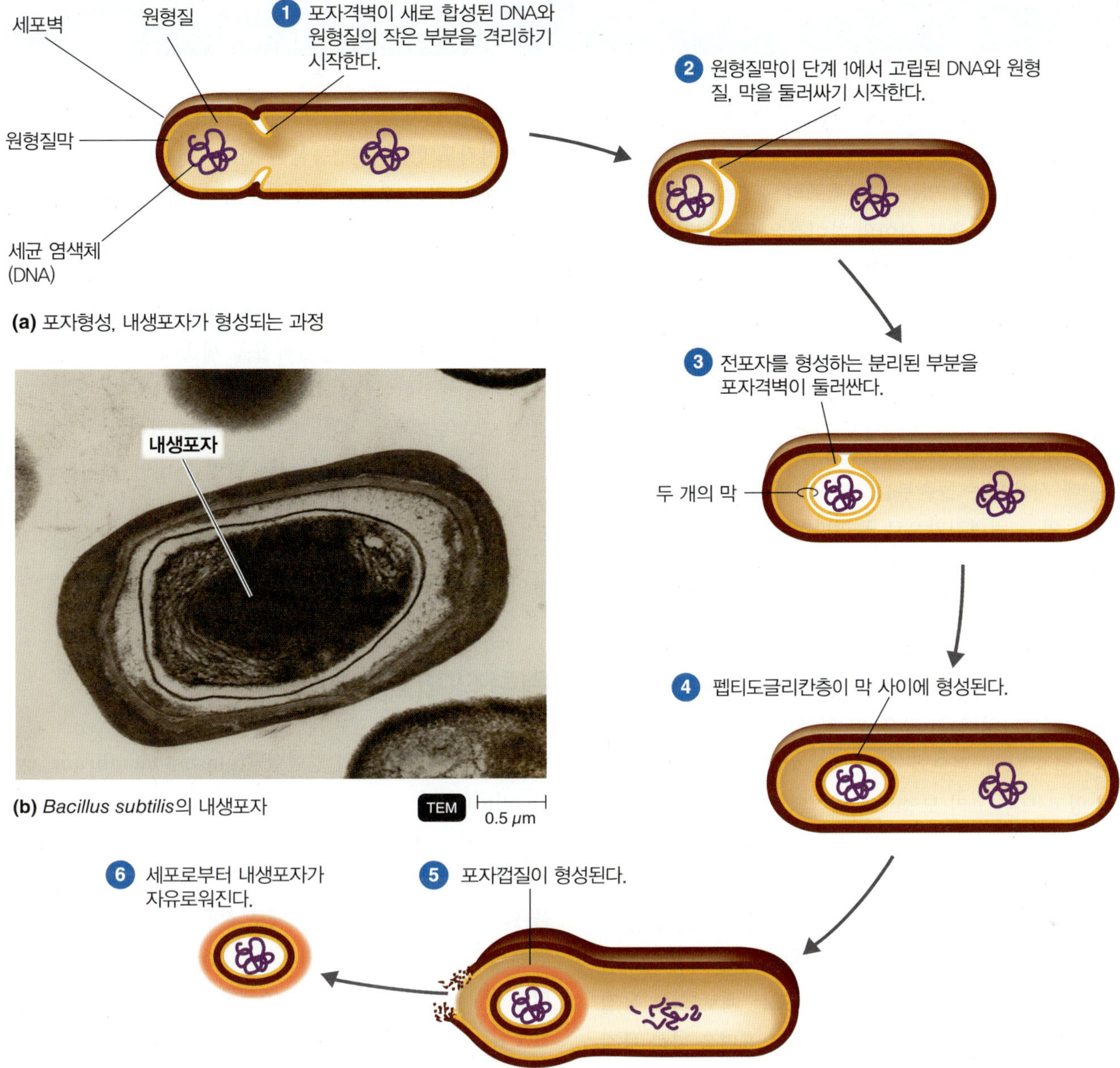

그림 2.32 포자형성에 의한 내생포자의 형성

Q 내생포자의 어떤 특징이 보통 영양세포를 죽이는 과정에 대해 저항성을 갖게 하는가?

다. 그러면 내생포자의 효소가 내생포자를 둘러싼 여분의 외층을 분해하여 물이 들어오고 대사가 재개된다. 하나의 영양세포는 하나의 내생포자를 형성하고 이것이 발아한 다음에 한 개의 세포가 남기 때문에 세균에서 발아는 번식의 수단이 아니다. 이 과정은 세포의 수를 증가시키지 않는다. 세균의 내생포자는(원핵생물인) 방선균(actinomycetes)과 진핵생물인 진균류와 조류에 의해 형성되는 포자와는 다르다. 이들의 경우에는 모세포에서 떨어져 나와 다른 개체로 발생하기 때문에 번식에 해당한다.

진핵세포

진핵생물에는 조류, 원생동물, 진균류, 식물, 동물 등이 포함된다. 진핵세포는 일반적으로 원핵세포보다 더 크고 구조적으로 더 복잡하다(그림 2.33). 그림 2.20에 있는 원핵세포의 구조를 진핵세포의 구조와 비교하면 두 종류의 세포 사이의 차이점은 뚜렷해진다. 원핵세포와 진핵세포의 주요 차이점은 54쪽 표 2.2에 요약되어 있다.

편모와 섬모

많은 종류의 진핵세포가 세포의 운동 또는 세포 표면을 따라 물질을 이동시키는 데 사용하는 돌출부를 가지고 있다. 이들 돌출부는 세포질을 가지고 있고 원형질막으로 둘러싸여 있다. 만일 이 돌출부가 몇 개 없고 세포의 크기에 비해서 길면 이것을 **편모(flagella)**라고 한다. 만일 이 돌출부가 많고 짧으면 이를 **섬모(cilia**, 단수는 **cilium**)라고 한다.

Euglena(유글레나)속의 조류는 편모를 사용하여 움직인다. 반면 *Tetrahymena*(테트라히메나) 같은 원생동물은 섬모를 사용한다(그림 2.34a과 그림 2.34b). 편모와 섬모 모두 기저체에 의해 원형질막에 부착되어 있고 모두 고리 모양으로 배열된 아홉 쌍의 미세소관(doublets)과 두 미세소관이 그 고리의 중심에 있는데, 이를 9 + 2 배열(9 + 2 array)이라고 한다(그림 2.34c). **미세소관(microtubule)**은 길고 속이 빈 관으로 **튜불린**(tubulin)이라는 단백질로 되어 있다. 원핵세포의 편모는 회전하지만 진핵세포의 편모는 물결처럼 움직인다(그림 2.34d). 사람의 호흡기에 있는 섬모 세포는 폐로 외부 물질이 들어오지 못하도록 기관지와 기관에 있는 세포 표면을 따라 물질을 목구멍과 입 쪽으로 이동시킨다.

세포벽과 당질피질

일반적으로 원핵세포의 세포벽에 비하면 많이 단순하지만 대부분의 진핵세포도 세포벽을 가지고 있다. 많은 조류는 다당류 **섬유소**(cellulose, 모든 식물처럼)로 구성된 세포벽을 가지고 있다. 다른 화학물질도 존재할 수 있다. 일부 균류의 세포벽은 섬유소를 가지고 있지만 대부분의 균류에서 세포벽의 주요 구조적 구성요소는 N-아세틸글루코사민(NAG) 단위의 중합체 다당류인 **키틴**(chitin)이다. (키틴은 갑각류와 곤충의 외골격의 주된 구조적 구성성분이다.) 효모의 세포벽에는 다당류인 **글루칸**(glucan)과 **만난**(mannan)이 들어 있다. 세포벽이 없는 진핵생물은 원형질막이 가장 바깥쪽 덮개이다. 그러나 환경과 직접 접촉하는 세포는 원형질막 바깥쪽으로 외피를 가지기도 한다. 원생동물은 전형적인 세포벽이 없는 대신에 **박막**(pellicle)이라고 부르는 유연한 외부 단백질로 덮여 있다.

동물세포를 비롯한 다른 진핵세포의 원형질막은 끈적한 탄수화물이 상당량 들어 있는 물질의 층인 **당질피질(glycocalyx)**로 덮여 있다. 이 탄수화물의 일부는 원형질막에 있는 단백질 및 지질과 공유결합으로 연결되어 당질피질을 세포에 고정시키는 당단백질 및 당지질을 형성한다. 당질피질은 세포 표면을 강화시키고 세포가 서로 붙도록 도와주며 세포-세포 인식에도 기여할 수 있다.

진핵세포에는 원핵세포 세포벽의 뼈대인 펩티도글리칸이 없다. 이것은 의학적으로 상당히 중요하다. 왜냐하면 페니실린과 세팔로스포린(cephalosporin) 같은 항생제가 펩티도글리칸에 작용하여 사람의 진핵세포에는 영향을 주지 않기 때문이다.

원형질막(세포막)

진핵세포와 원핵세포의 **원형질막(plasma membrane, cytoplasmic membrane)**은 그 기능과 기본 구조에서 매우 유사하다. 그러나 이들은 막에서 발견되는 단백질의 종류에는 차이가 있다. 진핵세포의 막은 세균이 부착하는 자리와 세포-세포 인식과 같은 기능에서 역할을 할 것으로 추정되는 수용체로 작용하는 탄수화물을 가지고 있다. 진핵세포의 원형질막은 원핵세포(*Mycoplasma* 세포는 예외)의 원형질막에서는 발견되지 않는 **스테롤**(sterol)을 가지고 있다. 스테롤은 삼투압 증가의 결과로 인한 용해에 견디내는 막의 능력과 연관되어 있는 것으로 보인다.

물질은 단순확산, 촉진확산, 또는 능동수송에 의해 원핵과 진핵세포막을 통과할 수 있다. 그룹이동은 진핵세포에서는 일어나지 않는다. 그러나 진핵세포는 **세포내도입(endocytosis)**이라고 불리는 방법을 이용할 수 있다. 이것은 원형질막의 일부분이 입자나 큰 분자를 둘러싸서 세포 안쪽으로 가져올 때 발생한다.

세 가지 종류의 세포내도입이 있는데, 식세포작용과 음세포작용, 수용체매개 세포내도입이다. **식세포작용**(phagocytosis) 동안 위족(pseudopod)이라고 부르는 세포의 돌출이 입자를 삼켜서 세포 안으로 가져온다. **음세포작용**(pinocytosis)에서는 원형질막이 안쪽으로 접혀 세포 밖 액체를 받아들여 거기에 녹아 있는 물질을 함께 세포 안으로 들여온다. **수용체매개 세포내도입**(receptor-mediated endo-cytosis)에서는 막에 있는 수용체에 리간드(ligand)가 결합한다. 결합이 일어나면 막은 안쪽으로 접힌다.

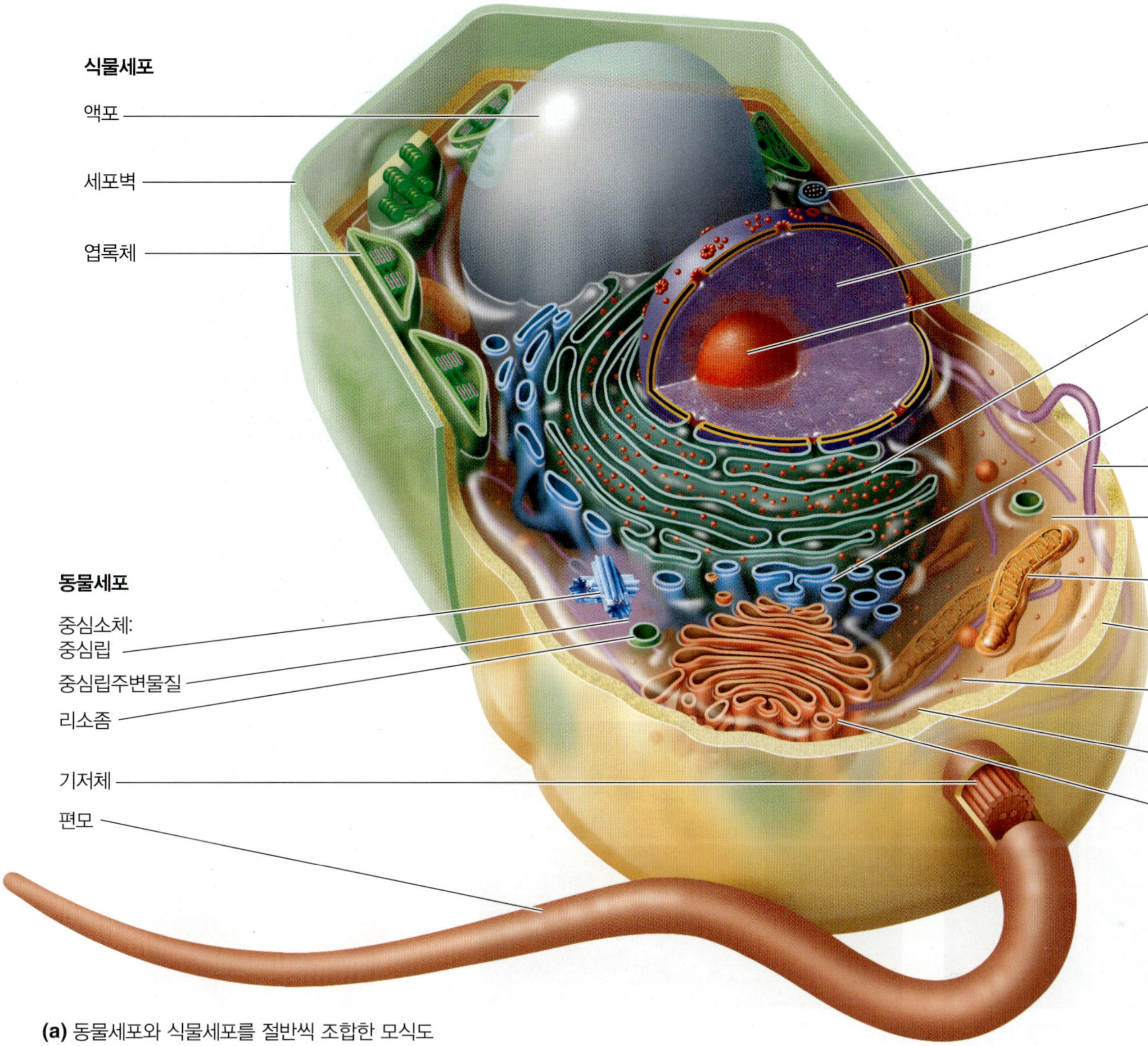
식물세포
액포
세포벽
엽록체
식물과 동물세포
퍼옥시좀
핵
인
조면소포체
활면소포체
미세소관
미세섬유
미토콘드리아
원형질막
리보솜
세포질
골지체
동물세포
중심소체:
중심립
중심립주변물질
리소좀
기저체
편모

(a) 동물세포와 식물세포를 절반씩 조합한 모식도

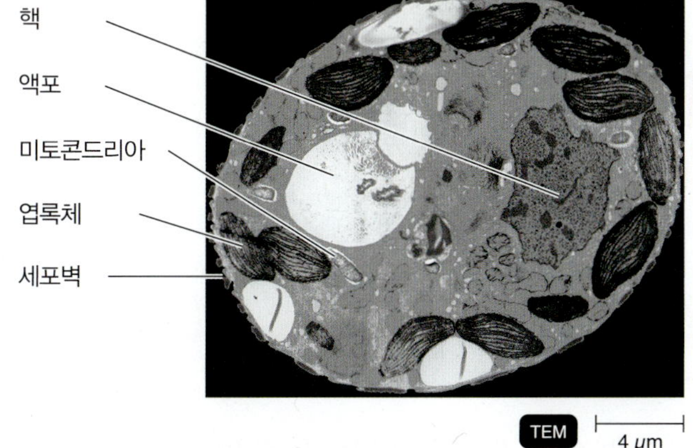

핵
액포
미토콘드리아
엽록체
세포벽
TEM
4 μm

(b) 식물세포의 투과전자현미경 사진

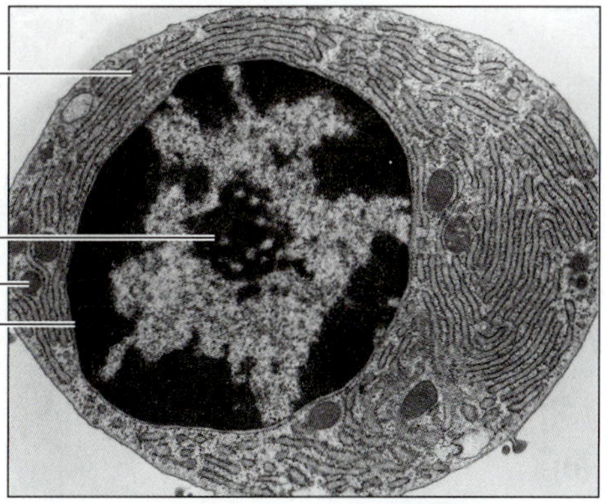
조면
소포체
인
미토콘드리아
핵
TEM
3 μm

(c) 동물세포의 투과전자현미경 사진

그림 2.33 진핵세포의 전형적인 구조

Q 어떤 계가 진핵세포를 포함하는가?

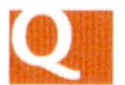

표 2.2 원핵세포와 진핵세포 간의 주요 차이점

특징	원핵세포	진핵세포
세포의 크기	직경이 0.2~2.0 μm가 전형적임	직경이 10~100 μm가 전형적임
핵	핵막과 인이 없다	핵막과 인을 가진 진정한 핵
막으로 둘러싸인 세포소기관	없다	있다; 예로 리소좀, 골지체, 소포체, 미토콘드리아, 엽록체
편모	두 종류의 조립단위 단백질로 구성	복잡함; 다수의 미세소관으로 구성
당질피질	협막이나 점액질 층에 존재	세포벽이 결핍된 일부 세포에 존재
세포벽	보통 존재; 화학적으로 복잡함(전형적인 세균 세포벽은 펩티도글리칸을 포함)	존재한다면 화학적은 단순함(섬유소와 키틴을 포함)
원형질막	탄수화물이 없고 일반적으로 스테롤이 결핍	스테롤과 탄수화물이 수용체로 사용
원형질	세포골격과 세포질 유동이 없음	세포골격; 세포질 유동
리보솜	작은 크기(70S)	큰 크기(80S); 세포소기관에는 작은 크기(70S)
염색체(DNA)	일반적으로 원형의 단일 염색체; 전형적으로 히스톤 결핍	히스톤을 가진 다수의 선형 염색체
세포분열	이분법	체세포분열을 포함
유성 재조합	없다; DNA 전달만	감수분열을 포함

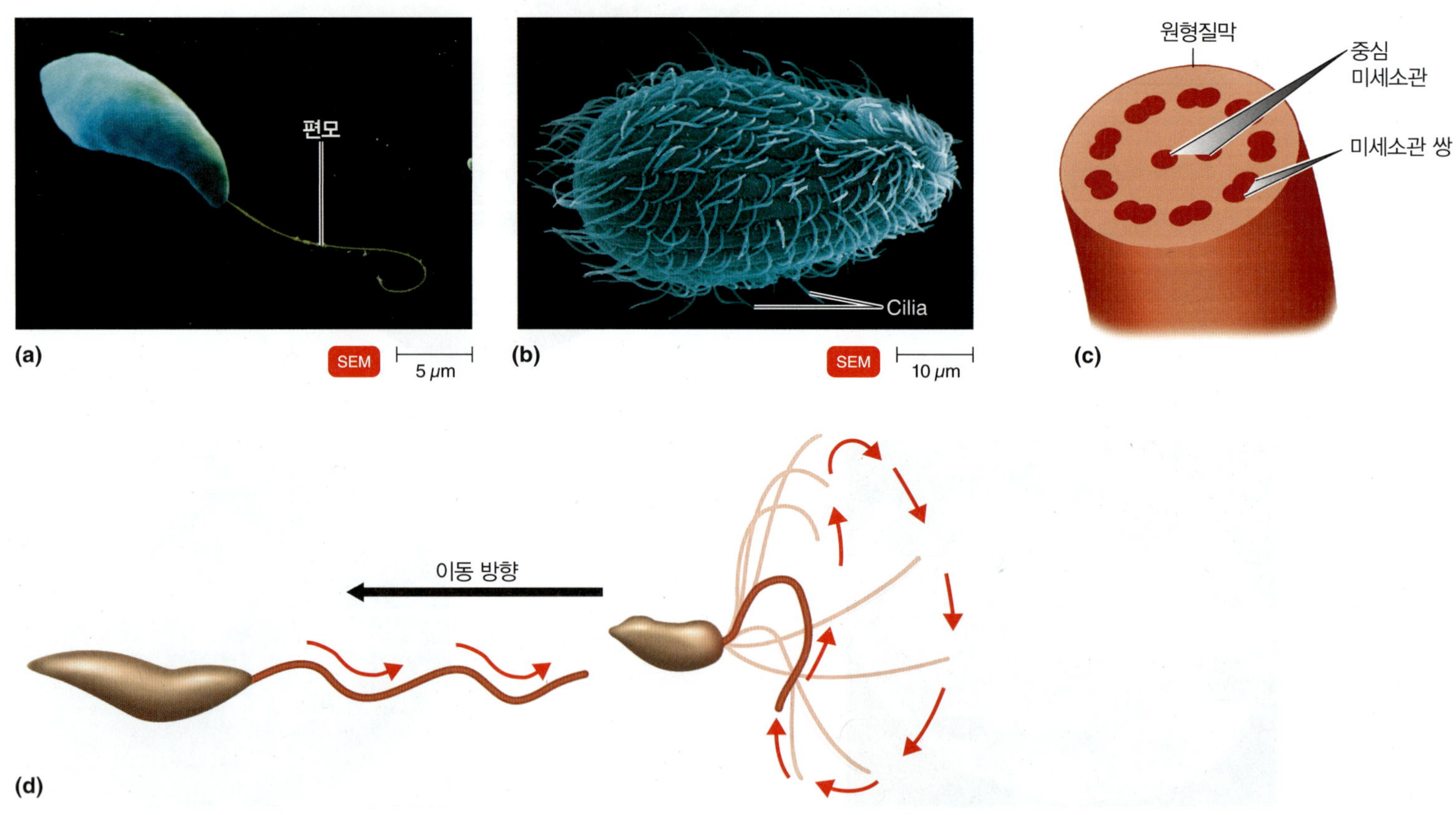

그림 2.34 **진핵세포 편모와 섬모.** (a) 엽록소를 가진 조류인 *Euglena*(유글레나)와 편모의 현미경 사진. (b) 섬모를 가진 흔한 민물 원생동물인 *Tetrahymena*(테트라히메나)의 현미경 사진. (c) 미세소관의 9+2 배열을 보여주는 편모(혹은 섬모)의 내부 구조. (d) 진핵세포 편모의 운동 형태.

Q 원핵생물과 진핵생물의 편모는 어떻게 다른가?

세포질

진핵세포의 **세포질(cytoplasm)**은 원형질막 안쪽과 핵 바깥쪽에 있는 물질이다(그림 2.33 참조). 세포질에서는 다양한 세포 구성 성분이 발견된다. [**세포기질(cytosol)**이란 용어는 세포질의 액체 부분을 말한다.] 진핵세포질과 원핵 세포질 사이의 주된 차이점은 진핵세포질에는 매우 작은 막대[**미세섬유**(microfilament)와 **중간섬유**(intermediate filament)]와 **원통**(미세소관, microtubule)]으로 이루어진 복잡한 내부 구조가 있다는 것이다. 이들이 함께 **세포골격(cytoskeleton)**을 형성한다. 세포골격은 지지와 모양 유지를 하고 세포 안에서의 물질 운반을 돕는다(그리고 식세포작용에서처럼 전체 세포의 움직임까지도). 세포의 한 부분에서 다른 부분으로 진핵세포질의 이동은 영양분의 분배와 표면 위에서의 세포 이동을 돕는데, 이를 **세포질 유동(cytoplasmic streaming)**이라고 부른다.

리보솜

원핵세포에서처럼 리보솜은 세포에서 단백질 합성의 장소이다.

진핵세포의 리보솜의 크기는 80S로 세 개의 rRNA 분자를 갖는 큰 60S 소단위와 한 개의 rRNA 분자를 갖는 작은 40S 소단위로 구성된다.

자유 리보솜(free ribosomes)으로 불리는 일부 리보솜은 세포질의 어떤 구조에도 부착되어 있지 않다. 1차적으로 자유 리보솜은 세포 안에서 사용될 단백질을 합성한다. **막부착 리보솜**(membrane-bound ribosomes)이라 불리는 다른 리보솜은 핵막과 소포체에 붙어 있다. 이들 리보솜은 세포막에 삽입될 혹은 세포 밖으로 방출될 운명의 단백질을 합성한다. 미토콘드리아에 위치한 리보솜은 미토콘드리아 단백질을 합성한다. 때로는 10~20개의 리보솜이 서로 연결되어 **폴리리보솜**(polyribosome)이라 불리는 실 같은 배열을 이루기도 한다.

세포소기관

세포소기관(organelle)은 특정한 모양과 특화된 기능을 가진 구조이며 진핵세포의 특징이다.

핵

진핵세포에서 가장 특징적인 세포소기관은 **핵(nucleus)**이다(그림 2.33 참조). 핵(그림 2.35)은 보통 구형 또는 타원형이고 보통 세포에서 가장 큰 구조이며 세포의 거의 모든 유전정보(DNA)를 가지고 있다. 일부 DNA는 미토콘드리아와 광합성 생물의 엽록체에서도 발견된다.

핵은 **핵막(nuclear envelope)**이라는 이중막으로 둘러싸여 있는데, 구조적으로 원형질막과 유사하다. **핵공(nuclear pore)**이라는 작은 통로가 핵과 세포질의 소통을 가능하게 한다(그림 2.35b). 핵공은 핵과 세포질 사이에 물질의 이동을 조절한다. 핵막 안에 **인(nucleoli, 단수는 nucleolus)**이라는 한 개 이상의 구체가 있다. 사실 인은 염색체의 응축된 부위로 rRNA의 합성이 일어나는 곳이다.

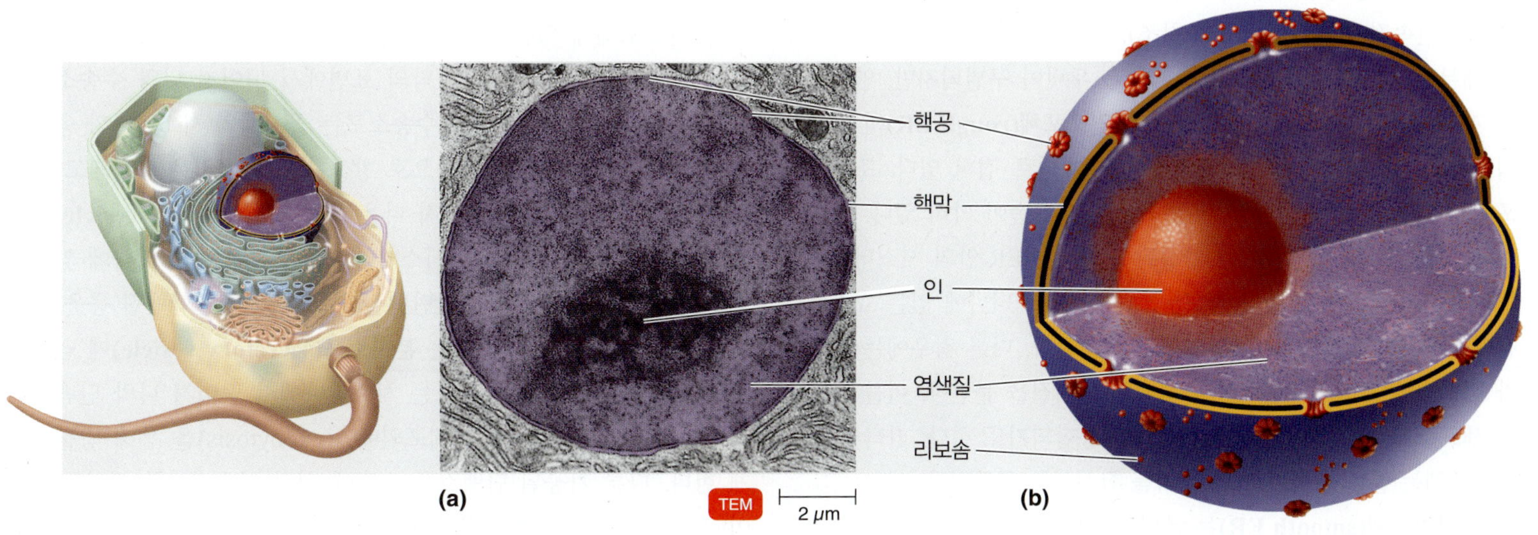

그림 2.35 **진핵세포의 핵.** (a, b) 핵의 자세한 그림. (c) 핵의 현미경 사진.

무엇이 세포에서 핵을 떠 있게 하는가?

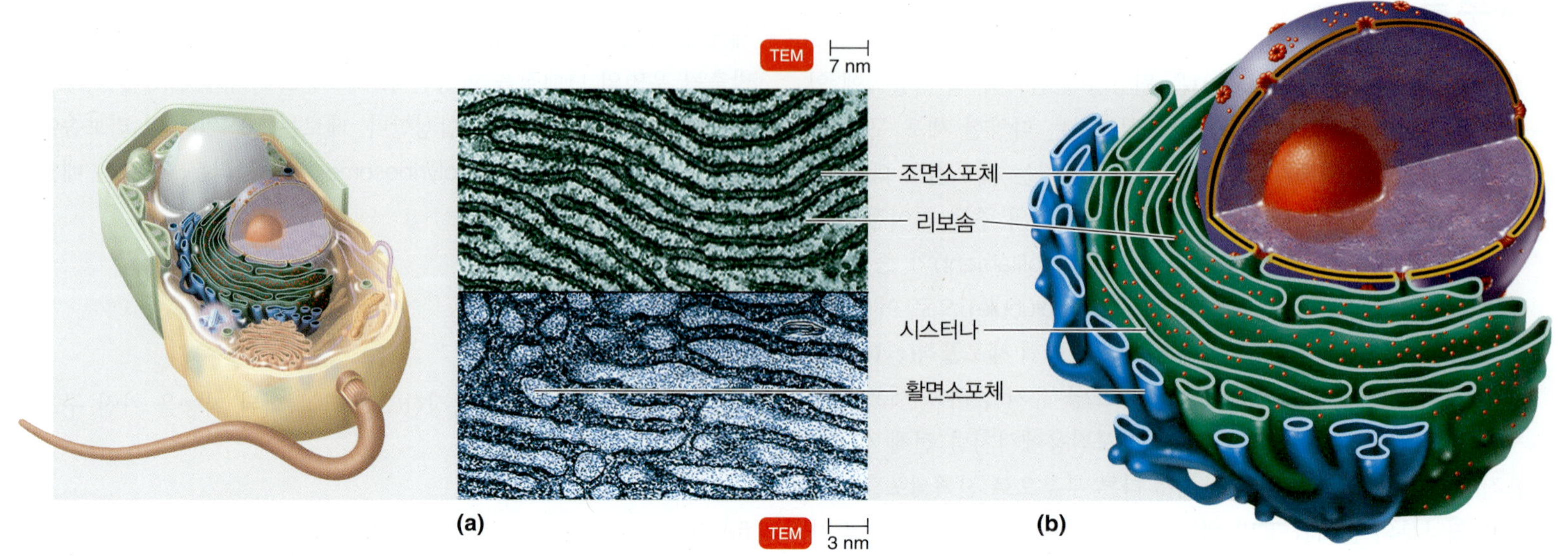

그림 2.36 **조면소포체와 리보솜.** (a) 소포체의 자세한 그림. (b) 소포체와 리보솜의 현미경 사진.

Q 조면소포체와 활면소포체는 어떤 기능이 비슷한가?

리보솜 RNA는 리보솜의 필수 구성성분이다.

또한 핵은 세포 DNA의 대부분을 가지고 있는데, 이들 DNA는 **히스톤(histone)**이라고 부르는 일부 염기성 단백질과 비히스톤(nonhistone)을 비롯한 몇 가지 단백질과 결합되어 있다.

소포체

진핵세포의 세포질 안에 있는 **소포체(endoplasmic reticulum 또는 ER)**는 **시스터나(cisternae)**라고 부르는 납작한 막 주머니 또는 가는 관으로 된 광범위한 네트워크이다(그림 2.36). ER 네트워크는 핵막과 연속적이다(그림 2.33a 참조).

대부분의 진핵세포는 구조와 기능은 뚜렷이 구별되지만, 연관된 두 가지 형태의 ER를 가지고 있다. **조면소포체(rough ER)**의 막은 핵막의 연속이고 보통 일련의 납작한 주머니로 접혀 있다. 조면소포체의 외부 표면에 단백질 합성 장소인 리보솜이 박혀 있다. 조면소포체에 부착된 리보솜에서 합성된 단백질은 ER 안의 시스터나로 들어가 가공되고 분류된다. 어떤 경우에는 시스터나에 있는 효소가 단백질에 탄수화물을 붙여 당단백질을 만든다. 다른 경우에는 효소가 단백질에 조면소포체에서 합성되는 인지질을 붙인다. 이들 분자는 세포소기관의 막이나 원형질막으로 통합되기도 한다. 따라서 조면소포체는 분비 단백질과 막 분자를 합성하는 공장이다.

활면소포체(smooth ER)는 조면소포체에서 확장되어 막 세관의 네트워크를 형성한다(그림 2.36 참조). 조면소포체와는 달리 활면소포체 막의 외부 표면에는 리보솜이 없다. 활면소포체가 단백질을 합성하지는 않지만 조면소포체처럼 인지질을 합성한다.

골지체

조면소포체에 부착된 리보솜에서 합성되는 단백질의 대부분은 궁극적으로 세포의 다른 지역으로 수송된다. 그 전송 경로의 첫 번째 단계는 **골지체(Golgi complex)**라고 하는 세포소기관을 통해 이루어진다. 골지체는 3~20개 정도의 피타 빵(pita bread, 납작하고 길다란 빵—역자주) 쌓아 놓은 것 같은 시스터나로 구성되어 있다(그림 2.37). 시스터나는 종종 굽어 있어 골지체를 컵모양이 되게 한다.

조면소포체에 있는 리보솜에서 합성된 단백질은 ER막의 일부로 둘러싸인다. 이것은 결국 막의 표면에서 떨어져 나와 **수송소포(transport vesicle)**가 된다. 수송소포는 골지체의 시스터나와 융합하여 단백질을 시스터나 안쪽으로 방출한다. 단백질은 변형되고 시스터나의 가장자리에서 떨어져 나온 **운반소포(transfer vesicle)**를 통해 한 시스터나에서 다른 시스터나로 이동한다. 시스터나에 있는 효소는 단백질을 변형시켜 당단백질과 당지질, 지질단백질 등을 만든다. 가공된 단백질의 일부는 **분비소포(secretory vesicle)**에 담겨 시스터나를 떠난다. 분비소포는 시스터나에서 떨어져 나와 단백질을 원형질막으로 운반하여 세포외배출(exocytosis)을 통해 방출되게 한다. 다른 가공된 단백질은 소포에 실려 시스터나를 떠나는데, 이 소포는 내용물을 원형질막에 넘겨주어 막 성분으로 들어가게 한다. 마지막으로, 일부 처리된 단백질은 **저장소포(storage vesicle)**라고 불리는 소포에 실려 시스터나를 떠난다.

그림 2.37 **골지체.** (a) 골지체의 자세한 그림. (b) 골지체의 현미경 사진.

Q 골지체의 기능은 무엇인가?

리소좀

리소좀(lysosome)은 골지체에서 만들어지며 막으로 둘러싸인 구처럼 보인다. 미토콘드리아와는 달리 리소좀은 단일 막으로 되어 있고 내부 구조가 없다(그림 2.33 참조). 그러나 이들은 많게는 40가지에 이르는 강력한 소화효소를 가지고 있어서 다양한 분자를 분해할 수 있다.

액포

액포(vacuole, 그림 2.33 참조)는 액포막(tonoplast)이라고 불리는 막으로 둘러싸인 세포질에 있는 공간이다. 식물세포에서 액포는 세포의 종류에 따라 세포 부피의 5~90% 정도를 차지한다. 액포는 골지체에서 파생되며 여러 다른 기능을 한다. 일부 액포는 단백질, 당, 유기산, 무기이온 등과 같은 물질의 임시 저장 세포소기관 역할을 수행한다. 다른 액포는 세포내도입 동안에 형성되어 세포 내로 영양분을 들여오는 것을 돕는다.

미토콘드리아

미토콘드리아(mitochondria, 단수는 **mitochondrion)**라고 불리는 구형 혹은 막대 모양의 세포소기관이 대부분의 진핵세포에서 세포질 전반에 걸쳐 나타난다(그림 2.33 참조). 세포당 미토콘드리아의 수는 세포의 다른 종류에 따라 상당히 다르다. 예를 들면 원생동물 *Giardia*(지아르디아)는 미토콘드리아를 가지고 있지 않은 반면 간세포는 세포당 1,000~2,000개를 가진다. 미토콘드리아는 원형질막과 구조가 비슷한 이중막으로 구성되어 있다(그림 2.37). 미토콘드리아의 외막은 매끈하지만 내막은 **크리스테(cristae**, 단수는 **crista)**라고 불리는 일련의 접힘이 배열되어 있다. 미토콘드리아의 중심은 **기질(matrix)**이라고 하는 반유동체 물질이다. 크리스테의 특성과 배열 때문에 내막은 화학반응이 일어날 수 있는 넓은 표면적을 갖는다. ATP 합성효소를 비롯하여 세포호흡 과정에서 기능을 하는 일부 단백질은 내막의 크리스테에 위치하고 세포호흡에 포함된 대사 단계의 대부분은 기질에 집중되어 있다. 미토콘드리아는 ATP 생산에서 중심적인 역할을 하기 때문에 종종 "세포의 발전소"라고 불린다.

미토콘드리아는 자신의 DNA가 부호화하는 정보의 복제와 전사, 번역을 위한 장치를 포함하여 70S 리보솜과 약간의 DNA를 가진다. 또한 미토콘드리아는 거의 독립적으로 성장하고 두 개로 분열할 수 있다.

엽록체

조류나 녹색 식물은 **엽록체(chloroplast)**라고 하는 독특한 세포소기관을 가진다(그림 2.38). 엽록체에는 막으로 둘러싸인 구조로 엽록소와 광합성에서 빛을 얻는 단계에 필요한 효소가 들어 있다. 엽록소는 **틸라코이드(thylakoids)**라는 평편한 막 주머니에 담겨 있다. 틸라코이드의 더미를 그라나(grana, 단수는 **granum**, 그림 2.38 참조)라고 부른다.

미토콘드리아처럼 엽록체는 70S 리보솜과 DNA, 단백질 합성에 관여하는 효소를 가지고 있다. 이들은 세포 내에서 스스로 증식할 수 있다. 미토콘드리아와 엽록체 모두 크기가 커지면 둘로 나누어지는

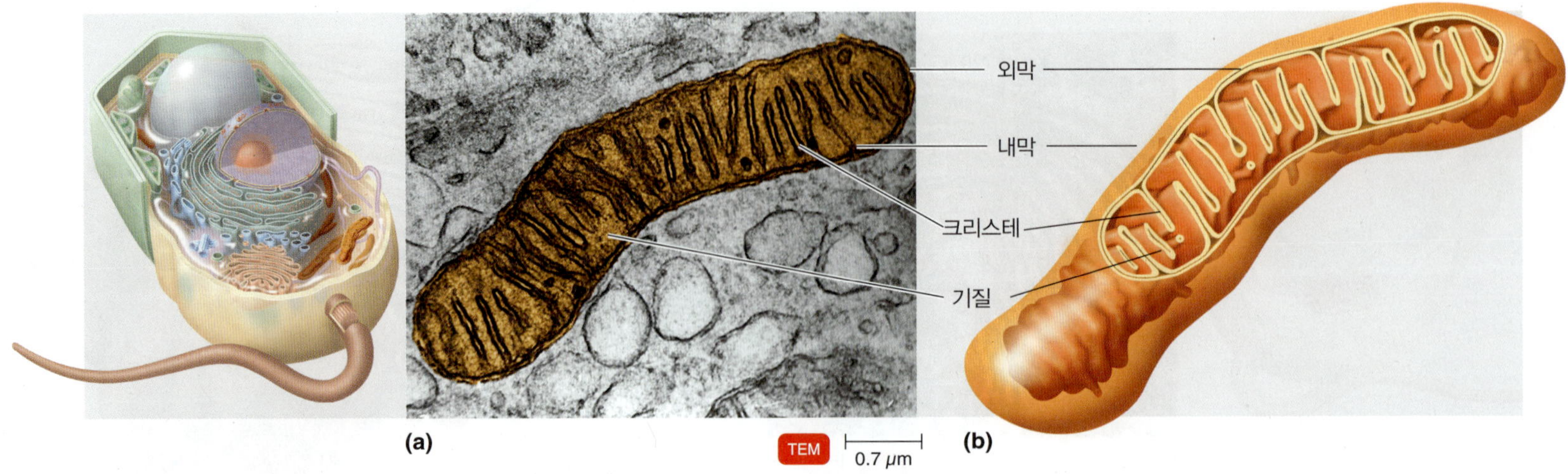

그림 2.38 미토콘드리아. (a) 미토콘드리아의 자세한 그림. (b) 쥐의 췌장 세포에 있는 미토콘드리아의 현미경 사진.

Q 미토콘드리아는 원핵세포와 어떻게 유사한가?

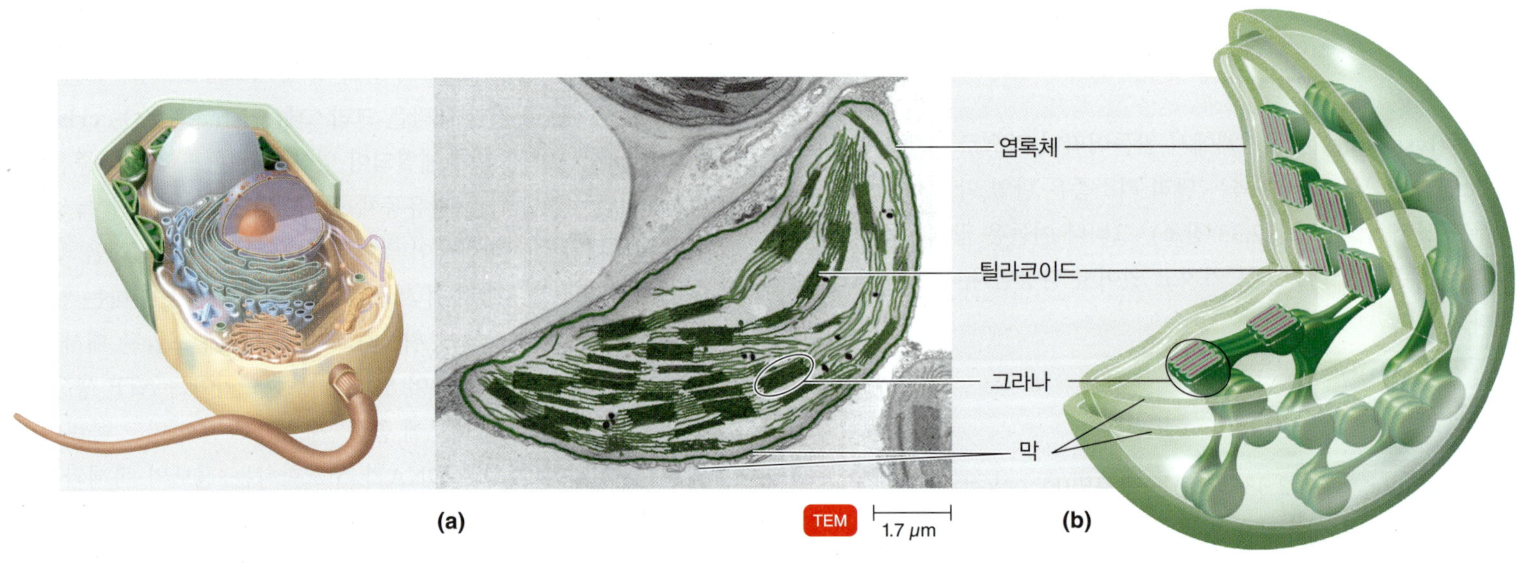

그림 2.39 엽록체. 엽록체에서 광합성이 일어난다; 빛을 흡수하는 색소가 틸라코이드에 위치한다. (a) 그라나를 보여주는 엽록체의 자세한 그림. (b) 식물 세포에 있는 엽록체의 현미경 사진.

Q 엽록체와 원핵세포의 유사점은 무엇인가?

방법으로 증식하는데 이는 확실히 세균의 증식을 떠올리게 한다.

퍼옥시좀

리소좀과 구조적으로 비슷하지만 더 작은 세포소기관을 **퍼옥시좀(peroxisome)**이라고 한다(그림 2.32 참조). 한때 퍼옥시좀이 ER의 출아로 형성된다고 생각한 적이 있었지만, 지금은 이미 존재하고 있는 퍼옥시좀의 분열로 형성된다는 것이 일반적인 의견이다.

퍼옥시좀은 다양한 유기물질을 산화할 수 있는 하나 이상의 효소를 가지고 있다. 예를 들어 아미노산이나 지방산과 같은 물질은 정상적인 대사의 일부로 퍼옥시좀에서 산화된다. 또한 퍼옥시좀에 있는 효소는 알코올과 같은 독성 물질을 산화한다. 산화반응의 한 부산물은 잠재적인 독성 화합물인 과산화수소(H_2O_2)이다. 그러나 퍼옥시좀은 H_2O_2를 분해하는 효소인 **카탈라아제(catalase)**를 가지고 있다. H_2O_2의 생성과 분해가 같은 세포소기관에서 일어나기 때문에 퍼옥시좀은 H_2O_2의 독성 효과로부터 세포의 다른 부분을 보호한다.

중심소체

핵 주위에 위치한 **중심소체(centrosome)**는 두 구성요소인 중심립 주변 부분와 중심립으로 이루어져 있다(그림 2.33 참조). **중심립주변 물질**(pericentriolar material)은 작은 단백질 섬유의 조밀한 네트워크로 구성된 세포질의 한 지역이다. 이 지역은 세포분열에서 중요한 역할을 하는 유사분열 방추(mitotic spindle)의 형성중심부이고 분열하지 않는 세포에서는 미세소관의 형성중심부이다. 중심립주변 물질 안에 **중심립**(centriole)이라 불리는 한 쌍의 원통형 구조가 있다. 이것의 각각은 원형 패턴으로 배열된 세 개의(삼중) 미세소관이 모인 9개의 집합체로 되어 있다. 이러한 배열을 **9 + 0 배열**(9 + 0 array)이라고 한다. 9은 아홉 개의 미세소관 무리이고 0은 중심에 미세소관이 없음을 의미한다. 한 중심립의 긴 축은 다른 중심립의 긴 축에 대해 직각이다.

진핵생물의 진화

일반적으로 생물학자들은 생명이 약 35억~40억 년 전 지구상에 원핵세포와 비슷한 아주 간단한 생명체의 형태로 나타났다고 믿는다. 약 25억 년 전 최초의 진핵세포가 원핵세포에서 진화되었다. 원핵세포와 진핵세포의 주된 차이가 진핵세포는 고도로 특화된 세포소기관을 가진다는 것임을 상기하자. 린 마굴리스(Lynn Margulis)가 주창한 **내부공생설(endosymbiotic theory)**은 진핵세포의 기원이 원핵세포라고 설명한다. 이 학설에 따르면 큰 세균 세포가 자신의 세포벽을 잃어버리고 작은 세균 세포를 삼켜 버렸다. 한 생물이 다른 생물 안에 사는 관계를 **내부공생**(endosymbiosis, symbiosis = 같이 산다)이라고 부른다.

내부공생설에 따르면 진핵세포의 조상은 원형질막이 염색체를 둘러싸며 접히면서 원시적인 핵이 발생하기 시작했다. 핵질(nucleoplasm)이라고 불리는 이 세포는 유산소 호흡을 하는 세균을 섭취했을지도 모른다. 일부 섭취된 세균이 숙주 핵질 안에서 살아남았다. 이런 배치가 공생관계로 진화하여 숙주 핵질이 영양분을 공급하고 내부공생(endosymbiotic)세균이 핵질이 사용할 수 있는 에너지를 생산했다. 비슷하게, 엽록체도 초기 핵질에 의해 삼켜진 광합성 원핵생물의 후손일지 모른다. 진핵세포의 편모와 섬모는 초기 진핵세포의 원형질막과 스피로헤타라고 불리는 운동성 나선형 세균의 사이의 공생적 연합에서 기원되었다고 믿어진다. 어떻게 편모가 발달하였는지를 시사하는 생생한 예가 다음 페이지 상자에 설명되어 있다.

원핵세포와 진핵세포의 비교 연구는 내부공생설을 지지하는 증거를 제공한다. 예를 들어 미토콘드리아와 엽록체 모두 세균과 크기와 모양에서 비슷하다. 또한 이들 세포소기관은 원핵생물의 전형적인 원형의 DNA를 가지고 숙주 세포와는 독립적으로 증식할 수 있다. 게다가 미토콘드리아와 엽록체의 리보솜은 원핵세포의 그것과 유사하고 이들의 단백질 합성 과정은 진핵세포보다 세균에서 발견되는 것에 더 비슷하다. 또한 세균의 리보솜에서 단백질 합성을 억제하는 항생제가 미토콘드리아와 엽록체의 리보솜에서의 단백질 합성도 저해한다.

학습 개요

현미경: 기구 (25~32쪽)

1. 단순현미경은 하나의 렌즈로 구성된다. 복합현미경에는 여러 개의 렌즈가 있다.

광학현미경 (25~29쪽)

2. 미생물학에서 사용하는 가장 흔한 현미경은 복합 광학현미경(LM)이다.
3. 사물에 대한 총 배율은 대물렌즈의 배율에 접안렌즈의 배율을 곱해서 계산한다.
4. 복합 광학현미경은 가시광선을 이용한다.
5. 복합 광학현미경의 최대 해상도 혹은 분해능(두 점을 구별하는 능력)은 0.2 μm이다. 최대 배율은 2000x.
6. 표본과 매체의 굴절률의 차이를 증가시키기 위해 표본을 염색한다.
7. 슬라이드와 렌즈 사이에서 빛의 손실을 줄이기 위해 유침과 유침용 렌즈를 사용한다.
8. 염색한 도말에는 광시야 조명을 사용한다.
9. 염색하지 않은 세포는 암시야 또는 위상차, DIC 현미경으로 더 잘 관찰된다.
10. 암시야 현미경은 어두운 배경에서 미생물의 윤곽을 빛으로 보여준다.
11. 위상차 현미경은 직접 쬐는 광선과 반사 혹은 회절된 광선을 함께 가져와(위상에 맞게) 접안렌즈에 표본의 영상을 만든다.
12. DIC 현미경은 살아 있는 세포에 대한 색이 있는 삼차원 영상을 만든다.
13. 형광현미경에서 시료는 먼저 형광염료로 염색하고 자외선 광원을 이용하여 복합현미경으로 관찰한다.

14. 형광현미경에서 미생물은 어두운 배경에 밝은 형태로 나타난다.

15. 형광현미경은 형광 항체(FA) 기술이나 면역형광이라는 진단 방법에 주로 사용된다.

16. 공초점 현미경에서 표본을 형광염료로 염색하고 짧은 파장의 빛으로 조명한다.

17. 공초점 현미경에서 컴퓨터를 이용한 처리과정을 통해 세포의 이차원과 삼차원 영상을 만들 수 있다.

2광자 현미경 (29~30쪽)

18. TPM을 사용할 때에는 살아 있는 표본을 형광염료로 염색하고 긴 파장의 빛으로 조명한다.

초음파 현미경 (30쪽)

19. 초음파현미경(SAM)은 표본을 통해오는 음파의 해석을 기본으로 한다.

20. SAM은 생물막 같은 표면에 부착된 살아 있는 세포의 연구에 이용된다.

전자현미경 (30~31쪽)

21. 빛 대신 전자 빔을 전자현미경에 이용한다.

22. 유리렌즈 대신 전자기가 초점과 조명, 확대를 조절한다.

23. 투과전자현미경(TEM)을 이용하여 생물의 얇은 절편을 전자현미경 사진으로 볼 수 있다. 배율: 10,000~100,000배. 해상도: 10 pm.

24. 주사전자현미경(SEM)을 이용하여 미생물 전체의 표면을 삼차원 영상으로 얻을 수 있다. 배율: 1000~10,000배. 해상도: 10 nm.

주사탐침 현미경 (31~32쪽)

25. 주사탐침 현미경(STM)과 원자간력 현미경(AFM)은 분자 표면의 삼차원 영상을 만들어 낸다.

광학현미경을 위한 표본 준비 (32~35쪽)

염색을 위한 도말과정 (32쪽)

1. 염색은 일부 구조를 더 잘 보이도록 염료로 미생물에 색을 입히는 것을 의미한다.

2. 고정은 열이나 알코올을 이용하여 미생물을 슬라이드 위에서 죽이고 붙이는 것이다.

3. 도말은 현미경 관찰에 사용되는 물질의 얇은 막을 의미한다.

4. 세균은 음전하를 띠고 있어 염기성 염료의 양이온이 세균 세포를 염색한다.

5. 산성 염료의 음이온은 세균 도말의 배경을 염색한다; 음성 염색이 만들어진다.

단순 염색 (32~33쪽)

6. 단순 염색에 사용하는 염료는 한 종류의 염기성 염료의 수용성 혹은 알코올 용액이다.

7. 매염제는 염료와 표본 사이의 결합을 향상시키는 데 사용된다.

차등 염색 (33~34쪽)

8. 그람염색이나 항산성 염색 같은 차등 염색은 염색에 대한 반응에 따라 세균을 구별한다.

9. 그람염색 과정은 자주색 염료(크리스탈 바이올렛)와 매염제로 요오드, 탈색제로 알코올 그리고 붉은 대응염색을 이용한다.

10. 그람양성세균은 탈색 단계 후에도 자주색 염색을 유지한다; 그람음성세균은 그렇지 않고 대응염색으로 분홍색을 띤다.

11. *Mycobacterium*과 *Nocardia*속의 미생물 같은 항산성 미생물은 산-알코올 탈색 후에 석탄산푹신을 유지하고 붉게 보인다; 비항산성 미생물은 대응염색인 메틸렌 블루를 받아들여 파랗게 보인다.

특수 염색 (34~35쪽)

12. 매질염색은 미생물의 협막을 볼 수 있게 한다.

13. 포자 염색과 편모 염색은 세균 세포의 특별한 구조를 볼 수 있게 사용하는 특수 염색이다.

원핵세포와 진핵세포의 비교: 개관 (35쪽)

1. 원핵세포와 진핵세포는 화학적 조성과 화학반응에 있어 비슷하다.

2. 원핵세포는 막으로 둘러싸인 세포소기관(핵을 포함하여)이 없다.

3. 펩티도글리칸은 원핵세포의 세포벽에서 발견되지만 진핵세포의 세포벽에는 없다.

4. 진핵세포는 막으로 둘러싸인 핵과 여러 가지 세포소기관이 있다.

원핵세포 (35~51쪽)

세균의 크기, 모양, 배열(36~38쪽)

1. 대부분의 세균은 직경이 0.2~2.0 μm이고 길이는 2~8 μm이다.

2. 세 가지 기본적인 세균 모양은 구균(구형), 간균(막대기 모양), 나선균(뒤틀린 형태)이다.

3. 다형체(pleomorphic) 세균은 여러 가지 모양을 취할 수 있다.

세포벽 바깥쪽의 구조 (39~42쪽)

당질피질 (39쪽)

1. 당질피질(협막, 점액질층, 세포외 다당류)은 아교질의 다당류와/ 또는 폴리펩티드로 덮인다.

2. 협막은 식세포작용으로부터 병원균을 보호할 수 있다.

3. 협막은 세균을 표면에 고착할 수 있게 하고 건조를 막고 영양분을 공급할 수도 있다.

편모 (39~40쪽)

4. 편모는 비교적 긴 실 모양의 부속지로 필라멘트와 갈고리, 기저체로 구성되어 있다.
5. 원핵세포의 편모는 회전하여 세포를 밀어 움직인다.
6. 운동성 세균은 주성을 보인다. 양성 주성은 해당 물질을 향해 이동하고 음성 주성은 해당 물질로부터 멀어진다.
7. 편모(H) 단백질은 항원이다.

축사 (40~41쪽)

8. 스피로헤타는 나선형 세포로 축사(세포내편모)를 이용하여 움직인다.
9. 축사는 편모와 비슷하지만 이들은 세포를 둘러 감싸고 있다.

핌브리아와 선모 (41~42쪽)

10. 핌브리아는 세포가 표면에 고착하는 것을 도와준다.
11. 선모는 연축운동성(twitching motility)에 관여하고 DNA를 전달한다.

세포벽 (42~46쪽)

조성과 특징 (42~43쪽)

1. 세포벽은 원형질막을 둘러싸고 물에 의한 압력의 변화로부터 세포를 보호한다.
2. 세균 세포벽은 NAG과 NAM, 짧은 아미노산 사슬로 구성된 중합체인 펩티도글리칸으로 구성되어 있다.
3. 페니실린은 펩티도글리칸의 합성을 방해한다.
4. 그람음성세균의 세포벽은 많은 층의 펩티도글리칸으로 구성되며 테이코산을 함유하고 있다.
5. 그람음성세균은 얇은 펩티도글리칸층을 덮는 지질다당류-지질단백질-인지질 외막을 가지고 있다.
6. 외막은 식세포작용이나 페니실린과 리소자임을 비롯한 다른 화학물질로부터 세포를 보호한다.
7. 포린(porin)은 작은 분자가 외막을 통과하도록 허용하는 단백질이다. 특별한 통로단백질은 외막을 통해 다른 물질이 이동하는 것을 허용한다.
8. 외막의 지질다당류 성분은 항원으로 작용하는 당(O 다당류)과 내독소인 지질A로 구성되어 있다.

부정형 세포벽 (43~46쪽)

9. *Mycoplasma*(마이코플라즈마)는 세포벽이 자연적으로 결핍된 세균의 한 속이다.
10. 고세균은 유사뮤레인(pseudomurein)을 가지고 있다. 펩티도글리칸이 없다.
11. 항산성 세균의 세포벽은 얇은 펩티도글리칸층의 바깥쪽에 미콜산 층을 가진다.

세포벽 손상 (46쪽)

12. 리소자임에 의해 그람양성세균 세포벽이 파괴되고 남은 세포내용물을 원형질체라고 부른다.
13. 리소자임에 의해 그람음성세균 세포벽이 완전하게 파괴되지 않고 남은 세포내용물을 스페로플라스트라고 부른다.
14. L형 세균은 세포벽을 만들지 않는 그람양성 혹은 그람음성세균이다.
15. 페니실린 같은 항생제는 세포벽 합성을 방해한다.

세포벽 안쪽의 구조 (46~51쪽)

원형질막(세포막) (46~48쪽)

1. 원형질막은 세포질을 에워싸고 있으며 외재성 단백질과 내재성 단백질을 갖는 지질 이중층이다.
2. 원형질막은 선택적 투과성이 있다.
3. 원형질막에는 영양물질 분해, 에너지 생산 광합성과 같은 대사반응을 위한 효소가 있다.
4. 원형질막은 알코올과 폴리믹신으로 파괴될 수 있다.

원형질 (48쪽)

5. 세포질은 원형질막 안쪽의 유동성 구성성분이다.
6. 세포질은 대부분이 물이고 무기 분자, 유기 분자, DNA, 리보솜, 봉입을 가진다.

핵양체 (48쪽)

7. 핵양체는 세균 염색체의 DNA를 가진다.
8. 세균은 염색체외 DNA 분자인 원형의 플라스미드를 가진다.

리보솜 (49쪽)

9. 원핵생물의 세포질은 수많은 70S 리보솜을 가진다. 리보솜은 rRNA와 단백질로 구성된다.
10. 단백질 합성은 리보솜에서 일어난다. 이것은 특정 항생제에 의해 억제될 수 있다.

봉입 (49~50쪽)

11. 원핵세포와 진핵세포에서 발견되는 봉입은 비축해둔 저장물이다.
12. 세균에서 발견되는 봉입 중에 이염과립(무기 인산), 다당류 과립(보통 글리코겐이나 전분), 지질 봉입, 황 과립, 카르복시솜(리불로스 이인산 카르복실라제, ribulose 1,5-diphosphate carboxylase), 마그네토좀(Fe_3O_4), 그리고 가스포 등이 있다.

내생포자 (50~51쪽)

13. 내생포자는 일부 세균에서 형성하는 휴면 구조이다. 이들은 불리한 환경조건 동안 생존을 가능하게 한다.

14. 내생포자 형성과정을 포자형성(sporulation)이라고 부른다. 내생포자가 영양세포 상태로 돌아가는 것을 발아(germination)라고 한다.

진핵세포 (52~59쪽)

편모와 섬모 (52쪽)

1. 편모는 소수이고 세포크기에 비해 길다; 섬모는 수가 많고 짧다.
2. 편모와 섬모는 이동성에 이용되고 섬모는 세포 표면을 따라 물질을 이동시키기도 한다
3. 편모와 섬모 모두 아홉 쌍과 두 개의 단일 미세소관으로 구성되어 있다.

세포벽과 당질피질 (52쪽)

1. 많은 종류의 조류와 일부 균류의 세포벽은 섬유소를 가진다.
2. 균류 세포벽의 주 성분은 키틴질이다.
3. 효모 세포벽은 글루칸(glucan)과 만난(mannan)으로 구성되어 있다.
4. 동물 세포는 세포를 강하게 하고 다른 세포에 부착할 수 있는 수단을 제공하는 당질피질로 둘러싸여 있다.

원형질막(세포막) (52~54쪽)

1. 원핵세포의 원형질막처럼 진핵세포의 원형질막은 단백질을 함유하는 인지질 이중층이다.
2. 진핵세포 원형질막은 단백질에 부착된 탄수화물과 원핵세포에서 (*Mycoplasma* 세균은 예외) 발견되지 않는 스테롤을 갖는다.
3. 진핵세포는 원핵세포가 이용하는 수동과정을 비롯하여 능동수송과 세포내도입작용(식균작용, 식음작용, 수용체매개 세포내도입)으로 원형질막을 통해 물질을 이동시킬 수 있다.

세포질 (55쪽)

1. 진핵세포의 세포질은 핵의 바깥쪽과 원형질막 안쪽에 있는 모든 것을 포함한다.
2. 진핵세포 세포질의 화학적 특성은 원핵세포의 세포질의 특성과 유사하다.
3. 진핵세포의 세포질은 세포골격을 갖고 원형질유동을 보인다.

리보솜 (55쪽)

1. 80S 리보솜이 원형질에서 발견되거나 조면소포체에 부착되어 있다.

세포소기관 (55~59쪽)

1. 세포소기관은 막으로 둘러싸인 특화된 구조로 진핵세포의 원형질에 있다
2. 염색체의 형태로 DNA를 가지고 있는 핵은 진핵세포의 가장 특징적인 세포소기관이다.
3. 핵막은 소포체(ER)라고 불리는 원형질에 있는 막 시스템에 연결되어 있다.
4. ER은 화학반응을 위한 표면을 제공하고 전송망 조직의 기능을 한다. 단백질 합성과 수송은 조면소포체에서 일어난다. 지질의 합성은 활면소포체에서 일어난다.
5. 골지체는 시스터나라는 평편한 주머니로 구성되어 있다. 이것은 막의 형성과 단백질 분비 기능을 한다.
6. 리소좀은 골지체로부터 만들어진다. 이것은 소화효소를 보관한다.
7. 액포는 골지체 혹은 세포내도입에서 유래된 막으로 둘러싸인 공동이다. 보통 식물 세포에서 발견되는데 다양한 물질을 저장하고 잎과 줄기에 단단함을 제공한다.
8. 미토콘드리아는 ATP 생산을 위한 주된 장소이다. 이것은 70S 리보솜과 DNA를 가지고 이분법으로 증식한다.
9. 엽록체는 엽록소와 광합성을 위한 효소를 가진다. 미토콘드리아처럼 70S 리보솜과 DNA를 가지고 이분법으로 증식한다.
10. 다양한 유기화합물이 퍼옥시좀에서 산화된다. 퍼옥시좀에 있는 카탈라아제는 H_2O_2를 파괴한다.
11. 중심체는 중심립 주변물질과 중심립으로 구성된다. 중심립은 유사분열 방추사와 미세소관의 형성에 관련된 아홉 개의 삼중의 미세소관이다.

진핵생물의 진화 (59쪽)

1. 내부공생설에 따르면 진핵세포는 다른 원핵세포가 안에 사는 공생하는 원핵세포로부터 진화되었다.

학습 질문

복습과 객관식 문제에 대한 해답은 책 뒤에 있음.

복습 문제

개요

1. 어떤 종류의 형미경이 다음을 관찰하기에 가장 적합한가?
   - **a.** 염색된 미생물 도말
   - **b.** 염색되지 않은 미생물 세포: 세포는 작고 상세한 관찰은 필요 없다.
   - **c.** 염색하지 않은 살아 있는 조직에서 세포내부의 일부를 자세히 보고 싶을 때
   - **d.** 자외선을 조명할 때 빛을 발하는 표본
   - **e.** 1 μm 길이의 세포에서 자세한 세포내부
   - **f.** 세포내부 구조를 색으로 표시한 염색되지 않은 살아 있는 세포

2. 그려보기 아래의 그림에서 복합 광학현미경의 부분에 이름을 붙이고 광원에서 여러분의 눈에 이르는 빛의 경로를 그리시오.

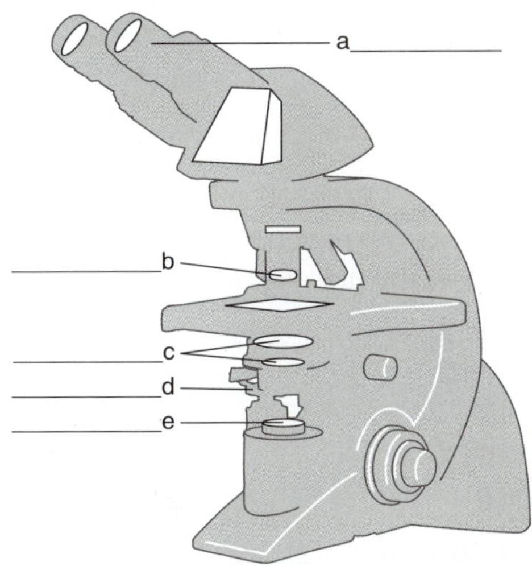

3. 10배 접안렌즈와 유침용 렌즈를 갖는 복합현미경으로 관측된 세포핵의 최종 배율을 계산하시오.

4. 그람염색에서 매염제는 왜 이용되나? 편모 염색에서는?

5. 항산성 염색에서 대응염색의 목적은 무엇인가?

6. 그람염색에서 탈색의 목적은 무엇인가? 항산성 염색에서는?

7. 그람염색에 관한 다음 표를 채우시오.

	각 단계 다음의 색상	
단계	그람양성 세포	그람음성 세포
크리스탈 바이올렛	a. ________	e. ________
요오드	b. ________	f. ________
알코올-아세톤	c. ________	g. ________
사프라닌	d. ________	h. ________

8. 그려보기 다음 각각의 편모 배열을 그려라.
   - **a.** 총모성
   - **b.** 단편모
   - **c.** 주모성
   - **d.** 양모성
   - **e.** 극성

9. 내생포자 형성을 (a) ________(이)라고 한다. 이것은 (b) ________에 의해 시작된다. 내생포자로부터 새로운 세포의 형성을 (c) ________(이)라고 한다. 이 과정은 (d) ________에 의해 시작된다.

10. 그려보기 (a)와 (b), (c)에 나열된 세균의 모양을 그려라. 그 다음 (d)와 (e), (f)의 모양을 이들이 어떻게 a와 b, c 각각의 특별한 조건인지 보여주도록 그려라.
    - **a.** 나선상균
    - **b.** 간균
    - **c.** 구균
    - **d.** 스피로헤타
    - **f.** 포도상구균
    - **e.** 연쇄간균

11. A열과 B열의 설명이 맞는 것끼리 연결하시오.

A열	B열
________ a. 세포벽	1. 표면에 부착
________ b. 내생포자	2. 세포벽 형성
________ c. 핌브리아	3. 운동성
________ d. 편모	4. 삼투용해로부터 보호
________ e. 당질피질	5. 식세포 작용으로부터 보호
________ f. 선모	6. 휴면
________ g. 원형질막	7. 단백질 합성
________ h. 리보솜	8. 선택적 투과성
	9. 유전물질의 전송

12. 왜 내생포자를 휴면 구조라고 부르나? 세균 세포에 있어 내생포자는 어떤 장점이 있나?

13. 다음의 질문에 세균 세포벽의 단면을 묘사하는 제공된 그림을 이용하여 답하라.
    - **a.** 어떤 그림이 그람양성세균을 묘사하는가? 어떻게 말할 수 있나?

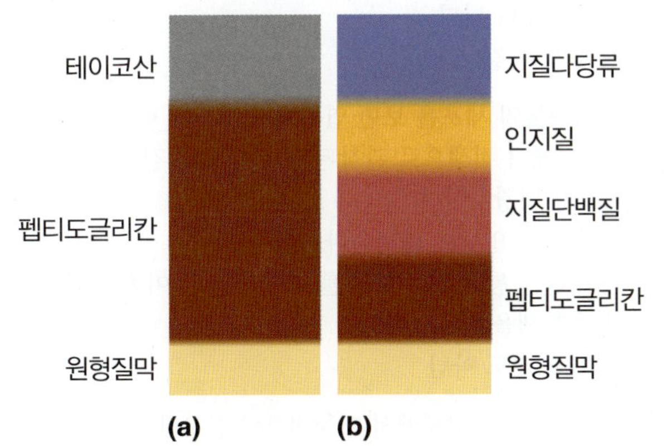

    - **b.** 어떻게 그람염색이 두 종류의 세포벽을 구별하는지를 설명하라
    - **c.** 왜 페니실린이 대부분의 그람음성 세포에 효과가 없을까?

d. 각 세포벽을 통해 필수 분자가 어떻게 세포로 들어가나?
e. 어떤 세포벽이 사람에게 유독한가?

14. A열과 B열의 설명이 맞는 것끼리 연결하시오.

A열	B열
a. 중심립 주변물질	1. 소화효소 저장
b. 엽록체	2. 지방산의 산화
c. 골지체	3. 미세소관 형성
d. 리소좀	4. 광합성
e. 미토콘드리아	5. 단백질 합성
f. 퍼옥시좀	6. 호흡
g. 조면소포체	7. 분비

15. 이름 답하기 어떤 그룹의 미생물이 필라멘트를 형성하고 포자를 생성하며 세포벽에 펩티도글리칸을 갖는 세포로 특징지어지나?

객관식 문제

1. 말리카이트 그린을 열과 함께 적용하고 사프라닌으로 대응염색으로 여러분이 *Bacillus*를 염색하였다고 가정하자. 현미경을 통해 관측된 녹색 구조는
a. 세포벽.
b. 협막.
c. 포자.
d. 편모.
e. 확인이 불가능.

2. 살아 있는 세포의 3차원 영상을 만들 수 있다.
a. 암시야 현미경
b. 형광현미경
c. 투과전자현미경
d. 공초점 현미경
e. 위상차 현미경

3. 석탄산푹신은 단순 염색과 매질 염색에 이용할 수 있다. 단순 염색에서 pH는
a. 2이다.
b. 매질 염색보다 높다.
c. 매질 염색보다 낮다.
d. 매질 염색과 같다.

4. 광합성 미생물의 세포를 보면 엽록체가 광시야 현미경에서 녹색으로 형광현미경에서 적색으로 관찰된다. 여러분의 결론은
a. 엽록소는 형광성이다.
b. 확대로 인해 영상이 왜곡된다.
c. 두 현미경을 통해 같은 구조를 보고 있는 것이 아니다.
d. 염색이 녹색을 감추었다.
e. 위의 어느 것도 아님

5. 다음 중 어느 것이 염색에서 기능적으로 유사한 조합이 아닌가?
a. 니그로신과 말리카이트 그린
b. 크리스탈 바이올렛과 석탄산푹신
c. 사프라닌과 메틸렌 블루
d. 에탄올-아세톤과 산-알코올
e. 위의 어느 것도 아님

6. 다음 조합 중 잘못 짝지어진 것은?
a. 협막—매질염색
b. 세포배열—단순 염색
c. 세포크기—매질 염색
d. 그람염색—세균의 확인
e. 위의 어느 것도 아님

7. 여러분이 *Clostridium*을 염기성 염료인 석탄산푹신으로 가열하면서 염색하고 산-알코올로 탈색한 다음, 산성 염료인 니그로신으로 대응염색을 한다고 가정하자. 현미경을 통해 내생포자는 __1__, 그리고 세포는 __2__ 으로 염색된다.
a. 1—붉은색; 2—검은색
b. 1—검은색; 2—무색
c. 1—무색; 2—검은색
d. 1—붉은색; 2—무색
e. 1—검은색; 2—붉은색

8. 여러분이 그람염색한 후 현미경으로 붉은색 구균과 파란색 간균을 관측한다고 가정하자. 여러분은 다음을 보았다고 확실히 결론 내린다.
a. 염색과정에서의 실수
b. 두 가지 다른 종
c. 오래된 세균 세포
d. 젊은 세균 세포
e. 위의 어느 것도 아님

9. 다음 중 복합 광학현미경을 변형시킨 것이 아닌 것은?
a. 광시야 현미경
b. 암시야 현미경
c. 전자현미경
d. 위상차 현미경
e. 형광현미경

10. 다음 중 어느 것이 원핵세포의 구별되는 특징이 아닌가?
a. 이들은 주로 하나의 원형 염색체를 가진다.
b. 이들은 막으로 둘러싸인 세포소기관이 없다.
c. 이들은 펩티도글리칸을 함유한 세포벽을 가진다.
d. 이들의 DNA는 히스톤과 연관되어 있지 않다.
e. 이들은 원형질막이 없다.

11~13번 문제의 답을 다음 중에서 선택하시오.
a. 변화가 없다; 용액은 등장이다.
b. 물이 세포로 이동할 것이다.
c. 물이 세포 밖으로 이동할 것이다.
d. 세포는 삼투용해가 일어날 것이다.
e. 설탕은 높은 농도의 지역에서 낮은 농도의 지역인 세포 안으로 이동할 것이다.

11. 어느 문장이 그람양성세균이 증류수와 페니실린이 있는 곳에 놓였을 때 무슨 일이 일어날지를 가장 잘 설명하는가?

12. 어느 문장이 그람음성세균이 증류수와 페니실린이 있는 곳에 놓였을 때 무슨 일이 일어날지를 가장 잘 설명하는가?

13. 어느 문장이 그람양성세균이 리소자임과 10%의 설탕물에 놓였을 때 무슨 일이 일어날지를 가장 잘 설명하는가?

14. 다음 중 세포가 인지질을 파괴하는 폴리믹신에 노출되었을 때 일어날 일을 가장 잘 설명하는 것은?
a. 등장액에서 아무일이 일어나지 않는다.
b. 저장액에서 세포는 용해될 것이다.
c. 물은 세포로 이동할 것이다.
d. 세포 안의 내용물은 세포에서 누출될 것이다.
e. 위의 어느 것도 일어나지 않는다.

15. 다음 중 핌브리아에 대해 틀린 설명은?
a. 이들은 단백질로 구성된다.
b. 이들은 부착에 이용될 수도 있다.
c. 이들은 그람음성 세포에서 발견된다.
d. 이들은 필린으로 구성되어 있다.
e. 이들은 운동성을 위해 이용된다.

16. 다음 쌍 중 잘못 짝지어진 것은?
a. 당질피질—부착
b. 선모—생식
c. 세포벽—독소
d. 세포벽—보호
e. 원형질막—수송

17. 다음 쌍 중 잘못 짝지어진 것은?
a. 이염과립—저장된 인산
b. 다당류 과립—저장된 전분
c. 지질 봉입—폴리 베타 히드록시부티르산
d. 황과립—에너지 저장
e. 리보솜—단백질 저장

18. 핵이 보이지 않는 운동성의 그람양성 세포를 분리하였다. 여러분은 이 세포가 다음을 가진다고 추측할 수 있다.
a. 리보솜
b. 미토콘드리아
c. 소포체
d. 골지체
e. 위의 모두

19. 항생제 엠포테리신 B(amphothericin B)는 스테롤과 결합하여 원형질막을 파괴한다. 이것은 어느 것을 제외한 다음의 모든 세포에 영향을 미칠 것이가?
a. 동물세포
b. 그람음성세균
c. 균류 세포
d. 마이코플라스마(*Mycoplasma*) 세포
e. 식물 세포

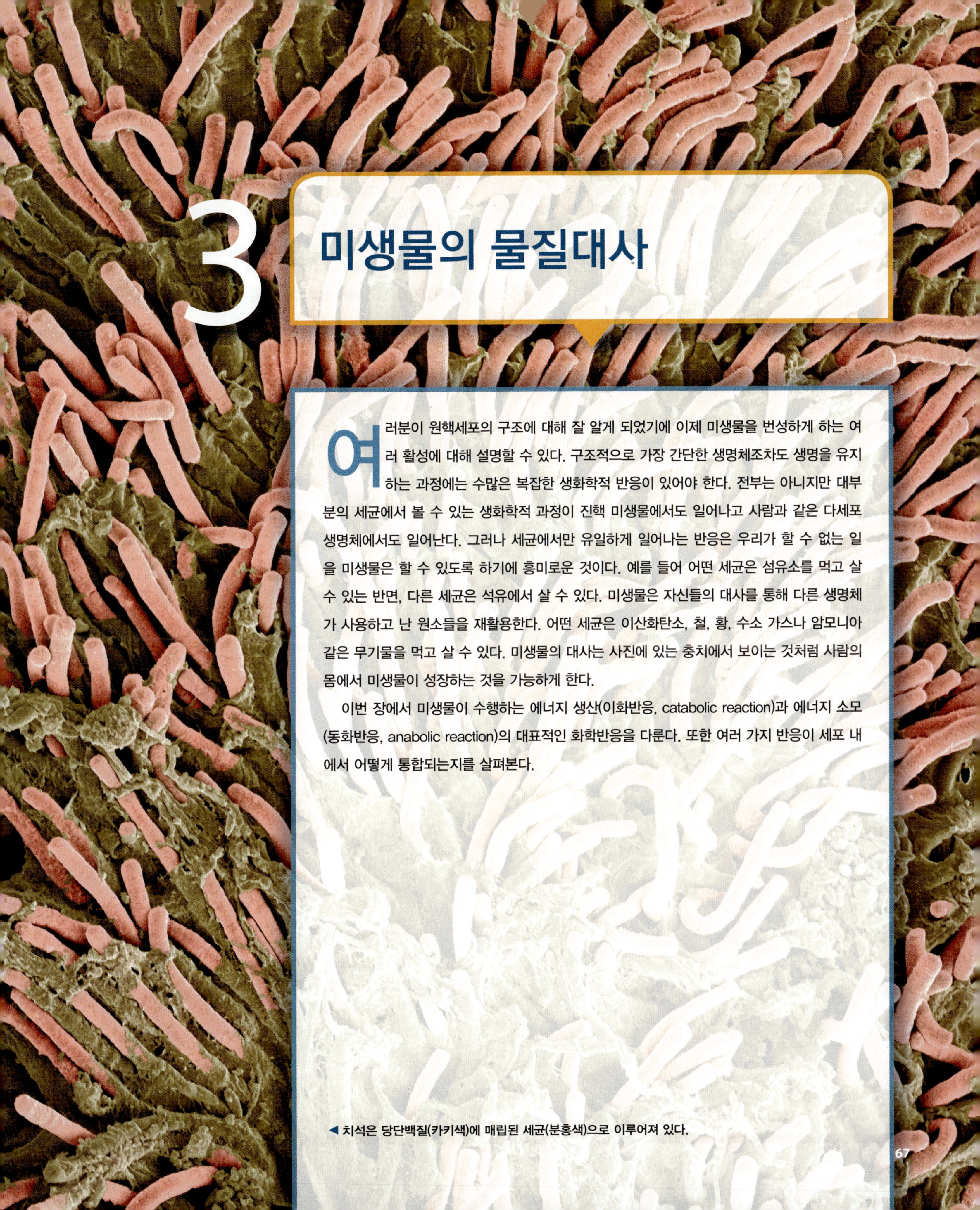

3 미생물의 물질대사

여러분이 원핵세포의 구조에 대해 잘 알게 되었기에 이제 미생물을 번성하게 하는 여러 활성에 대해 설명할 수 있다. 구조적으로 가장 간단한 생명체조차도 생명을 유지하는 과정에는 수많은 복잡한 생화학적 반응이 있어야 한다. 전부는 아니지만 대부분의 세균에서 볼 수 있는 생화학적 과정이 진핵 미생물에서도 일어나고 사람과 같은 다세포 생명체에서도 일어난다. 그러나 세균에서만 유일하게 일어나는 반응은 우리가 할 수 없는 일을 미생물은 할 수 있도록 하기에 흥미로운 것이다. 예를 들어 어떤 세균은 섬유소를 먹고 살 수 있는 반면, 다른 세균은 석유에서 살 수 있다. 미생물은 자신들의 대사를 통해 다른 생명체가 사용하고 난 원소들을 재활용한다. 어떤 세균은 이산화탄소, 철, 황, 수소 가스나 암모니아 같은 무기물을 먹고 살 수 있다. 미생물의 대사는 사진에 있는 충치에서 보이는 것처럼 사람의 몸에서 미생물이 성장하는 것을 가능하게 한다.

이번 장에서 미생물이 수행하는 에너지 생산(이화반응, catabolic reaction)과 에너지 소모(동화반응, anabolic reaction)의 대표적인 화학반응을 다룬다. 또한 여러 가지 반응이 세포 내에서 어떻게 통합되는지를 살펴본다.

◀ 치석은 당단백질(카키색)에 매립된 세균(분홍색)으로 이루어져 있다.

단것을 너무 좋아하면

안토니아 리베라(Antonia Rivera) 박사는 미주리주 세인트루이스에 사는 소아 치과 의사이다. 7살짜리 환자인 미가 톰슨(Micah Thompson)은 규칙적인 치솔질과 치실 사용에 대한 엄격한 지침을 듣고 막 병원을 떠났다. 리베라 박사가 가장 우려하는 것은 미가가 이번 주에만 7번째인 여러 개의 충치가 있는 환자라는 것이다. 리베라 박사는 할로윈과 부활절 후에 충치 환자가 약간 증가하는 것을 보곤했지만, 왜 이 한여름에 아이에서 충치가 생기는지 궁금했다. 그녀는 기회가 있을 때마다 환자의 부모나 조부모에게 물어봤지만 아무도 아이들의 식단에서 이상한 점을 눈치채지 못하고 있었다.

왜 그렇게 많은 리베라 박사의 환자가 충치를 가질까?

리베라 박사는 환자의 활동과 충치의 증가 간에 무언가 연관이 있을 것이라는 확실한 느낌으로 아이들의 활동에 대해 더 많은 질문을 하기 시작하였다. 리베라 박사는 아이들이 모두 가까운 이웃에 있는 같은 교회에서 여름 프로그램에 참가했다는 것을 알아낸다. 그녀는 또한 원인이 사탕이 아니라 풍선껌임도 밝혔다. 캠프 교사는 출석과 선행에 대한 격려로 풍선껌을 나누어 주었다. 리베라 박사는 환자 모두 착한 아이들이라는 말에는 기쁘지만, 이들이 매일 씹은 풍선껌의 양에 대해서는 우려하고 있다. 껌에 있는 설탕은 침의 pH를 낮추고, 산은 치아의 에나멜을 약화시켜 세균성 부식에 치아를 노출시킨다.

만일 껌과 설탕의 pH가 7이면 무엇이 침의 pH를 낮출까?

충치는 치아 표면에 부착하는 *S. mutans*과 *S. salivarius*, *S. sobrinus*를 비롯한 구강 연쇄상구균에 의해 일어난다. 구강 연쇄상구균은 설탕을 발효하여 젖산을 생산함으로써 침의 pH를 낮춘다. 리베라 박사는 캠프 교사에게 풍섬껌을 자일리톨로 만든 무설탕 껌으로 교체할 것을 요청하기로 결심한다. 연구 결과, 천연 당알코올인 자일리톨로 달게 만든 껌은 자일리톨이 입안의 *S. mutans*의 수를 낮추기 때문에 아이들의 충치 수를 상당히 낮출 수 있는 것으로 보였다.

왜 자일리톨이 *S. mutans*의 수를 줄일 수 있을까?

*S. mutans*는 자일리톨을 발효할 수 없다; 결과적으로 이 세균은 자랄 수 없고 입안에서 산을 생산할 수 없다. 캠프 교사가 자일리톨로 만든 무설탕 껌으로 교환하는 데 동의해 주어서 리베라 박사는 기뻤다. 그녀는 아이들의 식단에 설탕의 또 다른 공급원이 있다는 것을 알지만, 최소한 리베라 박사의 환자가 캠프에서 베푼 선의의 인센티브에 의해 정반대의 영향을 받는 일이 더 이상은 없을 것이다. 과학자들은 항균제와 백신이 구강내 세균의 서식을 감소시키는 데 사용될 수 있는 방법에 대해 계속 연구 중이다. 그러나 설탕이 들어 있는 껌과 사탕의 소비를 줄이는 것이 효과적인 예방 조치일 수도 있다.

이화반응과 동화반응

물질대사(metabolism)란 살아 있는 생명체 안에서 일어나는 모든 화학반응의 합을 가리키는 용어이다. 화학반응은 에너지를 방출하거나 흡수하기 때문에 물질대사는 에너지의 균형 작용으로도 볼 수 있다. 따라서 물질대사는 두 가지의 화학반응으로 나눌 수 있다: 에너지를 방출하는 반응과 에너지를 필요로 하는 반응.

살아 있는 세포에서, 효소가 촉매하는 화학반응으로 에너지를 방출하는 것은 일반적으로 복잡한 유기화합물을 단순한 것으로 분해하는 **이화작용(catabolism)**에 속한다. 이 반응을 이화(catabolic) 혹은 분해(degradative)반응이라고도 한다. 이화반응은 일반적으로 가수분해반응(hydrolytic reaction; 반응에 물을 사용하여 화학결합을 끊음)이고 발열반응(exergonic; 소모되는 것보다 많은 에너지를 생산)이다. 이화작용의 한 예는 세포가 당을 이산화탄소와 물로 분해하는 것이다.

효소가 조절하는 반응으로 에너지를 필요로 하는 것은 주로 **동화작용(anabolism)**에 속하고, 단순한 물질로 복잡한 유기 분자를 만든다. 이 반응을 동화(anabolic) 혹은 생합성(biosynthetic) 반응이라고 한다. 동화반응은 보통 탈수합성반응(dehydration synthesis; 물을 방출하는 반응)을 수반하고 흡열반응(endergonic; 생산하는 것보다 에너지를 더 많이 사용)이다. 동화과정의 예로는 아미노산으로 단백질을 생성하고, 뉴클레오티드로 핵산을 합성하며, 단순 당으로 다당류를 만드는 것 등이 있다. 이런 생합성 반응을 통해 생명체는 성장을 위한 물질을 생산한다.

이화반응은 동화반응을 위한 구성 단위를 제공하고 동화반응을 구동하는 데 필요한 에너지를 공급한다. 에너지-요구와 에너지-방출 반응의 연결은 아데노신 삼인산(ATP) 분자를 통해 가능하게 된다. ATP는 이화반응에서 나오는 에너지를 저장하였다가 나중에 방출하여 동화반응을 추진하고 세포에서 기타 다른 일을 수행한다. ATP 분자가 아데닌과 리보오스, 세 개의 인산기로 이루어져 있음을 상기하자. ATP에서 말단의 인산기가 떨어져 나와 아데노신 이인산(ADP)이 형성될 때 동화반응을 구동하기 위한 에너지가 방출된다. 인산기를 표현하기 위해 Ⓟ를 사용한다($Ⓟ_i$는 다른 분자와 결합하지 않은 무기 인산을 나타낸다). 이 반응은 다음과 같이 표기한다.

$$ATP \rightarrow ADP + Ⓟ_i + \text{에너지}$$

그 다음, 이화반응에서 나온 에너지가 ADP와 $Ⓟ_i$가 결합하여 ATP를 재합성되는 데 사용된다.

$$ADP + Ⓟ_i + \text{에너지} \rightarrow ATP$$

따라서 동화반응은 ATP 분해와 연계되어 있고 이화반응은 ATP 합성과 연계되어 있다. 연계 반응의 개념은 매우 중요하다. 그 이유는 이번 장의 끝에서 알게 될 것이다. 지금은 살아 있는 세포의 화학 조성이 지속적으로 변화한다는 것을 알아두자. 일부 분자가 분해되는 한편 다른 분자는 합성되고 있다. 화학 물질과 에너지의 균형 잡힌 흐름이 세포의 생명을 유지시킨다.

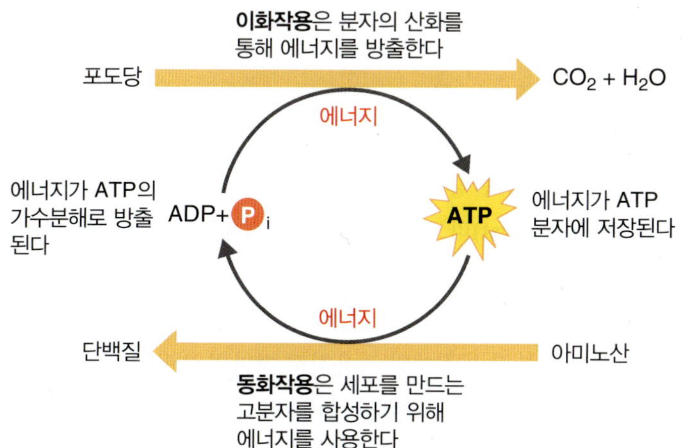

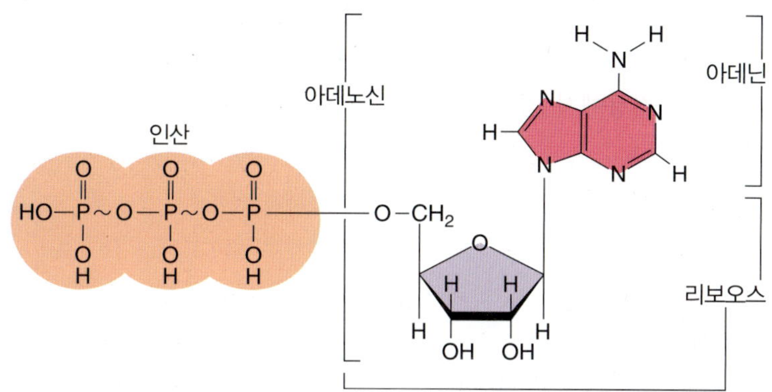

그림 3.1 **이화반응과 동화반응을 짝지우는 ATP의 역할.** 복합체 분자가 분해될 때(이화과정), 에너지의 일부는 ATP에 전달되어 붙잡히고 나머지는 열로 발산된다. 단순한 분자가 합쳐져 복잡한 분자가 될 때(동화과정), 합성을 위한 에너지를 ATP가 제공하며 역시 일부 에너지는 열로 발산된다.

Q 합성을 위한 에너지를 어떻게 ATP가 제공하는가?

동화반응과 이화반응의 연결에서 ATP의 역할이 그림 3.1에 나타나 있다. 에너지의 일부는 열로 손실되기 때문에 방출된 에너지의 일부만이 실제로 세포의 기능을 위해 사용된다. 세포는 생명을 유지하기 위해 에너지를 반드시 사용하여야 하기 때문에 세포는 새로운 외부 에너지원을 끊임없이 필요로 한다.

어떻게 세포가 에너지를 생산하는지 알아보기 전에 생물학적으로 중요한 화학반응에 참여하는 단백질의 한 그룹인 효소의 주요 특징을 먼저 살펴보자. 세포의 **대사 경로(metabolic pathway)**(화학반응의 차례)는 각 반응을 촉매하는 효소에 의해 결정되고, 효소는 세포의 유전적 구성에 의해 결정된다.

효소

효소와 화학반응

자신은 영구적으로 변경하지 않고 화학반응의 속도를 높일 수 있는 물질을 **촉매(catalyst)**라고 한다. 살아 있는 세포에서 **효소(enzyme)**는 생물학적 촉매의 역할을 한다. 촉매로서 효소는 특이적이다. 각 효소는 효소의 **기질(substrate**, 혹은 기질들; 두 개 이상의 반응물이 있을 때)이라는 특정 물질에만 작용하고 하나의 반응만 촉매한다. 예를 들어 설탕은 수크라아제(sucrase)의 기질인데, 이 효소는 설탕이 포도당과 과당으로 가수분해되는 반응을 촉매한다.

촉매로서 효소는 보통 화학반응에 필요한 활성화 에너지를 낮춤으로써 반응 속도를 증가시킨다.

효소 작용에서 일어나는 사건의 일반적인 순서는 다음과 같다 (그림 3.2a).

1. **활성부위(active site)**라는 효소 분자 표면의 특정 부위와 기질의 표면이 접촉한다.
2. **효소-기질 복합체(enzyme-substrate complex)**라는 일시적인 중간 화합물이 형성된다. 효소는 더 효과적으로 충돌할 수 있어 반응의 가능성을 증가시키는 위치로 기질을 향하게 한다.
3. 기존 원자의 재배열, 기질 분자의 분해 혹은 다른 기질 분자와 결합으로 기질 분자가 변형된다.
4. 변형된 기질 분자는—반응의 산물—더 이상 효소의 활성부위에 맞지 않기 때문에 효소 분자에서 방출된다.
5. 변하지 않은 효소는 이제 자유롭게 다른 기질 분자와 반응한다.

온도가 높게 올라가면 세포 단백질이 파괴되기 때문에 온도를 증가시킬 필요없이 반응을 가속하는 효소의 능력은 생명체에서 매우 중요하다. 따라서 세포가 정상적으로 기능을 하는 온도에서 생화학반응을 가속하는 것이 효소의 중요한 기능이다.

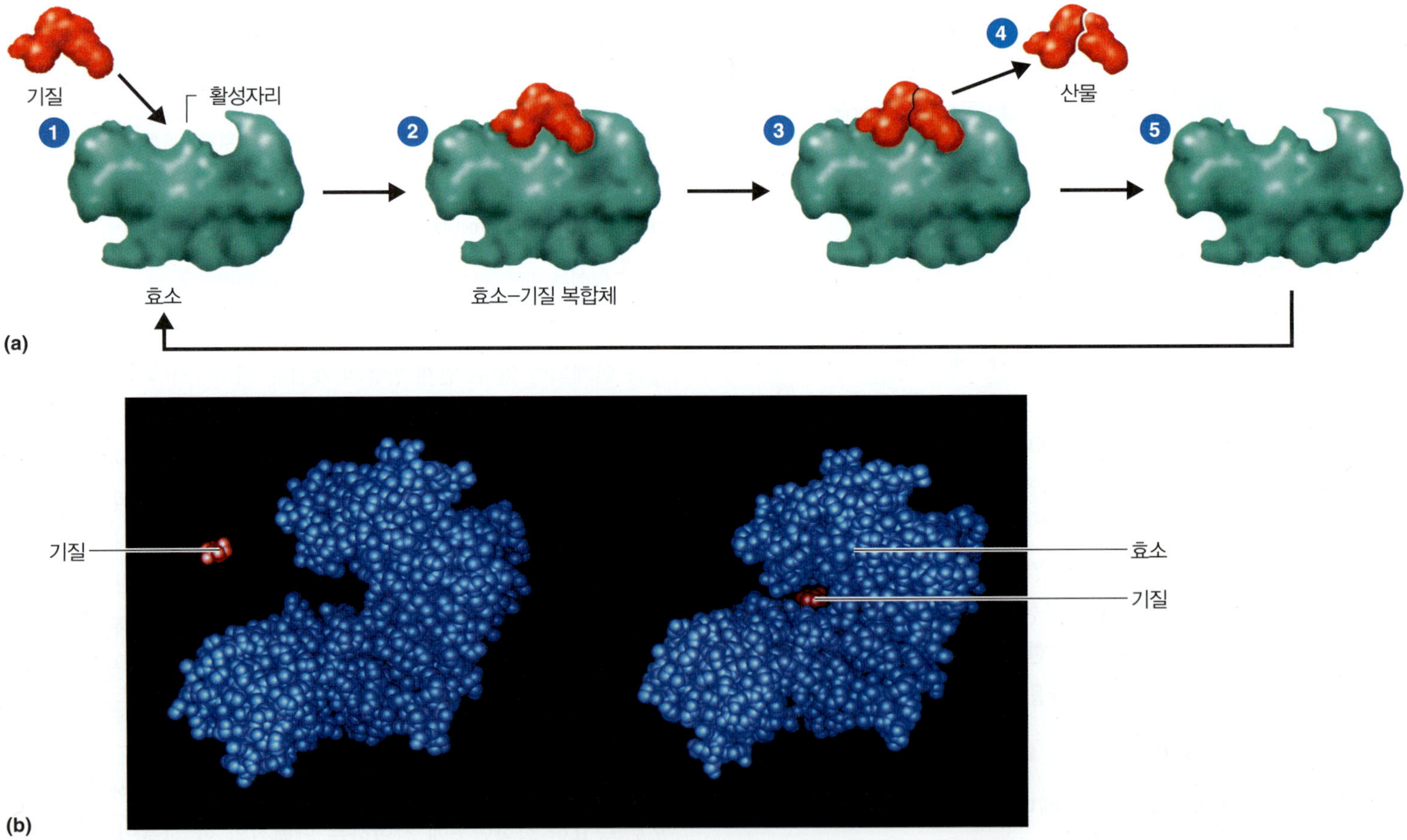

그림 3.2 효소의 작용 원리. (a) ❶ 기질이 효소의 활성자리에 접촉하여 ❷ 효소-기질 복합체를 형성한다. ❸ 그 다음 기질은 생성물로 변형되고, ❹ 생성물은 방출되며, ❺ 효소는 변하지 않고 회복된다. 보인 예에서 생성물로의 변환은 기질이 두 산물로 분해되는 것을 포함한다. 그러나 다른 변환도 발생할 수 있다. (b) 왼쪽: (a) 부분의 단계 ❶에서 효소의 분자 모델. 효소의 활성자리가 여기서 단백질의 표면의 홈처럼 보일 수이 있다. 오른쪽: (a) 부분의 단계 ❷에서 효소와 기질이 만남에 따라, 기질과 빈틈없이 꼭 맞게 모습으로 효소는 약간 변한다.

효소 특이성의 예를 들어 보시오.

효소의 특이성과 효율

효소는 특정한 기질에 대한 **특이성**(specificity)이 있다. 예를 들어 특정 효소는 특정한 두 아미노산 사이의 펩티드 결합만을 가수분해할 수도 있다. 다른 효소는 전분을 가수분해할 수 있지만 섬유소는 분해하지 못한다: 전분과 섬유소 모두 포도당을 소단위로 이루어진 다당류이지만 소단위의 결합방향이 두 다당류에서 다르다. 수천 가지의 알려진 효소 각각은 자물쇠에 열쇠가 맞는 것처럼 활성부위의 입체적인 모양에 기질이 맞기 때문에 이러한 특이성을 가진다(그림 3.2b). 각 효소의 독특한 형태는 세포 내의 다양한 분자 중에서 올바른 기질을 찾는 것을 가능하게 한다. 그러나 활성부위와 기질은 유연해서, 서로 만나면서 어느정도 그 모양이 변하여 더 단단하게 결합한다. 기질은 보통 효소보다 훨씬 작아서 효소의 활성부위는 비교적 적은 수의 아미노산으로 구성되어 있다.

특정 화합물은 다른 반응을 촉매하는 여러 다른 효소에게도 기질이 될 수 있다. 그래서 화합물의 운명은 이것에 작용하는 효소에 달려 있다. 최소한 네 개의 다른 효소가 세포의 대사에 중요한 분자인 포도당-6-인산에 작용하고, 각 반응은 다른 산물을 만들어 낸다.

효소는 매우 효율적이다. 최적의 조건에서 효소가 없을 때의 반응 속도보다 효소는 반응을 10^8~10^{10}배(100억 배) 빠르게 촉매할 수 있다.

효소 구성요소

일부 효소는 전적으로 단백질로 되어 있지만, 대부분은 **주효소(apoenzyme)**라고 불리는 단백질 부분과 **보조인자(cofactor)**라고 부르는 비단백질 부분으로 되어 있다. 철, 아연, 마그네슘, 혹은 칼슘 이온 등이 보조인자의 예이다. 만일 보조인자가 유기 분자이면 이를 **조효소(coenzyme)**라고 부른다. 주효소는 그 자체만으로는 비활성이다. 이들은 반드시 보조인자에 의해 활성화되어야 한다. 주효소와 보조인자가 합쳐서 **전효소(holoenzyme)** 혹은 활성효소를 형성한다(그림 3.2). 만일 보조인자가 제거되면 주효소는 작동하지 않는다.

보조인자는 효소와 기질 사이에 다리를 형성하여 촉매를 도와줄 수 있다. 예를 들어 마그네슘(Mg^{2+})은 많은 인산화효소(ATP에서 다른 기질로 인산기를 전달하는 효소)가 필요로 한다. Mg^{2+}은 효소와 ATP 분자 사이를 연결할 수 있다. 살아 있는 세포에 필요한 대부분의 미량 원소는 이런 방법으로 세포내 효소의 활성화에 사용된다.

조효소는 기질에서 제거된 원자를 수용하거나 기질에 필요한 원자를 제공함으로써 효소를 보조할 수 있다. 일부 조효소는 전자운반체로 작용하는데, 기질에서 전자를 제거하여 이를 후속 반응에서 다른 분자에게 제공한다. 세포의 대사에서 가장 중요한 조효소의 두 가지는 **니코틴아미드아데닌디뉴클레오티드(nicotinamide adenine dinucleotide, NAD^+)**와 **니코틴아미드아데닌뉴디클레오티드인산(nicotinamide adenine dinucleotide phosphate, $NADP^+$)**이다. 두 화합물 모두 비타민 B 니아신(니코틴산) 유도체를 가지고 있고 둘 다 전자수용체 기능을 한다. NAD^+는 주로 이화(에너지 생산)반응에 참여하는 반면, $NADP^+$는 주로 동화(에너지 요구)반응에 참여한다. **플라빈모노뉴클레오티드(flavin mononucleotide, FMN)**와 **플라빈아데닌디뉴클레오티드(flavin adenine dinucleotide, FAD)** 같은 플라빈 조효소는 비타민 B, 리보플라빈의 유도체를 가지고 있고 역시 전자수용체이다. 또 다른 중요한 조효소는 **조효소A(coenzyme A, CoA)**로 또 다른 비타민 B인 판토텐산 유도체를 가진다. 이 조효소는 지방의 합성 및 분해와 크렙스 회로라는 일련의 산화반응에서 중요한 기능을 한다. 이번 장의 뒤쪽에서 대사를 설명할 때 이들 조효소 모두가 이해될 것이다.

에너지 생산

모든 분자와 마찬가지로 영양소의 에너지도 이를 이루는 원자들 사이의 결합을 형성하는 전자에 있다. 에너지가 분자에 퍼져 있으면 세포는 이 에너지를 이용하기가 어렵다. 그러나 이화 경로의 다양한 반응을 통해서 ATP의 결합 안으로 에너지가 모아지고, ATP는 편리한 에너지 전달체의 역할을 한다. ATP는 일반적으로 "고에너지" 결합을 가진다고 한다. 사실은, **불안정한 결합**(unstable bond)이 아마 더 맞는 용어이다. 이들 결합에 있는 에너지의 양이 특별히 크지는 않지만, 빨리 그리고 쉽게 방출될 수 있다. 이런 의미에서 ATP는 등유처럼 인화성이 높은 액체와 비슷하다. 비록 큰 통나무가 한 컵의 등유보다 궁극적으로 더 많은 열을 내면서 타지만 등유가 더 쉽게 점화되고 더 빠르고 편하게 열을 제공한다. 비슷한 방법으로 ATP의 불안정한 고에너지 결합은 세포에게 동화작용에 쉽게 사용될 수 있는 에너지를 제공한다.

이화 경로를 설명하기 전에 에너지 생산의 두 가지 일반적인 측면을 생각해 볼 것이다: 산화-환원의 개념과 ATP 생산의 원리.

산화-환원 반응

산화(oxidation)는 원자나 분자에서 전자(e^-)가 제거되는 것으로 보통 이 반응은 에너지를 생산한다. 그림 3.3은 분자 A가 분자 B에 전자를 빼기는 산화의 예를 보여준다. 분자 A는 산화되고(하나 이상의 전자의 손실을 의미), 반면 분자 B는 **환원(reduction)**된다(하

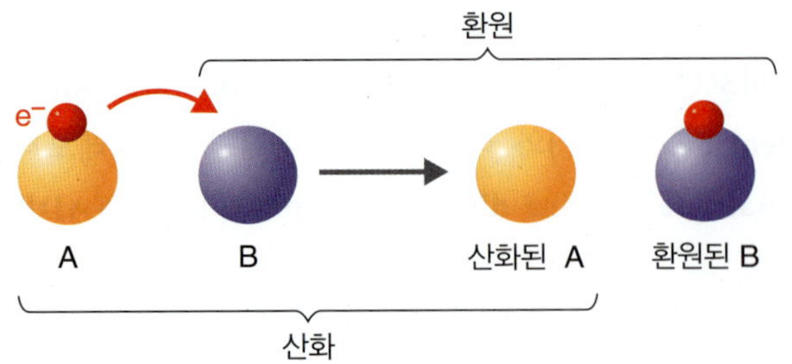

그림 3.3 산화-환원. 전자 하나가 분자 A에서 분자 B로 전달된다. 이 과정에서 분자 A는 산화되고 분자 B는 환원된다.

 산화와 환원은 어떻게 다른가?

나 이상의 전자의 획득을 의미).* 산화와 환원 반응은 언제나 연결된다. 다른 말로, 한 물질이 산화되는 순간 다른 물질이 동시에 환원된다. 이들 반응의 쌍을 **산화환원 반응(oxidation-reduction** 혹은 **redox reaction)**이라고 부른다.

대부분의 세포내 산화반응에서 전자와 양성자(수소이온, H^+)는 동시에 제거된다. 이것은 수소원자가 하나의 양성자와 하나의 전자로 되어 있기 때문에 수소원자의 제거와 동일하다. 대부분의 생물학적 산화반응은 수소원자의 손실을 포함하기 때문에 이를 **탈수소(dehydrogenation)**반응이라고도 부른다. 그림 3.4는 생물학적 산화의 한 예를 보여준다. 유기 분자가 수소원자 두 개를 잃고 산화되면서 NAD^+ 분자가 환원된다. NAD^+는 기질(이 경우에는 유기 분자)에서 제거된 수소원자를 받아들임으로 효소를 보조하는 조효소라는 앞선 설명을 상기하자. 그림 3.4에서 보는 것처럼 NAD^+는 전자 두 개와 양성자 하나를 받아들인다. 남은 양성자 하나는 주변 매질로 방출된다. 환원된 조효소 NADH는 NAD^+보다 에너지를 더 가지고 있다. 이 에너지는 나중의 반응에서 ATP의 생산에 이용될 수 있다.

생물학적 산화-환원 반응에 대해서 기억해야 할 중요한 사항은 세포가 영양소 분자에서 에너지를 추출하기 위한 이화작용에 산화-환원 반응을 이용한다는 것이다. 세포는 영양소를 섭취하고 이것의 일부를 에너지원으로 이용하는데, 이들을 매우 환원된 화합물(많은 수소원자를 가진)에서 매우 산화된 화합물로 분해하는 것이다. 예를 들어 세포가 포도당 분자($C_6H_{12}O_6$)를 이산화탄소(CO_2)와 물(H_2O)로 산화할 때, 포도당에 있는 에너지는 단계적으로 제거되어 궁극적으로 에너지 요구 반응의 에너지원으로 사용될 수 있는 ATP에 축적된다. 많은 수소원자를 가지고 있는 포도당과 같은 화합물은 많은 양의 잠재적 에너지를 갖고 있는 매우 환원된 화합물이다. 따라서 포도당은 생명체에게 중요한 영양소이다.

* 이들 반응의 발견사를 모르면 이 용어는 논리적으로 보이지 않을 것이다. 수은을 가열하면 산화수은이 형성되면서 무게가 늘어난다; 이것을 *산화(oxidation)*라고 한다. 수은은 실제로 전자를 잃었고, 관찰된 산소의 *획득*은 전자 손실의 직접적인 결과임이 나중에 밝혀졌다. 그러므로 산화는 전자의 손실이고 환원은 전자의 획득이지만, 통상적으로 화학반응식을 표기할 때는 전자의 획득과 손실은 보통 드러나지 않는다. 일례로 82쪽에 있는 유산소호흡의 반응식을 보면, 포도당의 각 탄소가 원래 산소를 하나씩 갖고 있지만, 나중에는 이산화탄소로서 각 탄소는 두 개의 산소를 가진다는 것을 주목하시오. 그러나 실제로 이것의 원인이 되는 전자의 획득과 손실은 나타나지 않는다.

ATP 생산

산화-환원 반응 동안에 방출되는 에너지의 대부분은 세포 안에서 ATP의 생성으로 포획된다. 특히 무기인산기, $Ⓟ_i$가 에너지의 주입과 함께 ADP에 더해져서 ATP가 형성된다.

$$\underbrace{\text{아데노신}—Ⓟ\sim Ⓟ}_{\text{ADP}} + \text{에너지} + Ⓟ_i \longrightarrow \underbrace{\text{아데노신}—Ⓟ\sim Ⓟ\sim Ⓟ}_{\text{ATP}}$$

물결 기호(~)는 "고에너지" 결합을 가리킨다. 즉, 결합이 쉽게 깨져서 가용한 에너지를 방출한다는 의미이다. 이 반응에서 저장되는 에너지는 세 번째 Ⓟ를 붙잡고 있는 고에너지 결합에 있다고 할 수 있다. 이 Ⓟ가 제거될 때 사용가능한 에너지가 방출된다. 화합물에 Ⓟ를 첨가하는 것을 **인산화(phosphorylation)**라고 한다. 생명체는 세 가지 인산화 방법을 사용하여 ADP에서 ATP를 만든다.

기질수준의 인산화

기질수준의 인산화(substrate-level phosphorylation)에서는 고에너지 Ⓟ가 인산화된 화합물(기질)에서 직접 ADP에 전달되면서 ATP가 보통 생산된다. 일반적으로 Ⓟ는 기질 자체가 산화되는 초기 반응 동안에 에너지를 획득한다. 다음의 예는 탄소골격과 전형적인 기질의 Ⓟ만 보여준다.

$$C—C—C \sim Ⓟ + ADP \rightarrow C—C—C + ATP$$

산화적 인산화

산화적 인산화(oxidative phosphorylation)에서는 전자가 유기화합물에서 일군의 전자전달체(보통 NAD^+와 FAD)로 전달된다. 그 다음 전자는 일련의 다른 전자전달체를 통해 산소 분자(O_2)나 다른 산화된 무기 혹은 유기 분자로 전달된다. 이 과정은 원핵생물의 원형질막과 진핵생물의 미토콘드리아 내막에서 일어난다. 산화적 인

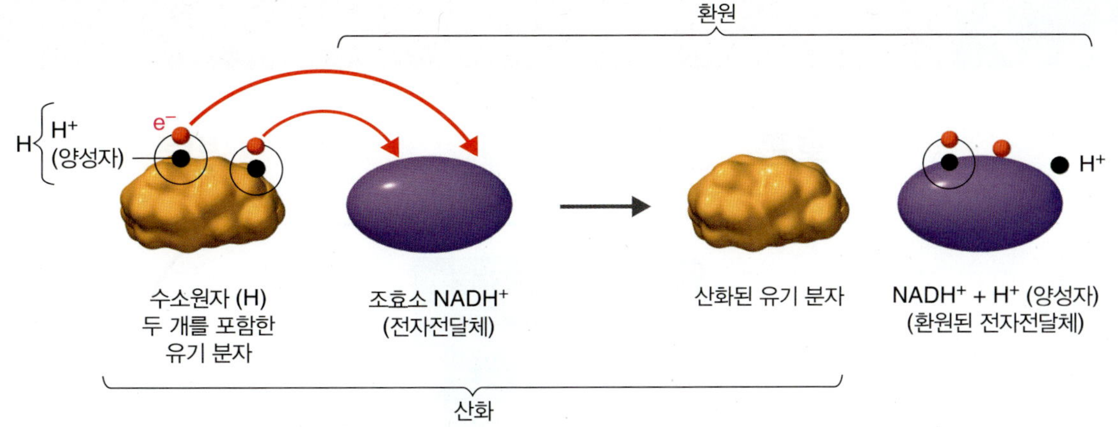

그림 3.4 대표적인 생물학적 산화. 두 개의 전자와 두 개의 양성자(합치면 수소원자 두 개에 상당)가 기질인 유기 분자에서 조효소인 NAD^+로 전달된다. 실제로 NAD^+는 수소원자 하나와 전자 한 개를 받고 양성자 하나는 매질로 방출된다. NAD^+는 에너지가 더 풍부한 분자인 NADH로 환원된다.

생명체는 산화-환원 반응을 어떻게 이용하는가?

산화에 사용되는 전자전달계의 서열을 **전자전달사슬(계)[electron transport chain(system)]**이라고 부른다(그림 3.8 참조). 한 전자전달체에서 다음 전자전달체로 전자를 전달하면서 에너지가 방출되는데, 이것의 일부가 **화학적삼투**(chemiosmosis)라는 과정을 통하여 ADP로부터 ATP를 만드는 데 이용된다.

광인산화

인산화의 세 번째 방식인 **광인산화(photophosphorylation)**는 엽록소와 같이 빛을 흡수하는 색소를 가진 광합성 세포에서만 일어난다. 광인산화에서는 저에너지 구성단위인 이산화탄소와 물이 빛에너지에 의해 유기 분자, 특히 당(sugar)으로 합성된다. 이 과정은 빛에너지를 ATP와 NADPH의 화학에너지로 전환하는 과정으로 시작되는데, ATP와 NADPH는 결국 유기 분자의 합성에 사용된다. 산화적 인산화처럼 전자전달계가 포함된다.

에너지 생산의 대사경로

생명체는 유기 분자에 있는 에너지를 한번에 폭발적으로 뽑아내지 않고 일련의 조절된 반응을 통해 에너지를 방출하고 이를 저장한다. 만일 에너지가 많은 양의 열로 모두 한번에 방출되면 이 에너지는 화학반응을 구동하는 데 즉시 사용될 수 없고 사실 세포에 손상을 준다. 유기 화합물에서 에너지를 추출하고 이것을 화학적 실체 안에 저장하기 위해 생명체는 일련의 산화-환원 반응을 통해 전자를 한 물질에서 다른 물질로 전달한다.

앞서 언급한 것처럼 세포 안에서 일어나는 효소촉매 화학반응의 서열을 대사경로라고 부른다. 다음은 가상 대사경로로 시작 물질 A를 최종산물 E로 전환하는 일련의 네 단계이다.

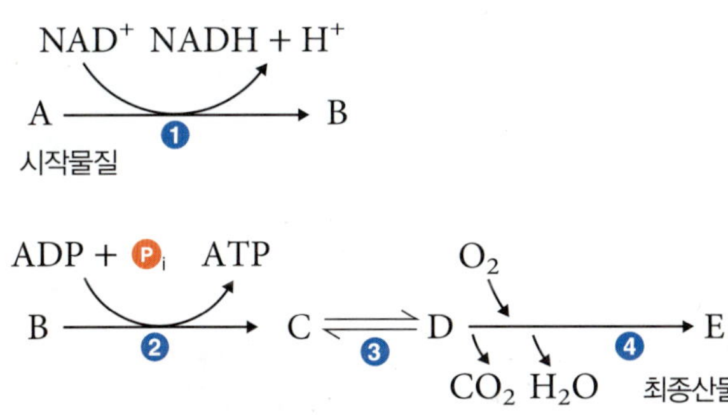

1. 물질 A를 물질 B로 전환한다. 곡선 화살표는 이 반응이 조효소 NAD^+가 NADH로 환원되는 것과 연결되어 있음을 나타낸다. 전자와 양성자는 분자 A에서 유래한다.
2. 마찬가지로 두 화살표는 두 반응의 연결을 보여준다. B가 C로 전환됨에 따라 ADP는 ATP로 전환되는데, 이때 필요한 에너지는 C로 변하면서 B에서 나온다.
3. C가 D로 전환되는 반응은 이중 화살표가 가르키는 것처럼 가역적이다.
4. O_2에서 시작하는 화살표는 O_2가 반응물인 것을 가리킨다. CO_2와 H_2O로 향하는 화살표는 이들 물질이 이 반응에서 우리가 가장 관심있는 최종산물 E 외에 부가적으로 생성되는 2차산물이라는 것을 가리킨다. CO_2와 H_2O 같은 2차산물은 때로 **부산물**(by-product) 혹은 **노폐물**(waste product)이라고 부른다. 대사경로에서 거의 모든 반응이 특정 효소에 의해 촉매되는 것을 명심하자.

토대 그림 3.5 호흡과 발효의 개요

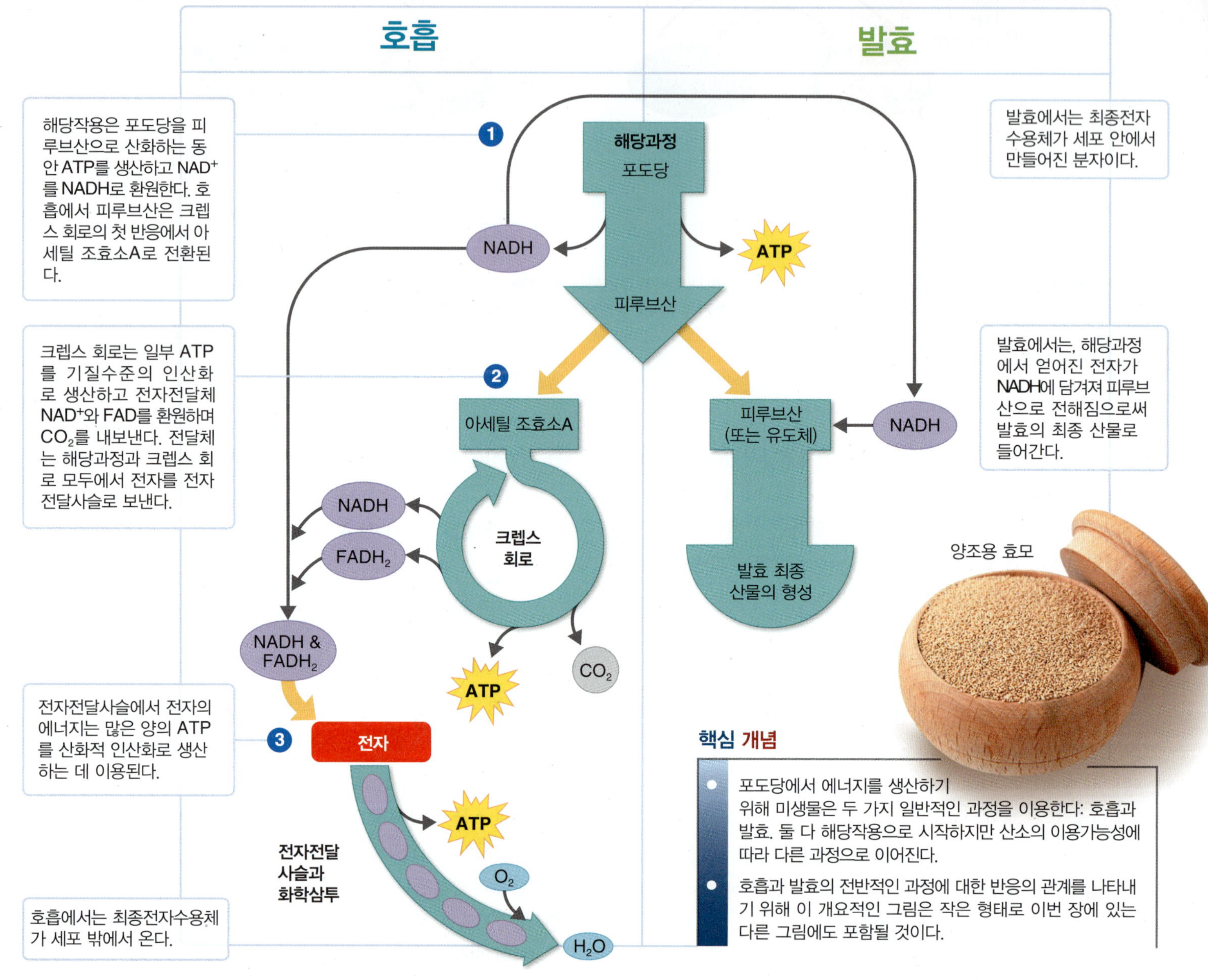

탄수화물 이화작용

대부분의 미생물은 탄수화물을 이들의 세포내 주요 에너지원으로 산화한다. 에너지를 만들기 위한 탄수화물 분자의 분해인 **탄수화물 이화작용(carbohydrate catabolism)**은 따라서 세포 대사에서 상당히 중요하다. 포도당은 세포에서 이용되는 가장 흔한 탄수화물 원이다. 또한 미생물은 다양한 지질과 단백질도 에너지 생산을 위해 분해할 수 있다.

포도당에서 에너지를 생산하기 위해 미생물은 두 가지의 일반적인 과정을 사용한다: 세포호흡(cellular respiration)과 발효(fermentation). (세포호흡을 설명하면서 종종 이 과정을 간단히 호흡이라고 언급할텐데, 이를 숨쉬기와 혼동해서 해서는 안 된다.) 보통 세포호흡과 발효 모두 같은 첫 단계, 즉 해당과정으로 시작하지만, 이후 다른 연결 경로를 따른다(그림 3.5). 해당과정과 호흡, 발효에 대해 상세히 알아보기 전에 먼저 전체 과정을 살펴보자.

그림 3.5에서 보이는 것처럼 포도당의 호흡은 전형적으로 세 가

지 주요 단계로 이루어진다: 해당과정, 크렙스 회로, 전자전달사슬(계).

❶ 해당과정은 약간의 ATP와 에너지가 들어 있는 NADH가 생산되면서 포도당이 피루브산으로 산화되는 과정이다.

❷ 크렙스 회로는 약간의 ATP와 에너지가 들어 있는 NADH, 또 다른 환원된 전자전달체인 $FADH_2$(플라빈 아데닌 디뉴클레오티드의 환원된 형태)가 생산되면서 아세틸 CoA(피루브산의 유도체)가 이산화탄소로 산화되는 과정이다.

❸ 전자전달사슬(계)에서 NADH와 $FADH_2$는 산화된다. 이 과정에서 기질에서 가져온 전자를 일련의 추가 전자전달체가 참여하는 산화-환원의 "연쇄반응"에 공급한다. 이들 반응에서 나오는 에너지는 상당한 양의 ATP를 만드는 데 사용된다. 호흡에서 대부분의 ATP는 이 세 번째 단계에서 만들어진다.

호흡은 긴 일련의 산화-환원 반응으로 되어 있기 때문에 전체 과정을 에너지가 풍부한 포도당 분자에서 비교적 에너지가 적은 CO_2와 H_2O 분자로 전자가 흐르는 것으로 생각할 수 있다. 이 흐름을 ATP 생산과 연계시키는 것은 흐르는 물의 에너지를 이용하여 전력을 생산하는 것과 어느 정도 유사하다. 더 비유하자면 해당과정과 크렙스 회로 동안에는 시냇물이 완만한 경사 아래로 흐르면서 에너지를 공급해 재래식 물레방아를 돌리는 것으로 그려 볼 수 있다. 전자전달사슬에서는 강물이 가파른 경사 아래로 떨어지면서 에너지를 공급하는 현대적 대형 발전소와 같다고 볼 수 있다. 비슷한 방법으로 해당작용과 크렙스 회로는 소량의 ATP를 만들고, 또한 전자전달사슬 단계에서 매우 많은 양의 ATP를 만들어내는 전자도 공급한다.

보통 발효의 초기 단계도 역시 해당작용이다(그림 3.5). 그러나 일단 해당과정이 일어나면 피루브산은 세포의 종류에 따라 하나 이상의 다른 산물로 전환된다. 이들 산물에는 알코올(에탄올)과 젖산이 포함될 수도 있다. 호흡과 달리, 발효에는 크렙스 회로나 전자전달계가 없다. 따라서 ATP의 생산도 해당과정에서만 일어나기에 그 양이 매우 적다.

해당과정

포도당이 피부르산으로 산화되는 **해당과정(glycolysis)**은 보통 탄수화물 이화작용의 첫 단계이다. 대부분의 미생물이 이 경로를 이용한다. 즉, 해당과정은 대부분의 살아 있는 세포에서 일어난다.

해당과정을 또한 엠덴-마이어호프 경로(Embden-Meyerhof pathway)라고도 한다. 해당이라는 단어는 당의 쪼개짐를 의미하는데, 정확히 이것이 일어난다. 해당과정의 효소는 6탄당인 포도당을 두 개의 3탄당으로 쪼개는 것을 촉매한다. 이들 당은 그 다음 산화되어 에너지를 방출하고, 이들의 원자는 두 분자의 피루브산으로 재배열된다. 해당과정 동안 NAD^+는 NADH로 환원되고 기질수준의 인산화로 두 분자의 ATP가 최종 생성된다. 해당과정은 산소를 필요로 하지 않는다. 따라서 이것은 산소 유무에 상관없이 일어날 수 있다. 이 과정은 10개 화학반응의 연속으로 이루어지며, 각각은 다른 효소에 의해 촉매된다. 이 단계들은 그림 3.6에 개략적으로 요약되어 있다.

해당과정을 요약하면 이 과정은 두 기본 단계, 즉 준비 단계와 에너지-보존 단계로 구성되어 있다.

1. 먼저, 준비 단계에서는(그림 3.6의 단계 ❶~❹), 두 분자의 ATP가 사용되어 6탄소의 포도당 분자가 인산화되고, 재구성되어 두 개의 3탄소 화합물, 즉 글리세르알데히드 3-인산(GP)과 디하이드록시아세톤 인산(DHAP)으로 쪼개진다. ❺ DHAP는 즉시 GP로 전환된다. (역반응도 일어날 수 있다.) DHAP가 GP로 전환되었다는 것은 이 지점부터는 두 분자의 GP가 해당과정의 나머지 화학반응에 들어간다 것을 의미한다.
2. 에너지-보존 단계에서는(단계 ❻~❿), 두 개의 3탄소 분자가 여러 단계를 거쳐 두 분자의 피르부산으로 산화된다. 이 반응에서 NAD^+ 두 분자가 NADH로 환원되고, 기질수준의 인산화로 네 분자의 ATP가 생성된다.

해당과정을 시작하는 데에 2분자의 ATP가 필요하고, 해당과정에서 4분자의 ATP가 생산되기 때문에 산화되는 포도당 한 분자당 2분자의 ATP 실수익이 있다.

해당과정의 대안

많은 세균이 포도당의 산화를 위해 해당과정 이외에 부가적으로 다른 경로를 가진다. 가장 흔한 대안이 5탄당인산경로이다. 또 다른 대안은 엔트너-도우도로프 경로이다.

5탄당인산경로

5탄당인산경로(pentose phosphate pathway, 혹은 6탄당일인산 회로, hexose monophosphate shunt)는 해당과정과 동시에 작동하여 포도당과 5-탄소 당(5탄당)을 분해할 수 있는 수단을 제공한다. 이 과정의 핵심 기능은 (1) 핵산의 합성, (2) 광합성에서 이산화탄소에서부터 포도당의 합성, (3) 특정 아미노산의 합성 등에 사용되는 중요한 5탄당 중간산물을 만드는 것이다. 이 과정은 $NADP^+$를 환원된 조효소인 NADPH로 만드는 중요한 생산자 역할을 한다. 5탄당인산경로에서는 산화되는 포도당 각 분자당 한 분자의 ATP만

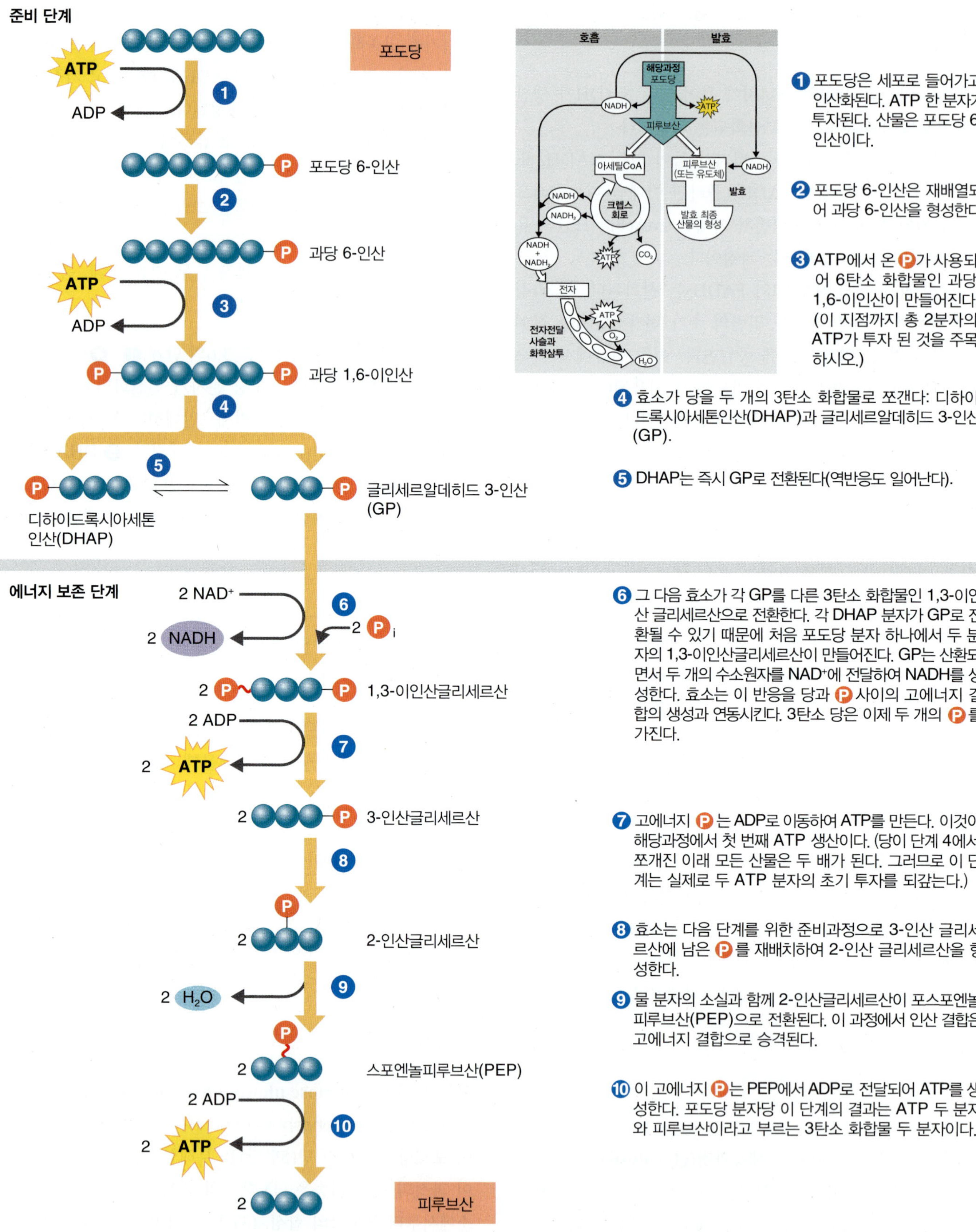

그림 3.6 해당과정 반응의 개요(엠덴-마이어호프 경로).

Q 해당과정은 무엇인가?

최종적으로 얻어진다. 5탄당인산경로를 이용하는 세균에는 고초균(*Bacillus subtilis*)과 대장균(*E. coli*), 류코노스톡 메센테로이데스(*Leuconostoc mesenteroides*), 장내구균 엔테로코코스 패칼리스(*Enterococcus faecalis*) 등이 있다.

엔트너-도우도로프 경로

엔트너-도우도로프 경로(Entner-Doudoroff pathway)에서는 포도당 한 분자당 세포의 생합성 반응에 이용되는 두 분자의 NADPH와 한 분자의 ATP가 생산된다. 엔트너-도우도로프 경로 효소를 가진 세균은 해당과정이나 5탄당인산경로 없이 포도당을 대사할 수 있다. 엔트너-도우도로프 경로는 리조비움(*Rhizobium*)과 슈도모나스(*Pseudomonas*), 아그로박테리움(*Agrobacterium*)을 비롯한 일부 그람음성세균에서 발견된다. 이것은 일반적으로 그람양성세균에서는 발견되지 않는다. 이 경로에 의한 포도당의 산화 능력에 대한 시험은 임상 실험실에서 슈도모나스를 확인하기 위해 때때로 사용한다.

세포호흡

포도당이 피루브산으로 분해된 후 피루브산은 다음 단계로 발효나 세포호흡(그림 3.5 참조)으로 보내질 수 있다. **세포호흡(cellular respiration)*** 또는 간단히 **호흡(respiration)**은 분자가 산화되고 최종 전자 수용체가(거의 언제나) 무기 분자인, ATP 생산과정으로 정의된다. 호흡의 중요한 특징은 전자전달계의 작동이다.

해당 생물체가 산소를 이용하는 **호기성 생물(aerobe)**인지 아니면 산소를 사용하지 않고 심지어 산소에 의해 죽을 수도 있는 **혐기성 생물(anaerobe)**인지에 따라 두 가지 종류의 호흡이 있다. **유산소 호흡(aerobic respiration)**에서는 최종 전자 수용체가 O_2이다; **무산소 호흡(anaerobic respiration)**에서는 최종 전자 수용체는 O_2가 아닌 무기 분자이거나 드물게 유기 분자이다. 산소요구성 세포에서 전형적으로 일어나는 호흡을 먼저 살펴본다.

유산소 호흡

크렙스 회로 트리카르복시산 회로(tricarboxylic acid, TCA cycle) 또는 시트르산 회로(citric acid cycle)로도 불리는 **크렙스 회로(Krebs cycle)**는 아세틸조효소A에 저장되어 있는 많은 양의 잠재적인 화학에너지가 단계적으로 방출되는 일련의 생화학반응이다(그림 3.5 참조). 이 회로에서 일련의 산화와 환원을 통해 잠재 에너지가 전자의 형태로 전자전달체 조효소(주로 NAD^+)로 전달된다. 피루브산 유도체는 산화되고 조효소는 환원된다.

해당과정의 산물인 피루브산은 크렙스 회로로 직접 들어가지 못한다. 준비 단계에서 피루브산은 한 분자의 CO_2를 잃고 2탄소 화합물이 되어야 한다(그림 3.7, 맨 위). 이 과정을 **탈카르복실화(decarboxylation)**이라고 한다. 아세틸기(acetyl group)라고 부르는 2탄소 화합물이 고에너지 결합으로 조효소 A에 부착된 결과로 아세틸조효소A(acetyl coenzyme A, acetyl CoA)라는 복합체가 생긴다. 이 반응 동안 피루브산은 산화되고 NAD^+는 NADH로 환원된다.

포도당 한 분자의 산화가 두 분자의 피루브산을 생산한다는 것을 기억하자. 그래서 두 분자의 CO_2가 준비 단계에서 방출되고 두 분자의 NADH가 생산되며, 두 분자의 아세틸조효소A가 형성된다. 피루브산이 한 번 탈카르복실화를 거치면 이것의 유도체(아세틸기)에 조효소A가 부착되어 만들어진 아세틸조효소A는 크렙스 회로로 들어갈 준비가 된다.

아세틸조효소A가 크렙스 회로로 들어가면서 조효소A는 아세틸기에서 떨어진다. 2탄소 아세틸기가 옥살로아세트산라고 부르는 4탄소 화합물과 결합하여 6탄소 화합물인 시트르산을 만든다. 이 합성과정은 에너지를 필요로하는데, 이 에너지는 아세틸기와 조효소A 사이의 고에너지 결합의 끊어지면서 제공된다. 따라서 시트르산의 형성은 크렙스 회로에서 첫 단계이다. 이 회로의 주된 화학반응을 그림 3.7에 약술하였다. 각 반응은 특정 효소가 촉매한다는 것을 기억하자.

크렙스 회로의 화학반응들은 몇 개의 일반적인 범주에 속한다. 이들 중 하나는 탈카르복실화 반응이다. 예를 들어 단계 ❸에서 이소시트르산이 알파케토글루타르산(α-ketoglutaric acid)이라고 부르는 5탄소 화합물로 탈카르복실화된다. 또 다른 탈카르복실화는 단계 ❹에서 일어난다. 탈카르복실화 반응 하나는 준비 단계에서 일어나고 두 개가 크렙스 회로에서 일어나기 때문에 피루브산에 있던 세 개의 탄소 원자 모두가 궁극적으로 크렙스 회로에 의해 CO_2로 방출된다. 이것은 원래 포도당 분자에 있는 6탄소 모두가 CO_2로 전환됨을 의미한다.

크렙스 회로 화학반응의 또 다른 일반적인 범주는 산화-환원이다. 예를 들어 단계 ❸에서, 6탄소 이소시트르산의 5탄소 화합물로 전환되는 과정에서 두 개의 수소원자를 잃는다. 다시 말해서, 6탄소 화합물은 산화된다. 수소원자는 또한 크렙스 회로 단계 ❹와 ❻, ❽에서 방출되고, 조효소 NAD^+와 FAD에 의해 회수된다. NAD^+의 경우 전자는 2개를 취하지만 양성자는 1개만 취하기 때문에 이것의 환원된 형태는 NADH로 표현한다. 그러나 FAD는 2개의 수소원자를 모두 취해서 $FADH_2$로 환원된다.

* 흔히 사용되고 있는 혐기성 세균이라는 용어는 공기(산소)가 없다는 뜻의 'anaerobic'을 일본식 한자로 번역하면서 생긴 오류라고 할 수 있는데, 이들이 산소를 혐오한다는 듯한 오해를 줄 수 있다. 실제로 대부분의 혐기성 세균은 산소가 있으면 유산소 호흡을 수행한다.

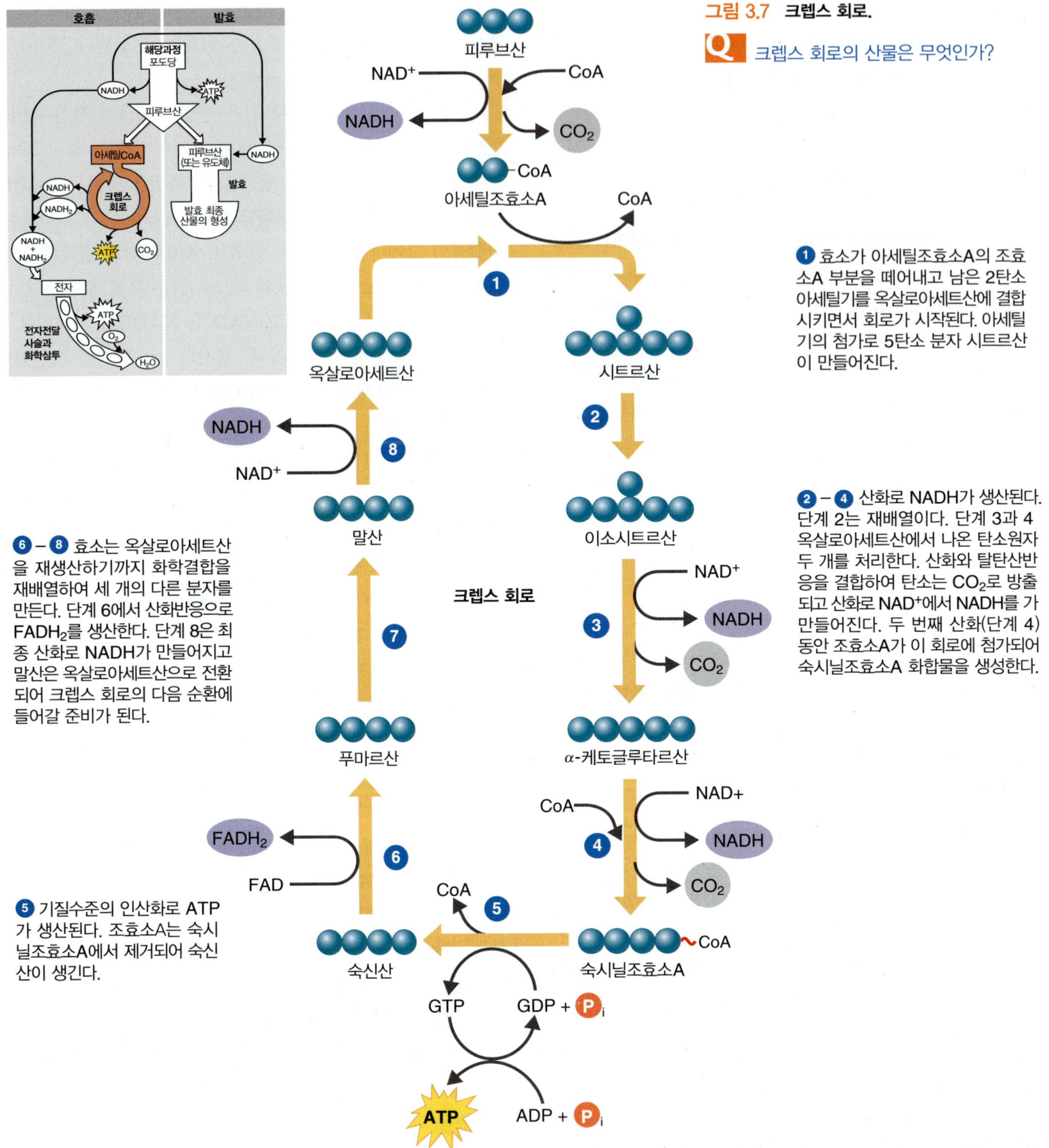

그림 3.7 크렙스 회로.

Q 크렙스 회로의 산물은 무엇인가?

크렙스 회로를 전체적으로 본다면 회로로 들어가는 2개 분자의 아세틸조효소A마다 4개 분자의 CO_2가 탈카르복실화에 의해 방출되고, 6개 분자의 NADH와 2 분자의 $FADH_2$가 산화환원 반응으로 생산되고, 2개 분자의 ATP가 기질수준의 인산화에 의해 생성된다.

구아노신이인산에서 만들어지는 구아노신삼인산(GTP) 분자(GDP + P_i)는 ATP와 비슷하고 크렙스 회로의 ATP 생산 지점에서 중개자 역할을 한다. 또한 크렙스 회로의 많은 중간산물이 다른 회로에서 특히, 아미노산 합성에서 역할을 한다.

크렙스 회로에서 생성된 CO_2는 유산소 호흡의 기체성 부산물로서 결국 대기로 방출된다. (사람은 몸 안의 대부분의 세포에서 크렙스 회로를 통해 CO_2를 만들어내고 이를 숨쉬기 동안 폐를 통해 내보낸다.) 환원된 조효소 NADH와 $FADH_2$는 포도당에 원래 저장된

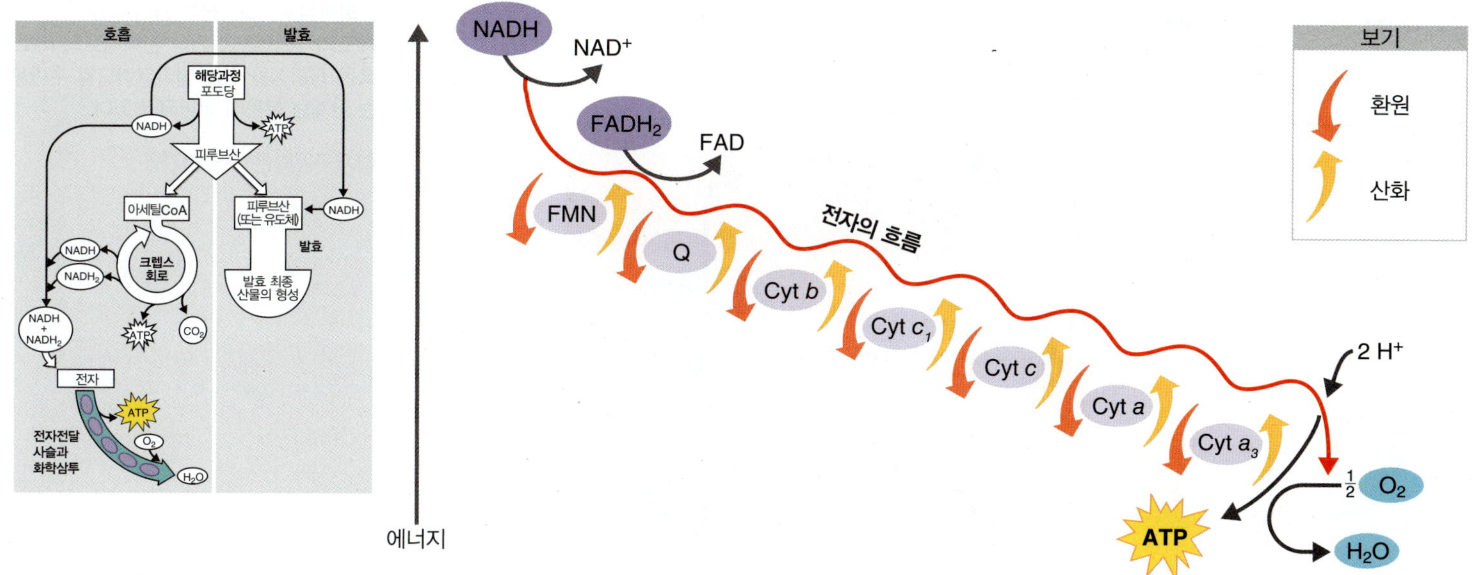

그림 3.8 전자전달사슬(계). 미토콘드리아의 전자전달사슬에서 전자는 사슬을 따라 점진적이고 단계적인 방식으로 전달되어 에너지는 다룰 수 있는 양으로 방출된다. 어디서 ATP가 형성되는지 알기 위해 그림 3.10을 보시오.

 전자전달사슬의 기능은 무엇인가?

에너지의 대부분을 가지고 있기 때문에 크렙스 회로에서 가장 중요한 산물이다. 호흡의 다음 단계 동안에, 일련의 환원반응이 이들 조효소에 저장되어 있는 에너지를 ATP에 간접적으로 전달한다. 이들 반응을 통틀어서 전자전달사슬이라고 한다.

전자전달사슬(계) **전자전달사슬(계)[electron transport chain (system)]**은 산화와 환원의 능력이 있는 전달체 분자들의 서열로 이루어져 있다. 전자가 이 사슬을 통해 지나가면서 에너지가 단계적으로 방출되어, 곧 설명할 화학삼투에 의한 ATP의 생산을 구동한다. 마지막 산화는 비가역적이다. 진핵세포에서 전자전달사슬은 미토콘드리아의 내막에 담겨져 있고, 원핵세포에서는 원형질막에서 발견된다.

전자전달사슬에는 세 종류의 전달체 분자가 있다.

1. **플라보단백질(flavoprotein)**이다. 이들 단백질은 리보플라빈(비타민 B_2)에서 유도된 조효소인 플라빈을 가지고 있고, 산화와 환원을 번갈아가며 수행할 수 있다. 중요한 플라빈 조효소 하나는 플라빈모노뉴클레오티드(FMN)이다.
2. 전달체 분자는 철을 함유한 그룹(헴, heme)을 갖는 **시토크롬(cytochrome)**인데, 이 철은 환원형(Fe^{2+})과 산화형(Fe^{3+})으로 번갈아가며 존재할 수 있다. 전자전달계에 포함된 시토크롬에는 시토크롬 *b*(cyt *b*)와 시토크롬 c_1(cyt c_1), 시토크롬 *c*(cyt *c*), 시토크롬 *a*(cyt *a*), 시토크롬 a_3(cyt a_3)가 있다.
3. **유비퀴틴(ubiquinone)** 또는 **조효소Q(coenzyme Q)**는 작은 비단백질 수용체이다.

세균의 전자전달사슬은 꽤 다양하다. 특정 세균이 이용하는 전자전달체와 이들의 작동 순서는 세균에 따라 다르고 진핵세포의 미토콘드리아의 것들과도 다르기 때문이다. 하나의 세균조차도 여러 종류의 전자전달사슬을 가질 수 있다. 그러나 모든 전자전달사슬은 고에너지 화합물에서 낮은 에너지 화합물로 전자를 전달하면서 에너지를 방출한다는 똑같은 기본 목표를 달성한다는 것을 명심하자. 진핵세포의 미토콘드리아에 있는 전자전달사슬에 대해 상당히 알려져 있기에 여기서는 이 사슬에 대해 설명할 것이다.

❶ NADH에서 사슬의 첫 번째 수송체인 FMN에게 고에너지 전자가 전달되는 것이 포함된다(그림 3.8). 이 전달에서 실제로는 두 개의 전자와 한 개의 수소이온이 FMN으로 옮겨진다. FMN은 H^+를 주위의 수성 매질에서 추가로 얻는다. 첫 전달의 결과 NADH는 NAD^+로 산화되고 FMN은 $FMNH_2$로 환원된다.

❷ $FMNH_2$는 $2H^+$를 미토콘드리아 막의 다른 쪽으로 통과시키고(그림 3.10 참조) 두 전자를 Q로 보낸다. 그 결과, $FMNH_2$은 FMN로 산화된다. Q 또한 추가로 $2H^+$를 주변의 수성 매질에서 얻고 막의 다른 쪽에 이를 방출한다.

❸ 전자는 Q에서 cyt *b*와 cyt c_1, cyt *c*, cyt *a*, cyt a_3를 연속적으로 통과한다. 사슬에 있는 각 시토크롬은 전자를 얻을 때 환원되고 전자를 보낼 때 산화된다. 마지막 시토크롬 cyt a_3는 산소

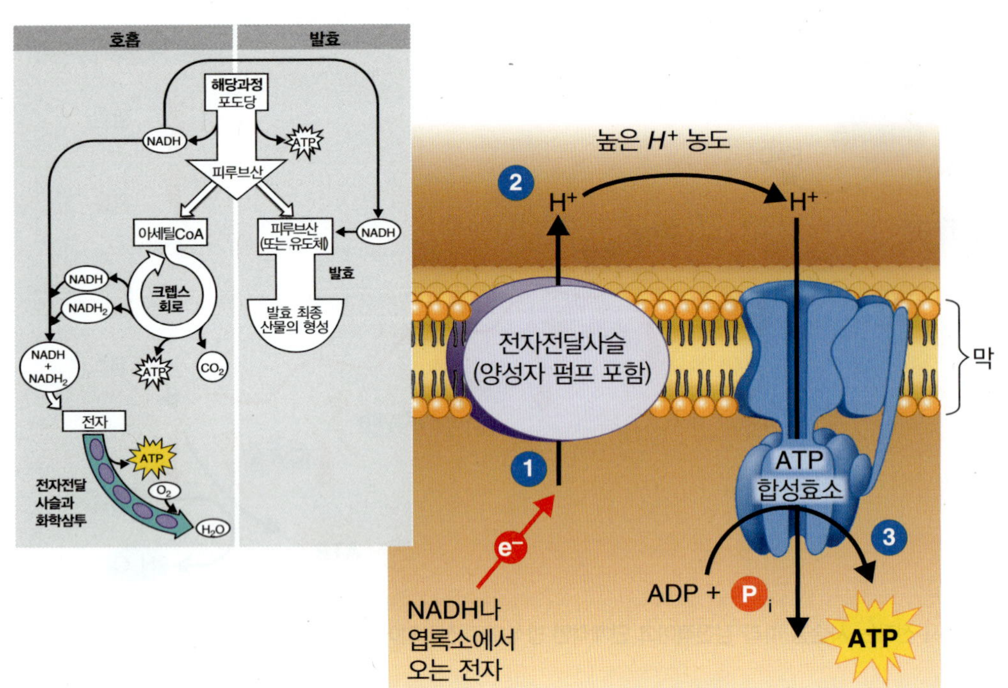

그림 3.9 화학삼투. 화학삼투 원리의 개요. 여기서 막은 원핵세포의 원형질막이거나 진핵세포의 미토콘드리아막 혹은 광합성을 하는 틸라코이드일 수 있다. 번호가 있는 단계는 본문에 설명되어 있다.

Q 양성자구동력은 무엇인가?

분자(O_2)에 전자를 보낸다. 이렇게 되면 산소는 음전하를 띠게 되어 주위의 매질에서 양성자를 취해 H_2O를 생성한다.

그림 3.8에서 보듯이 크렙스 회로에서 유래한 $FADH_2$도 또 다른 전자의 자원임을 알아두자. $FADH_2$에 있는 전자는 NADH의 경우보다 낮은 수준에서 전자전달사슬로 전달된다. 이 때문에 $FADH_2$에서 전자를 제공받으면 NADH에서 받을 때에 비해 전자전달사슬이 ATP 생산에 공급하는 에너지가 약 1/3 정도 감소한다.

전자전달사슬의 중요한 특성은 양성자와 전자를 받아들이고 내어주는 FMN과 Q 같은 전달체와 전자만 전달하는 시토크롬 같은 전달체가 혼재한다는 것이다. 사슬을 따라 전자가 흐르는 과정과 함께 사슬의 여러 지점에서 미토콘드리아 내막의 기질 쪽에서 막의 반대편으로 양성자가 능동수송(펌핑)된다. 그 결과 막의 한쪽에 양성자가 쌓인다. 댐의 뒤에 물이 전기를 만들 수 있는 에너지를 저장하는 것처럼 이 쌓인 양성자는 화학삼투 작용으로 ATP를 생산하는 에너지를 제공한다.

화학삼투 작용에 의한 ATP 생산 전자전달계를 이용하여 ATP를 합성하는 방식을 **화학삼투(chemiosmosis)**라고 한다. 화학삼투를 이해하기 위해서 물질이 높은 농도의 지역에서 낮은 농도의 지역으로 막을 통해 수동적으로 확산된다는 것을 기억하자. 이 확산은 에너지를 만들어 낸다. 또한 물질이 이런 농도의 차이를 역행하여 이동하는 데는 에너지가 필요하다는 것과 물질이나 이온을 생물학적 막을 통해 능동수송하는 데에 필요한 에너지는 보통 ATP가 제공한다는 것을 상기하자. 화학삼투에서 물질이 농도에 따라 이동할 때 방출되는 에너지는 ATP 합성에 사용된다. 이 경우 물질은 양성자를 말한다. 호흡에서 대부분의 ATP가 화학삼투로 생산된다. 화학삼투의 단계는 다음과 같다(그림 3.9).

1. NADH(혹은 엽록소)에서 나온 에너지 전자가 전자전달사슬을 따라 내려갈 때 사슬에 있는 일부 전달체는 막을 가로질러 양성자를 퍼낸다(능동수송). 이런 전달체 분자를 **양성자펌프(proton pump)**라고 한다.
2. 인지질막은 보통 양성자가 통과하지 못한다. 그래서 한쪽 방향으로 퍼내면 양성자의 농도차를 형성할 수 있다. 농도차(막의 양쪽에 있는 양성자의 농도 차이)에 더해, 전하의 차이도 생긴다. 막의 한 쪽에 있는 과다한 H^+ 때문에 반대쪽에 비해 양전하를 띠게 된다. 결과로 전기화학적인 차이가 **양성자구동력(proton motive force)**이라는 전위에너지를 만든다.
3. 양성자 농도가 높은 막의 한 쪽에 있는 양성자는 **ATP 합성효소(ATP synthase)**라고 부르는 효소가 가진 특별한 단백질 통로를 통해서만 막을 가로질러 확산될 수 있다. 이 흐름이 생기면 에너지는 방출되고, 이를 사용해서 이 효소는 ADP와 P_i를 ATP로 합성한다.

그림 3.10은 진핵생물에서 화학삼투작용을 구동시키기 위해 어떻게 전자전달사슬이 작동하는지 자세히 보여준다.

1. NADH에서 유래한 에너지 전자가 전자전달사슬을 따라 내려간다. 미토콘드리아 내막에서 전자전달사슬의 전달체는 세 개

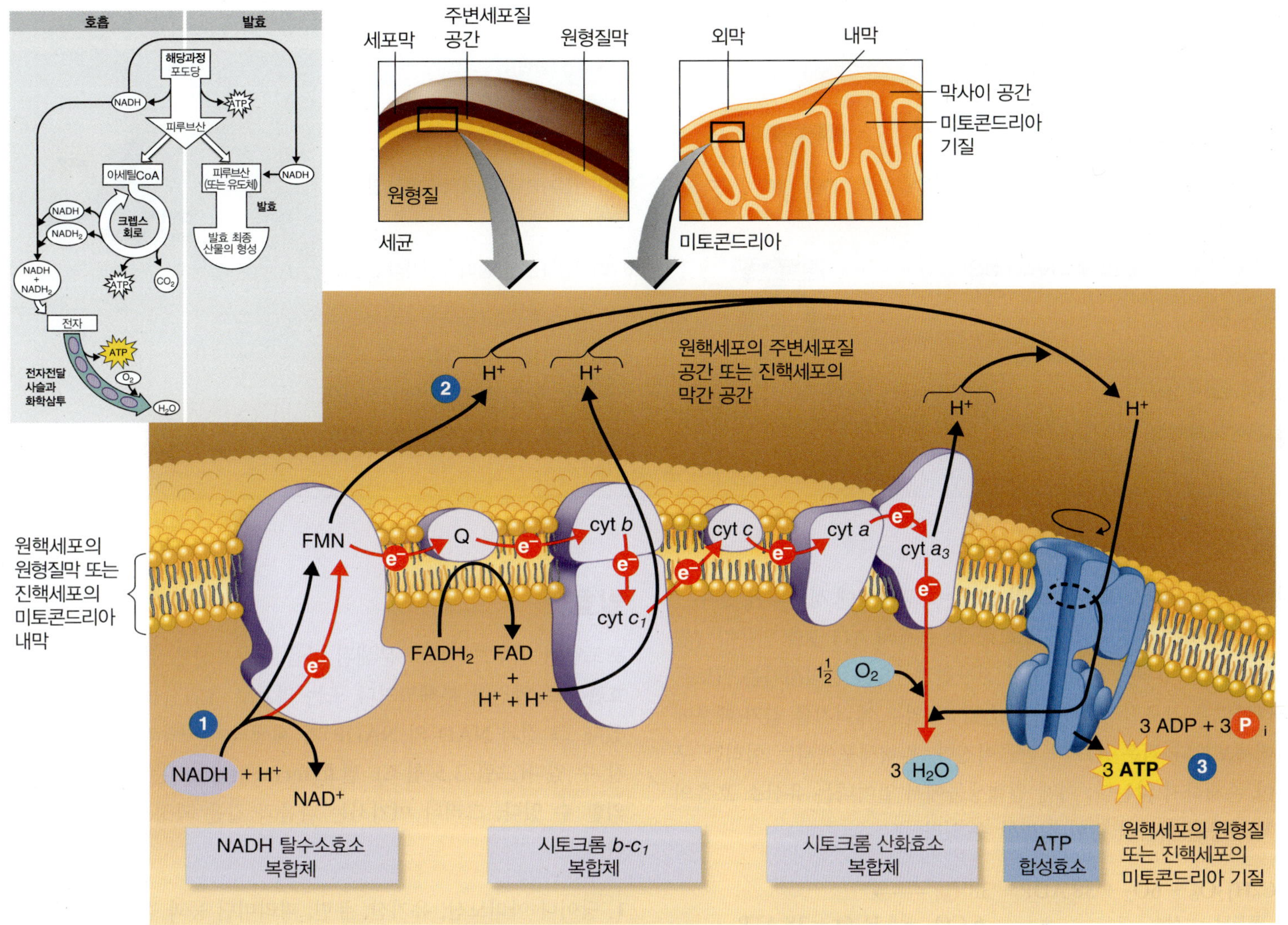

그림 3.10 전자전달과 화학삼투로 ATP 생산. 전자전달체는 세 개의 복합체로 조직되어 있으며 양성자(H^+)는 세 지점에서 막을 거쳐 이동된다. 원핵세포에서는 양성자가 원형질막을 통과해 원형질 쪽 펌프된다. 진핵세포에서는 양성자가 미토콘리아막의 기질 쪽에서 반대편으로 펌프된다. 붉은 화살표는 전자의 흐름을 가리킨다.

Q 진핵세포는 어디에서 화학삼투가 발생하는가? 원핵세포는?

의 복합체로 조직되어 있는데, 첫 번째와 두 번째 복합체 사이는 Q가, 두 번째와 세 번째 복합체 사이는 cyt *c*가 전자를 수송한다.

2 이 체계의 세 구성 요소가 양성자를 퍼낸다. 사슬의 끝에서 전자는 기질액에 있는 양성자와 산소(O_2)에 결합하여 물(H_2O)을 생성한다. 따라서 O_2가 최종 전자 수용체이다.

3 원핵세포와 진핵세포 둘 다 화학삼투 방법을 사용하여 ATP 생산에 필요한 에너지를 만든다. 진핵세포에서는 미토콘드리아 내막에 전자전달체와 ATP 합성효소가 있는 반면, 대부분의 원핵세포에서는 원형질막에 있다. 전자전달사슬은 광인산화에서도 작동하고 남세균과 진핵세포 엽록체의 틸라코이드막에 위치한다.

유산소 호흡 요점 정리 전자전달사슬은 NAD^+와 FAD를 재생시켜, 해당과정과 크렙스 회로에서 다시 사용될 수 있게 한다. 전자전달사슬에서 일어나는 여러 번의 전자전달을 통해 포도당 한 분자의 산화로 약 34분자의 ATP가 생산된다: 대략, 각 10개의 NADH 분자에서 3개씩(총 30) 그리고 2 분자의 $FADH_2$에서 2개씩(총 4). 원핵생물은 유산소 호흡으로 포도당 한 분자당 총 38 분자의 ATP를 만들 수 있다. 화학삼투로 생산된 34개에 해당과정과 크렙스 회로에서 기질수준의 인산화로 4개 ATP를 더한다 **표 3.1**은 원핵세포의 유산소 호흡 동안 만들어지는 ATP 생산량의 세부 내역을 보여준다.

표 3.1 원핵생물의 유산소호흡 동안 포도당 한 분자당 만들어지는 ATP 양

원천	ATP 수율 (방법)
해당과정	
1. 피루브산으로 포도당의 산화	2 ATP (기질수준의 인산화)
2. 2 NADH 생산	6 ATP (전자전달사슬에서 산화적 인산화)
준비 단계	
1. 아세틸조효소A의 형성으로 2 NADH 생산	6 ATP (전자전달사슬에서 산화적 인산화)
크렙스 회로	
1. 숙신산으로 숙시닐조효소A의 산화	2 GTP (ATP의 동등물; 기질수준의 인산화)
2. 6 NADH의 생산	18 ATP (전자전달사슬에서 산화적 인산화)
3. 2 FADH의 생산	4 ATP (전자전달사슬에서 산화적 인산화)
	총: 38 ATP

해당과정 ATP 크렙스 회로 ATP 전자전달 사슬과 화학삼투 ATP

원핵생물의 유산소 호흡의 여러 단계는 그림 3.11에 정리되어 있다.

진핵세포는 유산소 호흡으로 총 36 분자의 ATP만을 만든다. (원형질에서 일어나는) 해당과정과 전자전달사슬을 분리시키는 미토콘드리아막을 가로질러 전자가 수송될 때 일부 에너지를 잃기 때문에 원핵세포보다 적은 ATP가 만들어진다. 원핵세포에서는 이러한 구분이 존재하지 않는다. 이제 원핵생물에서 일어나는 유산소 호흡의 전체 반응을 다음과 같이 정리할 수 있다.

$$\underset{\text{포도당}}{C_6H_{12}O_6} + \underset{\text{산소}}{6O_2} + 38\ ADP + 38\ P_i \longrightarrow \underset{\text{이산화 탄소}}{6\ CO_2} + \underset{\text{물}}{6\ H_2O} + 38\ ATP$$

무산소 호흡

무산소 호흡에서는 최종 전자 수용체가 산소(O_2)가 아닌 무기물이다. *Pseudomonas*와 *Bacillus* 같은 일부 세균은 질산이온(NO_3^-)을 최종 전자 수용체로 사용한다. 질산이온은 아질산이온(NO_2^-), 이산화질소(N_2O) 혹은 질소가스(N_2)로 환원된다. 디설포비브리오(*Desulfovibrio*)와 같은 다른 세균은 황산(SO_4^{2-})을 최종 전자 수용체로 이용하여 황화수소(H_2S)를 생성한다. 또 다른 세균은 탄산(CO_3^{2-})을 이용하여 메탄(CH_4)을 만든다. 질산과 황산을 최종 전자 수용체로 사용하는 세균에 의한 무산소 호흡은 자연에서 일어나는 질소와 황의 순환에 필수적이다. 무산소 호흡에서 생산되는 ATP의 양은 해당 생물과 그 경로에 따라 다르다. 무산소 조건에서는 크렙스 회로의 일부분만이 작동하고, 무산소 호흡에서는 전자전달사슬의 모든 수송체가 다 참여하는 것이 아니기 때문에 ATP 생산이 절대로 유산소 호흡만큼 높을 수 없다. 따라서 혐기성 세균은 호기성 세균보다 더 느리게 자라는 경향이 있다.

발효

포도당이 피루브산으로 분해된 다음 피루브산은 앞서 설명한 대로 호흡으로 완전히 분해되거나 또는 발효로 유기산물로 전환될 수도 있다. 그 결과 NAD^+와 $NADP^+$가 재생되어 해당과정에 다시 들어갈 수 있다(그림 3.5 참조). **발효(fermentation)**는 여러 가지로 정의할 수 있다. 그러나 여기서는 다음과 같은 과정으로 정의하기로 한다.

1. 당이나 아미노산, 유기산, 퓨린, 피리미딘 등과 같은 유기 분자에서 에너지를 얻는데;
2. 산소를 필요로 하지 않고(그러나 때로 산소가 있어도 일어날 수 있다);
3. 크렙스 회로나 전자전달사슬을 사용할 필요가 없고;
4. 유기 분자를 최종 전자 수용체로 이용하고;
5. 포도당에 원래 있던 에너지의 대부분이 젖산이나 에탄올과 같은 최종산물의 화학결합에 남아 있기 때문에 소량의 ATP만을(시작물질 각 분자당 단지 하나 혹은 두 분자의 ATP) 생산하는 과정.

발효과정 동안 전자는 환원된 조효소(NADH, NADPH)에서 피루브산이나 이것의 유도체로(양성자와 함께) 전달된다(그림 3.12a). 이들 최종 전자 수용체는 그림 3.12b와 같이 환원된다. 발효의 두 번째 단계의 필수 기능은 NAD^+와 $NADP^+$의 안정적인 공급을 확실하게 하여 해당과정이 계속될 수 있게 하는 것이다. 발효에서 ATP는 해당과정 동안에만 생성된다.

미생물은 다양한 기질을 발효할 수 있다. 최종산물은 특정 미생물과 기질, 가지고 있는 활성 효소에 따라 달라진다. 이들 최종산물의 화학적 분석은 미생물을 확인하는 데 유용하다. 다음에서 중요한

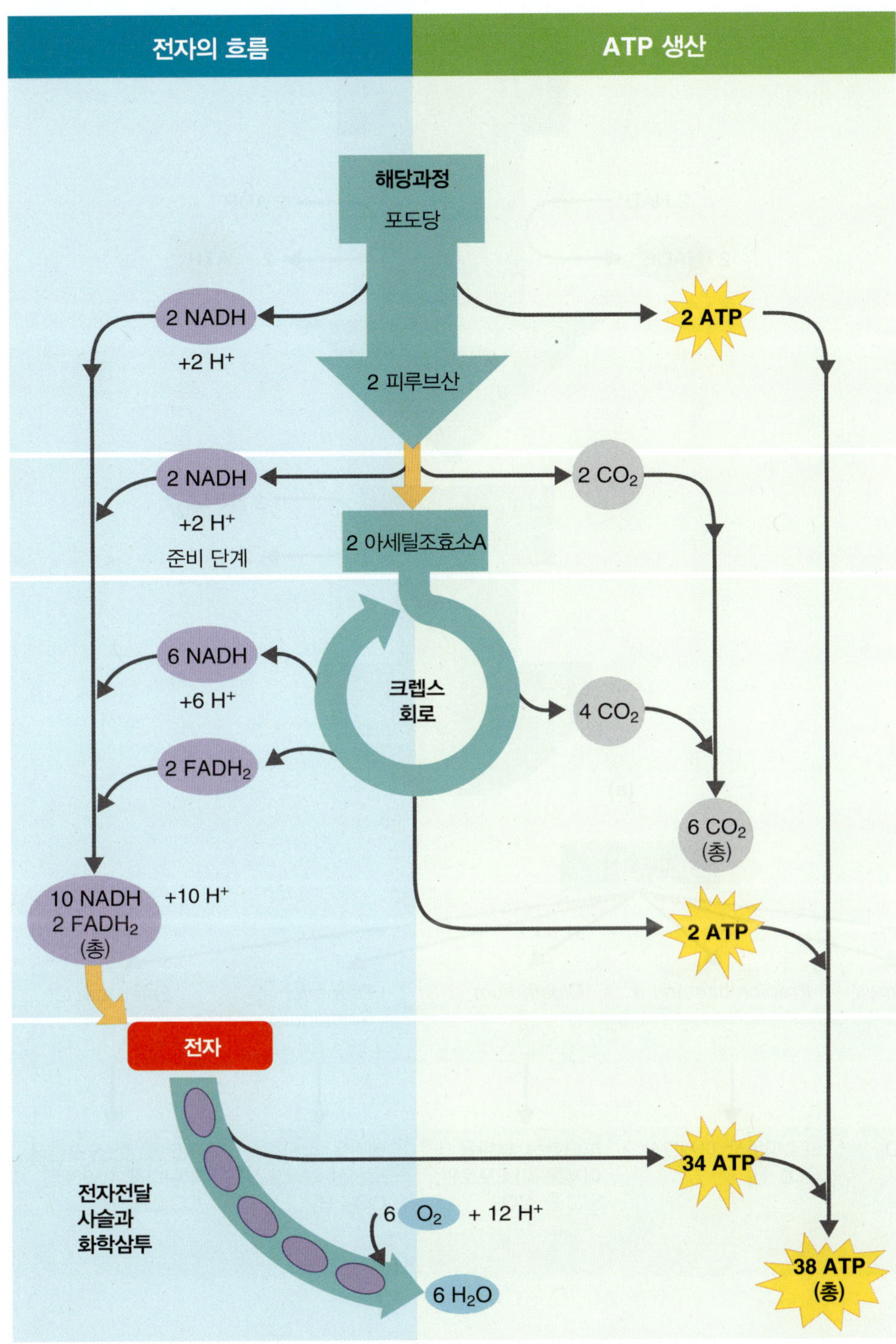

그림 3.11 원핵생물에서 유산소 호흡의 요약. 포도당은 이산화탄소와 물로 완전히 분해되고 ATP를 생산한다. 이 과정은 크게 세 단계로 구성된다: 해당작용과 크렙스 회로, 전자전달사슬. 준비 단계는 해당과정과 크렙스 회로 사이에 있다. 유산소 호흡에서 주요 사건은 해당과정과 크렙스 회로의 중간체에서 NAD^+나 FAD가 전자를 받아 NADH나 $FADH_2$ 형태로 전자전달사슬로 운반하는 것이다. NADH는 피루브산이 아세틸조효소A로 전환되는 동안 또한 생산된다. 유산소 호흡으로 생산되는 ATP의 대부분은 화학삼투 방법으로 전자전달사슬 단계 동안 만들어진다. 이를 산화적 인산화라고 부른다.

Q 유산소 호흡과 무산소 호흡은 어떻게 다른가?

두 가지 과정인 젖산 발효와 알코올 발효를 살펴보기로 한다.

젖산 발효

젖산 발효(lactic acid fermentation)의 첫 번째 단계인 해당과정 동안에 포도당 분자는 두 분자의 피루브산으로 산화된다(그림 3.13; 그림 3.5도 참조). 이 산화는 두 분자의 ATP를 만드는 데 사용되는 에너지를 생산한다. 다음 단계에서 두 분자의 피루브산은 두 분자의 NADH에 의해 환원되어 두 분자의 젖산이 생성된다(그림 3.13a). 젖산이 이 반응의 최종산물이기 때문에 더 이상의 산화가 일어나지 않고 이 반응에서 생성되는 대부분의 에너지는 젖산에 저장되어 남는다. 따라서 이 발효는 단지 적은 양의 에너지만을 생산한다.

젖산 세균의 두 중요한 속은 *Streptococcus*와 *Lactobacillus*(젖산간균)이다. 이들 미생물은 젖산만을 생산하기 때문에 이들은 **동형젖산(homolactic)**[혹은 동형발효(homofermentative)]이라고 말한다. 젖산 발효는 음식물의 부패를 가져올 수 있다. 그러나 이 과정은 또한 우유로 요구르트를, 신선한 양배추로 독일김치(sauerkraut)를,

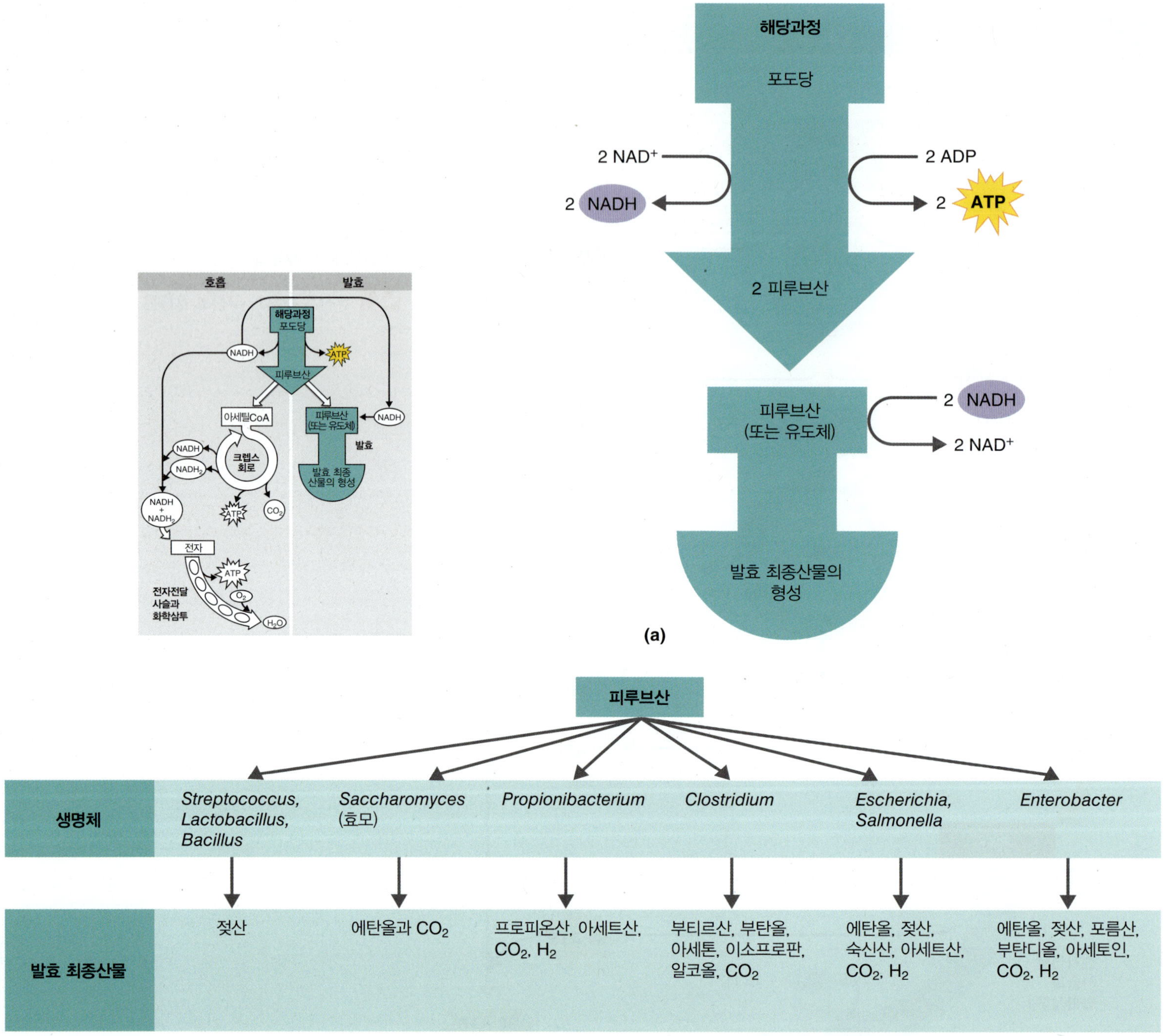
호흡
발효
해당과정
포도당
NADH
ATP
피루브산
아세틸CoA
피루브산
(또는 유도체)
NADH
NADH
NADH₂
크렙스
회로
발효
발효 최종
산물의 형성
ATP
CO₂
NADH
+
NADH₂
전자
ATP
O₂
전자전달
사슬과
화학삼투
H₂O
해당과정
포도당
2 NAD+
2 NADH
2 ADP
2 ATP
2 피루브산
피루브산
(또는 유도체)
2 NADH
2 NAD+
발효 최종산물의
형성
(a)
피루브산
생명체
Streptococcus, Lactobacillus, Bacillus
Saccharomyces (효모)
Propionibacterium
Clostridium
Escherichia, Salmonella
Enterobacter
발효 최종산물
젖산
에탄올과 CO₂
프로피온산, 아세트산, CO₂, H₂
부티르산, 부탄올, 아세톤, 이소프로판, 알코올, CO₂
에탄올, 젖산, 숙신산, 아세트산, CO₂, H₂
에탄올, 젖산, 포름산, 부탄디올, 아세토인, CO₂, H₂
(b)

그림 3.12 발효. **(a)** 발효의 개요. 첫 단계는 해당과정으로 포도당이 피루브산으로 전환. 두 번째 단계에서 환원된 조효소 혹은 이것의 대체물(NADH, NADPH)은 발효의 최종산물을 만들기 위해 피루브산이나 유도체에 전자와 수소이온을 내어 준다. **(b)** 다양한 미생물 발효의 최종산물.

Q 발효의 어떤 단계 동안 ATP가 생성되는가?

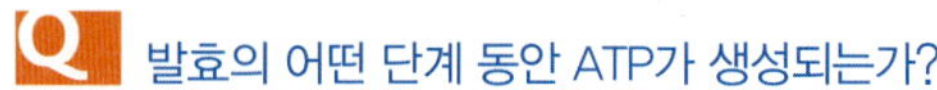

오이로 피클 등을 만든다.

알코올 발효

알코올 발효도 두 분자의 피루브산과 두 분자의 ATP를 만들어내는 포도당 분자의 해당과정으로 시작된다. 그 다음 반응에서 두 분자의 피루브산은 두 분자의 아세트알데히드와 두 분자의 CO_2로 전환된다(그림 3.13b). 두 분자의 아세트알데히드는 그 다음에 두 분자의 NADH에 의해 환원되어 두 분자의 에탄올이 된다. 알코올 발효도 초기 포도당 분자에 있는 대부분의 에너지가 최종산물인 에탄올에 남아 있기 때문에 저에너지 생산과정이다.

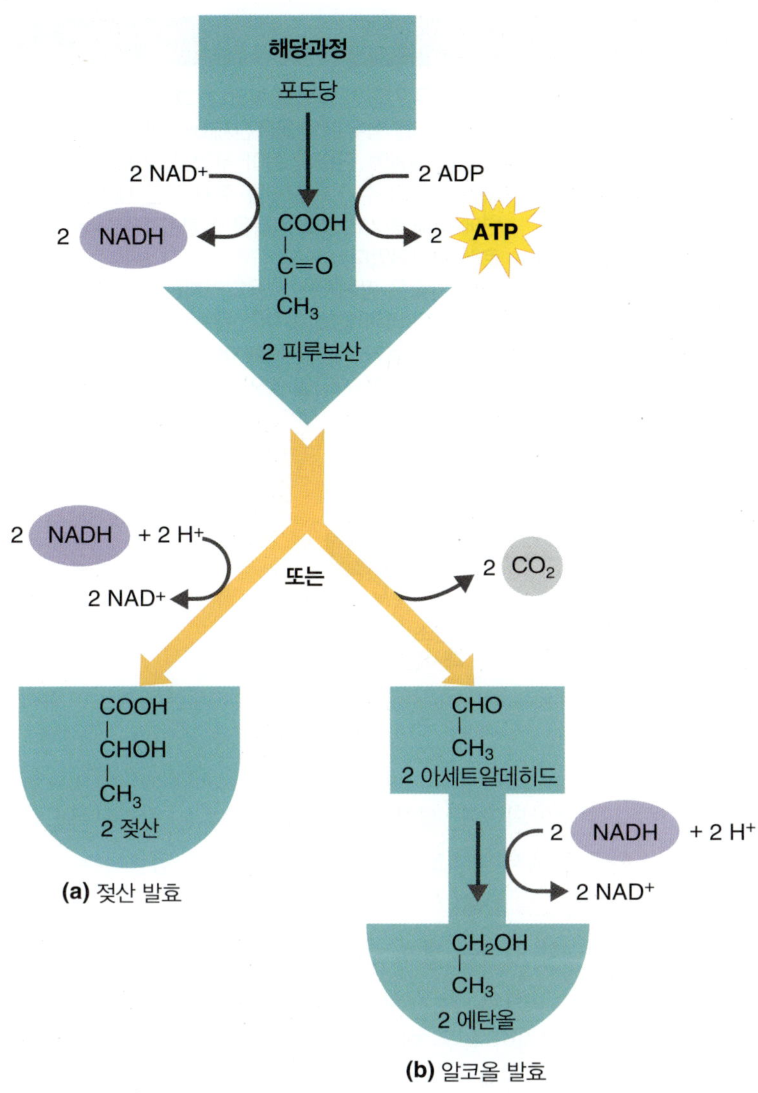

그림 3.13 **발효의 종류**

동형젖산과 이형젖산 발효의 차이는 무엇인가?

다수의 세균과 효모가 알코올 발효를 수행한다. *Saccharomyces*(효모)에 의해 생산되는 에탄올과 이산화탄소는 효모에게는 노폐물이지만 사람에게는 유용하다. 효모가 만드는 에탄올이 술에 있는 알코올이고, 효모가 만드는 이산화탄소는 빵 반죽을 부풀게 한다.

다른 산이나 알코올과 함께 젖산을 생산하는 미생물은 **이형젖산(heterolactic)**[혹은 **이형발효**(heterofermentative)]이라고 알려져 있고 보통 5탄당인산경로를 사용한다.

표 3.2에는 유산소 호흡과 무산소 호흡, 발효를 비교 정리하였다.

지질과 단백질의 이화작용

에너지 생산에 대한 지금까지의 설명은 에너지를 공급하는 주요 탄수화물인 포도당의 산화에 치중하였다. 그러나 미생물은 지질과 단백질도 또한 산화할 수 있고 이들 영양소의 산화는 모두 연관되어 있다.

지방은 지방산과 글리세롤로 된 지질임을 기억하자. 미생물은 지방을 지방산과 글리세롤 성분으로 분해하는 **리파제**(lipase)라는 세포외 효소를 생산한다. 각 구성성분은 따로 대사된다(그림 3.14). 크렙스 회로는 글리세롤과 지방산의 산화에 이용된다. 지방산을 가수분해하는 많은 세균이 같은 효소를 사용하여 석유 제품을 분해할 수 있다. 이들 세균이 연료 저장 탱크에서 자라면 골치거리이지만, 이들이 유출된 기름에서 자랄 때는 도움이 된다(다음 쪽 상자 글 참조).

단백질은 너무 커서 원형질막을 통과할 수 없다. 미생물은 세포외 **단백질가수분해효소**(protease)와 **펩티다아제**(peptidase)를 생산하여 단백질을 구성 아미노산으로 분해하여 막을 통과하게 한다. 그러나 아미노산이 이화작용으로 대사되기 위해서는 먼저 효소의 작용으로 크렙스 회로에 들어갈 수 있는 다른 물질로 전환되어야만 한다. **탈아민(deamination)**이라는 이런 한 가지 반응에서는 아미노산의 아미노기가 제거되어 암모늄이온(NH_4^+)으로 전환된다. 암모늄이온은 세포 밖으로 배출되고 남은 유기산은 크렙스 회로로 들어갈 수 있다. 다른 전환으로는 **탈카르복실화[decarboxylation(—COOH 제거)]**와 **탈수소화(dehydrogenation)** 등이 있다.

탄수화물과 지질, 단백질의 이화작용의 상호관계에 대한 정리가 그림 3.15에 있다.

생화학 검사와 세균 동정

종이 다르면 다른 효소를 생산하기 때문에 세균과 효모를 확인하는데 생화학 검사가 자주 이용된다. 이런 생화학 검사는 효소의 존재

표 3.2 유산소 호흡과 무산소 호흡, 발효

에너지 생산과정	성장조건	최종 수소(전자) 수용체	ATP 생산에 이용되는 인산화의 종류	포도당 분자당 생산되는 ATP 분자
유산소 호흡	유산소	산소 분자(O_2)	기질수준과 산화적	36(진핵생물), 38(원핵생물)
무산소 호흡	무산소	일반적으로 무기물질(NO_3^- 또는 SO_4^{2-}, CO_3^{2-} 같은) 그러나 산소 분자(O_2)는 아님	기질수준과 산화적	다양함(38보다 적고 2보다 많음)
발효	유산소 혹은 무산소	유기 분자	기질수준	2

생물정화 – 세균이 오염을 제거한다

비록 많은 세균이 우리와 먹는 게 비슷하지만—이것이 세균이 음식물 부패를 일으키는 이유이다—다른 세균은 대부분의 식물과 동물에게 독성이 있는 물질 (중금속, 황, 석유, 수은)을 대사(혹은 화학적으로 가공)한다.

환경에서 기름은 석유가 매장된 곳에서 자연적으로 스며나올 수도 있고 기름 유출로 발생할 수도 있다. 기름을 분해하는 세균이 흙과 퇴적물에 있기는 하지만 이들 세균은 그 수가 적어서 많은 양의 오염을 효과적으로 다룰 수 없다. 지금 과학자들은 자연에 있는 오염전투원의 능력을 개선하는 연구를 한다. 세균을 이용하여 오염물질을 분해하는 것을 생물정화(*bioremediation*)라고 한다.

가장 유망한 성공 중의 하나는 1989년 엑손 발데즈(*Exxon Valdez*) 기름 유출 사건 이후 알래스카 해변에서 일어난 생물정화이다. 자연에 존재하는 몇몇 *Pseudomonas* 세균은 그들의 탄소와 에너지를 얻기 위해 기름을 분해할 수 있다. 공기가 존재할 때 이 세균들은 큰 석유 분자에서 한번에 두 개씩 탄소 원자를 제거한다(그림 참조).

기름 유출을 청소하기에는 세균이 기름을 너무 늦게 분해한다. 그러나 과학자들은 이 과정을 가속할 매우 간단한 방법을 찾았다. 그들은 일반적인 질소와 인을 함유한 생물촉진제(bioenhancers)를 실험할 해안에 단순히 쏟아 부었다. 기름을 분해하는 세균의 수가 촉진제를 주지 않은 대조군 해변에 비해 증가하였고 기름은 실험한 해변에서 빠르게 제거되었다.

이 기술은 땅에서는 사용되었지만 먼 바다에서는 연구된 바가 없었다. 여러 문제에 대한 답이 필요하다. 비료가 기름 근처에 머무를 것인가? 비료가 독성 조류를 자극할 것인가?

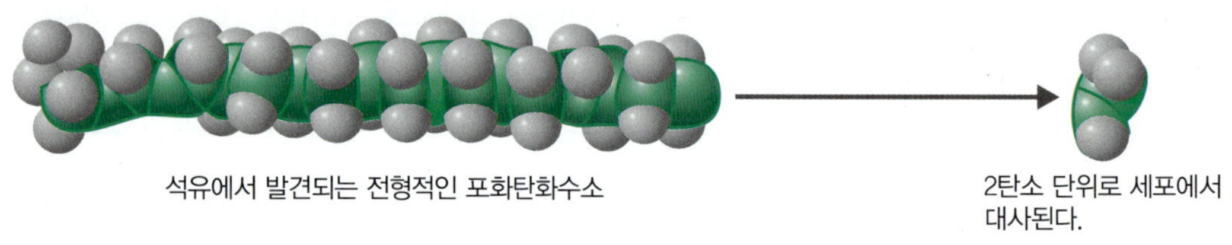

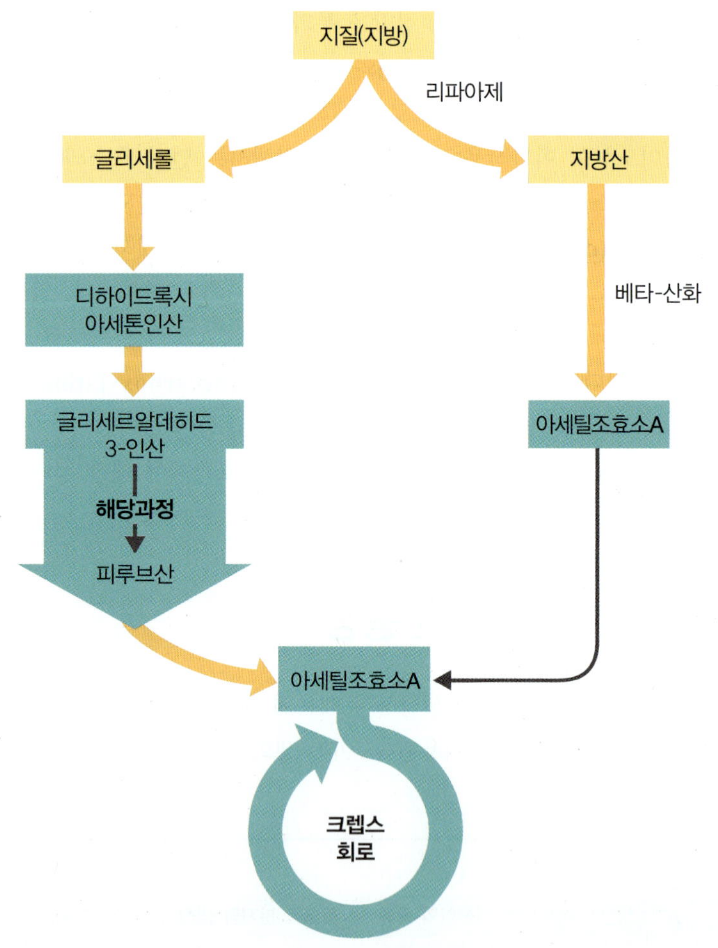

그림 3.14 지질 이화작용. 글리세롤은 디하이드록시아세톤 인산(DHAP)으로 전환되고 해당과정과 크렙스 회로를 통해 분해된다. 지방산은 탄소 조각이 한번에 두 개씩 쪼개져 베타-산화를 통해 크렙스 회로에서 분해되는 아세틸조효소A를 형성한다.

Q 리파아제의 역할은 무엇인가?

를 감지하도록 고안되었다. 생화학 검사의 한 종류는 탈카르복실화와 탈수소화를 통해서 아미노산을 이화하는 효소를 검출하는 것이다(87쪽에 설명; 그림 3.16).

또 다른 생화학 검사는 **발효 검사(fermentation test)**이다. 이 검사용 배지에는 단백질, 한 가지 종류의 탄수화물, pH 지시약, 기체 포획을 위해 뒤집어 놓은 더럼관(Durham tube) 등이 포함되어 있다(그림 3.17). 관 안에 접종된 세균은 단백질이나 탄수화물을 탄소 및 에너지원으로 이용할 수 있다. 만일 이들이 탄수화물을 이화하여 산을 만들어 내면 pH 지시약의 색깔이 변한다. 일부 미생물은 탄수화물의 이화과정에서 산뿐만 아니라 기체를 생산한다. 더럼관 안의 공기방울의 존재는 기체의 형성을 가리킨다.

대장균은 탄수화물인 소르비톨을 발효한다. 그러나 병원성 대장균 O157 균주는 소르비톨을 발효하지 못하는 특징이 있어서 비병원성 공생 대장균과 구별된다.

어떤 경우에는 한 미생물의 노폐물이 다른 종의 탄소 및 에너지원으로 이용될 수 있다. 초산균(*Acetobacter*)은 효모가 만든 에탄올을 산화한다. 프로피온산균(*Propionibacterium*)은 다른 세균이 만든 젖산을 이용한다. 프로피온산균(*Propionibacteria*)은 크렙스 회로를 위한 준비로 젖산을 피루브산으로 전환한다. 크렙스 회로 동안 프로피온산과 CO_2가 만들어진다. 스위스 치즈의 구멍은 CO_2 가스의 축적에 의해 형성된다.

생화학 검사는 병을 일으키는 세균의 식별에도 사용된다. 모든 산소요구성 세균은 전자전달사슬(ETC)을 이용하지만 이들의 모든

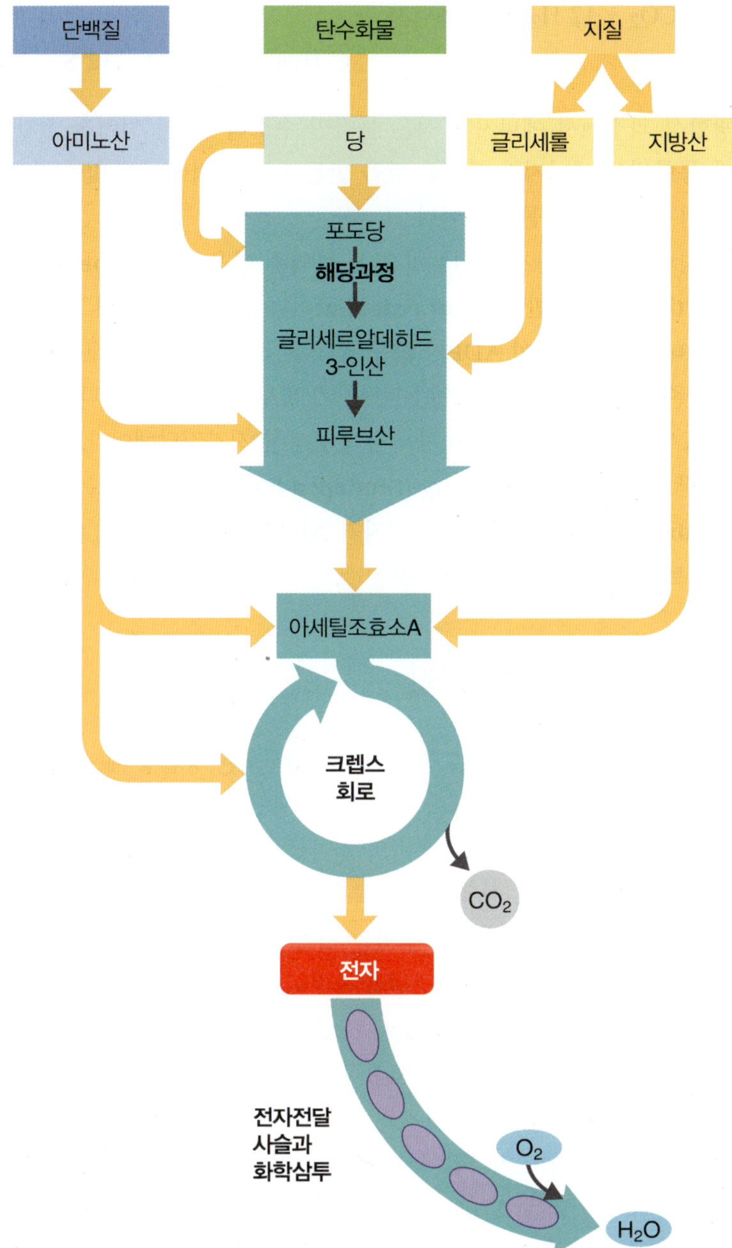

그림 3.15 다양한 유기 영양물 분자의 이화작용. 단백질과 탄수화물, 지질은 모두 호흡을 위한 전자와 양성자원이 될 수 있다.
이들 영양물 분자는 해당과정이나 크렙스 회로의 다양한 지점에 들어간다.

Q 모든 종류의 유기 분자에서 나온 고에너지 전자가 에너지 방출 경로를 따라 흐르는 이화작용의 경로는 무엇인가?

그림 3.16 실험실에 아미노산을 분해하는 효소의 검출. 포도당과 pH 지시약, 특정한 아미노산이 들어 있는 시험관에 세균을 접종한다. (a) 세균이 포도당에서 산을 생산하면 pH 지시약이 노란색으로 변한다. (b) 탈카르복실화에 의해 생긴 염기성 산물은 지시약을 보라색으로 만든다.

Q 탈카르복실화는 무엇인가?

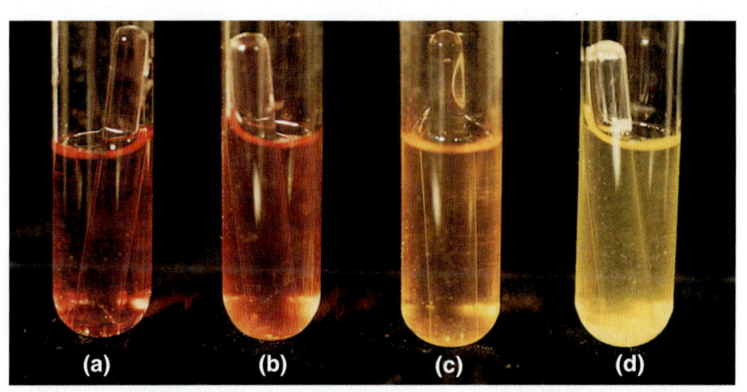

그림 3.17 발효검사. (a) 탄수화물 만니톨을 함유한 접종 전의 발효시험관. (b) *Staphylococcus epidermidis*는 단백질에서는 자라지만 탄수화물을 이용하지 않는다. 이 세균은 만니톨 -로 표시한다. (c) *Staphylococcus aureus*는 산을 생산하지만 기체를 생산하지 않는다. 이 종은 만니톨 +이다 (d) *Escherichia coli*는 만니톨 +이고 만니톨로부터 산과 가스를 생산한다. 이 가스가 거꾸로 넣은 더럼관(Durham tube)에 포집된다.

Q *S. epidermidis*는 어디에서 자라는가?

ETC가 동일한 것은 아니다. 일부 세균은 시토크롬 *c*를 가지지만 다른 세균은 가지지 않는다. 전자의 세균에서 **시토크롬 *c* 산화효소**(cytochrome *c* oxidase)는 전자를 산소로 전달하는 마지막 효소이다. 이 산화효소는 통상적으로 임질균(*Neisseria gonorrhoeae*)의 신속한 확인에 사용된다. 나이세리아(*Neisseria*)는 시토크롬 산화효소 양성이다. 이 산화효소 검사는 일부 그람음성 간균을 구별하는 데에도 사용될 수 있다: 슈도모나스(*Pseudomonas*)는 산화효소 양성이고 대장균(*Escherichia*)은 산화효소 음성이다.

시겔라(*Shigella*)는 이질을 일으킨다. 시겔라는 생화학 검사에서 대장균과 구별된다. 대장균과 달리 시겔라는 젖당에서 기체를 생산하지 않고 젖산 탈수소 효소를 생산하지 않는다.

살모넬라(*Salmonella*) 세균은 황화수소(H_2S)의 생산 때문에 대장균과 쉽게 구별된다. 황화수소는 세균이 아미노산에서 황을 제거할 때 방출된다(그림 3.18). H_2S는 철과 결합하여 배양배지에 검은 침전물을 생성한다.

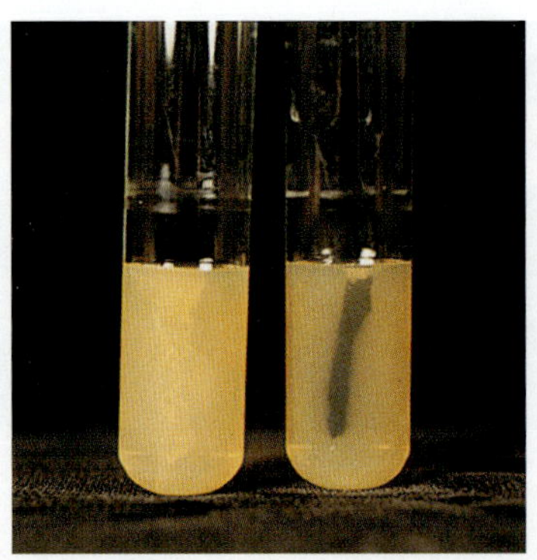

그림 3.18 **H_2S의 생산을 검출하기 위한 펩톤과 철을 함유한 고체배지의 사용.** 시험관에서 생성된 H_2S는 철과 함께 배지에서 황화철로 침전된다.

Q 어떤 화학반응이 H_2S의 방출을 야기하는가?

광합성

방금 설명한 대사경로에서 생명체는 유기 화합물을 산화하여 세포가 일을 할 수 있는 에너지를 얻는다. 그러나 생명체는 이들 유기물을 어디서 얻는가? 동물과 대부분의 미생물은 다른 생명체가 만든 물질을 섭취한다. 예를 들어 세균은 죽은 식물과 동물에서 나온 화합물을 분해할 수 있거나 또는 살아 있는 숙주에서 영양분을 얻을 수 있다.

다른 생물은 간단한 무기 물질에서 복잡한 유기 화합물을 합성한다. 이런 합성의 주된 작동 원리는 식물과 많은 미생물이 수행하는 **광합성(photosynthesis)**이라는 과정이다. 기본적으로 광합성은 태양의 빛에너지를 화학에너지로 전환하는 것이다. 화학에너지는 대기 중의 CO_2를 환원된 탄소화합물, 주로 당분으로 전환하는 데 이용된다. **광합성**이라는 단어에 이 과정이 함축되어 있다: **광**(photo)은 빛을 의미하고 **합성**(synthesis)은 유기 화합물의 조립을 말한다. CO_2 기체의 탄소를 이용하여 당을 합성하는 것을 **탄소고정(carbon fixation)**이라고 한다. 지구상에서 우리가 알고 있는 생명의 연속은 이렇게 진행되는 탄소 재순환에 의존하고 있다. 남세균과 조류, 녹색 식물은 광합성을 수행하여 생명 유지에 필수적인 이 재순환에 기여하고 있다.

광합성은 다음 식으로 요약될 수 있다.

1. 식물과 조류, 남세균은 수소 공여체로 물을 사용하고 O_2를 방출한다.

   $$6\ CO_2 + 12\ H_2O + \text{빛에너지} \rightarrow C_6H_{12}O_6 + 6\ H_2O + 6\ O_2$$

2. 자색황세균과 녹색황세균은 수소 공여체로 H_2S를 사용하여 황과립을 생산한다.

   $$6\ CO_2 + 12\ H_2S + \text{빛에너지} \rightarrow C_6H_{12}O_6 + 6\ H_2O + 12\ S$$

광합성 과정에서 에너지가 적은 물질인 수소원자에서 얻어진 전자가 통합되어 에너지가 풍부한 당을 만든다. 간접적이지만 빛에너지가 이 에너지 증가를 공급한다.

광합성은 두 단계로 이루어진다. **광의존 반응(light-dependent reaction** 또는 **명반응, light reaction)**이라 불리는 첫 번째 단계는 빛에너지를 이용하여 ADP와 Ⓟ를 ATP로 전환한다. 또한 대부분의 광의존 반응에서 전자전달체 $NADP^+$가 NADPH로 환원된다. 조효소 NADPH는 NADH처럼 에너지가 풍부한 전자전달체이다. 두 번째 단계는 **광비의존 반응(light-independent reaction** 또는 **암반응, dark reaction)**으로 이들 전자가 ATP의 에너지와 함께 CO_2를 당으로 환원시키는 데에 이용된다.

광의존 반응: 광인산화

ATP를 만드는 세 가지 방법 중 하나인 광인산화는 광합성 세포에서만 일어난다. 이런 작동 방식에서 광에너지는 광합성 세포에 있는 엽록소 분자에 의해 흡수되어 일부 분자의 전자를 여기시킨다. 녹색 식물과 조류, 남세균이 주로 사용하는 엽록소는 **엽록소** *a*(chlorophyll *a*)이다. 이것은 조류와 녹색 식물에 있는 엽록체의 틸라코이드막에 위치해 있고 남세균의 광합성 구조에서 발견되는 틸라코이드에 있다. 다른 세균은 **세균엽록소**(bacteriochlorophyll)를 사용한다.

엽록소에서 여기된 전자는 호흡에서 이용되는 것과 비슷한 전자전달사슬인 일련의 전달체 분자의 첫 번째로 뛰어오른다. 일련의 전달체를 따라 전자가 지나감에 따라 양성자는 막을 가로질러 넘어가고 화학삼투에 의해 ADP는 ATP로 전환된다. 엽록소와 다른 색소들이 쌓여서 엽록체의 틸라코이드를 이루는데, 이를 **광계(photosystem)**라고 부른다. **광계** II(photosystem II)는 제일 먼저 진화된 광계로 생각되지만 두 번째로 발견되었기 때문에 이름이 이렇게 정해졌다. 광계 II는 680 nm 파장의 빛에 민감한 엽록소를 가지고 있다. **광계** I(photosystem I)은 700 nm 파장의 빛에 민감한 엽록소를 가지고 있다. **순화적 광인산화(cyclic photophosphorylation)**에서는 광계 I의 엽록소에서 방출된 전자가 궁극적으로 엽록소로 되돌아온다(그림 3.19a). 산소발생 생물이 이용하는 **비순화적 광인산화(noncyclic photophosphorylation)**에서는 광계 II와 광계 I의 엽록소에서 방출된 전자가 엽록소로 돌아오지 않고 NADPH에 통합된다(그림 3.19b). 엽록소가 잃은 전자는 H_2O에서 온 전자로 대체된다. 정리하면: 비순환 광인산화의 산물은 ATP(전자전달사슬에서 방출된 에너지를 이용한 화학삼투에 의해 생성)와 O_2(물 분자에서

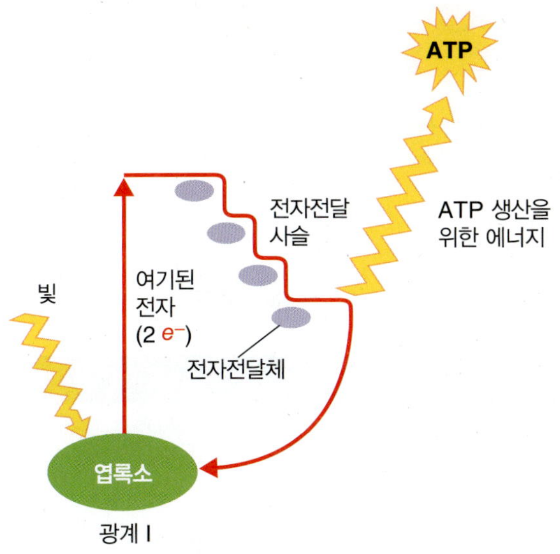

(a) 순화적 광인산화

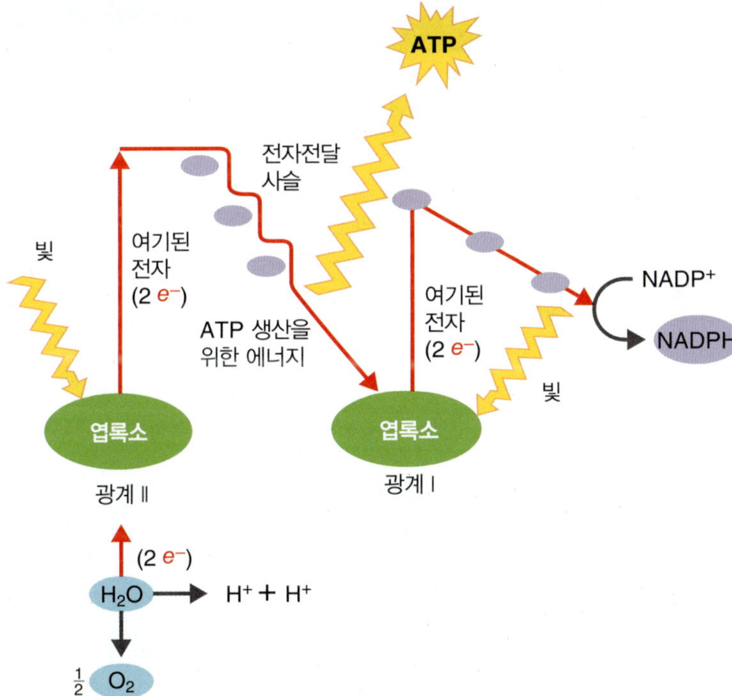

(b) 비순환적 광인산

그림 3.19 광인산화. (a) 순환적 광인산화에서 빛에 의해 엽록소에서 방출된 전자는 전자전달사슬을 따라 이동한 후 엽록소로 되돌아간다. 전자의 이동과정에서 나온 나온 에너지는 ATP로 전환된다. (b) 비순화적 광인산에서 광계 II의 엽록소에서 방출된 전자는 물의 수소원자에서 온 전자에 의해 대치된다. 이 과정은 수소이온을 또한 방출한다. 광계 I의 엽록소에서 나온 전자는 전자전달사슬을 따라 전자 수용체인 $NADP^+$로 간다. $NADP^+$는 전자와 결합하고 물에서 나온 수소이온과 함께 NADPH를 형성한다.

Q 산화적 인산화와 광인산화는 어떻게 비슷한가?

유래), NADPH(엽록소에서 온 전자와 궁극적으로 물에서 유래된 양성자를 운반)이다.

광비의존 반응: 캘빈-벤슨 회로

광비의존(또 암) 반응은 빛을 직접 필요하지 않기 때문에 이렇게 이름 지어졌다. 이것은 **캘빈-벤슨 회로(Calvin-Benson cycle)**라고 불리는 복잡한 순환 경로를 포함한다. 이 경로에서 CO_2가 고정된다. 즉, 당의 합성에 이용된다(그림 3.20).

에너지 생산 원리의 요점 정리

생물계에서 에너지는 화합물의 결합에 들어 있는 잠재에너지의 형태로 한 생물에서 다른 생물로 전달된다. 생물은 산화반응으로 에너지를 얻는다. 가용한 형태의 에너지를 얻기 위해서 세포는 전자(혹은 수소)공여체를 가지고 있어야만 하는데, 이것이 세포 안에서 최초의 에너지원으로 사용된다. 전자공여체는 다양한데, 광합성 색소, 포도당, 다른 유기 화합물, 원소 황, 수소 기체 등이 있다(그림 3.21). 다음으로는, 화학 에너지원에서 제거된 전자가 조효소 NAD^+와 $NADP^+$, FAD와 같은 전자전달체에 전달된다. 이와 같은 전달은 산화환원 반응이다. 첫 번째 전자전달체가 환원되면서 초기 에너지원은 산화된다. 이 단계 동안 일부 ATP가 생산된다. 세 번째 단계에서는, 전자가 전자전달체에서 최종 전자 수용체로 전달되면서 산화환원 반응이 더 진행되어 더 많은 ATP를 생산한다.

유산소 호흡에서 산소(O_2)는 최종 전자 전달체로 작용한다. 무산소 호흡에서는 질산이온(NO_3^-)이나 황산이온(SO_4^{2-}) 등과 같은 산소 이외의 무기 물질이 최종 전자 수용체로 이용된다. 발효에서는 유기 화합물이 최종 전자 수용체로 쓰인다. 유산소와 무산소 호흡에서는 전자전달사슬이라고 하는 일련의 전자전달체가 에너지를 방출하고, 이것이 화학삼투 원리에 의해 ATP 합성에 사용된다. 모든 생명체는 에너지원에 관계없이 비슷한 산화환원 반응을 전자의 전달에 이용하고 비슷한 작용 원리로 방출된 에너지를 ATP 생산에 이용한다.

생명체 대사의 다양성

지금까지 대부분의 미생물과 동식물이 사용하는 일부 에너지 생산 대사경로에 대해 자세히 살펴보았다. 그러나 미생물은 그들만의 엄청나게 다양한 대사경로를 가지고 있고, 일부는 식물이나 동물은 이용하지 못하는 경로를 사용하여 무기 물질만으로 살아갈 수 있다. 미생물을 비롯한 모든 생물은 **영양 방식**, 즉 에너지원과 탄소원에 따른 대사 방식으로 분류할 수 있다.

먼저 에너지원을 고려할 때 일반적으로 생명체를 광영양생물과 화학영양생물로 분류할 수 있다. **광영양생물(phototroph)**은 빛을 주 에너지원으로 이용하는 반면, **화학영양생물(chemotroph)**은 무

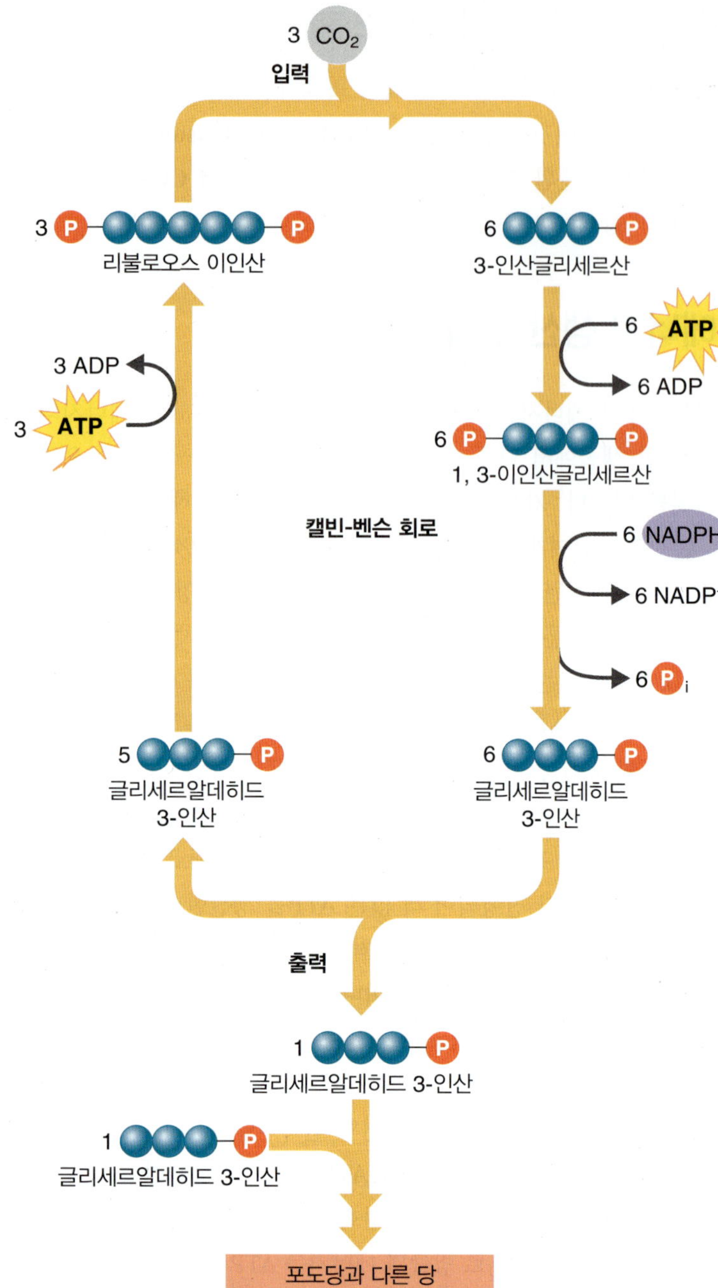

그림 3.20 단순화한 캘빈-벤슨 회로. 이 그림은 세 분자의 CO_2가 고정되고 한 분자의 글리세르알데히드 3-인산이 생산되어 회로를 떠나는 세 번의 순환을 보여준다. 두 분자의 글리세르알데히드 3-인산이 한 분자의 포도당을 만들기 위해 필요하다. 따라서 포도당 한 분자의 생산을 위해 이 회로는 6번 돌아야 하며 총 6 분자의 CO_2와 18 분자의 ATP, 12 분자의 NADPH가 필요하다.

Q 캘빈-벤슨 회로에서, 어떤 분자가 당의 합성에 이용되는가?

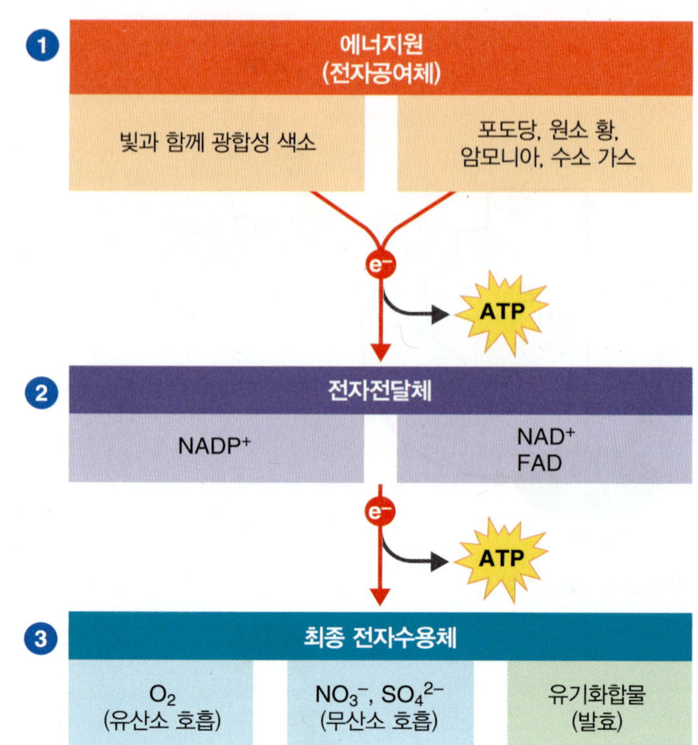

그림 3.21 ATP 생산에 필요한 것들. ATP 생산은 ① 에너지원(전자공여체)와 ② 산화-환원 반응 동안 전자전달체로의 전자전달, ③ 최종 전자 수용체로 전자의 전달을 필요로 한다.

Q 에너지를 생산하는 반응은 산화인가 환원인가?

기 또는 유기 화합물의 산화환원 반응을 통해 에너지를 얻는다. 주요 탄소원으로 **독립영양생물(autotroph**; 자가영양)은 이산화탄소를 이용하고 **종속영양생물(heterotroph**; 다른 생물을 먹음)은 유기 탄소원을 필요로 한다. 또한 독립영양생물은 무기영양생물(lithotroph; 돌을 먹는다는 뜻), 종속영양생물은 유기영양생물(organotroph)이라고도 한다.

에너지원와 탄소원을 조합하면 생물의 영양 방식을 다음과 같이 분류할 수 있다: 광독립영양생물, 광종속영양생물, 화학독립영양생물, 화학종속영양생물(그림 3.22). 이 책에서 언급되는 의학적으로 중요한 미생물은 거의 모두 화학종속영양생물이다. 보통 감염성 생물은 숙주에게서 얻는 물질을 대사한다.

광독립영양생물

광독립영양생물(photoautotroph)은 빛을 에너지원으로 이산화탄소를 주요 탄소원으로 이용한다. 여기에는 광합성세균(녹색세균과 자색세균, 남세균)과 조류, 녹색식물이 포함된다. 남세균과 조류, 녹색식물의 광합성 반응에서 물의 수소원자는 이산화탄소를 환원하는 데 사용되고 산소는 방출된다. O_2가 나오기 때문에 이 광합성 과정를 **산소발생(oxygenic)**이라고 부른다.

남세균 이외에도, 여러 다른 종류의 원핵생물이 광합성을 하는데, CO_2를 환원하는 방법에 따라 분류된다. 이들 세균은 CO_2를 환원하는 데 H_2O를 사용할 수 없고 산소가 존재할 때는 광합성을 수

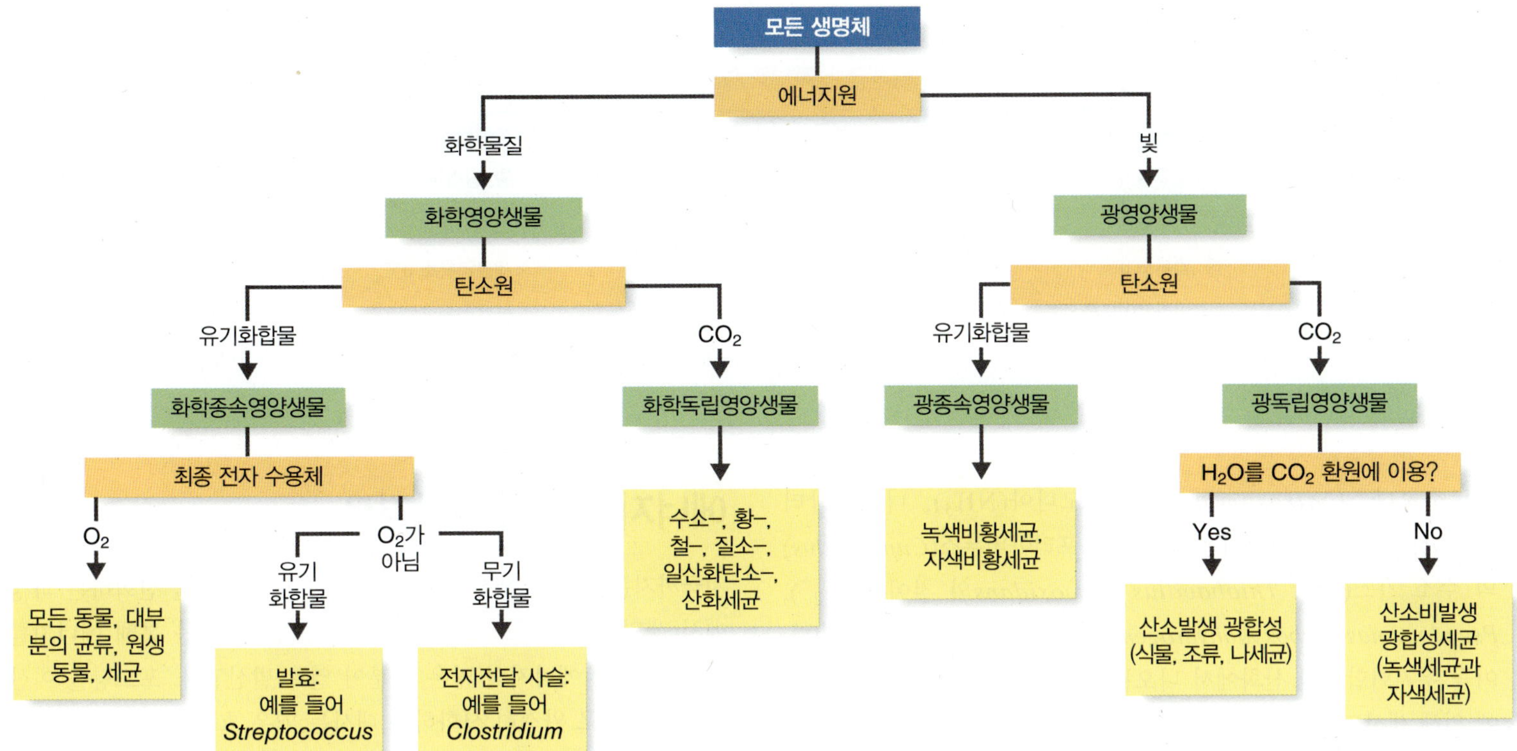

그림 3.22 영양에 따른 생명체의 분류

Q 화학영양생물과 광영양생물의 기본적인 차이는 무엇인가?

행할 수 없다(무산소 환경이어야만 한다). 결과적으로 이 광합성 과정은 O_2를 생산하지 않아서 **산소비발생(anoxygenic)**이라고 한다. 산소비발생 광독립영양생물에는 녹색세균과 자색세균이 있다. 클로로비움(*Chlorobium*)과 같은 **녹색세균(green bacteria)**은 황(S)이나 황화합물[황화수소(H_2S) 등], 수소 가스(H_2) 등을 이용하여 이산화탄소를 환원하고 유기 화합물을 생성한다. 빛에너지와 적절한 효소를 사용하여 이들 세균은 황화물 이온(S_2^-) 또는 황(S)을 황산 이온(SO_4^{2-})으로 산화하거나 수소 가스를 물(H_2O)로 산화한다. 크로마티움(*Chromatium*)과 같은 **자색세균(purple bacteria)**도 황이나 황화합물 또는 수소 가스를 이용하여 이산화탄소를 환원시킨다. 이들은 엽록소의 종류와 저장된 황의 위치, 리보솜의 RNA 등에서 의해 녹색세균과 구별된다.

이들 광합성 세균이 이용하는 엽록소를 **세균엽록소**(bacterio-chlorophyll)라고 하는데, 이들은 엽록소 *a*보다 더 긴 파장의 빛을 흡수한다. 녹색황세균의 세균엽록소는 **클로로솜**[chlorosome, 혹은 **클로로비움 소포**(chlorobium vesicle)]이라고 부르는 원형질막 아래에 붙어 있는 소포에서 발견된다. 자색황세균에서 세균엽록소는 원형질막이 함입된 부분[**색소포**(chromatophore)]에 위치한다.

표 3.3에 진핵세포와 원핵세포의 광합성에서 구별되는 몇 가지 특징을 정리하였다.

광종속영양생물

광종속영양생물(photoheterotroph)은 빛을 에너지원으로 이용하지만 이산화탄소를 당으로 전환시키지 못한다. 이들은 탄소원으로 오히려 알코올, 지방산, 다른 유기산, 탄수화물 등과 같은 유기화합물을 이용한다. 광종속영양생물은 산소 비생산이다. 클로로플렉수스(*Chloroflexus*) 같은 **녹색비황세균(green nonsulfur bacteria)**과 로도슈도모나스(*Rhodopseudomonas*) 같은 **자색비황세균(purple nonsulfur bacteria)**이 광종속영양생물이다(228쪽 참조).

화학독립영양생물

화학독립영양생물(chemoautotroph)은 환원된 무기화합물의 전자를 에너지원으로 이용하고, CO_2를 주요 탄소원으로 이용한다. 이들은 CO_2를 캘빈-벤슨 회로를 통해 고정한다(그림 3.20 참조). 이들이 이용하는 무기물 에너지원으로는 베기아토아(*Beggiatoa*)의 황화수소(H_2S), *Thiobacillus thiooxidans*의 원소 황(S), 니

표 3.3 주요 진핵생물과 원핵생물의 광합성을 비교

특징	진핵생물	원핵생물		
	조류, 식물	남세균	녹색세균	자색세균
CO_2를 환원하는 물질	H_2O의 수소원자	H_2O의 수소원자	황, 황화물, H_2 가스	황, 황화물, H_2 가스
산소 생산	산소발생	산소발생(그리고 산소비발생)	산소비발생	산소비발생
엽록소 종류	엽록소 *a*	엽록소 *a*	세균엽록소 *a*	세균엽록소 *a* 혹은 *b*
광합성 장소	틸라코이드를 갖는 엽록체	틸라코이드	클로로솜	색소체
환경	유산소	유산소(그리고 무산소)	무산소	무산소

트로소모나스(*Nitrosomonas*)의 암모니아(NH_3), 니트로박터(*Nitrobacter*)의 아질산이온(NO_2^-), 쿠프리아비두스(*Cupriavidus*)의 수소 가스(H_2), *Thiobacillus ferrooxidans*의 철이온(Fe_2^+), *Pseudomonas carboxydohydrogena*의 일산화탄소(CO) 등이 있다. 이들 무기화합물의 산화에서 나오는 에너지는 결국 산화적 인산화에 의해 생산되는 ATP에 저장된다.

화학종속영양생물

광독립영양생물과 광종속영양생물, 화학독립영양생물을 설명할 때는 에너지원과 탄소원이 별도의 존재이기 때문에 분류하기가 쉽다. 그러나 화학종속영양생물의 경우에는 에너지원과 탄소원이 보통 같은 유기화합물(일례로 포도당)이기 때문에 그 구별이 명확하지 않다. 구체적으로 **화학종속영양생물(chemoheterotroph)**은 유기 화합물에 있는 수소원자의 전자를 에너지원으로 이용한다.

종속영양생물은 사용하는 유기 분자의 근원에 따라 더 분류된다. **부생균(saprophyte)**은 생물의 사체에서 살고 **기생생물(parasite)**은 살아 있는 숙주에서 영양분을 얻는다. 대부분의 세균과 모든 균류, 원생동물, 동물은 화학종속영양생물이다.

세균과 진균류는 다양한 종류의 유기화합물을 탄소와 에너지원으로 사용할 수 있다. 이것이 왜 그들이 다양한 환경에서 살 수 있는지를 설명한다. 미생물의 다양성에 대한 이해는 과학적으로 흥미롭고 경제적으로 중요하다. 고무 분해 세균이 개스킷이나 구두 밑창을 손상시키는 것과 같은 일부 상황에서는 미생물의 성장이 바람직하지 않다. 그러나 이들 같은 세균이 만일 폐타이어 같이 버려진 고무 제품을 분해한다면 이로울 수도 있다. 로도코커스 에리트로폴리스(*Rhodococcus erythropolis*)는 토양에 광범위하게 분포되어 있고 사람과 여러 동물에 병을 유발할 수 있다. 그러나 이 종은 석유에 있는 황 원자를 산소의 원자로 대체시킬 수 있다. 원유에서 황을 제거하는 것은 정제과정에서 중요한 단계이다. 텍사스의 한 회사는 현재 *R. erythropolis*를 이용하여 탈황 석유를 생산한다.

에너지 이용의 대사경로

지금까지는 에너지 생산을 살펴보았다. 유기 분자를 산화하는 과정에서 생명체는 유산소 호흡과 무산소 호흡, 발효를 통해 에너지를 생산한다. 이 에너지의 많은 부분이 열로 발산된다. 포도당을 이산화탄소와 물로 완전히 산화하는 대사는 매우 효과적인 과정처럼 보이지만, 포도당 에너지의 약 45%가 열로 손실된다. 세포는 나머지 에너지를 다양한 방법으로 ATP의 결합에 담아내어 사용한다. 미생물은 물질을 세포막을 거쳐 수송하기 위한 에너지를 제공하기 위해 ATP를 사용한다—이 과정을 능동수송이라고 부른다. 미생물은 또한 이들의 에너지의 일부를 편모 운동에 사용한다. 그러나 ATP의 대부분은 새로운 세포 구성성분을 만드는 데 사용된다. 이 생산은 세포에서 연속적인 과정이고 일반적으로 진핵세포보다 원핵세포에서 빠르다.

독립영양생물은 캘빈-벤슨 회로(그림 3.20 참조)에서 이산화탄소를 고정하여 유기화합물을 만든다. 여기에는 에너지(ATP)와 전자(NADPH의 산화에서 얻는)가 모두 필요하다. 이에 비해, 종속영양생물은 생합성(보통 단순한 물질에서 필요한 세포 구성성분을 생산)에 즉시 사용할 수 있는 유기화합물 공급원이 있어야만 한다. 해당 세포는 이들 화합물을 탄소원과 에너지원 모두로 이용한다. 다음으로 탄수화물, 지질, 아미노산, 퓨린, 피리미딘 등과 같은 대표적인 생물 분자의 생합성을 살펴볼텐데, 합성 반응에는 에너지의 순투입이 필요하다는 것을 명심하자.

다당류 생합성

미생물은 당과 다당류를 합성한다. 포도당을 합성하는 데 필요한 탄소원자는 해당과정과 크렙스 회로에서 생성되는 중간산물이나 지질, 아미노산에서 유래한다. 세균은 포도당(또는 다른 단당류)을 합성한 다음 이것을 이용하여 글리코겐과 같은 더 복합한 다당류를 만들 수 있다. 세균이 포도당을 글리코겐으로 조립하기 위해서는 포도당 단위가 반드시 인산에 연결되어 있어야 한다. 포도당의 인산화 산물은 포도당 6-인산이다. 일반적으로 이런 과정에는 ATP 형태의 에너지가 사용된다. 세균이 글리코겐을 합성하기 위해 포도당 6-인산에 ATP 분자를 더해 **아데노신 이인산포도당**(adenosine diphosphoglucose, ADPG)을 형성한다(그림 3.23). 일단 ADPG가 합성되면 이것은 비슷한 단위들과 연결되어 글리코겐을 형성한다.

포도당 6-인산을 원료로 우리딘 삼인산(UTP)이라 불리는 뉴클레오티드를 에너지원으로 이용하여 만들어진 **우리딘 이인산포도당**(uridine diphosphoglucose, UDPG)에서부터 동물은 글리코겐(그리고 많은 다른 탄수화물)을 합성한다(그림 3.23 참조). **우리딘 이인산-N-아세틸글루코사민**(UDP-N-acetylglucosamine, UDPNAc)이라고 불리는 UDPG에 관련된 화합물은 세균의 세포벽을 형성하는 물질인 펩티도글리칸의 생합성에서 주요 시작 물질이다. UDPNAc는 과당 6-인산에서부터 생성되고, 이 반응 역시 UTP를 사용한다.

지질 생합성

지질은 화학적 조성이 상당히 다르기 때문에 다양한 경로로 합성된다. 세포는 글리세롤과 지방산을 결합하여 지방을 합성한다. 지방의 글리세롤 부분은 해당과정 동안 형성된 중간산물인 디히드록시아세톤인산(dihydroxyacetone phosphate)에서 유도된다. 긴 사슬 형태의 탄화수소(탄소에 연결된 수소)인 지방산은 아세틸 CoA의 2탄소 조각이 연속적으로 서로에 더해져서 조립된다(그림 3.24). 다당류 합성과 마찬가지로 지방의 조립단위와 여러 다른 지질은 탈수합성을 통해 연결되며 여기에는 에너지가 필요한데, 항상 ATP의 형태인 것은 아니다.

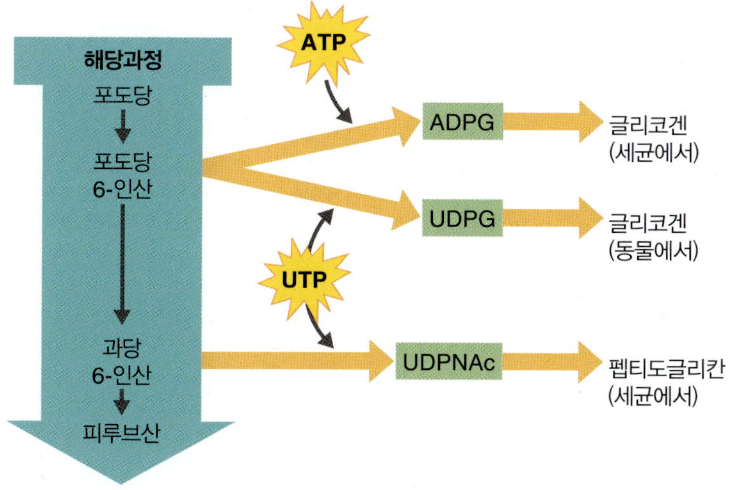

그림 3.23 **다당류의 생합성**

Q 세포에서 다당류는 어떻게 사용되는가?

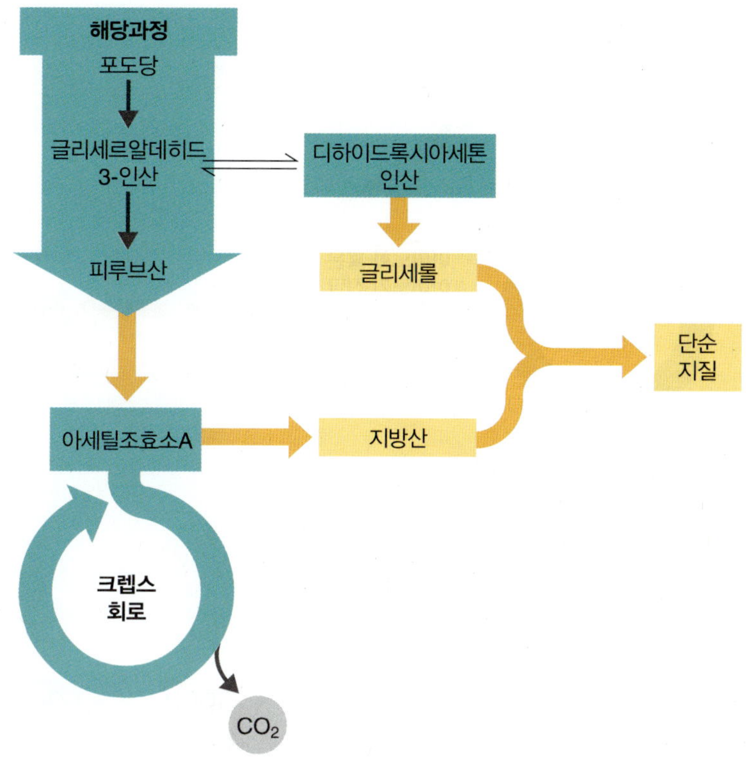

그림 3.24 **단순 지질의 생합성**

Q 세포에서 지질의 주요한 사용처는 무엇인가?

지질의 가장 중요한 역할은 생체막의 구조적 구성성분의 역할을 하는 것이고 대부분의 막지질은 인지질이다. 구조가 상당히 다른 지질인 콜레스테롤도 진핵세포의 원형질막에서 발견된다. 왁스는 항산성 세균의 세포벽에서 중요한 구성성분으로 사용되는 지질이다. 카로티노이드와 같은 지질은 일부 미생물에게 붉은색과 주황색, 노란색의 색소를 제공한다. 어떤 지질은 엽록소 분자의 일부분을 형성한다. 또한 지질은 에너지 저장의 기능도 한다. 지질의 생물학적 산화 다음에 그 분해산물은 크렙스 회로로 들어가다는 것을 기억하자.

아미노산과 단백질 생합성

아미노산은 단백질 생합성에 필요하다. 대장균과 같은 일부 미생물은 포도당과 무기염과 같은 물질을 이용하여 필요한 모든 아미노산을 합성하는 데에 필요한 모든 효소를 가지고 있다. 이런 효소를 가진 생명체는 탄수화물 대사의 중간산물에서 직접 혹은 간접적으로 모든 아미노산을 합성할 수 있다(그림 3.25a). 다른 미생물은 일부 이미 만들어진 아미노산을 환경에서 제공받아야 된다.

아미노산 합성에 이용되는 **전구물질**(precursor; 중간대사물, intermediate)의 한 중요한 공급원은 크렙스 회로이다. 피루브산이나

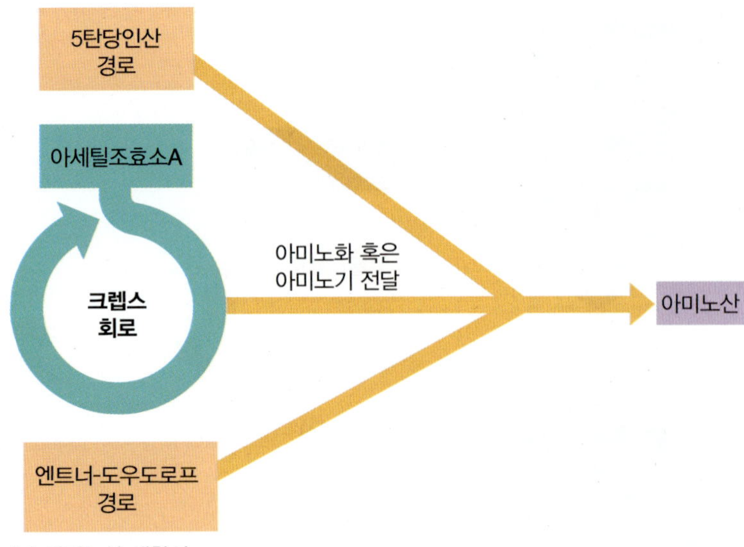

(a) 아미노산 생합성

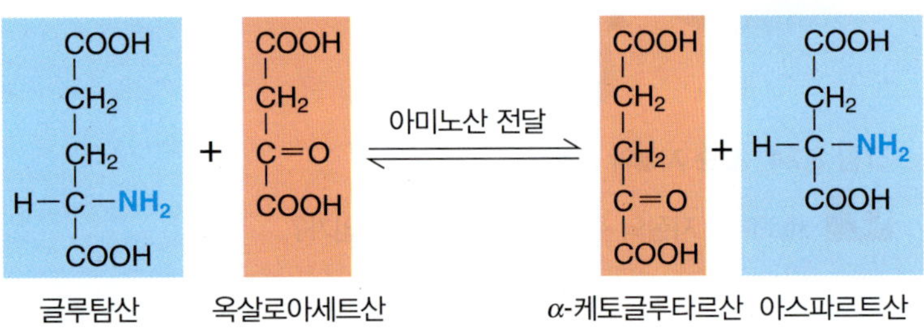

(b) 아미노기전달 과정

그림 3.25 아미노산의 생합성. (a) 크렙스 회로와 5탄당인산 경로, 엔트너-도우도로프 경로에서 나온 탄수화물 대사 중간산물의 아미노화 또는 아미노기 전달을 통해 아미노산을 생합성하는 경로. (b) 이미 존재하는 아미노산의 아민기를 이용하여 새로운 아미노산을 만드는 과정인 아미노기 전달. 글루탐산과 아스파르트산은 둘 다 아미노산이다. 다른 두 화합물은 크렙스 회로에서 중간산물이다.

Q 세포에서 아미노산의 기능은 무엇인가?

적절한 크렙스 회로의 유기산에 아미노기를 더함으로써 해당 산이 아미노산으로 전환된다. 이 과정을 **아미노화(amination)**라고 한다. 만일 아미노기가 이미 존재하는 아미노산에서 오면 이 과정을 **아미노기 전달(transamination)**이라고 한다(그림 3.25b).

세포 안에서 대부분의 아미노산은 단백질 합성을 위한 조립 단위로 이용된다. 단백질은 세포에서 주요 역할, 몇 가지 예를 들면, 효소와 구조적 구성요소, 독소 등의 역할을 수행한다. 단백질을 합성하기 위한 아미노산의 연결은 탈수합성 과정이고 ATP 형태의 에너지가 필요하다. 단백질 합성의 과정에는 유전자가 관여되는데, 이는 6장에서 설명할 것이다.

퓨린과 피리미딘 생합성

정보 분자인 DNA와 RNA는 반복되는 뉴클레오티드라는 단위로 구성되어 있고, 각 뉴클레오티드는 퓨린 또는 피리미딘과 5탄당, 인산기로 구성되어 있다는 것을 상기하자. 뉴클레오티드의 5

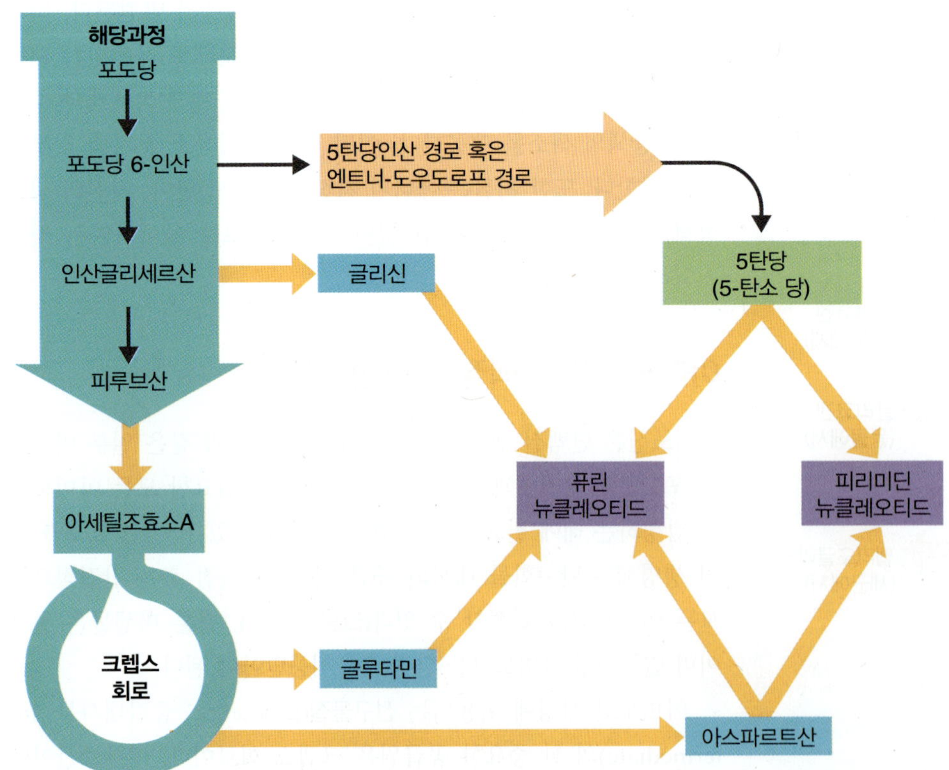

그림 3.26 퓨린과 피리미딘 뉴클레오티드의 생합성

Q 세포에서 뉴클레오티드의 기능은 무엇인가?

탄당은 5탄당 인산경로나 엔트너-도우도로프 경로에서 유래한다. 해당과정과 크렙스 회로 동안 생성되는 중간산물에서 만들어지는 특정 아미노산—아스파르트산과 글리신, 글루타민—은 퓨린과 피리미딘의 생합성에 참여한다(그림 3.26). 이들 아미노산에서 나온 탄소와 질소 원자는 퓨린과 피리미딘의 고리를 형성하고, ATP가 합성에 필요한 에너지를 공급한다. DNA는 세포의 특정 구조와 기능을 결정하는 데 필요한 모든 정보를 가지고 있다. RNA와 DNA 둘 다 단백질 합성에 필요하다. 또한 ATP와 NAD^+, $NADP^+$ 등과 같은 뉴클레오티드는 세포 대사의 속도를 촉진 및 억제하는 역할을 맡고 있다. 뉴클레오티드에서 DNA와 RNA가 합성되는 것은 6장에서 설명하기로 한다.

물질대사의 통합

지금까지 미생물의 대사과정이 빛과 무기화합물, 유기화합물에서 에너지를 만들어 내는 것을 보았다. 생합성을 위해 에너지가 사용되는 과정에서도 반응이 일어난다. 이러한 반응의 다양성 때문에 동화와 이화 반응이 공간과 시간적인 면에서 서로 독립적으로 일어난다고 생각할 수 있다. 사실은, 동화와 이화 반응은 일군의 공통 중간대사물(그림 3.27에서 핵심 중간산물로 표시)을 통해 연결되어 있다. 동화와 이화 반응은 둘 다 크렙스 회로와 같은 동일한 대사경로를 공유하고 있다. 예를 들어 크렙스 회로의 반응은 포도당을 산화할 뿐만 아니라 아미노산으로 전환가능한 중간산물을 생산한다. 동

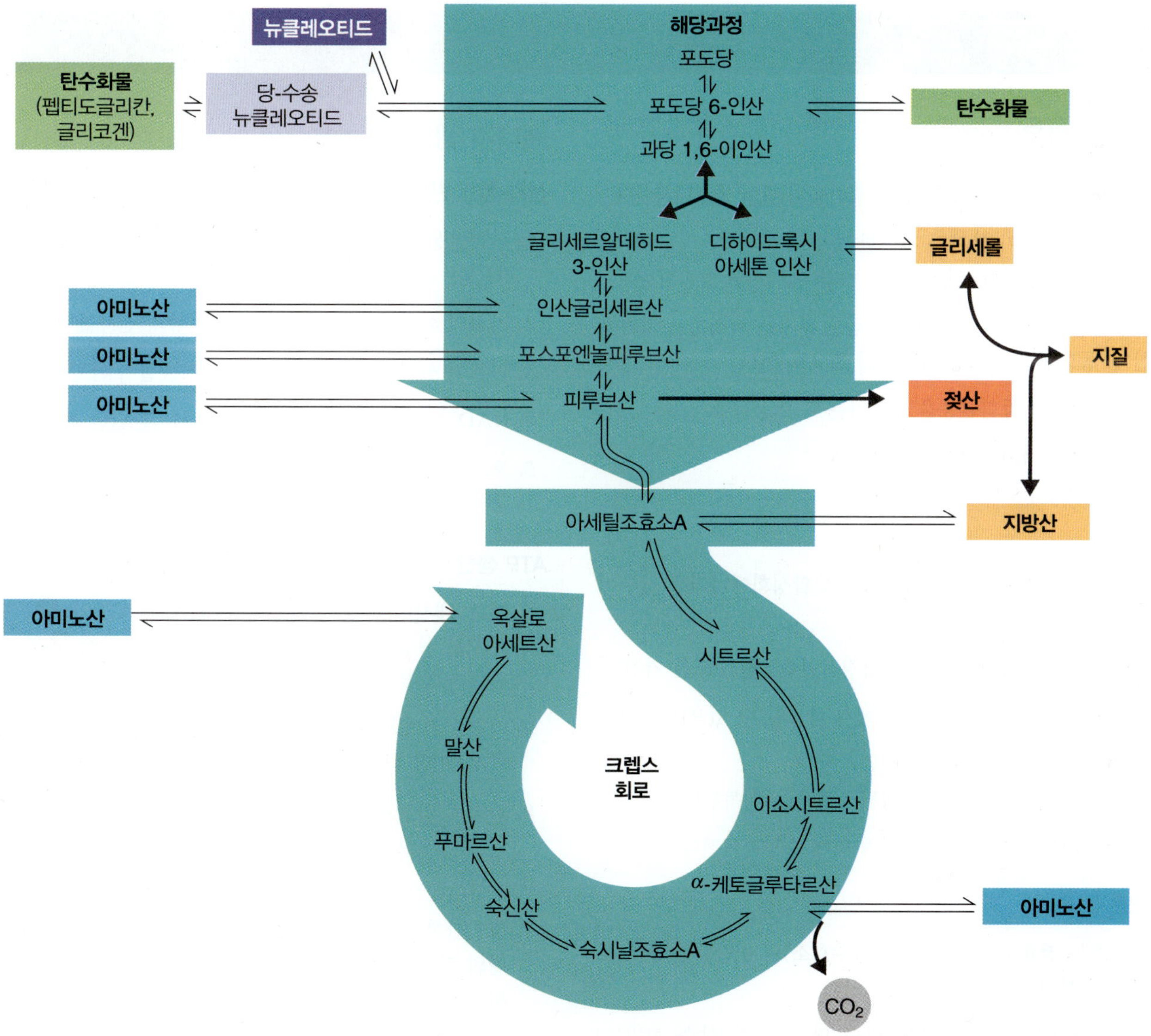

그림 3.27 **물질대사의 통합.** 주요 중간산물을 나타내었다. 이 그림에는 표시하지 않았지만 아미노산과 리보오스가 퓨린과 피리미딘 뉴클레오티드 합성에 이용된다. 이중 화살표는 양방향성 경로를 가리킨다.

양방향성 경로의 목적은 무엇인가?

화작용과 이화작용 모두에서 기능을 수행하는 대사과정을, 이중 목적을 갖는다는 의미로, **양방향성 경로(amphibolic pathway)**라고 한다.

양방향성 경로는 탄수화물과 지질, 단백질, 뉴클레오티드 등의 분해와 합성을 이끄는 반응을 서로 연결한다. 이런 경로는 동시에 반응이 일어나는 것을 가능하게 한다. 즉, 어떤 한 반응에서 생성된 분해산물이 다른 화합물을 합성하는 반응에 이용되거나 또 그 반대의 경우도 일어난다. 다양한 중간대사물이 동화반응과 이화반응에서 공통으로 사용되기 때문에 합성과 분해 경로를 조절하고 이들 반응이 동시에 일어나게 하는 작동 원리가 존재한다. 이런 원리 중 하나는 반대경로에서 다른 조효소를 이용하는 것이다. 예를 들어, NAD^+는 이화반응에 참여하는 반면 $NADP^+$는 동화반응에 사용된다. 또한 효소가 생화학반응의 속도를 가속하거나 억제함으로 동화반응과 이화반응을 조절할 수 있다.

세포의 에너지 저장은 생화학반응의 속도에 영향을 미칠 수 있다. 예를 들어 ATP가 축적되기 시작하면 효소는 해당과정을 차단한다. 이 조절은 해당과정과 크렙스 회로의 속도를 일치시키는 것을 도와준다. 따라서 만일 더 많은 ATP가 필요하거나 동화과정이 시트르산 회로의 중간산물을 고갈시켜서 시트르산의 소비가 늘어나면 해당과정을 가속화시켜 이런 요구를 충족시킨다.

학습 개요

이화반응과 동화반응 (69쪽)

1. 살아 있는 생명체에서 일어나는 모든 화학반응의 합이 물질대사이다.
2. 이화작용은 복잡한 유기 분자가 간단한 물질로 분해되는 결과를 가져오는 화학반응을 말한다. 이화반응은 보통 에너지를 방출한다.
3. 동화작용은 간단한 물질이 결합하여 복잡한 분자를 형성하는 화학반응을 말한다. 동화반응은 보통 에너지를 필요로 한다.
4. 이화반응의 에너지가 동화반응을 구동하는 데 이용된다.
5. 화학반응을 위한 에너지는 ATP에 저장된다.

효소 (70~71쪽)

1. 효소는 살아 있는 세포가 만드는 단백질로 활성화에너지를 낮추어 화학반응을 촉매한다.
2. 효소는 일반적으로 구형의 단백질로 특징적인 3차원 구조를 가진다.
3. 효소는 효율적이고 비교적 낮은 온도에서 작동할 수 있으며 다양한 세포내 조절의 대상이 된다.
4. 효소와 기질이 결합하면 기질은 변형되고 효소는 회복된다.
5. 효소는 활성자리의 한 기능인 특이성에 의해 특징지어진다.

효소의 구성요소 (71쪽)

6. 대부분의 효소는 전효소로 단백질 부분(주효소)과 비단백질 부분(보조인자)으로 구성된다.
7. 보조인자는 금속이온(철, 구리, 마그네슘, 망간, 아연, 칼슘, 코발트)일 수도 있고 조효소라고 알려진 복잡한 유기 분자(NAD^+, $NADP^+$, FMN, FAD, 조효소A)일 수도 있다.

에너지 생산 (71~73쪽)

산화-환원 반응 (71~72쪽)

1. 산화반응은 기질에서 하나 이상의 전자를 제거하는 것이다. 양성자(H^+)는 흔히 전자와 함께 제거된다.
2. 기질의 환원반응은 기질이 하나 이상의 전자를 얻는 것을 말한다.
3. 기질이 산화될 때마다 동시에 다른 물질이 환원된다.
4. NAD^+는 산화된 형태이다; NADH는 환원된 형태이다.
5. 포도당은 환원된 분자이다; 세포에서 에너지는 포도당이 산화되는 동안 방출된다.

ATP 생산 (72~73쪽)

6. 어떤 대사반응 동안 방출된 에너지는 ATP와 Ⓟ$_i$ (인산)으로부터 ATP를 형성하는 데 붙잡힐 수 있다. 한 분자에 Ⓟ$_i$를 더하는 것을 인산화라고 부른다.
7. 기질수준의 인산화에서 이화작용의 중간대사물에 있는 고에너지 Ⓟ가 ADP에 더해진다.
8. 산화적 인산화에서 전자가 일련의 전자 수용체(전자전달사슬)를 거쳐 최종적으로 O_2나 다른 무기화합물로 전달되면서 에너지가 방출된다.
9. 광인산화 동안 빛에서 나온 에너지는 엽록소에 붙잡히고 전자는 일련의 전자수용체를 통해 전달된다. 전자의 전달이 ATP 합성에 이용되는 에너지를 방출한다.

에너지 생산의 대사경로 (73쪽)

10. 대사경로라고 불리는 일련의 효소로 촉매되는 화학반응을 통해 유기

분자에 에너지를 저장하고 유기분자로부터 에너지를 뽑아낸다.

탄수화물 이화작용 (74~85쪽)

1. 세포 에너지의 대부분은 탄수화물의 산화로부터 만들어진다.
2. 탄수화물 이화작용의 두 가지 주요한 종류는 포도당을 완전히 분해하는 호흡과 부분적으로 분해하는 발효이다.

해당과정 (75쪽)

3. 포도당의 산화에 있어 가장 흔한 경로는 해당과정이다. 피루브산이 최종산물이다.
4. ATP 두 분자와 NADH 두 분자가 포도당 한 분자로부터 생산된다.

해당과정의 대안 (75~77쪽)

5. 5탄당인산경로는 5탄소 당을 분해하는 데 이용된다; ATP 한 분자와 NADPH 12분자가 포도당 한 분자로부터 생산된다.
6. 엔트너-도우도로프 경로는 ATP 한 분자와 NADPH 두 분자를 하나의 포도당 분자로부터 생산한다.

세포호흡 (77~82쪽)

7. 호흡 동안 유기 분자는 산화된다. 에너지는 전자전달사슬을 통한 산화에서 생성된다.
8. 유산소 호흡에서 O_2는 최종 전자 수용체의 역할을 한다.
9. 무산소 호흡에서 최종 전자 수용체는 보통 O_2가 아닌 다른 무기 분자이다.
10. 피루브산의 탈카르복실화는 CO_2 한 분자와 한 개의 아세틸기를 생산한다.
11. 탄소가 2개인 아세틸기는 크렙스 회로에서 산화된다. 전자는 NAD^+와 FAD에 담겨 전자전달사슬로 전달된다.
12. 한 분자의 포도당이 산화되어 여섯 분자의 NADH와 두 분자의 $FADH_2$ 그리고 두 분자의 ATP가 생산된다.
13. 탈카르복실화는 여섯 분자의 CO_2를 생산한다.
14. NADH와 $FADH_2$가 전자를 전자전달사슬로 가져간다.
15. 전자전달사슬은 플라보단백질과 시토크롬, 유비퀴틴을 포함한 전자수용체로 구성되어 있다.
16. 전자가 일련의 수용체나 전달체를 거쳐 이동함에 따라 막을 거쳐 수송된 양성자는 양성자구동력을 만든다.
17. 막을 넘어 되돌아가는 양성자의 이동으로 생산된 에너지가 ATP 합성효소에 의해 ADP와 P_i로부터 ATP를 만들기 위해 사용된다.
18. 진핵세포에서 전자전달체는 미토콘드리아의 안쪽 막에 위치한다; 원핵세포에서 전자전달체는 원형질막에 있다.
19. 유산소 원핵세포에서 포도당 한 분자가 해당과정과 크렙스 회로, 전자전달사슬을 통해 완전히 산화되어 38 ATP 분자를 생산할 수 있다.
20. 진핵세포에서 포도당 한 분자의 완전한 산화로 36 ATP 분자가 생산된다.
21. 무산소 조건하에서는 크렙스 회로의 일부만이 작동하기 때문에 총 ATP 수율은 유산소 호흡에서 보다 적다.

발효 (82~85쪽)

22. 발효는 당이나 다른 유기 분자를 산화하면서 에너지를 방출한다.
23. O_2는 발효에서 필요하지 않다.
24. ATP 두 분자가 기질수준의 인산화에 의해 생산된다.
25. 기질에서 제거된 전자는 NAD^+를 환원시킨다.
26. 최종 전자 수용체는 유기 분자이다.
27. 젖산 발효에서 피루브산은 NADH에 의해 젖산으로 환원된다.
28. 알코올발효에서 알데히드는 NADH에 의해 환원되어 에탄올을 생산한다.
29. 이형젖산 발효자는 5탄당 인산경로를 젖산과 에탄올을 생산하는 데 이용할 수 있다.

지질과 단백질 이화작용 (85쪽)

1. 리파아제는 지질을 글리세롤과 지방산으로 가수분해한다.
2. 지방산과 여러 탄화수소는 베타-산화에 의해 분해된다.
3. 이화작용 산물은 해당과정과 크렙스 회로에서 더 분해될 수 있다.
4. 아미노산은 분해되기 전에 크렙스 회로로 들어갈 수 있는 물질로 전환되어야만 한다.
5. 아미노기 전달과 탈카르복실화, 탈수소 반응이 아미노산을 분해되도록 전환시킨다.

생화학 검사와 세균 동정 (85~88쪽)

1. 세균과 효모는 효소의 작용을 검사하여 확인할 수 있다.
2. 발효 검사는 생명체가 탄수화물을 산과 가스로 발효할 수 있는지를 확인하는 데 이용된다.

광합성 (88~89쪽)

1. 광합성은 태양의 빛에너지를 화학에너지로 전환하는 것이다; 화학에너지는 탄소고정에 이용된다.

광의존 반응: 광인산화 (88~89쪽)

2. 엽록소 *a*는 녹색식물과 조류, 남세균이 이용한다; 이것은 틸라코이드막에서 발견된다.
3. 엽록소에서 유래한 전자가 전저전달사슬을 따라 이동하는 과정에서

ATP 생산에 필요한 화학삼투 요건이 만들어진다.

4. 광계는 틸라코이드막 안에 포장된 엽록소와 여러 색소로 만들어진다.

5. 순화적 광인산화에서 전자는 엽록소로 되돌아간다.

6. 비순화적 광인산화에서 전자는 $NADP^+$를 환원하는 데 이용된다. H_2O나 H_2S에서 유래한 전자가 엽록소에서 소실된 전자를 보충한다.

7. H_2O가 녹색식물과 조류, 남세균에 의해 산화될 때 O_2가 발생한다; H_2S가 황세균에 의해 산화될 때 S^0 과립이 생산된다.

광비의존 반응: 캘빈-벤슨 회로 (89쪽)

8. CO_2는 캘빈-벤슨 회로에서 당을 합성하기 위해 이용된다.

에너지 생산 원리의 요점 정리 (88쪽)

1. 햇빛은 광영양생물에 의해 수행되는 산화-환원 반응에 의해 화학에너지로 전환된다. 화학영양생물은 이 화학에너지를 이용할 수 있다.

2. 산환-환원 반응에서 에너지는 전자전달을 통해 나온다.

3. 에너지를 생산하기 위해 세포는 전자공여체(유기나 무기)와 전자전달체의 체계 그리고 최종 전자 수용체(유기나 무기)가 필요하다.

생명체 대사의 다양성 (89~92쪽)

1. 광자가영양생물은 에너지를 광인산화에서 얻고 CO_2로 유기화합물을 합성하기 위해 캘빈-벤슨 회로를 통해 탄소를 고정한다.

2. 남세균은 산소발생 광영양생물이다. 녹색세균과 자색세균은 산소비발생 광영양생물이다.

3. 광종속영양생물은 에너지원으로 빛을 이용하고 유기화합물을 탄소원과 전자공여체로 이용한다.

4. 화학자가영양생물은 무기화합물을 이들의 에너지원으로 이용하고 이산화탄소를 이들의 탄소원으로 이용한다.

5. 화학종속영양생물은 복잡한 유기 분자를 이들의 탄소와 에너지원으로 이용한다.

에너지 이용의 대사경로 (92~95쪽)

다당류 생합성 (92~93쪽)

1. 글리코겐은 ADPG로부터 형성된다.

2. UDPNAc는 펩티도글리칸의 생합성을 위한 시작물질이다.

지질 생합성 (93쪽)

3. 지질은 지방산과 글리세롤로부터 합성된다.

4. 글리세롤은 디히드록시아세톤인산에서 유래하고 지방산은 아세틸조효소A로부터 만들어진다.

아미노산과 단백질 생합성 (93~94쪽)

5. 아미노산은 단백질의 생합성에 필요하다.

6. 모든 아미노산은 탄수화물 대사의 중간대사물로부터 특히 크렙스 회로로부터 직접 혹은 간접적으로 합성될 수 있다.

퓨린과 피리미딘 생합성 (94~95쪽)

7. 뉴클레오티드를 구성하는 당은 5탄당인산경로 혹은 엔트너-도우도로프 경로에서 온다.

8. 일부 아미노산에서 유래한 탄소와 질소 원자가 퓨린과 피리미딘의 골격을 형성한다.

물질대사의 통합 (95~96쪽)

1. 동화반응과 이화반응은 공통의 중간대사물 통해 통합된다.

2. 이런 통합된 물질대사 경로를 양방향성 경로라고 말한다.

학습 질문

복습과 객관식 문제에 대한 해답은 책 뒤에 있음.

복습 문제

개요

1번 문제를 위해 다음의 그림 (a), (b), (c)를 이용하시오.

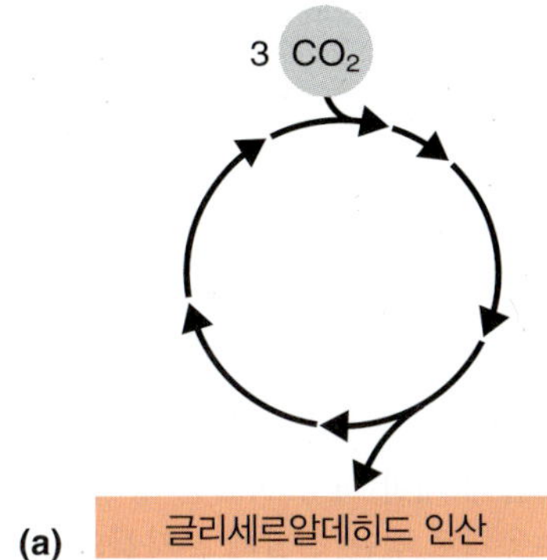

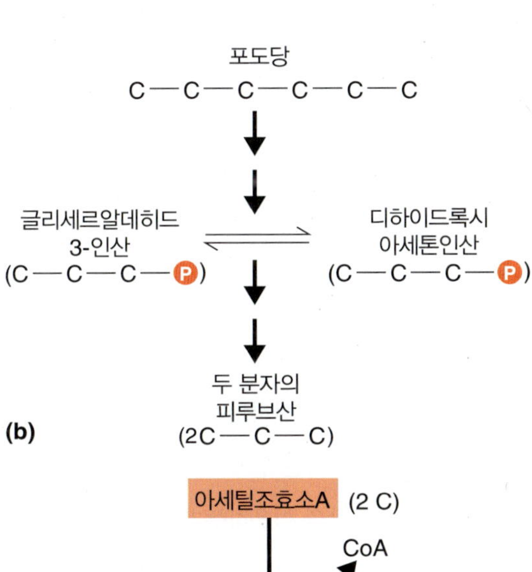

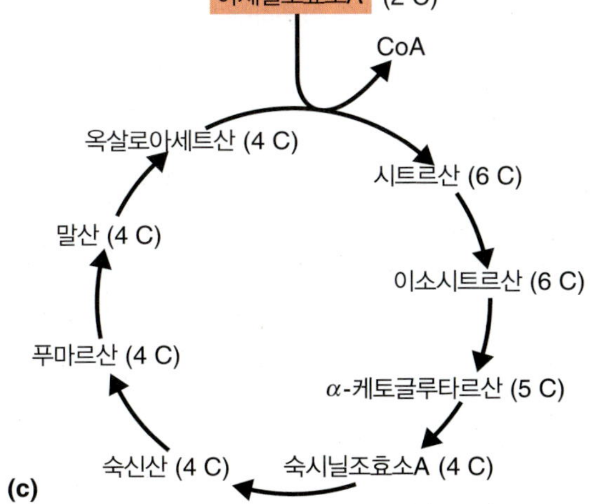

1. 그림의 (a)와 (b), 그리고 (c)부분에 그려진 경로의 이름을 말하시오.

a. 어디서 글리세롤이 분해되고 어디서 지방산이 분해되는지 보이시오.

b. 어디서 글루탐산(아미노산)이 분해되는지 보이시오:

$$\mathrm{HOOC-CH_2-CH_2-\underset{\displaystyle NH_2}{\overset{\displaystyle H}{C}}-COOH}$$

c. 어떻게 이들 경로가 관련되는지를 보이시오.

d. 경로 (a)와 (b)에서 ATP는 어디서 필요한가?

e. 경로 (b)와 (c)에서 CO_2가 방출되는 곳은 어디인가?

f. 석유와 같이 긴 사슬의 탄화수소가 분해되는 곳은 어디인지 보이시오.

g. 이들 경로의 어디에서 NADH (혹은 $FADH_2$ 또는 NADPH)가 이용되고 만들어지는가?

h. 이화과정과 동화과정이 통합되는 장소 네 곳을 확인하시오.

2. 산화-환원(oxidation-reduction)을 정의하고 다음의 용어를 구별하시오:

a. 유산소 호흡과 무산소 호흡

b. 호흡과 발효

c. 순환적 인산화와 비순환적 인산화

3. ATP를 생산하는 ADP의 인산화에는 세 가지 기작이 있다. 다음의 표에 있는 각 반응을 설명하는 기작의 이름을 쓰시오.

ATP 생산	반응
a. ________	엽록소에서 빛에 의해 자유로워진 전자가 전자전달 사슬을 이동한다.
b. ________	시토크롬 *c*가 두 개의 전자를 시토크롬 *a*로 전달한다.
c. ________	포스포엔놀피루브산 → 피루브산 (아래 반응식)

$$\mathrm{\underset{\displaystyle COH}{\overset{\displaystyle CH_2}{\overset{\|}{\underset{|}{C}}}}-O\sim P \;\longrightarrow\; \underset{\displaystyle COH}{\overset{\displaystyle CH_3}{\overset{\|}{\underset{|}{C}}}}=O}$$

포스포엔놀피루브산 → 피루브산

4. 광인산화와 해당과정과 같이 세포에서 일어나는 모든 에너지를 생산하는 화학반응은 ________ 반응이다.

5. 각 생명체 종류의 탄소원과 에너지원으로 다음 표를 완성하시오.

생명체	탄소원	에너지원
광독립영양생물	a. ________	b. ________
광종속영양생물	c. ________	d. ________
화학독립영양생물	e. ________	f. ________
화학종속영양생물	g. ________	h. ________

6. ATP 생산의 화학삼투 기작에 대한 자신만의 정의를 쓰시오. 그림 3.16에서 적절한 문자를 이용하여 다음을 표시하시오:
   a. 막에서 산성인 면
   b. 양전하를 띤 면
   c. 위치에너지
   d. 운동에너지
7. 왜 NADH는 다시 산화되어야만 하는가? 호흡을 이용하는 생명체에서 어떻게 이것이 발생할 수 있는가? 발효는?
8. 이름 답하기 캘빈 회로를 이용하는, ETC의 전자공여체로 H_2를 이용하는, 원소 S를 ETC에서 최종 전자수용체로 이용하는 무색의 미생물은 어떤 종류의 영양생물인가?

객관식 문제

1. 어떤 물질이 다음 반응에서 환원되는가?

$$\underset{\text{아세트알데히드}}{\mathrm{H{-}C(CH_3){=}O}} + NADH + H^+ \longrightarrow \underset{\text{에탄올}}{\mathrm{H{-}CH(CH_3){-}OH}} + NAD^+$$

   a. 아세트알데히드
   c. 에탄올
   b. NADH
   d. NAD^+
2. 다음 반응들 중 어느 것이 유산소 대사동안 대부분의 ATP 분자를 생산하는가?
   a. 포도당 → 포도당 6-인산
   b. 포스포엔놀피루브산 → 피루브산
   c. 포도당 → 피루브산
   d. 아세틸조효소A → $CO_2 + H_2O$
   e. 숙신산 → 푸마르산
3. 다음 과정 중 ATP를 생산하지 않는 것은?
   a. 광인산화
   b. 캘빈-벤슨 회로
   c. 산화적 인산화
   d. 기질수준의 인산화
   e. 위의 어느 것도 아님
4. 다음 화합물 중 세포를 위해 가장 많은 양의 에너지를 가지고 있는 것은?
   a. CO_2
   b. ATP
   c. 포도당
   d. O_2
   e. 젖산
5. 다음 중 어느 것이 크렙스 회로에 대한 가장 적합한 정의인가?
   a. 피루브산의 산화
   b. 세포가 CO_2를 생산하는 방법
   c. 피루브산의 산화로부터 NADH를 생산하는 일련의 화학반응
   d. ADP를 인산화하여 ATP를 생산하는 방법
   e. 피루브산의 산화로부터 ATP를 생산하는 일련의 화학반응
6. 다음 중 어느 것이 호흡에 대한 가장 적합한 정의인가?
   a. O_2를 최종 전자 수용체로 갖는 전달체 분자들의 서열
   b. 무기 분자를 최종 전자 수용체로 갖는 전달체 분자들의 서열
   c. ATP를 생산하는 방법
   d. 포도당을 CO_2와 H_2O로 완전히 산화
   e. 피루브산을 CO_2와 H_2O로 산화하는 일련의 반응

7~10번 문제의 답을 다음 중에서 선택하시오.
   a. 포도당배지에서 35°C로 O_2를 공급하며 5일 동안 키운 대장균
   b. 포도당배지에서 35°C로 O_2 없이 5일 동안 키운 대장균
   c. a와 b 둘 다
   d. a도 b도 아님

7. 어느 배양이 대부분 젖산을 생산하나?
8. 어느 배양이 대부분 ATP를 생산하나?
9. 어느 배양이 NAD^+를 이용하는가?
10. 어느 배양이 대부분 포도당을 이용하는가?

4 미생물의 성장

우리가 미생물의 성장을 이야기할 때 실제로 의미하는 것은 세포의 *크기(size)*가 아니라 세포의 *수(number)*이다. 미생물의 "성장"은 수의 증가를 말하며 콜로니(colony; 현미경 없이도 볼 수 있을 정도로 큰 세포 집단)에는 수십만 혹은 수억 개의 세포가 있다. 비록 개개 세포의 크기는 세포분열 직전까지 대략 두 배가 되지만, 이런 변화는 식물이나 동물의 일생 동안 관측되는 크기의 증가에 비교하면 아무것도 아니다.

많은 세균은 영양분이 부족한 환경에서 생물막을 형성하여 살아남아서 천천히 성장한다. 그림 속의 세라티아 마르세센스(*Serratia marcescens*) 세균은 플라스틱 조각에 생물막을 형성한다. 미생물 뉴스에 서술된 것과 같이 생물막은 감염과 자주 관련되는 보건 문제의 근원이다.

미생물 집단은 아주 짧은 시간 안에 엄청나게 커질 수 있다. 미생물 성장에 필요한 조건을 이해함으로써 질병과 음식물 부패를 일으키는 미생물의 성장을 어떻게 조절하는지 알 수 있다. 인간에게 도움이 되는 미생물과 연구하고 싶은 미생물의 성장을 어떻게 촉진하는지를 또한 배울 수 있다.

이번 장에서는 미생물 성장에 필요한 물리적 화학적인 요구사항과 다양한 종류의 배양배지, 세균의 세포분열, 미생물 성장의 단계, 미생물 성장의 측정 방법 등에 대하여 알아볼 것이다.

◀ 과자에 붙어 있는 *Serratia marcescens*. 이 그람음성 막대균은 프로디지오신(prodigiosin)이라는 색소를 만들기 때문에 상온에서 자랄 때 밝은 빨간색 콜로니를 형성한다.

어둠 속에 빛나다

조지아 주 애틀랜타 시에 있는 질병통제예방센터(Centers for Disease Control and Prevention, CDC)의 조사관인 레지날드 맥그루거(Reginald MacGruder)에게 이상한 일이 생겼다. 올해 초 그는 4개의 다른 주에서 환자에게 발생한 슈도모나스 플루오레센스(*Pseudomonas fluorescens*) 혈류 감염의 주범으로 지적된 헤파린 정맥주사 용액의 회수에 관여하였다. 그것으로 모든 것이 통제되는 것처럼 보였다. 그러나 회수한 지 3개월이 지난 지금도 두 개의 다른 주에서 동일한 *P. fluorescens* 혈류 감염이 19명의 환자에게 발생하였다. 맥그루거 박사가 보기에는 이것은 말이 안되었다; 어떻게 이런 감염이 회수한 후 이렇게 빨리 다시 발생할 수 있을까? 다른 헤파린 묶음이 오염되었을 수 있을까?

***P. fluorescens*는 무엇인가?**

혈액과 카테터 배양체에 있는 세균은 자외선을 쪼이면 형광을 나타냈다. 배양 결과, *P. fluorescens*가 환자 15명의 혈액과 17개의 카테터 그리고 환자 4명의 혈액과 카테터에 존재하였다. 이 세균은 헤파린 회수 조치 이후에도 살아남았다. 맥그루거 박사는 얼마나 많은 세균이 환자의 카테터에 서식하는지 알아보고 싶었다. 그는 환자의 카테터에 있는 영양분의 양은 아주 적기 때문에 세균이 천천히 자란다고 결론을 내렸다. 그는 세대기간이 35시간인 다섯 마리의 *Pseudomonas*가 최초로 카테터에 들어왔을 수 있다는 추정을 근거로 몇 가지 계산을 했다.

한 달 후에 대략 얼마나 많은 세포가 있게 되는가?

*P. fluorescens*는 호기성의 그람음성 막대균으로 25~30℃ 온도에서 가장 잘 자라고 병원 미생물학의 표준 배양온도(35~37℃)에서는 자라지 않는다. 이 세균은 자외선을 쪼이면 형광을 나타내는 색소를 생산하기 때문에 이름이 그렇게 붙여졌다. 최근 발병의 진상을 검토하는 동안 맥그루거 박사는 가장 최근 환자가 그들의 감염이 시작되기 84일에서 421일 전에 오염된 헤파린에 지속적으로 노출되었다는 것을 알게 되었다. 현장 조사 결과, 해당 환자를 진료했던 병원에서는 회수 명령이 떨어진 헤파린을 더 이상 사용하지 않고 있으며, 사용하지 않은 재고는 모두 반품 처리했다는 것이 확인되었다. 이들 환자는 지난 번 대발병 동안에 발생한 것이 아니라는 결론을 내리면서 맥그루거 박사는 새로운 감염원을 찾아야만 했다. 이들 환자에게는 모두 정맥 카테터(venous catheter; 정맥 안에 삽입하여 오랜 시간 동안 항암약물 같은 농축된 용액을 전달하는 튜브)가 시술되어 있었다. 맥그루거 박사는 사용해온 새로운 헤파린을 배양해 보라고 지시했다. 그러나 아무런 생물도 발견하지 못했다. 그러자 그는 각 환자의 혈액과 카테터를 배양하라고 지시했다.

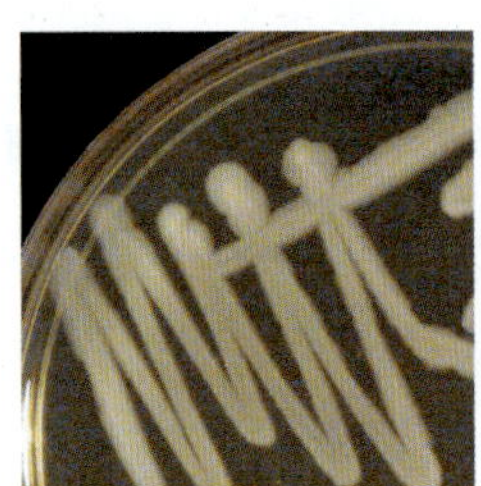
백색광 조사

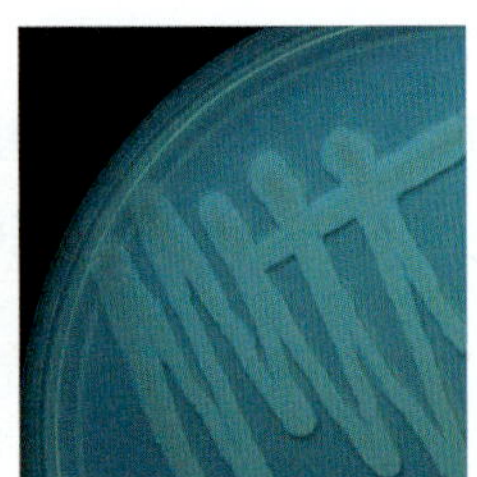
자외선 조사

환자의 혈액과 카테터 모두에서 배양된 생물이 그림에 보인다. 이 생물은 무엇인가?

생물막은 빽빽하게 쌓인 세포 더미이다. 다섯 개의 세포가 한 달 동안 20 세대를 거친다면 7.79 × 10^6개의 세포를 만들 수 있다. 이제 맥그루거 박사는 *P. fluorescens* 세균이 환자의 몸에 삽입되어 있는 카테터에 존재한다는 것을 알았다. 그는 카테터의 교체를 지시하고, 사용한 카테터를 주사전자현미경으로 조사해 줄 것을 CDC에 요청하였다. CDC에서는 *P. fluorescens*가 카테터 안쪽에 생물막을 형성하여 서식하고 있는 것을 발견했다. CDC에 보내는 보고서에서 맥그루거 박사는 *P. fluorescens* 세균이 첫 번째 감염 발생과 같은 시기에 이들 환자의 혈액에 들어갔을 것이지만 그 당시에는 증상을 일으키기에 충분한 양이 아니었다라고 설명했다. 생물막 형성으로 세균은 환자의 카테터에서 지속할 수 있었다. 그는 이전의 전자현미경 조사 결과 거의 모든 내재 혈관 카테터에서 생물막 층에 묻힌 미생물이 서식하고 있었고, 헤파린은 생물막 형성을 촉진하는 것으로 알려졌다고 기록했다. 맥그루거 박사는 차후에 사용된 오염되지 않은 정맥주사 용액에 의해 생물막에 있는 세균이 떨어져 나와 혈액으로 방출되었다는 결론을 내렸다. 결국 세균이 처음 자리를 잡고 나서 몇 개월이 지난 후에 감염을 유발했다는 얘기다.

성장 요건

미생물의 성장 요건을 크게 두 개의 범주, 즉 물리적 요건과 화학적 요건으로 나눌 수 있다. 전자에는 온도, pH, 삼투압 등이 포함되고 후자에는 탄소, 질소, 황, 인, 산소, 미량원소, 유기 성장인자 등이 포함한다.

물리적 요건

온도

대부분의 미생물은 사람에게 알맞은 온도에서 잘 자랄 수 있다. 그러나 일부 세균은 거의 모든 진핵생물은 절대로 생존할 수 없는 극단적인 온도에서도 자랄 수 있는 능력이 있다.

미생물은 이들이 잘 자라는 온도 범위에 따라 세 개의 주요 그룹으로 나눈다. **호저온성(psychrophile)**과 **중온성(mesophile)**, **호열성(thermophile)**. 대부분의 세균은 한정된 온도 범위에서만 자라고 이들의 최고 및 최저 성장온도는 불과 30도 정도만 차이가 있다. 온도 범위의 양극단에서는 해당 미생물이 잘 자라지 못한다.

각 세균 종은 특정한 최저, 최적, 최고 온도를 가진다. **최저 성장온도(minimum growth temperature)**는 해당 종이 자랄 수 있는 가장 낮은 온도이다. **최적 성장온도(optimum growth temperature)**는 그 종이 가장 잘 자랄 수 있는 온도이다. **최고 성장온도(maximum growth temperature)**는 자랄 수 있는 가장 높은 온도이다. 온도범위에 따른 성장을 그래프로 그리면 보통 최적 성장온도가 온도 범위의 맨 위쪽에 있는 것을 볼 수 있다. 이 온도를 넘어서면 성장속도가 급격히 떨어진다(그림 4.1). 이런 일이 발생하는 것은 아마도 높은 온도가 세포에 필요한 효소 체계를 불활성화시키기 때문일 것이다.

세균을 호저온성, 중온성, 또는 호열성으로 나누는 최대 성장온도와 범위는 확실하게 정의된 것은 아니다. 예를 들어 호저온성은 원래는 단순하게 0°C에서 자랄 수 있는 능력이 있는 생물을 의미했다. 그러나 0°C에서 살 수 있는 세균에는 상당히 구별되는 두 개의 그룹이 있는 것으로 보인다. 엄밀한 의미에서 호저온성을 구성하는 한 부류는 0°C에서 살 수 있지만 최적의 성장온도는 15°C 근처이다. 이들 대부분은 높은 온도에 민감하며 25°C 정도에서는 자라지 않는다. 대부분 심해나 극지의 일부 지역에서 발견되는 이러한 생명체는 음식물 보존에 거의 문제를 일으키지 않는다. 0°C에서 자랄 수 있는 또 다른 그룹은 보통 20~30°C 정도의 높은 최적 온도를 가지며 대략 40°C 이상에서는 자라지 못한다. 이러한 종류의 생명체는 호저온성보다 훨씬 더 흔하고 낮은 온도에서 음식물의 부패를 일으킬 가능성이 매우 높다. 왜냐하면 이들은 냉장고 온도에서도 꽤 잘 자라기 때문이다. 이 책에서는 이러한 부패 미생물을 지칭하기 위해 식품미생물학자들이 선호하는 **저온성장생물(psychrotroph)**이라는 용어를 쓸 것이다.

냉장은 가정에서 음식물을 보관하는 가장 흔한 방법이다. 이것은 낮은 온도에서 미생물의 증식 속도가 감소한다는 원리에 기본을 두고 있다. 비록 미생물은 물이 어는 온도에서조차 살아남지만(그들은 완전히 휴면상태가 될 것이다), 수적으로 점차 줄어들게 된다. 일부 종은 다른 종에 비해 빨리 감소한다. 다른 생명체와 비교하지 않는다면 저온성장생물은 사실상 낮은 온도에서는 잘 자라지 않는다. 그러나 주어진 시간 동안 이들은 천천히 음식물을 분해할 수 있다. 이러한 부패는 곰팡이 균사, 음식물 표면의 점액질, 혹은 음식물의 맛과 향의 변질 등으로 나타날 것이다. 내부의 온도가 적절하게 설정된 냉장고에서 대부분의 부패미생물은 상당히 천천히 자라고 몇

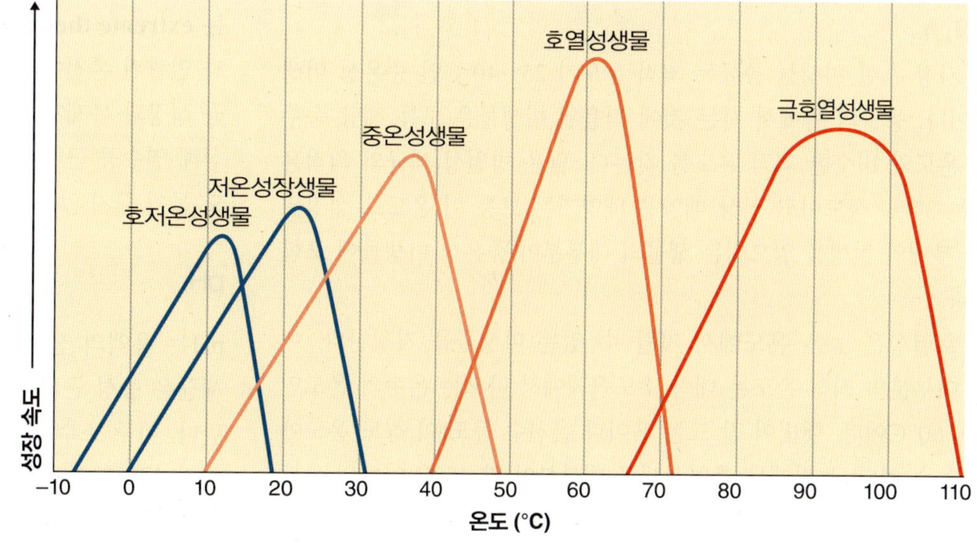

그림 4.1 온도에 대한 반응에 따른 여러 종류의 미생물의 전형적인 성장 속도. 각 곡선의 봉우리는 최적 성장(가장 빠른 증식)을 표시한다. 증식 속도가 최적온도보다 약간 높은 온도에서 매우 급격히 떨어지는 것을 주목하시오. 양 극단의 온도범위에서 증식 속도는 최적 온도에서의 속도보다 훨씬 낮다.

왜 호저온성과 중온성, 호열성을 정의하기가 어려운가?

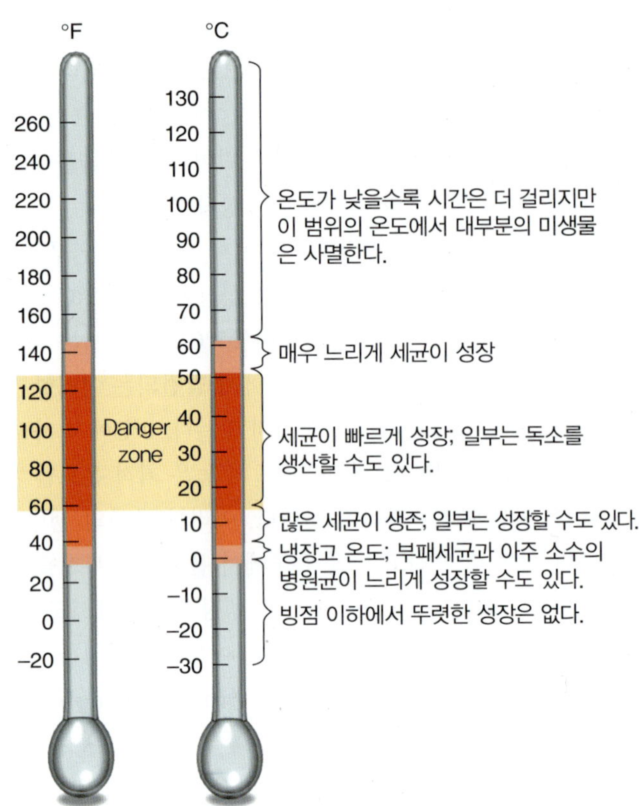

그림 4.2 식품 저장 온도. 낮은 온도에서 미생물의 번식 속도가 낮다는 것이 냉장의 기본 원리이다. 여기서 보여준 온도 반응에 대한 일부 예외는 언제나 있다. 예를 들어 어떤 세균은 대부분의 세균이 죽는 온도에서 잘 자라고 일부 세균은 빙점 아래의 온도에서 실제로 자란다.

Q 어떤 세균이 이론적으로 냉장고 온도에서 자랄 것 같은가: 사람의 장내 병원균 혹은 토양감염 식물 병원균?

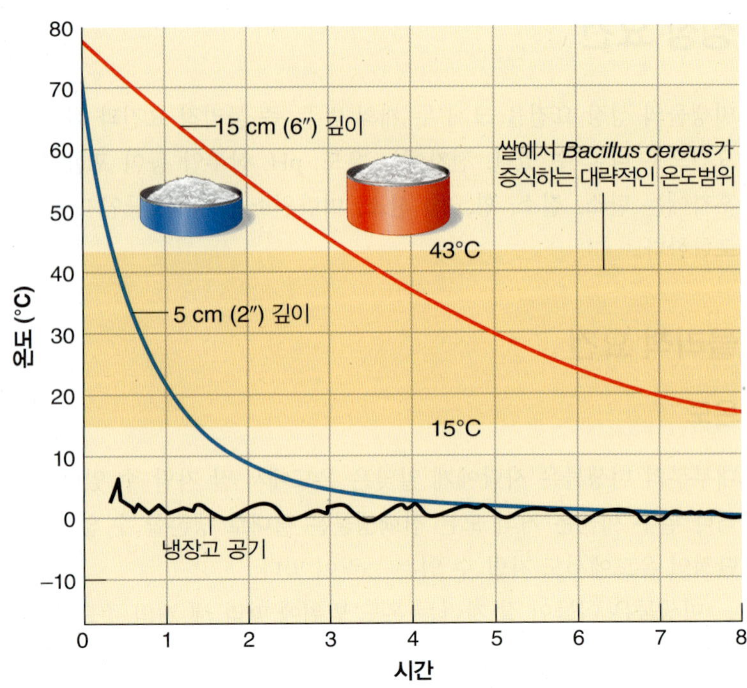

그림 4.3 식품의 양이 냉장고에서 냉각되는 속도와 부패의 가능성에 미치는 영향. 이 예에서 깊이가 5 cm인 그릇에 담긴 쌀은 *Bacillus cereus*의 배양 온도 범위에서 약 1시간만 지나면 식는 반면, 깊이가 15 cm인 그릇의 쌀은 이 온도범위에서 약 5시간 동안 유지된다는 것을 주목하시오.

Q 같은 부피의 얇은 팬과 깊은 솥이 주어지면 어떤 것이 더 빨리 식을까? 왜 그럴까?

몇 병원균을 제외한 모든 미생물의 성장은 완전히 억제된다. 그림 4.2는 부패나 질병을 일으키는 미생물의 성장을 막는 데에 저온이 얼마나 중요한지를 보여준다. 많은 양의 음식물이 냉장되면 이들 음식물이 냉장되는 속도가 느리다는 것을 명심하는 것이 중요하다(그림 4.3).

가장 흔한 미생물 종류는 최적 온도가 25~40°C인 중온성 미생물이다. 동물의 몸에서 사는 것에 적응된 미생물은 보통 해당 숙주의 온도와 비슷한 최적 온도를 갖는다. 많은 병원성 세균의 최적온도는 37°C 정도이고 임상 배양용 배양기는 보통 이 온도로 설정된다. 부패와 질병을 일으키는 생물의 대부분이 중온성 미생물에 포함된다.

호열성은 높은 온도에서 자랄 수 있는 미생물을 지칭한다. 이들 대부분의 최적 온도는 대략 수도꼭지에서 나오는 온수의 온도인 50~60°C이다. 햇빛이 잘 드는 흙이나 온천수 등도 이 정도 온도에 달할 수 있다. 놀랍게도 호열성세균 대부분이 약 45°C 이하의 온도에서는 자라지 못한다. 호열성세균이 만드는 포자는 보통 열에 내성을 가져 통조림 식품의 열처리 과정에서도 살아남을 수 있다. 비록 저장온도가 올라갈 경우, 생존한 포자의 발아와 성장이 유발되어 음식을 부패시킬 수는 있지만, 이들 호열성세균이 공중보건 문제로 간주되지는 않는다. 호열성세균은 온도가 급격히 50~60°C까지 올라갈 수 있는 유기 퇴비 더미에서 중요하다.

일부 고세균에 속하는 미생물은 80°C 이상의 높은 최적 성장 온도를 가진다. 이들 미생물은 **극호열세균(hyperthermophile** 때로는 **extreme thermophile)**이라고 부른다. 이들 대부분은 화산 활동과 연관된 온천에 산다. 황은 보통 이들의 대사 활동에 중요하다. 세균 성장과 복제가 일어나는 것으로 알려진 고온 기록은 약 121°C로 심해 열수공 근처이다. 심해의 엄청난 압력 때문에 100°C 이상에서도 물이 끓지 않는다.

pH

pH는 용액의 산성 또는 알칼리성을 말한다. 설명한대로 대부분의 세균은 중성 근처의 좁은 pH 범위, 즉 pH 6.5~7.5에서 가장 잘 자란다. 아주 소수의 세균이 약 pH 4 이하의 산성 pH에서 자란다. 이것이 독일김치(sauerkraut)와 피클, 치즈와 같은 많은 종류의 음식물이 세균의 발효에 의해 생산되는 산에 의해 부패되지 않고 보존되

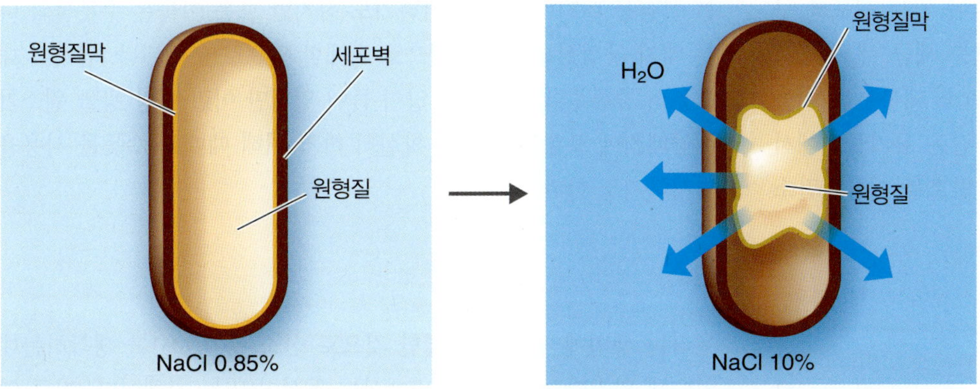

그림 4.4 원형질분리

Q 왜 삼투압이 미생물 성장에 중요한 요소인가?

원형질막
세포벽
원형질
NaCl 0.85%
H_2O
원형질막
원형질
NaCl 10%

(a) 등장액의 세포. 이 조건에서 세포의 용질 농도는 0.85% 염화나트륨(NaCl)의 용질 농도와 동등하다.

(b) 고장액에서 원형질분리가 일어난 세포. 만일 NaCl 같은 용질의 농도가 세포를 둘러싸는 배지에서 세포보다 높으면 (환경이 고장액) 물은 세포를 떠나는 경향이 있다. 세포의 성장은 억제된다.

는 이유이다. 그럼에도 불구하고 **호산성(acidophile)**이라고 불리는 일부 세균은 산성을 놀랍게 잘 견뎌낸다. 석탄광산의 폐수에서 발견되는 한 종류의 화학자가영양세균은 황을 산화하여 황산을 생성하는데, pH 1에서도 살 수 있다. 곰팡이와 효모는 세균보다 넓은 pH 범위에 걸쳐 자랄 수 있으며 곰팡이와 효모의 최적 pH는 일반적으로 세균의 것보다 낮아서 보통 pH 5~6이다. 알칼리성 또한 미생물의 성장을 억제하지만 음식물 보존을 위해서는 거의 사용하지 않는다.

세균을 실험실에서 배양하다 보면 결국 자기의 성장을 저해하는 산을 생산하는 경우가 많다. 산을 중화하고 적절한 pH를 유지하기 위해 화학적 완충용액이 성장배지에 포함된다. 일부 배지에 들어 있는 펩톤과 아미노산은 완충용액으로 작동하고 또한 많은 배지에 인산염이 들어 있다. 인산염은 대부분의 세균이 자라는 pH 범위에서 완충용액의 효과를 보이는 장점이 있다. 또한 인산염은 해롭지 않고, 사실상 필수 영양소인 인을 제공한다.

삼투압

미생물은 거의 모든 영양분을 용액 상태로 주변의 물에서 얻는다. 따라서 이들이 자라기 위해서는 물이 필요하고 이들의 조성의 80~90%가 물이다. 높은 삼투압은 필요한 물을 세포에서 제거하는 효과가 있다. 용질의 농도가 세포보다 더 높은 용액에 미생물 세포가 있을 때(환경이 세포에 대해 고장액, *hypertonic*) 세포의 물은 원형질막을 통과해 높은 용질 농도 쪽으로 빠져나간다. 이처럼 삼투로 물이 손실되면 **원형질분리(plasmolysis)** 또는 세포의 원형질 수축이 유발된다(그림 4.4).

이 현상의 중요성은 원형질막이 세포벽에서 멀어지면서 세포의 성장이 억제된다는 점이다. 따라서 염(혹 다른 용질)을 용액에 첨가하면 결과적으로 삼투압을 증가시켜 음식물 보존에 이용될 수 있다. 소금에 절인 생선과 꿀, 가당연유 등이 주로 이런 원리로 보존된다. 높은 염이나 당의 농도에서는 세균의 물이 세포 밖으로 나와 이들의 성장이 억제된다. 삼투압의 이런 효과는 용액의 단위 부피당 녹아 있는 분자 및 이온의 개수에 대체로 비례한다.

극호염세균(extreme halophile)이라 불리는 일부 생명체는 고염도에 잘 적응해왔기에 실제 이들이 성장하는 데 고염도가 필요하다. 이들을 **절대호염세균(obligate halophile)**이라고 부르기도 한다. 사해(Dead Sea)와 같이 염도가 높은 물에서 사는 생물은 보통 거의 30%의 소금을 필요로 해서 이들을 옮기는 접종 루프(실험실에서 세균을 다루는 도구)도 먼저 소금 포화용액에 담가야 한다. 더 흔한 **조건호염세균(facultative halophile)**은 고농도의 염분을 필요로 하지는 않으나 다른 많은 생물의 성장이 저해되는 농도인 2% 이상의 염분 농도에서 자랄 수 있다. 조건호염세균의 몇 종은 15%의 염분 농도에서도 견딜 수 있다.

그러나 대부분의 미생물은 거의 물에 가까운 배지에서 키워야 한다. 예를 들어 미생물 성장배지의 고체화에 사용되는 한천(해조류에서 추출한 다당류)의 일반적인 농도는 1.5% 정도이다. 만일 현저하게 높은 농도가 사용되면 삼투압이 일부 세균의 성장을 억제한다.

증류수와 같이 삼투압이 비정상적으로 낮은 경우(저장성 환경) 물은 세포 안으로 들어가려고 한다. 상대적으로 약한 세포벽을 가진 일부 미생물은 이런 처리에 의해 터질 수도 있다.

화학적 요건

탄소

물 이외에 미생물 성장에 가장 중요한 요건 중 하나는 탄소이다. 탄소는 생물을 이루는 물질의 구조적 뼈대이다. 살아 있는 세포를 구성하는 모든 유기화합물에 탄소가 필요하다. 보통 세균 세포 건조 중량의 절반이 탄소이다. 화학종속영양생물은 탄소 대부분을 이들의 에너지원, 즉 단백질과 탄수화물, 지질 등과 같은 유기물질에서 얻는다. 화학자가영양생물과 광자가영양생물은 탄소를 이산화탄소에서 얻는다.

질소와 황, 인

탄소뿐만 아니라 미생물은 세포물질을 합성하는 데 다른 원소도 필요로 한다. 예를 들어 단백질 합성에는 상당한 양의 질소뿐만 아니라 약간의 황도 필요하다. DNA와 RNA의 합성 또한 질소와 인을 필요로 하며 세포내 화학에너지의 저장과 전달에 중요한 분자인 ATP의 합성에도 마찬가지이다. 질소는 세균 세포 건조 중량의 약 14%를 차지하고 황과 인은 합쳐 약 4%를 이룬다.

생명체는 질소를 주로 단백질 아미노산의 아미노기를 형성하는데 사용한다. 많은 세균이 단백질을 함유한 화합물을 분해하여 새로 합성하는 단백질이나 다른 질소 함유 화합물에 아미노산을 다시 집어넣음으로써 이런 요건을 충족시킨다. 다른 세균은 이미 환원된 형태로 유기 세포 물질에서 흔하게 발견되는 암모늄이온(NH_4^+)에 있는 질소를 사용한다. 또 다른 종류의 세균은 질산염[용액에서 해리되어 질산이온(NO_3^-)을 내는 화합물]에서 질소를 획득할 수 있다.

광합성을 하는 남세균의 대부분을 비롯하여 일부 중요한 세균은 대기 중에 있는 기체 상태의 질소(N_2)를 직접 이용한다. 이 과정을 **질소고정(nitrogen fixation)**이라 한다. 이 방법을 이용할 수 있는 일부 생물은 독립생활체로 주로 토양에서 살고 있다. 그러나 다른 일부는 클로버, 자주개자리, 강낭콩, 완두콩 등과 같은 콩과식물의 뿌리에서 공생하고 있다. 공생으로 고정된 질소는 식물과 세균 모두가 사용한다.

황은 황을 함유한 아미노산과 티민이나 비오틴과 같은 비타민의 합성에 사용된다. 자연에서 황의 출처는 황산이온(SO_4^{2-})과 황화수소, 황 함유 아미노산이다.

인은 핵산과 세포막의 인지질의 합성에 필수적이다. 다른 물질 중에는 ATP의 에너지 결합에서 또한 발견된다. 인의 출처는 인산이온이다(PO_4^{3-}). 칼륨과 마그네슘, 칼슘 또한 미생물이 효소의 보조인자로 흔히 필요로 하는 원소이다.

미량원소

미생물은 극미량의 철과 구리, 몰리브덴, 아연 등과 같은 다른 광물 원소를 필요로 한다. 이들은 **미량원소(trace element)**라고 한다. 대부분은 보통 보조인자로 특정 효소의 기능에 필수적이다. 미량원소를 실험용 배지에 가끔 첨가하기도 하지만 보통 이들은 수돗물과 다른 배지 구성성분에 자연적으로 존재할 것으로 추정된다. 심지어 대부분의 증류수에도 충분한 양이 들어 있지만 이런 미량 광물 원소가 배양배지에 포함되는 것을 확실히 하기 위해 때때로 수돗물 사용을 명시하기도 한다.

산소

우리는 생명에 필요 불가결한 것으로 산소 분자(O_2)를 생각하는데 익숙해 있지만, 사실 어떤 면에서는 독성이 있는 기체이다. 지구 역사의 대부분 기간 동안 아주 소량의 산소 분자가 대기 중에 존재하였다—사실 산소가 존재했었더라면 생명이 생겨날 수 없었을 것이다. 그러나 현존 생물의 대부분은 유산소 호흡을 위해 산소를 필요로 하는 대사 체계를 가지고 있다. 앞서 살펴본 대로 유기 화합물에서 떨어져 나온 수소원자는 산소와 결합하여 물을 형성한다. 이 과정은 많은 양의 에너지를 만드는 한편 잠재적 독성 기체를 중화한다—매우 깔끔한 해결책이다.

산소 분자를 이용하는 미생물(호기성 미생물)은 산소를 이용하지 않는 미생물(혐기성 미생물)보다 영양분에서 더 많은 에너지를 추출한다. 생존에 산소가 꼭 필요한 생물을 **절대 호기성 생물(obligate aerobe)**이라고 부른다(표 4.1a)

산소는 물에 잘 녹지 않기 때문에, 서식 환경이 물인 경우, 절대 혐기성 생물은 불리한 입장에 처하게 된다. 따라서 대부분의 혐기성 세균이 산소가 없을 때도 계속 자랄 수 있는 능력을 개발하고 유지해 왔다. 이런 생물이 **조건부 혐기성 생물(facultative anaerobe)**이다(표 4.1b). 다른 말로, 조건부 혐기성 생물은 산소가 존재할 때는 산소를 이용하지만, 산소가 없을 때는 발효나 무산소 호흡을 이용하여 계속 자랄 수 있다. 그러나 산소가 없으면 이들의 에너지 생산 효율은 떨어진다. 조건부 혐기성 생물의 예는 사람의 창자에서 발견되는 잘 알려진 대장균(*Escherichia coli*)이다. 많은 효모도 역시 조건부 혐기성 생물이다. 사람은 할 수 없지만, 많은 미생물들이 질산이온과 같은 다른 최종 전자수용체를 산소 대신에 사용할 수 있다는 3장의 무산소 호흡에 대한 설명을 상기하자.

절대 혐기성 생물(obligate anaerobe, 표 4.1c)은 에너지를 생산하는 반응에 산소 분자를 이용할 수 없는 세균이다. 사실 대부분은 산소에 의해 피해를 입는다. 파상풍이나 보툴리누스 중독을 일으키는 종을 포함하는 클로스트리듐(*Clostridium*)속이 가장 잘 알려진 예이다. 이들 세균도 세포 물질에 존재하는 산소 원자를 이용하는데, 이 원자는 보통 물에서 얻어진다.

산소가 어떻게 생물에게 피해를 입힐 수 있는지를 이해하려면 산소의 독성 형태에 대한 간단한 설명이 필요하다.

표 4.1 다양한 종류의 세균의 성장에 미치는 산소의 영향

	a. 절대 호기성 생물	b. 조건부 혐기성 생물	c. 절대 혐기성 생물	d. 산소내성 혐기성 생물	e. 약호기성 생물
성장에 대한 산소의 영향	산소에서만 성장; 산소 필요	산소와 무산소 모두에서 성장; 산소가 있으면 더 좋은 성장	무산소 성장만; 산소가 존재하면 중단	무산소 성장만; 그러나 산소 존재 하에 계속 성장	산소 성장만; 낮은 농도의 산소가 필요
고체성장배지 튜브에서 세균의 성장					
성장패턴에 대한 설명	고농도의 산소가 배지로 확산되는 곳에서만 성장이 일어난다.	대부분의 산소가 존재하는 곳에서 성장이 최고지만 튜브 전체에 걸쳐 발생한다.	산소가 없는 곳에서만 성장이 일어난다.	성장이 균등하게 일어난다; 산소의 효과가 없다.	낮은 농도의 산소가 배지로 확산된 곳에서만 성장이 일어난다.
산소의 효과에 대한 설명	카탈라아제와 과산화물제거효소(SOD)가 존재하여 유독한 산소 형태를 중화시킨다; 산소를 이용할 수 있다.	카탈라아제와 SOD가 존재하여 유독한 산소 형태를 중화시킨다; 산소를 이용할 수 있다.	해로운 산소 형태를 중화할 효소가 결핍; 산소를 견딜 수 없다.	한 종류의 효소 SOD만 존재하여 해로운 형태의 산소를 부분적으로 중화한다; 산소를 견딘다.	일반적인 대기 산소에 노출되면 치명적인 양의 유독한 산소 형태를 만든다.

1. **일중항 산소(singlet oxygen, $^1O_2^-$)**는 정상 산소 분자(O_2)가 고에너지 상태로 끌어올려진 것으로 반응성이 매우 높다.
2. **초과산화물 라디칼(superoxide radical, O_2^-)** 또는 **초과산화물 음이온(superoxide anion)**은 산소를 최종 전자 수용체로 사용하여 물이 만들어지는 정상적인 생물의 호흡과정에서 소량 형성된다. 또한 산소가 있으면, 절대 혐기성 생물도 일부 초과산화물 라디칼을 생성하는 것으로 여겨진다. 이것은 세포 구성성분에 유해하기 때문에 대기 중의 산소를 이용하여 사는 모든 생물은 이를 중화시키는 효소인 **과산화물제거효소(superoxide dismutase, SOD)**를 만들어야만 한다. 이들의 독성은 이 물질의 불안정성이 크기 때문에 야기되는데, 불안정성으로 인해 주위 분자에게서 전자를 빼앗고, 결국 그 분자가 라디칼이 되어 또 다른 주위 분자의 전자를 빼앗는 과정이 계속된다. 호기성 세균과 산소를 이용하여 자라는 조건부 혐기성 생물 그리고(곧 설명할) 산소내성 혐기성 생물은 SOD를 생산한다. 이것으로 이들은 초과산화물 라디칼을 산소 분자(O_2)와 과산화수소(H_2O_2)로 전환한다.

$$O_2^- + O_2^- + 2\,H^+ \longrightarrow H_2O_2 + O_2$$

3. 이 반응에서 생산된 과산화수소도 **과산화물 음이온(peroxide anion) O_2^{2-}**을 가지고 있어서 독성이 있다. 항미생물제인 과산화수소와 과산화벤조일의 활성 원리 부분에서 이에 대해 설명할 것이다. 정상적인 유산소 호흡 동안 생산되는 과산화수소는 유독하기 때문에 미생물은 이것을 중화하는 효소를 개발해 왔다. 가장 잘 알려진 것은 과산화수소를 물과 산소로 전환하는 **카탈라아제(catalase)**이다.

$$2\,H_2O_2 \longrightarrow 2\,H_2O + O_2$$

카탈라아제는 과산화수소에 대한 이것의 작용으로 쉽게 검출할 수 있다. 한 방울의 과산화수소가 카탈라아제를 생산하는 세균의 콜로니에 더해지면 산소 방울이 방출된다. 상처에 과산화수소를 발라 본 모든 사람은 사람 조직 세포 또한 카탈라아제를 가지고 있다는 것을 인식할 수 있다. 과산화수소를 분해하는 다른 효소로는 **과산화효소(peroxidase)**가 있는데, 반응과정에서 산소를 생산하지 않는 점에서 카탈라아제와 다르다.

$$H_2O_2 + 2\,H^+ \longrightarrow 2\,H_2O$$

반응성 있는 산소의 또 다른 중요한 형태는 **오존(ozone, O_3)**으로 역시 145쪽에서 설명할 것이다.

4. **수산기 라디칼(hydroxyl radical, OH·)**은 산소의 또 다른 중간산물의 형태로 아마 반응성이 가장 높을 것이다. 이것은 이온화 방사선에 의해 세포의 원형질에서 생성된다. 대부분의 유산소 호흡에서 극미량의 수산기 라디칼이 만들어지지만, 금방 없어진다.

이들 독성 형태의 산소는 병원균에 대항하는 몸의 가장 중요한 방어의 하나인, 식세포 작용의 필수 구성요소이다. 섭취된 병원균은 식세포의 파고리소좀에서 일중항산소, 초과산화물 라디칼, 과산화수소의 과산화물 음이온, 수산기 라디칼 및 여러 산화 화합물 등에 노출되어 죽는다.

절대 혐기성 생물은 일반적으로 과산화물제거효소와 카탈라아제를 생산하지 않는다. 절대 혐기성 생물은 산소에 극도로 민감한데, 아마도 산소가 있으면 세포질에 초과산화물 라디칼이 축적되기 때문인 것 같다.

산소내성 혐기성 생물(aerotolerant anaerobe, 표 4.1d)은 산소를 이용하여 자라지는 못하지만 산소가 있어도 꽤 잘 버틸 수 있다. 절대 혐기성 생물 배양에 필요한 특별할 기술(나중에 설명)을 사용하지 않아도 고체배지의 표면에서 이들은 자랄 수 있다. 많은 산소내성 혐기성 세균은 탄수화물을 젖산으로 발효시키는 특징이 있다. 젖산이 축적되면서 호기성 경쟁자의 성장이 억제되고 젖산 생산자가 자라기 좋은 생태학적인 환경을 만들어진다. 젖산을 생산하는 산소내성 혐기성 세균의 흔한 예는 피클이나 치즈 같은 많은 종류의 산성 발효 음식의 생산에 이용되는 젖산균(lactobacilli)이다. 실험실에서 젖산균은 다른 세균과 마찬가지로 다루어지고 키워진다. 그러나 이들은 공기 중의 산소를 이용하지 않는다. 이들 세균은 앞서 설명한 유독한 형태의 산소를 중화시키는 SOD나 이에 준하는 체계를 가지고 있기 때문에 산소에 견딜 수 있다.

몇몇 세균은 **약호기성 생물(microaerophile)**이다(표 4.1e). 이들은 호기성이다. 즉, 산소를 필요로 한다. 그러나 이들은 공기보다 낮은 산소 농도에서만 자란다. 고체 영양배지가 들어 있는 시험관에서 저산소생물은 산소가 확산되어 소량으로 존재하는 배지의 깊이에서만 자란다. 이들은 산소가 풍부한 표면 근처나 적절한 양의 산소가 있는 바로 아래 부위에서는 자라지 않는다. 이렇게 제한된 내성은 초과산화물 라디칼 및 과산화물에 대한 민감성 때문인 것 같은데, 산소가 풍부한 조건에서는 이 세균들이 이런 물질을 치명적인 농도로 만들어낸다.

유기성장인자

해당 생물이 합성할 수 없는 필수적인 유기 화합물을 **유기성장인자(organic growth factor)**라고 하는데, 이들을 환경에서 직접 얻어야만 한다. 사람에 있어 유기성장인자의 한 그룹은 비타민이다. 대부분의 비타민은 특정 효소의 작동에 필요한 유기 보조인자인 조효소로서의 기능을 한다. 대부분의 세균은 스스로 필요한 모든 비타민을 합성할 수 있어 외부 공급원에 의존하지 않는다. 그러나 일부 세균은 특정 비타민을 합성하는 데 필요한 효소가 결핍되어 있어서 이런 세균에게는 해당 비타민이 유기성장인자이다. 일부 세균에 필요한 또 다른 유기성장인자는 아미노산과 퓨린, 피리미딘이다.

생물막

자연에서 미생물이 실험실 배양접시에서 보는 것처럼 분리된 한 종의 콜로니로 사는 경우는 거의 없고, 보통은 **생물막(biofilm)**이라고 하는 군집을 이루고 산다. 이러한 사실은 생물막의 3차원 구조를 더 잘 보여주는 공초점 현미경(28쪽 참조)이 개발되고 나서야 비로소 제대로 평가를 받게 되었다. 생물막은 흔히 점액질(slime)이라고 부르는 매질 안에 위치하는데, 이 매질은 주로 다당류로 되어 있지만 DNA와 단백질도 들어 있다. 생물막은 또한 건조중량의 몇 배의 물을 가지고 있는 복잡한 중합체인 하이드로젤(hydrogel)로 볼 수도 있다. 세포-세포 간 화학적 교신인 정족수감지(quorum sensing)를 통해 세균은 그들의 활성을 조율하고 함께 모여 군집을 이룬다. 이러한 군집이 제공하는 이익은 다세포생물의 그것과 별반 다르지 않다. 따라서 생물막은 단순한 세균의 점액질층이 아니라 생물학적 시스템이다. 해당 세균들은 조직화되어 공동으로 작용하는 기능 공동체가 된다. 생물막은 보통 연못의 돌, 사람의 치아(치태) 같은 표면 또는 점막에 부착된다. 이런 공동체는 단일 종의 미생물 또는 여러 종으로 이루어질 수 있다. 생물막은 더 다양한 다른 형태를 취할 수 있다. 특정한 종류의 하수처리에서 형성되는 플록(floc)이 한 예이다. 유속이 빠른 물에서는 생물막이 실이나 띠 형태를 이룰 수 있다. 생물막이라는 군집 내에서 세균은 영양분을 공유할 수 있고 건조와 항생제, 몸의 면역계 등과 같은 그들에게 해로운 환경 인자로부터 보호받을 수 있다. 생물막 안에서 미생물은 서로 근접해 있어 유전 정보의 전달을 촉진할 수 있는 이점이 있는데, 접합이 한 예이다.

보통 부유 생활하는(플랑크톤성, planktonic) 세균이 표면에 부착될 때 생물막이 형성되기 시작한다. 만일 이 세균이 하나의 두꺼운 층으로 균일하게 자라면, 세균들이 과밀해짐과 동시에 층의 아래쪽에서는 양분은 부족해지고 독성 노폐물은 축적될 수 있다. 생물막의 미생물 군집은 때로 기둥과 같은 구조(그림 4.5)를 만들어 이들 사이에 통로를 형성함으로써, 양분의 유입과 노폐물의 배출을 가능하게 한다. 이것은 일종의 원시적인 순환계를 이룬다. 개개의 미생물과 점액 덩어리는 정착된 생물막을 떠나 새로운 위치로 이동하여 생물막을 확장한다. 이런 생물막은 보통 표면층의 두께가 10 μm 정도이고 이 위로 200 μm까지 확장되는 기둥이 있다.

생물막의 미생물들은 서로 협력하여 복잡한 일을 수행할 수 있다. 예를 들어 소와 같은 반추동물의 소화계에서 섬유소가 분해되려면 많은 미생물 종이 필요하다. 반추동물 소화계에 있는 미생물은 대부분 생물막 공동체에 위치한다. 생물막은 하수처리 시스템의 원활한 기능을 위해서도 필수적인 요소이다. 그러나 생물막은 파이프나 배관에서 문제가 될 수 있는데, 생물막의 축적되어 순환을 방해하기 때문이다.

파란 화살표로 보이는 것처럼 고체 표면에 부탁된 세균의 성장에 의해 형성된 점액의 기둥 사이로 물의 흐름이 이루어진다. 이것이 영양물의 접근과 세균노폐물의 제거를 효율적으로 만든다. 개개의 점액형성 세균 또는 점액 덩어리의 세균이 떨어져 새로운 장소로 이동한다.

10 μm

그림 4.5 생물막

생물막의 억제가 왜 의료환경에 중요한가?

생물막은 사람의 건강에서도 중요한 요소이다. 예를 들어 생물막의 미생물은 살균제에 아마 1,000배는 더 내성을 가진다. 미국 질병통제예방센터(CDC)의 전문가들은 사람에 감염하는 세균의 70%가 생물막과 관련된다고 추정한다. 대부분의 병원 내 감염(의료시설에서 걸리는 감염)은 의료용 도관에 있는 생물막과 관련될 가능성이 있다. 실제로 기계식 인공심장판막을 비롯하여 체내에 삽입된 대부분의 의료 장치에 생물막이 형성된다. 칸디다(*Candida*) 같은 균류에 의해 형성되는 생물막을 포함하여 생물막은 콘택트렌즈 사용 관련 감염과 충치, 슈도모나드 세균에 의한 감염 등과 같은 많은 질병 상태에서 볼 수 있다.

생물막 형성을 막는 한 방법은 항미생물제를 생물막이 형성될 수 있는 표면에 처리하는 것이다. 정족수감지를 가능하게 하는 화학 신호가 생물막 형성에 필수적이기 때문에 이들 화학 신호의 구성을 알아내서 이를 막으려는 연구가 진행되고 있다. 또 다른 접근 방법에는 사람의 많은 분비액에 풍부한 락토페린(lactoferrin)이 생물막 형성을 억제할 수 있다는 발견과 관련된다. 락토페린은 철과 결합하는데, 유전질환인 낭포성 섬유증의 병리 원인인 낭포성 섬유증 생물막을 형성하는 슈도모나드(pseudomonad)를 특히 억제할 수 있다. 철의 결핍은 세균이 응집하여 생물막을 이루는 데 필수적인 표면 운동성을 억제한다.

오늘날 미생물학의 실험 대부분은 부유 방식으로 배양된 미생물을 사용한다. 그러나 현재 미생물학자들은 미생물들이 상호 관련해서 실제로 어떻게 사는지에 대한 관심이 증가할 것이고 산업과 의료 분야 연구에서 중요할 것이라고 예상하고 있다.

배양배지

실험실에서 미생물을 키우기 위해 준비하는 영양물질을 **배양배지(culture medium)**라고 한다. 일부 세균은 아무 영양배지에서나 잘 자랄 수 있는 반면, 다른 세균의 배양에는 특별한 배지가 필요하고 현재까지 개발된 인공 배지에서는 자랄 수 없는 세균도 있다. 세균을 키우기 위해 새로운 배양배지에 도입하는 생물을 **접종원(inoculum)**이라고 한다. 배양배지에서 자라고 증식하는 미생물을 **배양물(culture)**이라고 한다.

특정 임상 검체에서 나온 미생물과 같은 특정 미생물을 배양하고자 한다고 생각해 보자. 배양배지는 어떤 기준을 만족해야 할까? 먼저 배양배지에는 키우려는 특정 미생물에게 맞는 영양분이 들어 있어야만 한다. 또한 충분한 수분, 적절히 조정된 pH, 적합한 수준의 산소 등도 있어야 한다. 배지는 처음에 반드시 **멸균(sterile)** 상태이어야 한다. 즉, 살아 있는 미생물은 전혀 가지고 있지 않아서 배양물에는 오로지 접종한 미생물(과 그 자손)만이 있어야 한다. 마지막으로 배양물은 적절한 온도에서 배양되어야 한다.

실험실에서 미생물을 키울 수 있는 매우 다양한 배지가 있다. 시중에서 구입할 수 있는 배지의 대부분은 이미 조제된 상태여서 물만 넣고 멸균만 하면 된다. 식품, 식수, 임상미생물학 등과 같은 분야의 연구자가 관심이 있는 세균을 분리하고 동정하는 데 이용될 수 있도록 배지는 끊임없이 개발 또는 변형되고 있다.

세균을 고체배지에서 키우려는 경우에는 한천과 같은 고형제를 배지에 첨가한다. 해조류에서 유래한 복합 다당류인 **한천(agar)**은 젤리와 아이스크림 같은 식품을 걸쭉하게 만드는 데 오랫동안 사용되어 왔다.

한천은 미생물학에서 매우 중요한 가치가 있는 특성을 가지고 있고, 아직까지 한천보다 나은 대체품은 발견되지 않았다. 한천을 분해할 수 있는 미생물은 거의 없어서 배지에서 고체상태로 남아 있는다. 한천은 약 100°C(물의 끓는점)에서 녹고 온도가 40°C까지 내려가도 액상으로 남아 있는다. 일단 굳으면 100°C에 근접하기 전까지는 녹지 않는 한천의 특성은 호열성 세균을 배양할 때 특히 유용하다.

한천배지는 일반적으로 시험관이나 **페트리 접시**(Petri dish)에 만든다. 시험관에 만든 배지는 **사면한천배지**(slant)라고 부른다. 시험관을 일정 각도로 유지하면서 내용물을 굳힌다. 그러면 넓은 표면적이 배양에 이용될 수 있다. 한천을 수직으로 시험관에 굳힌 것을 딥(deep)이라고 한다. 발명자의 이름 딴 패트리 접시는 오염 방지를 위한 뚜껑이 있는 얕은 접시인데, 배지가 들어 있으면 **페트리 평판**(Petri plate 또는 배양평판)이라고 부른다.

표 4.2 대장균과 같은 전형적인 화학종속영양생물의 성장을 위한 화학 정성배지

성분	함량
포도당	5.0 g
인산암모늄, 일염기성 ($NH_4H_2PO_4$)	1.0 g
염화나트륨 (NaCl)	5.0 g
황화마그네슘 ($MgSO_4 \cdot 7H_2O$)	0.2 g
인산칼륨, 이염기성 (K_2HPO_4)	1.0 g
물	1리터

화학 정성배지

미생물의 성장을 위해 배지는 에너지원과 탄소, 질소, 황, 인, 그리고 해당 미생물이 합성하지 못하는 유기 성장인자를 제공하여야 한다. **화학 정성배지(chemically defined medium)**는 정확한 화학적 조성이 알려져 있는 배지이다. 화학종속영양생물을 위한 화학 정성배지에는 탄소 및 에너지원으로 이용될 유기성장인자가 반드시 들어있어야 한다. 예를 들어 **표 4.2**에 나타난 것처럼 화학종속영양생물인 대장균(*E. coli*)의 성장을 위해 포도당이 배지에 포함된다.

표 4.3에서 볼 수 있듯이 류코노스톡(*Leuconostoc*)의 종을 배양하기 위해 사용되는 화학 정성배지에는 여러 유기성장인자가 반드시 공급되어야 한다. 많은 성장인자를 필요로 하는 생물은 "fastidious(까다로운)"라고 표현한다. 젖산막대균(*Lactobacillus*)과 같은 이런 종류의 미생물은 어떤 물질에 들어 있는 특정 비타민의 농도를 결정하는 시험에 종종 이용된다. 이런 미생물학적 분석을 수행하기 위해 분석할 비타민을 제외하고 해당 세균의 성장에 필요한 모든 물질이 들어 있는 배지를 준비한다. 그 다음, 시험할 물질을 배지에 넣고 세균을 접종하고 세균의 성장을 측정한다. 젖산의 생산량으로 반영되는 세균 성장은 시험 물질에 있는 비타민의 양에 비례할 것이다. 젖산이 많을수록 더 많은 *Lactobacillus* 세포가 자란 것이고 따라서 비타민이 많이 존재하는 것이다.

복합배지

화학 정성배지는 연구실에서의 실험이나 독립영양세균 배양용으로 주로 쓰인다. 일반미생물학 실습 과정에서 다루는 대부분의 종속영양세균과 균류는 보통 **복합배지(complex media)**에서 키우는데, 복합배지에는 효모나 고기, 식물의 추출액 또는 이들과 기타 다른 물질에서 유래한 단백질 분해물을 비롯한 영양분이 들어 있다. 정확한 화학 조성은 매번 제조 때마다 약간씩 다르다. **표 4.4**는 널리 사용되고 있는 한 복합배지의 조성을 보여준다.

표 4.3 *Leuconostoc mesenteroides*를 위한 정성 배양배지

탄소와 에너지
포도당 25 g
염
NH_4Cl, 3.0 g K_2HPO_4*, 0.6 g KH_2PO_4*, 0.6 g $MgSO_4$, 0.1 g
아미노산, 각각 100~200 μg
알라닌, 아르기닌, 아스파라긴, 아스파르트산염, 시스테인, 글루타민산염, 글루타민, 글리신, 히스티딘, 이소류신, 류신, 리신, 메티오닌, 페닐알라닌, 프롤린, 세린, 트레오닌, 트립토판, 티로신, 발린
퓨린과 피리미딘, 각각 10 mg
아데닌, 구아닌, 우라실, 크산틴
비타민, 각각 0.01~1 mg
비오틴, 엽산, 니코틴산, 피리독살, 피리독사민, 피리독신, 리보플라빈, 티아민, 판토텐산염, *p*-아미노베조산
미량원소, 각각 2~10 μg
Fe, Co, Mn, Zn, Cu, Ni, Mo
완충용액, pH 7
아세트산나트륨, 25 g
증류수, 1,000 ml
* 완충용액으로 또한 사용.

복합배지에서 자라는 미생물에게 필요한 에너지, 탄소, 질소, 황 등은 주로 단백질에 의해 제공된다. 단백질은 크고 비교적 불용성인 분자로서 소수의 미생물만이 직접 이용할 수 있지만, 단백질을 산이나 효소로 부분적으로 분해하면 펩톤(peptone)이라는 짧은 아미노산의 사슬로 만들 수 있다. 이렇게 작아진 수용성 조각은 대부분의 세균이 이용할 수 있다.

비타민과 다른 유기성장인자는 고기 추출물이나 효모 추출물에서 제공된다. 고기나 효모에서 온 이 수용성 비타민과 미네랄은 추출용 물에 녹인 다음, 물을 증발시켜 이들 인자를 농축시킨다. (이들 추출물에 유기 질소와 탄소 화합물도 보충한다.) 효모 추출물은 주

표 4.4 종속영양세균의 배양을 위한 복합배지인 영양한천배지의 조성

성분	양
펩톤 (부분적으로 소화된 단백질)	5.0 g
소고기 추출물	3.0 g
염화나트륨	8.0 g
한천	15.0 g
물	1리터

로 비타민 B가 풍부하다. 만일 복합배지가 액체의 형태이면 이를 **영양배지(nutrient broth)**라고 한다. 한천이 첨가되면 이를 **고체영양배지(nutrient agar)**라고 한다. (이 용어는 오해의 소지가 있다. 한천 자체는 영양분이 아니라는 점을 기억하자)

무산소 성장배지와 방법

혐기성(anaerobic) 세균을 배양하려면 특별한 문제에 직면한다. 혐기성 세균은 산소에 노출되면 죽을 수 있기 때문에 **환원배지(reducing media)**라는 특별한 배지를 사용해야만 한다. 이 배지에는 용존 산소와 화학적으로 결합하여 배양배지에 있는 산소를 고갈시키는 소듐티오글리콜레이트(sodium thioglycolate) 같은 성분이 들어 있다. 보통 절대 혐기성 세균을 키우고 순수 배양을 유지하기 위해서 미생물학자는 뚜껑을 단단히 닫은 시험관에 보관된 환원배지를 사용한다. 이 배지는 사용 전에 잠깐 가열하여 흡수된 산소를 제거한다.

개별 콜로니를 관찰하기 위해서는 페트리 평판에서 배양하여야 하는데 여러 방법이 가능하다. 한번에 비교적 적은 배양평판을 사용하는 실험실에서는 배양 평판을 보관함에 넣고 밀봉한 다음 그 안의 산소를 화학적으로 제거하고 미생물을 배양하는 시스템을 사용할 수 있다. 일부 시스템은 그림 4.6에서 보는 것처럼 보관함을 밀봉하기 전에 화학물 봉투에 물을 첨가해야 하고 촉매가 필요하다. 이 화학물질은 수소와 이산화탄소(약 4~10%)를 생산하고 촉매의 존재 하에서 보관함에 있는 산소와 수소를 결합시켜 물을 형성함으로써 산소를 제거한다. 시중에 나와 있는 또 다른 시스템의 경우에는 화학물질(활성 성분은 아스코브산) 봉투를 용기 안에 있는 산소에 노출되도록 간단히 개봉만 하면 된다. 물이나 다른 촉매가 필요 없다. 이런 용기 안의 공기에 보통 5% 이하의 산소, 약 18% CO_2가 있으며 수소는 없다. 최근에 도입된 시스템에서는 개별 페트리 평판(OxyPlate)이 무산소실이 된다. 이 평판 안의 배지에는 옥시라제라는 효소가 있어서 수소와 산소를 결합시켜 물을 형성하면서 산소를 제거한다.

혐기성 세균을 대상으로 많은 연구를 하는 실험실에서는 흔히 그림 4.7과 같은 무산소 챔버를 이용한다. 이것의 내부는 불활성 가스(보통 약 85% N_2와 10% H_2, 5% CO_2)로 가득 차 있고 배양물과 재료를 넣기 위한 공기 잠금 장치가 장착되어 있다.

특수 배양기술

대부분의 세균은 실험실 인공배지에서 제대로 배양된 적이 없다. 나병을 일으키는 간균인 나병균(*Mycobacterium leprae*)은 현재 아르마딜로에서 보통 키우는데, 이 동물의 비교적 낮은 체온이 이 세균의 성장에 적합하다. 다른 예로는, 비록 일부 비병원성 스피로헤타가 실험실 배지에서 자라지만, 매독을 일으키는 스피로헤타가 있다. 거의 예외 없이 리케차와 클라미디아 같은 절대 세포 내 세균은 인공배지에서는 자라지 않는다. 바이러스처럼 이들은 살아 있는 숙주세포에서만 번식할 수 있다.

많은 임상 실험실은 대기 중의 농도보다 높거나 낮은 CO_2의 농도가 필요한 호기성 세균을 키울 수 있는 특별한 **CO_2 배양기**를 보유하고 있다. 원하는 CO_2 수준을 전자식 조절로 유지한다. 높은 수준의 CO_2 농도는 간단한 **양초병(candle jar)**으로도 얻을 수 있다. 배양체를 불 붙인 초가 들어 있는 큰 밀봉한 병에 놓으면, 초가 타면서 산소를 소모한다. 병 속 공기의 산소 농도가 낮아지면서 초는 꺼지게 된다(산소 농도가 약 17%로 호기성 세균의 성장에는 여전히 충분함). 또한 CO_2는 증가한 농도(약 3%)로 존재한다. 높은 CO_2 농도에서 더 잘 자라는 미생물을 **호탄산가스성(capnophile)**이라고 한다. 저산소, 고이산화탄소 조건은 병원성 세균이 자라는 창자와 호흡기, 다른 신체 조직의 조건과 유사하다.

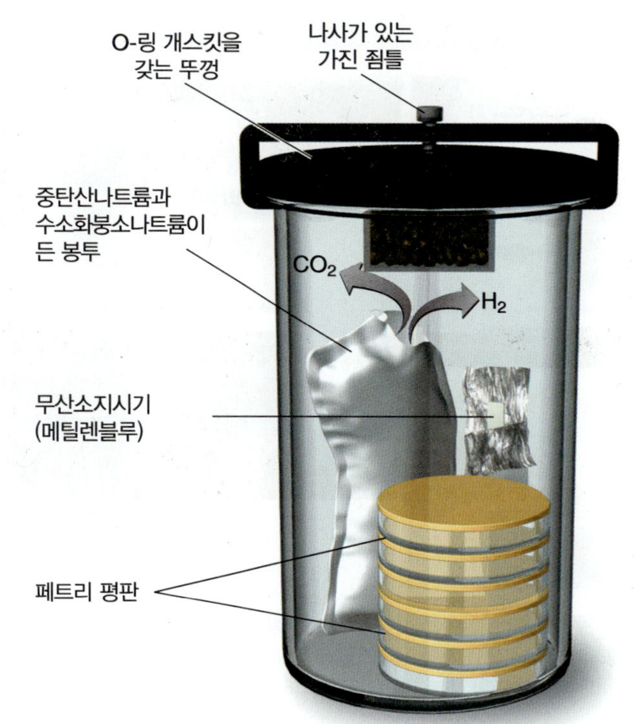

그림 4.6 페트리 평판에 있는 혐기성(anaerobic) 세균의 배양을 위한 병. 중탄산나트륨과 수소화붕소나트륨이 든 화학물질주머니에 물을 섞으면 수소와 이산화탄소가 발생한다. 망이 쳐진 반응공간에 있는 화학물질주머니에 동봉된 팔라듐 촉매의 표면에서 수소와 병에 있는 공기 중 산소가 반응하여 물을 형성한다. 이렇게 산소가 제거된다. 또한 산화되면 파란색을 띠는 메틸렌블루가 함유된 무산소지시기가 병에 있는 산소가 제거되면(여기서 보이는 것처럼) 무색으로 변한다.

Q 성장하기 위해 대기보다 높은 CO_2 농도가 필요한 세균을 위한 기술의 이름은 무엇인가?

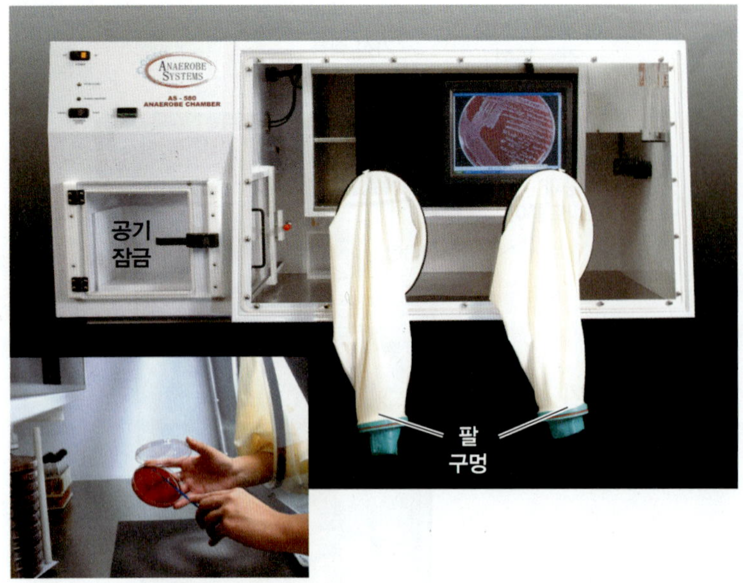

그림 4.7 무산소챔버. 물질은 왼쪽에 있는 기밀실의 작은 문을 통해 넣는다. 사용자는 밀폐소매의 팔구멍을 통해 일을 한다. 밀폐소매는 사용할 때에는 캐비닛으로 확장된다. 이 장치는 또한 내부 카메라와 모니터를 갖추고 있다.

Q 어떤 점에서 무산소방이 우주의 진공에서 궤도를 도는 우주 실험실과 유사한가?

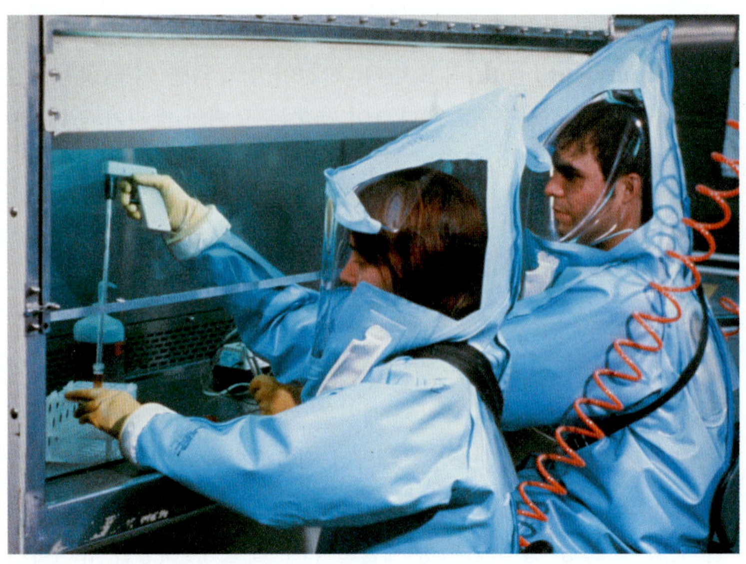

그림 4.8 생물안전등급 4(BSL-4) 실험실의 연구원. BSL-4 시설에서 일하는 직원은 외부의 공기공급기에 연결된 "우주복"을 입는다.

Q 만일 연구원이 병원성 프리온을 가지고 일한다면 실험실에 남긴 물질을 어떻게 비감염성으로 만들까? (힌트: 5장 참조)

양초병은 아직도 가끔 사용되지만, 보편적으로는 시판되고 있는 화학물질 패킷을 사용하여 용기 안에 이산화탄소 공기를 만든다. 단지 한두 개의 페트리 평판을 배양할 때는 패킷을 부수거나 몇 ml의 물로 적시면 활성화되는 자체 화학가스발생기가 들어 있는 작은 비닐 봉투를 흔히 사용한다. 종종 이런 패킷은 약호기성 세균인 캄필로박터(*Campylobacter*)와 같은 미생물 배양에 필요한 정확한 농도의 이산화탄소(보통 양초병으로 얻을 수 있는 것보다 높은)와 산소를 제공하도록 특별하게 만들어진다.

일부 미생물은 너무 위험해서 이들은 **생물안전등급[biosafety level 4(BSL-4)]**라고 불리는 봉쇄된 특별한 시스템 하에서만 다룰 수 있다. 등급 4 실험실은 일반적으로 "위험지역(the hot zone)"이라고 알려져 있다. 미국 내에 이런 실험실은 손으로 꼽을 만큼 소수이다. 이 실험실은 큰 빌딩 안에 봉쇄된 환경이며, 음압을 유지하기 때문에 병원균을 포함한 에어로졸이 빠져나갈 수 없다. 흡입과 배출 공기 모두 HEPA 필터(고효율입자공기 필터, high-efficiency particulate air filter)를 통해 여과되고, 배출 공기는 두 번 여과된다. 실험실에서 나가는 모든 폐기물은 비감염성이 되도록 처리된다. 여기를 출입하는 개개인은 공기 공급장치가 연결된 우주복을 입는다(그림 4.8).

상대적으로 덜 위험한 생물은 그만큼 낮은 생물안전등급에서 다루어진다. 예를 들어 기본적인 미생물학 교육 실험실은 BSL-1이 될 것이다. 약간의 감염 위험이 있는 생물은 생물안전등급 2에서, 즉 적절한 장갑, 실험복 또는 얼굴과 눈 보호 장치를 갖춘 개방된 실험대에서 다루어질 수 있다. BSL-3 실험실은 결핵균과 같이 감염성이 높고 공기로 전염되는 병원균을 위한 시설이다. 그림 4.7의 무산소챔버와 모양이 비슷한 생물안전 캐비닛이 사용된다. 실험실 자체는 음압이 가해져야 하고 실험실에서 병원균이 방출되는 것을 막기 위한 공기 필터가 장착되어야 한다.

선택배지와 분별배지

임상과 공중보건 미생물학에서는 질병이나 불결한 위생과 관련된 특정 미생물의 존재를 확인할 필요가 자주 있다. 이를 위해 선택배지와 분별배지가 사용된다. **선택배지(selective media)**는 원하지 않는 미생물의 성장을 억제하고 바라는 미생물의 성장을 촉진하도록 고안되었다. 예를 들어 아황산비스무트 고체배지는 장티푸스균인 그람음성의 티푸스균(*Salmonella typhi*)을 분변에서 분리하는 데 사용되는 배지이다. 아황산비스무트는 그람양성세균과 대부분의 그람음성 장내 세균(*S. typhi* 이외의 세균)을 억제한다. 사브로 한천배지(Sabouraud's dextrose agar)의 pH는 5.6으로 대부분의 세균보다 이 pH에서 빨리 성장하는 균류를 분리하는 데 이용한다.

분별배지(differential media)는 원하는 생물의 콜로니를 같은 평판에서 자라는 다른 콜로니와 구별하기 쉽게 만든다. 마찬가지로 순수배양된 미생물도 시험관이나 평판에 있는 분별배지에서 식별 가능한 반응을 한다. 혈액한천배지(적혈구가 들어 있음)는 미생물학자들이 적혈구를 파괴하는 세균 종을 확인하는 데 자주 이용하는 배

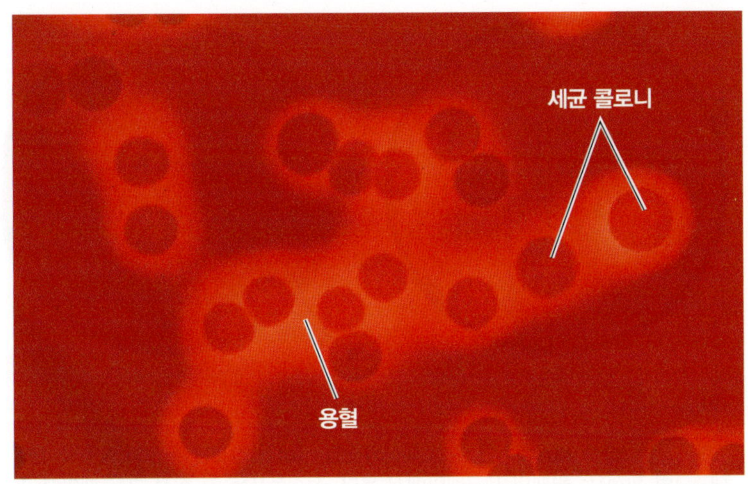

그림 4.9 혈액한천배지, 적혈구 세포를 가진 분별배지. 세균이 적혈구 세포를 용해시켜 (베타용혈) 콜로니 주위에 맑은 지역이 나타난다.

Q 병원균에 대한 용혈소의 가치는 무엇인가?

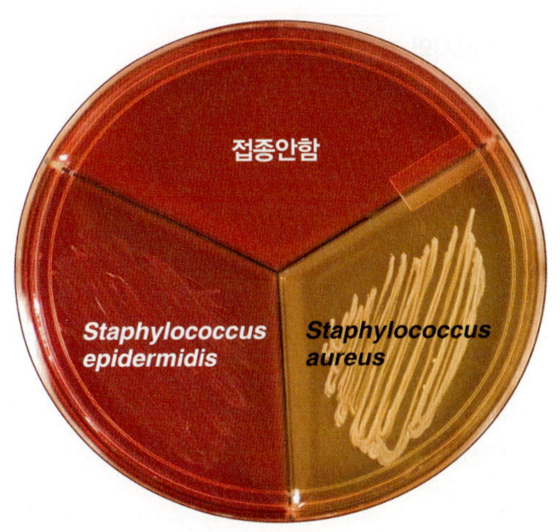

그림 4.10 분별배지. 이 배지는 마니톨 염 한천배지이고 마니톨을 산으로 발효할 수 있는 능력이 있는 세균(*Staphylococcus aureus*)은 배지의 색을 노랗게 변경시킨다. 이것이 마니톨을 발효할 수 있는 세균과 그렇지 못한 세균을 분별한다. 실제로 이 배지는 높은 염의 농도가 *Staphlylococcus* 종을 제외한 대부분의 세균의 성장을 막기 때문에 선택적이다.

Q 높은 삼투압에서 자라는 능력을 가진 세균이 콧물에서 자랄 수 있을 것 같은가?

지이다. 패혈성 인두염(strep throat)을 일으키는 세균인 피오게네스(*Streptococcus pyogenes*) 같은 종은 콜로니 주위에 있는 적혈구를 용해시켜 투명한 환이 보인다[베타용혈(그림 4.9)].

때때로 선택배지와 분별배지 특성이 모두 있는 배지를 만든다. 비강에서 발견되는 흔한 세균인 *Staphylococcus aureus*를 분리한다고 가정하자. 이 세균은 높은 농도의 염화나트륨에 내성이 있다. 또한 탄수화물인 마니톨(mannitol)을 발효하여 산을 생성한다. 마니톨염 한천배지에는 7.5%의 염화나트륨이 들어 있어서 경쟁 미생물의 성장이 억제되어 *S. aureus*가 선택될(더 잘 자랄) 것이다. 또한 이 염 배지에는 pH 지시약도 들어 있어서 배지의 마니톨이 산으로 발효되면 색이 변한다. 따라서 마니톨을 발효하는 *S. aureus*의 콜로니는 마니톨을 발효하지 않는 세균의 콜로니와 구별된다. 높은 염의 농도에서 자라고 마니톨을 산으로 발효하는 세균은 색깔 변화로 즉시 확인할 수 있다(그림 4.10). 이런 콜로니는 *S. aureus*일 가능성이 크고 추가 시험으로 이를 확인할 수 있다.

농화배지

시료 내에 수가 많지 않은 세균은 누락될 수 있기 때문에 특히 다른 세균의 수가 훨씬 많다면 **농화배지(enrichment culture)**를 사용할 필요가 종종 있다. 토양이나 분변 시료의 경우에 보통 그렇다. 농화배양용 배지(농화배지)는 일반적으로 액체이고 특정 미생물은 잘 자라지만 다른 미생물은 자라지 못하는 환경조건과 영양분을 제공한다. 이런 의미에서 농화배지도 선택배지이지만, 아주 적은 수의 원하는 종류의 생물을 검출할 수 있는 수준까지 증가시키기 위해 고안되었다.

토양 시료에서 페놀에서 자랄 수 있고 다른 종에 비해 훨씬 적은 수가 존재하는 미생물을 분리하고자 한다고 가정하자. 페놀이 유일한 탄소와 에너지원인 액체 농화배지에 토양 시료를 넣으면 페놀을 대사할 수 없는 생물은 자라지 못할 것이다. 이 배양을 며칠 동안 계속 진행한 다음 이 배양액의 소량을 동일한 새로운 배지가 들어 있는 다른 플라스크로 옮긴다. 이런 전이 과정을 여러 번 거치는 동안 살아남은 집단은 페놀을 대사할 수 있는 세균이 차지하게 될 것이다. 전이 사이의 시간이 세균이 이 배지에서 자랄 수 있도록 주어진 시간이다. 이것이 농화단계이다. 원래 접종물에 있던 모든 영양분은 연속되는 전이 과정에서 빠르게 희석된다. 마지막 배양액을 찍어 같은 조성의 고체배지 위에 도말하면 페놀을 이용할 수 있는 미생물의 콜로니만 자라게 된다. 여기서 놀라운 점은 페놀이 보통은 대부분의 세균에게 치명적이라는 것이다.

순수 배양체의 획득

고름과 가래, 소변 등과 같은 대부분의 전염성 물질에는 여러 가지 종류의 세균이 들어 있다. 토양, 물, 또는 음식물 시료도 마찬가지이다. 이런 물질을 고체배지 위에 도말하면 원래 생물의 정확한 복제본인 콜로니가 형성될 것이다. 눈에 보이는 **콜로니(colony, 군체**

표 4.5 주요 배양배지와 그 사용 목적

종류	목적
화학 정성	화학자가영양생물과 광자가영양생물의 성장; 미생물학적인 분석
복합	대부분의 화학종속영양생물의 성장
환원	절대 혐기성 세균의 성장
선택	원하지 않는 미생물의 억제; 바라는 미생물의 촉진
분별	바라는 미생물의 콜로니를 다른 것과 차별
농화	선택배지와 유사하지만 원하는 미생물의 수를 검출 가능한 수준으로 증가시키도록 고안됨

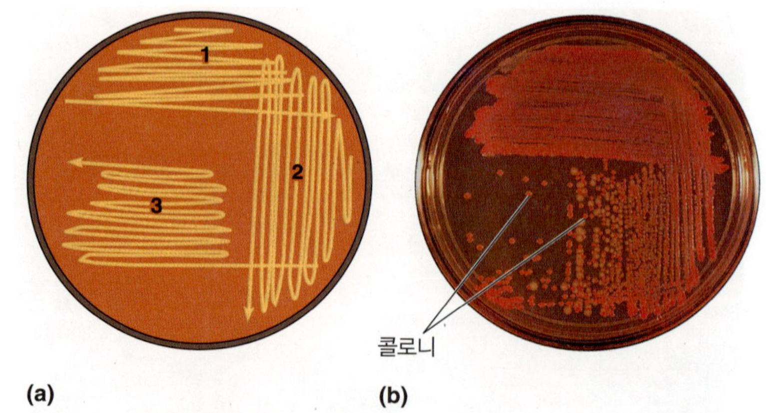

그림 4.11 **순수 세균배양을 위한 획선평판법.** (a) 화살표는 획선의 방향을 가리킨다. 1번 획선은 원래의 세균배양에서 온다. 접종루프는 각 획선 그을 때마다 멸균한다. 2와 3에서 루프는 이전 획선에서 세균을 묻히고, 세포의 수는 매번 희석된다. 이런 패턴은 수많은 변형이 있다. (b) 이 예의 3번 획선에서 붉고 노란 두 다른 종류의 잘 분리된 세균의 콜로니가 나타날 것을 주목하시오.

Q 획선평판법의 결과 형성된 콜로니는 언제나 하나의 세균에서부터 생긴 것인가? 각자의 답에 이유를 말하시오.

라는 용어를 사용하기도 하지만 이책에서는 콜로니를 사용함—역자주)는 이론적으로 한 개의 포자나 살아 있는 세포 혹은 서로 붙어 있는 같은 미생물의 집단에서 유래한다. 생태계의 약 1%의 세균만이 전통적인 배양 방법으로 콜로니를 형성하는 것으로 추정된다. 미생물 콜로니는 흔히 다른 종류의 미생물의 것과 구별되는 독특한 모양을 보인다(그림 4.10 참조). 콜로니가 서로 잘 분리되도록 세균을 충분히 넓게 분포시켜야 한다.

대부분의 세균학 연구는 세균의 순수 배양 또는 클론을 필요로 한다. 순수 배양체를 얻기 위해 이용하는 가장 흔한 방법은 **획선평판법(streak plate method,** 그림 4.11)이다. 멸균된 접종 루프를 한 종류 이상의 미생물이 들어 있는 혼합 배양체에 담갔다가 영양배지의 표면에 패턴으로 줄을 긋는다. 패턴을 따라 세균은 루프에서 배지 위로 문질러 떨어진다. 루프에서 문질러 떨어진 마지막 세포는 충분히 떨어져 분리된 콜로니로 자란다. 이들 콜로니는 접종 루프로 집어내어 한 종류의 세균만 가지는 순수 배양체를 형성하기 위해 영양배지의 시험관으로 옮길 수 있다.

획선평판법은 분리하고자 하는 미생물이 전체 집단에서 상대적으로 많이 존재할 때 효과적이다. 표적 미생물이 아주 적은 수만 존재할 때에는, 획선평판법으로 분리하기 전에 선택적 농화배양을 통해 그 수를 상당히 증가 시켜야만 한다.

세균 배양체의 보관

냉장보관을 이용하면 세균 배양체를 단기간 동안 저장할 수 있다. 미생물 배양체를 오랜 기간 보관하는 일반적인 두 가지 방법은 심온동결(급속냉동)과 동결건조이다. **심온동결[급속냉동(deep-freezing)]**은 미생물의 순수 배양체를 액체 현탁액에 넣고 −50°C에서 −95°C의 온도 범위에서 빠르게 얼리는 과정이다. 배양체는 보통 몇 년 후에도 해동하여 배양할 수 있다. **동결건조[lyophiliztion(냉동건조, freeze-drying)]** 동안 미생물의 현탁액은 −54°C에서 −72°C의 온도 범위에서 급냉동되면서 고진공으로 수분이 제거된다(승화). 진공 상태에서 불대(torch)로 유리를 녹여 용기를 밀봉한다. 미생물이 들어 있는 가루와 같은 잔류물은 수년간 보관할 수 있다. 해당 미생물은 적절한 액체 영양배지로 수화(hydration)하여 언제든지 되살릴 수 있다.

세균의 성장

세균 배양체의 성장 결과로 생긴 엄청난 개체군을 도표로 나타내는 것은 미생물학에서 필수적인 부분이다. 미생물의 수를 결정하기 위해서 직접 세거나 간접적으로 대사 활성을 측정하는 것도 필요하다.

세균의 분열

이번 장의 시작 부분에서 언급했듯이 세균 성장은 세균 수의 증가를 의미하는 것이지 개개 세포의 크기 증가를 말하는 것이 아니다. 세균은 보통 **이분법(binary fission)**으로 번식한다(그림 4.12).

몇 가지 세균 종은 **출아법(budding)**으로 번식한다. 이들이 처음에 만드는 작은 눈(bud)은 모세포의 크기 정도까지 커진 다음 분리된다. 일부 사상 세균[일부 방선균(actinomycetes)]은 필라멘트 끝에 붙어 있는 분생포자(conidiospore) 사슬을 만들어 번식한다. 몇 가지 사상 종은 단순하게 조각이 나서 각 조각이 새로운 세포로 성장을 개시한다.

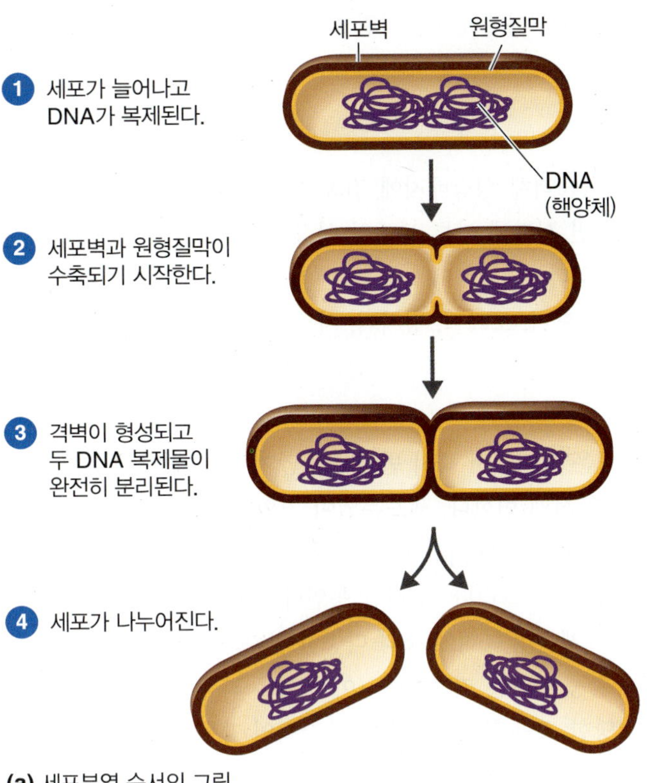

(a) 세포분열 순서의 그림

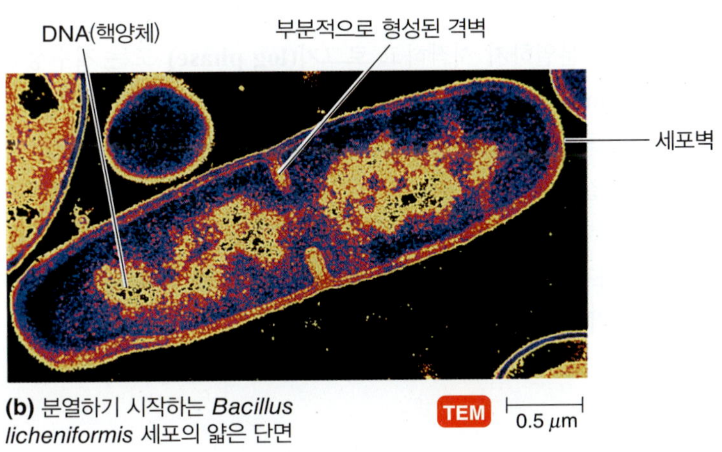

(b) 분열하기 시작하는 *Bacillus licheniformis* 세포의 얇은 단면

그림 4.12 세균의 이분법

Q 출아는 이분법과 어떤 점에서 다른가?

세대기간

세균의 세대기간 계산을 위해서 가장 흔한 방법인 이분법에 의한 번식만을 고려하기로 한다. **그림 4.13**에서 보듯이 한 세포가 분열하면 두 개의 세포가 만들어지며 두 세포가 분열하면 네 개의 세포가 만들어지고, 이것이 계속된다. 각 세대의 세포의 수는 2의 거듭제곱으로 표현된다. 이 경우 지수는 배가된 횟수(세대수)를 말한다.

해당 세포의 분열에 필요한 시간을 **세대기간(generation time)**이라고 부른다. 이것은 생물 종과 온도 같은 환경조건에 따라 상당히 다르다. 대부분의 세균의 세대기간은 1~3시간이다. 다른 세균은 세대당 24시간 이상이 필요하다. 만일 이분법이 제약을 받지 않고 계속되면 엄청난 수의 세포가 만들어질 것이다. 만일 좋은 조건에 있는 대장균의 경우처럼 분열이 매 20분마다 일어나면 20세대 후에 한 개의 세포는 백만 개 이상의 세포로 늘어날 것이다. 이렇게 되는 데에는 7시간이 채 안 걸린다. 30세대 또는 10시간 후에 이 개체군은 10억이 될 것이고 24시간 후에는 이 숫자에 영(0)이 21개나 달릴 것이다. 이런 엄청난 개체군 크기의 변화를 산술적인 숫자를 이용하여 도표로 나타내기는 어렵다. 이것이 세균의 성장을 도표로 그릴 때 보통 로그 단위를 사용하는 이유이다. 미생물학을 공부하는 사람은 누구나 세균 개체군을 로그(대수)로 나타내는 것을 이해할 수 있어야 하는데, 여기에는 약간의 수학이 필요하다.

세포의 수	2의 거듭제곱으로 표현되는 수	수를 시각적으로 표현
1	2^0	•
2	2^1	••
4	2^2	••••
8	2^3	••••••••
16	2^4	••••••••••••••••
32	2^5	••••••••••••••••••••••••••••••••

(a) 다섯 세대에 걸친 세균 수의 증가를 시각적으로 표현. 세균의 수는 각 세대마다 두 배가 된다. 위첨자는 세대를 가리킨다; 즉 2^5 = 5세대

세대 수	세포 수	세포 수의 로그값 ($\log_{10}$)
0	2^0 = 1	0
5	2^5 = 32	1.51
10	2^{10} = 1,024	3.01
15	2^{15} = 32,768	4.52
16	2^{16} = 65,536	4.82
17	2^{17} = 131,072	5.12
18	2^{18} = 262,144	5.42
19	2^{19} = 524,288	5.72
20	2^{20} = 1,048,576	6.02

(b) 집단에 있는 세포 수를 대수적 표현으로 전환. 중간 열의 수를 계산하기 위해 계산기의 y^x 단추를 이용한다. 계산기에 2를 입력한다; y^x 를 누른다; 5를 입력한다; 그리고 = 기호를 누른다. 계산기는 숫자 32를 보여줄 것이다. 이렇게 5번째의 세균 집단은 총 32세포가 된다. 오른쪽 열의 숫자를 얻기 위해 계산기에 있는 log 단추를 이용한다. 숫자 32를 입력한다; 그리고 **log** 단추를 누른다. 계산기는 32의 $\log_{10}$이 반올림되어 1.51임을 보여줄 것이다.

그림 4.13 세포분열

Q 만일 단일 세균이 매 30분마다 번식된다면 얼마나 많은 세균이 2시간 안에 생길까?

세균 개체군을 대수로 표시하기

세균 개체군의 대수와 산술 도표 사이의 차이를 설명하기 위해 세균의 20세대를 대수와 산술 모두로 나타내 보자. 5세대(2^5)에서, 32세포가 될 것이다. 10세대(2^{10})에서 1,024개 세포가 될 것이고 계속된다. (가지고 있는 계산기에 y^x 키와 log 키가 있다면 그림 4.13의 3번째 열에 있는 숫자를 재현해 보자.)

그림 4.14에서 산술적으로 그린 선(실선)은 성장곡선의 초반부에서 개체군의 변화를 명확하게 보여주지 못한다. 사실상, 처음 10세대까지는 기준선에 붙어 있는 것으로 보인다. 게다가 한두 세대만 더 지나면 도표의 높이가 엄청나게 증가하여 이 페이지를 벗어나 버릴 것이다.

그림 4.14의 점선을 보면, 집단 수를 $\log_{10}$으로 도표를 그릴 경우 이런 문제가 어떻게 해결되는지를 볼 수 있다. 5, 10, 15, 20세대에서 개체군의 $\log_{10}$ 값으로 선을 그린다. 직선을 이룬다는 것과 비교적 작은 추가 공간에 이 개체군의 1,000배(1,000,000,000 또는 $\log_{10}$ 9.0)가 들어갈 수 있다는 것을 주목하자. 그러나 이러한 장점은 실제 상황에 대한 우리의 상식적인 지각을 왜곡한 대가이다. 우리는 대수관계를 생각하는 데에는 익숙하지 않지만, 미생물 개체군의 도표를 제대로 이해하려면 이런 사고가 필요하다.

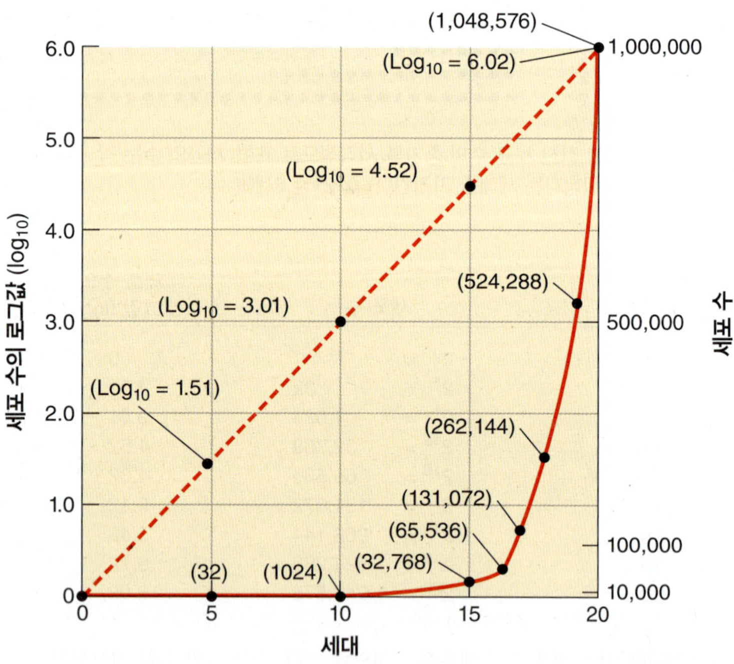

그림 4.14 기하급수적으로 증가하는 집단에 대한 성장곡선을 대수(점선)와 산술(실선)로 그렸다. 시범의 목적으로 그린 이 도표에서 산술과 대수 곡선은 백만 세포에서 교차된다. 이 그림은 엄청난 세균 집단의 변화를 산술보다 대수로 표시하는 도표로 나타내는 것이 왜 필요한지 보여준다. 예로 열 세대에서 산술로 나타내는 선은 바닥선에 남아 인지할 수조차 없는 반면, 대수로 구성된 열 세대(3.01)의 지점은 그래프의 반쯤 위인 것을 주목하시오.

Q 만일 산술(실선)로 두 세대 더 그려진다면 이 선은 아직 이 페이지에 있겠는가?

성장 단계

약간의 세균을 액체 성장배지에 접종하고 개체군을 일정한 간격을 두고 측정하면 시간에 따른 세포의 성장을 보여주는 **세균 성장곡선**을 그릴 수 있다(그림 4.15). 여기에는 네 가지 기본적인 성장의 단계가 있다: 유도기, 로그기, 정지기, 사멸기.

유도기

세포는 새로운 배지에서 즉시 번식하지 않기 때문에 잠시 동안 세포의 수는 아주 적게 변한다. 세포분열이 거의 또는 전혀 일어나지 않는 이 기간을 **유도기(lag phase)**라고 하는데, 1시간 또는 며칠 동안 지속될 수도 있다. 그러나 이 시간 동안에 세포가 휴지 상태는 아니다. 미생물 개체군이 특히 효소와 다양한 분자의 합성을 비롯하여 왕성한 대사 활동을 하는 기간이다. (이 상황은 자동차 생산 공장과 유사하다. 상당한 조립 활동이 있지만 즉각적인 자동차 생산은 없다.)

로그기

결국 세포는 분열하기 시작하고 **로그기(log phase)** 또는 **지수성장기(exponential growth phase)**라고 하는 성장 또는 대수적인 증가의 단계로 들어간다. 세포의 증식은 이 기간 동안 가장 활발하고 세대 기간은 일정한 최저값에 이른다. 세대 기간이 일정하기 때문에 로그기 동안 성장의 대수적인 도표는 직선이다. 로그기는 세포가 대사적으로 가장 활발한 시기이고, 산물의 효율적 생산이 필요한 산업적 목적에 적합한 시기이다.

정지기

만일 지수정상이 억제되지 않고 계속되면 깜짝 놀랄만한 수의 세포가 생길 수 있다. 예를 들어, 한 세균(세포당 무게가 9.5 × 10^{-13} g)이 매 20분마다 분열하면 이론적으로 단 25.5시간 동안 8만 톤짜리 항공모함의 무게와 비슷한 세균 개체군을 만들 수 있다. 실제로 이런 일은 일어나지 않는다. 성장 속도는 결국 느려지고 죽는 미생물의 수와 새로 자라는 세포의 수가 균형을 이루어 개체군은 안정화된다. 이 평형의 기간을 **정지기(stationary phase)**라고 부른다.

지수성장을 멈추게 하는 요인이 항상 명확하지는 않다. 영양분의 고갈, 노폐물의 축적, pH의 유해한 변화 등 모두가 원인이 될 수 있다.

사멸기

죽는 세균의 수는 결국 새로 생성되는 세포의 수를 초과하게 되

토대 그림 4.15 **현미경과 배율**

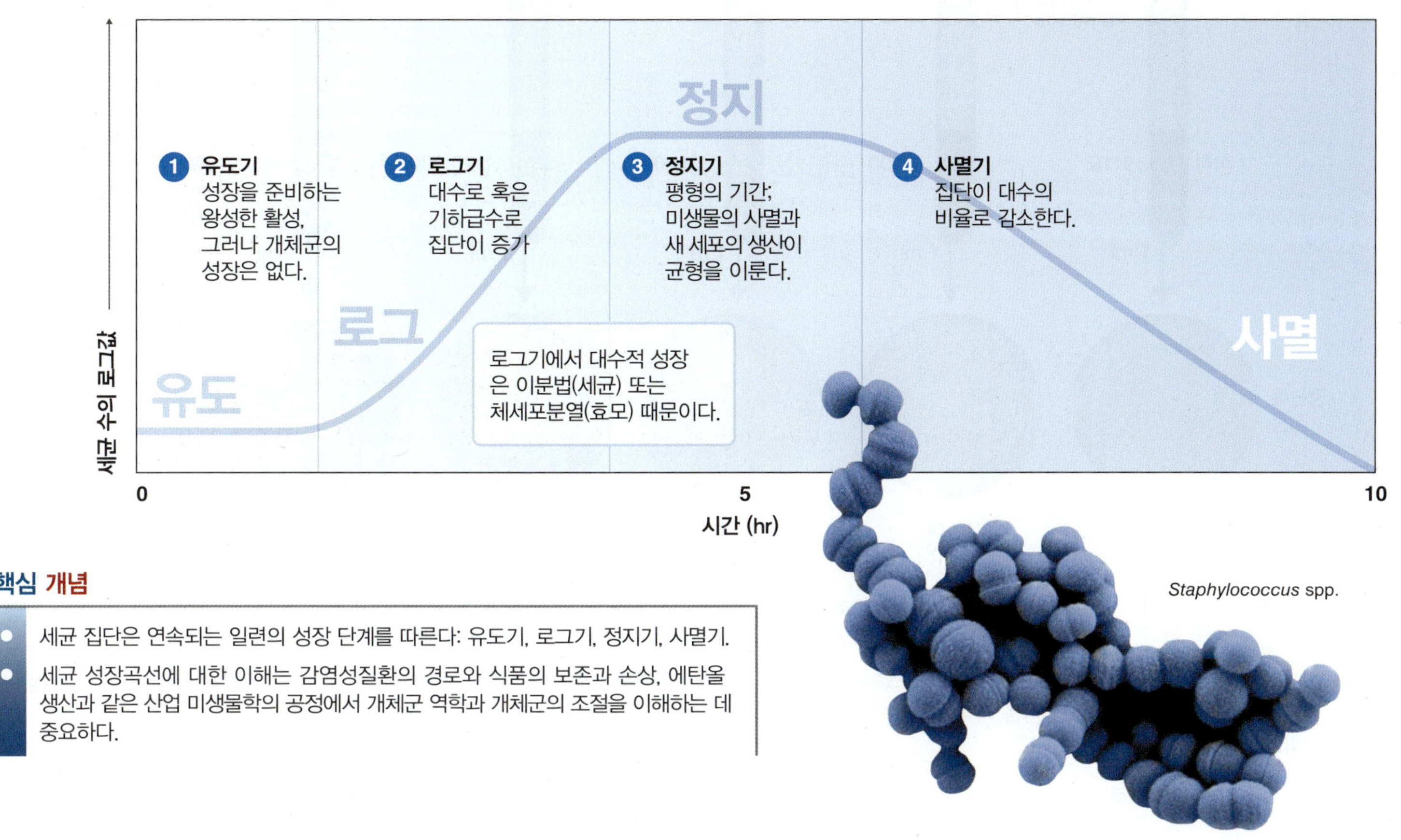

핵심 개념

- 세균 집단은 연속되는 일련의 성장 단계를 따른다: 유도기, 로그기, 정지기, 사멸기.
- 세균 성장곡선에 대한 이해는 감염성질환의 경로와 식품의 보존과 손상, 에탄올 생산과 같은 산업 미생물학의 공정에서 개체군 역학과 개체군의 조절을 이해하는 데 중요하다.

고 개체군은 **사멸기(death phase)** 또는 **지수감소기(logarithmic decline phase)**에 들어가게 된다. 이 기간은 집단이 이전 단계의 세포 수의 극히 일부분만 남거나 개체군 전체가 죽어버릴 때까지 계속된다. 일부 종은 전체 단계가 단 며칠 만에 끝난다. 다른 종은 일부 살아남은 세포를 거의 무한정 유지한다. 미생물의 사멸에 대해서는 5장에서 더 설명할 것이다.

미생물 성장의 직접 측정법

미생물 개체군의 성장은 여러 가지 방법으로 측정할 수 있다. 일부 방법은 세포 수를 측정한다. 다른 방법은 집단의 세포 수와 보통 직접적으로 비례 관계인 전체 질량을 측정한다. 개체군에 있는 개체 수는 일반적으로 ml의 용액당 또는 고형물의 g 당 세포 수로 기록한다. 세균 개체군은 보통 아주 크기 때문에 이들을 헤아리는 대부분의 방법은 아주 작은 시료에 대한 직접 또는 간접적인 계수를 기본으로 한다. 그 다음 계산으로 전체 개체군의 크기를 결정한다. 예를 들어 상한 우유의 1 ml의 100만분의 1(10^{-6} ml)에 있는 세균 수가 70이라고 가정해 보자. 그러면 ml 당 70의 100만 배 즉 7,000만 세포가 있어야 한다.

그러나 1 ml 액체의 100만분의 1이나 1 g 음식의 100만분의 1을 측정하는 것은 현실적이지 못하다. 따라서 측정 절차는 일련의 희석 과정을 통해 간접적으로 이루어진다. 예를 들어 99 ml의 물에 1 ml의 우유를 넣는다면 희석액 각 1 ml에 이제는 원래 시료에 있는 세균 양의 100분의 1만큼 존재하게 된다. 이런 희석을 연속적으로 실행하여 원래 시료에 있는 세균의 수를 손쉽게 측정할 수 있다. 고체 음식(햄버거 같은)에 있는 미생물의 집단을 셀 때에는 음식물과 물을 1:9로 섞어 식품 믹서기로 곱게 갈아서 균질화시킨다. 그 다음 처음에 10배로 희석된 시료를 더 희석하거나 세포 수를 센다.

평판계수법

세균 수 측정에 가장 흔하게 사용되는 방법은 **평판계수법(plate count)**이다. 이 방법의 중요한 장점은 살아 있는 세포의 수를 측정

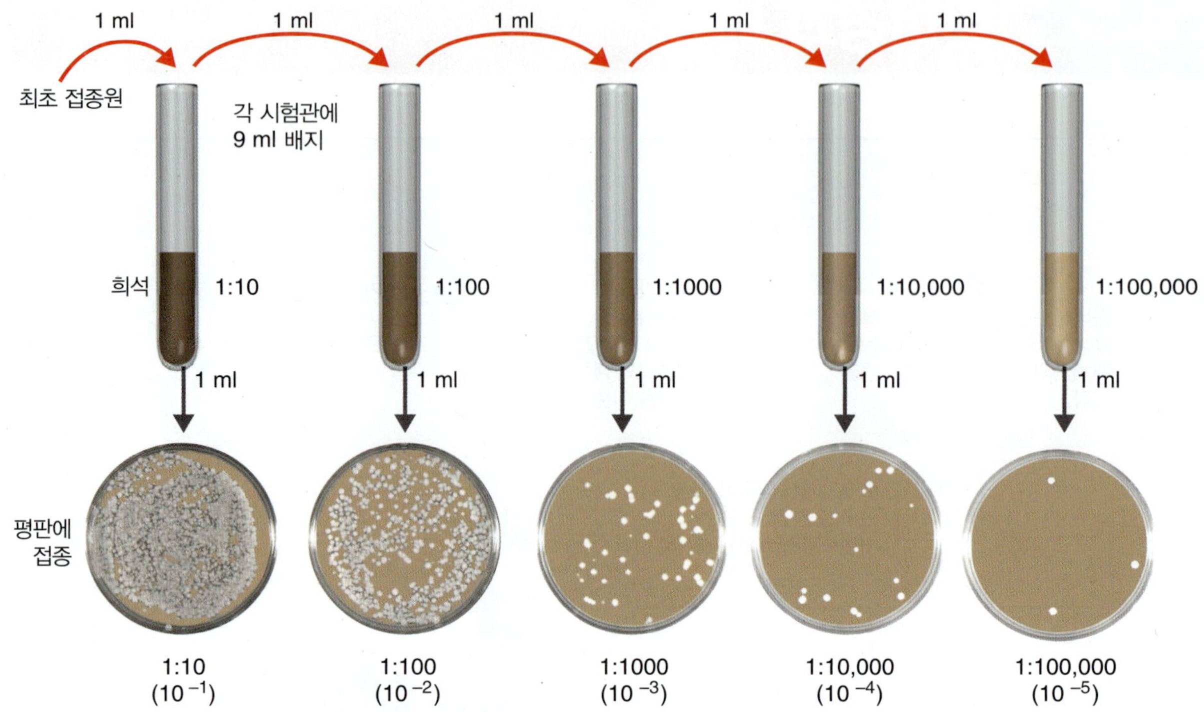

그림 4.16 **연속희석과 평판계수.** 연속희석에서 원래의 접종원은 일련의 희석시험관에서 희석된다. 여기 예에서 뒤에 오는 각 희석시험관에는 앞선 시험관의 미생물 수의 10분의 1만 들어 있게 된다. 그 다음 희석된 시료는 콜로니가 자라고 계수될 수 있는 페트리 평판에 접종하는 데 이용된다. 이 계수가 원래 시료에 있는 세균 수를 추산하는 데 이용된다.

Q 왜 1:10,000과 1:100,000으로 희석을 고려하지 않는가? 이론적으로 얼마나 많은 콜로니가 1:100 평판에 나타날 것인가?

한다는 것이다. 한 가지 단점이라면, 볼 수 있는 콜로니를 형성하는 데 보통 24시간이나 그 이상이 걸려서 시간이 좀 걸린다는 것이다. 이런 단점이 우유의 품질 관리처럼 특정 품목을 장시간 동안 잡아두기가 어려운 경우에는 심각한 문제일 수도 있다.

평판계수법은 살아 있는 세균 한 마리가 자라고 분열하여 하나의 콜로니를 형성한다는 것을 가정한다. 세균은 자주 사슬이나 덩어리로 연결되어 자라기 때문에 이 가정이 언제나 사실인 것은 아니다. 따라서 콜로니는 종종 하나의 세균이 아니라 사슬의 짧은 조각이나 세균 덩어리에서 유래한다. 이런 사실을 반영하기 위해 평판계수법의 결과는 **콜로니형성단위(colony-forming units, CFU)**라고 표시한다.

평판계수법을 수행할 때는 적절히 제한된 수의 콜로니가 평판에 생기는 것이 중요하다. 너무 많은 콜로니가 있으면 일부 세포는 너무 밀집되어 발달하지 못한다. 이런 상태는 콜로니 수를 세는 데 부정확함을 야기한다. 미국 식품의약국 규칙은 25~250개의 콜로니가 있는 평판만을 세도록 한다. 그러나 많은 미생물학자들은 30~300개의 콜로니를 가진 평판을 선호한다. 일부의 경우 콜로니 수가 이 범위 안에 들도록 원래의 접종원을 **연속희석(serial dilution)**이라는 과정으로 여러 번 희석한다(그림 4.16).

연속희석 우유 시료를 예로 들어 ml당 10,000개의 세균이 있다고 하자. 만일 이 시료의 1 ml을 뿌리면 이론적으로 10,000개의 콜로니가 페트리 평판배지에 형성될 것이다. 이렇게 되면 분명히 콜로니를 셀 수 없는 평판이 될 것이다. 만일 1 ml의 시료를 9 ml의 멸균된 물을 담은 시험관에 옮기면 시험관 액체는 ml 당 1000마리의 세균이 있을 것이다. 만일 이 시료의 1 ml를 페트리 평판에 접종하면 아직도 세기에는 너무 많은 콜로니가 평판에 생길 것이다. 따라서 한번 더 연속 희석을 해야한다. 1000마리의 세균이 있는 1 ml를 9 ml의 물이 들어 있는 두 번째 시험관으로 옮긴다. 이제 이 시험관의 ml당 100마리의 세균만 있게 되고, 이것을 평판에 뿌리면 100개의 콜로니가 형성된다—쉽게 셀 수 있는 수.

주입평판법과 도말평판법 주입평판법 또는 도말평판법으로 평판계수법을 실시한다. **주입평판법(pour plate method)**은 그림 4.17a에서 보는 과정을 따른다. 세균 현탁액의 희석액 1.0 ml 또는 0.1 ml를 페트리 평판에 붓는다. 약 50°C의 수조에 보관하여 안에 있는 한천을 액체상태로 유지시킨 영양배지를 시료에 붓는다. 그 다음 평

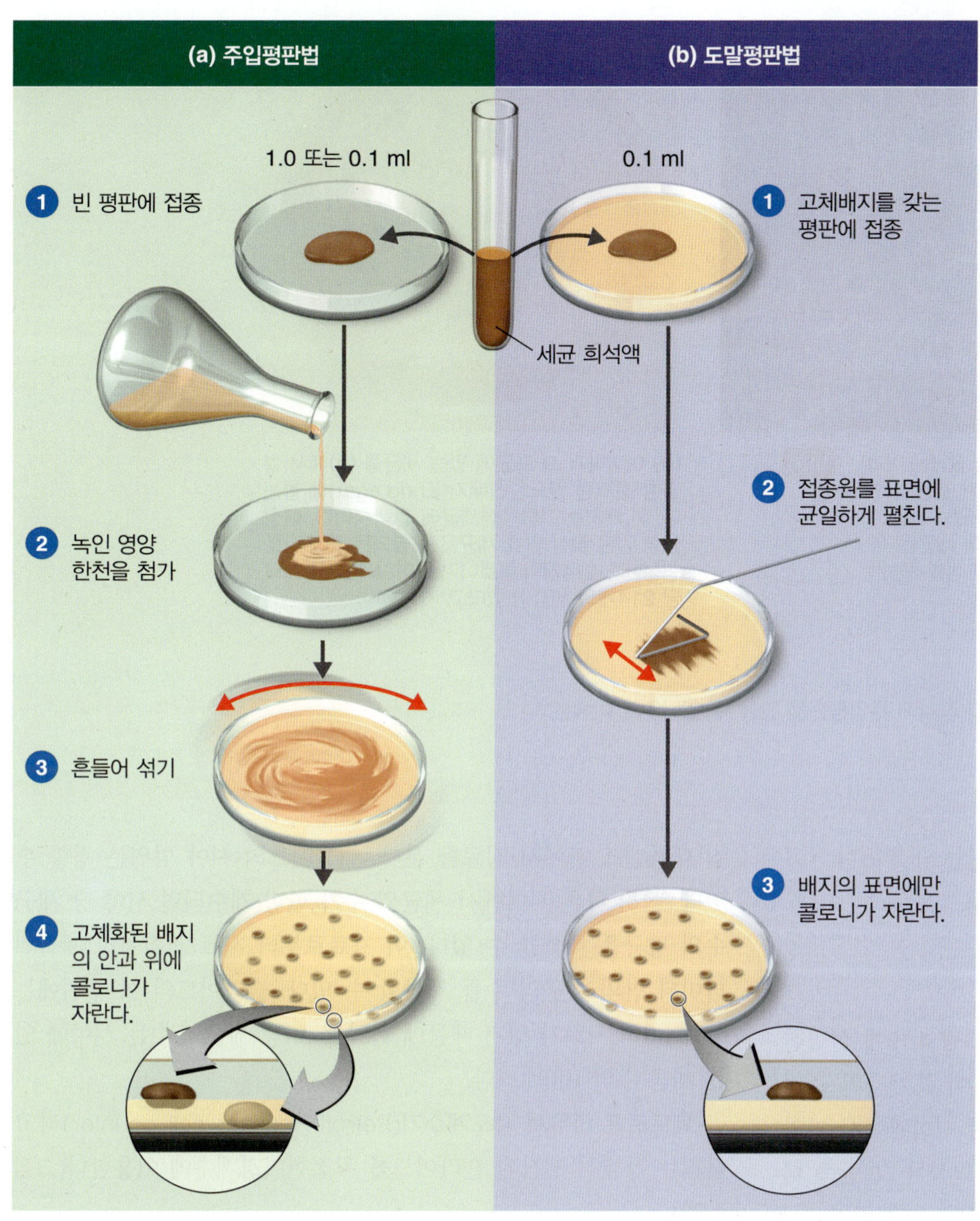

그림 4.17 평판계수를 위한 평판의 준비방법. (a) 주입평판법. (b) 도말평판법.

Q 어떤 경우에 주입평판법이 도말평판법보다 더 적합한가?

판을 부드럽게 흔들어 희석액을 배지와 잘 섞는다. 한천이 굳으면 평판을 배양한다. 주입평판법 기술에서 콜로니는 고체배지의 표면뿐만 아니라(영양배지에 떠 있던 세포가 한천이 굳으면서) 영양배지 안에서도 자라게 된다.

비교적 열에 민감한 일부 미생물은 녹은 한천에 의해 손상을 입을 수 있고 그래서 콜로니를 형성하지 못할 수 있기 때문에 이 기술은 일부 문제점을 안고 있다. 또한 분별배지를 사용할 때는 표면 위에서 구별되는 콜로니의 모양이 진단 목적에 필수적이다. 주입평판의 표면 아래에 생기는 콜로니는 이런 검사에 만족스럽지 않다. 이런 문제를 피하기 위해 대신 **도말평판법(spread plate method)**이 자주 이용된다(그림 4.17b). 미리 부어 굳힌 한천배지 표면에 접종액 0.1ml를 넣는다. 그 다음 접종액을 특별하게 생긴 멸균된 유리나 금속 막대로 배지의 표면에 균일하게 퍼지게 한다. 이 방법을 이용하면 모든 콜로니가 표면 위에서 자라게 되고 세포와 녹은 한천과의 접촉을 피할 수 있다.

여과

호수나 비교적 깨끗한 시냇물과 같이 세균의 양이 아주 적을 때 **여과(filtration)** 방법으로 세균을 셀 수 있다(그림 4.18). 이 기법에서는 얇은 막에 최소한 100 ml의 물을 통과시키는데, 세균은 걸러져서 막의 표면에 남게 된다. 그 다음 이 여과막을 액체 영양배지 페트리 평판으로 옮긴다. 여기에서 여과막의 표면에 있는 세균이 자라서 콜로니가 생긴다. 이 방법은 음식과 물의 분변 오염의 지표인 대장균형 세균의 탐지와 계산에 자주 이용된다. 분별 영양배

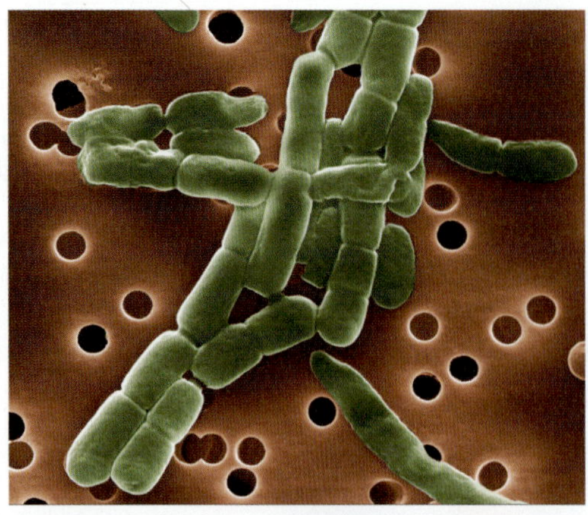

(a) 대량의 물에 있는 세균 집단은 여과막을 통해 시료를 통과시켜 결정할 수 있다. 여기서 물 100 ml에 있는 세균이 여과막의 표면에 걸렸다. 이 세균은 적절한 배지의 표면에 놓으면 식별가능한 콜로니를 형성한다.

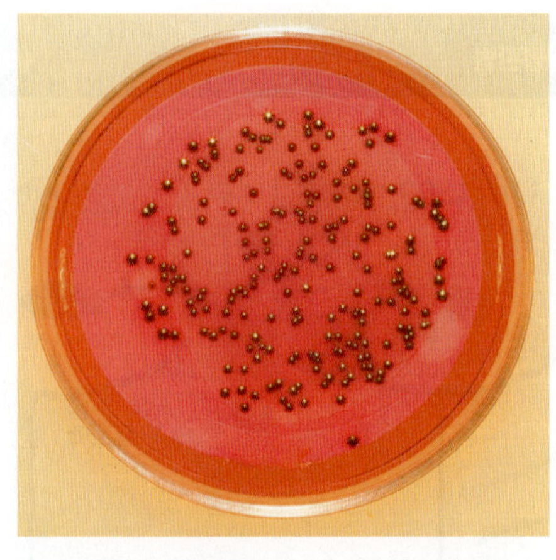

(b) 여과막과 그 표면에 있는 세균을 **(a)**에서 설명한 것처럼 엔도한천배지(Endo agar)에 놓는다. 이 배지는 그람음성세균에 선택적이다. 대장균형 같은 젖산 발효 세균은 구별되는 콜로니를 형성한다. 214개의 콜로니가 보이기에 물 100 ml 당 214개의 세균이 있다고 기록한다.

그림 4.18 여과로 세균을 계수

Q 접종원 10 ml로 보통의 페트리 접시에 주입평판을 만들 수 있나? 그 이유는?

지를 사용하면 이들 세균에 의해 형성된 콜로니는 구별된다. (그림 4.18b에 보이는 콜로니는 대장균형의 예이다.)

최확수법

시료 속의 세균 수를 알아내는 또 다른 방법은 그림 4.19에 설명한 **최확수법(most probable number, MPN)**이다. 이 통계적인 측정 기술은 시료에 세균 수가 많을수록 연속희석으로 시험관에서 자라는 세균이 나오지 않는 정도로 밀도를 낮추려면 희석이 그 만큼 더 필요하다는 사실에 근거한다. MPN 방법은 미생물이 고체배지에서 잘 자라지 않을 때 가장 유용하다(화학독립영양생물인 질화세균처럼). 또한 이 방법은 액체 분별배지에서 세균을 키우면서 특정 세균을 확인하려고 할 때 유용하다(수질 검사에서 젖당을 산으로 선택적으로 발효하는 대장균형 세균처럼). MPN은 미생물 개체군 수가 특정 범위 안에 속할 가능성이 95%라는 것과 이것이 통계적으로 가능성이 가장 높은 수라는 것만을 말한다.

직접현미경계수

직접현미경계수(direct microscopic count)로 알려진 방법에서는 측정된 부피의 세균 현탁액을 현미경 슬라이드의 정해진 부위에 넣는다. 시간적인 고려 요소 때문에 이 방법은 우유에 있는 세균의 수를 세는 데 자주 사용된다. 시료 0.01 ml를 슬라이드에 표시된 1제곱센티미터 위에 펼친다. 염료를 첨가하여 세균을 볼 수 있으며 유침 대물렌즈 하에서 시료를 본다. 대물렌즈의 시야 범위는 정할 수 있다. 여러 다른 시야에서 세균의 수가 한번 계수되면 시야 당 세균 수의 평균을 계산할 수 있다. 이 자료로부터 시료가 펼쳐진 제곱센티미터 안의 세균의 수를 계산할 수 있다. 슬라이드의 이 부위에는 0.01 ml의 시료가 있기 때문에 현탁액 ml당 세균의 수는 시야에 있는 세균 수의 100배이다.

페트로프-하우서 세포계수기(Petroff-Hausser cell counter)라고 불리는 특별히 제작된 슬라이드를 직접현미경계수에 이용한다(그림 4.20).

운동성 세균은 이 방법으로 세기가 어렵고 다른 현미경 방법에서와 마찬가지로 죽은 세포도 살아 있는 것처럼 계수될 것이다. 이런 단점 외에도 계수를 하려면 꽤 많은 수의 세포가 필요하다—ml 당 약 1,000만 마리의 세균. 현미경계수의 주된 장점은 배양 시간이 필요하지 않다는 것이어서, 이 방법은 시간이 최우선 고려사항인 경우에 보통 이용된다. 이러한 장점은 측정된 액체 부피 안의 세포 수를 자동으로 세는 **쿨터계수기**(Coulter counter)라는 **전자 세포계수기**를 사용하면 더욱 부각된다. 이 기기는 일부 연구실과 병원에서 사용한다.

간접 방법에 의한 세균 수 측정

세균의 수를 측정하기 위해 세균 세포를 직접 계수하는 것이 항상 필요한 것은 아니다. 과학이나 산업 분야에서 미생물의 수와 활성은

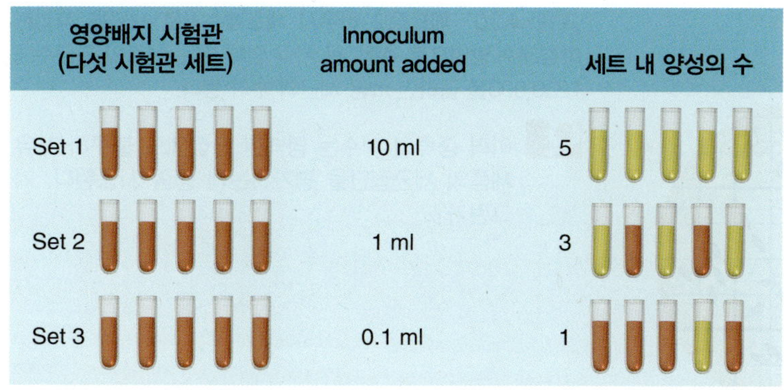

(a) 최확수법(MPN) 연속희석.

양성의 조합	MPN 지수/100 ml	95% 신뢰한계	
		최소	최대
4-2-0	22	6.8	50
4-2-1	26	9.8	70
4-3-0	27	9.9	70
4-3-1	33	10	70
4-4-0	34	14	100
5-0-0	23		70
5-0-1	31	10	70
5-0-2	43	14	100
5-1-0	33	10	100
5-1-1	46	14	120
5-1-2	63	22	150
5-2-0	49	15	150
5-2-1	70	22	170
5-2-2	94	34	230
5-3-0	79	22	220
5-3-1	110	34	250
5-3-2	140	52	400

(b) MPN 표. MPN 표는 통계적으로 이런 결과가 나올 가능성이 있는 시료 내의 미생물 수를 계산 가능하게 한다. 각 세트에서 양성 시험관의 수가 기록되었다: 음영을 띤 예, 5와 3, 1. 만일 우리가 MPN 표에서 이 조합을 찾는다면 100 ml당 MPN 지수는 110이다. 이것은 통계적으로 이런 결과가 나온 물 시료의 95%는 110개가 가장 가능성이 높은 수로 34~250개의 세균을 갖는다는 것을 의미한다.

그림 4.19 최확수법(MPN)

어떤 환경하에서 MPN 방법이 시료 안의 세균의 수를 결정하는데 이용되는가?

다음과 같은 간접적인 방법으로도 결정한다.

탁도

일부 실험의 경우에는, **탁도(turbidity)** 측정이 세균의 성장을 관찰하는 현실적인 방법이다. 세균이 액체배지에서 증식함에 따라 해당 배지는 세포로 혼탁해지거나 흐려진다.

탁도를 측정하는 기기는 **분광광도계**[spectrophotometer(또는 색도계, colorimeter)]이다. 분광광도계에서 광선은 세균 현탁액을 통과해 빛을 인식하는 검출기로 전송된다(그림 4.21). 세균의 수가 증가함에 따라 적은 양의 빛이 검출기에 도달하게 된다. 빛의 이러한 변화는 **투과백분율**(percentage of transmission)로 기기의 눈금에 기록된다. 또한 기기의 눈금에 표시된 대수적인 표시를 **흡광도**(absorbance)라고 부른다[때로는 **광학밀도**(optical density) 혹은 OD라고 함]. 흡광도는 세균의 성장을 도식하는 데 사용된다. 세균이 지수적으로 자라거나 줄어들 때 시간에 따른 흡광도의 도표는 대략 직선을 형성한다. 만일 흡광도 값이 같은 배양액의 평판계수 결과와 일치한다면, 이 상관관계를 이용하여 향후에는 탁도의 측정으로 세균의 수를 추정할 수 있다.

최초 탁도 기록을 위해서는 ml 당 100만 개 이상의 세포가 있어야만 한다. 현탁액이 분광광도계로 측정하기에 충분한 탁도가 되려면 ml당 약 1,000만에서 1억 개의 세포가 필요하다. 따라서 탁도는 비교적 적은 수의 세균에 의한 액체의 오염을 측정하는 데에는 유용한 방법이 아니다.

대사활성

세균의 수를 추정하는 또 다른 간접적인 방법은 세균 개체군의 대사활성(metabolic activity)을 측정하는 것이다. 이 방법에서는 산이나 CO_2 같은 특정 대사 산물의 양이 존재하는 세균의 수에 직접적으로 비례한다고 간주한다. 대사 검사의 실제 적용 사례로는 비타민의 양을 결정하는 데 산의 생산을 이용하는 미생물학적 분석이다.

건조중량

사상 세균과 곰팡이의 경우에는 일반적인 측정 방법은 만족스럽지 못하다. 평판계수로는 사상의 질량 증가를 측정할 수 없다. 평판계수를 방선균과 곰팡이에 적용하면 계수되는 대부분은 무성생식 포자의 수이다. 이것은 좋은 성장 측정 방법이 아니다. 사상 생물의 성장을 측정하는 더 나은 한 가지 방법은 **건조중량**(dry weight)을 재는 것이다. 진균류를 성장배지에서 분리하여 관계없는 물질은 제거하기 위해 여과하고 건조기에서 건조시킨 다음, 무게를 잰다. 세균의 경우에도 기본 과정은 동일하다.

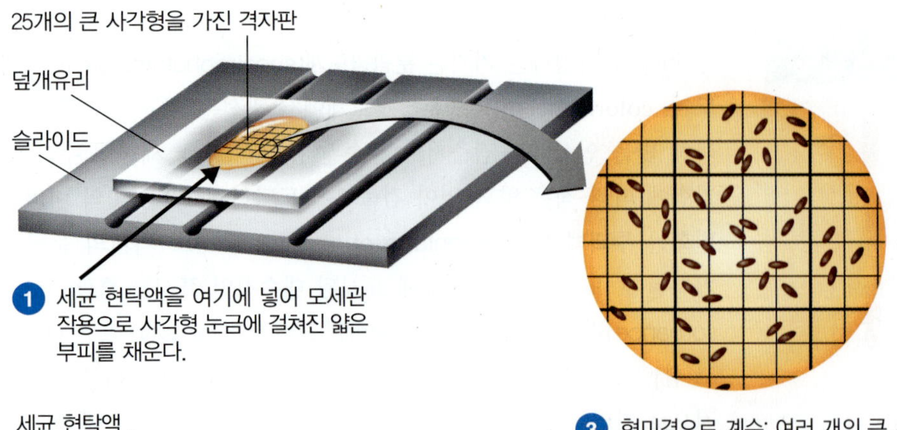

그림 4.20 **페트로프-하우서 세포계수기로 세균을 직접현미경계수 방법으로 측정.** 큰 사각 안에 있는 세포의 평균수에 1,250,000를 곱하면 ml당 세균의 수가 된다.

Q 이러 종류의 계수는 명백한 단점에도 불구하고 유제품의 세균집단을 평가하는데 종종 사용된다. 왜 그런가?

그림 4.21 **탁도로 세균 수를 평가.** 분광광도계의 빛에 민감한 검출기를 때리는 빛의 양은 표준화된 조건 하에서 세균의 수에 반비례한다. 시료에 세균이 많을수록 통과하는 빛은 적어진다. 이 시료의 탁도는 투과도 20% 혹은 흡광도 0.7로 보고될 수 있다. 흡광도로 읽는 것은 대수의 함수이고 가끔 데이터를 그래프로 그릴 때 유용하다.

Q 왜 탁도가 적은 수보다 오히려 많은 수의 세균에 의해 오염된 액체를 측정하는데 더 유용한가?

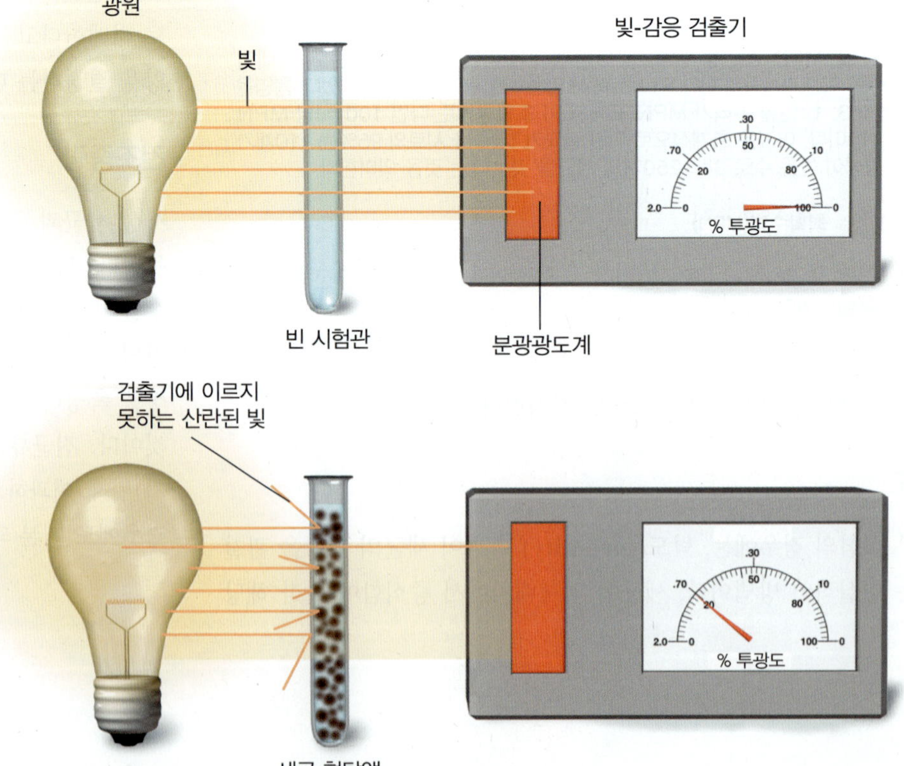

학습 개요

성장 요건 (103~108쪽)

1. 개체군의 성장은 세포 수의 증가이다.
2. 미생물 성장에 필요한 요건은 물리적인 것과 화학적인 것이 있다

물리적 요건 (103~105쪽)

3. 선호하는 온도 범위를 기준으로 미생물을 호저온성, 중온성, 호열성으로 분류한다.
4. 최저 성장온도는 한 종이 자랄 수 있는 가장 낮은 온도이고 최적 성장온도는 가장 잘 자라는 온도이며 최고 성장온도는 성장이 가능한 가장 높은 온도이다.
5. 대부분의 세균은 6.5~7.5 사이의 pH 범위에서 잘 자란다.
6. 고장액에서 대부분의 미생물은 원형질분리가 일어난다; 호염세균은 높은 염분 농도에서 견딜 수 있다.

화학적 요건 (105~108쪽)

7. 모든 미생물은 탄소원을 필요로 한다. 화학종속영양생물은 유기 분자를 이용하고 자가영양생물은 보통 이산화탄소를 이용한다.
8. 질소는 단백질과 핵산 합성에 필요하다. 질소는 단백질의 분해나 NH_4^+ 혹은 NO_3^-로부터 얻을 수 있다; 일부 세균은 질소(N_2) 고정 능력이 있다.
9. 산소요구를 기준으로 생명체는 절대 호기성과 조건부 혐기성, 절대 혐기성, 산소내성 혐기성, 약호기성으로 분류된다.
10. 호기성과 조건부 혐기성, 산소내성 혐기성은 과산화물제거효소($2\ O_2^-\cdot + 2\ H^+ \longrightarrow O_2 + H_2O_2$)와 카탈라아제($2\ H_2O_2 \longrightarrow 2\ H_2O + O_2$) 혹은 과산화효소($H_2O_2 + 2\ H^+ \longrightarrow 2\ H_2O$)를 가져야만 한다.
11. 미생물 성장에 필요한 다른 화학물질에는 황과 인, 미량원소가 포함되고 일부 미생물에는 유기성장인자가 필요하다.

생물막 (108~109쪽)

1. 미생물은 표면에 고착하고 물과 접촉하는 고체 표면에 생물막으로 축적된다.
2. 생물막은 치아와 콘텍트렌즈, 카테터에 형성된다.
3. 생물막에 있는 미생물은 부유 미생물보다 항생제에 내성이 더 있다.

배양배지 (109~113쪽)

1. 배양배지는 실험실에서 세균의 성장을 위해 준비된 물질이다.
2. 배양배지에서 성장하고 증식하는 미생물을 배양이라고 한다.
3. 한천은 배양배지에 흔히 사용되는 고형제이다.

화학 정성배지 (110쪽)

4. 화학 정성배지는 정확한 화학 조성이 알려진 것이다.

복합배지 (110~111쪽)

5. 복합배지의 정확한 화학적 구성성분은 만들 때마다 약간씩 다르다.

무산소 성장배지와 방법 (111쪽)

6. 환원배지는 혐기성 세균의 성장을 방해할 수 있는 산소(O_2) 분자를 화학적으로 제거한다.
7. 페트리 평판은 무산소배양단지 또는 무산소배양실, OxyPlate에서 배양될 수 있다.

특수 배양기술 (111~112쪽)

8. 일부 기생세균과 까다로운 세균은 살아 있는 동물이나 배양세포에서 배양해야 한다.
9. CO_2 배양기나 양초병은 증가된 CO_2 농도를 필요로 하는 세균의 성장에 이용된다.
10. 병원성 미생물에 대한 노출을 최소화하는 과정과 장비가 생물안전수준 1~4에 따라 지정되어 있다.

선택배지와 분별배지 (112~113쪽)

11. 소금이나 염료, 다른 화학물질로 원하지 않는 생물체를 억제함으로 선택배지는 바라는 미생물만 성장하게 한다.
12. 분별배지는 다른 종류의 미생물을 구별하는 데 이용된다.

농화배지 (113쪽)

13. 농화배지는 혼합된 배양에서 특정 미생물의 성장을 촉진시키기 위해 사용된다.

순수 배양체의 획득 (113~114쪽)

1. 콜로니는 이론적으로 하나의 세포에서 자란 식별 가능한 미생물 덩어리이다.
2. 순수배양은 보통 획선평판법으로 얻어진다.

세균 배양체의 보관 (114쪽)

1. 미생물은 심온동결 또는 동결건조(냉동건조)로 오랜 시간 동안 보존될 수 있다.

세균의 성장 (114~122쪽)

세균의 분열 (114~115쪽)

1. 세균의 정상적인 분열 방법은 이분법으로 하나의 세포가 두 개의 동일한 세포로 나누어진다.
2. 일부 세균은 출아법이나 공중으로 포자형성, 분절로 복제된다.

세대기간 (115쪽)

3. 세포가 분열하거나 개체군이 두 배가 되는 시간이 세대기간이다.

세균 개체군을 대수로 표시하기 (116쪽)

4. 세균의 분열은 대수적인 과정으로 일어난다. (두 세포, 네 세포, 여덟 세포 등).

성장 단계 (116~117쪽)

5. 유도기 동안, 세포의 수는 거의 변화가 없지만 대사활성은 높다.
6. 로그기 동안, 세균은 제공되는 조건 하에서 가능한 빠른 속도로 증식한다.
7. 정지기 동안, 세포의 분열과 사멸 사이에 평형이 일어난다.
8. 사멸기 동안, 죽는 세포 수가 새로운 형성되는 세포의 수를 초과한다.

미생물 성장의 직접 측정법 (117~120쪽)

9. 종속영양의 평판계수는 살아 있는 미생물의 수를 반영하고 각 세균이 하나의 콜로니로 자라는 것을 가정한다; 평판계수는 콜로니-형성 단위(CFU)로 보고한다.
10. 평판계수는 주입평판법이나 도말평판법으로 할 수 있다.
11. 세균은 여과로 막 필터의 표면에 남게 되고 배양배지로 옮겨져 자란 다음 계수된다.
12. 최확수법(MPN)은 액체배지에서 자라는 미생물에 사용될 수 있다; 이것은 통계적인 평가이다.
13. 직접현미경계수에서 세균 현탁액의 측정된 부피 안의 미생물이 특별히 제작된 슬라이드를 이용하여 계수된다.

간접 방법에 의한 세균 수 측정 (120~122쪽)

14. 세포 현탁액을 통과하는 빛의 양을 측정하여 탁도를 결정하기 위해 분광광도계를 사용한다.
15. 세균의 수를 평가하는 간접적인 방법은 세균 집단의 대사활성을 측정하는 것이다(예를 들어 산 생산 또는 산소 소비).
16. 균류 같은 사상 생물체는 건조중량을 측정하는 것이 성장 측정의 편리한 방법이다.

학습 질문

복습과 객관식 문제에 대한 해답은 책 뒤에 있음.

복습 문제

개요

1. 이분법을 설명하시오.
2. 다량영양소(비교적 많은 양이 필요로 하는)는 종종 CHONPS로 나열된다. 각 단어는 무엇을 가리키나 그리고 이들이 세포에서 왜 필요한가?
3. 다음 각각을 정의하고 중요성을 설명하시오.
   a. 카탈라아제
   b. 과산화수소
   c. 과산화효소
   d. 초과산화물 라디칼
   e. 과산화물제거효소
4. 미생물의 성장을 측정하는 일곱 방법이 이 장에 설명되었다. 직접 또는 간접적 방법으로 각각을 분류하시오.
5. 심온동결로 세균을 더 오랜 기간 동안 손상 없이 저장될 수 있다. 왜 냉장이나 냉동으로 식품을 보존하는가?
6. 구운과자 요리사가 실수로 여섯 개의 *S. aureus* 세포를 크림파이에 접종하였다. 만일 *S. aureus*의 세대기간이 60분이면 7시간 후에 크림파이에 얼마나 많은 세포가 있을까?
7. 오일유출이 일어난 해변에 투여된 질소와 인은 자연에서 기름을 분해하는 세균의 성장을 촉진한다. 만일 질소와 인이 첨가되지 않으면 왜 미생물이 자라지 않는지 설명하시오.
8. 복합배지와 화학 정성배지를 구별하시오.
9. 그려보기 세대기간이 35°C에서 30분인, 20°C에서 60분인, 5°C에서 3시간인 세포 100개로 시작되는 다음의 *E. coli* 성장곡선을 그리시오.
   a. 세포를 35°C에서 5시간 배양한다.
   b. 5시간 후, 온도를 2시간 동안 20°C로 변경하였다.
   c. 35°C에서 5시간 후, 온도를 5°C로 변경되고 2시간, 그 다음 35°C에서 5시간 동안 배양하였다.

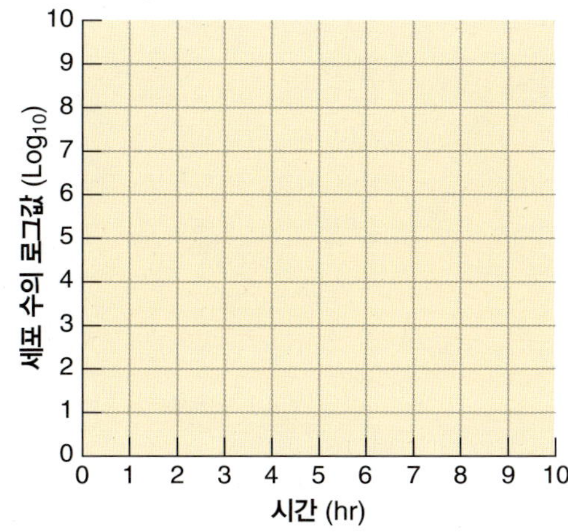

10. **이름 답하기** 원핵세포는 알 수 없는 행성에서 지구로 오는 우주왕복선을 얻어 탔다. 이 생명체는 호저온성생물과 절대호염생물, 절대 호기성 생물이다. 미생물의 특징을 토대로 그 행성을 설명하시오.

객관식 문제

1번과 2번 문제를 답하기 위해 다음 정보를 이용하시오. 두 개의 배양배지에 네 개의 다른 세균이 접종되었다. 배양 후 다음의 결과가 관측되었다.

생명체	배지 1	배지 2
Escherichia coli	붉은 콜로니	성장 안함
Staphylococcus aureus	성장 안함	성장
Staphylococcus epidermidis	성장 안함	성장
Salmonella enterica	무색의 콜로니	성장 안함

1. 배지 1은
   a. 선택배지.
   b. 분별배지.
   c. 선택배지이자 분별배지.

2. 배지 2는
   a. 선택배지.
   b. 분별배지.
   c. 선택배지이자 분별배지.

다음의 그래프를 3번과 4번 문제를 답하는데 이용하시오.

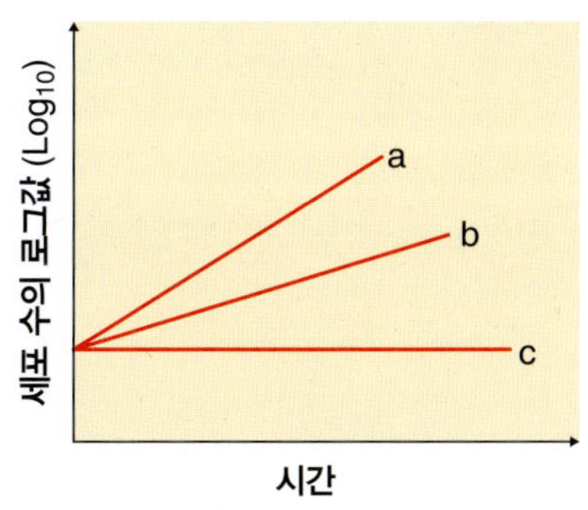

3. 어느 선이 상온에서 배양하는 호열성세균의 로그기를 가장 잘 보여주는가?

4. 어느 선이 사람에서 자라는 *Listeria monocytogenes*의 로그기를 가장 잘 보여주는가?

5. 여러분이 조건부 혐기성 세포 100개를 영양 한천배지에 접종하고 공기 중에서 평판을 배양하였다. 그 다음 같은 종의 세포 100개를 영양 한천배지에 접종하고 두 번째 평판은 무산소로 배양한다. 24시간의 배양 후에 여러분은 다음을 가질 것이다
   a. 유산소 평판에서 더 많은 콜로니.
   b. 무산소 평판에서 더 많은 콜로니.
   c. 두 평판에서 같은 수의 콜로니.

6. 미량원소란 용어는 다음을 의미한다
   a. 원소 CHONPS.
   b. 비타민.
   c. 질소와 인, 황.
   d. 소량 요구되는 무기물.
   e. 독성물질.

7. 다음 중 어느 온도가 가장 중온성 생물을 죽일 것 같은가?
   a. −50°C
   b. 0°C
   c. 9°C
   d. 37°C
   e. 60°C

8. 다음 중 생물막의 특징이 아닌 것은?
   a. 항생제 내성
   b. 하이드로젤
   c. 철분결핍
   d. 정족수감지

9. 다음 중 어떤 종류의 배지가 호기성 세균의 배양에 사용되지 않는가?
   a. 선택배지
   b. 환원배지
   c. 농화배지
   d. 분별배지
   e. 복합배지

10. 과산화효소와 과산화물제거효소를 갖지만 카탈라아제가 결핍된 생명체가 다음일 것이다.
   a. 호기성 세균
   b. 산소내성 혐기성 세균
   c. 절대 혐기성 세균

5 미생물의 성장 제어

미생물의 성장을 과학적으로 제어하기 시작한 것은 고작 약 100년 정도밖에 되지 않는다. 1장에서 공부한대로 미생물에 대한 파스퇴르의 업적은 과학자들이 미생물이 질병의 가능한 원인이라는 것을 믿게 하였다. 1800년대 중반 헝가리의 내과의사인 이그나즈 제멜바이스(Ignaz Semmelweis)와 영국의 내과의사인 조지프 리스터(Joseph Lister)는 이런 생각을 적용하여 의료 시술 과정에서 미생물을 제어하는 일부 방법을 최초로 개발하였다. 즉, 석회에 들어 있는 미생물을 죽이는 염소(chloride)로 손을 씻는 것과 수술 상처가 미생물에 오염되지 않도록 **무균수술(aseptic surgery)** 기술을 이용하는 것 등이다. 그 때까지만 해도 병원에서 걸리는 감염, 즉 병원감염(*nosocomial infection*)이 최소한 외과 수술 중 사망의 10%, 많게는 분만 중 사망 원인의 25%를 차지했다. 미생물에 대한 무지는 미국의 남북전쟁 때 외과의사가 절개 과정에서 외과용 칼을 구두 밑창으로 닦았을 정도였다. 이제 우리는 손씻기가 사진에 보이는 노로바이러스(norovirus)와 같은 병원균의 전염을 막는 가장 좋은 방법이라는 것을 알고 있다. 지난 세기에 걸쳐 과학자들은 미생물의 성장을 조절할 수 있는 다양한 물리적 방법과 화학물질에 대한 개발을 계속해 왔다.

◀ 노로바이러스

학교에서 발생한 유행성 전염병

메릴랜드 주 로크빌에 있는 웨스트뷰 초등학교의 간호사인 에이미 가자(Amy Garza)는 수요일 아침 7시에 출근한 이후 오전 9시까지 전화를 받고 있다. 모두 배가 아파서 학교에 올 수 없다는 학생들 전화다. 해당 학생들은 메스꺼움과 구토, 설사, 미열 등 모두 같은 증상을 보였다. 에이미가 교장선생님에서 보고를 하려고 수화기를 들려는데, 그 날의 여덟 번째 전화가 왔다. 월요일부터 아파서 출근을 못한 1학년 담당 교사 키스 잭슨(Keith Jackson)이었다. 담당 의사가 키스의 대변 검사를 의뢰했었고, 그 결과 노로바이러스 양성으로 밝혀졌다는 것이었다.

노로바이러스(norovirus)는 무엇인가?

외막이 없는 바이러스인 노로바이러스는 급성 위장염의 원인 중 하나이다. 이것은 배설물로 오염된 음식이나 물을 먹거나 감염된 사람과의 직접 접촉으로 옮겨지고 오염된 표면을 만짐으로 퍼질 수 있다. 에이미는 즉시 음식물에 의한 감염을 배제 할 수 있었다. 작은 사립학교는 학교 급식프로그램이 없고, 모든 학생들과 직원들이 가정에서 자신의 도시락을 가져온다. 교장과의 회의 후, 에이미는 관리 직원에게 얘기하여 이들이 학교 청소에 4차암모늄화합물(quat)을 사용하도록 지시한다. 그녀는 분변 오염의 가능성이 높은 지역, 특히 변기 의자와 배수 손잡이, 화장실과 매점의 문 안쪽 손잡이에 대해 특별한 주의를 기울이도록 요청한다. 에이미는 대규모 발병을 피할 수 있을 것으로 확신하였으나 금요일까지, 42명의 학생과 여섯 명의 직원이 비슷한 증상을 전화로 신고하였다.

왜 4차암모늄화합물은 바이러스를 죽이지 못했을까?

4차암모늄화합물은 외막이 있는 바이러스에 대해서는 살바이러스제이다. 월요일까지 총 266명의 학생과 직원 중에서 103명이 구토와 설사를 호소하였다. 거의 절반의 학교 구성원이 아파서 결석했거나 아팠다가 학교로 돌아왔기에 에이미는 메릴랜드 주 보건당국에 연락하기로 결정했다. 보건당국의 통계학자와 함께 자신이 정리한 기록을 살펴본 뒤에 그녀는 감염의 가장 중요한 위험 요인이 아픈 사람과 접촉했거나 또는 1학년 학생들이라는 것을 알게 됐다. 다섯 명을 뺀 1학년 학생 모두가 설사병으로 아픈 것으로 보고되었다. 학교가 너무 작기 때문에 1학년 교실은 학교의 컴퓨터실을 겸하고 있다. 학생들과 교직원 모두 이 컴퓨터를 공유한다. 보건당국은 1학년 교실에서 시료를 채취하도록 사람을 보냈고 컴퓨터 마우스에서 노로바이러스가 배양되었다.

어떻게 바이러스가 1학년 교실의 컴퓨터 마우스에서 다른 학년과 직원 모두에게 전파되었나?

노로바이러스는 매우 전염성이 강한 바이러스로 사람에서 사람으로 빠르게 퍼져나갈 수 있다. 이것은 외막이 없기 때문에 살생물제로 쉽게 파괴되지 않는다. 에이미는 일단 학교의 전체 구성원이 되돌아오면 손씻기의 중요성을 학생과 직원들에게 교육하는 시간을 갖자고 교장에게 제안한다. 비누와 물로 적절히 씻는 것은 다른 사람과 사물 표면으로의 노로바이러스 전염을 방지할 수 있다. 에이미는 또한 보건당국의 권장사항을 논의하기 위해 담당 직원과 다시 만난다. 보건당국에 따르면 대변이나 구토물로 눈에 띄게 오염된 환경표면을 청소할 때 직원은 마스크와 장갑을 착용하고, 묽은 세제에 적신 일회용 수건을 사용하여 최소한 10초 동안 표면을 닦은 다음, 1:10으로 희석한 가정용 표백제 용액으로 최소한 1분 동안 처리하여야 한다. 에이미는 앞으로 이런 일이 또 있을 수 있겠지만, 이 특정 바이러스로부터 학생과 직원을 보호하는 쪽으로 진일보했다고 확신한다.

미생물 제어 관련 용어

미생물의 성장 제어에 자주 그리고 잘못 사용하는 단어는 멸균이다. **멸균(sterilization)**은 모든 살아 있는 미생물을 제거 또는 파괴하는 것이다. 가열은 내생 포자와 같은 가장 강한 형태를 포함하여 미생물을 죽이는 데에 사용되는 가장 일반적인 방법이다. 멸균에 사용하는 물질을 **멸균제(sterilant)**라고 한다. 액체 또는 가스는 여과를 통해 멸균할 수 있다.

흔히 슈퍼마켓에 있는 통조림은 완전히 멸균되었을 것이라고 생각한다. 현실적으로 열처리로 완전 멸균을 하면 음식물 품질의 저하가 불가피하다. 그래서 치명적인 독소를 생성할 수 있는 클로스트리듐 보톨리누스(*Clostridium botulinum*)의 내생포자를 파괴하는 데 충분한 열만을 음식물에 처리한다. 음식물의 부패를 일으키지만 사람에 질병을 유발하지 않는 약간의 호열성 세균의 내생포자는 *C. botulinum*에 비해 상대적으로 더 내성이 크다. 만일 이들이 존재할 경우 열처리에서 살아남게 되지만 이들의 생존은 보통 실질적인 문제를 일으키지 않는다. 이들은 흔히 사용하는 식품저장 온도에서는 성장하지 않는다. 슈퍼마켓에 있는 통조림 식품이 이러한 호열성 세균의 성장 범위의 온도(약 섭씨 45도 이상)에서 방치된다면 심각한 부패가 일어난다.

완전한 멸균이 필요하지 않은 경우도 많다. 예를 들어 몸의 정상 방어 체계는 수술 상처에 들어가는 약간의 미생물에 대응할 수 있다. 식당에서 쓰는 유리잔이나 포크는 한 사람에서 다른 사람으로 병원성 미생물이 전염될 가능성을 방지할 수 있을 정도로 미생물이 제어되면 된다.

유해한 미생물을 파괴하려는 제어를 **소독(disinfection)**이라고 부른다. 보통 이것은 살아 있는(내생포자를 형성하지 않는) 병원균을 파괴하는 것을 말하며 완전한 멸균과는 다르다. 소독은 화학물질, 자외선, 끓는 물이나 증기 등을 사용할 수 있다. 사실상, 이 용어는 무생물의 표면이나 물체를 처리하기 위해 화학물질[소독제(disinfectant)]을 사용하는 것을 일컫는다. 이런 처리가 살아 있는 조직에 대해 적용되면 이를 **방부(antisepsis)**라고 부르고 해당 화학물질을 **방부제**(antiseptic)라고 한다. 그러므로 실질적으로 같은 화학물질을 한쪽에서는 소독제라고 부르고 다른 데서는 방부제라고 부를 수 있다. 물론 많은 화학물질이 책상을 닦는 데 적절하지만 살아 있는 조직에 사용하기에는 너무 강하다.

소독과 방부의 변형이 있다. 예를 들면 사람에게 주사하기 바로 전에 피부를 알코올로 문지른다. 이 과정이 **살균(degerming** 또는 degermination)인데 보통 제한된 지역에 있는 대부분 미생물을 죽이기보다는 기계적으로 제거하는 결과를 가져온다. 식당의 유리 그릇과 도자기, 식탁용 식기류 등은 **위생처리(sanitization)**의 대상인데, 이들 용품에 있는 미생물의 수를 안전한 공중보건 수준으로 줄이고 사용하는 사람들 간에 질병이 전파되는 가능성을 최소화하려는 의도이다. 이를 위해서 일반적으로 고온으로 세척하거나 식당에 있는 유리 그릇의 경우에는 화학 소독제에 담근 다음 싱크대에서 세척한다.

표 5.1에 미생물의 성장 제어와 관련된 용어를 정리하였다.

미생물을 완전한 사멸시키는 처리의 이름에는 죽임을 의미하는 접미사 *-cide*가 붙는다. **살생제(biocide)**나 **살균제(germicide)**는 미생물을 죽인다(일반적으로 내생 포자와 같은 예외가 있다). 마찬가지로 **살진균제**(fungicide)는 곰팡이를 죽이고, **살바이러스제**(viru-cide)는 바이러스를 비활성화시킨다. 다른 처리는 세균의 성장과 증식을 억제한다. **정균작용(bacteriostasis)**처럼 이름에 정지 또는 정체를 의미하는 접미사 *-stat* 또는 *-stasis*를 붙인다. 정균제가 제거되고 나면, 성장이 재개될 수 있다.

그리스어로 부패 또는 부식을 의미하는 **sepsis**(부패작용)는 오수처리용 정화조의 경우처럼 세균 오염을 나타낸다. (이 용어는 어떤 질병의 상태를 설명하는 데에도 사용된다.) 무균(asep-

표 5.1 미생물 성장 제어와 관련된 용어

	정의	설명
멸균(Sterilization)	내생포자를 포함한 미생물의 살아 있는 모든 형태의 파괴 혹은 제거	보통 고압의 증기나 에틸렌산화물 같은 살균가스로 수행
공업 멸균(Commercial Sterilization)	통조림 식품에 있는 *Clostridium botulinum*의 내생포자를 죽일 수 있는 충분한 열처리	내성이 큰 호열성세균의 내생포자는 생존할 수도 있지만 이들은 정상적인 저장조건에서 발아하여 자라지 않는다.
소독(Disinfection)	병원균 파괴	물리적 혹은 화학적 방법의 이용할 수 있다.
방부(Antisepsis)	살아 있는 조직에서 성장하는 병원균의 파괴	보통 화학적 항균제로 처리한다.
살균(Degerming)	주사부위의 피부와 같이 제한된 지역에서 미생물을 제거	알코올에 적신 면봉으로 거의 기계적인 제거
위생처리(Sanitization)	식기에 있는 미생물 수를 공중보건 기준에서 안전한 수준으로 줄이기 위한 처리	고온세척이나 화학 소독제에 담가 수행할 수 있다.

표 5.2 미생물의 지수적 사멸률의 한 사례

시간 (분)	분당 사멸 수	생존 수
0	0	1,000,000
1	900,000	100,000
2	90,000	10,000
3	9000	1000
4	900	100
5	90	10
6	9	1

tic)이란 특정 대상 또는 영역에 병원균이 없음을 의미한다. 앞에서 **무균상태(asepsis)**가 우려할만한 오염이 없는 것이라고 말한 것을 기억하자. 무균 기술은 수술과정에서 장비와 의료진, 환자로 인한 오염을 최소하기 위해 중요하다.

미생물의 사멸 속도

세균 집단을 가열하거나 항균 화학물질로 처리하면 이들은 보통 일정한 속도로 죽는다. 예를 들면 100만 개의 미생물 집단을 1분간 처리하면 집단의 90%가 죽는다고 가정하자. 이제 10만 개의 미생물이 남았다. 만일 이 집단을 1분 더 처리하면 이들의 90%가 죽고 1만 개만 생존한다. 다르게 말하면, 열처리로 1분당 남아 있는 집단의 90%가 죽는다(표 5.2). 이 사망 곡선을 로그를 이용하여 그리면 사망률은 그림 5.1a에서 직선으로 보이는 것처럼 일정하다.

항균처리에 영향을 주는 여러 요인:

- 미생물의 수. 처음에 미생물이 많을수록 전체 집단을 제거하는데 시간이 더 걸린다(그림 5.1b).
- 환경의 영향. 대부분의 소독제는 따뜻한 용액에서 효과 더 좋다.

유기물질의 존재는 종종 화학 항균제의 작용을 억제한다. 병원에서는 혈액과 구토, 배설물 등에 있는 유기물질에 따라 소독제의 선택이 달라진다. 생물막의 표면에 있는 미생물(108쪽의 참조)에게는 살균제가 효과적으로 도달하기 어렵다. 소독제의 활성은 온도에 의존하는 화학반응에 의한 것이기 때문에 소독제는 따뜻한 조건에서 좀 더 효과가 좋다.

현탁 배지의 특성 또한 열처리 시 고려 사항이다. 지방과 단백질은 특히 보호적이여 이들 물질이 풍부한 배지는 미생물을 보호하여 높은 생존율을 보인다. 열은 산성조건에서 눈에 띄게 더 효과적이다.

- 노출시간. 화학 항균제의 경우에는 내성이 있는 미생물이나 내생포자에 영향을 주려면 보통 노출시간이 더 길어야 한다. 135쪽의 등가처리(equivalent treatment)에 대한 설명 참조.
- 미생물의 특성. 이번 장의 결론 부분에서 미생물의 특성이 화학적 및 물리적 제어방법의 선택에 어떻게 영향을 미치는지에 대해 설명한다.

미생물 제어 물질의 작용

이번 절에서는 다양한 약물이 실제로 미생물을 죽이거나 억제하는 방법에 대해 알아본다.

막 투과성의 변경

세포벽의 바로 안쪽에 있는 세균의 세포막은 많은 미생물 제어 약물의 표적이다. 이 막은 세포 안으로 영양분을 수송하고 노폐물을 세포 밖으로 내보내는 것을 능동적으로 조절한다. 항균제가 세포막의 지질이나 단백질에 손상을 주면 세포 내용물이 주변배지로 누출되어 세포의 성장이 방해를 받는다.

단백질과 핵산에 손상

세균은 "작은 효소 주머니"라고 볼 수도 있다. 주로 단백질인 효소는 세포의 활성에 꼭 필요하다. 단백질의 기능적인 특성은 이들의 3차원적인 모양의 결과인 것을 기억하자(그림 5.2). 단백질의 이런 형태는 아미노산 사슬 자체가 앞뒤로 접히면서 인접하게 되는 부위를 이어주는 화학결합으로 유지된다. 이들 결합의 일부는 수소결합으로 열이나 다른 화학물질에 의해 끊어지기 쉬운데, 이런 끊어짐은 단백질의 변성을 가져온다. 공유결합은 더 강하지만 이들도 또한 공격의 대상이 된다. 예를 들면, 노출된 메르캅토기(-SH)가 있는 아미노산을 연결시켜 단백질 구조에 중요한 역할을 하는 이황화 다리(disulfide bridge)는 특정 화학물질이나 충분한 열에 의해 끊어질 수 있다.

핵산인 DNA와 RNA는 세포의 유전정보를 운반한다. 열이나 방사선, 화학물질에 의해 이들 핵산에 가해지는 손상은 세포에 보통 치명적이다. 즉, 세포는 더 이상 복제되지 않거나 효소합성과 같은 정상적인 물질대사 기능을 수행할 수 없게 된다.

미생물 제어의 물리적 방법

이미 석기 시대에 인간은 음식물을 보존하기 위해 미생물을 제어하는 몇 가지 물리적인 방법을 사용했던 것 같다. 아마도 이런 최초

토대 그림 5.1 미생물 사멸곡선의 이해

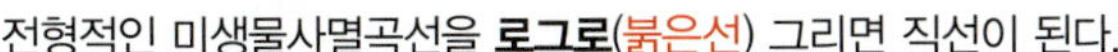

전형적인 미생물사멸곡선을 **로그로**(붉은선) 그리면 직선이 된다.

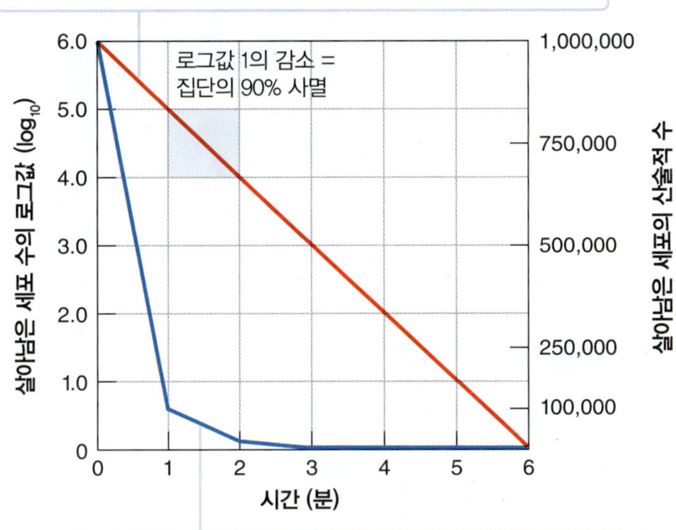

(a) 전형적인 미생물 사멸곡선을 **산술적**(파란선)으로 그리는 것은 비실용적이다. 3분에서 1000 세포의 집단이 바닥선과 100,000 사이 거리의 백분의 일에 불과해진다.

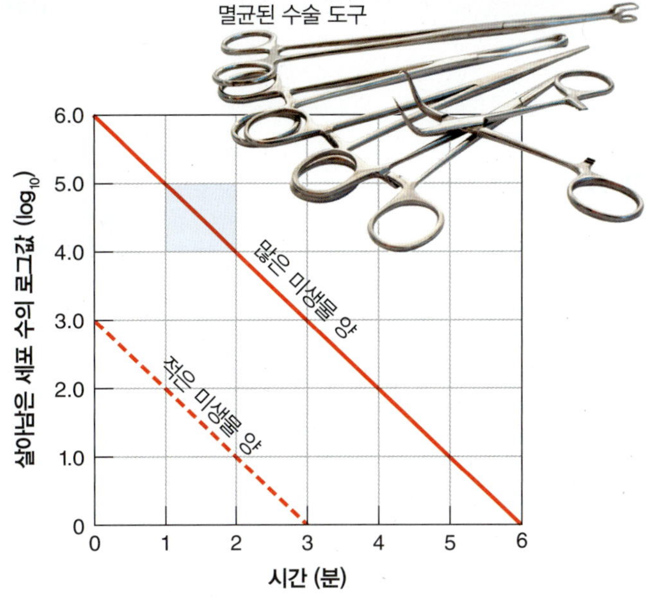

(b) 대수 그래프(붉은색)는 만일 사멸률이 같다면, 열이나 화학 요법 등 그 처리 방법에는 상관없이 미생물의 양이 많으면 멸균 시간이 더 걸리는 것을 보여준다.

핵심 개념

- 세균 개체군은 열이나 항미생물 화학물질이 처리를 하면 보통 일정한 비율로 죽는다.
- 세균 개체군을 효과적으로 도표로 그리기 위해 로그를 사용하는 것이 필요하다.
- 시간과 초기 집단의 크기 요소를 비롯하여 미생물집단의 대수사멸곡선을 이해하는 것은 식품보존과 배지나 의료용품의 멸균에 특히 유용하다.

열-보존 식품

의 기술 중에는 말림(건조)과 절임(삼투압)이 있었을 것이다. 미생물 제어 방법을 선택할 때, 해당 방법이 미생물 외에 다른 무엇에 영향을 미칠지 고려해야만 한다. 예를 들어, 열은 용액 내에 있는 특정 비타민이나 항생제를 비활성화시킬 수 있다. 반복해서 열을 가하면 고무 및 라텍스 튜브 같은 많은 실험실과 병원에서 사용하는 제품이 손상된다. 경제적 고려도 해야 된다. 예를 들어, 유리 제품을 닦아서 다시 멸균하는 것보다 미리 멸균된 일회용 플라스틱 용기를 사용하는 것이 더 저렴할 수 있다.

열

슈퍼마켓에 가보면 열-보존 통조림 식품이 가장 일반적인 음식물 보존 방법의 하나임을 알 수 있다. 열은 또한 실험실 배지와 유리 용기 및 병원의 도구를 살균하는 데 흔히 이용된다. 열은 효소를 변성시켜 미생물을 죽이는 것으로 보인다. 즉, 가열의 결과로 생긴 입체 모양의 변화 때문에 단백질이 불활성화된다.

열에 대한 내성은 미생물에 따라 다른데, 이러한 차이는 열사멸온도의 개념을 통해 표현될 수 있다. **열사멸온도(thermal death point, TDP)**는 특정한 액체 현탁액에 있는 미생물 전부가 10분 만에 사멸되는 최저 온도이다.

살균에 고려해야 할 또 다른 요소는 필요한 시간이다. 이것은 **열사멸시간(thermal death time, TDT)**으로 표현되는데, 주어진 온도에서 특정 액체 배양액에 있는 세균이 모두 죽는 데 걸리는 최소 시간을 말한다. TDP와 TDT 둘 다 주어진 세균 집단을 죽이는 데 필요한 처리의 강도을 나타내는 유용한 지침이다.

십진감소시간(decimal reduction time, DRT 또는 D 값, D value)은 세균의 내열성과 관련된 세 번째 개념이다. DRT는 주어진 온도에서 세균 수의 90%가 사멸될 수 있는 시간이며 분으로 나타낸다(표 5.2 및 그림 5.1a에서 DRT는 1분).

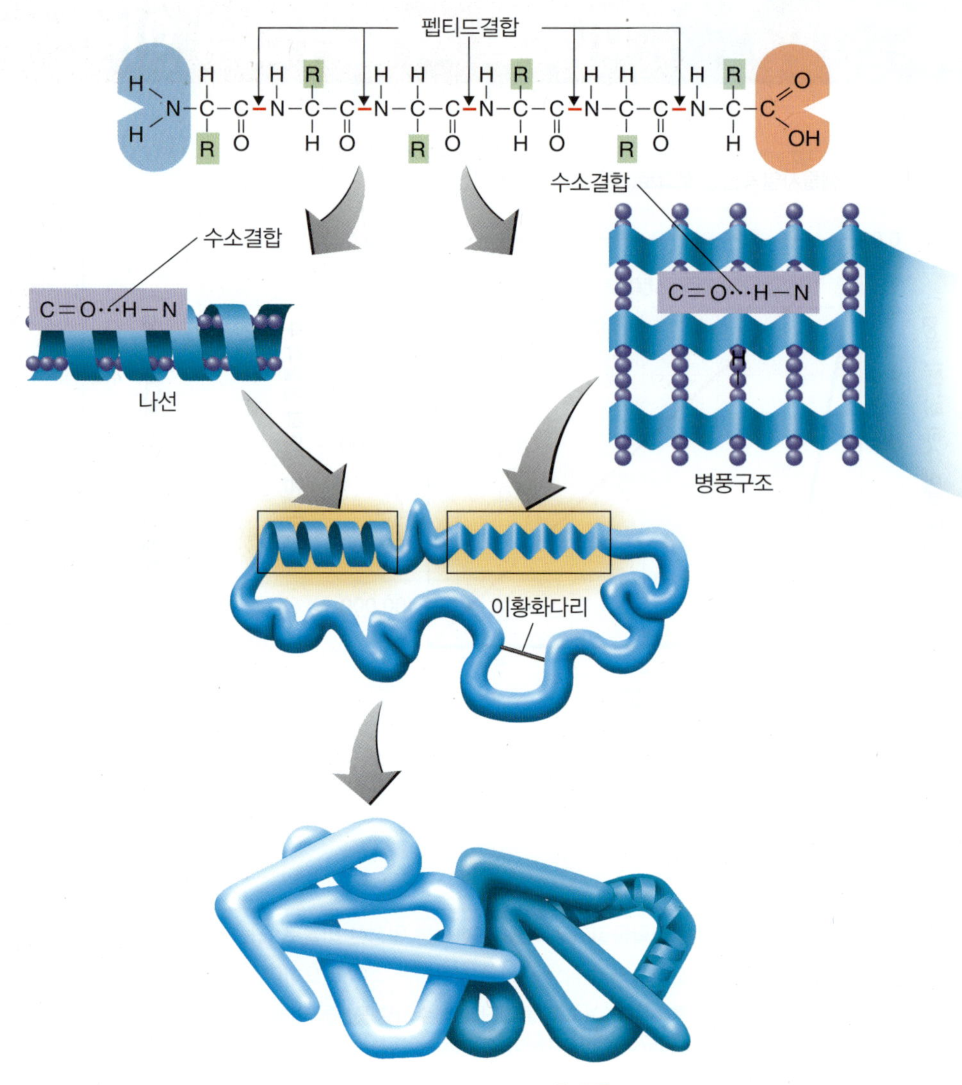

그림 5.2 단백질의 구조. (1) 1차구조, 아미노산 서열. (2) 2차구조, 나선과 병풍구조. (3) 3차구조, 한 폴리펩티드 사슬 전체의 삼차원적인 접힘. (4) 4차구조, 한 단백질을 만드는 여러 폴리펩티드 사슬 간의 관계. 이 그림은 두 개의 폴리펩티드 사슬로 이루어진 가상의 단백질을 보여준다.

Q 단백질의 어떤 특징이 특정한 기능을 수행하게 하는가?

습열멸균

습열은 주로 단백질 응고(변성)를 통해 미생물을 죽인다. 응고는 단백질의 3차원 구조를 유지하고 있는 수소결합의 파손 때문에 발생하는데, 계란 프라이의 흰자를 본 사람이라면 이 과정을 잘 알고 있을 것이다.

습열 "멸균"의 한 유형은 끓이는 것(비등)이다. 이것은 영양성장 중인 병원성 세균과 거의 모든 바이러스, 곰팡이 및 그 포자를 약 10분 이내에 죽이는데, 보통 이보다 더 빠르다. 그냥 흐르는(무압력) 증기는 기본적으로 끓는 물과 같은 온도이다. 그러나 내생 포자와 일부 바이러스는 이렇게 빨리 파괴되지 않는다. 예를 들어, 일부 간염 바이러스는 끓여도 30분까지 살아남을 수 있으며, 일부 세균의 내생 포자는 20시간 이상 끓여도 버틸 수 있다. 비등은 따라서 항상 신뢰할 수 있는 멸균과정은 아니다. 그러나 잠깐 끓이는 것만으로, 대부분의 병원균을 죽일 수 있다. 유리 젖병을 소독하기 위해 삶는 것은 비등 사용의 친숙한 예이다.

습열로 믿을 수 있는 멸균을 하려면 끓는 물의 온도 이상이 필요하다. 이러한 높은 온도를 맞추는 가장 흔한 방법은 **가압증기멸균기(autoclave,** 그림 5.3)에서 압력이 가해진 증기를 이용하는 것이다. 소독할 물질이 열이나 습기에 의해 손상되지 않는다면 가압증기멸균이 선호되는 멸균의 방법이다.

가압증기멸균기의 압력이 올라갈수록 온도가 높아진다. 예를 들어, 100°C 증기에 대기압의 두 배 압력, 즉 평방인치당 약 15파운드(약 6.8 kg) 압력(psi)을 가하면 온도가 121°C로 상승한다. 20 psi로 압력을 증가시키면 126°C로 온도가 높아진다. 온도와 압력 사이의 관계는 표 5.3에 표시되어 있다.

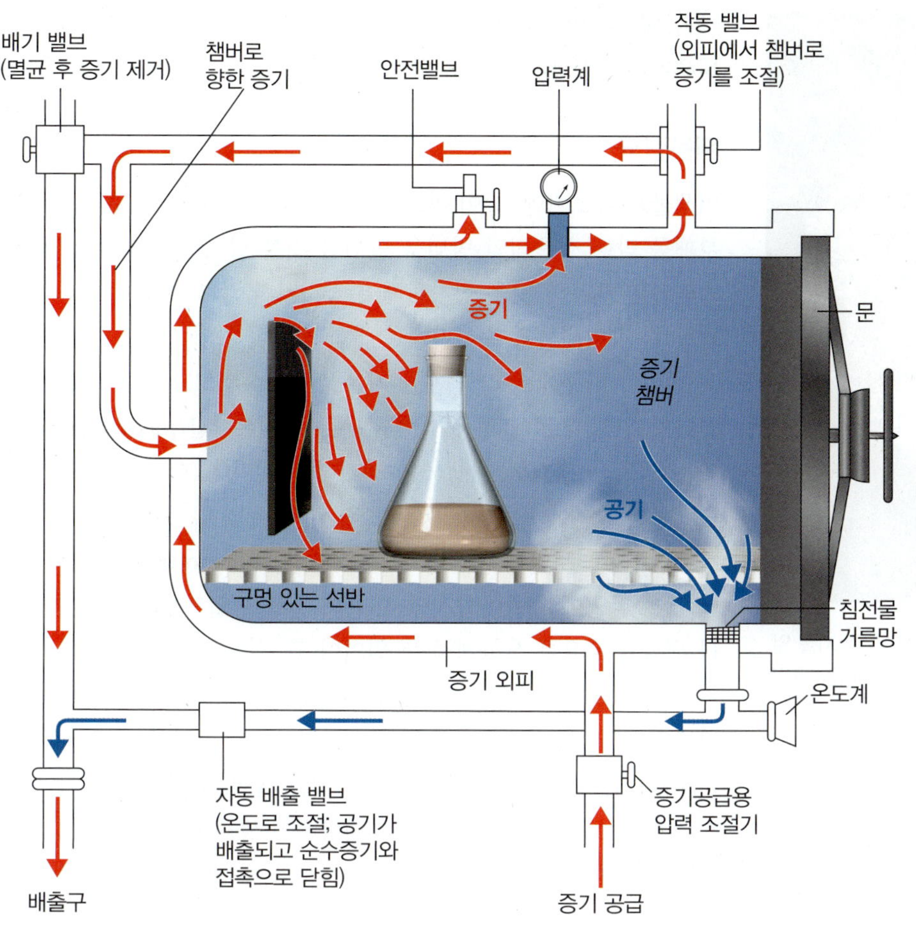

그림 5.3 가압증기멸균기. 들어오는 증기가 공기를 바닥으로 배출시킨다(파란 화살표). 자동 배출 밸브는 공기-증기 혼합물이 배출구로 빠져나가는 시간만큼 열린 채 남아 있는다. 모든 공기가 배출되면 순수한 증기의 높은 온도가 밸브를 닫고 실내의 압력은 증가한다.

Q 가압증기멸균기에서 뚜껑이 없는 빈 플라스크를 멸균하기 위해 어떤 위치로 놓아야 하는가?

생명체가 직접 증기에 접촉되거나 적은 양의 액체(주로 물)에 들어 있는 경우에는 가압증기멸균기를 이용한 멸균이 가장 효과적이다. 이러한 조건에서는, 약 15 psi 압력(121°C)의 증기로 약 15분 안에 모든 생물과 그들의 내생 포자를 죽일 수 있다.

가압증기멸균기는 배양배지, 도구, 붕대, 정맥 장비, 도포용 기구, 용액, 주사기, 수혈 장비 등과 높은 온도와 압력을 견딜 수 있는 많은 물품을 멸균하는 데 사용된다. 대규모 산업용 가압증기멸균기는 레토르트(retort)라고 부르는데, 같은 원리가 일반 가정용 압력솥에 적용된다.

열은 통조림 고기 같은 고체 물질의 중심에 도달하기에는 추가 시간이 필요로 하는데, 이는 이런 물질이 액체에서 발생하는 효율적인 열 분산 대류의 흐름을 유발하지 않기 때문이다. 큰 용기를 가열하면 또한 추가 시간이 필요하다. **표 5.4**는 다양한 크기의 용기에서 액체를 멸균하는 데 걸리는 시간을 보여준다.

표 5.3 해수면에서 증기압과 온도의 상관관계*

압력 (대기압을 초과하는 psi)	온도 (℃)
0	100
5	110
10	116
15	121
20	126
30	135

*높은 고도에서 대기압은 낮다. 이 현상은 가압증기멸균을 작동하는데 고려해야만 하는 현상이다. 예를 들어 고도가 5280피트(1600 m)인 콜로라도 덴버에서 멸균온도(121℃)에 도달하기 위해 가압증기멸균기에 표시된 압력이 표에서 보여준 15 psi보다 높을 필요가 있다.

표 5.4 용기의 크기가 액체 용액의 가압증기멸균 시간에 미치는 영향*

용기 크기	액체 부피	멸균 시간(분)
시험관: 18 × 150 mm	10 ml	15
삼각플라스크: 125 ml	95 ml	15
삼각플라스크: 2000 ml	1500 ml	30
발효통: 9000 ml	6750 ml	70

*가압증기멸균 시간은 용기 내 내용물이 멸균 온도에 도달하는 시간을 포함한다. 작은 용기는 5분이나 그 미만이지만 9000 ml 통은 70분이나 걸린다. 용기는 일반적으로 용량의 75% 이상을 채우지 않는다.

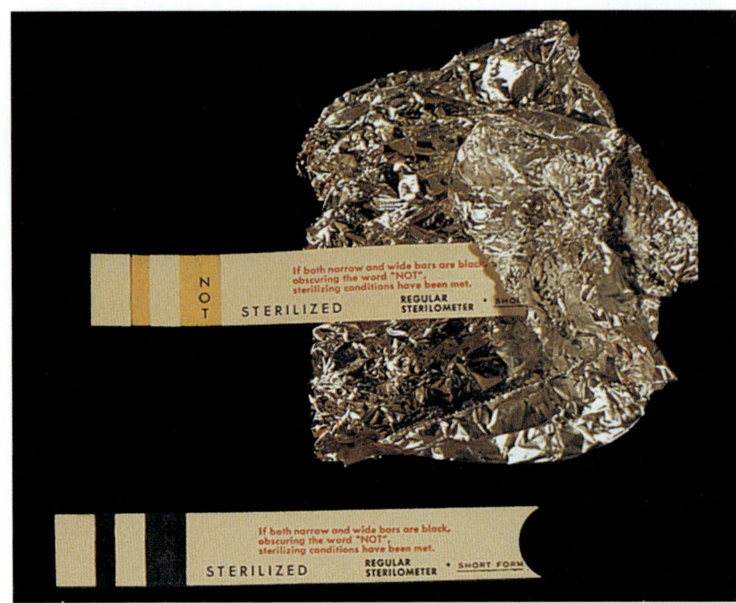

그림 5.4 멸균 표시기의 예. 종이띠는 해당 품목이 적절하게 멸균되었는지를 알려준다. 만일 가열이 부적절하면 단어 NOT 이 나타난다. 그림에서 알루미늄 호일로 싸인 표시기는 증기가 호일을 통과하지 못해 멸균되지 않았다.

Q 물품을 싸기 위해 알루미늄 호일 대신 무엇을 이용하였어야 하는가?

수용액을 멸균하는 것과는 달리, 고체의 표면을 멸균하는 데는 증기가 실제로 접촉해야 된다. 마른 유리용품과 붕대, 기타 유사한 것을 멸균하기 위해서는 증기가 모든 표면에 접촉하도록 반드시 주의를 기울여야 한다. 예를 들어, 알루미늄 호일은 증기가 스며들지 않기 때문에 이것으로 마른 물품을 싸서 멸균할 수 없고, 대신 종이를 사용해야 한다. 마른 용기의 바닥에 공기가 포획되는 것을 피하기 위해 또한 주의를 기울여야 한다. 증기는 공기보다 가볍기 때문에 갇힌 공기는 수증기로 대체되지 않는다. 갇힌 공기는 작은 열기 오븐과 동일하다. 곧 알게 되겠지만, 이 오븐은 물질을 멸균하는 데 더 높은 온도와 더 오랜 시간을 필요로 한다. 공기가 갇힐 수 있는 용기는 기울여 놓아서 증기가 공기를 밀어낼 수 있도록 해야 한다. 미네랄 오일이나 바셀린 등과 같이 습기가 침투하지 않는 제품은 수성 용액의 멸균에 사용하는 것과 동일한 방법으로 멸균하지 않는다.

열처리로 멸균이 달성되었는지 여부를 표시할 수 있는 여러 가지 방법이 시중에 나와 있다. 이들 중 일부는 적절한 시간과 온도에 도달하면 표식의 색상이 변하는 화학반응을 이용한 것이다(그림 5.4). 일부 제품에서는, 멸균(sterile) 또는 가압증기멸균(autoclaved)이라는 단어가 포장이나 테이프에 나타난다. 널리 사용되는 검사는 특정 세균 종의 내생포자가 침윤된 가느다란 종이 조각을 사용한다. 이 종이 스트립을 가압증기멸균한 다음, 배양배지에 무균 접종할 수 있다. 배양배지에서 성장이 일어나면, 내생포자의 생존을 의미하고 따라서 부적절한 멸균 처리과정임을 나타낸다. 다른 검사는 가열 후 같은 병에 담겨 있는 주변의 배양배지로 방출할 수 있도록 고안된 내생포자 현탁액을 사용한다.

저온살균

미생물학의 초기에, 루이 파스퇴르(Louis Pasteur)가 맥주와 와인의 부패를 막는 실용적인 방법을 발견한 것을 상기하자(1장 참조). 파스퇴르는 제품의 맛을 심각하게 손상시키지 않고 부패 문제를 일으키는 특정 미생물을 죽이기에 충분한 적당한 가열을 사용하였다. 같은 원리가 나중에 우리가 지금 저온살균 우유라고 부르는 제품을 생산하기 위해 우유에 적용되었다. 우유를 **저온살균(pasteurization)**하는 의도는 병원성 미생물을 제거하는 것이다. 이렇게 하면 또한 미생물의 숫자가 줄어서, 냉장 보관 시 우유의 유통 기한이 늘어난다. 상대적으로 열에 내성이 있는(**내열성, thermoduric**) 많은 세균이 저온 살균에서 살아남지만, 이들이 질병을 일으키는 원인이 되거나 냉장된 우유를 상하게 하는 원인이 될 가능성은 낮다.

아이스크림과 요구르트, 맥주 등과 같은 우유 이외의 제품에도 각각의 저온살균 시간과 온도가 있는데, 보통 상당히 다르다. 이러한 차이에는 몇 가지 이유가 있다. 예를 들어, 가열은 점성이 높은 식품에 덜 효율적이며, 음식에서 지방은 미생물에 대한 보호 효과를 가질 수 있다. 낙농업계에서는 정기적으로 제품의 살균 여부를 확인하는 검사를 한다: 인산가수분해효소 검사(phosphatase test; 인산가수분해효소는 우유에 자연적으로 존재하는 효소). 제품이 저온살균된 경우 인산가수분해효소는 비활성화될 것이다.

오늘날 대부분의 저온살균 우유는 적어도 72°C의 온도에서 15초 동안만 처리된다. **고온순간살균[high-temperature short-time (HTST) pasteurization]**으로 알려진 이 처리는 우유가 열 교환기를 지속적 흘러가면서 이루어진다. 병원균을 죽이는 것 말고도서 HTST 살균은 총 세균 수를 줄여서, 우유의 냉장 보관이 잘 되도록 한다.

멸균

우유는—저온살균과는 많이 다른—**초고온(ultra-high-temperature_UHT)** 처리를 통해 또한 멸균될 수 있다. 이렇게 하면 우유를 냉장 없이 몇 달 동안 저장할 수 있다. UHT 처리 우유는 유럽에서 널리 판매되며 특히 냉장 시설을 항상 사용할 수 없는 저개발 국가 지역에서 특히 필요하다. 미국에서 UHT는 레스토랑에서 볼 수 있는 작은 용기에 담긴 커피 크림에 때때로 사용된다. 우유에서 조리된 맛이 나지 않게 하기 위해 이 처리과정은 우유 자체보다 더 뜨거운 표면에 우유가 접촉하는 것을 피한다. 일반적으로 액체 우유(또는 주스)가 압력 하에서 고온의 증기로 가득 찬 공간으로 노즐을 통해 분사된다. 고온 증기 속으로 분사된 작은 부피의 유체는 유체 방울에 비해 상대적으로 큰 표면적이 증기에 의해 가열되도록 노출된다. 살균 온도에 거의 즉시 도달할 수 있다. 140°C의 온도에 4초 동안 도달한 후, 유체가 빠르게 진공 공간 내에서 냉각된다. 우유나 주스는 그 다음 미리 살균된 밀폐 용기에 포장된다.

방금 이야기한 열처리는 **등가처리(equivalent treatment)**의 개념을 설명한다: 온도를 올리면, 훨씬 짧은 시간에 동일한 수의 미생물을 죽일 수 있다. 예를 들어, 매우 강한 내생포자의 파괴에 115°C에서 70분 정도 걸릴 수 있는 반면, 125°C에서는 7분이면 될 수 있다. 두 처리의 결과는 동일하다.

건열멸균법

건열은 산화 효과로 죽인다. 간단한 비유는 가열 오븐에서 온도가 종이의 발화점보다 낮게 유지되어도 종이가 천천히 숯이 되는 것이다. 가장 간단한 건열 멸균 방법 중 하나는 직접 **연소(flaming)**시키는 것이다. 미생물학 실험실에서 접종 루프를 멸균할 때 이 절차를 여러 번 사용한다. 접종 루프를 효과적으로 멸균하기 위해 금속선이 빨갛게 달아오르도록 가열한다. 유사한 원리가, 오염된 종이컵과 주머니, 붕대 등을 멸균하고 처분할 수 있는 효과적인 방법인 소각(incineration)에 사용된다.

건열 멸균의 또 다른 형태는 **열기멸균(hot-air sterilization)**이다. 이 방법으로 살균하려는 물품을 오븐에 넣는다. 일반적으로, 대략 170°C의 온도를 약 2시간 동안 유지하면 멸균이 보장된다. 공기보다 물에서 열이 더 쉽게 차가운 물체로 전달되기 때문에 더 긴 시간과 높은 온도(습열에 비해)가 필요하다. 예를 들어, 습식 사우나와 건식 사우나를 체험한 다음 온도를 비교해 보기 바란다.

여과

여과(filtration)는 미생물이 걸릴 만큼 충분히 작은 구멍이 있는 채와 같은 물질에 액체나 기체를 통과시키는 것이다(종종 동일한 장치가 계수에 사용된다). 여과액을 받는 플라스크 안을 진공으로 만들면, 공기압이 액체를 밀어 여과기를 통과하게 한다. 여과는 일부 배양배지와 백신, 항생제 용액 등과 같은 온도에 민감한 물질의 멸균에 사용한다.

화상 환자가 입원한 방이나 일부 수술실은 공기 중의 미생물 수를 낮추기 위해 여과된 공기를 공급받는다. **고효율 미립자 공기여과[high-efficiency particulate air (HEPA) filter]**는 직경이 약 0.3 μm 이상인 거의 모든 미생물을 제거한다.

미생물학의 초기에는 액체를 여과하는 데에 유약을 칠하지 않은 도자기로 만든 속이 빈 양초 모양의 여과기가 사용되었다. 여과기의 벽에 있는 긴 우회 통로에 세균이 흡착된다. 여과기를 통과하는 보

그림 5.5 미리 멸균된 일회용 플라스틱 장치로 여과 멸균. 시료를 위쪽 공간에 놓고 아래쪽 공간의 진공으로 막여과기를 통해 빠져나가게 한다. 막여과기의 구멍은 세균보다 작아서 세균은 막여과기에 남게 된다. 멸균된 시료는 다른 용기로 옮길 수 있다. 제거될 수 있는 여과 원반을 갖는 비슷한 장치가 시료 속의 세균 수를 세는 데 이용된다(그림 4.18 참조).

Q 플라스틱 여과장치는 어떻게 미리 멸균되는가? (이 플라스틱은 열로 멸균할 수 없다고 가정하자.)

이지 않는 병원균(광견병 같은 질병을 일으키는)을 여과 가능한 바이러스(filterable virus)라고 했다.

최근에는, 섬유소 에스테르 또는 플라스틱 중합체와 같은 물질로 만들어진 **막여과기(membrane filter)**가 산업용 및 실험실에서 널리 사용되고 있다(그림 5.5). 이 여과기는 두께가 0.1 mm에 불과하다. 세균을 대상으로 하는 막여과기의 구멍 크기는 0.22 μm과 0.45 μm이다. 스피로헤타와 같은 일부 매우 유연한 세균이나 벽이 없는 마이코플라스마는 종종 이런 여과막를 통과하기도 한다. 막여과기의 구멍이 0.01 μm 정도까지 작은 여과기도 있는데, 이것은 바이러스나 심지어는 큰 단백질 분자까지 거른다.

저온

미생물에 대한 저온의 효과는 미생물의 종류와 온도 적용의 강도에 따라 달라진다. 예를 들면 보통 냉장고의 온도에서(0~7°C), 대부분 미생물의 대사 속도는 미생물이 분열을 하거나 독소를 합성할 수 없을 정도로 감소된다. 바꾸어 말해서, 일반 냉장은 정균(bacteriostatic) 효과가 있다. 그러나 저온성장미생물은 냉장고의 온도에서 천천히

자라고 시간이 지나면 음식물을 변질시킬 수 있다. 예를 들어, 한 마리의 미생물이 하루에 세 번 증식하면 1주일 안에 200만 마리 이상의 집단에 이를 수 있다. 병원성 세균은 일반적으로 냉장고 온도에서 자라지 못한다. 그러나 최소한 하나의 중요한 예외는 리스테리아 감염증(listeriosis)에서 다룰 것이다.

놀랍게도, 일부 세균은 영하 몇 도의 온도에서도 성장할 수 있다. 대부분의 음식은 −2°C 이하까지 얼지 않은 상태로 유지된다. 온도가 영하로 빠르게 내려가면 미생물이 휴면 상태가 되는 경향은 있지만, 반드시 죽지는 않는다. 천천히 냉동하는 것이 세균에게 해롭다. 얼음 결정이 형성되어 세균의 세포 및 분자 구조를 파괴하기 때문이다. 본질적으로 더 느린 해동은 실제로 동결-해동 반복에서 더 많은 손상을 주는 부분이다. 일단 냉동되면, 일부 세균은 집단의 1/3이 1년 동안 살아남을 수 있는 반면, 다른 종은 거의 살아남지 못한다. 인간 선모충증(trichinellosis)의 원인인 회충과 같은 많은 진핵 기생충은, 냉동 온도에서 며칠 안에 죽는다. 미생물 및 식품 부패와 관련된 몇 가지 중요한 온도는 그림 4.2에 나와 있다.

고압

액체 현탁액에 적용되는 고압은 즉시 그리고 시료 전체에 골고루 적용된다. 압력이 충분히 높으면 이것은 단백질이나 탄수화물의 분자 구조를 변경시키고, 그 결과 살아 있는 세균을 빠르게 불활성화시킨다. 내생포자는 비교적 높은 압력에도 견딘다. 그러나 고압과 온도 증가를 결합하거나 포자가 발아하도록 압력 사이클을 변경함으로써 내생포자를 제거할 수 있다. 고압 처리를 통해 생산된 과일주스가 일본과 미국의 시장에서 나와 있다. 이러한 처리의 하나의 장점은 제품의 맛과 색, 영양가를 그대로 유지한다는 것이다.

건조

건조(desiccation), 즉 물이 없는 상태에서 미생물은 성장 또는 번식할 수 없지만 수년 동안 살아남을 수는 있다. 그런 다음, 물이 가용해지면, 이들은 성장과 분열을 재개할 수 있다. 이것이 동결건조(lyophilization) 또는 4장에 설명된 것처럼 미생물을 보존하기 위한 실험 과정인 냉동건조의 기본 원리이다. 특정 음식도(예를 들어, 커피와 시리얼에 첨가된 몇 가지 과일) 냉동건조되어 있다.

살아 있는 세포의 건조에 대한 내성은 종과 생물의 환경에 따라 달라진다. 예를 들어, 임질 세균은 한 시간 정도만 건조에 견딜 수 있지만, 결핵균은 수 개월 동안 살아남을 수 있다. 일반적으로 바이러스는 건조에 강하지만 세균의 내생포자만큼 내성이 있지는 않다. 내생포자의 일부는 수백 년 동안 살아남을 수 있다. 특정 건조 미생물과 내생포자의 이런 생존 능력은 병원 환경에서 매우 중요하다. 먼지, 의류, 침구, 붕대 등에 묻은 마른 가래, 소변, 고름 및 배설물 등에는 전염성 미생물이 포함되어 있을 수 있다.

삼투압

음식을 보존하기 위해 고농도의 소금과 설탕을 사용하는 것은 **삼투압(osmotic pressure)** 효과를 기반으로 한다. 이러한 물질의 높은 농도는 물이 미생물 세포에서 빠져나오게 하는 고농도 환경을 만든다(그림 4.4 참조). 이 과정은 건조에 의한 보존과 비슷하다. 두 방법은 세포의 성장에 필요한 수분을 차단한다는 점에서 그렇다. 삼투압의 원리는 식품의 보존에 사용된다. 예를 들어, 소금 용액은 고기를 절이는 데 사용되고 진한 설탕 용액은 과일을 보존하는 데 사용된다.

일반적으로 세균보다 곰팡이와 효모는 낮은 수분이나 높은 삼투압력을 갖는 물질에서 성장하는 능력이 훨씬 더 뛰어나다. 이러한 곰팡이의 속성 때문에 종종 산성 조건에서 성장하는 능력과 결합하여 세균보다 오히려 곰팡이가 과일과 곡물의 부패를 일으킨다. 또한 이는 습기 찬 벽이나 샤워 커튼에 곰팡이가 생길 수 있는 일부 이유이기도 하다.

방사선

방사선은 파장과 세기, 시간에 따라 세포에 다양한 영향을 미친다. 미생물을 죽이는 방사선(멸균 방사선)에는 전리와 비전리 두 가지 종류가 있다.

전리방사선(ionizing radiation)—감마선, X선, 또는 고에너지 전자빔—은 파장이 1 nm 이하로 비전리방사선보다 파장이 짧다. 따라서 이것은 더 많은 에너지(그림 5.6)를 가지고 있다. **감마선(gamma ray)**은 코발트와 같은 특정 방사성 원소에서 방출되고, 전자빔은 특수한 기계에서 높은 에너지로 전자를 가속에 해서 생성한다. 전자빔의 생산과 유사한 방식으로 기계에서 만들어지는 **X선(X ray)**은 감마선과 비슷하다. 감마선은 깊이 침투하지만, 많은 양을 살균하는 데 몇 시간이 필요할 수도 있다. 반면 **고에너지 전자빔(high-energy electron beam)**의 경우는, 투과력은 훨씬 낮지만 보통 몇 초간의 노출시간만 필요하다. 전리방사선의 주요 효과는 물의 이온화이며, 이는 높은 반응성의 수산기 라디칼을 형성한다. 이러한 라디칼은 세포의 유기 구성요소, 특히 DNA와 반응한다.

이른바 방사선 손상의 표적 이론은 이온화 입자 또는 에너지 패킷이 세포의 중요한 부분에 근접하거나 통과하는 것을 가정하는데, 이것이 "타격"을 준다. 하나 또는 약간의 타격은 치명적이 않은 돌연변이를 유발할 수 있고, 타격이 가해질수록 미생물을 죽이기에 충분한 돌연변이를 일으킬 가능성이 커지게 된다.

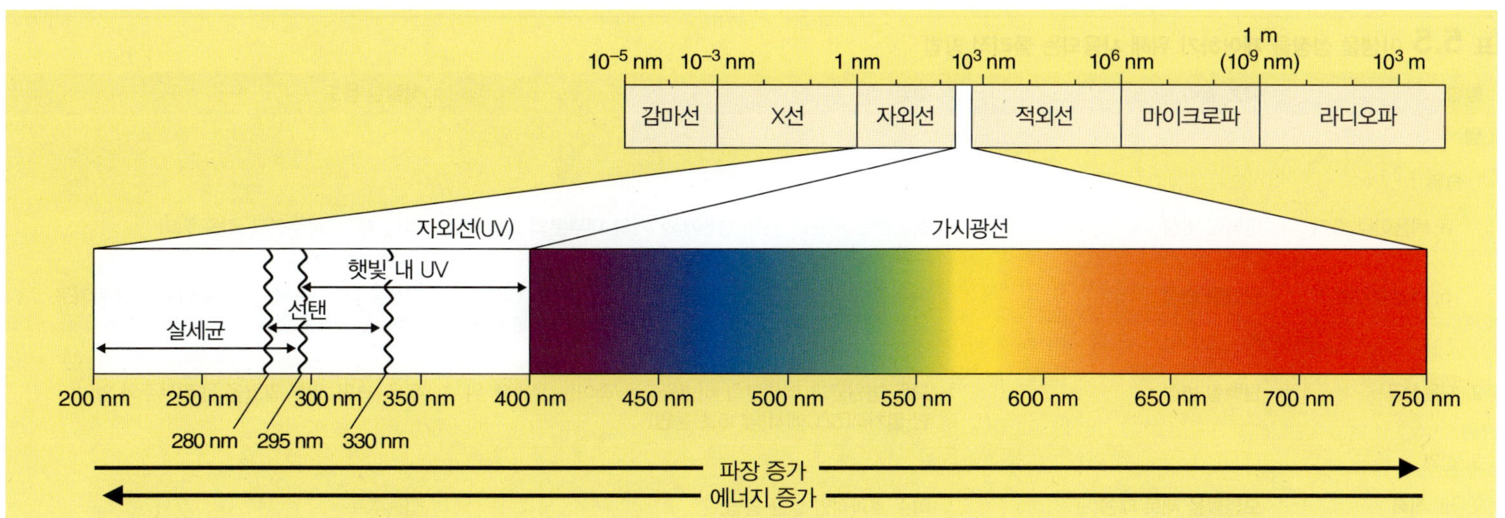

그림 5.6 방사선 에너지 스펙트럼. 가시광선과 여러 형태의 방사에너지는 다양한 길이의 파장으로 퍼져나간다. 감마선이나 X선 같은 전리방사선의 파장은 1 nm 이하이다. 자외선(UV) 같은 비전리방사선의 파장은 1 nm에서 가시광선이 시작되는 약 380 nm 사이이다.

Q 증가된 자외선(오존층의 감소로 인해)은 지구 생태계에 어떤 영향을 미칠 것인가?

식품 산업에서는 식품 보존을 위한 방사선의 사용에 대해 관심이 다시 새로워졌다. 많은 국가에서 수년간 사용해 오고 있는 저준위 전리방사선이 미국에서 향신료와 일부 고기 및 야채에 처리할 수 있게 승인되었다. 전리방사선, 특히 고에너지 전자빔은 의약품과 플라스틱 주사기, 수술 장갑, 봉합 재료, 카테터 등 같은 일회용 치과 및 의료용품을 멸균하는 데 사용된다. 생물테러(bioterrorism)를 막기 위해서 종종 특정 등급의 우편물을 전자빔 방사선을 사용하여 멸균한다.

비전리방사선(nonionizing radiation)은 전리방사선보다 긴 파장을 가지고 보통 파장이 1 nm 이상이다. 비전리방사선의 가장 좋은 예는 자외선(UV)이다. 자외선은 DNA 사슬에서 인접한 피리미딘 염기, 주로 티민 간의 결합을 형성하여 노출된 세포의 DNA에 손상을 준다. 이런 티민 이량체(thymine dimer)는 세포분열 동안 DNA의 정확한 복제를 방해한다. 미생물을 죽이는 가장 효과적인 UV 파장은 약 260 nm이다. 이 파장을 세포의 DNA가 특히 잘 흡수한다. UV 방사선은 공기에 있는 미생물을 제어하는데 또한 사용된다. UV 또는 "살균"램프는 병실, 신생아실, 수술실, 카페테리아 등에서 흔히 볼 수 있다. 자외선은 백신 및 기타 의료 제품을 소독하는 데에도 사용된다. 살균제로서 자외선의 가장 큰 단점은 이 빛이 잘 관통하지 않는다는 것이다. 그래서 표적 생물이 광선에 직접 노출되어야 한다. 고체, 종이, 유리, 섬유 등과 같은 덮개로 보호된 생물은 영향을 받지 않는다. 또 다른 잠재적인 문제는 자외선은 인간의 눈을 손상시킬 수 있으며, 장기간 노출이 사람에게 화상과 피부암을 일으킬 수 있다는 것이다.

햇빛은 일부 UV 방사선을 포함하고 있지만, 더 짧은 파장은—세균에 대해 가장 효과적인—대기의 오존층에 의해 걸러진다. 햇빛의 항균 효과는 거의 전적으로 세포질 내의 일중항 산소의 형성 때문이다. 세균이 생산하는 대부분의 색소는 햇빛으로부터 보호하는 역할을 한다.

마이크로파(microwave)는 미생물에 직접적인 영향을 많이 미치지는 않으며, 전자레인지의 내부에서 세균을 쉽게 분리할 수 있다. 수분을 함유한 식품은 마이크로파의 작용에 의해 가열되고, 열은 대부분의 살아 있는 병원균을 죽일 것이다. 수분의 불균등한 분포 때문에 단단한 음식은 불균일하게 가열된다. 이러한 이유로, 전자레인지에서 요리된 돼지고기가 선모충증(trichinellosis)의 대규모 발생의 원인이 되었다.

표 5.5에 미생물 제어의 물리적 방법이 요약되었다.

미생물 제어의 화학적 방법

화학작용제는 살아 있는 조직과 무생물 모두에서 미생물의 성장을 제어하는 데 사용된다. 불행히도 멸균을 할 수 있는 화학작용제는 거의 없다. 이들 대부분은 단지 안전한 수준으로 미생물 개체군을 감소시키거나 물체에서 살아 있는 형태의 병원균을 제거한다. 살균에 있어 흔한 문제는 살균제의 선택이다. 모든 상황에 적합한 살균제는 없다.

효과적인 소독의 원칙

라벨을 읽으면, 소독제의 특성에 따른 적절한 취급법을 알 수 있다. 보통 라벨에는 소독제가 어떤 부류의 생물에 가장 효과가 있는지

표 5.5 미생물 성장을 제어하기 위해 사용되는 물리적 방법

방법	작동 원리	설명	적절한 용도
열			
1. 습열			
a. 비등이나 증기	단백질 변성	성장하는 세균과 균류 병원체와 거의 대부분의 바이러스를 10분 안에 죽인다; 내생포자에는 덜 효과적.	접시, 대야, 물주전자, 각종 장비
b. 가압증기멸균	단백질 변성	아주 효과적인 멸균 방법; 약 15 psi의 압력(121°C)에서 모든 성장하는 세포와 이들의 내생포자를 약 15분 내에 죽인다.	미생물 배지, 용액, 직물, 주방기구, 소독기구, 장비, 온도와 압력을 견딜 수 있는 물품
2. 저온살균	단백질 변성	모든 병원균과 대부분의 비병원균을 죽이는 우유를 위한 열처리(72°C에서 약 15초 동안).	우유, 크림, 일부 알코올 음료(맥주와 와인)
3. 건열			
a. 직화	오염물을 재로 태움	아주 효과적인 멸균 방법.	접종루프
b. 소각	재로 태움	아주 효과적인 멸균 방법.	종이컵, 오염된 붕대, 동물시체, 봉투, 휴지
c. 열기멸균	산화	아주 효과적인 멸균 방법이지만 170°C의 온도에서 약 2시간이 필요하다.	빈 유리용기, 도구, 바늘, 유리주사기
여과	현탁액에서 세균 분리	액체나 기체를 망 같은 물질에 통과시켜 미생물을 제거; 사용되는 대부분의 필터는 초산섬유소나 질화섬유소로 구성.	열에 의해 파괴되는 액체(효소, 백신)의 멸균에 유용
저온			
1. 냉장	화학반응의 감소와 단백질 변형의 가능성	정세균 효과.	식품과 약물, 배양물 보존
2. 심온동결 (4장 114쪽 참조)	화학반응의 감소와 단백질 변형의 가능성	배양물을 -50° 와 -95°C 사이로 급속냉동하는 미생물 배양물을 보존을 위한 효과적인 방법.	식품과 약물, 배양물 보존
3. 동결건조 (4장 144쪽 참조)	화학반응의 감소와 단백질 변형의 가능성	미생물 배양물의 장기보관을 위해 가장 효과적인 방법; 낮은 온도에서 진공으로 수분을 제거한다.	식품과 약물, 배양물 보존
고압	단백질과 탄수화물 분자구조의 변경	색과 향, 영양소를 보존한다.	과일주스
건조	대사의 파괴	미생물에서 수분의 제거를 포함; 주로 정균작용	식품보존
삼투압	원형질분리	결과적으로 미생물 세포에서 수분의 손실.	식품보존
방사선			
1. 전리	DNA 파괴	일상적인 멸균에 널리 쓰이지 않는다.	의약품과 의료 및 치과 물품의 멸균
2. 비전리	DNA에 손상	방사선이 매우 투과적이지 않다.	밀폐된 환경을 자외선(살균) 램프로 제어

가 나와 있다. 농도가 소독제의 작용에 영향을 미치기 때문에 항상 제조업체가 지정한 대로 정확히 희석되어야 한다는 것을 명심해야 한다.

또한 소독할 물질의 특성을 고려해야 한다. 예를 들어, 소독제의 작용을 방해할 수 있는 유기 물질이 존재하는지? 마찬가지로, 배지의 pH도 종종 소독제의 활성에 큰 영향을 미친다.

또 다른 매우 중요한 고려 사항은 소독제가 쉽게 미생물과 접촉할 수 있는지 여부이다. 어떤 부위는 소독제를 처리하기 전에 문질러 닦아야 할 수도 있다. 일반적으로 소독은 점진적 과정이다. 따라서 효과가 있으려면 소독제가 몇 시간 동안 표면에 남아 있어야 할 수도 있다.

소독제의 평가

실용희석 검사

소독제와 방부제는 그 효과를 평가할 필요가 있다. 현재의 표준은 미국공인분석화학자협회(American Official Analytical Chemist)의 **실용희석 검사(use-dilution test)**이다. 금속 또는 유리 원통(8 mm × 10 mm)을 액체배지에서 자란 시험용 세균의 표준 배양액에 담근 다음 꺼내서 37°C에서 잠깐 건조시킨다. 건조된 배양액을 제조업체에서 권장하는 농도의 소독제 용액에 넣고 20°C에서 10분 동안 놔둔다. 이렇게 노출시킨 다음 원통에 살아남은 세균이 자랄 수 있도록 배지로 옮긴다. 소독제의 효과는 자라는 세균의 개수로 결정

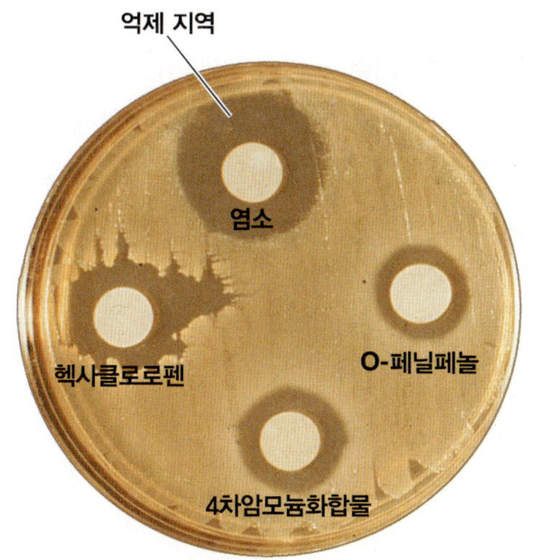

Staphylococcus aureus
(그람양성)

Escherichia coli
(그람음성)

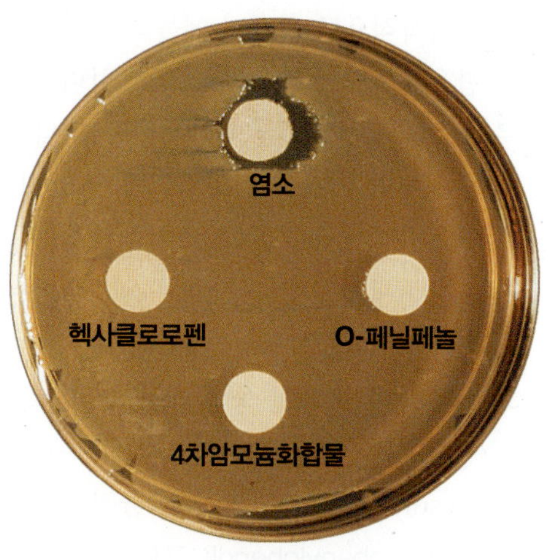

Pseudomonas aeruginosa
(그람음성)

그림 5.7 원반확산법을 이용한 소독제 평가. 이 실험에서 종이원반을 소독제 용액에 적신 뒤 검사 세균이 일정하게 자라도록 펼쳐진 영양배지의 표면에 놓인다.

각 평판 위에서 염소(차아염소산나트륨과 같은)가 모든 시험 세균에 대해 효과적이지만 그람양성세균에 대해 더 효과적임을 보여준다. 각 평판의 맨 아래에서 4차암모늄화합물("quat")이 역시 그람양성세균에 가장 효과적이지만 슈도모나드에는 전혀 영향이 없다는 것을 보여준다.

각 평판의 왼쪽에서 헥사클로로펜이 그람양성세균에만 효과적임을 보여준다.

각 평판의 오른쪽에서 O-페닐페놀은 슈도모나드에 효과가 없지만 그람양성과 그람음성 세균에 거의 동등하게 효과가 있다.

네 가지 화학물질 모두 그람양성 시험 세균에 작동하지만 네 가지 화학물질 중 하나만이 슈도모나드에 영향을 준다.

Q 왜 슈도모나드는 그림에서 보여주는 것처럼 네 가지 화학물질에 덜 영향을 받는가?

할 수 있다.

이 방법의 변형이 내생포자와 결핵을 유발하는 마이코박테리아, 바이러스, 균류 등에 대한 항미생물제의 효과를 검사하는 데 이용된다. 왜냐하면 이들은 화학물질로 제어하기 어렵기 때문이다. 또한 유가공 기구의 소독과 같은 특수한 목적을 위한 항미생물제의 검사에서는 검사 세균을 다른 종으로 대체할 수 있다.

원반확산 방법

원반확산 방법(disk-diffusion method)은 화학약물의 효과를 평가하기 위해 실험실에서 사용된다. 여과종이 원반을 화학약물에 적신 다음, 검사 대상 미생물이 이미 접종되어 있는 고체배지 위에 놓고 배양한다. 만일 화학물질이 효과가 있으면 배양 후에, 원반 주위에 성장의 억제를 나타내는 투명한 지역이 보인다(그림 5.7).

항생제가 들어 있는 원반은 시판되고 있고, 항생제에 대한 미생물의 감수성을 결정하는 데 사용된다.

소독제의 종류

페놀 및 페놀류

리스터(Lister)는 **페놀[phenol**, 석탄산(carbolic acid)]을 수술실에서 수술부위 감염을 막기 위해 처음으로 사용하였다. 앞서 이를 사용하여 하수의 악취를 효과적으로 제거할 수 있다는 주장이 있었다. 페놀은 피부를 자극하고 불쾌한 냄새를 내기 대문에 지금은 방부제나 소독제로 거의 사용되지 않는다. 종종 국소 마취 효과용 인후 사탕에서 사용되지만, 사용되는 낮은 농도에서는 항미생물 효과가 거의 없다. 그러나 1%(일부 인후 스프레이 같이) 이상의 농도에서 페놀은 상당한 항균 효과가 있다. 페놀분자의 구조는 그림 5.8a와 같다.

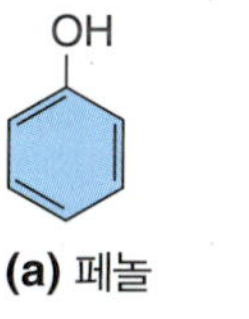

(a) 페놀

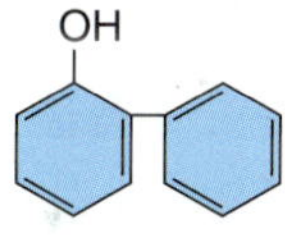

(b) O-페닐페놀

(c) 헥사클로로펜(비스페놀)

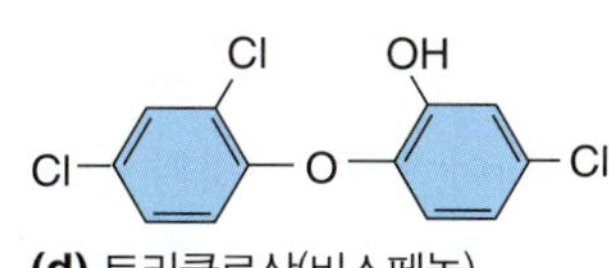

(d) 트리클로산(비스페놀)

그림 5.8 페놀류와 비스페놀의 구조

Q 일부 사탕이 인후염의 증상을 완화하기 위해 페놀을 함유하고 있다. 왜 이 성분이 포함되나?

페놀류(phenolics)라고 불리는 페놀 유도체에는 자극적인 특징을 줄이거나 비누 또는 세제와 함께 사용하여 항균 활성을 증가하도록 화학적으로 변경된 페놀의 분자 등이 포함된다. 페놀류는 지질을 함유한 원형질막을 손상시켜 항미생물 활성을 발휘한다. 이 결과로 세포 내용물이 누출된다. 결핵 및 나병을 유발하는 마이코박테리아의 세포벽은 지질이 풍부한데, 이것이 마이코박테리아를 페놀 유도체에 민감하게 만든다. 소독제로서 페놀의 유용한 특성은 유기 화합물이 존재해도 활성 상태가 유지된다는 것과 안정적이며, 처리 후 효과가 오랜 기간 동안 지속된다는 것이다. 이러한 이유로, 페놀은 고름과 타액, 배설물 등의 소독에 적합한 물질이다.

가장 자주 사용되는 페놀류 중 하나는 석탄 타르에서 오는 크레졸(cresol)이라는 일군의 화학물질이다. 매우 중요한 크레졸인 O-페닐 페놀(O-phenylphenol, 그림 5.6과 그림 5.8b 참조)은 리졸(Lysol; 한 소독제의 상품명-역자주)의 주성분이다. 크레졸은 매우 우수한 표면 소독제이다.

비스페놀

비스페놀(bisphenol)은 두 개의 페놀 그룹이 다리에 의해 연결된 페놀 유도체이다(*bis*는 두 개를 의미). 한 종류의 비스페놀인 **헥사클로로펜**[hexachlorophene(그림 5.6과 그림 5.8c)]은 소독용 로션, pHisoHex의 성분이다. 신생아의 피부 감염을 일으킬 수 있는 그람양성 포도상구균과 연쇄상구균은 헥사클로로펜에 특히 취약하기 때문에 종종 신생아실에서 이들의 감염을 제어하는 데 사용된다. 그러나 비스페놀로 유아 목욕을 하루에 여러 번 하는 것과 같이 비스페놀을 과도하게 사용하면 신경 손상이 생길 수 있다.

널리 사용되는 또 다른 비스페놀은 **트리클로산**(triclosan)으로(그림 5.8d), 항균 비누와 적어도 한 종류 치약의 성분이다. 트리클로산은 심지어 주방의 도마와 칼의 손잡이, 다른 플라스틱 주방용품에도 포함되어 있다. 이것의 사용은 이제 너무 광범위해져 내성 세균이 보고되고 있어서, 특정 항생제에 대한 세균의 내성에 미치는 트리클로산의 영향에 대한 우려가 제기되고 있다. 트리클로산은 세포막 유지에 주로 영향을 미치는 지방산(지질)의 생합성에 필요한 효소를 억제한다. 트리클로산은 그람양성세균에 대하여 특히 효과적일 뿐만 아니라 효모와 그람음성세균에도 잘 듣는다. 그람음성세균인 녹농균(*Pseudomonas aeruginosa*)같이 트리클로산뿐만 아니라 많은 다른 항생제와 소독제에 내성이 매우 강한 일부 예외가 있다.

비구아니드

비구아니드(biguanide)는 세균의 세포막에 주로 영향을 미치는 작용 방식으로 활성 범위가 넓으며, 특히 그람양성세균에 효과적이다. 비구아니드는 대부분의 슈도모나드(pseudomonad)를 예외로 하면 그람음성세균에 대하여도 효과적이다. 비구아니드는 포자는 죽이지 못하지만 외막이 있는 바이러스에 대해서는 일부 활성이 있다. 가장 잘 알려진 비구아니드는 **클로르헥시딘**(chlorhexidine)으로 피부와 점막에서 미생물 제어에 자주 사용된다. 세제나 알코올과 함께 조합해서 클로르헥시딘은 아주 흔히 수술 전 손씻기와 환자의 피부 살균을 위해 사용된다. **알렉시딘**(alexidine)은 비슷한 비구아니드로 클로르헥시딘보다 더 빠르게 작용한다. 결국, 알렉시딘이 많은 적용사례에서 다음에서 보게 될 베타딘(Betadine)을 대체할 것으로 예상된다.

할로겐

할로겐(halogen), 특히 요오드와 염소는 단독으로 그리고 무기 또는 유기 화합물의 구성성분으로 모두 효과적인 항미생물 제제이다. **요오드**(iodine, I_2)는 가장 오래되고 효과적인 방부제 중 하나이다. 이것은 모든 종류의 세균과 많은 내생포자, 다양한 균류 그리고 일부 바이러스에 활성이 있다. 요오드는 단백질 합성에 손상을 주고 세포막을 변형시키는데, 아미노산 및 불포화 지방산과 복합체를 이루어 이런 효과를 나타내는 것 같다.

요오드는 **팅크제(tincture)**로—수용성 알코올에 녹인 용액—그리고 요오드포 형태로 가용하다. **요오드포(iodophor)**는 요오드와 유기 분자의 조합으로 이것에서 요오드가 천천히 방출된다. 요오드포는 항미생물 활성이 있으면서도, 얼룩지지 않고 덜 자극적이다. 가장 흔하게 상용화된 형태는 **포비돈-요오드**(povidone-iodine)인 베타딘이다. 계면활성 요오드포인 포비돈은 적시는 작용을 향상시키고 자유 요오드의 저장소 역할을 한다. 요오드는 주로 피부의 살균과 상처 처리에 사용된다. 많은 야영객들은 식수처리에 요오드를 이용하는 것에 익숙하다.

가스로 혹은 다른 화학물질과 조합으로 **염소**(chlorine, Cl_2)는 소독에 광범위하게 이용된다. 이런 살균 작용은 염소와 물이 만나 형성되는 차아염소산(HOCl)에 의해 유발된다.

(1)
$$\underset{\text{염소}}{Cl_2} + \underset{\text{물}}{H_2O} \rightleftharpoons \underset{\text{수소이온}}{H^+} + \underset{\text{염소이온}}{Cl^-} + \underset{\text{차아염소산}}{HOCl}$$

(2)
$$\underset{\text{차아염소산}}{HOCl} \rightleftharpoons \underset{\text{수소이온}}{H^+} + \underset{\text{차아염소산 이온}}{OCl^-}$$

차아염소산은 강한 산화제로 많은 세포 내 효소의 기능을 억제한다. 차아염소산은 전기적으로 중성이고 세포벽을 통해 물만큼 빨리 확산되기 때문에 가장 효과적인 형태의 염소이다. 차아염소산 이온(OCl^-)은 음전하 때문에 세포로 자유롭게 들어가지 못한다.

압축한 염소 가스의 액체 형태는 먹는 물과 수영장 물, 하수의 살균에 광범위하게 사용된다. 여러 가지 염소화합물 또한 효과적인 살균제이다. 예를 들어 **차아염소산칼슘**(calcium hypochlorite) [$Ca(OCl)_2$] 용액은 낙농 도구와 음식점의 주방용구를 소독하는 데 사용된다. 석회의 염소라고 한때 불리던 이 화합물은 세균병원설(germ theory of disease)의 개념보다 한참 먼저인 1825년에 파리의 병원에서 병원 상처소독용 솜을 적시는 데 사용되었다. 또한 1장에서 언급한 것처럼, 1840년대에 제멜바이스(Semmelweis)가 이것을 소독제로 출산 중 병원에서 걸리는 감염을 제어하기 위해 사용하였다. 또 다른 염소 화합물인 **차아염소산나트륨**(sodium hypochlorite, NaOCl; 그림 5.6 참조)은 가정용 소독제와 표백제(Clorox)로 그리고 유제품과 식품가공업체, 혈액투석시스템 등에서 소독제로 사용된다. 먹는 물의 수질이 의심스러운 경우, 가정용 표백제는 상수도 염소처리와 대략 비슷한 효과를 제공할 수 있다. 두 방울의 표백제를 물 1리터에 넣고(만일 물이 뿌여면 네 방울) 30분간 놔두면 이 물은 응급상황에서 마시기에 안전하다고 간주된다.

이산화염소 용액은 잔류 맛이나 향을 남기지 않기 때문에 식품가공 산업에서 표면 소독제로 광범위하게 사용된다. 소독제로 이것은 세균과 바이러스에 대한 활성이 광범위하고 고농도에서는 포낭과 내생포자에도 효과적이다. 저농도의 이산화염소는 방부제로 사용될 수 있다.

염소 화합물의 중요한 그룹은 염소와 암모니아의 조합인 **클로라민**(chloramine)이다. 대부분의 도시용수처리 시스템에서 암모니아와 염소를 섞어 클로라민을 형성시킨다. (클로라민은 어항 속 물고기에 독성이 있지만 수족관에서 이를 중화하는 화학물질을 판매한다.) 미국은 야전군에게 **이염화이소시아루르산나트륨**(sodium dichloroisocyanurate)이 함유된 알약(Chlor-Floc)을 지급하고 있다. 이염화이소시아루르산나트륨은 물에 있는 부유물질과 뭉쳐서(엉겨서) 이를 침전시키는 물질이 결합된 일종의 클로로아민(chloroamine)이며, 정수작용을 한다. 클로로아민은 유리와 식기류의 소독과 유제품 및 식품 제조 장비의 처리에도 이용된다. 이들은 오랫동안 염소를 방출하는 비교적 안정한 화합물이다. 클로로아민은 유기물질에 비교적 효과적이지만, 차아염소산보다는 효과가 떨어지고 작용 속도가 느린 단점이 있다.

알코올

알코올(alcohol)은 효과적으로 세균과 균류를 죽이지만 내생포자와 외막이 없는 바이러스를 죽이지는 못한다. 알코올의 작용 원리는 일반적으로 단백질의 변성이지만, 세포막을 붕괴시키고 외막이 있는 바이러스의 지질 성분을 비롯한 대부분의 지질을 녹일 수도 있다. 알코올은 작용 후에 빨리 증발해 잔류물을 남기지 않는 장점이 있다. 주사 전에 피부를 문지를 때(살균할 때) 미생물 제어 활성의 대부분은 단순히 먼지와 미생물을 피부 기름과 함께 닦아 없애는 것에서 온다. 그러나 상처에 바르면 알코올은 좋지 않은 소독제이다. 알코올이 단백질 층의 응고를 일으키는데 그 아래에서 세균은 계속 자라기 때문이다.

표 5.6 다양한 농도에서 에탄올 수용액의 *Streptococcus pyogenes*에 대한 살생작용

에탄올 농도 (%)	노출시간(초) 10	20	30	40	50
100	G	G	G	G	G
95	NG	NG	NG	NG	NG
90	NG	NG	NG	NG	NG
80	NG	NG	NG	NG	NG
70	NG	NG	NG	NG	NG
60	NG	NG	NG	NG	NG
50	G	G	NG	NG	NG
40	G	G	G	G	G

Note:
G = 성장
NG = 성장안함

가장 일반적으로 사용되는 두 가지 알코올은 에탄올과 이소프로판올(isopropanol)이다. 권장되는 **에탄올**(ethanol)의 최적 농도는 70%이지만 60~95% 사이의 농도에서도 살균 효과가 좋아 보인다(표 5.6). 단백질의 변성에는 물을 필요하기 때문에 순수한 에탄올은 수용액(물과 혼합된 에탄올)보다 덜 효과적이다. 소독용 알코올로 자주 판매되는 **이소프로판올**(isopropanol)은 에탄올보다 살균제나 소독제로 약간 더 우수하다. 또한 이것은 에탄올보다 휘발성이 적고 덜 비싸며 더 쉽게 얻을 수 있다.

비누와 물로 손을 씻는 것은 효과적인 위생 방법이다. 비누와 따뜻한 물(가능하면)을 사용하고 손을 서로 20초간 문지른다("생일 축하합니다" 노래를 부르는 시간 정도). 그리고 헹군 다음, 종이 수건이나 공기 건조기로 말리고 수도꼭지를 잠그는 데 종이 수건을 이용하도록 한다. 퓨렐(Purell)과 점엑스(Germ-X) 같은 알코올 기반(약 62% 알코올)의 손 소독제는 손이 겉보기에 더럽지 않을 때 매우 대중적으로 사용된다. 손의 표면과 손가락에 걸쳐 제품을 마를 때까지 문지른다. 제품이 세균의 99.9%를 죽일 것이라는 주장은 주의해서 봐야 한다. 이러한 효과는 일반적인 사용 조건에서는 좀처럼 도달하기 어렵다. 또한 포자를 형성하는 클로스트리듐 디피시리(*Clostridium difficile*) 같은 특정 병원균과 지질 외막이 없는 바이러스는 알코올 기반의 손 소독제에 비교적 내성이 있다.

에탄올과 이소프로판올은 종종 다른 약품의 효과를 증진시키기 위해 사용된다. 예를 들어 제피란(Zephiran)의 수용액은 시험 세균 집단의 약 40%를 2분 안에 죽이는 반면, 제피란의 팅크제는 같은 시간 동안 약 85%를 죽인다. 팅크제와 수용액의 효과 비교는 그림 5.11을 참조.

중금속과 그 화합물

은과 수은, 구리를 비롯한 여러 가지 중금속은 살생물제 혹은 방부제가 될 수 있다. 아주 적은 양의 중금속, 특히 은과 구리의 항미생물 활성을 발휘하는 능력을 **미량동작용(oligodynamic action)**이라고 말한다. 수백 년 전에 이집트인은 은화를 물통에 넣으면 원치 않는 생물 성장 없이 물이 깨끗하게 유지된다는 것을 발견했다. 이 작용은 우리가 동전이나 다른 깨끗한 은이나 구리를 함유한 금속 조각을 접종된 페트리 접시의 배양에 놓으면 볼 수 있다. 극 미량의 금속이 동전에서 퍼져 동전 주위의 약간의 거리까지 세균의 성장이 억제된다(그림 5.9). 이 효과는 중금속이온의 미생물에 대한 작용에 의해 생긴다. 금속이온이 세포 단백질의 메르캅토기(–SH)와 결합하고 그 결과로 변성이 일어난다.

은은 1% **질산은**(silver nitrate) 용액으로 방부제로 이용된다. 한때는 미국의 많은 주에서 출산과정에서 걸릴 수 있는 신생아 안염이라는 눈 감염 예방을 위해 신생아의 눈에 질산염 몇 방울을 처리하도록 요구했었다. 최근에는 이런 목적을 위해 항생제가 질산은을 대체했다.

그림 5.9 중금속의 미량동-작용. 세균의 성장이 억제되는 깨끗한 지역이 솜브레로 장식(옆으로 밀림)과 1페니, 10페니짜리 동전 주위에 보인다. 장식과 10페니 동전은 은을 함유하고 있다; 1페니 동전은 구리를 포함하고 있다.

Q 이 시연에 사용된 동전은 여러 해 전에 주조되었다; 왜 최근의 동전을 사용하지 않았나?

최근에 항미생물제로서 은의 사용에 대한 관심이 재개되었다. 천천히 은이온을 방출하는 은을 함유한 의약재료는 항생제 내성세균에 대해 특히 유용한 것이 증명되었다. 온갖 종류의 소비자 제품에 은을 포함시키는 것이 유행처럼 증가하고 있다. 판매되고 있는 신제품 중에는 식품을 신선하게 유지하고자 하는 의도로 은나노입자가 주입된 플라스틱 음식 용기와 냄새를 최소화한다고 주장하는 은 함유 운동 셔츠와 양말이 있다.

은과 약물 술파다이아진(sulfadiazine)의 조합인 **은-술파다이아진**(silver-sulfadiazine)이 가장 흔한 제형이다. 이것은 화상에 사용되는 국소용 크림으로 시중에 나와 있다. 병원 감염의 일반적인 원인인 내재 카테터와 상처 소독용품에 또한 은을 포함시킬 수도 있다. 설파신(surfacine)은 생물이든 무생물이든 표면에 사용하는 비교적 새로운 항미생물제이다. 설파신은 고분자 운반체에 불용성 요오드화은(silver iodide)이 들어 있고 매우 안정해서 최소한 13일은 지속된다. 세균이 이 표면에 닿으면 세포의 외막이 감지되어 치명적인 양의 은이온이 방출된다.

염화수은(mercuric chloride) 같은 무기 수은 화합물은 살균제로서의 역사가 길다. 이들은 매우 광범위한 활성을 가지는데, 이들의 효과는 주로 정균작용이다. 그러나 독성과 부식성이 있고 유기물질에 비효율적이기 때문에 이제는 이들의 사용이 제한되고 있다. 현재 수은함유물은 페인트 칠 위에 피는 흰곰팡이를 없애기 위해 주로 사용된다.

황산구리(copper sulfate) 형태의 구리나 다른 구리 함유 첨가물은 주로 수조나 연못, 수영장과 물고기 탱크에서 자라는 녹조류를 파괴하는 데(살조제, algicide) 이용된다. 만일 물에 유기물질이 과다하게 들어 있지 않다면 구리 화합물은 1 ppm의 농도에서 효과를 보인다. 흰곰팡이를 막기 위해 **히드록실퀴놀린구리**(copper 8-hydroxyquinoline) 같은 구리 화합물을 페인트에 포함시킨다. 19세기 유럽의 와인 생산 지역에서 포도나무에 영향을 주는 곰팡이 질병이 전염병으로 돌았다. 길에서 가까운 포도나무는 길에서 멀리 떨어진 것에 비해 덜 영향을 받는 것이 분명하였다. 그 이유는 지나가는 사람들이 길에서 포도를 따 먹지 못하게 하려고 길가의 포도나무에 황산구리와 라임의 혼합물(둘 다 맛이 강하고 쓰다)을 뿌렸기 때문이다. 이런 우연한 관찰로 구리이온을 기반으로 한 혼합물[보르도액(Bordeaux mixture)으로 알려진]이 식물의 곰팡이 질병을 제어하기 위해 오랫동안 사용되어 왔다.

알코올 성분의 손 소독제를 장기간 사용하면 종종 피부건조의 문제를 유발한다. 비교적 새로운 손 소독제인 엑스젤(X-gel)은 알코올이 없고 구리가 들어 있는 피부 로션이다. 엑스젤은 알코올 기반 손 세정제보다 항미생물제로 더 효과적일 수도 있다.

항미생물제로 사용되는 또 다른 금속은 아연이다. 미량의 아연의 효과는 아연도금을 한 이음새 아래로 경사진 건물 지붕의 풍화된 모습에서 볼 수 있다. 지붕에서 생물(주로 조류)의 성장이 억제된 곳은 밝은색이다. 구리나 아연으로 처리된 지붕널은 쉽게 볼 수 있다. 염화 아연은 구강세정제의 일반적인 성분이고 아연피리치온(zinc pyrithione)은 비듬방지 샴푸의 성분이다.

계면활성제

계면활성제(surface-active agent, surfactant)는 액체 분자 간의 표면 장력을 감소시킬 수 있다. 이런 물질에는 비누(soap)와 세제(detergent)가 있다.

비누와 세제 비누는 방부제로의 가치는 거의 없지만 문지름을 통한 미생물의 기계적 제거에는 중요한 기능을 한다. 일반적으로 피부는 죽은 세포와 먼지, 마른 땀, 미생물, 기름샘에서 분비된 지성의 분비물 등을 가지고 있다. 비누는 기름 성분의 막을 작은 방울로 분해한다. 이 과정을 유화작용(emulsification)이라고 부른다. 그리고 물과 비누는 유화된 기름과 먼지를 함께 떠올려 비누 거품이 씻겨 나가면서 함께 떠내려간다. 이런 의미에서 비누는 좋은 살균제이다.

산-음이온 세정제 산-음이온(acid-anionic) 표면활성 세정제는 낙농도구와 장비를 닦는 데 매우 중요하다. 이들의 소독 능력은 원형질막과 반응하는 분자의 음전하 부분(음이온)과 관련된다. 골치 아픈 내열성 세균을 포함하여 광범위한 미생물에 작용하는 이들 세정제는 비독성이고 비부식성이며 효과가 빠르다.

4차암모늄화합물 가장 널리 사용되는 계면활성제는 양이온 세제, 특히 **4차암모늄화합물(quaternary ammonium compounds, quats)**이다. 이것의 정화 능력은 분자의 양전하 부분(양이온)과 관련된다. 이것의 이름은 이들이 네 개의 결합을 가진 암모늄이온(NH_4^+)의 변형이라는 사실에서 유래했다(그림 5.10). 4차암모늄화합물은 그람양성세균에 대해 강력한 항미생물제이고 그람음성세균에 대해서는 그 활성이 덜하다(그림 5.7 참조).

Quats는 또한 살균류제, 살아메바제, 외막이 있는 바이러스에 대한 살바이러스제이다. 이들은 내생포자나 마이코박테리아는 죽이지 않는다. Quats의 화학적 작용 방식은 알려지지 않았지만,원형질 막에 영향을 끼치는 것 같다. 이들은 세포의 투과성을 변경시키고 칼륨과 같은 필수적인 원형질 성분의 유출을 야기한다.

두 가지 잘 알려진 quats는 각각 제피란(Zephiran)과 세파콜(Cepacol)이라는 제품명을 가진 염화벤잘코늄[benzalkonium chloride (그림 5.10 참조)]과 염화세틸피리디늄(cetylpyridinium chloride)이다. 이들은 강력한 항미생물제로 무색, 무취, 무미이고 안정하며 쉽게 희석되고 농도가 높지 않으면 독성이 없다. 구강세정제 병을 흔들 때 거품이 차오른다면 그 구강세정제에는 quat가 들어 있을 것이다. 그러나 유기물질은 이것의 활성을 방해하고 이들은 비누와 음이온 세제에 의해 빨리 중화된다.

Quats를 의료용으로 사용하는 사람은 누구나 기억하여야 한다. 슈도모나스(*Pseudomonas*)의 일부 종과 같은 일부 세균은 4차암모늄화합물에서 생존할 뿐만 아니라 활발히 자랄 수 있다. 이런 미생물은 살균 용액뿐만 아니라 섬유가 quats를 중화시키는 경향이 있기 때문에 이것으로 적셔진 거즈나 붕대에도 내성이 있다.

다음 그룹의 화학 약품으로 넘어가기 전에 지금까지 설명한 일부 방부제의 효과를 비교한 그림 5.11을 검토해 보자.

화학 식품보존제

화학 보존제는 부패를 늦추기 위해 식품에 자주 첨가된다. 이산화황

$H-N^+(H)_3$ (암모늄이온)

$[C_6H_5-CH_2-N^+(CH_3)_2-C_{18}H_{37}]Cl^-$ (염화벤잘코늄)

암모늄이온 염화벤잘코늄

그림 5.10 **암모늄이온과 4차암모늄화합물인 염화벤잘코늄(제프란).** 다른 그룹이 암모늄이온의 수소를 어떻게 대체하는지 주목하라.

Q 4차암모늄은 그람양성과 그람음성세균 중 어디에 가장 효과적인가?

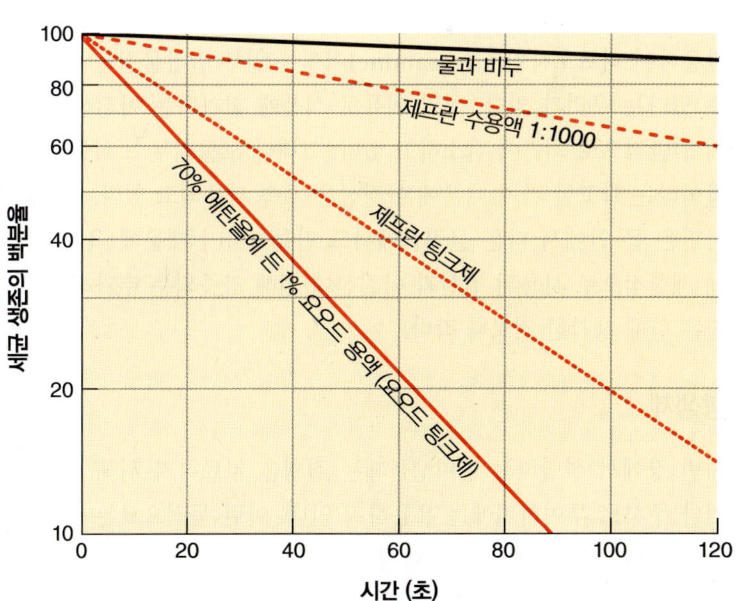

그림 5.11 **다양한 방부제의 효과 비교.** 사망곡선의 아래쪽 경사가 가파를수록 방부제는 더 효과적이다. 70% 에탄올 용액에 들어 있는 1% 요오드가 가장 효과적이다; 비누와 물은 가장 덜 효과적이다. 제프란 팅크제가 같은 방부제의 수용액보다 더 효과적인 것을 주목하라.

Q 제프란의 팅크제는 왜 수용액보다 더 효과적인가?

(sulfur dioxide, SO_2)은 살균제로서 특히 와인 제조에 오랫동안 사용되어 왔다. 거의 2800년 전에 작성된 호모의 오딧세이(*Homer's Odyssey*)에 이것의 사용이 언급되어 있다. 가장 흔한 첨가제로는 벤조산나트륨과 소르브산, 프로피온산칼슘 등이 있다. 이들 화학물질은 간단한 유기산 또는 유기산의 염으로 우리 몸에서 쉽게 대사되고 일반적으로 음식에 안전하다고 판단된다. 소르브산(sorbic acid)이나 더 잘 녹는 염인 소르브산칼륨(potassium sorbate)과 벤조산나트륨(sodium benzoate)은 곰팡이가 치즈와 청량음료와 같은 특정 산성 음식에서 자라는 것을 막는다. 보통 pH가 5.5이거나 그 이하인 이런 식품은 대부분 곰팡이에 의해 부패되기 가장 쉽다. 빵에 쓰이는 효과적인 제균제(fungistat)인 프로피온산칼슘(calcium propionate)은 빵을 상하게 하는 표면 곰팡이와 *Bacillus* 세균의 성장을 막는다. 이들 유기산은 pH에 영향을 주어서가 아니고 곰팡이의 대사 혹은 원형질막의 온전한 상태를 방해해서 곰팡이의 성장을 억제한다.

질산나트륨(sodium nitrate)과 아질산나트륨(sodium nitrite)은 햄이나 베이컨, 핫도그, 소시지 같은 많은 육류제품에 첨가된다. 활성 성분은 아질산나트륨인데, 고기에 있는 특정 세균도 질산나트륨에서 이를 만들 수 있다. 이들 세균은 무산소 조건에서 질산을 산소의 대체물로 이용한다. 아질산은 두 가지 주요 기능이 있다: 고기의 피 성분과 반응하여 보기 좋은 고기의 붉은 빛을 유지시키고 혹시 있을 수 있는 일부 보툴리누스 식중독 내생포자의 발아와 성장을 막는다. 아질산은 클로스트리듐 보툴리누스(*Clostridium botulinum*)의 특정 철-함유 효소를 선택적으로 저해한다. 아질산이 아미노산과 반응하여 **니트로사민(nitrosamine)**이라는 일부 발암물질을 생성할 수 있다는 우려가 있다. 이런 이유로 식품에 첨가하는 아질산의 양이 일반적으로 최근에 감소하고 있다. 그러나 보툴리누스 식중독 예방이라는 확고한 가치 때문에 아질산은 계속 사용되고 있다. 니트로사민은 몸 안에서 다른 물질들에서도 만들어지기 때문에 육가공품에 제한적으로 사용된 질산과 아질산에 의해 가중되는 추가적인 위험은 한때 생각한 것보다 작다.

항생제

이번 장에서 설명하는 항미생물제는 질병을 치료하기 위해 복용하거나 주사로 투여하기에는 유용하지 않다. 이런 목적으로는 항생제가 이용된다. 식품 보존에서 항생제의 이용은 상당히 제한적이지만, 최소한 두 가지는 음식물 보존에 상당한 사용된다. 둘 다 임상 목적으로는 가치가 없다. 니신(Nisin)은 종종 치즈에 첨가되어 일부 내생포자를 형성하는 부패 세균의 성장을 억제한다. 니신은 한 세균에서 만들어져 다른 것을 억제하는 단백질인 박테리오신(bacteriocin)의 한 예이다. 많은 유제품에 적은 양의 니신이 자연적으로 존재하는데, 아무 맛이 없고 쉽게 소화되며 독성이 없다. 나타마이신(natamycin; 피마리신, pimaricin)은 식품, 주로 치즈에 사용이 허가된 항진균성 항생제이다.

알데히드

알데히드(aldehyde)는 가장 효과적인 항미생물제에 속한다. 두 가지 예는 포름알데히드(formaldehyde)와 글루타르알데히드(glutaraldehyde)이다. 이들은 단백질의 여러 작용기($-NH_2$, $-OH$, $-COOH$, $-SH$)와 공유결합을 형성하여 단백질을 불활성화시킨다. 포름알데히드 가스(formaldehyde gas)는 훌륭한 살균제이다. 그러나 포름알데히드 가스의 37% 수용성 용액인 포르말린(formalin)이 더 흔하게 사용된다. 포르말린은 한때 생물학적 표본을 보존하고 백신에 있는 세균과 바이러스를 불활성화하기 위해 광범위하게 사용되었다.

글루타르알데히드(glutaraldehyde)는 화학적으로 포름알데히드와 유사하며 포름알데히드보다는 덜 자극적이고 더 효과적이다. 글루타르알데히드는 내시경과 호흡기 치료장비를 비롯한 의료 기기의 살균에 이용되는데, 해당 기기를 먼저 철저하게 닦아야 한다. 2%의 용액(싸이덱스, Cidex)으로 사용할 때, 이것은 살세균제, 살결핵균제, 살바이러스제로는 10분, 살포자제로는 3~10시간이 걸린다. 글루타르알데히드는 멸균제로 고려될 수 있는 몇 안되는 액체 화학 살균제 중 하나이다. 그러나 보통 살포자제(sporicide)로 사용되려면 최대 30분 이내에 효과를 내야하는데, 글루타르알데히드는 이 기준을 만족시키지 못한다. 글루타르알데히드와 포르말린 둘 다 방부처리를 위해 장의사가 사용한다.

많은 용도에서 글루타르알데히드를 대체 가능한 오르토프탈알데히드(ortho-phthalaldehyde, OPA)는 많은 미생물에 대해 더 효과적이고 덜 자극적이다.

화학적 멸균

액체 화학물질로 소독이 가능하지만, 일반적으로 글루타르알데히드 같은 살포자 화학물질조차도 실제적인 멸균제로 간주되지 않는다. 그러나 가스 화학멸균제(chemosterilant)는 물리적 살균과정을 대체하여 자주 이용된다. 이들을 사용하려면 가압증기멸균기와 유사한 밀폐된 챔버가 필요하다. 아마 가장 익숙한 예는 산화에틸렌(ethylene oxide)일 것이다.

$$\begin{array}{c} H_2C - CH_2 \\ \diagdown \ \diagup \\ O \end{array}$$

이것의 활성은 알킬화(alkylation)에 달려 있다. 즉, 단백질의 화학그룹($-SH$나 $-COOH$, $-OH$ 같은)에 있는 불안정한 수소 원자를 화학 라디칼로 바꾼다. 이것이 핵산과 단백질을 교차결합시켜 중요한 세포 기능을 억제한다. 산화에틸렌은 모든 미생물과 내생포자를 죽이지만, 몇 시간이나 되는 긴 노출 시간을 필요로 한다. 산화에틸렌은 순수한 형태로는 독성 및 폭발성이 있어 일반적으로 이산화탄소와 같은 불연성 가스와 혼합된다. 이것의 장점은 실온에서 멸균을 한다는 점과 투과성이 매우 높다는 점이다. 대형 병원에서는 종종 특수 산화에틸렌 멸균기에서 심지어 매트리스까지 멸균한다.

이산화염소(chlorine dioxide)는 수명이 짧아서 보통 사용하는 장소에서 제조하는 가스이다. 특히, 이것은 탄저균의 내생포자로 오염된 밀폐 건물 지역을 훈증소독하는 데 사용되어 왔다. 이것은 수용액에서 훨씬 더 안정하다. 염소 소독 전 수처리 단계에서 가장 많이 사용되는데, 물의 염소 소독 과정에서 때때로 생기는 일부 발암 화합물의 생성을 감소시키거나 제거하는 것이 목적이다.

플라즈마

전통적인 물질의 세 가지 상태—액체, 기체, 고체—에 더해 물질의 네 번째 상태인 플라즈마가 존재한다고 간주할 수 있다. **플라즈마(plasma)**는 기체가 여기된(이 경우에는 전자기장에 의해서) 물질의 상태로 여러 가지 전하를 가진 핵과 자유 전자로 된 혼합물을 만든다. 의료 기관에서 관절경이나 복강경 수술 등 많은 새로운 시술과정에 사용되는 금속과 플라스틱 수술기구의 멸균에 대한 문제가 증가하고 있다. 이런 장치는 몇 밀리미터의 내부 직경에 길이가 긴 빈 튜브가 있어 멸균하기가 어렵다. 플라즈마 멸균(plasma sterilization)은 이런 경우 신뢰할 수 있는 방법이다. 진공과 전자기장, 과산화수소(때로는 과초산)와 같은 화학물질의 조합으로 플라즈마가 생성되는 컨테이너에 해당 장비를 넣는다. 이러한 플라즈마에는 내생포자 생성 미생물조차도 빨리 파괴하는 자유 라디칼이 많이 있다. 물리적, 화학적 멸균 모두의 요소를 갖는 플라즈마 멸균의 장점은 낮은 온도에서 할 수 있다는 것이지만 상대적으로 비싸다.

초임계유체

초임계유체를 이용한 멸균은 물리적 방법과 화학적 방법을 결합한 것이다. 이산화탄소를 "초임계" 상태로 압축할 때, 이것은 액체(증가된 용해도)와 기체(낮아진 표면장력) 속성을 모두 가지고 있다. 영양성장 상태의 부패균 대부분과 식품기인성 병원균을 포함하여 초임계 이산화탄소(supercritical carbon dioxide)에 노출된 생물체는 모두 비활성화된다. 심지어 단지 약 45°C에서 내생포자를 비활성화시킨다. 특정 식품을 처리하는 데 수년 동안 사용된 초임계 이산화탄소는 최근에는 장기 기증자에서 가져온 뼈나 힘줄 또는 관절인대 같은 의료 임플란트의 소독에 사용된다.

과산화물과 기타 형태의 산소

과산화물(peroxygen)는 과산화수소와 과초산을 포함하는 산화제의 한 그룹이다.

과산화수소는 대부분 가정의 구급약통과 병원의 비품실에 있는 소독제이다. 이것은 노출된 상처에 대한 좋은 살균제가 아니다. 과산화수소는 인간의 세포에 존재하는 카탈라아제 효소의 작용에 의해 신속하게 물과 산소 가스로 분해된다. 그러나 과산화수소는 무생물체 소독에는 효과적이고, 심지어 고농도에서는 살포자제이기도 하다. 무생물 표면에 있는 산소요구성 세균과 조건부 산소비요구성 세균의 정상적인 보호 효소는 과산화수소의 높은 농도에 의해 압도된다. 이런 요인과 무해한 물과 산소로 빠르게 분해된다는 점 때문에 식품산업에서 무균포장에 과산화수소의 사용이 증가하고 있다. 포장 재료는 용기로 조립되기 전에 이 화학물질의 뜨거운 용액을 통해 지나간다. 또한 많은 콘택트렌즈 착용자는 소독제로 사용하는 과산화수소를 잘 알고 있다. 렌즈소독 장비에 있는 백금 촉매는 렌즈를 소독한 후, 잔류 과산화수소를 파괴하여 눈에 자극을 일으킬 수 있는 과산화수소가 렌즈에 남지 않게 한다.

가열된 과산화수소 기체는 공기와 사물 표면의 멸균에 사용될 수 있다. 예를 들어, 병실 오염은 Bioquell이라는 상표명으로 판매되고 있는 장비로 신속하고 일상적으로 제거할 수 있다. 병실 내부에 발생 장치를 넣고 밀봉하고 외부에서 조종한다. 밀폐된 방이 한 번 정화 사이클을 거친 다음 과산화수소 증기는 촉매작용으로 수증기와 산소로 전환된다.

과초산[peracetic acid(과산화초산, peroxyacetic acid 또는 PAA)]은 사용할 수 있는 가장 효과적인 액체 화학 살포자제 중 하나이며 멸균제로 사용할 수 있다. 이것의 작용 방식은 과산화수소와 비슷하다. 일반적으로 내생포자와 바이러스에 효과를 보이는데 30분이 걸리지 않으며, 성장 중인 세균과 균류는 5분 이내에 죽인다. 과초산의 잔류물(물과 소량의 초산만)은 유독하지 않고 유기물질의 존재에 의한 영향이 작기 때문에 PAA는 식품 가공과 의료 기기, 특히 내시경의 소독에 많은 사용되고 있다. FDA는 과일과 야채의 세척에 PAA의 사용을 승인했다.

다른 산화제로 과산화벤조일(benzoyl peroxide)은 처방전 없이 살 수 있는 여드름 치료약의 주요 성분으로 아마 가장 익숙할 것이다. 오존(ozone, O_3)은 반응성이 매우 높은 형태의 산소로 고전압 전기방전장치를 통해 산소를 통과시켜 생산한다. 번개 치는 폭풍우 후나 전기 스파크가 일어난 근처 또는 자외선 빛 주변에서 오히려 신선한 공기 냄새가 나는 것은 오존 때문이다. 오존은 맛과 냄새를 중화하는 데 도움이 되기 때문에 종종 물의 소독에서 염소 보충제로 사용된다. 비록 오존이 염소보다 살생제로 더 효과적이지만 이것의 잔존 활성이 물에서 유지되기는 어렵다.

미생물의 특성과 미생물 제어

많은 살생물제가 전반적으로 그람음성세균보다 그람양성세균에 더 효과적인 경향이 있다. 살생물제에 대한 이러한 상대적인 내성의 주요 요인은 그람음성세균의 외부 지질다당류 층이다. 그람음성세균에서 *Pseudomonas*와 *Burkholderia* 속의 세균은 특별히 흥미롭다. 분류학적으로 상당히 비슷한 이들 세균은 유난히 항생물제에 내성이 있으며(그림 5.7 참조) 일부 소독제와 방부제에서, 특히 4차암모늄화합물에서 조차도 왕성하게 자랄 수 있다. 13장에서 이들 세균이 많은 항생제에도 내성이 있다는 것을 보게 될 것이다. 화학적 항미생물제에 대한 이런 내성은 대부분 이들의 포린(porin; 그람음성세균의 세포벽에 있는 구조적 구멍)의 특성과 관련된다. 포린은 세포로 들어오는 분자에 대해서 매우 선택적이다.

마이코박테리아는 내생포자를 생성하지 않는 또 다른 세균 그룹으로 화학적 살생물제에 대해 일반적인 내성 보다 더 큰 내성을 보인다. 이 그룹은 결핵을 일으키는 병원균인 결핵균(*Mycobacterium tuberculosis*)을 포함한다. 결핵균과 이 속에 속한 다른 세균의 세포벽에는 지질이 많은 밀랍 같은 구성성분이 있다. 소독제에 붙은 설명서 라벨에는 종종 이 소독제가 항결핵제인지 여부가 기록되어 있는데, 이는 마이코박테리아에 대해 효과적인지를 의미한다. 특별한 결핵균사멸성 검사가 이 세균 그룹에 대한 살생물제의 효과를 평가하기 위해 개발되어 왔다.

세균의 내생포자에 영향을 주는 살생물제는 비교적 적다. (마이코박테리아와 내생포자에 대한 주요 화학적 항미생물제 그룹의 활성이 표 5.7에 요약되어 있다.) 원생동물의 포낭과 접합자낭 또한 화학적 소독제에 비교적 내성이 강하다.

살생물제에 대한 바이러스의 내성은 외막의 존재 여부에 따라 크게 달라진다. 지용성 항미생물제는 외막이 있는 바이러스에 더 효과적일 것이다. 이런 약물의 라벨에는 이것이 친지질 바이러스에 효과적임을 표시한다. 외막 없이 단백질 껍질만 있는 바이러스는 내성이 더 강하다—이들에게 효과가 있는 항생물제는 거의 없다.

아직 완전히 해결되지 않는 특별한 문제는 프리온을 완전히 사멸시키는 것이다. 프리온은 대중적인 이름의 광우병과 같은 해면상뇌병증으로 알려진 신경질환을 일으키는 전염성 단백질이다. 프리온을 파괴하기 위해 감염된 동물의 사체는 소각된다. 주요 문제는 프리온 오염에 노출된 수술 도구의 소독이다. 일반적인 가압습윤멸균은 불충분한 것으로 입증되었다. 세계보건기구(WHO)와 미국질병통제예방센터(CDC)는 수산화나트륨 용액과 134℃에서의 가압습윤멸균을 결합하여 사용할 것을 권장해왔다. 최근의 보고에 따르면, 수술 도구의 세정 용액에 단백질가수분해효소를 첨가하여 단백질인 프리온을 성공적으로 불활성화시켰다. 외과의사는 종종 일회용 기구의 사용에 의지할 수밖에 없다. 요컨대, 미생물제어 방법이, 특히 살균제가, 모든 미생물에 똑같이 효과적이지 않다는 것을 기억하는 것은 중요하다. 미생물 성장을 제어하는 데 사용하는 화학 약품이 표 5.8에 요약되었다.

표 5.7 화학적 항미생물제의 내생포자와 마이코박테리아에 대한 효과

화학물질	내생포자	마이코박테리아
글루타르알데히드	보통	좋음
염소	보통	보통
알코올	나쁨	좋음
요오드	나쁨	좋음
페놀류	나쁨	좋음
클로르헥시딘	활성없음	보통
비스페놀	활성없음	활성없음
4차암모늄화합물	활성없음	활성없음
수은	활성없음	활성없음

표 5.8 미생물 성장을 제어하는 화학약품

화학약품	작용 기작	올바른 사용	설명
페놀과 페놀류			
페놀	원형질막의 파괴, 효소의 변성.	비교 기준 이외로는 거의 사용 안함.	자극적인 특성과 불쾌한 냄새 때문에 소독제나 방부제로 잘 사용하지 않음.
페놀류	원형질막의 파괴, 효소의 변성.	환경 표면, 도구, 피부표면, 점막.	페놀 유도체로 유기물질이 혼재해도 반응성이 있다; 한 예는 O-페닐페놀.
비스페놀	아마 원형질막을 파괴.	손 비누와 피부로션에 소독제.	트리클로산이 특히 흔한 비스페놀의 예이다. 광범위하지만 그람양성세균에 가장 효과적이다.

(계속)

표 **5.8** **미생물 성장을 제어하는 화학약품**(계속)

화학약품	작용 기작	올바른 사용	설명
비구아니드 (클로르헥시딘)	원형질막의 붕괴.	피부 소독, 특히 외과적 손씻기.	그람양성과 그람음성세균에 대해 살세균제; 비독성, 안정하다.
할로겐	요오드는 단백질 기능을 억제하는 강한 산화제이다; 염소는 강한 산화제, 차아염소산을 형성한다, 이것이 세포 구성성분을 변형시킨다.	요오드는 팅크제와 요오드포로 사용 가능한 효과적인 방부제이다; 염소 가스는 물의 소독에 사용된다; 염소화합물은 낙농장비, 식기, 가정용품, 유기그릇의 소독에 사용된다.	요오드와 염소는 단독으로 작용하거나 유기와 무기화합물의 성분으로 작용할 수 있다.
알코올	단백질의 변성과 지질의 용해.	온도계와 기타 도구. 주사 전에 알코올로 피부를 문지를 때 대부분의 소독작용은 아마 먼지와 일부 미생물의 단순한 제거작용(degerming)에서 올 것이다.	살균과 살진균 그러나 내생포자나 막이 없는 바이러스에는 효과적이지 않다; 흔히 사용되는 알코올은 에탄올과 이소프로판올이다.
중금속과 그 화합물	효소와 다른 필수적인 단백질의 변성.	질산은은 신생아 안염을 방지하는 데 사용될 수 있다; 은-술파다이아진은 화상연고에 사용된다; 황산구리는 살조제이다.	은과 수은 같은 중금속은 살생물제이다.
표면활성제			
비누와 세제	문지름을 통한 미생물의 기계적인 제거.	피부에서 미생물과 때 제거.	많은 항균비누에 항미생물제가 들어 있다.
산-음이온 소독제	확실하지 않음; 효소불활성화 혹은 파괴가 관련될 수 있음.	낙농과 식품가공산업에서 소독제.	광범위한 활성; 비독성, 비부식성, 빠른 작용.
4차암모늄화합물 (양이온세제)	효소 억제, 단백질 변성, 원형질막 붕괴.	피부, 도구, 기구, 고무제품 등을 소독	살세균, 정균, 살진균, 막에 싸인 바이러스에 대해 살바이러스. 4차암모늄화합물의 예는 제피란(Zephiran)과 세파콜(Cepacol).
화학적 식품보존제			
유기산	대사 억제, 주로 곰팡이에 영향을 준다; 이들의 산성과 효과 작용은 관계가 없다	소르브산과 벤조산은 낮은 pH에서 효과적이다; 화장품, 샴푸에 많이 사용되는 파라벤; 빵에 사용되는 프로피온산칼슘.	식품과 화장품의 곰팡이와 일부 세균의 제어에 광범위하게 사용.
질산염/아질산염	세균의 작용으로 질산염에서 생성되는 아질산염이 활성성분이다. 아질산염은 산소비요구성 세균의 일부 철-함유 효소를 억제한다.	햄, 베이컨, 핫도그, 소시지 같은 육류제품.	식품내의 *Clostridium botulinum*의 성장을 억제; 또한 붉은색을 띠게 함.
알데히드	단백질 변성.	글루타르알데히드(Cidex)는 포름알데히드보다 덜 자극적이고 의료 기구의 소독에 사용된다.	아주 효과적인 항미생물제.
화학적 멸균제			
산화에틸렌과 기체 멸균제	중요한 세포 기능을 억제.	주로 열에 의해 손상을 입는 물질의 멸균	산화에틸렌이 가장 흔히 사용된다. 가열된 산화 수소와 이산화염소는 특별히 사용된다.
플라즈마 멸균	중요한 세포 기능을 억제.	특히 관모양의 의료 기구에 유용하다.	보통 전자기장에 의해 진공 상태에서 여기된 과산화수소.
초임계유체	중요한 세포 기능을 억제.	의료용 유기 임플란트의 멸균에 특히 유용하다.	초임계상태로 압축된 이산화탄소.
과산화물과 산소의 다른 형태	산화.	오염된 표면; 일부 깊은 상처, 여기서 산소에 민감한 산소비요구성 세균에 매우 효과적이다.	오존은 염소처리를 보완제로 광범위하게 이용된다; 과산화수소는 안좋은 방부제지만 좋은 소독제이다. 과초산은 특히 효과적이다.

학습 개요

미생물 제어 관련 용어 (129~130쪽)

1. 미생물 성장의 제어는 감염과 음식물 부패를 막을 수 있다.
2. 멸균은 물체에 있는 모든 미생물의 생명 형태를 제거하거나 파괴하는 과정이다.
3. 상업적인 멸균은 보툴리누스균(*C. botulinum*) 내생포자를 파괴하기 위해 통조림을 열처리하는 것이다.
4. 소독은 무생물 표면의 미생물 성장을 감소시키거나 억제하는 과정이다.
5. 방부법은 살아 있는 조직에 있는 미생물을 감소시키거나 억제하는 과정이다.
6. 접미사 *-cide*는 죽이는 것을 의미한다; 접미사 *-stat*는 억제하는 것을 의미한다.
7. 패혈증은 세균성 오염이다.

미생물의 사멸 속도 (130쪽)

1. 열이나 항미생물 화학물질의 대상이 된 세균 집단은 보통 일정한 속도로 죽는다.
2. 이런 사멸곡선은 로그 그래프를 그리면 일정한 사멸 속도를 직선으로 보여준다.
3. 미생물 집단을 죽이는 데 소요되는 시간은 미생물의 수에 비례한다.
4. 미생물 종과 생활사의 단계(예로 내생포자)에 따라 물리적 그리고 화학적 제어에 대한 민감도가 다르다.
5. 유기물질은 열처리와 화학적 제어약물을 방해할 수도 있다.
6. 낮은 온도에 긴 시간 노출은 높은 온도에 짧은 시간과 같은 효과를 가져올 수 있다.

미생물 제어 물질의 작용 (130쪽)

막 투과성의 변경 (130쪽)

1. 원형질막의 민감성은 지질과 단백질 성분 때문이다.
2. 특정 화학적 제어 물질은 원형질막에 투과성을 변경시키는 손상을 준다.

단백질과 핵산에 손상 (130쪽)

3. 일부 미생물 제어 물질은 수소결합과 공유결합을 끊어서 세포 내 단백질에 손상을 준다.
4. 다른 약품은 DNA와 RNA 그리고 단백질 합성을 방해한다.

미생물 제어의 물리적 방법 (130~137쪽)

열(131~135쪽)

1. 열은 미생물을 사멸시키기 위해 자주 이용된다.
2. 습열은 단백질을 변형시켜 미생물을 죽인다.
3. 열사멸온도(TDP)는 액체 배양액에 있는 모든 미생물을 10분 안에 죽일 수 있는 가장 낮은 온도이다.
4. 열사멸시간(TDT)은 주어진 온도에서 액체 배양액에 있는 모든 세균을 죽이는데 필요한 시간이다.
5. 십진감소시간(DRT)은 주어진 온도에서 세균 집단의 90%가 죽는 데 걸리는 시간이다.
6. 비등(100°C)은 대부분의 영양 세포와 바이러스를 10분 안에 죽인다.
7. 가압증기멸균(압력하의 증기)은 가장 효과적인 습열멸균 방법이다.
8. 고온순간살균(HTST)에서 음식물의 풍미를 변경시키지 않고 병원균을 파괴하기 위해 높은 온도가 짧은 시간 동안 이용된다(72°C에서 15초간). 고초온(UHT) 처리(140°C에서 4초간)는 유제품을 멸균하기 위해 이용된다.
9. 건열멸균 방법은 직접적인 화염과 소각, 열기멸균을 포함한다. 건열은 산화로 죽인다.
10. 같은 효과(미생물 성장의 감소)를 가져오는 다른 방법을 등가처리라고 부른다.

여과 (135쪽)

11. 여과는 미생물을 거르기에 충분히 작은 구멍을 가진 여과기를 통해 액체나 기체를 통과시키는 것이다.
12. 고효율 미립자 공기여과(HEPA)를 통해 미생물을 공기에서 제거할 수 있다.
13. 섬유소 에스테르로 구성된 막 여과기는 세균이나 바이러스, 큰 단백질을 걸러내기 위해 흔히 사용된다.

저온 (135~136쪽)

14. 낮은 온도의 유효성은 특정 미생물과 적용 강도에 따라 좌우된다.
15. 대부분의 미생물은 일반적인 냉장고의 온도(0~7°C)에서 번식하지 않는다.
16. 많은 미생물이 식품저장에 이용되는 영하의 온도에서 살아남는다(그러나 자라지는 않는다).

고압 (136쪽)

17. 고압은 영양 세포의 단백질을 변성시킨다.

건조 (136쪽)

18. 물이 없을 때 미생물은 자라지 않지만 살아남을 수 있다.
19. 바이러스와 내생포자는 건조에 견딜 수 있다.

삼투압 (136쪽)

20. 미생물은 높은 농도의 염과 당에서 원형질 분리가 일어난다.
21. 곰팡이와 효모는 낮은 습도나 높은 삼투압에서 세균보다 더 잘 자랄 수 있다.

방사선 (136~137쪽)

22. 방사선의 효과는 파장과 강도, 시간에 좌우된다.
23. 전리방사선(감마선, X선, 고에너지 전자빔)은 높은 수준의 투과성을 가지고 이것의 효과는 주로 물을 이온화시켜 아주 반응성이 높은 수산기 라디칼을 형성함으로 발휘된다.
24. 자외선(UV)은 비전리방사선의 한 형태로 낮은 수준의 투과성을 가지고 DNA 복제를 방해하는 티민 이량체를 만들어 세포의 손상을 야기한다; 가장 효과적인 살균 파장은 260 nm이다.
25. 마이크로파는 물질이 뜨거워짐에 따라 미생물을 간접적으로 죽일 수 있다.

미생물 제어의 화학적 방법 (137~146쪽)

1. 화학약품이 살아 있는 조직(방부제로)과 무생물체(살균제로)에 사용된다
2. 멸균을 달성하는 화학약품은 거의 없다.

효과적인 소독의 원칙 (137~138쪽)

3. 사용하는 소독제의 특성과 농도에 세심한 주의를 기울여야 한다.
4. 유기물질의 존재, 미생물과 접촉하는 정도 그리고 온도가 고려되어야 한다.

소독제의 평가 (138~139쪽)

5. 실용희석 검사를 통해 소독제에 대한 제조사의 권장 희석배율에서의 세균 생존이 결정된다.
6. 바이러스와 내생포자 생성 세균, 마이코박테리아, 균류 또한 실용희석 검사에 이용될 수 있다.
7. 원반확산 방법에서 화학물질에 적신 거름종이 원반이 접종된 고체 한천배지에 놓인다; 저해하는 지역이 유효성을 가리킨다.

소독제의 종류 (139~146쪽)

8. 페놀류는 원형질막에 손상을 일으키는 작용을 한다.
9. 트리클로산(처방전 필요 없음)과 헥사클로로페논(처방전 필요함) 같은 비스페놀은 가정용품에 광범위하게 사용된다.
10. 비구니드는 영양 세포의 원형질막에 손상을 준다.
11. 일부 할로겐(요오드와 염소)은 단독으로 사용되거나 무기 또는 유기 용액의 구성성분으로 사용된다.
12. 요오드는 특정 아미노산과 결합하여 효소를 비롯한 다른 세포 내 단백질을 불활성화시킬 수 있다.
13. 요오드는 팅크제(알코올 용액으로) 혹은 요오드포(유기물질과 조합하여)로 가능하다.
14. 염소의 살균작용은 염소가 물에 첨가되었을 때 형성되는 차아염소산에 기반을 둔다.
15. 알코올은 단백질을 변성시키고 지질을 녹임으로써 그 작용을 나타낸다.
16. 팅크제에서 알코올은 항미생물 화학물질의 효과를 강화시킨다.
17. 수용액 알코올(60~95%)과 이소프로판올이 소독제로 이용된다.
18. 은과 수은, 구리, 아연은 미량동작용을 통해 항미생물 활성을 나타낸다. 중금속이온은 메르캅토기(—SH)와 결합하여 단백질을 변성시킨다.
19. 비누는 제한된 살균작용을 갖지만 미생물의 제거를 돕는다.
20. 산-음이온 세제는 낙농장비의 세척에 이용된다.
21. 4차암모늄화합물은 NH_4^+에 붙은 양이온 세제이다.
22. 원형질막을 파괴시킴으로써 4차암모늄화합물은 세포 밖으로 원형질 구성물질의 누출을 야기시킨다.
23. 4차암모늄화합물은 그람양성세균에 가장 효과적이다.
24. SO_2과 소르브산, 벤조산, 프로피온산은 균류의 대사를 억제하고 식품보존제로 사용된다.
25. 질산염과 아질산염은 고기 속의 *C. botulinum* 내생포자의 발아를 막는다.
26. 니신과 나타마이신은 항생제로 음식물 특히 치즈 보존에 이용된다.
27. 포름알데히드와 글루타르알데히드 같은 알데히드는 단백질을 불활성화시킴으로 항미생물 효과를 발휘한다. 이들은 가장 효과적인 화학적 소독제이다.
28. 산화에틸렌은 멸균에 가장 자주 이용되는 가스이다. 이것은 대부분의 물질을 통과하고 단백질 변성을 통해 모든 미생물을 죽인다.
29. 플라즈마 가스 안의 자유 라디칼이 플라스틱 도구를 멸균하는 데 이용된다.
30. 액체와 기체의 특성을 갖는 초임계유체는 낮은 온도에서 멸균할 수 있다.
31. 과산화수소와 과초산, 과산화벤조일, 오존은 세포 내 분자를 산화시킴으로 항미생물 효과를 발휘한다.

미생물의 특성과 미생물 제어 (146~147쪽)

1. 그람음성세균은 일반적으로 그람양성세균보다 소독제나 방부제에 저항력이 더 크다.

2. 마이코박테리아와 내생포자, 원생동물의 포낭과 접합자는 소독제와 방부제에 매우 저항력이 크다.

3. 외막이 없는 바이러스는 일반적으로 외막이 있는 바이러스보다 소독제와 방부제에 저항력이 더 크다.

4. 프리온은 소독제와 가압증기멸균에 견딘다.

학습 질문

복습과 객관식 문제에 대한 해답은 책 뒤에 있음.

복습 문제

개요

1. *Bacillus subtilis* 내생포자의 현탁액에 대한 열사멸시간은 건열로 30분이고 가압증기멸균으로 10분 미만이다. 어떤 종류의 열이 더 효과적인가? 왜?

2. 만일 저온살균이 멸균을 달성하지 못하면 왜 식품처리에 저온살균이 이용되나?

3. 열사멸온도는 열 멸균의 유효성을 정확히 측정하는 수단으로 고려되지 않는다. 열사멸온도를 변경시킬 수 있는 세가지 요소를 나열하시오.

4. 감마선의 항미생물 효과는 (a) __________덕분이다. 자외선의 항미생물 효과는 (b) __________덕분이다.

5. 그려보기 다음 그림에서 세균 배양액은 로그기에 있다. 시간 x에서 항세균 화합물이 배양액에 첨가되었다. 살세균 화합물과 정세균 화합물의 첨가를 알려줄 선을 그리시오. 왜 x 시점에서 생존가능한 수가 0으로 즉시 떨어지지 않는지 설명하시오.

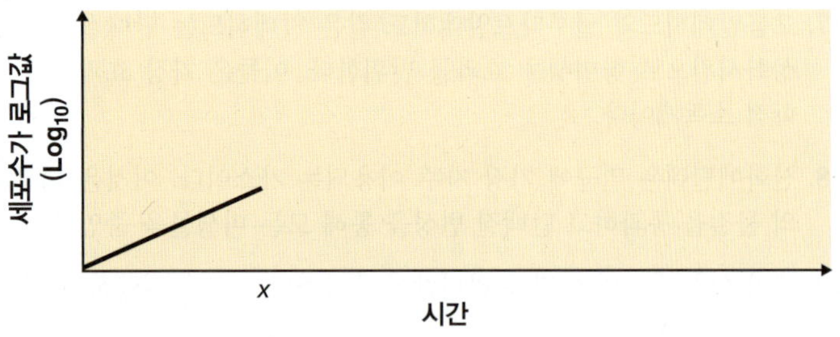

6. 가압증기멸균과 열기멸균, 저온살균이 등가처리의 개념을 어떻게 설명하는가?

7. 어떻게 소금과 설탕이 식품을 보존하는가? 왜 이들이 미생물 제어에 있어 화학적인 방법보다 물리적 방법으로 고려되는가? 설탕으로 보존하는 식품 하나와 소금으로 보존하는 식품 하나의 이름을 말하시오. 자당이 50%인 젤리에 곰팡이 *Penicillium*이 가끔씩 자라는 것을 어떻게 설명할 것인가?

8. 같은 조건에서 검사한 두 가지 소독제의 실용희석 값이 다음과 같다: 소독제 A—1:2; 소독제 B—1:10,000. 만일 두 소독제 모두 같은 목적으로 제조되었다면 여러분은 어느 것을 선택하겠는가?

9. 큰 병원은 스테인레스 스틸 욕조에서 화상환자를 씻긴다. 각 환자 다음에 4차암모늄화합물로 욕조를 청소한다. 화상환자 20명 중 14명이 욕조에서 씻은 후 *Pseudomonas*에 감염된 것으로 알려졌다. 높은 감염률을 대한 원인을 설명하시오.

10. 이름 답하기 무슨 세균이 포린을 가지고 있고 트리클로산에 내성이 있으며 4차암모늄화합물에서 살아남고 자랄 수 있나?

객관식 문제

1. 다음 중 내생포자를 죽이지 않는 것은?
   a. 가압증기멸균
   b. 소각
   c. 열기멸균
   d. 저온살균
   e. 위의 모두 내생포자를 죽인다.

2. 다음 중 매트리스와 플라스틱 배양접시의 멸균에 가장 효과적인 것은?
   a. 염소
   b. 산화에틸렌
   c. 글루타르알데히드
   d. 가압증기멸균
   e. 비전리방사선

3. 어떤 소독제가 원형질막을 파괴하는 작동을 하지 않는가?
   a. 페놀류
   b. 페놀
   c. 4차암모늄화합물
   d. 할로겐
   e. 비구아니드

4. 다음 중 플라스틱 용기에 담긴 열에 불안정한 용액을 멸균하는데 이용될 수 없는 것은?
   a. 감마선
   b. 산화에틸렌
   c. 초임계유체
   d. 가압증기멸균
   e. 짧은 파장의 방사선

5. 다음 중 4차암모늄화합물의 특징이 아닌 것은?
   a. 그람양성세균에 대한 살세균
   b. 살포자

c. 살아메바
d. 살진균
e. 외막이 있는 바이러스를 죽임

6. 급우가 어떻게 소독제가 세포를 죽일 수 있는지 결정하려고 노력 중이다. 그가 환원된 리트머스 우유에 소독제를 쏟았을 때 리트머스 우유가 다시 파랗게 변한 것을 당신은 관찰했다. 당신은 급우에게 다음을 제안한다.
   a. 소독제는 세포벽 합성을 억제할 것이다.
   b. 소독제는 분자를 산화시킬 것이다.
   c. 소독제는 단백질 합성을 억제할 것이다.
   d. 소독제는 단백질을 변성시킬 것이다.
   e. 그는 당신으로부터 떨어져 일을 할 것이다.

7. 다음 중 어느 것이 가장 세균을 죽일 것 같은가?
   a. 막 여과기
   b. 전리방사선
   c. 동결건조(냉동건조)
   d. 심온동결
   e. 위의 모두

8. 다음 중 어느 것이 식품에 있는 미생물 성장을 제어하는데 이용되는가?
   a. 유기산
   b. 알코올
   c. 알데히드
   d. 중금속
   e. 위의 모두

9~10번 문제의 답을 다음 중에서 선택하시오. 자료는 *Salmonella choleraesuis*에 대한 네 개의 소독제를 비교하는 실용희석 검사로부터 얻었다. *G* = 성장, *NG* = 성장 안함

	노출 후 세균의 성장			
희석	**소독제 A**	**소독제 B**	**소독제 C**	**소독제 D**
1:2	NG	G	NG	NG
1:4	NG	G	NG	G
1:8	NG	G	G	G
1:16	G	G	G	G

9. 어느 소독제가 가장 효과적인가?

10. 어느 소독제가 살세균제인가?
   a. A와 B, C, D
   b. A와 C, D
   c. A만
   d. B만
   e. 위의 어느 것도 아님

6 미생물 유전학

미생물이 지니는 거의 모든 형질은 유전적으로 조절되거나 영향을 받는다. 미생물에서는 모양이나 구조적 특징, 대사 능력, 움직이고 행동하는 양식, 다른 생물체와 상호작용하는 방식, 때로는 질병을 일으키는 방식 등과 같은 다양한 형질이 유전된다. 미생물 개체는 유전자를 매개로 이와 같은 형질들을 자손에게 전한다.

미생물에서 항생제에 내성이 생겨나는 과정 또한 유전학으로 설명할 수 있다. 항생제 내성 유전자는 흔히 위의 그림에서 보는 것과 같은 플라스미드에 들어 있다. 플라스미드는 한 세균에서 다른 세균으로 쉽게 전달될 수 있다. 메티실린 내성 황색포도상구균(*Staphylococcus aureus*)의 출현이나 더 최근의 카바페넴 내성 폐렴균(*Klebsiella pneumonia*)의 출현 또한 플라스미드에 의해 매개된 것이다. 반코마이신 내성 황색포도상구균(vancomycin-resistant *S. aureus* , VRSA)은 환자 치료에 심각한 위협이 되고 있다. 이번 장에서는 VRSA 균주가 어떻게 내성을 얻게 되는지를 보게 될 것이다.

새로운 질병의 출현도 유전학을 이해해야 하는 중요한 이유가 된다. 새로운 질병은 기존 생물에서 유전적 변화가 일어난 결과이다. 예를 들어 대장균 O157:H7은 *Shigella* 속 세균에서 시가독소(Shiga toxin) 유전자를 전해 받아 독성 균주로 변한 것이다.

최근 미생물학자는 유전학을 활용하여 생물들 사이의 관계를 찾아내고, HIV 또는 H1N1 독감바이러스와 같은 병원체의 기원을 탐색하며, 또한 어떻게 유전자가 발현되는지를 연구하고 있다.

◀ 대장균에서 분리한 플라스미드 DNA

미생물 뉴스

수상한 기미가 느껴질 때

12명의 손주를 둔 70세 할아버지, 마르셀 뒤부아는 조용히 수화기를 내려놓았다. 지난 주에 받았던 대변 DNA 검사 결과가 나왔다고 알려주는 매이요 병원 의사의 전화였다. 마르셀이 대장내시경 검사를 꺼려해서 자꾸 검사를 미루었기 때문에 주치의는 아직 실험 단계이긴 하나 비침습적인 대장암 검사를 권했던 것이다. 대변 DNA 검사는 대변에 들어 있는 대장벽의 세포를 검사한다. 이들 세포에서 DNA를 추출하여 암세포로 전이되기 이전의 용종 또는 악성 종양의 존재를 확인할 수 있기 때문이다. 마르셀은 다음날 오후에 의사를 만나기로 했다.

진료실에서 의사는 마르셀과 부인 재니스에게 대변 DNA 검사에서 톱니형 대장 용종이 발견되었다고 말했다. 이런 종류의 용종은 밖으로 튀어나와 있지도 않고 대장벽과 거의 같은 색이어서 대장내시경으로 발견하기는 대체로 어려운 종류다.

어떻게 DNA 검사를 통해 암에 걸렸는지의 여부를 알 수 있을까?

사람의 DNA에서도 돌연변이가 일어날 수 있다. DNA 상에 적절하지 못한 뉴클레오티드가 삽입되면 돌연변이가 발생하고 이는 유전자의 기능을 변화시킨다. 암은 돌연변이에 의해 세포가 비정상적으로 성장하는 것이다. 이와 같은 돌연변이는 다음 세대로 대물림될 수 있다.

마르셀과 부인 재니스는 병원에서 집으로 돌아오면서 마르셀의 가족력을 되짚어 보았다. 마르셀의 형인 로버트가 10년 전에 대장암으로 사망했지만 마르셀은 언제나 건강에 자신이 있었다. 70세의 나이에도 그는 형인 로버트가 사망하기 전까지 그와 공동으로 소유했던 멤피스 바베큐 식당 일을 그만 둘 생각을 한 적이 한번도 없었다.

마르셀은 어떤 이유로 대장암에 걸렸을까?

모든 돌연변이가 대물림되는 것은 아니다. 일부 돌연변이는 세포의 유전물질에 손상을 입히는 화학물질인 유전독소(genotoxin)에 의해 유발된다. 마르셀은 뚱뚱하지도 않고 가족과 함께 많은 시간을 보내려 노력하는 편이며 담배를 피운 적도 없다. 1970년대 이래 조리된 육류나 육가공품을 많이 섭취하는 사람들에게서 대장암이 많이 발생한다는 연구 결과가 알려졌다. 여기서 발암물질로 의심되는 화학물질은 높은 열로 육류를 조리하는 과정에서 발생하는 방향족 아민류(aromatic amine)이다.

마르셀은 50년 이상 멤피스 바베큐 식당을 운영했다. 그는 주인이면서도 직접 현장을 지휘하면서 늘 부엌에서 조리과정을 감독했다. 식당의 모든 바베큐 요리는 높은 온도에서 여러 시간 천천히 익혀 낸다. 마르셀은 이 기술의 전문가임을 자부해 왔으나 이제 그의 전문성은 질병을 일으킨 원인의 하나로 의심받고 있다.

어떤 화학물질이 유전독소인지를 확인하기 위해 사용할 수 있는 검사법은 무엇인가?

에임스 검사를 통해 화학물질의 유전독성을 빠르게 검사할 수 있게 되었다. 살모넬라 ***his***$^-$ 돌연변이 균주를 포도당 최소배지가 들어 있는 한천 평판배지에 도말한다. 방향족 아민류인 2-아미노플루오린(2-aminofluorne, 2-AF)을 적신 작은 종이원반을 배지 위에 놓는다. 그림은 ***his***$^-$ 돌연변이체에서 다시 역돌연변이가 일어난 살모넬라 균주가 자라는 모습을 보여준다. 실험 결과는 이 화학물질이 돌연변이를 유발하며 따라서 잠재적으로 암을 유발할 수 있다는 사실을 시사한다.

2-AF는 효소에 의해 활성화되며 이는 2-AF가 단독으로 작용할 때보다 훨씬 더 독성이 크다는 사실이 알려졌다. 이는 2-AF가 소화되는 동안에 일어나는 효소와의 작용이나 장내 미생물상과의 상호작용에 의해 2-AF 자체보다 암을 일으킬 가능성이 더 높아질 수 있다는 사실을 암시한다. 식습관의 차이로 장내 세균의 종류를 조금만 변화시켜도 세균의 대사활동에 큰 변화를 일으킬 수 있다.

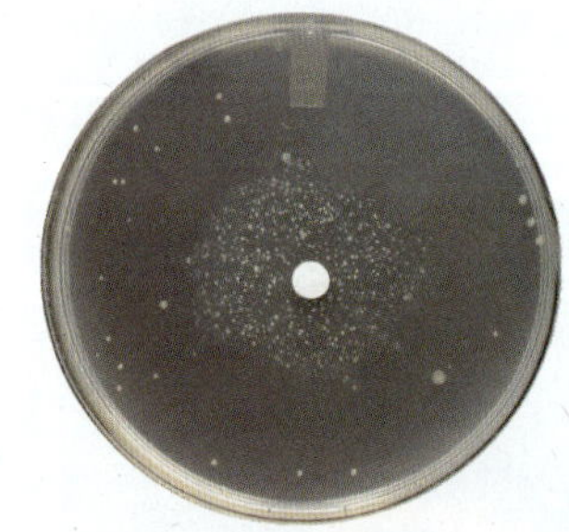

마르셀의 대변 DNA 검사를 통해 톱니형 직장 용종을 발견함으로써 너무 늦기 전에 직장암을 조기 진단할 수 있게 되었다. 그 덕에 용종으로 자란 조직을 발견해서 제거할 수 있었으며 마르셀은 화학요법을 받아 대장에 남아 있을지도 모르는 암 세포를 제거하는 치료를 받았다.

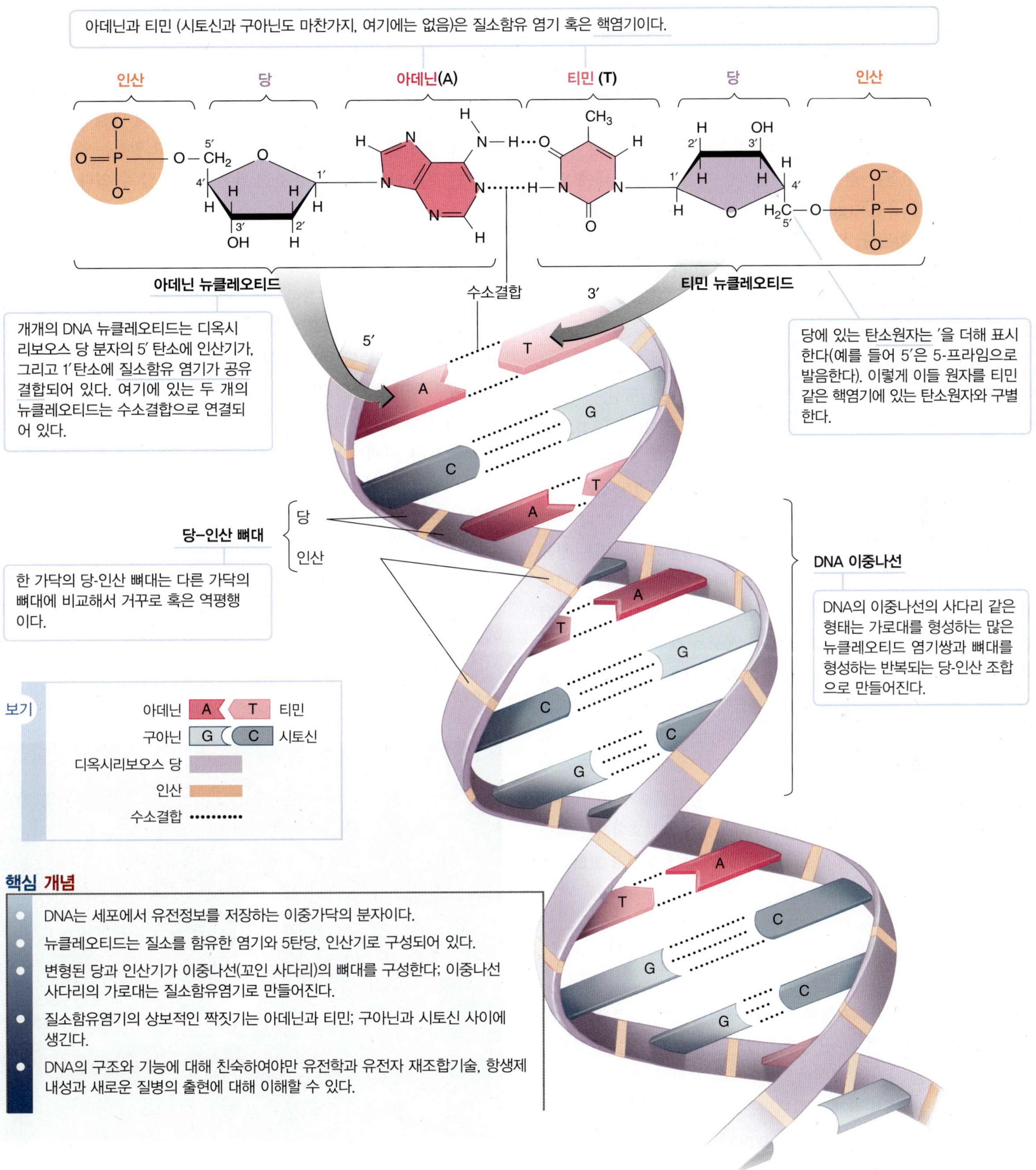

핵심 개념

- DNA는 세포에서 유전정보를 저장하는 이중가닥의 분자이다.
- 뉴클레오티드는 질소를 함유한 염기와 5탄당, 인산기로 구성되어 있다.
- 변형된 당과 인산기가 이중나선(꼬인 사다리)의 뼈대를 구성한다; 이중나선 사다리의 가로대는 질소함유염기로 만들어진다.
- 질소함유염기의 상보적인 짝짓기는 아데닌과 티민; 구아닌과 시토신 사이에 생긴다.
- DNA의 구조와 기능에 대해 친숙하여야만 유전학과 유전자 재조합기술, 항생제 내성과 새로운 질병의 출현에 대해 이해할 수 있다.

그림 6.1 DNA의 구조

유전물질의 구조와 기능

유전학(genetics)은 유전에 대해 연구하는 학문 분야이다. 유전학에서는 유전자란 무엇인지, 유전자가 어떻게 정보를 저장하고 전달하는지, 유전자는 어떻게 복제되어 다음 세대로 전달되며 생물체 사이에 전해지는지, 그리고 생물체 내에서 유전정보가 어떻게 발현되어 개체의 특정한 형질을 결정하게 되는지를 다룬다. 세포 내에 담겨 있는 유전정보를 **유전체(genome)**라 부른다. 유전체에는 염색체와 플라스미드가 포함된다. **염색체(chromosome)**는 물리적으로 유전정보를 담고 있는 DNA 구조를 말한다. **유전자(gene)**는 기능적인 산물을 부호화하는 DNA(RNA로 이루어진 일부 바이러스를 제외) 특정 구간(부위)을 일컫는다.

DNA는 뉴클레오티드라 불리는 단위가 반복되어 만들어진 고분자이며, 각각의 뉴클레오티드는 염기(아데닌, 티민, 시토신, 구아닌), 데옥시리보오스(오탄당), 그리고 인산기로 이루어진다(그림 6.1).

DNA의 구조적 특성을 통해서 생물학적 정보가 일차적으로 어떻게 저장되는지 알 수 있다. 먼저 염기가 일렬로 배열된 순서는 실질적인 정보를 제공한다. 유전정보는 DNA 분자의 사슬을 따라 염기가 배열된 순서로 부호화되어 있다. 보통 미생물의 유전자는 평균 1000개 정도의 뉴클레오티드로 이루어진다. 네 가지 뉴클레오티드 1000개가 서열을 이루면 4^{1000} 가지의 서로 다른 방식으로 배열될 수 있다. 이와 같은 천문학적인 숫자는 세포가 성장하고 기능을 수행하기에 충분한 정보를 유전자가 어떻게 제공할 수 있는지를 설명해 준다. **유전부호(genetic code)**는 뉴클레오티드의 서열이 단백질의 아미노산 서열로 전환되는 방식을 결정하는 규칙으로 이 장의 후반에서 더욱 자세히 논의할 것이다.

세포의 대사활동은 유전자에 들어 있는 유전정보가 특정한 단백질의 형태로 번역되는 것과 연관된다. 유전자가 부호화하는 최종 분자(예를 들면, 단백질)가 생성되는 경우, 해당 유전자가 **발현**(expression)되었다고 말한다.

유전형과 표현형

유전형(genotype)은 그 개체의 유전적 구성을 말하는 것으로 개체가 지니는 특정한 형질 전체를 담고 있는 정보를 말한다. 유전형은 잠재적인 특성을 나타낼 뿐이며, 그것 자체가 특성 자체를 말하는 것은 아니다. 개체에서 실제로 발현되는, 특정한 화학반응을 수행하는 능력 등의 특성은 **표현형(phenotype)**이라 한다. 유전형이 겉으로 드러난 것이 표현형이다.

어떻게 생각해 보면, 개체의 표현형은 단백질의 모음이라 할 수 있다. 세포가 지니는 대부분의 특성은 단백질의 구조와 기능에서 비롯되기 때문이다. 미생물에서 대부분의 단백질은 특정 반응을 촉매하는 효소로서 작용을 하거나, 생체막이나 편모와 같은 거대한 기능적 복합체를 구성하는 등의 구조적인 역할을 한다. 예를 들어 복잡한 지질이나 다당류 분자의 구조는 이들 분자를 합성하고, 가공하고, 분해하는 일련의 효소들의 촉매 활동에 의해 만들어진다. 따라서 표현형이 전적으로 단백질에 의한 것이라고 말하는 것이 완전히 정확한 것은 아니지만, 아주 틀린 말은 아니라 할 수 있다.

DNA와 염색체

일반적으로 세균은 단백질이 결합되어 있는 원형 DNA 분자로 이루어진 원형 염색체를 한 개 가지고 있다. 염색체는 고리 형태의 DNA 분자가 응축된 형태로 되어 있고 원형질막에 한 곳 또는 그 이상 부착되어 있다. 대장균의 DNA는 460만 염기쌍 정도로 그 길이는 약 1 mm인데, 이는 전체 대장균 세포 길이의 1000배에 달한다(그림 6.2). 그러나 염색체는 세포 전체 부피의 대략 10% 정도밖에 차지하지 못하는데, 그 이유는 DNA가 **초나선**(supercoil) 형태로 심하게 꼬여 있기 때문이다.

유전체는 유전자들의 끝과 끝이 연달아 이어진 형태로만 이루어진 것이 아니다. **짧은 직렬반복(short tandem repeats, STR)**이라 불리는 비번역 지역은 대장균 유전체를 비롯하여 대부분의 유전체에 존재한다. STR 서열은 2개에서 5개 염기서열이 반복되는 형태이다. 이와 같은 서열은 DNA 지문분석(DNA fingerprinting)에도 활용된다.

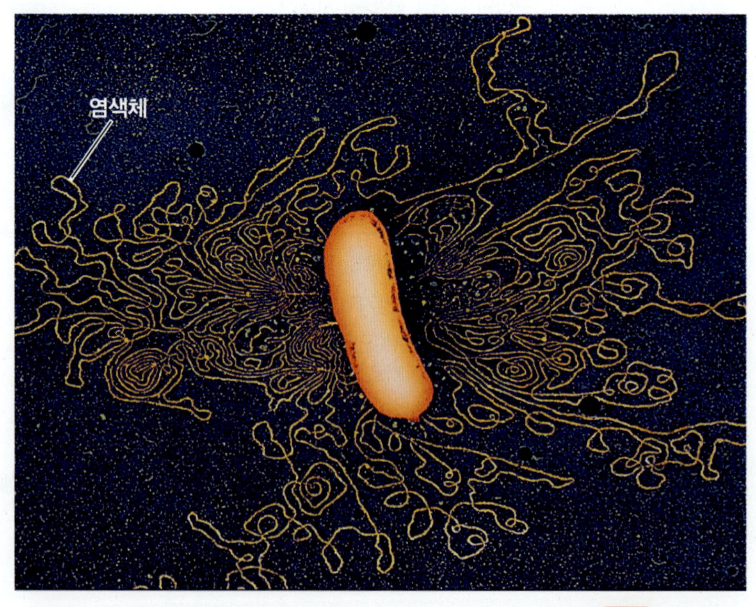

그림 6.2 원핵생물의 염색체

유전자란 무엇인가? 열린 번역틀이란 무엇인가?

토대 그림 6.3 유전정보의 흐름

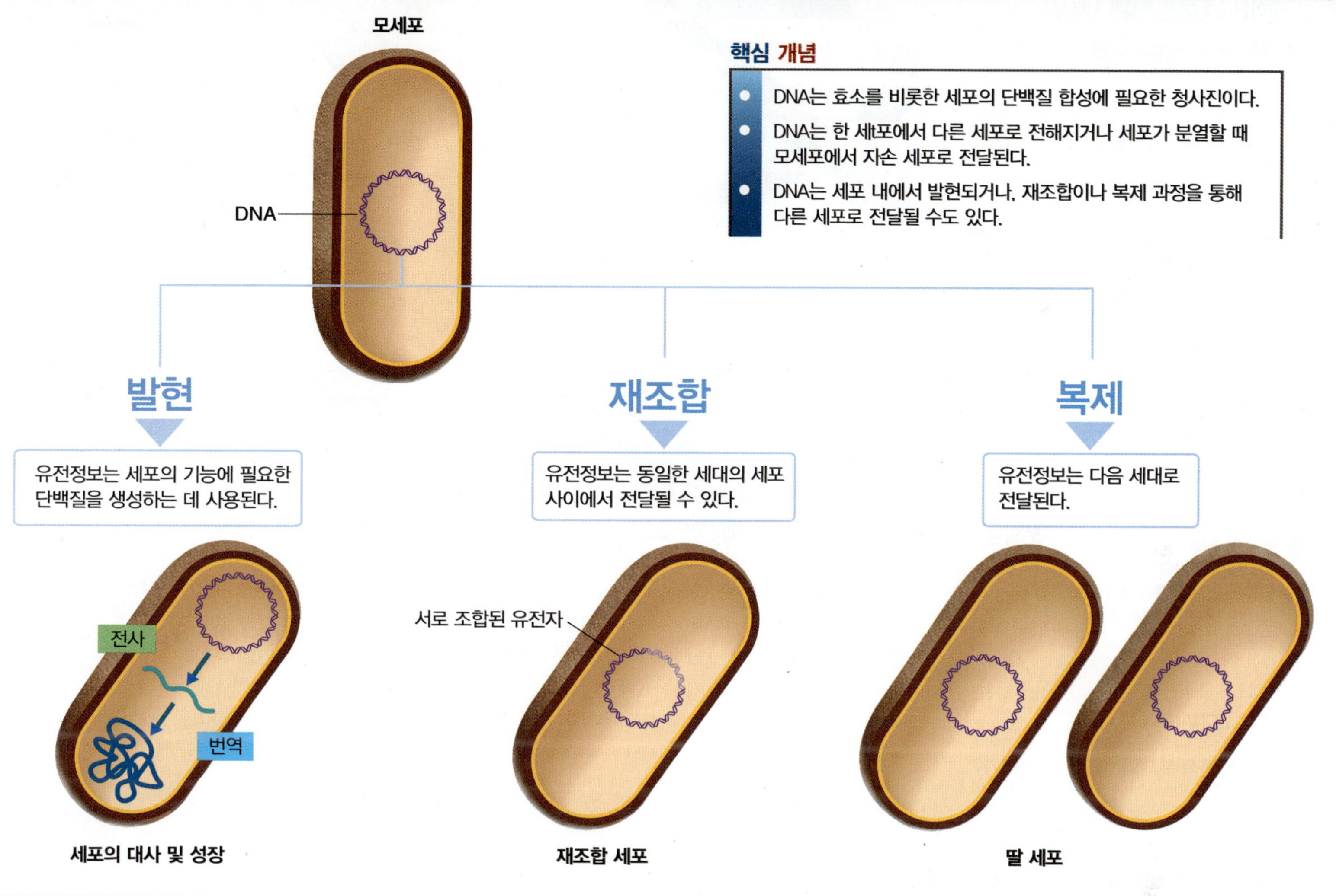

핵심 개념

- DNA는 효소를 비롯한 세포의 단백질 합성에 필요한 청사진이다.
- DNA는 한 세포에서 다른 세포로 전해지거나 세포가 분열할 때 모세포에서 자손 세포로 전달된다.
- DNA는 세포 내에서 발현되거나, 재조합이나 복제 과정을 통해 다른 세포로 전달될 수도 있다.

이제는 그리 어렵지 않게 염색체 전체의 완전한 염기서열을 결정할 수 있다. 컴퓨터를 이용하면 유전체 염기서열에서 **열린 번역틀**(open-reading frame, ORF), 즉 단백질을 부호화할 것으로 추정되는 DNA 구역을 찾아낼 수 있다. 앞으로 살펴보겠지만, 이들은 개시 코돈과 종결 코돈 사이의 염기서열로 이루어진다. 유전체의 염기서열을 결정하고 분자 수준에서 특성을 연구하는 학문을 **유전체학(genomics)**이라 한다.

유전정보의 흐름

DNA 복제를 통해서 유전정보는 한 세대에서 다음 세대로 전달될 수 있다. 그림 6.3에서 보는 것처럼 세포에서 DNA는 세포분열 직전에 복제되어 각각의 자손 세포는 부모와 동일한 염색체를 물려받는다. 대사가 진행되는 각각의 세포 안에서 DNA 분자에 담겨 있는 유전정보는 또 다른 방식으로 전달된다. 이 과정에서 DNA의 유전정보는 mRNA로 전사된 다음 단백질로 번역된다.

DNA 복제

DNA 복제 과정에서 하나의 "어버이" 이중나선 DNA 분자는 두 개의 동일한 "자손" 분자로 전환된다. DNA 분자에서 질소함유 염기서열의 상보적인 구조는 DNA 복제 과정을 이해하는 열쇠가 된다. 이중나선 DNA의 두 가닥이 서로 상보적인 염기로 구성되어 있기 때문에, 한 가닥은 다른 가닥이 만들어질 때 주형으로 작용할 수 있다(그림 6.4a).

DNA가 복제되려면 세포의 여러 단백질이 특정한 순서로 작용해야 한다. 표 6.1에 DNA 복제 및 다른 세포 반응에 관여하는 효소가 설명되어 있다. 복제가 시작되려면 **위상이성질화효소**(topoisom-

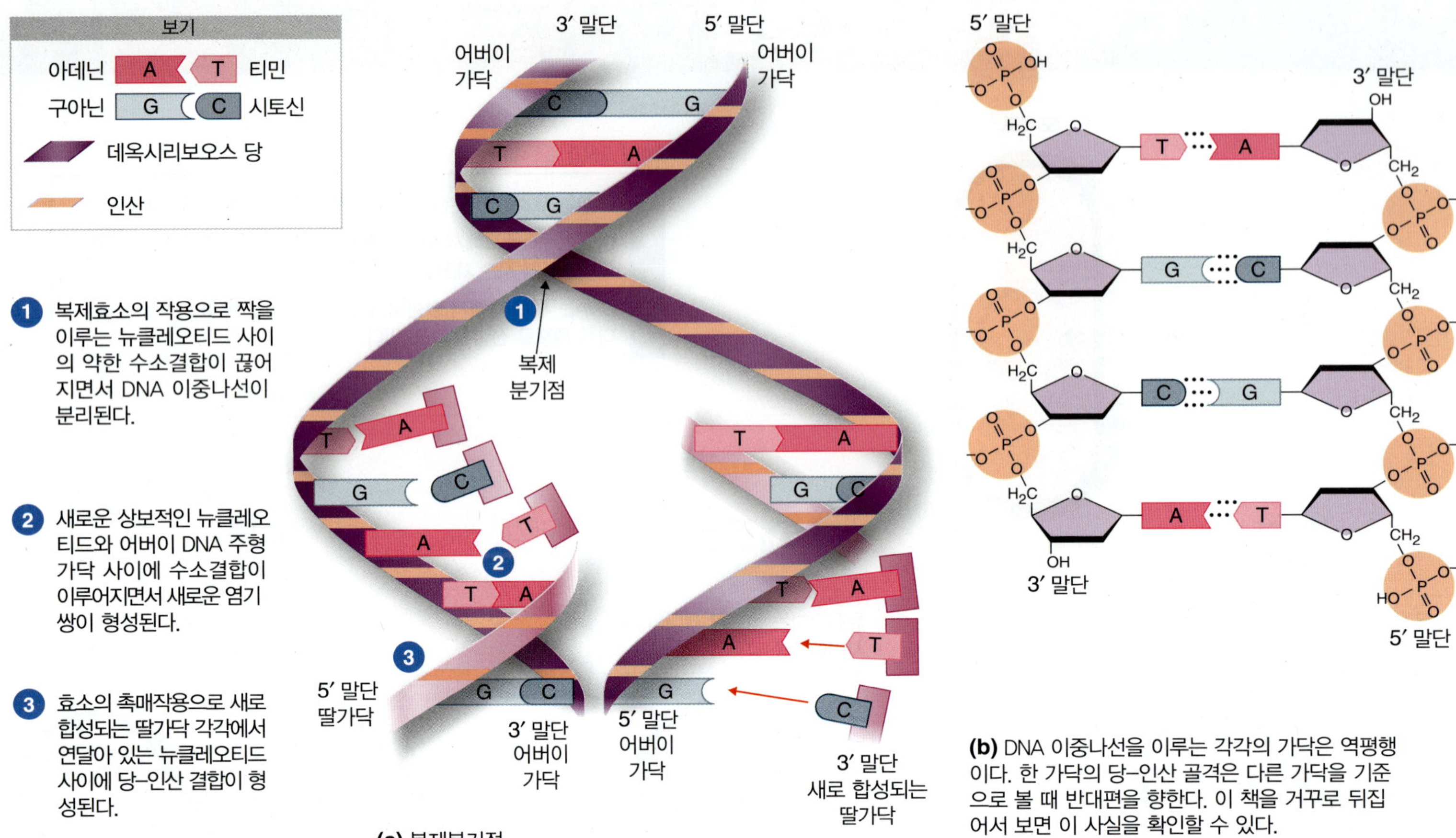

(b) DNA 이중나선을 이루는 각각의 가닥은 역평행이다. 한 가닥의 당–인산 골격은 다른 가닥을 기준으로 볼 때 반대편을 향한다. 이 책을 거꾸로 뒤집어서 보면 이 사실을 확인할 수 있다.

그림 6.4 **DNA 복제**

Q 반보존적 복제의 이점은 무엇인가?

표 6.1 복제, 발현, 수선에 필요한 주요 효소

효소	기능
DNA 자이레이스(DNA gyrase)	복제분기점 앞에서 초나선을 풀어준다.
DNA 연결효소(DNA ligase)	DNA 가닥을 공유결합으로 연결한다. 오카자키 절편이나 절제수선된 DNA 조각 등을 연결한다.
DNA 중합효소(DNA polymerase)	DNA를 합성한다. 잘못 들어간 DNA 뉴클레오티드를 편집, 제거하고 수선한다.
중간분해효소(endonucleases)	DNA 가닥의 중간에서 DNA 골격을 자른다. 수선과 삽입을 촉진한다.
말단분해효소(exonucleases)	DNA 가닥의 말단에 부착된 뉴클레오티드를 잘라 낸다. 수선을 촉진한다.
헬리케이스(helicase)	이중나선 DNA 가닥을 푼다.
메틸레이스(methylase)	새로 합성된 DNA의 특정 염기에 메틸기를 부착한다.
광분해효소(photolyase)	가시광선 에너지를 이용해서 자외선에 의한 피리미딘 이량체를 분리한다.
라이보자임(ribozyme)	인트론을 제거하고 엑손을 연결하는 RNA 효소
RNA 중합효소(RNA polymerase)	DNA를 주형으로 RNA를 합성한다.
RNA 프라이메이스(RNA primase)	DNA를 주형으로 RNA 프라이머를 합성하는 RNA 중합효소
snRNP	인트론을 제거하고 엑손을 연결하는 RNA-단백질 복합체
위상이성질화효소(topoisomerase)	복제분기점 앞 쪽에서 초나선을 풀어준다. DNA 복제의 종료지점에서 DNA 고리를 분리한다.
전위효소(transposase)	DNA 골격을 잘라서 단일가닥으로 이루어진 "점착성 말단"을 남긴다.

erase) 또는 자이레이스(gyrase)가 DNA의 초나선 구조를 풀어주고, 헬리케이스(helicase)가 어버이 DNA의 두 가닥 사이를 끊어서 각각의 가닥이 조금씩 분리된다. 세포질에 존재하는 유리 뉴클레오티드 분자들은 풀려진 어버이 DNA 가닥에서 노출되어 있는 염기와 짝을 이루게 된다. 원래의 가닥에 티민이 있으면 새로운 가닥에는 아데닌만 올 수 있다. 그리고 원래의 가닥에 구아닌이 있으면 새 가닥에는 시토신이 짝지어지는 방식으로 복제가 진행된다. 염기가 제대로 짝지어지지 않은 경우에는 복제효소가 이를 제거하고 맞는 짝으로 바꿔준다. 일단 염기쌍이 제대로 형성되면 새로 첨가된 뉴클레오티드는 **DNA 중합효소(DNA polymerase)**라 불리는 효소에 의해서 신장되고 있는 DNA 가닥에 연결된다. 그 다음에는 다시 어버이 DNA가 조금 더 풀어져서 다음 뉴클레오티드가 더해질 수 있다. 복제가 진행되고 있는 지점을 **복제분기점(replication fork)**이라 한다.

복제분기점이 어버이 DNA 가닥을 따라 이동함에 따라, 풀어진 단일가닥은 각각 새로운 뉴클레오티드와 결합하게 된다. 원래의 어버이 가닥과 이렇게 새로 합성된 자손가닥은 다시 서로 휘감기며 이중나선을 형성한다. 새로 생긴 이중나선 DNA 분자는 각각 원본(보존된) 가닥 하나와 새로 합성된 가닥 하나를 지니게 되며 이런 의미에서 이와 같은 복제 과정을 **반보존적 복제(semiconseravtive replication)**라 한다.

DNA 복제 과정을 잘 이해하려면 DNA 구조를 자세히 살펴보아야 한다. 여기서 두 개의 DNA 가닥이 이중나선을 형성할 때 각각의 가닥은 서로 반대 방향으로 짝을 이룬다는 사실이 중요하다. 각 뉴클레오티드에서 오탄당을 이루는 탄소원자는 1′(1 프라임이라 읽는다)에서 5′까지 번호가 표기되어 있다. 각각 짝을 이루는 염기 옆에 위치하는 당 구조는 한 가닥에서는 위를 향해 있고 다른 가닥에서는 반대로 아래를 향한 형태로 존재한다. 3′ 탄소에 수산기가 결합해 있는 말단을 DNA 가닥의 3′ 말단이라 부르고, 5′ 탄소에 인산기가 붙어 있는 끝을 DNA 가닥의 5′ 말단이라 한다. 두 가닥이 제대로 만나 이중나선을 형성할 때, 한 가닥을 기준으로 5′→3′ 방향을 따라 가보면, 상대 가닥의 5′→3′쪽 방향은 반대 방향을 향한다(그림 6.4b). DNA의 이와 같은 구조는 DNA 중합효소가 새로운 뉴클레오티드를 3′ 말단에만 첨가할 수 있기 때문에 DNA 복제 과정에 영향을 준다. 따라서 복제분기점이 어버이 DNA 가닥을 따라 움직일 때 두 개의 새로운 가닥은 서로 반대 방향으로 길어지게 된다.

DNA 복제에는 많은 양의 에너지가 필요하다. 이때 필요한 에너지는 실제로 뉴클레오시드 3인산의 형태인 뉴클레오티드에서 공급된다. 여러분은 이미 생체의 에너지원으로 사용되는 ATP 분자에 대해 알고 있을 것이다. 이 ATP와 DNA 합성에 사용되는 아데닌 뉴클레오티드는 당 성분만 다를 뿐이다. 데옥시리보오스는 DNA 합성에 사용되는 뉴클레오시드에 포함된 당 분자이며, 리보오스를 포함하는 뉴클레오시드 3인산은 DNA 합성에 사용된다. 두 개의 인산기가 제거되면서 합성되고 있는 DNA에 뉴클레오티드가 첨가된다. 다시 말해서, 뉴클레오티드가 분해되는 반응은 에너지 방출반응으로 방출되는 에너지는 DNA 가닥이 연결되어 새로운 결합이 만들어지는 데 쓰인다(그림 6.5). 그림 6.6은 복잡한 복제 과정을 좀 더 상세하게 여러 단계로 나누어 보여주고 있다.

대장균을 비롯한 일부 세균에서는 DNA 복제가 염색체를 따라 **양방향으로(bidirectionally)** 진행된다(그림 6.7). DNA가 복제될 때, 두 개의 복제분기점은 복제원점에서 반대 방향으로 진행한다. 세균 염색체는 닫힌 원형이므로 복제분기점은 복제가 종결되면서 결국 합쳐지게 된다. 서로 얽혀 있는 두 개의 고리는 위상이성질화효소의 작용으로 서로 분리되어야 한다. 세균의 원형질막과 복제원점이 서로 연결되었다는 증거가 많이 있다. 복제가 완료된 다음 각 복사본의 복제원점은 서로 반대편 세포 말단과 연결된다. 따라서 세포가 중간 지점에서 분열하였을 때 각각의 자손 세포에 완전한 염색체 복사본이 전해질 수 있는 것이다.

DNA 복제는 놀랄만큼 정교한 과정이다. 일반적으로 10^{10} 염기당 하나 정도로 실수가 발생한다. 이 정도로 정확하게 복제될 수 있는 까닭은 대부분의 DNA 중합효소가 **교정판독(proofreading)** 능력을 지니기 때문이다. 각각의 새로운 염기가 추가될 때마다 효소는 상보적인 염기쌍이 적절하게 형성되었는지 판독한다. 만일 염기쌍이 제대로 형성되지 않았다면 효소는 잘못 들어간 염기를 제거하고 올바른 것으로 교체한다. 이런 방식으로 DNA는 매우 정확하게 복제될 수 있고 각각의 자손 염색체는 어버이 DNA와 실질적으로 동

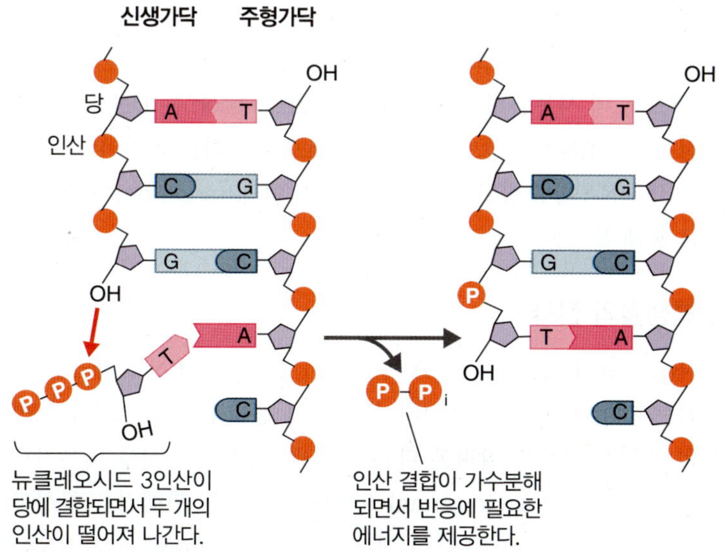

그림 6.5 DNA에 뉴클레오티드 첨가하기

Q DNA의 한 가닥이 상대 가닥에 대하여 "거꾸로" 위치하는 까닭은 무엇일까? 두 가닥이 모두 한 쪽 방향으로 향할 수 없는 까닭은 무엇일까?

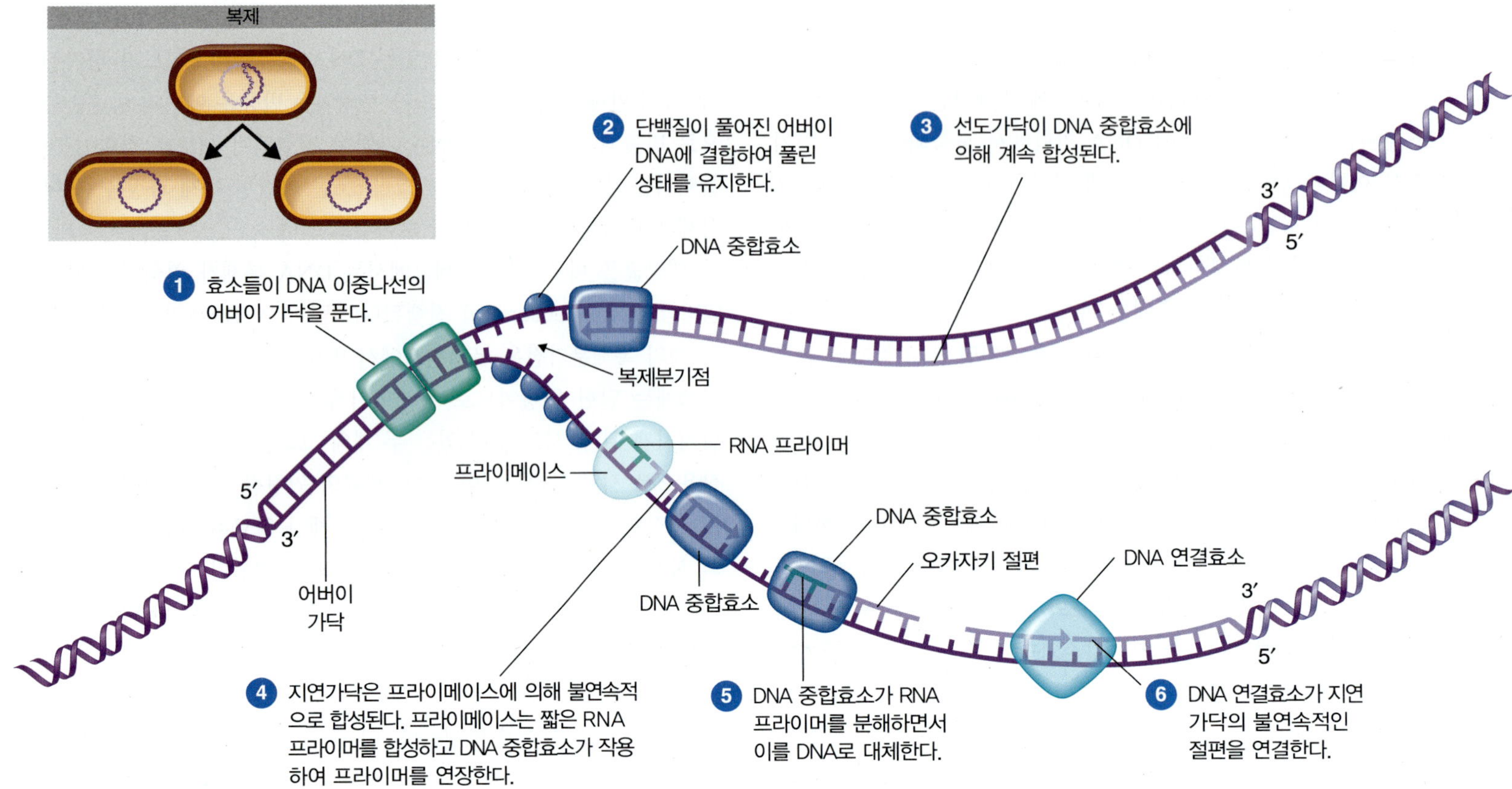

그림 6.6 DNA 복제분기점

Q DNA 가닥 하나는 불연속적으로 합성된다. 그 이유는?

일한 정보를 유지하게 된다.

RNA와 단백질 합성

DNA에 들어 있는 정보가 어떻게 세포의 활성을 조절하는 단백질을 만드는 데 사용될 수 있을까? **전사(transcription)**는 DNA에 있는 유전정보가 RNA의 상보적인 염기서열로 복사되는 과정이다. 세포는 이들 RNA에 포함된 정보를 사용해서 **번역(translation)**이라는 과정을 통해 특정한 단백질을 합성한다.

원핵생물의 전사

전사(transcription)는 DNA 주형에서 상보적인 RNA 가닥을 합성하는 것이다. 여기서는 먼저 세균 세포에서 일어나는 전사와 번역의 과정을 자세히 살펴본 다음 진핵세포에서의 전사를 다루기로 한다. **리보솜 RNA(ribosomal RNA, rRNA)**는 단백질을 합성하는 세포기구인 리보솜의 핵심 성분이다. 운반 RNA(transfer RNA, tRNA)는 단백질 합성에 관여한다. **전령 RNA(messenger RNA, mRNA)**는 단백질이 합성되는 리보솜으로 특정한 단백질을 합성하는 정보를 가지고 간다.

전사가 진행되는 동안 주형이 되는 세포 DNA의 특정 부분이 mRNA 가닥으로 전사된다. 다시 말하면 DNA 염기서열의 형태로 저장되어 있는 유전정보가 mRNA의 염기서열 형태로 같은 정보를 다시 쓰게 되는 것이다. DNA가 복제될 때와 마찬가지로 DNA 주형의 구아닌(G)은 합성되는 mRNA에서 시토신(C)으로, DNA 주형의 C는 mRNA에서 G로 전사된다. 그러나 DNA 주형의 아데닌(A)은 mRNA에서 우라실(U)을 지정하는데 RNA에는 T 대신 U가 있기 때문이다. (U는 화학적으로 T와 매우 유사하여 같은 방식으로 염기쌍을 형성한다.) 예를 들어 DNA 주형의 서열이 3′-ATGCAT 라면, 새로 합성되는 mRNA 서열은 이와 상보적인 5′-UACGUA 가 된다.

전사 과정에는 RNA 중합효소(RNA polymerase)와 RNA 뉴클레오티드가 필요하다(그림 6.8). RNA 중합효소가 **프로모터(promoter)**라 불리는 DNA 부위에 결합하면서 전사가 시작된다. 두 가닥 DNA 가운데 단 한 가닥만이 주어진 유전자의 RNA 합성에서 주형으로 작용한다. DNA와 마찬가지로 RNA 또한 5′→3′ 방향으로 합성된다. RNA 합성은 RNA 중합효소가 전사종결자(terminator)라 불리는 DNA 자리에 도달할 때까지 계속된다.

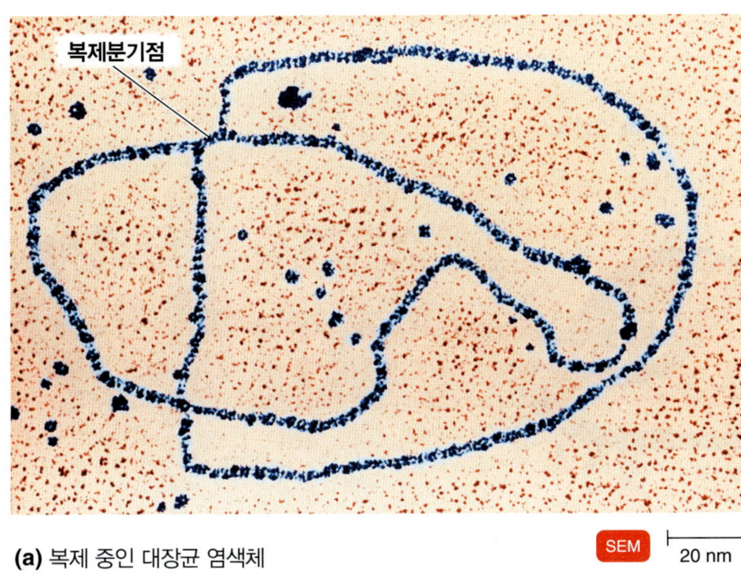

(a) 복제 중인 대장균 염색체

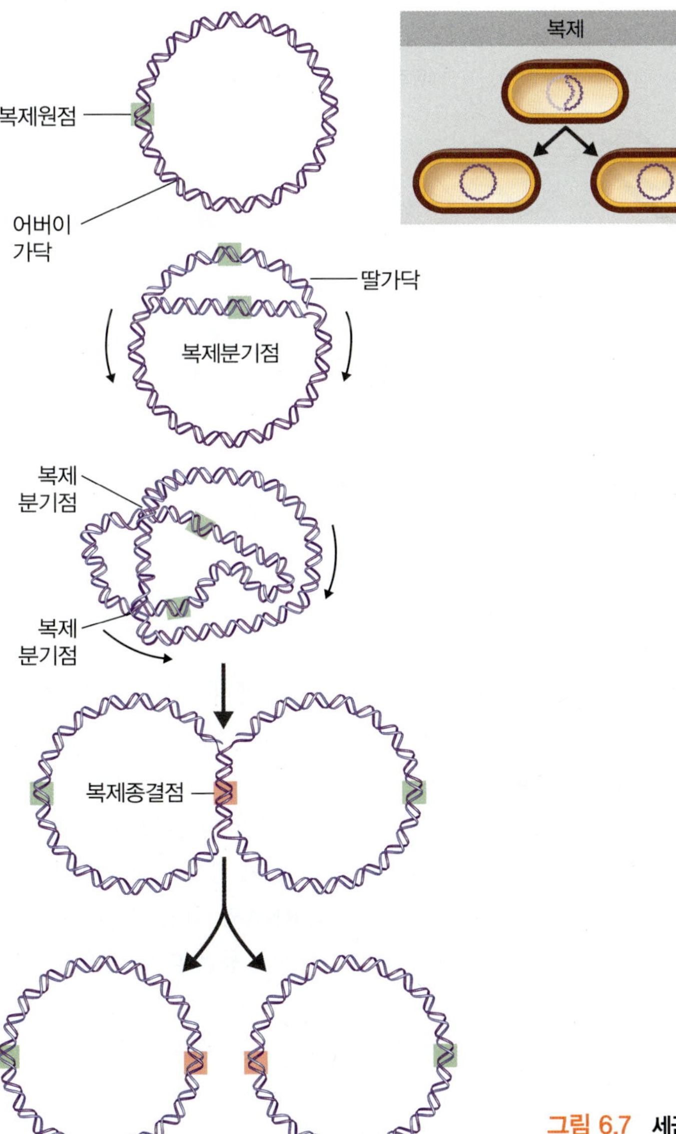

(b) 원형 세균 DNA 분자의 양방향성 복제 과정

그림 6.7 세균 DNA의 복제

복제원점이란 무엇인가?

전사 과정을 통해 세포는 단백질 합성에 직접적인 정보를 제공하는 유전자의 단기 복사본을 만들어 낸다. 전령 RNA는 영구 저장된 유전정보를 지니는 DNA와 유전정보를 활용하는 번역의 과정을 매개한다.

번역

지금까지 전사가 일어나는 동안 DNA에 담겨 있는 유전정보가 어떻게 mRNA로 전달되는지 살펴보았다. 이제는 mRNA가 어떻게 단백질을 합성하는 정보원으로 작용하는지를 살펴볼 것이다. 단백질 합성과정을 **번역(translation)**이라 부른다. 왜냐하면 이 과정은 핵산의 "언어"가 단백질의 "언어"로 정보가 번역되는 과정이라 볼 수 있기 때문이다.

mRNA의 언어는 AUG, GGC, AAA과 같은 세 개의 뉴클레오티드 모음인 **코돈(codon)**의 형태로 담겨 있다. mRNA 상에 있는 코돈의 서열은 합성될 단백질에 포함될 아미노산의 서열을 결정한다. 각각의 코돈은 특정한 아미노산을 "부호화"한다. 이는 유전부호표(그림 6.9)에서 확인할 수 있다.

코돈은 mRNA에서 염기서열의 형태로 쓰여 있다. 64개의 코돈이 존재하는데 비해 아미노산은 단 20종밖에 없다는 사실을 기억하자. 이는 대부분의 아미노산이 여러 개의 서로 다른 코돈으로 지정될 수 있다는 것을 뜻하고, 이와 같은 상황을 유전부호의 **중복성(degeneracy)**이라 한다. 예를 들어 류신을 지정하는 코돈은 모두 6개가 있으며, 4개의 코돈이 알라닌을 지정한다. 유전부호의 중복성으로 인해 DNA 상에 어느 정도 변이가 일어나도 최종 생산되는 단백질에는 별로 영향이 없는 경우가 있을 수 있다.

64개의 코돈 가운데 61개가 아미노산을 지정하는 **센스코돈(sense codon)**이고 3개는 아미노산을 지정하지 않는 **종결코돈(nonsense codon**, 또는 stop codon이라고도 한다)이다. 종결코돈, UAA, UAG, UGA는 단백질 분자의 합성을 종결하는 신호로 작용한다. 단백질 합성을 시작하는 개시코돈은 AUG로, 이는 개시코돈인 동시에 메티오닌을 지정한다. 세균에서 개시 AUG 코돈은 단백질 중간에 발견되는 메티오닌 대신 포밀메티오닌을 부호화한다. 개시 메티오닌은 단백질이 합성된 다음 대개 제거되기 때문에 모든 단백질의 말단에 메티오닌이 있는 것은 아니다.

mRNA의 코돈은 번역 과정을 통해 단백질로 전환된다. 코돈은 순서대로 "읽히며" 각 코돈에 대응해서 적절한 아미노산이 연결되면서 단백질 사슬이 길어진다. 번역은 리보솜에서 진행되고 **운반 RNA(transfer RNA, tRNA)** 분자가 특정한 코돈을 인식하는 동

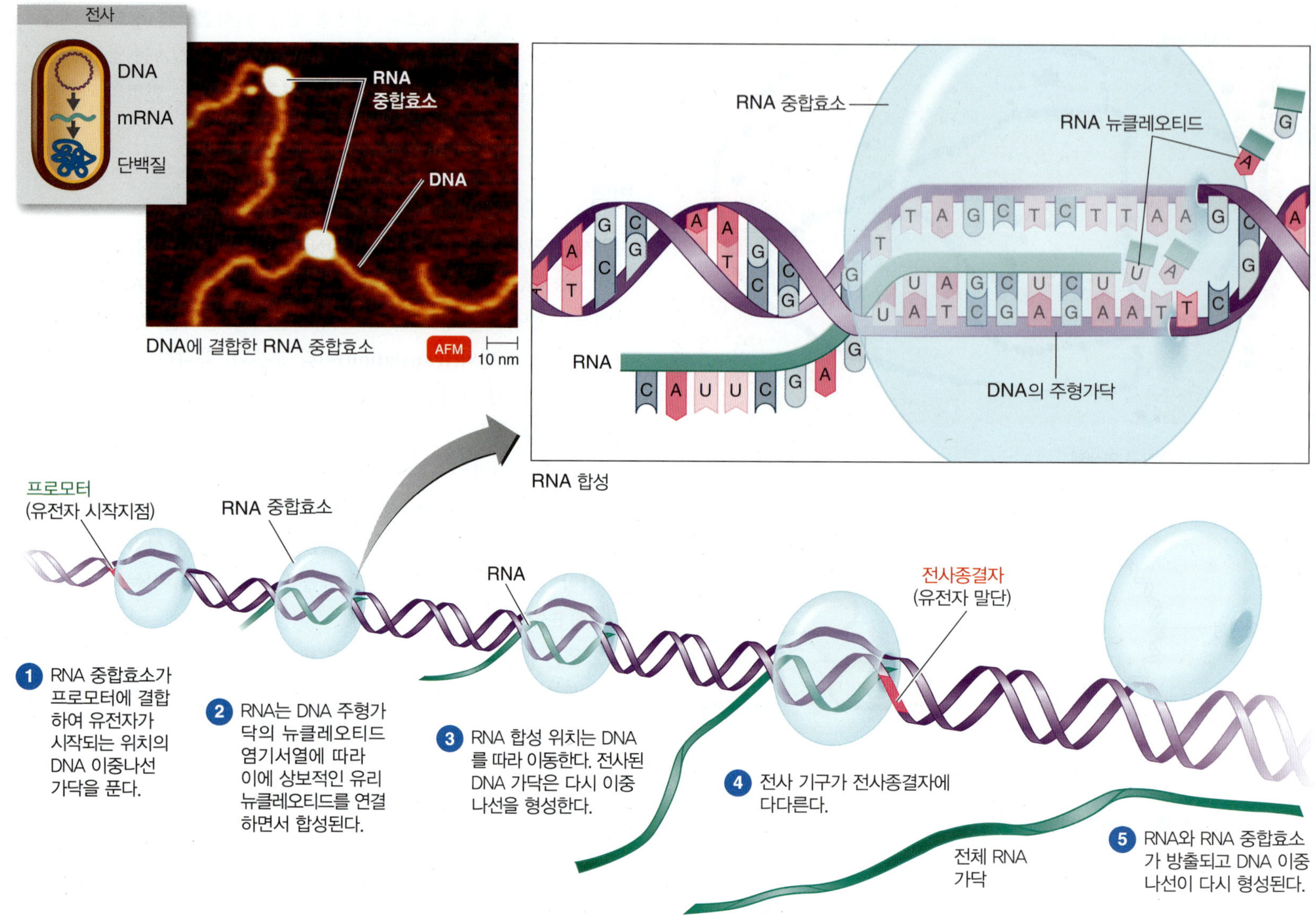

그림 6.8 전사. 모식도는 전체 세포 내 유전정보의 흐름에서 전사가 어느 위치에 놓여 있는지 보여준다.

Q 전사는 언제 종료되는가?

시에 필요한 아미노산을 번역이 일어나는 장소로 운반해 준다.

각각의 tRNA 분자에는 **안티코돈(anticodon)**이라 불리는 특정 코돈에 상보적인 세 개의 염기서열이 존재한다. 이런 방식으로 tRNA 분자는 해당 코돈과 염기쌍을 형성할 수 있다. 각 tRNA의 또 다른 말단은 tRNA가 인식하는 코돈이 부호화하는 아미노산을 운반할 수 있다. 리보솜의 기능은 tRNA가 코돈의 순서에 따라 순차적으로 결합하도록 유도해서 아미노산이 일렬로 연결되어 최종적으로 단백질이 생성되도록 하는 것이다.

그림 6.10은 번역 과정을 상세하게 보여주고 있다. 번역에 필요한 구성 요소는 두 개의 리보솜 소단위, UAC 안티코돈을 지니는 tRNA, 번역될 mRNA 분자 및 몇몇 부가적인 단백질 인자들이다. 이들이 개시코돈(AUG)을 적당한 위치에 오도록 해서 번역을 시작한다. 리보솜이 처음 두 개의 아미노산을 펩티드 결합으로 연결하면, 첫 번째 tRNA가 리보솜을 빠져나간다. 이후 리보솜은 mRNA의 다음 코돈 위치로 이동한다. 코돈에 상응하는 아미노산이 하나씩 일렬로 정렬되고 그 사이에서 펩티드 결합이 형성됨으로써 폴리펩티드 사슬이 만들어진다. 폴리펩티드 사슬의 합성이 끝나면 리보솜은 다시 두 개의 소단위로 분리되고 mRNA와 새로 합성된 폴리펩티드 또한 방출된다. 리보솜, rRNA, tRNA 등은 다시 단백질 합성에 사용될 수 있는 형태가 된다.

리보솜은 mRNA상에서 5′→3′ 방향으로 이동한다. 리보솜이 mRNA를 따라 이동하게 되면 곧 개시코돈이 노출된다. 노출된 개시코돈에는 또 다른 리보솜이 결합하여 다시 단백질 합성을 시작한다. 이런 방식으로 하나의 mRNA에는 대개 여러 개의 리보솜

	두 번째 위치				
첫 번째 위치	U	C	A	G	세 번째 위치
U	UUU Phe	UCU Ser	UAU Tyr	UGU Cys	U
	UUC Phe	UCC Ser	UAC Tyr	UGC Cys	C
	UUA Leu	UCA Ser	UAA 종결	UGA 종결	A
	UUG Leu	UCG Ser	UAG 종결	UGG Trp	G
C	CUU Leu	CCU Pro	CAU His	CGU Arg	U
	CUC Leu	CCC Pro	CAC His	CGC Arg	C
	CUA Leu	CCA Pro	CAA Gln	CGA Arg	A
	CUG Leu	CCG Pro	CAG Gln	CGG Arg	G
A	AUU Ile	ACU Thr	AAU Asn	AGU Ser	U
	AUC Ile	ACC Thr	AAC Asn	AGC Ser	C
	AUA Ile	ACA Thr	AAA Lys	AGA Arg	A
	AUG Met/개시	ACG Thr	AAG Lys	AGG Arg	G
G	GUU Val	GCU Ala	GAU Asp	GGU Gly	U
	GUC Val	GCC Ala	GAC Asp	GGC Gly	C
	GUA Val	GCA Ala	GAA Glu	GGA Gly	A
	GUG Val	GCG Ala	GAG Glu	GGG Gly	G

그림 6.9 **유전부호표.** mRNA 코돈을 이루는 세 개의 뉴클레오티드 각각에서 첫 번째 위치, 두 번째 위치, 세 번째 위치가 표기되어 있다. 세 개의 뉴클레오티드 각각의 모음은 특정한 아미노산을 지정하며 이들 아미노산은 세 글자 약어로 표기되었다. AUG 코돈은 아미노산인 메티오닌을 지정하는데, 이는 또한 단백질 합성의 시작을 알리기도 한다. '종결'이라 표기된 코돈은 단백질 합성이 끝나는 신호로 작용한다.

Q 유전부호가 중복되어 있어 유리한 점은 무엇일까?

이 부착되어 동시 다발적으로 단백질을 합성한다. 원핵세포에서는 mRNA의 전사가 완전히 끝나기도 전에 mRNA의 번역이 시작되기도 한다(그림 6.11). mRNA가 세포질에서 생성되므로 mRNA의 개시코돈을 리보솜이 결합할 수만 있으면 완전한 mRNA 분자가 합성되기도 전에 번역이 시작될 수 있다.

진핵생물의 전사

진핵세포에서는 핵 안에서 전사가 일어난다. 따라서 mRNA가 완전하게 합성되고 핵공을 통하여 세포질로 이동해야 번역이 시작될 수 있다. 게다가 RNA는 핵을 떠나기 전에 가공 과정을 거치게 된다. 진핵세포에서 단백질을 부호화하는 유전자 부위 사이사이에 비부호화 DNA 서열이 끼어들어간 경우가 많다. 따라서 진핵세포 유전자는 단백질로 발현되는 DNA 서열인 **엑손(exon)**과 단백질을 부호화하지 않으면서 끼어들어간 부위(intervening region)라 볼 수 있는 **인트론(intron)**으로 이루어진다. RNA 중합효소는 인트론 서열이 포함된 RNA 전사물을 합성한다. **snRNP(small nuclear ribonucleoprotein,** 스너프라 발음)라는 복합체가 인트론을 제거하여 엑손을 연결하며, 이때 인트론은 스스로 제거하는 과정을 촉매하는 리보자임(ribozyme)으로 작용한다(그림 6.12).

세균의 유전자 발현 조절

단백질 합성에는 에너지가 많이 필요하기 때문에 세포는 특정한 시기에 꼭 필요한 단백질만 합성함으로써 에너지를 절약한다. 다음으로 효소의 합성을 조절을 통해 어떻게 화학반응을 제어할 수 있는지를 살펴보기로 한다.

대략 60~80%에 이르는 유전자들의 발현은 조절되지 않고 대신 항시발현(constitutive)된다. 항시발현되는 유전자 산물은 항상 고정된 비율로 합성된다. 이들 유전자는 대체로 항상 발현되는 상태를 유지하며, 해당과정에 관여하는 효소들처럼 세포의 주요 생명 활동에 일정 수준 이상의 양이 늘 필요한 효소를 부호화한다. 또 다른 종류의 효소 합성은 필요할 때에만 생성되도록 조절된다. 아프리카수면병을 일으키는 기생성 원생동물인 *Trypanosoma*는 표면 당단백질 유전자를 수백 개 지니고 있다. 각각의 세포는 한번에 단 한 종류의 당단백질 유전자만 발현시킨다. 숙주의 면역계가 해당 표면 당단백질 분자 유형에 대항하여 기생동물을 제거하기 시작하면, 기생동물은 다른 종류의 당단백질을 발현시킴으로써 계속 번식할 수 있다.

전사 이전의 조절

억제와 유도라고 알려진 두 종류의 조절 작용이 mRNA 전사와 이어지는 단백질의 합성을 조절한다. 이들 작용은 세포에서 효소의 합성과 양을 조절한다. 그러나 이 과정에 의해 효소의 활성이 조절되는 것은 아니다.

억제

유전자 발현을 막아 효소의 합성을 줄이는 조절 작용을 **억제(repression)**라 한다. 억제는 대체로 대사 경로의 최종 산물이 초과 생산될 때 일어나는 반응으로 그 산물을 만드는 효소의 생성률을 감소시킨다. 억제는 **억제자(repressor)**라 불리는 조절 단백질에 의해 매개되며 억제자는 RNA 중합효소가 해당 유전자에서 전사를 시작할 수 없도록 막는 역할을 한다. 억제가능한 유전자에 아무런 작용이 가해지지 않으면 유전자는 발현된다.

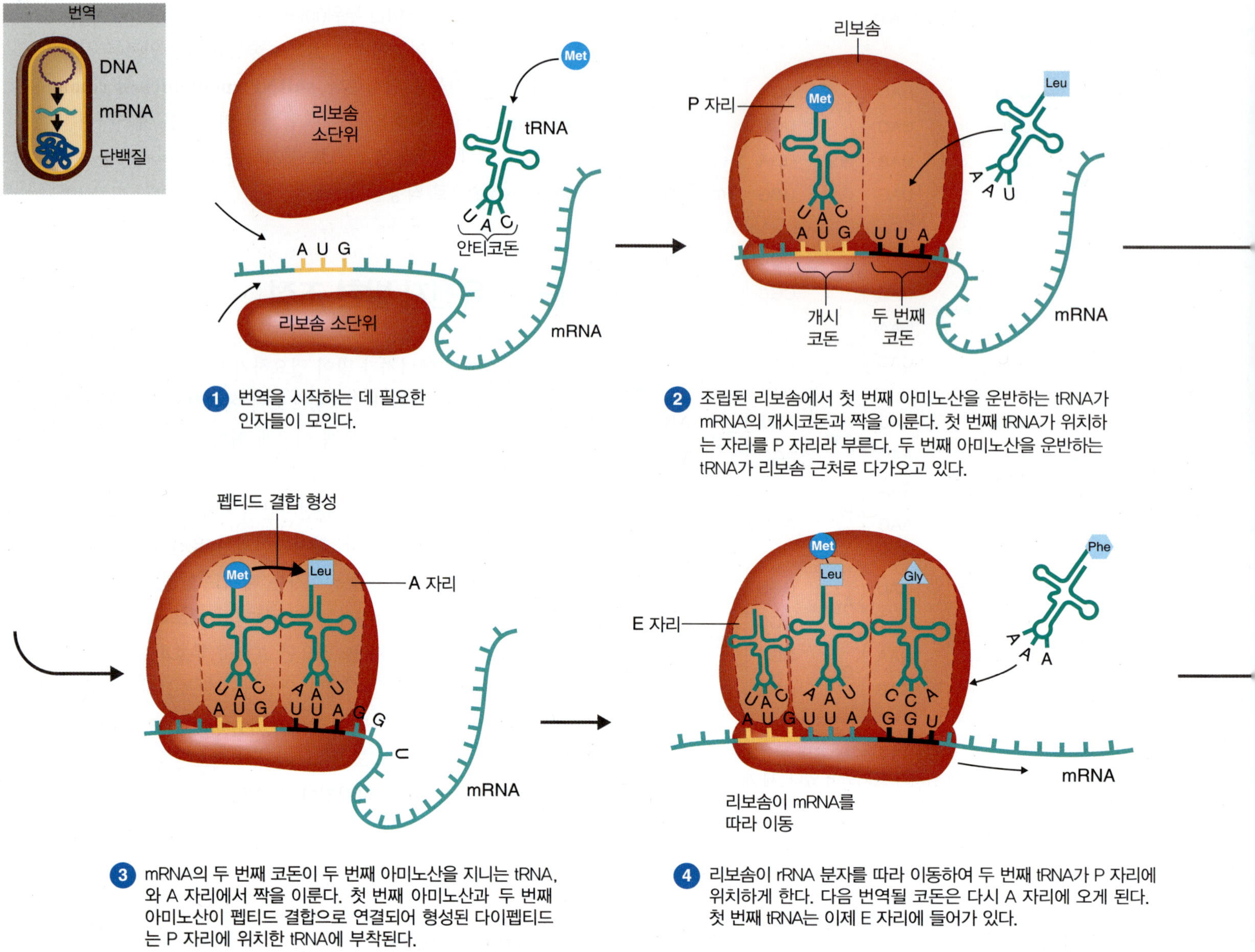
번역
DNA
mRNA
단백질
리보솜 소단위
Met
tRNA
A U G
U A C
안티코돈
리보솜 소단위
mRNA
1 번역을 시작하는 데 필요한 인자들이 모인다.
리보솜
P 자리
Met
Leu
A A U
A U G
U U A
개시 코돈
두 번째 코돈
mRNA
2 조립된 리보솜에서 첫 번째 아미노산을 운반하는 tRNA가 mRNA의 개시코돈과 짝을 이룬다. 첫 번째 tRNA가 위치하는 자리를 P 자리라 부른다. 두 번째 아미노산을 운반하는 tRNA가 리보솜 근처로 다가오고 있다.
펩티드 결합 형성
Met
Leu
A 자리
mRNA
3 mRNA의 두 번째 코돈이 두 번째 아미노산을 지니는 tRNA, 와 A 자리에서 짝을 이룬다. 첫 번째 아미노산과 두 번째 아미노산이 펩티드 결합으로 연결되어 형성된 다이펩티드는 P 자리에 위치한 tRNA에 부착된다.
E 자리
Met
Leu
Gly
Phe
A A A
A U G U U A G G U
리보솜이 mRNA를 따라 이동
mRNA
4 리보솜이 rRNA 분자를 따라 이동하여 두 번째 tRNA가 P 자리에 위치하게 한다. 다음 번역될 코돈은 다시 A 자리에 오게 된다. 첫 번째 tRNA는 이제 E 자리에 들어가 있다.

그림 6.10 번역. 번역의 목표는 mRNA를 생물정보로 사용하여 단백질을 합성하는 것이다. 이 모식도에 나타난 복잡한 과정은 생물정보를 해독하는 과정에서 tRNA와 리보솜의 주요 역할을 보여준다. 리보솜은 mRNA에 부호화된 정보가 해독되는 장소를 제공하는 역할을 하며 또한 개별 아미노산이 폴리펩티드 사슬로 연결되는 장소이기도 하다. tRNA 분자는 실질적인 "번역기"의 역할을 하는 분자로, 한쪽 말단은 특정 mRNA 코돈을 인식하고 동시에 다른 말단은 해당 코돈이 부호화하는 아미노산을 운반한다.

Q 번역은 언제 끝나는가?

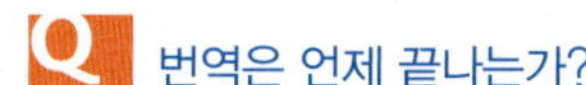

유도

유전자의 전사를 이끌어내는 과정을 **유도(induction)**, 유전자의 전사를 유도하는 물질을 **유도자(inducer)**라 한다. 유도자가 있을 때 합성되는 효소가 **유도 효소**(inducible enzyme)다. 대장균의 젖당 대사에 필요한 유전자가 대표적인 유도 유전자 시스템이다. 이들 유전자 가운데 하나가 β-갈락토시데이스(β-galactosidase)라는 효소를 부호화하는데 이 효소는 젖당을 두 개의 단순당인 포도당과 갈락토오스로 분해한다. (여기서 β는 포도당과 갈락토오스가 결합된 유형을 나타낸다.) 만약 대장균을 젖당이 없는 환경에서 배양하면 대장균에는 β-갈락토시데이스가 거의 없게 된다. 그러나 젖당이 배양액에 첨가되면 세균 세포는 다량의 효소를 합성한다. 젖당은 세포에서 알로락토오스라는 유도체로 전환되고 이것이 이들 젖당 분해 유전자들의 유도자로 작용한다. 따라서 젖당이 존재하게되면 세포가 더 많은 젖당분해효소를 합성하도록 간접적으로 유도한다. 유도 유전자(inducible gene)는 꺼져 있는 상태가 기본이다.

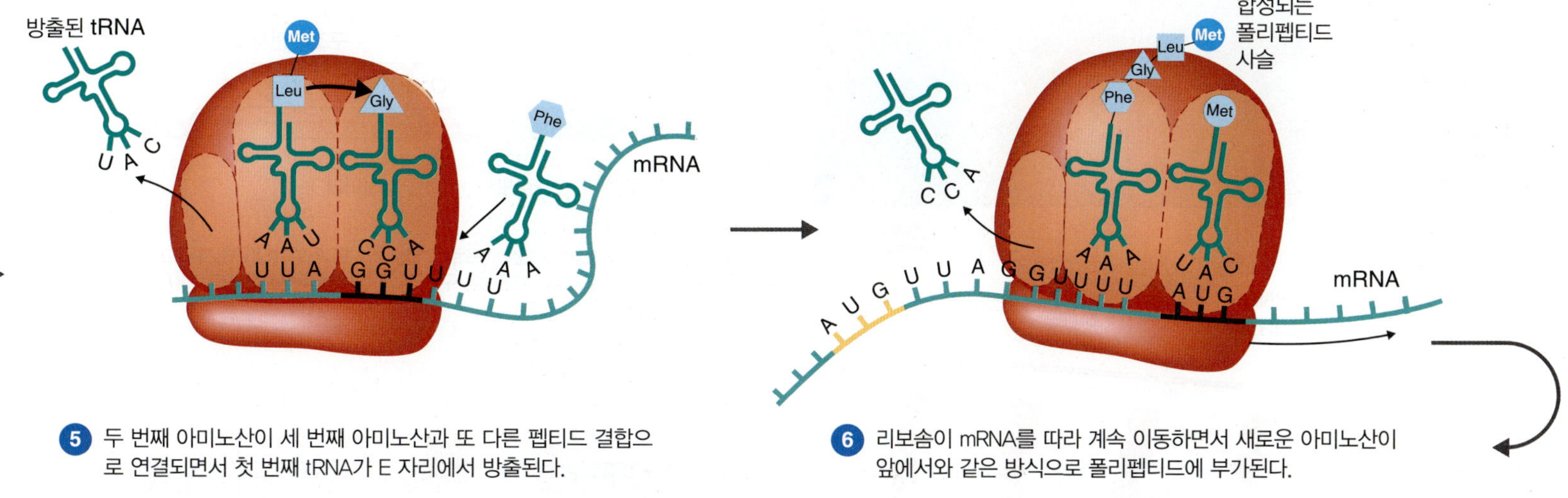

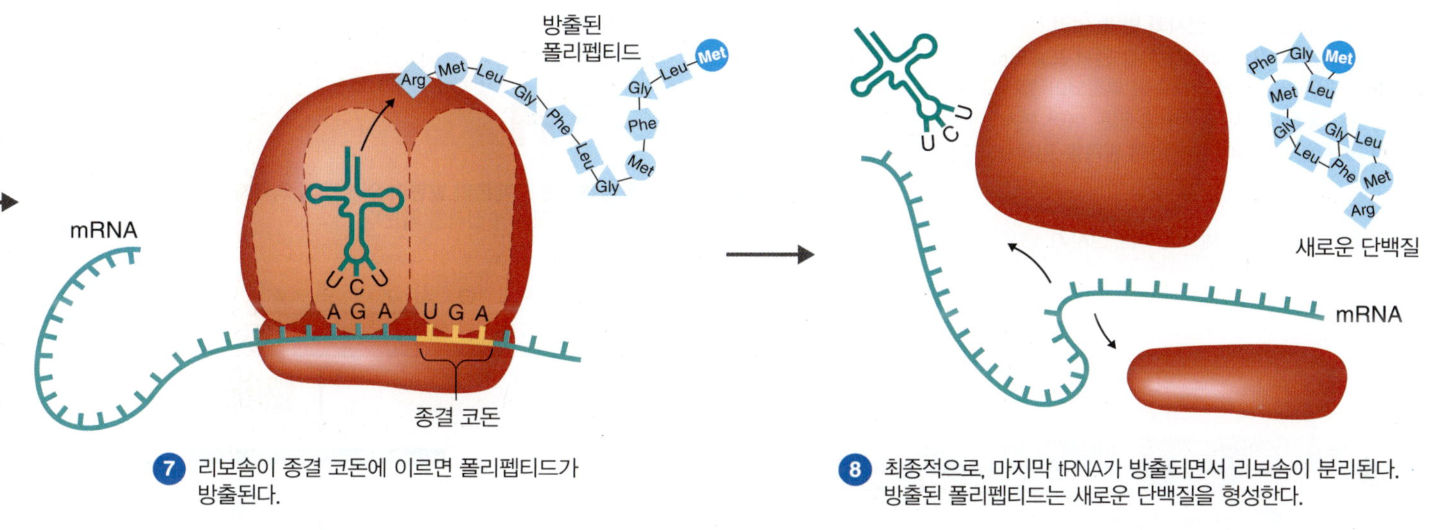

그림 6.10 **번역 (계속)**

오페론 모델에 의한 유전자 발현의 조절

오페론 모델은 유도와 억제에 의해 유전자 발현이 어떻게 조절되는 지를 설명한다. 1960년대에 자코브(François Jacob)와 모노(Jacques Monod)는 대장균에서 젖당을 분해하는 과정에 필요한 효소군의 합성이 유도되는 과정을 연구하면서 이와 같은 모델을 정립했다. β-갈락토시데이스와 함께 세포 안으로 젖당을 수송하는 젖당 투과효소(lac permease)와 젖당을 비롯하여 특정 이당류의 대사에 관여하는 아세틸기전이효소(transacetylase)가 젖당 오페론에서 발현되는 효소들이다.

젖당 흡수에 필요한 세 종류의 효소 유전자는 세균 염색체에 나란히 위치하며 함께 조절된다(그림 6.13). 이들 유전자는 해당 단백질 구조를 결정하므로 **구조유전자**(strucutural gene)라 불리며 그 주변의 DNA에 존재하는 조절 부위와 구별된다. 배양액에 젖당이 유입되면 구조유전자가 모두 신속히 그리고 동시에 전사되고 번역된다. 이와 같은 조절이 어떻게 일어나는지 살펴보기로 하자.

젖당 오페론의 조절 부위에는 두 종류의 비교적 짧은 DNA 부위가 존재한다. 그 중 하나는 **프로모터**(promoter)로 RNA 중합효소가 전사를 시작하는 DNA 부위다. 다른 하나는 **오퍼레이터(operator)**로 구조유전자의 전사를 시작하거나 중단하는 신호를 보내는 교통 신호등 역할을 한다. 오퍼레이터와 프로모터 그리고 이들이 조절하는 구조유전자들 **오페론(operon)**이라는 단위를 이룬다. 따라서 젖당 오페론(*lac* operon)은 젖당 구조유전자와 이들 바로 옆에 존재하는 조절 부위로 이루어진다.

억제자(repressor) 단백질은 *I* 유전자라 불리는 조절유전자에

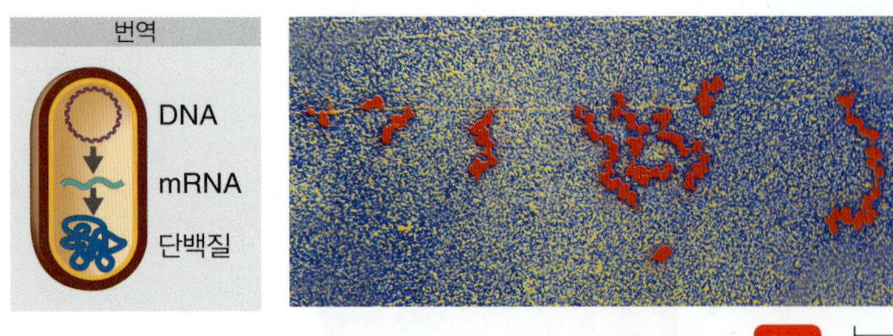

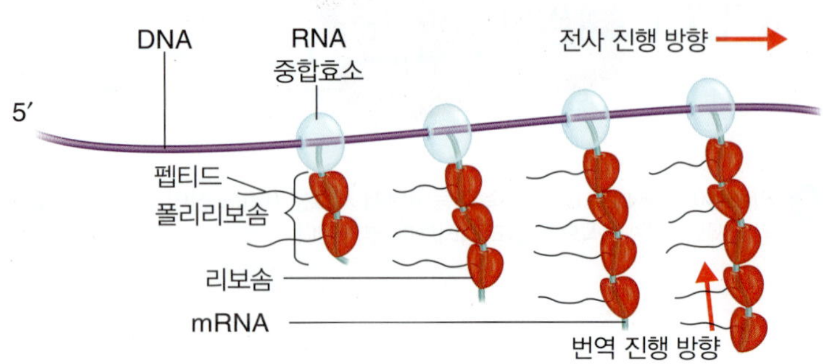

그림 6.11 세균에서 동시에 진행되는 전사와 번역. 여러 분자의 mRNA가 동시에 합성되고 있다. 이 가운데 가장 긴 mRNA가 가장 먼저 프로모터에서 전사되기 시작한 분자다. 새로 합성 중인 mRNA에 리보솜이 부착되어 있는 것에 주목하라. 현미경 사진은 세균의 단일 유전자에서 합성되고 있는 여러 분자의 RNA 그리고 각각의 전사 진행 중인 RNA에 리보솜이 부착하여 번역을 진행하고 있는 모습을 보여주고 있다.

Q 진핵세포에서와는 달리 원핵세포에서만 전사가 종료되기 전에 번역이 시작되는 이유는 무엇인가?

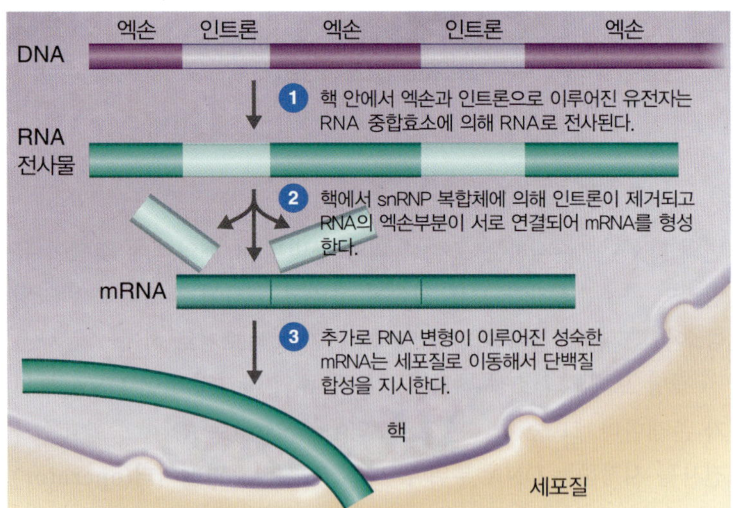

그림 6.12 진핵세포에서의 RNA 가공

Q 세포 핵 안에서 합성된 RNA 1차전사물이 번역에 사용될 수 없는 이유는 무엇인가?

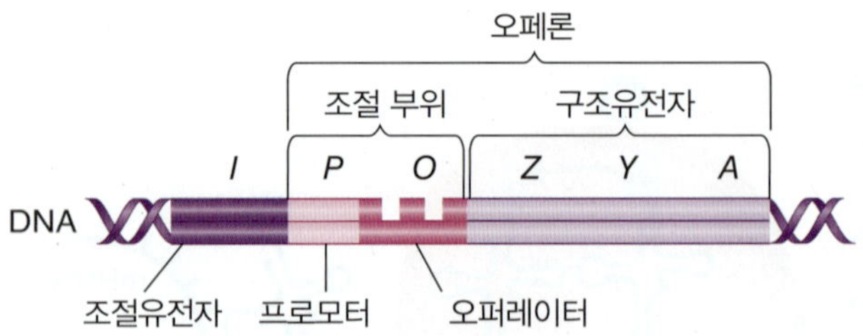

1 오페론의 구조. 오페론은 프로모터(*P*)와 오퍼레이터(*O*) 그리고 단백질을 부호화하는 구조유전자들로 구성된다. 오페론은 조절 유전자(*I*) 산물에 의해 조절된다.

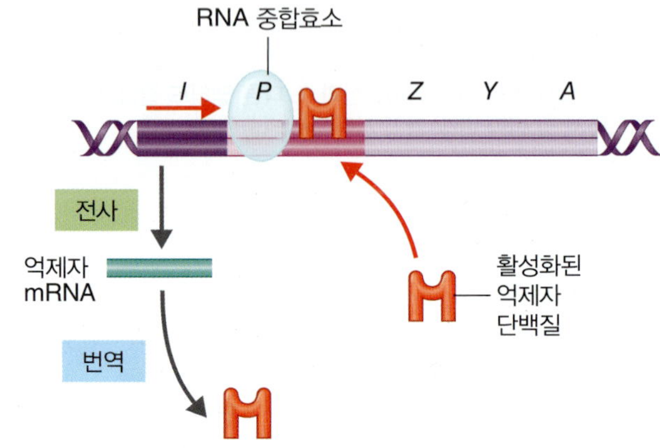

2 억제자가 활성화되면 오페론의 발현이 억제된다. 억제자 단백질이 오퍼레이터에 결합해서 오페론의 전사를 막는다.

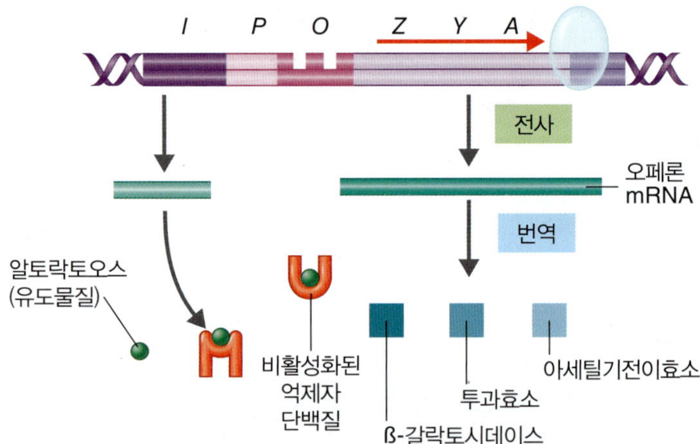

3 억제자가 비활성화되면 오페론이 발현된다. 유도물질인 알로락토오스가 억제자 단백질에 결합하면 억제자가 비활성화되어서 더 이상 전사를 막지 못한다. 그 결과 구조유전자들이 전사되어 결과적으로 젖당 분해에 필요한 효소들이 합성된다.

그림 6.13 유도형 오페론. 젖당분해효소는 젖당이 존재할 때에만 만들어진다. 대장균에는 세 종류의 효소 유전자가 젖당 오페론에 존재한다. β-갈락토시데이스는 유전자가 부호화한다. *lacZ* 유전자는 젖당 투과효소를 부호화하며 *lacA* 유전자는 아세틸기전이효소를 부호화한다. 젖당 대사에서 아세틸기전이효소가 어떤 기능을 하는지는 아직 명확하게 알려져 있지 않다.

Q 유도 효소의 전사를 촉발하는 것은 무엇인가?

서 합성되며 유도형 오페론 및 억제형 오페론의 발현을 억제하는 역할을 한다. 젖당 오페론은 **유도형 오페론(inducible operon**, 그림 6.13)이다. 젖당이 없으면 억제자가 오퍼레이터 자리에 결합해서 전사를 억제한다. 젖당이 존재하는 경우에는 억제자가 오퍼레이터 대신 젖당 대사물질에 결합하게 되고, 이런 상태가 되어야 비로소 젖당분해효소 유전자들이 전사되기 시작한다.

억제형 오페론(repressible operon)에서는 구조유전자들이 억제되기 전까지 계속 전사된다(그림 6.14). 트립토판 생합성에 관여하는 효소유전자들이 이와 같은 방식으로 조절된다. 구조유전자들이 전사되고 번역되어 트립토판을 합성한다. 트립토판이 충분하면 트립토판이 **보조억제자(corepressor)**로 작용해서 억제자 단백질에 결합한다. 억제자 단백질은 트립토판과 결합한 후에야 오퍼레이터에 결합하여 트립토판 합성 효소유전자들의 합성을 억제할 수 있다.

양성 조절

젖당 오페론의 발현은 배양액에 존재하는 포도당의 양에 따라서도 조절된다. 포도당의 함량은 세포 내의 작은 분자인 **고리형 AMP (cyclic AMP, cAMP)** 양을 결정한다. 고리형 AMP는 세포의 경보 신호를 전하는 분자로서 ATP에서 만들어진다. 포도당을 대사하는 효소는 항상 합성되며 세포는 포도당을 가장 효율적으로 사용할 수 있기 때문에 탄소원으로 포도당을 최대한 사용해서 성장한다(그림 6.15). 세포 내에서 포도당이 떨어지면 cAMP가 축적된다. cAMP는 이화촉진단백질(catabolic activator protein, CAP)의 다른자리조절부위(allosteric site)에 결합한다. 이렇게 되면 CAP은 젖당 오페론의 프로모터에 결합해서 RNA 중합효소가 쉽게 결합하여 전사를 시작하도록 촉진한다. 따라서 젖당 오페론은 젖당은 있고 포도당은 없을 때만 전사될 수 있다(그림 6.16).

고리형 AMP는 위험신호인자(alarmone)의 일종으로 위험신호인자는 세포가 환경 또는 영양섭취에 따른 스트레스에 반응할 수 있도록 세포에 화학적으로 위험 신호를 전하는 역할을 한다. (이 경우에는 포도당이 없는 상태가 스트레스로 작용한다.) 고리형 AMP가 같은 방식으로 작용함으로써 세포가 다른 당을 섭취하여 자랄 수 있다. 포도당에 의해 다른 탄소원의 대사가 억제되는 기전을 **이화억제(catabolite repression)** 또는 **포도당 효과**(glucose effect)라 한다. 포도당을 사용할 수 있으면 세포 안의 cAMP 농도가 낮아서 결과적으로 CAP가 전사를 촉진할 수 없다.

후성유전적 조절

진핵세포와 원핵세포는 모두 특정한 뉴클레오티드를 메틸화시켜서 유전자 발현을 억제할 수 있다. 메틸화되어 발현이 억제된 유전자는

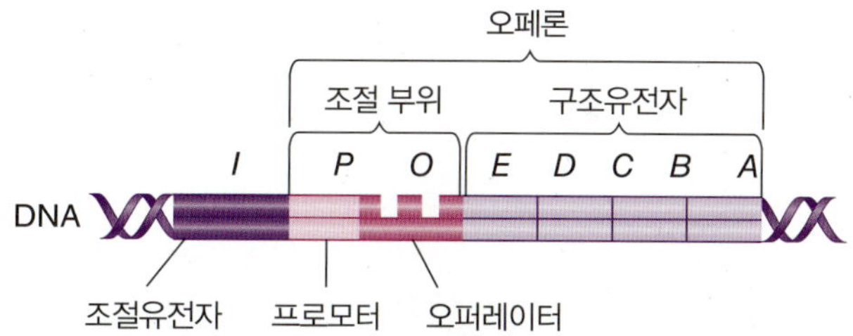

1 오페론의 구조. 오페론은 프로모터(*P*)와 오퍼레이터(*O*) 그리고 단백질을 부호화하는 구조유전자들로 구성된다. 오페론은 조절 유전자(*I*) 산물에 의해 조절된다.

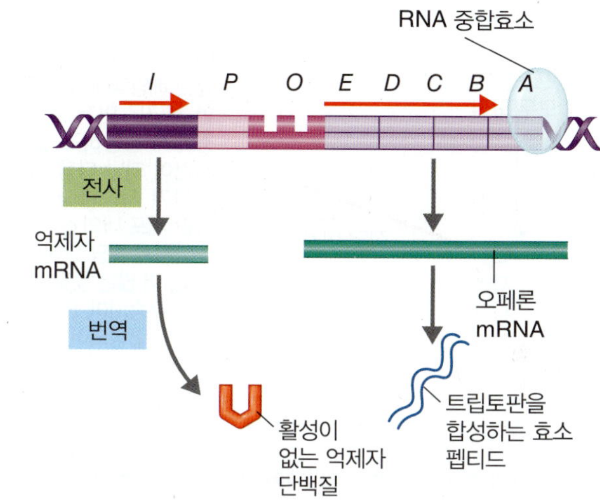

2 억제자의 활성이 없어 오페론이 발현된다. 억제자 단백질의 활성이 없기 때문에 전사와 번역이 진행될 수 있고 그 결과 트립토판이 합성된다.

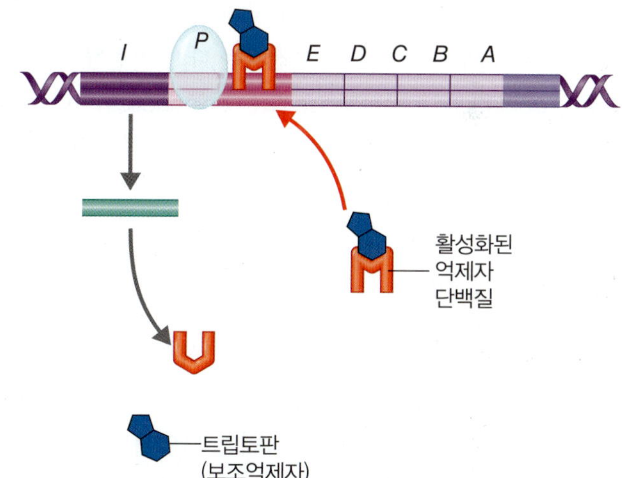

3 억제자가 활성화되면 오페론의 발현이 억제된다. 보조억제자인 트립토판이 억제자 단백질에 결합하면, 억제자가 활성화되어 오퍼레이터에 결합해서 오페론의 전사를 막는다.

그림 6.14 **억제형 오페론.** 아미노산의 일종인 트립토판은 다섯 개의 구조유전자에 의해 부호화되는 동화효소에 의해 만들어진다. 만들어진 트립토판이 세포 안에 축적되면 이들 유전자의 전사를 억제해서 더 이상 트립토판이 생합성되지 않도록 막는다. 이 그림은 대장균의 *trp* 오페론이 조절되는 과정이다.

Q 억제형 효소의 전사는 어떻게 시작되는가?

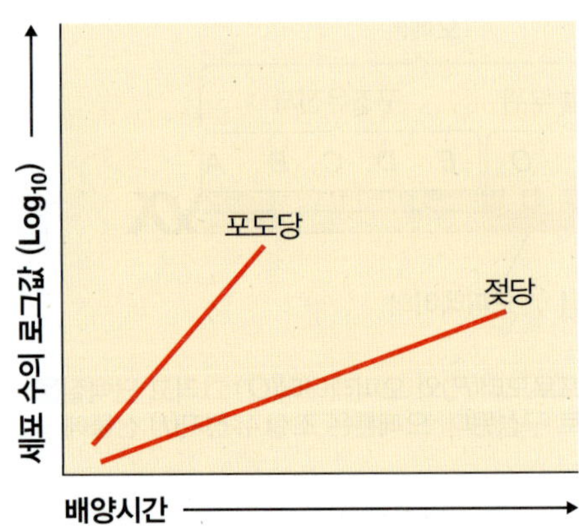

(a) 대장균은 유일한 탄소원으로 젖당보다 포도당을 사용할 때 더 빨리 성장한다.

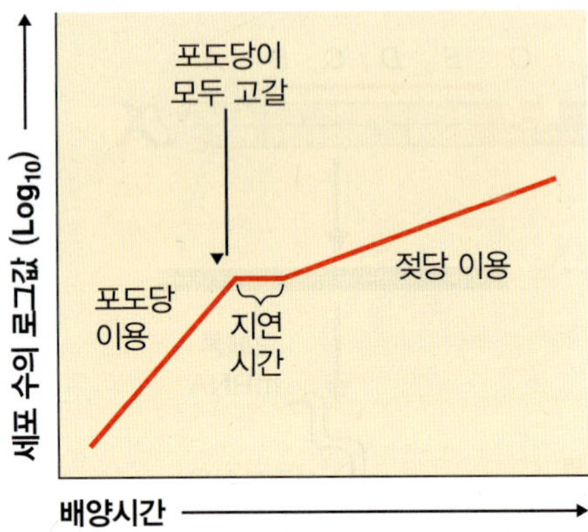

(b) 포도당과 젖당이 모두 포함된 배양액에서 세균이 자라면 세균은 먼저 포도당을 사용해서 성장하고 짧은 지연시간이 지난 다음 젖당을 이용하기 시작한다. 지연시간 동안 세포 내의 cAMP 농도가 높아져서 젖당 오페론이 전사되고, 더 많은 젖당이 세포 안으로 수송되며, β-갈락토시데이스가 합성되어 젖당을 분해한다.

그림 6.15 포도당과 젖당이 포함된 배양액에서의 대장균 성장 곡선

 포도당과 젖당이 둘 다 있을 때 세포가 포도당을 먼저 사용하는 이유는?

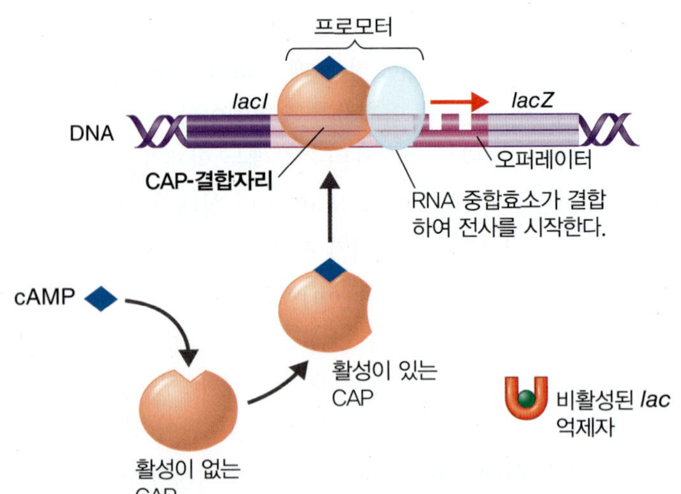

(a) 젖당이 있고 포도당이 거의 없을 때(cAMP 수준이 높아진다). 포도당이 거의 없으면 cAMP의 양이 많아지고 이것이 CAP을 활성화하여 젖당 오페론이 젖당 분해에 필요한 mRNA를 대량으로 합성한다.

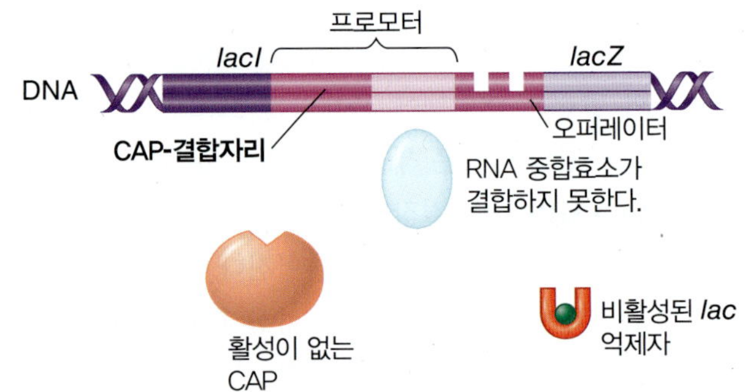

(b) 젖당과 포도당이 함께 있을 때(cAMP 수준이 낮다). 포도당이 존재하면 cAMP가 거의 없어 CAP가 전사를 촉진하지 못한다.

그림 6.16 *lac* 오페론의 양성 조절

Q 젖당과 포도당이 함께 있을 때 *lac* 오페론은 전사되는가? 젖당이 존재하고 포도당이 없을 때는? 포도당이 존재하고 젖당이 없을 때는?

자손 세포로 전해진다. 돌연변이와 달리 메틸화된 상태는 영구적이지 않아서 이후의 세대에서 그 유전자는 다시 발현될 수 있다. 이를 **후성유전**(epigenetic inhereitance 또는 epigenetics)이라 한다. 후성유전학적으로 세균이 왜 생물막(biofilm)에서 다른 방식으로 행동하는지를 설명할 수 있다.

전사 후의 조절

전사 이후에 단백질 합성을 중지하는 방식으로 유전자 발현을 조절하기도 한다. 대략 22개의 뉴클레오티드로 이루어진 **마이크로 RNA(microRNA, miRNA)**라 불리는 단일가닥 RNA가 진핵세포에서 단백질 합성을 억제하는 것이 알려져 있다. 사람에서 발생 과정에 만들어진 miRNA는 서로 다른 세포에서 다른 단백질이 만들어질 수 있도록 조절한다. 심장 세포와 피부 세포는 동일한 유전자를 지니고 있지만 발생 과정에서 각각의 세포 종류에 따라 다른 miRNA의 조절을 받음으로써 각각의 기관에서 서로 다른 단백질이 만들어지게 되는 것이다. 세균에서도 이와 비슷한 짧은 RNA 분자에 의해서 세포가 낮은 온도나 산화에 의한 손상과 같은 외부 환경에서 오는 스트레스를 이겨낼 수 있다. miRNA는 자신과 상보적인 mRNA와 짝을 이루어 이중나선 RNA를 형성한다. 이렇게 형성된 이중나선 RNA는 효소에 의해 분해되기 때문에 해당 mRNA에서 합성되는 단백질이 만들어지지 않는다(그림 6.17).

유전물질의 변화

세포의 DNA는 돌연변이(mutation)나 수평 유전자 전달에 의해 변할 수 있다. DNA의 변화는 미생물의 기능(예, 생물막 형성, 병원성, 항생제 내성)에 영향을 주는 유전적 변이를 유발한다.

돌연변이

돌연변이(mutation)란 DNA의 염기서열이 영구적으로 변한 것을

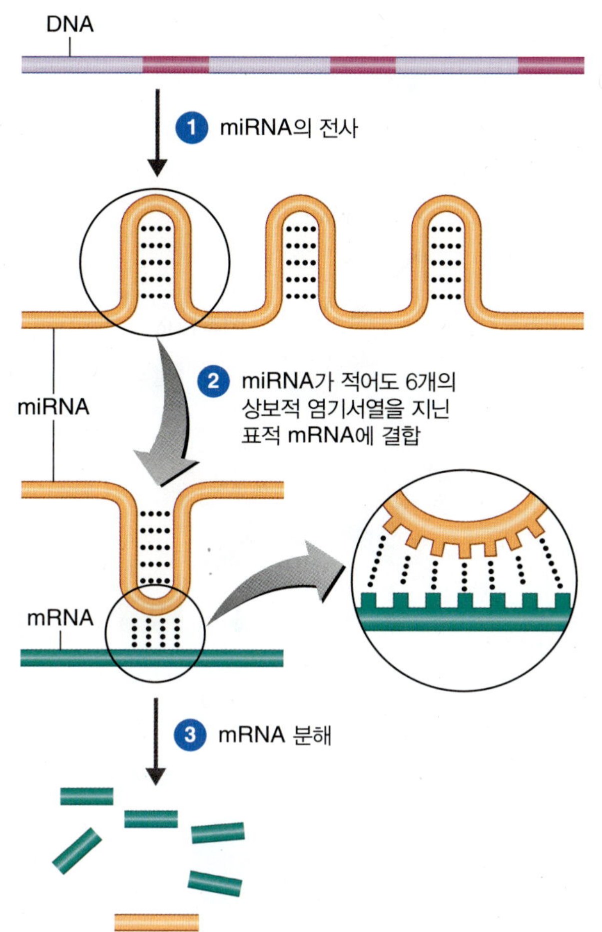

그림 6.17 **마이크로RNA는 세포 내에서 여러 가지 활성을 조절한다.**

Q 포유동물에서 일부 miRNA는 바이러스 RNA와 혼성화된다. 이들 miRNA 유전자에 돌연변이가 일어나면 어떤 일이 생길까?

말한다. 이와 같은 유전자 염기서열의 변화는 때로 해당 유전자에서 만드는 산물에 변화를 일으킨다. 예를 들어 효소유전자에 돌연변이가 일어나면 그 유전자에서 만들어지는 효소의 아미노산 서열이 바뀌어 활성이 없어지거나 줄어든다. 이러한 유전형의 변화로 인해 세포에 필요한 특정 표현형이 사라지면 세포의 생존이 불리해지거나 때로는 치명적인 경우도 있다. 그러나 돌연변이에 의해 변화된 효소가 세포에 유리한 새로운 활성 또는 더 높은 활성을 갖게 되는 경우라면 돌연변이가 이점을 줄 수도 있다.

돌연변이 유형

단일 돌연변이 가운데 DNA 염기서열의 변화가 유전자 산물의 활성에 아무런 변화를 주지 않는 경우를 침묵 돌연변이(silient mutation) 또는 중립 돌연변이(neutral mutation)라 한다. 침묵 돌연변이는 mRNA 코돈의 세 번째 자리에 있는 DNA 뉴클레오티드가 다른 것으로 치환될 때 흔히 나타난다. 유전부호의 중복성으로 인해 새로 바뀐 코돈에서도 똑같은 아미노산이 지정될 수 있기 때문이다. 아미노산이 바뀌는 경우라도 해당 아미노산이 그 단백질에서 결정적인 역할을 하지 않거나 화학적으로 원래의 아미노산과 매우 비슷한 아미노산으로 바뀌는 경우라면 바뀐 단백질의 기능이 변하지 않을 수도 있다.

단일 염기쌍 돌연변이 가운데 가장 흔히 나타나는 것이 **염기치환(base substitution)**으로 점 돌연변이(point mutation)라고도 한다. 염기치환은 말 그대로 DNA 서열에서 하나의 뉴클레오티드가 다른 종류로 바뀐 것을 뜻한다. DNA가 복제되면서 염기치환은 해당 염기쌍의 치환으로 이어진다(그림 6.18). 예를 들어, AT 염기쌍이 GC 또는 CG 염기쌍으로 바뀌게 된다. 염기치환이 단백질을 부호화하는 구조유전자 내에서 일어나면 해당 유전자에서 전사된 mRNA가 그 위치에 변화된 염기를 가지게 된다. 돌연변이 염기를 지닌 mRNA가 단백질로 전사될 때, 돌연변이 염기는 단백질 산물에서 변화된 아미노산의 삽입을 초래한다. 염기치환이 단백질에서 아미노산 치환으로 이어지는 경우를 **미스센스 돌연변이(missense mutation)**라 한다(그림 6.19a, 6.19b).

미스센스 돌연변이의 효과 또한 매우 크게 나타날 수도 있다. 예를 들어 낫꼴적혈구 빈혈증(sickle cell disease)은 헤모글로빈의 구성성분인 글로빈 단백질 유전자의 단일 염기변화에 의해 나타난다. 헤모글로빈은 허파에서 각 조직으로 산소를 운반하는 데 주된 역할을 한다. 글로빈 유전자의 특정 위치에서 하나의 A가 T로 치환된 단일 미스센스 돌연변이가 단백질에서 글루탐산을 발린으로 바뀌는 결과를 초래한다. 이 변화로 인해 헤모글로빈 분자는 산소 농도가 낮아질 때 낫꼴로 바뀌게 되는데, 낫꼴적혈구 세포는 가느다란 모세관을 통과하기가 매우 어렵다.

mRNA 분자의 중간에 종결코돈이 오게 하면 온전한 기능을 하는 단백질이 합성되는 것을 실질적으로 막을 수 있다. 이때에는 단백질의 일부 조각만이 합성된다. 염기치환에 의해 종결코돈이 형된된 변이를 **종결 돌연변이(nonsense mutation)**라 부른다(그림 6.19c).

DNA 분자에 하나 또는 몇 개의 뉴클레오티드 쌍이 삽입 또는 결실되면 **틀이동 돌연변이(frameshift mutation)**가 일어나기도 한다(그림 6.19d). 틀이동 돌연변이는 유전자가 번역될 때 tRNA에 의해 세 개의 염기가 한 단위로 연달아 이어 읽히는 "번역틀"을 바꾼다. 예를 들어 유전자의 중간에 뉴클레오티드 쌍이 하나 결실되면 결실이 일어난 지점 이후부터 번역되는 아미노산의 서열이 모두 달라진다. 틀이동 돌연변이는 대개 여러 개의 아미노산 서열이 모두 바뀌어 나타나며 돌연변이 유전자에서는 활성이 없는 단백질이 만들어진다. 대부분의 경우 바뀐 번역틀에서 종결코돈이 나타날 때까지 아미노산 서열이 바뀐 단백질이 합성된다.

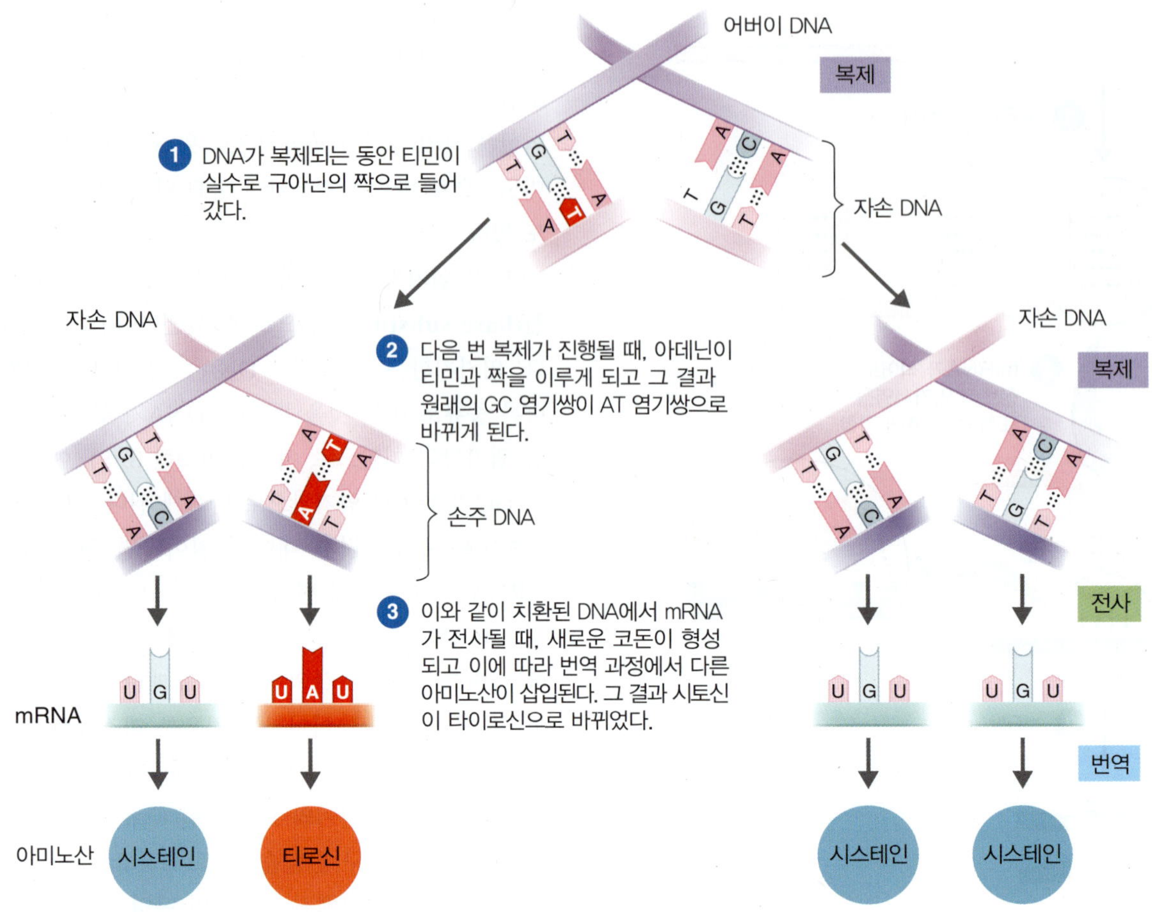

그림 6.18 **염기 치환.** 이 돌연변이는 손주 세포에서 변형된 단백질이 만들어지도록 유도한다.

Q 염기 치환은 항상 단백질의 아미노산의 치환을 야기하는가?

때로 돌연변이에 의해 유전자에 상당수의 뉴클레오티드가 삽입되는 경우도 있다. 헌팅턴병(Huntington's disease)의 경우에는 특정 유전자에 뉴클레오티드가 추가로 삽입되어 진행성 신경 질환을 일으킨다.

염기치환과 틀이동 돌연변이는 DNA 복제 과정에서의 실수 등에 의해 자연적으로 나타나기도 한다. 이와 같은 **자연발생 돌연변이(spontaneous mutation)**는 외부의 돌연변이 유발물질이 없는 상태에서 나타난다.

돌연변이 유발원

화학적 돌연변이 유발원

특정한 화학물질이나 방사선과 같은 외부 환경 요인은 직접 또는 간접적으로 돌연변이를 일으킬 수 있으며 이들을 **돌연변이 유발원(mutagen)**이라 한다. 미생물계에서 특정한 돌연변이는 항생제 내성을 초래하기도 한다.

아질산(nitrous acid, HNO_2)은 돌연변이 유발원으로 널리 알려진 화학물질이다. 그림 6.20은 DNA가 질산에 노출되었을 때 A 염기가 어떻게 T 염기와 짝을 이루지 않고 C 염기와 대신 짝을 이루게 되는지 보여주고 있다. 아질산에 의해 변형된 아데닌이 들어 있는 DNA가 복제되면 자손 DNA 분자 하나는 어버이 DNA 분자와 다른 염기쌍을 갖게 된다. 결국 어버이 DNA의 AT 염기쌍 일부는 손주 DNA에 가서는 GC 염기쌍으로 바뀌고 만다. 아질산은 이처럼 DNA 상에서의 특정한 염기 변화를 일으키며, 다른 모든 돌연변이 유발원과 마찬가지로 돌연변이 발생 위치는 무작위로 나타난다.

또 다른 종류의 화학적 돌연변이 유발원으로 **뉴클레오시드 유사체(nucleoside analog)**를 들 수 있다. 이들 분자는 정상적인 질소 함유 염기와 구조는 매우 비슷하지만 염기쌍을 형성하는 특성이 조금 다르다. 그림 6.21에 제시된 2-아미노퓨린이나 5-브로모우라실을 보면 이해하기 쉬울 것이다. 성장하고 있는 세포에 공급하면 유사 뉴클레오시드를 이 분자가 정상적인 염기 대신 세포의 DNA 분자에 들어간다. 그렇게 되면 DNA 복제가 진행되는 동안 유사 뉴클

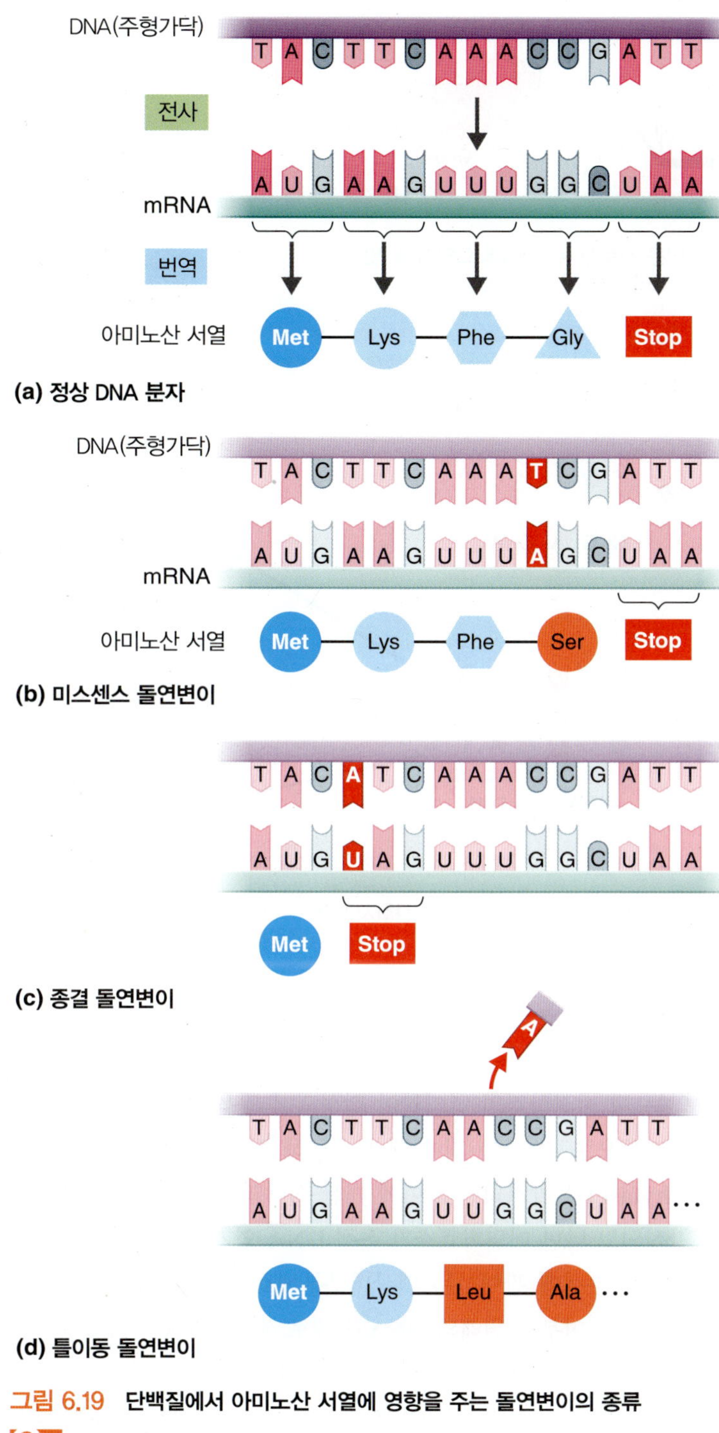

그림 6.19 **단백질에서 아미노산 서열에 영향을 주는 돌연변이의 종류**

Q (a)에서 9번 염기가 C로 바뀌면 어떻게 될까?

레오시드는 비정상적인 염기쌍의 형성을 야기한다. 비정상적인 염기쌍은 DNA가 다음 세대로 전해지기 위해 복제되는 과정에서 염기의 치환을 일으켜 자손 세포에 치환된 염기서열을 전해준다. 일부 항바이러스 및 항암제로 유사 뉴클레오시드가 사용되기도 한다. HIV 감염을 치료하는 데 사용되는 AZT(azidothymidine)가 대표적인 예에 속한다.

소규모의 결실이나 삽입을 일으켜 틀변환 돌연변이를 일으키는 화학적 돌연변이 유발물질도 있다. 예를 들어 매연과 검댕에 들어 있는 벤조파이렌(benzopyrene)은 틀이동 돌연변이를 잘 일으키는 물질이다. 땅콩이나 곡류에 잘 자라는 곰팡이의 일종인 *Aspergillus flavus*가 만드는 아플라톡신(aflatoxin)도 틀이동 돌연변이 유발물질이다. 틀이동 돌연변이 유발원은 대개 DNA 이중나선의 염기쌍 사이로 잘 끼어들어갈 수 있는 크기와 화학적 특성을 지니고 있다. 또는 DNA 이중나선의 두 가닥이 서로 어긋나게 해서 한 쪽 가닥이 튀어나오게 만들어지도록 한다. 이렇게 어긋나 있는 상태에서 DNA가 복제되면 새로운 이중나선 DNA가 합성되면서 몇몇 염기가 더 삽입되거나 결실되는 결과를 초래한다. 틀이동 돌연변이 유발원은 대개 매우 독성이 강한 발암물질이라는 점에서 관심의 대상이 되고 있다.

방사선

X선과 감마선은 원자와 분자를 이온화(전리)시키는 힘을 지니고 있어 강력한 돌연변이 유발원으로 작용하는 방사선이다. 이들 전리 방사선은 분자 구조를 뚫고 들어가 전자가 보통의 전자껍질에서 튀어나오도록 여기시킨다. 여기된 이들 전자는 다른 분자에 작용해서 손상을 입히고 결과적으로 만들어진 이온이나 자유라디칼(짝지어지지 않은 전자를 지니는 분자 형태)은 대개 매우 반응성이 높아 DNA 염기를 산화시켜 DNA 복제와 수선의 실수를 야기하고 돌연변이를 유발한다(그림 6.20 참조). 이들은 반응성이 높아 DNA의 당인산 골격에서 공유결합을 절단하여 염색체를 물리적으로 파괴하는 심각한 손상을 입히기도 한다.

햇빛에 들어 있는 자외선(ultraviolet light, UV)은 전리선이 아니면서도 돌연변이를 일으키는 비전리(nonionizing) 방사선의 일종이다. 그러나 가장 돌연변이를 잘 일으키는 자외선(파장 260 nm)은 대기의 오존층에서 흡수된다. 자외선은 특정 위치의 염기 사이에 공유결합을 형성함으로써 DNA에 직접 손상을 준다. DNA 선상에 티민 염기가 나란히 위치하면 자외선에 의해 이들 두 개의 염기 사이에 교차결합이 형성될 수 있다. 그렇게 형성된 티민 이량체가 수선되지 않으면 정상적으로 전사되거나 복제되지 못하므로 세포에 심각한 또는 치명적인 손상이 될 수 있다.

세균을 비롯한 생명체에는 자외선에 의해 유도된 손상을 수선할 수 있는 효소가 존재한다. 광수선효소(light-repair enzyme)로 알려진 **광분해효소(photolyase)**는 가시광선의 에너지를 흡수하여 티민 이량체를 원래의 상태로 되돌려 놓는다. **뉴클레오티드 절제수선(nucleotide excision repair)**은 자외선에 의한 손상뿐만 아니라 다른 원인에 의한 DNA의 부분적인 손상도 수선할 수 있다(그림 6.22). 잘못된 염기가 제거되어 생긴 갭(gap)은 정상 가닥의 정보에 따라 이에 상보적인 DNA를 새로 합성함으로써 복구된다. 오랫동안 생

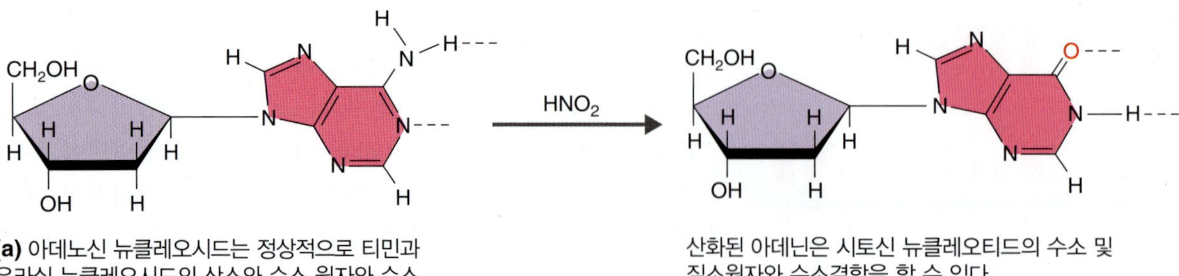

(a) 아데노신 뉴클레오시드는 정상적으로 티민과 우라실 뉴클레오시드의 산소와 수소 원자와 수소 결합을 함으로써 짝을 이룬다.

산화된 아데닌은 시토신 뉴클레오티드의 수소 및 질소원자와 수소결합을 할 수 있다.

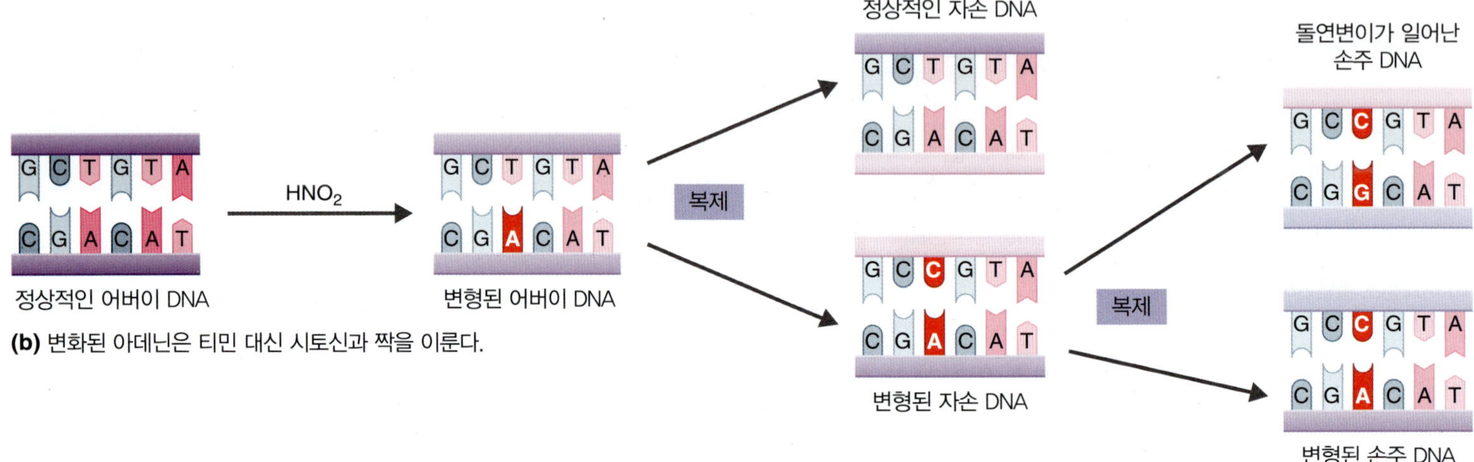

(b) 변화된 아데닌은 티민 대신 시토신과 짝을 이룬다.

그림 6.20 뉴클레오티드의 산화는 돌연변이를 유발한다. 화석 연료를 연소시킬 때 대기로 방출되는 아질산은 아데닌을 산화시킨다.

Q 돌연변이 유발원이란 무엇인가?

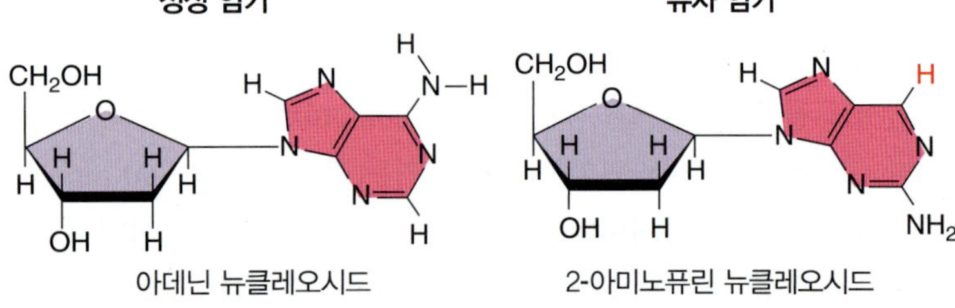

(a) 2-아미노퓨린은 아데닌 대신 DNA에 삽입될 수 있으나 시토신과 짝을 이루기 때문에 AT 염기쌍이 CG 염기쌍으로 바뀌게 된다.

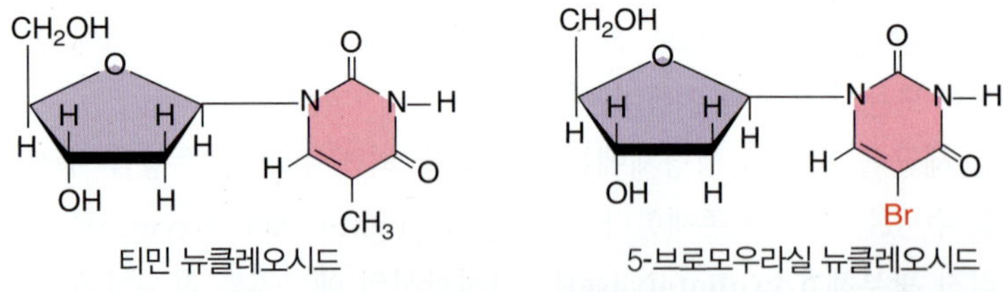

(b) 5-브로모우라실은 세포 효소가 티민으로 잘못 인식하여 티민 자리에 삽입하지만 시토신과 짝을 이루므로 다음번 복제에서 AT 염기는 GC 염기쌍으로 바뀌게 된다. 이런 이유로 5-브로모우라실은 항암제로 이용된다.

그림 6.21 질소 함유 염기가 치환된 유사 뉴클레오시드. 뉴클레오시드가 인산화되어 생성되는 뉴클레오티드가 DNA 합성에 사용된다.

Q 이들 유사 뉴클레오시드가 세포를 사멸시킬 수 있는 이유는?

물학자들은 티민 이량체처럼 DNA 상의 비정상적인 구조를 보이지 않는 채 비정상적인 염기쌍이 형성되어 있을 때, 세포가 어느 가닥을 기준으로 수선하는지에 대해 궁금해 했다. 1970년 **메틸화효소(methylase)**가 발견되면서 이에 대한 실마리가 풀렸다. DNA 가닥이 합성되고 나면 메틸화효소가 특정 DNA 염기에 메틸기를 부착한다. DNA 수선에 관여하는 핵산내부분해효소(endonuclease)는 메틸기가 부착 여부로 원래의 DNA와 새로 생긴 DNA 가닥을 구분하여 메틸화되지 않은 가닥의 염기를 제거한다.

사람들이 자외선에 지나치게 많이 노출되면 피부 세포에 티민 이량체가 많이 형성되어 피부암을 일으킬 수 있다. 자외선에 유난히 민감한 피부색소침착증(xeroderma pigmentosum)이 있는 사람은 뉴클레오티드 절제수선이 잘 일어나지 않아 피부암에 걸릴 위험이 높다.

돌연변이 발생빈도

돌연변이율(mutation rate)은 하나의 유전자가 한 번 분열하는 동안 돌연변이가 나타나는 빈도를 말한다. 이 빈도는 매우 낮기 때문

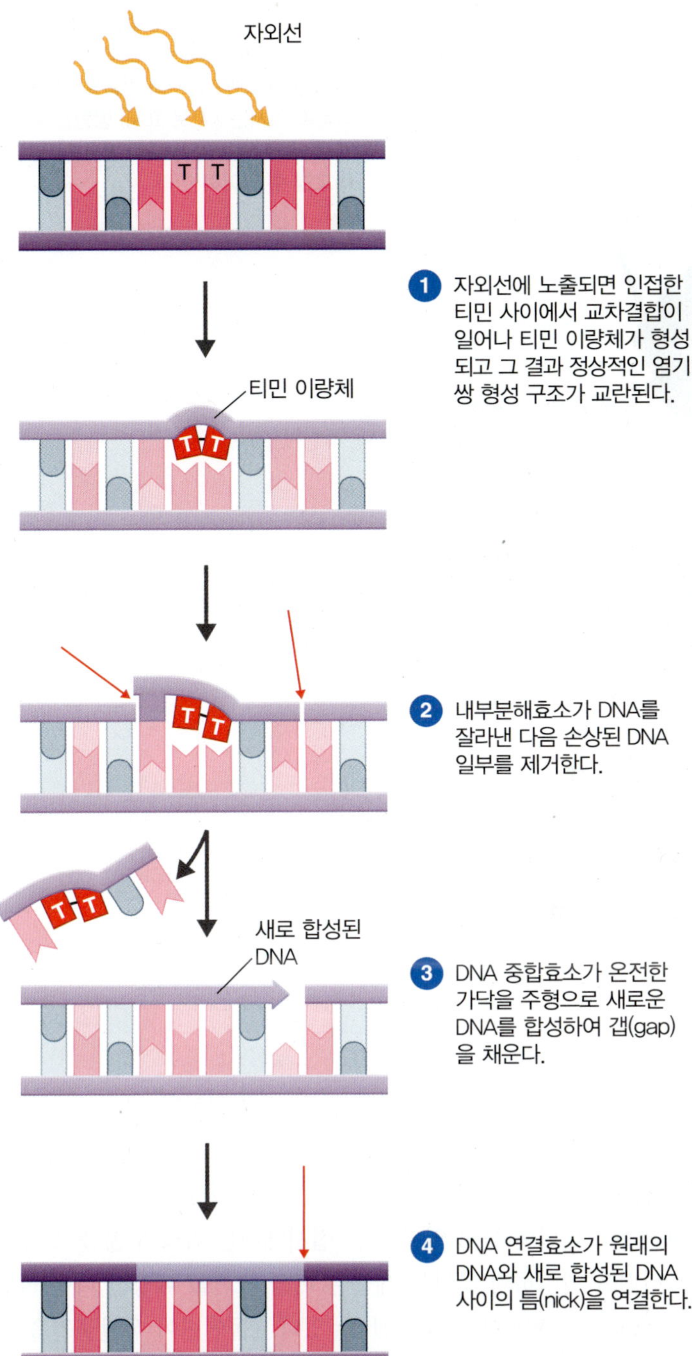

그림 6.22 자외선에 의한 티민 이량체의 형성과 수선. 자외선에 노출되면 인접한 티민 사이에 교차결합이 생겨 티민 이량체가 형성된다. 가시광선이 없을 때에는 뉴클레오티드 절제 수선의 방법을 이용하여 세포는 이를 수선한다.

Q 절제 수선 효소는 잘못된 정보를 갖고 있는 것이 어느 가닥인지 어떻게 "알아낼" 수 있을까?

에 대개 10의 마이너스 지수형으로 나타낸다. 예를 들어 특정한 유전자가 1만 번 분열하는 동안 1번꼴로 돌연변이가 발생한다면 돌연변이율은 1/10,000, 즉 10^{-4}이 된다. DNA가 복제되면서 자연적인 실수가 발생할 확률은 매우 낮아 대략 10^9 염기쌍이 복제될 때 단 하나 정도의 염기가 잘못 들어가는 정도이다. 평균 크기의 유전자가 10^3 염기쌍 정도이므로 자연발생 돌연변이 발생률은 유전자가 10^6번(백만 번) 복제될 때마다 한 번 돌연변이가 일어나는 정도이다.

일반적으로 돌연변이는 염색체 상에서 무작위로 발생한다. 돌연변이가 낮은 빈도로 그리고 무작위적으로 발생한다는 사실은 생물종이 환경에 적응하는 데 중요한 특성이 된다. 예를 들어 10^7 세포 이상으로 이루어진 일정 규모 이상의 세균 집단이라면 거의 매 세대마다 몇 개의 돌연변이 세포가 나타나게 된다. 대부분의 돌연변이는 해로운 영향을 미쳐 개체가 사멸하면서 유전자 풀에서 제거되거나, 개체에 아무런 영향을 미치지 않는 중립 돌연변이이다. 그러나 드물게 이로운 돌연변이가 나타날 수도 있다. 이를테면 주기적으로 항생제에 노출되는 세균의 집단에서 항생제 내성을 부여하는 돌연변이는 이익이 된다. 돌연변이에 의해 이와 같은 형질이 나타나면 그 돌연변이를 지니는 세균들은 다른 세균에 비해 동일한 환경에서 살아가는 한 생존력과 번식력이 높아진다. 얼마 지나지 않아 그 집단 대부분의 세균은 해당 유전자를 지니게 될 것이다. 작은 규모이긴 하지만 진화적 변화가 발생한 것이다.

돌연변이 유발원은 대개 10^6번 복제가 일어날 때마다 한 번꼴로 나타나는 돌연변이의 자연발생률을 10~1000배 정도 증가시킨다. 따라서 돌연변이 유발원이 존재하면 유전자가 복제될 때마다 10^{-6} 정도로 발생하는 돌연변이 발생률이 10^{-5}~10^{-3}으로까지 높아진다. 돌연변이 유발원은 미생물의 유전적 특성을 연구하기 위해서나 상업적인 목적으로 돌연변이체를 만드는 과정을 촉진하기 위해 활용되기도 한다.

돌연변이체 검출

돌연변이체는 바뀐 표현형을 선별하거나 검사하는 방법으로 검출한다. 돌연변이 유발물질의 사용 여부와 관계 없이 표적 돌연변이를 지닌 돌연변이 세포는 언제나 그 집단의 다른 세포들에 비해서 드물게 나타난다. 이와 같은 희귀한 것을 어떻게 찾아내는지가 관건이 된다.

세균은 빨리 번식해서 영양배지를 사용할 때 많은 수(ml 배지당 10^9 이상)를 쉽게 키울 수 있으므로 돌연변이 실험은 주로 세균을 이용한다. 게다가 많은 진핵생물과는 달리 세균은 세포 하나당 하나의 유전자만을 지니는 반수체이므로 돌연변이 유전자의 효과가 정상 유전자에 의해 가려지지 않는 이점이 있다.

양성 선택(positive selection) 또는 **직접 선택(direct selection)**이라 불리는 방법은 돌연변이가 일어나지 않은 어버이 세포를 제거함으로써 돌연변이 세포만 살아남게 한다. 페니실린에 내성을 지닌 돌연변이 세균을 생각해 보자. 세균 세포들을 페니실린이 들어 있는 배양접시에 뿌리면 페니실린에 내성을 지니게 된 돌연변이 세포만을 직접 확인할 수 있다. 이 집단에서 페니실린에 내성을 나타내는

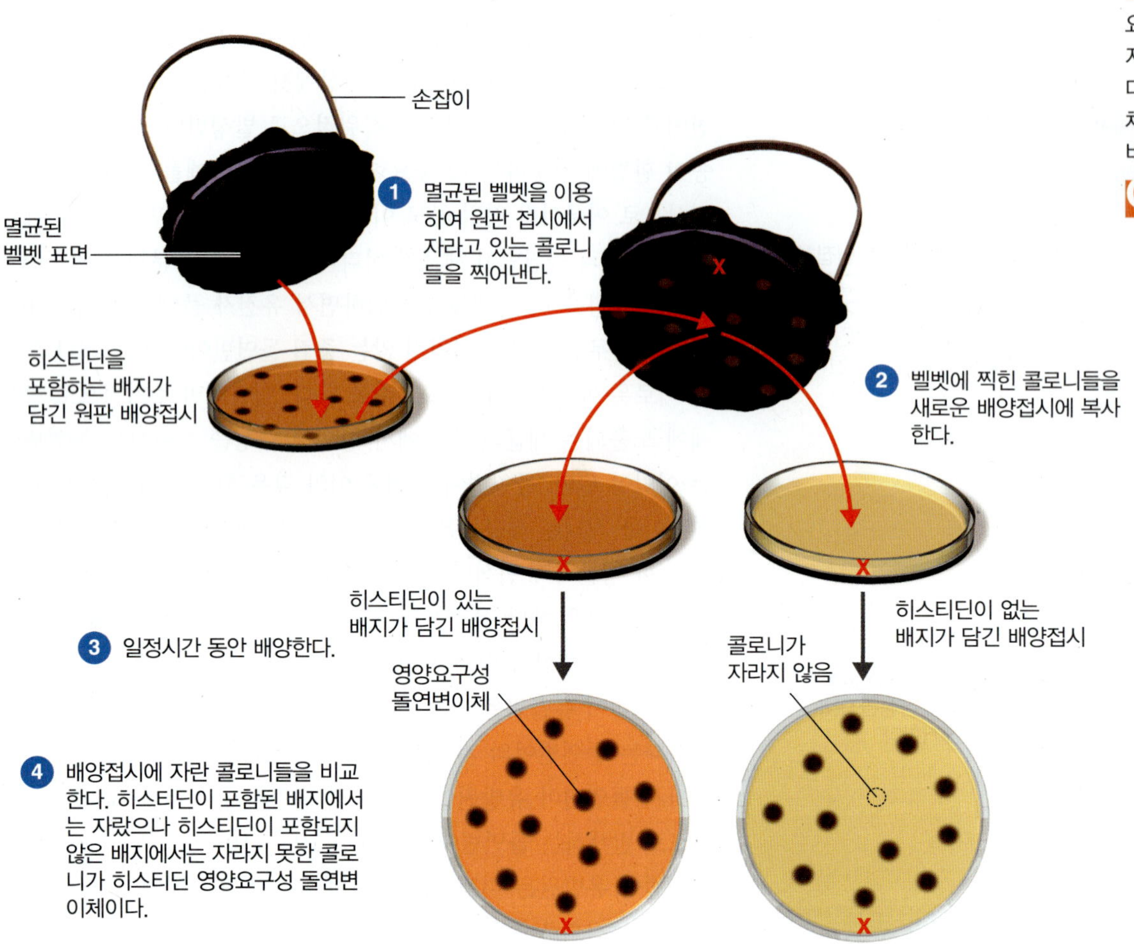

그림 6.23 복제 평판법. 여기서 영양요구성 돌연변이체는 히스티딘을 합성하지 못한다. 배양 접시의 방향을 잘 표시한 다음(여기서는 X자로 표시) 방향을 유지한 채로 복제 평판을 만들어 원판의 방향과 비교할 수 있어야 한다.

Q 영양요구성 균주란 무엇인가?

소수의 돌연변이 세포만이 자라서 콜로니를 형성하는 반면 페니실린에 민감한 정상세포는 자라지 못할 것이기 때문이다.

다른 유전자 종류에서 돌연변이를 확인하기 위해서 **음성 선택(negative selection)** 혹은 **간접 선택(indirect selection)**이라 불리는 방법이 사용되기도 한다. 이 과정은 **평판복제법(replica plating)**이라는 기법을 사용해서 특정 기능을 수행하지 못하는 세포를 선별한다. 평판복제법을 이용하여 아미노산의 일종인 히스티딘 합성 능력을 잃어버린 세균 세포를 확인하는 과정을 살펴보자(그림 6.23). 먼저 100개 정도의 세균 세포를 평판배지에 도말한다. 이 배양 접시를 원판이라 하는데 이 접시에는 히스티딘이 포함된 배지가 담겨 있어 모든 세포가 자랄 수 있다. 원판배지에서 18~24시간 정도 배양하면 각각의 세포는 번식하여 콜로니를 형성한다. 라텍스나 여과지 또는 벨벳 등을 멸균한 다음 원판의 형태 그대로 가볍게 눌러주면 콜로니의 일부 세포가 멸균된 벨벳 등에 묻는다. 그 다음 이 벨벳을 그대로 다른 배지가 포함된 두 개 이상의 평판 접시에 찍는다. 이때 한 접시에는 히스티딘이 포함된 배지가 또 다른 접시에는 히스티딘이 포함되지 않은 배지가 들어 있다면, 히스티딘이 포함된 접시에서만 원래의 세포들이 모두 자라게 될 것이다. 배양 접시에서 자란 세균 가운데 히스티딘을 합성하지 못하는 돌연변이가 있다면 이들 돌연변이는 원판과 같이 히스티딘이 들어 있는 접시에서는 자라지만 히스티딘이 들어 있지 않은 접시에서는 자라지 않을 것이다. 히스티딘을 합성하지 못하는 세균은 이들 평판을 배양한 다음 콜로니를 비교하여 원판에서 찾아낼 수 있다. (돌연변이 유발물질을 사용하더라도) 돌연변이 발생 빈도는 매우 낮으므로 이와 같은 방법으로 특정한 돌연변이를 찾기 위해서는 많은 수의 평판을 검사해야만 한다.

평판복제법은 하나 이상의 새로운 성장인자를 요구하는 돌연변이를 분리하는 데 매우 효과적인 방법이다. 어버이 세포에는 필요 없는 영양물질을 필요로 하는 돌연변이 미생물을 **영양요구주(auxotroph)**라 한다. 예를 들어 어떤 영양요구 미생물은 특정한 아미노산을 합성하는 데 필요한 효소가 없을 수 있으며 그 결과 그 돌연변이 미생물에게 해당 아미노산은 성장하는 데 꼭 필요한 인자로 배지에 포함되어야 한다.

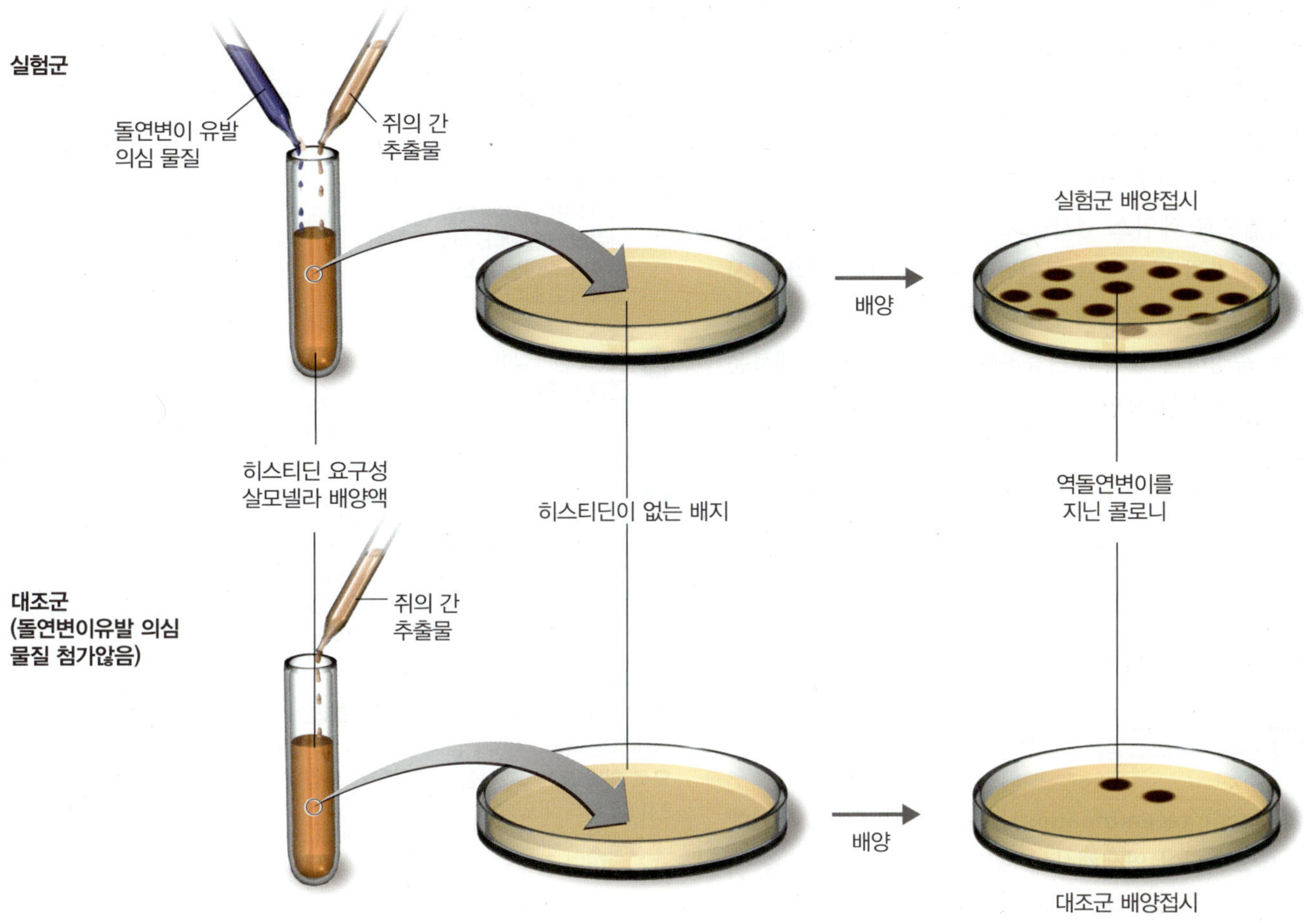

그림 6.24 에임스 역돌연변이 검사법

 모든 돌연변이 유발원이 암을 일으키는가?

발암물질 검사법

많은 돌연변이 유발물질이 사람을 비롯한 동물에서 암을 일으키는 **발암물질(carcinogen)**로 확인되었다. 최근 환경이나 직장, 음식물 등에 들어 있는 여러 화학물질이 사람에게 암을 일으키는 것으로 의심되고 있다. 발암물질인지 확인하기 위해서는 대체로 동물을 대상으로 실험을 하며 확인하는 데 오랜 시간이 걸리고 또 비용이 많이 든다. 요즈음에는 잠재적인 발암물질인지 확인할 수 있는 더 빠르고 값싼 초기 선별 방법이 사용되고 있다. 이 가운데 하나가 **에임스 검사(Ames test)**로 세균을 사용하여 종양발생 가능성을 예측할 수 있다.

에임스 검사는 돌연변이 세균을 돌연변이 유발물질에 노출시킨 다음 새로운 돌연변이가 발생해서 원래 이 세균이 가지고 있던 돌연변이의 효과(표현형의 변화)를 되돌릴 수 있는지를 관찰한다. 새로운 돌연변이로 인해 원래의 돌연변이 효과가 되돌려지는 과정을 역돌연변이(reversion)이라 한다. 에임스 검사에서 사용하는 돌연변이 표현형은 살모넬라균의 히스티딘 영양요구성(his^- 돌연변이, 히스티딘을 생합성하는 능력을 잃어버린 돌연변이체)으로 돌연변이 유발물질을 처리한 다음 히스티딘 영양요구성 균주가 히스티딘을 합성할 수 있는 his^+ 균주로 역돌연변이 되는 정도를 측정한다(그림 6.24). 세균을 검사하려는 화합물이 있는 조건과 없는 조건 아래에서 각각 배양한다. 동물의 체내에는 효소가 존재하여 많은 화학물질을 돌연변이 또는 암을 유발할 수 있는 화학적으로 활성화된 형태로 변환시킨다. 따라서 돌연변이 세균을 배양할 때 검사 대상 화학물질과 이들 효소가 풍부하게 포함되어 있는 쥐의 간 추출액도 같이 넣는다. 검사 대상 물질이 돌연변이 유발물질이라면, *his*⁻ 세균을 자연적인 역돌연변이 비율보다 높은 빈도로 *his*⁺ 세균으로 변환시킬 것이다. 관찰된 역돌연변이 개체수는 해당 물질이 돌연변이를 유발시키는 정도를 가리킨다. 역돌연변이 개체를 많이 형성하는 화학물질은 잠재적인 발암물질로 간주된다.

여러 가지 방법으로 에임스 검사를 할 수 있다. 세균이 접종된 배양 접시 위에 몇 가지 잠재적인 돌연변이 유발물질을 각각 적신 작은 종이 원반을 올려놓고 주변에 얼마나 많은 역 돌연변이체가 생기는지 질적으로 측정하는 방식도 가능하다. 에임스 검사는 새로운 화학물질이나 대기나 수질 오염물질의 유전독성을 평가하는 데 일상적으로 사용된다.

에임스 검사로 돌연변이 유발물질이라 확인된 물질의 90% 정도가 동물에서 암을 일으키는 것으로 알려졌다. 또한 돌연변이 유발성이 더 강한 물질이 일반적으로 종양 유발성 역시 더 강한 것으로 밝혀졌다.

유전자 전달과 재조합

유전자 재조합(genetic recombination)은 두 분자의 DNA 사이에 유전자가 서로 맞교환되어 염색체상에 새로운 유전자의 조합을 이루는 과정을 말한다. 그림 6.25는 유전자 재조합이 일어나는 과정을 보여준다. 어떤 세포가 외래 DNA(그림에서 공여 DNA로 표기된)를 획득하면 그 중 일부는 세포의 염색체에 삽입된다. 이 과정을 **교차(crossing over)**라 부르며 이를 통해 염색체상의 유전자 일부가 뒤섞일 수 있다. 이때 DNA는 재조합되어 염색체는 공여 DNA의 일부를 가지게 된다.

만일 A와 B가 서로 다른 개체에서 온 DNA라면, 어떻게 이들이 서로 재조합될 만큼 가까이 있을 수 있을까? 진핵생물에서 재조합은 개체의 유성생식 회로의 일부로 통상 규칙적으로 일어나는 과정이다. 교차는 일반적으로 생식세포가 형성되는 과정에서 일어나기 때문에 생식세포는 재조합된 DNA를 갖게 된다. 세균에서는 유전자 재조합이 여러 가지 방법으로 일어날 수 있다. 이에 대해서는 다음 절에서 살펴보기로 한다.

돌연변이와 마찬가지로 유전자 재조합은 특정 생물 집단의 유전적 다양성을 높이는 데 기여한다. 집단의 유전적 다양성은 진화에 필요한 변이의 원천이다. 현재의 미생물과 같이 수많은 진화를 거친 개체에서 재조합은 돌연변이보다 더 이로운 경우가 많다. 돌연변이보다 재조합의 경우가 특정 유전자의 기능을 파괴할 확률이 낮고 유전자들의 새로운 조합을 통해 개체에 유용한 새로운 기능을 제공할 확률이 높기 때문이다.

살모넬라균의 편모 단백질은 우리 몸에서 이 세균에 대한 면역

1 두 DNA가 수용세포 안에서가 나란히 배열된다. 공여 DNA에 틈이 형성된다.

2 공여 DNA와 수용체 염색체의 상보적인 염기가 짝을 이루어 나란히 배열한다. 서로 유사한 서열의 길이는 수천 염기쌍에 달하기도 한다.

3 RecA 단백질이 두 가닥의 연결을 촉매한다.

4 수용세포의 염색체 일부가 새로운 DNA 서열을 가지게 된다. 두 가닥 사이의 상보적인 염기쌍의 형성은 DNA 중합효소와 연결효소에 의해 마무리된다. 공여 DNA는 분해될 것이며 수용세포는 이제 하나 또는 그 이상의 새로운 유전자를 얻게 된다.

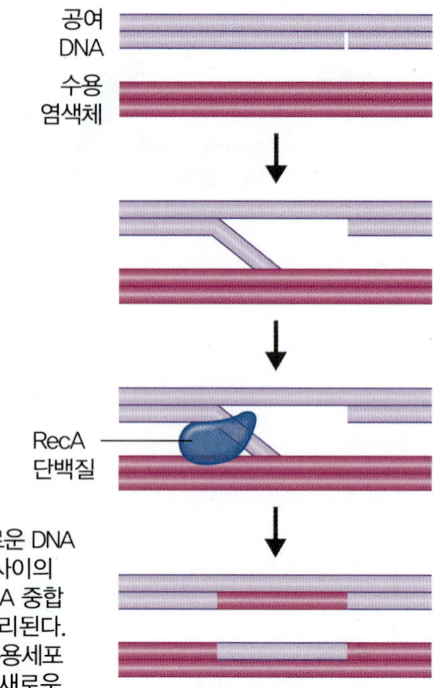

그림 6.25 **교차에 의한 유전자 재조합.** 염색체의 절단과 교차 연결을 통해 외부에서 들어온 DNA가 염색체 안으로 삽입될 수 있다. 이 과정을 통해 염색체 안으로 하나 또는 그 이상의 유전자가 삽입 가능하다. RecA 단백질의 사진은 그림 2.11a에 나타나 있다.

Q 어떤 종류의 효소가 DNA를 절단하는가?

반응을 일으키는 주된 단백질이기도 하다. 그러나 이들 세균은 두 종류의 서로 다른 편모 단백질을 만들어낼 수 있다. 우리 몸의 면역계가 특정 형태의 편모 단백질을 발현시키는 세균 세포에 대한 면역반응을 증강시켜도, 두 번째 형태의 편모 단백질을 만드는 개체는 이에 영향을 받지 않는다. 어느 편모 단백질을 만들어내는지는 염색체 DNA 상의 특정 위치에서 비교적 무작위로 일어나는 재조합 과정에 의해 결정된다. 따라서 살모넬라균은 편모 단백질의 종류를 다른 것으로 바꾸가며 숙주의 면역체계를 잘 피해 나갈 수 있다.

수직 유전자 전달(vertical gene transfer)은 유전자가 한 개체에서 그 자손에게 전해지는 과정이다. 동식물은 수직 전달을 통해 유전자를 전달한다. 세균은 유전자를 자손뿐만 아니라 같은 세대의 다른 미생물에게도 횡적으로 전달할 수 있다. 이를 **수평 유전자 전달(horizontal gene transfer)**이라 한다(그림 6.2 참조). 세균에서 수평 유전자 전달은 몇 가지 방식으로 일어난다. 모든 경우에 자신이 지닌 전체 DNA의 일부를 제공하는 **공여세포(donor cell)**에서 **수용세포(recipient cell)**로 유전자 전달이 이루어진다. 일단 공여 DNA의 일부가 전달되면 대개는 수용세포의 DNA 안으로 삽입되며 나머지는 세포 효소에 의해 분해된다. 공여 DNA를 자신의 DNA로 받아들인 수용세포를 재조합체(recombinant)라 부른다. 세균 사이의 유전물질의 전달은 결코 빈번하게 일어나지 않아서, 전체

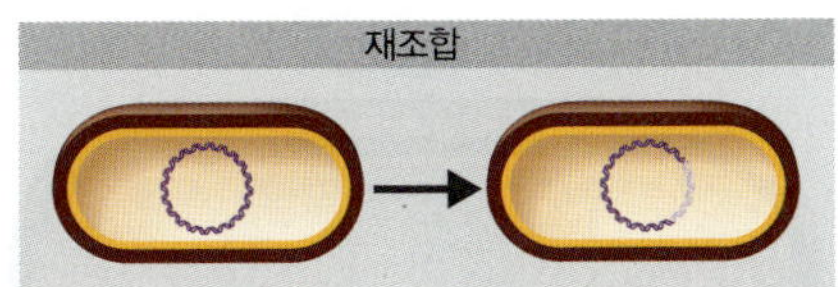

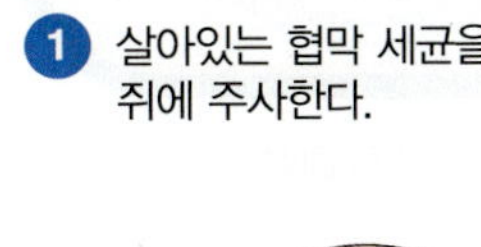
1 살아있는 협막 세균을 쥐에 주사한다.

2 쥐가 죽는다.

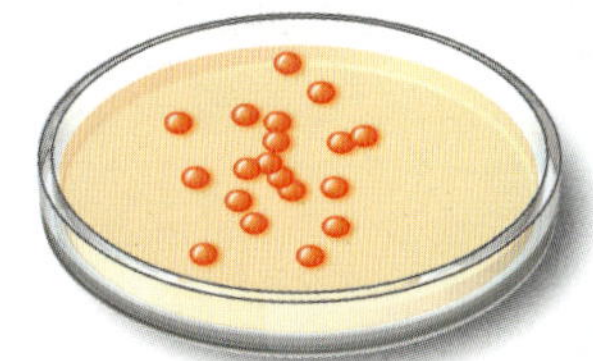
3 죽은 쥐에서 협막을 형성하는 세균이 분리된다.

(a)

1 협막을 형성하지 못하는 살아있는 세균을 쥐에 주사한다.

2 쥐가 건강하게 자란다.

3 쥐에서 소수의 협막 없는 세균이 분리된다. 쥐의 식세포가 협막 없는 세균을 파괴하였다.

(b)

1 협막으로 둘러싸인 세균을 열로 사멸시킨 다음 쥐에 주사한다.

2 쥐가 건강하게 자란다.

3 쥐에서 세균이 분리되지 않는다.

(c)

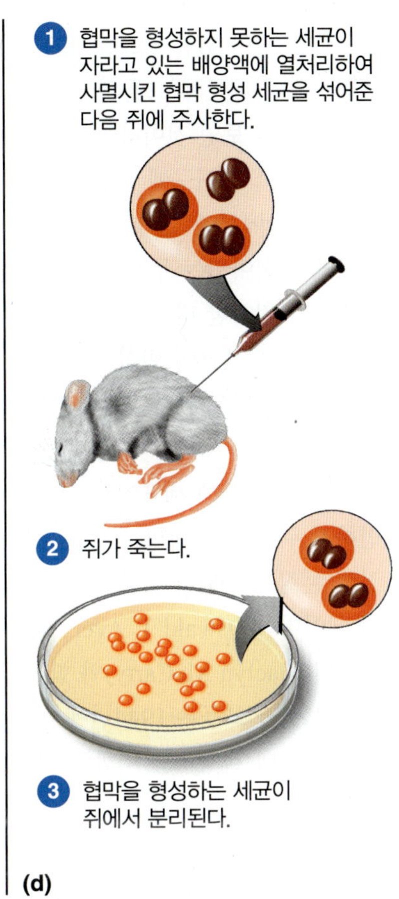
1 협막을 형성하지 못하는 세균이 자라고 있는 배양액에 열처리하여 사멸시킨 협막 형성 세균을 섞어준 다음 쥐에 주사한다.

2 쥐가 죽는다.

3 협막을 형성하는 세균이 쥐에서 분리된다.

(d)

그림 6.26 **유전적 형질전환을 증명한 그리피스의 실험.** (a) 살아있는 협막 형성 세균은 폐렴을 일으켜 쥐를 죽게 한다. (b) 협막이 없는 세균은 숙주가 식세포작용을 통해 쉽게 제거하기 때문에 쥐는 병에 걸리지 않는다. (c) 협막이 있는 세균을 열처리해서 사멸시키면 폐렴을 일으키지 못한다. (d) 그러나 협막 없는 세균이 성장하는 배양액에 협막이 있는 세균을 열처리해서 사멸시킨 다음 섞어 주면 (각각은 따로 병을 일으키지 않는다), 쥐에서 폐렴을 일으킨다. 성장하고 있는 협막 없는 비독성 세균이 죽은 협막 세균에 의해 형질이 바뀌어 협막을 형성하는 능력을 얻었고 따라서 질병을 일으키게 된 것이다. 후속 실험을 통해 형질전환에 필요한 인자가 DNA라는 것이 밝혀졌다.

Q 협막이 있는 세균은 쥐를 사멸시키는 반면 협막이 없는 세균은 그렇지 못한 이유는 무엇인가? (d)에서 쥐를 사멸시킨 것은 무엇인가?

집단의 1% 미만 정도에 그칠 뿐이다. 유전자전달이 일어나는 각각의 유형을 살펴보기로 한다.

세균의 형질전환

형질전환(transformation) 과정에서 유전자는 물에 녹아있는 "벗겨진(naked)" DNA 형태로 한 세균에서 다른 세균으로 전달된다. 이 과정이 처음 밝혀진 것은 70여 년 전이었으나 당시에는 형질전환을 제대로 이해하지 못하였다. 이후 형질전환은 한 세균에서 다른 세균으로 유전물질이 전달되는 과정이며, 이 현상에 대한 연구를 통해 결국 유전물질이 DNA라는 사실을 알게 되었다. 형질전환에 대한 초기 실험은 1928년 영국의 그리피스(Frederick Griffith)가 수행하였다. 그는 두 종류의 폐렴균(*Streptococcus pneumoniae*) 균주를 사용하였다. 그 하나는 독성균주로 식세포작용을 억제하는 다당류 협막(capsule)으로 둘러싸여 있다. 이 균주가 숙주의 몸 안에서 자라면 숙주에게 폐렴을 일으킨다. 또 다른 균주는 비독성균주로 협막이 없어 숙주에게 폐렴을 일으키지 않는다.

그리피스는 협막으로 둘러싸인 독성 균주를 열처리한 다음 쥐에 주사하면 이것이 폐렴을 예방하는 백신으로 작용할 수 있을지에 대해 관심을 가졌다. 그가 예측한 대로 협막이 있는 균주를 살아 있는 채로 주사하면 쥐는 폐렴에 걸려 죽었다(그림 6.26a). 협막이 없는 균주를 산 채로 주사하거나(그림 6.26b) 협막이 있는 균주를 사멸시켜 주사한 경우에는(그림 6.26c) 쥐가 죽지 않았다. 그러나 협막이 있는 독성 균주를 사멸시켜 살아 있는 무협막 비독성 균주와 섞어서 쥐에 주사하면 많은 쥐가 죽어나갔다. 그리고 그리피스는 죽은 쥐의 혈액에서 협막이 있는 균주가 자라고 있는 것을 발견했다. 죽은 세균에서 살아 있는 세포로 유전물질(유전자)이 전달되어 유전자를 변화시켰기 때문에 그들의 자손이 협막으로 둘러싸이게 되었고 따라서 독성을 보인 것이다(그림 6.26d).

그리피스의 연구에 근거한 후속 연구를 통해 세균의 형질전환은 쥐의 몸 안에서만 일어나는 현상이 아니라는 것을 밝힐 수 있었다. 배양액에 살아있는 무협막 세균을 넣고 여기에 협막이 있는 세균을 사멸시켜 첨가한 다음 일정 시간이 지나면 배양액에서 협막으로 둘러싸인 독성 세균이 번식하는 것을 볼 수 있다. 협막이 없는 세균의 형질이 전환된 것이다. 이는 사멸된 협막이 있는 세균으로부터 유전자를 받아들여 새로운 유전형질을 획득한 것임을 보여준다.

다음으로 죽은 세포에서 어떤 성분이 형질전환을 일으키는지 확인하기 위해 여러 화학 성분을 추출하는 실험이 진행되었다. 유전물질의 본질을 확인하는 데 중대한 역할을 한 이 실험은 미국 과학자인 에이버리(Oswald T. Avery)가 맥레오드(Colin M. MacLeod)와 매카티(Maclyn McCarty)와 함께 수행하였다. 여러 해 동안 실험을 거듭한 결과 그들은 1944년에 비독성 폐렴균을 독성 균주로 형질전환시키는 데 결정적인 역할을 하는 물질이 DNA임을 발표했다. 이들의 연구결과는 유전정보를 지니는 물질이 DNA라는 사실을 암시하는 결정적인 근거가 되었다.

그리피스의 실험이 발표된 이래 형질전환에 대한 상당한 정보가 축적되었다. 자연 상태에서 일부 세균은 죽은 다음 세포가 분해되면서 DNA를 주변 환경으로 방출시킬 수 있다. 그러면 근처의 다른 세균이 방출된 DNA를 접하고 세균의 종이나 성장 조건에 따라 DNA 조각을 흡수한 다음 재조합하여 자신의 염색체 일부로 삽입할 수 있다. RecA라 불리는 단백질(64쪽 그림 2.11a 참조)은 세포의 DNA에 결합해서 공여 DNA의 가닥이 수용세포의 DNA와 맞교환되는 과정을 촉진한다. 이 결과 새로 조합된 유전자를 지니는 수용세포는 일종의 잡종이라 할 수 있으며 이를 재조합 세포라 부른다(그림 6.27). 이와 같은 재조합 세포에서 유래된 모든 자손 세포는 재조합 세포와 동일하다. 형질전환은 자연상태에서 일부 세균 속에서만 나타나며, 자연상태에서 형질전환이 잘 일어나는 세균으로는 *Bacillus*, *Haemophilus*, *Neisseria*, *Acinetobacter* 및 *Streptococcus*속과 *Staphylococcus*속의 몇몇 종을 들 수 있다.

비록 세포의 DNA 가운데 극히 일부만이 수용세포로 전달되는 경우라 할지라도, 반드시 수용세포의 세포벽과 세포막을 통과해야 하는데, 그러기에는 그 DNA 분자가 여전히 매우 거대한 크기이다. 수용세포가 공여 DNA를 획득할 수 있는 생리적 상태를 형질전환

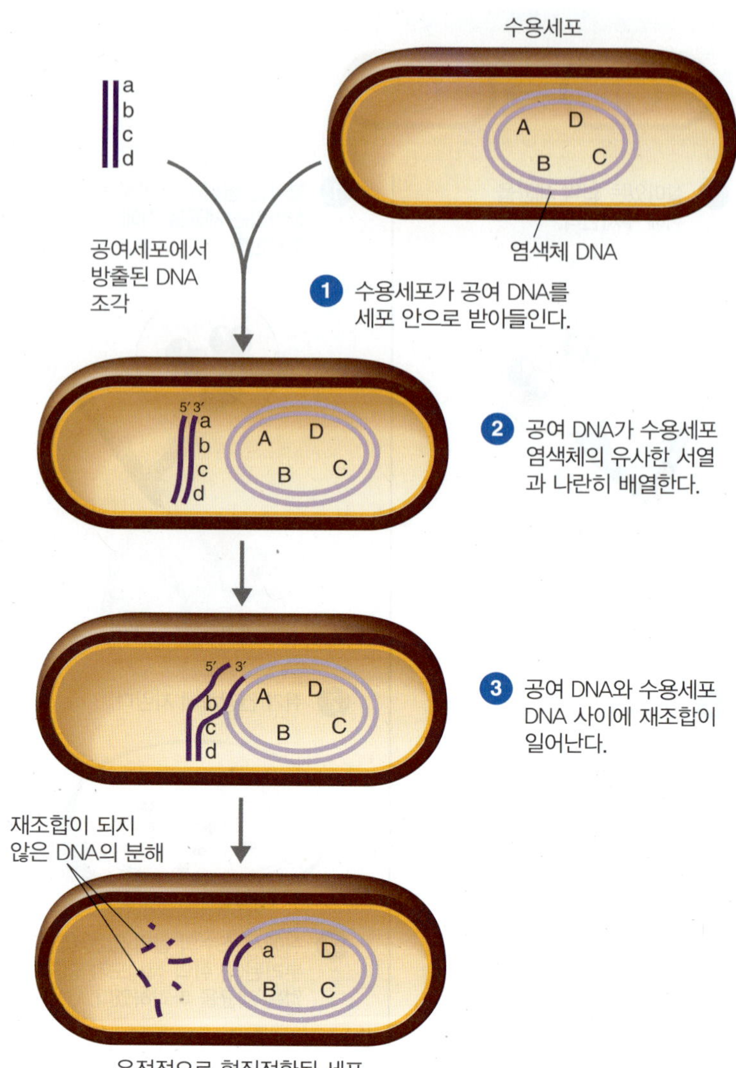

그림 6.27 세균의 유전자 형질전환 과정. 공여 DNA와 수용세포 DNA 사이에 어느 정도 서열이 유사해야 한다. 유전자 *a, b, c, d*는 유전자 *A, B, C, D*의 변이형일 것이다.

Q 공여 DNA를 자르는 효소의 종류는?

가능(competent) 상태라 한다. **형질전환능(competence)**은 거대한 DNA 분자를 투과시킬 수 있는 세포막의 변화에 의해 형성된다.

세균의 접합

접합(conjugation)은 유전물질이 한 세균에서 다른 세균으로 전달되는 또 다른 방식이다. 접합은 일종의 플라스미드에 의해 매개된다. 플라스미드는 원형 DNA 조각으로 세포의 염색체와는 별도로 복제된다. 그러나 플라스미드에 들어 있는 유전자는 세포가 정상적인 조건에서 성장하는 데 꼭 필요한 유전자가 아니라는 점에서 세균의 염색체와 구별된다. 접합에 필요한 플라스미드는 접합 과정에서 한 세포에서 다른 세포로 전달될 수 있다.

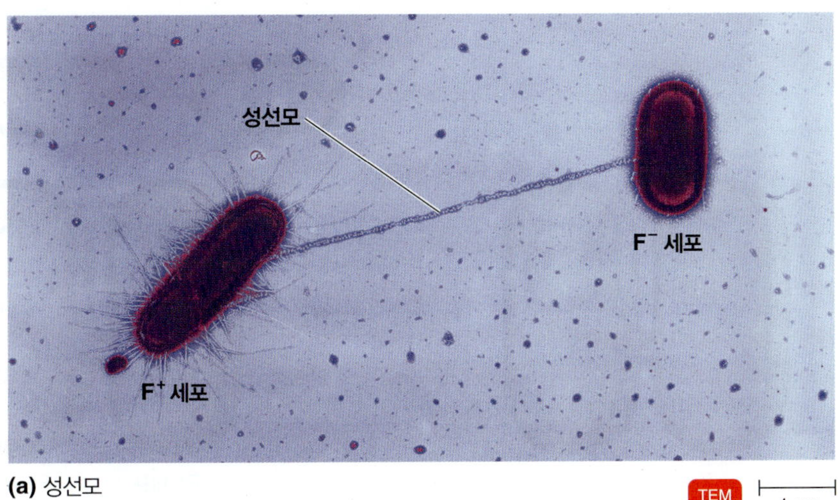

(a) 성선모

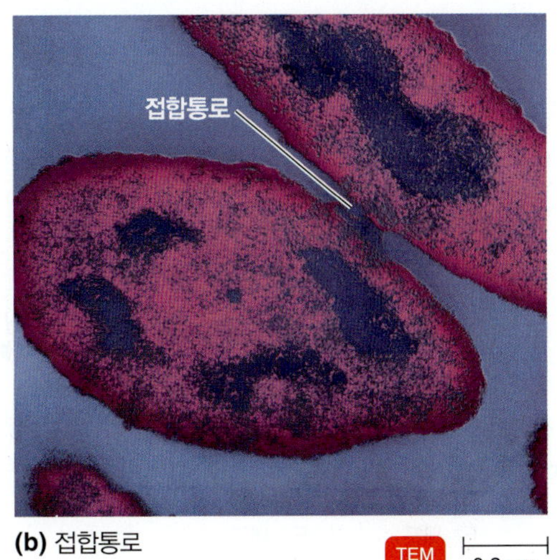

(b) 접합통로

그림 6.28 **세균의 접합**

F$^+$ 세포란 무엇인가?

접합이 형질전환과 다른 점은 크게 두 가지다. 첫째 접합이 일어나기 위해서는 세포와 세포의 직접적인 접촉이 필요하다. 둘째 접합하는 세포는 일반적으로 서로 다른 접합형이어야 한다. 공여세포는 반드시 플라스미드를 지니고 있어야만 하고 수용세포는 대개 해당 플라스미드를 지니고 있지 않다. 그람음성세균에서 플라스미드는 성선모(sex pili)를 합성하는 데 필요한 유전자를 갖고 있다. 성선모는 공여세포 표면에서 돌출된 구조로 수용세포에 붙어 두 세포가 직접 접촉할 수 있도록 돕는다(그림 6.28a). 그람양성세균에서는 끈적거리는 표면 분자를 생성해서 세포가 서로 직접 접촉하게 한다. 접합과정에 플라스미드는 단일 가닥의 사본을 수용세포로 이동시키고 수용세포에서 이에 상보적인 가닥이 합성된다(그림 6.28b).

접합과 관련된 대부분의 실험이 대장균을 대상으로 이루어졌기 때문에 여기서도 대장균의 접합을 중심으로 설명하기로 한다. 대장균의 **F 인자(fertility factor, F factor)**는 접합과정에서 다른 세포로 전달되는 것이 관찰된 최초의 플라스미드다. F 인자를 지니는 공여세포(F$^+$ 세포)는 수용세포(F$^-$ 세포)로 플라스미드를 전달한다. 플라스미드가 수용세포로 전해지면 그 결과 수용세포는 F$^+$ 세포로 전환된다(그림 6.29a). F 인자를 지니는 일부 세포에서 F 인자는 염색체에 삽입되면서 F$^+$ 세포가 **Hfr 세포**(high frequency of recombination)로 전환된다(그림 6.29b). Hfr 세포와 F$^-$ 세포 사이에서 접합이 일어날 때, Hfr의 염색체(삽입된 F 인자를 지닌다)는 복제되면서 어버이 DNA 가닥의 하나가 수용세포로 전달된다(그림 6.29c). Hfr 염색체는 삽입된 F 인자의 중심에서 시작되어 F 인자의 일부에서부터 염색체 유전자들이 F$^-$ 세포로 전해진다. 대개는 염색체가 완전히 전달되기 전에 잘려지게 된다. 일단 수용세포로 공여세포의 유전자가 전달되면 공여 DNA는 수용세포 DNA와 재조합된다. (삽입되지 않은 공여 DNA는 분해된다.) 따라서 Hfr 세포와 접합이 일어나면 F$^-$ 세포는 새로운 염색체 유전자를 획득할 수 있게 된다(이는 형질전환과 동일하다). 그러나 수용세포는 여전히 F$^-$ 세포로 남는데 이는 접합 과정에서 F 인자를 완전하게 전달받지 못하기 때문이다.

접합을 이용해서 세균 염색체 상에 존재하는 유전자들의 상대적인 위치를 결정할 수 있었다(그림 6.30). 이 지도에 따르면 트레오닌(*thr*) 및 루신(*leu*) 합성 유전자들이 가장 먼저(0점을 기준으로) 시계 방향으로 나타난다. 이들 유전자의 위치는 접합 실험을 통해 결정되었다. 유전형이 his^+, pro^+, thr^+, leu^+인 Hfr, 균주와 유전형이 his^-, pro^-, thr^-, leu^-인 F$^-$ 균주 사이의 접합 실험을 살펴보자. 만약 이들 사이에서 1분만 접합이 일어나도록 허용한 다음, F$^-$ 균주가 트레오닌을 합성하는 능력을 가질 수 있게 되었다면, *thr* 유전자가 삽입된 F 인자에 근접해서 가장 먼저 전달되는 유전자라는 뜻이며 이 결과를 바탕으로 *thr* 유전자의 위치를 0분과 1분 사이로 정한 것이다. 이제 접합 시간을 2분으로 늘여주면 F$^-$ 세포는 thr^+, leu^+로 전환될 수 있고 이를 통해 두 유전자의 순서를 알 수 있다.

세균의 형질도입

세균 사이에서 유전자가 전달되는 세 번째 방식은 **형질도입(transduction)**이다. 이 과정에서 세균 DNA는 공여세포에서 수용세포로 **박테리오파지(bacteriophage)** 또는 **파지(phage)**라고 하는 세균 바이러스를 통해 전해진다. (파지에 대해서는 10장에서 더 알아볼 것이다.)

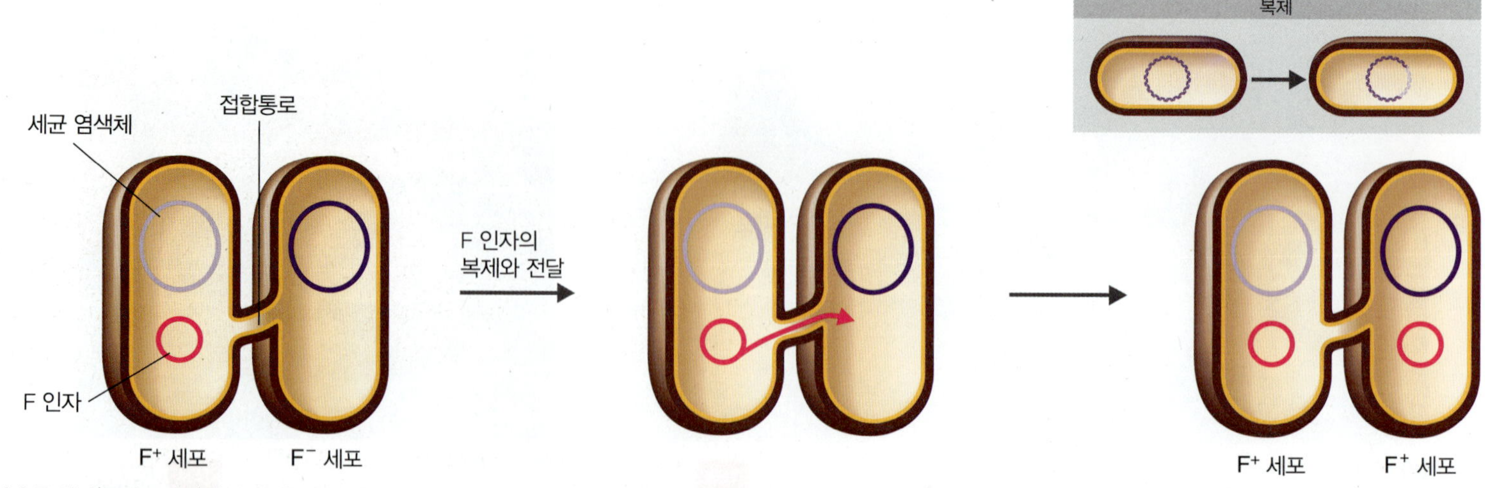

(a) F 인자(플라스미드)가 공여세포(F^+)에서 수용세포(F^-)로 전달되면 세포는 F^+ 세포로 전환된다.

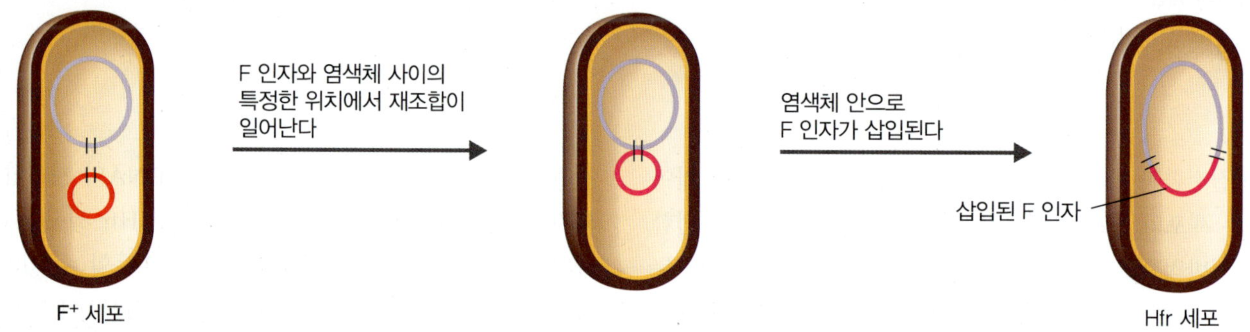

(b) F 인자가 세포의 염색체로 삽입되면 재조합 빈도가 높게 나타나는 Hfr(high frequency of recombination) 세포가 형성된다.

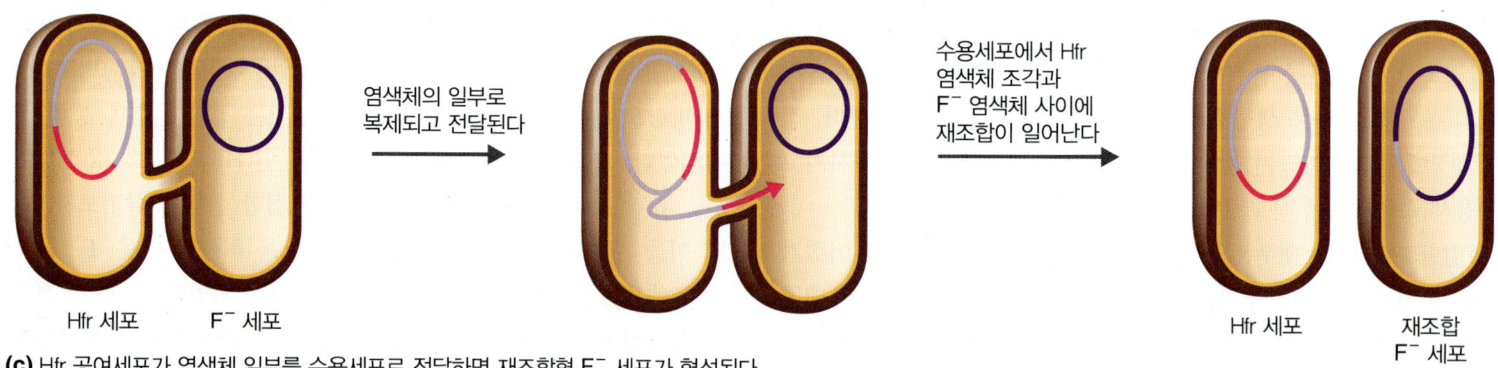

(c) Hfr 공여세포가 염색체 일부를 수용세포로 전달하면 재조합형 F^- 세포가 형성된다.

그림 6.29 대장균의 접합

Q 접합이 일어나는 동안 세균은 번식하는가?

형질도입이 어떻게 작용하는지 이해하기 위해서 먼저 대장균의 형질도입 파지 한 종류의 생활사를 알아보기로 한다. 이 파지는 **일반 형질도입(generalized transduction)**을 일으킨다(그림 6.31).

파지가 증식하는 동안 파지 DNA와 단백질이 숙주인 세균 세포에 의해 합성된다. 파지 DNA는 파지 단백질 껍질 안으로 포장되어야 한다. 그러나 세균 DNA, 플라스미드 DNA 또는 심지어는 다른 바이러스의 DNA까지 파지의 단백질 껍질 안으로 포장될 수 있다.

일반 형질도입 파지에 감염된 세포 안에서 모든 유전자는 파지의 껍질 안으로 포장되어 들어갈 수 있으며 이 파지가 다른 세포를 감염시킬 과정을 통해 다른 세포로도 전달될 수 있다. **특수 형질도입**

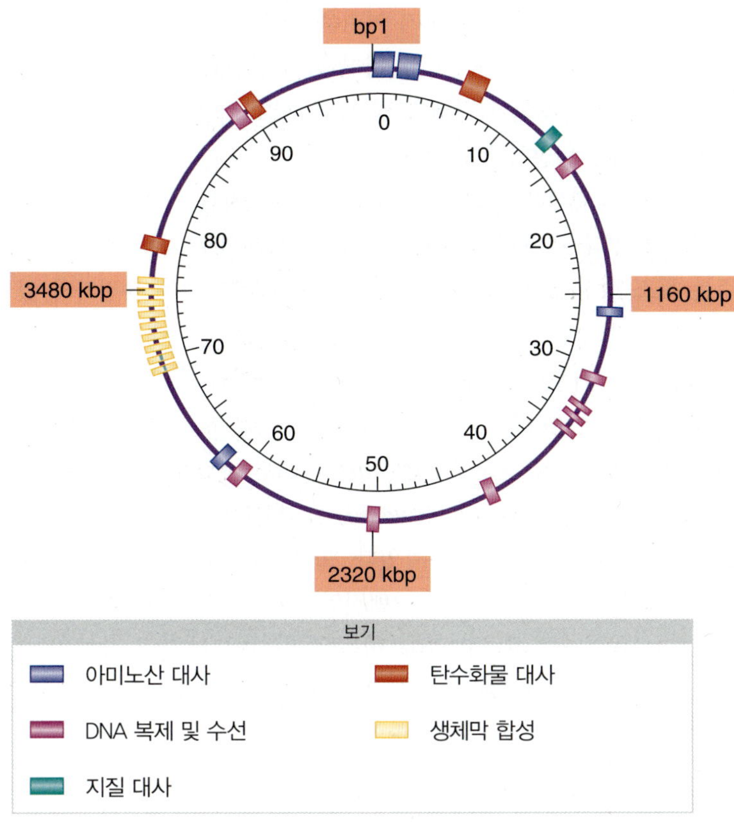

그림 6.30 대장균 염색체의 유전자 지도. 원 안쪽의 숫자는 두 세포 사이에서 접합이 일어날 때 한 세포에서 다른 세포로 유전자가 전달되는 데 걸리는 시간이다. 색칠된 상자 속의 숫자는 염기쌍의 개수이다. 1 kbp = 1000 염기쌍.

Q 접합이 몇 분 정도 일어나야 이 염색체에 있는 생체막 합성 유전자가 전달될까?

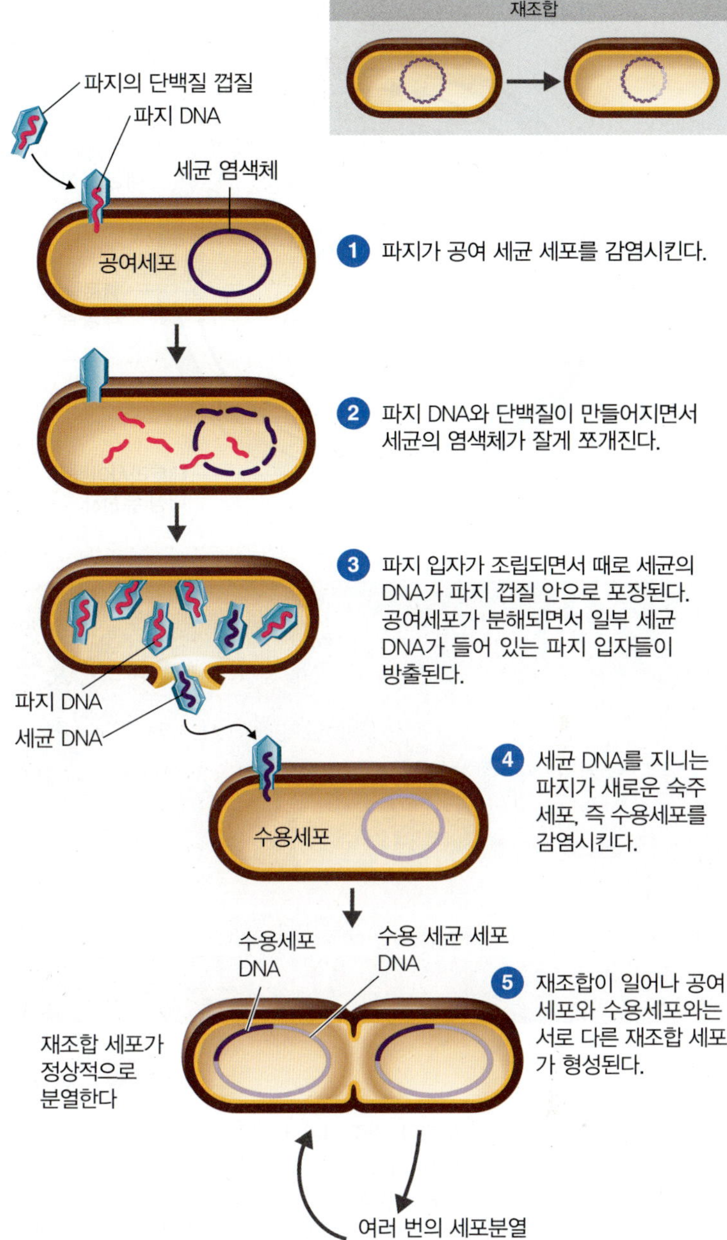

그림 6.31 박테리오파지에 의한 형질도입. 여기서는 일반 형질도입만 보여준다. 일반 형질도입을 통해서는 공여세포의 유전자가 종류에 관계 없이 수용세포로 전달될 수 있다.

Q 대장균은 시가 독소 유전자를 어떻게 획득했나?

(specialized transduction)이라 불리는 또 다른 형질도입 과정에서는 일부 특정한 세균유전자만이 다른 세균으로 전달될 수 있다. 특수형질도입의 한 유형에서 형질도입파지는 세균 숙주가 특정한 독소를 생산하도록 독소 유전자를 지니는데, *Corynebacterium diphtheriae*가 생성하는 디프테리아 독소, *Streptococcus pyogenes*의 발적독소(erythrogenic toxin), *E. coli* O157:H7의 시가독소(Shiga toxin) 등이 이에 속한다.

플라스미드와 전위인자

플라스미드와 전위인자는 유전적 변화를 가져다주는 또 다른 방식을 제공한다. 이 과정은 원핵생물과 진핵생물 모두에서 일어나지만 여기서는 원핵생물의 유전적 변화가 일어나는 과정에 이들이 어떤 역할을 하는지에 대해 초점을 맞추어 이야기하고자 한다.

플라스미드

플라스미드는 스스로 복제가능하며, 유전자를 지닌 원형 DNA 조각으로 대략 세균 염색체의 1~5% 크기 정도이다(그림 6.32b, 선형 플라스미드와 거대 플라스미도 있음-역자주). 플라스미드는 대체로 세균에서 발견되지만 제빵효모(*Saccharomyces cerevisiae*)와 같은 일부 진핵미생물에도 존재한다. F 인자는 성선모 유전자와 다른 세포로 플라스미드를 전달하는 데 필요한 유전자들을 지니는 **접합 플라스미드(conjugative plasmid)**다. 일반적으로 플라스미드는 없어도 생존하는 데 별 이상이 없지만 특수한 조건 아래서는 플라스미드에

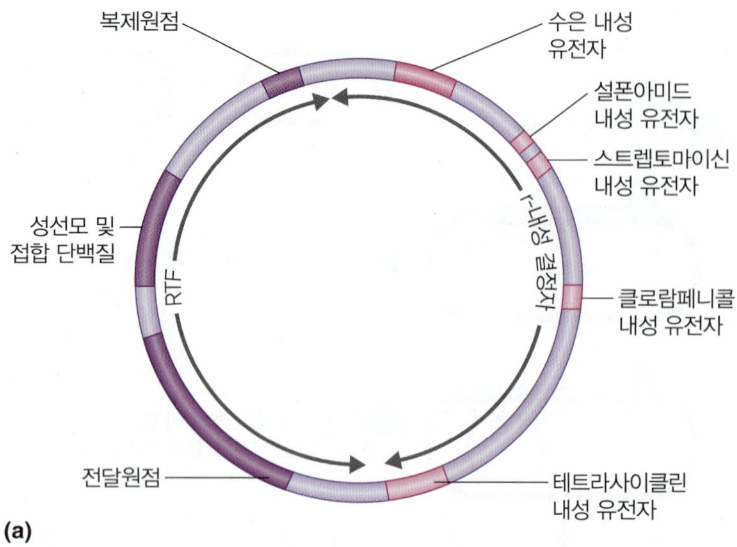

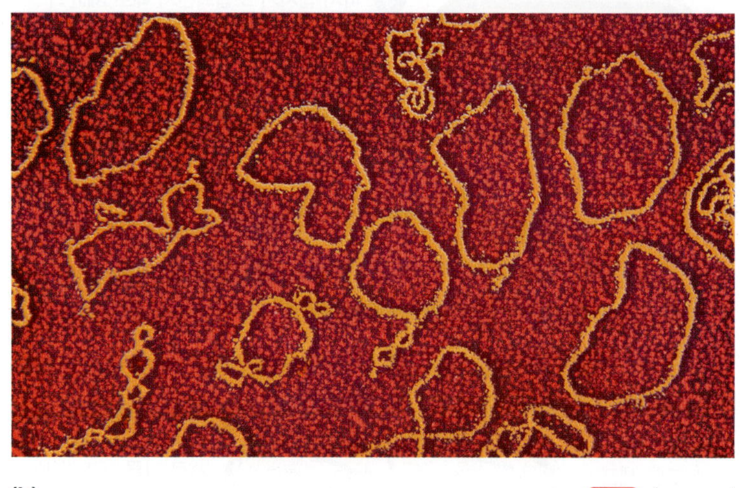

그림 6.32 **R 인자, 플라스미드의 일종.** (a) 대장균 세포에서 분리한 플라스미드. 모식도로 나타낸 R 인자. 두 부분으로 구성되는데, RTF는 플라스미드의 복제와 접합 때 수용세포로 플라스미드를 전달하는 데 필요한 유전자들을 포함하고, 내성-결정자(r-determinant) 부분에는 네 종류의 서로 다른 항생제와 수은에 내성을 지니는 유전자들이 들어 있다(*sul* = 설폰아미드 내성 유전자, *str* = 스트렙토마이신 내성 유전자, *cml* = 클로람페니콜 내성 유전자, *tet* = 테트라사이클린 내성 유전자, *mer* = 수은 내성 유전자). R 인자 안의 숫자, 염기쌍 X 1000. (b) 대장균에서 추출한 플라스미드.

Q R 인자가 감염성 질병을 치료하는 데 중요한 이유는?

있는 유전자가 세포의 생존과 성장에 필수적인 역할을 하기도 한다. 이를테면 **이화 플라스미드(dissimilation plasmid)**는 흔히 존재하지 않는 당이나 탄화수소의 대사를 촉매하는 효소 유전자를 지닌다. *Pseudomonas*속의 일부 종은 톨루엔, 장뇌(camphor) 및 원유에 포함된 탄화수소 등과 같은 독특한 물질을 주된 탄소 및 에너지원으로 사용할 수 있는데 이는 플라스미드에 이들을 대사할 수 있는 이화효소 유전자가 포함되어 있기 때문이다. 이같이 특수한 능력은 이들 미생물이 매우 다양하고 생존하기 어려운 환경에서 살아남을 수 있게 한다. 많은 종류의 미생물들이 다양한 특수 물질을 분해하고 해독할 수 있는 능력을 갖고 있기에 환경 오염물질을 처리하는 데 이들을 활용할 방법을 활발하게 연구하고 있다.

세균의 병원성을 강화시키는 단백질 유전자를 갖고 있는 플라스미드도 있다. 신생아 설사와 여행자 설사를 일으키는 대장균 균주는 독소 생성 유전자와 세균을 장세포에 부착시키는 유전자가 있는 플라스미드를 가지고 있다. 이 플라스미드가 없는 대장균은 대장에 서식해도 아무런 해를 입히지 않는다. 그러나 플라스미드가 있는 대장균은 병원성을 나타낸다. 플라스미드에 부호화되어 있는 그 밖의 독소로는 황색포도상구균(*Staphylococcus aureus*)의 박리성 독소와 파상풍균(*Clostridium tetani*)의 신경독소, 탄저균(*Bacillus anthracis*)의 독소 등을 들 수 있다. 또 다른 종류의 플라스미드는 다른 세균을 사멸시키는 독소 단백질인 **박테리오신(bacteriocin)**을 합성하는 유전자를 지니고 있다. 이들 플라스미드는 많은 종류의 세균속(genus)에서 발견되며 임상 연구실에서 특정 세균을 동정하는 데 유용한 지표로 활용되기도 한다.

내성 인자(resistance factor, R factor)는 의학적으로 매우 중요한 플라스미드다. 이런 내성 인자들은 1950년대 후반 일본에서 몇 차례에 걸친 유행성 이질이 퍼지는 과정에서 처음 발견되었다. 유행성 이질이 나타나는 동안 일부 감염균이 이질 치료에 보통 사용해 오던 항생제에 내성을 가진 것으로 나타났다. 이와 함께 그 환자에게서 분리한 다른 장내 정상 세균(대장균과 같은) 또한 항생제에 내성을 보였다. 과학자들은 이것이 세균 사이에서 내성 유전자가 전달되면서 항생제 내성을 획득한 때문이라는 것을 곧 밝혀내었다. 이와 같은 항생제 내성의 전달을 매개한 플라스미드가 바로 내성 인자였다.

내성 인자에는 숙주세포에게 항생제, 중금속 또는 그 밖의 세포 독소에 내성을 부여하는 유전자가 있다. 많은 내성 인자에 들어 있는 유전자를 두 종류로 나눌 수 있다. 첫 번째 종류는 **내성 전달 인자(resistance transfer factor, RTF)**로 플라스미드 복제와 접합에 필요한 유전자들이 이에 속한다. 두 번째 종류는 **내성 결정자(r-determinant)**로 특정한 약물이나 독성 물질을 비활성화시키는 효소를 만들어내는 실질적인 내성 유전자를 말한다(그림 6.32a). 서로 다른 내성 인자들이 같은 세포 안에 존재하는 동안 재조합되면서 자신들의 내성 결정 유전자들을 새로운 조합으로 갖는 내성 인자를 만들어내기도 한다.

단일 플라스미드 내에 내성 유전자가 놀랄만큼 여러 개 모여 있는 경우도 있다. 예를 들어 그림 6.32a에 내성 플라스미드 R100의 유전자 지도가 그려져 있다. 이 플라스미드에는 설폰아미드, 스트렙토아이신, 클로람페니콜, 테트라사이클린, 그리고 수은에 내성을 가진 유전자들이 포함되어 있다. 이 특별한 플라스미드는 대장균 속, 클렙시엘라속, 살모넬라속 등에 속하는 여러 장내 세균종 사이에 전달될 수 있다.

내성 인자는 항생제로 감염성 질환을 치료하는 데 매우 심각한 문제를 일으킨다. 의학과 농업에서 항생제를 널리 사용하게 됨에 따라 내성 인자를 지니는 세균이 생존하는 데 이점을 지니게 되었고, 따라서 내성 세균의 집단이 점점 더 커지고 있다. 특정 집단 내에서는 물론이고 심지어는 서로 다른 속의 세균 사이에 내성이 전달될 수 있기 때문에 문제는 더 심각하다. 같은 종 내에서 유전자를 교환하면서 유성생식으로 증식하는 생물을 진핵생물의 종으로 정의한다. 그러나 세균의 종들은 서로 접합해서 다른 종에게도 플라스미드를 전해줄 수 있다. *Neisseria*속의 세균이 *Streptococcus*속의 세균에서 페니실린 분해효소 유전자가 있는 플라스미드를 전달받을 수 있고 *Agrobacterium*은 플라스미드를 식물세포로 전해줄 수도 있다. 비접합성 플라스미드는 접합성 플라스미드나 염색체 내에 자신을 삽입시킨 다음 다른 세포로 전달될 수도 있고 죽은 세포에서 방출된 후에 형질전환의 방법으로도 다른 세포에 전해질 수 있다. 유전자의 삽입은 뒤에서 간략하게 설명할 삽입서열에 의해서도 매개될 수 있다.

플라스미드는 14장에서 살펴볼 유전공학에도 유용한 도구로 사용된다.

전위인자

전위인자(transposon)는 작은 DNA 조각으로 DNA 분자의 특정 위치에서 다른 위치로 이동할 수 있다. 이들 DNA 조각의 크기는 700~40,000 염기쌍 정도이다.

1950년대 미국의 유전학자 맥클린톡(Barbara McClintock)이 처음으로 옥수수에서 전위인자의 존재를 발견하였다. 이후 전위인자는 모든 생물에 존재한다는 것이 밝혀졌으며 특히 미생물에서 상세하게 연구되었다. 전위인자는 동일한 염색체 또는 다른 염색체나 플라스미드로 한 자리에서 다른 자리로 이동할 수 있다. 전위인자가 빈번하게 이동한다면 세포 내에 큰 혼란을 일으킨다는 사실을 쉽게 상상할 수 있을 것이다. 전위인자가 염색체상에서 이동할 때 이들은 유전자 안에 삽입되어 그 유전자를 비활성화시킬 수도 있다. 다행히 전위 현상은 비교적 드물게 일어난다. 전위는 세균에서 발생하는 자연발생 돌연변이 발생빈도와 유사한, 세대당 10^{-5}~10^{-7} 정도의 빈도로 발생한다.

모든 전위인자에는 전위에 필요한 정보가 들어 있다. 그림 6.33a에 나타나 있듯이, **삽입서열(insertion sequence, IS)**이라 불리는 가장 단순한 전위인자는 **전위효소**(transposase; 전위 작용을 위해 DNA를 자르고 다시 이어주는 반응을 촉매하는 효소)를 부호화하

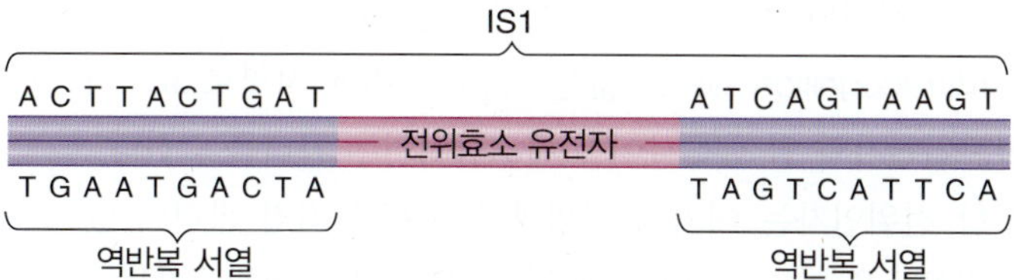

(a) 가장 간단한 전위인자의 형태인 삽입서열(IS)에는 전위 과정을 촉매하는 전위효소(transposase) 유전자가 포함되어 있다. 전위효소 유전자의 양쪽에는 전위 과정에 필요한 인식자리가 역반복된 형태로 존재한다. IS1은 삽입서열 가운데 하나로 위 그림에는 역반복 서열을 약식으로 나타내었다.

1 전위효소가 DNA를 잘라 양쪽에 점착성 말단을 남긴다.

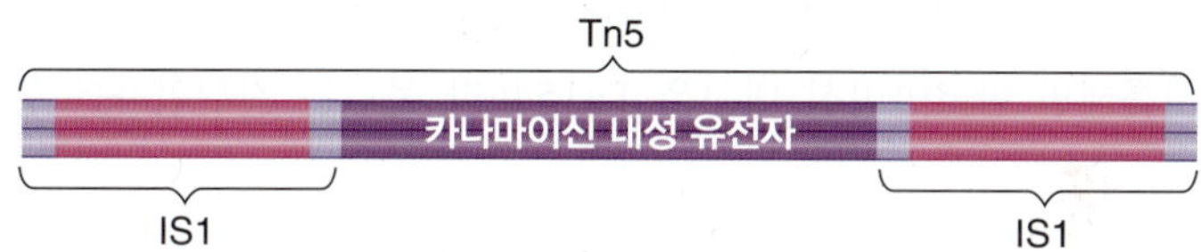

(b) 복합 전위인자는 전위효소 유전자와 함께 다른 유전자들을 포함한다. 예시되어 있는 Tn5는 카나마이신 내성 유전자를 지니며 내성 유전자 양쪽으로 삽입서열인 IS1이 존재한다.

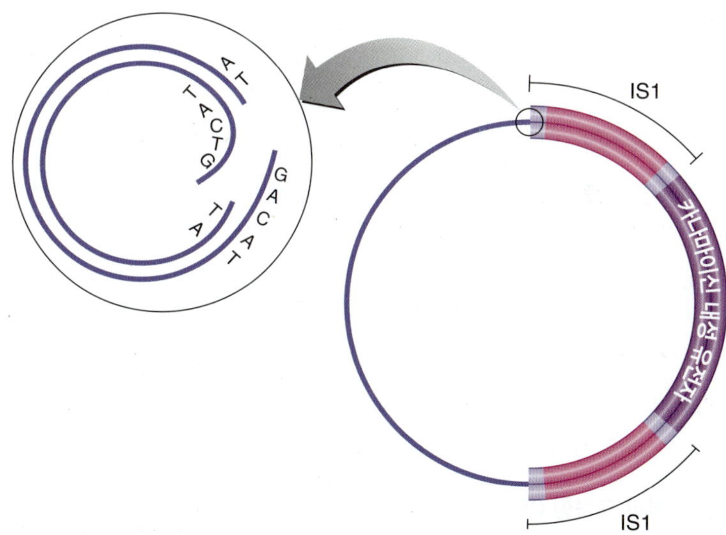

2 전위인자와 표적 DNA의 점착성 말단이 서로 연결된다.

(c) R100 플라스미드에 전위인자 Tn5가 삽입되는 과정

그림 6.33 전위인자와 삽입

Q 전위인자를 때로 "뛰어다니는 유전자(jumping gene)"라 부르는 까닭은?

는 유전자 하나와 전위효소가 인식하는 인식자리 두 곳만을 지닌다. 인식자리(recognition site)는 짧은 역반복 DNA 서열로 효소가 인식하여 전위인자와 염색체 사이를 재조합시키는 자리를 말한다.

복합 전위인자는 여기에 전위과정 자체와 직접 관련이 없는 다른 유전자들을 가지고 있다. 예를 들어, 세균의 전위인자는 장독소 또는 항생제 내성 유전자들을 포함하기도 한다(그림 6.33b). R 인자와 같은 플라스미드는 흔히 여러 개의 전위인자가 합해진 형태로 이루어져 있다(그림 6.33c).

현실적인 관심 때문에 항생제 내성 유전자를 지니는 전위인자가 주로 많이 연구되었지만 사실 전위인자가 지닐 수 있는 유전자의 종류에는 제한이 없다. 따라서 전위인자는 한 염색체에서 다른 염색체로 유전자를 이동시킬 수 있는 자연적인 수단을 제공한다. 더우기 전위인자는 플라스미드나 바이러스의 유전체에 실려 이 세포에서 저 세포로 전해질 수 있기 때문에 한 개체에서 다른 개체로, 심지어는 서로 다른 종 사이에서 유전자가 전해지는 수단이 될 수도 있다. 이를테면 반코마이신 내성은 Tn1546라 불리는 전위인자를 통해 *Enterococcus faecalis*에서 황색포도상구균(*Staphylococcus aureus*)으로 전달되었다. 따라서 전위인자는 생물의 진화 과정에 작용하는 잠재적이고 강력한 매개체라 할 수 있다.

유전자와 진화

지금까지 세포의 내부 조절 과정에 의해 어떻게 유전자 활성이 조절되고 또한 어떻게 유전자가 돌연변이와 전좌, 재조합 등의 과정에 의해 변하고 재배열되는지를 살펴보았다. 이와 같은 과정은 모두 자손 세포의 다양성을 높여준다. 다양성은 진화의 재료이며 자연선택은 진화의 동력으로 작용한다. 자연선택은 다양한 집단이 특정한 환경에서 생존할 수 있도록 적응력을 높이는 방식으로 작용한다. 오늘날 존재하는 여러 종류의 미생물은 오랜 진화의 역사가 가져다 준 결과이다. 미생물은 자신의 유전적 특성을 계속 변화시키며 서로 다른 서식처에서 적응력을 확보한다.

학습 개요

유전물질의 구조와 기능 (155~163쪽)

1. 유전학은 유전자란 무엇이며, 유전자는 어떻게 정보를 담고 있는지, 유전정보는 어떻게 발현되는지, 그리고 유전자가 어떻게 복제되어 다음 세대 또는 다른 개체로 전달되는지를 연구하는 학문 분야다.
2. 세포 안의 DNA는 이중나선으로 존재하며, 두 가닥은 서로 특정한 염기, 즉 A와 T 그리고 C와 G 사이의 수소결합으로 연결되어 있다.
3. 유전자란 DNA의 일부 구간을 말하며 이는 대부분 단백질과 같이 생물학적 기능을 갖는 산물을 부호화하는 뉴클레오티드 서열로 이루어진다.
4. 세포 내의 DNA는 세포가 분열하기 전에 복제되어 각각의 자손 세포가 동일한 유전정보를 받을 수 있다.

유전형과 표현형 (156쪽)

5. 유전형이란 개체의 유전적 조성, 즉 전체 DNA가 갖는 정보를 말한다.
6. 표현형은 유전자가 발현된 것으로 세포의 단백질과 단백질의 특성이 개체의 표현형을 나타낸다.

DNA와 염색체 (156~157쪽)

7. 염색체상에서 DNA는 유전자 활성을 조절하는 여러 가지 단백질과 상호작용하는 길다란 한 분자의 이중나선으로 존재한다.
8. 유전체학이란 유전체의 분자적 특성을 연구하는 학문이다.

유전정보의 흐름 (157쪽)

9. 세포분열 다음 각 자손 세포는 어버이 세포의 것과 사실상 동일한 염색체를 받는다.
10. DNA에 들어 있는 정보는 RNA로 전사되고 이것이 다시 단백질로 번역된다.

DNA 복제 (157~160쪽)

11. DNA 복제 과정에 이중나선을 이루는 두 가닥은 복제분기점에서 서로 분리되고, 각각의 가닥은 새로운 DNA 가닥을 합성하는 주형으로 작용한다. DNA 중합효소는 상보적 염기 결합 규칙에 따라 새로운 DNA 가닥을 합성한다.
12. DNA가 복제되면 두 개의 새로운 DNA 가닥이 만들어진다. 각각의 가닥은 원래 가닥에 상보적인 염기서열을 지닌다.
13. 각각의 이중나선 DNA 분자는 원래의 가닥 하나와 새로 합성된 가닥 하나를 지니게 되므로 이와 같은 복제 과정을 반복제적 복제라 부른다.
14. DNA는 5′ 말단에서 3′ 말단으로 합성된다. 복제분기점에서 선도가닥은 연속적으로, 지연가닥은 불연속적으로 합성된다.
15. DNA 중합효소는 DNA 합성을 더 진행하기 전에 새로 합성된 DNA 가닥에서 잘못 짝지워진 염기가 삽입되었는지 확인한 다음 이를 제거하여 바로잡는다.

RNA와 단백질 합성 (160~163쪽)

16. 전사가 진행되는 동안 RNA 중합효소는 이중나선 DNA의 한 쪽 가닥을 주형으로 RNA 가닥을 합성한다.

17. RNA는 전사되는 DNA의 염기와 짝을 이루는 A, C, G, U의 염기를 갖는 뉴클레오티드로 이루어진다.

18. RNA 중합효소는 프로모터에 결합하여 전사를 시작하고 전사는 전사 종결자(terminator)라 불리는 지점에서 종료된다. RNA는 5′에서 3′ 방향으로 합성된다.

19. 번역은 mRNA의 뉴클레오티드 염기서열에 담긴 정보가 단백질의 아미노산 서열을 지정하여 이에 따라 단백질이 합성되는 과정이다.

20. mRNA가 rRNA와 단백질로 이루어진 리보솜과 연합하여 단백질이 합성된다.

21. mRNA 상에서 특정한 아미노산을 지정하는 세 개의 뉴클레오티드 모음을 코돈이라 한다.

22. 유전부호는 DNA의 뉴클레오티드 염기서열과 이에 상응하는 mRNA의 코돈, 그리고 코돈이 부호화하는 아미노산의 관계를 말한다.

23. tRNA 분자에는 특정한 아미노산이 부착된다. tRNA의 다른 부분은 안티코돈이라 불리는 세 개의 염기가 위치한다.

24. 리보솜에서 코돈과 안티코돈 사이에 염기쌍이 형성됨으로써 특정한 아미노산이 단백질이 합성되는 위치에 놓이게 된다.

25. 리보솜이 mRNA 분자를 따라 이동하면서 아미노산을 연결시켜 새로 합성되는 폴리펩티드의 길이가 늘어난다. mRNA의 정보는 5′에서 3′ 방향으로 읽힌다.

26. 리보솜이 mRNA의 종결코돈에 도달하면 번역이 종료된다.

세균의 유전자 발현 조절 (163~168쪽)

1. 유전자 수준에서 단백질 합성을 조절하는 것은 그 단백질이 꼭 필요할 때만 합성하게 되므로 세포 내의 에너지를 절약할 수 있는 효율적인 조절 방법이다.

2. 항시적 발현 효소는 항상 일정한 비율로 합성된다. 해당작용에 관여하는 효소들이 항시적 발현 효소의 예가 된다.

전사 이전의 조절 (163~168쪽)

3. 세포가 특정한 최종 산물의 존재를 감지할 때, 해당 산물을 만들어내는 데 관여하는 효소의 합성이 억제된다.

4. 특정한 화학물질(유도물질)이 존재하면 세포는 더 많은 효소를 합성한다. 이 과정을 유도라 한다.

5. 세균에서 서로 연관된 대사 기능을 수행하며 같은 방식으로 한꺼번에 조절되는 구조유전자 무리 및 이 유전자들의 전사를 조절하는 프로모터와 오퍼레이터를 합쳐서 오페론이라 부른다.

6. 유도 시스템의 오페론 모델에서 조절 유전자는 억제 단백질을 부호화한다.

7. 유도물질이 없을 때는, 억제자는 오퍼레이터에 결합하며 따라서 구조유전자의 mRNA는 합성되지 않는다.

8. 유도물질이 있을 때, 유도물질은 억제자에 결합하여 억제자가 오퍼레이터에 결합하는 것을 막는다. 그 결과 구조유전자의 mRNA가 만들어지고 효소 합성이 유도된다.

9. 억제 시스템에서 억제자는 보조억제자가 있어야만 오퍼레이터에 결합할 수 있다. 따라서 보조억제자의 유무가 효소 합성을 조절한다.

10. 이화 효소에 대한 구조유전자의 전사(β-galactosidase 등)는 포도당이 없을 때에만 유도된다. 포도당을 대체하는 탄수화물이 존재할 때 고리형 AMP와 CRP가 프로모터에 결합해야만 구조유전자가 전사된다.

11. 후성유전적 조절에서 뉴클레오티드에 메틸화가 많이 일어나면 전사가 억제된다.

전사 후의 조절 (168쪽)

12. 마이크로RNA는 특정 mRNA와 결합할 수 있으며 그 결과 형성되는 이중가닥 RNA는 파괴된다.

유전물질의 변화 (168~176쪽)

1. 돌연변이와 수평적 유전자 전달은 세균의 유전형을 변화시킬 수 있다.

돌연변이 (168쪽)

2. 돌연변이는 DNA의 염기 서열이 바뀌는 것을 말한다. 이와 같은 변화는 돌연변이가 일어난 유전자에 부호화된 산물의 변화를 일으킨다.

3. 아무런 표현형의 변화를 일으키지 않는 중립 돌연변이들이 많고, 일부 돌연변이는 해로우나, 유용한 돌연변이도 존재한다.

돌연변이의 유형 (169~170쪽)

4. DNA상에서 하나의 염기쌍이 다른 염기쌍으로 바뀐 것을 염기 치환이라 한다.

5. DNA에 변화가 일어나면 단백질에서 아미노산의 서열이 다른 아미노산으로 바뀌는 미스센스 돌연변이가 생길 수도 있고 중간에 종결코돈이 형성되는 종결 돌연변이도 생길 수 있다.

6. 틀이동 돌연변이에서는 DNA상에 하나 또는 소수의 염기쌍이 결실되거나 삽입되어 있다.

7. 아무런 돌연변이 유발물질이 존재하지 않는 상태에서도 자연발생 돌연변이가 일어난다.

돌연변이 유발원 (170~172쪽)

8. 화학적 돌연변이 유발원에는 염기쌍 치환 물질, 뉴클레오시드 유사체, 틀이동 유발원 등이 있다.

9. 전리선은 DNA와 반응하는 이온이나 자유 라디칼을 형성하여 염기 치환이 유도하거나 당인산 골격을 절단한다.

10. 자외선은 전리선에 해당되지는 않으나 인접한 티민을 결합시켜 이량체를 형성한다.

11. 자외선에 의한 DNA 손상은 손상된 염기를 잘라내어 정상적인 형태로 바꾸어주는 효소에 의해 수선된다.

돌연변이 발생빈도 (172~173쪽)

12. 돌연변이 발생빈도는 세포가 분열하는 동안 하나의 유전자에서 돌연변이가 일어날 확률이다. 돌연변이 발생빈도는 10의 마이너스 몇 제곱의 형태로 나타낸다.

13. 돌연변이는 대체로 염색체를 따라 무작위로 발생한다.

14. 낮은 빈도로 발생하는 자연발생 돌연변이는 진화에 필요한 유전적 다양성을 제공해 준다는 측면에서 이롭다고 볼 수 있다.

돌연변이체 검출 (173~174쪽)

15. 돌연변이는 바뀐 표현형을 선별하고 확인함으로써 검출할 수 있다.

16. 양성 선택은 직접 돌연변이 세포를 선별하는 것으로 돌연변이가 일어나지 않은 세포를 제거함으로써 양성 선택을 할 수 있다.

17. 복제평판법은 돌연변이가 발생하기 전의 어버이 세포는 필요로 하지 않는 영양요구 돌연변이를 선택하는 등의 음성 선택에 활용된다.

발암물질 검사법 (175~176쪽)

18. 에임스 검사는 비교적 저렴하고 빠르게 어떤 화학물질의 잠재적 발암성을 확인할 수 있다.

19. 이 검사는 돌연변이 세포가 돌연변이 유발물질이 존재함으로 인해 정상 세포 형태로 역돌연변이가 일어난 것이라 보고 많은 돌연변이 유발물질이 발암물질이라고 가정한다.

유전자 전달과 재조합 (176~184쪽)

1. 유전자 재조합, 즉 서로 다른 종류의 유전자로들 사이에 유전자가 재배열되는 현상은 대개 서로 다른 개체에서 비롯된 DNA 사이에서 일어난다. 이는 유전적 다양성을 높이는 데 기여한다.

2. 교차는 두 염색체에 각기 따로 있는 유전자들 사이에 재조합이 일어나 다른 염색체에 포함되어 있었던 부분이 한 염색체에 합쳐지는 과정이다.

3. 수직 유전자 전달은 유전자가 한 개체로부터 그 자손에게 전달되는 과정이다.

4. 수평 유전자 전달은 세균에서 한 세포의 DNA가 공여세포에서 수용세포로 전달되는 것을 말한다.

5. 공여세포의 DNA 일부가 수용세포에 들어가 수용세포의 DNA 속으로 삽입된 결과로 만들어진 세포를 재조합체라 한다.

세균의 형질전환 (177~178쪽)

6. 형질전환은 한 세균의 유전자가 용액 상태에서 DNA 분자 형태로 다른 세균으로 전달되면서 일어난다.

세균의 접합 (178~179쪽)

7. 접합은 살아 있는 세포 사이의 직접적인 접촉을 통해 이루어진다.

8. 접합을 통해 유전자를 줄 수 있는 공여세포의 한 종류는 F^+ 세포이며 이때의 수용세포는 F^- 세포가 된다. F 인자라 불리는 플라스미드를 지니는 세포가 F^+ 세포이며 접합이 일어나는 동안 F^+ 세포의 F 인자가 F^- 세포로 전달된다.

세균의 형질도입 (179~181쪽)

9. 형질도입 과정에서 한 세균의 DNA는 박테리오파지에 의해 다른 세균으로 전해지고, 이 과정에서 공여세포의 DNA가 수용세포의 DNA와 재조합된다.

10. 일반 형질도입에서는 세균의 유전자 가운데 어떤 것이든 전달 가능하다.

플라스미드와 전위인자 (181~184쪽)

11. 플라스미드는 스스로 복제할 수 있는 원형 DNA 분자로 대개 세포의 생존에 필수적이지 않은 유전자들을 가지고 있다.

12. 여러 종류의 플라스미드가 존재하는데, 접합형 플라스미드, 이화 플라스미드, 독소나 박테리오신, 내성 인자 등을 생성하는 유전자를 가지고 있는 플라스미드 등이 있다.

13. 전위인자는 염색체나 플라스미드의 한 자리에서 다른 자리로 이동할 수 있는 작은 DNA 조각을 말한다.

14. 복합 전위인자는 항생제 내성 유전자를 비롯한 다양한 유전자를 지니고 있으며 따라서 이들 유전자가 한 염색체에서 다른 곳으로 자연적으로 이동할 수 있는 수단을 제공한다.

유전자와 진화 (184쪽)

1. 다양성의 진화의 전제조건이다.

2. 유전자 돌연변이와 재조합은 개체의 다양성을 제공하고 주어진 환경에서 가장 잘 적응하는 개체의 생존이 촉진되면서 자연선택이 이루어진다.

학습 질문

복습과 객관식 문제에 대한 해답은 책 뒤에 있음.

복습 문제

개요

1. DNA의 구성요소를 나열하고, 이들의 기능이 RNA나 단백질과는 어떤 관계가 있는지를 설명하시오.

2. 그려보기 아래 그림은 DNA가 복제되는 모습이다. 그림에서 다음을 찾아 표기하시오. 복제 분기점, DNA 중합효소, RNA 프라이머, 어버이 가닥, 선도가닥, 지연가닥, 각 가닥의 복제진행 방향, 각 가닥의 5′ 말단.

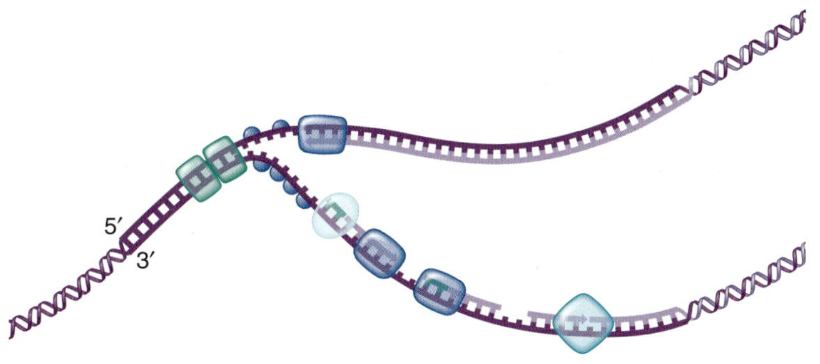

3. A에서 설명하고 있는 돌연변이 유발원을 B에서 찾으시오.

A	B
____a. 정상적인 뉴클레오티드를 대신해서 DNA에 삽입되는 돌연변이 유발원	1. 틀이동 돌연변이 유발원
____b. 반응성이 매우 높은 이온을 형성하는 돌연변이 유발원	2. 유사 뉴클레오시드
____c. 아데닌을 변형시켜 시토신과 짝을 이루도록 유도하는 물질	3. 염기쌍 돌연변이 유발원
____d. 뉴클레오티드 삽입을 유도하는 물질	4. 전리선
____e. 피리미딘 이량체의 형성을 유도하는 돌연변이 유발원	5. 자외선

4. 다음은 DNA 한 가닥의 서열이다.

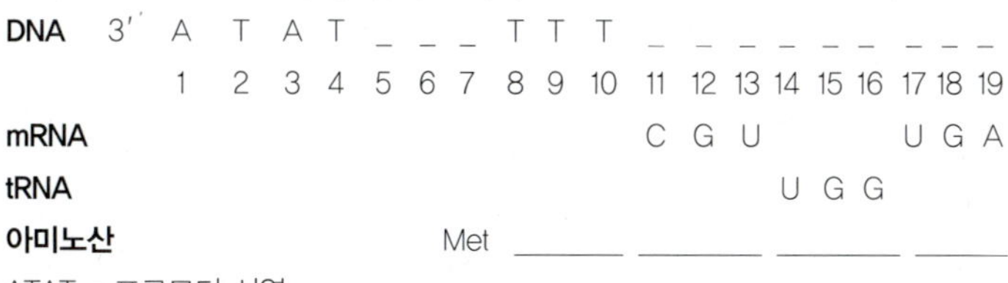

a. 그림 6.8에 나타난 유전부호표를 활용하여 DNA 서열을 채우시오.
b. 이 DNA 가닥에서 부호화하는 아미노산 서열을 완성하시오.
c. (a)에서 완성한 DNA 서열과 상보적인 서열을 쓰시오.
d. 10번째 염기가 T에서 C로 치환되면 어떤 효과가 나타날까?
e. 11번 염기가 G에서 A로 치환되면?
f. 14번 염기가 T에서 G로 치환되면?
g. 9번과 10번 염기 사이에 C가 삽입되면?
h. 이 DNA 가닥에 자외선을 조사하면?
i. 이 DNA 가닥에서 단백질 합성을 종결시키는 서열을 찾아 보시오.

5. 철분이 없으면 대장균은 초과산화물 불균등화효소(superoxide dismutase)나 숙신산 탈수소효소(succinate dehydrogenase)와 같이 철을 필요로 하는 모든 단백질 합성을 중단한다. 이와 같은 조절이 어떻게 일어나는지 설명하시오.

6. 다음과 같은 조절 과정이 언제(전사 이전, 전사 이후 번역 이전, 번역 이후 등) 나타나는지 표기하시오.
a. 효소에 의해 ATP의 구조가 바뀐다.
b. mRNA에 상보적인 짧은 길이의 RNA가 합성된다.
c. DNA가 메틸화된다.
d. 유도물질이 억제자에 결합한다.

7. 다음 가운데 자외선 조사에 의해 가장 큰 손상을 입을 수 있는 DNA 조각은 AGGCAA, CTTTGA, GUAAAU? 자외선에 노출되어도 세균이 살아날 수 있는 이유는?

8. 다음과 같은 특징을 지닌 대장균 배양액이 있다.
배양액 1: F^+, 유전형 A^+ B^+ C^+
배양액 2: F^-, 유전형 A^- B^- C^-
a. 배양액 1과 2를 혼합하여 접합이 일어나도록 하였을 때, 배양액 1과 2에 포함되어 있는 세균에는 어떤 변화가 일어나겠는가?
b. 배양액 1의 F^+ 세포가 Hfr로 바뀌었을 때, 접합 결과 생성된 재조합체의 유전형은 어떻게 나타나겠는가?

9. 돌연변이와 유전자 재조합이 자연선택과 진화의 과정에서 중요한 이유는 무엇인가?

10. 이름 답하기 정상적으로는 사람의 대장에서 상리공생하는 세균이나 시겔라속의 세균에게서 독소 유전자를 획득하면 병원성으로 변한다.

객관식 문제

1~2번 문제의 답을 다음 중에서 선택하시오.
a. 접합
b. 전사
c. 형질도입
d. 형질전환
e. 번역

1. 박테리오파지에 의해 공여세포에서 수용세포로 DNA가 전달된다.

2. 수용액 상태로 DNA가 공여세포에서 수용세포로 전달된다.

3. 되먹임 억제(feedback inhibition)는 유전자 발현의 억제(repression)와는 다음 어떤 측면에서 구별되는가?
a. 되먹임 억제는 덜 정교하다.
b. 되먹임 억제는 더 천천히 작동한다.
c. 되먹임 억제는 기존에 존재하는 효소의 작용을 막는다.

d. 되먹임 억제는 새로운 효소의 합성을 막는다.
e. 위의 모든 측면에서 구별된다.

4. 다음에서 세균이 항생제 내성을 획득할 수 있는 방법이 아닌 것은?
a. 돌연변이
b. 전위인자의 삽입
c. 접합
d. snRNP
e. 형질전환

5. 최소배지가 포함된 세 개의 플라스크에 대장균을 접종하였다. A 플라스크에는 포도당이, B 플라스크에는 포도당과 젖당이, C 플라스크에는 젖당이 들어 있다. 몇 시간 동안 배양한 다음 세 개의 배양액에서 β-갈락토시데이스가 만들어졌는지를 검사하였다. 어느 플라스크에서 이 효소가 검출될 것으로 예상하는가?
a. A
b. B
c. C
d. A와 B
e. B와 C

6. 플라스미드는 다음 어떤 점에서 전위인자와 다른가?
a. 염색체에 삽입될 수 있다.
b. 염색체와는 별도로 스스로 복제가능하다.
c. 한 염색체에서 다른 염색체로 이동할 수 있다.
d. 항생제 내성 유전자를 지닌다.
e. 위의 특징을 모두 동일하게 지닌다.

7~8번 문제의 답을 다음 중에서 선택하시오.
a. 이화억제
b. 중합효소
c. 유도
d. 억제
e. 번역

7. 포도당이 존재할 때 *lac* 오페론이 억제되는 메커니즘이다.

8. 젖당이 *lac* 오페론을 조절하는 메커니즘이다.

9. 자손 세포는 어버이 세포로부터 다음 중 어떤 것을 물려받을 확률이 가장 높은가?
a. mRNA 뉴클레오티드 서열의 변화
b. tRNA 뉴클레오티드 서열의 변화
c. rRNA 뉴클레오티드 서열의 변화
d. DNA 뉴클레오티드 서열의 변화
e. 단백질의 변화

10. 수평적 유전자 전달 방법이 아닌 것은?
a. 이분법
b. 접합
c. 전위인자의 삽입
d. 형질도입
e. 형질전환

7 미생물의 분류

생물의 분류를 다루는 학문을 분류학(*taxonomy*; 그리스어로 순서대로 배열한다는 뜻에서 유래)이라 한다. 분류학의 목적은 생물을 종류별로 나누는 것이며 이는 생물군 사이의 연관성을 확립하고 이들을 구별하는 것을 뜻한다. 지구상에는 1억 종류 이상의 서로 다른 생물이 살고 있을 것으로 추정되나, 아직 10%도 채 발견되지 않았으며, 분류 및 동정이 이루어진 것은 이보다도 훨씬 적다.

분류학은 이미 분류된 생물을 동정할 때 공통 기준을 제공한다. 예를 들면, 특정한 질병을 일으키는 것으로 의심되는 세균을 환자에서 분리하였을 때, 분리한 균주의 특징을 기존에 분류된 세균의 특징 목록과 비교하여 분리 균주를 동정한다. 분류학은 또한 과학자들이 공통 언어로 의사 소통할 수 있는 기본적이고 필수적인 도구를 제공한다.

현대의 분류학은 흥미롭고 역동적인 분야다. 심지어는 유전체 전부의 DNA 염기서열을 빠르게 결정할 수 있게 됨으로써 분류학과 진화학에 새로운 전기가 마련되었다. 이번 장에서는 여러 가지 분류체계와 분류에 사용되는 다양한 기준, 이미 분류된 미생물의 동정에 사용되는 검사법 등을 살펴볼 것이다. 사진에 보이는 *Pneumocystis jirovecii*와 같이 기존에 발견된 생물을 이해하는 데 분류학 연구가 어떻게 새로운 시각을 열어주고 있는지에 대해서도 이야기해 보기로 한다.

◀ 폐 조직에 있는 *Pneumocystis jirovecii*

미생물 뉴스

유행병의 확산

모니카 잭슨(Monica Jackson)은 32세로 네바다주 르노 시에서 텔레비전 방송국 조연출로 일하고 있다. 모니카는 동네 병원에서 담당의사와 진료 상담을 했다. 모니카는 지난 12시간 가량 설사 증세가 있고, 어지러우며, 복부 경련이 나타났다. 그리고 피곤함을 느끼고 미열이 났다. 잠시 괜찮았다가도 갑자기 심하게 아픈 증상이 나타나곤 했다. 모니카는 친한 친구도 전날 함께 점심식사를 한 다음 같은 증세를 보이고 있다고 의사에게 말했다. 의사는 병원 실험실에 모니카의 대변 분석을 의뢰했다.

실험실에서 병원균을 찾기 위해 가장 먼저 해야 할 일은 무엇일까?

실험실에서는 대변에서 병원성 세균을 찾기 위해 그냥 그람염색을 할 수는 없다. 대변에서 직접 그람염색을 하면 무수한 그람음성 막대균이 나타나 이들을 서로 구별할 수가 없을 것이다. 따라서 대변 샘플을 선택배지나 분별배지에 배양해서 여기에 포함된 세균을 구분해 주어야 한다. 모니카의 대변 샘플은 비스무스 아황산 한천배지(bismuth sulfite agar)에서 배양되었다. 24시간 후에 한천배지 위에 검은색 콜로니가 나타났다.

그람양성세균은 비스무스 아황산 한천배지에서 자랄 수 있을까?

비스무스 아황산 한천배지는 그람양성세균의 성장을 억제하여 그람음성세균을 구별하는 데 사용된다. 모니카의 대변 시료를 배양하여 살모넬라 세균에 감염되었다는 사실을 확인하였다. *Salmonella* 속에는 *S. enterica*와 *S. bongori* 단 두 종만이 존재한다. 모니카의 감염증은 *S. enterica*에 의한 것이었다. 그러나 *S. enterica*는 2,500여 종의 혈청형이 존재하며 이들이 모두 사람을 감염시킬 수 있다. 실험실에서 온 검사 결과를 통해 모니카의 주치의는 네바다주 보건당국에 모니카의 진단 내용과 모니카의 친구 또한 같은 증상을 보인다는 사실을 알렸다. 보건당국에서는 혈청형을 확인하여 한 가지 오염원에서 유행병이 발생하게 되었는지 여부를 결정한다. 유행병이 발생하였다면 해당 오염원을 찾는 일이 중요하다.

보건당국에서는 어떻게 *S. enterica*의 정확한 혈청형을 찾아낼 수 있을까?

Salmonella 혈청형은 이전에 분리된 혈청형에 대한 항혈청을 이용해서 동정할 수 있다. 보건당국에서는 해당 혈청형을 동정하여, 모니카와 그 친구가 *Salmonella tennessee* 세균에 감염되었음을 밝혔다. 보건당국에 전화가 쇄도하면서 27건의 추가 *Salmonella tennessee* 감염이 네바다주 전역에 걸쳐 보고되었다.

보건당국은 이들 29건이 서로 관계가 있는 사례임을 어떻게 알아낼 수 있을까?

29명의 감염 환자 각각에서 분리된 살모넬라 분리균주를 주 보건당국 실험실에 보내어 DNA 지문검사법을 의뢰했다. DNA 지문은 질병통제예방센터(Centers for Disease Control and Prevention, CDC)로 보내졌다. CDC에서는 컴퓨터 프로그램을 이용하여 각각의 살모넬라 DNA 지문을 비교함으로써 29건의 *Salmonella tennessee* 유행병 사례가 모두 동일한 균주에 의한 것인지를 확인하고자 했다. 이때쯤, CDC는 20개 주에서 400건이 넘는 시료를 받았고 이는 전국적 유행병의 잠재적 발발을 시사하는 것이었다. 아래는 모니카의 살모넬라 DNA 지문을 다른 환자의 시료와 비교한 그림이다.

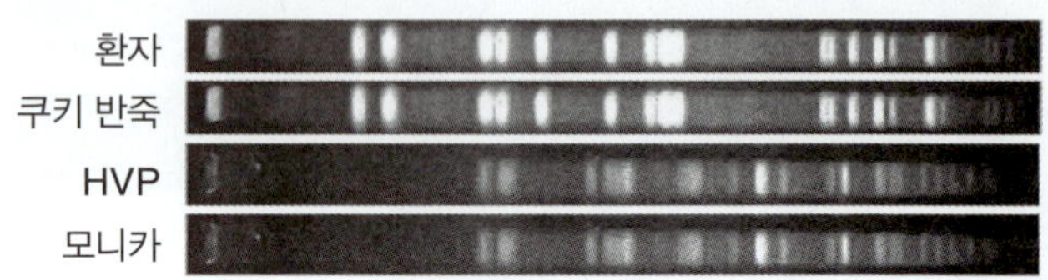

이들 DNA 지문을 근거로 CDC는 유행병의 발발에 관해 어떤 결론을 내릴 수 있을까?

이번 대유행의 초기에는 날 계란을 먹은 사람들 사이에서 *Salmonella tennessee* 감염증이 집중적으로 나타났음을 알 수 있었다. 환자들과 임의 선택된 비감염자들에게 그들이 먹은 음식에 대한 설문 조사를 수행하였다. 환자 중에는 날 계란이 들어간 쿠키반죽을 조리하지 않은 채 먹은 사람이 상대적으로 훨씬 많았다. 그러나 CDC에서는 쿠키반죽에 의한 발병 균주와는 다른 *Salmonella tennessee* 균주가 현재의 유행병을 일으키고 있다는 사실을 확인했다. 이 균주는 튀김을 찍어 먹는 식물성 소스 등 여러 식품에 널리 사용되는 감미료인 가수분해된 식물성 단백질과 연관되어 있었다. 모니카와 친구도 아프기 전날 이런 음식을 먹었다. CDC및 FDA (Food and Drug Administration, 식품의약국)와 공조하여, 제조사는 문제의 가수분해 식물성 단백질 제품을 시장에서 회수하였다. 모니카와 그 친구는 며칠이 지나지 않아 완전히 회복되었다.

살모넬라가 여러 음식을 통해 전염될 수 있기 때문에 살모넬라 감염원을 정확하게 추적하여 알아내는 것이 꼭 필요하다. 살모넬라 감염으로 인해 미국에서 해마다 1,400만 명이 식중독에 걸리고 400명이 사망하는 것으로 집계되고 있다.

전 세계의 공중보건 실험실에서 여러 살모넬라 균주를 구별하기 위해 DNA 지문법을 널리 사용하고 있다. 핵산 증폭법은 매우 민감하고 특이적인 반응이어서 균주마다 적절한 프라이머나 탐침을 제작해야 한다. 짧은 핵산서열이 아닌 전체 유전체에 대한 RFLP를 비교한다면, DNA 지문으로 균주의 종류를 알아낼 수도 있다.

계통발생학적 유연관계에 대한 연구

2001년 '생물종 전수조사(All Species Inventory)'라는 국제적인 연구사업이 시작되었다. 이 사업의 목표는 향후 25년 동안 지구상의 모든 생물종을 동정하고 기록하는 것이다. 이것은 상당히 도전적인 목표다. 생물학자들은 지금까지 170만여 종의 생물을 동정했을 뿐이나, 전체 생물종의 수는 1,000만에서 1억 종에 이를 것으로 추산되고 있다.

그러나 이렇게 많고 다양한 생물이 살고 있지만 이들 사이에는 비슷한 점도 많다. 예를 들어 모든 생물은 원형질막으로 둘러싸인 세포로 이루어졌고, ATP 에너지를 사용하며, DNA 형태로 유전정보를 저장한다. 이와 같은 유사성은 생물이 진화된 결과 때문인 것으로 현존하는 생물들은 공통조상의 후손이라는 점을 시사한다. 1859년 영국의 자연학자 다윈(Charles Darwin)은 자연선택을 통해 생물들 사이의 유사성과 차이점을 설명할 수 있다는 이론을 제안했다. 생물들 사이의 차이는 특정한 환경에 가장 적합한 형질들을 지닌 생물들이 생존하게 됨으로써 나타나게 된다는 것이다.

연구와 의사소통을 용이하게 위해서 우리는 **분류학(taxonomy)**을 이용하여 생물들을 **분류군(taxa**, 단수는 *taxon*)으로 묶어 생물간의 유사 정도를 나타낸다. 생물이 이와 같은 유사성을 보이는 까닭은 이들이 서로 연관되어 있기 때문이다. 모든 생물들은 진화의 과정을 통하여 연결되어 있다. **계통분류학(systematics** 또는 **phylogeny)**은 생물이 진화해온 과정을 추적하는 학문이다. 분류군의 위계는 진화적, 즉 **계통발생적**(phlogenetic) 연관관계를 반영한다.

아리스토텔레스 시대 이래 사람들은 살아 있는 생물들을 모두 동물이나 식물 두 가지 범주로 나누어 생각했다. 1735년 스웨덴의 식물학자 린네(Carolus Linnaeus)는 이에 따라 공식적으로 생물을 식물계(Plantae)와 동물계(Animalia)와 같이 두 개의 계(kingdom)로 나누는 분류체계를 제안했다. 그는 라틴어로 생물을 명명하여 이를 분류학에서 공통 "언어"로 사용하도록 했다. 생물학이 발전하면서 생물학자들은 **자연적인**(natural) 분류체계를 찾고자 했다. 이는 생물을 진화적 관계에 근거하여 분류함으로써 생명의 질서를 파악할 수 있는 체계를 말한다. 1857년 파스퇴르와 같은 시대에 살았던 네겔리(Carl von Nägeli)는 식물계에서 세균과 진균이 포함되어야 한다는 제안을 했다. 1866년 헤켈(Ernst Haeckel)은 원생동물계(Kingdom Protista)를 제안하면서 여기에 세균, 원생동물, 조류, 균류를 포함시켰다. 원생동물의 정의에 대한 논란이 끊이지 않으면서, 이후 100년 동안 생물학자들은 네겔리의 방식대로 식물계에 세균과 진균을 포함시켜 왔다. 역설적으로 최근 DNA 염기서열을 비교한 결과, 진균은 식물보다 동물에 더 가까운 종류로 파악되었다. 1959년이 되어서야 따로 진균계를 독립적으로 인정하기 시작했다.

전자현미경의 도입으로 세포 사이의 물리적 차이를 분명하게 관찰할 수 있게 되었다. **원핵생물**(prokaryote)이라는 용어는 1937년 샤통(Edouard Chatton)이 핵을 지니는 동식물의 세포와 핵이 없는 세포를 구분하기 위해 처음 도입했다. 1961년 스타니에(Roger Stanier)는 지금까지도 통용되는 원핵생물의 정의를 제시하였다. 원핵생물은 핵물질(핵질)이 핵막으로 둘러싸이지 않은 세포를 말한다. 1968년 머레이(Robert G. E. Murray)는 원핵생물계(Kingdom Prokaryotae)의 독립을 제안하였다.

1969년 휘타커(Robert H. Whittaker)는 5계 분류체계를 세웠다. 여기서 원핵생물은 원핵생물계 또는 모네라계(Monera)에 속하고 진핵생물이 나머지 네 개의 계를 차지한다. 원핵생물계는 현미경 관찰을 바탕으로 만들어진 분류군이다. 이후 분자생물학의 신기술이 발전하면서 원핵세포는 사실상 두 종류의 세포로 이루어졌으며, 진핵세포는 모두 단일한 한 종류라는 사실이 알려지게 되었다.

생물의 3영역

리보솜의 형태가 모든 세포에서 동일하지 않다는 관찰 결과를 바탕으로 세포의 유형을 세 종류로 나눌 수 있다는 사실을 알게 되었다(2장 49쪽 참조). 리보솜은 모든 세포에 존재하기 때문에 세포들을 서로 비교하기에 좋은 기준이 된다. 서로 다른 종류의 세포에서 리보솜 RNA의 뉴클레오티드 서열을 비교한 결과, 세 종류의 뚜렷이 구별되는 세포 종류가 존재한다는 것을 알았다. 진핵생물과 두 종류의 서로 다른 원핵생물로, 그 하나는 진정세균이고 다른 하나는 고세균이다.

1978년 우즈(Carl R. Woese)는 세 가지 세포 종류를 계(kingdom)보다 상위인 영역(domain)으로 구분할 것을 제안했다. 우즈는 고세균과 진정세균은 모양이 비슷하긴 하지만 진화적 계통수에서 서로 다른 영역에 놓인다는 사실을 파악했다(**그림 7.1**). 세 영역 내에서 생물들은 세포의 종류에 따라 구별된다. rRNA의 차이와 더불어 세 영역은 막 지질구조와 tRNA 분자, 항생제에 대한 민감성 등에서 차이를 보인다(**표 7.1**).

이제는 널리 받아들여지고 있는 이 분류체계에서 동물과 식물, 진균 등은 **진핵생물(Eukarya)** 영역에 속한다. **진정세균(Bacteria)** 영역에는 모든 병원성 원핵생물과 흙과 물에 사는 비병원성 원핵생물의 대부분이 포함된다. **고세균(Archaea)** 영역은 세포벽에 펩티도글리칸이 없는 원핵생물을 포함한다. 고세균은 주로 극한 환경에 서식하고 색다른 대사과정을 수행한다. 고세균에는 다음의 세 가지 주요 분류군이 포함된다.

1. 메탄생성균(methanogen), 이산화탄소와 수소를 이용하여 메탄(CH_4)을 생성하는 절대 혐기성 생물이다.

토대 그림 7.1

생물의 3 영역 체계

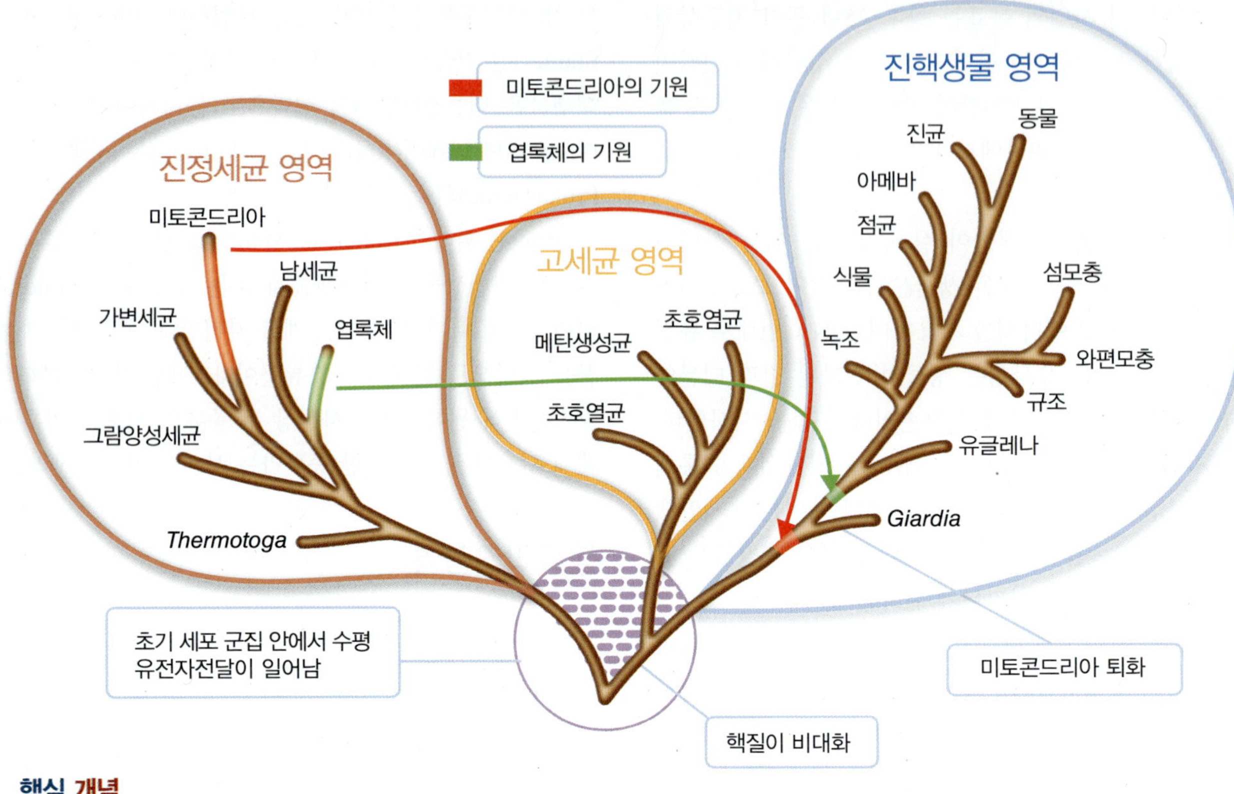

핵심 개념

- 모든 생물은 30억 년 전에 생성된 세포에서 진화되었다.
- 조상으로부터 물려받은 DNA는 보존되어 있다고 말한다.
- 진핵생물 영역에는 진균계, 식물계, 동물계 및 원생동물이 포함된다. 진정세균 영역과 고세균 영역의 생물들은 원핵생물이다.

2. 극호염균(extreme halophile), 생존에 고농도의 염분을 필요로 한다.
3. 극호열균(hyperthermophile), 매우 높은 온도에서만 정상적으로 성장한다.

세 영역 사이의 진화적 연관성은 현대 생물학의 주요한 연구 주제다. rRNA 분석에 기반하여 볼 때, 세 가지 세포 계통은 35억 년 전에 세포가 만들어지면서 출현한 것이 분명하다. 초기의 세포가 고세균과 진정세균, 진핵세포의 핵질이 된 것이다. 그러나 세 종류의 세포 계통은 서로 격리되지 않았고, 수평유전자전달 과정이 이들 사이에 일어난 것으로 보인다. 유전체 전부를 분석한 결과 각각의 영역은 다른 영역과 유전자를 공유하고 있었다. 진정세균인 *Thermotoga* 유전체에서 1/4 정도는 고세균에서 온 것으로 추정된다. 유전자전달은 진핵생물 숙주와 원핵생물 공생체 사이에서도 나타난다.

가장 오래된 것으로 알려진 화석은 35억 년 전 이전에 살았던 원핵세포의 잔해다. 진핵세포는 더 최근인 약 25억 년 전에 진화했다. 내부공생설에 따르면 진핵세포는 원핵생물들이 서로 같은 세포 안에서 함께 살았던 내부공생체에서 유래했다. 실제로 진핵세포의 세포소기관과 원핵세포 사이의 유사성은 내부공생적 관계에 대한 강력한 증거가 된다(표 7.2).

세포핵의 기원이 된 세포는 원핵세포였다. 그러나 원형질막이 안으로 접히면서 핵 주변을 둘러싸게 되어 지금의 핵이 만들어졌다(그림 7.2). 최근 프랑스 연구진이 *Gemmata* 세균에서 진정한 핵의 형태를 관찰(그림 8.17 참조)한 것도 이러한 가설을 뒷받침한다. 시간이 흐르면서 핵질의 염색체는 전위인자와 같은 유전자 조각들을

표 7.1 고세균과 진정세균, 진핵세포의 주요 특징

	고세균	진정세균	진핵생물
	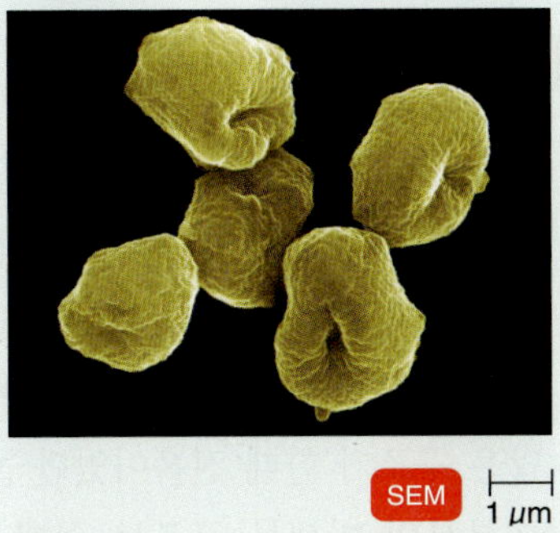 SEM 1 μm	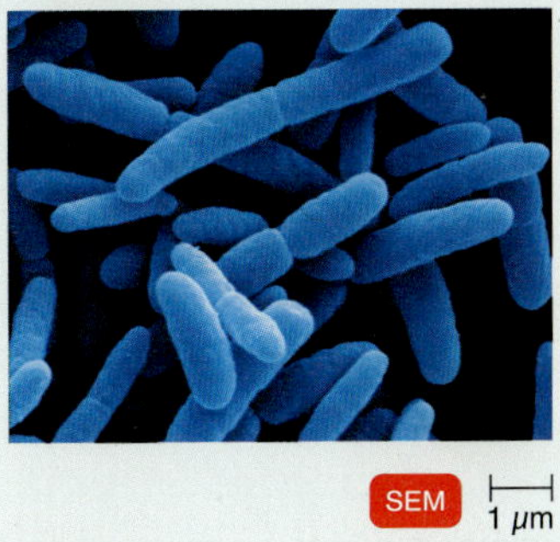 SEM 1 μm	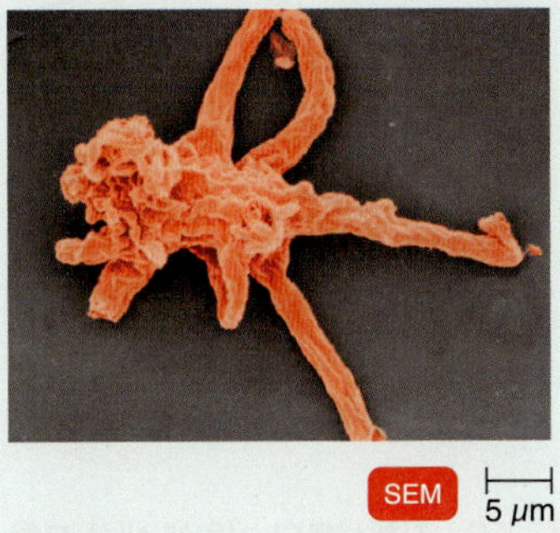 SEM 5 μm
세포의 종류	원핵세포	원핵세포	진핵세포
세포벽	성분이 다양함; 펩티도글리칸을 포함하지 않음	펩티도글리칸 포함	성분이 다양함; 탄수화물 포함
막지질	글리세롤에 에테르 결합으로 부착된 가지 달린 탄소 사슬로 구성	글리세롤에 에스테르 결합으로 부착된 가지 없는 탄소 사슬로 구성	글리세롤에 에스테르 결합으로 부착된 가지 없는 탄소 사슬로 구성
단백질 합성 과정의 첫 번째 아미노산	메티오닌	포밀메티오닌	메티오닌
항생제 감수성	없음	있음	없음
rRNA 고리*	없음	있음	없음
tRNA에 흔히 나타나는 곁가지 서열†	없음	있음	있음

* 리보솜 단백질에 결합하는 부분으로 모든 진정세균에 존재

† 모든 진핵세포와 진정세균의 tRNA에서 발견되는 구아닌-티민-의사유리딘-시토신-구아닌 서열.

표 7.2 원핵세포와 진핵세포의 비교

	원핵세포	진핵세포	진핵세포 소기관(미토콘드리아와 엽록체)
DNA	하나의 원형, 일부에서는 두 개의 원형, 선형인 경우도 존재	선형	원형
히스톤	고세균에 있음	있음	없음
단백질 합성 과정의 첫 번째 아미노산	포밀메티오닌(진정세균) 메티오닌(고세균)	메티오닌	포밀메티오닌
리보솜 크기	70S	80S	70S
증식	이분법	유사분열	이분법

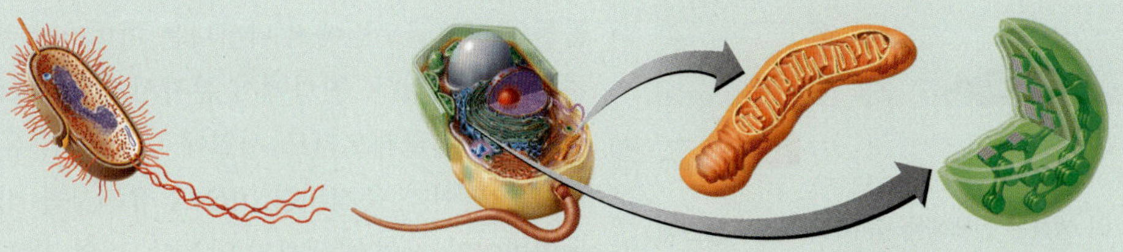

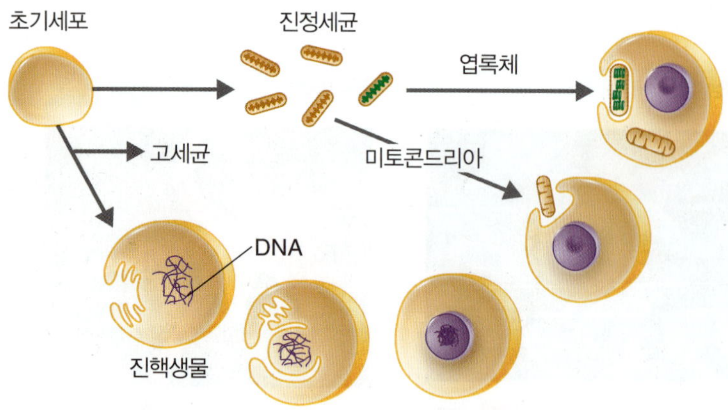

그림 7.2 진핵생물의 기원에 대한 모형. 원형질막이 함입되면서 핵막과 소포체가 형성되었을 것이다. rRNA 서열 등의 유사성은 미토콘드리아와 엽록체가 내부공생 원핵생물에서 유래되었음을 시사한다.

Q 진핵세포의 핵막은 몇 개의 막으로 이루어져 있는가?

획득하게 되었을 것이다. 일부 세포에서 이들 거대한 염색체는 더 작은 선형 염색체로 조각나게 되었을 것이다. 아마도 선형 염색체를 갖는 세포는 거대하고 다루기 어려운 원형 염색체를 가진 세포에 비해 분열할 때 이점을 누리게 되었을 것이다.

핵질이 된 세포는 세포소기관으로 변한 내부공생세포가 함께 공생할 수 있는 원래의 숙주 역할을 제공했다. 현재 진핵세포 안에서 살고 있는 원핵세포의 예가 그림 7.3에 나타나 있다. 남세균과 같은 세포와 진핵생물 숙주는 서로의 생존에 꼭 필요한 존재이다.

분류학 연구는 개체 사이의 진화의 과정은 물론 서로의 관계를 밝히는 도구가 된다. 지금도 매일 새로운 생물이 발견되고 있으며

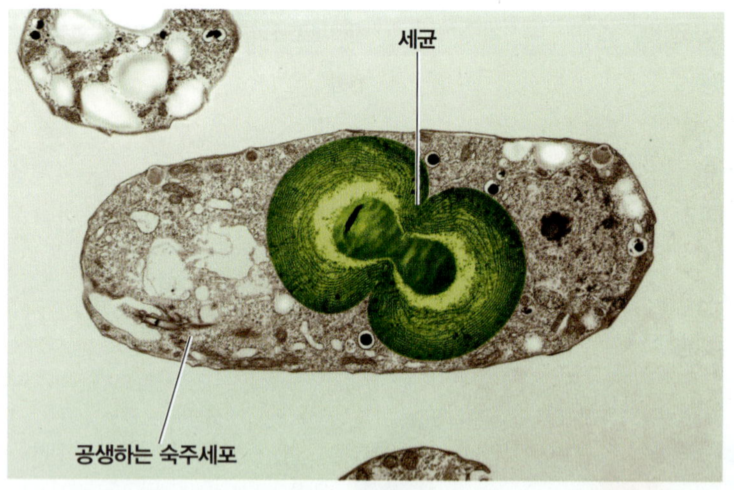

그림 7.3 *Cyanophora paradoxa.* 이 생물은 진핵생물 숙주와 세균이 생존에 서로를 꼭 필요로 한다. 어떻게 진핵세포가 진화되었을지를 알려주는 생생한 사례로 볼 수 있다.

Q 엽록체, 미토콘드리아, 세균이 공통으로 지니는 특성은 무엇인가?

분류학자들은 계속해서 계통발생적 연관성을 반영하는 자연 분류체계를 찾고 있다.

계통수

계통수(phylogenetic tree)에서, 공통된 특성에 따라 생명체를 묶는 것은 그 그룹이 공통조상에서 진화했음을 의미한다. 각 종은 조상의 특징 가운데 일부를 유지하고 있을 것이다. 고등 생물에서의 계통발생 관계는 화석에서 얻는다. 화석이란 뼈와 조개껍데기 같이 광물질이 많은 구조가 한때 진흙이었던 돌에 남긴 흔적이다.

대부분의 미생물 구조는 쉽게 화석화되지 않으나, 다음과 같은 예외가 존재한다.

- 한 해양 원생동물의 화석화된 군집이 도버해의 화이트클리프(White Cliff)를 형성했다.
- 5억 년에서 20억 년 전 사이에 번성하였던 사상형 세균과 침전물이 화석화되어 스트로마톨라이트(stromatolite)를 형성하였다(그림 7.4a,b)
- 남세균과 유사한 화석이 서부 호주의 30억~35억 년 전의 암석에서 발견되었는데, 현존하는 가장 오래된 화석으로 널리 알려져 있다(그림 7.4c).

대부분의 원핵생물의 경우에는 화석 증거가 남아있지 않으므로 원핵생물을 계통발생적으로 분류하려면 화석 이외의 다른 증거가 있어야 한다. 그러나 극히 예외적인 사례로, 2,500만 년에서 4,000만 년 전의 세균과 효모를 살아 있는 채로 분리하는 일이 가능할 수도 있다. 1995년 미국의 미생물학자 카노(Raul Cano)와 동료 연구진은 수백만 년 동안 호박(화석이 된 식물의 수지) 속에 파묻힌 채 살아남은 *Bacillus sphaericus*를 비롯한 다른 미확인 미생물을 배양하고 있다고 발표했다. 이 연구가 사실로 확인된다면, 미생물의 진화에 관한 새로운 정보를 제공해 줄 것이다.

유전체의 유사성 또한 생물의 분류군을 정하고 분류군이 언제 나타나기 시작했는지에 대한 정보가 될 수 있다. 미생물은 대체로 화석 증거를 남기지 않기 때문에 이와 같은 정보는 미생물을 분류하는 데 특히 중요하다. 분자시계라는 개념은 1960대에 서로 다른 동물들의 헤모글로빈에서 나타나는 아미노산 서열의 차이를 바탕으로 처음 제시되었다. 진화에서 **분자시계(molecular clock)**는 생물 유전체에서 뉴클레오티드 서열에 기초한다. 유전체에는 일정한 비율로 돌연변이가 축적된다. tRNA 유전자를 비롯한 일부 유전자에는 돌연변이가 거의 발생하지 않는다. 이와 같은 유전자들을 매우 보존된 유전자라 부른다. 변이가 일어나도 개체의 생존에 뚜렷하게 영향을 미치지 않는 유전체 부위도 있다. 유전자에 따라 예상된 변이율

(a) 세균 군락이 스트로마톨라이트(stromatolite)라 불리는 바위 기둥 모양을 형성하고 있다. 이것은 3,000년 전부터 자라기 시작한 것이다.

(b) 20억 년 전에 번성했던 화석화된 스트로마톨라이트의 단면

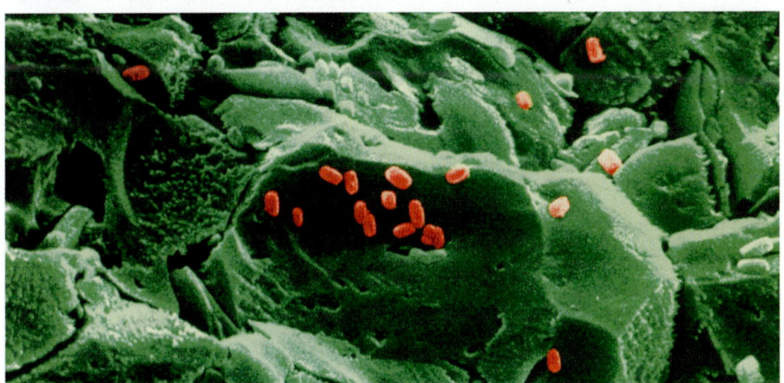

(c) 남아프리카의 선캄브리아기 초엽(35억 년 전)의 막대기 모양의 원핵생물

그림 7.4 화석화된 원핵생물

 어떤 증거를 바탕으로 원핵생물의 계통을 결정하는가?

을 기준으로 두 개체 사이에서 돌연변이가 일어난 숫자를 비교하면 공통조상에서 두 개체가 분리된 시기를 추정할 수 있다. 이와 같은 기법으로 웨스트나일바이러스가 미국으로 도입된 경로를 추적할 수 있었다.

진핵생물의 일부 목(order)과 과(family)에 속하는 생물들의 rRNA 염기서열을 결정하고 DNA 혼성화 연구(205쪽 참조)를 수행한 결과는 화석기록과 거의 일치했다. 이와 같은 맥락에서 DNA 혼성화 및 rRNA 염기서열은 원핵생물 분류군 사이의 진화적 연관성을 이해하는 데에도 널리 활용되고 있다.

생물의 분류

살아 있는 생물은 비슷한 특징에 따라 분류하며, 각 생물은 고유의 학명을 갖는다. 전 세계의 생물학자들이 공통으로 사용하는 분류법과 명명법을 알아보자.

생물의 학명

이 세상에는 수많은 생물이 살고 있으므로 생물학자들은 지금 서로 이야기하고 있는 생물이 정확하게 무엇인지 알고 공유해야 한다. 때로는 똑같은 이름이 지역에 따라 서로 다른 생물을 지칭하는 데 사용되기도 하기 때문에 일반명을 쓰면 곤란할 때가 있다. 예를 들면, 두 종류의 서로 다른 생물이 스페인이끼라는 같은 이름으로 불리고 있으나 두 종류 모두 실제 이끼류에 속하지도 않는다. 게다가 일반명은 현지의 언어로 불린다. 일반명은 잘못 사용될 수도 있고, 서로 다른 언어로 사용되기 때문에 18세기부터 학명(scientific nomenclature)을 사용하기 시작했다.

1장(3쪽)에서 모든 생물은 이명법에 따라 두 개의 이름으로 나타낸다는 이야기를 했다. 이 두 가지 이름은 바로 **속(genus)**명과 **종(species)**명으로 둘 다 밑줄을 긋거나 이탤릭체로 나타낸다. 속명의 첫 글자는 반드시 대문자로 쓰며 명사형이다. 종명은 모두 소문자로 쓰며 대개 형용사형이다. 이 방법에서는 각 생물에 두 개의 이름을 부여하므로 이를 **이명법(binomial nomenclature)**이라 한다.

실례를 들어 살펴보자. 우리 인간의 속명과 종명은 *Homo sapiens*이다. 속명은 인간을 뜻하는 명사이고 종명은 '현명한'이라는 뜻을 가진 형용사다. 빵을 오염시키는 곰팡이는 *Rhizopus stolonifer*이다. 여기서 *Rhizo*-는 뿌리를 뜻하는데 곰팡이의 뿌리처럼 보이는 구조를 설명하는 말이며 나무의 순을 뜻하는 *stolo*-는 길게 뻗는 균사를 묘사하고 있다. 4쪽의 표 1.1에서 다른 사례를 찾을 수 있다.

이명법은 전 세계의 과학자들이 자신들의 모국어와 관계 없이 공통으로 사용함으로써 과학지식을 효율적이고 또 정확하게 공유할 수 있게 한다. 몇몇 과학계의 공식 기구에서 생물의 이름을 정하는 과정을 관리하는 책임을 맡고 있다. 원생동물과 기생동물의 명명법은 국제 동물명명규약(*International Code of Zoological Nomenclature*), 진균과 조류는 국제식물명명규약(*International Code of Botanical Nomenclature*)에 나와 있다. 새로 분류된 원핵생물 명명법이나 원핵생물을 분류군에 배정하는 규칙은 국제원핵생물분류위원회(*International Committee on Systematics of Prokaryotes*)에서 정하고 이 내용은 세균 검색표(*Bacteriological Code*)로 발표된다. 새로 분리된 원핵생물에 대한 기술과 분류의 근거는 국제분류진화미생물학술지(*International Journal of Systematic and Evolutionary Microbiology*)에 발표된다. 여기에 발표된 내용은 후에 버지편람(*Bergey's Manual*)에 수록된다. 세균검색표에 따라 학명은 라틴어(속명은 그리스어도 가능)에서 취하거나 적당한 어미를 붙여 라틴어처럼 만들어 사용한다. 분류체계 상의 목과 과에 대한 이름의 어미에는 각각 *-ales*와 *-aceae*를 붙인다.

새로운 실험 기법으로 인해 미생물의 형질을 더욱 자세하게 연구할 수 있게 되면서 두 개의 속이 하나의 속으로 합쳐지거나 하나의 속이 두 개 이상의 속으로 나누어지기도 한다. 예를 들어 rRNA 분석(207쪽 참조)으로 "*Streptococcus faecalis*"는 다른 연쇄상구균 속의 종들과 크게 연관되지 않은 것이 밝혀지면서 새롭게 "장구균 속(*Enterococcus*)"이 만들어졌고, 이 종은 *E. faecalis*로 이름이 바뀌었다.

생물의 이름이 새롭게 바뀌게 되면 혼란이 발생할 수 있기 때문에 예전 이름을 괄호 안에 써 주기도 한다. 예를 들어 의사가 환자의 폐렴과 유사한 유비저(melioidosis) 증상의 원인균을 찾을 때 세균의 이름이 *Burkholderia* (*Pseudomonas*) *pseudomallei*로 표기된 것을 볼 수 있다.

분류체계

모든 생물은 특정 분류체계에 따라 일련의 하위 집단들로 범주화할 수 있다. 린네는 동식물을 분류하면서 이와 같은 분류체계를 세웠다. **진핵생물 종(eukaryotic species)**은 서로 교배할 수 있을 만큼 가깝게 연관된 생물의 집단이다. (세균의 종은 후에 논의할 것이다.) 속은 특정한 부분에서 서로 다르지만 연관된 계통에 속하는 종들로 이루어진다. 예를 들어 참나무속(*Quercus*)에는 떡갈나무와 신갈나무, 굴참나무 등의 모든 종류의 참나무 종류가 속해 있다. 각각의 참나무 종들이 서로 조금씩 다르지만 이들은 모두 유전적으로 연관된다. 몇몇 관련 종이 속을 이루듯이 서로 연관된 속들이 모여 **과(family)**를 이룬다. 유사한 과들은 또 **목(order)**을 형성하고, 유사한 목들이 모여 **강(class)**을 이룬다. 연관된 강은 또한 **문(phylum)**을 구성한다. 따라서 특정한 개체(생물종)는 종명과 속명을 지니는 동시에 특정한 과, 목, 강, 문에 속하게 된다.

상호관련된 모든 문들은 **계(kingdom)**를 이루고, 관련된 계들은 하나의 **영역(domain)**으로 합쳐진다(그림 7.5).

원핵생물의 분류

원핵생물의 분류학적 체계는 '버지의 세균분류편람(*Bergey's Manual of Systematic Bacteriology*, 이하 버지편람) 2판에서 찾아볼 수 있다(부록 참조). 버지편람에서 원핵생물은 두 개의 영역, 즉 진정세균 영역과 고세균 영역으로 나뉜다. 각각의 영역은 문으로 나누어져 있고, 강은 목으로, 목은 과로, 과는 속으로, 그리고 속은 종으로 나뉜다. 원핵생물은 rRNA 염기서열의 유사성을 바탕으로 분류한다.

원핵생물의 종을 정의하는 방식은 진핵생물과 약간 다르다. 진핵생물에서는 서로 가까운 사이어서 교배 가능한 생물의 집단으로 종을 정의한다. 진핵생물이 유성생식으로 번식하는 것과 달리 세균의 세포분열은 생식적 접합과 직접 연관되어 있지 않고, 생식적 접합은 드물게 일어나며, 게다가 항상 종 사이에서만 접합이 일어나는 것도 아니다. **원핵생물 종(prokaryotic species)**은 따라서 단순히 유사한 형질을 지닌 세포의 집단이라고 정의한다. (형질의 종류에 대해서는 이 장의 후반에서 논의하기로 한다.) 특정한 세균 종에 속하는 개체는 기본적인 특성에서 같은 종에 속하는 다른 개체와 본질적으로 구별할 수 없다. 알다시피 배지에서 주어진 시간에 자라는 세균 집단을 배양물(culture)이라 한다. 순수배양물을 **클론(clone)**이라 할 수 있는데 이는 단일한 모세포에서 유래된 세포의 집단이 들어 있기 때문이다. 순수배양물에 들어 있는 모든 세포는 같아야만 한다. 그러나 어떤 경우에는 같은 종의 순수배양물(클론)이라 할지라도 서로 다른 경우가 있다. 이런 경우를 **균주(strain)**라 한다. 균주는 종의 이름 뒤에 특정한 숫자, 알파벳, 또는 이름을 붙여 구별한다.

버지편람에서는 실험실에서 세균을 동정하고 분류할 때 사용할 수 있는 기준이 수록되어 있다. 세균의 진화적 연관성을 알아보는 한 가지 방법이 그림 7.6에 제시되어 있다. 세균을 분류하고 동정하는 데 사용되는 형질은 8장에서 논의하기로 한다.

진핵생물의 분류

진핵생물 영역에서 일부 계는 그림 7.1에 나타나 있다.

1969년 단세포성 생물이 대부분인 단순한 진핵생물들을 **원생생물계(Protista)**로 분류했다. 원생생물계는 따라서 여러 다양한 생물을 아우르는 집단이다. 역사적으로 다른 진핵생물의 계에 속하지 않는 생물들을 원생생물계에 모아두곤 했다. 대략 200,000종의 원생생물이 지금까지 동정되었는데, 이들 생물이 영양물질을 이용하는 방식은 매우 광범위해서, 광합성생물에서부터 절대 세포내 기생생물까지 아우르고 있다. 리보솜 RNA 염기서열 분석을 통해 이처럼 다양한 원생생물을 공통조상에서 유래된 후손들끼리 범주화할 수 있었다. 그 결과 단순한 진핵생물이라는 특성에 따라 원생동물로 분류되었던 생물들을 지금은 유전적으로 연관된 집단인 **분기군(clade)**으로 분류하고 있다. 편의상 원생동물(protist)이라는 용어를 계속 사용할 것이며 이때 원생생물은 단세포 진핵생물 및 이들과 가

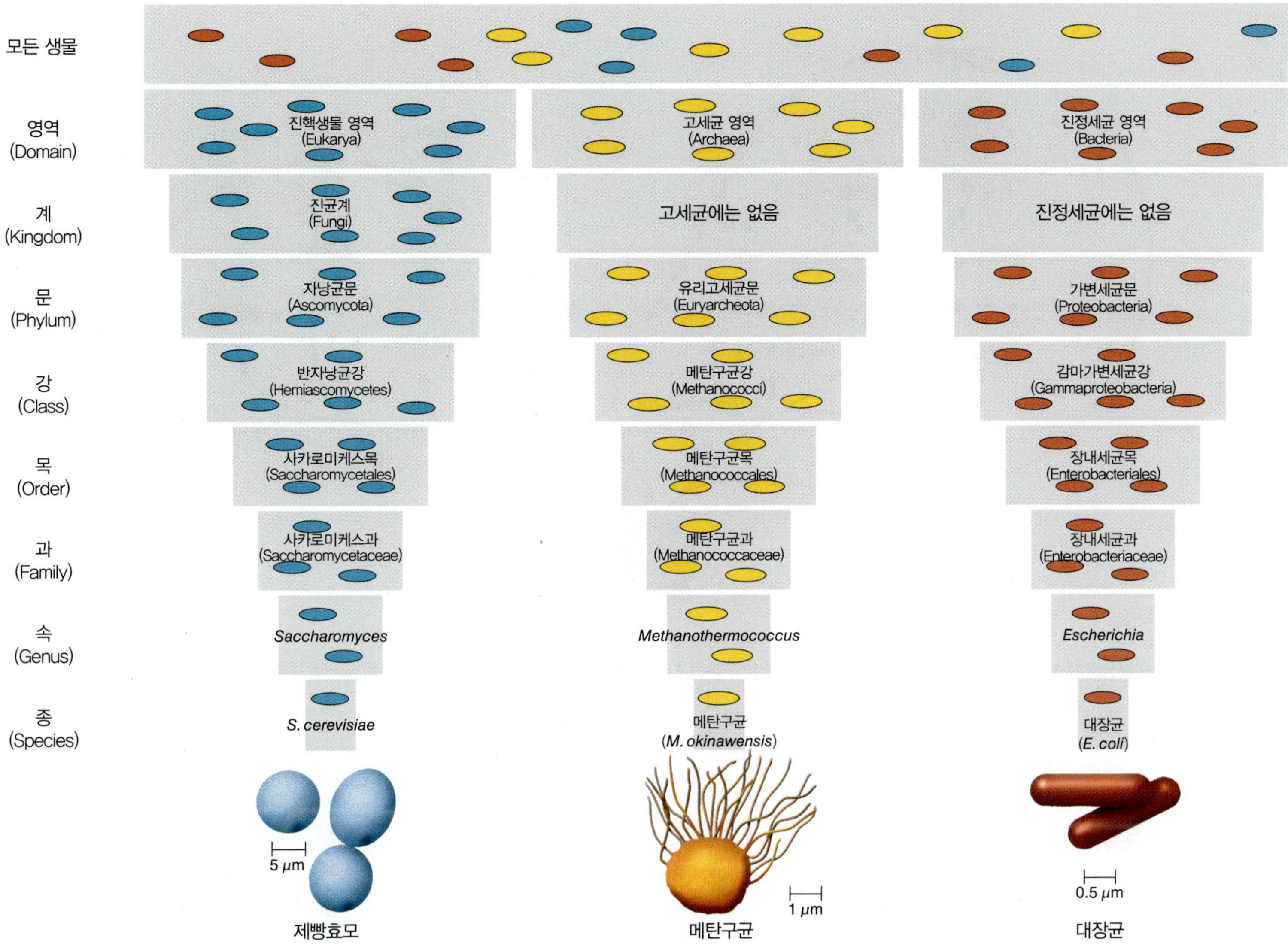

그림 7.5 **분류체계.** 생물은 유연관계에 따라 분류할 수 있다. 밀접하게 연관된 종들은 같은 속에 포함된다. 예를 들어 일반적인 제빵효모(*Saccharomyces cerevisiae*)는 사워도우효모(*S. exiguus*)와 같은 속에 포함된다. *Saccharomyces* 속과 *Candida* 속처럼 서로 연관된 속들은 같은 과에 포함되고, 이와 같은 방식으로 계속 분류군이 커진다. 이때 각 분류군은 점점 더 포괄적인 특성을 갖게 된다. 진핵생물 영역에는 진핵세포로 이루어진 모든 생물이 속한다.

Q 과(family)는 생물학적으로 어떻게 정의하는가?

까운 유연관계를 갖는 생물을 뜻한다.

진균류와 식물, 동물은 3개의 계를 구성하는 더 복잡한 진핵생물로 대부분 다세포성이다.

진균계(Fungi)에는 단세포성 효모와 다세포성 곰팡이, 버섯류와 같이 맨눈으로 볼 수 있는 큰 생물종 등이 포함된다. 생명 유지에 꼭 필요한 영양 물질을 얻기 위해 진균은 원형질막을 통해 액상에 녹아 있는 유기물질을 흡수한다. 다세포성 진균 세포는 보통 **균사**(hypha)라 불리는 가느다란 관을 형성하여 연결되어 있다. 균사는 대개 다세포성으로 구멍이 뚫린 격벽으로 분리되어 세포와 유사한 단위 사이로 세포질이 유동할 수 있다. 진균은 포자 또는 균사 조각에서 발생한다.

식물계(Plantae)에는 일부 조류(algae)와 모든 이끼, 양치류, 침엽수, 현화식물 등이 포함된다. 식물계는 모두 다세포성 생물이다. 에너지를 얻기 위해 식물은 광합성을 해서 이산화탄소와 물을 세포가 사용할 유기 분자로 전환한다.

다세포성 생물인 **동물계(Animalia)**에는 해면류, 여러 가지 벌레, 곤충, 척추동물 등이 포함된다. 동물은 입과 같은 구조를 이용하여 유기물을 소화하여 영양물질과 에너지를 얻는다.

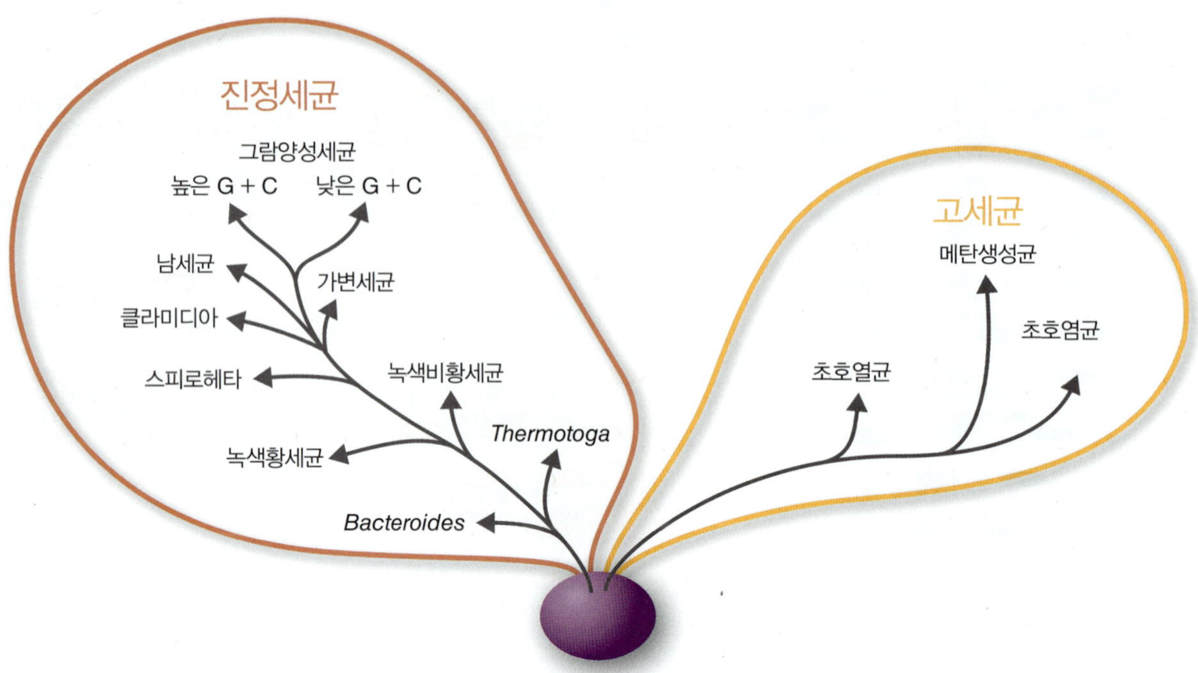

그림 7.6 원핵생물의 계통발생학적 유연관계. 화살표는 세균 분류군의 진화적 주요 경로를 나타낸다. 문에 해당하는 분류군은 흰색 상자로 표기하였다.

Q 그람염색으로 확인할 수 있는 세균은 어느 문에 속하는가?

바이러스의 분류

바이러스는 생물의 3영역에 속하지 않는다. 바이러스는 세포로 이루어지지 않고 살아 있는 숙주세포의 대사 기구를 활용해서 증식한다. 바이러스 유전체는 숙주세포 안에서 생합성을 지시하고 또 일부 바이러스 유전체는 숙주 유전체에 삽입되기도 한다. 바이러스의 생태학적 지위(ecological niche; 이 경우에는 서식하는 장소를 의미함-역자주)는 특정한 숙주세포 안이다. 따라서 바이러스는 다른 바이러스보다 숙주세포와 더욱 밀접하게 연관되어 있다. 국제 바이러스 분류위원회(International Committee on Taxonomy of Viruses)에서는 **바이러스 종(viral species)**을 특정한 생태학적 지위에 사는 형질(형태, 유전자, 효소 등을 포함)이 비슷한 바이러스의 집단으로 정의한다.

바이러스는 절대 세포내 기생체다. 다른 생물의 유전체에 포함된 바이러스 유전자를 통해 바이러스가 진화한 기록을 찾아낼 수 있다. 최근 분석에 따르면 바이러스에서 유래된 유전자들은 사람을 비롯한 포유류의 유전체에 적어도 4,000만 년 전에 삽입되었다고 한다. 바이러스의 기원에 대해서는 세 가지 가설이 있다. (1) 바이러스는(플라스미드 등과 같이) 스스로 복제하는 핵산 가닥에서 유래했다. (2) 바이러스는 여러 세대에 걸쳐 점점 독립적으로 생존하는 능력을 잃었으나 다른 세포와 연합했을 때에는 생존 가능한 퇴행 세포에서 유래했다. (3) 바이러스는 숙주세포와 함께 공진화했다. 예를 들어 세균의 세포벽은 바이러스의 감염을 막아주는 데 선택적 이점을 제공했다. 그러자 그 세포벽을 뚫고 세포 안으로 들어갈 수 있는 돌연변이 바이러스가 또 선택되는 방식이다. 바이러스는 10장에서 더 살펴보기로 한다.

미생물 동정과 분류법

생물을 분류(classification)하고 동정(identification)하는 과정에는 생물의 특징에 대한 목록과 비교법이 사용된다. 일단 한 생물을 동정하고 나면 이 생물은 기존의 분류 방법에 따라 분류된다. 미생물은 감염에 대한 적절한 치료법 등의 실용적인 목적에 따라 동정한다. 미생물을 동정할 때 사용하는 방법은 이들을 분류하는 데 사용하는 기법과 다를 수 있다. 대부분의 동정 방법은 실험실에서 쉽게 수행할 수 있으며 가능한 한 최소의 단계를 거쳐 동정하는 방법을 이용한다. 원생동물과 기생충, 진균류 등은 대개 현미경을 이용하여 동정한다. 대부분의 원핵생물은 형태적 특징이나 크기와 모양이 크게 다르지 않다. 따라서 미생물학자들은 다양한 대사반응 등의 특징

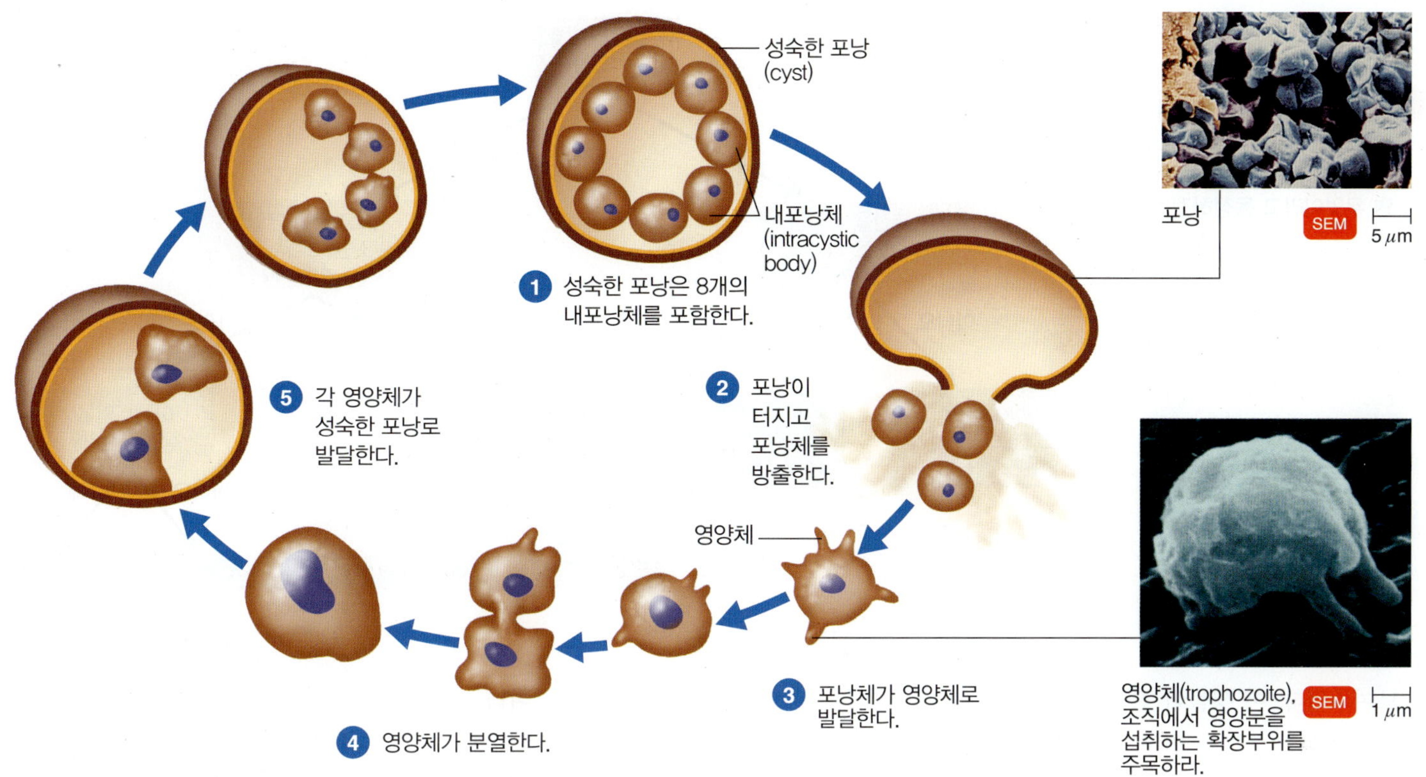

그림 7.7 뉴모시스티스 폐렴의 원인인 뉴모시스티스 예로베치의 생활사. 원생동물로 오랫동안 분류했지만 이 생물체는 현재 일반적으로 진균으로 간주한다. 그러나 양쪽 모두의 특징을 가지고 있다.

Q 이 생물체를 적절하게 분류하는 것이 어떤 가치가 있는가?

을 이용하여 원생동물을 동정하는 방법을 개발해 왔다.

'세균 동정을 위한 버지편람(*Bergey's Manual of Determinative Bacteriology*)'은 1923년 초판이 발행된 이후 널리 사용되어 온 지침서다. 미국의 세균학자 버지(David Bergey)는 과학 학술논문에 발표된 세균의 정보를 수집하는 연구진의 대표 역할을 맡아왔다. 버지편람에서는 세균을 진화적 연관성에 의해 분류하지 않고, 대신 세균 세포벽의 조성, 형태, 분별염색법, 산소요구성, 생화학적 검사 등의 기준에 따라 동정하는 방법을 제시한다.* 대부분의 진정세균과 고세균은 배양된 적이 없으며 현재 학자들은 이들 미생물의 1% 정도만이 발견된 것으로 추정하고 있다.

의학 미생물학(사람의 병원체를 다루는 미생물학의 분과)이 미생물에 대한 관심을 주도해 왔으며 이와 같은 관심은 미생물을 동정하는 방법에도 영향을 주어왔다. 그러나 세균의 병원성을 객관적으로 바라보면, 세균명 승인목록(*Approved Lists of Bacterial Names*)에 기재된 11,500여 종 가운데 사람에게 질병을 일으키는 병원체는 5%도 되지 않는다.

다음 절부터는 미생물의 분류와 일상적인 동정 기준 및 방법에 대해 알아볼 것이다. 생물 자체의 특징과 더불어 세균이 분리된 곳과 서식처 또한 동정과정에서 중요한 정보가 된다.

형태적 특징

분류학자들은 지난 200년 동안 형태적(구조적) 특징을 바탕으로 생물을 분류했다. 고등생물은 흔히 해부학적 세부 구조에 따라 분류되었다. 대사나 생리적 특성이 다른 생물들도 현미경을 통해서는 같은 모양으로 보일 수 있다. 작은 막대 모양이거나 작은 공 모양을 보이는 세균의 종류가 무수히 많다.

크기가 유난히 크거나 내부의 특별한 구조가 있다는 사실이 분류하는 데 항상 도움을 주는 것은 아니다. 주폐포자충(*Pneumocystis*) 폐렴은 AIDS 환자를 비롯한 면역저하 환자에게 가장 흔한 기회성 감염증이다. AIDS가 유행하기 전에 이 병을 일으키는 *P. jirovecii*(한때 "*P. carinii*"로 불림)는 사람에게서 거의 발견되지 않았다. 주폐포자충은 쉽게 동정할 수 있는 구조를 갖고 있지 않아서, 1909년 샤가스(Carlo Chagas)가 쥐에서 발견하고 나서도 한동안 정확하게 분류하지 못했다. 처음에는 원생동물로 분류되었다. 그러나 1988년 rRNA 염기서열 분석 결과는 주폐포자충이 진균계에 속한다는 사

* '버지의 세균 분류학 편람(*Bergey's Manual of Systematic Bacteriology*, 196쪽 참조)'과 '버지의 세균동정을 위한 편람(*Bergey's Manual of Determinative Bacteriology*)을 모두 간략하게 버지편람(*Bergey's Manual*)이라 부른다.

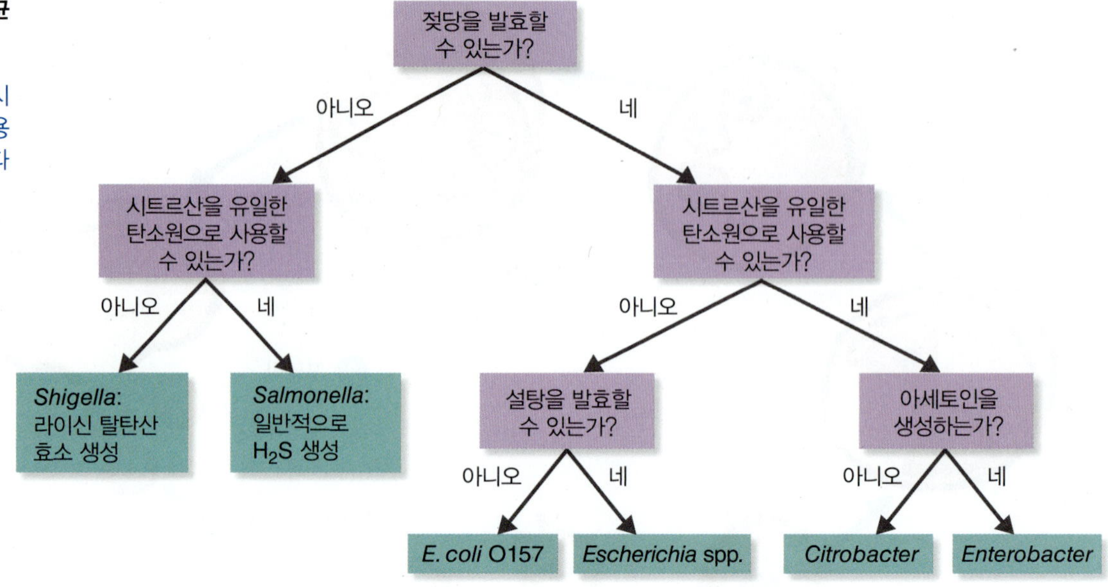

그림 7.8 대사적 특성을 이용한 장내세균 일부 속의 동정

Q 젖당을 발효시켜 산을 생성하고 시트르산을 유일한 탄소원으로 이용하지 못하는 그람음성세균이 있다면 무엇이라고 동정하겠는가?

실을 보여주었다. 이 생물이 진균과 연관되어 있다는 사실을 바탕으로 새로운 치료법에 대한 연구가 진행 중이다.

세포 구조를 통해서는 계통발생적 유연관계에 대해 거의 알 수 없다. 그러나 구조적 특징은 여전히 세균을 동정하는 데 유용하다. 예를 들어 내생포자나 편모의 구조적 차이는 분류의 기준으로 사용될 수 있다.

분별염색

2장에서 세균을 동정할 때 가장 첫 단계 중의 하나가 분별염색이라는 것을 배웠다. 대부분의 세균은 그람양성이거나 그람음성이다. 그람염색법은 세포벽의 화학적 조성에 바탕을 둔 것이므로 세포벽이 없는 세균이나 세포벽의 조성이 다른 고세균을 동정하는 데에는 사용할 수 없다. 그람염색이나 항산화염색을 해서 현미경으로 관찰하는 것을 통해 임상 환경에서 빠른 정보를 얻을 수 있다.

생화학 검사법

세균을 구별할 때 효소의 활성을 널리 사용한다. 서로 매우 밀접하게 연관된 세균들도 특정한 탄수화물 발효 검사 등과 같은 생화학적 검사를 하면 대개 서로 다른 종으로 구분할 수 있다. 게다가 생화학적 검사법은 종의 생태적 지위에 대한 정보를 제공하기도 한다. 예를 들어 질소 기체를 고정할 수 있는 세균이나 황 원소를 산화하는 세균들은 동식물에 중요한 영양물질을 제공한다.

그람음성 장내세균은 사람이나 기타 동물의 장관에 자연 서식하는 이질적인 미생물로 이루어진 큰 집단을 일컫는다. 여기에는 설사병을 일으키는 여러 종류의 병원체가 포함된다. 병원균을 빠르게 동정할 수 있는 여러 가지 검사법이 개발되어, 임상의사들이 적절한 처방을 내릴 수 있게 되었고 전염병학자들이 전염병이 어디서 유래되었는지를 알아낼 수 있게 되었다. 장내세균과에 속하는 모든 세균은 산화효소를 지니고 있지 않다. 장내세균 가운데 *Escherichia*, *Enterobacter*, *Shigella*, *Citrobacter*, *Salmonella*속 등이 젖당을 발효시켜 산과 가스를 발생시키며 이들은 그렇지 않은 *Salmonella* 및 *Shigella*속과 구별될 수 있다. 그 밖의 생화학 검사법은 그림 7.8에 나타나 있으며 세균의 속을 구별하는 데 쓰인다.

세균을 동정하는 데 드는 시간은 선택배지 및 분별배지를 사용하거나 빠른 동정법을 사용함으로써 상당히 줄일 수 있다. 4장(112쪽)에서 선택배지에는 경쟁하는 개체의 성장을 억제하는 물질과 원하는 개체의 성장을 촉진하는 물질이 포함되어 있고, 분별배지에서는 원하는 생물이 어느 정도 구별되는 형태의 콜로니를 형성한다는 것을 배웠다.

버지편람은 각 생화학 검사법의 상대적 중요성을 평가하지 않으며 균주를 항상 서술하지도 않는다. 감염증을 진단할 때, 의사는 특정한 종 나아가서는 특정한 균주까지도 동정을 해야 적절한 치료를 할 수 있다. 이와 같은 목적으로 일련의 생화학 검사법이 병원 실험실에서의 신속한 동정을 위해 개발되었다. 세균뿐만 아니라 효모와 그 밖의 진균류에 대한 신속 검사법도 개발되어 있다.

신속 동정법(rapid identification method)은 장내세균을 비롯하여 의학적으로 중요한 일군의 세균을 동정하기 위한 기법이다. 이와 같은 기법은 여러 가지 생화학 검사를 동시에 수행하여 4~24시간 안에 세균을 동정할 수 있게 고안되어 있다. 이 방법을 때로 **수리 동정(numerical identification)**이라 부르는데, 이는 각각의 검사 결과를 숫자로 표기하기 때문이다. 가장 간단한 형태로 양성 검사

1 하나의 플라스틱 관 안에 15종의 생화학 검사가 가능한 배지가 들어 있다. 이 관에 미지의 장내 세균을 접종한다.

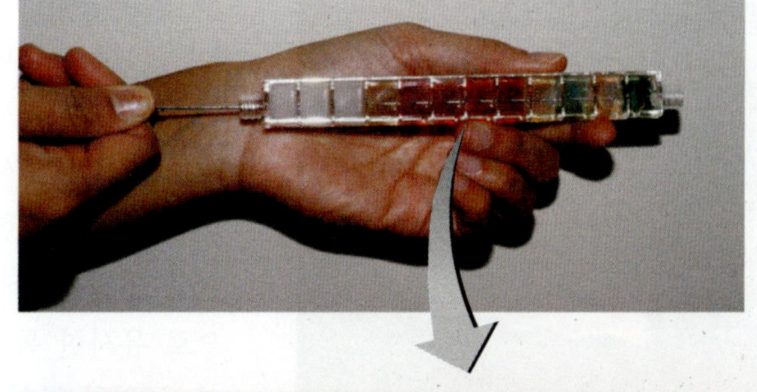

2 배양한 다음 결과를 관찰한다.

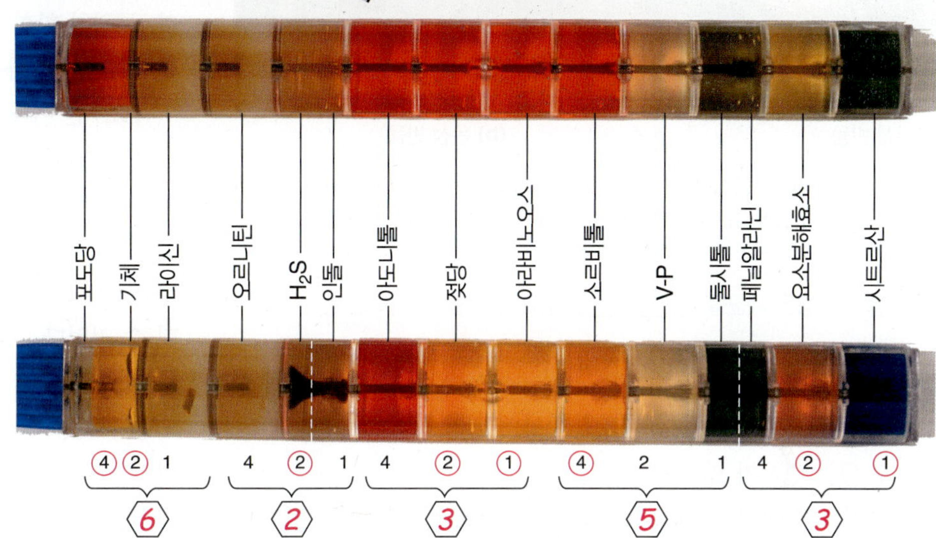

3 양성 반응을 보이는 검사에는 동그라미가 표시되어 있다. 각 검사 결과 값을 더하여 코드번호를 계산한다.

4 실험 결과 계산한 코드번호를 컴퓨터 상의 목록과 비교하여 검사한 생물이 *Citrobacter freundii* 임을 알 수 있다.

코드번호	미생물	비전형적 검사 결과
62352	*Citrobacter freundii*	Citrate
62353	*Citrobacter freundii*	None

그림 7.9 **세균 신속 동정법의 일종: 비디 다이아그노스틱스사(BD Diagnostics)의 엔테로플루리 검사(EnteroPluri test).** 위 그림은 *C. freundii*의 전형적인 균주에 대한 검사 결과를 보여준다. 그러나 균주에 따라 이와 다른 검사 결과가 나올 수도 있는데, 이들의 목록은 비전형적인 검사 결과 항목에 설명되어 있다.

Q 한 종이 두 개의 서로 다른 코드번호를 가질 수 있는 까닭은?

결과에는 1이라는 값이, 음성이면 0의 값이 배정된다. 시판되고 있는 대부분의 검사 키트에서 검사 결과는 상대적 신뢰도와 각 검사의 중요성에 따라 1~4의 숫자가 배정되고 최종 결과의 합을 알려진 생물의 데이터베이스와 비교하게 된다.

그림 7.9에 제시된 사례에서, 미지의 장내세균을 15종의 생화학 검사를 수행하도록 만들어진 시험관에 접종한다. 배양한 다음 각 구역의 결과를 기록한다. 각각의 검사 결과에 수치가 할당됨을 주목하자; 코드번호는 모든 검사 점수에서 유래한다. 포도당을 발효시키는 것은 중요한 반응이고 여기에 양성 반응을 보이면 4의 값을 가진다. 이에 비해 인돌 생산은 1의 값을 가진다.

한꺼번에 이루어진 검사 결과를 컴퓨터로 해석하는 과정이 필요하며 이에 필요한 프로그램은 제조사에서 제공한다. 생화학적 검사의 한계는 돌연변이나 플라스미드의 획득과 같은 과정을 통해 균주가 새로운 특성을 가질 수도 있다는 점이다. 검사 수가 충분하지 않으면 부정확하게 동정될 수도 있다.

혈청학

혈청학(serology)은 혈액과 혈액에서 나타나는 면역반응을 연구하는 학문이다. 미생물은 항원으로 작용한다. 즉 동물의 몸 안으로 들어간 미생물은 항체 형성을 촉진한다. 항체는 혈액을 순환하는 단백질로 자신의 생성을 유발한 세균과 매우 특이적으로 결합한다. 예를 들어 사멸시킨 장티푸스 세균(항원)을 토끼의 면역계에 주입하면 토끼는 이에 반응하여 장티푸스 세균에 대한 항체를 생성한다. 이와 같은 항체가 포함된 용액은 의학적으로 중요한 많은 미생물을 동정하는 데 사용될 수 있으며, 상업적으로 판매되고 있다. 이들 용액

(a) 양성 반응 **(b)** 음성 반응

그림 7.10 슬라이드 응집 검사. (a) 양성 반응에서 보이는 알갱이는 세균이 뭉치면서(응집되어서) 나타나는 것이다. (b) 음성 반응에서는 세균은 여전히 식염수와 항혈청 혼합액 속에 골고루 분포되어 있다.

Q 응집 현상은 세균을 __________과(와) 혼합할 때 나타난다.

을 **항혈청(antiserum**, 복수형은 *antisera*)이라 한다. 미지의 세균이 환자에게서 분리되면, 알려진 항혈청으로 검사하여 신속하게 동정할 수 있는 경우가 많다.

슬라이드 응집검사(slide agglutination test)라 불리는 방법을 쓰면 미지의 세균 시료를 여러 슬라이드에 있는 식염수 방울 위에 떨어뜨린다. 그리고 나서 알려진 서로 다른 항혈청을 각 시료에 첨가한다. 세균이 같은 종 또는 같은 균주에 대한 반응으로 생성된 항체와 섞이면 응집되어 덩어리진다. 양성 검사 결과는 응집원의 존재를 의미한다. 그림 7.10에서 양성 및 음성 슬라이드 응집검사 결과를 볼 수 있다.

혈청학적 검사법(serological testing)은 미생물의 종뿐만 아니라 종 내에서 서로 다른 균주도 구별할 수 있다. 서로 다른 항원을 지니는 균주를 **혈청형(serotype**, 또는 **serovar)** 또는 **생물형(biovar)**이라 부른다. 224쪽에 있는 *Escherichia*와 *Salmonella*속의 혈청형에 대한 설명을 참조한다. 1장에서 언급한 것처럼 란스필드(Rebecca Lancefield)는 혈청학적 반응을 바탕으로 연쇄상구균류의 혈청형을 분류할 수 있었다. 란스필드는 연쇄상구균의 여러 혈청형의 세포벽에 서로 다른 항원이 존재하며 이로 인해 서로 다른 항체의 형성을 촉진한다는 사실을 밝혔다. 반면 서로 밀접하게 연관된 세균은 동일한 항원을 형성하기 때문에 혈청학적 검사를 통해 잠재적으로 유사한 특징을 지니는 세균의 범주를 알아낼 수 있을 때도 있다. 특정한 항혈청이 서로 다른 세균의 종이나 균주들이 만들어내는 단백질과 반응하는 경우에는 또 다른 검사를 해야 분류할 수 있다.

1987년 이래 미국과 영국에서 발생빈도가 증가한 여러 건의 괴사근막염(necrotizing fasciitis)이 공통 감염원에 의한 것인지의 여부를 알아보기 위하여 혈청학적 검사를 이용했다. 공통 감염원은 확인되지 않았지만 "살을 먹는(flesh-eating)" 세균이라 일컬어진 것은 *Streptococcus pyogenes*의 두 가지 혈청형이 증가했기 때문임은 밝힐 수 있었다.

효소면역분석법(enzyme-linked immunosorbent assay, ELISA)이라 불리는 검사법은 빠르고 컴퓨터 스캐너로 결과를 읽을 수 있어 널리 이용된다(그림 7.11). 직접 ELISA에서는 알려진 항체 여러 종류를 마이크로플레이트에 있는 각각의 구멍에 부착시킨 다음 여기에 미지의 세균을 첨가한다. 종류를 알고 있는 항체와 세균 사이의 반응 여부를 바탕으로 세균을 동정할 수 있다. AIDS 검사에서도 ELISA를 이용하여 혈액에 AIDS를 일으키는 사람면역결핍바이러스(HIV)에 대한 항체의 존재 여부를 검사한다.

또 다른 혈청학적 검사법으로 **웨스턴블롯팅(Western blotting)**을 들 수 있는데 이 또한 환자의 혈청에 포함된 항체를 검출하는 데 사용된다(그림 7.12). HIV 감염도 웨스턴블롯팅으로 확진할 수 있으며, *Borrelia burgdorferi*에 의한 라임병도 주로 웨스턴블롯팅을 이용해서 진단한다.

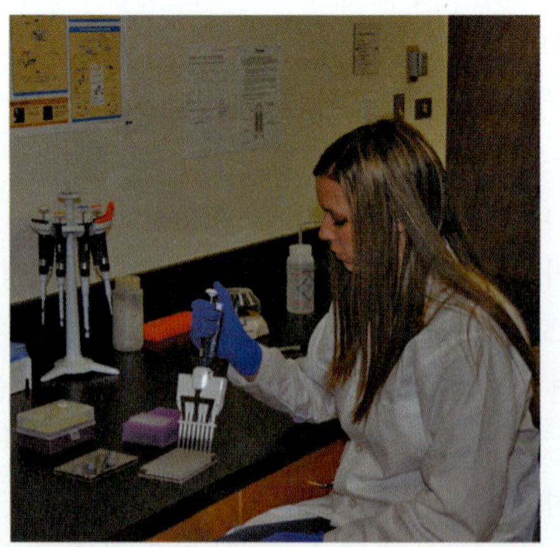

(a) 연구원이 마이크로피펫으로 ELISA 검사용 마이크로플레이트에 검체를 첨가하고 있다.

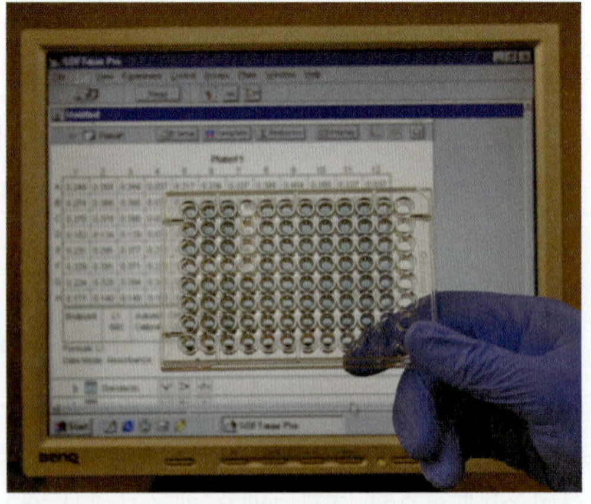

(b) ELISA 검사 결과는 컴퓨터 스캐너로 판독한다.

그림 7.11 ELISA 검사

Q 슬라이드 응집 검사와 ELISA 검사의 유사점은 무엇인가?

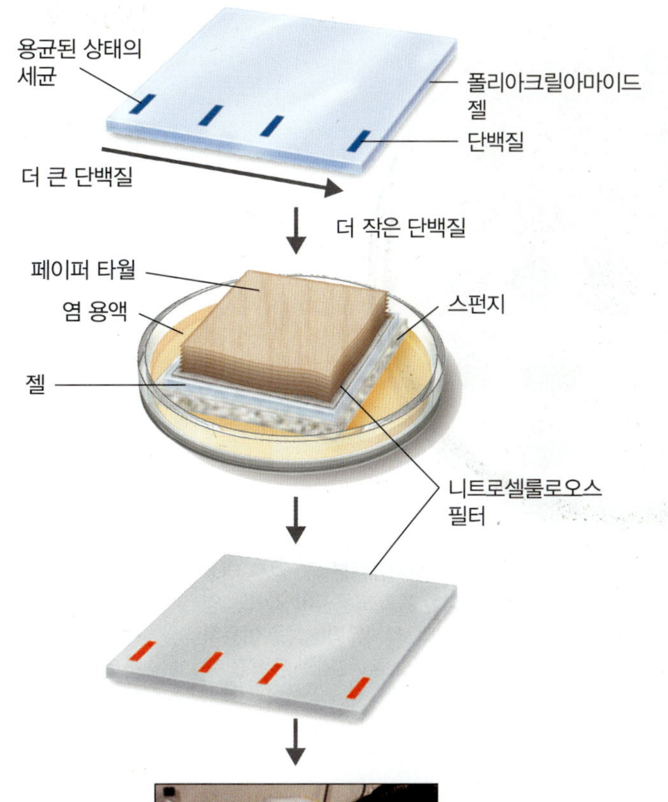

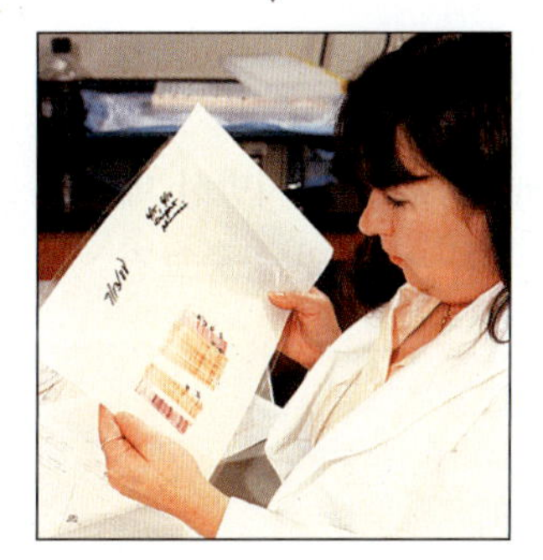

그림 7.12 웨스턴블롯팅. 단백질을 전기영동하여 크기에 따라 분리한 다음 항체와 반응시켜 특정 단백질의 존재 여부를 알 수 있다.

Q 웨스턴블롯팅으로 진단 가능한 질병을 두 가지만 드시오.

파지유형분석

혈청학적 검사와 마찬가지로 파지유형분석 또한 세균 사이의 유사성을 확인한다. 두 가지 검사법 모두 질병의 대량발생의 원인과 경로를 추적하는 데 유용하게 쓰인다. **파지유형분석(phage typing)**은 대상이 되는 세균이 어느 파지에 민감한지를 결정하는 분석 방법이다. 박테리오파지(파지)는 감염시킨 세균 세포를 대체로 용균시키는 세균 바이러스이다. 파지는 특정한 몇몇 종을 감염시키거나 심지어는 한 종 내에서도 특정한 균주만을 감염시키는 등 고도의 숙주 특이성을 지닌다. 하나의 세균 균주는 두 개의 서로 다른 파지에 감염될 수 있으나, 같은 종에 속하는 또 다른 균주는 이들 두 종류의 파지와 더불어 세 번째 파지에도 감염될 수 있는 등 균주에 따라 파지에 대한 민감성이 다르다. 박테리오파지에 대해서는 10장에서 더 살펴보기로 한다.

식품 매개성 감염의 원인은 파지유형분석을 통해 추적할 수 있다. 한 가지 방법은 세균으로 완전히 뒤덮인 한천배지를 이용한다. 여기에 서로 다른 유형의 파지를 한 방울씩 떨어뜨린다. 이 세균 세포를 감염시켜 용균시킬 수 있는 파지를 떨어뜨린 곳에는 세균이 자라지 못해 투명한 용균반(plaque)이 생길 것이다(그림 7.13). 이와 같은 검사법은 예를 들어 수술 받은 상처에서 분리된 세균이 수술을 집도한 외과의나 외과 간호사에게서 분리한 세균과 같은 파지 감수성 유형을 나타내는지를 확인하는 데에도 사용될 수 있다. 이 결과에 따라 수술한 의사나 간호사가 감염원을 제공했는지의 여부를 확인할 수 있다.

지방산 조성

세균은 매우 다양한 지방산을 합성하며 일반적으로 이들 지방산은 종에 따라 일정하게 유지된다. 세포의 지방산을 종류에 따라 분리하여 알려진 생물의 지방산 조성과 비교할 수 있는 검사 도구가 상업

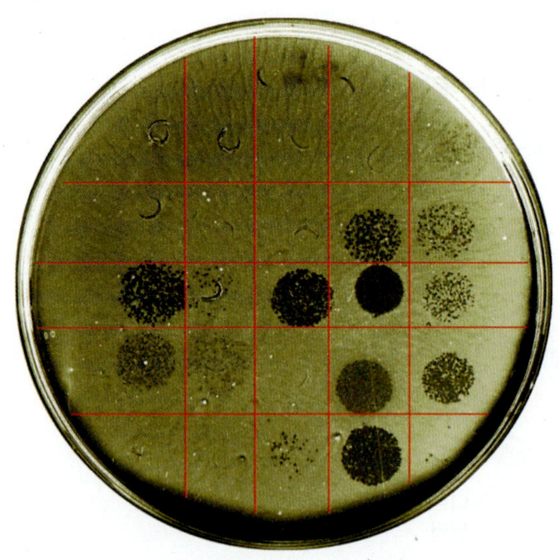

그림 7.13 ***Salmonella enterica*의 특정 균주에 대한 파지유형분석.** 검사 대상 균주를 배양 접시 전체에 키운다. 박테리오파지가 형성한 플라크(용균이 일어난 영역)는 해당 균주가 이들 파지의 감염에 민감하다는 뜻이다. 파지유형분석을 이용하여 *S. enterica*의 혈청형과 황색포도상구균(*Staphylococcus aureus*)의 유형을 구별할 수 있다.

 파지유형분석으로 무엇을 확인할 수 있는가?

적으로 판매되고 있다. **FAME**(*f*atty *a*cid *m*ethyl *e*ster, 지방산 메틸 에스테르)라 불리는 지방산 조성 분석 도구가 임상 및 공중보건 실험실에서 널이 쓰이고 있다.

유동세포측정

유동세포측정(flow cytometry)은 세균을 배양하지 않은 채 시료에 있는 세균을 동정하는 방법이다. 유동세포측정기(flow cytometer)를 이용해서 세균이 들어 있는 액체를 작은 구멍으로 통과시킨다. 가장 간단한 방법은 세포와 주변 배지 사이의 전기 전도성 차이를 감지하여 세균의 존재 여부를 검출하는 것이다. 구멍을 통과하는 액체에 레이저를 조사하여 빛이 산란되는 것을 측정하면 세포의 크기, 모양, 밀도, 표면의 형태 등에 관한 정보를 컴퓨터를 이용한 분석을 통해 얻을 수 있다. *Pseudomonas*와 같이 자연적으로 형광을 내는 세포를 검출할 수도 있고 형광 염료로 세포를 표지하여 관찰할 수도 있다.

유동세포측정기를 이용하여 우유에 들어 있는 *Listeria*균을 검출하는 검사법이 제안되었는데, 이렇게 하면 동정하기 위해 세포배양에 드는 시간을 줄일 수 있다. *Listeria*균에 대한 항체를 형광염료로 표지하여 검사 대상인 우유에 첨가한다. 그 다음 우유를 유동세포측정기에 통과시키면 항체로 표지된 세포의 형광이 기록된다.

DNA 염기조성

분류학자들은 생물의 **DNA 염기조성(DNA base composition)**을 활용하여 유연관계를 알아낸다. 염기조성은 대체로 G + C 함량을 백분율로 나타낸다. 이론적으로 단일 종의 염기조성은 일정하다. 따라서 서로 다른 종의 G + C 함량을 비교하면 종들 사이의 유연관계 정도를 알아낼 수 있다. DNA에서 구아닌은 시토신과 상보적이다. 이와 같은 방식으로 DNA 상에서 아데닌은 티민과 상보적이다. 따라서 DNA 염기에서 GC 염기쌍의 백분율은 AT 염기쌍의 백분율을 알려주기도 한다(GC + AT = 100%). 따라서 밀접하게 연관된 두 종의 생물은 동일하거나 유사한 유전자를 많이 지니고 있으며 그 결과 DNA에서 염기쌍의 비율이 유사할 것이다. 그러나 GC 염기쌍의 백분율 차이가 10%를 넘으면(예를 들어 한 세균의 DNA에 40% GC가 포함되어 있고 다른 세균에는 60% GC가 포함되어 있다면), 그렇다면 이들 두 개의 개체는 연관되어 있지 않을 것이다. 물론 두 개의 생물에서 GC 백분율이 동일하더라도 이들이 반드시 밀접하게 연관된 것은 아니다. 이들의 계통발생학적 유연관계에 대한 결론을 도출하는 데에는 다른 자료의 뒷받침이 필요하다.

지난 10년 동안 DNA 염기서열의 비교는 알려진 종의 재분류와 새로운 종의 확인에 있어 커다란 진보를 이끌어 왔다. BioProject를 통해 수백 종의 생명체의 유전자 서열을 데이타베이스에 수록하여 온라인에서 이용할 수 있다.

DNA 지문조사법

한 생물의 DNA 전체 염기서열을 결정하는 것은 엄청난 시간이 필요하기 때문에 아직 실험실 동정법으로 사용하기는 현실적으로 어렵다. 그러나 제한효소를 이용해서 서로 다른 생물의 염기서열을 비교할 수 있다. 제한효소는 DNA 분자의 특정한 염기서열을 절단하여 제한효소 조각을 생성한다. 예를 들어 제한효소 *Eco*RI은 다음 서열의 화살표 위치를 절단한다.

$$. . . G^{\downarrow}A\ A\ T\ T\ C\ . . .$$
$$. . . C\ T\ T\ A\ A_{\uparrow}G\ . . .$$

이 기법에서 두 미생물의 DNA를 동일한 제한효소로 처리한다. 생성된 제한효소 조각을 전기영동하여 분리하면 **DNA 지문(DNA fingerprint)**을 생성할 수 있다. 서로 다른 생물들의 제한효소 조각의 수와 크기를 비교하면 이들 사이 유전적 유사성과 상이성에 대한 정보를 얻을 수 있다. 전기영동 패턴, 즉 DNA 지문이 비슷하면 비슷할수록 생물들 사이의 유연관계도 더욱 밀접한 것으로 예측할 수 있다(그림 7.14).

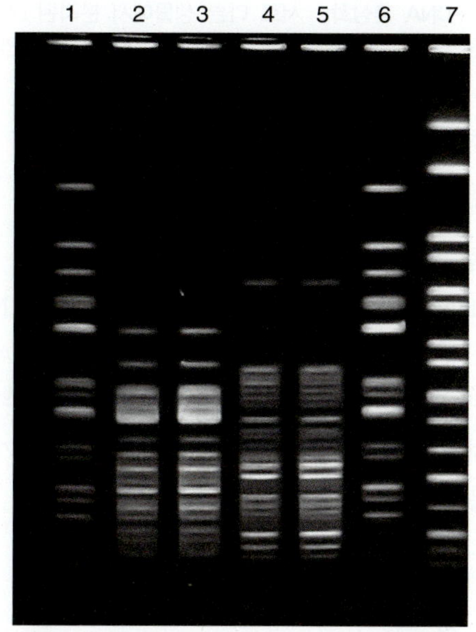

그림 7.14 **DNA 지문.** 7종의 서로 다른 세균에서 DNA를 추출하여 동일한 제한 효소를 처리하였다. 각각의 효소 반응액을 아가로오스 젤에서 다른 홈(전기영동 시작 지점)에 넣는다. 젤에 전류를 흘리면 DNA 조각은 크기와 전하량에 따라 분리된다. 형광염료로 DNA를 염색하면 자외선 아래에서 DNA를 확인할 수 있다. 전기영동 줄(레인)을 서로 비교하면 2, 3번과 4, 5번, 그리고 1, 6번의 시료가 동일하다는 것을 알 수 있다. 따라서 해당 시료에 포함된 세균들이 같다는 결론을 내릴 수 있다.

 RFLP란 무엇인가?

DNA 지문분석법은 병원내 감염의 원인을 결정하는 데 사용되고 있다. 한 병원에서 관상동맥 우회술을 받은 환자들이 *Gordonia bronchialis*에 감염되었다. 환자에게서 분리된 세균과 한 간호사에서 분리된 세균의 DNA 지문이 동일하였다. 병원에서는 이 간호사에게 무균수술기법을 권장함으로써 이 감염의 사슬을 끊을 수 있었다.

이 기법으로 인해 모든 종에서 발견되지만 종 사이에 변이가 큰 소수의 유전자를 찾는 데 관심을 갖게 되었다. 이들 유전자에 대한 프라이머로 유전자를 증폭하여 DNA 지문을 작성할 수 있다면 각 종의 DNA 바코드(DNA bar code)를 생성할 수 있게 된다. 이 방법은 2003년 진핵생물 종에서 처음 제안되었지만 세균 동정에 필요한 6~9개의 유전자를 아직 모두 찾아내지 못했다.

핵산증폭 검사법

미생물이 전통적인 방식으로 배양되지 않는다면, 전염병의 원인이 되는 생명체는 확인하지 못할 수도 있다. 그러나 **핵산증폭 검사(nucleic acid amplification test, NAAT)**를 이용하여 미생물 DNA의 양을 증폭시키면 젤 전기영동법으로 확인할 수 있다. 핵산증폭 검사에서는 PCR과 역전사 PCR, 실시간 PCR 등의 방법을 사용한다(14장 383쪽 참조). 특정 미생물만 작용하는 프라이머를 사용하면 증폭된 DNA의 확인만으로도 해당 미생물의 존재를 알 수 있다.

1992년 PCR을 이용하여 휘플병의 원인균을 찾아냈다. 당시까지는 알려지지 않았던 세균으로 지금은 *Tropheryma whipplei*라는 이름을 얻었다. 휘플병은 1907년 휘플(George Whipple)이 처음 미지의 막대균에 의해 발생한다고 보고한 위장 및 신경계 이상증이다. 아무도 이 세균을 배양하여 동정하지 못하였고 따라서 이 병을 진단하고 치료하는 데 사용할 수 있는 유일하게 믿을만한 방법은 PCR뿐이다.

최근 PCR 기법을 이용하여 여러 발견이 이루어졌다. 예를 들어, 1992년 카노(Raul Cano)는 PCR을 이용하여 보석의 일종인 호박에 들어 있는 2500~4000만 년 전에 살았던 *Bacillus*속 세균의 DNA를 증폭하였다. 현존하는 *B. circulans*의 rRNA 서열에 따라 프라이머를 제작하여 호박 속에 들어 있는 rRNA 서열을 증폭한 것이다. 이들 프라이머는 다른 *Bacillus* 종들의 DNA는 증폭할 수 있으나 *Escherichia*나 *Pseudomonas*속의 세균 DNA는 증폭하지 못한다. 증폭한 다음 DNA 염기서열을 결정했다. 이 결과를 이용하여 예전에 살았던 세균과 현존하는 세균 사이의 유연관계를 결정할 수 있었다.

1993년 미생물학자들은 PCR을 이용하여 미국 서남부에서 발생한 유행성 출혈열의 원인이 한타바이러스(Hantavirus)임을 찾아냈다. 이 질병을 일으키는 병원체를 찾는데 채 2주도 걸리지 않았으며 이는 새로운 병원체를 최단 기간 안에 동정한 신기록이 되었다. 1994년 신종 진드기 감염증(사람 과립구성 에를리히증)을 일으키는 병원체가 *Ehrlichia chaffeensis*로 확인된 것도 PCR을 이용해서였다.

2013년에는 공중보건학자들이 실시간 PCR을 이용하여 신형 H7N9 독감바이러스를 찾아냈다.

핵산 혼성화

이중나선 DNA 분자에 열을 가하면 염기 사이의 수소결합이 끊어지면서 상보적인 가닥이 분리된다. 이렇게 분리된 단일가닥을 서서히 식히면 이들 가닥은 다시 합쳐져 원래와 똑같은 이중나선 분자를 형성한다. (이와 같은 재결합은 단일가닥이 서로 상보적인 서열로 이루어져 있기 때문에 가능하다.) 서로 다른 두 종의 생물에서 DNA 가닥을 분리한 다음 이 기법을 적용하면 두 생물 종의 DNA 서열 사이의 유사도를 결정할 수 있다. 이와 같은 기법을 **핵산 혼성화(nucleic acid hybridization)**라 한다. 이 방법은 두 종의 생물이 서로 비슷하거나 유연관계가 있다면 핵산 서열의 상당 부분 또한 비슷할 것이라는 가정에 바탕을 둔다. 따라서 한 생물에서 분리된 DNA 가닥이 다른 생물의 DNA 가닥과 혼성화되는(상보적 염기쌍을 형성하면서 결합하는) 정도로 유사성을 비교한다(그림 7.15). 혼성화 정도가 높을수록 유사성도 높다.

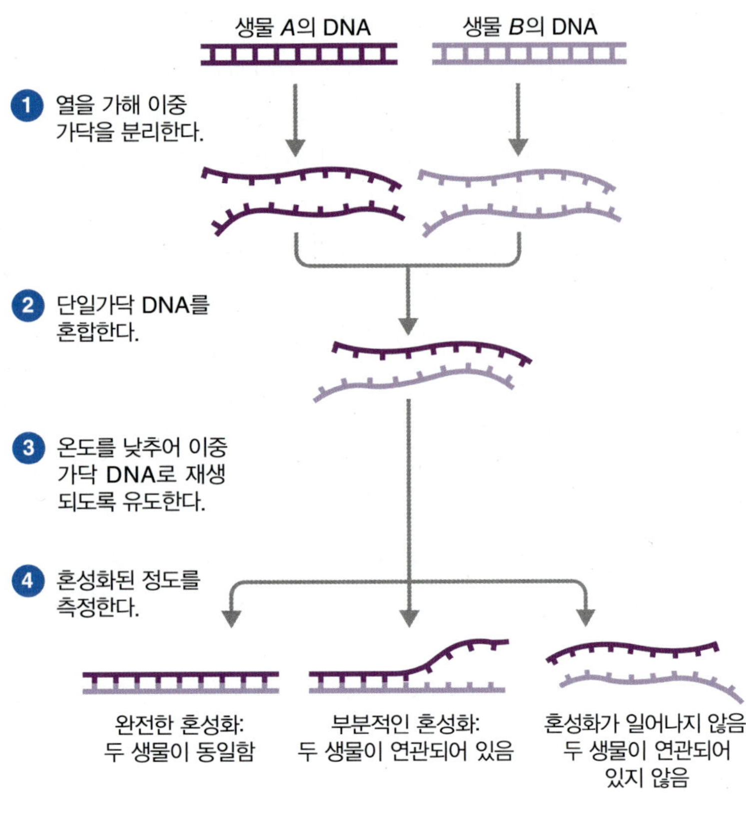

그림 7.15 DNA-DNA 혼성화. 서로 다른 생물에서 분리된 DNA 가닥들이 서로 짝을 이루는(혼성화) 양이 많을수록, 두 생물은 더 밀접하게 연관된 것으로 판단한다.

Q DNA 탐침을 사용하는 원리는 무엇인가?

이와 비슷한 혼성화 반응은 단일가닥 핵산 사슬, 즉 DNA-DNA, RNA-RNA, DNA-RNA 사이에서 일어날 수 있다. RNA 전사물은 단일가닥으로 분리된 DNA 주형과 혼성화되어 DNA-RNA 잡종 분자를 이룰 수 있다. 핵산 혼성화 반응은 미생물의 존재 여부를 감지하거나 미지의 생물을 동정하는 데 활용되는 여러 기법의 기반을 제공한다(다음 설명 참조).

서던블롯팅

핵산 혼성화는, **서던블롯팅(Southern blotting)** 기법으로 미지의 미생물을 동정하는 데 활용될 수 있다. 이와 더불어 **DNA 탐침(DNA probe)**을 이용한 신속 동정기법이 개발 중이다. 한 가지 방법은 살모넬라속의 세균에서 추출한 DNA를 제한효소로 자른 다음 살모넬라속에 대한 탐침으로 특정한 조각을 선별한다(그림 7.16). 이 탐침 조각은 모든 살모넬라 균주의 DNA에는 혼성화되나, 이와 밀접하게 연관된 장내세균의 DNA에는 혼성화되지 않아야 한다.

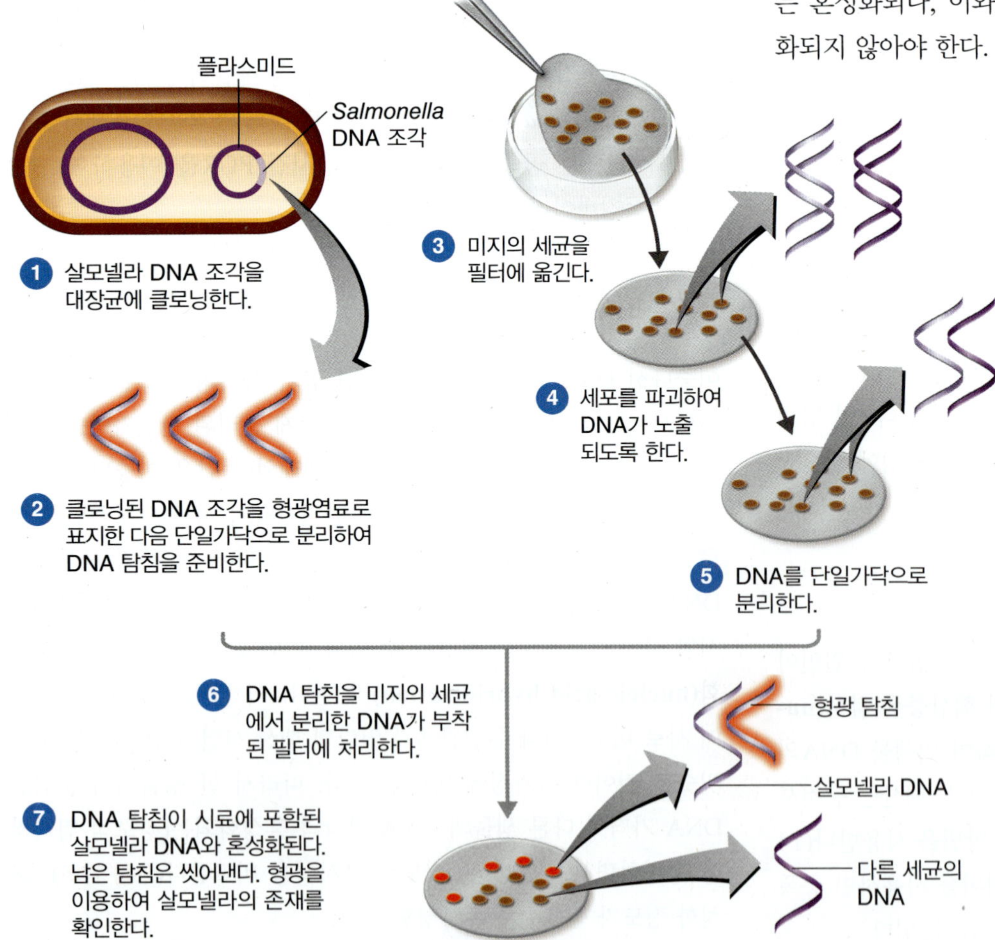

그림 7.16 DNA 탐침을 이용하여 세균을 동정한다. 서던 블롯팅을 사용하여 특정한 DNA를 찾아낸다. 서던 블롯팅을 변형한 방법으로 *Salmonella*를 검출할 수 있다.

Q DNA 탐침과 세포의 DNA가 혼성화되는 까닭은?

DNA 칩

매우 기대되는 신기술로 **DNA 칩(DNA chip)** 또는 **마이크로어레이(microarray**, 미세정렬법)가 있다. 이 기법을 이용하면 숙주나 환경에서 특정 병원체에 고유한 유전자를 찾아내어 병원체를 빠르게 감지할 수 있다(그림 7.17). DNA 칩은 DNA 탐침으로 이루어져 있다. 미지의 생물에서 분리된 DNA가 포함된 시료를 형광염료로 표지한 다음 칩에 첨가한다. 탐침 DNA와 시료의 DNA 사이에 혼성화가 일어났는지의 여부는 형광으로 검출할 수 있다.

리보타이핑 및 리보솜 RNA 서열결정법

현재 **리보타이핑(ribotyping)**을 이용하여 생물 사이의 계통발생적 유연관계를 결정하고 있다. rRNA 사용에 따른 이점이 몇 가지 있다. 첫째, 모든 세포가 리보솜을 지닌다. 둘째, RNA 유전자는 시간이 흘러도 잘 변하지 않으므로 생물의 영역, 문, 어떤 경우에는 속의 모든 구성원이 rRNA 유전자상에 동일한 "서명(signature)" 서열을 지닌다. 가장 자주 사용되는 rRNA는 리보솜 소단위의 구성성분이다. rRNA 서열을 이용하는 세 번째 이점은 세포를 실험실에서 배양할 필요가 없다는 점이다.

특정한 서명 서열을 증폭할 수 있는 rRNA 프라이머를 이용하여 PCR 방법으로 DNA를 증폭시킨다. 이어서 증폭된 조각을 하나 이상의 제한효소로 절단한 다음 전기영동으로 분리한다. 전기영동 결과를 비교한다. 증폭된 조각의 rRNA 유전자의 염기서열을 결정하여 생물들 사이의 진화적 유연관계를 결정할 수도 있다. 이 방법은 새로 발견한 생물이 어느 영역 또는 문에 속하는지를 결정할 때 유용하며 특정 환경에 존재하는 생물들의 일반적인 유형을 알아볼 때에도 사용할 수 있다. 그러나 개별 종을 확인하려면 더욱 특이적인 탐침이 있어야 한다.

형광현장혼성화

형광염료로 표지된 RNA 또는 DNA 탐침을 사용하여 현장에서(in situ) 미생물을 특이적으로 염색할 수 있다. 이 기법을 **형광현장혼성화(fluorescent in situ hybridization, FISH)**라 부른다. 세포에 탐침을 처리하여 탐침이 세포 안으로 들어가 세포 내에서(현장에서) 표적 DNA와 반응하도록 한다. FISH를 사용하여 특정 환경에서의 미생물의 종류와 분포, 상대적 활성 등을 결정할 수 있으며 배양할 수 없는 세균을 검출하는 데에도 사용할 수 있다. FISH를 사용하여 매우 작은 세균인 *Pelagibacter*를 대양에서 발견하여 이것이 리케차와 연관되어 있음을 알아낼 수 있었다. 다양한 탐침이 개발되면서 보통 24시간 이상 걸리는 세균의 배양 없이 먹는 물이나 환자에게서 FISH 기법을 이용하여 세균을 검출할 수 있게 되었다(그림 7.18)

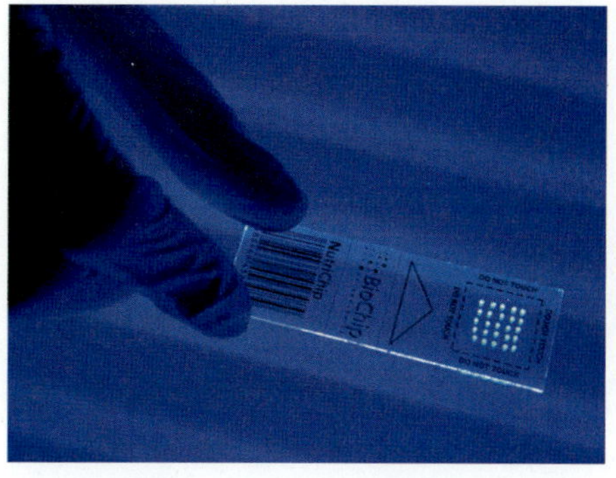

(a) 수십만 종류의 합성된 단일가닥 DNA 서열이 들어 있는 DNA 칩을 제조한다. 각각의 DNA 서열은 서로 다른 유전자가 지니는 고유한 서열이라 가정한다.

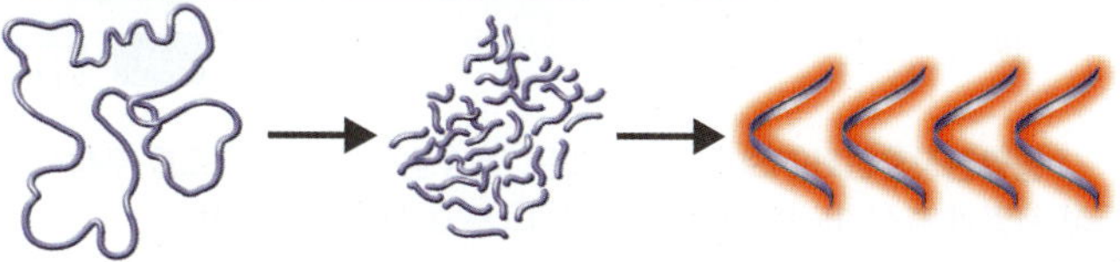

(b) 검체에서 추출한 미지의 DNA를 단일가닥으로 분리한 다음에 효소로 잘라 형광 염료로 표지한다.

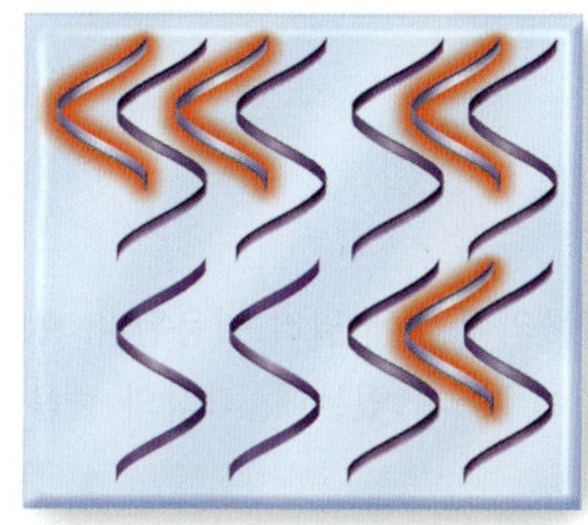

(c) 미지의 DNA를 칩에 처리하여 칩에 부착되어 있던 DNA와 혼성화되도록 한다.

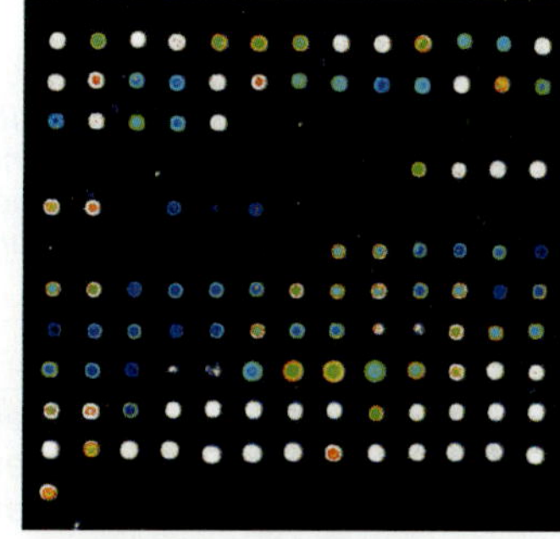

(d) 형광 표지된 DNA는 칩 상의 DNA 서열 중에 상보적인 서열에만 결합할 것이다. 결합된 DNA는 형광염료에 의해 감지될 수 있으며 컴퓨터로 분석한다. 그림에 나타난 것은 살모넬라 균주의 항생제 내성 유전자의 미세정렬 결과다. *S.typhimurium*에 특이적인 항생제 내성 유전자 탐침은 녹색, *S. typhi*에 특이적인 내성 유전자 탐침은 붉은색 형광을 띤다. 따라서 두 종류의 혈청형 모두에서 발견 되는 항생제 내성 유전자는 노란색이나 주황색을 나타내게 된다.

그림 7.17 DNA 칩. 이 DNA 칩에는 항생제 내성 유전자에 대한 탐침이 들어 있다. 이를 이용하여 농장이나 도축장 등의 동물에서 수집한 검체에서 항생제 내성 세균을 탐지할 수 있다.

특정한 미생물에 특이적인 칩을 만들 수 있는 원리는 무엇인가?

분류법의 종합

몇 년 전까지만 해도 형태적 특성과 분별염색, 생화학적 검사 등에 의존하여 미생물을 동정할 수밖에 없었다. 기술의 발전을 통해 한때에는 분류에만 사용되었던 핵산분석 기법이 이제는 일상적인 동정기법으로 이용되고 있다. 미생물이 담고 있는 정보를 바탕으로 생물을 동정하고 분류하기도 한다. 이런 정보를 활용하는 두 가지 기

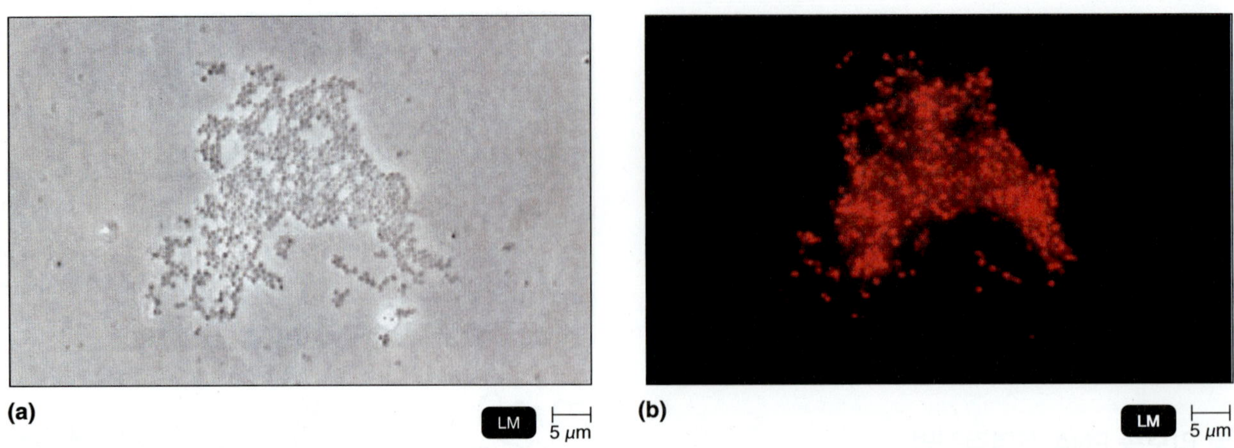

그림 7.18 **형광현장혼성화(FISH).** DNA 또는 RNA 탐침에 형광염료를 부착시키고 이를 이용하여 염색체를 확인한다. 위상차 현미경으로 관찰된 세균(a)을 황색포도상구균의 특정 서열과 혼성화되는 형광 표지 탐침으로 동정할 수 있다(b).

Q FISH 기법에서 사용하는 염색법은 무엇인가?

법을 설명한다.

이분검색표

이분검색표(dichotomous key)는 생물의 동정에 널리 이용된다. 이분검색표는 일련의 질문을 기반으로 이루어져 있는데, 각각의 물음에는 두 개의 가능한 답이 존재한다(*dichotomous*는 둘로 나눈다는 뜻). 하나의 물음에 답을 하면 다음 질문으로 연결되고 이 과정은 최종적으로 생물을 동정할 수 있을 때까지 계속된다. 예를 들어, 세균에 대한 이분검색표는 쉽게 결정할 수 있는 형질로 시작된다. 이를테면 세포의 모양에서 시작해서 설탕 발효 여부에 대한 물음으로

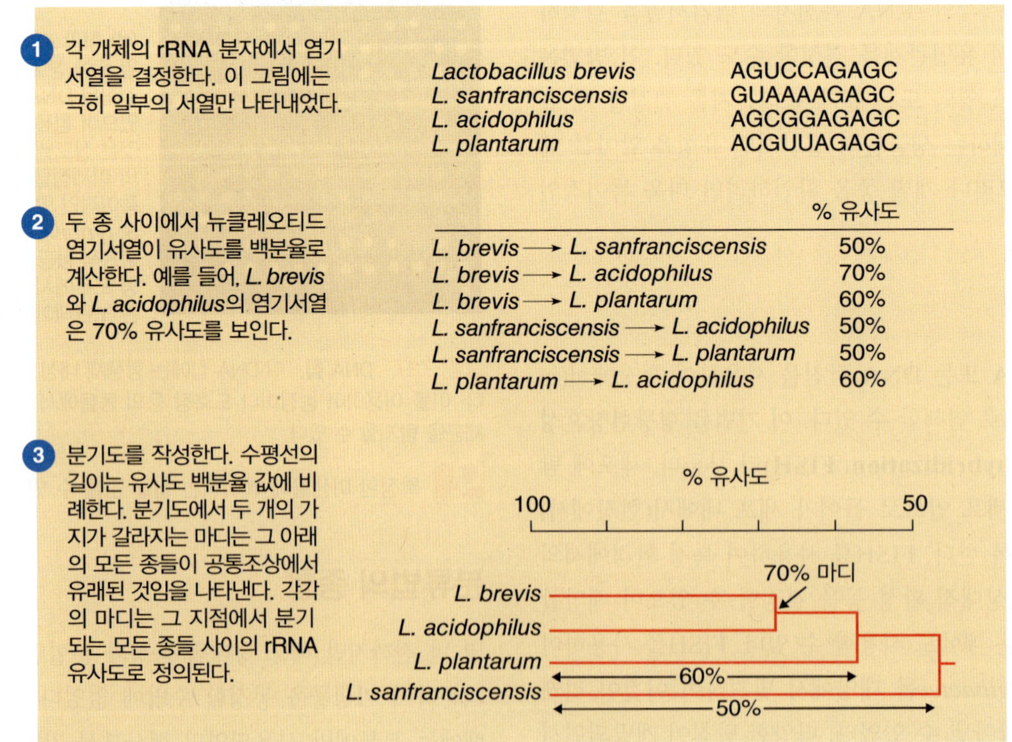

그림 7.19 **분기도 작성**

Q *L. brevis*와 *L. acidophilus*의 가지가 동일한 마디에 달려 있는 까닭은 무엇인가?

옮겨가는 식이다. 이분검색표의 예는 그림 7.8에서 볼 수 있다.

분기도

분기도(cladogram)는 생물들 사이의 진화적 유연관계를 보여주는 지도 같은 것이다(*clado*는 가지를 뜻한다.) 그림 7.1과 7.6에 분기도의 예가 나타나 있다. 분기도에서 각각의 가지는 그 가지에 포함된 여러 생물종이 공통으로 가지는 특징에 의해 규정된다. 과거에는 척추동물 분기도는 화석 증거를 이용하여 제작했다. 그러나 이제 rRNA 염기서열을 이용하여 화석을 바탕으로 제안된 분류체계를 확인할 수 있다. 앞에서 언급했듯이 대부분의 미생물은 화석을 남기지 않으므로, 미생물 분기도를 제작하는 데에는 주로 rRNA 염기서열이 활용된다. 리보솜 작은 소단위에 들어 있는 rRNA는 약 1,500 염기로 이루어져 있으며 컴퓨터 프로그램을 이용하여 유연관계를 계산한다. 그림 7.19에서 분기도를 작성하는 과정을 설명한다.

❶ 두 개의 rRNA 서열을 나란해 배열한다.
❷ 두 서열 사이의 유사도를 백분율로 계산한다.
❸ 수평 가지의 길이는 유사도 백분율에 비례하여 그려진다. 하나의 마디(node) 아래에 속하는 모든 종은 유사한 rRNA 서열을 지니며 이는 이들이 그 마디에 존재하는 하나의 조상에서 유래되었음을 시사한다.

학습 개요

서문 (189쪽)

1. 분류학은 생물을 분류하여 이들 사이의 유연관계를 알아보기 위한 학문이다.
2. 분류학은 생물 동정 방법을 제공하기도 한다

계통발생적 유연관계에 대한 연구 (191~195쪽)

1. 계통발생은 생물군의 진화적 역사를 말해준다.
2. 분류체계를 통해 생물 사이의 진화, 즉 계통발생적 유연관계를 알 수 있다.
3. 세균은 1968년에 원핵생물계로 분리되었다.
4. 1969년 생물을 5개의 계로 분류하기 시작했다.

생물의 3영역 (191~194쪽)

5. 생물은 현재 세 개의 영역으로 분류하고 영역은 계로 나뉜다.
6. 이 체계에서 식물, 동물, 진균은 진핵생물영역에 속한다.
7. 진정세균(펩티도글리칸이 있는)은 두 번째 영역을 이룬다.
8. 고세균(특이한 세포벽을 지니는)은 고세균 영역에 속한다.

계통수 (194~195쪽)

9. 생물은 계통발생적 유연관계에 따라 (공통조상에서 유래한) 각각의 분류군으로 나뉜다.
10. 진핵생물의 유연관계에 대한 일부 정보는 화석 기록에서 얻는다.
11. 원핵생물의 유연관계는 rRNA 염기서열로 결정한다.

생물의 분류 (195~198쪽)

생물의 학명 (195~196쪽)

1. 각각의 생물을 두 개의 이름, 즉 속명과 종명을 부여하는 것이 과학적 명명법(학명)이다. 이와 같은 명명체계를 이명법이라 한다.

분류체계 (196쪽)

2. 진핵생물의 종은 서로 교배가 가능하지만 다른 종과는 교배하지 못하는 생물의 집단이다.
3. 유사한 종은 같은 속으로, 유사한 속은 같은 과로, 과는 목으로, 목은 강으로, 강은 문으로, 문은 계로, 그리고 계는 영역으로 분류한다.

원핵생물의 분류 (196쪽)

4. 세균 분류에 대한 표준은 버지의 세균분류학 편람(*Bergey's Manual of Systematic Bacteriology*, 버지편람)에 제시되어 있다.
5. 균주란 단일 세포에서 유래된 세균 집단을 말한다.
6. 밀접하게 연관된 균주가 세균의 한 종을 구성한다.

진핵생물의 분류 (196~198쪽)

7. 진핵생물은 진균계, 식물계, 동물계로 나눌 수 있다.
8. 원생생물은 대부분이 단세포 생물이다. 이들은 서로 다른 계에 나뉘어 분류되고 있다.
9. 진균은 포자를 형성하며 영양물질을 흡수하는 화학종속영양생물이다.
10. 다세포 광독립영양생물들은 식물계에 속한다.
11. 다세포 생물로 영양물질을 섭취하는 화학종속영양생물은 동물계로 분류된다.

바이러스의 분류 (198쪽)

12. 바이러스는 생물계에 속하지 않는다. 바이러스는 세포로 이루어져 있지 않고 숙주세포가 없으면 성장하지 못한다.

13. 바이러스의 종은 특정한 생태적 지위를 점하며 유사한 형질을 갖는 바이러스 집단으로 규정한다.

미생물 동정과 분류법 (198~209쪽)

1. 버지의 세균동정 편람(*Bergey's Manual of Determinative Bacteriology*)에는 실험실에서 세균을 동정하는 표준 방법이 제시되어 있다.
2. 구조적 특징은 미생물을 동정하는 데 유용하다. 분별 염색기법이 특히 도움이 된다.
3. 여러 가지 효소의 존재 여부 또한 세균과 효모의 동정에 사용되며 이는 생화학적 검사로 판별할 수 있다.
4. 혈청학적 검사는 특이적인 항체에 대한 미생물의 반응을 검사하는 것으로 균주나 종을 동정하거나 미생물 사이의 유연관계를 결정하는 데 유용하다. 혈청학적 검사법의 예로 ELISA와 웨스턴블롯팅을 들 수 있다.
5. 파지유형분석을 통해 세균의 종이나 균주를 동정한다. 이는 여러 종류 파지에 대한 감수성을 검사하는 방법이다.
6. 일부 미생물은 지방산 조성을 비교를 통해 동정할 수 있다.
7. 유동세포측정법에서는 세포의 물리적, 화학적 특성을 측정한다.
8. 세포에 들어 있는 핵산에서 GC 염기쌍의 백분율을 바탕으로 미생물을 분류할 수 있다.
9. 제한효소를 처리했을 때 나타나는 DNA 조각의 크기와 숫자를 DNA 지문이라 하며 이는 유전적 유사성을 결정하는 데 활용된다.
10. 핵산증폭반응을 통해 시료에 들어 있는 소량의 미생물 DNA를 증폭시킬 수 있다. 증폭된 DNA의 특성에 따라 특정한 미생물의 존재 여부를 확인하거나 미생물을 동정할 수 있다.
11. 서로 관련 있는 미생물에서 분리한 단일가닥 DNA 또는 RNA는 분자들 사이에 수소결합이 형성되며 이중가닥 분자를 이룰 것이다. 이와 같은 과정을 핵산 혼성화라 한다.
12. 서던블롯팅, DNA 칩, FISH 등에서 핵산 혼성화 기법을 사용한다.
13. RNA의 염기서열을 바탕으로 미생물을 분류하기도 한다.
14. 이분검색표를 활용하여 미생물을 동정한다. 분기도는 미생물들 사이의 계통분류학적 유연관계를 나타낸다.

학습 질문

복습과 객관식 문제에 대한 해답은 책 뒤에 있음.

복습 문제

개요

1. 다음 중 가장 밀접하게 연관된 생물은? 두 개의 형질이 같은 종의 것으로 보이는 것이 있는가? 무엇을 근거로 답을 정했는가?

형질	A	B	C	D
형태	막대형	구형	막대형	막대형
그람염색반응	+	−	−	+
포도당 이용	발효	산화	발효	발효
사이토크롬 산화효소	있음	있음	없음	없음
GC %	48~52	23~40	50~54	49~53

2. 위의 1번 문제와 관련하여 다음과 같은 추가 정보를 얻었다.

생물	DNA 혼성화 비율(%)
A — B	5~15
A — C	5~15
A — D	70~90
B — C	10~20
B — D	2~5

이들 생물 중 가장 밀접하게 연관된 것은? 이 답을 1번 문제의 답과 비교하시오.

3. 그려보기 아래의 추가 정보를 활용하여 4번 문제에 제시된 일부 생물의 분기도를 작성하시오. 분기도를 작성하는 목적은 무엇인가? 분기도는 이들 생물의 이분검색표와 어떻게 다른가?

	rRNA 염기서열의 유사도
P. aeruginosa — *M. pneumoniae*	52%
P. aeruginosa — *C. botulinum*	52%
P. aeruginosa — *E. coli*	79%
M. pneumoniae — *C. botulinum*	65%
M. pneumoniae — *E. coli*	52%
E. coli — *C. botulinum*	52%

% similarity

100 50

	형태	그람염색반응	포도당에서 생성되는 산	유산소 상태의 성장 (21% O_2)	주모성 편모에 의한 운동	시토크롬 산화 효소의 존재	카탈레이스 생성
Staphylococcus aureus	구형	+	+	+	−	−	+
Streptococcus pyogenes	구형	+	+	+	−	−	−
Mycoplasma pneumoniae	구형	−	+	(콜로니 크기 < 1 mm)	−	−	+
Clostridium botulinum	막대형	+	+	−	+	−	−
Escherichia coli	막대형	−	+	+	+	−	+
Pseudomonas aeruginosa	막대형	−	+	+	−	+	+
Campylobacte fetus	비브리오형	−	−	−	−	+	+
Listeria monocytogenes	막대형	+	+	+	+	−	+

4. 그려보기 위의 표에 제시된 정보를 활용하여 이들 생물의 이분검색표를 완성하시오. 이분검색표를 작성하는 목적은 무엇인가? 8장에서 각각의 속에 대한 정보를 찾아 사람들이 이들 개체에 관심을 갖는 이유를 제시하시오.

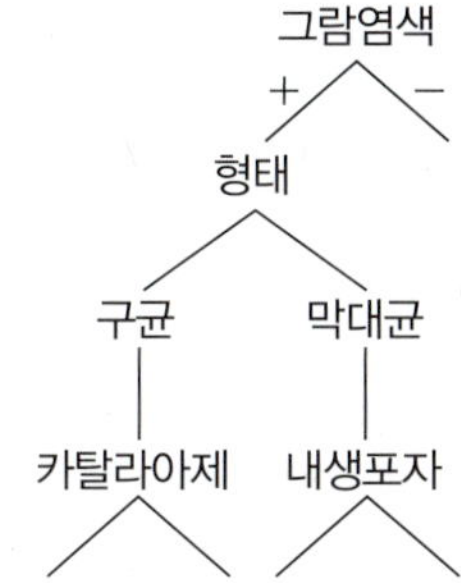

객관식 문제

1. 버지의 세균분류편람은 버지의 세균 동정 편람과 다음과 같은 점에서 다르다.
- **a.** 분류편람은 세균을 종으로 구분한다.
- **b.** 분류편람에서는 계통발생학적 유연관계에 따라 세균을 분류한다.
- **c.** 분류편람에서는 병원성에 따라 세균을 분류한다.
- **d.** 분류편람은 세균을 19개의 종으로 나눈다.
- **e.** 위의 답 모두 옳다.

2. *Bacillus*와 *Lactobacillus*는 같은 목에 속하지 않는다. 이를 통해 다음 중 어떤 특성이 생물을 분류군으로 나누기에 충분하지 않음을 알 수 있는가?
- **a.** 생화학적 특성
- **b.** 아미노산 서열
- **c.** 파지유형
- **d.** 혈청학
- **e.** 형태적 특성

3. 다음 중 생물을 진균계로 분류하는 데 활용되는 특성은?
- **a.** 광합성 능력, 세포벽 있음
- **b.** 단세포, 세포벽 있음, 원핵세포
- **c.** 단세포, 세포벽 없음, 진핵세포
- **d.** 영양물질을 흡수, 세포벽 있음, 진핵세포
- **e.** 영양물질을 섭취, 세포벽 있음, 다세포, 원핵세포

4. 학명에 대해 옳지 않은 설명은?
- **a.** 학명을 이루는 각 이름이 모두 생물마다 다르다.
- **b.** 지역에 따라 이름이 달라질 수 있다.
- **c.** 명명체계가 표준화되어 있다.
- **d.** 각 이름은 속명과 종명으로 이루어져 있다.
- **e.** 린네가 최초로 고안하였다.

5. 다음 중 하나를 제외하면 모두 미지의 세균을 동정하는 데 결정적인 정보를 제공할 수 있다. 예외인 것은?
- **a.** 미지 세균의 DNA를 알려진 세균의 특징적인 DNA 탐침과 혼성화한다.
- **b.** 세균의 지방산 조성을 조사한다.
- **c.** 미지의 세균을 특정 항혈청과 반응시킨다.
- **d.** 리보솜 RNA 서열을 결정한다.
- **e.** 구아닌과 사이토신의 백분율을 조사한다.

6. 세포벽이 없는 마이코플라스마는 그람양성세균과 연관이 있는 것으로 간주된다. 다음 중 가장 강력한 증거가 되는 것은 무엇일까?
- **a.** 공통적인 rRNA 서열을 공유한다.
- **b.** 일부 그람양성세균과 일부 마이코플라스마가 카탈레이스를 생성한다.
- **c.** 두 종류 모두 원핵세포이다.
- **d.** 일부 그람양성세균과 일부 마이코플라스마는 구형 세포를 이룬다.
- **e.** 두 종류 모두 사람에게 질병을 일으킨다.

7~8번 문제의 답을 다음 중에서 선택하시오.
- **a.** 동물계
- **b.** 진균계
- **c.** 식물계
- **d.** 후벽세균문(그람양성세균)
- **e.** 가변세균문(그람음성세균)

7. 입이 있고 사람의 간에서 서식하는 다세포 생물은 어디에 속할까?

8. 핵이 없고 외막으로 둘러싸인 얇은 펩티도글리칸 세포벽을 지니는 광합성 생물은 어디에 속할까?

9~10번 문제의 답을 다음 중에서 선택하시오.
- **1.** 9 + 2 구조의 편모
- **2.** 70S 리보솜
- **3.** 핌브리아

4. 핵
5. 펩티도글리칸
6. 원형질막

9. 생물의 세 개 영역 전부에 존재하는 것은?
- **a.** 2, 6
- **b.** 5
- **c.** 2, 4, 6
- **d.** 1, 3, 5
- **e.** 6개 모두

10. 원핵생물에만 존재하는 것은?
- **a.** 1, 4, 6
- **b.** 3, 5
- **c.** 1, 2
- **d.** 4
- **e.** 2, 4, 5

8 원핵생물: 진정세균 영역과 고세균 영역

세균은 동물이나 식물과는 확연히 다르다. 따라서 옛 생물학자들이 세균을 처음으로 접했을 때 이것의 분류를 어떻게 해야 할지 몰랐다. 동식물 분류에 사용했던 계통발생 체계에 근거하여 세균의 분류체계를 확립하려는 시도는 실패로 끝났다. 버지편람(*Bergey's Manual*)의 초기 판본에서는 세균을 형태(막대균, 구균), 염색반응, 내생포자의 유무, 기타 뚜렷하게 나타나는 몇몇 특징 등에 근거하여 분류하였다. 이와 같은 분류체계를 어느 정도 활용할 수는 있었지만 그 한계는 명백했다. 이와 같은 분류 방식은 마치 날개가 있다고 해서 박쥐와 조류를 같은 분류군으로 묶는 것과 같다고 볼 수 있다. 분자생물학 지식이 축적되면서 버지편람의 최신판에서는 계통발생 체계에 따라 세균을 분류하는 일이 어느 정도 가능해졌다. 예를 들어 이제는 세포내 기생생물이라는 이유만으로 *Rickettsia*속과 *Chlamydia*속을 같은 분류군으로 묶지 않는다. *Chlamydia*속의 종들은 이제 클라미디아문(*Chlamydia*)에 포함시키지만, 리케차(*rickettsia*)는 이와는 유연관계가 먼 가변세균문(*Proteobacteria*)의 알파가변세균강에 속하는 것으로 본다. 일부 미생물학자들은 이와 같은 변화를 탐탁지 않게 여기나 이런 변화는 중요한 차이를 반영한다. 분류 방식의 변화는 주로 rRNA 서열의 차이에 근거하는데, 이는 모든 생물에서 같은 기능을 수행하며 변이가 발생하는 속도가 매우 느린 유전인자이기 때문이다.

그림에서 보이는 *Streptococcus pyogenes*와 같이 환자에게서 분리한 병원성 세균은 신속하게 동정(확인)할 수 있어야 한다. 실험실에서 세균종의 동정은 그람염색과 형태 분석에서 시작된다.

◀ 전형적인 사슬 모양을 보이는 *Streptococcus pyogenes*

미생물 뉴스

갓난 아기 머시

지역 병원의 신생아 전문의인 워커 박사가 태어난 지 48시간이 된 여아 머시를 검진하고 있다. 머시는 39주 만에 정상분만으로 태어났으며 모든 면에서 건강한 아기로 보였다. 그러나 지난 이틀 사이에 상황이 급격히 나빠져 신생아 중환자실에 들어가야 했다. 머시는 기운이 없고 호흡곤란을 겪고 있으며 체온은 35℃이다. 그러나 허파에는 이상이 없었고 심장검사 결과도 정상이다. 워커 박사는 머시 어머니와 이야기한 결과, 머시 어머니는 적절한 산전검사를 받았으며 다른 의학적 문제가 없었다는 사실을 확인했다. 워커 박사는 척수천자를 해서 척수액의 감염 여부를 검사하였다. 검사 결과, 워커 박사는 머시가 수막염을 앓고 있다는 진단을 내렸고 정맥혈을 배양하여 세균을 검사하라는 지시를 내렸다.

머시에게 수막염을 일으킬 수 있는 세균의 종류는?

세균성 수막염을 일으키는 두 종의 세균으로 *Neisseria meningitidis*와 *Streptococcus pneumoniae*가 있다. 워커 박사는 실험실에 머시의 뇌척수액과 정맥혈의 그람염색을 의뢰했다.

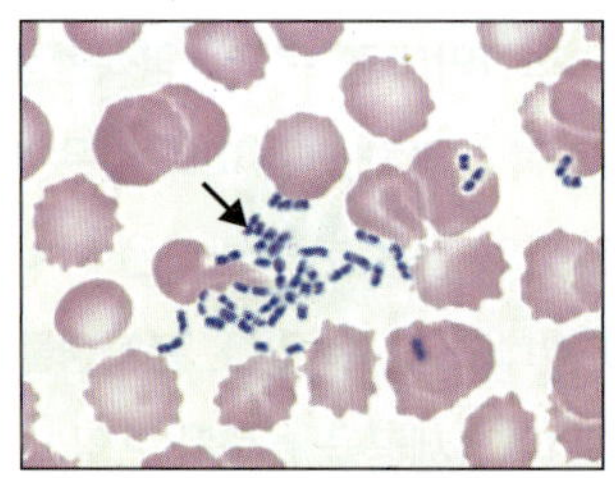

LM 7 μm

위 사진은 머시의 정맥혈을 그람염색한 결과다. 생각하고 있는 원인 목록에서 바꿀만한 것을 이 결과에서 발견했는가?

머시의 정맥혈을 그람염색하자 적혈구 사이에 그람양성 구균이 보였다. 머시에게 수막염을 일으킨 세균의 종을 동정하기 위해 실험실에서는 이 구균을 혈청한천배지에서 배양하였다. 그 결과는 아래와 같다.

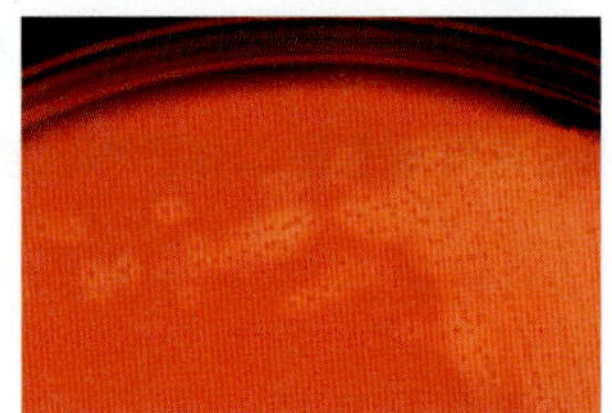

이 새로운 정보에 근거할 때 머시의 수막염을 일으킨 세균은 무엇이라 생각하는가? (힌트: 113쪽 그림 4.9 참조)

혈청한천배지와 그람염색 결과를 통해 감염균은 베타용혈성 연쇄상구균임을 알았다. 워커 박사는 어떤 *Streptococcus* 종이 머시에게 수막염을 일으켰는지 확인하기 위해 혈액 배양액의 란스필드 검사(1장 11쪽 참조)를 실험실에 의뢰했다. 그 결과 B형 란스필드 항원의 존재가 확인되었고 진단은 B형 연쇄상구균인 *S. agalactiae* 감염으로 확인되었다. 머시의 어머니가 임신하였을 때 B형 연쇄상구균에 대해 음성 판정을 받았지만 워커 박사는 머시의 어머니도 재검사를 받아볼 것을 요청했다. 이번에는 양성 판정이 나왔다.

B형 연쇄상구균이란 무엇인가?

B형 연쇄상구균은 주로 장내 또는 생식기에 서식하는 정상 미생물상의 일부이나 면역능력이 저하된 사람에게 질병을 일으킬 수 있다. B형 연쇄상구균에 의한 감염은 1970년대 신생아 세균성 패혈증을 일으키는 주요 원인으로 알려지기 시작했으며, 미국에서 신생아 사망을 일으키는 감염성 질환의 첫 번째 원인으로 꼽힌다. 이 세균은 어머니의 생식기관에 서식하면서 태아를 감염시켜 유산시키기도 한다. B형 연쇄상구균은 또한 분만되는 동안 태아에게 전염되기도 한다. 예방법으로는 모든 임산부에 대해 임신 35주에서 37주 사이에 B형 연쇄상구균 검사를 실시하고 보균자는 분만할 때 항생제를 투여한다. 머시의 어머니는 임신 중의 검사에서 음성 판정을 받았지만, 그 결과는 드물게 나타나는 거짓음성이었다. 머시는 정맥을 통해 항생제를 투여받았고 감염 증세가 사라질 때까지 10일 동안 더 병원에 있어야 했다. 2주 후에 집으로 돌아온 머시는 이제 건강하고 행복한 아기로 자라고 있다.

원핵생물

버지편람의 2판에서는 원핵생물을 **고세균 영역(Archaea)**과 **진정세균 영역(Bacteria)**의 2개 **영역(domain)**으로 분류하고 있다. 두 영역 모두 원핵세포로 이루어져 있다. 영역의 이름을 나타낼 때에는 고세균(archaea)과 진정세균(bacteria)의 첫 글자를 대문자로 표기한다. 이들 영역을 문으로, 문을 강으로 나누는 것은 동식물의 분류체계와 같다. 원핵생물의 문은 표 8.1에 요약되어 있다(부록 참조).

진정세균 영역

우리는 대체로 세균은 눈에 보이지 않으며 해로움을 줄 수 있는 작은 생물이라고 생각한다. 실제로는 매우 적은 종류의 세균만이 사람이나 동식물, 그 밖의 생물에 병을 일으킨다. 미생물학 강좌를 다 듣고 나면 세균이 없이는 우리가 알고 있는 대부분의 생명활동이 불가능해진다는 사실을 알게 될 것이다. 이번 장에서는 세균 집단을 어떻게 구분하고 미생물학계에서 세균이 얼마나 중요한지에 대해 공부할 것이다. 또한 진정세균의 실용적인 중요성을 강조하여 의학에서 중요한 의미를 갖는 세균이나 생물학적으로 특별하거나 흥미로운 원리를 알려주는 세균에 대해 중점적으로 살펴보기로 한다.

그람음성세균

가변세균문

대부분의 그람음성 화학종속영양세균이 포함되는 **가변세균문(phylum Proteobacteria)**은 광합성을 하던 하나의 공통 조상에서

표 8.1 주요 원핵생물의 분류*

영역	문	주요 강	비고
진정세균(BACTERIA)			
(그람양성)	Firmicutes	• Bacilli • Clostridia	G + C 함량이 낮은 그람양성 막대균과 구균
	Actinobacteria	• Actinobacteria	G + C 함량이 높은 그람양성 세균
진정세균(BACTERIA)			
(그람음성)	Proteobacteria	• Alphaproteobacteria • Betaproteobacteria • Gammaproteobacteria • Deltaproteobacteria • Epsilonproteobacteria	*Vibrio, Salmonella, Helicobacter, Escherichia* 등이 포함됨
	Cyanobacteria	• Cyanobacteria	산소발생 광합성 세균
	Chlorobi	• Chlorobia	산소비발생 광합성; 녹색황세균
	Chloroflexi	• Chloroflexi	산소비발생 녹색비황세균
	Chlamydiae	• Chlamydiae	진핵생물 숙주 세포 안에서만 성장
	Plantomycetes	• Planctomycetacia	수중 세균; 일부는 자루가 달림
	Bacteroidetes	• Bacteroidetes • Flavobacteria • Sphingobacteria	기회감염성 병원체 포함
	Fusobacteria	• Fusobacteria	혐기성(anaerobic); 일부는 사람에서 조직 괴사와 패혈증 유발
	Spirochaetes	• Spirochaetes	매독과 라임병 유발 병원체 포함
고세균(ARCHAEA)			
	Crenarchaeota	• Thermoprotei	대부분 호열성(thermophile) 또는 초호열성(hyperthermophile)
	Euryarchaeota	• Methanobacteria • Halobacteria	중요한 메탄 생성원

*전체 분류군 목록은 부록 참조.

유래한 것으로 추정된다. 이것은 진정세균에서 가장 큰 분류군이다. 그러나 이 가운데 현재 광합성을 하는 것은 극소수의 일부이다. 다양한 대사, 영양 능력이 생기면서 광합성 특성을 대체하게 된 것이다. 이들 사이의 계통발생적 유연관계는 rRNA 연구에 기초한다. 가변세균이라는 이름은 그리스 신화에서 유래된 것으로 프로테우스(Proteus)는 여러 가지 모습으로 변신할 수 있는 신의 이름이다. 가변세균문은 다섯 개의 강으로 나뉘며 각각 그리스 문자를 접두어로 붙여 알파가변세균강, 베타가변세균강, 감마가변세균강, 델타가변세균강, 엡실론가변세균강으로 불린다.

알파가변세균강

알파가변세균강에 속하는 가변세균들은 대체로 영양물질이 매우 적은 양으로 존재하는 환경에서 성장할 수 있다. 일부 세균은 특이한 형태를 보이는데, 자루(stalk)나 **프로스테카(prosthecae)** 또는 싹눈(bud) 따위가 돌출해 있기도 하다. 또한 식물과 공생하면서 질소를 고정하여 농업에 중요한 세균이지만, 식물이나 사람에게 병을 일으키는 일부 병원성 세균도 알파가변세균에 포함된다. 알파가변세균강에 속하는 주요 속들은 다음과 같다.

Pelagibacter 지구의 도처에 가장 흔히 존재하며, 특히 해양 환경에 많은 미생물 가운데 하나가 *Pelagibacter ubique*다. 이 종은 FISH 기법(207쪽 참조)을 이용하여 발견한 해양 미생물로 사르가소해(Sargasso Sea)에서 처음 발견되어 SAR11이라 불렸다. *P. ubique*가 이 속에서 처음으로 배양에 성공한 종이다. 유전체 염기서열 결정 결과 이 세균은 단 1354개의 유전자만을 지닌다는 사실이 밝혀졌다. 마이코플라스마에 속하는 몇몇 종이 더 적은 수의 유전자를 지니고 있기는 하지만 이 숫자는 자유 생활을 하는 생물로서는 매우 적은 것이다. 공생관계를 형성하는 세균은 대체로 대사 요구가 적고 따라서 더 작은 유전체를 지닌다. 이 세균은 매우 작아서 지름이 0.3 μm를 겨우 넘기는 정도다. 크기가 작은 최소한의 유전체를 지닌다는 점은 영양 물질의 농도가 매우 낮은 환경에서 생존하는 데 경쟁적 이점이 될 수 있다. 실제 생물량을 기준으로 볼 때 이 종에 속하는 개체수가 생물종 가운데 가장 많을 것으로 추정된다(*ubique*라는 종명은 *ubiquitous*에서 유래한 것임). 바다에 특히 많이 존재하며 그 엄청난 수를 고려할 때 이 종은 지구의 탄소순환에 중요한 역할을 담당하는 것으로 생각된다.

Azospirillum 이 속에는 농업 분야에서 관심을 갖는 미생물이 많이 포함되어 있다. 특히 열대 초지 식물의 뿌리와 매우 긴밀하게 연합하여 공생하는 토양 세균들을 일례로 들 수 있다. 이 세균은 식물이 분비하는 영양물질을 이용하고 그 보답으로 대기 중의 질소를 고정하여 제공한다. 이와 같은 형태의 질소고정은 일부 열대 초본식물과 사탕수수의 성장에 특히 중요한 역할을 한다. 그러나 이들은 옥수수를 비롯한 많은 온대식물의 뿌리계에서도 분리된다. *Azo*-라는 접두어는 질소를 고정하는 세균 속에서 자주 볼 수 있다. 이 명칭은 *a*(없다는 뜻)와 *zo*(생명)의 합성어에서 유래된 것으로 초기 화학실험에서 양초를 태우는 등의 방식으로 대기 중의 산소를 제거하면 대부분 질소가 남는데 이런 환경에서는 포유동물은 살 수가 없음을 발견하였다. 이런 이유로 질소가 생명이 없다는 뜻을 가진 *azo*-라는 접두어와 연관된 것이다.

Acetobacter*, *Gluconobacter *Acetobacter*와 *Gluconobacter* 속은 에탄올을 아세트산(식초)으로 전환시킬 수 있어 산업적으로 유용한 호기성 생물 속이다.

***Rickettsia*(리케차)** 버지편람의 초기 판본에는 *Rickettsia*, *Coxiella*, *Chlamydia*속들이 가까이 연관된 것으로 나타나 있다. 이들 모두 절대 세포내 기생생물, 즉 포유류 세포 안에서만 증식하는 생물이기 때문이다. 그러나 2판에서는 멀리 떨어져 있다. 10장에서 리케차와 클라미디아, 바이러스를 비교하고 있다.

리케차는 그람음성 막대균 또는 구형막대균(cocconba-cillus)이다(그림 8.1a). 대부분의 리케차는 *Coxiella*속과는 달리(다음 감마가변세균에서 설명) 곤충이나 진드기에 의해 사람에게 전파된다. 리케차는 식세포작용을 유도해서 숙주세포 안으로 들어간다. 이들은 세포의 세포질에 재빨리 들어가서 이분법으로 증식하기 시작한다(그림 8.1b). 대개 배양세포주나 닭배아를 이용해서 리케차를 인공배양한다.

리케차는 발진열 또는 홍반열이라는 이름으로 통용되는 여러 종류의 질병을 일으킨다. 유행성 발진티푸스는 *Rickettsia prowazekii*가 일으키며 이가 전염시킨다. 풍토병인 발진열은 *R. typhi*가 일으키며 쥐벼룩이 옮긴다. 록키산 홍반열은 *R. typhi*가 일으키고 진드기로 전염된다. 사람이 리케차에 감염되면 모세혈관의 투과성이 손상되어 특징적인 붉은 반점이 나타난다.

Caulobacter*, *Hyphomicrobium *Caulobacter*속에 포함되는 종들은 호수와 같이 영양물질의 농도가 낮은 수서 환경에서 발견된다. 이들은 세포를 표면에 부착시키는 자루와 같은 구조를 갖는 특징이 있다(그림 8.2). 이와 같은 구조는 지속적으로 물이 흐르는 곳에서 휩쓸리지 않고 영양물질에 노출시킬 수 있고 또한 세포의 표면적 대 부피 비율을 높임으로써 영양물질의 흡수를 증가시킨다. 또한 자루가 붙는 표면이 살아 있는 숙주라면, 이들 세균은 숙주가 분비하는 물질을 영양물질로 사용할 수도 있다. 영양물질의 농도가 유난히 낮을 때에는 자루의 길이가 길어져서 영양물질을 흡수할 수 있는 표면적을 높이기도 한다.

출아세균(*Hyphomicrobium*)은 이분법으로 분열하지 않기 때문에 크기가 같은 두 개의 세포로 나뉘지 않는다. 출아과정은 출아효

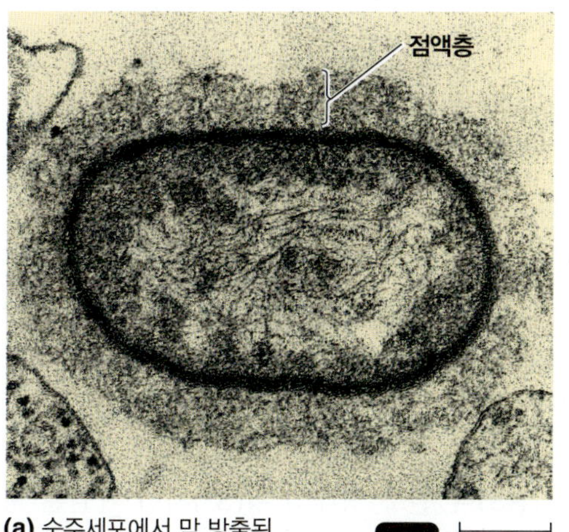

(a) 숙주세포에서 막 방출된 리케차 세포

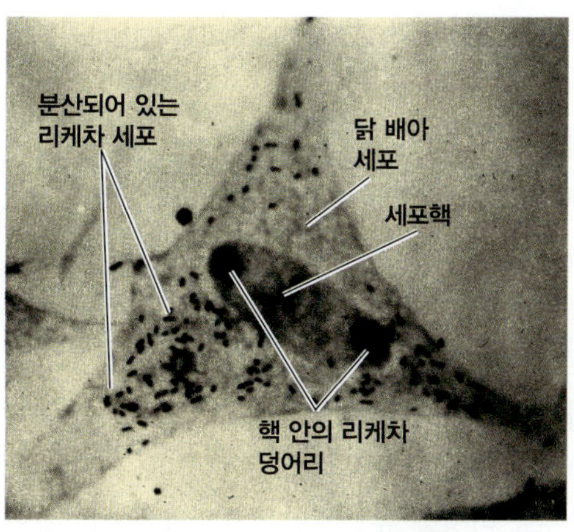

(b) 리케차는 그림에 나타난 닭의 배아세포와 같은 숙주세포 내에서만 자란다. 세포 내에 흩어져 있는 리케차와 세포 핵 안에 단단하게 뭉쳐져 있는 리케차 덩어리를 주목하시오.

그림 8.1 리케차

Q 리케차는 어떻게 한 숙주에서 다른 숙주로 전염되는가?

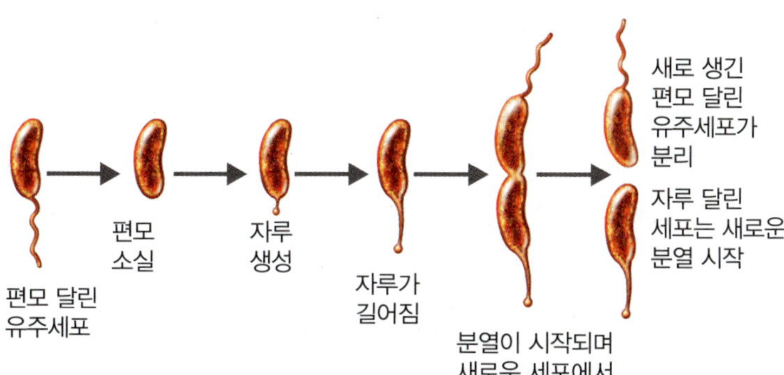

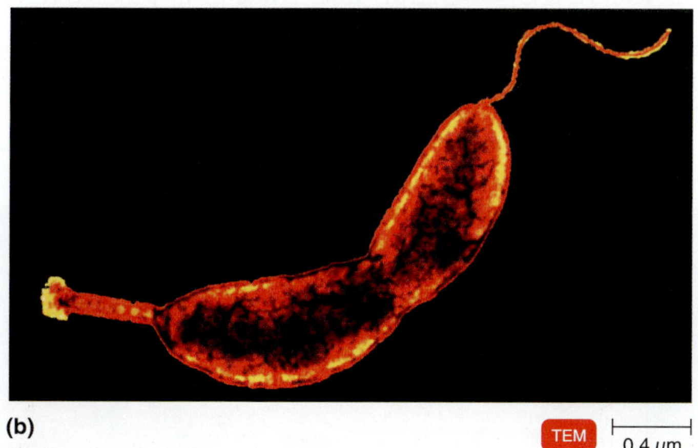

그림 8.2 *Caulobacter*

Q 표면에 부착함으로써 얻는 경쟁적 이점은 무엇일까?

모의 무성생식과정과 유사하다(그림 9.2 참조). 어버이 세포가 원래 세포의 크기를 유지하는 동안 싹눈이 점점 자라면서 완전히 새로운 세포가 만들어지면 분리된다. 일례로 *Hyphomicrobium*속의 분열과정이 **그림 8.3**에 나타나 있다. 이 세균은 *Caulobacter* 세균과 마찬가지로 저영양 수서 환경에서 발견되며 실험실의 항온수조에서도 자라곤 한다. *Caulobacter*와 *Hyphomicrobium*속은 뚜렷한 부속돌기인 프로스테카(prosthecae)를 형성한다.

Rhizobium*, *Bradyrhizobium*, *Agrobacterium *Rhizobium*속과 *Bradyrhizobium*속은 완두나 납작콩, 토끼풀 등을 비롯한 콩과식물의 뿌리에만 특이적으로 감염하는 세균 집단으로 농업 분야에서 중요하게 다룬다. 이 둘을 합쳐 보통 **뿌리혹세균(rhizobia)**이라고 부른다. 뿌리혹세균이 식물의 뿌리에서 자라면 세균과 식물이 공

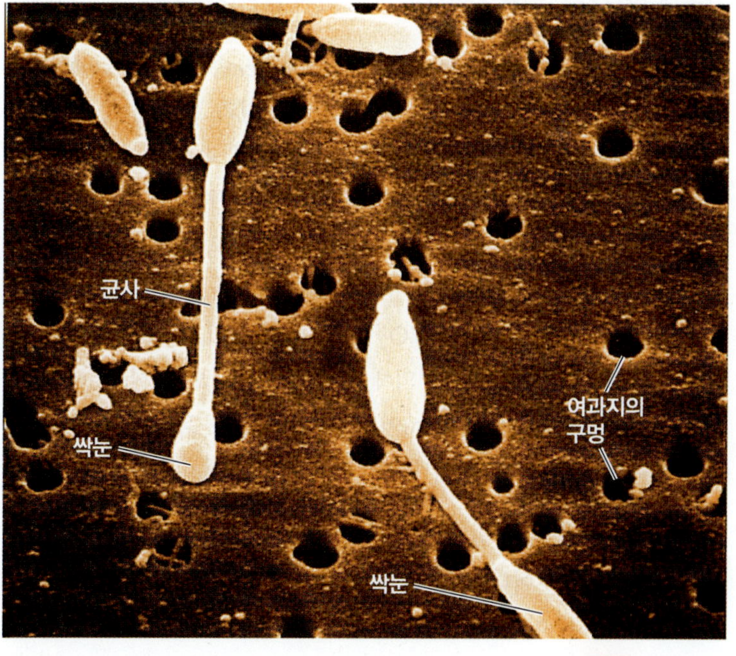

그림 8.3 *Hyphomicrobium*, **출아 세균의 일종**

Q 대부분의 세균은 출아에 의해 증식하지 않는다. 그들이 주로 사용하는 증식 방법은?

생관계를 이루면서 뿌리혹(nodule)을 형성한다. 여기서 세균이 고정한 대기 중의 질소를 식물이 사용하게 된다(그림 15.5 참조)

뿌리혹세균과 마찬가지로 *Agrobacterium*속의 세균 또한 식물에 감염한다. 그러나 이들 세균은 뿌리혹을 형성하거나 질소고정을 하지는 못한다. 이 가운데 특히 *Agrobacterium tumefaciens*가 흥미로운 특징을 갖고 있다. 이 식물 병원균은 왕관혹(crown gall)이라 불리는 식물의 질병을 일으킨다. 여기서 왕관이란 식물에서 뿌리와 줄기가 합쳐지는 부분을 말한다. *A. tumefaciens*가 세균의 유전정보가 들어 있는 플라스미드를 식물의 염색체 DNA에 삽입시키면, 종양과 같은 혹이 형성된다(그림 14.19 참조). 이런 이유로 미생물 유전학자들은 이 생물에 큰 관심을 갖는다. 플라스미드란 과학자들이 새로운 유전자를 세포 안으로 도입시킬 때 가장 흔히 쓰는 운반체로, 특히 식물세포는 세포벽이 두꺼워 외부 유전자를 세포 안으로 전달하는데 힘이 들어 이 플라스미드가 매우 유용하게 쓰인다(그림 14.20 참조)

Bartonella *Bartonella*속에는 여러 가지 사람 병원균이 포함된다. 가장 널리 알려진 것이 그람음성 막대균인 *Bartonella henselae*로 고양이에게 가려움증을 일으킨다.

Brucella *Brucella*속의 세균은 비운동성의 작은 구형막대균이다. 이 속에 속하는 종은 모두 포유류의 절대기생생물로 브루셀라증(brucellosis)을 일으킨다. 이 세균들은 포유류의 중요한 방어 과정 가운데 하나인 식세포작용의 영향을 받지 않는다는 특징을 지닌다.

Nitrobacter*, *Nitrosomonas *Nitrobacter*속과 *Nitrosomonas*속은 질화세균(nigrifying bacteria)으로 환경과 농업에 중요한 작용을 한다(*Nitrosomonas*속은 베타가변세균에 속함에 유의). 이들은 화학독립영양생물로 무기화합물을 에너지원으로 이산화탄소를 유일한 탄소원으로 사용할 수 있다. 이 두 속에서 사용하는 에너지원은 환원된 질소화합물이다. *Nitrosomonas*에 속하는 종은 암모니아(NH_4^+)를 아질산(NO_2^-)으로 산화시키고 이것은 차례로 *Nitrobacter*에 속하는 종에 의해서 질산(NO_3^-)으로 산화된다. 이 과정을 **질소화작용**(nitrification)이라 한다. 질산은 흙 속에서 식물이 주로 흡수하는 질소의 한 형태이기 때문에 농업에서 중요하다.

Wolbachia *Wolbachia*속에 속하는 세균은 지구상에서 가장 흔한 감염성 세균일 것이다. 그럼에도 불구하고 이에 대해서는 거의 알려진 것이 없다. 이 속의 세균들은 대부분 곤충을 숙주로 하는데, 숙주세포의 안에서만 **내부공생**(endosymbiosis)하는 형태로 서식한다. 따라서 *Wolbachia*속의 세균은 통상적인 배양 방법을 사용해서는 검출하기 어렵다. 219쪽의 상자에 이 세균의 흥미로운 특징이 소개되어 있다.

베타가변세균강

알파가변세균과 베타가변세균은 앞에서 질화 세균의 경우에서 보듯이 그 특성이 상당히 겹친다. 베타가변세균은 혐기성 세균이 유기물을 분해하는 지역에서 확산되는 수소 기체나 암모니아, 메탄과 같은 영양물질을 주로 사용한다. 몇몇 중요한 병원성 세균이 여기에 속한다.

Acidithiobacillus *Acidithiobacillus*속의 종과 기타 황산화세균은 황 순환에서 중요한 역할을 한다(그림 15.7 참조). 이들 화학독립영양생물은 황화수소(H_2S)나 원소 형태의 황(S^0)처럼 환원된 형태의 황을 황산(SO_4^{2-})으로 산화시킬 수 있다.

Spirillum *Spirillum*속의 주 서식처는 민물이다. 나선형 스피로헤타는 축사(axial filament)를 이용해서 움직이지만 나선균인 *Spirillum* 세균은 전형적인 극편모(polar flagellum)를 이용해서 움직인다는 점이 다르다. 나선균은 비교적 크고 그람음성이며 호기성 세균이다. 미생물학을 처음 배우는 학생들에게 현미경 사용법을 가르칠 때 쓰는 슬라이드에는 주로 *Spirillum volutans*가 나선균의 예로 등장하는 경우가 많다(**그림 8.4**).

Sphaerotilus 단단한 껍질(sheath)에 둘러싸인 세균으로 민물이나 하수에서 주로 발견된다. 극편모를 지닌 이들 그람음성세균은 속이 빈 사상형 껍질(filamentous sheath)을 형성해서 그 안에 서식한다(**그림 8.5**). 껍질은 보호기능과 함께 영양물질의 축적을 돕는다. *Sphaerotilus*의 세균은 하수처리 과정에서 문제가 되는 벌킹(bulking)의 한 원인으로 생각된다(15장 참조).

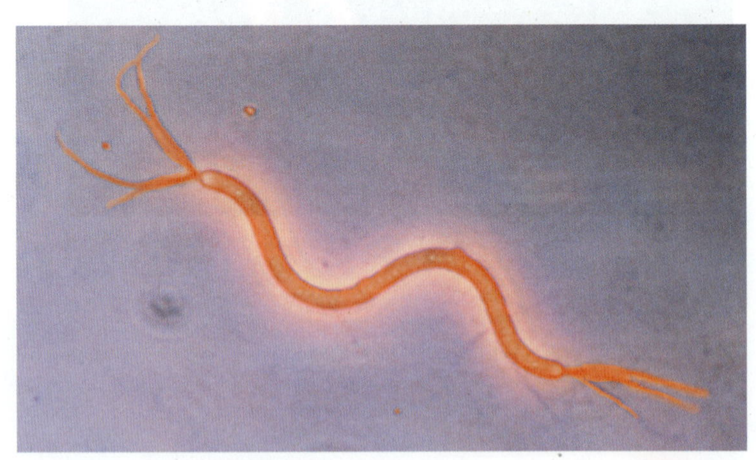

그림 8.4 ***Spirillum volutans.*** 이들 거대한 나선 세균은 수서환경에서 발견된다. 극편모에 주목하시오.

Q 이 세균은 운동성이 있을까? 어떻게 알 수 있는가?

세균과 곤충의 성

***Wolbachia*는 지구상에서 가장 흔한** 감염세균 속이다. 이들 세균은 1924년 최초로 발견되었지만 1990년대에 이르기까지 거의 알려진 것이 없었다. 이들은 곤충이나 기타 무척추동물의 세포 안에서 내부공생체의 형태로 살아가기 때문에 보통의 배양방식으로는 검출하기가 어려웠다(그림 A).

*Wolbachia*는 곤충이나 다른 무척추동물 수백만 종 이상에 감염한다. 지금까지 조사한 동물 종의 75% 가량이 이 세균에 감염된 것으로 나타났다. 선형동물에게는 이 세균이 살아가는 데 꼭 필요하다. 항생제를 처리해서 이 세균을 사멸시키면 선형동물 숙주도 따라 죽는다.

일부 곤충에서 *Wolbachia*는 숙주 종의 수컷만을 없앤다. *Wolbachia*가 곤충의 수컷을 감염시키면 남성 호르몬을 억제해서 수컷이 암컷으로 바뀌도록 하기 때문이다. 그림 B에서 보듯이 이 세균에 감염되지 않은 수컷과 암컷은 자손을 정상적으로 낳는다. 수컷만 감염되면 자손이 태어나지 않는다. 암컷만 감염되거나 양쪽이 다 감염되는 경우에는 감염된 암컷만이 번식하는데 이 암컷이 낳는 알의 세포질에는 *Wolbachia*가 감염되어 있다. 수정되지 않은 채 태어나는 자손은 모두 암컷이다. 그 결과 세균이 다음 세대로 전파된다. 이런 종류의 생식을 단성생식 또는 처녀생식(parthenogenesis)이라 하며, 여러 종류의 곤충과 일부 양서류 및 파충류에서 발견된다. 따라서 이러한 단성생식에 *Wolbachia*가 항상 필요한지의 여부가 관건이다.

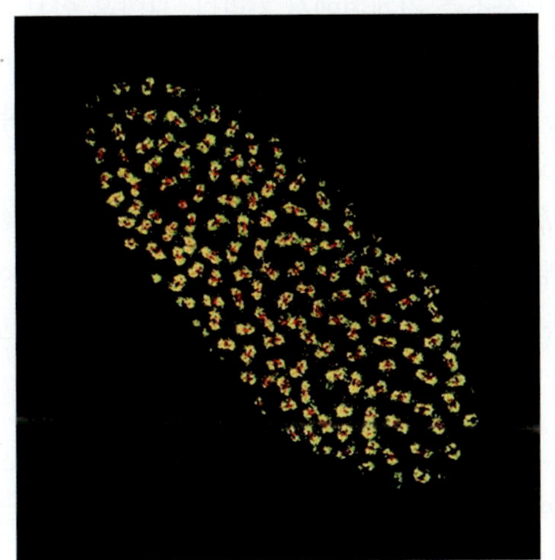

그림 A 초파리 배아 세포의 내부에 서식하는 *Wolbachia*(붉은색)

진핵생물의 경우, 종은 서로 교배 가능한 개체의 집단으로 정의한다. 이와 같은 종 사이의 생식적 격리로 인해 잡종이 태어나는 것을 막고 각 종의 고유한 성격이 유지될 수 있다. 실험실에서 항생제를 처리하면 말벌의 한 종이 다른 종과의 사이에서 잡종 자손을 생성하는 것이 발견되었다. 이 사실은 *Wolbachia*가 곤충의 진화에 미친 영향에 대해 궁금증을 자아낸다. 곤충이 *Wolbachia*에 감염되지 않았다면 다른 종과 계속 교배했을까?

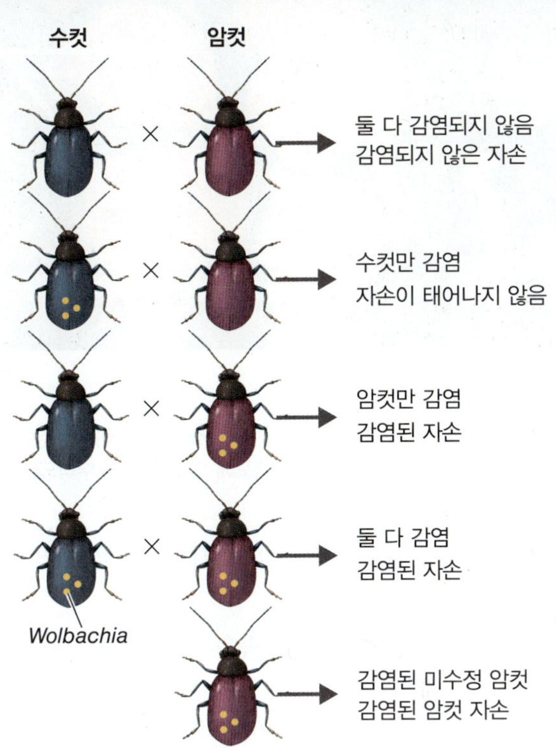

그림 B 감염된 쌍에서 암컷만이 생식 가능하다

아주 오래전에 미생물이 미토콘드리아로 진화했듯이 *Wolbachia* 또한 세포소기관으로 진화될지도 모른다. 최근 과학자들은 *Wolbachia*가 유전자를 숙주세포로 전달할 수 있고 그 유전자가 발현된다는 것을 발견했다. 이 같은 수평 유전자 전달은 숙주에 새로운 형질들을 제공할 수 있다.

*Wolbachia*의 독성 균주는 숙주세포를 "팝"하고 터뜨려 결국 숙주 곤충을 죽인다고 해서 "팝콘"이라 부른다. 한편으로 팝콘 균주는 모기를 죽이는 데 사용할 수도 있다. 반면 해충에게서 *Wolbachia*를 제거하면 암컷 개체수를 줄여서 집단의 수를 감소시킬 수도 있다.

*Wolbachia*의 독특한 생물학적 특징은 연구자들을 매료시켜 감염의 진화적 함의에서부터 *Wolbachia*의 상업적 활용에 이르기까지 광범위한 문제에 대한 연구를 진행하고 있다.

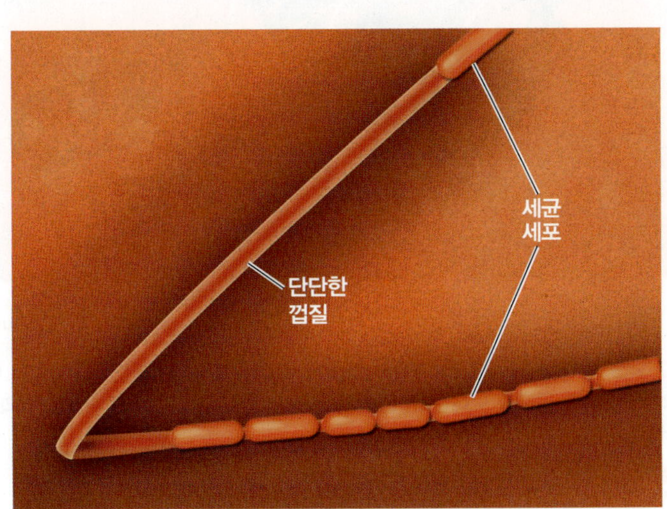

그림 8.5 ***Sphaerotilus natans.*** 단단한 껍질로 둘러싸인 이 세균은 하수와 같은 수서 환경에서 발견된다. 이들은 길쭉한 껍질을 형성하여 그 안에서 세균이 살아간다. 편모를 지니며(이 그림에서는 보이지 않음), 최종적으로 껍질 밖으로 헤엄쳐 나간다.

Q 단단한 껍질은 세포에 어떤 도움이 될까?

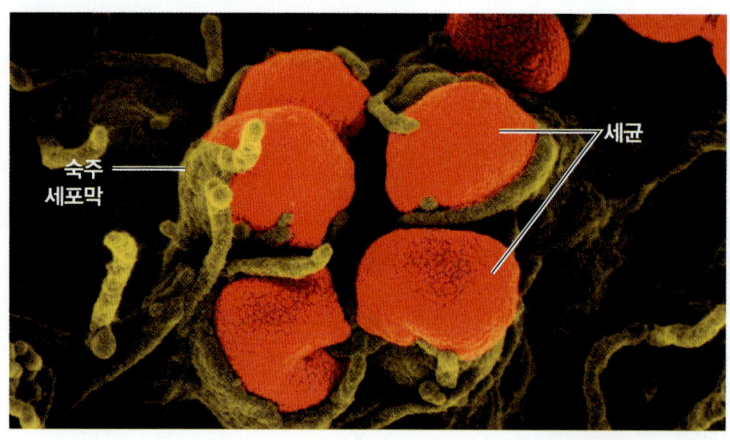

그림 8.6 그람음성 구균 *Neisseria gonorrhoeae*. 이 세균은 핌브리아와 Opa라는 외막 단백질을 이용하여 숙주 세포에 달라붙는다. 부착되면 숙주 세포막(녹색)이 세균(적색)을 둘러싼다.

Q 선모는 세균이 병원성을 나타나는 데 어떤 작용을 하는가?

Burkholderia *Burkholderia*속은 한때 감마가변세균인 *Pseudomonas*속으로 분류되었다. 슈도모나드처럼 대부분의 *Burkholderia* 소속 종은 단일 극편모 또는 편모군을 이용해서 이동한다. 가장 널리 알려진 종은 호기성, 그람음성 막대균인 *Burkholderia cepacia*다. 이 종은 놀라울 정도로 광범위한 영양물질을 이용할 수 있으며 100여 종 이상의 서로 다른 유기물질을 분해할 수 있다. 이와 같은 능력 때문에 종종 병원에서 의료기구나 약물을 오염시키는 요인이 되기도 한다. 이들 세균은 거의 모든 소독 용액에서 자랄 수 있기 때문이다(12장 미생물 뉴스 참조). 이 세균은 또한 유전적 폐질환인 낭성섬유증 환자의 호흡기에 축적되는 분비물을 대사할 수 있어 이들 환자에게 문제를 일으키기도 한다. *Burkholderia pseudomallei*는 습기 찬 흙에 서식하며 남동아시아와 북부호주의 풍토병인 심각한 유사비저(melioidosis)를 일으킨다.

Bordetella 이 속에서 특히 중요한 종은 운동성이 없는 호기성, 그람음성 막대균인 백일해균(*Bordetella pertussis*)이다. 이 종은 심각한 질병인 백일해의 원인균이다.

Neisseria *Neisseria*속에 속하는 세균은 호기성 그람음성 구균으로 보통 포유류의 점막에 서식한다. 질병을 일으키는 종으로는 임질을 일으키는 임질균(*Neisseria gonorrhoeae*) (그림 8.6)과 수막구균성수막염을 일으키는 수막구균(*N. meningitidis*)이 있다.

Zoogloea *Zoogloea*속은 활성슬러지 시스템(activated sludge system, 그림 15.17 참조)을 비롯한 유산소 하수처리 과정에 중요한 역할을 한다. 자라면서 *Zoogloea* 세균은 거품이 이는 점액성 덩어리를 형성해서 이와 같은 유산소 하수처리 과정이 원활하게 진행되도록 한다.

감마가변세균강

감마가변세균강은 가변세균문에서 가장 큰 하위그룹이고 여기에 속하는 세균들은 생리적 특성이 매우 다양하다. 산업미생물학에 널리 사용되는 감마가변세균의 한 종이 221쪽의 상자글에 소개되어 있다.

Triotrichales Thiotrichales목에는 현재 알려진 세균 가운데 가장 클 뿐만 아니라 여러 특이한 특성을 나타내는 *Thiomargarita namibiensis*가 속한다. 이 목의 다른 구성원에는 특이한 물질을 영양분으로 이용하는 *Beggiatoa*속과 그리고 야토병(tularemia) 병원균인 *Francisella tularensis*가 포함된다.

Beggiatoa *Beggiatoa alba*가 이 속에 포함된 유일한 종으로 수서 침전층의 산소층과 무산소층 경계면에서 자란다. 모양은 일부 사상형 남세균과 유사하나 광합성을 하지는 않는다. 활주운동으로 이동한다. 이들이 만드는 점액질은 움직일 수 있는 표면에 부착하는 동시에 세포가 미끄러질 수 있게 윤활제의 기능을 한다.

영양 측면에서 *B. alba*는 황화수소(H_2S)를 에너지원으로 사용하여 황 입자를 세포 내부에 축적한다. 이 세균이 무기화합물에서 에너지를 얻는 능력은 독립영양방식을 발견 과정에 중요한 요인으로 작용하였다.

Francisella *Francisella*속은 크기가 작고 형태가 다양한 세균으로 혈액이나 조직추출액의 첨가로 강화된 복합배지에서만 자란다. *Francisella tularensis*는 야생토끼병(tularemia)을 일으킨다.

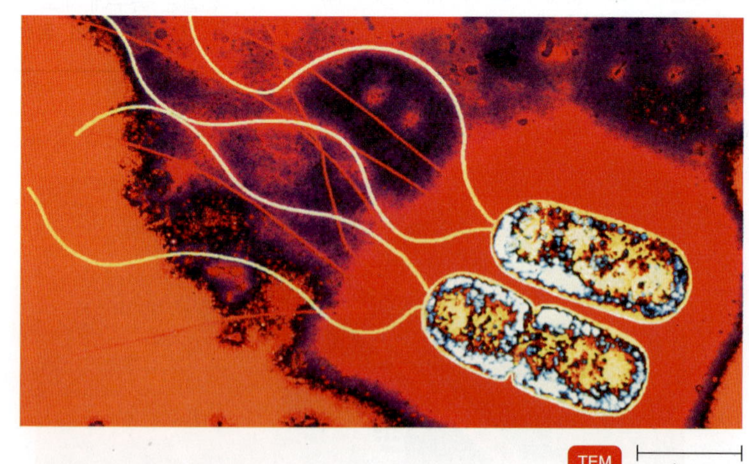

그림 8.7 *Pseudomonas*. *Pseudomonas* 세균 한 쌍을 나타낸 이 그림은 이 속의 특징인 극 편모를 보여준다. 일부 종에는 단 하나의 편모가 존재한다. 아래쪽의 세포는 분열 중이다.

Q 이들 세균의 영양적인 다양성이 병원에서 문제가 되는 까닭은?

식물 질병에서부터 샴푸와 샐러드 드레싱까지

*Xanthomonas campestris*는 그람음성 막대균으로 흑균병(black rot)이라는 식물 질병을 일으킨다. 이 세균은 식물의 관다발 조직에 들어가 거기로 운반된 포도당을 이용해 끈적한 껌 같은 물질을 만들어낸다. 이 물질이 모여 고무 같은 덩어리를 이루는데, 이로 인해 식물에서 영양분이 제대로 퍼지는지 못하게 된다. 이 덩어리를 이루는 점성물질이 크산탄(xanthan)인데, 만노오스(mannose)의 고분자 중합체이다(사진 참조). 식물에는 안 좋은 영향을 주지만, 사람은 크산탄을 섭취해도 아무 영향을 받지 않는다. 따라서 크산탄은 유제품 및 샐러드 드레싱 같은 식품과 콜드크림 및 샴푸와 같은 화장품을 걸쭉하게 만드는 농축제로 사용될 수 있다.

평균적으로 미국인들은 1년에 30파운드(약 13.6 kg) 이상의 치즈를 섭취하는데 치즈 1파운드를 만들면 9파운드(약 4kg)의 유청이 액상 부산물로 만들어진다. 미국 농무부(USDA)의 연구진이 유청의 활용 방법을 찾던 중, 이를 크산탄으로 만드는 방안을 생각해냈다. 그러나 유청은 거의 물과 젖당으로 이루어져있기 때문에 연구진은 *X. campestris*가 포도당 대신 젖당을 이용하여 크산탄을 만들게 하는 방법을 찾아야만 했다.

USDA와 공동연구를 하는 Stauffer 화학회사의 연구진은 단 두 가지 조건만을 충족시키는 농화배양을 이용하였다. 즉, 유청을 이용하여 성장하면서 크산탄을 만드는 세균이 잘 자라도록 한 것이다. 먼저 유청배지에 *X. campestris*를 접종하고 24시간 동안 배양했다. 그 다음에 이 배양액의 일부를 젖당 액체배지가 담긴 플라스크에 접종하여 젖당 이용 세균을 선별하였다. 이제 이 세균은 젖당을 이용하여 자라면 되기 때문에 크산탄을 만들 필요가 없다.

일련의 계대배양을 통해 젖당 이용 세균을 분리하였고, 이 가운데 가장 잘 자라는 세균을 골라냈다. 이를 열흘 동안 배양한 후에 젖당 액체배지가 있는 플라스크에 옮기고, 앞서 했던 단계를 두 번 더 반복했다. 그러고 나서 유청 액체배지가 들어 있는 플라스크로 옮기자, 젖당 이용 세균은 유청에서 자라면서 크산탄을 생산하여 배양액에 엄청난 점성이 생겼다.

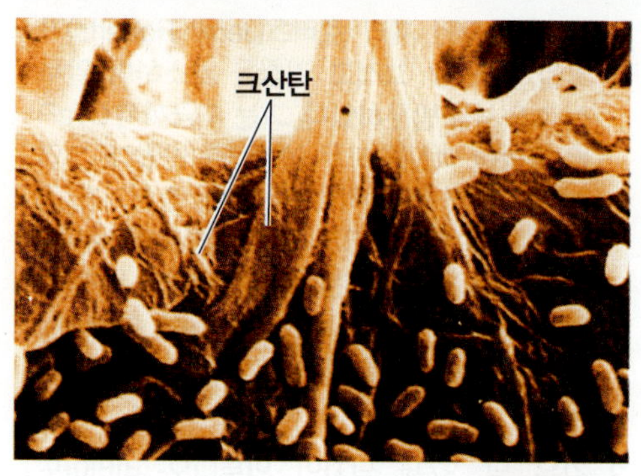

끈적한 크산탄을 만드는 *Xanthomonas campestris*

최종 결과는 40 g/L의 유청가루가 30 g/L의 크산탄 점성물질로 바뀐 것이다. 동네 슈퍼마켓에 가서 식품의 라벨을 한 번 슬쩍 보기만 해도 이 프로젝트가 얼마나 성공적이었는지 알 수 있을 것이다.

슈도모나스목 슈도모나스목(Pseudomonadales)은 그람음성, 호기성 막대균 또는 구균이다. *Pseudomonas*속이 이 목의 대표 속이다.

Pseudomonas *Pseudomonas*속은 호기성, 그람음성 막대균으로 하나 또는 여러 개의 극편모를 이용하여 이동한다(그림 8.7). 이 속에 포함되는 세균은 속칭 슈도모나드(Pseudomonad)라 불린다. 슈도모나드는 토양과 기타 자연환경에 아주 흔하다.

이 속에 속하는 많은 종들이 세포 밖으로 수용성 색소 분비하여 배지로 확산된다. 그 중 녹농균(*Pseudomonas aeruginosa*)은 수용성 청록색 색소를 생성한다. 특정한 조건에서, 특히 허약한 숙주에서 이 생물은 요도관, 화상을 입은 부위나 그 밖의 상처부위를 감염시키고, 혈액 감염(패혈증)과 농양, 수막염 등도 일으킬 수 있다. 다른 슈도모나드는 자외선을 받으면 빛을 내는 수용성 형광색소를 생성하기도 한다. 그 중 *P. syringae*는 때로 식물에 병을 일으킨다. (*Pseudomonas*속의 일부 종은 rRNA 분석에 따라 앞에서 베타가변세균에 대해 언급할 때 논의한 *Burkholderia*속으로 옮겨졌음.)

슈도모나드의 유전체 크기는 진핵생물인 효모와 거의 비슷하고 초파리의 절반에 육박한다. 이들 세균은 일부 다른 종속영양세균에 비해서 흔한 영양물질을 이용하는 능력은 좀 떨어지지만, 유전자 용량을 활용하여 다른 방식으로 이점을 보완한다. 예를 들어, 슈도모나드는 대체로 많은 수의 효소를 합성하고 광범위한 기질을 대사한다. 따라서 이들은 살충제를 비롯해서 토양에 유입된 인공 화학물질을 분해하는 데 크게 기여하고 있을 것으로 생각된다.

병원 등과 같이 약물이 다루어지는 장소에서 슈도모나드는 골치 아픈 존재다. 세척 후에 남아 있는 잔류 비누 성분이나 용액에서 발견되는 용기 마개 안쪽의 접착제 성분과 같이 자연에 흔치 않은 특이한 탄소원이 조금만 있어도 자랄 수 있기 때문이다. 슈도모나드는 심지어 4차암모늄화합물을 비롯한 일부 방부제 성분에서도 자랄 수 있다. 이들이 대부분의 항생제에 내성을 가진다는 사실 또한 의학적으로 골칫거리다. 이들이 내성을 갖는 데에는 세포 외막에 있는 포린의 특성과 관련이 있을 것이다. 포린은 외막을 통한 분자의 출입을 조절한다. 슈도모나드의 커다란 유전체에는 또한 여러 종류의 매우 효율적인 배출 펌프 시스템에 대한 정보가 있는데, 이들 배출 펌프는 항생제가 작용하기 전에 세포 밖으로 배출시킨다. 슈도모나드는 병원내 감염의 10%를 차지하며, 특히 화상 병동에서의 감염률이 높다. 또한 낭성섬유증 환자는 *Pseudomonas* 및 이와 가까운 *Burkholderia*에 특히 잘 감염된다.

슈도모나드 일부는 산소 대신 질산도 최종 전자 수용체로 이용할 수 있다. 이 과정은 무산소 호흡인데 유산소 호흡에 버금가는 에너지를 산출한다. 이런 방식으로 슈도모나드는 비료와 흙에 들어 있는 소중한 질소원을 많이 소모시킨다. 질산(NO_3^-)은 비료의 성분으로 식물이 가장 잘 사용하는 질소의 형태다. 물에 잠긴 토양과 같은 무산소 조건에서 슈도모나드는 이 귀한 질산을 질소기체(N_2)로 전환하여 대기 중으로 방출한다.

갑작스런 발생-주간 질병과 사망 소식지(*Morbidity and Mortality Weekly Report*)에서

1. 64세 남자인 제리 로버츠(Jerry Roberts)가 발열, 권태감, 그리고 기침을 호소하며 일차 진료 의사를 방문하였다. 그는 지금까지 DTaP를 포함한 백신을 모두 예방접종 받았다. 그의 상태는 며칠 동안 악화되었으며, 숨쉬기가 곤란하고, 열은 40.4°C까지 올랐다. 로버츠는 입원했고 그의 폐는 얇은 수성 분비물과 함께 가벼운 염증의 징후를 보였다. 사진은 환자에서 분리한 세균의 그람염색 결과를 보여준다.
   가능한 질병은 무엇인가?

2. 같은 날 37세 남자인 안토니오 비비아노(Antonio Viviano)는 가쁜 호흡, 피로, 그리고 기침 때문에 응급실을 찾았다. 발열과 오한이 있기 전 날 그의 최고 체온은 38.6°C였다.
   두 환자에게는 어떤 추가 검사를 해야 하는가?

3. PCR과 실험실 배양, 혈청학적 검사를 두 환자에게 실시해야만 한다. 두 환자에서 레지오넬라 뉴모필라 혈청그룹 1에 대한 항체 역가는 1024 이상이었다. 지역 보건 당국은 두 환자가 재향군인병으로 입원했기 때문에 이들을 접촉했다.
   이제 무엇을 알 필요가 있을까?

4. 두 환자에게 최근에 여행한 적이 있는지, 있다면 어디를 여행했는지를 질문해야만 한다. 입원하기 일주일 전에 두 사람은 하루 동안 같은 호텔에 묵었다. 6건의 재향군인병 추가 사례가 다른 병원에서 확인되었다. 위치, 숙박시설, 날짜, 그리고 감염에 대한 공통적인 노출원에 대한 정보를(표 참조) 포함하여 질병이 발생한 여행 과정을 확인하기 위해 8명의 환자 모두에게 후속 질문을 했다.
   감염의 출처는 무엇이라 생각하는가?

5. 전염성의 재향군인병은 주로 레지오넬라균에 오염된 물과 같은 환경적인 출처에서 발생한 에어로졸에 취약한 사람이 노출되면서 일어난다.
   왜 출처를 확인하는 것이 중요한가?

6. 사례를 역추적하는 확인작업을 통해 통제와 상황 개선이 가능해 진다. 같은 단일 항체 형의 레지오넬라 뉴모필라가 온수저장탱크와 냉각탑, 환자와 식구들이 묵은 호텔방의 샤워기와 수도꼭지에서 검출되었다.
   왜 호텔의 다른 투숙객들은 아프지 않았는가?

7. 갑작스런 병의 발생 동안에 발병률은 노인과 흡연자, 면역력이 억제된 사람 등이 포함된 특정 고위험 그룹에서 가장 높게 일어나는 경향이 있다.
   개선에 대한 권장사항은 무엇인가?

환자들의 여행 기록	
나이	37~70세 (평균: 60)
성별	남성 6명; 여성 2명
호텔 숙박일 수	1~4 (평균: 3)
당뇨병	4
면역억제자	1
흡연자	5
호텔에서 샤워한 사람	8
호텔 기포발생 욕조 사용자	1
호텔 수영장 사용자	6

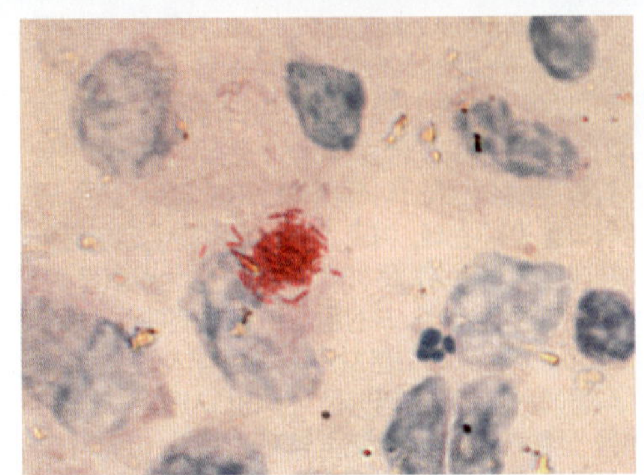
조직 시료 안에 세균을 보여주는 그람염색 LM 4 μm

샤워기 대와 수도꼭지는 표백제로 소독하였다. 욕조 필터도 청소하였고 이동식 수도 시설은 고염소처리를 했다.

1976년 필라델피아 호텔 투숙객 가운데 처음 발생한 재향군인병 이래로 호텔은 이 병이 발생하는 흔한 장소가 되었다.

출처: Adapted from CDC data, 2010.

많은 종의 슈도모나드는 냉장고 온도에서도 자랄 수 있다. 이와 같은 특징은 단백질과 지질을 활용할 수 있는 영양 능력과 만나 슈도모나드를 주요 음식 부패 세균으로 만든다.

Azotobacter*, *Azomonas *Azotobacter*나 *Azomonas*와 같은 일부 질소고정 세균은 흙 속에서 자유 생활을 한다. 이들은 협막이 잘 발달한 계란형의 큰 세균으로 실험실에서 질소고정을 보여주는 데에 자주 이용되기도 한다. 그러나 농업적으로 활용 가능한 수준으로 질소를 고정하려면 탄수화물과 같은 에너지원이 많이 필요한데 흙 속에 이런 화합물이 많지 않다.

Moraxella *Moraxella*속은 절대 호기성 구형막대균이다. 구형막대균이란 구균과 막대균 사이의 중간 정도 형태를 갖는 구형에 가까운 막대균을 말한다. *Moraxella lacunata*는 눈꺼풀의 안쪽을 덮고 있는 결막에 염증을 일으키는 결막염의 원인균으로 지목되고 있다.

Acinetobacter *Acinetobacter*속은 호기성이고 염색했을 때 전형적으로 세포들이 짝을 이루어 배열하고 있다. 이 세균의 자연 서식처는 흙과 물속이다. 이 속에 속하는 *Acinetobacter baumanii*는 빠른 속도로 항생제에 내성을 보여 의료계의 우려가 커지고 있다. *A. baumanii*는 기회감염병원체로 주로 병원에서 발견된다. 이 병원체의 항생제 내성과 입원 환자들의 허약한 상태가 합해져서 대단히 높은 사망률을 보여왔다. *A. baumanii*는 주로 호흡기 병원균이지만, 피부와 부드러운 조직, 상처 그리고 때로는 혈액에도 감염된다. 대부분의 그람음성세균에 비해 환경에서의 생존율도 높아 일단 병원에서 이 세균이 자리를 잡으면 제거하기가 매우 어렵다.

레지오넬라목 버지편람의 2판에 따르면 *Legionella*속과 *Coxiella*속은 밀접하게 연관되어 있으며 둘 다 레지오넬라목에 포함되어 있다. *Coxiella*속은 리케차와 마찬가지로 다른 세포의 내부에 서식하기 때문에, 이전에는 리케차와 같은 분류군에 포함되었다. *Legionella* 세균은 적절한 배지만 제공되면 실험실 조건에서도 잘 자란다.

Legionella *Legionella*속의 세균은 폐렴 유사 증상의 유행병이 발생하여 그 원인균을 찾는 과정에서 처음으로 발견되었다. 이제 이 세균에 의한 증상은 레지오넬라증(legionellosis)이라 불린다.

이 원인균 규명 과정은 쉽지 않았다. 이들 세균을 당시 사용하고 있었던 배지로는 실험실에서 배양할 수 없었기 때문이다. 엄청난 노력 끝에 최초로 레지오넬라를 실험실에서 분리하여 배양할 수 있는 특별한 배지를 개발할 수 있었다. 이 속에 포함되는 세균은 이제 시냇물에서도 비교적 흔히 볼 수 있다는 것이 알려졌다. 그리고 이들은 병원의 온수 공급관이나 에어컨의 냉각수와 같은 서식처에서도 잘 자란다(222쪽 상자 참조). 물에서 사는 아메바 안에서도 생존하고 번식할 수 있는 능력이 있기 때문에 이들을 물 공급 장치에서 박멸하기란 쉽지 않다.

Coxiella *Coxiella burnetii*는 Q열을 일으키는 원인균으로 이전까지는 리케차와 같이 분류되었다. 리케차와 마찬가지로 *Coxiella* 또한 번식에 포유류 숙주세포가 필요하기 때문이다. 그러나 *Coxiella* 세균은 곤충이나 진드기에 물려서 사람에게 전파되지 않는다는 점에서 리케차와 구별된다. 소의 진드기가 이 세균을 지니긴 하지만, 이들은 대체로 비말이나 오염된 우유를 통해 전파된다. *C. burnetii*에 존재하는 유사포자체(그림 8.8)가 이 세균이 공기 전파과정에서의 스트레스나 열처리에 강한 이유를 설명해 줄 수 있을지 모른다.

비브리오목 비브리오목의 세균은 조건부 혐기성(facultative anaerobic) 그람음성 막대균이다. *Vibrio*종은 막대 형태가 살짝 구부러진 형태를 이룬다(그림 8.9). *Vibrio cholerae*는 법정 전염병인 콜레라의 원인균이다. 콜레라에 걸리면 묽은 설사를 계속해서 탈수증이 온다. *V. parahaemolyticus*는 이보다 좀 덜 심한 형태의 위장염을 일으킨다. 대개 연안해역에 서식하여 사람들이 날것이나 설익은 조개류를 먹는 과정에서 전염된다.

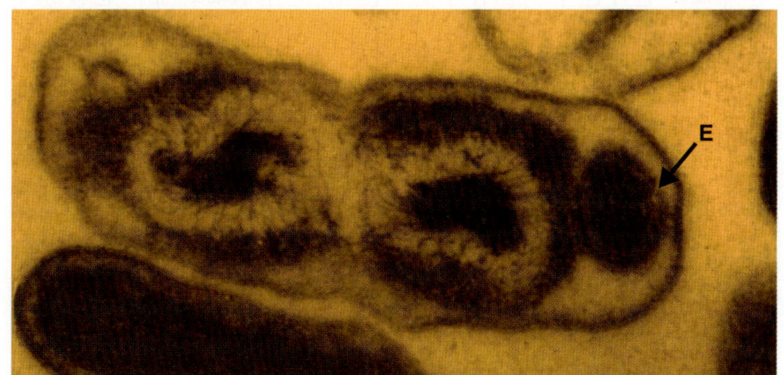

분열하고 있는 세포; 아마도 이 생물체의 상대적인 저항성을 설명하는 내생포자 유사체(E)를 주목하라.

그림 8.8 콕시엘라 버네티(*Coxiella burnetii*), Q열의 원인

 Q열은 어떤 두 가지 방법에 의해 전파되는가?

그림 8.9 ***Vibrio cholerae*.** 구부러진 막대 모양이 이 속의 특징이다.

Q *Vibrio cholerae*는 어떤 질병을 일으키는가?

장내세균목 장내세균목에 속하는 세균은 조건부 혐기성, 그람음성 막대균으로 주모성(peritrichous) 편모에 의해 움직인다. 형태는 곧은 막대 모양이다. 이 목은 보통 **장내세균(entrics)**이라 불리는 중요한 세균 집단이다. 여기 속하는 세균이 대체로 사람이나 다른 동물의 장관에 서식하기 때문에 이런 이름이 붙었다. 대부분의 장내세균은 포도당을 비롯한 여러 탄수화물을 왕성하게 분해한다.

장내세균은 임상에서 중요하기 때문에 이들을 분리하고 동정하는 기법이 다양하게 개발되었다. 일부 장내세균을 동정하는 방법이 그림 7.8에 소개되어 있는데, 15종의 생화학 검사법을 사용하는 현대적 기법이 포함되어 있다. 생화학적 검사는 임상 실험실은 물론 식품과 수서 미생물학에서도 요긴하게 사용된다.

장내세균은 펌브리아(fimbria)를 이용해서 표면이나 점막에 붙을 수 있다. 특수하게 분화된 성선모(sex pili)는 세포 사이에 유전물질이 교환될 수 있게 하며, 교환되는 유전정보로는 항생제 내성 등이 포함된다.

다른 많은 세균들과 마찬가지로 장내세균은 박테리오신(bacteriocin)이라 불리는 단백질을 생산해서 매우 가까운 세균 종들을 파괴한다. 박테리오신은 장내의 다양한 장내세균이 생태적 균형을 유지하는 데 도움이 되는 것으로 생각된다.

Escherichia 대장균(*Escherichia coli*)은 사람의 장관에서 가장 흔히 서식하는 세균 중 하나로 미생물학에서 가장 친숙한 종일 것이다. 앞선 장들에서 대장균의 생화학과 유전학에 대한 상당한 연구결과가 알려졌다는 사실을 이야기하였다. 대장균은 계속해서 기초 생물학 연구에 중요한 도구가 되고 있으며 많은 연구자들에게 대장균은 연구실의 반려동물인 셈이다. 대장균이 물이나 음식에 존재한다는 것은 이것이 분변에 의해 오염되었음을 나타낸다. 대장균은 대개 병원성이 아니다. 그러나 대장균이 요도염을 일으킬 수 있으며, 특정한 균주는 여행자 설사를 일으키는 장내독소를 생성하며, 때로는 매우 심각한 식중독을 일으키는 균주도 있다(*E. coli* O157:H7).

Salmonella *Salmonella*속의 대부분은 잠재적인 병원균이다. 따라서 광범위한 생화학적 및 혈청학적 검사법이 발달하였고 이를 이용해서 임상적으로 이 속의 세균을 분리하고 동정할 수 있다. 살모넬라속은 특히 가금류나 소를 비롯한 많은 동물의 장관에 흔히 서식한다. 따라서 위생 상태가 나쁘면 심각한 식중독을 유발하곤 한다.

*Salmonella*속의 명명법은 특이하다. 여러 개의 종으로 나누는 대신 온혈동물을 감염시킬 수 있는 *Salmonella*속의 세균 전부를 실용성에 따라 단일 종인 *Salmonella enterica*로 정의한다. 다음으로 이 종을 모두 2400여 종류의 **혈청형(serovar**, 또는 **serotype)**으로 나눈다. 혈청형은 혈청학적 변종(serological varieties)을 뜻한다. 살모넬라균을 적절한 동물에 주입하면 해당 세균의 편모와 협막, 세포벽 등이 모두 **항원**(antigen)으로 작용해서 감염된 동물의 혈액에 이들 구조 각각에 특이적인 **항체**(antibody)가 형성된다. 그래서 혈청학적 방법이 이들 세균을 구별하는 데에 사용된다.

Salmonella typhimurium 또한 살모넬라속에 속하는 하나의 혈청형이며 정확한 명칭은 "*Salmonella enterica* Typhimurium 혈청형"이다. 미국의 질병통제예방센터(CDC)의 사용 관행에 따르면 처음 언급할 때에는 정확한 이름을 써 주고 이후 *Salmonella* Typhimurium의 형태로 약해서 사용한다. 이 책에서는 단순하게 살모넬라속의 혈청형 이름을 종의 이름을 쓰듯이 *S. typhimurium*으로 표기할 것이다.

시중에서 구할 수 있는 특정 항체들을 이용하여 카우프만-화이트 분석(Kauffmann-White scheme)이라는 분석체계에 따라 살모넬라의 혈청형을 구별할 수 있다. 이 방법은 해당 세균을 협막과 세포벽, 편모 등에 있는 특이적인 항원에 부여한 숫자와 K, O, H 등의 알파벳 문자로 구분한다. 예를 들어 *S. typhimurium*의 항원은 O1,4,[5],12:H,i,1,2*의 형태로 표기한다. 많은 살모넬라 세균 종류들이 각각의 항원 조성에 따라 명명된다. 혈청형은 이들이 지니는 특수한 생화학 또는 생리학적 특성에 따라 생물형(biovar 또는 biotype)으로 세분화될 수 있다.

최근에는 첨단 분자생물학적 기법에 의해 *Salmonella bongori*라는 또 다른 종이 추가되었다. 이 세균은 보통 냉혈 동물에 서식한다. 아프리카의 사막 국가 차드(Chad)의 봉고(Bongor) 지방에 사는 도마뱀에게서 처음으로 분리되었으며 사람에게서도 아주 드물게 발견된다.

*Salmonella typhi*가 일으키는 장티푸스는 *Salmonella*속의 세균이 일으키는 가장 심한 질병이다. 다른 살모넬라 세균이 일으키는 조금 덜 심각한 위장병을 살모넬라증(salmonellosis)이라 부른다. 살모넬라증은 가장 흔히 발생하는 식중독의 일종이다.

Shigella *Shigella*속은 시겔라증(shigellosis)이라 불리는 세균성 이질을 일으킨다. 살모넬라와는 달리 이 세균들은 사람에서만 발견된다. 일부 *Shigella* 균주는 치명적인 이질을 일으키기도 한다.

Klebsiella *Klebsiella*속의 세균은 토양이나 물속에 흔히 서식한다. 대기 중의 질소를 고정할 수 있는 종류가 많아 단백질이 거의 없는 음식을 먹는 고립된 인구 집단에서 영양 보충에 활용하는 방안이 제시되기도 하였다. *Klebsiella pneumoniae*는 때로 사람에게서 심각한 형태의 폐렴을 일으키기도 한다.

Serratia *Serratia marcescens*는 붉은색 색소를 생성하는 세균으로 잘 알려져 있다. 병원에서는 체내 삽입용 도관과 식염수, 기타 원래 멸균상태여야 하는 용액에서 발견되기도 한다. 이러한 병원 기구의 오염으로 인해 병원에서 방광염이나 호흡기 감염을 야기하기도 한다.

Proteus *Proteus* 세균은 한천배지에서 동심원을 그리며 무리지어 퍼지면서 자라는 특징을 보인다. 떼지어 움직이는 세포에는 편모가 많이 달려 있어(그림 8.10a), 콜로니의 가장자리에서 바깥쪽으로 이동해 나간다. 그러고 나서는 편모의 수가 몇 개 정도로 줄어든 정상세포로 변하면서 이동성이 줄어든다. 주기적으로 매우 운동성이 높고 떼지어 움직이는 세포가 나타나고 이 과정이 계속 반복된다. 그 결과 *Proteus* 콜로니에는 특징적으로 일련의 동심원이 나타나게 된다(그림 8.10b). 방광과 상처에 감염하는 것으로 알려져 있다.

Yersinia *Yersinia pestis*는 중세 유럽의 대역병을 일으킨 주범이다. 전 세계의 특정 지역 도심에 사는 집쥐나 미국 남서부에 사는 땅다람쥐가 이들 세균의 중간숙주로 작용한다. 감염된 동물과 사람에서 배출되는 호흡 비말로 인해 공기 전염이 가능하긴 하지만, 대개는 벼룩이 동물 사이에서 그리고 동물에서 사람에게로 이들 세균을 전파시킨다.

Erwinia *Erwinia*속은 주된 식물 병원체다. 일부 종은 식물의 무름

* 이때 사용하는 문자는 독일어 단어의 첫 글자에서 온 것이다. 한천배지 표면에 얇게 퍼지는 콜로니는 독일어로 얇은 필름을 뜻하는 *hauch*의 첫 글자로 나타낸다. 얇은 막을 형성할 수 있을 정도로 이동성이 있다는 것은 편모가 있음을 암시하는 것이고, 따라서 문자 H는 편모 항원의 종류를 표기한다. 이동성이 없는 세균은 필름이 없다는 뜻의 *ohne hauch*에서 따와서, O는 세포 표면, 즉 세포 몸체의 항원 종류를 나타낸다. 이와 같은 명명법은 또한 대장균의 O157:H7, 그리고 콜레라균 O:1 등을 표기할 때도 사용한다.

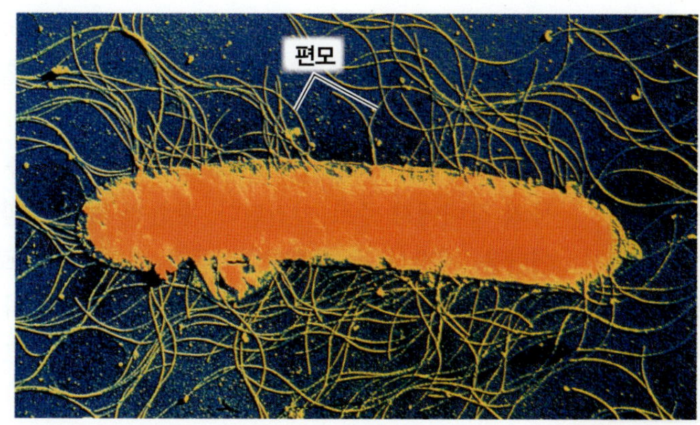

(a) 주모성 편모를 지닌 *Proteus mirabilis* TEM 0.3 μm

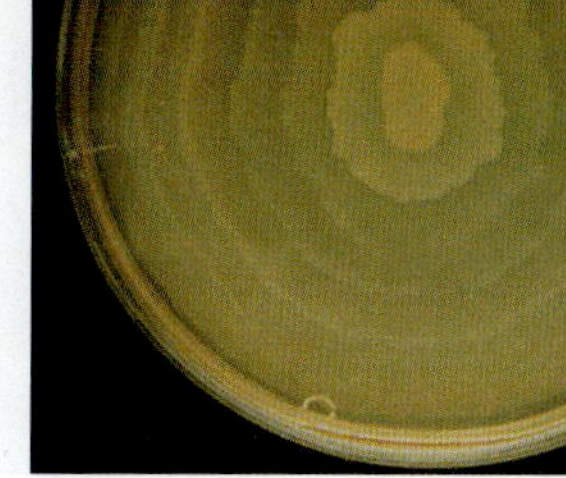

(b) 동심원을 그리며 바깥으로 이동하는 *Proteus mirabilis* 콜로니

그림 8.10 ***Proteus mirabilis*.** 세균 세포끼리 화학적인 방법으로 의사소통을 함으로써, 액체 속에서 유영하는 데 적합한 세포(소수의 편모)에서 고체 표면 위에서 이동할 수 있는 세포(많은 수의 편모를 지닌)로 변할 수 있다. 그림 **(b)**에서 볼 수 있듯이 중심에서부터 동심원을 그리면서 밖으로 이동하는 모습은 주기적으로 동시에 편모가 많이 달린 형태로 전환하여 표면에서 이동할 수 있는 형태로 변했기 때문이다.

Q 이 그림에서 보는 *Proteus* 세포는 아마도 유주세포(swarmer cell)일 것이다. 어떻게 알 수 있나?

(soft-rot)병을 일으킨다. 이들 종은 식물세포 사이에 존재하는 펙틴 성분을 가수분해하는 효소를 생산한다. 이 효소의 작용으로 인해 조직을 무르게 하여 식물병리학자들이 식물 무름(plant rot)이라고 부르는 질병을 일으킨다.

Enterobacter *Enterobacter*속에 들어 있는 두 개의 종, *E. cloacae*와 *E. aerogenes*는 요도관에 염증을 일으킬 수 있어 병원내 감염을 잘 일으킨다. 이들은 사람과 동물의 체내는 물론이고, 물, 하수, 토양 등에 널리 분포되어 있다.

파스퇴렐라목 파스퇴렐라목에 속하는 세균은 운동성이 없으며, 사람과 동물에서 병을 일으키는 병원균으로 널리 알려져 있다.

Pasteurella *Pasteurella*속은 주로 가축에 병을 일으킨다. 소에서 패혈증을, 닭에서는 가금류 콜레라를, 그 밖의 여러 동물에서는 폐렴을 일으킨다. 가장 잘 알려진 종은 *Pasteurella multocida*로 감염된 개나 고양이에게 물리면 사람에게 전파될 수 있다.

Haemophilus *Haemophilus*속은 매우 중요한 병원균 속이다. 여기 속하는 세균은 상부 호흡기관, 구강, 질, 장관 등의 점막에 서식한다. 가장 잘 알려진 종은 *Haemophilus influenzae*로 오래전에 이 세균이 독감을 일으킨다고 잘 못 알았던 시절에 이런 이름이 붙어 사용되고 있다.

*Haemophilus*라는 속명은 이 세균의 배양배지에 혈액이 필요해서 붙었다. 이 속의 세균은 호흡에 필요한 시토크롬계의 주된 부분을 합성하지 못해서 이 부분을 혈액 헤모글로빈의 **X 인자(X factor)**로 알려진 헴 작용기의 일부에서 얻어야 한다. 이들은 또한 니코틴아마이드 아데닌 다이뉴클레오티드(NAD^+ 또는 $NADP^+$에서 유래한)라는 보조인자를 배지에서 공급받아야 하며, 이는 **V 인자(V factor)**라 불린다. 임상실험실에서는 세균의 X인자 또는 V인자에 대한 요구성을 확인함으로써 헤모필루스속의 세균을 동정한다.

*Haemophilus influenzae*는 몇 가지 중요한 질병을 야기한다. 어린아이들의 수막염을 일으키는 일반적인 원인균이며 또한 귀에 염증을 자주 일으킨다. *H. influenzae*가 일으키는 또 다른 질병으로 후두덮개 염증(후두덮개가 감염되어 염증이 발생하는 치명적인 질환), 어린이에게서 주로 발병하는 감염성 관절염, 기관지염, 폐렴 등이 있다. *Haemophilus ducreyi*는 성적 접촉으로 전파되는 무른궤양(연성하감)을 일으킨다.

델타가변세균강

델타가변세균은 다른 세균을 잡아먹는 포식세균을 포함하는 것이 특징이다. 여기에 속하는 세균들은 황 순환에 중요하다.

Bdellovibrio *Bdellovibrio*속이 특히 흥미로운 특징을 지닌다. 이 세균은 다른 그람음성세균을 공격한다. 이 세균은 다른 세균에 단단하게 부착한 후(그림 8.11) 그람음성세균의 외막을 뚫고 주변세포질 공간 내에서 증식한다. 주변세포질 공간에서 세포는 단단히 감긴 나선균의 형태로 길어지고 한꺼번에 여러 조각이 나면서 편모가 달린 여러 개의 세포로 나뉜다. 그러면 숙주세포가 용해되면서 델로비브리오 세포들이 방출된다.

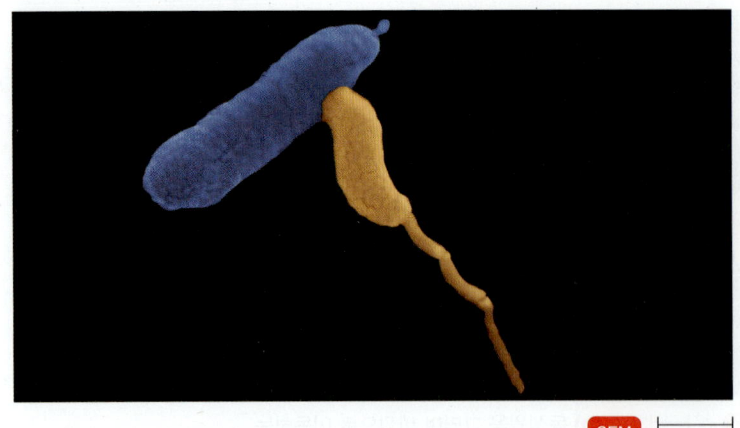

그림 8.11 *Bdellovibrio bacteriovorus.* 노란색 세균은 *B. bacteriovorus*로 이 세균이 푸른색으로 나타난 세균을 공격하고 있다.

Q 이 세균은 *Staphylococcus aureus*를 공격할까?

디설포비브리오목 디설포비브리오목은 황환원 세균으로 이루어져 있다. 이들은 절대 혐기성(obligately anaerobic) 세균으로 황산(SO_4^{2-})이나 원소 형태의 황(S^0)과 같은 산화된 형태의 황을 산소 대신 전자 수용체로 이용한다. 환원된 산물은 황화수소(H_2S)다. [H_2S가 영양물질로 동화되지 않기 때문에 이와 같은 대사의 형태를 이화적(dissimilatory) 대사라 한다]. 이들 세균의 활성으로 해마다 수백만 톤의 H_2S이 대기 중으로 방출되며, 따라서 이 세균들은 황 순환과정에서 핵심 역할을 한다. *Beggiatoa*를 비롯한 황산화 세균은 H_2S을 광합성 과정이나 독립영양 에너지원으로 활용하기도 한다.

디설포비브리오(*Desulfovibrio*) 황환원 세균 가운데 가장 널리 연구된 속은 *Desulfovibrio*속으로 무산소 침전층 또는 사람이나 동물의 장내에서 주로 발견된다. 황환원 및 황산환원 세균은 젖산과 에탄올, 지방산 등의 유기화합물을 전자 공여체로 사용한다. 이 과정을 통해 황이나 황산을 황화수소로 환원시킨다. 황화수소가 철과 반응하면 불용성인 황화철(FeS)이 형성되고 이로 인해 침전층의 색이 검게 나타난다.

믹소코커스목 버지편람의 초기 판본에서는 믹소코커스목의 세균을 결실 세균이나 활주세균으로 분류하였다. 이와 같은 이름은 모든 세균 중에서 가장 복잡한 생활사를 가지며, 이 가운데 다른 세균을 포식하는 단계를 포함하기도 하는 이 세균의 독특한 특징을 반영한다.

믹소세균(myxobacteria; *myxo*=점액)의 영양세포는 활주운동을 하여 미끌미끌한 점액성 흔적을 남긴다. *Myxococcus xanthus*와 *M. fulvus*가 널리 알려진 *Myxococcus*속의 대표 종이다. 이 세균은 이동하면서 만나는 세균을 영양 공급원으로 삼아 대상 세균을 효소로 분해하고 소화시킨다. 많은 수의 세균이 모이면 한 곳으로 뭉치는 현상을 보인다(그림 8.12). 움직이는 세균들이 한 곳에 모여 뭉치면 서로 다른 방식으로 분화하면서 거대한 자루 끝에 결실체(fruiting body)가 형성된다. 결실체에는 믹소포자(myxospore)라 불리는 휴면

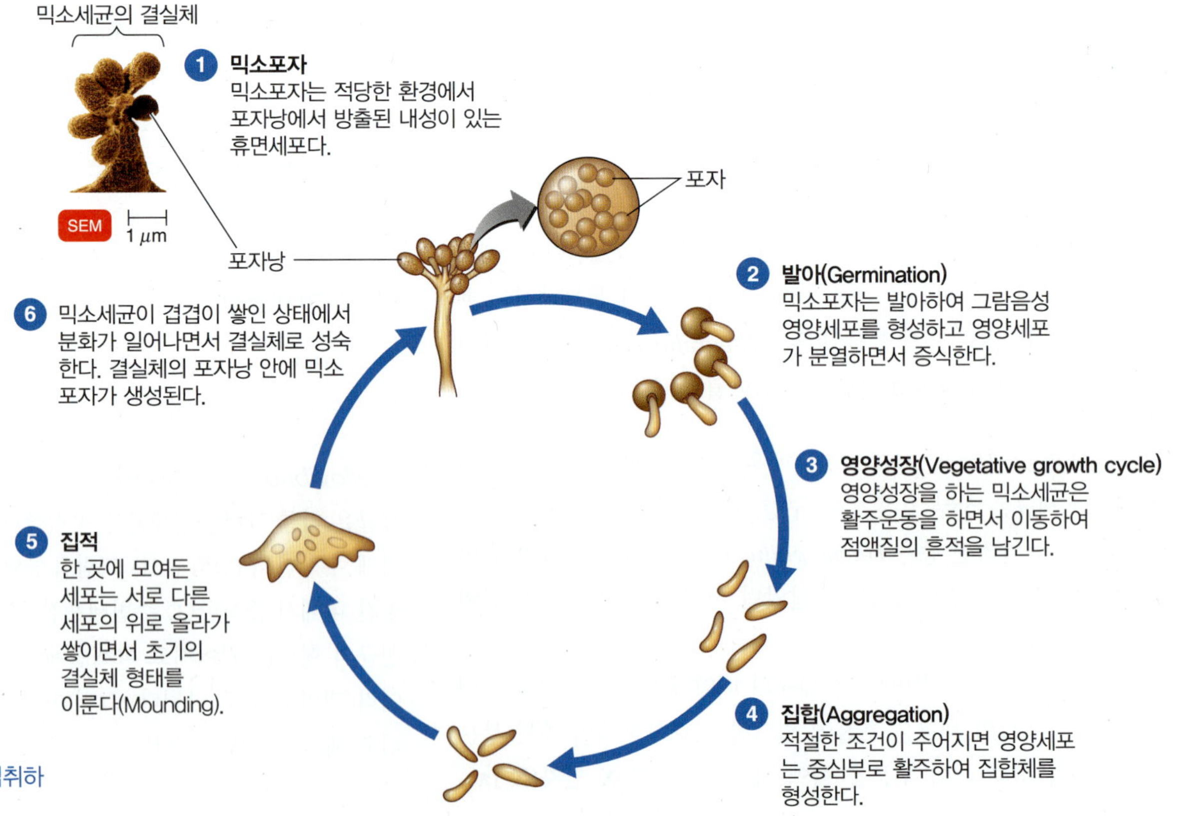

믹소세균의 결실체

SEM 1 μm

포자낭

포자

1 **믹소포자** 믹소포자는 적당한 환경에서 포자낭에서 방출된 내성이 있는 휴면세포다.

2 **발아(Germination)** 믹소포자는 발아하여 그람음성 영양세포를 형성하고 영양세포가 분열하면서 증식한다.

3 **영양성장(Vegetative growth cycle)** 영양성장을 하는 믹소세균은 활주운동을 하면서 이동하여 점액질의 흔적을 남긴다.

4 **집합(Aggregation)** 적절한 조건이 주어지면 영양세포는 중심부로 활주하여 집합체를 형성한다.

5 **집적** 한 곳에 모여든 세포는 서로 다른 세포의 위로 올라가 쌓이면서 초기의 결실체 형태를 이룬다(Mounding).

6 믹소세균이 겹겹이 쌓인 상태에서 분화가 일어나면서 결실체로 성숙한다. 결실체의 포자낭 안에 믹소포자가 생성된다.

그림 8.12 Myxococcales

Q 이 세균이 영양물질을 섭취하는 단계는?

세포가 다수 들어 있다. 이와 같은 분화는 대개 영양 물질이 부족할 때 촉발된다. 영양물질의 재공급 등 적절한 조건이 제공되면 믹소포자가 발아해서 새로운 영양세포가 형성되며 이들 영양세포는 활주 능력을 지닌다. 이들의 생활사는 9장에 나타나 있는 진핵생물인 세포성 점액곰팡이의 생활사와 비슷하다.

엡실론가변세균강

엡실론가변세균은 가느다란 그람음성세균으로 나선형이거나 구부러진 모양을 한 막대균이다. 여기 속하는 세균 가운데 두 가지 주요 속에 대해서 알아 볼 것인데 두 속 모두 편모를 이용하여 이동하고 미호기성이다.

Campylobacter *Campylobacter*에 속하는 세균은 미호기성 비브리오균으로 각각의 세포에 하나의 극편모가 달려 있다. *C. fetus*는 가축에서 자연유산을 유발하고, *C. jejuni*는 식품에 의해 매개되는 장질환의 주요 원인균이다.

Helicobacter *Helicobacter*는 미호기성 비브리오균으로 여러 개의 편모를 지닌다. *Helicobacter pylori*는 사람에게 위궤양을 일으키는 주요 원인이며 위암을 유발시키는 것으로 확인되었다(그림 8.13).

가변세균에 속하지 않는 그람음성세균

그람음성세균 중에는 가변세균과 밀접하게 연관되어 있지 않은 중요한 여러 분류군이 있다.

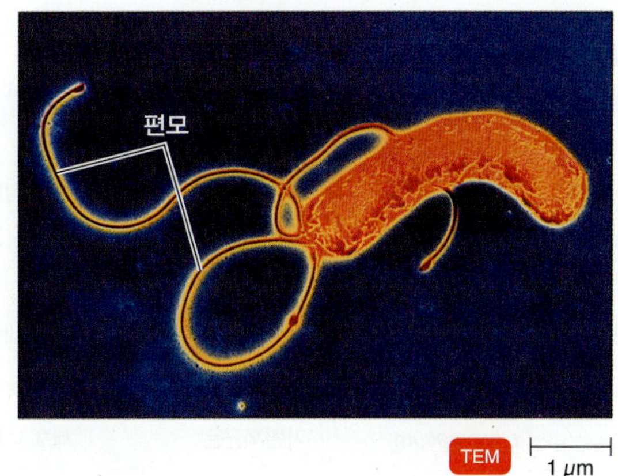

TEM 1 μm

그림 8.13 *Helicobacter pylori.* 구부러진 막대균인 *H. pylor*는 완전하게 꼬이지 않은 나선균의 일례다.

Q 나선균은 스피로헤타와 어떤 점에서 다른가?

남세균문(산소생성 광합성 세균)

남세균은 독특한 청록색의 색소를 지니고 있어 한때 남조류(blue-green algae)라 불리기도 했다. 이들은 진핵생물인 조류와 비슷하고 동일한 환경 생태적 지위를 점하고 있긴 하지만 이들은 조류가 아니라 세균이다. 그러나 남세균은 산소발생 광합성을 한다는 면에서는 진핵생물인 식물이나 조류와 같다. 남세균 중에는 대기에 있는 질소를 고정할 수 있는 종류도 많다. 대부분의 경우 **이질세포(heterocyst)**라 불리는 특화된 세포가 존재하고 여기에 질소 가스(N_2)를 고정하는 효소가 들어 있어 질소를 암모늄이온(NH_4^+)으로 전환한 뒤, 이를 성장하는 세포에 공급한다(그림 8.14a). 수서환경에 서식하는 종은 대개 가스 포낭(gas vacuole)을 지니고 있어 물 위로 떠오를

LM 10 μm

(a) 균사를 형성하며 자라는 남세균. 이질세포에서는 질소고정 활성이 나타난다.

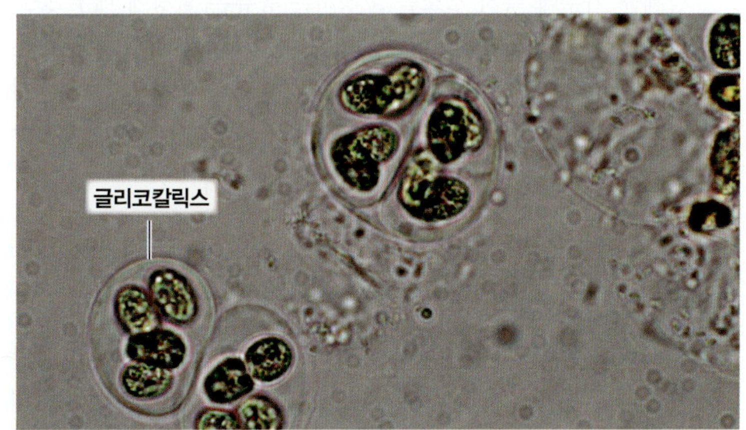

LM 10 μm

(b) 균사를 형성하지 않는 단세포성 남세균, *Gloeocapsa*. 이들은 이분법으로 분열하고 주변을 둘러싼 글리코칼릭스에 의해 한데 뭉쳐 있다.

그림 8.14 **남세균**

남세균의 광합성 방식은 자색황세균과 어떻게 다른가?

표 8.2 광합성 세균의 주요 특징

일반명	대표종	문	특성	CO_2 환원에 사용하는 전자 공여체	산소발생 여부
남세균	*Anabaena*	남세균문	식물과 같은 종류의 광합성 반응, 일부는 무산소 상태에서도 세균성 광합성 수행	보통 H_2O	대체로 산소발생
녹색비황세균	*Chloroflexus*	클로로플렉서스문	산소가 있는 환경에서는 화학종속영양 성장	유기화합물	산소비발생
녹색황세균	*Chlorobium*	클로로비움문	세포 내에 황 입자를 축적	보통 H_2S	산소비발생
자색비황세균	*Rhodospirillum*	가변세균문	화학종속영양 성장도 가능	유기화합물	산소비발생
자색황세균	*Chromatium*	가변세균문	세포 내에 황 입자를 축적	보통 H_2S	산소비발생

수 있고 이를 이용하여 광합성에 적당한 수심에서 살아간다. 남세균은 활주운동을 이용하여 고체 표면에서 이동한다.

남세균의 형태는 다양하다. 단순한 이분법으로 분열하는 단세포 형태(그림 8.14b)도 있고, 다중 분열법으로 콜로니 형태를 형성하는 것도 있으며, 사상형을 이루어 필라멘트가 절단되면서 증식하는 것도 있다. 사상형은 대개 외피나 껍질층으로 둘러싸여 일부 분화된 형태의 세포를 포함하기도 한다.

산소를 생성하는 남세균은 지구상 생명체의 발달에 매우 중요한 작용을 했다. 초기 지구에는 산소 기체가 거의 없어 산소를 이용하는 생명체가 존재할 수 없었다. 화석 증거에 따르면 남세균이 처음 나타났을 때 지구의 대기에는 단 0.1%의 산소 기체가 포함되어 있었다. 수백만 년 후에 산소발생 진핵식물이 출현하였을 즈음, 대기 중의 산소 농도는 이미 10%가 넘었다. 이와 같은 산소의 증가는 남세균에 의한 광합성 활동의 결과였다. 오늘날 우리가 숨쉬는 대기에는 대략 20%의 산소가 포함되어 있다.

남세균 가운데 특히 질소를 고정하는 종류는 환경에 매우 중요하다. 남세균은 진핵생물인 조류와 비슷한 생태적 지위를 점하나, 질소고정능을 지닌 남세균은 영양물질이 빈약한 환경에서 더욱 적응능력이 뛰어나다. 남세균의 환경생태적 기능은 15장에서 부영양화에 대해 이야기하면서 더 자세히 살펴볼 것이다.

자색광합성세균문 및 녹색광합성세균문(산소비발생 광합성 세균)

광합성 세균을 분류하기란 매우 어렵다. 그러나 광합성 세균은 상당히 흥미로운 생태적 적소(ecological niche)를 보여준다. 광합성 세균들은 크게 남세균문(Cyanobacteria), 클로로비움문(Chlorobi), 클로로플렉서스문(Chloroflexi)으로 분류하며 이들은 유전적으로 가변세균과는 다른 특성을 지닌다. 클로로비움문(대표속, *Chlorobium*)에 속하는 세균은 **녹색황세균(green sulfur bacteria)**이라 불린다. 클로로플렉서스문(대표속, Chloroflexus)은 **녹색비황세균(green nonsulfur bacteria)**이라 불린다. 광합성 세균의 특성은 표 8.2에 요약되어 있다.

그러나 그람음성 광합성 세균 가운데 가변세균에 포함되는 유전적 특성을 지닌 세균들도 있다. 이들은 **자색황세균(purple sulfur bacteria)**과 **자색비황세균(purple nonsulfur bacteria)**으로 각각 알파가변세균강 및 감마가변세균 강에 속한다.

황세균(sulfur bacteria)이라는 이름은 이들 세균이 H_2S를 전자 공여체로 사용할 수 있다는 것을 뜻한다(다음 화학식 참조). 비황세균(nonsulfur bacteria)으로 분류되는 세균은 적어도 제한적이나마 광합성을 통해 성장할 수 있지만 산소를 생성하지는 않는다.

남세균은 진핵 식물이나 조류가 물(H_2O)에서 산소(O_2)를 생성하는 것과 같은 방식으로 광합성을 한다.

$$(1)\ 2H_2O + CO_2 \xrightarrow{\text{빛}} (CH_2O) + H_2O + O_2$$

자색황세균(purple sulfur bacteria)과 녹색황세균(green sulfur bacteria)은 다음 반응과 같이 물 대신 황화수소(H_2S)에서 전자를 받고 산소 대신 황입자(S^0)를 만들어낸다.

$$(2)\ 2H_2O + CO_2 \xrightarrow{\text{빛}} (CH_2O) + H_2O + 2S^0$$

그림 8.15에 나타난 *Chromatium*이 대표 속이다. 한때 생물학에서 중요한 물음은 식물이 광합성에 의해 만들어낸 산소가 이산화탄소(CO_2)에서 왔는지 물(H_2O)에서 왔는지에 대한 것이었다. 방사성 동위원소 추적으로 물 분자와 이산화탄소의 산소를 추적하여 이 물음을 최종적으로 해결하기 전까지 위의 반응식(1)과 (2)의 대비는 산소의 근원이 물이라는 가장 강력한 증거가 되었다. 위의 두 반응식을 비교하는 것은 또한 어떻게 황화수소(H_2S)와 같은 환원된 황화합물이 광합성에서 물(H_2O)을 대신할 수 있는지를 이해하는 데에도 중요하다.

그 밖의 광독립영양세균인 자색비황세균(purple nonsulfur bacteria)과 녹색비황세균(green nonsulfur bacteria)은 산이나 탄수화물

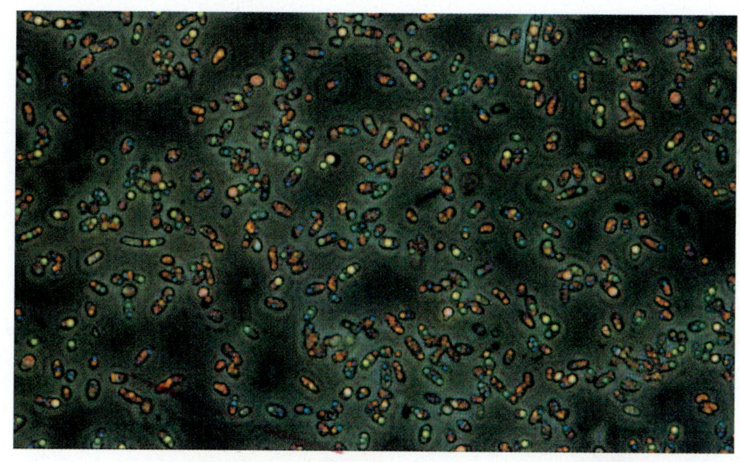

그림 8.15 **자색황세균.** *Chromatium*의 광학현미경 사진으로 여러 가지 색을 반사하는 세포내 황 입자를 관찰할 수 있다. 황 입자가 축적되는 이유는 본문의 화학식 (2)에 요약되어 있다.

산소비발생 광합성이란?

과 같은 유기화합물을 이용하여 광합성으로 탄소를 고정한다.

광합성 세균의 형태는 나선형, 막대형, 구형, 출아형 등 매우 다양하다.

클라미디아문

클라미디아문에 속하는 세균들은 유전적으로는 유사하지만 세포벽에 펩티도글리칸이 없는 다른 세균들과 함께 분류된다. 이 가운데 *Chlamydia*속과 *Chlamydophila*속에 대해서만 살펴볼 것이다. 버지편람의 초기 판본에서는 이들 세균을 숙주세포 내에서 자라기 때문에 리케차와 같이 분류했다. 그러나 이제 리케차는 유전적 특성에 따라 알파가변세균으로 분류된다.

Chlamydia* 및 *Chlamydophila *Chlamydia*속과 *Chlamydophila*속의 세균은 둘 다 클라미디아라는 일반명으로 불린다. 두 종류의 세균 모두 독특한 발달 단계를 거치면서 자란다(그림 8.16a). 이들은 그람음성 구균이다(그림 8.16b). 그림 8.16에 나타난 **기본소체(elementary body)**는 숙주를 감염시킬 수 있다. 리케차와 달리 클라미디아는 전파매체로 곤충이나 진드기를 필요로 하지 않는다. 이들은 사람 사이의 접촉이나 공기에 의한 호흡기 전파를 통해 전염된다. 클라미디아는 실험동물과 세포 배양, 배발생 중인 달걀의 난황낭에서 배양할 수 있다.

3종의 클라미디아가 사람에게 중요한 병원균이다. 가장 널리 알려진 병원균은 *Chlamydia trachomatis*로 몇 가지 주요 질병을 일으킨다. 대표적으로 개발도상국에서 흔히 실명의 가장 큰 원인이 되는 트라코마를 들 수 있다. 또한 미국에서 가장 흔한 성병이라 할 수 있는 비임균성 요도염 그리고 또 다른 성병의 하나인 클라미디아성 서혜부 발진(lymphogranuloma venereum)을 일으킨다.

*Chlamydophila*속의 2종이 병원균으로 널리 알려져 있다. *Chlamydophila psittaci*는 앵무새병이라는 호흡기 질병의 원인균이다. *Chlamydophila pneumoniae*는 특히 젊은 사람에게 널리 퍼지는 심하지 않은 폐렴의 원인균이다.

플랑크토마이세트문

플랑크토마이세트문은 그람음성, 출아세균으로 "세균의 경계를 애매하게 하는" 세균으로 알려졌다. DNA 분석에 따라 진정세균으로 분류되고는 있지만, 세포벽의 구성은 고세균을 닮았고 일부 세균은 진핵세포의 핵과 유사한 소기관을 지닌다. *Planctomyces*속의 세균 중에는 *Caulobacter*와 비슷한 자루를 형성하는 종도 있으며 고세균과 비슷하게 펩티도글리칸이 없는 세포벽을 지니기도 한다.

이 중 한 종인 *Gemmata obscuriglobus*는 DNA 주위를 이중 내막으로 둘러싸고 있어 진핵생물의 핵과 유사한 모양을 보인다(그림 8.17). 생물학자들은 이런 특징으로 인해 *Gemmata*를 진핵세포의 핵의 기원을 설명하는 모델로 삼을 수 있을지 않을까 생각하고 있다.

박테로이드문

박테로이드문에는 혐기성 세균의 여러 속이 포함된다. *Bacteroides*속은 사람의 소화관에 서식하는 주요 세균이고, *Prevotella*속은 사람의 구강에서 발견된다. 박테로이드문에는 또한 활주운동을 하는 주요 토양 세균인 *Cytophaga*속도 포함된다.

Bacteroides *Bacteroides*속의 세균은 주로 사람의 장내에 서식하며 대변 1g당 10억 마리에 육박하는 *Bacteroides*속 세균이 발견된다. 일부 세균 종은 잇몸 사이 등의 무산소 환경에 서식한다. 이들은 또한 조직 깊숙한 곳의 감염을 일으킨다. *Bacteroides*는 그람음성이며 비운동성이고 내생포자를 형성하지 않는다. *Bacteroides*속의 세균에 의한 감염은 주로 깊숙이 찔린 상처나 수술부위에서 나타나며, 장막의 파열로 인한 염증인 복막염의 주요 원인균이다.

Cytophaga *Cytophaga*속의 세균은 섬유소나 키틴과 같이 토양에 많은 고분자 물질을 분해하는 데 중요한 작용을 한다. 활주운동을 통해 이들 기질에 밀접하게 부착하고 분해효소의 활성을 효율적으로 높일 수 있다.

푸조세균문

푸조세균문은 혐기성 세균으로 이루어진 또 다른 문이다. 이들 세균

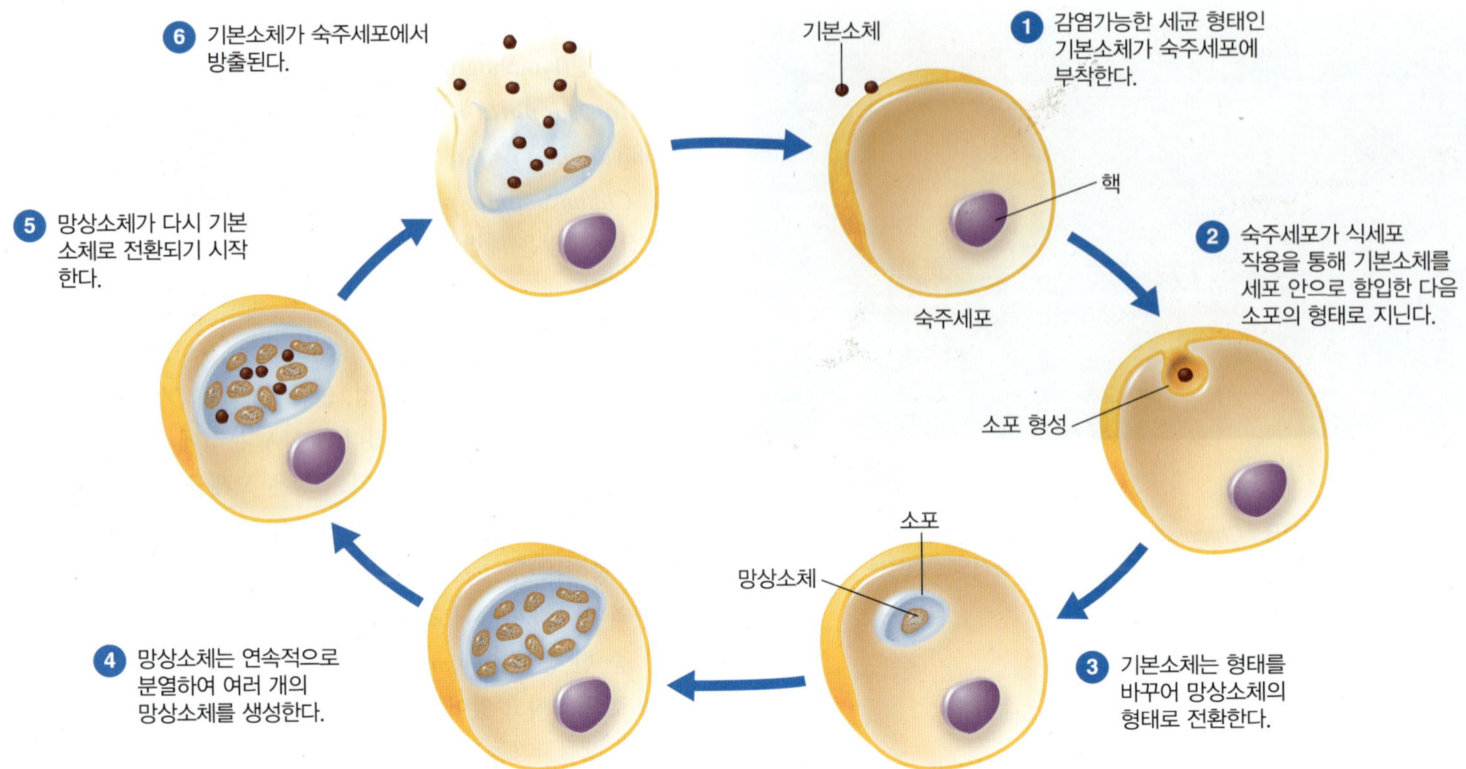

(a) 클라미디아의 생활사. 총 48시간 가량 소요된다.

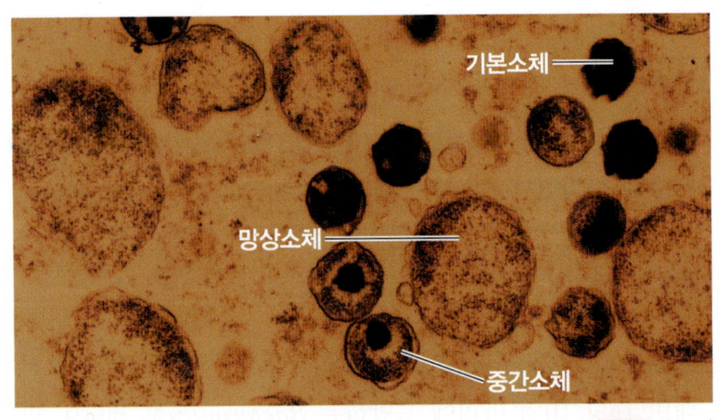

(b) 숙주세포의 세포질에 있는 *Chlamydophila psittaci*의 전자현미경 사진. **기본소체**는 감염 단계로 밀도가 높고 짙게 나타나며 비교적 크기가 작다. **망상소체**는 숙주세포 내에서 증식하는 단계로 작은 점이 많고 기본소체보다 크기가 크다. **중간소체**는 이 두 시기의 중간 단계로 중심부가 짙게 염색된다.

그림 8.16 Chlamydias

Q 클라미디아의 생활사 가운데 어느 단계의 세포가 사람을 감염시킬 수 있는가?

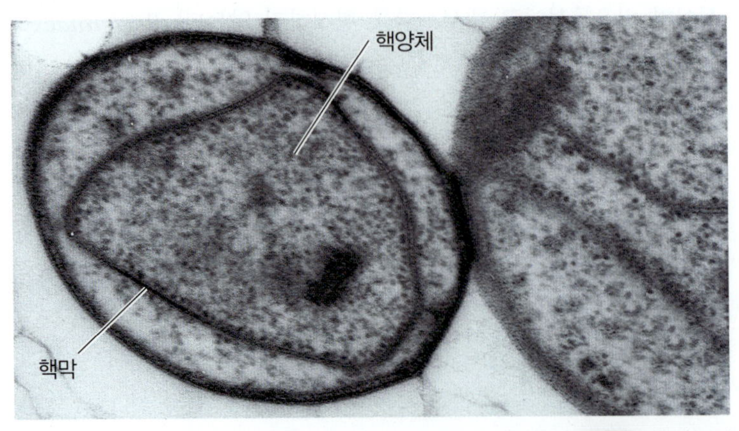

그림 8.17 *Gemmata obscuriglobus.* 그림에 보는 플랑크토마이세스는 핵양체가 이중의 막(핵막)으로 둘러싸여 있다(그림 2.20 참조). 이는 진핵세포의 핵과 유사하다.

Q 위의 그림에 나타난 핵양체 주변의 이중막과 그림 2.35의 진핵세포 핵막의 유사점은?

그림 8.18 *Fusobacterium.* 이 세균은 사람 장내에 흔히 서식하는 혐기성 막대균이다. 양 끝이 뾰족한 모습이 이 세균의 특징이다.

Q 사람 신체의 어느 곳에서 *Fusobacterium*을 흔히 발견할 수 있는가?

은 주로 다양한 형태를 이루지만 이름에서 알 수 있듯이 방추형을 이루는 경우가 많다(*fuso* = 방추).

Fusobacterium *Fusobacterium*속의 세균은 길고 가는 그람음성 막대균으로 양끝이 뾰족하다(그림 8.18) 사람에서 이들은 주로 잇몸 사이의 틈에 서식하며 일부 세균 종은 충치를 일으키는 것으로 알려져 있다.

스피로헤타문

스피로헤타는 코일과 같은 형태를 이룬다. 종류에 따라 코일이 감겨 있는 정도가 달라 어떤 종류는 다른 것보다 더욱 단단하게 감겨 있는 형태다. 그러나 이 속의 가장 독특한 특징은 운동 방식에서 나타난다. 외껍질과 세포의 몸체 사이 공간에 들어 있는 두 개 이상의 **축사(axial filament** 또는 *endoflagella*)를 이용하여 독특한 운동을 한다. 각 축사의 한 쪽 끝은 세포의 한 쪽 끝 부근에 부착되어 있다(그림 8.19a). 축사를 빙글빙글 돌리는 방식으로 마치 코르크 마개뽑이를 돌리듯이 서로 반대 방향으로 세포가 회전한다. 이는 액체 속에서 이동하기에 매우 효율적인 방식이다. 세균의 크기로 볼 때, 세균이 물속을 헤엄치는 것은 사람이 끈끈한 설탕 시럽을 헤쳐나가는 것과 같다. 그럼에도 불구하고 세균 세포는 1초에 세포 길이의 100배나 되는 거리를 이동할 수 있다(대략 50 μm/sec). 이는 참치 같이 빠른 물고기가 같은 시간 동안 몸 길이의 10배 정도밖에 움직이지 못하는 것과 대비된다.

스피로헤타 가운데 많은 종류가 사람의 구강에 서식한다. 이는 반 뢰벤후크가 1600년대에 침과 치태에서 최초로 관찰한 미생물 가운데 하나다. 스피로헤타는 특이하게도 흰개미 장에 서식하는 셀룰로오스 분해 원생동물의 표면에서 발견된다. 스피로헤타는 이 원생동물에게 편모의 기능을 제공한다.

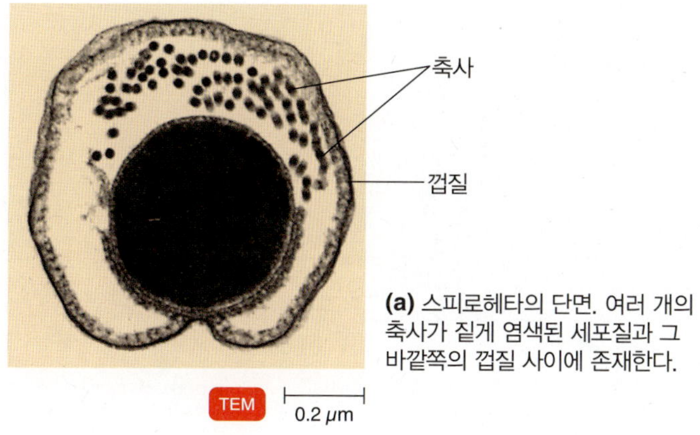

(a) 스피로헤타의 단면. 여러 개의 축사가 짙게 염색된 세포질과 그 바깥쪽의 껍질 사이에 존재한다.

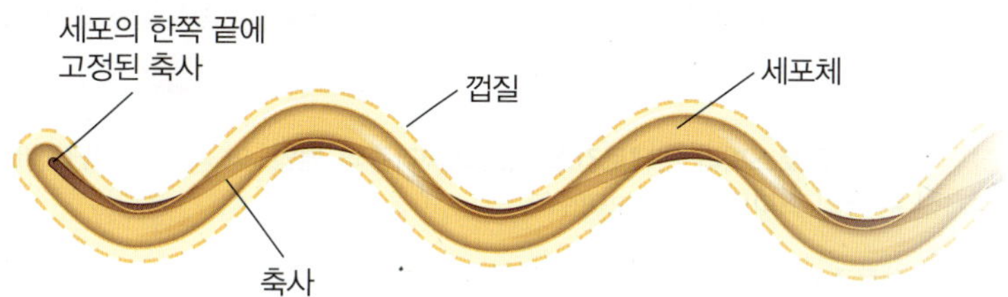

(b) 하나의 축사가 세포의 한쪽 끝에 고정된 채로 거의 세포 전체를 감싸고 있다. 다른 하나는 세포의 반대쪽 끝에 붙어 있다. 이 두 축사는 세포와 겉껍질 사이에 위치한다. 이들이 수축하면 나선형 세포가 코르크 마개뽑이처럼 돌아간다.

그림 8.19 **스피로헤타.** 스피로헤타는 나선형 세균으로 겉껍질 안쪽의 축사를 이용하여 코르크 마개뽑이가 돌아가듯이 이동한다.

Q 스피로헤타의 운동성은 *Spirillum*(그림 8.4 참조)과 어떻게 다른가?

Treponema 스피로헤타에는 여러 종류의 주요 병원성 세균이 포함되어 있다. 가장 잘 알려진 것이 *Treponema*속으로 매독을 일으키는 *Treponema pallidum*이 이 속에 들어 있다(그림 8.19b).

Borrelia *Borrelia*속의 세균은 재귀열과 라임병을 일으킨다. 둘 다 심각한 질병으로 대개 진드기나 이에 의해 전염된다.

Leptospira 렙토스피라증은 대개 *Leptospira*속의 세균으로 오염된 물로 인해 사람에게 전염된다. 이 세균은 개나 쥐, 돼지 등의 오줌을 통해 배출되므로 집에서 기르는 개와 고양이는 정기적으로 렙토스피라증에 대한 예방접종을 해야 한다. 단단한 코일 형태로 감겨 있는 *Leptospira* 세포가 그림 8.20에 나타나 있다.

데이노코커스문

데이노코커스문에는 극한 환경에 내성을 나타내는 특성으로 인해 널리 연구된 두 종의 세균이 들어 있다. 그람염색을 하면 양성으로

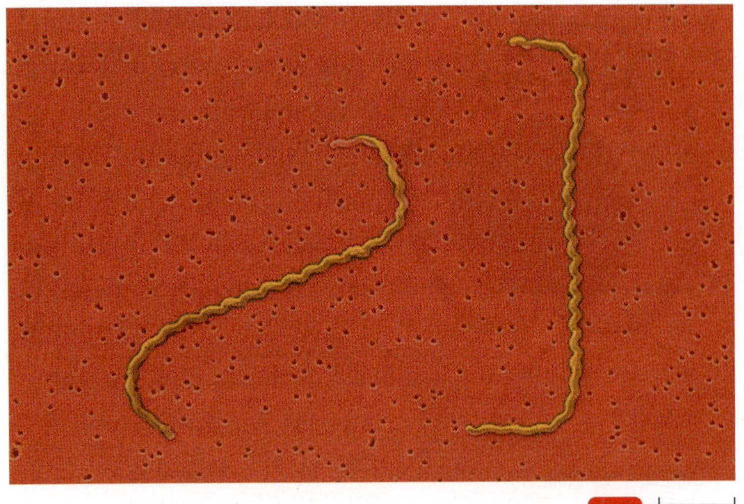

그림 8.20 **렙토스피라 인테로간스, 렙토스피라증의 원인.** 이 사진은 단단하게 감겨진 두 개의 스피로헤타를 보여준다.

Q 렙토스피라 인테로간스라는 이름을 지은 근거는 무엇인가?

나타나지만 세포벽의 화학적 성분은 일반적인 그람양성세균과 조금 다르다. *Deinococcus radiodurans*는 방사선에 유난히 강하여, 일반 세균의 내생포자보다 방사능에 강한 내성을 보인다. 이 세균은 15,000 Grays 정도까지의 높은 방사능에 노출되어도 살아남을 수 있다. 이는 사람 치사량의 1500배에 해당하는 강도의 방사능이다. 이 정도로 강한 내성을 보이는 이유를 방사선에 의한 손상을 신속하게 수선할 수 있도록 독특하게 배열된 DNA의 형태에서 찾을 수 있다. 이 세균은 다른 많은 돌연변이 유발 화학물질에서 비슷한 정도의 내성을 보인다.

*Thermus aquaticus*는 이 분류군에 속하는 또 다른 세균으로 다른 세균과 달리 열에 매우 강하다. 이 세균은 미국의 옐로스톤국립공원의 뜨거운 온천에서 분리되었으며 열에 강한 *Taq polymerase*가 바로 이 세균에서 분리된 효소다. *Taq polymerase*는 중합효소중폭반응(polymerase chain reaction, PCR)에 유용하게 사용되며 이 방법을 이용해서 소량의 DNA를 증폭하여 생물 동정에 활용한다.

그람양성세균

그람양성세균은 크게 G + C 함량이 높은 세균과 G + C 함량이 낮은 세균으로 나눌 수 있다. 세균은 종류에 따라 G + C 함량이 상당히 다르다. 예를 들어 *Streptococcus*속은 G + C 함량이 33~44%인 반면, *Clostridium*속의 함량은 21~54% 정도이다. G + C 함량이 낮은 그람양성세균에는 마이코플라스마도 포함되는데, 이들은 세포벽이 없기 때문에 그람염색에 반응하지 않는다. 마이코플라스마의 G + C 함량은 23~40%에 불과하다.

반면 사상형 방선균인 *Streptomyces*의 G + C 함량은 69~73%에 달한다. 이보다 좀 더 전형적인 그람양성세균의 형태를 지닌 *Corynebacterium*과 *Mycobacterium* 또한 G + C 함량이 높아 각각 G + C 함량이 51~63%, 62~70%에 이른다.

이들 세균 집단을 각각 별도의 문(phylum)으로 분류하여 **후벽세균문(Firmicutes, G + C 함량이 낮은 그람양성세균)**과 **방선균문(Actinobacteria, G + C 함량이 높은 그람양성세균)**으로 나눈다.

후벽세균문(G + C 함량이 낮은 그람양성세균)

G + C 함량이 낮은 그람양성세균을 후벽세균문(Fimicutes)으로 분류한다. 이 문에는 *Clostridium*이나 *Bacillus* 등의 주요 내생포자 형성 세균이 포함된다. 또한 의학미생물학에서 매우 중요한 *Staphylococcus*, *Enterococcus*, *Streptococcus*속의 세균도 여기 속한다. 산업미생물학에서는 젖산을 생성하는 *Lactobacillus*속이 널리 알려져 있다. 세포벽이 없는 마이코플라스마 또한 이 문에 포함된다.

클로스트리움목

Clostridium *Clostridium*속은 절대 혐기성 세균(obligate anaerobe)이다. 막대형 세균으로 내생포자가 형성된 위치에서 세포가 팽창된다(그림 8.21). 내생포자가 열이나 여러 화학물질에 내성을 지니기 때문에 내생포자 형성 세균은 의학 및 식품산업에서 매우 중요하게 다루어진다. *Clostridium*속의 세균 가운데 *C. tetani*는 파상풍을 일으키고 *C. botulinum*는 보툴리누스 식중독을, *C. perfringens* 등의 세균은 가스괴저를 일으킨다. *C. perfringens*는 또한 식품매개성

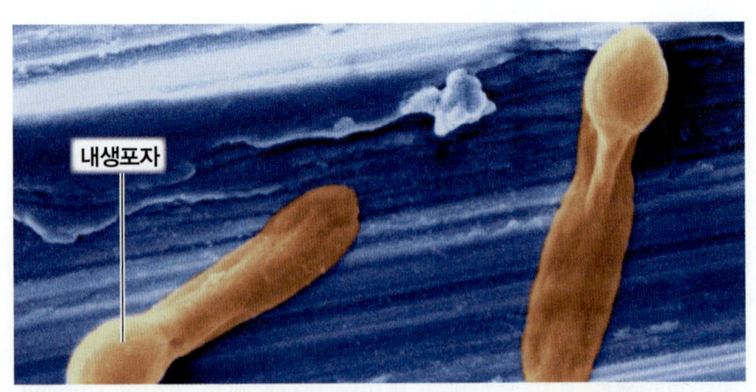

그림 8.21 ***Clostridium difficile.*** 내생포자가 형성되면 이 그림에서 보듯이 세포벽이 부풀어 오른다. 전자현미경 관찰용 시료 제작 과정에서 내생포자를 지니는 세균 세포가 탈수되고 납작해졌다.

Q *Clostridium*은 어떤 생리적 특성을 지니고 있어 조직 깊숙한 곳의 상처를 잘 감염시킬 수 있는 것일까?

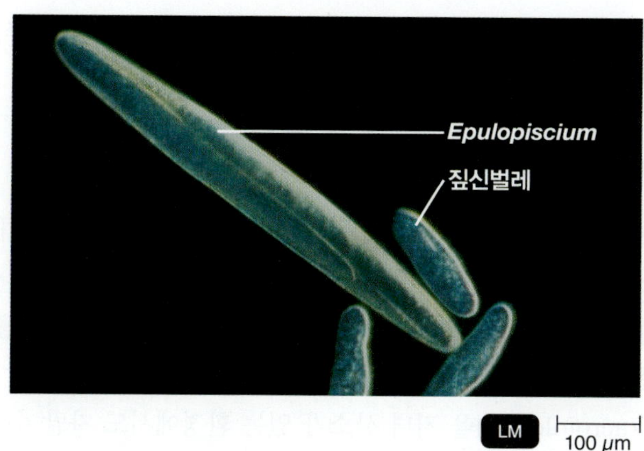

그림 8.22 **거대한 원핵생물, *Epulopiscium fishelsoni***

Q *Epulopiscium*과 *Paramecium*(짚신벌레)가 같은 영역으로 분류되지 않는 까닭은 무엇인가?

설사의 원인균이기도 하다. *C. difficile*는 장관 내에 서식하면서 심각한 설사병을 일으키기도 한다. 이 세균에 의한 설사는 항생제 치료에 의해 정상적인 장내 미생물상이 바뀌면서 독소를 생성하는 *C. difficile*가 과다 성장하여 발생한다.

Epulopiscium 오랫동안 세균은 반드시 작아야 하는 것으로 여겨졌다. 왜냐하면 세균에는 진핵생물이 이용하는 영양물질 수송체계가 없어서 단순한 확산에 의존하여 영양물질을 흡수하기 때문이다. 이와 같은 특성 때문에 결정적으로 세균은 크기가 제한될 수밖에 없다. 그래서 홍해에 사는 검은쥐치의 장내에 공생하는 시가 담배 모양의 생물이 1985년에 처음 발견되었을 때 이를 원생동물로 여겼다. 그 크기로는 확실히 원생동물처럼 보였다. 이 생물은 80 μm × 600 μm로 거의 그 길이가 1 mm의 절반을 넘는 크기였으며 육안으로도 충분히 확인할 수 있을 정도다(그림 8.22). 대장균과 같이 익숙한 세균이 1 μm × 2 μm 정도인 것을 고려할 때 이는 대장균의 100만 배에 달하는 부피다.

이 새로운 미생물에 대한 연구 결과, 원생동물의 섬모와 비슷해 보이지만 사실은 세균의 편모와 유사한 외부 구조가 있고 막으로 둘러싸인 핵은 존재하지 않았다. 리보솜 RNA를 분석한 결과, 이는 원핵생물로 확인되었고 *Epulopiscium*속으로 분류되었다. (이 속의 이름은 "물고기의 만찬에 초대된 손님"이라는 뜻이다. 이 세균은 어류가 반쯤 소화시킨 먹이 속에 들어 있었다.) 이 세균과 가장 유사한 그람양성세균은 *Clostridium*이다. 특이하게도 *Epulopiscium fishelsoni*는 이분법으로 분열하지 않는다. 딸세포가 모세포 안에서 형성되고, 모세포가 벌어지면서 그 틈으로 딸세포가 방출된다. 이는 포자가 형성되는 과정과 진화적으로 유사한 것으로 보인다.

최근에 이 세균이 영양물질을 전달하기 위해 확산에만 의존하지 않는다는 사실이 발견되었다. 또한 물질 수송과 전달에 이 세균은 거대한 유전정보를 활용한다. 이 세균은 사람 세포의 25배에 달하는 DNA를 가지고 있으며 적어도 하나의 유전자에 대해서는 85,000개의 사본을 지니고 있다. 이는 유전자의 산물이 필요한 세포내 위치에서 해당 단백질을 만들기 위해서다. (뒤에서 더 최근에 발견된 거대 세균, *Thiomargarita*에 대해 알아볼 것이다.)

바실루스목

바실루스목에는 여러 그람양성 막대균과 구균의 주요 속이 포함되어 있다.

Bacillus *Bacillus*속의 세균은 주로 내생포자를 형성하는 막대균이다. 이들은 주로 토양에 서식하지만 드물게 몇몇 종은 사람에게 병을 일으킨다. 여러 종이 항생제를 생산한다.

탄저균(*Bacillus anthracis*)은 탄저병을 일으킨다. 탄저병은 소와 양, 말 등의 질병으로 사람에게도 전염된다. 생물테러에 사용 가능한 매개체로 주목받고 있다. 탄저균은 운동성이 없는 조건부 혐기성으로 배양하면 종종 사슬형태를 이룬다. 영양세포의 중앙에 내생포자가 생성되는데 내생포자가 생겨도 세포벽이 부풀어오르지 않는다. *Bacillus thuringiensis*는 가장 널리 알려진 곤충 병원체일 것이다(그림 8.23).이 세균은 내생포자를 형성할 때 세포내 결정체를 생성한다. 이 세균의 내생포자와 결정독소(Bt)가 포함되어 있는 제품이 식물에 스프레이 형태로 뿌릴 수 있는 형태로 개발되어 판매되고

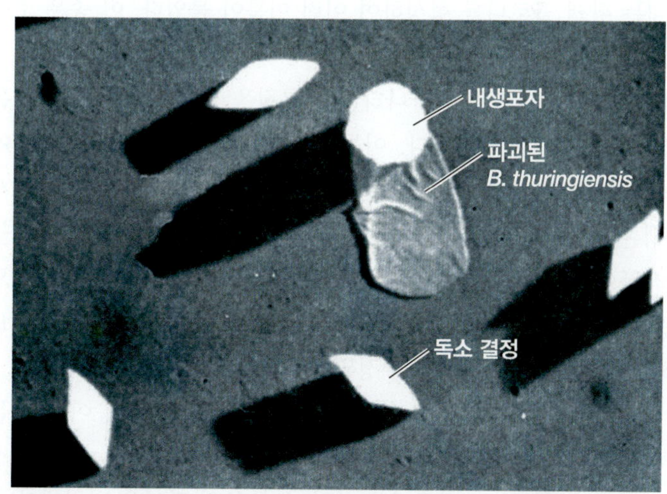

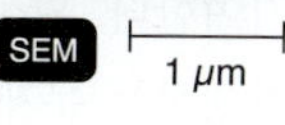

Bacillus thuringiensis. 내생포자 옆에 보이는 마름모 모양의 결정을 곤충이 섭취하면 독성이 있다. 이 전자 현미경 사진은 62쪽에서 설명한 음영 기법을 활용하여 촬영하였다.

그림 8.23 ***Bacillus***

Q *Clostridium*과 *Bacillus* 속에서 공통으로 형성되는 세포 구조에는 어떤 것이 있는가?

그림 8.24 황색포도상구균(*Staphylococcus aureus*). 이 그람양성 구균은 포도송이 같이 뭉쳐 자란다.

Q 황색포도상구균이 생성하는 색소는 세균이 사는 환경에서 어떤 이점을 제공하는가?

있다. *Bacillus cereus*(그림 8.23)는 주변 환경에 흔히 존재하는 세균으로, 특히 쌀과 같은 전분 음식을 먹었을 때 발생하는 식중독의 원인균으로 알려져 있다.

앞에서 설명한 *Bacillus*속의 3종은 질병 유발 특성이 매우 다르다. 그러나 이들은 분류학적으로는 매우 유사하여 분류학자들은 단일 종 내에서의 변종으로 간주한다. 차이점은 거의 전적으로 플라스미드에 존재하는 유전자 사이에서 발견되며 이들 유전자는 다른 세균으로 쉽게 전달될 수 있다.

Staphylococcus 포도상구균속(*Staphylococcus*)은 포도송이와 같은 형태로 서로 뭉쳐 자라는 특징이 있다(그림 8.24). 가장 중요한 종인 *Staphylococcus aureus*(황색포도상구균)는 황색 색소를 만들어 내는 황색 콜로니를 형성하여 이런 이름이 붙었다. 이 종은 조건부 호기성 세균이다.

포도상구균은 병원성을 나타내는 특징을 지니는데 이런 특징은 여러 가지 형태로 나타난다. 이들은 삼투압이 높고 건조한 환경에서 비교적 잘 자라며, 이와 같은 특성으로 인해 콧물이나 피부에서도 생존할 수 있다. 황색포도상구균은 또한 햄과 같이 삼투압이 높은 식품이나 다른 생물의 성장을 억제할만큼 건조시킨 식품에서도 자랄 수 있다. 황색 색소는 햇빛의 항미생물 효과로부터 세포를 보호하는 기능을 하는 것으로 추정된다.

황색포도상구균은 여러 종류의 독소를 생산하는데, 이 독소는 신체에 침입하거나 조직을 손상시키는 세균의 능력을 높여 병원성에 기여한다. 황색포도상구균에 의한 수술 부위 감염은 병원에서 흔히 발생하는 문제이다. 또한 페니실린 등의 항생제에 빠르게 내성을 나타내는 능력 또한 병원 환경에서 환자들에게 위험요인이 된다. 황색포도상구균은 독성쇼크증후군(toxic shock syndrome)을 일으키는 독소를 생산하여 고열과 구토, 때로는 사망에 이르는 심각한 감염을 야기한다. 황색포도상구균은 또한 **장독소(enterotoxin)**를 생산하여 삼키면 구토와 어지럼증을 일으킨다. 이는 가장 흔한 식중독의 원인으로 꼽힌다.

락토바실루스목

락토바실루스목에는 몇몇 주요 속이 포함되어 있다. 젖산막대균속(*Lactobacillus*)은 산업에서 중요하게 활용되는 대표적인 젖산 생성균이다. 대부분은 시토크롬계가 없어 산소를 최종 전자 수용체로 쓰지 못한다. 그러나 이들은 대부분의 절대 혐기성 세균과 달리 산소내성(aerotolerant)을 지녀 산소가 있는 환경에서도 자랄 수 있다. 물론 산소를 이용하는 미생물에 비하면 성장이 느리다. 그러나 간단한 탄수화물에서 젖산을 생성하면 경쟁 미생물의 성장을 억제하여 비효율적인 대사과정에도 불구하고 경쟁력을 확보할 수 있다. 연쇄상구균속(*Streptococcus*)은 *Lactobacillus*속과 유사한 대사적 특성을 지닌다. *Streptococcus*속에는 산업적으로 중요한 여러 속이 포함되어 있으나 병원성으로 훨씬 더 유명하다. 장구균속(*Enterococcus*)과 *Listeria*속은 전형적인 세균의 대사적 특징을 나타낸다. 두 속 모두 조건부 혐기성 세균으로 몇몇 종은 중요한 병원균이다.

Lactobacillus *Lactobacillus*속의 세균은 사람의 질과 소장, 구강에 서식한다. 젖산막대균은 사우어크라우트, 피클, 버터밀크, 요거트 등의 산업적 생산에 활용된다. 일반적으로 젖산막대균 종의 천이가 일어나서 매번 그 전의 종보다 점점 더 산에 강한 종이 번성하면서 젖산 발효를 진행한다.

Streptococcus 연쇄상구균속(*Streptococcus*)의 세균은 구형의 그람양성세균으로 전형적인 사슬 모양을 이룬다(그림 8.25). 이들은 매우 복잡한 분류군을 이루며 이들은 아마 다른 어떤 세균 속보다 다양하고 많은 질병을 일으키는 종류라 할 수 있을 것이다.

병원성 연쇄상구균은 여러 종류의 세포외 물질을 분비하여 병원성을 나타낸다. 이 가운데에는 병원균을 제거하는 식세포를 파괴하는 것도 있다. 일부 연쇄상구균에서 생산하는 효소는 숙주의 결합조직을 분해하여 감염부위를 넓히는데 이로 인해 넓은 조직이 손상되기도 한다. 혈전의 피브린 섬유를 분해하는 효소를 생성하여 감염부위가 확산된다.

연쇄상구균속에 속하는 소수의 비병원성 종은 유제품 생성에 중요한 기능을 한다.

베타용혈성 연쇄상구균 일부 연쇄상구균을 분류하는 유용한 기준은 혈액한천배지에서 배양 시 형성되는 콜로니의 모양이다. **베타용혈성(beta-hemolytic)** 종은 혈액한천배지에서 용혈현상을 일으켜 콜로니 주변에 투명대를 형성하는 헤모라이신(hemolysin)을 생성한다. 이와 같은 세균에는 주요 병원성 연쇄상구균인 *Streptococcus*

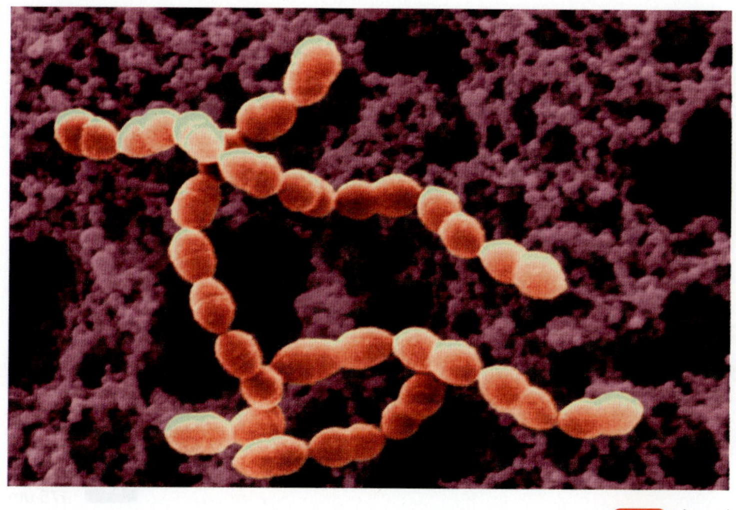

그림 8.25 ***Streptococcus.*** 연쇄상구균은 대부분 이 그림과 같이 사슬형으로 자란다. 대부분의 구형 세포는 분열 중이어서 그 모양이 약간 타원형으로 보인다. 여기서 보는 전자현미경 사진에 비해 낮은 배율로 관찰되는 명시야 현미경에서는 특히 타원형으로 관찰될 수 있다.

 *Streptococcus* 세포의 배열상태는 *Staphylococcus*와 어떻게 다른가?

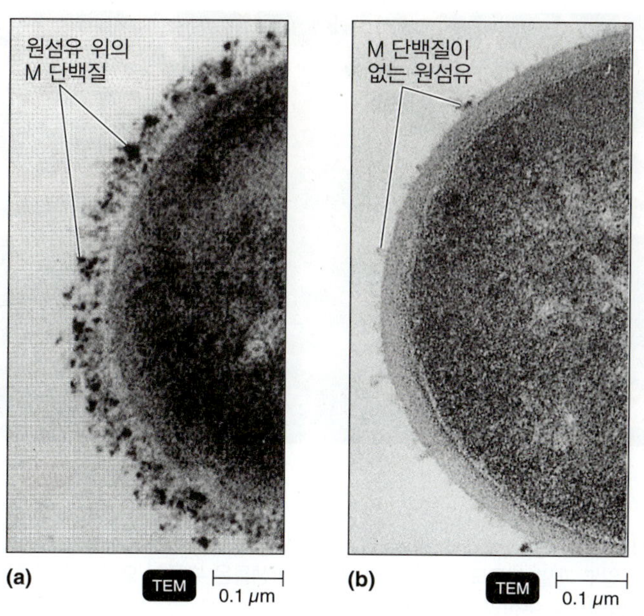

그림 8.26 **그룹 A 베타-용혈성 연쇄상구균의 M 단백질.** (a) 표면 원섬유의 부드러운 층에 M 단백질을 가지고 있는 세포의 단면. (b) M 단백질이 없는 세포의 단면.

Q M 단백질이 다당류 캡슐보다 항원성이 더 높을 가능성이 있는가?

*pyogenes*가 포함되며, 이들을 베타-용혈성 A형 연쇄상구균이라고도 한다. 용혈성 연쇄상구균의 항원형은 A형에서 G형까지 존재한다. *S. pyogenes*가 일으키는 질병으로는 성홍열, 후두염, 단독, 농가진, 류마티스열 등이 있다. 가장 중요한 독성 인자는 세균의 표면에 존재하는 M 단백질(그림 8.26)로 이를 이용해서 세균은 식세포 작용을 회피한다. 베타용혈성 연쇄상구균의 또 다른 종류로는 *Streptococcus agalactiae*가 있는데 이는 베타용혈성 B형이다. 이는 B형 항원을 지니는 유일한 종으로 신생아 패혈증의 주요 원인균이다.

비베타용혈성 연쇄상구균 연쇄상구균 중에는 베타용혈성이 아닌 종류도 있다. 이들은 혈액한천배지에서 자랄 때 콜로니 주변의 색이 독특하게 녹색으로 변한다. 이들을 알파용혈성 연쇄상구균이라고도 한다. 콜로니 주변이 녹색으로 변하는 이유는 세균이 만드는 과산화수소의 작용으로 적혈구가 부분적으로 파괴되기 때문이나 이와 같은 현상은 산소가 있을 때에만 나타난다. 여기 속하는 가장 주요 병원균은 폐렴균(*Streptococcus pneumoniae*)으로 구균성 폐렴을 일으킨다. 여기 속하는 가장 중요한 병원균은 충치의 주요 원인균인 *Streptococcus mutans*다.

Enterococcus 이 속의 세균은 영양물질은 풍부하지만 산소가 부족한 위장관, 질, 구강과 같은 신체부위에 적응해왔다. 이들은 사람의 분변에서 다량으로 발견된다. 척박한 환경에서도 비교적 잘 견디는 미생물이기 때문에 이들은 손이나 침대, 분변 에어로졸(aerosol) 등을 통해 병원환경을 오염시킨다. 이들은 특히 대부분의 항생제에 높은 내성을 보이기 때문에 최근 병원내 감염을 일으킨 주요 원인균으로 지목되고 있다. *Enterococcus faecalis*와 *Enterococcus faecium* 두 종은 외과 수술부위와 요도관 감염의 주원인으로 알려졌다. 병원 환경에서 이들은 도뇨관의 삽입과 같은 침습적 방법을 통해 혈액 내로 빈번하게 침투할 수 있다.

Listeria *Listeria*속의 병원성 세균종인 *Listeria monocytogenes*은 유제품을 비롯한 식품을 오염시킨다. 이 세균은 식세포 안에서도 살아남고 또한 냉장온도에서도 성장할 수 있다. 임산부가 이 세균에 감염되면 유산되거나 태아가 심각한 손상을 입을 수 있다.

마이코플라스마목

마이코플라스마는 세포벽이 없어 형태가 매우 다양하다(그림 8.27). 이들은 곰팡이와 비슷하게 실 모양으로 자라기 때문에 이와 같은 이름이 붙었다(*mykes* = 곰팡이, *plasma* = 형태인).

*Mycoplasma*속 세균의 세포는 매우 작아서 그 크기가 0.1~0.25 μm이다. 세포 부피는 전형적인 막대균의 5%에 불과하다. 크기가 작고 모양이 쉽게 변할 수 있기 때문에 이들은 세균을 걸러내는 필터도 통과할 수 있다. 그래서 처음 이 세균은 바이러스로 여겨지기도 했다. 마이코플라스마는 자유 생활이 가능한 가장 작은 자가 복제 개체를 대표할 수 있을 것이다. 어떤 종은 단 517개의 유전자만을 지니

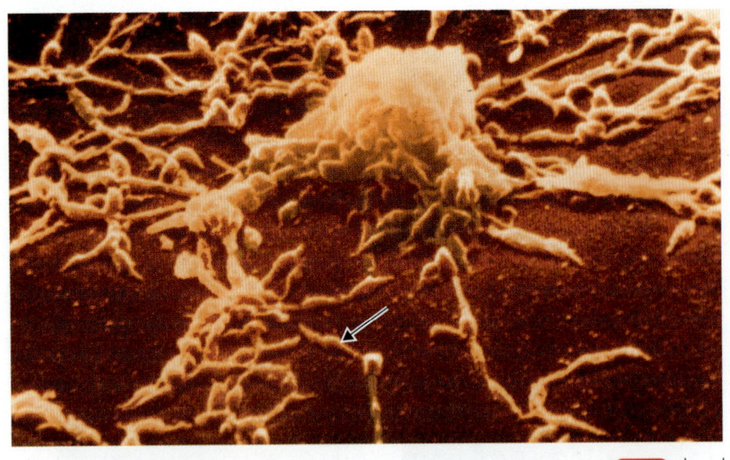

그림 8.27 ***Mycoplasma pneumoniae.*** *M. pneumonia*가 사상형으로 성장하는 모습. 일부 개별 세포도 보인다(화살표). 이 미생물은 부풀어 오른 위치가 잘려 나가는 방식으로 분절법에 의해 증식한다.

Q 마이코플라스마의 세포 구조를 통해 이 세포의 다형성을 설명하시오.

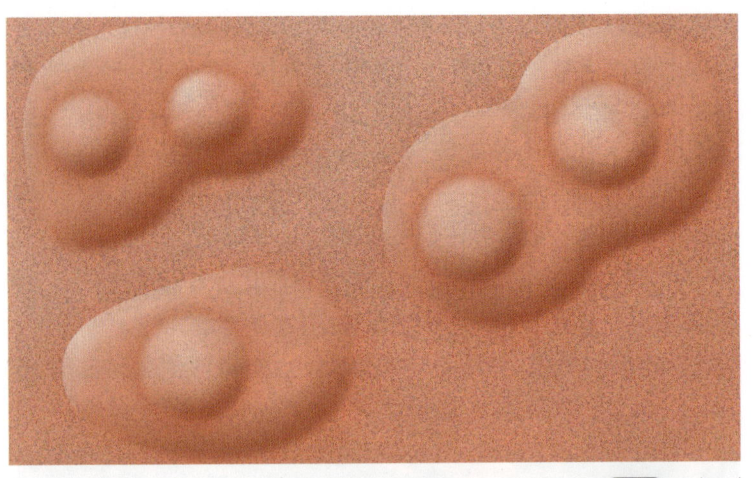

그림 8.28 **마이코플라스마성 폐렴의 원인인 폐렴 마이코플라스마의 콜로니**

Q 확대 없이 이러한 콜로니를 볼 수 있는가?

며, 이 가운데 생존에 필수적인 최소 유전자 개수는 265~350개 정도로 추정된다. DNA 분석에 따르면 이들은 유전적으로 *Bacillus*, *Streptococcus*, *Lactobacillus*속 등을 포함하는 그람양성세균과 유전적으로 연관되어 있으나 점차적으로 유전물질을 잃어버린 것으로 생각된다. 이는 **퇴화적 진화**(degenerative evolution)의 과정으로 설명되기도 한다.

마이코플라스마는 스테롤이나 그 밖의 특수한 영양조건이나 물리적 조건을 제공하면 인공배지에서 배양할 수 있다. 콜로니의 지름은 1 mm를 넘지 않고 확대해서 보면 특징적인 계란 프라이 모양을 하고 있다(그림 8.28). 다양한 용도에 맞추어 마이코플라스마를 배양할 수 있는 방법이 있다. 마이코플라스마는 이와 같은 배양조건에서 아주 잘 자라기 때문에 세포 배양 실험실에서는 마이코플라스마로 인한 오염이 자주 일어나 골치거리가 되기도 한다. 마이코플라스마에서 가장 중요한 사람 병원균은 *M. pneumoniae*로 심하지 않은 흔한 형태의 폐렴을 일으킨다.

방선균문(G + C 함량이 높은 그람양성세균)

G + C 함량이 높은 그람양성세균은 방선균문(phylum Actinobacteria)에 속한다. 이 문에 속하는 세균들의 형태는 매우 다양하다. 예를 들어 *Corynebacterium*, *Gardnerella*, *Streptomyces* 등의 여러 속은 길게 연장되어 종종 가지 달린 형태의 실 모양으로 자란다. 방선균에는 몇 가지 중요한 병원성 세균 속도 존재하며 *Mycobacterium* 속의 세균은 결핵과 나병을 일으킨다. *Streptomyces*, *Frankia*, *Actinomyces*, *Nocardia* 등의 속이 일반적으로 방선균(그리스어로 *actino* = 방사선)이라 불린다. 보통 방사상으로 가지 달린 실 모양으로 뻗어나가며 자라기 때문이다. 겉보기에 이들의 형태는 사상형 진균류와 흡사하다. 그러나 방선균은 원핵생물이며 필라멘트의 지름 또한 진핵생물성 곰팡이보다 훨씬 작다. 일부 방선균은 세포 외부에 무성생식 포자를 형성하여 번식함으로써 더더욱 사상형 곰팡이와 비슷해 보인다. 사상형 세균과 사상형 진균류는 토양에 매우 흔히 서식하며, 토양에서는 사상형으로 자라는 것이 이점이 있다. 사상형 개체는 토양 입자 사이에 물이 없는 공간을 통해서 쉽게 영양물질이 존재하는 새로운 자리로 이동할 수 있다. 이와 같은 형태는 또한 표면 대 부피 비율을 높여 경쟁이 아주 심한 토양 환경에서 영양물질을 섭취하는 능력을 높여준다.

Mycobacterium

*Mycobacterium*의 세균은 호기성, 내생포자 비형성 막대균이다. 속명에 들어 있는 *myco*는 곰팡이 모양을 뜻한다. 곧잘 곰팡이처럼 사상형으로 자라기 때문에 붙여진 이름이다. 항산성 염색과 약제 내성, 병원성 등 이 세균이 지니는 많은 특징은 독특한 세포벽과 관련이 있다. 그러나 가장 바깥층인 지질다당층은 마이콜산으로 대체되어 왁스와 같은 발수층을 형성한다. 이로 인해 이 세균은 건조를 비롯한 환경 스트레스에 강하다. 또한 이 층을 투과할 수 있는 항미생물 약제도 거의 없다. 영양물질 또한 이층을 매우 천천히 투과하기 때문에 *Mycobacterium*속의 세균은 성장 속도가 늦다. 콜로니를 눈으로 확인할 정도로 배양하는 데 몇 주가 소요되기도 한다. 이 속에는 주요 병원균으로는 결핵을 일으키는 결핵균(*Mycobacterium tuberculo-*

sis)과 나병을 일으키는 나병균(*M. leprae*)이 있다.

이 속의 세균은 주로 (1) *M. tuberculosis*과 같은 느린 성장균과 (2) 배지에서 7일 이내에 적당한 크기의 콜로니를 형성하는 빠른 성장균으로 나눈다. 느린 성장균은 대개 사람에게 병을 일으킨다. 빠른 성장균 중에도 주로 상처를 감염시키는 기회감염성 비결핵성 병원균이 다수 있지만, 대부분은 주로 비병원성 세균으로 토양이나 물에 서식한다.

Corynebacterium

대부분 모양이 다양하며 세포가 자라는 단계에 따라 모양이 변하기도 한다. 가장 잘 알려진 종은 *Corynebacterium diphtheriae*로 디프테리아를 일으키는 원인균이다.

Propionibacterium

*Propionibacterium*이라는 속명은 이 세균이 프로피온산을 생성하는 특징에서 유래했다. 일부 종은 스위스치즈를 발효하는 데 중요한 기능을 한다. *Propionibacterium acnes*는 사람의 피부에 흔히 서식하며 여드름의 주요 원인균으로 알려져 있다.

Gardnerella

*Gardnerella vaginalis*는 질염을 일으키는 가장 흔한 원인균이다. 이 종을 분류하는 것은 쉽지 않다. 그람 변성균이며 형태가 매우 다양하게 변하기 때문이다.

Frankia

*Frankia*속의 세균은 리조비움이 콩과식물에 뿌리혹을 형성하는 것처럼 오리나무 뿌리에 질소고정 뿌리혹을 형성한다.

Streptomyces

*Streptomyces*속은 가장 널리 알려진 방선균으로 토양에서 가장 흔히 분리되는 세균이다(그림 8.29). 이 세균의 무성생식 포자는 공중사상체(aerial filament)의 끝에 형성된다. 각각의 포자가 적당한 기질에 떨어지면 발아하여 새로운 콜로니를 형성한다. 이 세균은 절대호기성 세균이다. 세포외 효소를 분비하여 단백질과 다당류(전분과 섬유소 등), 그 밖의 토양 유기물 등을 분해하여 흡수한다. 이들 세균이 만들어 내는 지오스민(geosmin)이라는 기체는 신선한 토양에서 나는 독특한 흙 냄새의 주원인이다. *Streptomyce*속의 세균 종들은 우리가 사용하는 대부분의 항생제를 생산하는 점에서 매우 소중하다. 이로 인해 이 속에 대한 연구가 집중적으로 이루어져서 현재 거의 500종이 기재되어 있다.

Actinomyces

*Actinomyces*속은 조건부 혐기성 세균으로 이루어져 있으며 사람이나 동물의 구강이나 목구멍에 서식한다. 때때로 잘라져 나갈 수 있는 균사를 형성한다(그림 8.30). *Actinomyces israelii*라 불리는 종은 방선균증(actinomycosis)을 일으켜 머리와 목, 폐 등의 조직을 손상시킨다.

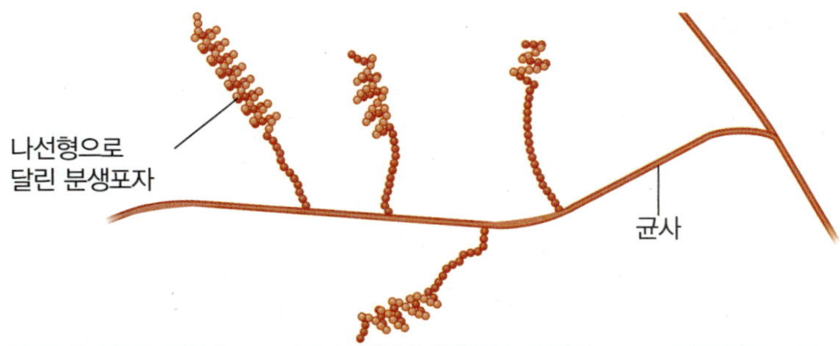

(a) 가지 달린 형태의 균사를 형성하는 전형적인 스트렙토마이세스 세균. 균사의 끝에 무성생식 분생포자가 달려 있다.

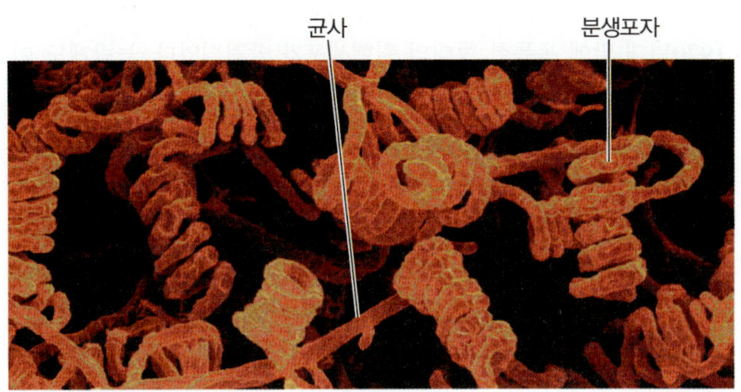

(b) 스트렙토마이세스의 균사 끝에 달린 분생포자

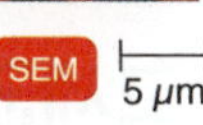

그림 8.29 ***Streptomyces***

*Streptomyces*를 진균으로 분류하지 않는 이유는 무엇인가?

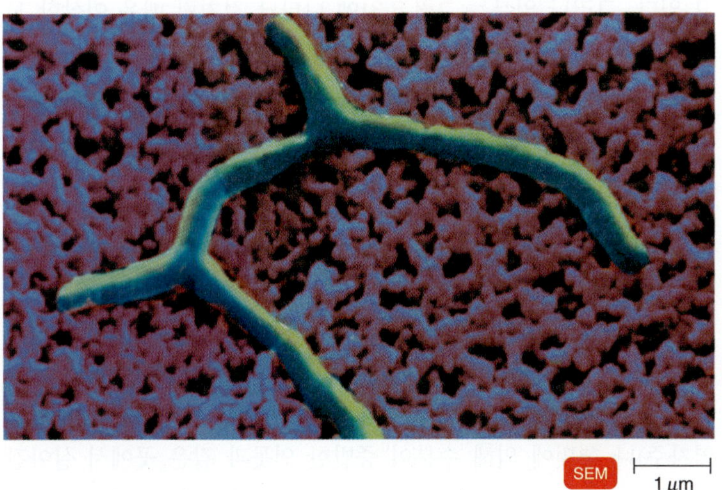

그림 8.30 ***Actinomyces.*** 가지 달린 균사 형태에 주목하시오.

Q 방선균을 진균류로 분류하지 않는 이유는 무엇인가?

Nocardia

*Nocardia*속의 세균 모양은 *Actinomyces*와 비슷하나 이 속은 호기성 세균이다. 성장할 때 균사체의 흔적을 볼 수는 있으나 곧장 짧은 막대형으로 잘려진다. 이들 세포벽의 구조는 *Mycobacterium*속과 비슷하여 항산성을 나타낸다. *Nocardia*속의 세균은 토양에 흔히 서식한다. *Nocardia asteroides*와 같은 종은 종종 만성 난치성 폐질환을 일으킨다. *N. asteroides*는 또한 주로 손발의 세포를 파괴하는 균종(mycetoma)의 원인균이다.

고세균 영역

1970년대 말에 독특한 형태의 원핵세포가 발견되었다. 놀랍게도 이들의 세포벽에는 거의 모든 세균이 공통으로 지니는 펩티도글리칸이 없었다. 곧이어 이 세균들이 공유하고 있는 rRNA 서열은 진정세균 영역(Domain Bacteria)에 속하는 세균이나 진핵생물의 rRNA 서열과는 다르다는 사실이 확인되었다. 그 차이가 워낙 크기 때문에 이제 이들 세균들을 고세균 영역(Domain Archaea)으로 따로 분류하고 있다.

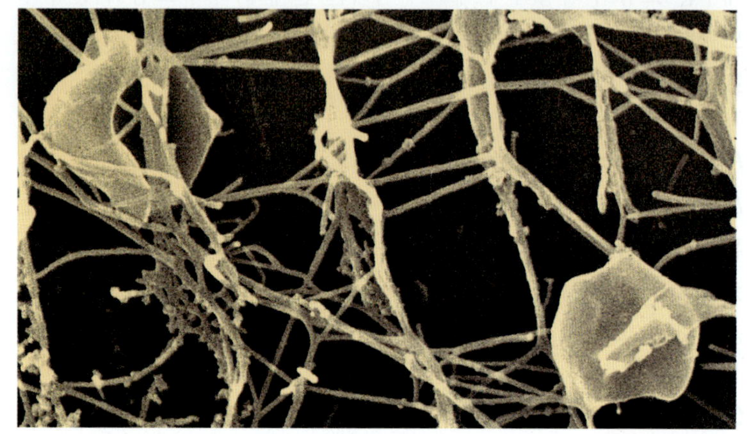

그림 8.31 **고세균.** 독특한 형태의 고세균, *Pyrodictium abyssi*의 전자현미경 사진. 이 고세균은 온도가 110°C나 되는 심해 침전층에서 자란다. 세포는 원판형으로 세포에서 바깥쪽으로 관의 형태가 복잡하게 뻗어 네트워크를 형성하고 있다. 대부분의 고세균은 이보다 더 전형적인 세균의 형태를 하고 있다.

Q 이 고세균의 이름에 포함된 *pyro*와 *abyssi*에서 알 수 있는 이 세균의 특성은?

고세균 내에서의 다양성

유난히 흥미로운 원핵생물군인 고세균은 매우 다양하다. 대부분의 고세균은 막대형과 구형, 나선형 등 전형적인 원핵세포의 모양을 하고 있다. 그러나 일부는 그림 8.31에 나타난 것처럼 매우 이상한 모양을 보이기도 한다. 그람염색에서 일부는 그람양성 반응을 일부는 그람음성 반응을 보인다. 이분법에 의해 분열하는 것도 있으나 분절법이나 출아법에 의해 분열하는 종류도 있다. 드물게 세포벽이 없는 종도 있다. 배양 가능한 고세균은 생리학적 특성에 따라 5개의 분류군으로 나눌 수 있다.

고세균은 극한 환경 조건에서 주로 발견된다. **호극성 생물(extremophile)**로 알려진 고세균으로는 호염균과 호열균, 호산균이 있다. 병원성 고세균은 알려져 있지 않다. **호염균**(halophile)은 염분의 농도가 25%를 넘는 Great Salt Lake(미국 유타주에 있는 대염호-역자주)나 햇빛에 의해 수분이 증발한 연못과 같은 곳에서 살아간다. *Halobacterium*속에서 그 예를 찾을 수 있는데 일부 종은 이 같은 고농도의 염분이 존재해야만 자랄 수 있다. 극도의 **호열성**(thermohpilic) 고세균 가운데에는 성장을 위한 최적 온도가 80°C 이상인 경우도 있다. 지금까지의 기록은 121°C로 심해 2000미터 깊이의 열수구 근처에서 자라는 고세균의 최적온도로 알려져 있다. **호산성**(acidophilic) 고세균은 pH 값이 0 이하인 환경에서도 발견되며 이들은 또한 고온에서 잘 자란다. 예를 들어 *Sulfolobus*속의 최적 pH는 2 정도이며 최적 온도는 70°C 이상이다.

바다에는 여러 종류의 질소화 고세균이 암모니아를 산화시키면서 에너지를 얻는다. 이와 같은 영양 방식을 영위하는 고세균은 토양에서도 일부 발견된다. 메탄생성균(methanogen)은 절대 혐기성 고세균으로 수소(H_2)를 이산화탄소(CO_2)와 반응시켜 최종산물로서 메탄을 생성한다. 진정세균 중에서는 메탄생성세균이 알려져 있지 않다. 이들 고세균은 하수처리에 활용되는 등 경제적으로도 매우 중요하다. 메탄생성균은 사람의 대장과 질, 구강 미생물상의 일원이기도 하다.

미생물의 다양성

지구에는 거의 무한의 환경지위(environmental niche)가 존재하는 것으로 보이며, 다양한 생명 형태가 진화하여 이들을 채우고 있다. 이와 같이 다양한 환경지위에 존재하는 미생물 중 많은 종류가 전통적인 성장배지에서 전통적인 방법으로 배양될 수 없기 때문에 이런 미생물은 연구되지 않은 채 남아 있다. 그러나 최근 들어 세균의 분리와 동정법이 크게 발전하여 이들 다양한 생태적 지위를 차지하고 있는 미생물이 확인되고 있다. 많은 종이 배양과정 없이도 확인될 수 있다.

다양성의 범위를 보여주는 발견들

이번 장의 앞부분에서 거대 세균 *Epulopiscium*에 대해 설명했다. 1999년 이보다 더 큰 거대 세균이 아프리카의 남서해안, 나미비아의 해변 침전층 100미터 깊이에서 발견되었다. 이 세균은 *Thiomargarita namibiensis*라고 명명되었는데 이는 "나미비아의 황 진주(sulfur pearl of Namibia)"라는 뜻이다. 이 구형 미생물은 감마가변세균에 속하는 것으로 지름이 750 μm에 달한다(그림 8.32). 이는 이 문장 끝의 마침표보다 조금 큰 크기다.

앞에서 언급했듯이 원핵세포의 최대 크기를 제한하는 요인으로는 단순 확산에 의해 세포질에 영양물질이 들어갈 수 있어야 한다는 것이다. *T. namibiensis*는 액체로 채워진 풍선을 활용하는 것과 유사한 방식으로 이 문제를 최소화했다. 이 세포의 내부에는 주머니가 하나 들어 있고 이 주위를 비교적 얇은 세포질층이 둘러싸고 있다. 그 결과 세포질의 부피는 대부분의 다른 원핵생물의 부피와 거의 비슷하다. 에너지원으로는 기본적으로 황화수소를 사용하며 이는 이 세균이 주로 발견되는 침전층에 다량 존재한다. 그리고 필요한 질산은 폭풍우가 몰아쳐 침전층을 휘저을 때 질산염이 풍부한 해수로부터 간헐적으로 공급받을 수밖에 없다. 세포 내부에 있는 주머니는 세균 전체 부피의 98% 가량을 차지하고 있는데 간헐적인 질산 공급기 사이에 질산염을 보관하는 보관소의 기능을 한다. 세포는 황화수소를 산화시켜 에너지를 얻는다. 질산염은 질소원으로도 쓰이지만 산소가 없는 환경에서 전자 수용체로서 주된 기능을 한다.

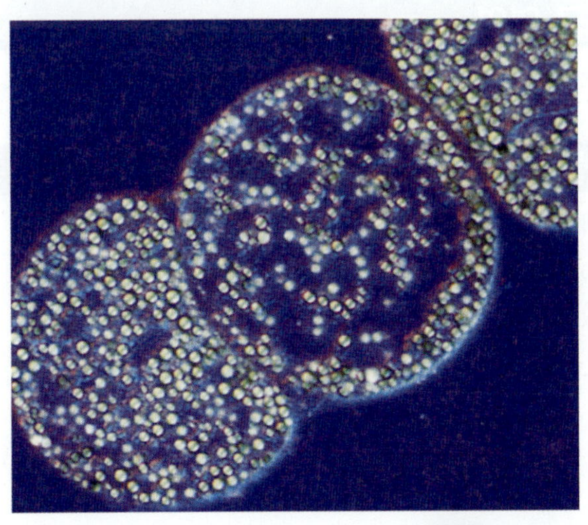

그림 8.32 ***Thiomargarita namibiensis.*** *Thiomargarita namibiensis*는 황화수소와 같은 환원된 황 화합물에서 에너지를 얻는다.

Q 세포질의 내부에 액체로 채워진 주머니가 들어 있지 않다면 이 정도로 큰 세균이 살아가는 것이 이론적으로 가능할까?

통념을 깨는 거대 세균의 발견으로 원핵세포가 얼마나 커질 수 있으며 어떻게 그 크기로도 여전히 영양물질을 흡수할 수 있는지에 대해 의문이 제기된 바 있다. 또 다른 극단으로 미생물의 최소 크기, 특히 유전체 크기가 얼마나 작아질 수 있는지에 대해서도 궁금증이 일었다. 암석 내부 깊숙한 곳 그리고 심지어 운석에서도 0.02~0.08 μm 크기의 나노세균(nanobacteria)이 발견되었다는 보고가 있다. 대부분의 미생물학자들은 이들이 무기물의 결정체로 비생물 입자라는 결론을 내리고 이를 **나논(nanon)**이라 부를 것을 제안했다. 이론적인 계산에 따르면 생명활동을 수행할 정도로 대사가 일어나려 세포의 지름이 적어도 0.1 μm는 되어야 한다고 한다. 특정 세균은 비정상적으로 작은 유전체를 지닌다. 예를 들어 *Carsonella ruddii*는 수액을 빨아먹는 나무이(psyllid, plant louse)를 숙주로 곤충과 공생관계를 유지하는 세균이다. 이와 같은 공생 세균은 자유 생활을 하는 미생물보다 유전적 능력을 덜 필요로 한다. 이 세균은 단 182개의 유전자만을 보유하고 있으며, 공생 세균이 가질 수 있는 최소 유전자 수로 이론적 계산에 의해 나온 151개에 근접한 수치이다(이 숫자를 자유 생활을 하는 마이코플라스마의 최소 유전자 수와 비교해보시오). *C. ruddii*는 숙주 곤충에게 완전히 기생하는 관계가 아니며, 숙주에게 일부 필수 아미노산을 공급한다. 따라서 이는 포유류 세포의 미토콘드리아와 마찬가지로 세포소기관으로 변해가는 진화의 과정일 수도 있다.

지금까지 미생물학자들은 겨우 5000여 종의 세균을 기록해왔고, 이 가운데 약 3000종이 버지편람에 수록되어 있다. 실제 숫자는 수백만 종에 이를 것이다. 토양이나 물, 또는 그 밖의 자연 환경에 서식하는 많은 세균은 통상적인 세균 배양배지나 조건에서 배양되지 않는다. 더욱이 일부 세균은 복잡한 먹이사슬의 일부로 존재하여 특수한 성장인자를 공급해주는 다른 미생물이 존재하는 환경에서만 자랄 수도 있다. 최근 과학자들은 PCR을 이용하여 흙에 사는 생물의 유전자를 증폭할 수 있게 되었다. 이 과정을 수없이 반복해서 발견한 유전자를 비교함으로써 각 시료에 들어 있는 서로 다른 세균 종을 추정할 수 있다. 한 연구에 따르면 흙 1 g 속에 거의 10,000여 종의 세균 종류가 존재하는 것으로 나타나고 있는데, 이는 지금까지 기술된 것의 두 배에 가까운 수준이다.

학습 개요

서문 (213쪽)

1. 버지편람에서는 rRNA 염기서열을 바탕으로 세균을 분류한다.
2. 버지편람에서는 그람염색 반응, 세포의 형태, 호기성, 대사적 특징 등과 같은 동정 특징을 나열한다.

원핵생물 (215쪽)

1. 원핵생물은 고세균과 진정세균의 두 개 영역으로 나누어진다.

진정세균 영역 (215~238쪽)

1. 진정세균은 지구의 생명에 필수적인 기능을 한다.

그람음성세균 (215~232쪽)

가변세균문 (215~227쪽)

1. 가변세균문에 속하는 세균은 그람음성세균이다.
2. 알파가변세균에는 질소고정세균, 화학독립영양세균, 화학종속영양세균이 포함된다.
3. 베타가변세균에는 화학독립영양세균과 화학종속영양세균이 포함된다.
4. 슈도모나스목, 레지오넬라목, 비브리오목, 장내세균목, 파스퇴렐라목은 감마가변세균으로 분류된다.
5. *Bdellovibrio*와 *Myxococcus*속은 델타가변세균으로 다른 세균을 포식한다.
6. 엡실론가변세균에는 *Campylobacter*와 *Helicobacter*가 포함된다.

가변세균에 속하지 않는 그람음성세균 (227~232쪽)

7. 남세균은 광독립영양세균으로 빛에너지와 CO_2를 이용하여 O_2를 생성한다.
8. 자색 및 녹색 광합성세균은 광독립영양생물로, 빛에너지와 CO_2를 이용하지만 O_2를 생성하지는 않는다.
9. *Deinococcus*와 *Thermus*는 극한 환경에 내성을 보인다.
10. 화학종속영양세균으로는 플랑크토마이세트, 클라미디아, 스피로헤타, 박테로이드, 푸조세균 등이 있다.

그람양성세균 (232~238쪽)

1. 버지편람에서 그람양성세균은 G + C 함량이 낮은 세균과 G + C 함량이 높은 세균으로 분류한다.
2. G + C 함량이 낮은 그람양성세균에는 일반적인 토양세균, 젖산세균 및 몇몇 사람의 병원체가 포함된다.
3. G + C 함량이 높은 그람양성세균에는 마이코세균, 코리네세균, 악티노마이세트 등이 포함된다.

고세균 영역 (238쪽)

1. 초호염균, 초호열균, 메탄생성균 등은 고세균 영역에 속한다.

미생물의 다양성 (239~240쪽)

1. 원핵생물 전체에서 극히 일부만이 분리되고 동정되었다.
2. PCR을 이용하여 실험실에서 배양할 수 없는 세균의 존재를 알아낼 수 있다.

학습 질문

복습과 객관식 문제에 대한 해답은 책 뒤에 있음.

복습 문제

개요

1. 다음은 주요 세균을 동정하는 데 활용할 수 있는 방법이다. 빈칸에 대표 속의 이름을 써 넣으시오.

	대표적인 속명
I. 그람양성세균	
A. 내생포자 형성 막대균	
1. 절대 혐기성 세균	(a) ________
2. 절대 혐기성 세균 아님	(b) ________
B. 내생포자 형성하지 않음	
1. 막대균	
a. 분생포자 형성	(c) ________
b. 항산성	(d) ________
2. 구균	
a. 시토크롬계 없음	(e) ________
b. 산소활용 호흡	(f) ________
II. 그람음성세균	
A. 나선균 또는 굽은 막대균	
1. 축사 있음	(g) ________
2. 축사 없음	(h) ________
B. 막대균	
1. 산소호흡, 비발효	(i) ________
2. 조건부 혐기성 세균	(j) ________
III. 세포막 없음	(k) ________
IV. 절대 세포내 기생생물	
A. 진드기에 의해 전파	(l) ________
B. 숙주세포에서 망상체 형성	(m) ________

2. 다음의 미생물을 각각 비교하시오.
- **a.** 남세균과 조류(algae)
- **b.** 방선균(actinomycetes)과 진균(fungi)
- **c.** *Bacillus*속과 *Lactobacillus*속
- **d.** *Pseudomonas*속과 *Escherichia*속
- **e.** *Leptospira*속과 *Spirillum*속
- **f.** *Escherichia*속과 *Bacteroides*속
- **g.** *Rickettsia*속과 *Chlamydia*속
- **h.** *Mycobacterium*속과 *Mycoplasma*속

3. 그려보기 다음 세균을 구분할 수 있는 검색표를 그리시오. 남세균, *Cytophaga*, *Desulfovibrio*, *Frankia*, *Hyphomicrobium*, 메탄생성균, 믹소세균, *Nitrobacter*, 자색세균, *Sphaerotilus*, *Sulfolobus*.

4. 이름 답하기 이들 미생물은 하수처리에 중요한 역할을 하며 가정용 난방이나 발전용 연료를 생성할 수 있다.

객관식 문제

1. 사람의 장내에 서식하는 세균을 그람염색할 때, 다음 어떤 세균이 흔히 존재할 것으로 예상하는가?
- **a.** 그람양성 구균
- **b.** 그람음성 막대균
- **c.** 그람양성, 내생포자형성 막대균
- **d.** 그람음성, 질소고정 세균
- **e.** 위 모두 정답

2. 다음 중 같은 분류군에 속하지 않는 것은?
- **a.** 장내세균목
- **b.** 락토바실루스목
- **c.** 레지오넬라목
- **d.** 파스퇴렐라목
- **e.** 비브리오목

3. 병원성 세균은 다음과 같은 특성을 지닐 수 있다.
- **a.** 이동성
- **b.** 막대균
- **c.** 구균
- **d.** 혐기성 세균
- **e.** 위 모두 정답

4. 다음 중 세포내 기생생물은?
- **a.** *Rickettsia*
- **b.** *Mycobacterium*
- **c.** *Bacillus*
- **d.** *Staphylococcus*
- **e.** *Streptococcus*

5. 다음 용어 중 가장 구체적이고 특이적인 용어는?
- **a.** 막대균
- **b.** *Bacillus*
- **c.** 그람양성세균
- **d.** 내생포자 형성 막대균 및 구균
- **e.** 혐기성 세균

6. 다음 중 같은 분류군에 속하지 않는 것은?
- **a.** *Enterococcus*
- **b.** *Lactobacillus*
- **c.** *Staphylococcus*
- **d.** *Streptococcus*
- **e.** 모두 같은 분류군

7. 다음 중 잘못 짝지어진 것은?
- **a.** 혐기성 내생포자형성 그람양성 막대균—*Clostridium*
- **b.** 조건부 혐기성 그람음성 막대균—*Escherichia*
- **c.** 조건부 혐기성 그람음성 막대균—*Shigella*
- **d.** 다형성 그람양성 막대균—*Corynebacterium*
- **e.** 스피로헤타—*Helicobacter*

8. *Spirillum*이 스피로헤타에 속하지 않는 까닭은?

a. 스피로헤타는 질병을 일으키지 않는다.
b. 스피로헤타에는 축사가 있다.
c. 스페로헤타는 편모를 지닌다.
d. 스피로헤타는 원핵생물이다.
e. 답 없음

9. *Legionella*가 처음 발견되었을 때 슈도모나드로 분류된 까닭은?

a. 병원균이기 때문이다.
b. 호기성 그람음성 막대균이기 때문이다.
c. 배양하기 어렵기 때문이다.
d. 물에 서식하기 때문이다.
e. 위에 정답 없음

10. 자색 및 녹색 광합성 세균과 달리 남세균은

a. 광합성에서 산소를 발생한다.
b. 빛을 필요로 하지 않는다.
c. 전자공여체로 황화수소(H_2S)를 사용한다.
d. 막으로 둘러싸인 핵을 지닌다.
e. 답 없음

9 진핵생물: 진균류, 조류, 원생동물

전 세계 절반 이상의 인구가 진핵생물 병원체에 감염되어 있다. 세계보건기구(World Health Organization, WHO)에서 전 세계적으로 높은 사망률을 보이는 20개의 미생물성 질병을 지목하였는데 이 가운데 6종이 기생생물에 의한 질환이다. 해마다 개발도상국에서 보고되는 새로운 말라리아, 주혈흡충증, 아메바증, 십이지장충, 아프리카 수면병, 장내기생충 등의 발병 건수가 500만 건을 넘는다. 선진국에서 새로 나타나는 진핵생물 병원체로는 폐포자충(*Pneumocystis*)을 들 수 있는데 이는 AIDS 환자의 사망 원인의 10%를 차지한다. 또한 원생동물인 작은와포자충(*Cryptosporidium*)은 매년 만여 명을 감염시킨다. 미국 질병통제예방센터(CDC)는 혈액에 기생하는 말라리아열원충속(*Plasmodium* spp.), 바베스열원충속(*Babesia* spp.), 크루즈파동편모충(*Trypanosoma cruzi*), 레쉬마니아원충속(*Lieshmania* spp.) 등을 미국의 공중보건을 위협하는 요인이라고 발표했다. 북미에서 증가하고 있는 진균 병원체 *Cryptococcus gattii*(사진)는 미생물 뉴스에서 소개한다.

이번 장에서 사람에게 영향을 주는 진핵미생물인 진균 및 조류와 원생동물 등에 대해 살펴보기로 한다.

◀ *Cryptococcus gattii*, 신종 진균 병원체

미생물 뉴스

반려동물과 함께

26살의 컴퓨터 프로그래머 에단은 반려견 왈도를 구슬려 트럭에 태우려 하고 있다. 왈도가 매우 아파서 워싱턴주 벨링햄에 있는 동물병원에 검진받으러 데려가려는 중이다. 왈도는 콧물을 흘리고 숨을 거칠게 쉬며 기침과 재채기를 했다. 몸무게도 줄었고 걷기조차 힘들어했다. 에단은 집을 샅샅이 뒤진 끝에 헛간에 있는 왈도를 찾아 차로 데려갔다. 에단은 27 kg이나 되는 래브라도인 왈도를 트럭 뒤에 들어올려 태우고 나서 잠시 숨을 돌렸다. 사실 요즈음 그의 몸 상태 또한 왈도 못지 않게 나빴다. 에단은 자신도 바이러스 같은 것에 감염되어 싸우고 있는 중이라고 생각했다.

수의사는 왈도를 검진하고 항생제 플루코나졸을 처방했다. 이때쯤 에단은 거의 녹초가 되었고 왈도를 겨우 집으로 데려갔다. 집에 도착하자마자 둘은 곧장 바닥에 널브러져 휴식을 취했다.

왈도는 어떤 종류의 미생물에 감염되었을까?

5일 후에 에단의 주치의는 에단을 큰 병원으로 보냈다. 지난 일주일 동안 에단은 숨이 가쁘고 발열, 오한, 두통, 야간 발한, 식욕부진, 어지럼증, 근육통 등을 겪었다. 다른 증상은 없기에 주치의는 하부 호흡기 감염증으로 추정하고 아목시실린을 처방했다. 사흘 후에 에단의 증상은 악화되었다. 호흡은 더욱 가빠졌으나 다른 전신성 징후는 뚜렷하게 나타나지 않았다. 에단의 호흡기 증상에 근거하여 주치의는 가슴 X선 사진 촬영을 요청했다. X선 사진에서 에단의 폐에 덩어리가 있는 것이 발견되었다.

에단과 그의 반려견은 같은 감염증을 앓은 것으로 보인다. 이 정보를 근거로 가능한 병원체의 목록을 작성해 보시오.

에단의 주치의는 이제 에단이 진균에 감염된 것으로 의심하여 폐에 있는 덩어리의 조직검사를 요청했다. 그림 A와 그림 B는 검사한 조직의 현미경 검사와 배양 결과를 보여주고 있다.

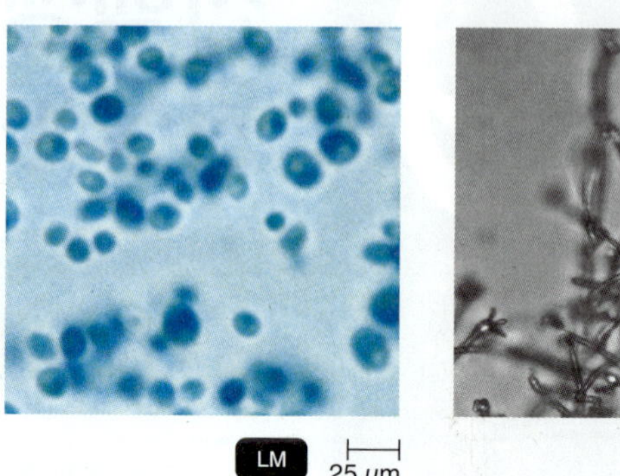

그림 A 폐 덩어리 조직의 현미경 사진

그림 B 배양된 미생물을 현미경으로 관찰한 사진

이 결과를 바탕으로 생각할 때 가장 가능성이 높은 병원체는 무엇일까?

미국에서 새로 출현하고 있는 진균 감염증의 원인 중 하나로 흙에 사는 이형성 진균 *Cryptococcus gattii*가 지목되고 있다. 이는 37°C에서는 효모처럼 단세포로 자라고 25°C에서는 균사를 형성한다. 효모와 같은 모양과 균사를 보고 실험실에서는 에단의 폐 조직 덩어리에서 *C. gattii*의 존재를 확인하였다. 에단은 왈도와 함께 북서쪽의 더글러스퍼 숲으로 정기적으로 하이킹을 다녔다. 따라서 정확하게 언제 어디서 감염이 되었는지를 알아낼 수는 없었다. 1999년에 최초의 사례가 보고된 이후 브리티시 컬럼비아에서만 200건 이상이 보고되었다. 미국의 대서양 연안 북서부에서는 2004년 이래 60명의 사람과 50마리의 반려동물이 감염된 것으로 확인되었다.

에단은 정맥주사 항진균제인 암포테리신 B와 플룩사이토신 치료를 받았다. 6주 동안 입원한 다음 에단과 왈도는 집으로 돌아왔고 다시 하이킹을 갈 수 있는 상태로 회복되었다.

진균류

10만 종이 넘는 진균 가운데 인간과 동물에게 병을 일으키는 것은 약 200종에 불과하다. 그러나 지난 10년에 걸쳐 심각한 진균 감염 사례가 증가하고 있다. 이 같은 감염은 헬스케어 시설과 면역기능이 저하된 사람들에서 늘어나고 있다. 이와 더불어 수천 종류의 진균이 농작물을 감염시켜 해마다 10억 불 이상의 경제적 손실이 발생하고 있다.

진균은 이로운 존재이기도 하다. 진균은 죽은 식물체를 부식시켜 중요한 영양물질을 재공급하는 작용을 비롯하여 먹이사슬에서 핵심적인 기능을 한다. 섬유소 분해효소를 비롯한 세포외 효소를 이용해서 진균은 동물이 소화시키지 못하는 식물의 딱딱한 부분을 분해한다. 거의 모든 식물은 진균과 공생관계에 있다. **균근(mycorrhiza)**이라 불리는 식물과 진균의 공생체는 식물의 뿌리가 흙에서 물과 무기물을 잘 흡수하도록 돕는다(15장 참조). 진균은 또한 동물에게도 중요한 기능을 한다. 개미 중에는 진균을 배양하여 식물체의 섬유소와 리그닌 성분을 분해하여 포도당을 만들어내도록 한다. 사람이 음식으로 먹는 진균(버섯)도 있고 식품(빵과 시트르산)과 약품(알코올과 페니실린)을 생산하는 데 진균을 이용하기도 한다.

진균에 대해 연구하는 학문 분야를 **균학(mycology)**이라 한다. 여기서는 임상 실험실에서 진균을 동정하는 기준이 되는 구조적 특징을 먼저 살펴본 다음 이들의 생활사를 알아보기로 한다. 다음으로는 영양 요구성에 대해 살펴볼 것이다. 모든 진균은 화학종속영양생물로 에너지와 탄소원으로 유기화합물을 필요로 한다. 진균은 호기성이거나 조건부 혐기성이다. 소수의 혐기성 진균만이 알려져 있다.

표 9.1에 진균과 세균의 기본적인 차이점이 나열되어 있다.

진균류의 특징

세균과 마찬가지로 효모를 동정할 때에는 생화학적 검사를 한다. 그러나 다세포 진균은 콜로니의 특성이나 생식 포자를 비롯한 물리적인 외양을 바탕으로 동정한다.

영양세포의 구조

진균 콜로니는 영양세포(vegetative cell)로 이루어져 있다. 진균에서 대사와 성장을 하는 세포를 영양세포라 한다.

사상균(Mold)과 다육성 진균(Fleshy Fungus) 사상균이나 다육성 진균의 **엽상체(thallus)**는 세포가 길다란 실처럼 서로 연결되어 자란 형태로 이루어진다. 실과 같은 세포의 연결체를 **균사(hyphae**, 단수형은 *hypha*)라 한다. 균사는 아주 길게 자랄 수 있다. 미국의 오리건주에서는 단일 진균의 균사 길이가 거의 6 km나 되는 것이 발견된 바 있다.

대부분의 곰팡이에서 균사는 **격벽(septa**, 단수는 *septum*)이라 불리는 가로지르는 벽을 지니는데, 격벽은 균사를 하나의 핵을 지닌 세포와 같은 단위로 나눈다. 이와 같은 균사를 **격벽균사(septate hyphae)**라 부른다(그림 9.1a). 진균 가운데 일부는 균사에 격벽이 없어 여러 개의 핵을 지니는 세포들이 길게 연속적으로 연결되어 존재한다. 이들을 **다핵균사(coenocytic hyphae)**라 한다(그림 9.1b). 격벽균사를 형성하는 진균에서도 대개는 격벽에 구멍이 뚫려 있어 인접한 "세포"의 세포질이 서로 이어져 있다. 이들 진균 또한 사실상 다핵 생물이라 볼 수 있다.

균사는 끝 부분이 연장되면서 자란다(그림 9.1c). 균사의 각 부분은 성장 능력이 있고 균사가 잘려져 나가면 각각의 잘린 조각이 신장되면서 새로운 균사를 형성한다. 실험실에서 진균은 대개 진균 엽상체에서 얻은 조각으로 배양한다.

균사에서 영양물질을 얻는 부분을 **영양균사**(vegetative hypha)라 한다. 생식에 관련되는 부분은 **생식균사**(reproductive hypha) 또는 **공중균사**(aerial hypha)라 부르는데 이 부위가 자라는 동안 배지의 표면 위로 솟아 올라 있기 때문이다. 공중균사에는 주로 생식 포자가 들어 있다(그림 9.2a). 이에 대해서는 뒤에서 논의할 것이다. 환경 조건이 적절한 곳에서 균사는 **균사체(mycelium)**라 불리는 균사 덩어리 형태로 자라며 이는 육안으로도 보인다(그림 9.2b).

효모(Yeast) 효모는 균사를 형성하지 않는 단세포 진균으로 대개

표 9.1 진균과 진정세균의 대표적인 특징 비교

	진균	진정세균
세포의 종류	진핵세포	원핵세포
세포막	스테롤 있음	*Mycoplasma* 이외에는 스테롤 없음
세포벽	글루칸, 만난, 키틴(펩티도글리칸 없음)	펩티도글리칸
포자	유성생식 및 무성생식 포자	내생포자(생식과는 무관), 일부 무성생식 포자
대사	종속영양; 호기성, 조건부 혐기성	종속영양, 독립영양; 호기성, 조건부 혐기성, 혐기성

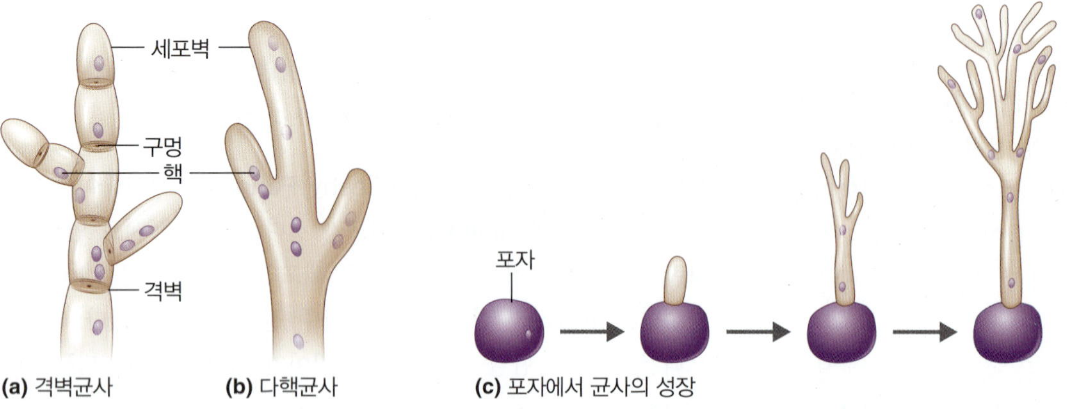

그림 9.1 **곰팡이 균사의 특징.** **(a)** 격벽균사에는 가로벽, 즉 격벽이 존재하여 균사를 세포와 같은 단위로 나눈다. **(b)** 다핵균사에는 격벽이 없다. **(c)** 균사는 말단 부위가 길어지며 자란다.

 균사는 무엇인가? 균사체란?

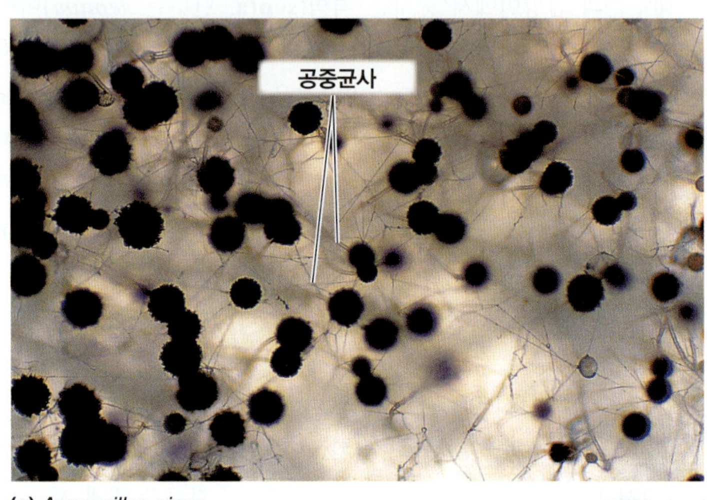

(a) *Aspergillus niger* LM 20 μm

공중균사
영양균사

(b) 한천배지에서 자라는 *A. niger*

그림 9.2 **공중균사와 영양균사.** **(a)** 생식 포자가 달려 있는 공중균사의 광학현미경 사진. **(b)** 포도당 한천배지에서 자라는 *Aspergillus niger* 콜로니. 영양균사와 공중균사가 모두 보인다.

Q 진균의 콜로니는 세균의 콜로니와 어떤 점에서 다른가?

구형이나 타원형이다. 사상균처럼 효모 또한 자연계에 널리 펴져 있다. 과일이나 잎에 하얀 가루처럼 덮여 있는 것도 대부분이 효모 세포다. *Saccharomyces*와 같은 **출아효모(budding yeast)**는 비균등 분열을 한다.

출아할 때(그림 9.3) 모세포는 외부 표면에 싹눈을 형성한다. 싹이 자라면서 모세포의 핵이 분열하고 분열한 딸핵 하나가 싹눈으로 이동한다. 세포벽 물질이 그 싹눈과 모세포 사이에 침적되면서 최종적으로 싹눈이 떨어져 나간다.

하나의 효모세포는 시간이 흐르면서 출아법에 의해 딸세포를 24개까지 생성할 수 있다. 일부 효모는 떨어지지 않는 싹을 형성한다. 이 같은 싹눈은 서로 짧은 사슬 모양으로 세포가 연결된 **위균사(pseudohypha)**를 이룬다. *Candida albicans*는 사람의 상피세포에 부착한 뒤 위균사를 이용해서 더 깊은 조직으로 침투한다.

*Schizosaccharomyces*속과 같은 **분열효모(fission yeast)**는 분열

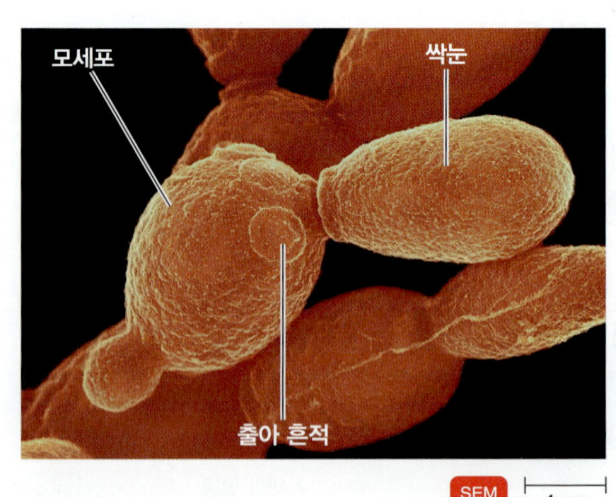

SEM 4 μm

그림 9.3 **출아 효모.** 출아과정의 여러 단계에 있는 *Saccharomyces cerevisiae*의 현미경 사진

Q 싹눈과 포자와의 다른 점은?

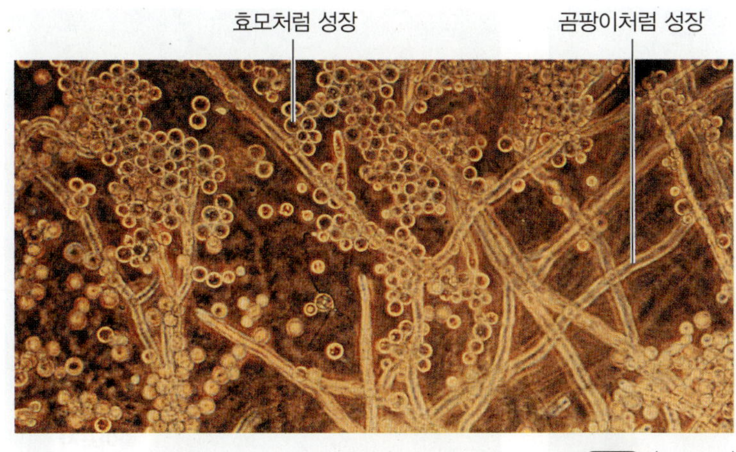

그림 9.4 **진균의 이형성.** 이형성 진균인 *Mucor indicus*는 CO_2 농도에 따라 다른 형태로 자란다. 한천배지의 표면에서 *Mucor*는 효모와 같은 단세포로 성장하는 모습을 보이나, 한천배지 안에서는 곰팡이와 같은 형태로 성장한다.

Q 진균의 이형성이란?

할 때 두 개의 세포가 균등하게 나뉜다. 분열하는 동안 모세포의 길이가 길어지고 핵이 분열한 다음 두 개의 딸세포가 형성된다. 고체배지에서 효모 세포의 수가 증가하면 세균 콜로니와 비슷한 콜로니를 형성한다.

효모는 산소 없이도 살아갈 수 있는 능력이 있다. 효모는 산소나 유기화합물을 최종 전자 수용체로 사용할 수 있다. 이와 같은 특성은 이들 진균이 다양한 환경에서 생존할 수 있는 능력을 부여한다. 산소가 주어지면 효모는 산소호흡을 하여 탄수화물을 이산화탄소와 물로 대사한다. 산소가 없으면 이들은 탄수화물을 발효시켜 에탄올과 이산화탄소를 생성한다. 이 발효 과정을 이용하여 우리는 술과 빵을 만들어왔다. *Saccharomyces*속의 종이 생산하는 에탄올로 술을 빚었고 이산화탄소로는 빵 반죽을 부드럽게 부풀렸다.

이형성 진균(Dimorphic Fungus) 일부 진균, 특히 병원성 진균은 두 가지 형태로 성장 가능한 **이형성(dimorphism)**을 보인다. 이들 이형성 진균은 곰팡이의 형태로 자랄 수도 있고 효모의 형태로 자랄 수도 있다. 곰팡이처럼 자랄 때는 영양균사와 공중균사를 형성한다. 효모처럼 자랄 때에는 출아법으로 증식한다. 병원성 진균의 이형성은 온도에 따라 결정된다. 37°C에서는 효모처럼, 25°C에서는 곰팡이처럼 자란다. 그러나 그림 9.4에 나타난 이형성 진균(이 경우는 비병원성 진균임)은 CO_2 농도에 따라 성장 형태가 달라진다.

생활사

균사를 형성하며 자라는 진균은 균사를 절단하는 방식으로 무성생식을 할 수 있다. 진균의 유성생식과 무성생식 과정에서는 모두 **포자(spore)**가 형성된다. 사실 진균은 보통 포자의 종류에 따라 동정한다.

그러나 진균의 포자는 세균의 내생포자와는 전혀 다르다. 세균의 내생포자는 세균 세포가 힘든 환경 조건에서도 생존할 수 있도록 한다(2장 참조). 세균에서는 하나의 영양세포에서 단 하나의 내생포자만 형성되고 그것이 발아하여 다시 하나의 영양 세균세포를 만들어낸다. 이때 세균의 세포 수는 늘어나지 않았으므로 이를 생식 과정이라 볼 수 없다. 그러나 곰팡이가 포자를 형성하고 나면 포자는 모세포에서 떨어져 나와 새로운 곰팡이로 발아한다(그림 9.1c 참조). 세균의 내생포자와는 달리 이는 진정한 생식포자다. 원래의 개체가 그대로 존재하는 상태에서 포자에서 두 번째 개체가 자란다. 진균의 포자 또한 건조하거나 뜨거운 환경에서 오랫동안 견딜 수 있기는 하지만 세균의 내생포자만큼 극한 환경을 견디거나 오래 생존하지는 못한다.

포자는 공중균사에서 만들어지는데, 종에 따라 여러 가지 서로 다른 방법으로 만들어진다. 진균의 포자는 무성생식 또는 유성생식을 모두 수행할 수 있다. **무성포자(asexual spore)**는 한 개체의 균사에서 만들어진다. 이들 포자가 발아하면 모두 모세포와 유전적으로 동일한 개체가 형성된다. **유성포자(sexual spore)**는 같은 종의 진균이지만 서로 다른 교배형을 지닌 두 개체의 핵이 융합하여 만들어진다. 유성포자에서 자란 개체는 두 어버이 균주의 유전적 특성을 갖게 된다. 포자는 진균을 동정하는 데 매우 중요하므로 무성포자와 유성포자에 대해 좀 더 살펴보기로 한다.

무성포자(Asexual Spore) 무성포자는 단일 진균 개체가 감수분열에 이어 세포질분열을 함으로써 생성된다. 세포 핵의 융합은 일어나지 않는다. 진균에서 형성되는 무성포자에는 두 가지가 있다. 그 하나는 **분생포자(conidiospore)**, 또는 **분생자(conidium**, 복수형은 *conidia*)라 불리는 종류로 주머니에 들어 있지 않은 단세포 또는 다세포 포자다(그림 9.5a). 분생자는 **분생자자루(conidiophore)**의 끝에서 사슬 모양으로 형성된다. 이 같은 분생포자는 *Aspergillus* 속에서 만들어진다. 격벽균사가 분절되면서 약간 두툼한 형태의 세포 형태로 분생자가 만들어지면 이를 **유절분생자(arthoroconidia)**라 한다(그림 9.5b). *Coccidioides immitis*가 유절분생자를 형성한다. 또 다른 종류의 분생자인 **출아분생자(blastoconidia)**는 모세포에서 출아하여 나뉘는 방식으로 만들어진다(그림 9.5c). 출아분생자는 *Candida albicans*나 *Cryptococcus*와 같은 일부 효모류에서 발견된다. **후막분생자(chlamydoconidium)**는 두꺼운 벽으로 둘러싸인 포자로 균사 조각 내부가 둥글게 변하고 팽창하면서 만들어진다(그림 9.5d). 효모의 일종인 *C. albicans*는 후막분생자를 형성한다.

분생자와 구별되는 또 다른 종류의 무성생식 포자를 **포자낭포자**

(a) *Aspergillus niger*의 분생자자루 끝에 분생(포)자가 사슬 모양으로 달려 있다. SEM 12 μm

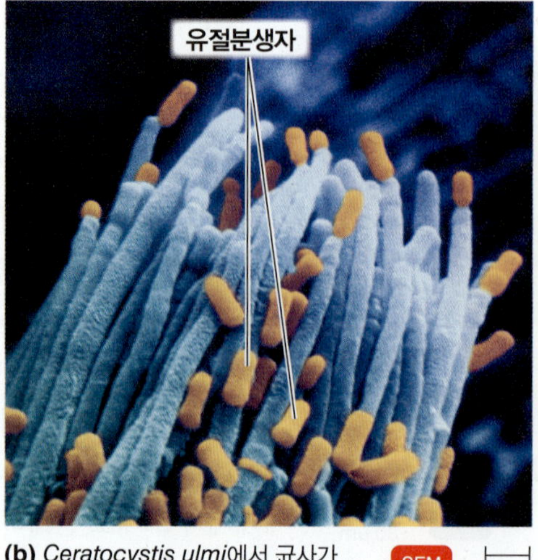

(b) *Ceratocystis ulmi*에서 균사가 잘려 나가면서 유절분생자가 형성된다. SEM 2.5 μm

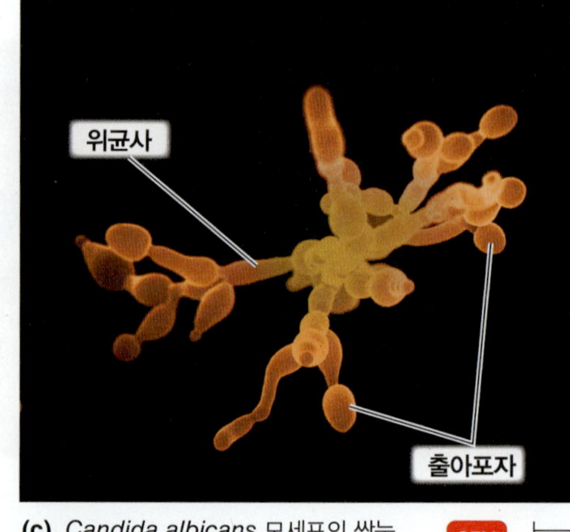

(c) *Candida albicans* 모세포의 싹눈에서 출아분생자가 형성된다. SEM 13 μm

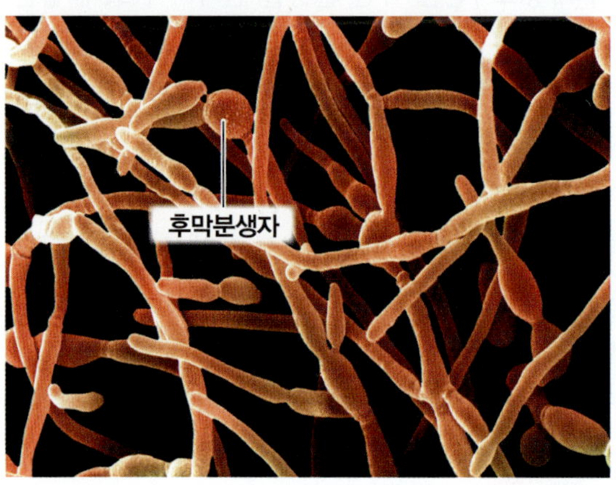

(d) *Candida albicans*의 균사 내부에서 두꺼운 벽으로 둘러싸인 후막분생자가 형성된다. SEM 5 μm

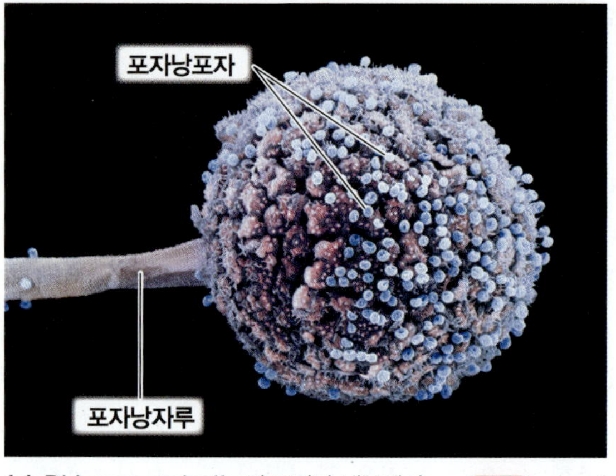

(e) *Rhizopus stolonifer*의 포자낭 내부에서 포자낭포자가 형성된다. SEM 5 μm

그림 9.5 대표적인 무성포자

Q 곰팡이가 핀 음식 표면에서 볼 수 있는 녹색 가루는 무엇인가?

(soprangiospore)라 하며 이 포자는 **포자낭자루(soprangiophore)**라고 하는 공중균사의 끝에 달린 주머니 형태의 포자낭(sporangium) 안에서 형성된다. 포자낭에는 수백 개의 포자낭포자가 들어 있다(그림 9.5e). *Rhizopus*에서 이와 같은 형태의 포자가 생성된다.

유성포자(Sexual Spores) 진균의 유성포자는 다음과 같은 3단계로 이루어진 유성생식 과정을 통해 형성된다.

1. **원형질융합(plasmogamy)**. 공여세포의 반수체 핵(+)이 수용세포(−)의 세포질로 들어간다.
2. **핵융합(karyogamy)**. (+)와 (−) 세포핵이 융합하여 이배체 접합자 핵을 생성한다.
3. **감수분열(meiosis)**. 이배체 핵이 반수체 핵을 지닌 포자(유성포자)를 생성하며 일부에서 유전자 재조합이 일어나기도 한다.

진균의 유성포자는 진균문의 특징이기도 하다. 실험실 환경에서 대부분의 진균은 유성포자만을 만든다. 따라서 진균에 대한 임상적 동정은 현미경으로 유성포자를 관찰한 결과를 바탕으로 이루어진다.

영양적 적응

진균은 일반적으로 세균이 살기에 적당하지 않은 환경에 잘 적응했다. 진균은 화학종속영양생물이며 동물처럼 영양물질을 섭취하기보다는 세균과 같이 영양물질을 흡수한다. 그러나 진균은 환경 요구성이나 영양적 특성에서 세균과 다르다. 진균과 세균의 차이는 다음과 같다.

- 진균은 일반적으로 pH 5 정도의 환경에서 잘 자라지만 이는 대부분의 세균이 자라기에는 힘든 산성 환경이다.
- 거의 모든 곰팡이는 호기성 생물이다. 대부분의 효모는 조건부 호기성 생물이다.
- 대부분의 진균은 세균보다 삼투압에 더 강한 내성을 보인다. 따라서 대부분이 당이나 염분의 농도가 비교적 높은 환경에서도 자랄 수 있다.
- 수분 함량이 매우 낮아 대부분의 세균이 성장하지 못하는 물질에

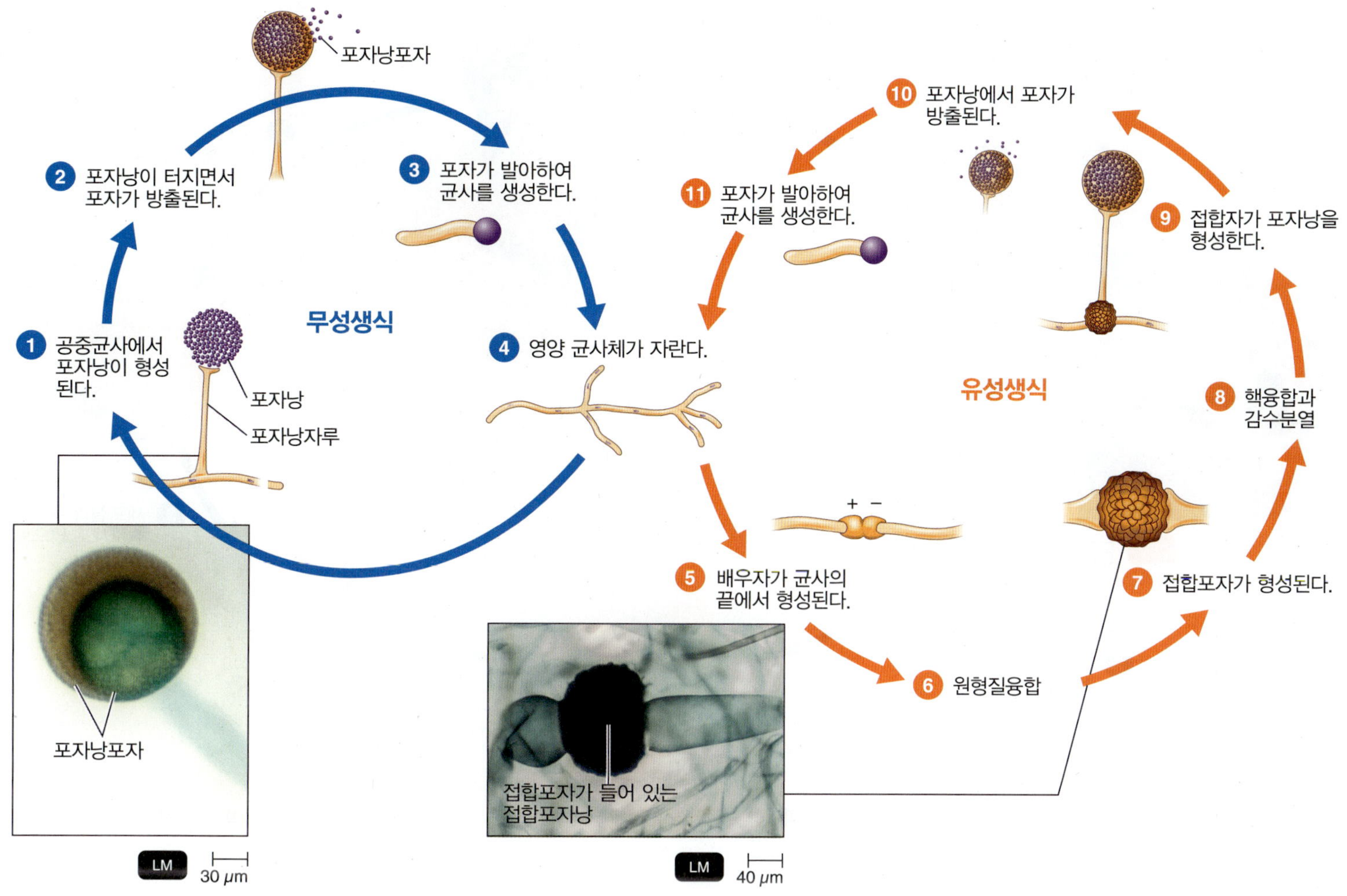

그림 9.6 자낭균의 일종인 *Rhizopus*의 생활사. 이 진균은 대부분 무성생식을 한다. 유성생식에는 두 개의 반대쪽 교배 균주(각각 +와 −로 표기)가 필요하다.

Q 기회성 진균증이란?

서도 진균은 자랄 수 있다.

- 동등한 양의 성장을 하는 데 진균은 세균에 비해 약간 적은 양의 질소를 필요로 한다.
- 대부분의 세균이 영양물질로 사용하지 못하는 리그닌(목질 성분)과 같은 복합 탄수화물을 진균은 곧잘 분해한다.

이와 같은 특징으로 인해 진균은 목욕실 벽과 구두 가죽, 버려진 신문지 등과 같이 이용할 수 있을 것 같지 않은 물질을 대사하며 자랄 수 있다.

의학에서 중요한 진균

이 절에서는 의학적으로 중요한 진균문들을 간략하게 살펴보기로 한다. 다시 말하지만, 상대적으로 적은 수의 진균이 병원성임을 명심하자.

다음에 소개하는 진균 속 중에는 음식이나 실험실의 세균 배양액을 자주 오염시키는 종류도 들어 있다. 이들 속은 의학적으로 중요하지는 않지만 각 분류군의 전형적인 사례가 될 수 있기에 함께 제시한다.

접합균문

접합균문(Zygomycota)은 다핵균사를 지니는 부생 곰팡이(saprophytic mold)를 포함한다. 여기 속하는 *Rhizopus stolonifer*는 흔히 보는 검은빵곰팡이다. *Rhizopus*의 무성포자는 포자낭포자에 해당된다(그림 9.6 아래 왼쪽). 포자낭에 들어 있는 검은색 포자낭포자 때문에 이 곰팡이의 특징적인 이름이 붙었다. 포자낭이 깨지면서 포자낭포자가 퍼지게 된다. 포자가 적절한 환경에 떨어지면 발아하여 새로운 곰팡이 엽상체를 형성한다.

접합균문이 만드는 유성포자는 접합포자다. **접합포자(zygospore)**는 두꺼운 벽으로 둘러싸인 커다란 포자다(그림 9.6 단계 7). 접합포자는 서로 형태가 비슷한 두 개의 세포 사이에 핵 융합이 일어나면서 만들어진다.

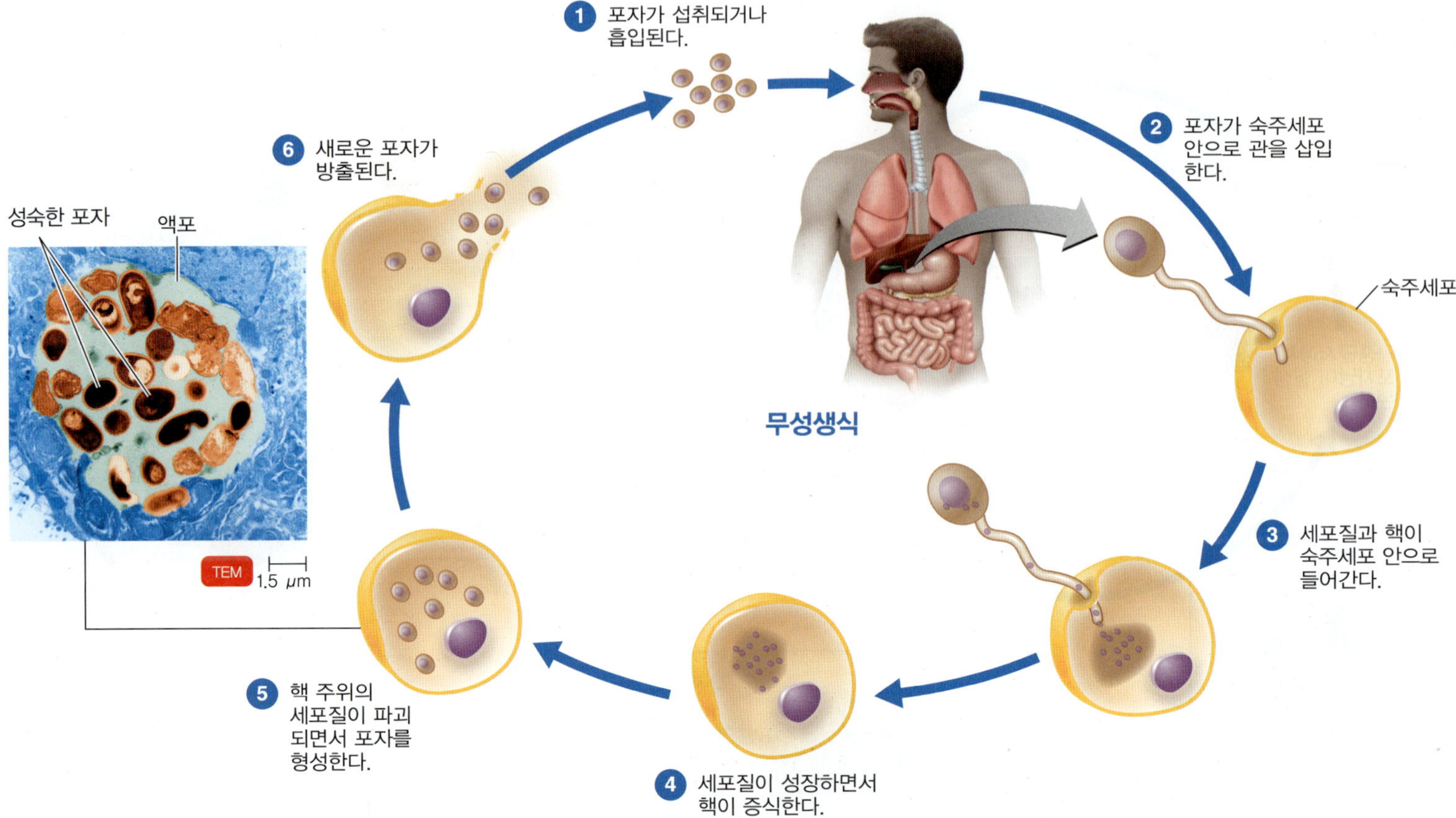

그림 9.7 미포자균(*Encephalitozoon*)의 생활사. 미포자균증은 면역저하 환자와 노인에게 발병하는 신종 기회성 감염증이다. *E. intestinalis*는 설사를 일으킨다. 유성생식과정은 관찰되지 않았다.

Q 미포자균문을 분류하기 어려운 까닭은?

미포자균문

미포자균류(Microsporidia)는 미토콘드리아가 없다는 점에서 이례적인 진핵생물이다. 미포자균에는 미세소관도 없으며 절대 세포 내 기생생물이다. 1857년 처음 발견되었을 때 미포자균은 진균으로 분류되었으나 미토콘드리아가 없다는 점으로 인해 1983년에는 원생동물(protists)로 분류되었다. 그러나 최근 유전체 염기서열 결정 결과 미포자균은 다시 진균으로 확인되었다. 아직까지 관찰된 적은 없으나, 아마 숙주 내에서는 유성생식이 일어날 것으로 생각된다(그림 9.7). 미포자균은 1984년 이래 사람에게 여러 종류의 질병을 일으키는 것으로 보고되었다. 여기에는 만성 설사와 각결막염(각막 근처의 결막에 생긴 염증) 등이 포함되며 특히 AIDS 환자들의 감염률이 높다.

자낭균문

자낭균문(Ascomycota)은 격벽균사를 형성하는 곰팡이와 일부 효모를 포함한다. 이들의 무성포자는 보통 **분생자**(*conidia*)인데, 분생자 자루에서 긴 사슬 형태로 만들어진다. 분생자의 원어인 *conidia*는 먼지를 뜻한다. 이들 분생포자는 작은 흔들림에도 사슬에서 쉽게 분리되어 먼지처럼 공기 중에 떠다닌다.

자낭포자(ascospore)는 형태가 유사하거나 서로 다른 두 개의 세포 사이에 핵이 융합되어 형성된다. 자낭포자는 주머니 모양의 구조인 **자낭(ascus)** 안에 들어 있다(그림 9.8 아래 오른쪽). 이 문에 속하는 진균을 자낭을 만든다고 하여 자낭균이라 부른다.

담자균문

담자균문(Basidiomycota)은 곤봉 진균이라고도 불리며 격벽균사를 지닌다. 버섯 종류들이 담자균에 속한다. **담자포자(basidiospores)**는 **담자기(basidium)**라 불리는 구조의 표면에 바깥쪽으로 달려 있다(그림 9.9). (곤봉 진균이라는 일반명은 담자기의 모양에서 유래했다). 담자기 하나에 대개 4개의 담자포자가 달린다. 일부 담자균은 무성포자로 분생포자를 생성한다.

* * *

지금까지 우리가 살펴본 진균은 **양성생식형(telemorph)**으로 무

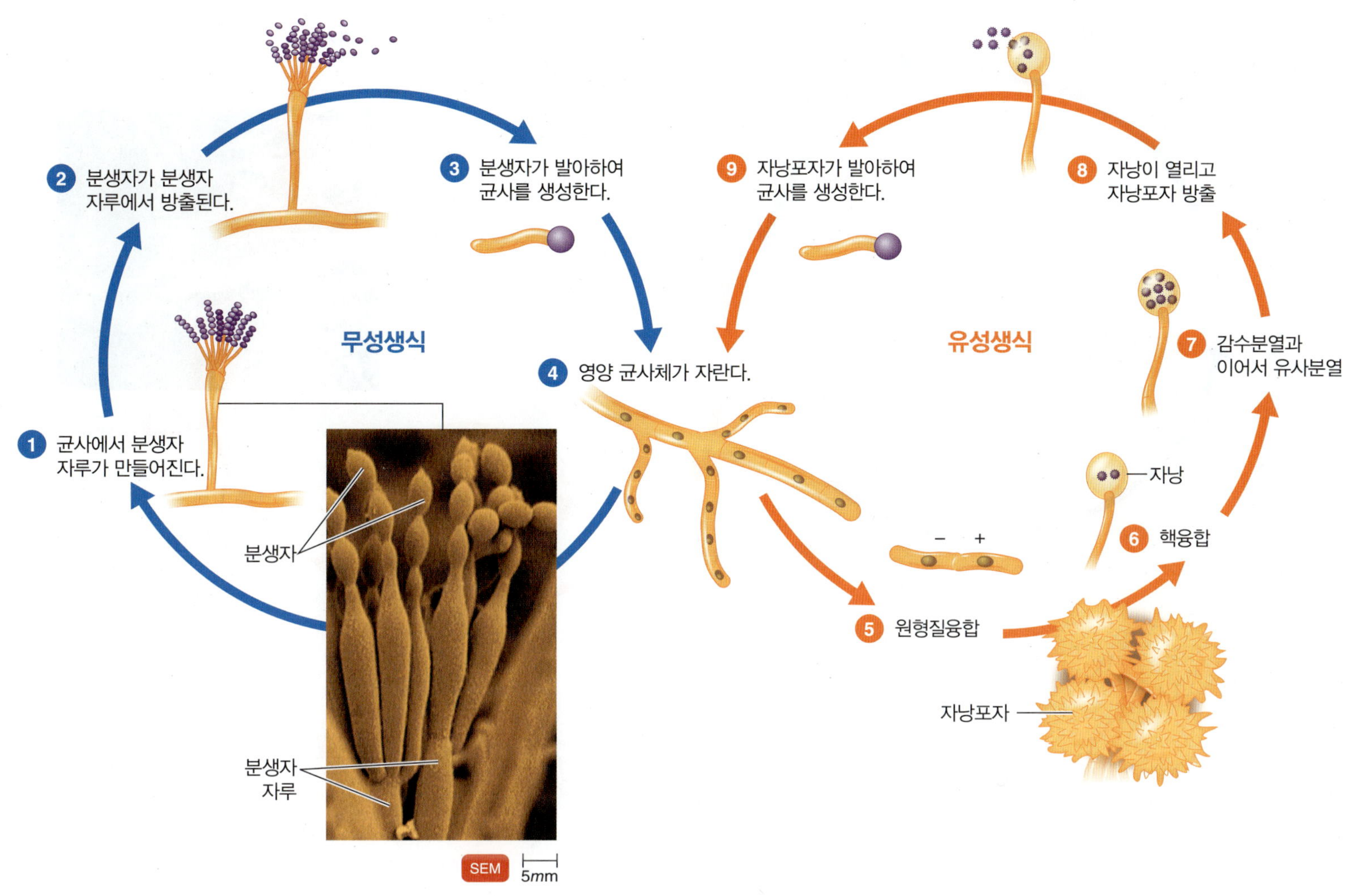

그림 9.8 자낭균 *Talaromyces*의 생활사. 때로 서로 다른 두 종류 균주에서 형성된 두 개의 반대쪽 교배 세포(+와 −)가 융합되면서 유성생식이 일어난다.

Q 사람을 감염시키는 자낭균류 한 종을 예시하시오.

성포자와 유성포자를 모두 만든다. 자낭균의 일부는 유성생식 능력을 잃어버린 것도 있는데, 이와 같이 무성생식만으로 번식하는 진균을 **무성생식형(anamorph)**이라 한다. *Penicillium*은 양성생식형에서 돌연변이가 발생하여 무성생식형으로 바뀐 경우다. 예전에는 무성생식 시기가 관찰되지 않는 진균을 불완전균문(Deuteromycota)으로 분류하였다. 그러나 이제 균학자들은 rRNA 염기서열을 바탕으로 이들을 분류할 수 있게 되었다. 과거에 불완전균문으로 분류되었던 대부분의 진균이 자낭균의 무성생식형이며 소수는 담자균에 속한다는 것이 확인되었다.

표 9.2에 사람에게 병을 일으키는 일부 진균의 목록이 제시되어 있다. 일부 진균의 경우에는 두 개의 속명이 제시되었다. 무성생식 시기의 특성으로 인해 의학에서 중요하게 다루어지는 일부 진균은 무성생식형 이름으로 자주 불리기 때문이다.

진균에 의한 질병

진균에 의한 감염증을 **진균증(mycosis)**이라 부른다. 진균은 성장 속도가 늦기 때문에 진균증은 대체로 만성이다. 진균증은 연관된 조직의 범위와 숙주에 감염되는 경로에 따라 전신, 피하, 피부, 표면, 기회 진균증의 총 5종류로 구분한다. 7장에서 진균은 동물과 비슷한 점이 많다는 사실을 알았다. 그 결과 진균 세포에 영향을 주는 약제는 또한 동물 세포에서 영향을 미칠 수 있다. 이로 인해 사람과 동물에서 진균 감염은 치료하기 어렵다.

전신진균증(systemic mycoses)은 몸속 깊숙이 진균이 감염되어 나타난다. 증세는 신체의 특정 부위에 제한되지 않고 여러 조직과 기관에 영향을 미친다. 전신진균증은 대개 흙 속에 사는 진균이 일으킨다. 포자를 흡입함으로써 감염된다. 전신진균증에 걸리면 증상이 먼저 폐에서 시작하여 전신으로 퍼지는 경로가 전형적으로 나타난다. 일반적으로 동물에서 사람으로 또는 사람에서 사람으로 전염

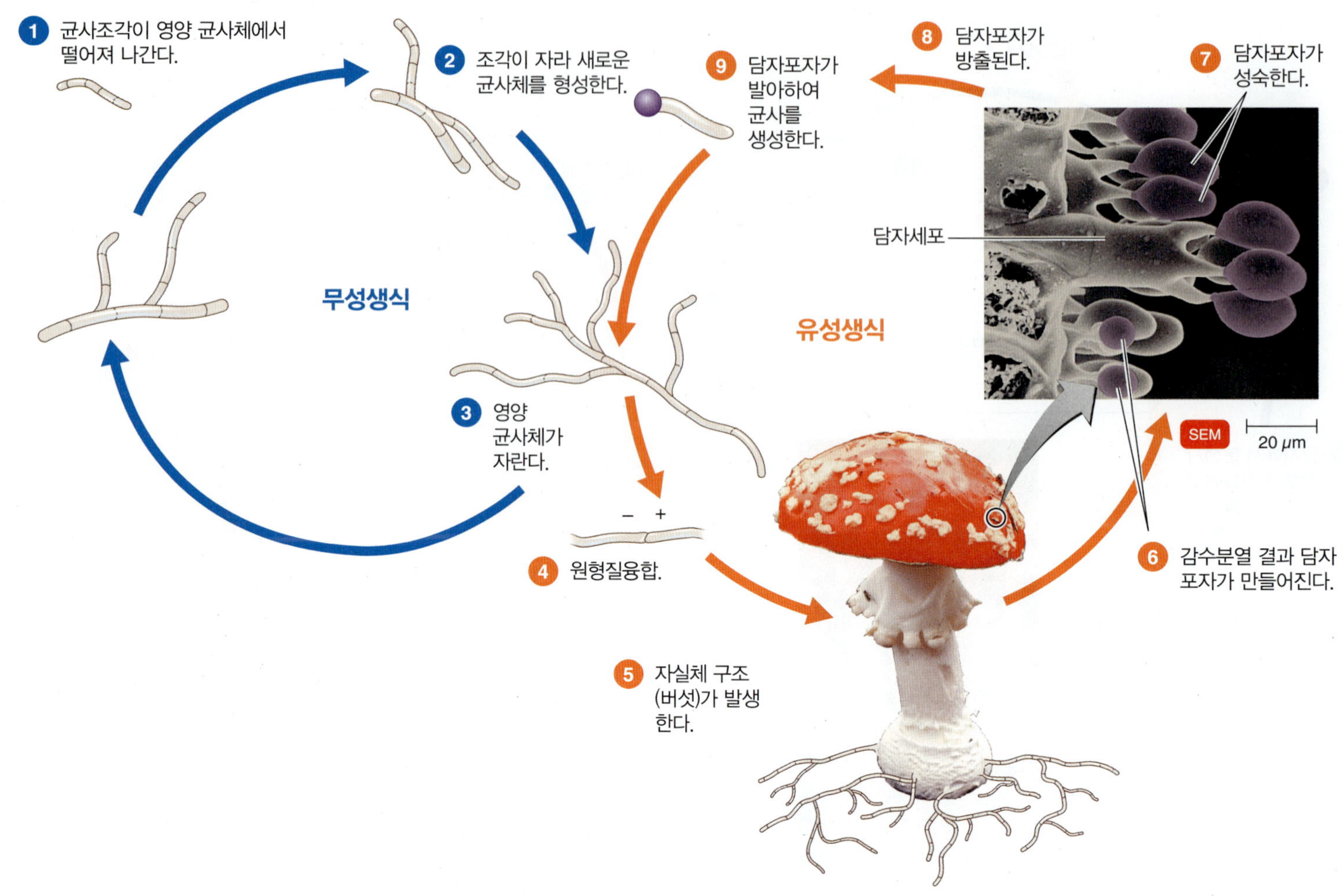

그림 9.9 **담자균의 일반적인 생활사.** 버섯의 모습은 두 종류의 교배 균주(+와 −)가 융합한 다음 나타난다.

Q 진균을 문으로 분류할 때의 기준은?

되지는 않는다.

피하진균증(subcutaneous mycoses)은 흙이나 식물에 사는 부생 진균이 피부 밑으로 침투하여 일으키는 감염증이다. 스포로트릭스증(sporotrichosis)은 정원사나 농부가 주로 걸리는 피하진균증이다. 포자나 균사 조각이 피부에 찔린 상처 등으로 직접 들어가 자리 잡으면서 감염된다.

표피와 모발, 손톱 등과 같은 외부 조직만을 감염하는 진균을 **피부진균(dermatophyte)**이라 부르며 이들에 의한 감염이 **피부진균증(cutaneous mycoses**, *dermatomycoses*)이다. 피부진균은 케라틴 분해효소를 분비하여 모발이나 피부, 손톱 등에 존재하는 단백질인 **케라틴(keratin)**을 분해한다. 사람에서 사람 또는 동물에서 사람으로 직접 접촉이나 감염된 털이나 표피 세포에 노출되어(이발가위 또는 목욕실 바닥 등에서) 전염된다.

표면진균증(superficial mycoses)을 일으키는 진균은 털줄기나 상피세포 표면에서만 서식한다. 이들에 의한 감염증은 주로 열대기후에서 흔히 나타난다.

기회성 병원체(opportunistic pathogen)는 일반적으로 정상적인 서식처에서 해를 입히지 않고 살아가지만 숙주의 기력이 떨어지거나 외상을 입었을 때, 광범위 항생제로 치료받을 때, 약제나 면역이상으로 면역계가 억제되었을 때, 폐질환을 앓고 있을 때 등의 경우에 병원성을 나타낼 수 있다. 실제로 최근 진균 감염률이 계속 증가하고 있는데, AIDS 환자와 암환자, 장기이식환자 등 면역반응이 억제된 사람이 늘어난 것이 주요 원인으로 지목되고 있다.

*Pneumocystis*는 기회성 병원체로 면역계가 손상을 입은 사람들, 특히 AIDS 환자에게는 가장 흔히 생명을 위협하는 감염증을 일으킨다. 처음 발견되었을 때에는 원생동물로 분류되었지만, 최근 RNA 분석 결과 단세포성 무성형 진균으로 확인되었다. 또 다른 기회성 진균 병원체로 *Stachybotrys*가 있는데 이는 보통 죽은 식물체에 존재하는 섬유소를 분해하며 살아가지만, 최근 가정집의 습기 찬 벽에서도 서식하는 것이 발견되었다.

표 9.2 일부 병원성 진균의 특징

문	성장방식	무성생식포자 종류	사람 병원체	서식처	진균증의 특징
접합균문 (Zygomycota)	격벽균사	포자낭포자	*Rhizopus* *Mucor*	도처에 있음 도처에 있음	전신 전신
미포자균문 (Microsporidia)	균사 형성 않음	운동성이 없는 포자	*Encephalitozoon,* *Nosema*	사람, 다른 동물	설사, 각막결막염
자낭균문 (Ascomycota)	이형성	분생포자	*Aspergillus*	도처에 있음	전신
			Claviceps purpurea	잔디	독소섭취
			*Blastomyces**(*Ajellomyces*†) *dermatitidis*	알려지지 않음	전신
			*Histoplasma**(*Ajellomyces*†) *capsulatum*	흙	전신
	격벽균사, 케라틴에 강한 친화력	분생포자	*Microsporum*	흙, 동물	피부
		출아분생자, 후막분생자	*Trichophyton** (*Arthroderma*†)	흙, 동물	피부
무성생식형	격벽균사	분생포자	*Epidermophyton*	흙, 동물	피부
	이형성		*Sporothrix schenckii,* *Stachybotrys*	흙	피하
		유절분생자	*Coccidioides immitis*	흙	전신
	효모와 유사한 위균사	후막분생자	*Candida albicans*	사람의 정상미생물상	피부, 전신, 점막
	단세포	없음	*Pneumocystis*	도처에 있음	전신
담자균문 (Basidiomycota)	격벽균사; 녹과 검댕에 포함; 식물 병원체, 효모형 캡슐로 둘러 싸인 세포	분생포자	*Cryptococcus** (*Filobasidiella*†)	흙, 새의 분변	전신
			Malassezia *Amanita spp*	사람 피부 흙	피부 독소섭취

*무성생식형.
†양성생식형.

털곰팡이증(mucormycosis)은 *Rhizopus*속이나 *Mucor*속에 의한 기회진균증이다. 이들 진균은 주로 당뇨병이나 백혈병 환자 또는 면역억제 치료를 받는 환자들을 주로 감염시킨다. 국균증(아스페르길루스증, aspergillosis) 또한 기회진균증의 하나다. 이 감염증은 *Aspergillus*(누룩곰팡이속)에 의해 발병된다(그림 9.2 참조). 이 병은 폐 기능이 저하된 환자나 암 환자가 아스페르길루스 포자를 흡입하면 나타날 수 있다. *Cryptococcus*속이나 *Penicillium*속에 의한 기회감염은 AIDS 환자에게 치명적인 증상을 일으킨다. 이들 기회성 진균은 사람에서 사람으로 전염될 수도 있지만 면역력이 충분한 사람은 일반적으로 감염되지 않는다. **효모 감염(yeast infection)**, 즉 칸디다증은 *Candida albicans*가 가장 흔하게 일으키는 진균 감염증으로 점막피부 칸디다증의 일종인 질염을 일으킨다. 칸디다증은 신생아와 AIDS 환자, 광범위 항생제 치료를 받는 환자들에게도 흔히 나타난다. 일부 진균은 독소를 생산하여 병을 일으킨다.

진균의 경제적 효과

진균은 생명공학 산업에 오랫동안 활용되어 왔다. 예를 들어 *Aspergillus niger*는 식품과 음료에 넣는 시트르산을 생산하는데 1914년부터 사용되었다. 효모의 일종인 *Saccharomyces cerevisiae*(제빵효모)는 빵과 와인 생산에 사용되고 있다. 유전적으로 변형된 진균을 이용하여 B형 간염 백신을 비롯한 여러 가지 단백질을 생산하기도 한다. *Trichoderma*는 상업적으로 섬유소 분해효소를 생산하는데 사용되고 있으며, 이를 이용해서 식물의 세포벽을 제거하여 맑은 과

일주스를 생산한다. 주목에서 만드는 항암제인 택솔이 발견되었을 때, 미국 북서부 연안의 주목 숲이 택솔 생산으로 인해 곧 파괴될 것이라는 우려가 있었다. 그러나 진균의 일종인 *Taxomyces* 또한 택솔을 합성한다.

진균을 이용해서 해충을 구제하기도 한다. 1990년 진균 *Entomophaga*가 예기치 않게 번성해서 미국 동부의 산림을 파괴시키고 있던 집시나방 사멸시켰다. 과학자들은 해충을 제거할 수 있는 여러 종의 진균을 탐색하고 있다.

- 진균의 일종인 *Coniothyrium minitans*는 대두를 비롯한 기타 콩과 작물을 파괴하는 진균을 먹고 산다.
- 나무 줄기나 그 밖에 접근하기 어려운 장소에 숨어사는 흰개미를 제거하는 데 화학물질 대신 *Paecilomyces fumosoroseus*로 채워진 거품을 사용하고 있다.

우리에게 이로움을 주기도 하지만 진균은 영양적으로 다양하게 적응하여 농업에 달갑지 않은 영향을 주기도 한다. 잘 알려져 있듯이 과일과 곡류, 채소를 부패시키는 주 원인은 세균이 아니라 곰팡이다. 이러한 식품의 표면은 건조하고 그 내부는 산도가 높아 세균이 살기에는 적당하지 않다. 잼과 젤리 또한 산성이며 당분이 많이 들어 있어 삼투압 또한 높다. 이와 같은 조건으로 세균의 성장은 억제할 수 있으나 곰팡이는 이런 조건에서도 쉽게 자란다. 집에서 만든 젤리 병을 파라핀 층으로 봉하면 곰팡이가 자라는 것을 막을 수 있다. 곰팡이는 호기성 생물로 파라핀 층이 산소를 막아주기 때문이다. 그러나 신선한 고기나 그 밖의 다른 식품은 세균이 성장하기 좋은 조건을 제공한다. 이런 조건에서 세균은 곰팡이보다 빨리 자랄 뿐 아니라 자신의 먹이에 곰팡이가 자라는 것을 강하게 억제한다.

롱펠로우(Longfellow)가 시로 읊었던 밤나무는 몇몇 매우 외딴 지역을 제외하고는 이제 더 이상 미국에서 자라지 않는다. 곰팡이에 의해 거의 대부분이 고사한 것이다. *Cryphonectria parasitica*라는 자낭균이 1904년 중국에서 도입되면서 대부분의 밤나무가 말라 죽었다. 이 곰팡이는 나무 뿌리의 생존과 주기적으로 새순이 돋는 것은 허용하지만, 그 새순을 죽인다. 현재 *Cryphonectria* 내성 밤나무가 개발 중이다. 또 다른 진균성 식물 질병으로 *Ceratocystis ulmi*가 일으키는 느릅나무병이 있다. 껍질딱정벌레가 나무에서 나무로 옮기는 이 질병은 곰팡이가 감염된 나무의 순환을 막아서 발생한다. 이 병으로 인해 미국의 느릅나무 개체군이 큰 피해를 입었다.

지의류

지의류(lichens)는 녹색 조류(또는 남세균)와 진균의 조합이다. 지의류는 진균 구성원을 기준으로 분류하는데, 자낭균류가 가장 흔하게 발견된다. 지의류에서 두 종류의 개체는 서로 **상리공생적**(mutualistic) 관계를 형성하여 서로에게 이익을 준다. 지의류는 독립적으로 자라는 조류나 진균과는 상당히 다른 특성을 보인다. 이들을 따로 떼어내면 대부분 생존하지 못한다. 대략 13,500여 종의 지의류가 매우 다양한 서식처에서 살고 있다. 이들은 진균이나 조류가 따로 생존할 수 없는 지역에서 살아가기 때문에 지의류는 새로 노출된 흙이나 바위에 개체군을 이루는 최초의 생명체인 경우가 많다. 지의류는 유기산을 분비하여 화학적으로 바위를 부식시키고 개체 성장에 필요한 영양물질을 축적한다. 이들은 나무 표면과 콘크리트 구조물, 지붕 등에서도 발견된다. 지의류는 지구상에서 가장 천천히 자라는 생명체에 속한다.

지의류는 형태에 따라 세 종류로 분류한다(그림 9.10a). 각상 지의류(crustose lichen)는 표면을 껍질처럼 덮어가며 평평하게 자라고, **엽상 지의류**(foliose lichen)는 잎과 같은 형태를 이루며, **관목상 지의류**(fruticose lichen)는 손가락과 같은 형태가 돌출된 관목 모양으로 자란다. 지의류의 엽상체, 즉 몸체는 **수질(medulla)**이 되는 조류 세포를 균류의 균사가 둘러싸서 자라면서 형성된다(그림 9.10b). 균류의 균사는 지의류의 몸체 아래로 뻗어 나와 **가근체(rhizine)**, 즉 부착기를 이룬다. 진균의 균사는 조류로 이루어진 층의 외부 그리고 때로는 그 안쪽으로도 **피질(cortex)**, 즉 보호막을 형성한다. 지의류의 엽상체가 형성되고 나면, 조류는 계속해서 성장하고 균사가 성장하면서 새로운 조류 세포와 결합한다.

조류 부분만을 시험관에서 분리하여 배양하면 광합성을 통하여 만들어내는 탄수화물의 대략 1%가 배지로 방출된다. 그러나 조류가 균류와 연합하여 자라면 조류의 원형질막 투과성이 좀 더 높아져서 광합성 산물의 60%까지 균류나 균류에 의한 최종 대사산물로 방출된다. 이와 같은 연합체에서 진균의 이점은 명백하다. 귀중한 영양물질을 얻는 대가로 균류는 조류를 매질에 부착시키고(가근체) 건조되는 것을 막아주는(피질) 기능을 제공한다.

지의류는 경제적으로 상당히 중요한 몫을 담당했다. *Usnea*가 생산하는 우슨산(usnic acid)은 고대 그리스와 유럽의 다른 지역에서 직물을 염색하는 염료로 쓰였고 고대 중국에서는 항미생물 제제로 활용되었다. pH 변화를 알려주는 리트머스 용지에 들어가는 염료인 에리스로리트민(erythrolitmin)은 여러 종류의 지의류에서 추출된다. 일부 지의류나 이들이 생산하는 산성 물질은 사람의 피부에 닿으면 알러지 반응을 일으킬 수 있다.

지의류는 엽상체 안으로 양이온을 쉽게 받아들인다. 따라서 지의류의 엽상체를 화학적으로 분석함으로써 대기 중에 존재하는 양이온의 종류와 농도는 알아낼 수 있다. 이와 더불어 지의류의 특정 종의 존재 여부는 오염물질에 매우 민감하여 대기의 수준을 측정하는 지표로도 활용된다. 1985년 미국 오하이오주의 쿠야호가 계곡

(a) 세 종류의 지의류

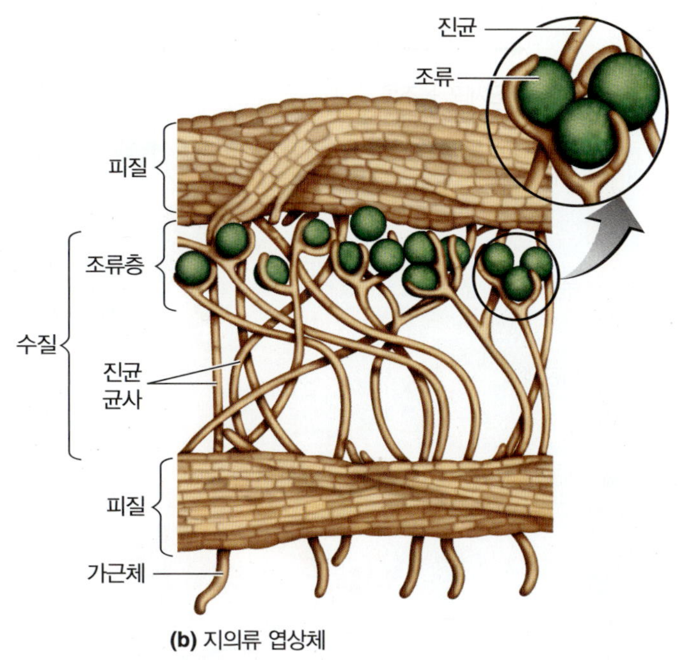

(b) 지의류 엽상체

그림 9.10 지의류. 지의류의 수질은 진균의 균사가 조류층을 둘러싼 형태로 이루어진다. 보호막의 기능을 하는 피층은 표면과 때로는 지의류의 바닥면을 덮는 진균 균사층이다.

Q 지의류의 독특한 점은 무엇인가?

(Cuyahoga Valley)에서 수행된 연구에 따르면 1917년 확인되었던 총 172종의 지의류 가운데 81%가 사라졌다. 이 지역의 대기오염이 심각해졌기 때문이다. 특히 이산화황(산성비의 주요 인자)이 이에 민감한 지의류 종을 사멸시킨 것으로 보인다.

순록과 같은 툰드라 지역의 초식동물은 주로 지의류를 먹고 산다. 1986년 체르노빌 핵 참사 이후 라플랜드에서 식용으로 사육해왔던 70,000여 마리의 순록이 높은 수준의 방사능에 노출되어 사멸했다. 순록이 주로 섭식했던 지의류가 공기에 퍼져나갔던 방사성 세슘-137을 흡수하였던 것이다.

조류

조류(algae)는 바닷가의 큰 갈색 해초와 물 웅덩이의 녹색 찌꺼기, 흙이나 바다 표면의 녹색 얼룩 등에서 친숙하게 볼 수 있다. 몇몇 소수의 조류는 식중독을 일으킨다. 일부 조류는 단세포로 살아가지만 사슬 모양을 이루는 것도 있고, 소수는 엽상체를 형성한다.

"조류"는 분류학적인 단위가 아니다. 이는 식물의 뿌리와 줄기 구조를 갖지 않는 광독립영양생물을 총칭하는 이름이다. 조류는 대개 수서 환경에서 살아가지만 일부는 습기가 충분한 경우 흙이나 나무의 표면에서도 발견된다. 드물게 남미의 나무늘보나 북극곰의 털에서도 조류가 서식한다. 물은 물리적인 지지와 생식, 영양물질의 확산에 꼭 필요하다. 일반적으로 조류는 시원한 온도에서 서식하나 아열대 지방인 사르가소해(Sargasso Sea)에서도 갈조류의 일종인 *Sargassum*가 거대한 덩어리 형태로 떠다니는 것이 발견된다. 갈조류의 일부 종은 남극해에서도 자란다.

조류의 특징

조류는 비교적 단순한 광독립영양 진핵생물로 식물의 조직(뿌리, 줄기, 잎)을 형성하지 않는다. 현미경으로 관찰하여 단세포성 및 사상형 조류를 동정한다. 대부분의 조류는 바다에 서식한다. 적절한 영양물질과 빛의 파장, 성장할 수 있는 표면에 따라 서식처가 결정된다. 대표적인 조류들이 성장할 수 있는 서식처가 그림 9.11a에 나타나 있다.

영양 구조

다세포성 조류의 몸체를 엽상체라 한다. 대형 다세포 조류를 일반적으로 해초 또는 해조류라 부르는데, 이들은 가지가 달린 **부착기(holdfast**; 조류를 바위에 부착시킨다)와 보통 속이 빈 줄기 모양의 **줄기부(stipe)**, 잎과 같은 모양의 **잎몸(blade)**으로 이루어져 있다(그림 9.11b). 엽상체를 덮고 있는 세포는 광합성을 할 수 있다. 엽상

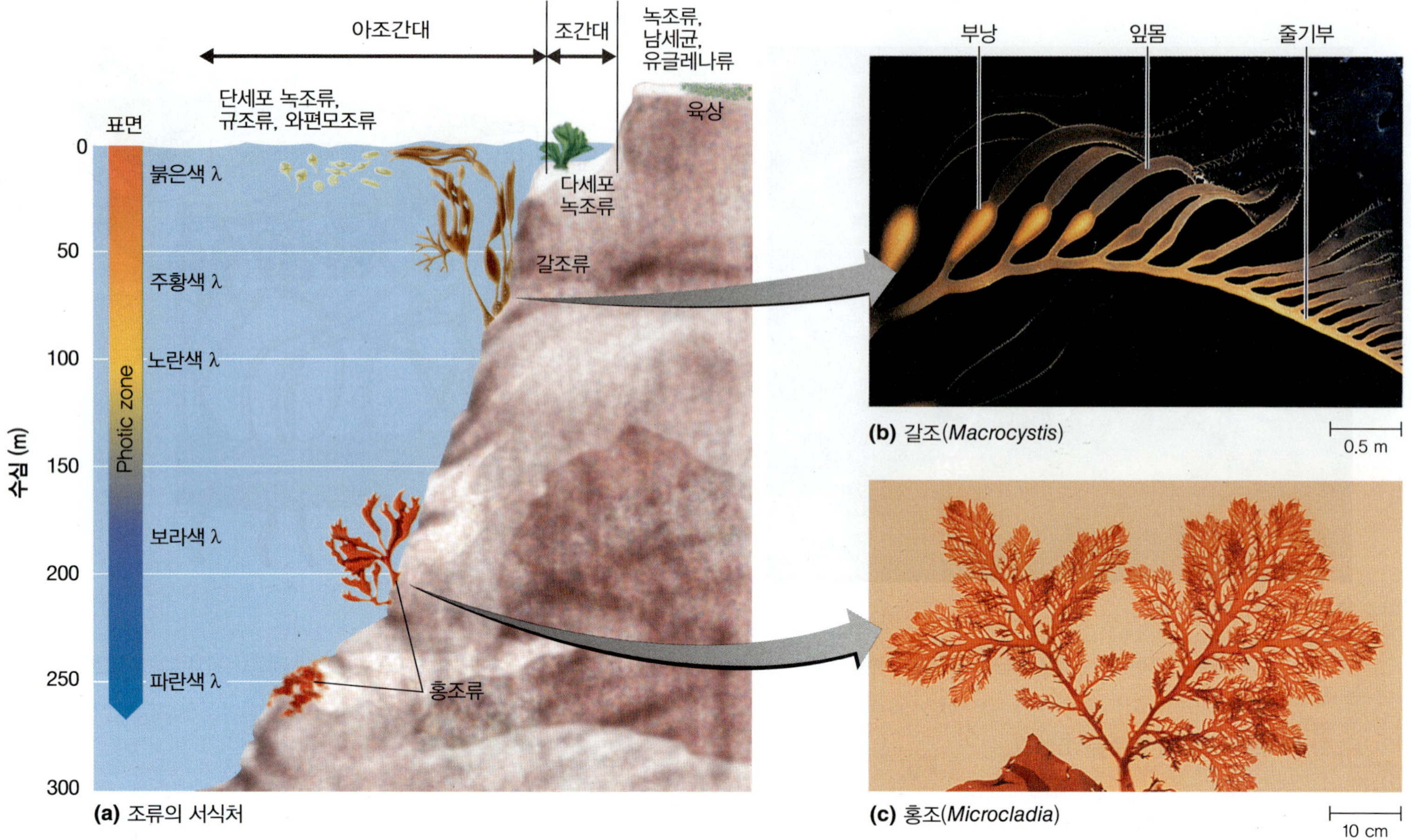

(a) 조류의 서식처

(b) 갈조(*Macrocystis*)

(c) 홍조(*Microcladia*)

그림 9.11 조류의 종류와 서식처. (a) 육상에서도 단세포와 사상형 조류를 발견할 수 있지만 조류는 대부분 해양 및 담수 환경에서 플랑크톤의 형태로 존재한다. 다세포성 녹조류와 갈조류, 홍조류는 부착할 수 있는 지점에서 엽상체를 지지할 수 있을 정도의 물과 적절한 파장의 빛이 존재하는 환경에서 서식한다. (b) *Macrocystis porifera*, 갈조류의 일종. 속이 비어 있는 줄기부와 기체가 들어 있는 부낭은 엽상체가 위쪽으로 떠오르게 하여 성장에 필요한 빛을 충분히 받도록 한다. (c) *Microcladia*, 홍조류의 일종. 엽상체가 가늘게 나뉘어진 홍조류는 보조 색소인 파이코빌리단백질의 색으로 인해 붉게 보인다.

Q 사람에게 독성이 있는 홍조류는?

체에는 관다발 식물의 특징인 통도조직(체관과 물관)이 없어 조류는 물에서 영양물질을 표면 전체로 흡수한다. 줄기부는 목질화되지 않아서 식물의 줄기와 같은 지지 작용을 하지 못한다. 그 대신 주변의 물이 조류의 엽상체를 지지한다. 일부 조류는 부낭(또는 기포낭, pneumatocyst)이라 불리는 기체로 채워진 주머니를 이용해 물위를 떠다닌다.

생활사

모든 조류는 무성생식이 가능하다. 엽상체나 사상체를 이루는 다세포 조류는 분절법으로 증식한다. 분절된 조각은 새로운 엽상체나 사상체를 형성할 수 있다. 단세포 조류가 분열할 때 핵이 나뉘고(유사분열) 각각의 핵은 세포의 양극으로 이동한다. 그 다음으로 세포가 각각의 완전한 세포로 나뉜다(세포질분열).

유성생식도 일어난다(그림 9.12). 일부 종에서는 무성생식으로 여러 세대를 지낸 다음, 조건이 달라지면 유성생식을 한다. 또 다른 종에서는 유성생식과 무성생식이 번갈아 일어난다. 유성생식으로 생성된 자손은 무성생식으로 증식하고 그 다음 세대에서는 유성생식으로 증식하는 방식이다.

영양

조류(algae)는 여러 개의 문을 한꺼번에 일컫는 일반명이다(표 9.3). 대부분의 조류는 광합성을 한다. 그러나 진균과 유사한 조류인 난균류(oomycotes)는 화학종속영양생물이다. 광합성 조류는 수계의 조광대(photic zone)에 광범위하게 서식한다. 엽록소 *a*와 보조 색소 때문에 조류의 종류에 따라 각기 독특한 색이 나타난다.

조류는 rRNA 서열, 구조, 색소, 그 밖의 특징 등에 따라 분류된다(표 9.3 참조). 다음에는 조류에 속하는 일부 문의 특징을 소개한다.

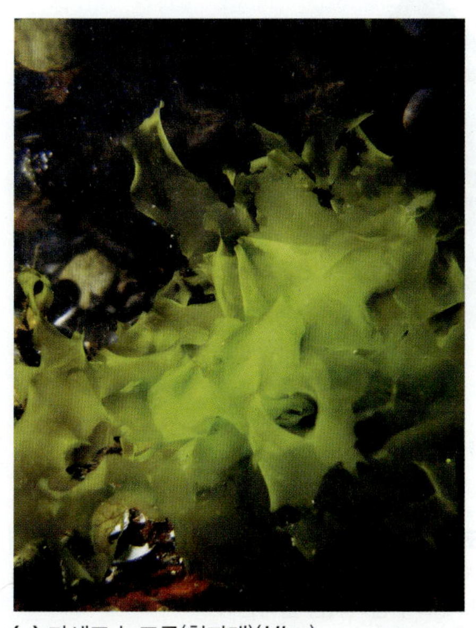

(a) 다세포 녹조류(참파래)(*Ulva*) 10 cm

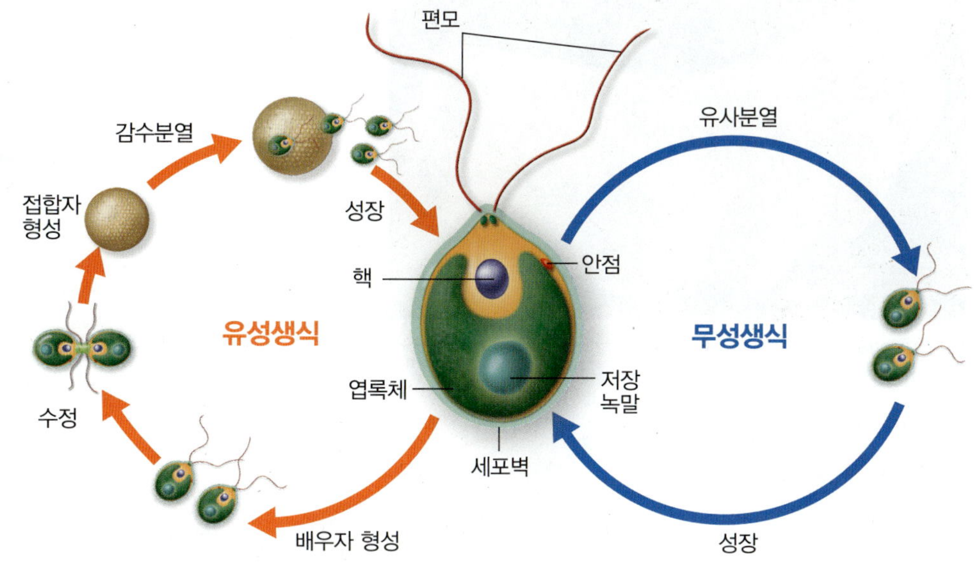

(b) 단세포 녹조류(*Chlamydomonas*)의 생활사

그림 9.12 녹조류. (a) 다세포 녹조류인 참파래속(*Ulva*). (b) 단세포 녹조류의 일종인 *Chlamydomonas*의 생활사. 채찍 같이 돌출된 두 개의 편모를 이용하여 세포가 움직인다.

Q 생태계에서 조류의 주된 작용은 무엇인가?

조류의 대표적인 문

갈조류(brown algae), 즉 다시마류(kelp)는 대형 조류로 총 길이가 50 m에 이르는 것도 있다(그림 9.11b 참조). 대부분의 갈조류는 연안수에 서식한다. 갈조류는 놀랄만한 속도로 성장한다. 어떤 종류는 하루에 20 cm 이상 자라며 따라서 주기적으로 수확할 수 있다. **알긴(algin)**은 아이스크림이나 케이크 장식용 크림 등 식품의 점성을 증가시키는 물질로 활용되며 갈조류의 세포벽에서 추출한다. 알긴은 식품 이외에도 고무 타이어나 핸드 크림 제조 등에 널리 활용된다. 갈조류의 일종인 참다시마(*Laminaria japonica*)는 질을 통한 자궁 수술을 하기 전에 질 확장을 유도하는 데 사용된다.

표 9.3 대표적인 조류 문의 특징

	갈조류	규조류	와편모조류	물곰팡이	홍조류	녹조류
Kingdom계	Chromalveolata	Chromalveolata	Chromalveolata	Chromalveolata	Archaeplastida	Viridiplantae
문	갈조류문(Phaeophyta)	규조류문(Bacillariophyta)	와편모조류문 (Dinoflagellata)	난균문(Oomycota)	홍조류문(Rhodophyta)	녹조류문(Chlorophyta)
색	갈색	갈색	갈색	무색, 흰색	붉은색	녹색
세포벽	섬유소와 알긴산	펙틴과 규소	막에 섬유소 포함	섬유소	섬유소	섬유소
세포배열	다세포	단세포	단세포	다세포	대체로 다세포	단세포 및 다세포
광합성색소	클로로필 *a*와 *c*, 잔토필	클로로필 *a*와 *c*, 카로틴, 잔토필	클로로필 *a*와 *c*, 카로틴, 잔틴	없음	클로로필 *a*와 *d*, 파이코빌리프로테인	클로로필 *a*와 *b*
유성생식	유성생식	유성생식	소수만 유성생식	유성생식 (접합균문과 유사)	유성생식	유성생식
저장물질	탄수화물	기름	녹말	없음	포도당 중합체	포도당 중합체
병원성	없음	독소	독소	기생	소수만 독소 생성	없음

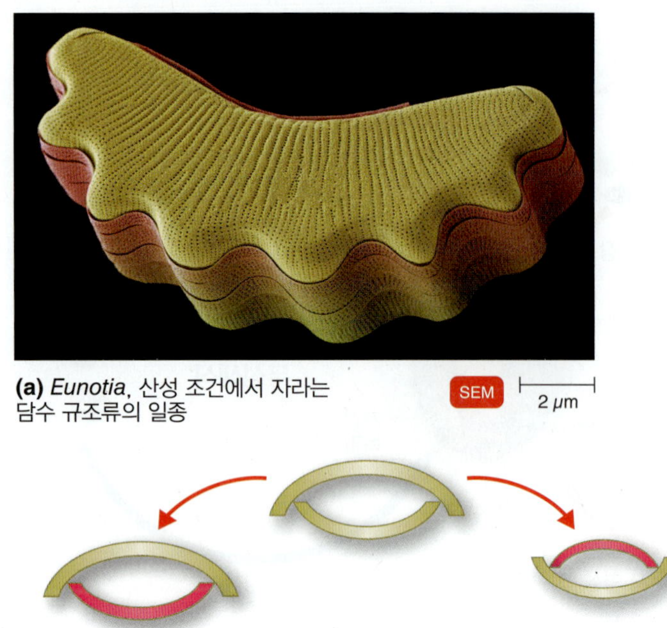

(a) *Eunotia*, 산성 조건에서 자라는 담수 규조류의 일종

(b) 규조류의 무성생식

그림 9.13 규조류. (a) *Eunotia Serra*의 현미경 사진. 두 조각의 세포벽이 서로 맞물리는 방식에 주목하시오. (b) 규조류의 무성생식. 유사분열이 일어나는 동안 각각의 딸세포는 모세포로부터(노란색) 각기 절반의 세포벽을 물려받기 때문에 나머지 반(분홍색)을 새로 합성해야 한다.

Q 규조류가 일으키는 사람의 질병은?

대부분의 **홍조류**(red algae)는 가늘게 갈라진 엽상체의 형태를 이루며 다른 조류에 비해 더 깊은 바닷속에서 서식한다(그림 9.11c). 엽상체가 바위나 조개의 표면을 덮으면서 껍질처럼 자라는 홍조류도 소수 존재한다. 홍조류의 붉은색 색소는 바닷속 깊은 곳까지 투과하는 청색 빛을 흡수한다. 미생물 배양배지에 사용되는 한천은 여러 종류의 홍조류에서 추출한다. 또 다른 젤 상태의 물질인 카라지난(carrageenan)은 통칭 아일랜드이끼(Irish moss)라 불리는 홍조류의 일종에서 추출한다. 카라지난이나 한천은 연유와 아이스크림, 약제 등의 농화제(thickener)로 사용된다. 태평양에서 자라는 *Gracilaria*의 종들은 식용으로 사용된다. 그러나 이들 속의 일부는 치명적인 독소를 생성하기도 한다.

녹조류(green algae)는 식물과 유사하게 섬유소 성분의 세포벽을 지니고 클로로필 *a*와 *b*를 포함하며, 녹말을 저장한다(그림 9.12a 참조). 녹조류가 지상의 식물로 변한 것으로 생각된다. 대부분의 녹조류는 현미경으로만 관찰할 수 있으며 단세포 또는 다세포성이다. 일부 사상형으로 자라는 녹조류는 웅덩이에서 초록색 찌꺼기를 형성한다.

규조류와 와편모조류, 물곰팡이류는 대롱편모생물계(kingdom Stramenopila)에 속한다. **규조류**(diatoms, 그림 9.13)는 단세포 또는 사상형 조류로 펙틴과 규소층으로 이루어진 복잡한 세포벽을 지닌다. 두 조각의 세포벽은 페트리 배양접시의 반쪽처럼 서로 맞물린다. 규조류는 세포벽의 독특한 문양을 바탕으로 동정한다. 규조류는 기름의 형태로 광합성 산물을 저장한다.

규조에 의해 야기되는 신경질환의 대규모 발생은 1987년 캐나다에서 최초로 보고되었다. 규조류를 먹이로 하는 홍합을 먹은 사람들이 피해자였다. 규조류 중에는 **도모산**(domoic acid)이라는 독소를 생성하는 것이 있는데 당시 홍합에는 이 물질이 농축되어 있었다. 치사율은 4% 정도였다. 1991년 이후 캘리포니아에서 같은 종류의 **도모산 중독(domoic acid intoxication)**으로 수백 마리의 바다새와 바다사자들이 죽었다.

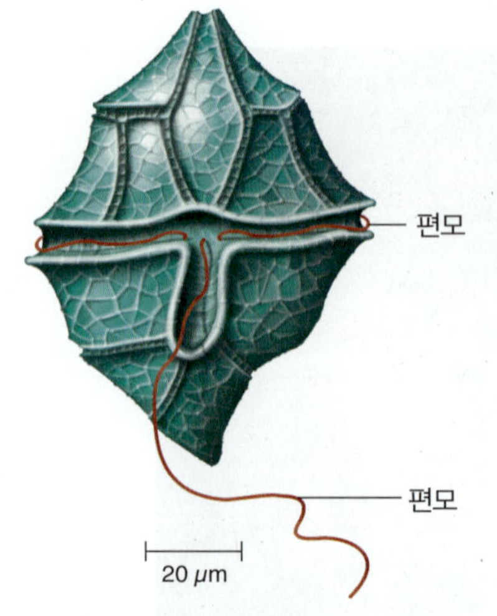

그림 9.14 *Peridinium*, **와편모조류의 일종.** 다른 일부 와편모조류와 마찬가지로 *Peridinium*은 서로 직각으로 마주보고 있는 홈에 두 개의 편모가 나 있다. 이들 두 개의 편모가 동시에 움직이면 세포가 팽이처럼 돌아간다.

Q 와편모조류가 일으키는 사람의 질병은?

와편모조류(dinoflagellates)는 **플랑크톤(plankton)** 또는 자유 부유 생물이라 총칭하는 단세포 조류이다(그림 9.14). 이들 세포막에는 섬유소가 들어 있어 단단한 구조를 이룬다. 일부는 신경독소를 생성한다. 지난 20년 동안 독성 해양 조류에 의해 수백만 마리의 어류와 수백 마리의 해양 포유류, 심지어 사람들까지 피해를 입은 사례가 증가 추세를 보이고 있다. 물고기가 수많은 와편모조류 *Karenia brevis* 사이로 헤엄쳐 지나가는 동안, 아가미에 걸린 조류에서 신경독소를 방출되면서 물고기가 질식하게 된다. *Alexandrium*속의 와편모조류는 **삭시톡신(saxitoxin)**이라는 신경독소를 생성하여 **마비성 패류 중독(paralytic shellfish poisoning, PSP)**을 일으킨다. 홍합이나 대합과 같은 연체동물이 많은 양의 와편모조류를 잡아먹으면 연체동물의 몸 안에 독소가 축적되고 이를 먹은 사람들이 마비성 패류 식중독에 걸린다. *Alexandrium*이 대량 번식하면 바닷물이 짙은 붉은색으로 변한다. **적조(red tide)**라는 명칭은 여기서 유래한 것이다. 적조가 발생한 시기에는 식용으로 사용할 연체동물을 잡지

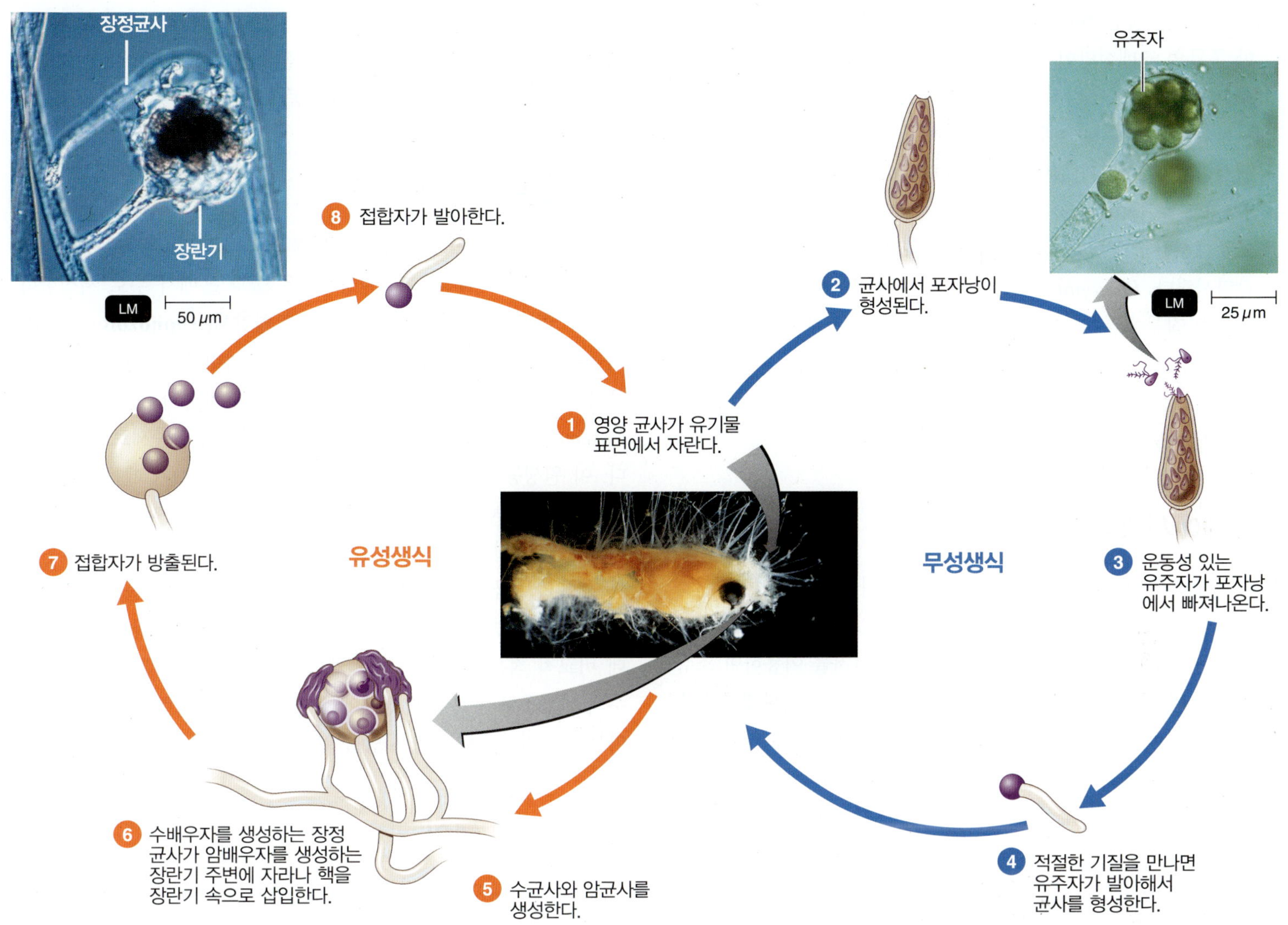

그림 9.15 난균류. 곰팡이처럼 보이는 이들 조류는 담수에 흔히 서식하는 분해자이다. 일부는 어류와 육상식물에 질병을 일으킨다.

Q 난균류는 진균인 *Penicillium*과 규조류 가운데 어느 것과 더 밀접하게 연관되어 있는가?

말아야 한다. **시가테라 중독(ciguatera)**은 와편모조류인 *Gambierdiscus toxicus*가 먹이사슬을 거치면서 대형 어류의 몸속에 농축되면서 나타난다. 시가테라 중독은 남태평양과 카리브해 근방의 풍토병이다. *Pfiesteria*와 관련된 신종 질병이 대서양 연안의 주기적인 대량 어류 사멸을 일으키기도 한다.

대부분의 **물곰팡이류**(water molds), 즉 난균류(*Oomycota*)는 분해자 기능을 한다. 이들은 주로 민물에서 죽은 조류(algae)나 동물의 사체 표면에서 솜 덩어리와 같은 모습으로 자란다(**그림 9.15**). 난균류의 무성생식 방식은 접합균과 비슷한 방식으로 포자낭에서 포자를 형성한다. 그러나 난균의 포자는 **유주자(zoospore)**라 불리며 두 개의 편모를 지닌다(그림 9.15 오른쪽 위). 진균의 포자에는 편모가 없다. 겉보기에 진균과 비슷해서 예전에는 난균류를 진균으로 분류하였다. 그러나 섬유소 성분의 세포벽이 있다는 점 때문에 항상 조류와의 연관성이 제기되어 왔으며, 최근 DNA 분석 결과 난균류는 진균류보다 규조류나 와편모조류와 더욱 밀접하다는 것이 확인되었다. 육상에 서식하는 난균류 중에는 식물에 기생하는 종이 많다. 미국 농무부에서는 수입 식물에 대해 흰녹병(white rust)을 비롯한 다른 기생생물 질병을 검역한다. 여행객 대부분이 심지어는 식물 수입상들조차 꽃 한 송이나 씨앗 하나를 통해 그 나라의 농업에 막대한 피해를 입힐 수 있는 병원체가 들어올 수 있다는 사실을 깨닫지 못하고 있다.

1800년대 중반 아일랜드에서 감자 농사를 망치는 바람에 100만 명이 사망했다. 감자대역병을 일으킨 진균은 *Phytophthora infestans*인데, 원인균으로 지목된 초기 미생물 가운데 하나다. 오늘날 *Phytophthora*는 세계적으로 대두와 감자, 코코아 등을 감염한다. 특화된 생식 균사에서뿐만 아니라 영양생식 균사에서도 운동성이 있는 유주자를 생성한다(그림 9.15 참조). 미국에서는 A1이라 명명된 한 종류의 교배형만이 서식하고 있었다. 1990년대에 또 다른 교배형, A2가 미국에서 발견되었다. A1과 A2가 가까이 있게 되면 각각은 분화하여 반수체 배우자를 형성하고 이들이 교배하여 접합자를 생성한다. 접합자가 발아하여 발생하는 조류에는 양쪽 어버이의 유전자가 모두 들어 있다.

호주에서는 *P. cinnamoni*가 유칼립투스나무 한 종의 거의 20%를 감염시켰다. *Phytophthora*는 1990년대에 미국으로 유입되어 과일과 채소 작물에 두루 피해를 입혔다. 1995년 갑자기 캘리포니아 참나무들이 고사할 때 캘리포니아대학의 과학자들은 이를 일으키는 병원체로 신종 *P. ramorum*을 동정했다. *P. ramorum*는 미국삼나무(세쿼이아)도 감염한다.

자연계에서 조류의 역할

조류는 수계의 먹이사슬에서 중요한 몫을 한다. 이들은 이산화탄소를 고정하여 화학독립영양생물이 이용할 수 있는 유기물을 생산하기 때문이다. 광인산화 과정에서 생성되는 에너지를 이용하여 조류는 대기 중의 이산화탄소를 탄수화물로 전환한다. 분자 형태의 산소(O_2)는 광합성의 부산물로 만들어진다. 수계의 표면에서부터 몇 미터 아래까지의 상층부에는 플랑크톤 조류가 자란다. 지구의 75%가 물로 덮여 있으므로 지구상의 산소의 80%는 플랑크톤 조류가 생성하는 것으로 추정된다.

계절에 따라 영양물질과 빛, 온도가 달라지므로 조류 집단의 크기도 계절에 따른 변동이 있다. 플랑크톤 조류의 수가 주기적으로 증가하는 것을 **조류 대증식(algal bloom)**이라 한다. 와편모조류의 대번식에 의해 계절별 적조현상이 나타나기도 한다. 특정한 소수 종의 대번식은 서식처의 오염도를 나타내기도 한다. 하수나 산업 폐기물이 흘러들어 유기물의 농도가 높아지면 조류가 왕성하게 증식하기 때문이다. 조류가 사멸하고 나면 조류 대번식 기간에 불어난 많은 수의 세포가 부패하면서 물속에 녹아 있는 산소를 고갈시킨다. (이 현상은 15장에서 이야기하기로 한다.)

지구에 존재하는 석유는 대부분이 수백만 년 전에 번성했던 규조류와 기타 플랑크톤에서 형성된 것이다. 이들 생명체가 사멸되어 침전층에 묻히면서 세포에 포함되었던 유기분자들이 완전히 CO_2로 분해되지 못했다. 지구의 지질학적 변동으로 인한 열과 압력으로 인해 세포막 등의 형태로 세포에 포함되어 있던 기름 성분이 변하였다. 산소를 비롯한 기타 물질들은 제거되고 탄화수소만이 석유와 천연가스의 형태로 남게 된 것이다.

많은 단세포 조류는 동물과 공생관계에 있다. 대왕조개 *Tridacna*에는 와편모조류가 서식할 수 있는 특수한 기관이 진화되었다. 대왕조개가 얕은 물에 있을 때면, 이들 기관이 햇빛에 노출되고 조류가 그 안에서 번성한다. 조류는 조개의 혈류 속으로 글리세롤을 방출하여 조개가 필요로 하는 탄수화물을 공급한다.

원생동물

원생동물은 단세포 진핵생물이다. 원생동물은 앞으로 보겠지만 세포 구조가 매우 다양하다. 원생동물은 물과 흙에서 주로 서식한다. 먹이를 먹고 성장하는 단계의 세포를 **영양체(trophozoite)**라 하며 이들은 세균과 작은 입자성 영양물질을 섭취한다. 일부 원생동물은 동물의 정상 미생물상의 한 부분으로 존재한다. 곤충 병원체인 *Nosema locustae*는 메뚜기를 구제하는 비독성 살충제로 팔리고 있다. 이 원생동물은 메뚜기에만 특이적으로 작용하기 때문에 사람이나 메뚜기를 먹는 다른 동물에는 영향을 주지 않는다. 불개미는 해마다 수백만 달러의 농업 손실을 일으키며 불개미에 물리면 매우 고통스럽다. 미국 농무부 연구진은 불개미의 난자 생성을 감소시키는 정단복합포자충을 연구 중이다. 20,000종에 달하는 원생동물 가운데 비교적 적은 수만이 사람에게 질병을 일으킨다. 그러나 이들 소수의 원생동물이 보건과 경제에 상당한 타격을 입히고 있다. 말라리아는 아프리카에서 유아 사망을 야기하는 4번째 주요 원인이다.

원생동물의 특징

원생동물(protozoan)이라는 용어는 "처음으로 태어난 동물"이라는 뜻으로 동물과 비슷한 방식으로 영양물질을 섭식한다는 의미로 쓰인다. 원생동물은 먹이를 먹고 또한 증식할 수 있어야 한다. 기생하는 원생동물은 한 숙주에서 다른 숙주로 이동할 수 있어야 한다.

생활사

원생동물은 분열법과 출아법, 분열생식법 등의 방법으로 무성생식을 한다. **분열생식(schizogony)**은 다중 분열을 뜻하며 세포가 분열되기 전에 여러 번의 핵 분열이 일어난다. 많은 수의 핵이 형성된 후 소량의 세포질이 각각의 핵 주위를 둘러싼 다음 각각의 단일 세포가 딸세포로 분리된다.

일부 원생동물은 유성생식을 한다. 짚신벌레(*Paramecium*)와 같은 섬모충류는 **접합(conjugation)**과정을 통해 유성생식을 한다(그림 9.16). 짚신벌레의 접합과정은 세균의 접합과 명칭만 같을 뿐 매우 다르다. 원생동물의 접합과정에서 두 개의 세포가 융합하면 각 세포의 반수체 핵(소핵)이 융합한 다음 분열한다. 모세포가 분리되면 각각은 비로소 수정된 세포가 된다. 이후에 세포가 분열하면 이들은 재조합된 DNA를 지니는 딸세포를 만들어낸다. 일부 원생동

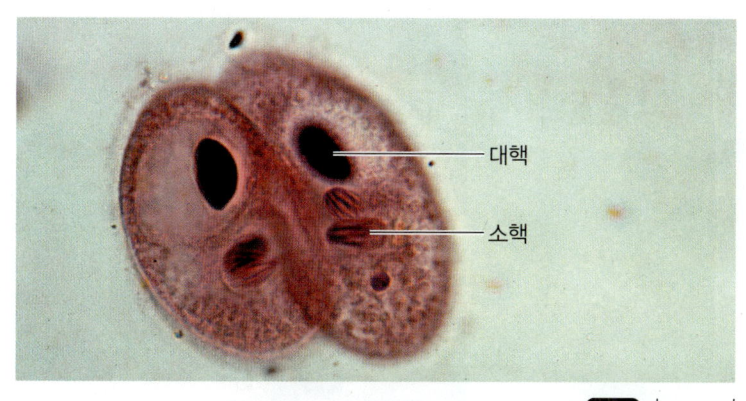

그림 9.16 섬모충류의 일종인 짚신벌레(*Paramecium*)의 접합. 섬모충은 접합을 하는 방식으로 유성생식한다. 각 세포에는 대핵과 소핵, 이렇게 두 개의 핵이 들어 있다. 소핵은 반수체이고 접합에 특화되어 있다. 융합 후 분리되면 두 세포는 모두 딸세포가 된다. 소핵 내에 응축된 염색체가 보인다.

Q 섬모충류의 접합 후에 세포의 수가 더 많아지는가?

물은 반수체 생식세포인 **배우자(gamete, gametocyte)**를 생성한다. 생식과정에서 두 개의 배우자가 융합하여 하나의 이배체 접합자가 된다.

포낭형성(encystment) 열악한 특정 조건에 처하면 일부 원생동물은 보호막인 **포낭(cyst)**을 형성한다. 포낭은 세포가 먹이, 수분 또는 산소가 결핍된 조건, 온도가 적당하지 않은 조건, 독성 화학물질이 있는 조건 등을 견딜 수 있도록 한다. 포낭은 또한 기생하는 종이 숙주 밖에서 생존할 수 있도록 한다. 이는 기생성 원생동물은 새로운 숙주에 접근하기 위해 이전의 숙주에서 배출되어야 하기 때문에 특히 중요하다. 정단복합충문에 속하는 원생동물에서 형성되는 포낭은 **접합자낭(oocyst)**이라 부른다. 접합자낭은 무성생식의 방법으로 새로운 세포를 만들어내는 생식 구조이다.

영양

원생동물은 대부분이 호기성 종속영양생물이다. 그러나 많은 장내 원생동물은 무산소 성장이 가능하다. 클로로필을 지니는 두 종류의 원생동물인 와편모조류와 유글레나류는 흔히 조류와 함께 연구된다.

모든 원생동물은 물이 대량으로 공급되는 지역에 서식한다. 일부 원생동물은 원형질막을 통해 먹이를 수송한다. 그러나 어떤 종류는 **박막**(pellicle)이라 불리는 보호막으로 둘러싸여 있어 먹이를 취하는데 특수한 구조를 필요로 한다. 섬모충류는 섬모를 흔들어 입과 비슷한 구조의 **세포입(cytostome)** 쪽으로 먹이를 몰아 섭취한다. 아메바는 위족으로 먹이를 둘러싼 다음 식세포작용을 통해 섭취한다. 모든 원생동물에서 소화는 막으로 둘러싸인 **액포(vacuole)**에서 일어나며 노폐물은 원형질막이나 특수한 **세포항문(anal pore)**을 통해 배출한다.

의학에서 중요한 원생동물

원생동물은 매우 크고 다양한 분류군이다. 원생동물을 문으로 분류하는 지금의 분류 방식은 DNA 자료와 형태에 기초한다. 더 많은 정보를 얻게 되면 여기서 구분한 일부 문은 새로운 계로 분리될 수도 있다.

섭식홈

세포골격으로 섭식홈(feeding groove)을 형성하는 단세포 진핵생물을 유굴생물(Excavata) 슈퍼계(superkingdom)로 분류하고 있다. 대부분 방추형이며 편모를 지닌다(그림 9.17a). 유굴생물에는 미토콘드리아가 없는 두 개의 문과 유글레나문이 포함된다.

미토콘드리아가 없는 기생생물로 람블 편모충(*Giardia lamblia*)을 들 수 있다. 이는 때로 *G. intestinalis* 또는 *G. duodenalis*라 불린다. 이 기생생물(그림 9.17b)은 사람과 다른 포유동물의 작은 창자에 서식한다. 포낭에 싸인 형태로 분변과 함께 배출되며(그림 9.17c) 다음에 숙주가 섭취할 때까지 이 상태로 외부 환경에서 생존한다. *G. lamblia*는 편모충증(giardiasis)을 일으키며 분변에서 포낭을 확인함으로써 이를 진단한다.

미토콘드리아가 없는 또 다른 사람의 기생체로 그림 9.17d에 나타난 *Trichomonas vaginalis*가 있다. 일부 다른 편모충류와 마찬가지로 *T. vaginalis*는 **파동막(undulating membrane)**을 지니며 막의 끝 쪽에 편모가 달려 있다. *T. vaginalis*는 포낭 단계가 없어 세포에서 수분이 빠져나가기 전에 반드시 다른 숙주로 옮겨져야 한다. *T. vaginalis*는 질과 남성의 요도관에서 발견된다. 대체로 성행위를 통해 전염되나 화장실 시설이나 수건을 통해서도 전염될 수 있다.

유글레나문

공통의 rRNA 서열과 원판형 미토콘드리아, 유성생식의 부재 등을 근거로 **유글레나문(Euglenozoa)**에 두 종류의 편모 생물이 포함된다.

유글레나류(Euglenoids)는 광독립영양생물이다(그림 9.17c). 유글레나는 박막(pellicle)이라 불리는 비교적 단단한 원형질막으로 둘러싸여 있고 앞쪽 끝에 달린 하나의 편모로 이동한다. 대부분의 유글레나는 붉은색 **안점**(eyespot) 하나를 앞쪽에 지닌다. 안점은 카로티노이드 색소가 들어 있는 세포소기관으로 빛을 감지하여 **예비 편모**(preemergent flagellum)를 이용해서 적당한 방향으로 이동한다. 일부 유글레나류는 조건부 화학종속영양생물이다. 빛이 없을 때 유글레나는 세포입으로 유기물을 섭취한다. 유글레나는 광합성을 할 수 있기 때문에 주로 조류와 함께 연구된다.

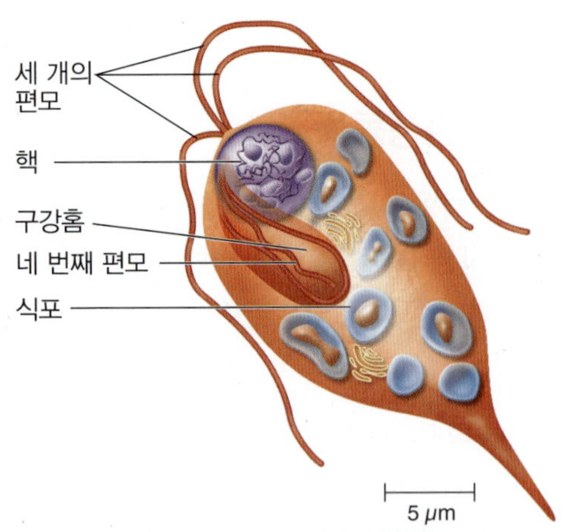

(a) *Chilomastix*. 사람의 장에서 발견되는 편모충류로 약한 병원성을 보인다. 포낭은 사람 숙주 밖에서 수 개월을 견딜 수 있다. 네 번째 편모는 먹이를 구강홈으로 옮기는 역할을 한다. 구강홈에서 식포가 형성된다.

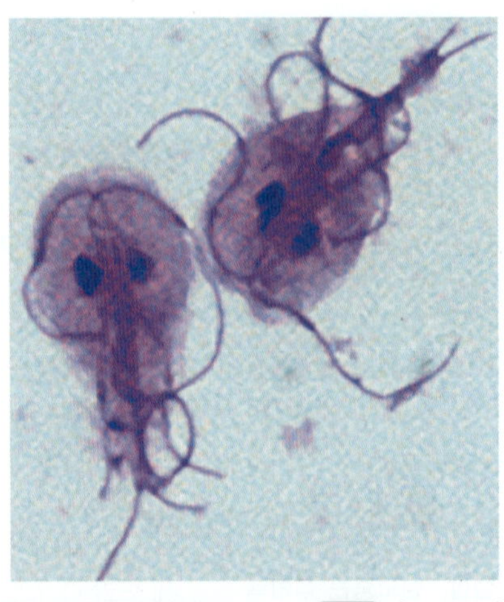

(b) *Giardia* 영양체. 이 장내 기생생물의 영양체에는 여덟 개의 편모와 두 개의 핵이 있어 독특한 모습을 하고 있다. LM 7 μm

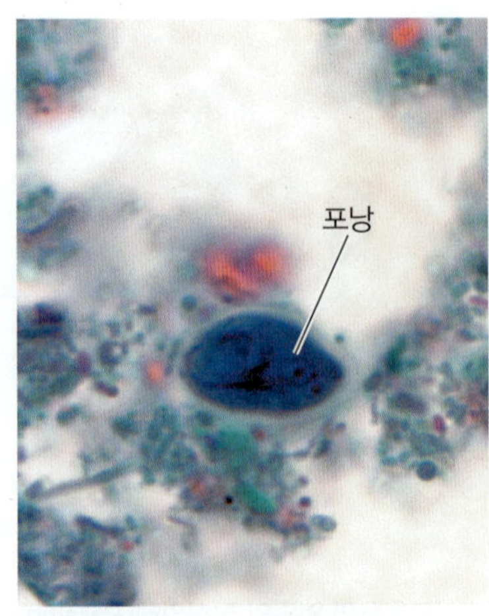

(c) *Giardia* 포낭. *Giardia* 포낭은 새로운 숙주에게 섭취되기 전까지 외부 환경으로부터 세포를 보호한다. LM 10 μm

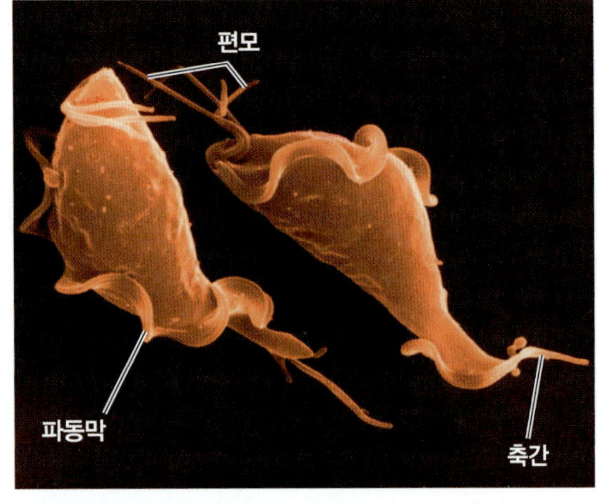

(d) 질편모충(*Trichomonas vaginalis*). 이 편모충은 요도 및 생식관 감염을 일으킨다. 작은 파동막을 주의 깊게 보시오. 이 편모충은 포낭기를 갖지 않는다. SEM 7.5 μm

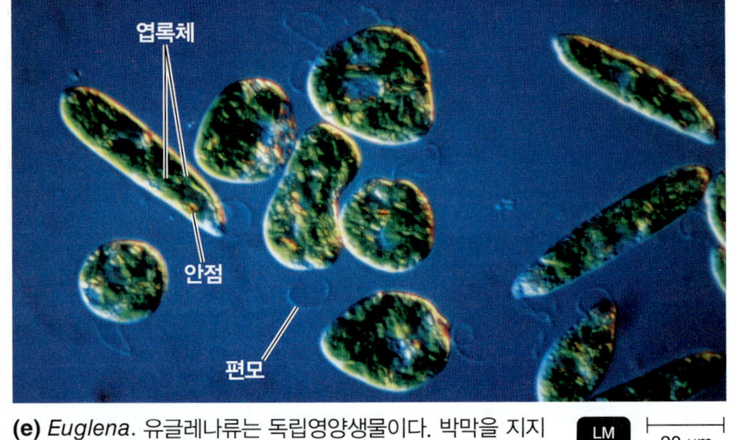

(e) *Euglena*. 유글레나류는 독립영양생물이다. 박막을 지지하는 반강체의(semirigid) 고리가 있어 유글레나는 세포의 형태를 다양하게 바꿀 수 있다. LM

그림 9.17 유글생물계에 속하는 여러 종류의 생물

Q Giardia는 미토콘드리아 없이 어떻게 에너지를 얻는가?

주혈편모충류(hemoflagellates)는 혈액에 기생하는 기생생물로 혈액을 빠는 곤충에 물려 전염되며, 곤충에 물린 숙주의 순환계에서 발견된다. 혈액과 같이 끈적한 액체에서 생존하기 위해 주혈편모충은 대개 길고 가는 세포 모양을 하고 있으며 파동막을 지닌다. 파동편모충속(*Trypanosoma*)에는 아프리카수면병을 일으키는 *T. brucei*가 속하며 이것은 체체파리에 의해 전염된다. *T. cruzi*는 샤가스병을 일으키며 흡혈노린재가 옮긴다. 흡혈노린재를 영미권에서는 "키스벌레(kissing bug)"라 부르는데 이는 얼굴을 잘 물기 때문이다. 곤충의 몸에 들어간 다음 파동편모충은 분열생식법에 의해 빠른 속도로 증식한다. 사람을 무는 동안 곤충이 배변을 하면 이때 파동편모충이 물린 상처를 통해 감염된다.

아메바문

아메바류(amebae)는 뭉툭한 잎 모양의 세포질 돌출부인 **위족(pseudopod)**을 이용하여 움직인다(그림 9.18a). 여러 개의 위족이 한 쪽 방향으로 형성될 수 있고 나머지 세포는 위족이 형성된 방향으로 흐르듯이 움직인다.

*Entamoeba histolytica*는 사람의 장에서 발견되는 유일한 병원

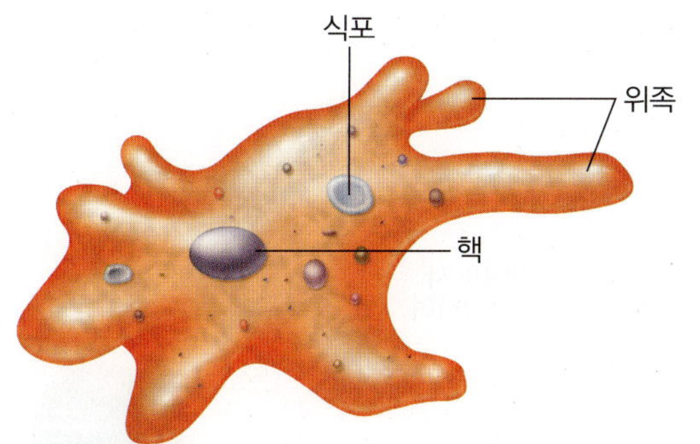

(a) *Amoeba proteus*

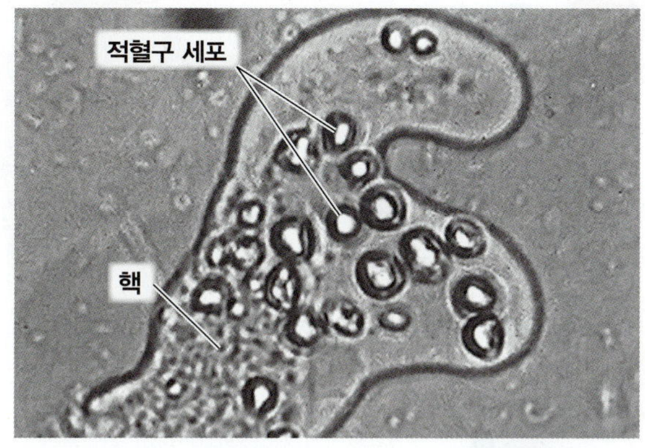

(b) *Entamoeba histolytica*

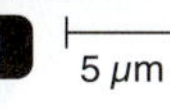

그림 9.18 **아메바.** (a) 움직이거나 먹이를 섭취할 때 아메바(이 그림에서 보는 *Amoeba proteus*를 비롯한)는 위족이라 불리는 세포질 구조를 내민다. 위족이 먹이를 둘러싸서 세포 안으로 가져오는 동안 식포가 생성된다. (b) *Entamoeba histolytica*. 식세포 작용으로 섭취한 적혈구 세포가 세포질에 존재하면 *Entamoeba*로 진단한다.

Q 아메바성 이질은 세균성 이질과 어떻게 다른가?

성 아메바다. 인구의 10%까지 이 아메바에 감염되어 있다. DNA 분석과 렉틴 결합 등을 비롯한 새로운 기법으로 *E. histolytica*라고 생각했던 아메바가 사실상 두 개의 서로 다른 종이라는 사실이 밝혀졌다. 비병원성인 *E. dispar*이 가장 흔히 나타난다. 병원성인 *E. histolytica*(그림 9.18b)는 아메바성 이질을 일으킨다. 사람의 장에서 *E. histolytica*는 렉틴 단백질을 이용하여 원형질막의 갈락토오스 잔기에 부착한 다음 세포를 파괴한다. *E. dispar*는 갈락토오스에 결합하는 렉틴을 지니지 않는다. *Entamoeba*는 감염된 사람의 분변을 통해 배출된 포낭을 다른 사람이 섭취함으로써 사람 사이에서 전염된다. 수돗물 등의 물에서 자라는 *Acanthamoeba*는 각막을 감염시켜 실명을 야기할 수도 있다.

1990년 이후 *Balamuthia*가 미국 등지에서 아메바성 육아종 뇌염(granulomatous amebic encephalitis)이라 불리는 뇌의 농양을 일으키는 병원체로 보고되었다. 이 아메바는 주로 면역력이 저하된 사람을 감염시킨다. *Acanthamoeba*와 마찬가지로 *Balamuthia*도 물에서 자유생활을 하는 아메바로 사람에게서 사람으로 직접 전염되지는 않는다.

정단복합체포자충문

정단복합체포자충문(Apicomplexa)의 성체는 운동성이 없으며 절대 세포내 기생생물이다. 정단복합체포자충은 세포 말단에 특수하게 분화된 세포소기관 복합체를 지닌다(문의 이름도 여기서 유래되었음). 정단복합체에 존재하는 소기관에는 숙주의 조직을 뚫고 들어갈 수 있는 효소가 들어 있다.

정단복합체포자충은 여러 종류의 숙주를 거치며 전파되는 복잡한 생활사를 갖는다. 말라리아를 일으키는 말라리아열원충속(*Plasmodium*)이 정단복합체포자충의 일원이다. 해마다 3억~5억의 인구가 새로 감염되어 말라리아에 감염된 사람은 세계 인구의 10% 정도에 이른다. 생활사가 복잡하여 말라리아를 예방하는 백신의 개발도 쉽지 않다.

*Plasmodium*은 말라리아모기(*Anopheles*)의 몸 안에서 유성생식을 한다(그림 9.19). **포자소체(sporozoite)**라 불리는 감염기의 *Plasmodium*을 지니고 있는 말라리아모기가 사람을 물면 사람에게 포자소체가 주입된다. 포자소체는 간 세포에서 분열증식하여 **분열소체**(낭충, **merozoite**)라고 하는 수많은 자손을 생산한다. 분열소체는 적혈구 세포에 감염한다. 어린 영양체는 핵과 세포질이 들어 있는 고리와 같은 모양이다. 이 시기를 **윤상체 시기(ring stage)**라 한다. 적혈구는 결국 파괴되면서 많은 수의 분열소체를 방출한다. 분열소체와 함께 노폐물이 함께 방출되는데 여기에 열과 오한을 일으키는 물질이 포함되어 있다. 대부분의 분열소체는 새로운 적혈구 세포를 찾아 감염시키면서 무성생식 과정을 계속 반복한다. 그러나 일부는 각각 암수의 생식세포(배우자모세포)로 발생한다. 배우자모세포 자체는 더 이상 인체에 손상을 입히지 않지만 또 다른 말라리아모기가 사람을 물 때 모기로 전염될 수 있다. 모기의 장에 배우자모세포가 들어가면 유성생식 과정을 진행한다. 이들의 새끼는 이 모기가 사람을 물 때 새로운 사람 숙주로 전달된다.

모기의 몸 안에서 유성생식이 일어나므로 모기는 *Plasmodium*의 **최종숙주(definitive host)**다. 기생생물이 그 안에서 무성생식을 하는 숙주(이 경우에는 사람)가 **중간숙주(intermediate host)**가 된다.

말라리아는 실험실에서 두껍게 도말된 혈액표본을 현미경으로 관찰하여 *Plasmodium*의 존재 여부를 확인함으로써 진단한다. 말라리아의 독특한 특징은 분열소체가 방출될 때 열이 오르는 현상이 24시간의 배수만큼의 간격으로 나타난다는 점이다. 발열기 사이의 간격은 *Plasmodium*의 종에 따라 다르며 같은 종의 원충에 감염되었을 때 그 간격은 항상 일정하다. 이처럼 정확하게 일정한 간격을 두고 열이 나는 이유와 작동원리는 과학자들의 호기심을 자극해

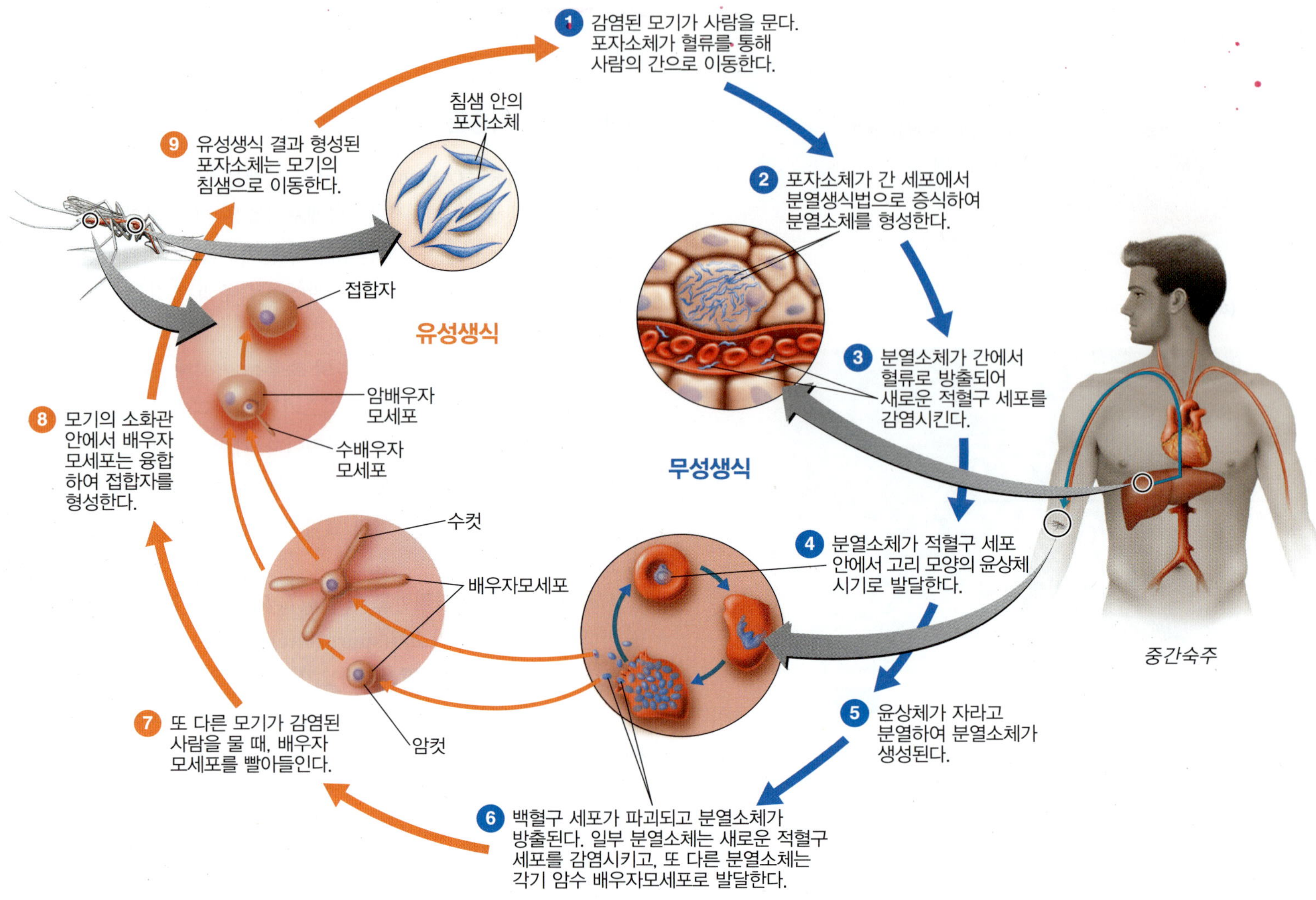

그림 9.19 **말라리아를 일으키는 정단포자충, 말라리아열원충(*Plasmodium vivax*)의 생활사.** 숙주인 사람의 간과 적혈구 세포에서 무성생식(분열생식)이 일어난다. 말라리아 모기가 배우자 세포를 섭취하고 난 다음 모기의 장에서 유성생식 과정이 진행된다.

Q 말라리아열원충(*Plasmodium*)의 최종숙주는?

왔다. 기생생물이 생물학적 시계를 필요로 하는 까닭은 무엇일까? *Plasmodium*의 발생은 숙주의 체온에 의해 조절되며 사람의 체온은 대개 24시간을 주기로 변동한다. 이 기생생물은 이를 정교하게 조절함으로써 배우자모세포가 밤에 성숙하도록 시간을 맞출 수 있다. 말라리아모기는 밤에 활동하며 따라서 이와 같은 시간적 조절은 말라리아병원충이 새로운 숙주로 전파되는 과정을 촉진시킬 수 있다.

*Babesia microti*는 적혈구 세포에 기생하는 또 다른 정단복합체 포자충이다. *Babesia*는 면역력이 저하된 사람에게 발열과 빈혈을 일으킨다. 미국에서는 진드기 *Ixodes scapularis*가 이 기생생물을 매개한다.

Toxoplasma gondii 또한 사람 세포 안에서 기생하는 정단복합체포자충이다. 이 기생생물의 생활사에는 집에서 기르는 고양이가 포함된다. **빠른분열소체(tachyzoite)**라 불리는 영양체는 감염된 고양이 안에서 유성생식 및 무성생식으로 증식하고, 여덟 개의 포자소체를 각각 지니는 **접합자낭(oocyst)**은 분변으로 배출된다. 접합자낭을 사람이나 다른 동물이 섭취하게 되면 포자소체가 영양체로 자라고 이것이 새로운 숙주의 조직에서 증식한다. *T. gondii*는 자궁에서 선천성 감염을 일으킬 수 있으므로 특히 임신한 여성에게 위험하다. 진단을 위해서는 조직을 관찰하여 *T. gondii*의 존재 여부를 확인한다. ELISA 또는 간접 형광항체검사법 등 항체를 이용하여 진단할 수도 있다.

작은와포자충(*Cryptosporidium*)은 소장벽의 세포 내부에 서식하며 분변을 통해 소, 설치류, 개, 고양이 등을 거쳐 사람에게 전염될 수 있다. 숙주세포에서 각각의 *Cryptosporidium* 개체는 네 개의 접합자낭을 형성하며 각각의 접합자낭에는 네 개의 포자소체가 들어 있다. 접합자낭이 터지면 접합소체가 숙주에서 새로운 세포를 감염시키거나 분변을 통해 방출된다.

1980년대에 남극을 제외한 모든 대륙에서 수인성 이질이 유행했다. 유행병이 따뜻한 시기에 일어났고 원인이 되는 병원체가 원핵생물인 것처럼 보여 처음 이것이 남세균에 의한 이질로 오인되었다. 1993년 원인 병원체가 *Cryptosporidium*과 유사한 정단복합체포자충이라는 사실이 확인되었다. 2013년에는 새로운 기생생물인 원포자충(*Cyclospora cayetanensis*)이 미국과 캐나다에서 고수와 연관된 600여 건의 이질을 일으켰다.

섬모충문

섬모충문(Ciliates)에 속하는 원생동물은 편모와 비슷하지만 이보다 짧은 섬모를 지닌다. 섬모는 세포 표면에 노와 같은 형태로 배열되어 있다(그림 9.20). 섬모는 같은 방향으로 움직여 세포가 주변환경을 통과하도록 추진하고 세포입으로 먹이 입자를 가져다준다.

*Balantidium coli*는 사람에게 기생하는 유일한 섬모충으로 드물지만 심한 형태의 이질을 일으킨다. 숙주가 포낭을 섭취하면 대장으로 들어가서 영양체를 방출한다. 영양체에서는 단백질분해효소를 비롯한 숙주세포를 파괴하는 여러 물질을 생성한다. 영양체는 숙주세포와 조직의 파편을 먹이로 삼는다. 포낭은 분변과 함께 배출된다.

표 9.4에 대표적인 일부 기생성 원생동물과 이들이 일으키는 질병이 제시되어 있다.

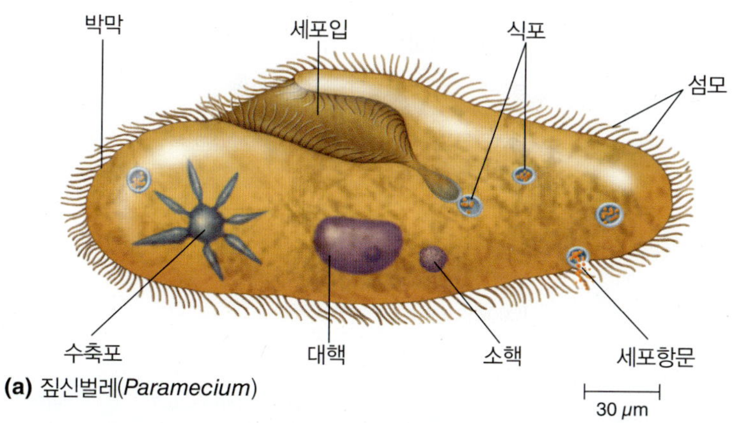

(a) 짚신벌레(*Paramecium*)

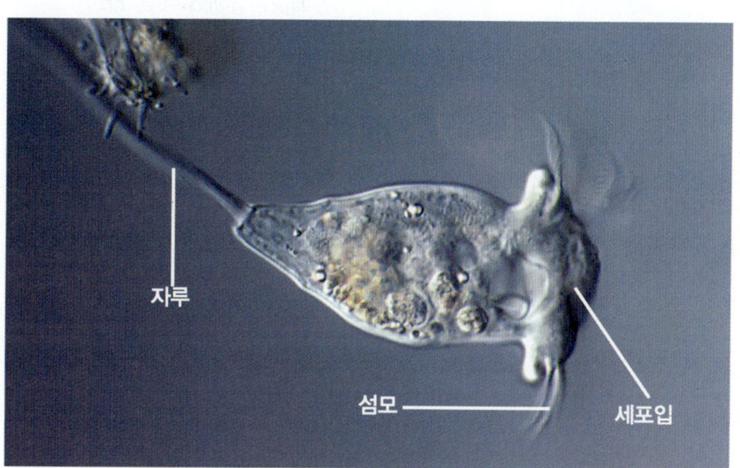

(b) 종벌레(*Vorticella*)

그림 9.20 섬모충류. (a) 짚신벌레는 섬모로 둘러싸여 있다. 세포에는 먹이를 섭취하는 세포입, 노폐물을 배출하는 세포항문, 삼투압을 조절하는 수축포 등의 특수한 구조를 지닌다. 대핵은 단백질 합성과 세포의 활성을 주관하고 소핵은 유성생식을 담당한다. (b) 종벌레는 자루의 기저부를 다른 곳에 부착시켜 살아간다. 용수철과 같은 자루는 종벌레가 다른 부근에 있는 먹이를 먹을 수 있도록 늘어날 수 있다. 세포입 주변에 섬모가 나 있다.

Q 사람에게 질병을 일으키는 섬모충은?

점균류

점균류(slime mold)는 아메바와 밀접하게 연관되어 아메바충문으로 분류된다. 점균은 세포성 점균과 변형체성 점균의 두 종류로 나눈다. **세포성 점균(cellular slime mold)**은 전형적인 진핵생물로 아메바와 비슷하다. 세포성 점균의 생활사(그림 9.21)에서 아메바형 세포가 진균과 세균을 식세포 작용을 통해 섭식하면서 자라는 것을 볼 수 있다. 세포성 점균은 세포의 이동과 집합과정을 연구하는 생물학자들의 관심을 끌고 있다. 조건이 나빠지면 많은 수의 아메바성 세포가 한 곳으로 집합하면서 단일 구조를 형성하기 때문이다. 이와 같은 세포의 집합 현상은 일부의 개별 아메바성 세포가 화학물질인 고리형 AMP (cAMP)를 생성하고 이 물질에 다른 세포들이 이끌려 이동함으로써 이루어진다. 일부 아메바성 세포는 자루를 형성하고 다른 세포들은 자루 위로 기어올라 포자꼭지를 형성하는 반면 또 다른 대부분의 세포는 포자로 분화한다. 다시 주변 조건이 좋아지면 포자가 방출되고 발아하여 개개의 아메바형 세포를 형성한다.

1973년 달라스 주민이 뒤뜰에서 일정 주기로 맥동하는 붉은 덩어리를 발견했다. 언론 매체는 "새로운 생명의 형태"가 발견되었다고 보도했다. 어떤 사람들은 그 "피조물"에서 등골 서늘하게 하는 옛날 공상과학영화를 떠올렸다. 지나친 상상으로 흐르기 전에 생물학자들이 나서서 사람들이 생각하는 최악의 공포(혹은 최상의 희망)를 진정시켰다. 특정한 형태를 이루지 않은 무정형의 덩어리는 단순한 변형체성 점균으로 확인되었다. 그러나 직경 46 cm에 달하는 대단히 큰 크기에는 과학자들조차 놀라지 않을 수 없었다.

변형체성 점균(plasmodial slime mold)이 처음 학계에 보고된 것은 1729년이었다. 변형체성 점균은 많은 수의 핵이 들어 있는(다세포성) 원형질체 덩어리로 존재한다. 이러한 원형질 덩어리를 **변형체(plasmodium)**라 부른다(그림 9.22). 전체 변형체는 마치 거대한 아메바처럼 움직인다. 이런 형태로 유기물 조각이나 세균을 둘러싸서 섭취한다. 생물학자는 근육과 비슷한 단백질이 가느다란 섬유형

표 9.4 대표적인 기생 원생동물

계	문	사람 병원체	특징	질병	사람 감염 원인
Excavata	중복편모충문(Diplomonads)	*Giardia lamblia*	두 개의 핵, 여덟 개의 편모	편모충이질	분변에 의한 식수 오염
	부기저부충문(Parabasalids)	*Trichomonas vaginalis*	포낭으로 둘러싸인 시기가 없음	요도염, 질염	질과 요도 분비물 접촉
	유글레나문(Euglenozoa)	*Leishmania*	모래파리에서는 편모가 달려 있으나 척추동물 숙주에서는 난형	레쉬마이나증	모래파리(*Phlebotomus*)에 물림
		Naegleria fowleri	편모형 및 아메바형	뇌수막염	수영장의 물
		Trypanosoma cruzi	파동막	샤가스병	흡혈노린재(*Triatoma*)에 물림
		T. brucei gambiense, T.b. rhodesiense		아프리카수면병	체체파리에 물림
지정되어 있지 않음	아메바문(Amoebozoa)	*Acanthamoeba*	위족	각막염	물
		Entamoeba histolytica, E. dispar		아메바성 이질	분변에 의한 식수 오염
		Balamuthia		뇌염	물
Chromalveolata	정단복합체포자충문(Apicomplexa)	*Babesia microti*	복합체	바베스열원충증	가축, 진드기
		Cryptosporidium	생활사에 하나 이상의 숙주가 필요	설사	사람, 다른 동물, 물
		Cyclospora	—	설사	물
		Plasmodium	—	말라리아	말라리아모기(*Anopheles*)에 물림
		Toxoplasma gondii	—	톡소플라스마증	소, 쇠고기, 선천성
	쌍편모조류문(Dinoflagellates)	*Alexandrium, Pfiesteria*	광합성(표 9.3 참조)	마비성 조개식중독; 시구아테라식중독	연체류나 어류에서 쌍편모조류를 섭취
	섬모충문(Ciliates)	*Balantidium coli*	유일하게 사람에게 기생하는 섬모충	대장섬모충이질	분변에 의한 식수 오염

태를 이루어 변형체를 이동시킨다는 것을 알아냈다.

변형체성 점균을 실험실에서 배양하면서 **세포질 유동(cytoplasmic streaming)**이라는 현상을 관찰할 수 있다. 변형체 내부의 원형질이 속도와 방향을 바꾸어 움직이면서 산소와 영양물질을 골고루 분산시킨다. 변형체는 먹을 것과 습기가 충분히 공급되는 한 계속해서 자란다.

둘 가운데 하나라도 부족하면 변형체는 수많은 원형질로 분리되어 각각이 자루 달린 포자주머니를 형성한다. 여기에서 반수체 포자(내성이 있는 점균의 휴면형)가 발달한다. 상태가 좋아지면 이들 포자가 발아한 뒤 융합하여 이배체 세포를 형성하고 다시 다세포성 변형체가 발생한다.

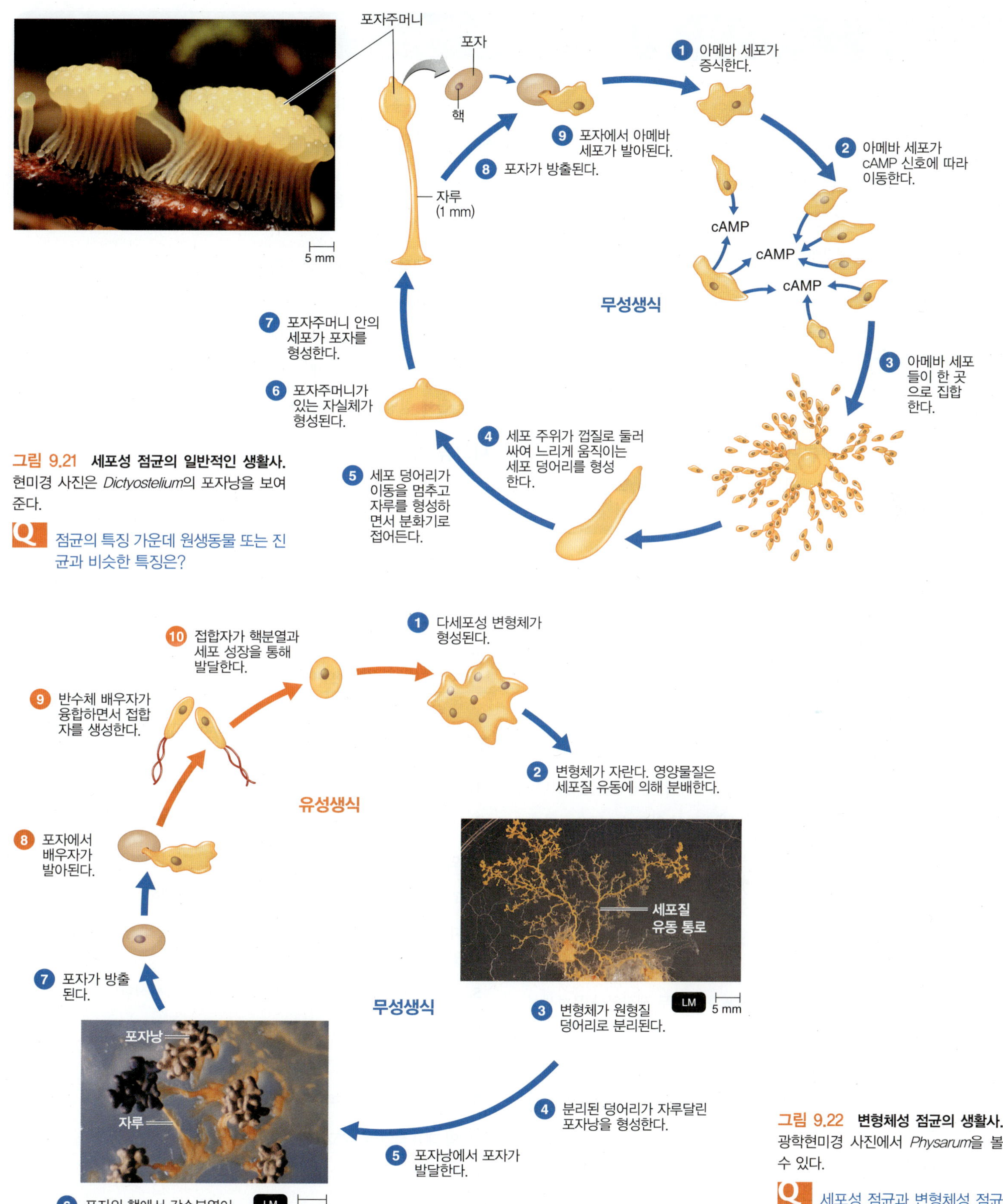

그림 9.21 세포성 점균의 일반적인 생활사. 현미경 사진은 *Dictyostelium*의 포자낭을 보여 준다.

Q 점균의 특징 가운데 원생동물 또는 진균과 비슷한 특징은?

그림 9.22 변형체성 점균의 생활사. 광학현미경 사진에서 *Physarum*을 볼 수 있다.

Q 세포성 점균과 변형체성 점균의 차이점은?

학습 개요

진균류 (245~254쪽)

1. 균학이란 진균을 연구하는 학문분야다.
2. 심각한 진균 감염의 건수가 증가하고 있다.
3. 진균은 호기성 혹은 조건부 혐기성 화학종속영양생물이다.
4. 대부분의 진균의 분해자이며, 소수는 동식물에 기생한다.

진균류의 특징 (245~249쪽)

5. 진균의 엽상체는 균사라 불리는 섬유구조로 이루어지며 균사 덩어리를 균사체라 한다.
6. 효모는 단세포 진균이다. 증식할 때, 분열 효모는 두 개의 딸세포가 균등하게 나뉘는 반면 출아 효모는 불균등하게 나뉜다.
7. 모세포에서 분리되지 않은 싹눈은 위균사를 형성한다.
8. 병원성 이형 진균은 37℃에서는 효모와 같은 형태로, 25℃에서는 곰팡이 같은 형태로 자란다.
9. 진균은 rRNA 서열에 따라 분류한다.
10. 포자낭포자와 분생포자는 무성생식 주기에 만들어진다.
11. 유성포자는 일반적으로 환경의 변화와 같은 특수한 조건에 반응하여 생성된다.
12. 산성이고 건조하며 산소가 있는 환경에서 자랄 수 있다.
13. 진균은 복합 탄수화물을 대사할 수 있다.

의학에서 중요한 진균 (249~251쪽)

14. 접합균문은 다핵균사를 지니며 포자낭포자와 접합포자를 생성한다.
15. 미세포자균문에는 미토콘드리아와 미세소관이 없으며 AIDS 환자에게 설사병을 일으킨다.
16. 자낭포자균문은 격벽균사를 지니며 자낭포자와 빈번하게 분생포자를 형성한다.
17. 담자균문은 격벽균사를 지니며 담자포자를 형성한다. 일부는 분생포자를 형성한다.
18. 양성생식형 진균은 유성포자와 무성포자를 모두 생성하나 무성생식형 진균은 무성포자만 생성한다.

진균에 의한 질병 (251~253쪽)

19. 전신진균증은 신체 깊숙이 진균에 감염된 것으로, 여러 조직과 기관에 걸쳐 영향이 나타난다.
20. 피하진균증은 피부 아래의 진균 감염증이다.
21. 피부진균증은 털, 손발톱, 피부 따위의 케라틴 함유 조직에 영향을 미친다.
22. 표면진균증은 털이나 피부 표면을 감염시킨다.
23. 기회성 진균증은 일반적으로는 병원성을 나타내지 않는 진균에 의한 감염증이다.
24. 기회성 진균은 어떤 조직이든 감염시킬 수 있으나 일반적으로 전신진균증을 나타내지는 않는다.

진균의 경제적 효과 (253~254쪽)

25. *Saccharomyces*속과 *Trichoderma*속은 식품 생산에 활용된다.
26. 진균을 활용하여 생물학적 방법으로 해충을 구제한다.
27. 과일과 곡류, 채소는 세균보다는 주로 곰팡이에 의해 부패된다.
28. 식물에 질병을 일으키는 진균의 종류도 많다.

지의류 (254~255쪽)

1. 지의류는 조류(또는 남세균)와 진균의 상리공생 연합체다.
2. 조류는 광합성을 해서 지의류에 탄수화물을 공급하고 진균은 부착기를 제공한다.
3. 지의류는 조류나 진균이 각기 따로 살기에 적합하지 않은 서식처에서 살아간다.
4. 지의류는 형태에 따라 껍질처럼 평평하게 자라는 각상(crutose), 나뭇잎 모양의 엽상(foliose), 가지가 돌출된 관목상(fruticose) 지의류로 분류한다.

조류 (255~260쪽)

1. 조류는 단세포, 사상형, 또는 다세포 엽상형으로 자란다.
2. 대부분의 조류는 수서 환경에서 서식한다.

조류의 특징 (255~257쪽)

3. 조류는 진핵생물이며 대부분이 광독립영양체이다.
4. 다세포 조류의 엽상체는 대체로 줄기부, 부착기, 잎몸으로 이루어져 있다.
5. 조류는 세포분열과 분절 등의 방법으로 무성생식한다.
6. 많은 조류가 무성생식의 방법으로 증식한다.
7. 광독립영양 조류는 산소를 생성한다.
8. 조류는 구조와 색소에 따라 분류한다.

조류의 대표적인 문 (257~260쪽)

9. 갈조류(켈프)에서 알긴산을 수확할 수 있다.
10. 홍조류는 다른 조류보다 더 깊은 심해에서 자란다.

11. 녹조류는 셀룰로오스와 클로로필 *a*, *b*가 들어 있고 녹말을 저장한다.
12. 규조류는 단세포로 펙틴과 규조 세포벽을 지닌다. 일부에서는 신경독소가 생성된다.
13. 와편모조류는 마비성 패류 중독과 시가테라(ciguatera) 중독을 일으키는 신경독소를 생성한다.
14. 난균류는 종속영양생물로 분해자와 병원체를 포함한다.

자연계에서 조류의 역할 (260쪽)

15. 조류는 수생 먹이 사슬의 1차 생산자다.
16. 플랑크톤 조류가 지구 대기 중의 산소 분자의 대부분을 생성한다.
17. 석유는 플랑크톤 조류가 화석화된 형태이다.
18. 단세포 조류는 대합 따위의 동물에서 공생체로 살아간다.

원생동물 (260~265쪽)

1. 원생동물은 단세포 진핵생물이며 화학종속영양생물이다.
2. 원생동물은 흙이나 물에 서식하며 동물의 정상 미생물상의 일부로 발견되기도 한다.

원생동물의 특징 (260~261쪽)

3. 증식하는 시기의 세포 형태를 영양생식형이라 부른다.
4. 이분법, 출아법, 분열증식 등의 무성생식을 한다.
5. 접합에 의해 유성생식이 일어나기도 한다.
6. 섬모충류가 접합하는 동안 두 개의 반수체 핵이 융합하여 접합자를 생성한다.
7. 일부 원생생물은 어려운 환경 조건에서 개체를 보호하는 포낭을 형성하기도 한다.
8. 원생생물의 세포는 피막, 세포입, 세포항문 등과 같은 분화된 구조를 포함하는 복잡한 구조로 이루어져 있다.

의학에서 중요한 원생동물 (261~265쪽)

9. *Trichomonas*와 *Giardia*는 미토콘드리아는 없고 편모를 지닌다.
10. 유글레나류는 편모를 이용해 움직이며 유성생식을 하지 않는다. 파동편모충(*Trypanosoma*)을 포함한다.
11. *Entamoeba*와 *Acanthamoeba*는 아메바류에 속한다.
12. 정단복합체포자충은 숙주 조직을 뚫는 데 이용하는 세포 말단의 소기관을 지닌다. 말라리아열원충(*Plasmodium*)과 작은와포자충(*Cryptosporidium*)이 여기 속한다.
13. 섬모충은 섬모를 이용해서 이동한다. *Balantidium coli*는 섬모충에 속하는 사람 기생체다.

점균류 (265~267쪽)

1. 세포성 점균은 아메바와 비슷하며 식세포작용으로 세균을 섭취한다.
2. 변형체성 점균은 다세포성 원형질 덩어리로 이루어져 있으며 움직이면서 유기물 조각이나 세균을 집어 삼킨다.

학습 질문

복습과 객관식 문제에 대한 해답은 책 뒤에 있음.

복습 문제

개요

1. 다음은 진균과 각각이 신체를 감염시키는 경로, 감염증이 일어나는 부위의 목록이다. 각 진균증은 표피성, 기회성, 피하성, 표면성, 전신성 가운데 어디에 속하는가?

속	감염 경로	감염 부위	진균증
Blastomyces	흡입	폐	(a) ________
Sporothrix	찔린 상처	궤양 부위	(b) ________
Microsporum	접촉	손톱	(c) ________
Trichosporon	접촉	털표면	(d) ________
Aspergillus	흡입	폐	(e) ________

2. *Escherichia coli*과 *Penicillium chrysogenum*을 혼합한 배양액을 다음과 같은 배지에 접종하였다. 각 미생물은 어느 배지에 자랄 것으로 예상되는가? 그 이유는?
   a. 수돗물에 0.5% 펩톤 첨가
   b. 수돗물에 10% 포도당 첨가
3. 자연계에서 지의류가 중요한 까닭은 간략하게 설명하시오. 자연계에서 조류가 중요한 까닭을 간략하게 설명하시오.
4. 세포성 점균류와 변형체성 점균류를 구분하시오. 각각은 살기 힘든 환경 조건에서 어떻게 생존하는가?
5. 다음 표를 완성하시오.

문	운동 방법	사람 병원체의 예
중복편모충문	(a) ________	(b) ________
미포자균문	(c) ________	(d) ________
아메바문	(e) ________	(f) ________
정단복합포자충문	(g) ________	(h) ________

섬모충문	(i) ________	(j) ________
유글레나문	(k) ________	(l) ________
부기저부충문	(m) ________	(n) ________

6. 세모편모충속(*Trichomonas*)이 포낭으로 둘러싸인 시기(cyst stage)를 갖지 않는 것이 중요한 이유는 무엇인가? 포낭기를 갖는 원생동물 기생체의 예를 들어 보시오.

객관식 문제

1. 다음에 나열된 개체들은 모두 몇 개의 문에 속하는가? *Echinococcus*, *Cyclospora*, *Aspergillus*, *Taenia*, *Toxoplasma*, *Trichinella*

a. 1
b. 2
c. 3
d. 4
e. 5

2~3번 문제의 답을 다음 중에서 선택하시오.

(1) 포낭유충(metacercaria)
(2) 레디어(redia)
(3) 성체
(4) 섬모유충(miracidium)
(5) 유미유충(cercaria)

2. 알에서 시작하여 발달 순서에 따라 나열하시요.

a. 5, 4, 1, 2, 3
b. 4, 2, 5, 1, 3
c. 2, 5, 4, 3, 1
d. 3, 4, 5, 1, 2
e. 2, 4, 5, 1, 3

3. 기생체의 첫 번째 중간숙주가 달팽이라고 할 때, 달팽이에게서 발견되는 시기는?

a. 1
b. 2
c. 3
d. 4
e. 5

4. 효모에 대한 다음 진술 중 옳은 것을 모두 고른 것은?

(1) 효모는 진균이다.
(2) 효모는 위균사를 형성할 수 있다.
(3) 효모는 출아법으로 무성생식한다.
(4) 효모는 조건부 유산소 생물이다.
(5) 모든 효모는 병원성을 나타낸다.
(6) 모든 효모는 이형성이다.

a. 1, 2, 3, 4
b. 3, 4, 5, 6
c. 2, 3, 4, 5
d. 1, 3, 5, 6
e. 2, 3, 4

5. 자낭균에서 세포 융합 직후에는 다음 중 어떤 현상이 나타나는가?

a. 분생자자루 형성
b. 분생포자 발아
c. 자낭이 열림
d. 자낭포자 형성
e. 분생포자 방출

6. *Plasmodium vivax*의 최종숙주는?

a. 사람.
b. 학질모기속(*Anopheles*).
c. 포자모세포.
d. 배우자모세포.

7~9번 문제의 답을 다음 중에서 선택하시오.

a. 정단포자충류(Apicomplexa)
b. 섬모충류(ciliates)
c. 와편모충류(dinoflagellates)
d. 미포자균류(Microsporidia)

7. 미토콘드리아가 없는 절대 세포내 기생생물은?

8. 숙주 조직을 뚫고 들어갈 수 있게 하는 특수한 세포소기관을 지니는 운동성이 없는 기생생물은?

9. 마비성 조개식중독을 일으킬 수 있는 광합성 생물은?

10 바이러스

바이러스는 너무 작아 광학현미경으로는 관찰할 수 없으며 숙주가 없으면 배양도 할 수 없다. 따라서 바이러스에 의한 질병은 오래전부터 알고 있었음에도 불구하고 바이러스에 대한 연구는 20세기에 들어서야 시작되었다. 1886년 네덜란드 화학자 마이어(Adolf Mayer)는 감염된 식물에서 건강한 식물로 담배모자이크병(tobacco mosaic disease, TMD)이 전염될 수 있다는 것은 보였다. 1892년 담배모자이크병의 원인을 찾기 위해 러시아 세균학자 이바노브스키(Dimitri Iwanowski)는 감염된 담배 식물의 수액을, 세균을 여과할 수 있는 도자기 필터로 걸러내었다. 그는 미생물이라면 이 필터로 여과될 것이라 예상했다. 그러나 이 병의 감염 인자는 필터의 미세한 구멍을 빠져나갔다. 여과된 액체를 건강한 식물에 감염시키자 건강한 식물이 담배모자이크병에 걸렸다. 여과될 수 있는 인자에 의한 병으로 사람에서 알려진 최초의 질병은 황열병이었다.

1980~1990년대 분자생물학 기법이 발전하면서 여러 종류의 새로운 바이러스가 발견되었다. 사람면역억제바이러스(human immunodeficiency virus, HIV)와 SARS를 일으키는 코로나바이러스가 이에 속한다. 바이러스성 간염은 세계적으로 가장 흔한 감염성 질병 가운데 하나다. 여러 종류의 서로 다른 간염 바이러스가 알려졌다. B형 간염 바이러스(그림)와 C형 간염 바이러스는 혈액을 통해 전염된다. 식품에 의해 매개되는 A형 간염 바이러스에 대해서는 미생물 뉴스를 통해 알아볼 것이다.

◀ B형 간염 바이러스

미생물 뉴스

불편한 유행병

제약사 영업 직원인 티나 마캄(42세)은 고열이 지속되어 조퇴하고 집으로 왔다. 해열제를 먹어도 몇 시간만 효과가 있을 뿐이다. 병원에 가자 의사는 즉각 티나의 피부를 보고 황달이 있음을 알아차렸다. 의사가 배를 누르자 티나는 움찔하며 아파했다. 의사는 간에 이상이 있음을 감지하고 근처 실험실에 혈액 시료를 보내 간 기능 검사를 의뢰했다. 결과는 정상이 아니었다.

티나의 증상은 무슨 질병 때문일까?

비정상적인 간 기능 검사 결과를 근거로 주치의는 티나의 증세를 전염성 간염으로 진단했다. 이것은 그가 이번 달에 진단한 첫 번째 사례가 아니었다. 사실 지역 보건당국에서는 31명의 다른 간염환자에 대한 보고를 받은 바 있다. 4,000명 정도의 주민이 사는 지역에서 이는 적은 숫자가 아니다. 보건당국은 이들 환자가 걸린 간염 바이러스의 종류를 확인할 필요가 있었다. 간염은 간에 염증이 생긴 질환이다. 전염성 간염은 피코르나바이러스와 헤파드나바이러스, 플라비바이러스 등의 바이러스가 원인이 될 수 있다.

보건당국은 환자들이 감염된 바이러스의 종류를 알아야 한다.

외피가 없는 + 가닥 RNA 바이러스인 A형 간염 바이러스는 대변-구강 경로를 통해 전염된다. B형 간염 바이러스는 외피가 있는 이중가닥 DNA 바이러스다. 이 바이러스는 역전사효소를 지니며 정맥주사와 같은 비경구적 방법이나 성적 접촉으로 전염된다. C형 간염 또한 비경구적으로 전염되며 이는 외피가 있는 + 가닥 RNA 바이러스다.

이 정보에 근거하면, 보건당국에서는 이 지역에서 티나와 다른 31명을 감염시킨 간염바이러스가 어느 종류일 것으로 추정할 수 있겠는가?

서로 나이와 배경이 다른 30여 명이 모두 정맥주사로 치료를 받는 사람이라고 가정하기는 어렵다. 따라서 가장 가능성이 높은 바이러스는 A형 간염 바이러스로 추정된다. 바이러스 감염원을 조사하기 위해 보건당국에서는 32명의 환자들이 먹은 음식을 증상을 나타내지 않은 가족들이 먹은 음식과 비교해 보았다. 티나를 포함한 모든 32명의 환자들은 동네 편의점에서 슬러시 음료를 사 먹었다. 보건당국에서 조사한 결과 편의점 점원이 A형 간염에 걸렸고 이 바이러스를 슬러시 음료를 만드는 기계에 옮긴 것으로 밝혀졌다. 이후 몇 달 동안 티나의 증상은 호전되었고 간 기능도 정상으로 돌아왔다.

감염 바이러스의 종류를 확인하는 것이 사후 조치와 앞으로의 대유행 예방을 위해 보건당국이 발표할 주의사항에 어떤 영향을 미칠 수 있는가?

치료약과 백신은 특정한 바이러스에 대해서만 작용한다. 간염을 특이적으로 치료할 수 있는 방법은 없지만 예방법은 또 다른 문제다. 예를 들어 이 사례를 보더라도 보건당국에서는 해당 편의점에서 지난 2주 동안 식품을 사 먹은 사람들에게 A형 간염백신과 A형 간염에 대한 면역글로불린 주사를 맞을 것을 권고했다.

바이러스는 원래 이들이 일으키는 증상에 따라 이름이 붙여졌다. 따라서 “간염 바이러스”라는 이름은 이 바이러스가 간에서 염증을 일으킨다는 사실을 뜻한다. 이와 같은 명명 규칙은 정확하지는 않지만 최근까지 사용하고 있는 유일한 방법이다.

분자생물학적 기법을 통해 이제 유전체와 형태에 근거하여 바이러스를 분류할 수 있게 되었다. 따라서 서로 연관된 바이러스는 다른 조직을 감염시키더라도 같은 과로 분류된다. 유전정보를 근거로 바이러스를 분류하는 방식은 바이러스 질병의 예방과 치료에 귀중한 정보를 제공한다.

바이러스의 일반 특징

100여 년 전만 해도 과학자들은 현미경으로 관찰할 수 없는 입자가 있다는 것을 상상할 수 없었다. 따라서 그들은 이와 같은 감염성 인자를 감염성 액체(contagium vivum fluidum)라고 기술했다. 1930년대에 이르러 이런 인자를 바이러스(virus)라는 용어로 부르기 시작했는데, 이는 라틴어로 독을 뜻한다. 그러나 바이러스의 본질은 1935년 미국 화학자 스탠리(Wendell Stanley)가 담배모자이크바이러스를 분리하여 최초로 정제된 바이러스에 대한 화학적, 구조적 연구를 수행하면서 밝혀지기 시작했다. 비슷한 시기에 전자현미경이 발견되었고 이를 이용하면서 바이러스를 관찰하는 것이 가능해졌다.

바이러스가 살아 있는 생명체인지 아닌지에 대한 의문에 대한 답은 여전히 모호하다. 생명은 핵산이 지정하는 단백질들의 작용에서 비롯된 복잡한 일련의 과정으로 정의할 수 있다. 살아 있는 세포의 핵산은 항상 기능을 수행하고 있다. 바이러스는 숙주세포 밖에서 불활성인 상태로 존재하므로 이런 의미에서 바이러스는 살아 있는 생명체로 간주되지 않는다. 그러나 일단 바이러스가 숙주세포 안으로 들어가면 바이러스 핵산이 활성화되어 바이러스가 증식된다. 바이러스가 숙주를 감염시켜 그 안에서 증식할 때에는 이를 살아 있는 것으로 볼 수 있다. 바이러스는 병원성 세균이나 곰팡이, 원생동물과 같이 숙주를 감염시키고 질병을 일으키므로, 임상적인 관점에서는 바이러스를 살아 있는 것으로 간주할 수 있다. 관점에 따라 바이러스는 생명이 없는 화학물질이 복합체를 이룬 매우 복잡한 형태로 간주할 수도 있고, 극히 단순한 살아 있는 미생물로 볼 수도 있다.

그렇다면 바이러스(virus)를 어떻게 정의할 것인가? 바이러스는 다른 감염인자와 기본적으로 다르다. 바이러스는 세균을 거르는 필터를 통과할 만큼 작고, 증식하기 위해서는 반드시 살아 있는 숙주세포가 있어야만 하는 **절대 세포내 기생체(obligatory intracellular parasite)**다. 그러나 리케차를 비롯한 몇몇 작은 세균도 이와 같은 두 가지 특성을 갖고 있다. 표 10.1에서 바이러스와 세균을 비교하고 있다.S

바이러스의 고유한 특징은 단순한 구조와 증식 방식에서 비롯된다. **바이러스(virus)**는 다음과 같은 특징을 지닌다.

- DNA 또는 RNA 가운데 한 종류의 핵산만 가지고 있다
- 핵산을 둘러싸고 있는 단백질 껍질이 있으며, 때로 이 껍질은 지질과 단백질, 탄수화물 등으로 이루어진 외피로 둘러싸인 경우도 있다.
- 세포의 생합성 기구를 이용해서 살아 있는 세포 안에서 증식한다.
- 바이러스의 핵산을 다른 세포에 전달할 수 있는 특수한 구조를 합성하도록 한다.

표 10.1 바이러스와 진정세균의 비교

	진정세균		
	전형적인 세균	리케차/클라미디아	바이러스
세포내 기생체	X	O	O
원형질막	O	O	X
이분법	O	O	X
세균 필터를 통과	X	X / O	O
DNA와 RNA를 모두 보유	O	O	X
ATP-생산 대사	O	O / X	X
리보솜	O	O	X
항생제에 대한 민감성	O	O	X
인터페론에 대한 민감성	X	X	O

바이러스는 자기 자신의 대사에 필요한 효소를 거의 갖고 있지 않다. 예를 들어 단백질 합성이나 ATP 생산에 필요한 효소를 지니지 않는다. 증식하려면 바이러스는 숙주세포의 대사 체계를 빌려 써야 한다. 이 때문에 항바이러스 약제를 개발하기가 상당히 어렵다. 바이러스의 증식을 억제하는 대부분의 약제가 숙주의 기능 또한 억제할 수 있으므로 임상치료에 쓰기에는 독성이 강하기 때문이다. (항바이러스 약제에 대해서는 13장에서 살펴본다.)

숙주 범위

바이러스의 **숙주 범위(host range)**란 해당 바이러스가 감염시킬 수 있는 숙주세포의 종류를 말한다. 무척추동물, 척추동물, 식물, 원생동물, 진균, 세균 등을 감염시키는 바이러스가 존재한다. 그러나 대부분의 바이러스는 한 종의 숙주에서도 특정한 세포만을 감염시킬 수 있다. 드물게 바이러스가 숙주 범위의 장벽을 넘어 숙주 범위를 확장하는 경우도 있다. 이번 장에서는 사람이나 세균을 감염시키는 바이러스에 대해 주로 알아보기로 한다. 세균을 감염시키는 바이러스를 **박테리오파지(bacteriophage)** 또는 **파지(phage)**라 부른다.

특정 바이러스의 숙주범위는 바이러스가 숙주세포에 특이적으로 부착하는 특성과 숙주세포 내에 바이러스의 증식에 필요한 인자의 존재 여부에 따라 정해진다. 바이러스가 숙주세포에 감염하려면 바이러스의 외부 표면이 세포의 표면에 있는 특수한 수용체와 화학적으로 상호작용할 수 있어야 한다. 두 개의 상보적인 성분이 수소결합과 같은 약한 결합으로 서로 맞물릴 수 있다. 여러 부착자리와 수용자리의 조합에 따라 숙주세포와 바이러스 사이의 관계가 형성된다. 박테리오파지의 수용체는 숙주의 세포벽 또는 선모나 편모에

위치하기도 한다. 동물 바이러스의 수용체는 숙주세포의 원형질막에 존재한다.

바이러스를 이용해서 질병을 치료할 수 있다는 가능성도 제기되었다. 바이러스는 좁은 숙주 범위 내에서 숙주세포를 사멸시킬 수 있는 능력을 지니기 때문이다. 박테리오파지를 이용해서 세균 감염을 치료한다는 **파지요법(phage therapy)**에 대한 생각은 100년 전부터 있었다. 최근 바이러스와 숙주의 상호작용을 더 잘 이해하게 되면서 파지요법 분야에서도 새로운 연구가 진행되고 있다.

1920년대에 암 환자에게 실험적으로 바이러스 감염을 유도하였던 연구를 바탕으로 바이러스의 항종양 활성에 대한 가능성이 제기되었다. **종양파괴성(oncolytic)** 바이러스는 종양세포를 선택적으로 감염하여 사멸시키거나 종양세포에 대한 면역반응을 일으킬 수 있다. 일부 바이러스는 자연 상태에서 종양세포를 감염하지만 종양세포에 감염되도록 바이러스를 유전적으로 변형시킬 수도 있다. 현재 종양을 파괴하는 바이러스의 사멸 작용과 바이러스 요법의 안전성에 대한 여러 연구가 진행되고 있다.

바이러스 크기

바이러스 크기는 전자현미경 관찰을 통해 결정한다. 바이러스는 종류에 따라 그 크기가 상당히 다양하다. 대부분은 세균에 비해 상당히 작지만 일부 대형 바이러스(백시니아 바이러스 등)는 아주 작은 세균(마이코플라스마, 리케차, 클라미디아 등)과 거의 비슷한 크기를 보인다. 바이러스의 길이는 20~1000 nm의 정도다. 여러 바이러스와 세균의 상대크기가 그림 10.1에 나타나 있다.

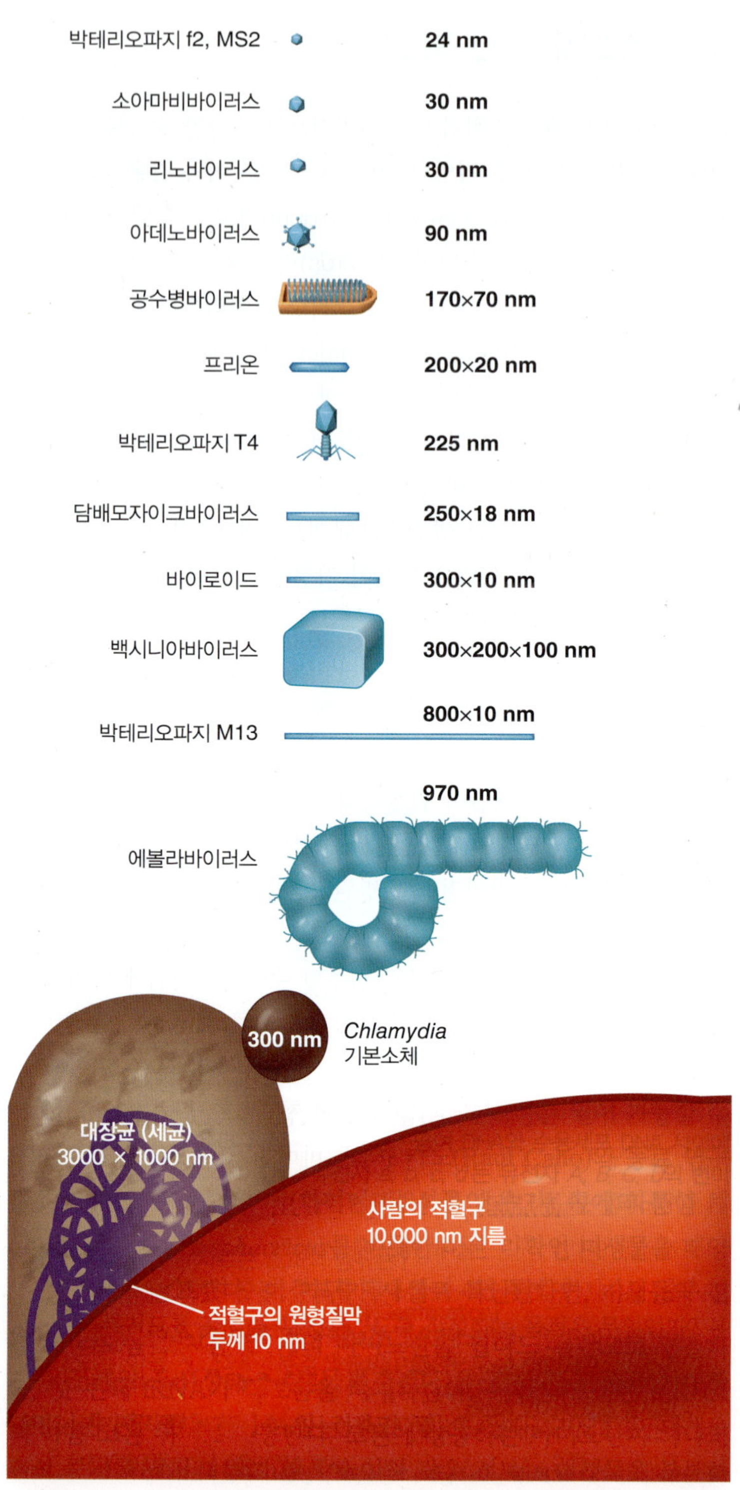

그림 10.1 바이러스의 크기. 몇몇 바이러스(하늘색)와 세균(갈색)의 크기를 오른쪽에 일부만 그려진 사람의 적혈구 세포와 비교할 수 있다. nm 단위로 주어진 수치는 지름 또는 너비의 길이를 나타낸다.

Q 바이러스는 세균과 어떻게 다른가?

바이러스 구조

비리온(virion)은 숙주세포 밖에 존재하고 있는 온전한 바이러스 입자로 감염성이 있고, 핵산이 단백질 껍질로 둘러싸여 있는 구조이다. 바이러스는 비리온의 형태로 한 숙주세포에서 다른 숙주세포로 전파된다. 바이러스는 핵산과 껍질의 구조 차이에 따라 분류한다.

핵산

진핵세포나 원핵세포에서는 1차적인 유전물질이 항상 DNA 형태로 존재하고 RNA는 보조적인 기능을 한다. 이와 달리 바이러스는 DNA 또는 RNA 가운데 하나만을 지니고 둘 다 지니는 경우는 없다. 바이러스의 핵산은 단일가닥인 경우도 있고 이중가닥인 경우도 있다. 따라서 바이러스는 이중가닥 DNA, 단일가닥 DNA, 이중가닥 RNA, 또는 단일가닥 RNA를 지닌다. 바이러스의 종류에 따라 핵산은 선형 또는 원형으로 존재한다. 일부 바이러스(독감바이러스 등)에는 핵산이 여러 개로 분절된 형태로 존재한다.

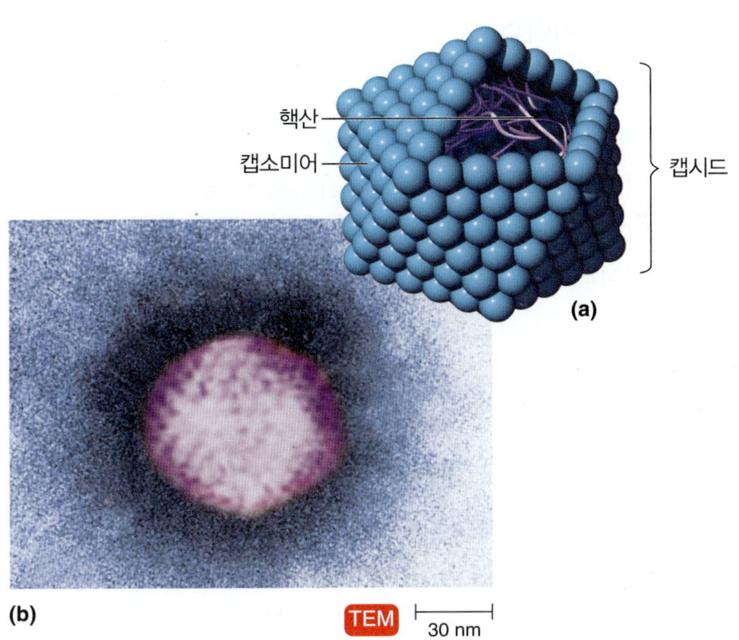

그림 10.2 비외피성 다면체 바이러스의 모양. (a) 다면체(정20면체) 바이러스의 모형. (b) 아데노바이러스의 일종인 *Mastadenovirus*의 전자현미경 사진. 개별 캡소미어를 확인할 수 있다.

Q 캡시드의 화학적 구성성분은?

독감바이러스에서 단백질에 대한 핵산의 비율은 1%이나 어떤 박테리오파지에서는 50% 가량인 경우도 있다. 핵산의 총량은 2,000~3,000 뉴클레오티드(또는 뉴클레오티드쌍)에서 250,000 뉴클레오티드에 이르기까지 다양하다. (대장균 염색체는 400만 뉴클레오티드쌍으로 이루어져 있다.)

캡시드와 외피

바이러스의 핵산은 **캡시드(capsid)**라 불리는 단백질 껍질로 보호된다(그림 10.2a). 캡시드의 구조는 결국 바이러스 핵산에 의해 결정되며 특히 작은 바이러스에서는 캡시드가 바이러스 질량의 대부분을 차지한다. 각각의 캡시드는 **캡소미어(capsomere)**라 불리는 단백질 소단위로 구성된다. 일부 바이러스에서 캡소미어를 이루는 단백질은 단 한 종류이나 다른 바이러스에서는 여러 종류의 단백질이 존재한다. 개별 캡소미어를 전자현미경으로 관찰할 수 있다(그림 10.2b 참조). 캡소미어는 바이러스의 종류에 따라 독특하게 배열되어 캡시드를 이룬다.

일부 바이러스에서 캡시드는 **외피(envelope)**로 둘러싸여 있다(그림 10.3a). 외피는 보통 지질과 단백질, 탄수화물의 조합으로 이루어져 있다. 동물 바이러스 중에서는 바이러스 껍질이 숙주세포의 원형질막으로 둘러싸이며 밖으로 방출되면서 숙주의 원형질막이 바이러스의 외피가 되는 것들이 있다. 대부분의 경우 외피에는 바이러스의 핵산에 의해 합성된 단백질과 숙주세포에서 유래된 성분이 들어 있다.

바이러스의 종류에 따라 외피의 표면으로 돌출된 당단백질인 **돌기(spike)**가 있는 것도 있다. 일부 바이러스는 이들 돌기를 이용해서 숙주세포에 부착한다. 돌기는 일부 바이러스를 동정하는 데 주요한 기준이 되기도 한다. 독감바이러스(그림 10.3b)를 비롯한 특정 바이러스가 적혈구 세포를 응고시키는 능력은 돌기의 특성과 연관되어 있다. 이와 같은 바이러스는 적혈구 세포에 결합하여 이들을 서로 연결하여 뭉치게 한다. 이를 **적혈구응집반응(hemagglutination)**이라 하고 이는 여러 실험실 검사법의 근거로 유용하게 쓰인다.

외피로 둘러싸이지 않은 바이러스를 **비외피성 바이러스(nonenveloped viruse)**라 한다(그림 10.2 참조). 비외피성 바이러스에서는 캡시드가 핵산을 숙주의 체액에 들어 있는 핵산가수분해 효소로부터 보호하고 바이러스를 숙주세포에 부착시킨다.

숙주세포가 바이러스에 감염되면 숙주의 면역계가 활성화되어 항체(바이러스의 표면 단백질에 반응하는 단백질)를 생산한다. 숙주의 항체와 바이러스 단백질 사이에 이와 같은 상호작용이 일어나면 바이러스가 비활성화되어 감염과정을 멈추게 된다. 그러나 일부 바이러스에서는 표면 단백질 유전자가 돌연변이를 일으켜 항체의 작용을 쉽게 피할 수 있다. 표면 단백질이 달라진 돌연변이 바이러스의 자손에는 항체가 반응하지 못한다. 독감바이러스는 돌기 유전자에 이와 같은 변화가 빈번하게 일어난다. 그래서 독감에는 여러 번 걸리

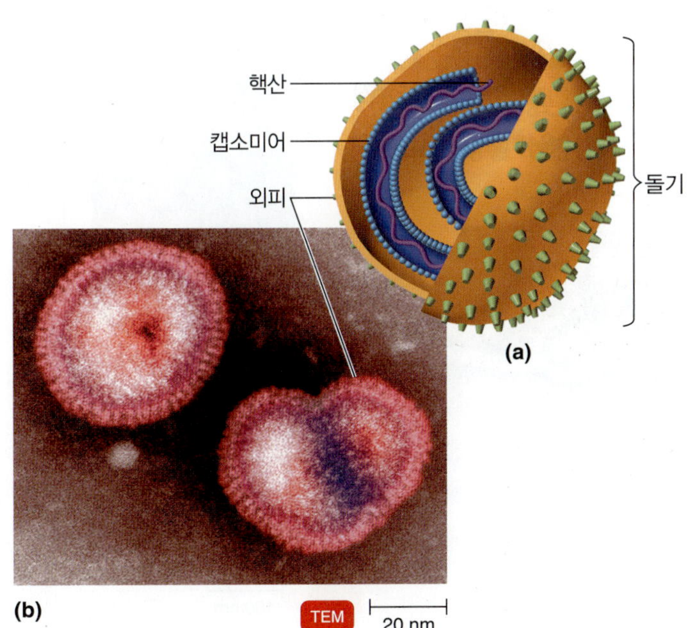

그림 10.3 외피성 나선형 바이러스의 모양. (a) 피막으로 둘러싸인 나선형 바이러스의 모식도. (b) 독감바이러스 A2의 전자현미경 사진. 각각의 외피에서 바깥쪽 표면으로 동그랗게 돌출된 스파이크를 눈여겨보시오.

Q 이 바이러스는 어떤 종류의 핵산을 지니고 있는가?

게 되는 것이다. 한 종류의 독감 바이러스에 대한 항체를 만들어 내더라도 바이러스가 돌연변이를 일으키면 다시 독감에 걸릴 수 있다.

일반적인 형태

바이러스는 캡시드의 구조에 따라 형태적으로 여러 종류로 분류할 수 있다. 이들 캡시드의 구조는 전자현미경이나 X-선 결정학을 이용하여 알아낼 수 있다.

나선형 바이러스

나선형 바이러스는 긴 막대 모양으로 단단한 것도 있고 유연한 것도 있다. 바이러스 핵산은 나선 구조 내부의 빈 관 모양의 캡시드 안에 존재한다(그림 10.4). 공수병이나 에볼라출혈열을 일으키는 바이러스가 나선형이다.

다면체 바이러스

많은 동물, 식물, 세균 바이러스는 다면체 바이러스에 속한다. 대부분의 다면체 캡시드는 정이십면체의 모양을 하고 있다. 이는 20개의 삼각형 면과 12개의 모서리가 있는 정다면체이다(그림 10.2a 참조). 각 면을 이루는 캡소미어는 정삼각형을 형성한다. 정이십면체 바이러스로 아데노바이러스가 있다(그림 10.2b). 소아마비바이러스도 정이십면체 바이러스다.

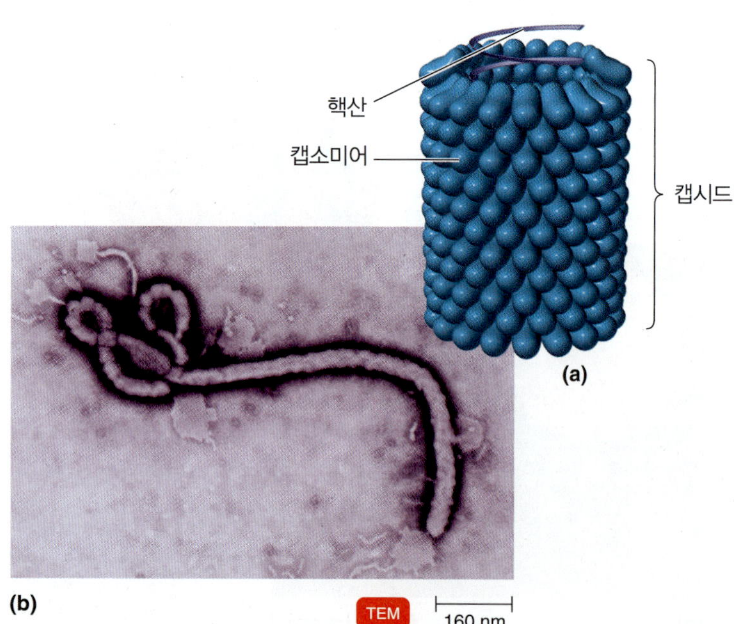

그림 10.4 **나선형 바이러스의 모양.** (a) 나선형 바이러스의 부분 모식도. 핵산을 드러내 보여주기 캡소미어의 한 층을 제거하였다. (b) 필로바이러스속 에볼라바이러스의 전자현미경 사진. 나선 막대형이다.

캡소미어의 화학적 구성성분은?

외피 보유 바이러스

앞에서 언급했듯이 일부 바이러스의 캡시드는 외피로 싸여 있다. 외피 바이러스는 둥근 모양이다. 나선형이나 다면체 바이러스가 외피로 둘러싸이면 외피보유 **나선형(enveloped helical)** 또는 외피보유 **다면체 바이러스(enveloped polyhedral virus)**라고 부른다. 외피보유 나선형 바이러스로는 독감바이러스를 들 수 있다(그림 10.3b). 외피보유 다면체(정이십면체) 바이러스로는 단순허피스바이러스가 있다(그림 10.16b).

복합형 바이러스

일부 바이러스, 특히 세균 바이러스는 복잡한 구조를 하고 있어 **복합형 바이러스(complex virus)**라고 한다. 복합형 바이러스의 예로 박테리오파지를 들 수 있다. 일부 박테리오파지는 캡시드에 부수적인 구조가 달려 있다(그림 10.5a). 이 그림에서 캡시드(머리)는 다면체이고 꼬리는 나선형인 것을 볼 수 있다. 머리에 핵산이 들어 있다. 이번 장의 후반부에서 꼬리와 꼬리 섬유, 기저판, 핀 등과 같은 구조의 기능을 살펴볼 것이다. 복합형 바이러스의 다른 예로는 두창을 일으키는 폭스바이러스(poxvirus)를 들 수 있다. 폭스바이러스는 명확한 캡시드는 없고 핵산을 둘러싼 여러 층이 있다(그림 10.5b).

바이러스의 분류

호흡계 질환처럼 감염 증상을 기준으로 하는 분류가 가장 오래된 바이러스 분류법이다. 이러한 분류체계는 편리하기는 하지만 동일한 바이러스가 감염 조직에 따라 하나 이상의 질병을 일으킬 수도 있으므로 과학적이라보기는 어렵다. 게다가 이와 같은 체계를 가지고는 사람을 감염하지 않는 바이러스를 분류하기도 곤란하다.

DNA 염기서열 결정이 빨라지면서 국제바이러스분류학회에서는 유전체 서열과 구조에 따라 바이러스를 분류하고 있다. 속명에는 끝에 바이러스(*-virus*)를 붙이고, 과명에는 비리대(*-viridae*), 목명에는 알레스(*-ales*)를 붙인다. 공식적으로 바이러스 이름을 쓸 때 과명과 속명은 다음과 같은 형식으로 쓴다. 허피스비리대과, 심플렉스바이러스속, 사람 허피스바이러스 2(Family Herpesviridae, genus *Simplexvirus*, human herpesvirus 2).

바이러스 종(viral species)은 동일한 유전정보와 생태지위(숙주 범위)를 지니는 바이러스 집단으로 규정된다. 바이러스에는 종명(specific epithet)은 사용하지 않고, 해당 종에는 특징을 설명하는 일반명으로 부여한다. 예를 들면, 사람면역결핍바이러스(human immunodeficiency virus, HIV)와 같은 이름으로 불리며 아종이 있

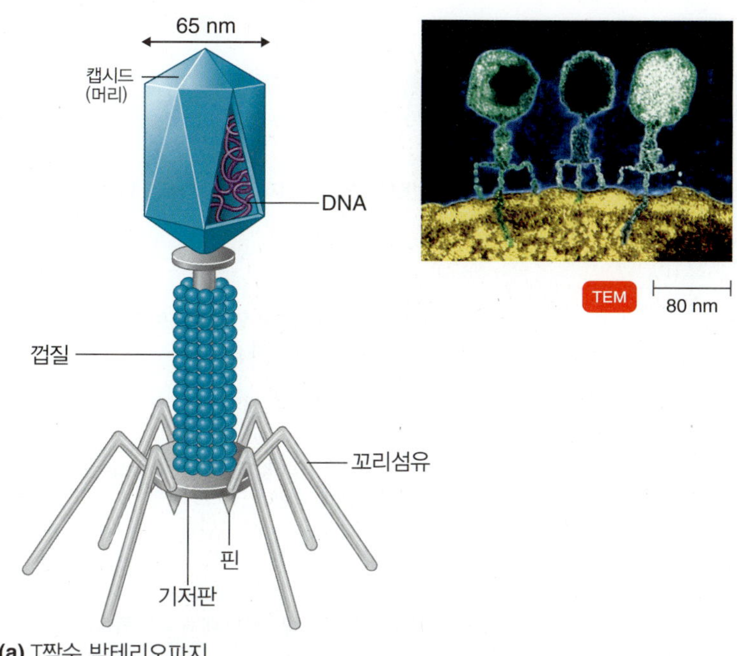

(a) T짝수 박테리오파지

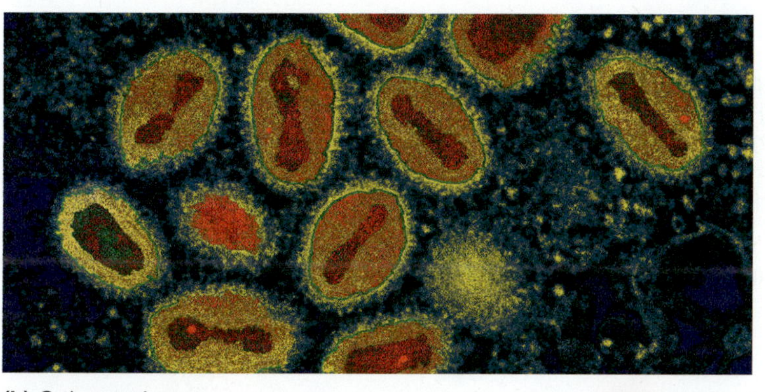

(b) *Orthopoxvirus*

그림 10.5 복합형 바이러스의 모양. (a) T-짝수 바이러스의 모식도와 현미경 사진. (b) 두창바이러스(variola virus)의 현미경 사진. 오르소폭스바이러스(*Orthopoxvirus*) 속의 한 종으로 두창을 일으킨다.

Q 바이러스의 캡시드는 어떤 기능을 하는가?

는 경우에는 주로 번호를 부가한다(HIV-1). 표 10.2에 사람을 숙주로 삼는 바이러스의 분류체계가 요약되어 있다.

바이러스의 분리, 배양, 동정

살아 있는 숙주세포 밖에서 증식하지 못한다는 특성은 바이러스의 검출과 계수, 동정을 어렵게 만든다. 바이러스를 배양하려면 비교적 간단한 화학배지 대신 살아 있는 세포를 제공해야 한다. 살아 있는 동식물은 유지하기 어렵고 비용이 많이 든다. 고등 영장류나 사람 숙주에서만 자라는 병원성 바이러스를 키우려면 더 복잡한 과정이 필요하다. 그러나 세균을 숙주로 하는 바이러스(박테리오파지)는 비교적 쉽게 세균 배양액을 이용하여 키울 수 있다. 그 결과 바이러스의 증식에 대한 지식은 대부분 박테리오파지를 통해 얻을 수 있었다.

실험실에서 박테리오파지 배양하기

박테리오파지는 세균의 액체 배양액이나 고체 배양 접시에서 키울 수 있다. 고체배지를 활용하면 **플라크 분석법(plaque method)**을 이용하여 바이러스를 확인하고 수를 셀 수도 있다. 숙주 세균 및 녹은 한천과 박테리오파지 시료를 섞어 준다. 박테리오파지와 숙주 세균이 들어 있는 한천 용액을 고체 한천배지가 들어 있는 페트리 접시 위에 붓는다. 바이러스-세균 혼합액은 페트리 배양접시 위에서 얇은 층을 형성하며 젤 상태로 굳는다. 바이러스는 세균을 감염시켜 증식하고 나서 수백 개의 자손 바이러스를 방출한다. 새로 생성된 바이러스는 근처에서 성장하고 있는 또 다른 세균을 감염시키고 더 많은 새로운 바이러스가 생성된다. 바이러스의 증식 회로가 몇 차례 반복되고 나면 원래의 바이러스를 둘러싸고 자라던 세균은 모두 파괴된다. 이 결과 한천배지의 표면에 빽빽하게 자라는 세균 층 곳곳에 **플라크(용균반, plaque)**라 불리는 투명한 지역이 나타난다(그림 10.6). 플라크가 형성될 때 페트리 한천 접시 상에서 감염되지 않은 세포는 빠른 속도로 증식하여 플라크 이외의 부분은 뿌옇게 된다.

각각의 플라크는 이론적으로는 최초의 현탁액에 존재하는 단일 바이러스에서 유래된 것이다. 따라서 바이러스 현탁액의 농도는 플라크의 수로 계산할 수 있으며 **플라크형성단위(plaque-forming units, PFU)**로 표기한다.

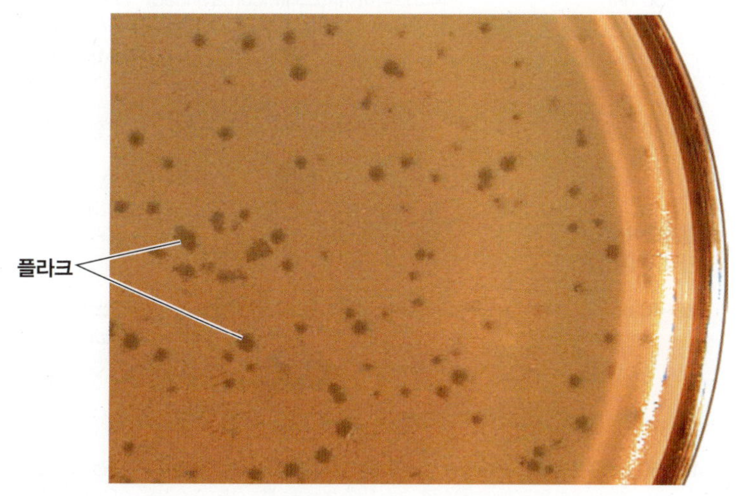

그림 10.6 박테리오파지에 의해 형성된 플라크. 빽빽하게 자란 대장균 층에 박테리오파지 λ가 다양한 크기의 투명한 바이러스 플라크를 형성하였다.

Q 플라크형성단위(plaque-forming unit)란 무엇을 말하는가?

표 **10.2** 사람 바이러스

특징/크기	바이러스 과	주요 속	특징
단일가닥 DNA, 외피 없음			
18~25 nm	파르보바이러스과(Parvoviridae)	사람 파르보바이러스 B19	전염성홍반(제5병), 면역억제 치료환자에게 빈혈 유발.
이중가닥 DNA, 외피 없음			
70~90 nm	아데노바이러스과(Adenoviridae)	*Mastadenovirus*속	사람에게 여러 호흡기 감염을 일으키는 중간 크기의 바이러스. 일부 종은 동물에서 종양유발.
40~57 nm	파포바바이러스과(Papovaviridae)	*Papillomavirus*속(사람 유두종바이러스) *Polyomavirus*속	사람에게서 사마귀와 경부 및 항문암을 유발하는 작은 바이러스들이 이 과에 속한다.
이중가닥 DNA, 외피 있음			
200~350 nm	폭스바이러스과(Poxviridae)	*Orthopoxvirus*속 (백시니아바이러스, 두창바이러스) *Molluscipoxvirus*속	두창, 물사마귀, 우두를 일으키는 매우 크고 복잡한 벽돌 모양의 바이러스.
150~200 nm	허피스바이러스과(Herpesviridae)	*Simplexvirus*속(HHV-1, -2) *Varicellovirus*속(HHV-3) *Lymphocryptovirus*속(HHV-4) *Cytomegalovirus*속(HHV-5) *Roseolovirus*속(HHV-6, HHV-7) *Rhadinovirus*속(HHV-8)	사람에게 열꽃물집, 수두, 대상포진, 전염성 단핵구증 등을 일으키는 중간 크기의 바이러스. 사람에게서 버킷림프종이라는 암도 일으킨다.
42 nm	헤파드나바이러스과 (Hepadnaviridae)	*Hepadnavirus*속(B형 간염바이러스)	단백질이 합성된 이후 B형 간염바이러스는 역전사효소를 이용하여 mRNA로부터 DNA를 합성한다. B형 간염과 간암을 일으킨다.
단일가닥 RNA, + 가닥, 외피 없음			
28~30 nm	피코르나바이러스과(Picornaviridae)	*Enterovirus*속 *Rhinovirus*속(일반적인 감기 바이러스) A형 간염바이러스	폴리오바이러스, 콕사키바이러스, 에코바이러스 등 적어도 70종의 사람 엔테로바이러스(장바이러스)가 알려져 있다. 리노바이러스 또한 100여 종이 존재하며 이는 가장 흔한 감기의 원인이다.
35~40 nm	칼리시바이러스과(Caliciviridae)	E형 간염바이러스 *Norovirus*속	위장염을 일으키며 한 종은 사람에게서 간염을 일으킨다.
단일가닥 RNA, + 가닥, 외피 있음			
60~70 nm	토가바이러스과(Togaviridae)	*Alphavirus*속 *Rubivirus*속(풍진바이러스)	동부말뇌염(eastern equine encephalitis, EEE), 서부말뇌염(western equine encephalitis, WEE), 치쿤구니아병(chikungunya) 등 절지동물에 의해 전염되는 바이러스가 많이 속해 있다(*Alphavirus* 속). 풍진바이러스는 호흡기로 전염된다.
40~50 nm	플라비바이러스과(Flaviviridae)	*Flavivirus Pestivirus* C형 간염바이러스	매개체인 절지동물 안에서 복제될 수 있다. 황열병, 뎅기병, 세인트루이스 및 웨스트나일 뇌염 등을 일으킨다.

(계속)

표 10.2 사람 바이러스 (계속)

특징/크기	바이러스 과	주요 속	특징
80~160 nm	코로나바이러스과(Coronaviridae)	*Coronavirus*	상기도 연관 감염 및 일반적인 감기와 관련, SARS 바이러스.
- 가닥, 단일가닥 RNA			
70~180 nm	랍도바이러스과(Rhabdoviridae)	*Vesiculovirus* (소포성구내염바이러스) *Lyssavirus* (광견병바이러스)	돌기가 있는 외피를 지니는 총알 모양의 바이러스. 광견병을 비롯한 여러 동물 질병을 일으킨다.
80~14,000 nm	필로바이러스과(Filoviridae)	*Filovirus*속	외피보유 나선형 바이러스. 에볼라바이러스 마르부르그바이러스가 필로바이러스속이다.
150~300 nm	파라믹소바이러스과(Paramyxoviridae)	*Paramyxovirus* *Morbillivirus* (홍역바이러스)	파라믹소바이러스는 파라인플루엔자 감염증, 볼거리(유행성귀밑샘염), 닭의 뉴캐슬병을 일으킨다.
32 nm	델타바이러스과(Deltaviridae)	D형 간염	헤파드나바이러스와의 공동감염에 의존한다.
- 가닥, 여러 조각 RNA			
80~200 nm	오르소믹소바이러스과(Orthomyxoviridae)	독감바이러스 A, B, C	외피의 돌기가 적혈구 세포를 응집시킬 수 있다.
90~120 nm	부냐바이러스과(Bunyaviridae)	*Bunyavirus* (캘리포니아뇌염바이러스) *Hantavirus*	한타바이러스는 한국형 출혈열과 한타바이러스 폐증후군을 일으킨다. 설치류에 의해 매개.
110~130 nm	아레나바이러스과(Arenaviridae)	*Arenavirus*	RNA 함유 입자를 포함하는 나선형 캡시드, 림프구성 맥락수막염, 베네주엘라형 출혈열, 라싸열 등을 일으킨다.
단일가닥 RNA, DNA 생성			
100~120 nm	레트로바이러스과(Retroviridae)	종양바이러스 *Lentivirus* (HIV)	RNA 종양바이러스는 모두 레트로바이러스에 속하며 종양바이러스는 동물에서 백혈병과 암을 일으킨다. 렌티바이러스속의 HIV는 AIDS를 일으킨다.
이중가닥 RNA, 외피 없음			
60~80 nm	레오바이러스과(Reoviridae)	*Reovirus* *Rotavirus*	절지동물에 의해 매개되는 일반적으로 약한 호흡기 감염을 일으킨다. 콜로라도진드기열이 가장 널리 알려졌다.

실험실에서 동물 바이러스 배양하기

실험실에서 동물 바이러스를 배양하는 데는 주로 세 가지 방법을 사용한다. 동물 바이러스를 배양하기 위해서는 살아 있는 동물, 발육란, 또는 세포배양액이 필요하다.

살아 있는 동물 이용

일부 동물 바이러스는 쥐와 토끼, 기니피그 등의 살아 있는 동물에서만 배양 가능하다. 바이러스에 감염에 따른 면역반응 연구 실험은 대부분 바이러스에 감염된 동물을 이용해서 이루어진다. 임상 시료에서 바이러스를 동정하고 분리하는 등의 진단 과정에 동물을 이용하기도 한다. 동물에 시료를 주입한 다음 동물에서 질병의 증상이 나타나는지 관찰하거나 감염된 조직에서 바이러스를 조사한다.

일부 사람 바이러스는 동물에서 배양할 수 없거나 배양할 수 있어도 질병을 일으키지 않는다. AIDS의 경우, 동물 모델이 없기 때문에 이 질병이 진행되는 과정을 이해하는 데 시간이 걸렸고 생체 내에서 바이러스의 성장을 저해하는 약제를 개발하기 위한 실험을 할 수 없었다. 침팬지는 사람면역결핍바이러스의 한 종(HIV-1, *Lentivirus*속)에만 감염될 수 있으나 질병의 증상을 나타내지 않으므로 바이러스의 성장에 따른 영향이나 질병 치료를 위한 연구에 사용할 수는 없다. AIDS 백신은 현재 사람을 대상으로 임상시험 중이나 질병이 매우 천천히 진행되기 때문에 백신의 효과를 결정하는 데에도 여러 해가 걸릴 수 있다. 1986년 원숭이 AIDS(사바나원숭이의 면역결핍증)에 이어서 1987년에는 고양이 AIDS(집 고양이의 면역결핍증)가 보고되었다. 이들 질병은 렌티바이러스에 의해 나타나며 이들은 HIV와 밀접하게 연관되어 있다. 이들 질병은 몇 달 안에 발병하므로 다른 조직에서 바이러스의 성장을 연구하는 모델로 이용된다. 1990년 면역이 결핍된 생쥐에서 사람의 T 세포와 사람의 감마글로불린을 생산하도록 이식하는 과정에서 생쥐에 HIV를 감염시키는 방법이 발견되었다. 이렇게 이식된 생쥐는 비록 백신 개발에는 적당하지 않지만 바이러스의 복제 연구에는 믿을만한 모델이 된다.

발육란 이용

바이러스가 **발육란**(embryonated egg)에서 자랄 수 있다면 이를 이용하여 적은 비용으로 상당히 편리하게 동물 바이러스를 배양할 수 있다. 발육란의 껍질에 구멍을 뚫고 바이러스 현탁액이나 바이러스가 들어 있는 것으로 의심되는 조직을 계란 속으로 주입한다. 계란에는 여러 개의 막이 존재하는데 바이러스가 성장하기에 가장 적절한 영역으로 주입한다(그림 10.7). 바이러스의 성장은 배의 사멸이나 배 세포의 손상, 계란 막에 생기는 전형적인 흔적이나 손상을 통해 확인한다. 이 방법은 한때 바이러스를 분리하고 배양하는 가장 흔한 방법으로 널리 사용되었고 여전히 일부 백신은 이 방법을 통해 생산되기도 한다. 이 때문에 백신 예방 접종을 할 때 계란 알러지가 있는지 확인하는 것이다. 바이러스 백신 제조 과정에 계란 단백질이 포함될 수 있기 때문이다.

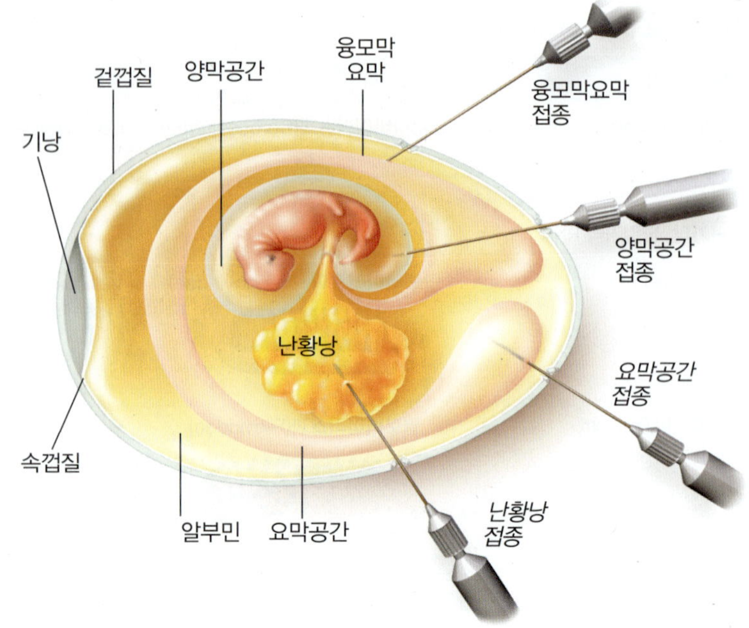

그림 10.7 발육란의 접종. 바이러스가 잘 자라는 위치에 바이러스를 접종한다.

Q 바이러스를 배양액이 아닌 달걀에서 키우는 까닭은?

세포배양

세포배양(cell culture)은 많은 바이러스의 배양에서 가장 선호하는 방법으로 발육란을 대체하고 있다. 세포배양은 실험실 배지에서 배양된 세포를 이용한다. 이들 배양액은 일반적으로 균질한 세포 집단으로 이루어지므로 세균 배양액과 상당히 비슷한 방식으로 배양하고 처리할 수 있다. 따라서 동물 개체나 발육란보다 훨씬 더 편리하게 사용할 수 있다.

세포배양은 동물의 조직 절편에 효소를 처리하여 개별 세포로 분리하는 과정으로 시작된다(그림 10.8). 이들 세포를 성장에 필요한 삼투압과 영양물질, 성장인자 등이 함유된 용액에 현탁한다. 정상 세포는 유리나 플라스틱 용기에 부착하여 단일층을 형성하며 증식한다. 이러한 단일층에 바이러스가 감염되면 세포가 증식하면서 더 이상 균일한 단일층을 이루지 못한다. 이와 같은 세포의 변화를 **세포병변 효과(cytopathic effect, CPE)**라 하며 그림 10.9에서 볼 수 있다. 박테리오파지가 빽빽하게 자란 세균층에 플라크를 형성하여 PFU/ml의 형태로 분석되는 것과 같은 방식으로 세포병변 효과를

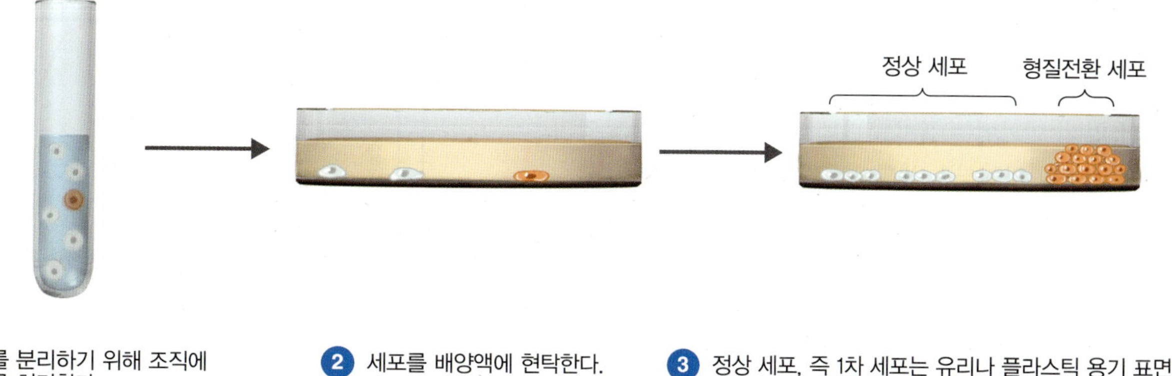

1 세포를 분리하기 위해 조직에 효소를 처리한다.

2 세포를 배양액에 현탁한다.

3 정상 세포, 즉 1차 세포는 유리나 플라스틱 용기 표면에 단일층을 형성하며 자란다. 형질전환된 세포 또는 연속배양 세포는 단일층으로 자라지 않는다.

그림 10.8 **세포배양.** 형질전환된 세포는 실험실 배양에서 무기한 배양할 수 있다.

Q 형질전환된 세포를 "불멸화"된 세포라 일컫는 까닭은?

이용하여 바이러스의 존재 여부를 확인하고 수를 특정할 수 있다.

바이러스는 1차 세포주 또는 연속배양 세포주에서 배양된다. **1차 세포주(primary cell line)**는 조직에서 직접 채취하여 배양한 것으로 몇 세대 후에는 사멸한다. **이배체 세포주(diploid cell line)**라 불리는 세포주가 있는데, 이는 사람의 배아에서 얻으며 대략 100세대 동안 유지할 수 있어 사람 숙주가 필요한 바이러스 배양에 널리 이용된다. 사람의 배아 세포에서 얻은 이배체 세포주를 이용하여 공수병 백신을 생산하는데 이를 사람 이배체 배양 백신이라 부른다.

바이러스를 실험실에서 일상적으로 배양하려면 **연속배양 세포주(continuous cell line)**를 사용한다. 이 세포주는 암세포로 형질전환된 세포로 무한대로 계속 증식하여 유지될 수 있어 때로 불멸화 세포주라고도 한다. 연속배양 세포주 가운데 하나인 HeLa 세포주는 1951년에 사망한 한 여성(**He**nrietta **La**cks)의 암세포에서 분리되었다. 여러 해 동안 실험실에서 배양되면서 이 같은 세포주 가운데 대부분은 해당 세포의 원래 특성을 거의 모두 잃어버렸으나 이와 같은 변화는 바이러스를 배양하는 데 영향을 주지 않는다. 세포주를 이용하여 많은 종류의 바이러스를 분리하고 배양할 수 있음에도 불구하고 여전히 일부 바이러스는 세포 배양액을 이용하여 배양하는 데 성공하지 못하고 있다.

세포배양의 가능성은 19세기 말에 처음 제기되었으나 제2차 세계대전 이후 항생제가 개발되고 나서야 실질적으로 실험실에서 세포를 배양할 수 있게 되었다. 동물 세포를 배양할 때 가장 큰 어려움 중의 하나는 세포 배양액을 미생물에 오염되지 않은 채 유지하는 일이다.

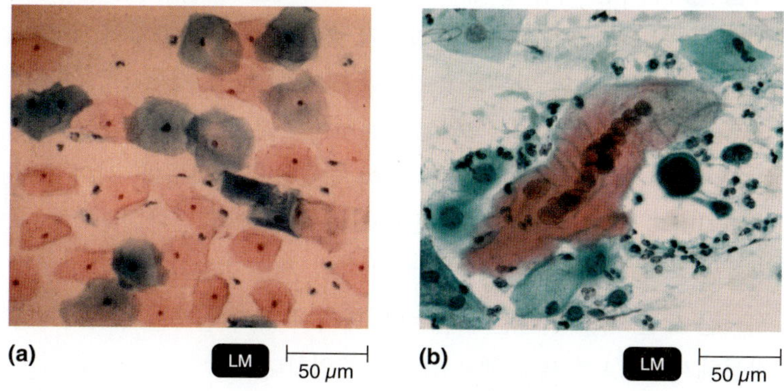

그림 10.9 **바이러스의 세포병변 효과.** (a) 감염되지 않은 생쥐 세포가 서로 붙어서 단일층을 형성한다. (b) 수포성 구내염 바이러스(vesicular stomatitis virus, VSV)에 감염된 후 24시간이 지난 세포. 세포가 위로 커지며 둥글게 변하는 것에 주목하시오.

Q VSV 감염은 세포에 어떤 영향을 주는가?

바이러스 동정

분리한 바이러스를 동정하는 일은 쉽지 않다. 바이러스는 전자현미경을 사용해야만 볼 수 있다는 것도 그 한 가지 이유이다. 웨스턴 블롯팅과 같은 혈청학적 방법이 가장 널리 사용되는 동정 방법이다(그림 7.11 참조). 이와 같은 검사법에서 바이러스는 항체와의 반응성을 이용해서 검출하고 동정한다. 세포병변 효과의 관찰 또한 바이러스를 동정하는 유용한 방법이다.

바이러스학자는 제한효소절편다형성(restriction fragment length polymorphisms, RFLP)이나 중합효소증폭반응(polymerase chain reaction, PCR)을 비롯한 최신 분자생물학적 방법을 사용하여 바이러스를 동정하고 그 특성을 연구한다(14장 참조). PCR로 바이러스의 RNA를 증폭하여 1999년 미국에서는 웨스트나일바이러스를, 2002년 중국에서는 SARS를 일으키는 코로나바이러스를 동정하였다.

바이러스의 증식

바이러스 입자의 핵산에는 새로운 바이러스를 합성하는 데 필요한 소수의 유전자만 있다. 여기에는 캡시드 단백질과 같은 바이러스 입자의 구성성분 유전자와 바이러스 생활사에 사용되는 몇몇 효소 유전자들이 포함된다. 이들 효소는 바이러스가 숙주세포 안에 있을 때에만 합성되어 기능을 한다. 바이러스 효소는 거의 대부분 바이러스의 핵산을 복제하거나 가공하는 일을 한다. 단백질 합성, 리보솜, tRNA, 에너지 합성 등에 필요한 효소는 숙주세포가 공급하며 이를 이용해 바이러스 효소를 비롯한 바이러스 단백질을 합성한다. 비외피성 바이러스 입자 중에 크기가 작은 것에는 미리 만들어진 효소가 들어 있지 않지만 더 큰 바이러스 입자에는 하나 이상의 효소가 있는 경우도 있다. 이들 효소는 대개 바이러스가 숙주세포를 뚫고 들어가는 과정이나 자신의 핵산 복제 과정을 돕는 기능을 한다.

따라서 바이러스가 증식하려면 바이러스는 반드시 숙주세포에 들어가서 숙주의 대사 기구를 장악해야 한다. 바이러스 입자 하나는 숙주세포 하나에 들어가 여러 개, 심지어는 수천 개의 비슷한 바이러스를 만들어낸다. 이 과정은 숙주세포를 급격하게 변화시켜 대개는 숙주세포의 사멸을 초래한다. 몇몇 바이러스의 경우에는 감염된 숙주세포가 계속 생존하면서 끝없이 바이러스를 생성하기도 한다.

바이러스의 증식은 **1단계 증식곡선(one-step growth curve)**을 보인다(그림 10.10). 배양 중인 모든 세포를 바이러스로 감염시킨 다음, 배양액을 검사하여 바이러스 입자와 바이러스 단백질, 핵산을 확인하면 이와 같은 성장곡선을 얻을 수 있다.

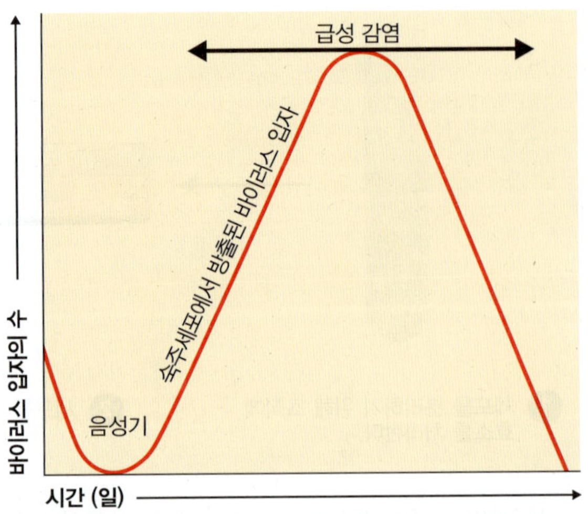

그림 10.10 **바이러스의 일단 성장곡선.** 생합성과 성숙기가 완료되기 전에 배양액에서는 새로운 감염성 바이러스 입자가 관찰되지 않는다. 대부분의 세포는 감염 즉시 사멸하여 새로운 바이러스 입자를 만들어내지 못한다.

Q 생합성과 성숙기 동안 세포에서는 발견되는 것은 무엇인가?

박테리오파지의 증식

바이러스가 숙주세포에 들어가고 나오는 방법은 바이러스에 따라 다르지만 바이러스 증식의 기본 방식은 모든 바이러스에서 비슷하다. 박테리오파지는 용균회로와 용원회로라는 서로 다른 두 가지 방식으로 증식한다. **용균회로(lytic cycle)**는 숙주세포가 파괴되고 사멸되는 것으로 끝나는 반면, **용원회로(lysogenic cycle)** 동안에는 숙주세포가 살아남는다. T-짝수 박테리오파지(T-even bacteriophages, T2, T4, T6)가 가장 많이 연구되었기 때문에 숙주인 대장균에서 T-짝수 박테리오파지가 증식하는 방식을 예로 들어 용균회로를 설명하고자 한다.

T-짝수 파지: 용균회로

T-짝수 박테리오파지의 입자는 크고 복잡하고 외피가 없으며 그림 10.5a와 그림 10.11에서 보듯이 특징적인 머리와 꼬리 구조를 보인다. 이 박테리오파지에 들어 있는 DNA의 길이는 대장균 것의 6%에 불과하지만 100여 개의 파지 유전자를 담기에는 충분하다. 이 파지의 증식회로는 다른 모든 바이러스와 마찬가지로 부착, 유입, 생합성, 성숙, 방출의 다섯 단계로 나눌 수 있다.

부착 ❶ 파지 입자와 세균이 우연히 마주치면 바이러스가 세균에 부착(attachment) 또는 흡착(adsorption)된다. 이 과정에서 바이러스에 있는 부착자리는 세균 세포에 존재하는 상보적인 수용체 자리와 결합한다. 이와 같은 부착과정은 부착자리와 수용체 자리 사이에 약한 화학결합의 형성으로 이루어진다. T-짝수 바이러스는 꼬리의 말단에 있는 꼬리섬유를 부착자리로 사용한다. 상보적인 수용체 자리는 세균의 세포벽에 존재한다.

유입 ❷ 부착된 다음 T-짝수 박테리오파지는 DNA(핵산)를 세균 안으로 주입한다. DNA를 주입하기 위해 박테리오파지의 꼬리에서 세균의 세포벽의 일부를 분해하는 효소인 **파지 리소자임(phage lysozyme)**을 방출한다. 유입(penetration) 과정 중에 파지의 꼬리 껍질이 수축하면서 안쪽의 꼬리 심이 세포벽을 투과한다. 심의 끝이 원형질막에 도달하면, 박테리오파지 머리 부분에 들어 있는 DNA가 꼬리 심과 원형질막을 통과하여 세균 세포 안으로 들어간다. 캡시드는 세균 세포의 바깥에 남는다. 따라서 파지 입자는 주사기처럼 작동해서 DNA를 세균 세포 안으로 주입한다.

생합성 ❸ 일단 박테리오파지 DNA가 숙주세포의 세포질에 도달하면 바이러스의 핵산과 단백질이 생합성된다. 바이러스가 숙주 DNA의 분해를 유도하거나 전사나 번역을 저해하는 바이러스 단백질로 인해 숙주의 단백질 합성은 중단된다.

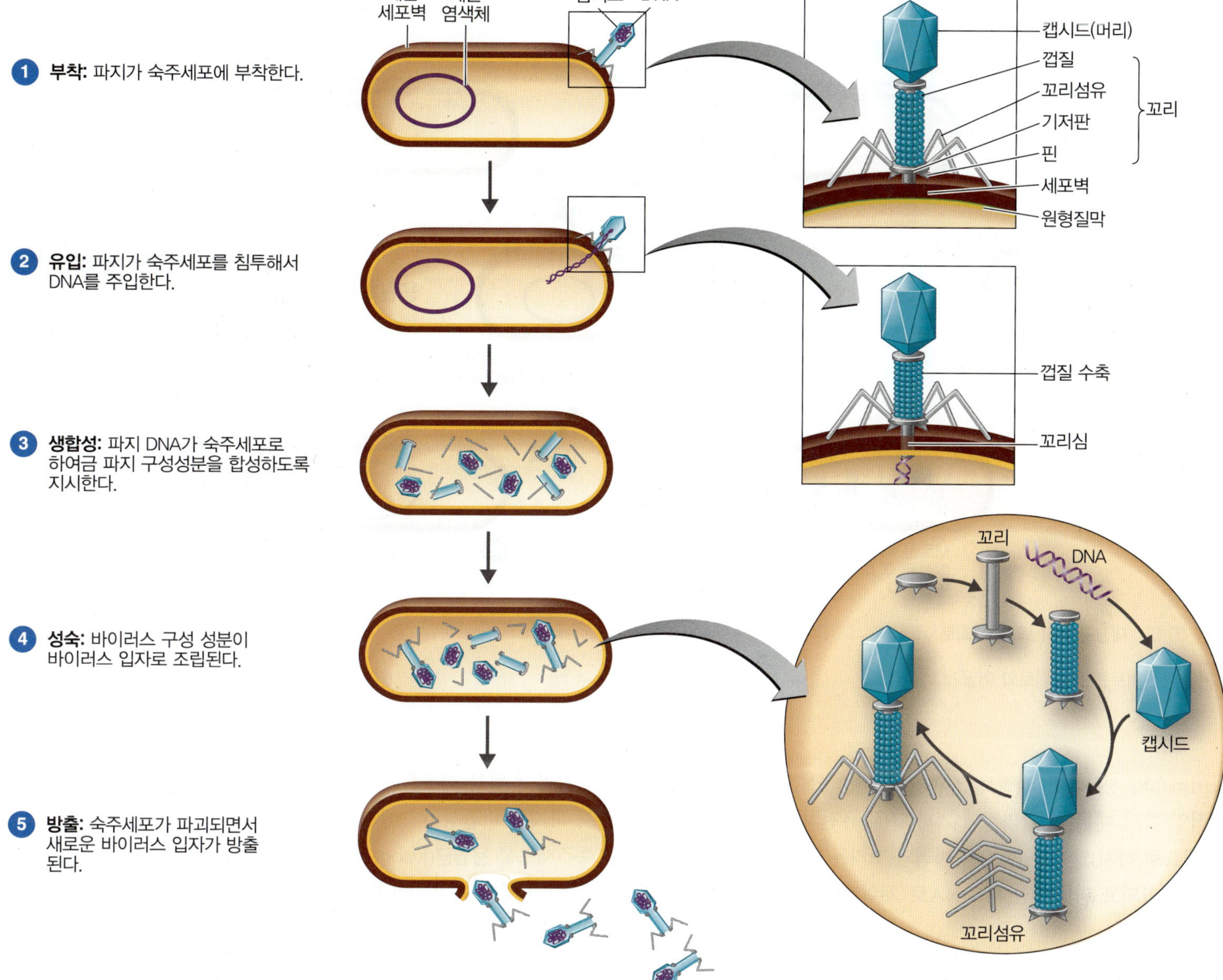

그림 10.11 **T-짝수 파지의 용균회로**

Q 용균회로가 끝나면 어떤 결과가 생기는가?

초기에 파지는 숙주세포의 뉴클레오티드와 여러 효소를 이용해서 파지 DNA의 사본을 합성한다. 곧 이어 바이러스 단백질의 합성이 시작된다. 이 시점에서 숙주세포에서 전사되는 모든 RNA는 파지 효소와 캡시드 단백질의 생합성을 위한 것으로 파지 DNA에서 전사된다. 숙주세포의 리보솜과 효소, 아미노산 등이 번역에 사용된다. 유전자 조절을 통해 증식 회로가 진행되는 동안 파지 DNA의 서로 다른 부분이 mRNA로 전사된다. 예를 들어, 감염 직후에는 파지 DNA 합성에 사용되는 효소 등의 초기 파지 단백질의 mRNA가 전사되어 단백질로 번역된다. 또한 감염 후기에는 캡시드 단백질의 합성에 필요한 파지 단백질 유전자가 전사되고 번역된다.

감염 후 몇 분 동안은 완전한 형태를 갖춘 파지 입자를 숙주세포에서 볼 수 없다. 단지 DNA나 단백질과 같은 개개의 성분이 따로따로 발견될 뿐이다. 바이러스가 증식하는 동안 감염 능력을 지닌 완전한 바이러스 입자가 미처 만들어지기 전까지의 시기를 **음성기(eclipse period)**라 한다.

성숙 ❹ 다음 순서는 성숙(maturation) 과정이다. 이 시기에 박테리오파지 DNA와 캡시드는 완전한 바이러스 입자의 형태로 조립된다.

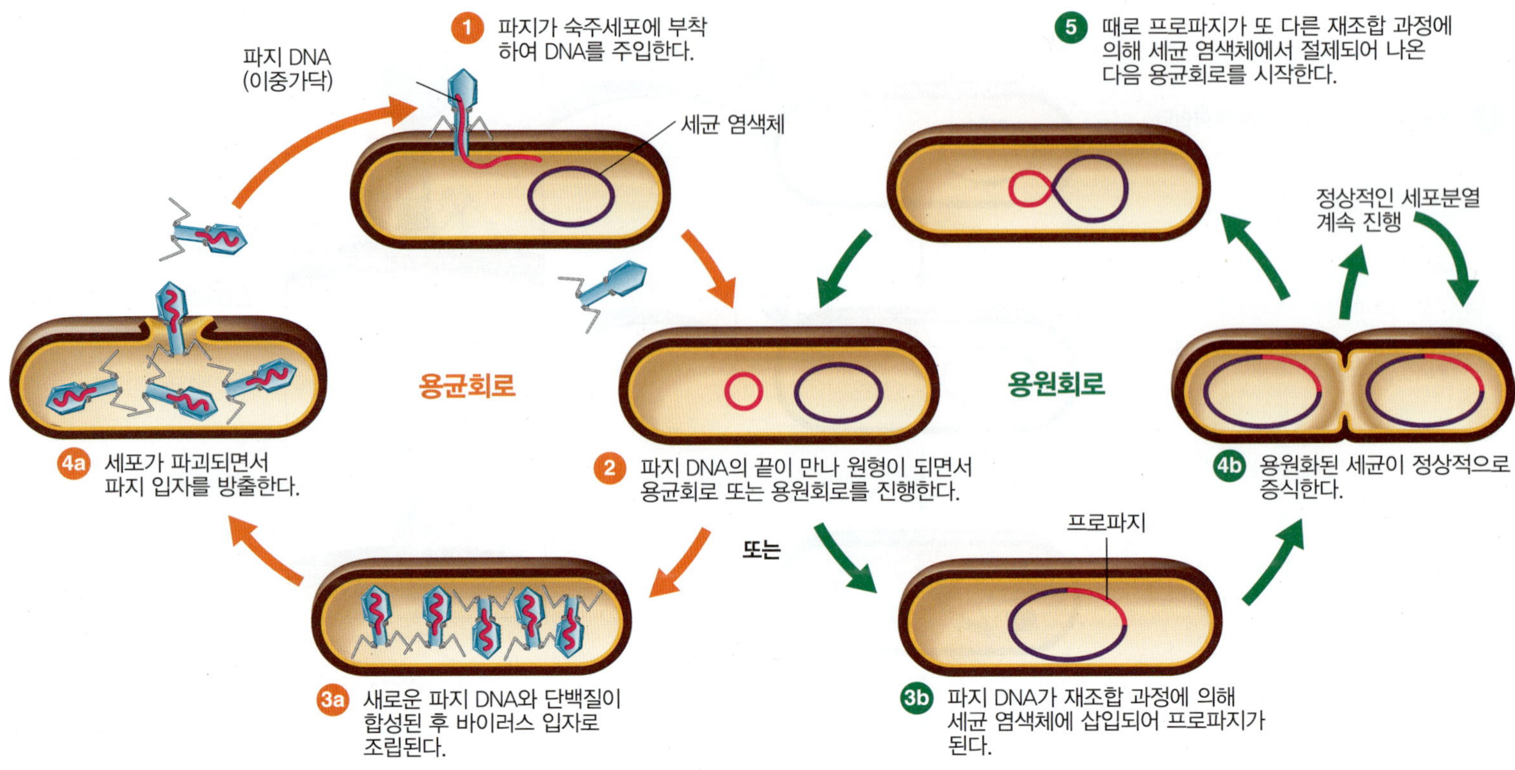

그림 10.12 대장균 파지 λ의 용원회로

Q 용원회로는 용균회로와 어떻게 다른가?

바이러스의 성분들은 저절로 조립되어 바이러스 입자를 이루는 본질적인 특성 때문에 이 과정에 기타 조절 유전자나 유전자 산물 등은 필요로 하지 않는다. 파지의 머리와 꼬리는 단백질 소단위로부터 따로 조립되고 머리가 파지 DNA로 채워지면 여기에 꼬리가 부착된다.

방출 ⑤ 바이러스 증식의 마지막 단계는 숙주세포에서 바이러스 입자가 방출(release)되는 과정이다. **용균(lysis)**이라는 용어는 일반적으로 T-짝수 파지의 증식에서 이 단계를 가리키는 용어다. 이 경우에 원형질막이 실제로 조각나면서 세포가 분해되기 때문이다. 파지 유전자가 부호화하는 리소자임은 세포 안에서 합성된다. 이 효소가 세균의 세포벽을 파괴하고 새로 합성된 박테리오파지를 숙주세포 밖으로 방출시킨다. 방출된 박테리오파지는 주변의 다른 세포를 감염시키고 바이러스 증식회로가 이들 세포에서 반복된다.

박테리오파지 람다(λ): 용원회로

T-짝수 박테리오파지와 대조적으로 일부 바이러스는 증식하면서도 숙주세포를 사멸시키지 않는다. 용원파지(lysogenic phage) 또는 온건파지(temperate phage)라 불리는 파지 종류는 실제 용균성 회로를 진행할 수도 있지만 또한 자신의 DNA를 숙주세포의 DNA에 삽입시켜 용원성 회로를 시작할 수도 있다. **용원화(lysogeny)** 과정에서 파지는 비활성인 상태(잠재 상태)로 남아 있다. 용원화된 세균의 숙주세포를 용원균(lysogenic cell)이라 한다.

널리 알려진 용원파지인 박테리오파지 λ(람다)를 예로 들어 용원회로를 살펴보기로 한다(그림 10.12).

1. 대장균 세포에 유입되면,
2. 파지 입자 안에서 선형으로 존재 했던 파지 DNA의 끝이 연결되어 원형 DNA를 이룬다.

3a 원형 DNA가 복제되고 전사되면서,

4a 새로운 파지를 생성하고 세포를 용균시킨다(용균회로).

3b 이와 달리 원형 DNA가 세균 DNA와 재조합되어 그 일부로 존재한다(용원회로). 삽입된 파지 DNA는 **프로파지(prophage)**라 불린다. 대부분의 프로파지 유전자는 파지 유전자에서 합성된 두 개의 억제자 단백질에 의해 억제된다. 이들 억제자는 파지의 오퍼레이터에 결합하여 모든 다른 파지 유전자의 전사를 중단시킨다. 따라서 새로운 바이러스 입자의 합성과 방출을 유도하는 모든 파지 유전자의 발현은 억제된다. 이는 대장균의 젖당 오페론 유전자가 젖당 억제자에 의해 발현이 억제되는 과정과 거의 같다(그림 6.12 참조).

숙주세포가 자기 염색체를 복제할 때마다,

4b 숙주세포는 프로파지 DNA도 복제하게 된다. 프로파지는 용원화된 세포 내에서 잠재 상태로 유지된다.

5 그러나 드물게 저절로 혹은 자외선이나 특정한 화학물질의 작용을 받아 프로파지 DNA가 절제되어 나와 새로 용균회로를 시작하기도 한다.

용원화된 세포는 세 가지 특성을 갖게 된다. 첫째, 용원화된 세포는 면역성을 지니게 되어 동일한 종류의 파지에 의해 재감염이 되지 않는다. (그러나 다른 종류의 파지에 감염될 수는 있다.) 둘째로 용원화된 세포에서는 **파지전환(phage conversion)**이 일어난다. 이는 프로파지로 인해 숙주세포가 새로운 특성을 나타내는 것을 말한다. 예를 들면 디프테리아를 일으키는 세균인 *Corynebacterium diphtheriae*는 독소를 합성함으로써 병을 일으킨다. 이 세균이 만드는 독소 유전자는 프로파지 DNA 상에 존재하므로 이 파지가 용원화되었을 때만 독소를 생성할 수 있다. 파지에 의해 용원화된 연쇄상구균만이 독성쇼크증후군을 야기할 수 있다. 보툴리누스식중독을 일으키는 *Clostridium botulinum* 또한 프로파지에서 유전자가 식중독 독소를 생산하며, 일부 병원성 대장균이 생성하는 시가독소도 프로파지에서 만들어진다.

용원화에 의한 세 번째 결과는 **특수 형질도입(specialized transduction)**이 가능해진다는 것이다. 6장에서 세균 유전자가 파지 껍질 안에 들어가서 또 다른 세균에 전해지면서 일반형질도입이 일어난다는 사실을 살펴보았다(그림 6.31 참조). 일반형질도입에서는 숙주 염색체가 조각나면서 어떤 유전자든 파지 껍질 안으로 들어갈 수 있고 따라서 어떤 유전자든 다른 세포로 도입될 수 있다. 그러나 특수형질도입에서는 특정한 세균 유전자만이 전달될 수 있다.

특수형질도입은 용원파지에 의해 매개된다. 용원파지는 같은 캡시드 안에 자신의 DNA와 함께 세균의 DNA 일부를 포장해 넣을 수 있기 때문이다. 프로파지가 숙주의 염색체에서 떨어져 나올 때 파지 DNA의 양쪽에 인접한 숙주 염색체 부위가 파지 DNA와 함께 잘릴 수 있다. 그림 10.13에 박테리오파지 λ가 갈락토오스 분해능력이 있는 숙주에서 갈락토오스를 분해하는 *gal* 유전자를 획득하는 과정이 나타나 있다. 이 유전자를 지니는 파지가 갈락토오스를 분해할 수 없는 세균을 용원화시키면 갈락토오스를 분해할 수 있는 형태로 형질도입된다.

특정한 동물 바이러스 또한 용원화와 매우 유사한 과정을 진행하기도 한다. 숙주세포 안에서 오랫동안 증식하거나 병을 일으키지 않고 잠재 상태로 존재하는 동물바이러스는 숙주의 염색체에 자신의 DNA를 삽입하거나 숙주 DNA와 분리되어 불활성 상태로 존재할 수 있다(용원화 파지에서처럼). 종양 바이러스 중에도 잠재성인 바이러스가 있으며 이는 이번 장의 후반부에서 살펴볼 것이다.

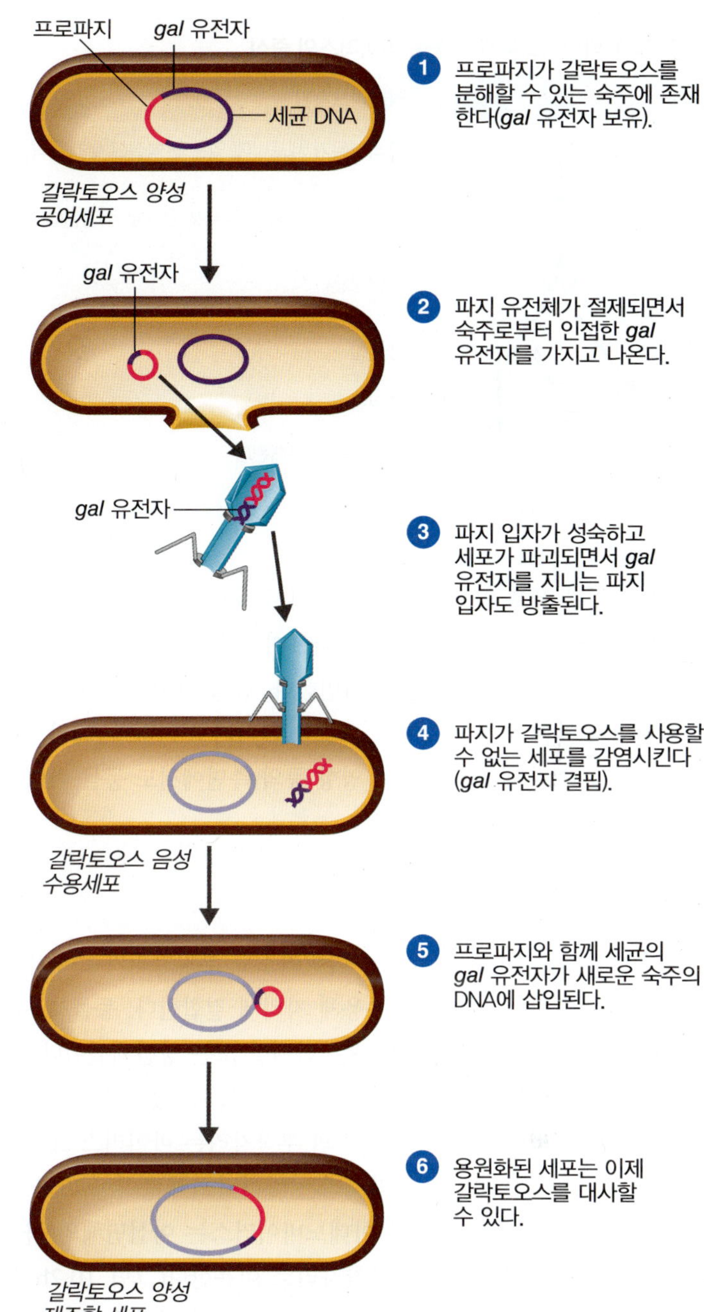

그림 10.13 **특수형질도입.** 프로파지가 숙주 염색체에서 절제되어 나올 때 세균 염색체 상에서 프로파지와 인접해 있던 DNA를 조금 가지고 나올 수 있다.

Q 특수형질도입은 용균회로와 어떻게 다른가?

동물 바이러스의 증식

동물 바이러스의 증식은 박테리오파지의 증식과정과 기본적으로 동일하나 몇 가지 차이점을 보인다. 이는 표 10.3에 요약되어 있다. 동물 바이러스는 숙주세포에 유입되는 과정이 파지와 다르다. 또한 바

표 10.3 박테리오파지와 동물 바이러스의 증식

단계	박테리오파지	동물 바이러스
부착	꼬리섬유가 세포벽에 있는 단백질에 부착한다.	부착자리는 원형질막 단백질과 당단백질이다.
유입	바이러스 DNA가 숙주세포 안으로 주입된다.	캡시드는 수용체매개 세포내섭취 또는 막융합 과정을 통해 숙주세포 안으로 들어간다.
탈피	해당 없음	캡시드 단백질은 효소에 의해 제거된다.
생합성	세포질	핵(DNA 바이러스) 또는 세포질(RNA 바이러스)
만성감염	용원화	잠재성; 바이러스 감염이 느리다; 암 유발
방출	숙주세포가 분해된다.	외피보유 바이러스는 출아과정에 의해; 비외피성 바이러스는 원형질막을 파괴함으로써 방출된다.

이러스가 일단 세포 안으로 들어가고 나서 새로운 바이러스 성분이 합성되고 조립되는 과정 또한 조금 다르며 이는 부분적으로 원핵세포와 진핵세포 사이의 차이점에 기인한다. 동물 바이러스는 파지에서 발견되지 않는 특정한 종류의 효소를 지니기도 한다. 마지막으로 성숙과 방출, 숙주세포에 미치는 영향 등의 측면에서도 동물 바이러스는 파지와 다르다.

부착

박테리오파지와 마찬가지로 동물 바이러스도 부착자리가 숙주세포의 표면에 존재하는 상보적인 수용체 자리에 결합한다. 동물세포의 수용체 자리는 원형질막에 존재하는 단백질 또는 당단백질이다. 또한 동물 바이러스는 일부 박테리오파지에서 볼 수 있는 꼬리섬유와 같은 부속지가 없다. 동물 바이러스의 부착자리는 바이러스 표면에 전체적으로 분포되어 있다. 부착자리는 바이러스의 종류에 따라 서로 다르다. 정이십면체 구조인 아데노바이러스는 이십면체의 꼭지점 부분에 있는 작은 섬유를 부착자리로 이용한다(그림 10.2b 참조). 독감바이러스를 비롯한 외피보유 바이러스는 외피의 표면에 있는 돌기를 부착자리로 쓰는 경우가 많다(그림 10.3b 참조). 돌기 하나가 숙주의 수용체에 부착하는 순간 같은 세포에 존재하는 다른 수용체 자리들이 바이러스 주변으로 이동한다. 많은 자리가 서로 결합될 때 부착과정이 완료된다.

수용체 자리는 숙주에 따라 다르다. 따라서 특정한 바이러스 수용체가 사람에 따라 다를 수 있다. 이로 인해 특정한 바이러스에 대한 민감성이 사람마다 다를 수 있는 것이다. 예를 들어 파보바이러스 B19에 대한 세포 수용체(P 항원이라 불리는)가 없는 사람은 선천적으로 이 바이러스에 대해 내성을 지닌다. 부착자리의 특성을 이해하면 항바이러스 약제를 개발할 수 있다. 조만간 일부 바이러스 감염의 치료에 바이러스의 부착자리나 세포의 수용체 자리에 결합하는 단일클론 항체가 이용될 수 있을 것이다.

유입

바이러스가 숙주세포에 부착되면 세포 안으로 유입된다. 많은 바이러스가 **수용체매개 세포내섭취(receptor-mediated endocytosis)**를 통해 진핵세포 안으로 들어간다(2장 참조). 바이러스 입자가 잠재적인 숙주세포의 원형질막에 부착되면 숙주세포는 원형질막을 접어 바이러스 입자를 둘러싼 소포를 형성한다(그림 10.14a).

외피 바이러스는 **융합(fusion)**이라 불리는 또 다른 과정을 통해 세포 안으로 들어간다. 융합과정에서 바이러스 외피는 원형질막과

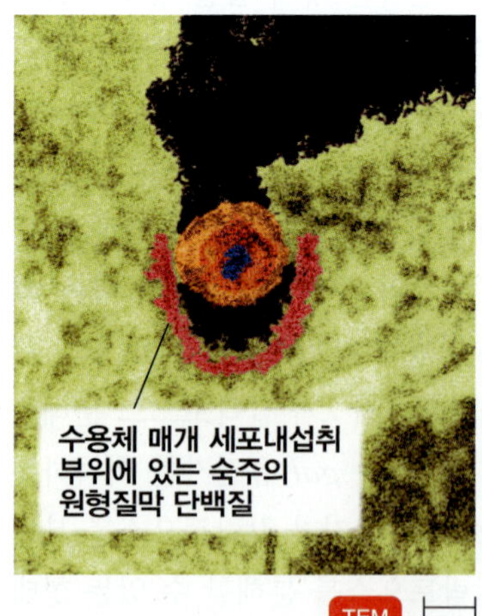

(a) 수용체 매개 세포내섭취에 의한 토가바이러스의 유입

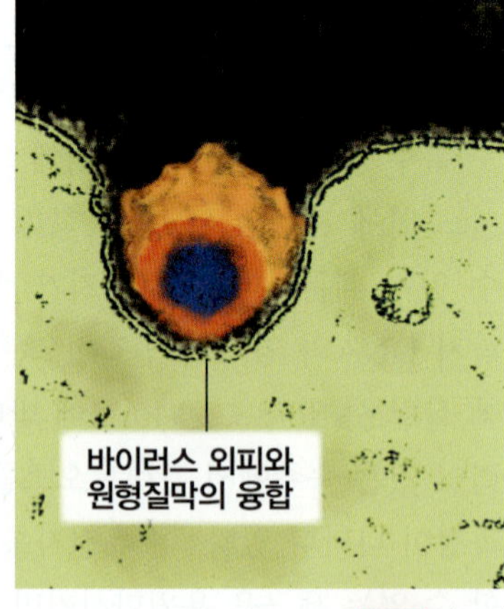

(b) 융합에 의한 허피스바이러스의 유입

그림 10.14 숙주세포로의 바이러스 유입. 부착된 이후 바이러스는 (a) 수용체 매개 세포내 섭취 또는 (b) 바이러스 외피와 원형질막의 융합에 의해 캡시드가 세포 안으로 들어간다.

Q 세포가 바이러스를 능동적으로 들여보내는 과정은?

융합되고 세포의 세포질에서 캡시드를 방출한다. HIV 바이러스가 이 방법을 이용해서 세포 안으로 들어간다(그림 10.14b).

탈피

음성기에는 바이러스가 세포 안에서 사라진다. 감염 직후에 바이러스 입자의 구성성분이 분해되기 때문이다. **탈피(uncoating)**는 바이러스 입자가 소포의 형태로 세포 안으로 들어간 다음 바이러스의 핵산이 단백질 껍질에서 분리되는 과정이다. 이 과정은 바이러스의 종류에 따라 다르다. 일부 동물 바이러스의 캡시드는 숙주세포의 분해효소에 의해 분해되기도 한다. 폭스바이러스의 탈피과정이 완료되기 위해서는 바이러스 DNA에 부호화된 특수한 효소의 작용이 필요한데, 이 효소는 감염 직후 합성된다. 인플루엔자 바이러스의 탈피는 소포의 낮은 pH에 의해 유도된다. 토가바이러스의 탈피는 숙주 세포질의 리보솜에서 일어난다.

DNA 바이러스의 생합성

일반적으로 DNA 바이러스는 바이러스 효소를 이용해서 자기 DNA를 숙주세포의 핵 안에서 복제하고, 캡시드를 비롯한 다른 단백질은 숙주세포의 효소를 이용해서 세포질에서 합성한다. 그리고 나서 단백질은 핵 안으로 들어가 새로 합성된 DNA와 합쳐지면서 바이러스 입자를 형성한다. 이들 바이러스 입자는 소포체를 따라 숙주세포의 막으로 이동해서 방출된다. 허피스바이러스, 파포바바이러스, 아데노바이러스, 헤파드나바이러스 등이 모두 이와 같은 방식으로 생합성된다(표 10.4). 폭스바이러스는 예외적으로 세포질에서 모든 바이러스 구성성분을 합성한다.

그림 10.15에 나타난 파포바바이러스를 예로 들어 DNA 바이러스의 증식과정을 알아보기로 한다.

❶~❷ 부착과 유입, 탈피 과정이 진행된 다음 바이러스 DNA가 숙주세포의 핵 안으로 주입된다.

❸ 바이러스 DNA의 일부, 즉 "초기" 유전자가 전사된 다음 번역된다. 이들 유전자의 산물은 바이러스 DNA 복제에 필요한 효소들이다. 대부분의 DNA 바이러스에서 초기 전사는 숙주의 전사효소(RNA 중합효소)가 수행한다. 그러나 폭스바이러스는 바이러스 전사효소를 따로 지닌다.

❹ 때로는 DNA 복제가 시작된 이후에 나머지 "후기" 바이러스 유전자에 대한 전사와 번역이 일어나기도 한다. 후기 단백질에는 캡시드를 비롯한 다른 구조 단백질이 포함된다.

❺ 후기 단백질의 하나인 캡시드 단백질이 합성되는데, 이 과정은 숙주세포의 세포질에서 일어난다.

❻ 캡시드 단백질이 숙주세포의 핵 안으로 이동한 다음, 바이러스 DNA와 캡시드 단백질이 조립되면서 완전한 바이러스 입자를 형성한다.

❼ 완성된 바이러스 입자가 숙주세포에서 방출된다.

일부 DNA 바이러스의 특징은 다음과 같다.

Adenoviridae 코인두의 점막과 관련된 림프조직인 아데노이드(adenoid)에서 처음 분리되어 아데노바이러스라 불린다. 아데노바이러스는 급성 호흡기 질병인 일반 감기를 일으킨다(그림 10.16a).

Poxviridae 두창과 우두를 비롯해서 폭스바이러스가 일으키는 모

표 10.4 DNA 바이러스와 RNA 바이러스의 생합성

바이러스 핵산	바이러스 과	생합성 과정의 주요 특징
DNA, 단일가닥	파르보바이러스과(Parvoviridae)	숙주세포 효소를 이용하여 핵 안에서 바이러스 DNA 합성
DNA, 이중가닥	허피스바이러스과(Herpesviridae) 파포바바이러스과(Papovaviridae) 폭스바이러스과(Poxviridae)	숙주세포 효소를 이용하여 핵 안에서 바이러스 DNA 합성 바이러스 효소를 이용하여 세포질에서 바이러스 입자에 들어갈 바이러스 DNA 합성
DNA, 역전사효소	헤파드나바이러스과(Hepadnaviridae)	숙주세포 효소를 이용하여 핵 안에서 바이러스 DNA 합성;. 역전사효소를 이용하여 mRNA에서 바이러스 DNA 합성
RNA, + 가닥	피코르나바이러스과(Picornaviridae) 토가바이러스과(Togaviridae)	바이러스 RNA에서 RNA 중합효소를 합성한 다음 이 효소를 이용하여 세포질에서 mRNA를 합성할 −가닥 RNA를 전사한다.
RNA, − 가닥	랍도바이러스과(Rhabdoviridae)	바이러스 효소가 바이러스 RNA를 주형으로 세포질에서 mRNA 합성
RNA, 이중가닥	레오바이러스과(Reoviridae)	바이러스 효소가 −가닥 RNA를 주형으로 세포질에서 바이러스에 있는 mRNA 합성
RNA, 역전사효소	레트로바이러스과(Retroviridae)	바이러스 효소가 바이러스 RNA를 주형으로 세포질에서 DNA를 합성하고 합성된 DNA는 핵 안으로 이동

토대 그림 10.15 동물 DNA 바이러스의 복제

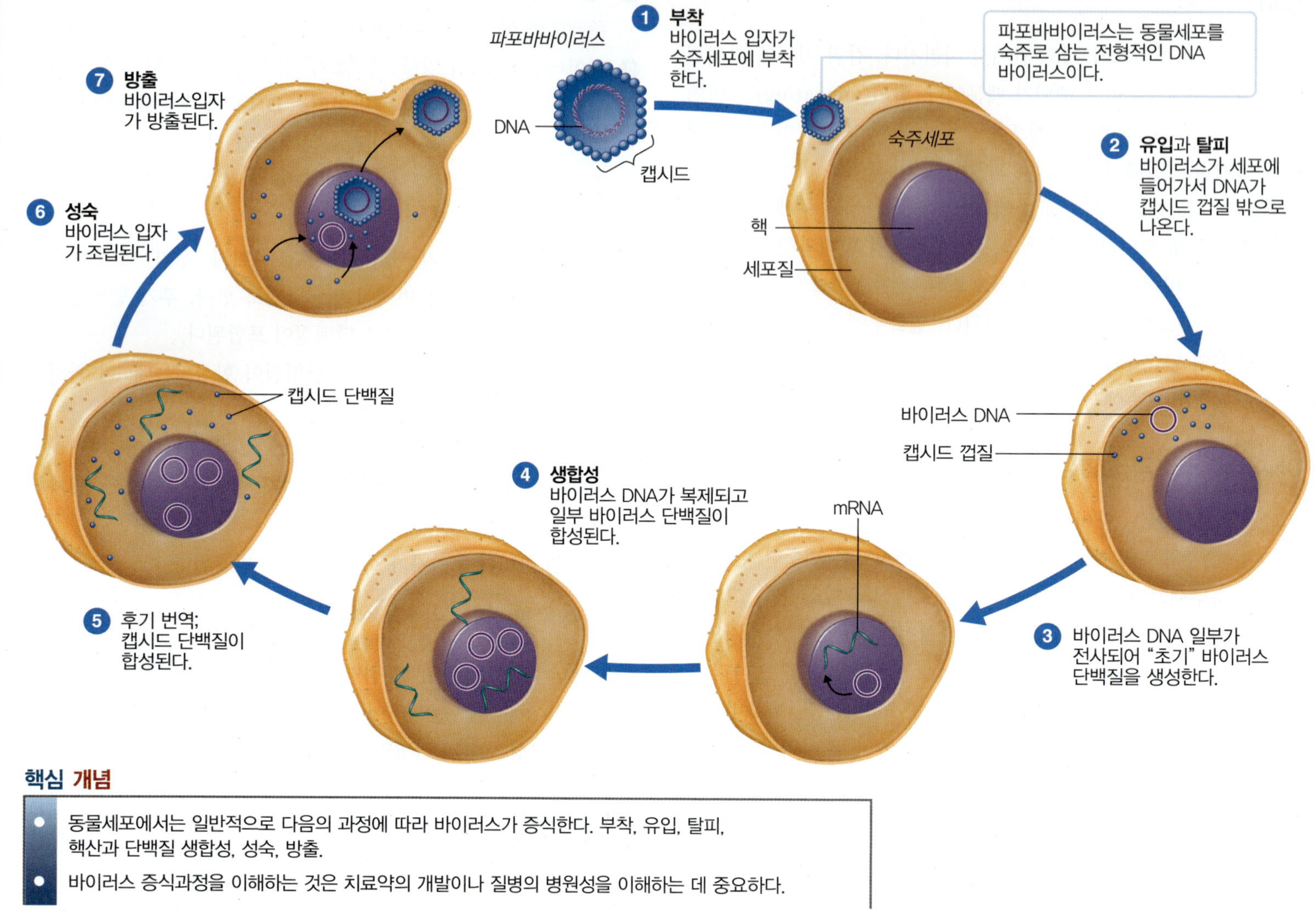

핵심 개념

- 동물세포에서는 일반적으로 다음의 과정에 따라 바이러스가 증식한다. 부착, 유입, 탈피, 핵산과 단백질 생합성, 성숙, 방출.
- 바이러스 증식과정을 이해하는 것은 치료약의 개발이나 질병의 병원성을 이해하는 데 중요하다.

든 질병은 피부질환을 포함한다. 폭스(pox)란 고름이 차 있는 병소를 말한다. 바이러스의 증식은 바이러스의 전사효소에 의해 시작된다; 바이러스 구성성분은 숙주 세포의 세포질에서 합성되고 조립된다.

Herpesviridae 거의 100종에 가까운 허피스바이러스가 알려져 있다(그림 10.16b). 이 바이러스의 이름은 단순포진이 퍼지는(*herpetic*) 모양에서 비롯되었다. 다음과 같은 바이러스 종류가 사람 허피스바이러스(human herpesvirus, HHV)에 포함된다. HHV-1과 HHV-2는 둘 다 *Simplexvirus*속이며 단순포진을 일으킨다. *Viricllovirus*속의 HHV-3는 수두의 원인이다. *Lyphocryptovirus* 속인 HHV-4는 전염성 단핵증을 일으킨다. *Cytomegalovirus*속의 HHV-5는 거대세포봉입체증(CMV inclusion disease)을 일으킨다. *Roseolovirus*속의 HHV-6는 풍진을, HHV-7은 주로 신생아에게 홍역과 비슷한 발진을 일으킨다. *Rhadinovirus*속의 HHV-8는 주로 AIDS 환자에게 카포시 육종(Kaposi's sarcoma)을 일으킨다.

Papovaviridae 파포바바이러스라는 명칭은 사마귀(*pa*pilloma), 종양(*po*lyoma), 수포형성(*va*cuolation)에서 비롯되었다. 사마귀는 *Papillomavirus*속(유두종바이러스속)의 바이러스에 의해 나타난다. 일부 파필로마바이러스 종은 세포를 형질전환시켜 암을 일으키기도 한다. 바이러스 DNA는 숙주세포의 핵에서 숙주세포 염색체와 함께 복제된다. 숙주세포가 계속 증식하여 종양을 형성하기도 한다.

(a) *Mastadenovirus*

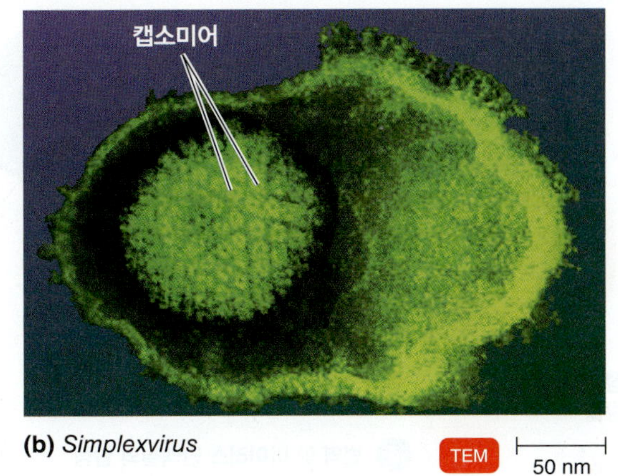

(b) *Simplexvirus*

그림 10.16 동물의 DNA 바이러스. (a) 밀도기울기원심분리에 의해 농축된 아데노바이러스를 음성 염색한 현미경 사진. (b) 이 사진에서는 허피스단순바이러스의 캡시드 주변을 둘러싼 외피의 일부가 붕괴되어 "계란 프라이"처럼 보인다.

Q 이들 바이러스의 형태는?

Hepadnaviridae 간염(*hepa*titis)을 일으키는 *DNA* 함유 바이러스라고 해서 헤파드나바이러스라는 이름이 붙었다. 이 과(family)에 포함되는 유일한 속이 B형 간염을 일으킨다. (A, C, D, E, F, G형 간염 바이러스는 서로 연관되어 있지는 않으나 모두 RNA 바이러스다.) 헤파드나바이러스는 바이러스 역전사효소를 이용하여 RNA를 복사함으로써 DNA를 합성한다는 점에서 다른 DNA 바이러스와 구별된다. 헤파드나바이러스는 레트로바이러스를 제외하고는 유일하게 역전사효소를 지니는 바이러스인데, 이 효소에 대해서는 뒤에서 레트로바이러스를 설명할 때 이야기할 것이다.

RNA 바이러스의 생합성

RNA 바이러스의 증식은 바이러스가 숙주 세포의 세포질에서 증식하는 것을 제외하고는 본질적으로는 DNA 바이러스와 동일하다. RNA 바이러스의 종류에 따라 mRNA가 만들어지는 과정이 다르다는 점이 특이하다(표 10.4 참조). 이 과정 각각에 대해서는 자세히 기술하지 않겠지만, RNA 바이러스의 4가지 핵산 유형별로 증식회로를 서로 비교하기로 한다(이 가운데 세 유형이 그림 10.17에 나타나 있다). 이들 바이러스 증식과정의 주된 차이점은 mRNA와 바이러스의 유전체 RNA가 만들어지는 과정에 있다. 이들 바이러스에는 **RNA-의존 RNA 중합효소(RNA-dependent RNA polymerase)**가 있다. 이 효소는 어떤 세포의 유전체에서도 부호화되어 있지 않다. 바이러스 유전자가 숙주 세포에서 효소가 만들어지게 한다. 이 효소는 원래 감염된 가닥과 염기서열이 상보적인 다른 RNA 가닥의 합성을 촉매한다. 일단 바이러스 RNA와 바이러스 단백질이 합성된 다음, 이들이 성숙되는 과정은 다른 모든 동물 바이러스에서 동일하다.

Picornaviridae 엔테로바이러스(enterovirus)와 폴리오바이러스(poliovirus)가 속하는 피코르나바이러스과는 단일가닥 RNA 바이러스다. 이들은 가장 작은 바이러스에 속하며 작다는 뜻의 *pico*-에 RNA를 붙여 이름을 지었다. 바이러스 입자 안에 들어 있는 RNA는 mRNA로 작용할 수 있기에 이를 **센스가닥(sense strand)** 또는 **+ 가닥(+ strand)**이라 한다. 부착과 유입, 탈피 과정이 끝난 다음 단일가닥의 바이러스 RNA에서 두 개의 주요 단백질이 번역된다. 그 하나는 숙주세포의 RNA 합성을 저해하는 단백질이고 또 다른 단백질은 RNA-의존 RNA 중합효소이다. 이 효소는 원래 감염 입자 안에 들어 있던 RNA와 상보적인 서열을 가진 또 다른 가닥의 RNA를 합성한다. 이 효소는 센스가닥을 복사하여 **안티센스 가닥(antisense strand)** 또는 **− 가닥(− strand)**을 만들고 이것이 새로운 + 가닥을 합성하는 주형으로 작용한다. + 가닥은 캡시드 단백질의 번역에 필요한 mRNA의 기능을 하기도 하고, 캡시드 단백질과 조립되어 새로운 바이러스 입자를 형성하기도 하며, 계속적인 RNA 증식을 위한 주형으로도 작용한다. 일단 바이러스 RNA와 바이러스 단백질이 합성되면 성숙과정이 진행된다.

Togaviridae 절지동물유래(*ar*thropod-*bo*rne) 아르보바이러스(*arbovirus*)를 포함하는 토가바이러스 또한 단일 + 가닥 RNA를 유전체로 지닌다. 토가바이러스는 외피로 둘러싸여 있다. 라틴어로 외투를 뜻하는 *toga*에서 바이러스 이름이 유래되었다. 그러나 토가바이러스 이외에도 외피를 갖는 바이러스가 존재한다. 토가바이러스에서는 − 가닥이 + 가닥에서 만들어진 다음 두 종류의 mRNA가 − 가닥으로부터 전사된다. 한 종류의 mRNA는 짧은 가닥으로 외피 단백질을 부호화한다. 이보다 긴 mRNA는 캡시드 단백질을 합성하고, 나중에 캡시드로 들어갈 수도 있다.

Rhabdoviridae 공수병바이러스(rabies virus)와 같은 랍도바이

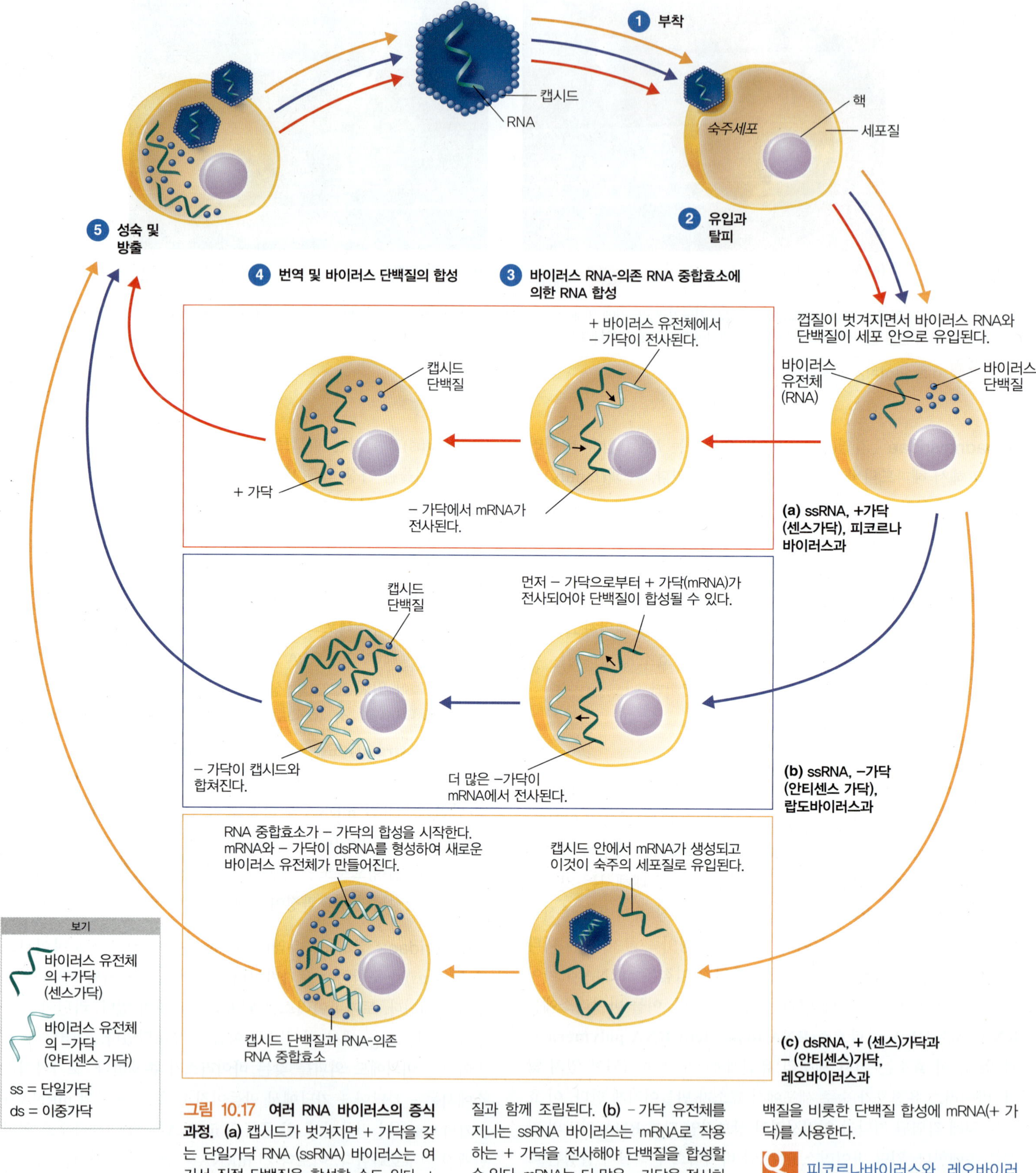

그림 10.17 여러 RNA 바이러스의 증식 과정. **(a)** 캡시드가 벗겨지면 + 가닥을 갖는 단일가닥 RNA (ssRNA) 바이러스는 여기서 직접 단백질을 합성할 수도 있다. + 가닥을 주형으로 사용하여 – 가닥을 전사하여 더 많은 + 가닥을 합성해서 mRNA로 사용하거나 바이러스 유전체로 캡시드 단백질과 함께 조립된다. **(b)** – 가닥 유전체를 지니는 ssRNA 바이러스는 mRNA로 작용하는 + 가닥을 전사해야 단백질을 합성할 수 있다. mRNA는 더 많은 – 가닥을 전사하고 이들 – 가닥이 단백질 캡시드와 연합해서 바이러스 입자를 만든다. **(c)** dsRNA 바이러스도 ssRNA와 마찬가지로 캡시드 단백질을 비롯한 단백질 합성에 mRNA(+ 가닥)를 사용한다.

Q 피코르나바이러스와 레오바이러스에서 – 가닥 RNA를 합성하는 이유는? 랍도바이러스에서 – 가닥 RNA를 합성하는 이유는?

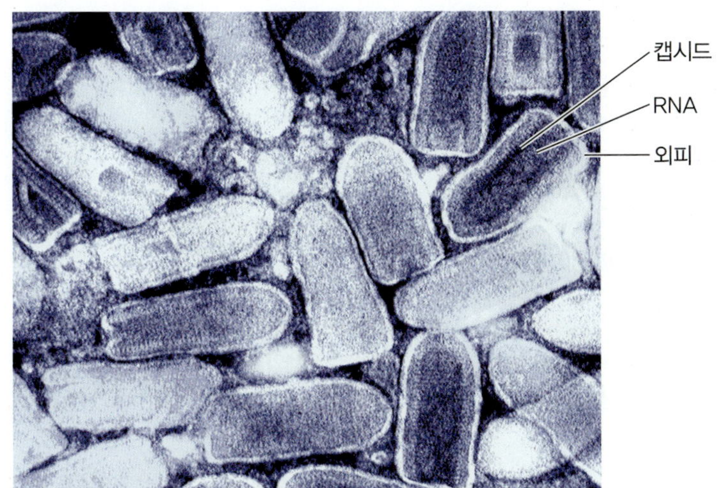

(a) 랍도바이러스의 일종인 수포성 구내염 바이러스

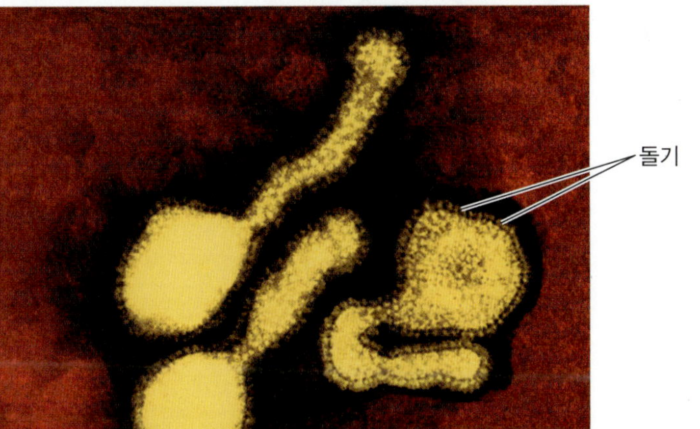

(b) 필로바이러스의 일종인 마르부르그 바이러스

그림 10.18 동물 RNA 바이러스. **(a)** 랍도바이러스과의 수포성 구내염 바이러스(vesicular stomatitis viruses). **(b)** 아프리카의 동굴 박쥐에서 발견된 마르부르그 바이러스(marburg virus)는 사람에서 출혈열을 일으킨다.

Q + 가닥 RNA를 유전체로 갖는 바이러스가 – 가닥 RNA를 합성하는 까닭은?

러스는 대개 총알 모양을 하고 있다(그림 10.18a). 랍도(*Rhabdo*)라는 말은 그리스어의 막대에서 온 것으로 이 바이러스의 모양을 정확하게 설명하는 말은 아니다. 랍도바이러스는 단일 – 가닥 RNA를 지닌다. 이들 역시 RNA-의존 RNA 중합효소를 지니고 이를 이용해서 – 가닥을 주형으로 + 가닥을 합성한다. + 가닥은 mRNA 및 새로운 바이러스 RNA를 합성하는 주형으로 사용된다.

Reoviridae 사람의 호흡계와 소화계를 감염시키는 레오바이러스의 명칭은 서식처와 발견과정에서 비롯되었다. 처음 발견되었을 때에는 질병과의 연관성이 알려지지 않아 고아(orphan) 바이러스로 간주되었다. 바이러스의 이름은 호흡기(respiratory)와 소화계에 속하는 장관(enteric), 고아(orphan)의 첫 글자에서 따왔다. 세 가지 혈청형이 호흡기와 장관을 감염시키는 것으로 밝혀졌다.

이중가닥 RNA가 들어 있는 캡시드는 숙주세포에 들어가면서 분해된다. 바이러스 mRNA는 세포질에서 생성되며 같은 장소에서 바이러스 단백질을 합성하는 데 이용된다(그림 10.17c). 새로 합성된 바이러스 단백질 가운데 하나가 RNA-의존 RNA 중합효소로 작용해서 더 많은 – 가닥 RNA를 합성한다. mRNA와 – 가닥이 이중가닥 RNA를 이루고 이것이 캡시드 단백질로 둘러싸이면서 조립된다.

DNA를 이용하는 RNA 바이러스의 생합성

이 그룹은 레트로바이러스와 RNA 종양바이러스를 포함한다.

Retroviridae 많은 레트로바이러스가 척추동물을 감염시킨다(그림 10.18b). 레트로바이러스에 속 중 하나인 *Lentivirus*속에 AIDS를 일으키는 HIV-1과 HIV-2가 포함된다. 암을 일으키는 레트로바이러스는 이번 장의 후반에서 다룬다.

새로운 레트로바이러스 입자를 만드는 mRNA와 RNA 합성 과정이 그림 10.19에 나타나 있다. 이들 바이러스는 **역전사효소(reverse transcriptase)**를 가지고 있어 이를 이용해서 바이러스 RNA를 주형으로 상보적인 이중가닥 DNA를 합성한다. 이 효소는 또한 원래의 바이러스 RNA를 분해하는 능력도 지닌다. 레트로바이러스라는 이름은 역전사효소(*re*verse *tr*anscriptase)의 앞 부분 글자에서 따왔다. 바이러스 DNA는 숙주세포의 염색체로 삽입되어 **프로바이러스(provirus)**가 된다. 프로파지와는 달리 프로바이러스는 염색체에서 절제되어 나오지 않는다. 프로바이러스의 형태로 존재함으로써 HIV는 숙주 면역계와 항바이러스 약제의 활성을 피할 수 있다.

때로 프로바이러스는 단순히 잠복 상태로 유지되면서 숙주세포의 DNA가 복제될 때마다 복제된다. 그렇지 않은 경우 프로바이러스가 발현되어 새로운 바이러스를 생성한다. 새로 만들어진 바이러스는 주변 세포를 감염시킨다. 감마 방사선과 같은 돌연변이 유발원은 프로바이러스의 발현을 유도한다. 종양형성 레트로바이러스에서 프로바이러스는 또한 숙주세포를 종양세포로 전환시킬 수도 있다. 이와 같은 현상이 일어나는 가능한 원리에 대해서는 이번 장의 후반부에서 살펴보기로 한다.

성숙과 방출

바이러스가 성숙되는 과정의 첫 단계에서 단백질 캡시드가 조립된다. 조립은 보통 저절로 된다. 많은 동물 바이러스의 캡시드는 단백질과 지질, 탄수화물 등의 성분으로 이루어진 외피로 둘러싸여 있

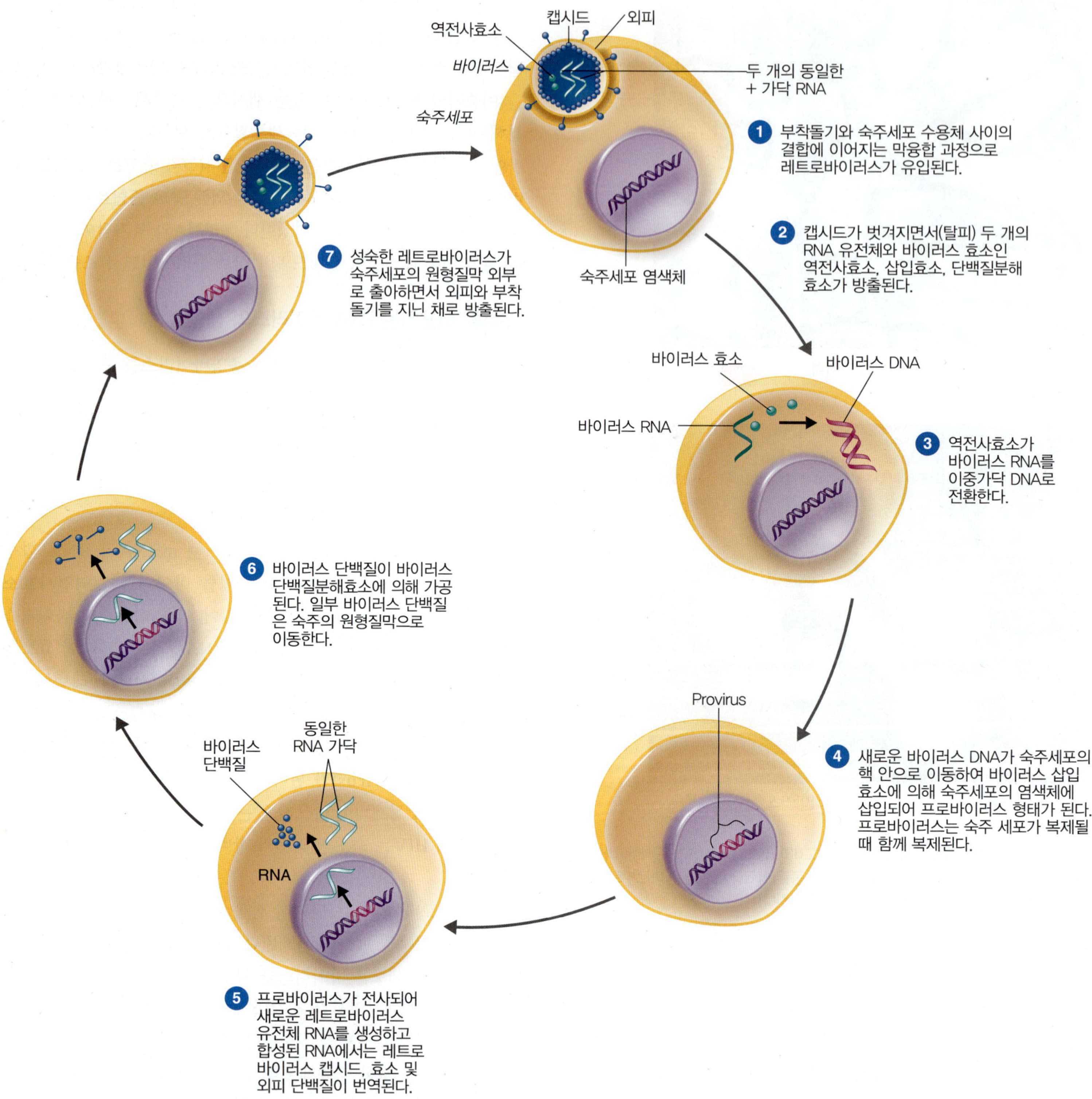

그림 10.19 **레트로바이러스의 증식과 유전.** 레트로바이러스는 프로바이러스가 되어 잠재 상태로 복제되다가 새로운 레트로바이러스를 생성하기도 한다.

Q 레트로바이러스의 생합성 과정은 다른 RNA 바이러스와 어떤 점에서 다른가?

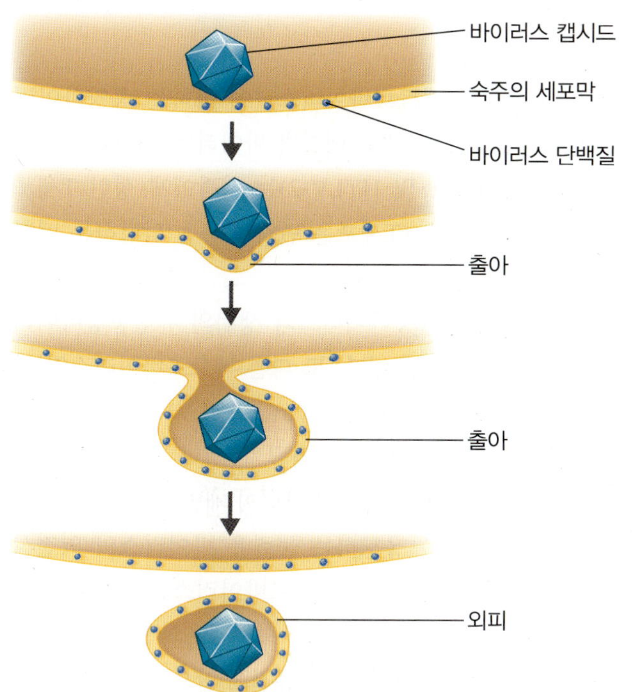

(a) 출아에 의한 바이러스 입자의 방출

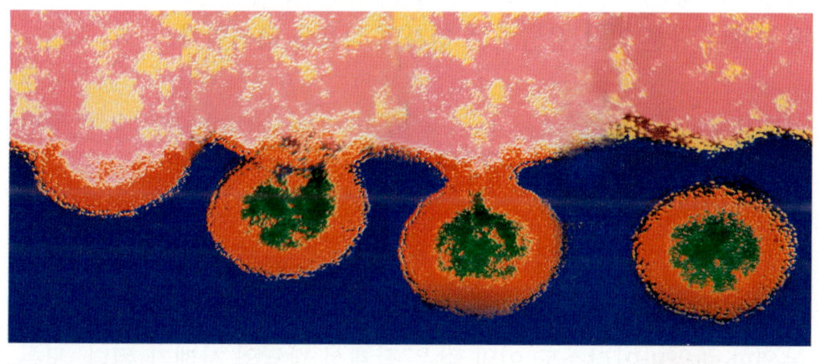

(b) *Lentivirus*

TEM 50 nm

그림 10.20 **외피 바이러스의 출아.** **(a)** 출아 과정의 모식도. **(b)** T 세포에서 출아하는 HIV. 출아되는 바이러스 입자가 숙주의 원형질막에서 외피를 획득하는 과정에 주목하시오.

Q 바이러스 외피는 무엇으로 구성되는가?

다. 이와 같은 바이러스로는 오르소믹소바이러스(orthomyxovirus)와 파라믹소바이러스(paramyxovirus)가 있다. 외피 단백질은 바이러스 유전자에서 부호화하며 숙주세포의 원형질막에 삽입된다. 외피는 **출아(budding)** 과정에 의해 캡시드 주변을 둘러싸게 된다(그림 10.20).

부착, 유입, 탈피, 그리고 바이러스 핵산과 단백질의 생합성이 진행되고 나면 핵산과 함께 조립된 캡시드가 원형질막을 밀고 나온다. 그 결과 원형질막의 일부는 외피의 형태로 바이러스 주변을 둘러싸게 된다. 이처럼 바이러스가 숙주세포에서 빠져나오는 방법은 바이러스 방출의 한 가지 방식이다. 출아는 즉각적으로 숙주세포를 사멸시키지 않아 숙주세포는 바이러스에 감염된 후에도 계속 생존할 수 있다.

비외피성 바이러스는 숙주세포의 원형질막을 파괴시킨 다음 방출된다. 출아와는 달리 이와 같은 방식으로 바이러스가 방출되면 대개는 숙주세포가 사멸한다.

바이러스와 암

몇몇 종류의 암은 바이러스에 의해 생기는 것으로 알려져 있다. 분자생물학적 연구를 통해 바이러스가 유발하지 않는 암의 경우에도 질병이 발생하는 원리는 유사한 것으로 밝혀졌다.

암과 바이러스의 관계는 1908년 처음으로 알려졌다. 당시 덴마크 바이러스학자인 엘러먼(Wilhelm Ellerman)과 방(Olaf Bang)은 닭의 백혈병을 일으키는 원인을 밝히기 위한 연구를 수행했다. 이들은 백혈병이 바이러스가 들어 있는 세포 여과물질에 의해 건강한 닭에게 전염될 수 있다는 사실을 밝혔다. 후에 미국 뉴욕 록펠러연구소의 라우스(F. Peyton Rous)가 닭의 **육종(sarcoma**; 결합조직에 발생하는 암) 또한 비슷한 방식으로 전염될 수 있다는 사실을 알아냈다. 바이러스가 일으키는 생쥐의 **선암종(adenocarcinomas**; 샘상피조직에 발생하는 암)은 1936년에 발견되었다. 당시 생쥐의 유선암이 어미의 젖을 통해 어미에게서 새끼로 전염된다는 사실을 명백하게 밝혀졌다. 사람에게 암을 유발하는 바이러스는 1972년 미국 세균학자인 스튜어트(Sarah Stewart)에 의해 발견되었다.

종종 바이러스가 암을 유발하는 원인으로 인지되지 않는 데에는 몇 가지 이유가 있다. 첫째, 바이러스 입자 대부분이 세포를 감염시키지만 모두 암을 일으키지는 않는다. 둘째, 암은 바이러스에 감염된 이후 오랜 시간이 지날 때까지 발병하지 않는다. 셋째, 바이러스에 의한 질병은 대체로 전염이 되지만 암은 전염되는 것으로 보이지 않는다.

정상 세포에서 암세포로의 전이

진핵세포의 유전물질을 변화시킬 수 있는 것이라면 무엇이든 정상 세포를 암세포로 바꿀 수 있는 잠재력을 가진다. 암을 유발하는 세포의 DNA 변형은 **종양유전자(oncogene)**라 불리는 유전체의 일부에 영향을 미친다. 종양유전자는 암을 유발하는 바이러스에서 처음 확인되었으며 정상적인 바이러스 유전체의 일부로 생각되었다. 그러나 미국 미생물학자인 비숍(J. Michael Bishop)과 바무스(Harold E. Varmus)는 바이러스가 지니는 암을 유발하는 유전자는 사실상 동물세포에서 유래되었다는 사실을 밝혀 1989년 노벨의학상을 받았다. 비숍과 바무스는 암을 일으키는 조류 육종바이러스의 암을 유발하는 *src* 유전자가 정상적인 닭의 유전자에서 유래된 것임을 보여 주었다.

종양유전자는 돌연변이 유발 화학물질과 고에너지 방사능, 바이러스 등을 비롯한 여러 인자에 의해 활성화되어 비정상적인 기능을 할 수 있다. 동물에서 종양을 일으킬 수 있는 바이러스를 **종양바이러스(oncogenic virus** 또는 oncovirus)라 부른다. 대략 암의 10%는 바이러스에 의해 유도되는 것으로 알려졌다. 모든 종양바이러스가 갖는 뚜렷한 특징은 이들의 유전물질이 숙주세포의 DNA로 삽입되어 숙주세포의 염색체와 함께 복제된다는 것이다. 이는 세균의 용원화 현상과 유사하며 이와 같은 방식으로 숙주세포의 특징을 변화시킬 수 있다.

종양세포에서는 **형질전환(transformation)**이 일어난다. 즉 감염된 세포는 그렇지 않은 세포와는 다른 특성을 획득하게 되는 것이다. 바이러스에 의해 형질전환이 일어나면 많은 종양세포에서 세포의 표면에 **종양특이 이식항원(tumor-specific transplantation antigen, TSTA)**이라 불리는 바이러스 특이적 항원이나 핵에서 **T 항원(T antigen)**이라고 불리는 항원이 나타난다. 형질전환된 세포는 정상 세포에 비해 모양이 불규칙해지며 염색체 수가 달라지거나 염색체가 조각나는 등의 특정한 염색체 이상을 나타내는 경향이 있다.

DNA 종양바이러스

종양바이러스는 몇몇 DNA 바이러스 과(family)에서 발견된다. 아데노바이러스, 허피스바이러스, 폭스바이러스, 파포바바이러스, 헤파드나바이러스 등이 여기에 속한다. 파포바바이러스 중에서 파필로마바이러스(유두종바이러스)가 자궁(경부)암을 일으킨다.

거의 모든 경부암과 항문암은 사람 유두종바이러스(human papillomavirus, HPV)에 의해 유발된다. 11~12세의 소년 소녀에게 HPV-16을 포함하는 HPV에 대한 백신 접종이 권장되고 있다.

엡스타인-바 바이러스(Epstein-Barr virus, EBV)는 1964년 엡스타인(Michael Epstein)과 바(Yvonne Barr)가 버킷림프종(Burkitt's lymphoma)에서 분리하였다. EB 바이러스가 암을 일으킬 수 있다는 사실은 1985년 12세 소년 데이비드가 골수이식을 받는 과정에서 우연히 알려졌다. 이식을 받은 몇 달 후에 데이비드는 암으로 사망했다. 부검 결과 골수이식 과정 중에 소년에게 의도하지 않게 바이러스가 도입된 것으로 밝혀졌다.

B형 간염 바이러스(hepatitis B virus, HBV) 또한 암을 일으키는 DNA 바이러스다. 많은 동물 연구를 통해 HBV가 간암의 원인임을 명백하게 알 수 있었다. 인간 대상 연구에서도 간암에 걸린 거의 모든 사람이 과거에 HBV에 감염된 적이 있었다는 사실이 확인되었다.

RNA 종양바이러스

RNA 바이러스 중에서는 레트로바이러스과에 속하는 종양바이러스만이 암을 일으킨다. 사람 T세포 백혈병 바이러스(human T-cell leukemia viruses, HTLV-1 및 HTLV-2)는 사람에게 성인 T세포 백혈병과 림프종을 일으킨다. (T세포는 면역 반응을 담당하는 백혈구 세포의 일종이다.)

고양이와 닭, 설치류의 육종바이러스와 생쥐의 유선종양바이러스 또한 레트로바이러스의 일종이다. 또 다른 레트로바이러스인 고양이 백혈병바이러스(feline leukemia virus, FeLV)는 고양이에서 백혈병을 일으키며 고양이 사이에서 전염될 수 있다. 고양이의 혈청에서 바이러스 존재 여부를 확인하는 검사법이 개발되어 있다.

레트로바이러스가 종양을 유도하는 능력은 바이러스의 역전사효소와 관련된다(그림 10.19 참조). 프로바이러스는 바이러스의 RNA에서 합성된 이중가닥 DNA 분자로 숙주세포의 DNA로 삽입된다. 따라서 새로운 유전물질이 숙주의 유전체 안으로 도입된 것이다. 이것이 레트로바이러스가 암을 유발할 수 있는 주된 원인이다. 일부 레트로바이러스는 종양유전자를 지니고 또 다른 종류는 종양유전자나 다른 암을 유발하는 인자의 작용을 촉진한다.

잠재성 바이러스 감염

바이러스는 숙주세포와 균형을 유지하면서 사실상 오랜 기간 때로는 몇 년 동안 질병을 일으키지 않는 상태로 존재할 수 있다. 직전에 논의한 종양바이러스도 이와 같은 잠재성 감염의 사례가 된다. 모든 사람 허피스바이러스는 숙주세포에서 평생 동안 남아 있을 수 있다. 허피스바이러스가 면역억제(AIDS 등으로 인해)에 의해 재활성화되었을 때 나타나는 감염증은 치명적일 수 있다. 이와 같은 **잠재성 감염(latent infection)**의 고전적인 사례가 단순포진을 일으키는 단순바이러스속(*Simplexvirus*) 바이러스에 의한 피부 감염이다. 이 바이러스는 숙주의 신경세포에 아무런 손상을 주지 않고 잔류하고 있다가, 열이나 햇빛에 의한 화상과 같은 자극을 받아 활성화되면 **열꽃물집**(fever blister)이라고도 불리는 단순포진을 일으킨다.

어떤 사람들에게서는 바이러스가 만들어지기는 하지만 증상이 나타나지 않는다. 세계적으로 단순바이러스속의 바이러스를 보유하고 있는 사람들의 비율은 매우 높지만 이 바이러스 보인자 가운데 단 10~15%만이 병의 증상을 보인다. 잠재성 감염을 일으키는 바이러스 가운데에는 숙주세포 안에서 용원화된 상태로 존재하는 종류도 있다.

수두바이러스(*Varicellovirus*) 또한 잠재 상태로 존재할 수 있다. 수두(varicella)는 대개 어린아이들이 걸리는 피부 질환이다. 바이러스는 혈액을 통해 피부에 침투한다. 혈액에서 일부 바이러스는 신경세포로 들어가서 잠재상태로 존재한다. 후에 면역반응(T세포 반응)에 변화가 생기게 되면 대상포진을 일으킨다. 대상포진은 바이러스가 잠재상태로 존재하는 신경세포를 따라 피부에 띠 모양의 발진을 보인다. 대상포진은 수두를 앓았던 사람의 10~20%에서 나타난다.

지속성 바이러스 감염

지속성(persistent) 또는 **만성감염(chronic viral infection)**은 오랜 기간에 걸쳐 점진적으로 나타난다. 보통 만성 바이러스 감염은 치명적이다.

사실상 전형적인 바이러스 감염은 만성인 경우가 많다. 예를 들어 홍역을 앓고 난 뒤 몇 년 후에 홍역 바이러스는 아급성 경화성 범뇌염(subacute sclerosing panencephalitis, SSPE)이라 불리는 희귀한 뇌염 증상을 일으킬 수 있다. 지속성 바이러스 감염은 오랜 기간에 걸쳐 계속해서 감염성 바이러스를 검출할 수 있다는 점에서 바이러스가 갑자기 나타나는 잠재성 감염과 구별된다(그림 10.21).

표 10.5에 몇몇 잠재성 및 지속성 바이러스 감염증의 예가 제시되어 있다.

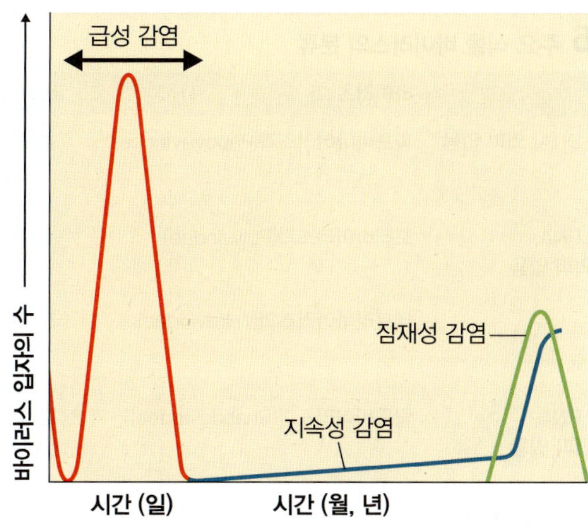

그림 10.21 잠재성 바이러스 감염과 지속성 바이러스 감염

Q 잠재성 감염과 지속 감염은 어떻게 다른가?

식물 바이러스와 바이로이드

식물 바이러스는 여러 측면에서 동물 바이러스와 비슷하다. 식물 바이러스는 동물 바이러스와 형태가 비슷하고 비슷한 종류의 핵산을 지닌다(표 10.6). 사실상 일부 식물 바이러스는 곤충 세포 안에서도 증식할 수 있다. 식물 바이러스는 콩류(bean mosaic virus), 옥수수와 사탕수수(wound tumor virus), 감자(potato yellow dwarf virus) 등 경제적으로 중요한 가치가 있는 작물에 많은 질병을 일으킨다. 바이러스는 식물 숙주를 변색시키고, 비정상적인 형태로 자라게 하며, 시들게 하거나 성장을 저해한다. 그러나 일부 숙주는 증상을 보이지 않고 감염의 저장고 기능만을 하는 경우도 있다.

식물세포는 보통 견고한 세포벽이 있어 질병으로부터 보호된다. 따라서 바이러스가 식물세포 안으로 들어가려면 상처를 통하거나 선형동물, 진균, 흔히는 식물 수액을 빠는 곤충과 같은 기생생물의 도움을 얻어야 한다. 일단 한 식물체가 감염되고 나면 질병은 꽃가루를 통해서 다른 식물로 전염될 수 있다.

표 10.5 사람에서 나타나는 잠재성 및 지속성 바이러스 감염 사례

질병	주요 증상	원인 바이러스
잠재성	**잠재기 동안에는 증상이 없고 일반적으로 바이러스가 방출되지 않는다**	
단순포진	피부 및 점막 발진, 생식기 발진	허피스 심플렉스 1, 2
백혈병	백혈구 이상 증식	HTLV-1, -2
대상포진	피부 발진	*Varicellovirus* (허피스바이러스)
지속성	**바이러스가 계속 방출된다**	
경부암	세포의 이상 증식	사람 유두종바이러스
HIV/AIDS	CD_4^+ T 세포 감소	HIV-1, -2 (렌티바이러스)
간암	세포의 이상 증식	B형 간염바이러스
지속성 장바이러스 감염	AIDS와 연관된 정신 황폐	에코바이러스
진행성 뇌염	급속한 정신 황폐	루벨라바이러스
아급성경화범뇌염(SSPE)	정신 황폐	홍역바이러스

표 10.6 주요 식물 바이러스의 분류

특징	바이러스 과	바이러스 속 또는 미분류종	모양	전염경로
이중가닥 DNA, 외피 없음	파포바바이러스과(Papovaviridae)	콜리플라워모자이크바이러스		진디
단일가닥 RNA, + 가닥, 외피 없음	포티바이러스과(Potyviridae)	수박 고사		가루이(whitefly)
	테트라바이러스과(Tetraviridae)	*Tobamovirus*		상처
단일가닥 RNA, – 가닥, 외피 있음	랍도바이러스과(Rhabdoviridae)	감자 노란난장이바이러스 (Potato yellow dwarf virus)		매미충, 진디
이중가닥 RNA, 외피 없음	레오바이러스과(Reoviridae)	상처종양바이러스 (Wound tumor virus)		매미충

실험실에서 식물 바이러스는 원형질체(세포벽이 제거된 식물 세포)의 형태로 배양되거나 곤충 세포 배양액에서 배양된다.

어떤 식물의 질병은 바이로이드에 의해 야기된다. **바이로이드(viroid)**는 300~400 뉴클레오티드 정도의 짧은 RNA 조각으로 단백질 껍질에 둘러싸이지 않은 상태로 존재한다. 뉴클레오티드는 주로 분자 내부에서 염기쌍을 이루어 입체적으로 접힌 3차원적 구조를 이룸으로써 다른 세포 효소에 의해 잘 분해되지 않는다. RNA에는 단백질을 부호화하는 유전자가 없다. 지금까지 바이로이드는 식물에서만 병원성을 나타내는 것으로 확인되었다. 해마다 감자 방추괴경바이로이드(potato spindle tuber viroid)와 같은 바이로이드에 의한 감염으로 인해 수백만 달러의 작물 손실을 입는다(그림 10.22).

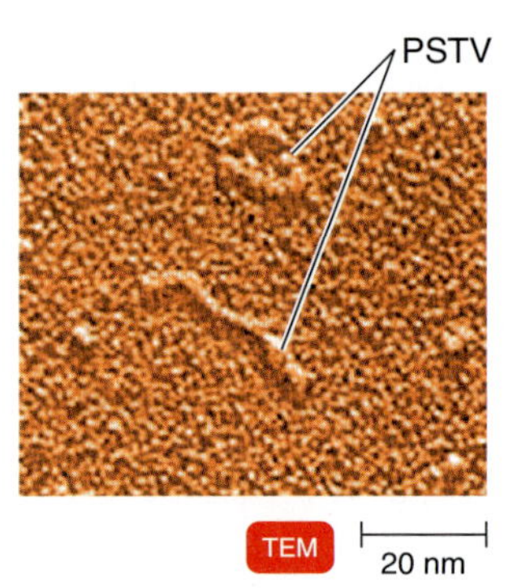

그림 10.22 선형 및 원형의 감자 방추괴경바이로이드(PSTV)

Q 바이로이드는 프리온과 어떻게 다른가?

바이로이드에 대한 최근 연구를 통해 바이로이드와 인트론의 염기서열 사이에 유사성이 있다는 사실이 알려졌다. 인트론은 폴리펩티드를 부호화하지 않는 유전물질의 일부분이다(6장 참조). 이와 같은 연구 결과를 바탕으로 바이로이드가 인트론에서 진화한 것이라는 가설이 제기되었고 이는 앞으로 동물 바이로이드를 발견할 가능성을 시사하고 있다.

학습 개요

바이러스의 일반 특징 (273~274쪽)

1. 관점에 따라 바이러스는 매우 복잡한 무생물 화학물질의 복합체로 볼 수도 있고 매우 단순한 살아 있는 미생물로 간주할 수도 있다.
2. 바이러스는 한 종류의 핵산(DNA 또는 RNA)과 단백질 껍질로 이루어져 있으며 때로 지질, 단백질, 탄수화물로 구성된 외피에 둘러싸여

있는 것도 있다.

3. 바이러스는 절대 세포내 기생체다. 바이러스는 숙주세포의 합성 기구를 이용해서 증식하며 바이러스의 핵산을 다른 세포에 전달할 수 있는 특수한 구조를 합성한다.

숙주 범위 (273~274)

4. 숙주범위(host range)란 바이러스가 증식할 수 있는 숙주세포의 종류를 말한다.

5. 대부분의 바이러스는 한 종의 숙주에서도 특정한 세포 종류만 감염시킨다.

6. 숙주 범위는 숙주세포의 표면에 있는 특수한 부착자리와 바이러스 증식에 필요한 숙주세포 인자의 가용성에 의해 정해진다.

바이러스 크기 (274쪽)

7. 바이러스의 크기는 전자현미경으로 확인한다.

8. 바이러스는 그 길이가 20~1000 nm 정도이다.

바이러스 구조 (274~276쪽)

1. 비리온은 핵산이 단백질 껍질로 둘러싸인 완전하게 발달된 형태이다.

핵산 (274~275쪽)

2. 바이러스에는 DNA 또는 RNA가 들어 있으며 둘 다 들어 있는 경우는 없다. 핵산은 단일가닥 또는 이중가닥이며 선형이거나 원형이다. 때로는 여러 개의 분리된 조각으로 나누어져 있기도 하다.

3. 바이러스에 포함된 단백질 대 핵산의 비율은 1% 정도에서 50% 정도에 이르기까지 다양하다.

캡시드와 외피 (275~276쪽)

4. 바이러스의 핵산을 둘러싸고 있는 단백질 껍질을 캡시드라 부른다.

5. 캡시드는 캡소미어라 불리는 소단위로 이루어지며 바이러스에 따라 한 종류의 단백질인 경우도 있고 여러 종류의 단백질인 경우도 있다.

6. 일부 바이러스의 캡시드는 지질, 단백질, 탄수화물로 이루어진 외피로 둘러싸여 있다.

7. 외피보유 바이러스 중에는 돌기라 불리는 당단백질 복합체가 외피에 포함되어 밖으로 돌출되어 있는 종류도 있다.

일반적인 형태 (276쪽)

8. 에볼라바이러스와 같은 나선형 바이러스는 긴 막대형이며 이 바이러스의 캡시드는 속이 빈 실린더 모양을 이루어 그 안에 핵산이 들어가 있다.

9. 아데노바이러스와 같은 다각형 바이러스는 여러 개의 면으로 이루어져 있다. 정20면체를 이루는 캡시드가 많다.

10. 외피보유 바이러스는 대체로 구형이나 다형성인 경우도 있다. 외피보유 나선형 바이러스(독감바이러스)도 있고 외피보유 다면체 바이러스(심플렉스바이러스)도 있다.

11. 복합 바이러스는 복잡한 구조를 이룬다. 다면체 캡시드를 지니는 많은 박테리오파지에는 나선형 꼬리가 부착되어 있다.

바이러스의 분류 (276~277쪽)

1. 바이러스는 핵산의 종류, 복제 양식, 형태에 따라 분류한다.

2. 바이러스 과의 이름 끝에는 비리대(*-viridae*)를 붙이고 속의 이름 끝에는 바이러스(*-virus*)를 붙인다.

3. 바이러스 종은 같은 유전정보와 생태적 지위를 공유하는 바이러스 집단을 말한다.

바이러스의 분리, 배양, 동정 (277~281쪽)

1. 바이러스는 살아 있는 세포에서 배양해야 한다.

2. 박테리오파지는 가장 배양하기 쉬운 바이러스에 속한다.

실험실에서 박테리오파지 배양하기 (277~279쪽)

3. 플라크 분석법에서는 박테리오파지를 숙주세포와 섞어 영양 한천배지 위에 배양한다.

4. 바이러스 증식회로가 여러 번 진행되고 나면 원래의 바이러스 주변에 있던 세균이 파괴된다. 용균이 일어나 투명하게 변한 부분을 플라크라 부른다.

5. 각각의 플라크는 하나의 바이러스 입자에서 유래된 것이다. 따라서 바이러스의 농도는 플라크형성단위(plaque-forming unit, pfu)로 측정할 수 있다.

실험실에서 동물 바이러스 배양하기 (280~281쪽)

6. 일부 동물 바이러스를 배양하는 데에는 개별 동물 개체가 필요하다.

7. 원숭이 AIDS와 고양이 AIDS는 사람의 AIDS를 연구하는 모델을 제공한다.

8. 일부 동물 바이러스는 발육란에서 배양할 수 있다.

9. 세포배양이란 세포를 실험실 배양액에서 키우는 것을 말한다.

10. 1차 세포주와 배아에서 추출한 이배체 세포주는 시험관에서 일시적으로 배양할 수 있다.

11. 연속배양 세포주는 시험관에서 무한정 배양할 수 있다.

12. 바이러스가 자라면 세포 배양에 세포병변을 일으킬 수 있다.

바이러스 동정 (281쪽)

13. 바이러스를 동정하는 데에는 혈청학적 검사법이 가장 흔히 사용된다.

14. 바이러스는 RFLP나 PCR을 이용하여 동정할 수 있다.

바이러스의 증식 (282~293쪽)

1. 바이러스는 에너지 생산이나 단백질 합성에 필요한 효소를 갖고 있지 않다.
2. 바이러스가 증식하기 위해서는 숙주세포에 침투해서 숙주의 대사 기구를 이용하여 바이러스의 효소와 구성성분을 만들어야 한다.

박테리오파지의 증식 (282~285쪽)

3. 용균회로가 진행되면 파지는 숙주세포를 파괴해서 사멸시킨다.
4. 일부 바이러스는 숙주세포를 파괴하거나 숙주세포의 DNA에 자신의 DNA를 프로파지의 형태로 삽입할 수 있다. 후자의 경우를 용원화라 한다.
5. 용균회로의 부착기에 파지의 꼬리섬유는 세균 세포의 표면에 존재하는 상보적인 수용체 자리에 부착한다.
6. 침투기에 파지 리소자임은 세균 세포벽을 일부 열고 파지의 꼬리껍질이 수축하면서 파지 DNA를 세균 세포 안으로 주입한다. 캡시드는 세포 바깥에 남는다.
7. 생합성기에 파지 DNA가 전사되어 파지의 증식에 필요한 단백질을 부호화하는 mRNA를 합성한다. 파지 DNA는 복제되고 캡시드 단백질이 합성된다. 음성기 동안에는 파지의 DNA와 단백질이 따로 발견될 수 있다.
8. 성숙기에 파지 DNA와 캡시드는 완전한 바이러스 입자로 조립된다.
9. 방출기에 파지의 리소자임은 세균 세포벽을 파괴하고 새로운 파지입자가 방출된다.
10. 용원회로에서 프로파지 유전자는 프로파지에서 만들어지는 억제자에 의해 조절된다. 프로파지는 세포가 분열할 때마다 이와 함께 복제된다.
11. 특정한 돌연변이 유발물질에 노출되면 프로파지가 절제되어 나와 용균회로를 시작한다.
12. 용원화된 세포는 같은 종류의 파지에 재감염되지 않는 면역성을 보이며 파지전환 현상이 나타날 수 있다.
13. 용원화된 파지는 세균의 유전자를 한 세포에서 다른 세포로 형질도입할 수 있다. 일반형질도입에서는 아무 유전자나 다 전달될 수 있는 반면, 특수형질도입에서는 특정한 유전자만이 전달될 수 있다.

동물 바이러스의 증식 (285~293쪽)

14. 동물 바이러스는 숙주세포의 원형질막에 부착한다.
15. 바이러스는 수용체매개 세포내섭취 또는 세포막 융합에 의해 도입된다.
16. 동물 바이러스는 바이러스 또는 숙주세포의 효소에 의해 껍질이 벗겨진다.
17. 대부분의 DNA 바이러스에서 DNA는 숙주세포의 핵 안으로 들어간다. 바이러스 DNA의 전사와 번역을 통해 바이러스 DNA와 이후 캡시드 단백질이 생성된다. 캡시드 단백질은 숙주세포의 세포질에서 합성된다.
18. DNA 바이러스에는 아데노바이러스과, 폭스바이러스과, 허피스바이러스과, 파포바바이러스과, 헤파드나바이러스과가 포함된다.
19. RNA 바이러스의 증식은 숙주세포의 세포질에서 진행된다. RNA-의존 RNA 중합효소가 이중가닥 RNA를 합성한다.
20. 피코르나바이러스과의 + 가닥 RNA가 mRNA로 작용하면서 RNA-의존 RNA 중합효소를 합성한다.
21. 토가바이러스과의 + 가닥 RNA는 RNA-의존 RNA 중합효소의 주형으로 작용하며 mRNA는 새로운 −RNA 가닥에서 전사된다.
22. 랍도바이러스과의 − 가닥 RNA는 바이러스의 RNA-의존 RNA 중합효소의 주형으로 작용하여 mRNA가 합성된다.
23. 레오바이러스과는 숙주세포의 세포질에서 분해되어 바이러스 생합성에 필요한 mRNA를 방출한다.
24. 레트로바이러스과의 역전사효소(RNA-의존 DNA 중합효소)는 RNA에서 DNA를 전사한다.
25. 성숙한 다음 바이러스 입자가 방출된다. 방출되는 방법 가운데 하나는 출아법이다. 비외피성 바이러스는 숙주세포의 막을 파괴하면서 방출된다.

바이러스와 암 (293~294쪽)

1. 1900년대 초기에 닭의 백혈병과 닭 육종이 세포를 걸러낸 여과액에 의해 건강한 동물에게 전염될 수 있다는 사실이 알려지면서 처음으로 바이러스가 암 발생에 관련이 있다는 것이 밝혀졌다.

정상 세포에서 종양세포로의 전이 (293~294쪽)

2. 종양유전자는 활성화되었을 때 정상 세포를 종양세포로 전환시킨다.
3. 종양을 발생시킬 수 있는 바이러스를 종양바이러스라 한다.
4. 여러 종류의 DNA 바이러스와 레트로바이러스가 종양을 일으킨다.
5. 종양바이러스의 유전물질은 숙주세포의 DNA에 삽입된다.
6. 형질전환된 세포는 접촉억제 증상을 잃어버리고, 바이러스 특이적인 항체를 포함하며(TSTA 및 T 항원), 비정상적인 형태의 염색체가 나타나고, 취약한 동물에 주사하면 종양을 형성할 수 있다.

DNA 종양바이러스 (294쪽)

7. 종양바이러스는 아데노바이러스과, 허피스바이러스과, 폭스바이러스과, 파포바바이러스과, 헤파드나바이러스과 등에서 발견된다.

RNA 종양바이러스 (294쪽)

8. 바이러스가 종양을 발생시키는 능력은 역전사효소를 생성하는 것과 관련이 있다. 바이러스 RNA로부터 합성된 DNA는 숙주세포의 DNA에 프로바이러스의 형태로 삽입된다.

9. 프로바이러스는 잠재 상태로 남아 있다가, 바이러스를 생성하거나 숙주세포를 암세포로 형질전환시킬 수 있다.

잠재성 바이러스 감염 (294~295쪽)

1. 잠재성 바이러스 감염은 숙주세포에 바이러스가 오랜 기간 동안 감염증상을 보이지 않은 채 남아 있는 것을 말한다.
2. 단순포진과 대상포진은 잠재성 바이러스에 의해 나타난다.

지속성 바이러스 감염 (295쪽)

1. 지속성 바이러스 감염은 오랜 기간에 걸쳐 질병이 진행되다가 일반적으로 사망에 이르는 감염증이다.
2. 지속성 바이러스 감염은 일반적인 바이러스에 의해 나타나며 바이러스가 오랜 기간에 걸쳐 축적된다.

식물 바이러스와 바이로이드 (295~296쪽)

1. 식물 바이러스는 상처나 곤충과 같이 식물 조직에 침투하는 기생생물을 통해 식물 숙주에 침입한다.
2. 일부 식물 바이러스는 곤충(매개체) 세포에서도 증식한다.
3. 바이로이드는 감염성을 갖는 RNA 조각으로 감자 방추괴경병과 같은 일부 식물 질병을 일으킨다.

학습 질문

복습과 객관식 문제에 대한 해답은 책 뒤에 있음.

복습 문제

개요

1. 바이러스를 절대 세포내 기생체로 분류하는 까닭은 무엇인가?
2. 바이러스를 규정하는 네 가지 특성을 나열하시오. 바이러스 입자(virion)란 무엇인가?
3. 바이러스의 네 가지 형태적 분류 기준을 말하고 모식도를 그려 각각의 예를 제시하시오.
4. 그려보기 + 가닥 RNA 바이러스의 부착, 생합성, 유입, 성숙 단계를 표시하시오. 탈피는 어느 단계에서 일어나는지 표시하시오.

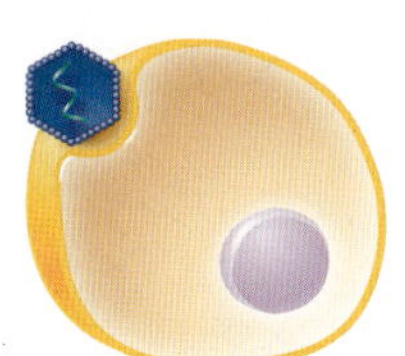
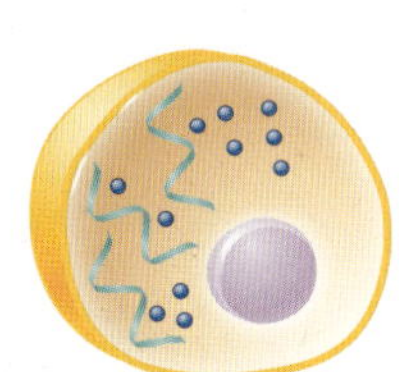
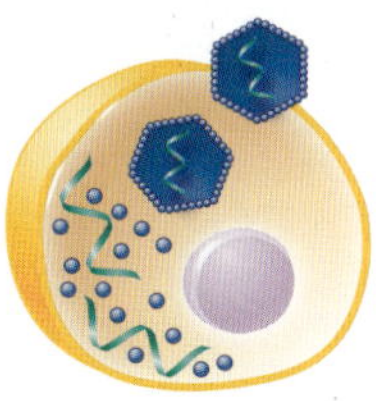

5. + 가닥 RNA와 − 가닥 RNA 바이러스의 생합성 과정을 비교하시오.
6. 일부 항생체는 파지 유전자를 활성화시킨다. 판톤-발렌타인 백혈구파괴소(Panton-Valentine leukocidin)를 분비하는 MRSA는 생명을 위협하는 질병을 일으킨다. 이와 같은 증상이 항생제 처치 후에 나타날 수 있는 이유는 무엇인가?
7. 1장에서 질병을 일으키는 원인을 결정하는 데 코흐의 가설을 이용했다. 다음의 질병을 일으키는 원인을 같은 방식으로 결정하기 어려운 이유는?
   a. 독감을 비롯한 바이러스 감염
   b. 암
8. (a) _______ 와(과) 같은 지속성 바이러스 감염은 (b) ___________ 에 의해 야기될 수 있다. 이러한 바이러스는 (c) ___________(일) 수도 있다.
9. 식물 바이러스는 온전한 식물 세포에 유입될 수 없다. 왜냐하면 식물 세포에는 (a) ___________가(이) 있기 때문이다. 따라서 식물 바이러스는 (b) ___________을(를) 이용해서 세포 안으로 들어간다. 식물 바이러스 (c) ___________을(를) 이용해서 배양할 수 있다.
10. 이름 답하기 피부, 점막, 신경 세포를 감염시키고, 잠재성이 있어 감염이 재발하며, 다면체 형태를 갖는 바이러스는 어느 과(family)에 속하는가?

객관식 문제

1. 다음에 제시된 산물이 박테리오파지의 생합성 과정에서 나타나는 순서대로 나열한 것을 고르시오 (1) 파지 리소자임, (2) mRNA, (3) DNA, (4) 바이러스 단백질, (5) DNA 중합효소.
   a. 5, 4, 3, 2, 1
   b. 1, 2, 3, 4, 5
   c. 5, 3, 4, 2, 1
   d. 3, 5, 2, 4, 1
   e. 2, 5, 3, 4, 1
2. mRNA로 작용하는 분자가 새로 만들어지는 바이러스 입자에 포함되지 않는 바이러스는?
   a. + 가닥 RNA 피코르나바이러스
   b. + 가닥 RNA 토가바이러스
   c. − 가닥 RNA 랍도바이러스
   d. 이중가닥 RNA 레오바이러스
   e. 로타바이러스
3. RNA-의존 RNA 중합효소를 갖는 바이러스는
   a. RNA 주형에서 DNA를 합성한다.

b. RNA 주형에서 이중가닥 RNA를 합성한다.
c. DNA 주형에서 이중가닥 RNA를 합성한다.
d. DNA에서 mRNA를 전사한다.
e. 해당 없음

4. 역전사효소를 지니는 바이러스의 생합성에서 가장 처음 나타나는 단계는?
a. RNA에 상보적인 가닥이 합성된다.
b. 이중가닥 RNA가 합성된다.
c. RNA 주형에서 상보적인 NDA가닥이 합성된다.
d. DNA 주형에서 상보적인 NDA가닥이 합성된다.
e. 해당 없음

5. 동물에서 바이러스가 용원화되는 예는 어디에서 볼 수 있는가?
a. 느린 바이러스 감염
b. 잠재성 바이러스 감염
c. T-짝수 박테리오파지
d. 세포 사멸을 초래하는 감염
e. 해당 없음

6. 바이러스가 숙주를 감염시키는 능력은 무엇에 의해 조절되는가?
a. 숙주의 생물종
b. 세포의 종류
c. 부착자리의 존재 여부
d. 바이러스 복제에 필요한 세포 인자의 존재 여부
e. 위의 답 모두

7. 다음 진술 가운데 옳지 않은 것은?
a. 바이러스는 DNA 또는 RNA를 지닌다.
b. 바이러스의 핵산은 단백질 껍질로 둘러싸여 있다.
c. 바이러스는 바이러스 mRNA, tRNA, 리보솜을 이용하여 살아 있는 세포 안에서 증식한다.
d. 바이러스는 특수한 감염 인자의 합성을 유도한다.
e. 바이러스는 살아 있는 세포 안에서 증식한다.

8. 숙주세포 안에서 발견되는 순서대로 다음을 나열한 것은? (1) 캡시드 단백질, (2) 감염성 파지 입자, (3) 파지 핵산.
a. 1, 2, 3
b. 3, 2, 1
c. 2, 1, 3
d. 3, 1, 2
e. 1, 3, 2

9. 다음에서 DNA 합성이 일어나지 않는 바이러스는?
a. 이중가닥 DNA 바이러스(Poxviridae)
b. 역전사효소를 지니는 DNA 바이러스(Hepadnaviridae)
c. 역전사효소를 지니는 RNA 바이러스(Retroviridae)
d. 단일가닥 RNA 바이러스(Togaviridae)
e. none of the above

11 질병의 원리와 전염병학

우리 모두는 방어체계를 가지고 있어 건강을 유지할 수 있다. 그럼에도 불구하고, 여전히 우리는 **병원체**(pathogen)에 취약하다. 우리 몸의 방어체계와 미생물의 병리적 수단 사이에 아주 미묘한 균형이 존재한다. 우리의 방어가 병원성을 이겨내면 건강을 유지하지만, 병원체가 우리 방어를 무너뜨리면 몸에 병이 생기게 된다. 병에 걸리면, 완쾌될 수도 있고 일시적인 또는 영구적인 손상으로 고통받을 수도 있고 심지어 그 병으로 인해 사망할 수도 있다.

이번 장에서는 병리학의 의미와 범위를 이해하고 질병이 생기는 일반적인 원리를 알아본다. 이러한 원리들을 이해하는 것이 병의 전염을 막는 데 필수적이다. 사진에서 보는 세균은, 흔히 병원내 감염을 일으키는 클로스트리듐 디피실리균(*Clostridium difficile*)인데, 미생물 뉴스에서 더 다룬다.

◀ ***Clostridium difficile***

미생물 뉴스

화장실에서 해방

제이밀 카터(Jamil Carter)는 또 화장실에 있다. 요로 감염(urinary tract infection, UTI)으로 6개월 전에 입원한 이후, 제이밀은 열과 오한, 심한 설사로 시달려 왔으며 체중이 15파운드(약 6.8 kg)나 줄었다. 제이밀은 75세이며 은퇴하였고, 부인, 아들과 함께 살고 있다. 담배도 피우지 않고 술도 거의 하지 않는다. 입원한 동안 제이밀은 항생제 세프트리악손(ceftriaxone)과 시프로플록사신(ciprofloxacin)으로 요로 감염을 치료받았다. 퇴원한 지 3일 후부터 줄곧 그는 설사 증상을 보이고 있다.

제이밀이 설사와 그 외 다른 증상을 보인 원인이 무엇일까?

제이밀은 전화로 의사에게 자신의 증상을 설명하고 그 날 오후로 진료 예약을 신청하였다. 그의 아내인 샬렌(Charlene)이 제이밀을 자동차로 데려다 주었지만, 그는 설사 때문에 중간에 멈추지 않고 갈 수 있을지 불안하였다. 처음에 제이밀의 담당 의사는 제이밀이 노로바이러스 감염증(noroviral gastroenteritis)에 걸린 것으로 생각하였지만, 증상이 너무 오래 지속되었다. 담당 의사는 제이밀의 대변 시료에서 미생물이 배양되는지 알아보기 위해 실험실에 의뢰하였다. 그 결과는 *C. difficile*에 양성인 것으로 나왔다.

제이밀은 어디에서 *C. difficile*에 감염되었을까?

*C. difficile*은 모든 병원내 감염의 15~25%와 병원내 설사의 절반에 관련된 세균이다. 이 세균은 1935년에 처음으로 장내 정상 미생물상의 구성원으로 확인되었다. 1977년에 발생한 병원내 설사에 *C. difficile*가 관련되었다. *C. difficile* 감염의 범위는 무증상 서식에서부터 설사와 대장염에까지 이른다. 고령 환자에서는 사망률이 10~20%이다. 제이밀이 어떤 항생제도 투약하지 않는 것을 확인한 후에, 담당 의사는 *C. difficile*의 치료약인 항생제 메트로니다졸(metronidazole)을 처방하였다.

담당 의사가 제이밀의 *C. difficile* 감염을 치료하기 전에 항생제를 투약하지 않는 것을 확인한 이유는 무엇인가?

항생제가 다른 경쟁 세균을 죽게 하여 *C. difficile*가 증식을 용이하게 할 수 있다. 제이밀의 담당 의사가 제이밀의 설사의 원인을 파악하고는, 병원내 다른 환자들 중에 *C. difficile* 설사와 대장염을 보이는 사람이 있는지 조사하였다. 다른 20명의 환자도 *C. difficile*에 감염된 것으로 드러났다. 지역 보건당국에서 이 병원의 집단발병에 대한 전염병학적 조사 결과를 아래와 같이 발표하였다.

감염된 환자 (비율)	
1인실	7%
2인실	17%
3인실	26%
***C. difficile*이 분리된 환경 (비율)**	
침대 안전가드	10%
서랍장	1%
바닥	18%
전화 버튼	6%
변기	3%
C. difficile*에 양성인 환자를 접촉하였던 병원 직원의 손에 남은 *C. difficile	
장갑 사용	0%
장갑 사용하지 않음	59%
환자와 접촉하기 전에 *C. difficile*을 가짐	3%
보통 비누로 손 씻음	40%
소독 비누로 손 씻음	3%
손을 씻지 않음	20%

가장 쉬운 전염 경로는 무엇이며, 전염을 어떻게 예방할 수 있나?

모든 인체 물질을 접촉할 때에는 장갑을 끼고, 일회용 항문 체온계를 사용하며, 항생제 남용을 중단하면 *C. difficile*의 전염을 예방할 수 있다. 사람들 사이의 직접 접촉이나 매개물을 통한 간접 접촉을 통해서 이 세균이나 내생포자가 섭취되어 *C. difficile*에 감염된다. 이것은 병원내 감염 중 가장 흔한 감염이며 유행병으로 간주된다. 제이밀은 메트로니다졸 치료에 잘 반응하여 체중도 거의 회복하였고 더 이상 화장실에서 많은 시간을 보내지 않는다.

병리학, 감염, 질병

병리학(pathology)은 질병을 연구하는 학문(*pathos* = 고통; *logos* = 학문)이다. 병리학에서는 병을 일으키는 **병인(etiology)**과 병이 발생하는 원리인 **병리(pathogenesis)**, 그리고 병에 걸려 생기는 우리 몸의 구조적 그리고 기능적 변화와 그 결과에 대하여 연구한다.

감염과 질병이란 용어가 때로 혼용되기도 하지만, 이들의 의미는 다르다. **감염(infection)**이란 우리 몸에 병원성 미생물이 침입하여 서식하는 것을 의미하며, **질병(disease)**이란 감염으로 인하여 건강상 어떤 변화가 있을 때를 의미한다. 질병은 우리 몸의 어떤 부분 또는 전체가 제대로 적응하지 못하거나 원래의 기능을 제대로 수행하지 못하는 비정상적인 상태를 의미한다. 뚜렷한 질병이 없이도 감염이 있을 수 있다. 예를 들어, 에이즈 바이러스에 감염되어도 그 병의 증상은 없을 수도 있다.

특정 미생물이 원래 존재하지 않던 몸 부위에 나타나는 것도 감염이라 할 수 있으며, 이 또한 질병을 유발할 수 있다. 그 예로, 건강한 사람의 장 속에는 정상적으로 많은 숫자의 대장균(*E. coli*)이 있지만, 이 세균이 요로에 감염하면 병을 일으키게 된다.

병원성을 가진 미생물은 극히 적다. 사실상, 숙주에 존재하는 일부 미생물은 오히려 숙주에게 이로움을 줄 수 있다. 그러므로 미생물이 병을 어떻게 일으키는가를 배우기 전에, 미생물과 건강한 우리 몸 사이의 관계부터 설명하기로 한다.

정상 미생물상

사람을 포함하여 동물들은 태어나기 전 자궁 내에서는 보통 무균 상태이다. 그러나 태어나면서부터, 개인 고유의 정상 미생물 집단이 몸에 자리잡기 시작한다. 출산 직전에, 산모의 질 내 젖산균이 급속히 증식한다. 신생아가 처음으로 접촉하는 미생물은 주로 이 젖산균이며, 신생아의 장 속에 지배적인 미생물이 된다. 신생아가 호흡을 시작하고 먹기 시작하면서 환경으로부터 더 많은 미생물들이 체내로 유입된다. 자라면서, 음식물을 통해 들어온 여러 종류의 세균들이 대장에 서식하게 된다. 이 미생물들이 일생 동안 남아 있으면서 환경 변화에 따라 숫자가 늘거나 줄면서 병이 생기는 하나의 요인이 된다.

수많은 무해한 미생물들이 정상 성인의 체내 여러 부분과 표면에 자리잡고 있다. 보통 인체는 1×10^{13} 세포로 구성되며, 대략 이보다 10배 더 많은 1×10^{14} 세포의 세균을 가지고 있으니, 우리 몸에 정상적으로 서식하는 미생물이 얼마나 많은지 짐작할 수 있다. 인체 내부와 표면에 살고 있는 미생물 군집(microbiome)을 분석하는 **인체 미생물 군집 프로젝트(Human Microbiome Project)**가 2007년에 시작되었다. 그 목표는, 미생물 군집의 변화가 사람의 건강 및 질병과 어떠한 연관성을 가지는지 파악하는 것이다. 사람의 미생물 군집은 예상보다 더 다양한 것으로 알려졌다. 현재, 건강한 사람들과 특정 질병을 가진 사람들의 미생물 군집을 비교하는 연구가 진행 중이다. 거의 영구적으로 서식하며 보통 상황에서 병을 일으키지 않는 미생물들이 우리 몸의 **정상 미생물상(normal microbiota)**을 이룬다(그림 11.1). 반면, **일시 미생물상(transient microbiota)**은 며칠이나 몇 주 또는 몇 달 동안 존재하다가 사라지는 미생물 군집이다.

여러 가지 요인이 정상 미생물상의 분포와 구성을 결정하는데, 양분, 물리적 · 화학적 요인, 숙주의 방어, 기계적 요인 등을 들 수 있다. 미생물이 에너지원으로 사용할 수 있는 양분의 종류에 따라 서식할 수 있는 미생물이 달라진다. 이러한 양분들은 세포에서 분비되고 배출되는 물질들, 체액에 포함된 물질들, 죽은 세포, 위장관에 들어 온 음식물 등에서 유래한다.

많은 종류의 물리적 또는 화학적 요인이 미생물의 증식에 영향을 미쳐서 결과적으로 정상 미생물상의 증식과 구성 변화를 가져온

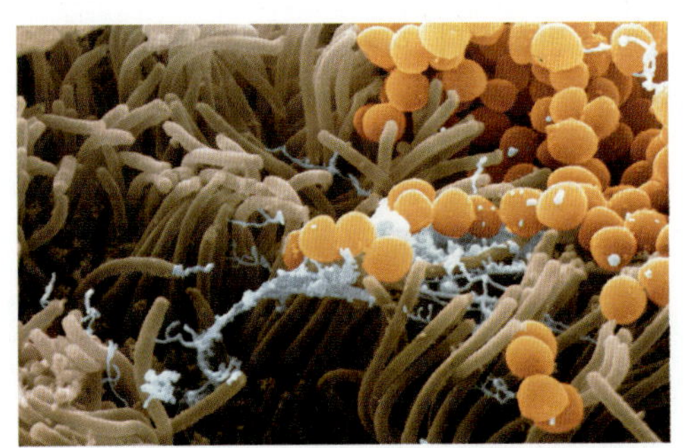

(a) 비강 상피조직 표면의 세균 (주황색 공 모양) SEM 2 μm

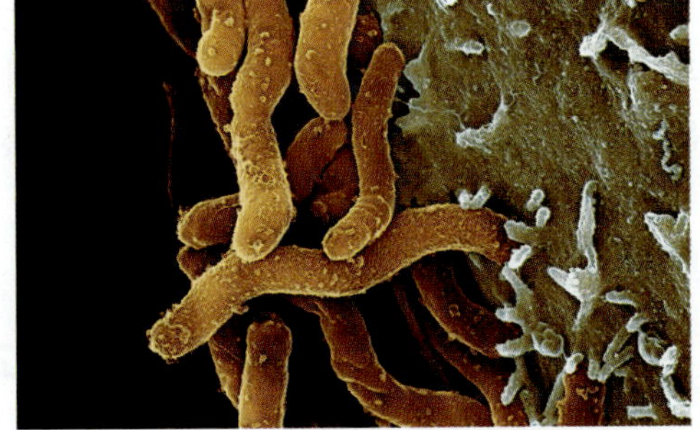
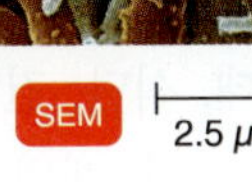
(b) 위 내벽에 서식하는 세균(갈색) SEM 2.5 μm

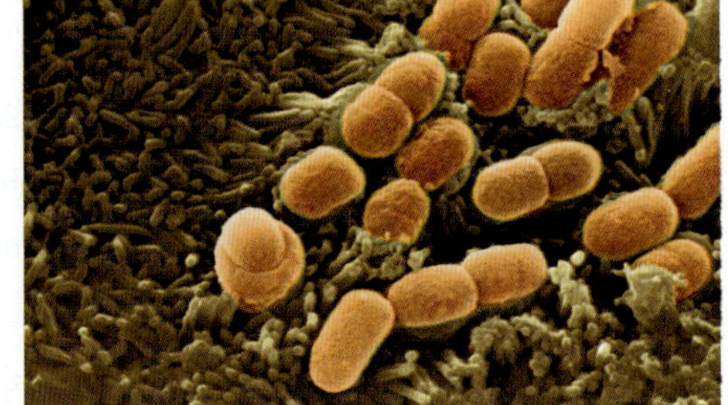
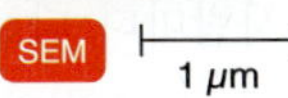
(c) 소장 내 세균(주황색) SEM 1 μm

그림 11.1 인체 여러 부분의 대표적인 정상 미생물상

정상 미생물상의 중요성은 무엇인가?

표 11.1 인체 여러 부분에 대표적인 정상 미생물상

부분	주요 구성	특징
피부	*Propionibacterium*, *Staphylococcus*, *Corynebacterium*, *Micrococcus*, *Acinetobacter*, *Brevibacterium*; *Candida* (진균), *Malassezia* (진균)	• 피부에 직접 접촉하는 대부분 미생물은 땀샘과 피지샘 분비물의 항미생물 활성에 막혀 서식하지 못한다. • 케라틴이 저항 장벽이며, 피부의 낮은 pH가 미생물 증식을 억제한다. • 피부는 또한 비교적 수분 함량이 낮다.
눈(결막)	*Staphylococcus epidermidis*, *S. aureus*, diphtheroids, *Propionibacterium*, *Corynebacterium*, streptococci, *Micrococcus*	• 결막은 피부 또는 점막의 연속이며, 피부와 동일한 정상 미생물상을 가진다. • 눈물과 눈 깜빡거림이 일부 미생물을 제거하거나 다른 미생물이 서식하지 못하도록 한다.
코와 인후(상부 호흡계)	코 안에 *Staphylococcus aureus*, *S. epidermidis*, 호기성 diphtheroids; 인후에 *S. epidermidis*, *S. aureus*, diphtheroids, *Streptococcus pneumoniae*, *Haemophilus*, *Neisseria*	• 일부 정상 미생물상이 병원체의 가능성이 있지만, 그들의 병원성은 미생물간 길항작용으로 감소된다. • 콧물이 많은 미생물을 파괴하며, 점액과 섬모 작용이 미생물을 제거한다.
입	*Streptococcus*, *Lactobacillus*, *Actinomyces*, *Bacteroides*, *Veillonella*, *Neisseria*, *Haemophilis*, *Fusobacterium*, *Treponema*, *Staphylococcus*, *Corynebacterium*, *Candida* (진균)	• 수분이 많고, 따뜻하며, 늘 음식이 들어오므로 혀, 볼, 치아, 잇몸에 다양한 미생물이 다량 서식할 수 있는 이상적인 환경이다. • 물고, 씹고, 혀가 움직이며, 침이 흘러 미생물을 제거한다. 타액에는 여러 항미생물 물질이 들어 있다.
대장	*Escherichia coli*, *Bacteroides*, *Fusobacterium*, *Lactobacillus*, *Enterococcus*, *Bifidobacterium*, *Enterobacter*, *Citrobacter*, *Proteus*, *Klebsiella*, *Candida* (진균)	• 대장에는 수분과 양분이 많아 우리 몸에서 가장 많은 숫자의 미생물이 서식한다. • 점액이 분비되고 내벽이 정기적으로 떨어져나가 미생물이 위장관 내벽에 부착하지 못하도록 하며, 점액에는 여러 항미생물 화합물이 들어 있다. • 설사로도 정상 미생물상의 일부가 씻겨 나간다.
비뇨 생식계	요도에 *Staphylococcus*, *Micrococcus*, *Enterococcus*, *Lactobacillus*, *Bacteroides*, 호기성 diphtheroids, *Pseudomonas*, *Klebsiella*, *Proteus*; 질 내에 lactobacilli, *Streptococcus*, *Clostridium*, *Candida albicans* (진균), *Trichomonas vaginalis* (원생동물)	• 양성 모두 하부 요도에 정상 미생물상을 가진다. 질 분비물이 산성이기 때문에 질 내에 산성에 강한 미생물들이 서식한다. • 점액이 분비되고 내벽이 정기적으로 떨어져나가 미생물이 내벽에 부착하지 못하도록 한다. 오줌의 흐름이 기계적으로 미생물을 제거하며, 산성 pH와 요소가 항미생물 활성을 가진다. • 섬모와 점액이 미생물을 자궁 경부에서 질 쪽으로 내보내며, 질 내 산성 환경이 미생물을 억제하고 파괴한다.

다. 이러한 요인에는 온도, pH, 가용 산소 및 이산화탄소, 염도, 햇빛 등이 포함된다.

우리 몸에서 어떤 부분들은 기계적 힘을 받아 정상 미생물상의 서식에 영향을 끼칠 수 있다. 예를 들어, 씹을 때 치아와 혀의 움직임으로 치아 표면과 구강 내 점막 표면에 붙어 있던 미생물이 떨어져 나올 수 있다. 위장관에서도 침과 분비된 소화효소의 흐름 및 인후, 식도, 위, 장 등에서 일어나는 여러 근육의 움직임으로 부착되지 않은 미생물들이 제거될 수 있다. 오줌이 씻어 내리는 작용도 미생물을 제거할 수 있다. 호흡계에서는 점액이 미생물을 가두고 섬모가 이를 인후 쪽으로 밀어 올려 제거한다.

몸의 특정 부위에서 정상 미생물상에 영향을 줄 수 있는 조건은 사람마다 다르다. 이런 조건으로는 연령, 영양 상태, 식단, 건강 상태, 신체적 장애, 입원, 감정 상태, 스트레스, 기후, 지리, 개별 위생, 거주 환경, 직업, 생활방식 등이 있다.

우리 몸의 여러 부분에 주요 정상 미생물상과 각각의 특징이 표 11.1에 열거되어 있다.

미생물상이 전혀 없는 동물은 실험실에서 키울 수 있다. 연구에 사용되는 대부분의 무균 포유류는 무균 환경에서 번식시켜 얻는다. 무균 동물을 이용한 연구에서, 동물의 생명유지에 미생물이 반드시 필요한 것은 아니라는 사실이 밝혀졌다. 하지만 무균 동물들은 면역체계가 잘 발달되지 않아 감염과 심각한 질병에 매우 민감하다. 또한 무균 동물들은 정상 동물에 비해 더 많은 열량과 비타민을 필요로 한다.

정상 미생물상과 숙주 사이의 관계

정상 미생물상이 일단 확립되면 해로운 미생물이 과하게 증식하는 것을 막아 우리 몸에 유익을 준다. 이 현상을 **미생물간 길항작용(microbial antagonism)** 또는 **경쟁배타(competitive exclusion)**라고 한다. 미생물간 길항작용은 미생물들 사이의 경쟁을 포함한

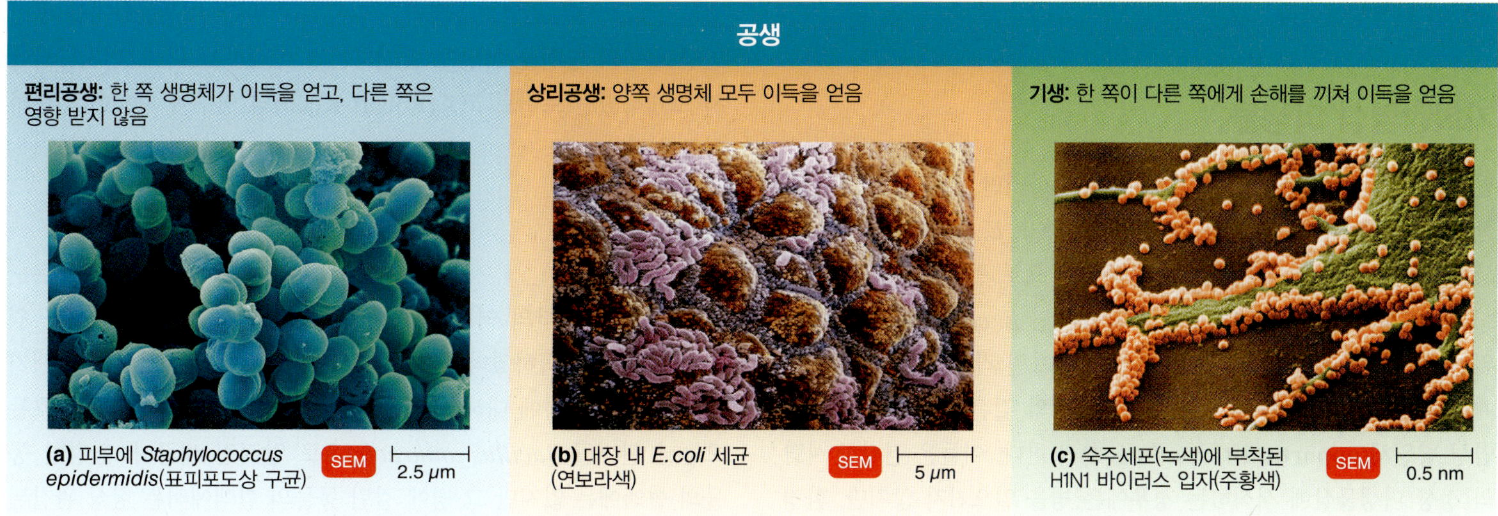

(a) 피부에 *Staphylococcus epidermidis*(표피포도상 구균)

(b) 대장 내 *E. coli* 세균(연보라색)

(c) 숙주세포(녹색)에 부착된 H1N1 바이러스 입자(주황색)

그림 11.2 공생

 사람과 *E. coli* 사이의 관계는 공생의 종류 중에서 어느 것에 가장 잘 맞는가?

다. 경쟁으로 인한 한 가지 결과는, 정상 미생물상이 병원성 미생물이 서식하는 것을 막아 우리 몸을 보호하는 것이다. 그 방법으로, 양분을 두고 경쟁하거나 침범한 미생물에게 해로운 물질을 생산하며, pH나 가용 산소 등의 서식 조건에 변화를 주는 것이다. 정상 미생물상과 병원성 미생물 사이의 균형이 뒤집히면, 질병이 생긴다. 예를 들어, 성인 여성의 질에 정상 미생물상은 그 부분의 pH를 4 정도로 유지한다. 이 정상 미생물상 덕분에 칸디다 알비칸스(*Candida albicans*) 진균이 과다 증식하지 못한다. 그러나 정상 미생물상과 병원균 사이의 균형이 깨지거나 pH가 달라지면, 이 진균이 증식하게 된다. 만일 항생제, 과도한 세정 또는 냄새 제거제에 의해 정상 미생물상이 제거되면, pH가 거의 중성으로 바뀌게 되어 *C. albicans*가 잘 자라 지배적인 미생물군을 이룬다. 이 상태가 되면 질염이 생길 수 있다.

미생물간 길항작용의 또 다른 예는 대장에서 일어난다. *E. coli* 세포는 **박테리오신(bacteriocin)**이라는 단백질을 만들어, 동일한 종 또는 유사한 종에 속하는 병원성 세균인 *Salmonella*와 *Shigella*의 증식을 억제한다. 특정 박테리오신을 만드는 세균은 같은 박테리오신에 의해서는 파괴되지 않고 다른 종류에 의해 파괴된다. 의학 미생물학에서 세균의 다른 균주를 확인하는 데 박테리오신이 이용된다. 이 방법으로, 여러 차례의 감염성 질병이 특정 세균의 한 균주에 의해서 인지 아니면 여러 균주에 의해 발병하였는지 파악할 수 있다.

마지막 예로, 대장에 존재하는 또 다른 세균인 클로스트리듐 디피실리균(*Clostridium difficile*)이 있다. 대장의 정상 미생물상은, 이 세균에 대한 숙주의 수용체를 가리거나 경쟁적으로 양분을 섭취하거나 또는 박테리오신을 만들어 *C. difficile*의 증식을 효과적으로 억제한다. 하지만 항생제를 복용하거나 어떤 상태에서 정상 미생물상이 훼손되면, *C. difficile*가 문제를 일으킬 수 있다. 이 미생물은 항생제 치료에 따르는 거의 모든 위장관 감염에 원인이며, 경미한 설사에서 때로는 치명적인 심한 대장염을 일으킨다.

정상 미생물상과 숙주의 관계를 **공생(symbiosis)**이라 하는데, 두 생명체 사이에서 적어도 어느 한 쪽이 다른 한 쪽에 의존하는 관계이다(그림 11.2). **편리공생(commensalism)**이라는 공생 관계에서는, 한 쪽이 이득을 얻고, 다른 한 쪽엔 아무런 영향이 없다. 우리 몸에 정상 미생물상을 구성하는 대부분의 미생물은 편리공생 관계에 있으며, 피부 표면에 서식하는 표피포도상 구균(*staphylococcus epidermidis*)과 눈 표면에 코리네박테리아(*corynebacteria*), 귀와 외부 생식기에 일부 미코박테리아(*mycobacteria*) 등을 포함한다. 이 세균들은 분비물이나 벗겨져 나온 세포에서 양분을 섭취하며, 숙주에게 득도 해도 없는 것 같다.

상리공생(mutualism)은 두 생명체에 모두 이득이 되는 관계이다. 예를 들어, 대장에는 *E. coli*가 있어 비타민 K와 비타민 B의 일부를 합성한다. 대장균이 합성한 비타민은 혈액으로 흡수되어 우리 몸의 세포들이 사용하게 된다. 그 대신, 대장은 대장균이 사용할 양분을 제공하여 살 수 있도록 해준다.

최근의 유전학 연구에서 장내 세균들이 가지는 수백 가지 항생제내성 유전자를 찾았다. 감염성 질병의 치료에 항생제를 쓸 때, 이 세균들이 생존하는 것이 우리에게 유리하지만 이들이 항생제 내성 유전자를 병원균에게 넘겨줄 수도 있다.

또 다른 종류의 공생에서, 한 쪽이 다른 쪽의 양분을 빼앗아 이득을 얻는 **기생(parasitism)** 관계가 있다. 질병을 일으키는 많은 세균들이 기생생물이다.

기회감염성 미생물

편의상 공생 관계를 종류별로 분류하기는 하지만, 조건에 따라 이러한 관계들이 바뀔 수 있다는 사실을 기억하자. *E. coli*처럼 평상시에 상리공생 관계에 있던 세균이 해로운 세균으로 될 수 있다. 보통 *E. coli*는 대장에 남아 있으면 무해하다. 하지만 *E. coli*가 몸의 다른 부위인 방광, 폐, 척수, 상처 부위 등에 들어가면 각 부위에서 방광염, 폐렴, 수막염, 종기 등 일으킬 수 있다. 이와 같은 미생물을 **기회감염성 병원체(opportunistic pathogen)**라 한다. 이들은 건강한 사람의 정상 미생물상에 서식하는 경우에는 병을 일으키지 않지만, 환경이 바뀌면 병을 일으킬 수 있다. 한 예로, 손상된 피부나 점막에 접근한 미생물은 기회감염을 일으킬 수 있다. 또는 우리 몸이 감염으로 약해지면, 평상시에 무해하던 미생물이 병을 일으킬 수 있다.

이렇게 흔한 공생체 이외에도, 많은 사람들이 보통 병원성으로 여겨지지만 그 사람들에게는 질병을 일으키지 않는 미생물을 가지고 있다. 건강한 사람들이 흔히 가지고 있는 병원체 중에는, 장에 질병을 일으키는 에코바이러스(*echo*는 *e*nteric *c*ytopathogenic *h*uman *o*rphan의 첫 자를 따서 지어졌음. 전체 뜻은 사람의 장내에서 세포변성을 일으키는 드문 종류의 바이러스)와 호흡기 질병을 일으키는 아데노바이러스(adenoviruses)가 있다. 호흡기 관에 주로 무해하게 서식하는 수막염균(*Neisseria meningitides*)은 뇌와 척수를 둘러싸는 막인 수막에 염증을 일으킬 수 있다. 코와 인후에 분포하는 폐렴구균(*Streptococcus pneumonia*)은 폐렴을 일으킬 수 있다.

미생물들 사이의 협력

미생물간 경쟁만이 병의 원인이 되는 것이 아니라, 미생물간 협력 또한 병의 원인이 될 수 있다. 예를 들어, 치주 질환과 잇몸 염증을 일으키는 병원체는 치아에 부착하는 수용체를 가진 것이 아니라 치아에 서식하는 구강 연쇄상구균에 부착하는 수용체를 가지고 있다.

감염성 질병의 병인

소아마비와 라임병, 결핵 등 일부 질병은 그 원인이 잘 알려져 있다. 병인이 완전히 밝혀지지 않은 경우의 대표적인 예로, 특정 바이러스와 암 발생의 상관관계를 들 수 있다. 또한 알츠하이머 치매처럼 병인이 잘 알려지지 않은 질병들이 있다. 물론 모든 질병이 미생물에 의해 생기는 것은 아니다. 혈우병은 **유전성 질병**이며, 골관절염과 간경병은 **퇴행성 질병**이다. 질병에는 여러 부류가 있는데, 여기서는 미생물이 일으키는 **감염성 질병**만을 다루기로 한다. 미생물학자들이 감염성 질병의 병인을 어떻게 확인하는지 이해하기 위해, 먼저 1장에서 소개하였던 로버트 코흐(Robert Koch)의 연구를 자세히 설명하기로 한다.

코흐 원칙

1장에서 미생물학의 역사적 개관을 소개하면서, 코흐의 유명한 원칙을 간략히 언급하였다. 코흐는 1877년에, 가축과 사람에게 생기는 질병인 탄저병에 대해 연구한 논문을 처음으로 발표했다. 코흐는 오늘날 탄저균(*Bacillus anthracis*)으로 알려진 세균이, 건강한 동물의 혈액에는 없지만 그 병에 걸린 동물의 혈액에서는 항상 관찰된다고 보고했다. 그러나 그 세균이 존재하는 것이 그 병으로 인한 결과일 수도 있기 때문에 세균이 질병의 원인이었음을 증명하기 위해 더 연구했다.

그가 병에 걸린 동물의 혈액을 채취하여 그것을 건강한 동물에 주사했더니 그 동물도 병에 걸려 죽게 되었다. 그는 이 실험을 여러 차례 반복하였고 매번 동일한 결과를 얻었다. (과학적 증명이 타당한가를 판단하는 결정적인 기준 중 하나는 그 실험 결과의 반복성이다.) 코흐는 또한 동물의 몸 밖에서 세균을 액체배양하여, 많은 횟수의 계대 배양 후에도 그 세균이 탄저병을 일으키는 것을 증명했다.

코흐가 증명한 것은, 어떤 특정 감염 질병(탄저병)이 어떤 특정 미생물(*B. anthracis*)에 의해 생긴다는 것과 그 미생물을 분리하여 인공배지에서 배양할 수 있다는 것이었다. 이후에 그는 동일한 방법으로 결핵균(*Mycobacterium tuberculosis*)이 결핵의 원인균이라는 것을 보여주었다.

코흐의 연구는 감염성 질병의 병인을 연구하는 데 기본틀이 되었다. 오늘날 우리는 코흐의 실험적 요건을 **코흐 원칙(Koch's postulates,** 그림 11.3)이라고 하는데, 아래와 같이 요약된다.

1. 특정 질병의 모든 경우에서 동일한 병원체가 존재해야 한다.
2. 그 병원체는 병든 숙주에서 분리되어 순수 배양될 수 있어야 한다.
3. 순수 배양된 병원체를 건강한 실험 동물에 접종하면 그 질병을 일으켜야 한다.
4. 접종한 동물에서 병원체가 분리되어야 하며 그것은 원래의 병원체임이 확인되어야 한다.

코흐 원칙의 예외

코흐 원칙이 많은 세균성 질병의 원인체를 확인하는 데 유용하지만, 일부 예외도 있다. 예를 들어, 어떤 미생물들은 독특한 배양 조건을 필요로 한다. 매독을 일으키는 매독균(*Treponema pallidum*)의 독

토대 그림 11.3

코흐 원칙: 질병의 이해

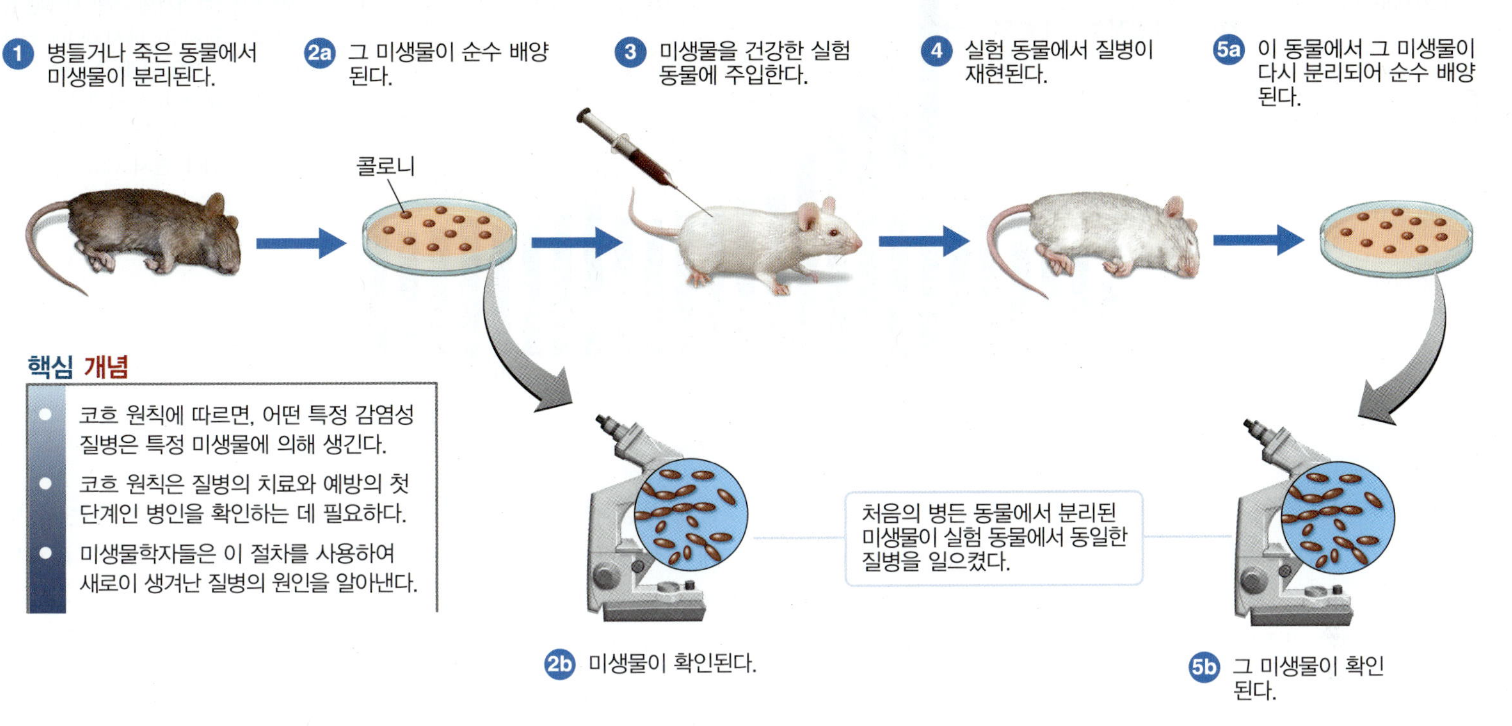

핵심 개념

- 코흐 원칙에 따르면, 어떤 특정 감염성 질병은 특정 미생물에 의해 생긴다.
- 코흐 원칙은 질병의 치료와 예방의 첫 단계인 병인을 확인하는 데 필요하다.
- 미생물학자들은 이 절차를 사용하여 새로이 생겨난 질병의 원인을 알아낸다.

성 균주는 인공배지에서는 아직 배양된 적이 없다. 나병의 원인균인 나병균(*Mycobacterium leprae*)도 마찬가지이다. 또한 리케차과에 속하는 세균류와 바이러스 병원체들도, 숙주세포 내에서만 증식하기 때문에 인공배지에서 배양되지 않는다.

인공배지에서 자라지 않는 미생물이 발견되어 코흐 원칙에 약간의 수정과 이러한 병원체들을 배양하고 확인하는 새로운 방법이 필요했다. 재향군인병이라고도 하는 레지오넬라증(legionellosis)의 원인 미생물을 찾으려는 과학자들이 환자에서 직접 그 병원체를 분리할 수 없었기에, 그들은 다른 방법으로 환자의 폐 조직을 기니피그에 접종하였다. 이 기니피그는 폐렴과 유사한 증상을 보였으나, 건강한 사람의 폐 조직을 접종한 기니피그에서는 증상이 없었다. 그런 다음, 병든 기니피그의 조직 시료를 취하여 닭 배아의 난황낭에서 배양하였다. 전자현미경으로 배양된 배아 내에서 막대기 모양의 세균이 관찰되었다. 마지막으로, 최신 면역학적 연구기법을 이용하여 닭 배아 속의 세균이 병든 기니피그와 이 병에 걸렸던 사람들에게 감염되었던 세균과 동일한 것임을 보여주었다.

많은 경우, 인간 숙주는 특정 병원체와 그것이 일으키는 질병에만 연관된 특정 징후와 증상을 보인다. 즉, 디프테리아와 파상풍을 일으키는 병원체는 다른 어떤 미생물이 일으키는 못하는 특징적인 징후와 증상을 나타낸다. 이 병원체들은 각기 독특한 증상의 질병을 일으키는 거의 유일한 생물이다. 그러나 일부 감염성 질병은 그리 명확하지 않아 코흐 원칙에 또 다른 예외가 된다. 그 예로, 신장염은 몇 가지 다른 병원체에 의해 생길 수 있으며 이들 병원체 모두가 동일한 징후와 증상을 일으킨다. 그러므로 어느 특정 미생물이 병을 일으켰는지 판별하기 어려운 경우가 많다. 이외에도, 병인을 확실히 찾기 어려운 감염성 질병으로 폐렴과 수막염, 복막염 등을 들 수 있다.

코흐 원칙에 대한 또 다른 예외를 들면, 여러 질병을 일으키는 병원체들이다. 결핵균(*Mycobacterium tuberculosis*)은 폐, 피부, 뼈, 내장 기관 등에 병을 일으킬 수 있다. 화농연쇄상구균(*Streptococcus pyogenes*)은 인후염, 성홍열, 단독(erysipelas)과 같은 피부염, 골수염 등을 일으킬 수 있다. 이러한 감염의 경우, 임상 징후와 증상, 실험실 검사 등을 종합하면, 다른 병원체가 동일한 기관에 일으키는 감염을 각각 구별할 수 있다.

윤리적 문제도 코흐 원칙에 예외를 부과한다. 예를 들어, 일부 원인균은 사람에게만 병을 일으키며 알려진 다른 동물 숙주가 없다. 에이즈를 일으키는 사람면역결핍바이러스(HIV)가 그러하다. 이 때문에 사람에게 의도적으로 감염체를 접종할 수 있느냐 하는 윤리적 문제가 제기된다. 1721년 조지 1세 영국 왕은 천연두 백신

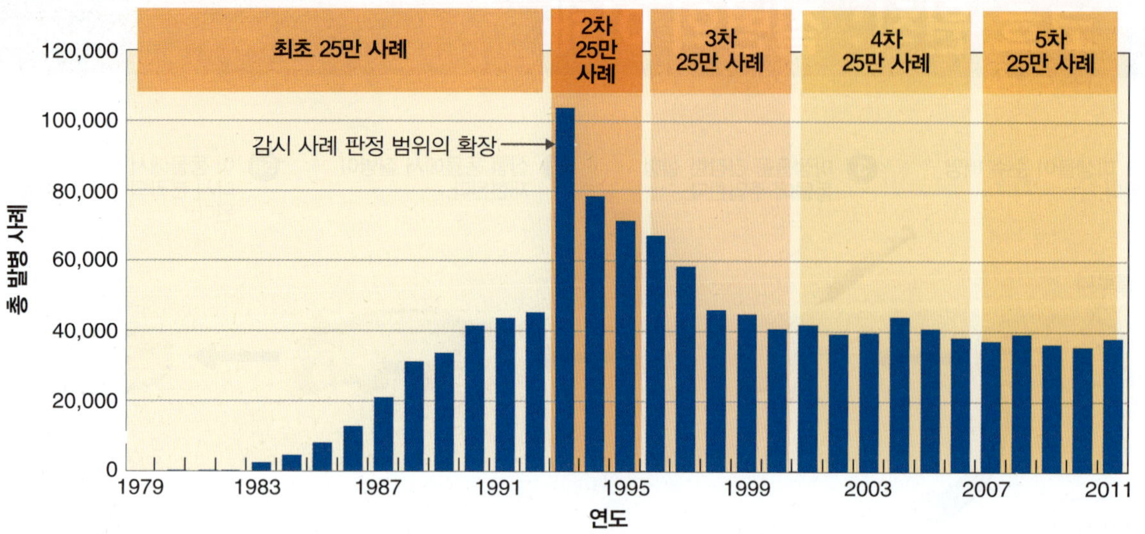

그림 11.4 미국에서 보고된 에이즈 사례. 주목할 것은, 처음 25만 사례가 12년 기간에 걸쳐 발생한 반면, 2차에서 4차까지의 25만 사례는 유행병으로 단지 3년에서 6년에 발생한 것이다. 1993년에 증가한 이유는, 이 해에 에이즈 사례로 진단하는 범위를 더 넓히는 규정을 채택하였기 때문이다. 출처: CDC.

Q 2004년에 에이즈의 발병률은?

시험을 위해 여러 사형수에게 접종할 수 있다고 명령하였다. 그리고 백신을 맞고 그들이 살아남으면 자유를 주겠다고 약속하였다. 오늘날에는 이와 같은 인체 실험이 허용되지 않는다. 그러나 간혹 의료 사고로 병원체가 접종될 수 있다. 감염된 적색골수의 이식으로 허피스 바이러스가 암을 일으켰음을 입증할 수 있는 코흐 원칙의 세 번째를 만족시킨 경우가 있다.

감염성 질병의 분류

우리 몸에 영향을 주는 모든 질병은, 특정한 방식으로 몸의 구조와 기능을 바꾸며, 이렇게 바뀐 것이 보통 여러 증거로 나타난다. 환자는 통증 또는 불편함과 같은 몸의 기능 변화인 **증상(symptom)**을 겪게 된다. 이와 같은 주관적 변화는 겉으로 보기에는 뚜렷하지 않다. 환자는, 의사가 관찰하고 측정할 수 있는 객관적 변화인 **징후(sign)**를 보일 수도 있다. 자주 진찰되는 징후에는, 병변(그 병으로 인해 조직에 생긴 변화), 부어 오름, 열, 마비 등이 있다. 여러 가지의 특별한 증상이나 징후가 특정 질병에 동반되는 경우에, 이를 **증후군(syndrome)**이라 한다. 특정 질병에 대한 진단은 징후와 증상, 실험실 검사 결과를 함께 평가하여 이루어진다.

질병은 흔히 한 개인에서 어떻게 드러나는가, 그리고 한 집단 내에서 어떻게 드러나는가 하는 점에서 분류된다. 직접 또는 간접적으로 한 사람에게서 다른 사람한테로 퍼지는 질병을 **전염병(communicable disease)**이라 한다. 수두, 홍역, 성기 포진(genital herpes), 장티푸스, 결핵 등이 그 예가 될 수 있다. 수두와 홍역은 한 사람에게서 다른 사람에게로 쉽게 퍼지는 **접촉성 전염병(contagious diseases)**의 예도 된다. **비전염성 질병(noncommunicable disease)**은 이 사람에게서 저 사람에게로 퍼지지 않는 질병이다. 비전염성 질병은 우리 몸에 정상적으로 서식하면서 간혹 병을 일으키는 미생물 또는 몸 밖에 서식하다가 우리 몸 안에 들어온 경우에만 병을 일으키는 미생물에 의해 생긴다. 파상풍이 그 예이다. 파상풍균(*Clostridium tetani*)은 긁히거나 상처 난 곳으로 우리 몸 안에 들어와 병을 일으킨다.

질병의 발생

어떤 질병을 전체적으로 이해하려면, 그 병의 발생에 대해서도 알아야 한다. 질병의 **발병률(incidence)**이란, 특정 기간 동안 한 집단에서 특정 질병에 걸린 사람 수인데, 그 질병이 어느 정도 퍼졌나를 보여주는 지표이다. **유병률(prevalence)**은 그 병이 언제 처음 나타났는지에 관계없이 어느 한 시기에 해당 집단에서 특정 질병에 걸린 사람 수를 말한다. 유병률은 이미 병을 가진 사람과 새로 얻은 사람을 모두 포함한다. 이것은 특정 질병이 얼마나 심하게 그리고 얼마나 오랫동안 해당 집단을 침범하였는지 보여주는 지표이다. 예를 들어, 2007년 미국에서 에이즈의 발병률은 56,300명이었으며, 같은 해 유병률은 약 1,185,000명이었다. 지리적으로 다른 지역의 집단 또는 인종적으로 다른 집단에서 특정 질병의 발병률과 유병률을 파악하면, 그 질병의 발생 범위와 어떤 집단에 침범하는 경향이 있는지를 평가할 수 있다.

질병을 분류하는 또 다른 기준으로 발생의 빈도를 들 수 있다. 어떤 특정 질병이 가끔 발생할 때 **산발성 질병(sporadic disease)**이라 하며, 미국에서 장티푸스가 그 예가 될 수 있다. 한 집단에서 어떤 병이 지속적으로 존재할 경우, **풍토병(endemic disease)**이라 하며 보통의 감기가 이에 속한다. 특별한 지역에서 비교적 짧은 기간에 많은 사람들이 특정 질병에 걸릴 때 **유행병(epidemic disease)**이라 하는데, 독감이 흔히 유행하는 병의 예이다. 그림 11.4에서 미국내 에이즈의 유행성 발병률을 볼 수 있다. 세계적으로 발생하는 유행병을 세계적 유행병(pandemic disease)이라 한다. 때때로 독감이 세계적 유행병으로 발생하며, 에이즈도 또 하나의 예가 된다.

질병의 세기 또는 지속기간

질병의 범위를 정하는 방법으로 또 다른 유용한 것이 그 세기 또는 지속기간이다. **급성병(acute disease)**은 급속히 생기지만 짧은 기간 동안 지속되는 병이며 독감이 좋은 예가 된다. **만성병(chronic disease)**은 더 서서히 생겨나므로 우리 몸의 반응도 더 약하지만 오랜 기간 지속되거나 재발하는 병이다. 감염성 단핵구증과 결핵, B형 간염 등이 이에 속한다. 급성병과 만성병의 중간을 아급성병(subacute disease)이라 한다. 한 예로, 지적 기능 감퇴와 신경 기능 장애를 가지는 희귀한 뇌질환인 **아급성 경화성 범뇌염(subacute sclerosing panencephalitis)**을 들 수 있다. **잠복병(latent disease)**은 원인 병원체가 얼마 동안 비활동성으로 남아 있다가 활동성으로 바뀌어 병의 증상을 나타내는 경우로, 베리셀라(varicella) 바이러스가 일으키는 병 가운데 대상포진이 그러하다.

어떤 질병이나 유행병이 퍼지는 속도와 그 병에 걸린 사람 숫자는 부분적으로 그 집단의 면역에 의해 결정된다. 예방접종이 한 개인에게 어떤 질병에 대해서 장기간 또는 일생 동안 지속되는 면역을 제공할 수 있다. 특정 감염성 질병에 면역이 있는 사람은 보균자가 될 수 없으므로 그 병의 발생을 감소시킬 수 있다. 면역이 있는 사람은 감염체의 전파를 막는 장벽 역할을 하기 때문이다. 매우 전염성이 높은 질병이 유행병을 일으키더라도, 감염된 사람과 직접 접촉할 가능성이 적기 때문에 면역이 없는 많은 사람들도 보호된다. 예방접종의 큰 이점은, 한 집단에서 충분히 많은 사람들이 보호되어 그 병이 예방접종을 받지 않은 사람들에게 빨리 퍼지는 것을 막을 수 있다는 점이다. 한 지역에 면역이 있는 사람들이 많을 때, **집단 면역(herd immunity)**이 생겨난다.

감염의 범위

감염은 또한 몸의 얼만큼의 부위에 일어났는가에 따라 분류될 수 있다. **국부 감염(local infection)**은 침입한 미생물이 비교적 작은 부위에 제한된 경우이다. 부스럼이나 종기가 국부 감염의 예이다. **전신 감염(systemic 또는 generalized infection)**은, 미생물 또는 그들이 생산한 물질이 혈액이나 림프를 통해 몸 전체에 퍼진 경우이다. 홍역이 전신 감염의 예가 된다. 아주 흔히, 국부 감염의 감염체가 혈액이나 림프로 들어가 몸의 다른 특정한 곳으로 퍼져 거기서 제한적으로 감염을 일으킬 수 있다. 이 상태를 **병소 감염(focal infection)**이라 한다. 병소 감염으로 치아와 편도, 부비강 등의 부위에 감염이 있다.

패혈증(sepsis)은 감염부위에서 미생물, 특히 세균이나 세균의 독소가 퍼져 발생한 독성 염증 상태이다. 혈액 중독이라고도 하는 **패혈증(septicemia)**은, 혈액 내에 병원체가 증식하여 발생한 전신 감염이다. 둘 다 패혈증으로 번역되지만, septicemia는 sepsis의 흔한 사례이다. 혈액에 세균이 있으면 **균혈증(bacteremia)**이라고 한다. **독혈증(toxemia)**은 파상풍의 경우와 같이 혈액에 독소가 있을 때이며, **바이러스혈증(viremia)**은 혈액에 바이러스가 있는 경우이다.

숙주의 내성 상태도 감염의 정도를 결정한다. **1차 감염(primary infection)**은 처음 병을 일으키는 급성 감염이다. **2차 감염(secondary infection)**은 1차 감염으로 몸의 방어가 약해진 후에 기회감염성 병원체가 일으키게 된다. 피부와 호흡기 관에 2차 감염이 흔하며 때로는 1차 감염보다 더 위험하다. 에이즈에 뒤따라 폐포자충(Pneumocystis) 폐렴이 2차 감염의 예라 할 수 있다. 독감 후에 생기는 연쇄상구균 기관지폐렴도 그러한데 이것은 1차 감염보다 더 심각하다. **무증상 감염(subclinical 또는 inapparent infection)**은 뚜렷한 병을 일으키지 않는다. 소아마비 바이러스와 A형 간염 바이러스는 병으로 진전되지 않은 채 보균자에게 남을 수 있다.

질병의 유형

감염과 질병이 발생하는 동안에는 분명한 순서로 변화가 일어난다. 곧 배우겠지만, 감염성 질병이 일어나려면 감염체의 근원이 되는 감염원가 있어야 한다. 그 다음, 그 병원체는 취약한 숙주에게 직접 접촉이나 간접 접촉 또는 매개체에 의해 전염되어야 한다. 전염 후에 미생물은 숙주에 침입하여 증식한다. 침입 후에는, 미생물이 발병(pathogenesis) 과정을 거쳐 숙주에 해를 입힌다. 피해를 입는 정도는, 미생물 자체에 의해 또는 독소에 의해 받는 숙주세포의 손상 정도에 달려 있다. 이 모든 요인의 영향에도 불구하고, 질병의 발생은 결국 병원체의 활동성에 대한 숙주의 저항 정도에 달려 있다.

소인

일부 소인들 또한 병의 발생에 영향을 준다. **소인(predisposing factor**; 병에 걸리기 쉬운 내적 요인을 가지고 있는 몸의 상태-역자주)은 우리 몸을 어떤 병에 대하여 더 취약하게 만들기도 하고 병의 진행과정에 영향을 줄 수도 있다. 성별이 소인이 되는 경우가 있는데, 여성은 남성보다 요로 감염의 발병률이 더 높고 남성은 여성보다 폐렴과 수막염의 발병률이 더 높다. 유전적 배경도 또한 소인이 될 수 있다. 겸상적혈구 빈혈은 생명을 위협하는 심한 빈혈로 부모 양쪽에서 이 병에 대한 유전자를 물려받으면 병이 생긴다. 겸상적혈구 유전자를 하나만 가진 사람들은 겸상적혈구 체질(sickle cell

그림 11.5 질병의 단계

Q 질병의 유형에서 어느 기간 동안 병이 전염될 수 있는가?

trait)이라 하며 특별한 조건에 처하지 않는 한 정상이다. 한편 이들은 가장 심각한 형태의 말라리아에 상당한 내성을 가진다. 한 집단에서 보면, 겸상적혈구 빈혈로 생명을 잃을 가능성은 겸상적혈구 체질을 가져 말라리아에 보호되는 효과에 의해 상쇄된다. 물론 말라리아가 없는 나라에서는 겸상적혈구 체질이 당연히 부정적인 조건이다.

기후와 날씨도 감염성 질병의 발병률에 영향을 미친다. 온대 기후 지역에서는 겨울철에 호흡기 질환의 발병률이 증가한다. 그 이유는 사람들이 실내에 머물면서 서로 더 가까이 접촉하게 되어 호흡기 병원체가 더 쉽게 퍼지기 때문일 것이다.

또 다른 요인으로 부적절한 영양 상태, 과로, 연령, 환경, 습관, 생활방식, 직업, 기존의 질병, 화학요법, 정서 불안 등이 있다. 여러 다양한 소인 중에 어느 것이 더 중요한지를 정확하게 파악하기는 어렵다.

질병의 진행

일단 미생물이 숙주의 방어를 무너뜨리면, 급성병이든 만성병이든 유사한 경향으로 특정한 순서를 따라 질병이 진행된다(그림 11.5).

잠복기

잠복기(incubation period)는 최초의 감염이 일어난 후 징후나 증상이 처음으로 나타날 때까지의 시간 간격을 의미한다. 어떤 질병의 경우에는 잠복기가 항상 동일하지만, 또 다른 질병에서는 잠복기가 가변적이다. 잠복기의 기간은, 어떤 미생물이 감염하였는지, 그 독성이 어느 정도인지, 감염한 개체 수가 얼마나 되는지, 그리고 숙주의 저항성이 어느 정도인지에 따라 달라진다.

전구기

전구기(prodromal period)는 잠복기를 뒤따르는 비교적 짧은 기간이다. 이 시기는, 병의 초기에 몸 전체적으로 아프고 불편한 경미한 증상을 보이는 때이다.

급성기

급성기(period of illness)는 병이 가장 심한 상태일 때이다. 징후와 증상이 드러나는 시기로, 열, 오한, 근육통, 광선 공포(photophobia), 인후염, 림프절 비대, 위장 장애 등이 나타난다. 이 시기에는, 백혈구의 숫자가 증가 또는 감소할 수 있다. 일반적으로 환자의 면역반응 및 그 외 방어 수단이 병원체를 무너뜨리면 급성기가 종료된다. 병을 성공적으로 극복하지 못하면(잘 치료하지 않으면), 환자는 이 시기에 사망한다.

호전기

호전기(period of decline)는 징후나 증상이 가라앉는 시기이다. 열이 내리고, 불편감도 줄어든다. 이 단계는 24시간 미만에서 며칠까지 걸리는데, 이 시기에 환자는 2차 감염에 취약하다.

회복기

회복기(period of convalescence)에 환자는 다시 힘이 생기며 몸은 질병 이전의 상태로 회복된다.

급성기의 환자는 감염원의 역할을 하여 다른 사람에게 전염을 일으킬 수 있다는 사실은 보통 잘 알고 있다. 이제 잠복기와 회복기에도 감염을 옮길 수 있다는 것을 기억해야 한다. 장티푸스와 콜레라의 경우에 특히 그러한데, 회복기의 환자가 몇 달 또는 심지어 몇 년간 병원체를 보균한다.

감염의 전파

이제 정상 미생물상과 감염성 질병의 병인, 감염성 질병의 종류 등에 대하여 이해하였으니, 병원체의 근원과 병이 어떻게 전염되는지를 설명하기로 한다.

감염원

어떤 병이 지속되려면, 그 병의 병원체가 계속 공급되어야 한다. 병원체의 원천은 생명체일 수도 있고, 혹은 병원체의 생존과 증식에 적합한 조건과 전염의 기회를 제공하는 무생물일 수도 있다. 이러한 근원을 **감염원(reservoir of infection)**이라 한다. 감염원은 사람,

표 11.2 중요한 인수공통전염병

질병	원인체	감염원	전염 경로
바이러스성			
독감(일부 종류)	*Influenzavirus*	백조, 새	직접 접촉
광견병	*Lyssavirus*	박쥐, 스컹크, 여우, 개, 너구리	직접 접촉(물림)
웨스트 나일 뇌염	*Flavivirus*	말, 새	*Aedes* 모기와 *Culex* 모기에게 물림
한타바이러스 폐증후군	*Hantavirus*	설치류(주로 흰발생쥐)	설치류의 침, 대변, 소변에 직접 접촉
세균성			
탄저병	*Bacillus anthracis*	집에서 기르는 가축	오염된 가죽과 동물에 직접 접촉; 공기; 식품
브루셀라병	*Brucella spp.*	집에서 기르는 가축	오염된 우유, 육류, 또는 동물과 직접 접촉
페스트	*Yersinia pestis*	설치류	벼룩에게 물림
고양이 할퀸병	*Bartonella henselae*	집에서 기르는 고양이	직접 접촉
엘리히증	*Ehrlichia spp.*	사슴, 설치류	진드기에게 물림
렙토스피라증	*Leptospira spp.*	야생동물, 집에서 기르는 개, 고양이	소변, 흙, 물과 직접 접촉
라임병	*Borrelia burgdorferi*	들쥐	진드기에게 물림
앵무병	*Chlamydophila psittaci*	새, 특히 앵무새	직접 접촉
록키산 홍반열	*Rickettsia rickettsii*	설치류	진드기에게 물림
살모넬라증	*Salmonella enterica*	가금류, 파충류	오염된 식품과 물의 섭취 및 손을 입안에 넣어서
풍토성 장티푸스	*Rickettsia typhi*	설치류	벼룩에게 물림
진균성			
백선증	*Trichophyton* *Microsporum Epidermophyton*	집에서 기르는 동물	직접 접촉; 비생체 접촉 매개물
원생동물성			
말라리아	*Plasmodium* spp.	원숭이	*Anopheles* 모기에게 물림
톡소플라스마증	*Toxoplasma gondii*	고양이와 그 외 포유류	오염된 고기 섭취; 감염된 조직 또는 대변에 직접 접촉

동물, 또는 무생물일 수 있다.

사람 감염원

사람 질병의 가장 주요한 감염원은 사람의 몸 자체이다. 많은 사람들이 병원체를 보유하며, 병원체를 직접 또는 간접적으로 다른 사람에게 옮긴다. 어떤 병의 징후나 증상을 가진 사람은 그 병을 옮길 수 있으며, 징후를 보이지 않는 사람들도 병원체를 가지고 있어 전염시킬 수도 있다. 이러한 사람들을 **보균자(carriers)**라 하는데 살아 있는 중요한 감염원이다. 일부 보균자들은 무증상 감염을 가진 경우이며, 잠복병을 가진 다른 보균자들은 무증상 단계, 즉 잠복기와 회복기에 병을 옮긴다. 장티푸스 마리(Typhoid Mary)라는 사람이 보균자의 유명한 사례이다. 메리 말론(Mary Mallon)은 20세기 초에 뉴욕주에서 요리사로 일하면서 여러 차례의 장티푸스 발병과 3명의 사망에 책임이 있다. 그녀는 자신이 선택한 직장에서 일하는 것을 주 당국이 제지하려고 시도하면서 유명해졌다. 사람 보균자는 에이즈, 디프테리아, 장티푸스, 간염, 임질, 아메바성 이질, 연쇄상 구균 감염 등의 전염에 중요한 역할을 한다.

동물 감염원

야생 동물이나 집에서 기르는 동물 모두 사람에게 병을 일으키는 미생물의 감염원이다. 주로 야생동물이나 집에서 기르는 동물에 생기며 사람에게도 전염될 수 있는 질병을 **인수공통전염병(zoonoses,** 단수는 *zoonosis*)이라 한다. 광견병(박쥐, 스컹크, 여우, 개, 코요테 등에 발생)과 라임병(들쥐에 발생)이 인수공통전염병이며, 다른 대표적인 경우도 표 11.2에서 찾아볼 수 있다.

대략 150가지의 인수공통전염병이 잘 알려져 있다. 사람에게 전

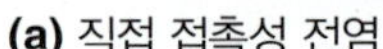

(a) 직접 접촉성 전염

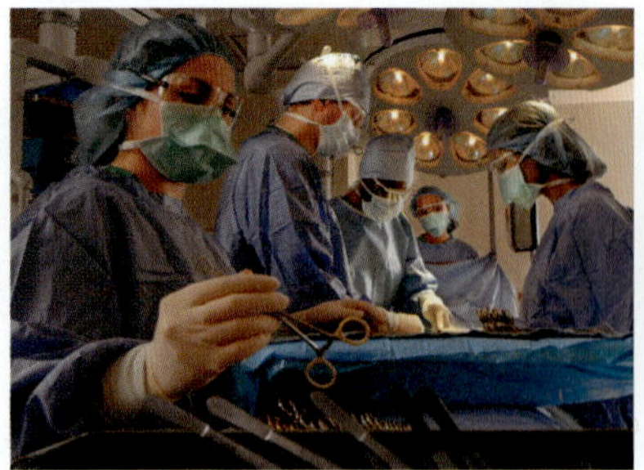

(b) 장갑, 마스크, 얼굴 가리개를 착용하여 직접 접촉성 전염을 예방함

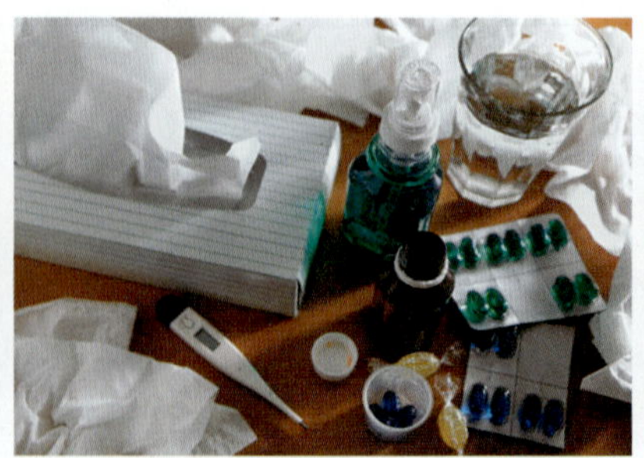

(c) 간접 접촉성 전염

(d) 비말 전염

그림 11.6 **접촉성 전염병**

직접 접촉, 간접 접촉, 또는 비말로 각각 전염되는 질병의 이름을 제시하시오.

염은 여러 가지 경로 중에 하나를 통하여 일어난다. 감염된 동물과 직접 접촉하거나, 집에 기르는 애완 동물의 배설물에 직접 접촉하거나(쓰레기통이나 새장 청소 등), 음식이나 물이 오염되어, 동물들의 오염된 피부와 털, 깃털 등에서 날리는 공기에 의해, 감염된 동물 식품을 소비하여, 또는 매개 곤충에 의하여 전염될 수 있다.

무생물 감염원

무생물 감염원으로서 가장 중요한 두 가지는 흙과 물이다. 흙에는 백선(ringworm; 피부 감염) 등의 진균증(mycoses)과 전신 감염을 일으키는 진균 병원체, 보툴리누스 중독의 원인 세균인 보툴리누스균(*Clostridium botulinum*), 파상풍의 원인 세균인 파상풍균(*C. tetani*) 등이 존재한다. 두 종의 클로스트리디움 세균 모두가 말과 소의 장내 정상 미생물상에 속하므로, 이들은 특히 동물의 분변이 비료로 사용된 흙에 들어 있다.

사람과 동물의 대변으로 오염된 물도 여러 종류의 병원체, 특히 위장관 질병을 일으키는 병원체의 감염원이다. 이에 포함되는 병원체로, 콜레라균(*Vibrio cholera*), 장티푸스균(*Salmonella typhi*) 등이 있다. 그 밖의 무생물 감염원으로 비위생적으로 조리되거나 보관된 음식을 들 수 있다. 이러한 음식은 선모충증(trichinellosis)과 살모넬라증의 감염원이 될 수 있다.

질병의 전염

질병의 원인체가 감염원에서 민감한 숙주로 전염되는 주요 경로는 세 가지인데, 직접 접촉과 수송원, 매개체를 통해서이다.

접촉성 전염

접촉성 전염(contact transmission)은 직접 접촉, 간접 접촉, 또는 작은 액체방울에 의해 병원체가 퍼지는 것이다. **직접 접촉성 전염**을 **사람간 전염**(person-to-person transmission)이라고도 하는데, 다른 중간 매개물 없이 감염원과 취약한 숙주 사이의 신체적 접촉으로 병원체가 직접 전염되는 경우이다(그림 11.6a). 가장 흔한 형태의 직접 접촉성 전염은 살갗 닿기와 입맞춤, 성관계 등이다. 직접 접촉으로 전염되는 질병으로는, 바이러스성 호흡기 질환(보통 감기와 독감), 포도상구균 감염, A형 간염, 홍역, 성홍열, 성병(매독, 임질, 성기 포진) 등을 들 수 있다. 직접 접촉은 또한 에이즈와 감염성 단핵구증이 전염되는 한 방식이기도 하다. 사람간 전염에 대처하기 위해, 의료 기관 종사자들은 장갑과 그 외 보호 장비들을 착용한다(그림 11.6b). 동물 또는 동물 제품을 직접 접촉하여도 사람에게 병원체가 전염될 수 있다. 광견병과 탄저병을 일으키는 병원체가 이에 해당된다.

간접 접촉성 전염(indirect contact transmission)에서는, 무생물에 의하여 병원체가 감염원에서 취약한 숙주로 옮겨진다. 감염의 전파에 관련된 무생물을 지칭하는 일반적인 용어는(비생체 접촉) **매개물(fomite)**이다. 예를 들어, 휴지, 손수건, 수건, 이불, 기저귀, 물컵, 수저, 장난감, 돈, 온도계 등을 들 수 있다(그림 11.6c). 오염된 주사기는 에이즈와 B형 간염이 전염되는 매개물이다.

비말(작은 물방울) **전염(droplet transmission)**에서는, 가까운 거리에 닿는 **비말 핵**(droplet nuclei; 작은 점액 방울) 안에 미생물이 포함되어 퍼진다(그림 11.6d). 비말은 기침이나 재채기를 하거나, 또는 웃거나 말할 때 공기로 방출되어, 감염원에서부터 1미터 내의 숙주까지 닿을 수 있다. 한번 재채기로 2만 개의 비말이 나올 수 있다. 이 정도로 짧은 거리를 날아가는 병원체는 공기 전염의 경우에 해당되지 않는다(공기 전염에 대해서는 곧 설명). 비말 전염으로 퍼지는 질병으로는 독감과 폐렴, 백일해 등이 있다.

수송원 전염

수송원 전염(vehicle transmission)은 물과 음식물, 공기와 같은 매

(a) 물

(b) 음식물

(c) 공기

그림 11.7 **수송원 전염**

Q 수송원 전염과 접촉성 전염의 차이점은 무엇인가?

체에 의해 병원체가 전염되는 경우이다(그림 11.7). 다른 매체로 혈액을 비롯한 체액과 약, 정맥 주사액 등을 들 수 있다. 수송원 전염으로 살모넬라균 감염이 집단 발병한 사례가 있다. 여기서는 전염의 매체로서 물과 음식물, 공기에 대해 논의한다.

수인성 전염(waterborne transmission)의 경우, 주로 제대로 처리되지 않은 하수로 오염된 물에 의해 병원체가 퍼진다. 이러한 경로로 전염되는 질병에는 콜레라와 수인성 세균성 이질(shigellosis), 렙토스피라증(leptospirosis) 등이 있다. 식품매개성 전염(foodborne transmission)에서는, 주로 덜 익혀졌거나, 냉장 보관이 안되었거나, 비위생적인 환경에서 조리된 식품으로 병원체가 전염된다. 식품매개성 병원체는 식중독이나 기생충 감염을 일으킨다.

공기전염(airborne transmission)은, 감염체가 비말 핵에 의해 감염원에서부터 1미터 이상 퍼져나가 숙주에 도달하는 경우에 해당된다. 기침이나 재채기를 할 때 입과 코에서 미세한 물보라로 배출되는 작은 방울에 의해 미생물이 퍼질 수 있다(그림 11.6d 참조). 이 방울들이 너무 작아서 장시간 공기 중에 떠 있을 수 있다. 홍역 바이러스나 결핵균이 이런 공기 중 비말로 퍼지는 예이다. 먼지 입자도 다양한 병원체를 담을 수 있다. 포도상구균과 연쇄상구균은 먼지에 붙어 생존할 수 있으며 공기로 전염될 수 있다. 일부 진균들이 만드는 포자도 공기로 전염되어 히스토플라스마증(histoplasmosis)과 콕시디오이데스 진균증(coccidioidomycosis), 분아균증(blastomycosis) 등의 질병을 일으킬 수 있다.

매개체

절지동물이 질병의 가장 중요한 **매개체(vector)**이다. 매개체란 한 숙주에서 다른 숙주로 병원체를 옮기는 동물을 뜻한다. 절지동물 매개체는 보통 두 가지 방법으로 병을 전염시킨다. **기계적 전염(mechanical transmission)**은 곤충의 발 또는 다른 부분에 붙어 있는 병원체가 수동적으로 옮겨지는 것이다(그림 11.8). 그 곤충이 숙주의 음식에 접촉하면 병원체는 음식물로 옮겨져 나중에 숙주가 삼키게 된다. 집 파리는 감염된 사람의 대변에서 장티푸스와 세균성 이질의 병원체를 음식물로 옮길 수 있다.

생물학적 전염(biological transmission)은 활동적이며 더 복잡한 과정이다. 절지동물이 감염된 사람이나 동물을 물어 감염된 혈액을 섭취한다. 병원체는 이제 매개체 내에서 번식하여 그 숫자가 증가한다. 이에 따라 병원체가 다른 숙주로 전염될 가능성도 높아진다. 일부 기생생물은 절지동물의 소화관에서 번식하여, 그 절지동물이 숙주를 물 때 배설하거나 토해내면 기생생물이 상처로 들어갈 수 있다. 다른 기생생물은 매개체의 소화관에서 번식하여 침샘으로 이동하여 곤충이 숙주를 물 때 직접적으로 주입된다.

표 11.3에 중요한 절지동물 매개체와 그들이 전염시키는 질병이 열거되어 있다.

그림 11.8 **기계적 전염**

Q 기계적 전염과 생물학적 전염의 매개체는 어떠한 점에서 차이가 있나?

표 11.3 대표적인 절지동물 매개체와 그들이 전염시키는 병

질병	원인체	절지동물 매개체
말라리아	*Plasmodium* spp. (원생동물)	*Anopheles* (모기)
아프리카 수면병	*Trypan osoma brucei gambiense*, *T. b. rhodesiense* (원생동물)	*Glossina* (체체파리)
샤가스병	*T. cruzi* (원생동물)	*Triatoma* (키스 벌레)
황열	*Alphavirus* (황열 바이러스)	*Aedes* (모기)
뎅기열	*Alphavirus* (뎅기열 바이러스)	*A. aegypti* (모기)
절지동물 매개 뇌염	*Alphavirus* (뇌염 바이러스)	*Culex* (모기)
에를리히증	*Ehrlichia* spp.	*Ixodes* spp. (진드기)
유행성 장티푸스	*Rickettsia prowazekii*	*Pediculus humanus* (이)
풍토성 발진열	*R. typhi*	*Xenopsylla cheopis* (쥐벼룩)
록키산 홍반열	*R. rickettsii*	*Dermacentor andersoni* 및 이외의 종 (진드기)
페스트	*Yersinia pestis*	*X. cheopis* (쥐벼룩)
회귀열	*Borrelia* spp.	*Ornithodorus* spp. (연진드기)
라임병	*B. burgdorferi*	*Ixodes* spp. (진드기)

병원내 감염

병원내 감염(nosocomial infection)은 병원에 입원 당시에는 증상이나 잠복의 증거를 보이지 않았지만 병원에 머문 결과 얻게 되는 것이다. (*nosocomial*이란 단어는 그리스어로 병원이란 단어에서 유래된 것이며, 또한 요양원과 의료 기관에서 얻은 감염의 뜻을 포함한다.)

최근에는 **의료관련 감염(health care-associated infection, HAI)**이란 용어가, 단지 병원뿐 아니라 그 외의 장소에서 얻은 감염을 포괄하는 뜻으로 도입되었다. 이러한 장소로는 당일 수술센터, 외래 환자 의료원, 요양원, 재활센터, 재택 의료 환경 등이 있다.

미국 질병통제예방센터(CDC)에서 추정하기로는 모든 병원 환자의 5~15%가 특정 형태의 병원내 감염에 걸린다. 리스터(Lister)와 잼맬와이스(Semmelweis)가 고안한 선구적인 무균기술로 병원내 감염률이 상당히 감소되었다. 그러나 무균기술의 현대적인 발전과 일회용 제품의 사용에도 불구하고, 병원내 감염률은 지난 20년간 36% 증가하였다. 미국에서, 매년 약 200만 명이 병원내 감염에 걸리며 그 결과로 거의 2만 명이 사망한다. 병원내 감염은 미국에서 여덟 번째 주요 사망 원인이다(심장병과 암, 뇌졸중이 상위 세 원인이다).

병원내 감염은 다음과 같은 여러 요인이 상호작용하여 발생한다: (1) 병원 환경에 존재하는 미생물, (2) 면역이 저하된 숙주의 상태, (3) 병원내 연쇄 감염이다. 그림 11.9는 이들 중 어느 하나의 요인만으로는 감염이 일어나기에 충분하지 않다는 것을 보여준다. 세 요인 모두가 서로 작용하여야 병원내 감염 발생의 위험도가 상당히 높아지게 된다.

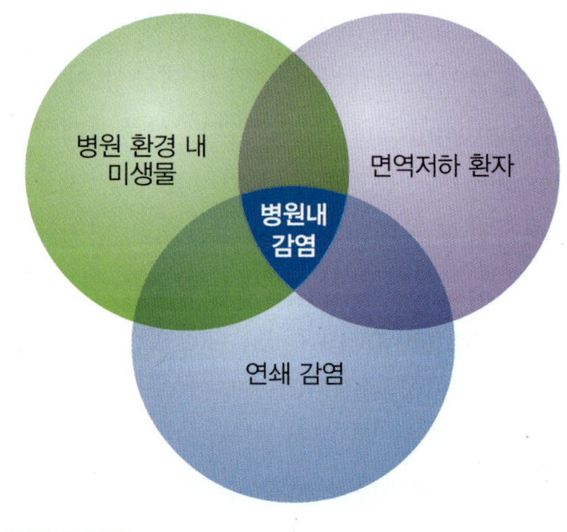

그림 11.9 병원내 감염

Q 병원내 감염이란 무엇인가?

병원내 미생물

병원내 미생물을 없애고 그 증식을 통제하려는 모든 노력에도 불구하고, 병원 환경은 다양한 병원체의 주요 감염원이다. 한 가지 이유는, 우리 몸의 정상 미생물상의 일부 세균들이 기회감염성이며 병원에 있는 환자들에게 특히 더 위험 요인이 된다는 것이다. 실제로, 병

표 11.4 대부분의 병원내 감염에 관련된 미생물

미생물	가장 흔한 감염 형태 또는 부위	총 감염 중 백분율	항생제 내성을 보이는 백분율
Coagulase-negative staphylococci	혈류	11%	자료 없음
Staphylococcus aureus	수술 상처	16%	55%
Clostridium difficile	개복 수술 후 설사	15%	자료 없음
Enterococcus spp.	혈류	14%	83%
Candida spp. (fungus)	요로 감염	9%	자료 없음
Escherichia coli	요로 감염 (가장 흔한 원인)	12%	20%
Pseudomonas aeruginosa	요로 감염과 폐렴	8%	10%
Klebsiella pneumoniae	몸 전체	8%	29%
Enterobacter spp.	몸 전체	5%	38%
Acinetobacter baumannii	몸 전체	2%	68%

출처: CDC, Healthcare-Associated Infections.

원내 감염을 일으키는 대부분의 미생물은 건강한 사람들에게는 병을 일으키지 않으며, 약해진 사람들에게만 병원성을 나타낸다.

1940~1950년대에는 대부분의 병원내 감염이 그람양성세균에 의해 일어났다. 한때, 그람양성세균인 황색포도상구균(*Staphylococcus aureus*)이 병원내 감염의 주 원인이었다. 1970년대에는, 그람음성 간균인 대장균(*E. coli*)과 녹농균(*Pseudomonas aeruginosa*)이 주 원인이었다. 그러다가 1980년대에, 항생제 내성을 가진 그람양성세균인 황색포도상구균과 응고효소-음성의 포도상구균, 장내구균(*Enterococcus*) 종이 병원내 병원체로 새로이 나타났다. 1990년대까지, 이러한 그람양성세균들이 병원내 감염의 34%를 차지했으며, 네 가지 그람음성세균이 32%를 차지하였다. 2000년대에는 병원내 감염에서 항생제 내성 균주들이 가장 큰 걱정거리이다. 병원내 감염을 일으키는 주요 미생물이 표 11.4에 요약되어 있다.

병원내 일부 미생물들은 기회감염성일 뿐 아니라, 병원에서 흔히 사용하는 항미생물 약물에 내성을 갖고 있다. 예를 들어, *P. aeruginosa*와 기타 다른 그람음성세균들은 항생제 내성 유전자를 가진 R인자(R factor)를 가지고 있어서, 이들을 항생제로 제어하기가 어렵다. R인자가 재조합을 일으키면서 다수의 새로운 항생제 내성 인자가 만들어진다. 이러한 균주들이 환자와 병원에서 일하는 사람들의 미생물상이 되어 항생제 치료에 점점 더 내성을 보이게 된다. 이러한 방식으로, 병원내 사람들이 항생제내성 세균의 감염원 및 연쇄 감염의 한 부분을 담당하게 된다. 일반적으로, 숙주의 면역이 강하면 새로운 균주가 크게 문제되지 않는다. 그러나 병이나 수술 또는 외상으로 면역이 약해진 사람들에게 생긴 2차 감염은 치료하기 어려워진다.

면역저하 숙주

면역저하 숙주(compromised host)란 질병, 치료, 또는 화상으로 감염에 대한 저항성이 약해진 사람들이다. 두 가지 주요 조건이 숙주의 면역을 저하시킬 수 있는데, 피부와 점막이 손상된 경우와, 면역계 기능이 저하된 경우이다.

피부와 점막이 온전하게 유지되는 한, 이 두 조직은 대부분의 병원체를 막아 내는 막강한 물리적 장벽이다. 화상, 수술 상처, 사고로 인한 외상, 주입, 침습성 치료, 인공호흡기, 정맥주사 치료, (소변을 뽑아내기 위해 사용하는) 도뇨관, 이 모두가 방어벽 제1선을 무너뜨릴 수 있어 환자들을 감염에 더 취약하도록 만든다. 화상 환자들은 피부가 효과적인 방어벽이 되지 못하므로 병원내 감염에 특히 더 취약하다.

그 외 병원내 감염의 위험 요소로 침습성 치료를 들 수 있는데, 마취제 주입은 호흡에 영향을 끼쳐 폐렴을 유발할 수 있으며, 호흡곤란의 경우에 새로운 기도를 만드는 기관절개술도 그러하다. 침습성 치료를 받는 환자들은 보통 심각한 기저 질환을 가지고 있어 감염에 더 취약해진다. 침습성 기구도, 외부에 있던 미생물이 몸 안으로 들어갈 수 있는 경로를 제공하며, 한 몸의 한 부분에 있던 미생물을 다른 부분으로 전파시킬 수도 있다. 병원체들은 또한 의료용 기구 표면에서도 증식할 수 있다.

건강한 사람에서는, T세포(T 림프구)라 하는 백혈구가 병에 걸리지 않도록 내성을 부여한다. T세포는 병원체를 직접 파괴하고, 식세포 및 다른 림프구의 이동을 유도하고, 병원체를 파괴하는 화학물질을 분비한다. B세포(B 림프구)라 하는 백혈구는, 항체를 생산하

표 11.5 병원내 감염의 주요 부위

감염의 종류	특징
요로 감염	가장 흔함. 모든 병원내 감염의 약 13% 차지. 거의 요관 삽입과 관련 있음.
수술 부위 감염 (표피와 피하)	감염 사례 중 2위(약 22%)를 차지함.
하부 호흡기 감염	병원내 폐렴 감염은 약 22%이며 사망률이 높다(13~55%). 이러한 폐렴은 주로 호흡과 약물 투여를 보조하는 인공호흡기 사용과 관련 있다.
균혈증, 주로 정맥내 관 삽입으로 발생함	균혈증이 병원내 감염의 약 10%를 차지한다. 정맥 내 관의 삽입으로 혈액 감염이 일어난다. 특히 세균과 진균이 일으킨다.
장내 감염	그 외 모든 감염 부위는 병원내 감염의 약 17%에 해당된다. 이 중 12%는 *Clostridium difficile*이 유발한다.

출처: Data from CDC. Healthcare-associated infections. 2014.

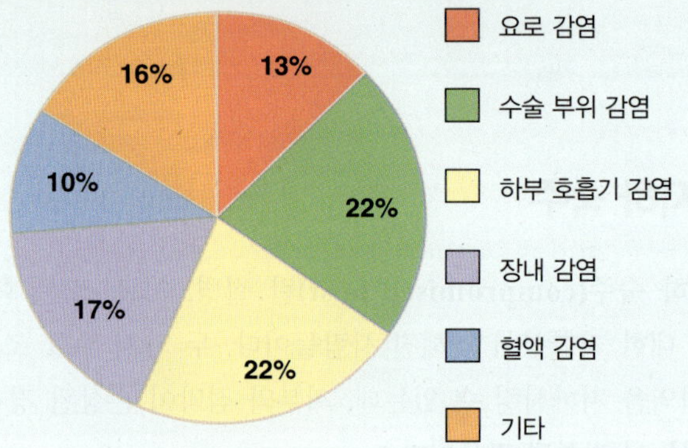

13%
22%
22%
17%
10%
16%

요로 감염
수술 부위 감염
하부 호흡기 감염
장내 감염
혈액 감염
기타

는 세포로 발달하여 숙주를 감염에서 보호한다. 항체는 독소를 중화하거나 병원체가 숙주세포에 부착하는 것을 막고, 병원체 파괴를 돕는 역할을 한다. 약물, 방사선 치료, 스테로이드 약물, 화상, 당뇨병, 백혈병, 신장병, 스트레스, 영양 실조, 이 모두가 T세포와 B세포에 나쁜 영향을 미치며 숙주의 면역력을 저하시킨다. 에이즈 바이러스는 특정 T세포를 파괴한다.

병원내 감염이 발생하는 주요 신체 부위가 **표 11.5**에 요약되어 있다.

연쇄 감염

병원에 존재하는 다양한 병원체와 환자들의 저하된 면역 상태를 고려하면, 전염의 경로는 항상 관심의 대상이다. 병원내 감염이 전염되는 주요 경로는 (1) 의료진에서 환자로 또는 한 환자에서 다른 환자로 직접 접촉에 의한 전염 (2) 매개물을 통한 간접 접촉성 전염과 병원 환기 시스템을 통한 공기 전염이다.

병원 직원들은 환자들과 직접 접촉하기 때문에, 흔히 병을 전염시킬 수 있다. 예를 들어, 의사나 간호사는 환자의 상처 부위를 치료할 때 병원체를 전염시킬 수 있으며, 주방 직원이 살모넬라균을 가지고 있으면 공급하는 음식을 오염시킬 수도 있다.

병원의 일부 지역은 특수 치료를 위해 따로 배치되어 있는데, 화상 환자를 위한 병동, 혈액 투석실, 회복실, 중환자실, 암 병동 등이 포함된다. 하지만 이러한 특수치료 단위에서도 환자들이 함께 있어 환자에서 환자로 병원내 감염이 유행병으로 퍼질 수 있는 환경이 조성된다.

대부분의 진단 및 치료 방법도 매개물 전염의 경로를 제공한다. 소변을 뽑아내기 위해 요관에 삽입하는 관도 매개물로서 여러 가지 병원내 감염 질병을 일으킬 수 있다. 수액과 영양분, 약물 등을 주입하기 위해 정맥에 삽입하는 관도 마찬가지이다. 인공호흡기를 통하여 오염된 액체가 폐로 들어갈 수 있다. 주사 바늘을 통하여 병원체가 근육이나 혈액으로 들어갈 수 있으며, 수술 부위의 붕대도 오염되어 병을 일으킬 수 있다.

병원내 감염의 통제

병원내 감염을 예방하기 위한 통제 방법에는 의료 기관마다 차이가 있지만, 일반적으로 시행되는 절차가 있다. 먼저 환자에게 노출되는 병원체의 숫자를 줄이는 것이 중요하다. 이를 위해 무균기술을 사용하고, 오염된 물질을 주의해서 다루며, 손을 철저히 자주 씻도록 요구하고, 직원들에게 기본적인 감염 통제 방법을 교육하며, 격리된 방을 사용한다.

CDC에 따르면, 손을 잘 씻는 것이 감염이 퍼지는 것을 막는 가장 중요한 방책이다. 그럼에도 CDC 보고에 따르면, 의료기관의 직원들이 권장된 손 씻기 방법을 잘 지키지 않는다고 한다. 평균적으로, 의료기관에서 일하는 사람들이 환자를 대하기 전에 손을 씻는 비율이 전체 대면 횟수의 40%밖에 되지 않는다.

손 씻기 외에, 환자들이 사용하는 욕조를 사용 후 매번 소독하여 그 다음 환자에게 병원체가 오염되지 않도록 해야 한다. 인공호흡기와 가습기는 일부 세균이 증식할 수 있는 적절한 환경을 제공하며 공기 전염의 도구가 된다. 병원내 감염의 이러한 근원들은 소독하여 철저히 청결하게 유지되어야 하며, 붕대나 삽관[intubation; 입이나 코를 통해 기관(trachea) 속으로 삽입하는 것-역자주]에 사용되는 의료기는 일회용이거나 사용 전에 반드시 멸균 처리되어야 한다. 멸균 상태가 유지되도록 밀봉된 것은 무균 상태에서 열어야 한다. 의사들은 항생제를 꼭 필요한 경우에만 처방하며, 가능하면 침습성 치료를 피하고, 면역억제제의 사용을 최소화하여 환자들이 감염에 내성을 잃지 않도록 도울 수 있다.

인증 병원은 감염통제위원회를 운영하여야 한다. 대부분의 병원에 감염통제 전공의 간호사나 전염병학자가 근무한다. 이들 전문가의 역할은 항생제 내성 균주의 출현인지 아니면 부적절한 멸균 방법인지 등, 감염의 근원을 파악하는 것이다. 감염통제를 담당한 직원들은 정기적으로 병원 장비들을 점검하여 미생물 오염 정도를 확인하여야 한다. 점검 대상에는 관(tubing), 체내에 삽입하는 관, 인공호흡기 공기조 및 그 외 여러 장비들이 포함된다.

신종 감염성 질병

1장에서 보았듯이, **신종 감염성 질병(emerging infectious disease, EID)**은 최근 발병률이 증가하였거나 가까운 장래에 증가할 가능성이 있는 새로운 병 또는 변화 중인 병이다. 이러한 병은 바이러스, 세균, 진균, 원생동물 등에 의해 생겨날 수 있다. 최근에 생겨난 감염성 질병의 약 75%가 인수공통 질병으로 주로 바이러스가 기원이며 매개체 전염인 경우가 많다. 몇 가지 기준이 EID를 확인하는 데 사용된다. 예를 들면, 일부 EID는 다른 모든 질병과는 확실히 구별되는 증상을 보인다. 일부는 진단 기술의 향상으로 새로운 병원체가 확인되어 알려진 것이다. 다른 EID의 경우에는, 어떤 지역에 국한되었던 질병이 널리 퍼져, 희귀한 질병이 흔한 질병으로 바뀌어, 경미한 질병이 중증 질병으로 바뀌어, 또는 수명이 길어지면서 잠복기간이 긴 질병이 진행되어 생겨난다. EID의 예가 **표 11.6**에 열거되어 있다.

다양한 요인이 새로운 감염성 질병의 출현에 기여한다.

- *E. coli* O157:H7과 조류독감 바이러스(H5N1)처럼, 병원체 사이의 유전자 재조합으로 새로운 균주가 생길 수 있다.
- *Vibrio cholerae* O139처럼 현존하는 미생물들의 변화 또는 진화로 새로운 혈청형이 생길 수 있다.
- 광범위하게 때로는 불필요하게 사용되는 항생제와 살충제로 인하여, 내성이 더 커진 미생물 집단과 이들을 옮기는 곤충(모기와 이)과 진드기의 성장이 증가한다.
- 지구온난화 및 기후 변화는 감염원와 매개체의 분포와 생존을 증가시켜, 말라리아나 한타바이러스 폐렴 증후군과 같은 질병이 도입되어 퍼지는 결과를 초래한다.
- 콜레라와 웨스트나일 바이러스 감염처럼 이미 알려진 질병이, 교통 수단의 발달로 지리적으로 새로운 지역으로 퍼질 수 있다. 100년 전에는 이러한 가능성이 적었다. 그때에는 여행하는 데 시간이 아주 오래 걸려 감염된 사람이 여행 도중에 사망하거나 아니면 회복되었다.
- 이전에 알려지지 않았던 감염이, 자연재해, 건설, 전쟁, 거주 인구의 팽창 등의 생태적 변화가 일어나는 지역에 사는 사람들에게 나타날 수 있다. 캘리포니아에서 1994년 노스리지(Northridge; 로스앤젤레스 교외에 있는 주택지로 1994년 1월 지진에 큰 피해를 입었음-역자주) 지진이 일어난 후에, 콕시디오이데스 진균증의 발병률이 10배 증가하였다. 남미 삼림 개발지역에서 일하는 노동자들은 현재 베네수엘라 출혈열에 감염되고 있다.
- 동물 통제 방법도 또한 어떤 병의 발병률에 영향을 줄 수 있다. 최근에 라임병이 증가한 것은, 사슴 포식동물을 죽인 결과 사슴 개체군이 커졌기 때문으로 추정된다.
- 공중 보건 정책이 실패하면 이전에 통제되었던 감염이 새로이 나타날 수도 있다. 예를 들면, 성인들이 디프테리아 추가 예방접종을 받지 않아, 1990년대에 구소련에서 독립한 새 공화국에서 디프테리아 유행병이 발생하였다.

CDC와 미국 국립보건원(NIH), 세계보건기구(WHO)에서 EID와 관련된 문제들을 해결하려는 계획을 수립하였다. 그 우선순위는 다음과 같다.

1. 신종 감염성 병원체와 그들이 일으키는 병, 그리고 그 병원체들이 출현하게 된 요인을 확인하고 즉각 조사하며 감시한다.
2. 생태 및 환경적 요인들과 미생물의 변화와 적응, 그리고 EID에 영향을 주는 숙주와의 상호작용에 대한 기초 및 응용 연구를 확장한다.
3. 공중보건에 대한 정보의 교환을 증진하고 EID의 예방 전략을 즉각 실행한다.
4. EID를 세계적으로 감시하고 통제하는 계획을 수립한다.

과학계에서 신종 감염 질병을 중요하게 인식하여, 1995년에 이 주제만 전적으로 다루는 학술지인 신종 감염성 질병(*Emerging Infedtious Diseases*)이 발간되었다.

전염병학

오늘날처럼 복잡하고 인구가 많은 세계에서 사람들의 이동이 빈번하고, 식품을 비롯한 상품들이 대량 생산되고 유통되는 생활 방식은 병이 급속히 퍼지기 쉬운 환경이다. 오염된 식품과 물이 공급되면 순식간에 수천 명이 감염될 수도 있다. 질병을 효과적으로 통제하고 치료하기 위해서는 그 병의 원인 병원체를 확인하여야 한다. 또한 병의 전염 경로와 지리적 발생 분포에 대한 이해도 필요하다. 질병이 언제 어디에서 발생하였으며 집단 내에서 어떻게 전염되는지에 관하여 연구하는 학문을 **전염병학(epidemiology)**이라 한다.

현대 전염병학은 1800년대 중반에 지금은 잘 알고 있는 세 명의 연구에서부터 시작되었다. 존 스노우(John Snow)라는 영국 의사는, 런던에서 집단 발병한 콜레라에 관하여 일련의 연구를 진행하였다.

표 11.6 최근에 생겨난 감염성 질병

병원체	출현 연도	질병
세균		
Bacillus anthracis	2001	탄저병
Bordetella pertussis	2000	백일해
Mycobacterium ulcerans	1998	부룰리 궤양
메티실린-내성 *Staphylococcus aureus*	1997	균혈증, 폐렴
반코마이신-내성 *Staphylococcus aureus*	1996	균혈증, 폐렴
Streptococcus pneumoniae	1995	항생제 내성 폐렴
Streptococcus pyogenes	1995	연쇄상 구균성 독성 쇼크 증후군
Corynebacterium diphtheriae	1994	디프테리아 유행병, 동부 유럽
Vibrio cholerae O139	1992	콜레라의 새로운 혈청형, 아시아
반코마이신-내성 장내구균	1988	요로감염, 균혈증, 심내막염
Bartonella henselae	1983	고양이 할퀸병
Escherichia coli O157:H7	1982	출혈성 설사
Legionella pneumophila	1976	레지오넬라증(재향군인병)
Borrelia burgdorferi	1975	라임병
진균		
Coccidioides immitis	1993	콕시디오이데스진균증
Pneumocystis jirovecii	1981	면역저하 환자들의 폐렴
원생동물		
Trypanosoma cruzi	2007	미국 내 샤가스병
Cyclospora cayetanensis	1993	심한 설사와 소모성 증상
Cryptosporidium spp.	1976	와포자충증
바이러스		
SARS-연관 코로나바이러스	2002	중증 급성 호흡기 증후군(SARS)
에볼라 바이러스	2002, 1995, 1975	에볼라 출혈열
웨스트나일 바이러스	1999	웨스트 나일 뇌염
니파 바이러스	1998	뇌염, 말레이시아
A형 독감 바이러스	1997, 2009	조류 독감(H5N1), 돼지독감(H1N1)
헨드라 바이러스	1994	뇌염 유사 증상, 호주
한타바이러스	1993	한타바이러스 폐증후군
베네수엘라 출혈열	1991	출혈열, 남미
C형 간염 바이러스	1989	간염
원숭이수두 바이러스	1985	수두 유사 질병
뎅기 바이러스	1984	뎅기열과 뎅기 출혈열
HIV	1983	에이즈
프리온		
소 해면양뇌증 원인체	1996	광우병, 영국

콜레라가 1848년에서 1849년 사이에 유행병으로 위세를 떨칠 때, 스노우는 콜레라 사망자 기록을 분석하였으며, 희생된 사람들에 대한 정보를 수집하고, 희생자의 이웃에 살면서 생존한 사람들을 면담하였다. 이렇게 모은 정보를 바탕으로, 스노우는 콜레라 사망자들의 대부분이 브로드 가(Broad Street) 양수기에서 물을 마셨거나 길어 왔으며, 다른 양수기를 사용하였거나 또는 양조장에서 일하며 맥주를 마신 사람들은 콜레라에 걸리지 않았다는 사실을 발견하였다. 그래서 그는 브로드가 양수기의 오염된 물이 콜레라 유행병의 근원이라고 결론 지었다. 문제의 그 양수기의 손잡이를 제거하여 사람들이 더 이상 그곳의 물을 사용하지 않게 되자, 콜레라 발병 사례도 뚜렷이 감소하였다.

이그나즈 제멜바이스(Ignaz Semmelweis)는 1846년과 1848년

사이에, 비엔나 종합 병원에서 출생아 수와 임산부 사망 수를 매우 꼼꼼히 기록했다. 제1 조산원에서 산욕기 패혈증으로 인한 사망률이 13%에서 18%에 이르러 비엔나 전체에 좋지 않은 소문 거리가 되었는데, 이것은 제2 조산원의 4배에 달하는 사망률이었다. 산욕 패혈증(산욕열)은 출산 또는 유산 때 자궁에서 시작되는 병원내 감염이다. 이 병은 흔히 화농연쇄상구균(*Streptococcus pyogenes*)에 의해 생긴다. 감염은 복강으로 진행되어 많은 경우에 패혈증(혈액 내 미생물의 증식)에까지 이른다. 부유한 여성들은 그 조산원에 가지 않았으며, 가난한 여성들은 그 조산원에 가기 전에 다른 곳에서 출산하여 생존 가능성이 더 높았다는 것을 알게 되었다. 제멜바이스는 자신의 자료를 분석하여, 부유한 여성과 그 조산원에 도착하기 전에 출산하였던 빈곤한 여성들 사이의 한 가지 공통점을 찾아냈다. 그것은, 그들이 오전에 시체 해부 실습을 하였던 의과대학생들에게 검진을 받지 않았다는 것이었다. 1847년 5월에 그는 모든 의과대학생들에게 분만실에 들어가기 전에 표백분으로 손을 씻을 것을 명하였으며, 이후에 사망률은 2% 미만으로 떨어졌다.

플로렌스 나이팅게일(Florence Nightingale)은 영국에서 민간인과 군인들의 유행병 장티푸스 감염 자료를 기록하였다. 1858년 나이팅게일이 1,000쪽 분량의 논문을 발표하여, 질병과 열악한 음식, 비위생적인 환경 탓에 군인들이 목숨을 잃는다는 것을 통계학적으로 비교하여 증명하였다. 그녀의 연구 덕분에 영국 군대에 개혁이 일어났고, 나이팅게일은 영국 통계학회의 최초의 여성 회원이 되었다.

세 사람 모두, 병이 어디에서 언제 발생하였으며 집단 내에서 어떻게 전염되었는지를 세밀히 분석하여 의학 연구에 새로운 접근 방식을 만들어 냈으며 전염병학의 중요성을 증명했다. 스노우와 제멜바이스, 나이팅게일의 연구 덕분에 그 당시 감염병의 원인에 대한 지식은 적었지만 감염병의 발생률이 줄어들었다. 그 당시 대부분의 의사들이, 보이는 증상은 병의 원인이지 결과가 아니라고 생각했다. 세균병원설에 대한 코흐의 연구는 아직 30년 뒤의 일이었다.

전염병학자는 병인을 확인할 뿐 아니라 병에 걸린 사람들에서 다른 중요한 요인과 유형도 찾아낸다. 전염병학 연구의 중요한 부분은, 연령, 성별, 직업, 생활 습관, 사회경제적 지위, 예방접종 기록, 다른 질병의 유무 및 병에 걸린 사람들의 공통적인 사건(동일한 음식을 먹었다던가 또는 같은 병원에 갔다던가 하는) 등의 자료를 수집하여 분석하는 것이다. 장래에 집단발병이 생기기 않도록 예방하기 위해서, 질병에 취약한 사람이 감염체와 접촉할 수 있는 지점을 파악하는 것도 중요한 일이다. 전염병학자들은 병이 발생한 기간에도 주목하여, 특정 계절에 더 많이 생기는지 또는 연 단위로 생기는지 분석한다. 이로써 예방접종의 효과와 새로이 생겨나는 질병 또는 다시 생겨나는 질병을 파악하게 된다.

전염병학자는 또한 질병을 통제할 다양한 방법을 연구한다. 질병 통제 방법으로는, 약물의 사용(화학요법)과 백신(면역접종)이 있다. 다른 방법에는, 사람과 동물 및 무생물 감염원의 통제, 물 처리, 적절한 하수 처리(장질환), 냉장 보관, 저온 살균, 식품 검사, 적절한 조리(식품매개성 질병), 면역 강화를 위한 영양 개선, 생활 습관의 개선, 수혈될 혈액과 이식될 조직의 검사 등이 포함된다. 전염병학자들이 병의 발생을 분석할 때 사용하는 세 가지 기본적인 연구 방법론은 기술과 분석, 실험이다.

기술 전염병학

기술 전염병학(descriptive epidemiology)에서는 해당 질병의 발생에 대한 모든 자료를 수집하여 설명하게 된다. 관련된 정보에는 주로 그 병에 걸린 사람과 병이 발생한 장소와 기간에 대한 정보가 포함된다. 스노우가 런던에서 발생한 콜레라 집단 발병의 원인을 조사한 내용이 이른 전염병학의 좋은 예시이다.

이러한 전염병학은 주로 후향적(사건이 종료된 후에 뒤돌아보는)이다. 즉, 전염병학자가 그 병의 원인과 근원을 되짚어 알아내는 방식이다. 독성쇼크증후군의 원인을 찾은 연구가 꽤 최근에 이루어진 후향적 연구의 예이다. 초기 단계의 전염병학 연구에서는, **전향적**(앞을 내다보는) 연구에 비해 후향적 연구가 더 흔히 이루어졌다. 전향적 연구에서는, 전염병학자가 특정 질병이 없는 사람들을 선택하여, 그 후에 주어진 기간 동안 이 사람들의 병력을 기록하였다. 이 방법이 1954년에서 1955년까지 솔크(Salk) 소아마비 백신을 시험할 때 사용되었다.

분석 전염병학

분석 전염병학(analytical epidemiology)에서는 특정 질병의 원인을 판별하기 위해서 그 병을 분석한다. 이 연구는 두 가지 방식으로 진행된다. **비교 대조군 접근법**(case control method)에서는, 그 병에 앞서 일어났을 수 있는 요인들을 조사한다. 병에 걸린 사람들의 집단과 그렇지 않은 다른 집단을 비교한다. 예를 들어, 수막염에 걸린 집단과 그렇지 않은 집단을 대상으로 연령, 성별, 사회경제적 지위, 사는 지역 등을 맞추어 본다. 이러한 통계자료를 비교하여 유전과 환경, 영양 상태를 비롯한 가능한 모든 요인 중에서 어느 것이 그 수막염의 발생에 원인이었는지 알아낸다. 나이팅게일의 연구가 분석 전염병학의 예라 할 수 있는데, 그녀는 군인과 민간인에 생긴 질병을 비교하였다. **코호트 접근법**(cohort method)에서는, 특정 병원체에 접촉하였던 집단과 접촉하지 않은 집단과 같이 두 인구 집단[두 집단 모두 **코호트 집단**(cohort groups)이라고 함]을 선택하여 조사한다. 수혈 받은 집단과 수혈 받지 않은 다른 집단을 비교하면, 수혈과 B형 간염 발병률 사이의 관련성을 알아낼 수 있다.

실험 전염병학

실험 전염병학(experimental epidemiology)은 특정 질병에 대한 가설로 시작한다. 그 다음, 특정 인구 집단을 선택하여 이 가설이 맞는지 실험을 수행한다. 어떤 약물의 치료 효능에 대하여 가정한다면, 감염된 사람들 중에 무작위로 선별한 한 집단에게는 실험 약을 투여하고, 다른 집단에는 아무 효과 없는 가짜약(placebo)을 투여한다. 두 집단 사이에 다른 모든 요인들이 일정하게 유지된 조건에서, 실험 약을 복용한 사람들이 훨씬 더 빨리 회복하였다면 그 약이 효능을 가졌다는 결론을 지을 수 있다.

학습 개요

서문 (301쪽)

1. 질병을 일으키는 미생물을 병원체라 한다.

2. 병원성 미생물은 사람의 몸을 침입하거나 독소를 만드는 특성을 가지고 있다.

3. 미생물이 우리 몸의 방어를 무너뜨리면 질병의 상태가 된다.

병리학, 감염, 질병 (303쪽)

1. 병리학은 질병에 대한 과학적 연구이다.

2. 병리학에서는 병인(병의 원인), 병리(발병 및 진행), 병의 결과를 다룬다.

3. 감염은 병원체가 몸 안에 들어와 증식하는 상태이다.

4. 숙주란 병원체에게 서식하며 증식할 수 있는 생명체이다.

5. 질병은 우리 몸의 일부 또는 전체가 제대로 적응하지 못하거나 정상 기능을 수행하지 못하는 비정상적인 상태이다.

정상 미생물상 (303~306쪽)

1. 동물과 사람은 자궁 내에 있을 때 보통 무균 상태이다.

2. 출생 직후부터 우리 몸 안과 몸 표면에 미생물이 서식하기 시작한다.

3. 우리 몸 안이나 표면에서 병을 일으키지 않으면서 영구적인 군집을 확립한 미생물은 정상 미생물상을 이룬다.

4. 일시적 미생물상은 얼마간 존재하다 사라지는 미생물들이다.

정상 미생물상과 숙주 사이의 관계 (304~306쪽)

5. 정상 미생물상은 병원체가 감염을 일으키지 못하도록 막을 수 있는데, 이 현상을 미생물 간의 길항작용이라 한다.

6. 정상 미생물상과 숙주는 같이 살아 가는 공생 관계이다.

7. 세 종류의 공생이 있는데, 편리공생(한 쪽은 이득을 얻고, 다른 쪽에는 아무런 영향 없음), 상리공생(양쪽 모두 이득), 기생(한 쪽은 이득을 얻고, 다른 쪽은 해를 입음)이다.

기회감염성 미생물 (306쪽)

8. 기회감염성 병원체는 정상 환경에서는 병을 일으키지 않지만 특별한 조건에서 병을 일으킨다.

미생물들 사이의 협력 (306쪽)

9. 특정 환경에서는, 한 미생물이 다른 미생물로 하여금 병을 일으키도록 만들거나 더 심한 증상을 유발하게 만든다.

감염성 질병의 병인 (306~308쪽)

코흐 원칙 (306쪽)

1. 코흐 원칙은, 특정 미생물이 특정 질병을 일으킨다는 것을 확립한 기준이다.

2. 코흐 원칙은 다음 요건으로 이루어진다: (1) 동일한 병원체가 그 질병의 모든 경우에 존재해야 한다; (2) 그 병원체는 순수 배양으로 분리되어야 한다; (3) 순수 배양된 병원체는 건강한 실험 동물에서 동일한 질병을 일으켜야 한다; (4) 접종된 실험 동물로부터 그 병원체가 다시 분리되어야 한다.

코흐 원칙의 예외 (306~308쪽)

3. 코흐 원칙은, 인공배지에서 자랄 수 없는 바이러스나 일부 세균들이 일으키는 병인을 설명하기 위해 수정되었다.

4. 파상풍 등의 질병은, 명백한 징후와 증상을 보인다.

5. 폐렴과 신장염은 다양한 미생물에 의해 생길 수 있다.

6. 화농연쇄상구균(*S. pyogenes*) 등의 병원체는 여러 다른 질병을 일으킨다.

7. HIV 등의 병원체는 사람에게만 병을 일으킨다.

감염성 질병의 분류 (308~309쪽)

1. 환자는 증상(주관적인 변화)과 징후(객관적인 변화)를 보여, 이를 바탕으로 의사가 진단(질병을 확인)을 내린다.

2. 특정한 여러 증상 또는 징후가 특정 질병에 항상 수반될 때 증후군이라 한다.

3. 전염성 질병은 한 사람에게서 다른 사람에게로 직접 또는 간접적으로 전염된다.

4. 접촉성 전염병은 한 사람에게서 다른 사람에게로 쉽게 퍼지는 병이다.

5. 비전염성 질병은 정상적으로 몸 밖에서 자라는 미생물에 의해 생기며 다른 사람에게 전염되지 않는다.

질병의 발생 (308~309쪽)

6. 질병의 발생은 발병률(특정 기간 동안 그 병에 걸린 사람의 숫자)과 유병률(특정 시간에 그 병에 걸려 있는 사람의 숫자)로 보고된다.

7. 질병은 발생 빈도에 따라 산발성, 풍토병, 유행병, 세계적 유행병으로 분류된다.

질병의 세기 또는 지속기간 (309쪽)

8. 질병의 범위는 급성병, 만성병, 아급성병, 잠복병으로 정해질 수 있다.

9. 집단 면역은 한 집단에 많은 사람들이 그 병에 면역을 가진 경우이다.

감염의 범위 (309쪽)

10. 국부 감염은 몸의 일부분에 침범한 경우이며, 전신 감염은 순환계를 통하여 몸 전체에 퍼진 경우이다.

11. 1차 감염은 최초의 병을 일으키는 급성 감염이다.

12. 2차 감염은 1차 감염으로 면역력이 약해지면 발생할 수 있다.

13. 무증상 감염은 어떤 징후도 일으키지 않는다.

질병의 유형 (309~310쪽)

소인 (309~310쪽)

1. 소인은 우리 몸을 병에 더 민감하도록 만들거나 병의 진행에 영향을 주는 요인이다.

2. 예를 들면 성별, 기후, 연령, 피로, 부적절한 영양 등이 포함된다.

질병의 진행 (310쪽)

3. 잠복기는 감염 처음부터 징후나 증상이 나타나기까지의 시간 간격이다.

4. 전구기에는 초기의 경미한 징후나 증상이 나타난다.

5. 급성기에는 병이 초고조에 달하며 그 병과 관련된 모든 징후와 증상이 나타난다.

6. 호전기에, 징후와 증상이 가라앉는다.

7. 회복기 동안에, 몸이 원래 상태로 돌아가고 건강을 되찾는다.

감염의 전파 (310~314쪽)

감염원 (310~312쪽)

1. 지속적인 감염의 근원을 감염원라 한다.

2. 병을 가지고 있거나 병원체를 보균한 사람들은 사람 감염원이다.

3. 인수공통전염병은 야생 및 집에서 기르는 동물을 침범하며 사람에게 전염될 수 있는 병이다.

4. 일부 병원성 미생물은 무생물 감염원인, 흙이나 물에서 증식한다.

질병의 전염 (312~314쪽)

5. 직접 접촉에 의한 전염은 감염원와 민감한 숙주 사이에 물리적으로 가까운 접촉에 의해 일어난다.

6. 비생체 접촉 매개물(무생물)에 의한 전염은 간접 접촉성 전염이다.

7. 기침이나 재채기할 때 나오는 타액 또는 점액에 의해 전염되는 것을 작은 비말 전염이라 한다.

8. 물, 식품, 공기 등의 매체에 의한 전염을 수송원 전염이라 한다.

9. 공기 전염이란 비말이나 먼지에 묻은 병원체가 1미터 이상 퍼지는 경우이다.

10. 절지동물 매개체는 기계적 전염과 생물학적 전염으로, 한 숙주에서 다른 숙주로 병원체를 나른다.

병원내 감염 (314~317쪽)

1. 병원내 감염이란 병원에 입원한 동안 얻게 되는 감염이다. 의료관련 감염(HAI)은 요양원이라던가, 병원 이외의 다른 장소에서 생기는 감염이다.

2. 입원한 환자 중에서 약 5~15%가 병원내 감염에 걸린다.

병원내 미생물 (314~315쪽)

3. 일부 정상 미생물상이 수술이나 체내에 삽입하는 관 등의 의료 절차에서 몸 안으로 들어가 병원내 감염의 원인이 된다.

4. 기회감염성, 항생제 내성 그람음성세균이 병원내 감염의 가장 큰 원인이다.

면역저하 숙주 (315~316쪽)

5. 화상, 수술 상처, 면역저하를 가진 환자들이 병원내 감염에 가장 민감하다.

연쇄 감염 (316쪽)

6. 병원내 감염이 전염되는 것은, 직원과 환자 사이 또는 환자들 사이의 직접 접촉이 있을 때이다.

7. 체내에 삽입하는 관, 주사기, 인공호흡기 등의 비생체 접촉 매개물이 병원내 감염을 전염시킬 수 있다.

병원내 감염의 통제 (316~317쪽)

8. 무균기술로 병원내 감염을 예방할 수 있다.

9. 병원내 감염 통제 담당자는, 병원내 장비와 물품이 바르게 세척, 보관, 취급되는지를 감독해야 한다.

신종 감염성 질병 (317쪽)

1. 새로이 생겨난 질병과 최근에 발병률이 증가한 질병을 최근에 생겨난 감염성 질병(EID)이라 한다.

2. EID는 항생제와 살충제의 사용, 기후 변화, 여행, 예방접종 결여, 사례 보고의 향상에 기인한다.

3. CDC, NIH, WHO는 EID의 발생을 감시하고 이에 대응하는 기구이다.

전염병학 (317~320쪽)

1. 전염병학이란 병의 전염, 발병률, 발생 빈도에 관하여 연구하는 학문이다.

2. 현대 전염병학은 1800년대 중반에 스노우, 제멜바이스, 나이팅게일의 연구로 시작되었다.

3. 이론 전염병학에서는, 감염된 사람들에 관한 자료를 수집하고 분석한다.

4. 분석 전염병학에서는, 감염된 집단과 감염되지 않은 집단을 비교한다.

5. 실험 전염병학에서는, 가설을 시험할 세심한 실험을 고안하고 실행한다.

학습 질문

복습과 객관식 문제에 대한 해답은 책 뒤에 있음.

복습 문제

개요

1. 아래 짝지어진 각 용어의 차이점을 설명하시오.
   a. 병인과 병리
   b. 감염과 질병
   c. 전염병과 비전염성 질병

2. 공생의 정의를 설명하시오. 편리공생, 상리공생, 기생의 차이를 설명하고 각각의 예를 하나씩 제시하시오.

3. 아래의 각 상태가 아급성, 만성, 급성 감염 중 어느 것에 해당되는지 답하시오.
   a. 환자가 급작스레 시작된 불편감을 겪는다; 증상이 5일 지속된다.
   b. 환자가 몇 달 동안 기침을 하며 숨 쉬기가 곤란하다.
   c. 환자는 뚜렷한 증상이 없으며 보균자로 알려져 있다.

4. 감염된 전체 병원 환자들 중에서 3분의 1은, 병원에 입원할 당시에는 감염이 없었다. 이 사람들은 어떻게 감염되었을까? 이러한 감염의 전염 경로는 무엇인가? 감염원는 무엇인가?

5. 병의 신호로서 증상과 징후의 차이를 설명하시오.

6. 국부감염이 어떻게 전신감염으로 될 수 있나?

7. 정상 미생물상을 구성하는 미생물 중 일부는 편리공생, 다른 일부는 상리공생이라 하는 근거는 무엇인가?

8. 질병의 유형을 설명하도록 다음을 바른 순서대로 배열하시오: 회복기, 전구기, 호전기, 잠복기, 급성기.

9. 이름 답하기 이 미생물은 사람이 유아 때 획득하며 건강 유지에 필수적이다. 유사하게 연관된 균주에 감염되면 심한 위경련, 피 섞인 설사, 구토가 일어난다. 이 미생물은 무엇인가?

10. 그려보기 아래 자료를 보고, 연중 독감 발병률을 보여주는 그래프를 그리시오. 풍토병과 유행병 수치를 표시하시오.

월	독감 유사 증상으로 병원을 찾은 비율
1월	2.33
2월	3.21
3월	2.68
4월	1.47
5월	0.97
6월	0.30
7월	0.30
8월	0.20
9월	0.20
10월	1.18
11월	1.54
12월	2.39

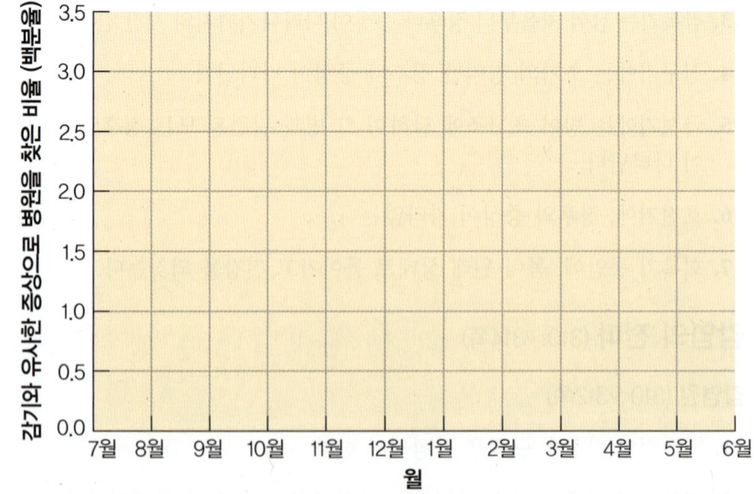

객관식 문제

1. 최근에 생겨난 새로운 감염성 질병의 원인으로 다음 중 해당되지 않는 것은

a. 세균이 질병을 일으킬 필요성이 있다.
b. 사람들이 비행기로 여행할 수 있다.
c. 환경이 변한다(예; 홍수, 가뭄, 대기 오염).
d. 병원체가 감염할 수 있는 종 장벽(species barrier)을 넘어갈 수 있다.
e. 인구가 증가한다.

2. 야생에 사는 외양간 올빼미를 연구한 조류학자 집단의 모든 구성원이 살모넬라증에 걸렸었다(살모넬라균 위장염). 한 조류학자가 지금 세 번째 감염에 걸렸다. 이들의 감염원로 가장 가능성이 높은 것은?

a. 이 조류학자들이 모두 같은 음식을 먹는다.
b. 올빼미와 그 둥지를 만지면서 그들의 손이 오염된다.
c. 그들 중 한 명이 살모넬라균 보균자이다.
d. 그들이 마시는 물이 오염되었다.

3. 아래 설명 중에서 틀린 것은?

a. *E. coli*는 절대로 병을 일으키지 않는다.
b. *E. coli*는 우리 몸에 비타민 K를 공급한다.
c. *E. coli*는 흔히 사람과 상리공생으로 존재한다.
d. *E. coli*는 장 속 내용물로부터 양분을 얻는다.

4. 다음 중 코흐 원칙이 아닌 것은?

a. 동일한 병원체가 같은 질병의 모든 사례에 존재하여야 한다.
b. 그 병원체는 병에 걸린 숙주로부터 분리되어 순수 배양되어야 한다.
c. 순수 배양된 병원체를 건강하고 민감한 실험 동물에 주입하면 동일한 병을 일으켜야 한다.
d. 그 병은 병에 걸린 동물로부터 건강하고 민감한 동물에게 직접 접촉으로 전염되어야 한다.
e. 실험적으로 감염된 동물로부터 그 병원체가 다시 분리되어 순수 배양되어야 한다.

5. 다음 중에서 질병과 감염원가 틀리게 연결된 것은?

a. 독감—사람
b. 광견병—동물
c. 보툴리누스 중독—무생물
d. 탄저병—무생물
e. 톡소플라즈마증—고양이

6~7번 문제에 답하기 위해 다음 설명을 참고하시오.

9월 6일에, 6세 남자 어린이가 열과 오한이 나며 구토를 하였다. 9월 7일에, 그는 설사하며 양 쪽 팔 아래 림프절 부어 병원에 입원하였다. 9월 3일에, 이 아이는 고양이에게 할퀴고 물렸다. 9월 5일에 그 고양이가 죽은 채 발견되었으며, 그 고양이에게서 페스트균(*Yersinia pestis*)이 분리되었다. 9월 7일에 이 아이에게서도 페스트균이 분리되어 클로람페니콜 항생제를 맞았다. 9월 17일에 이 소년의 체온이 정상으로 돌아왔고, 9월 22일에 병원에서 퇴원하였다.

6. 이 사례의 림프절 페스트에서 잠복기는

a. 9월 3~5일
b. 9월 3~6일
c. 9월 6~7일
d. 9월 6~17일

7. 이 병의 전구기는

a. 9월 3~5일
b. 9월 3~6일
c. 9월 6~7일
d. 9월 6~17일

8~10번 문제에 답하기 위해 다음 설명을 참고하시오.

매릴랜드에 거주하는 한 여성이 탈수 증세로 입원하였는데, 이 환자로부터 콜레라균(*Vibrio cholerae*)과 플레시오모나스균(*Plesiomonas shigelloides*)이 분리되었다. 그녀는 미국에서 해외 여행을 한번도 다닌 적이 없으며 지난 한 달 동안 갑각류를 날로 먹은 적도 없다. 그녀가 입원하기 이틀 전에 한 파티에 참석하였다. 그 모임에 참석했던 다른 두 사람도 급성 설사병에 걸렸고 콜레라균에 대한 혈청 항체 수치가 높았다. 그 파티에 참석한 모든 사람이 게와 코코넛 우유를 넣은 라이스 푸딩을 먹었다. 그 파티에서 남은 게는 다음 파티에서도 서빙되었다. 그 다음 파티에 참석한 20명 중 한 사람이 경미한 설사를 시작하였고, 이들 중 14명의 혈청 시료는 콜레라균에 대한 항체에 음성이었다.

8. 이것은 어떤 전염의 예인가?

a. 수송원 전염
b. 공기 전염
c. 비생체 접촉 매개물에 의한 전염
d. 직접 접촉 전염
e. 병원내 전염

9. 병원체는

a. *Plesiomonas shigelloides*
b. 게
c. *Vibrio cholerae*
d. 코코넛 우유
e. 라이스 푸딩

10. 감염원은

a. *Plesiomonas shigelloides.*
b. 게
c. *Vibrio cholerae*
d. 코코넛 우유
e. 라이스 푸딩

12 미생물 병원성의 원리

이제 미생물이 어떻게 질병을 일으키는지에 대한 기본 내용을 이해했으니, 미생물이 **병원성**(pathogenicity)을 나타내는 몇몇 특징에 대해 살펴보기로 한다. 병원성이란, 숙주의 방어를 넘어서 질병을 일으킬 수 있는 능력이다. 또한 병원성의 정도와 범위를 나타내는 **병독성**(virulence)에 대해서도 살펴볼 것이다. [이번 장 전체에 걸쳐서, 숙주(host)라는 용어는 주로 사람을 의미함.] 미생물은 질병을 일으키려고 시도하지 않는다. 그들은 영양분을 섭취하며 스스로를 방어한다. 때때로 미생물 세포 또는 세포 구성성분의 존재 자체가 숙주에서 증상을 일으킬 수 있다. 버크홀데리아(*Burkholderia*, 사진 속) 세균에 의한 이런 증상의 사례를 곧 보게 될 것이다.

사람의 입장에서 보면, 기생생물이 자신들의 숙주를 죽인다는 것은 잘 이해되지 않는다. 그러나 자연이 진화를 계획적으로 진행하지는 않는다. 진화를 일으키는 유전적 변이는 논리가 아니라 무작위의 돌연변이에 의한 것이다. 자연선택에 따르면, 환경에 가장 적합한 개체가 번식한다. 기생생물과 숙주 사이에는, 한 편의 행동이 상대편에 영향을 주면서 공진화(coevolution)가 일어나는 것 같다. 예를 들어, 콜레라 병원체인 콜레라균(*Vibrio cholera*)은 설사를 일으켜 숙주의 수분과 염분을 소실시킴으로써 생명을 위협한다. 그러나 급수원을 오염시킴으로써 그 병원체가 다른 사람에게 전염될 길이 열리게 된다.

미생물의 병원성과 독성의 원인이 되는 많은 특성이 확실하게 알려지지 않았다는 것을 기억해야 한다. 어쨌든 미생물이 숙주의 방어를 이겨내면 질병이 생긴다는 것을 우리는 알고 있다.

◀ 여기에 보이는 것과 같은 *Burkholderia* 세균이 만드는 생물막이 입원 환자들에게 감염원이 되곤 한다.

눈에 남아 있었던 것은

20년 경력의 안과 전문의인 케리 산토스(Kerry Santos)는 힘든 하루를 보냈다. 그녀는 오늘 외래환자 열 명의 백내장(그림 A 참조) 수술을 했다. 그리고 그 환자들의 회복 부위를 점검하였더니, 열 명 중 여덟 명이 평소보다 심한 염증이 생기고 동공이 고정되어 빛에 반응하지 않았다.

이 합병증의 원인이 무엇이었을까?

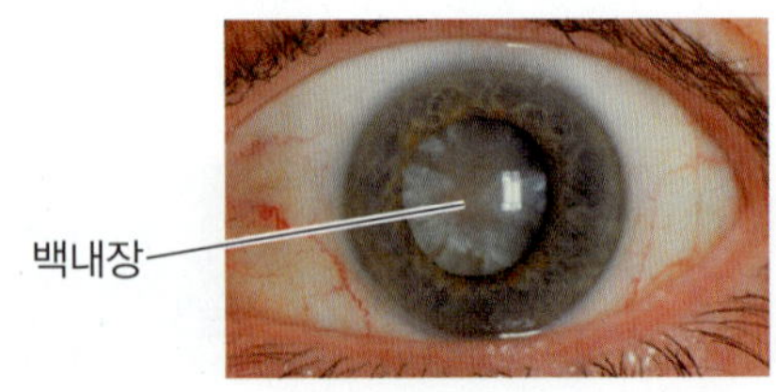

그림 A 백내장은 수정체가 혼탁해져 시야가 뿌옇게 보이게 되는 질환이다.

산토스 박사는 독성 전방 증후군(TASS)을 의심하였는데, 이것은 독소나 다른 화학물질에 대한 반응이다. TASS를 일으키는 것으로 (1) 부적절한 또는 불충분한 세척으로 수술 기구 표면에 남은 화학물질; (2) 세척수 또는 약물 등, 수술 중에 눈 안으로 들어간 물질; (3) 국부 연고제 또는 수술용 장갑에 묻은 활석파우더 등, 수술 중 또는 수술 후에 눈에 들어간 다른 물질이 지목된다.

산토스 박사는 왜 감염을 의심하지 않고 중독을 의심하였을까?

감염이라면 이렇게 빠른 속도로 일어날 수 없었을 것이다. 왜냐하면 감염되고 증상이 보이려면 보통 3~4일 걸리기 때문이다. 산토스 박사는 평소에 안과 의료기기를 멸균 처리하는 멸균기가 정상적으로 작동하는지, 또한 각 환자의 각막 적출에 멸균된 새 파이펫팁을 사용했는지 확인한다. 수술 중 사용했던 에피네프린과, 수술기구를 닦는 초음파 세척기에 담는 효소용액도 멸균하였고, 또한 매 번의 수술마다 의약품도 다른 제품번호의 것으로 사용했다. 산토스 박사는 독소가 수술과 관련된 장소나 물건에서 비롯되었다 생각했다. 효소용액이 멸균되었기는 하지만 산토스 박사는 LAL(Limulus amebocyte lysate)이라는 내독소 검사를 의뢰했다.

산토스 박사는 왜 효소용액의 LAL 분석을 의뢰했나?

멸균된 물건에도 내독소가 남아 있을 수 있다. 실험실에서 분석 결과가 왔는데, 초음파 세척기의 용액이 내독소에 양성이었다. 액체 저장조나 습한 환경에서 자라는 *Burkholderia*와 같은 그람음성세균이 수도관에 대량 서식하다가 (그림 참조), 실험실에서 물을 담는 용기에 옮겨질 수 있다. 이 경우에, 세균은 생물막에서 온 것이다.

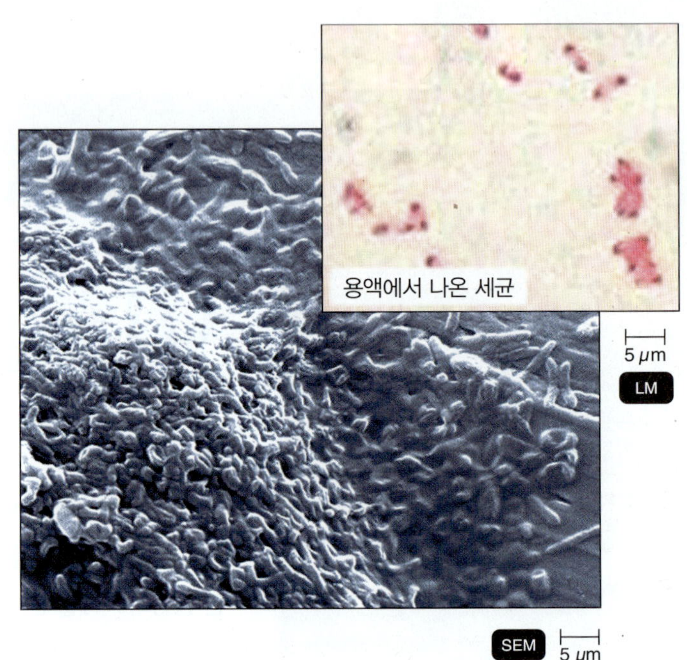

내독소가 어떻게 멸균된 용액에 남아 있을까?

멸균 작업으로 살균은 되었지만, 내독소는 죽은 세균에서 용액으로 방출될 수 있다.

산토스 박사는 국소 항염증제, 프레드니손을 환자들에게 투약하였고 그들 모두 완전히 회복하였다. (TASS가 감염이 아니기 때문에, 산토스 박사는 항생제를 처방하지 않았다.) 산토스 박사는 관계자 회의를 소집하여 반드시 정확한 멸균 절차를 따르라고 했다. 또한 직원들에게 우선적인 TASS 방지책을 다음과 같이 강조했다. 수술용품을 세척하고 멸균하는 적합한 절차를 따른다. 수술 중 사용되는 모든 용액과 의약품, 안과 기구에 세심한 주의를 기울인다

미생물이 어떻게 숙주에 침입하는가

질병을 일으키려면, 대부분의 병원체가 숙주에 접근하고, 숙주 조직에 부착하고, 숙주 방어를 뚫거나 피하고, 숙주 조직에 손상을 주어야 한다. 그러나 일부 미생물들은 숙주 조직에 직접 손상을 주는 방법으로 질병을 일으키지 않는다. 대신에 미생물 노폐물이 축적되어 질병이 생긴다. 충치나 여드름을 유발하는 미생물들은 우리 몸을 침투하지 않고 질병을 일으킨다. 병원체는, **침입 지점(portal of entry)**이라 하는 여러 통로를 통하여 사람의 몸이나 다른 숙주에 들어갈 수 있다.

침입 지점

병원체의 침입 지점은 점막과 피부이며, 또한 피부와 점막 아래 직접 침적되기도 한다(비경구 경로).

점막

많은 세균과 바이러스는 우리 몸의 호흡기관, 위장관, 비뇨생식기관, 그리고 결막(안구를 둘러싸는 눈꺼풀 내벽의 연한 막) 등을 덮고 있는 점막을 침투하여 들어온다. 대부분의 병원체는 위장관과 소화기관의 점막을 통하여 침입한다.

감염성 미생물이 가장 쉽게 그리고 흔히 통과하는 침입지점은 호흡 기도이다. 미생물은 미세한 물방울이나 먼지 입자 속에 포함되어 코와 입으로 흡입된다. 감기, 폐렴, 결핵, 인플루엔자, 홍역 등이 흔히 호흡 기도를 통해 걸리는 병이다.

미생물은 음식이나 물 또는 오염된 손을 통하여 위장관에 접근할 수 있다. 이 경로를 통하여 들어오는 대부분의 미생물은 위에서 염산과 (분해)효소에 의해 파괴되거나 소장에서 담즙과 (분해)효소에 의해 파괴된다. 그러나 여기서 살아남는 미생물들은 질병을 일으킬 수 있다. 이 병원체들은 대변으로 빠져나와 오염된 물, 음식, 또는 손을 통해 다른 사람에게 전염될 수 있다.

비뇨생식기관은 성적 접촉으로 전염되는 병원체의 침입 지점이기도 하다. 성매개감염(sexually transmitted infection, STI)을 일으키는 일부 미생물은 온전한 점막도 침입한다. 다른 일부는 베이거나 긁힌 상처를 통하여 침입한다. STI의 예로, HIV 감염, 성기 사마귀, 클라미디아 성병, 포진(herpes), 매독, 임질이 해당된다.

피부

피부는 표면적과 무게로 따지면 우리 몸에서 가장 큰 기관이며, 병원체에 대한 중요한 방어 기관이다. 대부분의 미생물은 온전한 피부를 침투하지 못한다. 어떤 미생물은 모낭과 땀샘관처럼 피부에 열린 부분으로 우리 몸에 접근한다. 일부 곰팡이는 피부 케라틴에서 증식하거나 피부 자체에 감염한다.

결막은 눈꺼풀 안쪽 내벽으로 안구의 흰자위를 덮는 연한 점막이다. 결막이 꽤 효과적인 장벽이지만, 결막염, 트라코마 만성결막염, 안염 같은 병은 결막을 통하여 감염된다.

비경구 경로

그 외 다른 미생물들은 피부나 점막이 뚫리거나 상처 난 경우, 피하조직 또는 점막 내로 직접 주입되어 우리 몸에 들어올 수 있다. 이 경로를 **비경구 경로(parenteral route)**라 한다. 찔린 곳, 주사 맞은 곳, 물린 곳, 베인 곳, 상처 난 곳, 수술한 곳이나 피부와 점막이 붓거나 건조하여 갈라진 곳 모두 비경구 경로의 자리가 될 수 있다. HIV, 간염 바이러스, 파상풍과 괴저 세균이 비경구로 전염될 수 있다.

우선 침입 지점

미생물이 우리 몸에 들어오더라도 반드시 병을 일으키는 것은 아니다. 발병은 여러 가지 요인에 달려 있으며, 침입 지점은 단지 그 중의 한 요인일 뿐이다. 많은 병원체들이 우선 침입 지점을 가지며, 이곳을 거쳐야 병을 일으킬 수 있다. 만약 다른 지점으로 접근하면 병을 일으키지 못하는 수도 있다. 예를 들어, 장티푸스 세균인 *Salmonella typhi*는 삼켜지는 것이 우선 경로이며 이 경우에 병의 모든 징후와 증상을 나타낸다. 반면 같은 세균을 피부에 문지르면, 단지 미약한 염증 외에는 아무런 증상이 나타나지 않는다. 연쇄구균이, 우선 경로인 흡입으로 들어올 때 폐렴을 일으키지만, 삼켜졌을 때에는 대체로 병의 징후나 증상을 보이지 않는다. 흑사병을 일으키는 *Yersinia pestis*와 탄저병의 원인 세균인 *Bacillus anthracis*처럼 일부 병원체들은, 하나 이상의 침입 지점을 거쳐 병을 일으킬 수 있다. 흔히 접하는 병원체의 우선 침입 지점이 표 12.1에 열거되어 있다.

침입 미생물의 숫자

단지 약간의 미생물이 들어온다면, 우리의 방어체계에 의해 압도당하겠지만, 많은 숫자의 미생물이 들어온다면 질병을 일으킬 태세를 갖추게 된다. 그러므로 병이 생길 가능성은 병원체의 숫자가 많을수록 증가한다.

특정 미생물의 독성은 흔히 **ID_{50}**(50%의 표본 집단을 감염시키는 데 필요한 미생물의 양; infectious dose)으로 나타낸다. 이때 50은 절대값이 아니라, 여러 실험 조건에서 상대적인 독성 비교에 쓰인다. 탄저균(*Bacillus anthracis*)은 세 가지 다른 침입 지점을 통하여 감염을 일으킬 수 있다. 피부를 침입하는 피부탄저병의 ID_{50}는

표 12.1 흔한 질병을 일으키는 병원체의 침입 지점

침입 지점	병원체*	질병	잠복기간
점막			
호흡기관	*Streptococcus pneumoniae*	폐렴구균성 폐렴	다양
	Mycobacterium tuberculosis†	결핵	다양
	Bordetella pertussis	백일해	12~20일
	인플루엔자 바이러스(*Influenzavirus*)	독감	18~36시간
	홍역 바이러스(*Morbillivirus*)	홍역	11~14일
	풍진 바이러스(*Rubivirus*)	독일홍역(풍진)	2~3주
	엡스타인-바 바이러스(*Lymphocryptovirus*)	감염성 단핵구증	2~6주
	대상포진 바이러스(*Varicellovirus*)	수두(varicella) (1차감염)	14~16일
	Histoplasma capsulatum(진균)	히스토플라스마증	5~18일
위장관	*Shigella* 종	적리(세균성 이질)	1~2일
	Brucella 종	브루셀라증(파상열)	6~14일
	Vibrio cholerae	콜레라	1~3일
	Salmonella enterica	살모넬라증	7~22시간
	Salmonella typhi	장티푸스	14일
	A형 간염 바이러스(*Hepatovirus*)	A형 간염	15~50일
	볼거리 바이러스(*Rubulavirus*)	볼거리	2~3주
	Trichinella spiralis(연충)	선모충증	2~28일
비뇨생식기관	*Neisseria gonorrhoeae*	임질	3~8일
	Treponema pallidum	매독	9~90일
	Chlamydia trachomatis	비임균성 요도염	1~3주
	단순허피스 2형 바이러스	허피스 바이러스 감염	4~10일
	사람면역결핍 바이러스(HIV)‡	에이즈	10년
	Candida albicans(진균)	칸디다증	2~5일
피부 또는 비경구 경로			
	Clostridium perfringens	가스괴저	1~5일
	Clostridium tetani	파상풍	3~21일
	Rickettsia rickettsii	로키산 홍반열	3~12일
	B형 간염 바이러스(*Hepadnavirus*)‡	B형 간염	6주~6개월
	광견병 바이러스(*Lyssavirus*)	광견병	10일~1년
	Plasmodium 종(원생동물)	말라리아	2주

*따로 표시된 경우 이외의 모든 병원체는 세균이다. 바이러스의 경우, 종명 또는 속명으로 표기되었다.
†이 병원체들은 위장관으로 몸에 침입한 후에 질병을 일으킬 수 있다.
‡이 병원체들은 비경구 경로를 통하여 몸에 침입한 경우에도 질병을 일으킬 수 있다. B형 간염 바이러스와 HIV는 생식기관으로 몸에 침입하여도 질병을 일으킬 수 있다.

10~50 내생포자; 흡입탄저병의 ID_{50}는 1만~2만 내생포자; 위장관 탄저병의 ID_{50}는 25만~100만 내생포자의 섭취에 해당한다. 이 자료가 보여주는 것은, 피부탄저병이 흡입이나 위장관 형태보다 훨씬 더 쉽게 걸린다는 것이다. 실험조건에서는 *Vibrio cholera*의 ID_{50}이 10^8 세포이지만, 위산이 중탄산염으로 중화되면 감염을 일으키는 데 필요한 세포의 숫자는 훨씬 적어진다.

독소의 세기는 **LD_{50}**(표본집단의 50%가 사망에 이르게 되는 물질의 양; lethal dose)로 나타낸다. 예를 들어, 생쥐에서 보툴리눔독소의 LD_{50}는 0.03 ng/kg이며, 쉬가(Shiga)독소는 250 ng/kg, 포도상구균 장내독소는 1350 ng/kg이다. 즉, 다른 두 독소에 비하여 보툴리눔독소가, 훨씬 더 적은 양으로도 병을 일으킨다.

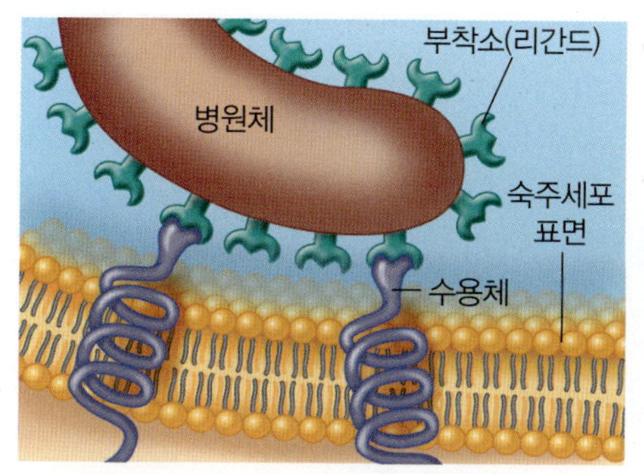

(a) 부착소 또는 리간드라고 부르는 병원체의 표면 분자가 해당 숙주 조직의 세포 표면에 있는 상보적인 수용체에 특이적으로 결합한다.

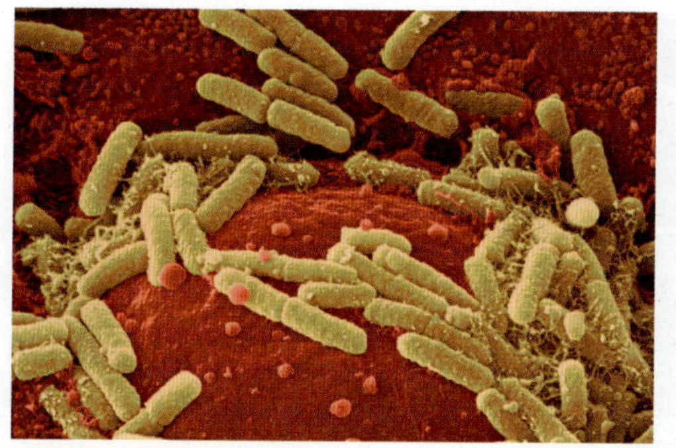
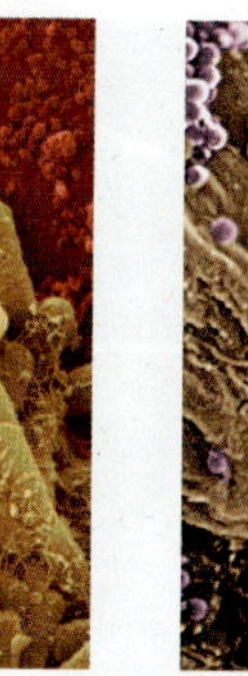

(b) 사람 방광 세포 위에 있는 대장균(황록색) SEM 1 μm

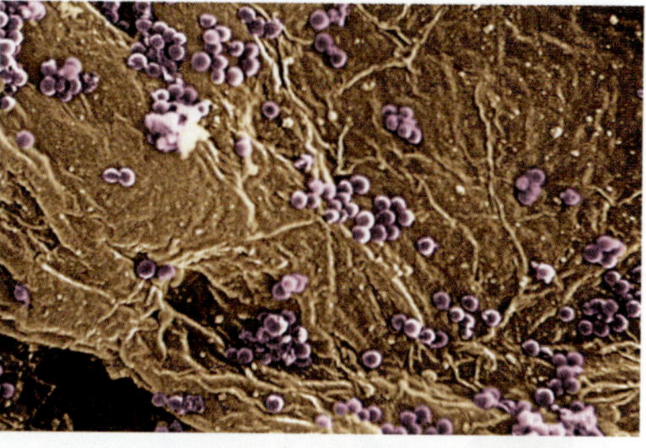

(c) 사람 피부에 부착된 세균(보라색) SEM 9 μm

그림 12.1 **부착**

부착소는 화학적으로 어떤 물질인가?

부착

거의 모든 병원체가 침입지점에서 숙주 조직에 부착하는 방법을 가지고 있다. 대부분의 병원체에 있어서, **부착(adherence** 또는 **adhesion)**이라고 하는 이 단계가 병원성에 있어서 필수적이다. 물론, 비병원성 미생물도 부착에 필요한 구조를 가지고 있다. 병원체와 숙주 사이의 부착은, **부착소(adhesin)** 또는 **리간드(ligand)**라 하는 병원체 표면의 물질에 의해 이루어지는데, 이들은 숙주의 특정 조직의 상보적인 세포표면 **수용체(receptor)**에 특이적으로 결합한다(그림 12.1). 부착소는 미생물의 당질피질(glycocalyx) 또는 표면의 다른 구조인 선모(pili), 선모(fimbriae), 편모(flagella) 등에 위치한다(2장 참조).

미생물에서 현재까지 알려진 대부분의 부착소는 당단백질 또는 지질단백질이다. 숙주세포의 수용체는 주로 만노오스(mannose)와 같은 당이다. 같은 종(species)의 병원체에서도 균주(strain)에 따라 부착소의 구조가 다양하다. 같은 숙주의 다른 세포들도 다양한 구조의 다른 수용체를 가지고 있다. 부착소나 수용체, 또는 둘 다를 변형시켜 부착을 방해함으로써, 감염을 예방(또는 적어도 통제)할 수 있다.

다음의 예시는 부착소의 다양성을 보여준다. 충치 유발 세균인 *Streptococcus mutans*는 당질피질에 의해서 치아 표면에 부착한다. *S. mutans*가 생산하는 글루코실트랜스페라제(glucosyltransferase)라는 효소는 포도당을 덱스트란(dextran)이라는 끈적한 다당류로 전환하여 당질피질을 형성한다. 방선균(*Actinomyces*)의 핌브리아(fimbria)는 *S. mutans*의 당질피질에 부착한다. *S. mutans*와 *Actinomyces*, 덱스트란의 조합은 치태(dental plaque)를 만들고 충치를 유발한다. 치태에는 400종 이상의 세균 집단이 들어 있지만 연쇄상구균과 사상형인 방선균(*Actinomyces*)속의 세균이 주를 이룬다. [치태가 오래되어 칼슘화된 축적물이 되면 치석(dental calculus 또는 tartar)이라 부른다.] 스트렙토코커스 뮤탄스는 치아에 균열이 생긴 곳 또는 침이나 저작작용 및 입 헹굼 등으로도 잘 씻겨나가지 않는 기타 다른 치아 부위를 특히 선호한다. 이런 부위에서 치태는 수백 개의 세포만큼이나 두껍게 축적될 수 있다. 치태는 침이 거의 투과하지 못하기 때문에 세균이 생산하는 젖산은 희석되거나 중화되지 않고 치태가 붙어 있는 치아의 에나멜을 파괴한다.

미생물은 무리를 이루어 표면에 달라붙고 영양분을 섭취하여 공유할 수 있다. 이러한 군집, 즉 생물과 무생물 표면에 부착할 수 있는 미생물 집단과 그들이 만들어내는 세포외 물질의 집합체를 **생물막(biofilms)**이라고 한다. 생물막의 예를 들자면 치아에 끼는 치석, 수영장 벽에 자라는 조류(algae), 샤워실 문에 생기는 물때 등이 있다. 생물막은, 주로 습기 차고 유기물이 있는 표면에 미생물이 부착할 때 형성된다. 가장 잘 부착하는 미생물은 주로 세균이다. 세균은 일단 표면에 부착하면, 증식하면서 당질피질을 분비하여 세균들 사이에 또한 표면에 더 잘 부착하게 된다. 어떤 경우에는, 생물막이 여러 층일 수도 있으며 여러 종류의 미생물을 포함할 수도 있다. 생물막은 또 다른 형태의 부착 방법에 해당되며, 살균제와 항생제에 저항성을 가진다는 점이 중요하다. 이 특성은 생물막이 치아, 체내에 삽입하는 도관이나 스텐트, 심장 판막, 고관절대치물, 콘택트렌즈와 같은 구조물에 대량 서식하는 경우에 특히 중요하다. 사실 치석은 생물막이 시간이 흐르면서 광물화된 것이다. 사람에게 생기는 모든 세균 감염의 65% 정도가 생물막에 의한 것으로 추정된다.

위장관 질병을 일으키는 대장균(*E. coli*)의 장병원성 균주는 소장의 특정 부분에 있는 특정 세포에만 부착하는 핌브리아(fimbria)에 부착소를 가지고 있다, 이질균(*Shigella*)과 *E. coli*는 부착한 후에, 수용체매개 세포내 도입(receptor-mediated endocytosis)을 유

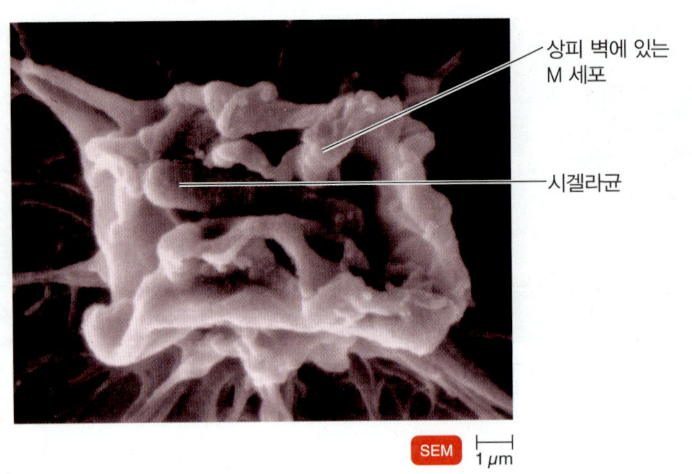

그림 12.2 **시겔라균에 의한 장 벽의 침입.** 장 상피세포의 M 세포 표면에 있는 주름이 세균 세포를 어떻게 에워싸는지 주목하시오. 살모넬라균에 의한 침입과 아주 유사하다.

Q 세균이 장의 내부를 떠나게 된다면 면역계의 어떤 요소가 이 세균에 작용하는가?

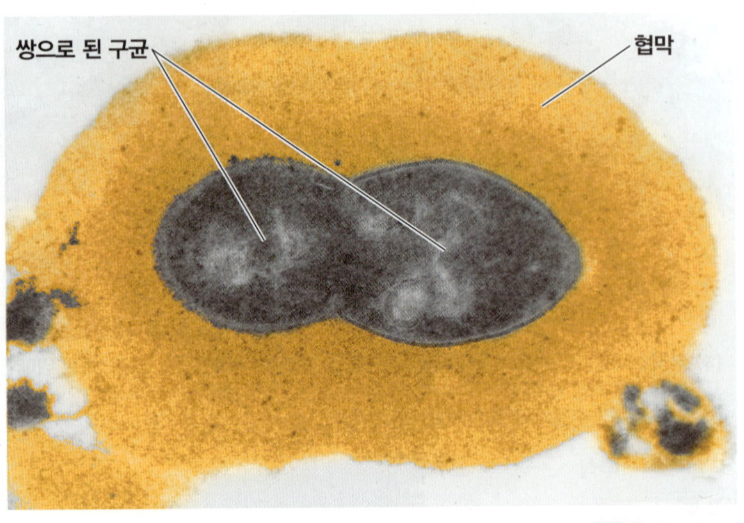

그림 12.3 **폐렴 연쇄상구균, 폐렴구균성 폐렴의 원인.** 세포의 쌍으로 된 배열을 주목하시오. 특이한 폐렴구균 항체와의 반응으로 부풀어 오른 협막이 더 뚜렷하게 보인다.

Q 세포의 어떤 구성성분이 주된 항원인가?

도하여 숙주세포로 들어가 증식한다(그림 12.2). 매독의 원인균인 트레포네마 매독균(*Treponema pallidum*)은 유선형 끝 부분을 갈고리처럼 이용하여 숙주세포에 부착한다. 수막염과 자연유산, 사산을 일으키는 리스테리아균(*Listeria monocytogenes*)은 숙주세포의 특이 수용체에 대한 부착소를 가지고 있다. 임질의 원인균인 임질균(*Neisseria gonorrhoeae*) 또한 핌브리아에 부착소를 가지고 있어, 비뇨생식기관과 눈, 인두의 특이 수용체를 가진 세포에 부착할 수 있다. 피부 감염을 일으키는 황색포도상구균(*Staphylococcus aureus*)은 바이러스 부착과 비슷한 방법으로 피부에 부착한다(10장 참조).

병원성 세균이 숙주방어를 어떻게 뚫고 들어가는가

일부 병원체들은 조직 표면에 손상을 유발할 수 있지만, 대부분은 조직을 침투해야만 병을 일으킬 수 있다. 이제 세균이 숙주를 침입하는 능력에 기여하는 몇 가지 요인를 살펴보기로 한다.

협막(capsule)

4장에서 배웠듯이, 어떤 세균들은 당질피질을 만들어 세포벽을 둘러싸는 협막을 형성하는데 이로 인하여 독성이 증가된다. 협막은 숙주의 방어책인 식작용(phagocytosis)에 저항할 수 있다. 식작용은, 우리 몸의 특정 세포들이 미생물을 삼켜 분해하는 과정이다. 협막의 화학적 특성 때문에 식세포가 세균에 부착하지 못한다. 그러나 우리 몸에서 협막에 대한 항체는 만들어지므로, 항체가 협막 표면에 결합하면 협막으로 둘러싸인 세균은 쉽게 식작용으로 분해된다.

다당류 협막으로 독성을 가지는 세균으로, 폐렴연쇄상구균(*Streptococcus pneumonia*)이 있다(그림 12.3). 이 세균의 일부 균주는 협막을 가지며 일부는 가지지 않는다. 협막을 가진 균주는 독성이 있으나, 협막이 없는 균주는 식작용에 취약하여 무독성이다. 독성과 연관된 협막을 가지는 다른 세균으로, 세균성폐렴의 원인균인 폐렴간균(*Klebsiella pneumonia*), 어린이 폐렴과 수막염의 원인균인 인플루엔자간균(*Haemophilus influenza*), 탄저병의 원인균인 *Bacillus anthracis*, 그리고 흑사병의 원인균인 *Yersinia pestis*가 있다. 그러나 협막이 독성의 유일한 원인은 아니다. 많은 비병원성 세균들도 협막을 가지며, 일부 병원체들의 독성은 협막의 존재 여부와 상관이 없다.

세포벽 성분

일부 세균의 세포벽에는 독성이 있는 화학물질이 있다. 예를 들어, 화농연쇄상구균(*Streptococcus pyogenes*)은 **M 단백질(M protein)**이라 하는 내열성 및 내산성 단백질을 가지고 있다(그림 12.4). 이 단백질은 세포표면과 핌브리아에 존재한다. M 단백질은 세균이 숙주 상피세포에 부착하도록 매개하며 식작용에 내성을 가지게 하고, 또한 미생물의 독성을 증가시킨다. 화농연쇄상구균에 대한 면역은

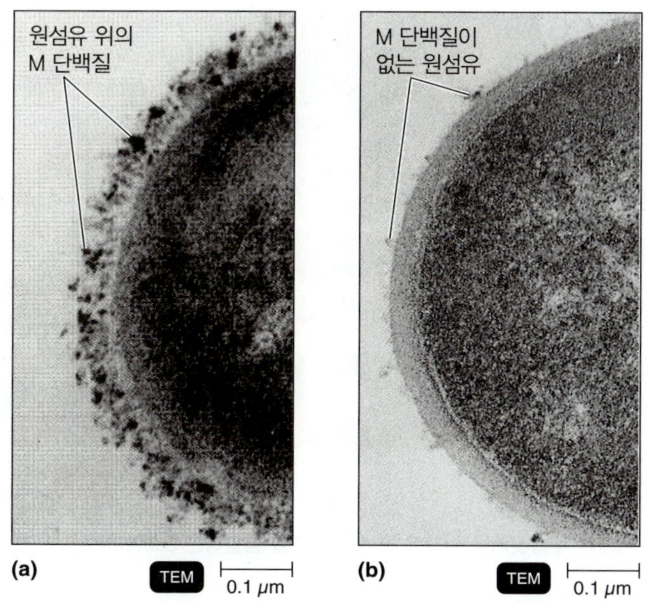

그림 12.4 그룹 A 베타-용혈성 연쇄상구균의 M 단백질. (a) 표면 원섬유의 부드러운 층에 M 단백질을 가지고 있는 세포의 단면. (b) M 단백질이 없는 세포의 단면.

Q M 단백질이 다당류 캡슐보다 항원성이 더 높을 가능성이 있는가?

M 단백질에 대해 특이적으로 만들어지는 항체에 달려 있다. 임질균은 사람의 상피세포와 백혈구 안에서 증식한다. 이 세균들은 핌브리아와 외막단백질 **Opa**로 숙주세포에 부착한다. Opa와 선모가 둘 다 부착하면, 숙주세포는 세균을 끌어들인다. Opa를 가진 세균은 배양배지에서 불투명한(opaque) 콜로니를 형성한다. 결핵균(*Mycobacterium tuberculosis*)의 세포벽 성분인 **왁스 지질(waxy lipid**; mycolic acid)도 식작용에 대한 내성을 부여하여 독성을 증가시킨다. 이 세균은 심지어 식세포 안에서도 증식할 수 있다.

효소

일부 세균의 독성은 **세포외효소(exoenzyme)**와 관련 물질의 작용에 의한 것이다. 이 화학물질들은 여러 기능을 하는데, 세포 사이의 물질을 분해하거나 혈전을 형성 또는 분해할 수 있는 기능이 있다.

응고효소(coagulase)는 세균이 가진 효소인데, 혈액의 피브리노겐(fibrinogen)을 응고시킨다. 피브리노겐은 간에서 만들어지는 혈장 단백질이며, 응고효소에 의해 피브린으로 전환된다. 피브린은 혈액응고를 일으키는 섬유소이다. 피브린 응고물은 세균이 식작용을 받지 않도록 보호하고 숙주의 다른 방어책으로부터 격리시킬 수 있다. 포도상구균(*Staphylococcus*)속의 일부 세균들이 생산하는 응고효소는, 포도상구균이 만든 종기를 격리하는 과정에 관여한다. 그러나 응고효소를 만들지 않은 일부 포도상구균도 여전히 독성이 있다(이들의 독성에는 협막이 더 중요한 것 같다).

세균의 **인산화효소(kinase)**는 피브린을 분해하여 감염을 격리시키는 응고물을 분해한다. 가장 잘 알려진 인산화효소는, 연쇄상구균인 *S. pyogenes*이 만드는 **피브리놀리신**(fibrinolysin; **스트렙토키나아제**)이다. 또 다른 인산화효소인 **스타필로키나아제**(staphylokinase)는 *Staphylococcus aureus*가 만들어 낸다.

히알루로니디아제(hyaluronidase)는 연쇄상구균 등의 일부 세균이 분비하는 또 다른 효소이다. 이 효소는 히알루론산을 가수분해한다. 히알루론산은 우리 몸의, 특히 결합조직의 세포들을 서로 붙게 하는 다당류이다. 이것이 분해되면, 감염 부위 조직이 검게 되고 미생물이 원래 감염 부위에서부터 퍼져 나갈 수 있게 된다. 가스 괴저(gas gangrene)를 일으키는 일부 클로스트리디움(*Clostridium*) 세균이 히알루로니디아제를 생산한다. 치료 목적으로 히알루로니디아제와 약물을 섞으면, 약물이 조직에 잘 퍼지게 된다.

여러 종의 클로스트리디움에서 만들어지는 **아교질가수분해효소(collagenase)**는 가스 괴저가 퍼지는 것을 촉진한다. 아교질가수분해효소는, 근육 또는 다른 기관의 결합조직을 구성하는 콜라겐 단백질을 분해한다.

병원체가 점막 표면에 부착하는 것을 막는 방어책으로, 우리 몸은 IgA 항체를 생산한다. 어떤 병원체들은 **IgA 단백질분해효소(IgA protease)**라는 효소를 만들어 이 항체를 분해할 수 있다. *N. gonorrhoeae*가 이에 속하며, 수막구균성 수막염의 원인인자 수막구균(*N. meningitides*)과 중추신경계를 감염하는 기타 다른 미생물들도 IgA 단백질분해효소를 가지고 있다.

항원변이

항원이 존재하면, 우리 몸은 항체를 만들어 내고, 항체는 항원에 결합하여 불활성화시키거나 파괴한다. 그러나 일부 병원체는 **항원변이(antigenic variation)**라는 과정을 통해 표면의 항원을 바꿀 수 있다. 이로 인해, 우리 몸이 어떤 병원체에 대하여 면역반응을 일으킬 즈음에 그 병원체는 이미 항원을 바꾸었기 때문에 만들어진 항체에 영향을 받지 않는다. 어떤 미생물들은 대체 유전자를 활성화시켜 항원변이의 결과를 가져온다. 예를 들어, *N. gonorrhoeae*는 Opa 유전자를 여러 개 가지고 있어서, 각각 다른 항원을 가진 세균이 생겨나기도 하고, 같은 세균이 시간이 지나면서 다른 항원을 발현하기도 한다.

다양한 병원체가 항원변이를 할 수 있다. 인플루엔자(독감)의 원인 인플루엔자바이러스와 임질의 원인균 *Neisseria gonorrhoeae*, 아프리카 파동편모충증(수면병)을 일으키는 감비아파동편모충(*Trypanosoma brucei gambiense*)이 그러하다(그림 12.5).

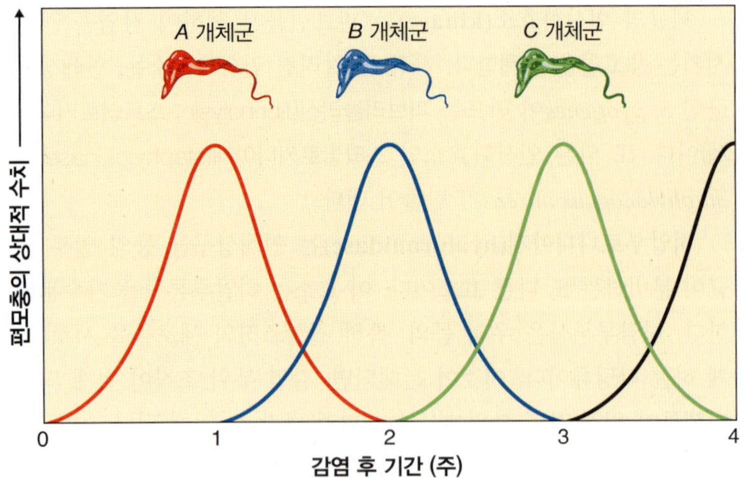

그림 12.5 파동편모충이 면역계를 회피하는 방법. 각 개체군의 파동편모충은 면역계에 의해 거의 완벽히 제압된다. 그러나 또 다른 표면 항원을 가진 새로운 군이 이전의 개체군을 대치한다. 검은색 선은 D 개체군을 나타낸다.

 세계적 유행병을 일으키는 어떤 다른 바이러스가 이와 같은 양상인가?

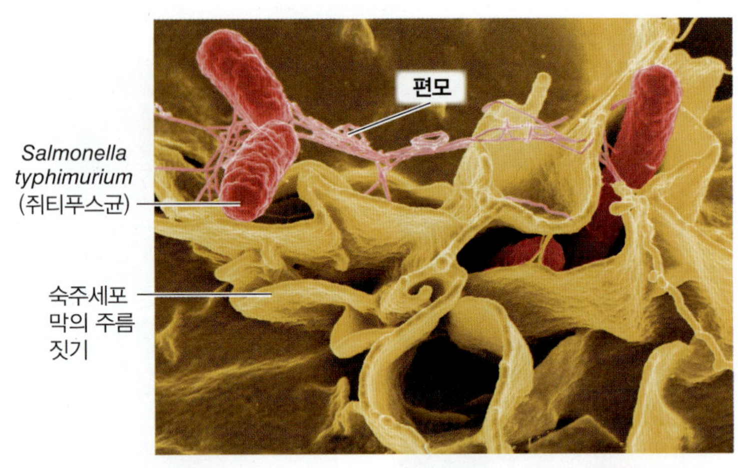

그림 12.6 주름짓기를 일으켜 장 상피세포를 침입하는 *Salmonella*

Q 인베이진은 무엇인가?

숙주의 세포내골격 침투

앞서 언급했듯이, 미생물은 부착소를 이용하여 숙주세포에 부착한다. 이러한 부착소와 숙주세포의 상호작용은 숙주세포 내에 신호를 작동시켜, 일부 세균이 들어올 수 있도록 하는 단백질을 활성화한다. 이러한 작동원리는 세포내골격에 의해 제공된다. 2장에서 배운 대로, 진핵세포의 세포질은 복잡한 내부 골격(세포내골격)을 가지는데, 이것은 미세섬유와 중간섬유, 미세소관이라는 단백질로 구성된다. 세포내골격의 주요 요소는 액틴 단백질인데, 일부 미생물들은 이것을 이용하여 숙주세포를 침투하거나 한 세포에서 나와 다른 세포로 이동한다.

Salmonella 균주와 *E. coli*는 숙주세포 막에 접촉한다. 이로 인해 접촉 지점의 막에서 큰 변화가 일어난다. 이들 미생물은 **인베이진(invasin)**이라는 표면 단백질을 만들어 주변의 액틴섬유를 재배열한다. 예를 들어, *S. typhimurium*이 숙주세포에 접촉하면, 인베이진에 의해 세포막이 마치 단단한 표면에 물방울이 떨어져 튀는 듯한 모양을 보인다. 이 현상을 **세포막 주름짓기**(membrane ruffling)라 하는데, 세포내골격의 붕괴로 인한 것이다(그림 12.6). 이때 미생물은 주름 안으로 떨어져 숙주세포에 의해 삼켜진다.

일단 숙주세포 안으로 들어오면, *Shigella*와 *Listeria* 같은 세균들은 액틴을 이용하여 세포질에서 이동하고 한 세포에서 다른 세포로 이동할 수 있다. 이 세균들은 또한 세포간 수송 체계의 한 부분인 막의 연접에도 접촉한다. 이 경우에는 연접을 이어주는 카데린(cadherin)이라는 당단백질을 이용하여, 이 세포에서 저 세포로 이동한다.

병원성 세균이 숙주세포를 어떻게 손상시키는가

미생물이 숙주 조직을 침범하면 일단 식세포와 마주친다. 그 식세포가 침입 미생물을 성공적으로 파괴하면 숙주에 손상이 가해지지 않는다. 그러나 병원체가 숙주의 방어를 무너뜨리면, 다음의 네 가지 방법으로 숙주세포에 손상을 줄 수 있다: (1) 숙주의 영양소를 이용함으로; (2) 침입 부위 바로 주변에 직접 손상을 가함으로; (3) 독소를 분비하여, 독소가 혈액과 림프를 통해 원래 침입 부위에서 멀리 떨어진 조직을 손상시킴으로; (4) 과민성 반응을 유도함으로.

숙주의 영양소 이용: 시더로포어

철분은 대부분의 병원성 세균이 증식하는 데 필요하다. 그러나 우리 몸에서 유리된 철분의 양은 매우 낮은데, 그 이유는 대부분의 철분이 헤모글로빈, 락토페린, 트랜스페린, 페리틴과 같은 철분수송 단백질에 강하게 결합되어 있기 때문이다. 일부 병원체는 **시더로포어(siderophore)**라는 단백질을 분비하여 유리된 철분을 획득한다(그림 12.7). 시더로포어는 철분수송 단백질보다 훨씬 더 강하게 철분에

Fe^{3+}
C=O
NH
$(CO-CH-CH_2-O)_3$

그림 12.7 세균 시더로포어의 한 종류인 엔테로박틴의 구조. 시더로포어의 어느 부분에 철분(Fe^{3+})이 부착되는지 살펴보시오.

 시더로포어의 중요성은 무엇인가?

결합하여 그 단백질들에서 철분을 빼앗는다. 일단 철분과 시더로포어 복합체가 형성되면, 이것은 세균 표면의 시더로포어 수용체에 붙잡히게 되어 철분이 세균 안으로 들어온다. 어떤 경우에는, 철분이 복합체에서 방출되어 세균 안으로 들어오기도 하고, 또 다른 경우에는 복합체 형태로 들어오기도 한다.

시더로포어를 사용하여 철분을 획득하는 대신에, 일부 병원체들은 철분수송 단백질과 헤모글로빈에 직접 결합하는 수용체를 가지고 있다. 그러면 이 단백질들이 철분과 결합한 채로 세균 안으로 들어온다. 또한 어떤 세균은 철분이 적을 때 독소를 생산하기도 한다. 간단히 설명하면, 이 독소가 숙주세포를 파괴하여 철분이 방출되면 세균이 방출된 철분을 사용한다.

직접 손상

일단 병원체가 숙주세포에 부착하면, 숙주세포를 영양소로 사용하고 노폐물을 내보내기 때문에 직접 손상을 가할 수 있다. 병원체가 숙주세포 안에서 대사작용을 하고 증식하면, 숙주세포는 대개 파열된다. 많은 바이러스와 일부 세포내 세균 및 원생동물은, 숙주세포 안에서 증식하여 그 세포가 파열될 때 방출된다. 방출된 후에, 더 많은 숫자의 병원체들이 다른 조직에 퍼질 수 있다. *E. coli*, *Shigella*, *Salmonella*, *Neisseria gonorrhoeae*와 같은 세균들은 상피세포들이 식작용과 비슷한 과정으로 자신들을 삼키도록 유도한다. 이 병원체들은 숙주세포를 거치면서 손상을 주고, 그리고 식작용의 역과정으로 숙주세포에서 나갈 수 있다. 또한 어떤 세균들은 효소를 방출하거나 자신의 운동성을 사용하여 숙주세포를 침투하는데, 이러한 침투 방법은 그 자체로 세포에 손상을 줄 수 있다. 그러나 세균에 의한 대부분의 손상은 독소로 인하여 생긴다.

독소의 생산

독소(toxin)는 미생물들이 만드는 유독한 물질이며, 흔히 병원성을 유발하는 일차적인 요인이다. 미생물이 독소를 만들 수 있는 능력을 **독소생산성(toxigenicity)**이라 한다. 혈액이나 림프로 수송된 독소는 심각한, 때로는 치명적인 결과를 초래할 수 있다. 어떤 독소는 열이나 심혈관 장애, 설사, 쇼크를 일으킨다. 독소는 단백질 합성을 저해하고, 혈액세포와 혈관을 파괴하며, 경련을 일으켜 신경계를 교란하기도 한다. 약 220가지의 알려진 세균 독소 중에서, 거의 40%는 진핵세포막에 손상을 주어 병을 일으킨다. **독혈증(toxemia)**은 혈액에 독소가 존재하는 상태를 의미한다. 일반적으로 독소는 두 종류로 나뉘는데, 미생물 세포에서 상대적 위치에 따라 외독소(exotoxin)와 내독소(endotoxin)로 정해진다.

외독소

외독소(exotoxin)는 일부 세균에서 성장과 대사과정에서 만들어지며 주변 매질로 분비되거나, 세균이 분해되면 방출된다(그림 12.8). 외독소는 단백질이며 대부분이 특정 생화학 반응의 촉매제인 효소이다. 대부분의 외독소가 효소여서 계속적으로 다시 작용할 수 있기 때문에, 매우 적은 양이라도 아주 해롭다. 대부분의(아마 모든) 외독소 유전자는 세균의 플라스미드 또는 파지에 담겨 있다. 체액에서 외독소는 가용성이어서, 혈액에 쉽게 확산하여 몸 전체로 빠르게 퍼져 나간다.

외독소는 숙주세포의 특정 부분을 파괴하거나 특정 대사기능을 저해한다. 외독소는 우리 몸 조직에 미치는 영향이 특이적이며, 알려진 물질 중에 가장 치명적인 물질에 속한다. 단 1 mg의 보툴리누스 외독소가 100만 마리의 기니피그를 살생하기에 충분한 양이다. 그러나 그 정도로 막강한 외독소는 단지 몇몇 세균 종에서만 만들어진다.

외독소를 만드는 세균에 의해 생기는 질병은 흔히 세균 자체가 아니라 소량의 외독소에 의해 생긴다. 질병의 특징적 징후와 증상을 일으키는 것이 외독소이다. 그러므로 외독소는 질병에 따라 특이적이다. 보툴리누스중독은 대개 세균 감염이 아니라 외독소를 섭취하여 생긴다. 마찬가지로, 포도상구균성 식중독은 감염이 아니라 **중독**(intoxication)이다. 우리 몸은 외독소에 대한 면역을 제공하는 **항독소(antitoxins)**라는 항체를 만든다. 열 또는 포름알데히드, 요오드 등의 화학물질로 외독소를 불활성화시키면, 더 이상 질병을 일으키지는 못하지만 여전히 항독소 생산을 자극한다. 이렇게 변형된 외독소를 **변성독소(toxoid)**라 한다. 변성독소를 우리 몸에 백신으로 주사하면, 항독소 생산을 자극하여 면역이 발생한다. 디프테리아와 파상풍은 변성독소 백신으로 예방될 수 있다.

외독소의 이름 외독소는 여러 특징에 따라 이름 붙여진다. 먼저, 공격하는 숙주세포의 종류에 따라, 신경세포를 공격하는 **신경독**(neurotoxin), 심장세포를 공격하는 **심장독소**(cardiotoxin), 간세포를 공격하는 **간독소**(hepatotoxin), 백혈구를 공격하는 **류코톡신**(leuko-toxin), 위장관 내벽을 공격하는 **장내독소**(enterotoxin), 여러 종류의 세포를 공격하는 **세포독소**(cytotoxin) 등이 있다. 일부 외독소의 이름은 관련된 질병에 따라 지어졌다. **디프테리아 독소**(diphtheria toxin; 디프테리아의 원인)와 **파상풍 독소**(tetanus toxin; 파상풍의 원인)가 그러하다. 특정 외독소를 만드는 세균 이름에 따라 붙여진 것도 있다. 보툴리눔 독소(*Clostridium botulinum*; 보툴리누스균)와 비브리오 장내독소(*Vibrio cholera*; 콜레라균)가 이에 속한다.

외독소의 종류 외독소는 그 구조와 기능에 따라 크게 세 종류로 나뉜다: (1) A-B 독소, (2) 세포막파괴독소, (3) 초항원.

토대 그림 12.8

외독소와 내독소의 작용 원리

외독소

외독소는 병원성 세균, 가장 흔하게 그람양성세균 안에서 성장과 대사과정 중에 만들어진다. 그런 다음 외독소는 지수성장기 동안 주변 배지로 분비된다.

세포벽

외독소: 세포 밖으로 방출된 독성물질

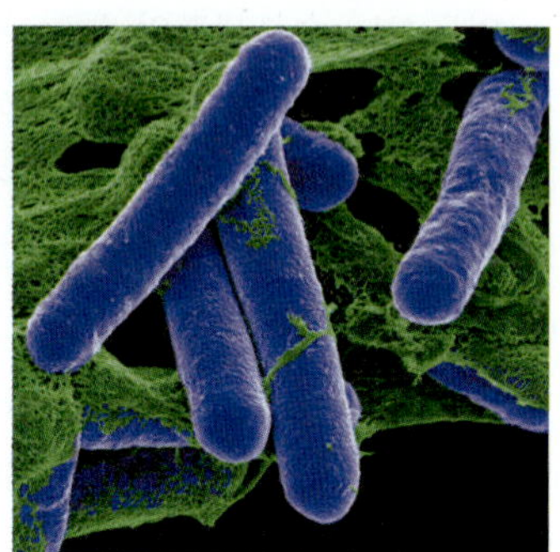

Clostridium botulinum (외독소를 생산하는 그람양성세균의 한 예) SEM 5 mm

내독소

내독소는 그람음성세균 세포벽 외막의 일부인 지질다당류(LPS)의 지질 부분(지질 A; 그림 2.27c 참조)이다. 내독소는 해당 세균이 죽어 세포벽이 파괴되면서 유출된다.

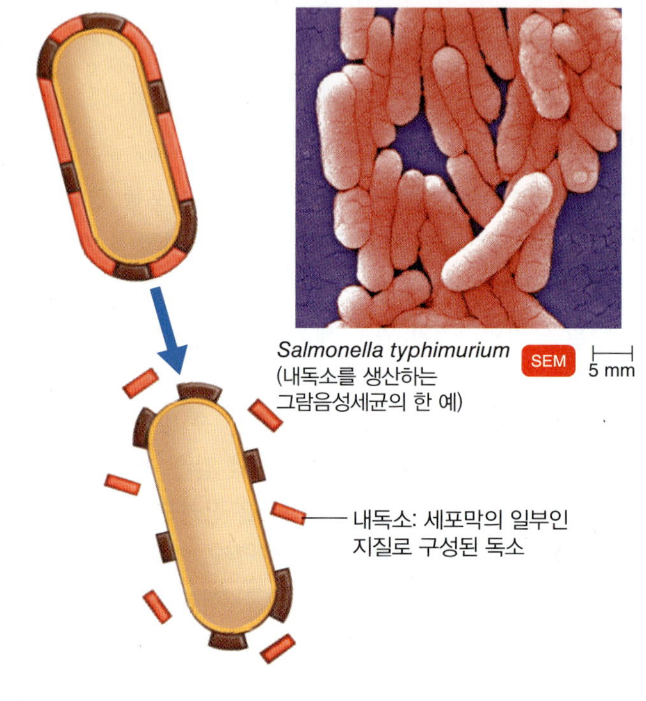

Salmonella typhimurium (내독소를 생산하는 그람음성세균의 한 예) SEM 5 mm

핵심 개념

- 독소는 일반적으로 외독소와 내독소의 두 종류가 있다.
- 세균 독소는 숙주세포에 손상을 입힐 수 있다.
- 독소는 숙주에서 보체계를 활성화시킬 뿐 아니라 염증반응도 유도할 수 있다.
- 일부 그람음성세균은 소량의 내독소를 방출하기도 하는데, 이는 자연 면역을 활성화시킨다.

A-B 독소 **A-B 독소**는 심도 있는 연구가 수행된 최초의 독소이며, A와 B로 표기되는 두 폴리펩티드로 이루어져 있기 때문에 이에 따라 이름 지어졌다. 대부분의 외독소가 A-B 독소이다. A 단위는 활성을 가지는(효소) 부분이고, B는 부착 단위이다. A-B 독소의 한 예로 디프테리아 독소가 그림 12.9에 예시되어 있다.

세포막파괴독소 **세포막파괴독소(membrane-disrupting toxin)**는 숙주세포막을 파괴하여 세포를 용해시킨다. 일부는 막에 통로 단백질을 형성하며, 일부는 막의 인지질을 파괴한다. *Staphylococcus aureus*의 세포용해 외독소는 통로 단백질을 형성하며, 가스괴저균(*Clostridium perfringens*)의 외독소는 인지질을 파괴한다. 세포막파괴독소는 숙주세포, 특히 식세포를 죽이거나 세균 안에 있는 식포(phagosome, 파고좀)에서 세포질로 빠져나올 수 있도록 하여 독성에 기여한다.

식작용을 하는 백혈구를 죽이는 세포막파괴독소를 **백혈구파괴소(leukocidin)**라 한다. 백혈구파괴소는 통로 단백질을 형성하며, 조직에 상주하는 대식세포에도 독성을 보인다. 대부분의 백혈구파괴소는 포도상구균과 연쇄상구균에서 만들어진다. 식세포가 손상되면 숙주의 방어가 약화된다. 적혈구를 파괴하는 세포막파괴독소인 **헤모리신(hemolysin)**도 통로 단백질을 만든다. 헤모리신을 생산하는 주요 세균에 포도상구균과 연쇄상구균이 포함된다. 연쇄상구균의 헤모리신을 **스트렙토리신(streptolysin)**이라 한다. 스트렙토리신 O(streptolysin O, SLO)이라 하는 종류는 공기 중 산소에 의해 불활성화되기 때문에 이에 따라 이름 붙여졌다. 스트렙토리신 S(streptol-

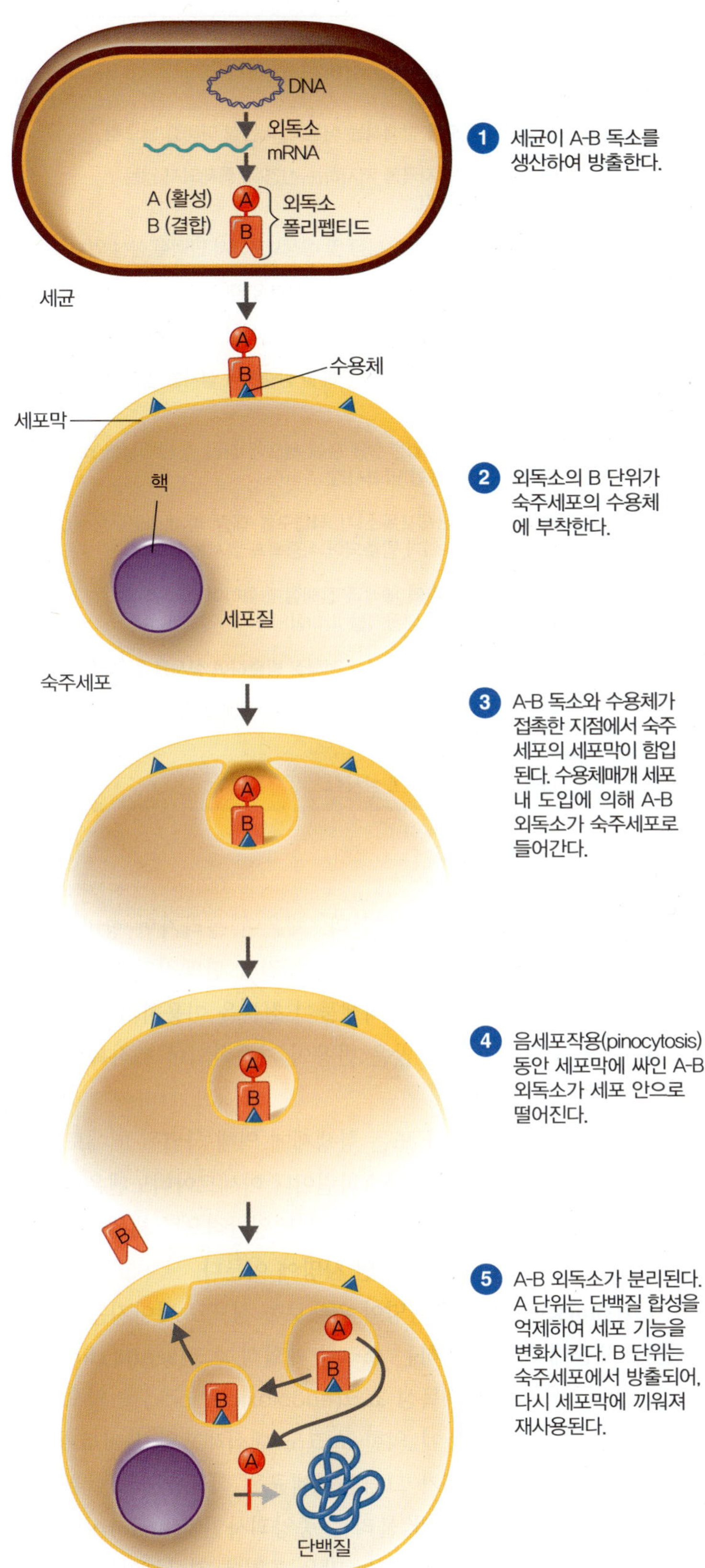

그림 12.9 **A-B 외독소의 작용.** 디프테리아 독소의 작용 원리에 대한 모델.

Q 이 독소는 왜 A-B 독소라 불리는가?

ysin S; SLS)는 산소가 있는 환경에서도 안정적이다. 두 종류 모두가 적혈구뿐 아니라 백혈구(연쇄상구균을 죽이는 기능을 가짐)와 다른 세포들도 용해할 수 있다.

초항원 **초항원(superantigen)**은 매우 강력한 면역반응을 유발하는 항원이며, 세균의 단백질이다. 면역계의 다양한 세포들과 일련의 상호작용을 거쳐, 초항원은 T세포의 증식을 비특이적으로 자극한다. T세포는 백혈구의 한 종류로 외래 생물이나 조직이식에 대항하여, 면역계 다른 세포들의 활성화와 증식을 조절한다. 초항원에 대응하여, T세포는 방대한 양의 사이토카인이라는 화학물질을 분비한다. 사이토카인은 T세포를 비롯하여 여러 세포들이 생산하는 작은 단백질인데, 면역반응을 조절하고 세포와 세포 사이의 연락을 매개한다. T세포가 분비하는 과다한 양의 사이토카인은 혈액으로 들어가 열, 메스꺼움, 구토, 설사 및 때때로 쇼크와 심지어 사망에까지 이르게 하는 등 여러 증상을 일으킨다. 식중독과 독성쇼크증후군을 일으키는 포도상구균 독소가 세균성 초항원에 포함된다. 외독소에 의해 생기는 질병이 표 12.2에 요약되어 있다.

유전자독소 *Haemophilus ducreyi*와 *Helicobacter* spp.를 비롯한 일부 그람음성세균은 DNA에 손상을 주는 **유전자독소(genotoxin)**를 만든다. 이 독소는 돌연변이를 유발하고 세포분열을 교란하여 암을 일으킬 수도 있다. 최초로 발견된 세균 유전자독소인 세포 독성 팽창성 독소(cytolethal distending toxin)는 진핵생물의 DNA를 손상시킨다.

내독소

내독소(endotoxin)는 여러 면에서 외독소와 다르다. 내독소는 그람음성세균의 세포벽 외층의 일부이다(그림 12.8). 2장에서 그람음성세균은 세포벽의 펩티도글리칸층을 싸는 외막을 가지고 있다고 배웠다. 이 외막은 지질단백질과 인지질, 지질다당류(lipopolysaccharide, LPS)로 이루어진다. LPS의 지질 부분인, **지질 A(lipid A)**가 내독소이다. 그러므로 내독소는 지질다당류이며 외독소는 단백질이다.

내독소는 그람음성세균이 사멸하여 그 세포벽이 분해될 때 방출된다. (내독소는 또한 세균이 증식할 때에도 방출된다.) 그람음성세균이 일으키는 병을 치료하는 항생제는 세균 세포를 파괴하는데, 이 과정에 내독소가 방출되어 증상이 당장은 심해질 수 있지만, 보통은 내독소가 분해되면서 증상이 개선된다. 내독소는 대식세포가 아주 많은 양의 사이토카인을 분비하도록 자극한다. 이 정도 양의 사이토카인은 독성을 가진다. 모든 내독소는 미생물의 종에 관계없이, 같은 세기는 아닐지라도, 동일한 징후와 증상을 일으킨다. 증상으로는, 오한을 느끼고, 열이 나며, 기운 없고, 온몸이 아프며, 어떤 경우에는 쇼크가 일어나고 심지어 사망까지도 이른다. 내독소로 인하여

표 12.2 외독소에 의해 발생하는 질병

질병	세균	외독소의 종류	작용 원리
보툴리누스중독	*Clostridium botulinum*	A-B	신경자극 전도를 방해하는 신경독; 이완성 마비를 일으킴.
파상풍	*Clostridium tetani*	A-B	근 이완의 신경자극을 저지하는 신경독; 통제되지 않는 근 수축을 일으킴.
디프테리아	*Corynebacterium diphtheriae*	A-B	세포독소; 특히 신경, 심장 및 신장세포에서 단백질 합성 억제.
열상 피부 증후군	*Staphylococcus aureus*	A-B	하나의 외독소가 피부층을 분리시켜 없앰(열상 피부).
콜레라	*Vibrio cholerae*	A-B	장내독소; 다량의 체액과 전해질 방출하여 설사를 일으킴.
여행자 설사	장내독 생산성 *Escherichia coli*와 *Shigella* 종	A-B	장내독소; 다량의 체액과 전해질 방출하여 설사를 일으킴.
탄저병	*Bacillus anthracis*	A-B	A 단위 2개가 동일한 B를 통해 세포에 침입. A 단백질이 쇼크를 일으키고 면역반응을 약화시킴.
가스괴저와 식중독	*Clostridium perfringens*와 일부 *Clostridium* 종	세포막 파괴	하나의 외독소(세포독소)가 적혈구를 대량 파괴(적혈구용해); 다른 외독소(장내독소)가 방출되어 식중독과 설사를 일으킴.
항생제로 인한 설사	*Clostridium difficile*	세포막 파괴	장내독소가 다량의 체액과 전해질 방출하여 설사를 일으킴; 세포독소는 숙주의 세포내골격을 파괴함.
식중독	*Staphylococcus aureus*	초항원	장내독소가 다량의 체액과 전해질 방출하여 설사를 일으킴.
독성쇼크증후군(TSS)	*Staphylococcus aureus*	초항원	독소가 모세혈관에서 다량의 체액과 전해질 방출하여 혈액량을 줄이고 혈압을 강하시킴.
위암	*Helicobacter* spp.	유전자 독소	진핵생물의 DNA를 손상시킴.

유산할 수도 있다.

내독소의 또 다른 영향은 혈액응고 단백질을 활성화를 통한 작은 혈전의 생성이다. 이 혈전이 모세혈관을 막아 조직에 혈액 공급이 줄어들어 세포가 죽게 된다. 이 질환을 **파종성 혈관내응고**(disseminated intravascular coagulation, DIC)라 한다.

내독소로 발생하는 열(발열성 반응)이 생기는 과정은 그림 12.10에 묘사된 것과 같다.

우리 몸에 병원체가 침입하여 온도조절장치가 39°C(102.2°F)까지 맞추어졌다고 생각해보자. 우리 몸은 새로 설정된 온도에 적응하기 위해 반응하는데, 혈관이 수축되고 대사 속도가 높아지고 떨게(shivering)된다. 이 모든 반응이 체온을 상승시킨다. 체온이 정상보다 올라가도 피부는 그렇지 않기 때문에 오한(chill)이 생긴다. 오한은 체온이 올라가고 있다는 확실한 징후이다. 체온이 설정된 온도까지 올라가면, 오한이 사라진다. 그리고 우리 몸은 해당 사이토카인들이 없어질 때까지 39°C의 체온을 유지한다. 사이토카인들이 제거되면 온도조절장치는 37°C로 재설정된다. 감염이 가라앉으면서, 혈관확장이나 땀으로 열이 방출되는 방법이 작동하여, 피부가 다시 따뜻해지고 땀이 흐른다. 이 단계가 열의 고비(crisis)인데 체온이 내려가고 있다는 징후이다.

어느 정도까지는 열이 질병에 대항하는 방어책이다. 인터류킨-1(IL-1)은 T세포 생산을 가속화한다. 체온이 올라가면 항바이러스 물질인 인터페론의 활성이 강화되고, 철결합 단백질인 트렌스페린(transferrin)이 많이 만들어져 미생물이 철분을 이용하지 못하게 된다. 또한 더 높은 체온에서 많은 반응이 가속화되어 조직복구가 더 신속히 이루어진다.

세균 세포가 용해되거나 또는 항생제에 의해 사멸될 때에도 같은 원리로 열이 발생할 수 있다. 아스피린이나 아세트아미노펜은 프로스타글란딘의 합성을 억제하여 열을 내린다. 일반적으로 체온이 44°C~46°C(112°~114°F) 이상 올라가면 사망에 이른다.

쇼크(shock)는 혈압이 생명이 위태로울 정도로 낮아지는 상태를 뜻한다. 세균에 의해 발생하는 쇼크를 **패혈성 쇼크(septic shock)**라 한다. 그람음성세균은 **내독성 쇼크**(endotoxic shock)를 일으킨다. 열과 마찬가지로, 내독소에 의한 쇼크도 대식세포의 사이토카인과 관련되어 있다. 대식세포가 그람음성세균을 식작용으로 섭취하면, 때로 **카켁틴**(cachectin)이라 불리는 종양괴사인자(tumor necrosis factor, TNF)를 분비한다. TNF는 많은 조직에 결합하여 여러 방법으로 세포의 대사를 변경한다. TNF가 모세혈관에 손상을 주어 투과성을 증가시키면 다량의 수분을 잃게 된다. 그 결과 혈압이 낮아지고 쇼크가 오게 된다. 혈압이 떨어지면 신장, 폐, 위장관에 심각한 영향을 준다. 또한 뇌척수액에 *Haemophilus influenzae* b형 같

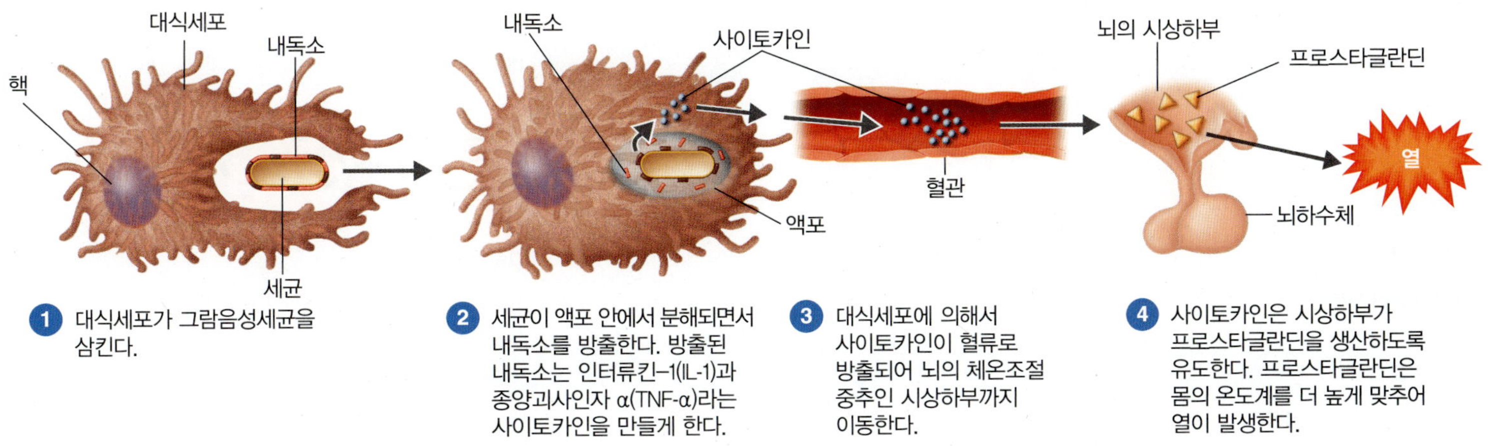

그림 12.10 **내독소와 발열 반응.** 내독소가 열을 발생하는 원리.

내독소란 무엇인가?

은 그람음성세균이 들어가면 IL-1과 TNF가 방출된다. 이렇게 되면, 원래 중추신경계를 감염으로부터 보호하던 혈액뇌장벽(blood-brain barrier)이 약화된다. 약화된 장벽은 혈액으로부터 식세포를 통과시키고 또한 더 많은 세균도 통과시킨다. 미국에서, 매년 75만 사례의 패혈성 쇼크가 발생한다. 이러한 환자의 1/3은 한 달 내에 사망하며, 거의 절반은 6개월 내에 사망한다.

내독소의 탄수화물 부분에 대한 효과적인 항독소는 생산되지 않는다. 항체가 만들어지지만 독소의 작용을 막지 못하며 때로는 독소의 작용을 상승시키는 경향이 있다.

내독소를 만드는 대표적인 미생물은 장티푸스의 원인체(*Salmonella typhi*), 프로테우스(*Proteus*) 종(흔히 비뇨기관 감염의 원인체), 수막염구균성 수막염의 원인체(*Neisseria meningitidis*) 등이다.

약물과 의료 기기, 체액 등에 내독소가 있는지를 확인할 수 있는 민감한 검사가 필요하다. 멸균 처리된 재료에 세균은 자랄 수 없더라도 내독소는 남아 있을 수 있다. **리물루스 아메보사이트 라이세이트 검사[Limulus amebocyte lysate (LAL) assay]**라는 내독소 검사법으로 극미량의 내독소도 탐지할 수 있다. 대서양 연안 참게의 일종인 *Limulus polyphemus*의 혈액림프(혈액)에는 변형세포(amebocyte)라는 백혈구가 있는데, 여기에 응고를 일으키는 단백질(lysate)이 다량 들어 있다. 내독소가 존재하면, 참게 혈액림프의 변형세포는 용해되어 응고단백질을 방출한다. 그 결과 침전이 생기면 내독소가 탐지를 알리는 양성 반응이다. 반응의 정도는 분광광도계로 측정한다.

표 12.3은 외독소와 내독소를 비교한다.

플라스미드와 용원성에 의한 병원성

플라스미드는 세균의 염색체와는 별도로 스스로 복제한다. R(저항) 인자라 하는 플라스미드 부류는, 미생물에 항생제 내성을 부여한다. 또한 어떤 플라스미드는 미생물의 병원성을 결정하는 유전정보를 담고 있다. 플라스미드 유전자가 부호화하는 독성 요소의 예로, 파상풍 신경독, 열민감성 장내독소, 포도상구균 장내독소 등이 있다. 다른 예로, *Streptococcus mutans*가 만드는 효소로 충치에 관련된 덱스트란수크라제(dextransucrase); *Staphylococcus aureus*가 만드는 부착소와 응고효소; 그리고 *E. coli* 장병원성 균주에 특이한 핌브리아가 있다.

10장에서, 일부 박테리오파지(세균에 감염하는 바이러스)는 그들의 DNA를 세균 염색체에 삽입시켜 프로파지(prophage)가 되고 잠복 상태(세균을 파괴시키지 않음)로 남을 수 있다고 배웠다. 이 같은 상태를 **용원성**(lysogeny)이라 하며, 프로파지를 가진 세포를 용원성 세포라 한다. 용원성의 결과로 숙주 세균 세포와 그 자손 세포들은, 박테리오파지 DNA에 부호화된 새로운 형질을 가지게 된다. 프로파지로 인한 이와 같은 미생물의 특성의 변화를 **용원성 변환(lysogenic conversion)**이라 한다. 용원성 변환의 결과로, 세균 세포는 동일한 종류의 파지 감염에 대하여 면역을 갖는다. 일부 세균성 질병의 발생이 프로파지에 의해 일어나기 때문에, 용원성 세포는 의학적으로도 중요하다.

병원성의 원인이 되는 박테리오파지 유전자 중에는, 디프테리아 독소, 발적독소, 포도상구균 장내독소와 발열독소, 보툴리누스 신경독, 그리고 *Streptococcus pneumoniae*가 만드는 협막 유전자가 포함된다. *E. coli* O157의 쉬가독소 유전자는 파지에 부호화된 유전

표 12.3 외독소와 내독소

특성	외독소	내독소
만드는 세균	대부분 그람양성세균	그람음성세균
미생물의 관련 부분	자라고 있는 미생물의 대사 산물	세포벽 외막의 LPS에 존재하며 세포파괴 또는 세포분열 중 떨어져 나옴
화학적 성질	단백질, 대개 두 개의 소단위(A~B)	외막 LPS의 지질부분(지질 A) (지질다당류)
약리작용(몸에 미치는 영향)	숙주의 특정 세포구조나 기능에 영향(주로 세포기능, 신경, 위장관에 영향)	전신적, 열, 무력, 통증, 쇼크; 모두 같은 영향을 초래함
열안정성	불안정; 주로 60~80℃에서 파괴됨(포도상구균 장내 독소 제외)	안정; 멸균처리에도 견딤(121℃에서 1시간)
독성(질병을 일으키는 능력)	높음	낮음
발열	없음	있음
면역학적 특성(항체 관련)	변성독소로 전환되어 독소에 대한 백신으로 쓰임; 항독소에 의해 중화됨	항독소에 의해 쉽게 중화되지 않음; 효과적인 변성독소가 만들어지지 않음
치사량	적음	훨씬 많음
대표 질병	가스괴저, 파상풍, 보툴리누스중독, 디프테리아, 성홍열	장티푸스, 요도관 감염, 수막구균성 수막염

자이다. *Vibrio cholerae*의 병원성 균주는 용원성 파지를 가지고 있으며, 이 파지가 콜레라 독소 유전자를 비병원성 균주로 전달하여 병원성 세균의 숫자를 증가시킨다.

바이러스의 병원성

바이러스는 숙주에 접근하여 숙주방어를 회피하고, 자신들이 복제하는 동안 숙주세포에 손상이나 사멸을 일으켜 병원성을 나타낸다.

바이러스가 숙주방어를 회피하는 원리

바이러스는 숙주의 면역반응을 피하여 파괴되지 않는 다양한 방법을 가지고 있다. 예를 들어, 바이러스가 숙주세포를 침투하여 그 안에서 증식하면, 면역계의 요소들이 바이러스에 접근할 수 없다. 바이러스는 표적세포의 수용체에 부착할 수 있는 부위가 있기 때문에 그 세포에 접근할 수 있다. 부착 부위가 이에 맞는 수용체에 결합하면, 바이러스는 세포를 침투할 수 있다. 어떤 바이러스들의 부착 부위는 숙주세포에게 유용한 물질을 모방하는 구조를 가져 그 세포에 접근한다. 그 예로, 광견병 바이러스의 부착 부위는 신경전달물질인 아세틸콜린을 모방한다.

에이즈 바이러스(HIV)는 부착 부위를 감추어 면역반응을 피하면서 면역계 세포를 직접 공격한다. 대부분의 바이러스처럼, HIV는 우리 몸의 특정 세포만을 공격한다. HIV가 공격하는 세포는 표면에 CD4라는 표지 단백질을 가지고 있는데, 이 대부분이 T세포(T림프구)라는 면역세포이다. HIV의 부착 부위는 CD4 단백질과 상보적이다. HIV 바이러스 표면은 산마루와 골짜기처럼 접혀 있는데, 부착 부위는 골짜기 바닥에 위치한다. CD4 단백질은 이 부착 부위에 닿을 수 있도록 충분히 길고 가늘다. 반면에 HIV에 대응하는 항체 분자는 너무 커서 이 부위에 닿을 수 없기 때문에, 항체가 HIV를 파괴하기 어렵다.

세포병변 효과

동물 바이러스는 숙주세포에 감염하면 대개 세포를 죽인다. 세포사멸은, 증식하는 바이러스가 많아져서, 바이러스 단백질이 숙주세포막의 투과성에 영향을 주어서, 또는 숙주의 DNA, RNA, 단백질 합성을 억제하여서 일어날 수 있다. 바이러스 감염의 가시적인 효과를 **세포병변 효과(cytopathic effect, CPE)**라 한다. 세포사멸에 이르는 세포병변 효과를 **세포 파괴성 효과**(cytocidal effect)라 하며, 세포사멸에 이르지 않는 손상을 주는 경우에는 **세포 비파괴성 효과**(noncytocidal effect)라 한다. CPE는 다양한 바이러스 감염을 진단하는 데 사용된다.

세포병변 효과는 바이러스에 따라 다양하다. 예컨대, 바이러스의 감염주기에서 세포병변 효과가 일어나는 시점이 다르다. 일부는 숙주세포에서 감염 초기에 병변 효과가 발생하며, 다른 일부는 감염 후기까지 병변 효과가 일어나지 않는다. 바이러스는 다음에 열거된 세포병변 효과 중 한 가지 이상을 일으킨다:

1. 세포 파괴성 바이러스는 증식의 특정 단계에서 숙주세포의 거대분자 합성을 정지시킨다. 단순 허피스 바이러스 등 일부 바이러스는 세포분열을 비가역적으로 정지시킨다.
2. 어떤 세포 파괴성 바이러스는 감염한 숙주세포의 리소좀이 가수분해효소를 방출하게 하여 세포내 내용물을 분해하고 세포사멸이 일어나게 한다.
3. **봉입체(inclusion body)**는 일부 감염된 세포의 세포질이나 핵에 생기는 과립이다(그림 12.11a). 이 과립은 주로 바이러스 성분으로 비리온으로 조립되는 과정에 있던 핵산 또는 단백질이다. 과립의 크기나 모양, 염색 특성은 바이러스에 따라 다양하다. 봉입체는 산성 염색(호산성) 또는 염기성 염색(호염기성)이 되는 특징이 있다. 또 다른 봉입체는 감염 초기에 생성되지만 조립된 바이러스나 바이러스 성분을 포함하지 않는다. 봉입체가 중요한 이유는, 그 존재가 어떤 감염을 일으킨 바이러스를 확인하는 데에 도움이 되기 때문이다. 대부분의 경우, 광견병 바이러스는 세포질에 봉입체(네그리 소체; Negri body)를 만들기 때문에, 광견병이 의심되는 동물의 뇌 조직에 이것을 탐지하는 것이 한 가지 진단 방법이 된다. 진단에 이용되는 봉입체는 홍역바이러스, 백시니아바이러스, 천연두바이러스, 허피스바이러스, 아데노바이러스와 관련된 것이다.
4. 간혹, 인접한 여러 개의 감염된 세포가 융합하여 아주 큰 다핵세포를 형성하는데 이것을 **합포체(syncytium)**라 한다(그림 12.11b). 바이러스 감염으로 생겨나는 이 거대세포는 홍역, 볼거리, 감기 등의 질병을 일으킨다.
5. 일부 바이러스는 감염되어 숙주세포에 눈에 띄는 변화를 일으키지 않으면서 세포 기능에 영향을 준다. 홍역바이러스가 CD46 수용체에 부착하면, CD46은 IL-12라는 면역 매개 물질의 생산을 줄여서 숙주의 방어력을 약화시킨다.

인터류킨-12(Interleukin-12): 차세대 "특효약"인가?

전 세계적으로, HIV/AIDS-관련 질병 사망자는 연간 3백만 명이며, 홍역으로 백만 명이 사망한다. 실험 결과를 근거로 예측하자면, IL-12(인터류킨-12)는 암이나 다수의 질병에 대처할 "마법의 탄환" 같은 특효약이 될 수 있다.

1980년대에 발견된 이후, IL-12는 다른 사이토카인들과는 다르게 체액성 반응을 억제하고 T_H1 세포성 면역을 활성화하는 것으로 밝혀졌다.

미국 국립 알레르기 및 감염성 질병 연구소(NIAID)의 과학자들이 실험용 쥐에 IL-12를 투여하였더니 식세포가 활성화되어, 말기 AIDS 환자에 흔한 기회성 감염을 일으키는 *Mycobacterium avium* 세균뿐 아니라, *Cryptosporidium hominis* 세균과 *Toxoplasma gondii* 원생동물도 처리되었다.

또한 연구자들은 HIV와 홍역 바이러스가 IL-12 생산을 저해하며, 이로 인해 환자들이 2차 감염에 더 취약하게 된다는 것을 밝혔냈다. 하지만 HIV에 감염된 환자에 IL-12를 투여하면, 그들의 T_H 세포가 HIV나 다른 바이러스들에 대항하였다.

인터류킨-12는 백혈구가 종양세포를 살생할 수 있도록 활성화함으로써, 실험용 쥐에서 약 20종류의 종양을 억제하는 것으로 알려졌다. NIAID 연구소는 유방암 환자에서 IL-12의 항암효능을 조사하는 임상 실험을 착수하였다.

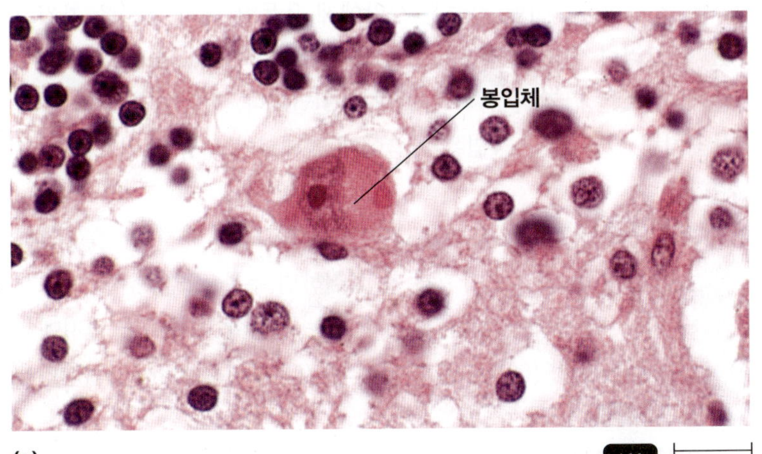

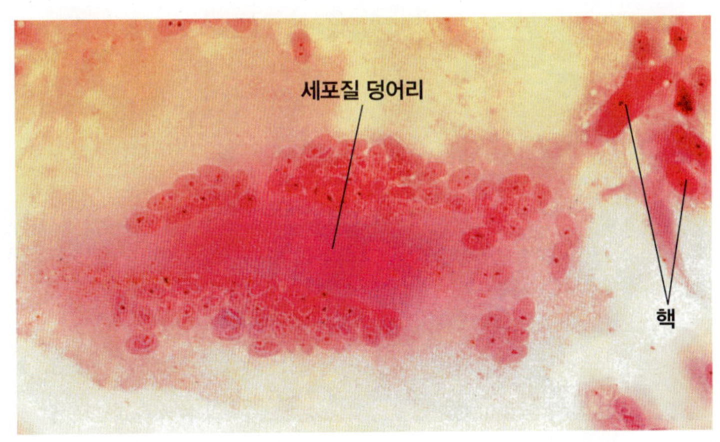

그림 12.11 바이러스의 세포병변 효과. (a) 광견병으로 사망한 사람 뇌조직에서 탐지된 세포질의 봉입체. (b) 홍역 바이러스로 감염된 세포들에서 형성된 합포체(거대세포)의 부분. 세포질 덩어리는 융합된 세포들의 골지체로 추정된다.

 세포병변 효과란 무엇인가?

IL-12가 T_H1 경로를 활성화하기 때문에, 크론병, 건선, 류마티스성 관절염, 다발성 경화증을 포함한 만성 염증성 질병의 증상을 오히려 유발할 수 있다. NIAID 연구자들은 분비된 IL-12에 결합하여 그 기능을 차단할 수 있는 IL-12에 대한 단일클론항체를 이러한 질병의 치료제로 제시하였다. 실제로 건선 환자에 IL-12 단일클론항체인 우스테키누맙(ustekinumab)을 투여하였더니 위약투여군에 비하여 증세가 뚜렷이 개선되었다.

그러면 IL-12는 만병통치약이 될 수 있을까? 자가면역 질병과 같은 부작용은 없을지, IL-12를 차단하는 것이 암세포 성장을 유발하지 않는지 등에 대한 연구가 더 필요한 실정이다.

6. 바이러스 감염된 일부 세포들은 **인터페론(interferon, IFN)**이라는 물질을 생산한다. 인터페론은 림프구나 대식세포 등의 일부 동물세포가 바이러스에 감염되었을 때 분비하는 항바이러스 유사 단백질의 한 부류이다. 인터페론의 한 가지 중요한 기능은 주변에 감염되지 않은 세포들을 감염으로부터 보호하는 것이다. 인터페론의 흥미로운 특징은 바이러스에 특이성을 보이지 않고 숙주세포에 특이성을 가진다는 것이다. 즉, 사람 세포에서 만들어지는 인터페론은 사람 세포만을 보호하며 다른 종의 세포에 대한 항바이러스 활성은 거의 없다. 그러나 하나의 종에서 만들어지는 인터페론은 여러 다른 종류의 바이러스에 대항한다.
7. 많은 경우에, 바이러스 감염은 감염된 세포 표면에 항원 변화를 유도한다. 이로 인해 숙주에서 감염된 세포에 대항하는 항체반응이 일어나 그 세포는 면역계에 의해 파괴되는 표적이 된다.
8. 숙주 염색체에 손상을 초래하는 바이러스도 있다. 염색체 절단이 가장 빈번한 손상이며, 종양유전자(oncogene; 암을 일으키는 유전자)가 흔히 관련되어 있는데, 이 유전자들은 바이러스 감염으로 활성화될 수도 있다.

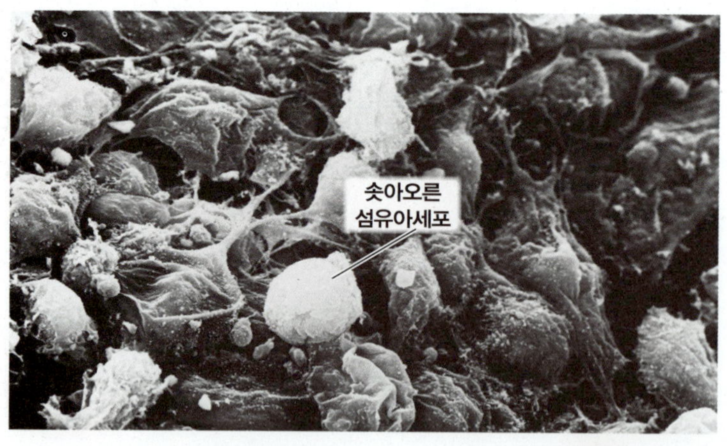

그림 12.12 **라우스육종바이러스(Rous sarcoma virus)는 인간 섬유아세포를 암세포로 전환시킨다.** 정상 섬유아세포는 납작하게 펴진 상태로 자란다.

접촉저해란 무엇인가?

표 12.4 선별된 바이러스의 세포병변 효과

바이러스(속)	세포병변 효과
소아마비바이러스(장내바이러스)	세포파괴성(세포사멸)
생식기사마귀 바이러스(유두종바이러스)	핵 안에 호산성 봉입체
아데노바이러스(포유류아데노바이러스)	핵 안에 호염기성 봉입체
리사바이러스	세포질에 호산성 봉입체
CMV(거대세포바이러스)	핵과 세포질에 호산성 봉입체
홍역 바이러스(모빌리바이러스)	세포융합
폴리오마바이러스	형질전환
HIV(렌티바이러스)	T세포 파괴

9. 대부분의 정상세포는, 시험관 배양에서 다른 세포와 접촉하면 증식을 멈춘다. 이 현상을 **접촉저해(contact inhibition)**라 한다. 암을 일으키는 바이러스는 10장에 설명한 대로 숙주세포를 **형질전환**시킨다. 형질전환이 일어나면 접촉저해를 감지하지 못하는 비정상적인 방추형 세포가 생겨난다(그림 12.12). 접촉저해가 없어지면 결과적으로 세포 증식이 통제되지 않는다.

세포병변 효과를 일으키는 몇몇 대표 바이러스가 표 12.4에 나와 있다.

진균과 원생동물, 조류의 병원성

진균

질병을 일으키지만, 진균(Fungi)은 명확히 규정되는 독성인자를 가지고 있지 않다. 어떤 진균은 사람에게 유독한 대사 산물을 가지고 있다. 그러나 이러한 경우에도 진균이 이미 숙주에 자라고 있기 때문에, 독소는 단지 간접적인 발병의 원인이다. 집안에서 자라는 사상균처럼 만성 진균 감염은 사람에게 알레르기 반응을 일으킬 수도 있다.

트리코테센(*Trichothecenes*)은 진핵세포의 단백질 합성을 저해하는 진균성 독소이다. 이 독소를 섭취하면 두통, 오한, 심한 메스꺼움, 구토, 시력 장애가 생긴다. 이 독소는 집안에 곡물이나 벽지에서 자라는 붉은곰팡이(*Fusarium*)와 스타키보트리스(*Stachybotrys*)에서 만들어진다.

일부 진균이 독성인자를 가지고 있다는 증거가 있다. 피부감염을 유발하는 두 종류의 진균, 칸디다 알비칸스(*Candida albicans*)와 백선균(*Trichophyton*)은 단백질분해 효소를 분비한다. 이 효소는 숙주세포막을 변형하여 해당 진균이 부착할 수 있게 만든다. 크립토코커스 네오포만스(*Cryptococcus neoformans*)는 특정 수막염의 원인 진균으로, 협막을 만들어 식작용에 내성을 가진다. 일부는, 항진균제 수용체 합성을 낮추어 이 약물들에 내성을 갖게 되었다.

맥각중독증(ergotism)이라는 질병은 중세 시대 유럽에 흔하였는데, 곡물에서 자라는 식물병원체인 자낭균류, 맥각균(*Claviceps purpurea*)이 만드는 독소에 의해 생긴다. 이 독소는, 분리 가능한 매우 견고한 균사체의 부분인 **균핵(sclerotia)** 안에 담겨 있다. 독소 자체는 **맥각(ergot)**이라는 알칼로이드로, 리세르그산 디에틸아미드(lysergic acid diethylamide, LSD)에 의해 유발되는 환각증상과 유사한 증상을 일으킨다. 사실, 맥각은 LSD의 천연 소재이다. 또한 맥각은 모세혈관을 수축시켜 혈액 순환을 방해하여 사지에 괴저를 일으킬 수 있다. *C. purpurea*도 간혹 곡물에 자라기는 하지만, 요즘은 도정 과정에서 균핵이 제거된다.

곡물이나 다른 식물에 자라는 진균들이 만들어내는 몇몇 다른 독소도 있다. 땅콩버터는 종종 발암성 **아플라톡신(aflatoxin)**이 과량 포함되어 회수되곤 한다. 아플라톡신은 사상균, *Aspergillus flavus*(누룩균)이 증식하면서 만들어진다. 이 독소는 섭취되면 인체에서 돌연변이유발 물질로 바뀔 수 있다.

몇몇 버섯도 **미코톡신(mycotoxins**; 곰팡이가 만드는 독소)이라는 독소를 만든다. 흔히 죽음모자(deathcap)로 알려진 독버섯, *Amanita phalloides*가 가지고 있는 **팔로이딘(phalloidin)**과 **아마니틴(amanitin)**이 이에 속한다. 이 신경독은 매우 강력하여 *Amanita* 버섯을 먹으면 사망에 이를 수 있다.

원생동물

원생동물과 그들의 노폐물은 종종 우리 몸에서 질병을 일으킨다(표 9.4 참조). 말라리아의 원인이 되는 말라리아원충(*Plasmodium*)은 숙주세포에 침입하여 그 안에서 증식하며 세포를 파열시킨다. 톡소포자충(*Toxoplasma*)은 대식세포에 부착하여 식작용에 의해 들어간다. 그러나 대식세포가 산성화되는 것을 막아 분해되지 않고 그 안에서 증식하게 된다. 편모충증을 일으키는 *Giardia lamblia*는 빨판으로 숙주세포에 부착하여, 세포와 조직의 체액을 분해한다.

일부 원생동물은 매우 장기간 동안 숙주의 방어를 피하면서 질병을 일으킨다. 설사를 일으키는 *Giardia*와 아프리카 파동편모충증(수면병)을 일으키는 *Trypanosoma*는 모두 항원변이를 이용하여 숙주의 면역계를 한 발 앞서 피한다. 면역계는 항원이라는 외래물질을 인식하여 이를 파괴할 항체를 만들어낸다. 체체파리에 물려 혈액에 파동편모충이 들어오면, 이것은 특이 항원을 제시한다. 이에 대하여 우리 몸에서 그 항원에 대한 항체를 만든다. 그러나 2주 이내에, 이 미생물은 처음의 항원을 제시하지 않고 대신에 다른 항원을 제시한다. 그리하여 처음 항원에 대해 만들어진 항체는 더 이상 효력이 없게 된다. 이 미생물은 1,000가지 다른 항원을 만들어낼 수 있기 때문에, 한 번 감염되면 수십 년간 지속될 수 있다.

조류

몇몇 종의 조류(algae)는 신경독을 만든다. 와편모조류(*Alexandrium*)와 쌍편모조류 속의 일부는 **삭시톡신(saxitoxin)**이라는 신경독을 만들기 때문에 의학적으로 중요하다. 삭시톡신을 만드는 쌍편모조류를 먹이로 삼는 연체동물에게는 증상을 일으키지 않지만, 그런 연체동물을 먹은 사람에게는 보툴리누스중독증과 비슷한 마비성 패류중독이 생긴다. 보건 당국에서는 적조 발생 기간에 사람들이 연체동물을 먹지 못하게 한다.

출구 지점

이번 장의 앞 부분에서, 미생물이 우선 경로 또는 침입지점을 통해 우리 몸에 들어오는 것을 배웠다. 미생물은 또한 **출구 지점(portal of exit)**이라는 특정 경로를 거쳐 몸 밖으로 빠져나간다. 출구 지점으로는 분비, 배설, 배출, 저절로 떨어지는 조직 등이 있다. 일반적으로, 출구 지점은 감염된 신체 부분과 연관되어 있다. 그러므로 미생물은 결국 동일한 지점을 침입과 출구로 사용한다. 병원체는 여러 출구 지점을 이용하여, 병약한 숙주에서 다른 숙주로 이동하며 해당 집단 내에 퍼질 수 있다. 11장에서 배웠듯이, 질병의 전파에 대한 이러한 정보는 전염병학자에게 매우 중요하다.

가장 흔한 출구 지점은 호흡기관과 위장관이다. 호흡기관에 서식한 많은 병원체들이 기침이나 재채기할 때 입과 코에서 배출된다. 이 미생물들은 점액에서 유래한 작은 방울에 담겨 있다. 결핵, 백일해, 폐렴, 성홍열, 수막구균성 수막염, 수두, 홍역, 볼거리, 천연두, 인플루엔자 등을 일으키는 병원체는, 호흡기 경로로 배출된다. 다른 일부는 위장관을 통해 대변이나 타액으로 배출된다. 대변으로 배출되는 병원체는 살모넬라증, 콜레라, 장티푸스, 적리, 아메바성 이질, 회백수염 등을 일으키는 것이다. 타액으로도 광견병, 볼거리, 전염성 단핵구증을 일으키는 병원체가 배출된다.

비뇨생식기관도 중요한 출구 경로이다. 성매개성 감염의 원인 미생물은 음경과 질 분비물로 배출된다. 장티푸스나 브루셀라병의 병원체는 비뇨기관을 통해 소변으로 배출된다. 피부나 상처난 곳도 출구 지점이 될 수 있다. 매종(열대 피부병), 농가진, 백선, 단순 허피스, 무사마귀 감염은 피부로부터 전염된다. 상처에서 나온 액체도 직접 또는 이것으로 오염된 매개물의 접촉을 통해 감염을 전파할 수 있다. 흡혈곤충이 빨아먹은 감염된 혈액이 다시 주입될 수도 있고,

토대 그림 12.13 미생물 병원성의 원리

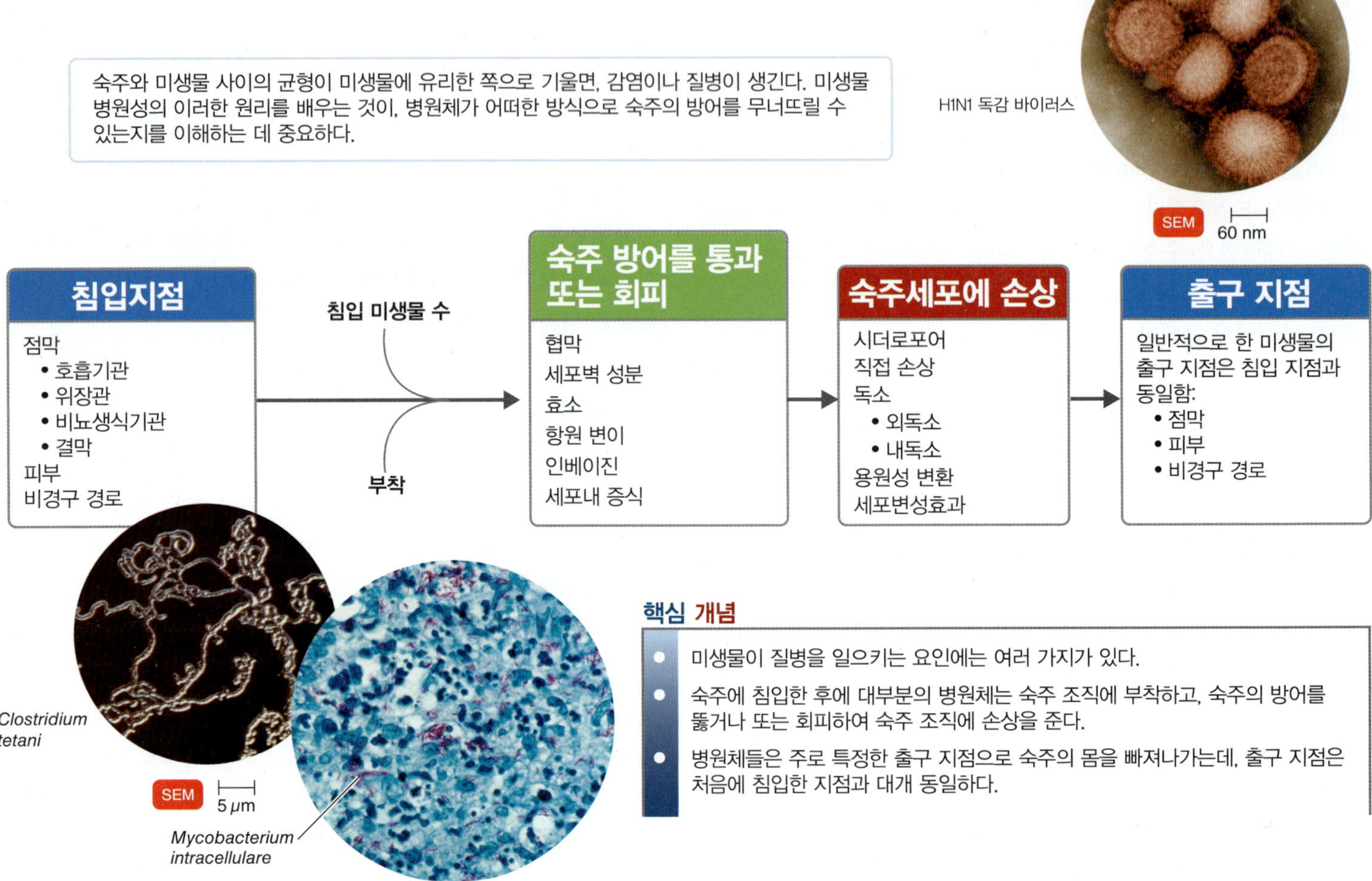

오염된 주사기와 바늘도 집단 내에 감염을 퍼뜨린다. 황열, 흑사병, 야토병, 말라리아는 흡혈곤충에 의해 전파되며, 에이즈와 B형간염은 오염된 주사기와 바늘로 전염될 수 있다.

* * *

그림 12.13을 주의 깊게 살펴보기 바란다. 이 그림에 이번 장에서 배운 미생물 병원성의 원리에 대한 중요한 개념이 요약되어 있다.

학습 개요

서문 (325쪽)

1. 병원성은 병원체가 숙주의 방어를 넘어서 질병을 일으킬 수 있는 능력이다.
2. 병독성(virulence)은 병원성의 정도이다.

미생물이 어떻게 숙주에 침입하는가 (327~330쪽)

1. 어떤 병원체가 우리 몸에 접근하는 특정 경로를 침입 지점이라 한다.

침입 지점 (327쪽)

2. 많은 미생물이 결막, 호흡기관, 위장관, 비뇨생식기관의 점막을 침투한다.
3. 대부분의 미생물은 온전한 피부를 침투하지 못하며, 모낭과 땀샘관으로 침투한다.
4. 일부 미생물은, 물리거나 감염되거나 상처난 부위에서 피부와 점막을 뚫고 접근한다. 이러한 침투 경로를 비경구 경로라 한다.

우선 침입 지점 (327쪽)

5. 많은 경우에 미생물이 특정 침입 지점으로 접근해야만 감염을 일으킬 수 있다.

침입 미생물의 숫자 (327~328쪽)

6. 독성은 LD_{50} (접종된 숙주의 50%를 사망에 이르게 하는 물질의 양) 또는 ID_{50} (접종된 숙주의 50%를 감염시키는 데 필요한 미생물의 양)으로 표현된다.

부착 (329~330쪽)

7. 병원체 표면의 부착소(리간드)가 숙주세포의 상보적인 수용체에 부착한다.
8. 부착소는 당단백질 또는 지질단백질이며, 흔히 선모(fimbriae)에 위치한다.
9. 만노오스가 가장 흔한 수용체이다.
10. 생물막은 부착이 잘되도록 하며 항미생물제에 대한 내성을 부여한다.

병원성 세균이 숙주방어를 어떻게 뚫고 들어가는가 (330~332쪽)

협막 (330쪽)

1. 일부 병원체는 협막을 가지고 있어 식작용에 저항한다.

세포벽 성분 (330~331쪽)

2. 세포벽 단백질은 부착을 용이하게 하거나 병원체가 식작용을 받지 않도록 막는다.

효소 (331~332쪽)

3. 국소감염은 세균의 응고효소에 의해 생기는 섬유성 응고물로 격리된다.
4. 세균은, 인산화효소(혈전을 용해), 히알루로니다아제(세포를 서로 붙이는뮤코다당류를 파괴), 아교질가수분해효소(결합조직 콜라겐을 가수분해)의 방법으로 국소감염으로부터 퍼져 나갈 수 있다.
5. IgA 단백질분해효소는 IgA 항체를 파괴한다.

항원변이 (331~332쪽)

6. 일부 미생물은 항원을 다양하게 발현하여, 숙주의 항체 공격을 피한다.

숙주의 세포내골격 침투 (332쪽)

7. 세균은 숙주세포내 액틴골격을 바꾸는 단백질을 만들어 세포 안으로 침투한다.

병원성 세균이 숙주세포를 어떻게 손상시키는가 (332~338쪽)

숙주의 영양소 이용: 시더로포어 (332~333쪽)

1. 세균은 시더로포어를 이용하여 숙주에서 철분을 얻는다.

직접 손상 (333쪽)

2. 숙주세포 안에서 병원체의 대사작용과 증식에 따라 숙주세포가 파괴된다.

독소의 생산 (333~337쪽)

3. 미생물이 만드는 독성물질을 독소라 한다. 독혈증은 혈액에 독소가 존재하는 상태를 뜻한다. 독소 생산 능력을 독소생산성(toxigenicity)이라 한다.
4. 외독소는 세균에서 만들어져 세균 세포 밖으로 방출된다. 세균이 아니라 외독소가 질병의 증상을 일으킨다.
5. 외독소에 대항하여 만들어지는 항체를 항독소라 한다.
6. A-B 독소는 세포작용을 억제하는 요소와 표적세포에 부착하는 요소로 구성된다. 예를 들어 디프테리아 독소가 그러하다.
7. 세포막파괴 독소는 세포를 용해시키며, 헤모리신이 이에 속한다.
8. 초항원은 사이토카인의 분비를 야기하여 열, 메스꺼움 등 다른 증상을 일으킨다. 독성쇼크증후군 독소가 이에 해당된다.
9. 내독소는 그람음성세균 세포벽의 지질A 요소인 지질다당류(LPS)이다.
10. 세균의 사멸, 항생제, 또한 항체가 내독소가 방출되도록 한다.

11. 내독소는, 열(인터류킨-1이 유도하여)과 쇼크(TNF가 혈압을 떨어뜨려)를 일으킨다.

12. 내독소는 세균이 혈뇌장벽을 통과할 수 있도록 한다.

13. 세균의 내독소 검사법[Limulus amebocyte lysate (LAL) assay]은 약물이나 의료기구의 내독소를 탐지하는 데 사용된다.

플라스미드와 용원성에 의한 병원성 (337~338쪽)

14. 플라스미드는 항생제내성, 독소, 협막, 선모(fimbriae)에 대한 유전자를 담고 있다.

15. 용원성 변환으로 세균이 독성인자, 즉 독소나 협막을 가질 수 있다.

바이러스의 병원성 (338~340쪽)

1. 바이러스는 세포 안에서 증식하므로, 숙주 면역반응을 피한다.
2. 바이러스는 숙주세포 수용체에 부착 부위를 가지고 있어 숙주세포에 접근한다.
3. 바이러스 감염의 가시적인 징후를 세포병변 효과(CPE)라 한다.
4. 어떤 바이러스는 세포 파괴성 효과(세포사멸)를 보이고, 다른 바이러스는 비세포 파괴성 효과(사멸 이외의 손상)를 일으킨다.
5. 세포병변 효과는 세포분열 정지, 세포용해, 봉입체 형성, 세포융합, 항원 변경, 염색체 이상, 형질전환을 포함한다.

진균과 원생동물, 조류의 병원성 (340~341쪽)

1. 진균 감염의 증상은 협막, 독소, 알레르기 반응에 의해 유발된다.
2. 원생동물 질환의 증상은 기생생물이 숙주조직에 직접 손상을 주거나 또는 그들의 대사 노폐물이 유발한다.
3. 일부 원생동물은 숙주에서 증식하는 동안 표면 항원을 변경하여, 숙주 항체의 공격을 피한다.
4. 일부 조류는 신경독을 만들어 섭취한 사람에게 마비를 일으킨다.

출구 지점 (341~342쪽)

1. 병원체는 정해진 출구 지점을 가지고 있다.
2. 세 가지 흔한 출구 지점은 호흡기관을 통해 기침이나 재채기로 빠져나가는 경우, 위장관을 통해 타액이나 대변으로, 비뇨생식기관을 통해 질이나 음경의 분비물로 빠져나간다.
3. 절지동물과 주사기는 혈액 내 미생물의 출구 지점이 된다.

학습 질문

복습과 객관식 문제에 대한 해답은 책 뒤에 있음.

복습 문제

개요

1. 병원성과 독성을 비교 설명하시오.
2. 협막과 세포벽 성분은 병원성과 어떤 관련이 있나? 구체적인 예를 제시하시오.
3. 헤모리신, 류코시딘, 응고효소, 인산화효소, 히알루로니다아제, 시더로포어, IgA 단백질분해효소가 병원성에 어떤 역할을 하는지 설명하시오.
4. 아래의 각각에 결합하는 약물이 병원성에 어떠한 영향을 미치는지 설명하시오.
   a. 숙주 혈액 내 철분
   b. *Neisseria gonorrhoeae*의 선모(fimbriae)
   c. *Streptococcus pyogenes*의 M 단백질
5. 다음 각각에 관하여 내독소와 외독소를 비교 설명하시오: 근원 세균, 화학적 성질, 독성, 약리작용. 각 독소의 예를 하나씩 제시하시오.
6. 그려보기 이 그림에서, 쉬가독소가 어떻게 숙주세포에 침입하여 단백질 합성을 억제하는지 표시하시오.

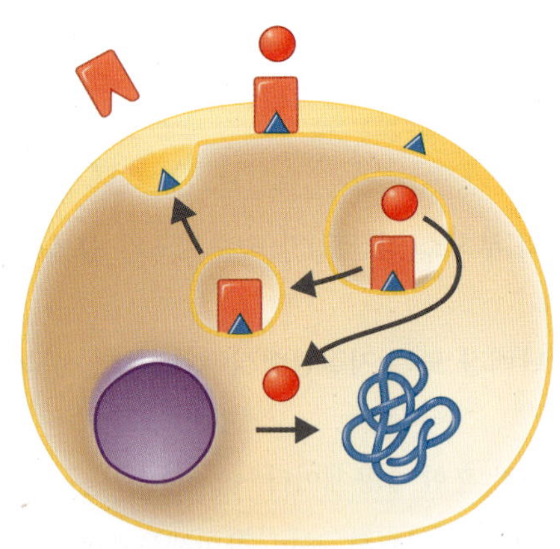

7. 진균, 원생동물, 연충의 병원성에 관련된 요소를 설명하시오.
8. 다음 중 어느 속의 감염력이 가장 강한가?

속	ID_{50}	속	ID_{50}
Legionella	1 세포	*Shigella*	200 세포
Salmonella	10^5 세포	*Treponema*	52 세포

9. 바이러스와 원생동물은 어떻게 숙주의 면역반응을 피할 수 있나?
10. 이름 답하기 *Opa* 유전자는, 이산화탄소 농도가 높은 식세포 안에서

잘 자라며 내독소를 생산하는 이 세균을 확인하는 데 이용된다. 이 세균은?

객관식 문제

1. 플라스미드를 제거하면 다음 중 어느 세균의 독성이 감소되는가?
   a. *Clostridium tetani*
   b. *Escherichia coli*
   c. *Salmonella enterica*
   d. *Streptococcus mutans*
   e. *Clostridium botulinum*

2. 아래 시료에서 검사한 세균 독소의 LD_{50}은 얼마인가?

희석(μg/kg)	사망한 동물의 숫자	살아남은 동물의 숫자
a. 6	0	6
b. 12.5	0	6
c. 25	3	3
d. 50	4	2
e. 100	6	0

3. 다음 중 어느 것이 병원체의 침입 지점이 아닌가?
   a. 호흡기관의 점막
   b. 위장관의 점막
   c. 피부
   d. 혈액
   e. 비경구 경로

4. 아래 모든 것이 세균 감염에서 발생할 수 있다. 이 중에서 어느 것이 나머지 모두를 방지할 수 있나?
   a. 선모(fimbriae)에 대한 예방접종
   b. 식작용
   c. 식균 분해작용의 저해
   d. 부착소의 파괴
   e. 세포내골격의 변경

5. *Campylobacter* 종의 ID_{50}는 500 세포이며, *Cryptosporidium* 종의 ID_{50}는 100 세포이다. 다음 중 옳지 않은 것은?
   a. 두 미생물 모두 병원체이다.
   b. 두 미생물 모두 50%의 접종된 숙주를 감염시킨다.
   c. *Cryptosporidium*가 *Campylobacter*보다 독성이 더 크다.
   d. *Campylobacter*와 *Cryptosporidium*은 독성이 같다. 둘은 동일한 숫자의 실험동물에 감염을 일으킨다.
   e. *Cryptosporidium* 감염이 *Campylobacter* 감염보다 증상이 더 심하다.

6. 협막에 둘러싸인 세균이 독성을 가지는 것은 협막이
   a. 식작용에 저항성을 갖는다.
   b. 내독소이다.
   c. 숙주조직을 파괴한다.
   d. 대사 과정을 방해한다.
   e. 아무런 영향이 없다. 많은 병원체가 협막을 가지고 있지 않아 협막은 독성에 관련이 없다.

7. 사람 세포의 만노오스에 결합하는 약물은 다음 중 무엇을 저지할 수 있나?
   a. *Vibrio* 장내독소의 침입
   b. 병원성 *E. coli*의 부착
   c. 보툴리늄 독소의 작용
   d. 연쇄상구균 폐렴
   e. 디프테리아 독소의 작용

8. 최초의 천연두 백신은 감염된 조직을 건강한 사람의 피부에 문지르는 것이었다. 이러한 형태로 백신을 접한 사람은 천연두의 약한 증상이 보였다가 회복되어 이후에 면역력을 가졌다. 이 형태의 백신이 사람에게 덜 치명적이었던 가장 합당한 이유는 무엇일까?
   a. 피부가 천연두 바이러스 침입의 장소가 아니다.
   b. 이 백신이 약한 종류의 바이러스로 구성된 것이다.
   c. 천연두는 보통 피부대피부 접촉으로 전염된다.
   d. 천연두는 바이러스이다.
   e. 이 바이러스에 돌연변이가 일어났다.

9. 다음 중 다른 것과 비교해서, 숙주 방어를 피하는 동일한 방법이 아닌 것은 어느 것인가?
   a. 광견병 바이러스는 신경전달물질인 아세틸콜린의 수용체에 부착한다.
   b. *Salmonella*는 표피성장인자의 수용체에 부착한다.
   c. 엡스타인-바(EB) 바이러스는 보체에 대한 숙주의 수용체에 부착한다.
   d. *Neisseria gonorrhoeae*의 표면 단백질 유전자에 돌연변이가 자주 일어난다.
   e. 위의 어느 것도 아니다.

10. 다음 중 어느 것이 옳은가?
   a. 병원체의 주요 목표는 숙주를 죽이는 것이다.
   b. 진화 과정에서 가장 독성이 큰 병원체가 선택된다.
   c. 성공적인 병원체는 전파되기 전에 그 숙주를 죽이지 않는다.
   d. 성공적인 병원체는 그 숙주를 결코 죽이지 않는다.

13 항미생물제

몸의 정상 방어체계가 병을 예방하거나 극복하지 못할 때 항미생물제를 이용하는 화학요법을 통해 병을 치료할 수 있다. 5장에서 언급한 살균제처럼, 항미생물제는 미생물을 죽이거나 이들의 성장을 억제한다. 그러나 살균제와는 달리, 항미생물제는 흔히 숙주에게는 해를 입히지 않고 숙주 안에서 작용해야만 한다. 이것이 선택적 독성의 중요한 원칙이다.

항생제는 현대 의학 역사에서 가장 중요한 발견 가운데 하나다. 여러 치명적인 전염병의 치료가 불가능하다고 생각했던 시기가 있었다. 맹장이 터지거나 혹은 패혈증 같은 심각한 상태를 치료하기 위해 페니실린(penicillin)과 설파닐아미드(sulfanilamide) 같은 항생제를 도입함으로써 기적적으로 치료가 이루어졌다.

오늘날 우리는 이러한 기적 같은 약들로 대표되는 발전이 항생제 내성이라는 문제로 위협받는 현실을 목격하고 있다. 예를 들면, 임상에서 사용하는 모든 항생제에 내성을 가지는 포도상구균(staphylococcal) 병원체가 빈번히 나타나고 있다. 현재 한때는 효과적으로 사용되던 모든 항생제에 내성을 가지는 결핵균도 등장하고 있다. 이번 장의 미생물 뉴스에서는 사진에 있는 항생제-내성 녹농균(*Pseudomonas aeruginosa*)에 의한 감염을 다룬다.

◀ 녹농균(*Pseudomonas aeruginosa*, 푸른색)은 많은 항생제에 내성이 있다.

미생물 뉴스

은밀한 위험

안과 전문의인 바네사 싱(Vanessa Singh) 박사는 사고 없이 수백 건의 각막 이식수술을 했다. 그녀는 어제 이식수술을 받은 76세 여성의 각막에 세균 감염을 확인하고 걱정했다. 하지만 싱 박사는 결막 이식 후에 적절한 예방약으로 젠타마이신을 결막 아래에 주사하였기 때문에 왜 이 환자에게 세균 감염이 일어났는지에 대해 의문을 가졌다. 당시 표피 포도상구균(*Staphylococcus epidermidis*)과 황색포도상구균이 안과수술 후에 발생하는 대표적인 눈 감염 세균으로 알려져 있었기 때문에 각막이식수술 후 예방약으로는 젠타마이신을 일반적으로 사용했다.

싱 박사는 감염된 환자의 눈에서 시료를 채취해 연구실에 분석을 의뢰했다. 분석 결과 배양한 액체에서 녹농균이 검출되었다. 싱 박사가 각막 제공자 정보은행을 검색한 결과 이 여자 환자와 같은 각막 제공자에게서 다른 쪽 각막을 이식받은 30세 남성도 수술 후 24시간 뒤에 녹농균이 감염되었다는 사실을 알게 되었다. 이 환자 역시 감염을 예방하기 위해 젠타마이신을 처방받았다.

싱 박사가 알아야 할 것이 무엇인가?

싱 박사는 각막 제공자에 대한 더 많은 정보를 안구은행에 의뢰했다. 그녀는 각막 제공자가 30세의 건강한 남자로서 오토바이 사고로 입원하여 사망 전 4일 동안 산소호흡기를 달고 있었다는 사실을 확인했다. 제공자의 각막은 이식수술 3일 전에 적취하여 100 μg/mL의 젠타마이신이 들어 있는 완충용액에 넣어 4℃에서 보관했다.

이러한 녹농균의 젠타마이신에 대한 감수성을 어떻게 결정하겠는가?

싱 박사는 분리한 녹농균을 CDC에 보내 분석을 의뢰했다. 다른 안과의사도 또한 시료를 보냈다. 배양액 희석 검사 결과 이 세균의 최소저해농도(MIC)는 100 μg/ml 이었다. 4℃에서 이 세균에 대한 젠타마이신의 1/10 감소시간(decimal reduction time, DRT)은 4일이었으며, 23℃에서는 20분이었다.

각 온도에서 200개의 세균 세포를 죽이는 데는 얼마의 시간이 필요한가? (힌트: 5장 참조)

4℃에서 200개의 세포를 죽이는 데는 12일이 걸리고, 23℃에서는 60분이 걸린다. 젠타마이신은 따뜻한 온도에서 더 효과적이지만 이러한 온도에서 조직은 너무 빨리 상하게 될 것이다. 따라서 젠타마이신이 4℃에서 덜 효과적이지만 조직을 보호하기 위해 각막은 4℃에서 보관한다.

각막을 젠타마이신에 저장한 것이 어떻게 이러한 감염에 일조하였는가?

완충저장용액에는 포도상구균과 그람음성 간균의 성장을 저해하는 페니실린이나 세팔로틴보다 젠타마이신이 더 효과적이라고 보고되었기 때문에 각막 보관에는 젠타마이신을 상용 저장용액을 사용한다. 젠타마이신의 첨가는 각막 조직을 살균하기 위해서가 아니라 사용하기 전에 저장용액을 보존하려는 것이다. 항생제를 첨가한 용액은 해당 항생제 내성 세균에게 유리하게 작용할 수 있다.

녹농균을 치료하는 데 가장 효과적인 항미생물제는 무엇인가?

싱 박사는 자신의 환자에게 도리페넴을 처방했다. 도리페넴은 카바페넴의 하나로 아주 광범위한 효능을 가지고 있고 특히 녹농균에 효과가 있다. 그 환자는 감염에서 회복되었고 수술 후 다른 합병증은 없었다.

화학요법의 역사

현대 화학요법 탄생의 일등 공신은 20세기 초 독일 세균학자인 폴 에를리히이다. 그는 주변조직을 염색하지 않고 세균만 염색하는 방법을 찾던 중 숙주에는 해가 없지만 병원체만을 선택적으로 찾아내어 죽일 수 있는 "마법의 탄환"에 대한 생각을 떠올렸다. 이러한 생각이 그가 만든 용어인 **화학요법**(chemotherapy)의 기초가 되었다.

1928년 알렉산더 플레밍은 한 페트리 접시에 오염된 곰팡이 콜로니 주변에는 황색포도상구균(*Staphylococcus aureus*)이 자라지 않는다는 사실을 발견했다(그림 1.5). 이 곰팡이는 푸른곰팡이의 한 종(*Penicillium notatum*)으로 얼마 후 이 곰팡이에서 해당 활성물질을 분리하여 페니실린이라 명명했다. 고체배지에서 자란 콜로니들 사이에서는 이와 유사한 성장저해 현상이 종종 관찰되는데 이를 항생작용(antibiosis)이라 부른다(그림 13.1). 이 단어에서 **항생제(antibiotics)**라는 용어가 유래되었는데, 소량으로 다른 미생물의 성장을 억제시키는 미생물이 생산하는 물질을 의미한다. 따라서 완전한 합성물인 설파제는 엄밀히 따지면 항생제가 아니지만 실제로는 이러한 구별은 종종 무시된다. 설파제는 독일의 산업계 과학자들이 "마법의 탄환"이 될 수 있는 물질을 찾기 위해 1927년부터 화학물질을 체계적으로 조사하던 중에 발견되었다. 1932년 설파닐아미드계 염색약인 프론토실 레드(Prontosil Red)란 화합물이 쥐의 포도상구균 감염을 억제할 수 있다는 사실을 발견했다. 이후 이 화합물의 활성인자가 설파닐아미드 성분임을 확인했고 제2차 세계대전 동안 연합군이 광범위하게 사용했다. 설파제의 발견과 사용은 임상에서 항미생물제가 효과적으로 인체의 세균 감염을 억제할 수 있다는 점을 명확하게 했으며 페니실린 발견 초기에 나타난 관심을 다시 불러일으키게 되었다.

1940년 하워드 프롤리(Howard Florey)와 에른스트 체인(Ernst Chain)이 주도한 영국 옥스포드 대학 연구진이 페니실린의 첫 임상실험을 성공시켰다. 당시 전쟁 중인 영국에서는 페니실린을 대량생산하기 위한 연구가 불가능했기 때문에 이 연구는 미국에서 진행되었다. 최초 배양체인 푸른곰팡이(*P. notatum*)는 아주 효율적인 페니실린 생산 균주가 아니었다. 이는 곧바로 좀 더 생산성이 좋은 균주로 대체되었다. 이 귀중한 균주(*Penicillium chrysogenum*의 한 종)는 미국 일리노이주 피오리아시의 시장에서 사 온 캔털루프 멜론에 생긴 곰팡이에서 최초로 분리되었다.

사실 항생제를 발견하기는 쉽지만 의학적 또는 산업적으로 가치 있는 것은 그리 많지 않다. 일부는 병을 치료하는 목적보다는 산업적으로 사용하는데, 예를 들면 동물사료의 첨가물로 사용한다.

현재까지 알려진 항생제의 반 이상은 주로 토양에 존재하는 실모양의 스트렙토마이세스(*Streptomyces*) 종이 만들어 낸다. 일부 항생제는 바실루스(*Bacillus*)와 같은 내생포자 생성 세균이 생산하고, 다른 것은 푸른곰팡이와 세팔로스포리움(*Cephalosporium*)속의 곰팡이가 생산한다. 현재 사용하고 있는 여러 항생제를 생산하는 미생물을 나타낸 표 13.1을 보면 놀랍게도 그 종의 수가 몇 개 되지 않는다. 한 연구 결과에 따르면 40만 종의 미생물을 배양하여 탐색한

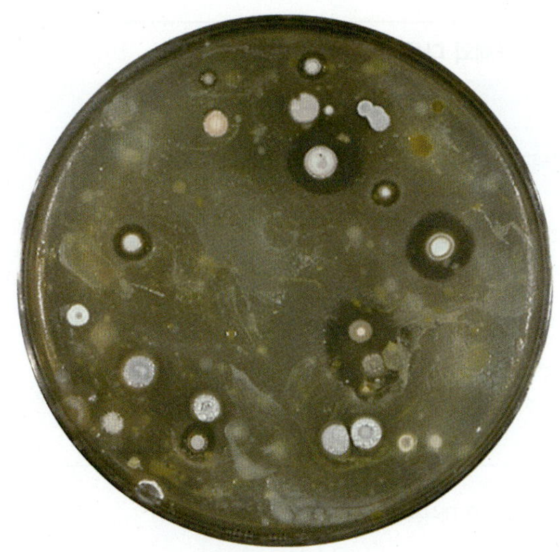

그림 13.1 **항생작용의 실험적 관찰.** 자연 환경, 특히 토양으로부터 미생물을 배지에 배양해본 사람은 누구나 세균이 생산한 항생제에 의해 세균 성장이 저해되는 것을 자주 보게 되는데, 이들의 대부분은 스트렙토마이세스 종이다.

Q 항생제를 생산하는 토양 미생물에는 어떤 이점이 있을까?

표 13.1 대표적인 항생제 생산 미생물

미생물	항생제
그람양성 간균	
Bacillus subtilis	바시트라신
Paenibacillus polymyxa	폴리믹신
방선균(Actinomycetes)	
Streptomyces nodosus	암포테리신 B
Streptomycems venezuelae	클로람페니콜
Streptomyces aureofaciens	크롤테트라사이클린, 테트라사이클린
Saccharopolyspora erythraea	에리스로마이신
Streptomyces fradiaev	네오마이신
Streptomyces griseus	스트렙토마이신
Micromonospora purpurea	젠타마이신
진균류	
Cephalosporium spp.	세팔로틴
Penicillium griseofulvum	그리세오풀빈
Penicillium chrysogenum	페니실린

표 13.2 항균제와 다른 항미생물제의 작용 범위

원핵생물				진핵생물			
마이코박테리아*	그람음성세균	그람양성세균	클라미디아, 리케차†	진균	원생동물	기생충	바이러스
이소니아지드		페니실린 G		케토코나졸		니크로사미드 (촌충)	
스트렙토마이신	스트렙토마이신				메프로퀸 (말라리아)		아시클로비어
	테트라사이클린	테트라사이클린	테트라사이클린			프라지콴텔 (흡충)	

*이 세균의 성장은 주로 대식세포나 조직 구조 내에서 일어난다.
†절대 세포내 세균.

결과 단지 3개의 유용한 항생제만이 생산되었다. 실제로 항생제를 생산하는 모든 미생물이 일종의 포자 형성과정을 거친다는 사실을 특히 주목할 필요가 있다.

오늘날 사용하는 대부분의 항생제는 주로 토양 시료를 탐색하여 항생제를 생산하는 미생물 콜로니를 확인하는 방법에 의해 발견되었다. 이러한 시료들 중에서 항미생물 활성을 가진 미생물을 확인하는 것은 쉬운 편이다. 하지만 대부분이 독성을 띠거나 아니면 산업적으로 유용하지 않은 것들이다. 또한 어떤 것들은 쉽게 결과를 얻을 수 있는 새로운 것처럼 보이지만 계속 연구를 해보면 종종 지금까지 알려진 항생제와 같은 것으로 판명된다. 예를 들면, 토양에 존재하는 방선균 대략 100종당 1종이 스트렙토마이신을, 250종당 1종이 테트라사이클린을 생산한다. 그러나 1,000만 종에 달하는 토양 또는 해양 미생물로부터 단 1종의 새로운 항생제를 발견하는 것은 아주 힘든 일이다. 심지어 아주 많은 미생물을 한 번에 신속하게 탐색할 수 있는 현재의 첨단 고속처리량 방법(high-throughput method)들을 사용하더라도 여러 새로운 항생제를 발견하는 일은 번번히 실패하고 있다. 사실상 지난 40년 동안 잘 정립된 방법을 이용한 연구를 통해 확인한 새로운 구조의 미생물 저해제 단지 몇 종류만이 실제로 임상에 사용되고 있다.

항미생물 작용 범위

인간의 진핵세포에는 영향이 없지만 원핵세포에는 효과가 있는 약물을 찾거나 개발하는 것은 비교적 쉬운 일이다. 이 두 종류의 세포 유형은 세포벽의 유무, 리보솜의 미세구조 및 세부적인 대사방법과 같은 여러 점에서 실질적으로 다르다. 이러한 차이점이 선택적 독성의 여러 표적이 된다. 병원체가 진균, 원생동물 또는 기생충과 같은 진핵세포일 경우에는 문제가 좀 더 복잡해진다. 세포수준에서 볼 때 이러한 생물체는 원핵세포인 세균보다는 인체 세포와 더 유사하다. 따라서 이러한 유형의 병원체에 사용하는 약물은 항균제보다 훨씬 더 제한적이다. 바이러스 감염을 치료하는 것은 특히 어려운데 그 이유는 바이러스는 숙주인 인체 세포 안에 존재하고 이들의 유전정보가 숙주의 정상적인 세포물질 합성보다는 바이러스의 복제를 지시하기 때문이다.

어떤 약물은 **좁은 항미생물 작용 범위**를 가지거나 또는 그들이 영향을 주는 미생물의 범위가 좁다. 예를 들면, 페니실린 G는 그람양성세균에는 영향이 있지만 그람음성세균에는 거의 효과가 없다. 따라서 그람음성 또는 그람양성세균 모두에게 작용하는 항생제를 **광범위 항생제(broad-spectrum antibiotics)**라 부른다.

항균 활성의 선택적 독성을 결정하는 주된 요인은 그람음성세균의 바깥층을 구성하는 지질다당류(lipopolysaccharide)와 이 층을 관통하는 수용성 통로 성분인 포린(porins) 단백질이다. 포린 통로를 통과하는 항생제는 상대적으로 크기가 작고 친수성이어야만 한다. 지용성이거나 크기가 상대적으로 큰 항생제는 그람음성세균에 들어가기가 상대적으로 어렵다

표 13.2에 여러 가지 화학치료제의 작용 범위를 요약했다. 때로는 병원체의 정체를 바로 확인할 수 없기 때문에 광범위 항생제를 사용하는 것이 병의 치료 기간을 단축시킬 수 있는 이점이 있는 것 같다. 하지만 이러한 항생제는 숙주에 존재하는 많은 정상 미생물상(microbiota)도 죽이는 단점이 있다. 정상 미생물상은 일반적으로 병원체 또는 다른 미생물들과 성장 경쟁을 하면서 이들을 견제한다. 만일 항생제가 정상 미생물상 안에 있는 특정 미생물은 죽이지 않고 이들의 경쟁자를 죽인다면 살아남은 특정 미생물들이 번성하여 기

토대 그림 13.2 항미생물제의 주요 작용 방식

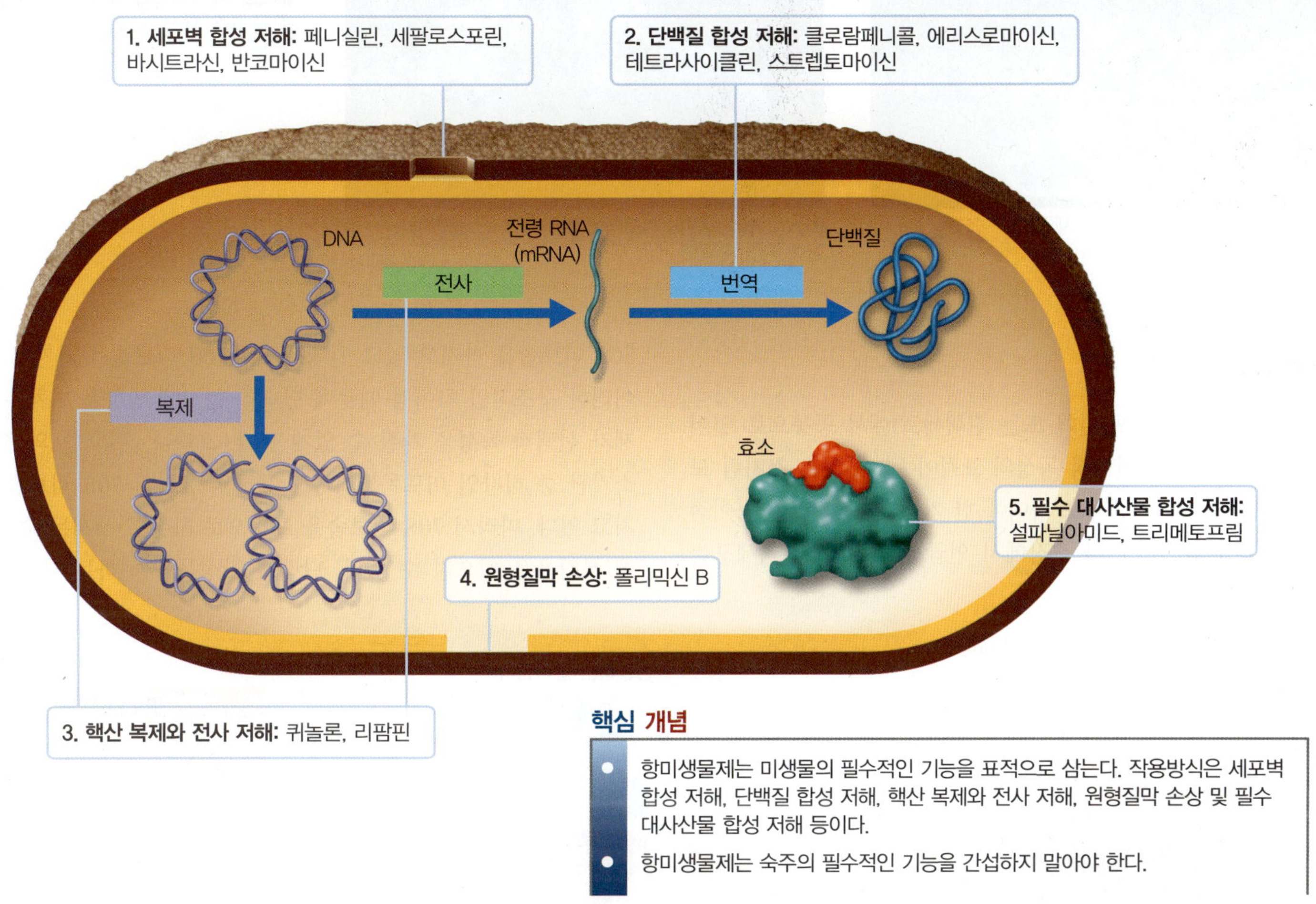

핵심 개념

- 항미생물제는 미생물의 필수적인 기능을 표적으로 삼는다. 작용방식은 세포벽 합성 저해, 단백질 합성 저해, 핵산 복제와 전사 저해, 원형질막 손상 및 필수 대사산물 합성 저해 등이다.
- 항미생물제는 숙주의 필수적인 기능을 간섭하지 말아야 한다.

회감염 병원체가 될 수도 있다. 이러한 것의 대표적인 예로 세균을 죽이는 항생제에 영향을 받지 않는 효모유사 진균인 칸디다 알비칸스(*Candida albicans*)의 과다성장을 들 수 있다. 이러한 과다성장을 **중복감염(superinfection)**이라 부르는데, 이것은 또한 표적이 된 병원체가 사용한 항생제에 저항성이 생겨 성장하는 것을 의미하기도 한다. 이러한 상황에서 항생제에 내성을 획득한 균주는 항생제 내성이 없는 원래의 균주를 대체하여 성장하고 감염은 지속된다.

항미생물제의 작용

항미생물제는 미생물을 직접 죽이거나**(bactericidal)** 아니면 그들의 성장을 억제**(bacteriostatic)**한다. 성장이 억제된 미생물들은 주로 식균작용과 항체생산 등과 같은 숙주의 방어체계에 의해 제거된다. 그림 13.2에 항미생물제의 주요 작용 방식을 요약했다.

세포벽 합성 저해

최초로 발견하여 사용한(설파제를 고려하지 않는다면) 항생제인 페니실린이 대표적인 세포벽 합성 저해제이다.

2장에서 설명한 대로 세균의 세포벽은 고분자 화합물인 펩티도글리칸으로 구성되어 있으며 이 물질은 세균의 세포벽에만 존재한다. 페니실린과 몇 가지 특정한 항생제는 온전한 펩티도글리칸의 합성을 방해하고 그 결과 세포벽이 크게 약화되어 세포는 결국 용해된다(그림 13.3). 페니실린은 이러한 합성 과정을 표적으로 하기 때문에 오직 왕성하게 성장하는 세포만이 이러한 항생제에 영향을 받는다. 그리고 인체 세포는 세포벽에 펩티도글리칸이 없기 때문에 숙주 세포에 대한 페니실린의 독성은 거의 없다.

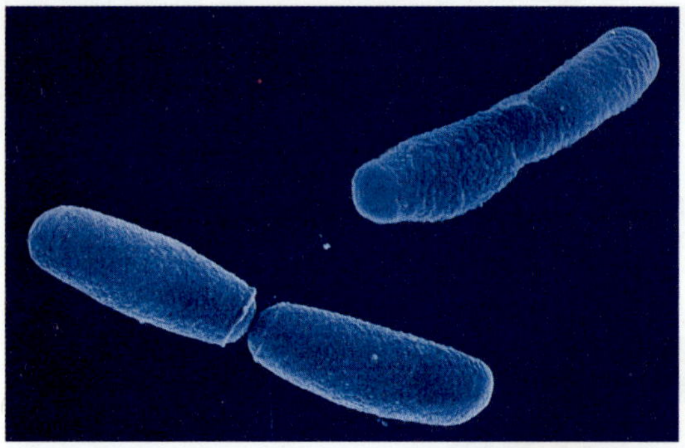

(a) 페니실린 처리 전 막대 모양의 세균 SEM 1 μm

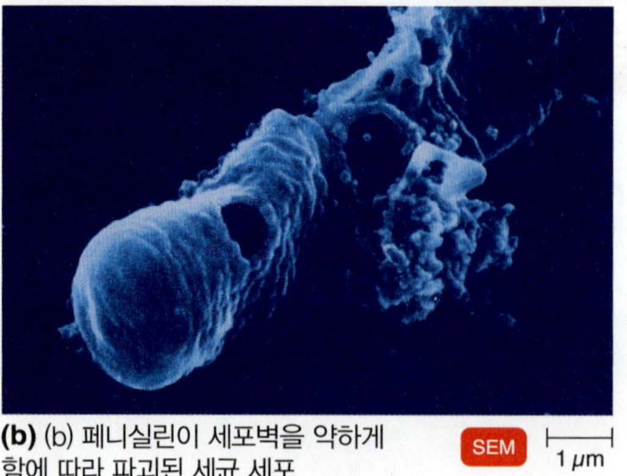

(b) (b) 페니실린이 세포벽을 약하게 함에 따라 파괴된 세균 세포 SEM 1 μm

그림 13.3 페니실린에 의한 세균 세포 합성의 저해

Q 페니실린은 왜 인체 세포에는 영향을 미치지 않는가?

단백질 합성 저해

단백질 합성은 모든 세포(원핵 또는 진핵세포)에서 공통으로 일어나는 현상이기 때문에 선택적 독성의 표적이 될 수 없는 것처럼 보인다. 하지만 원핵과 진핵세포 사이에 한 가지 주목할 만한 차이점은 그들의 리보솜 구조이다. 2장에서 언급한 것처럼, 진핵세포는 80S 리보솜을 가지고 있고 원핵세포는 70S 리보솜을 가지고 있다. 이러한 구조적인 차이점 때문에 단백질 합성에 영향을 미치는 항생제가 선택적 독성을 가질 수 있게 된다. 그러나 진핵세포의 중요한 소기관 중 하나인 미토콘드리아도 세균과 유사한 70S 리보솜을 가지고 있다. 따라서 70S 리보솜을 표적으로 하는 항생제는 숙주세포에 부작용을 일으킬 수 있다. 단백질 합성을 저해하는 항생제로는

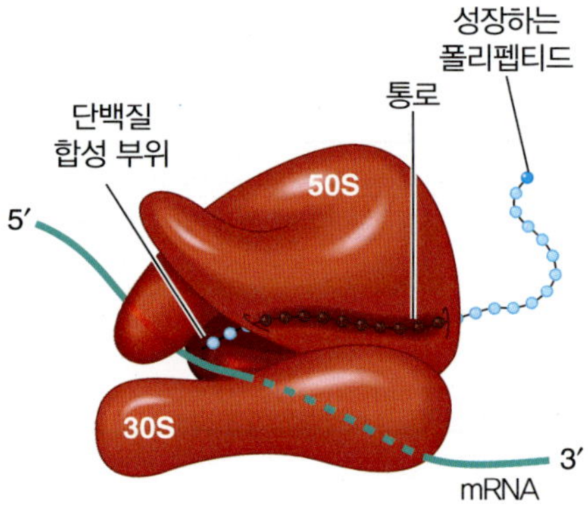

단백질 합성 부위
성장하는 폴리펩티드
통로
50S
5′
30S
3′
mRNA

(a) 70S 원핵생물 리보솜의 30S와 50S 소단위를 보여주는 단백질 합성 부위의 3차원적 세부 그림

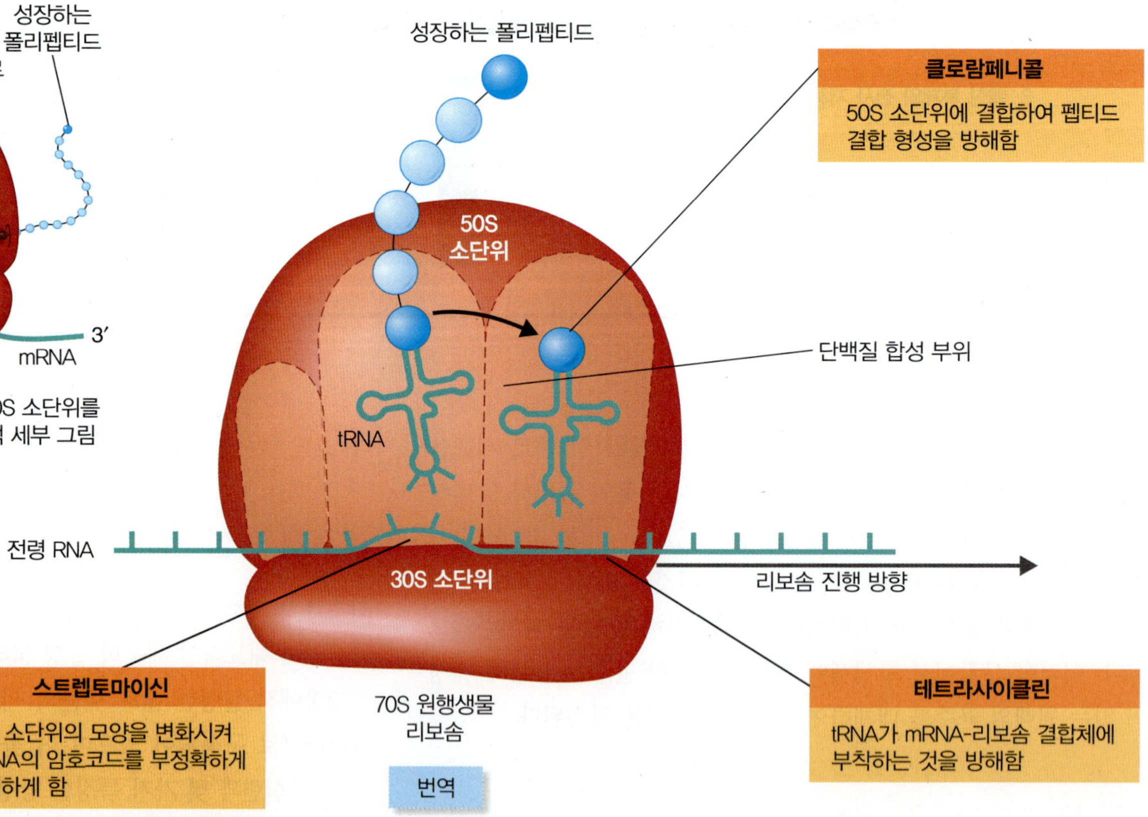

성장하는 폴리펩티드
50S 소단위
tRNA
단백질 합성 부위
전령 RNA
30S 소단위
리보솜 진행 방향
70S 원핵생물 리보솜
번역

클로람페니콜
50S 소단위에 결합하여 펩티드 결합 형성을 방해함

스트렙토마이신
30S 소단위의 모양을 변화시켜 mRNA의 암호코드를 부정확하게 해석하게 함

테트라사이클린
tRNA가 mRNA-리보솜 결합체에 부착하는 것을 방해함

(b) 클로람페니콜, 테트라사이클린 및 스트렙토마이신이 활성을 나타내는 다른 작용 위치를 보여주는 그림

그림 13.4 항생제에 의한 단백질 합성 저해. (a) 상자 안 그림은 30S와 50S, 두 소단위로부터 어떻게 70S 원핵생물 리보솜이 조립되는지를 보여준다. 성장하는 펩티드 사슬이 어떻게 단백질 합성위치에서 50S 소단위의 한 통로를 통과하는지를 주목하라. (b) 이 그림은 클로람페니콜과 테트라사이클린, 스트렙토마이신이 작용하는 서로 다른 위치들을 보여준다.

Q 단백질 합성을 저해하는 항생제는 왜 인체 세포가 아닌 세균에만 영향을 주는가?

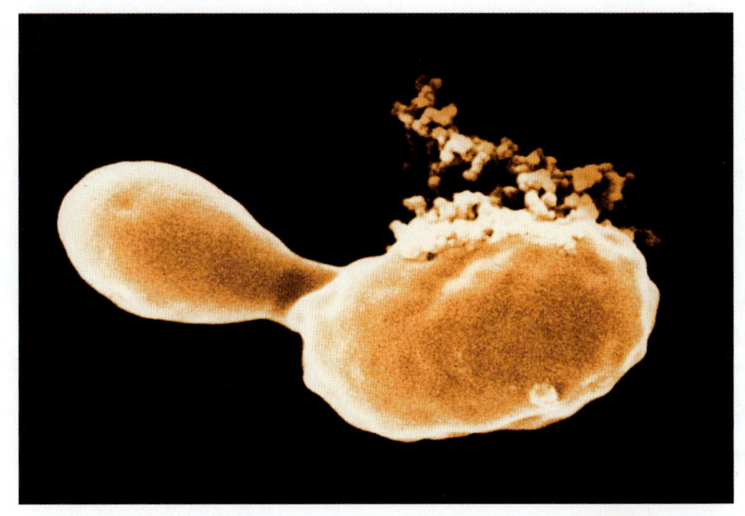

그림 13.5 항진균제에 의한 효모 세포의 원형질막 손상. 항진균제 미코나졸에 의해 원형질막이 파괴됨으로써 세포는 세포질을 방출한다.

Q 여러 항진균제는 원형질막에 있는 스테롤과 결합한다. 이들은 왜 인체 세포막에 있는 스테롤과는 결합하지 않는가?

클로람페니콜, 에리스로마이신, 스트렙토마이신과 테트라사이클린 등이 있다(그림 13.4).

원형질막 손상

특히 폴리펩티드 항생제와 같은 일부 항생제는 원형질막의 투과성에 변화를 일으켜 결국 세포가 중요한 대사산물을 잃게 만든다.

암포테리신 B, 미코나졸 및 케토코나졸 같은 몇 가지 항진균제는 여러 가지 진균 질병에 효과가 있다. 이러한 약물은 진균 원형질막의 지방 성분인 스테롤과 결합하여 막을 파괴한다(그림 13.5). 세균의 원형질막은 일반적으로 스테롤이 없기 때문에 이러한 항생제는 세균에는 작용하지 않는다.

핵산 합성 저해

일련의 항생제는 미생물의 DNA 복제와 전사 과정을 저해한다. 이러한 작용 방식을 가진 항생제는 극히 제한적으로 사용하는데 그 이유는 이들이 또한 포유동물의 DNA와 RNA 합성도 저해하기 때문이다.

필수 대사산물 합성 저해

미생물의 특정 효소 활성은 정상 기질과 아주 유사한 항대사물질에 의해 경쟁적으로 억제될 수 있다. 경쟁적 억제작용의 한 예는 항대사물질인 설파닐아미드(설파제)와 **파라-아미노벤조익산(*para*-aminobenzoic acid, PABA)**의 관계이다. 많은 미생물에서 파라-아미노벤조익산은 엽산(folic acid)을 합성하는 효소 반응의 기질이다. 엽산은 핵산의 기본 요소인 퓨린과 피리미딘, 그리고 여러 아미노산 합성의 조효소로 작용하는 비타민의 일종이다.

흔히 사용되는 항미생물제

표 13.3은 흔히 사용하는 항균제를 요약했다. 표 13.4는 항균제의 한 그룹인 세팔로스포린을 요약했다. 표 13.5는 진균과 바이러스, 원생동물에 흔히 사용하는 항생제들을 요약했다.

표 13.3 항균제

작용 방식	비고
세포벽 합성 저해제	
천연 페니실린	
페니실린 G	그람양성세균에 작용, 주사로 투여
페니실린 V	그람양성세균에 작용, 경구 투여
반합성 페니실린	
옥사실린	페니실린 분해효소에 내성
암피실린	광범위한 효능
아목시실린	광범위한 효능; 페니실린 분해효소 저해제와 결합
아즈트레오남	모노박탐 계열; 슈도모나스 종을 포함한 그람양성세균에 효과
이미페넴	카바페넴 계열; 초 광범위한 효능

표 **13.3** **항균제** (계속)

작용 방식	비고
세팔로스포린	
세팔로틴	제1세대 세팔로스포린; 페니실린과 유사한 활성; 주사로 투여
세픽심	제4세대 세팔로스포린; 경구 투여
폴리펩티드 항생제	
바시트라신	그람양성세균에 작용; 국부에 바름
반코마이신	당펩티드 유형; 페니실린 분해효소-내성, 그람양성세균에 작용
항마이코박테리아 항생제	
이소니아지드	마이코박테리아 세포벽의 마이콜릭산 합성 저해
에탐뷰톨	마이코박테리아 세포벽 내로 마이콜릭산 삽입 방해
단백질 합성 저해제	
클로람페니콜	광범위한 효능, 잠재적 독성
아미노글라이코사이드	
스트렙토마이신	마이코박테리아를 포함하는 광범위한 효능
네오마이신	국부에 사용, 광범위한 효능
젠타마이신	슈도모나스 종을 포함한 광범위한 효능
프레우로뮤틸린	
뮤틸린, 렛파뮤린	그람양성세균 저해
테트라사이클린	
테트라사이클린, 옥시테트라사이클린, 크롤테트라사이클린	클라미디아와 리케차를 포함하는 광범위한 효능, 동물사료 첨가제
매크로라이드	
에리스로마이신	페니실린 대체 약물
아지트로마이신, 크라리트로마이신	반합성; 더 광범위한 효능과 에리스로마이신보다 나은 조직 침투력
테리트로마이신(약품명: 케텍)	신세대 반합성 매크로라이드; 다른 매크로라이드의 내성에 대처하기 위해 사용
스트렙토그라민	
퀴누프리스틴과 달포프리스틴(약품명: 시너시드)	반코마이신-내성 그람양성세균을 치료하기 위한 대체 약물
옥사졸리디논	
리네졸리드(약품명: 자이복스)	주로 페니실린-내성 그람양성세균에 유용하게 사용
글라이실사이클린	
타이게사이클린	광범위한 효능, 특히 MRSA와 아시네토박터
원형질막 손상	
폴리믹신 B	국부 사용, 슈도모나스를 포함한 그람음성세균
지질펩티드	
뎁토마이신	MRSA 감염 치료에 사용
핵산 합성 저해제	
리파마이신	
리팜핀	mRNA 합성 저해; 결핵 치료
퀴놀론과 플루오로퀴놀론	
날리딕산, 노플록사신, 시프로플록사신	DNA 합성 저해; 광범위한 효능; 요도 감염
가티플록사신	최신세대 퀴놀론; 그람양성세균에 대한 증가된 효능
필수 대사산물 합성의 경쟁적 저해제	
설폰아미드	
트리메토프림-설파메톡사졸	광범위한 효능; 주로 혼합하여 사용함

표 13.4 세팔로스포린의 차등 분류

세대	설명	예
제1세대	상대적으로 제한적 수준의 활성, 주로 그람음성세균에 작용	세팔로틴
제2세대	좀 더 넓은 범위의 그람음성세균에 효능	세팜돌(정맥주사), 세파크롤(경구 투여)
제3세대	그람음성세균에 가장 활성이 강함, 일부 슈도모나드 포함; 반드시 주사로 투여	세프타지딤
제4세대	주사로 투여; 가장 광범위한 효능	세페핌

표 13.5 항진균과 항바이러스, 항원생동물 약물

	작용 방식	비고
항진균제		
진균 스테롤(원형질막)에 영향을 주는 약물		
폴리엔		
암포테리신 B	원형질막 손상	침투성 진균 감염; 살진균제
아졸		
클로트리마졸, 미코나졸	원형질막 합성 저해	국부적 사용
케토코나졸	원형질막 합성 저해	침투성 진균 감염을 위해 경구 투여할 수 있음
알릴아민		
테르비나핀, 나프티핀	원형질막 합성 저해	아졸에 내성이 있는 질병을 치료하기 위해 주로 사용하는 신세대 항진균제
진균 세포벽에 영향을 미치는 약물		
에키노칸딘		
카스포펀진(약품명: 캔시다스)	세포벽 합성 저해	정맥주사로만 사용
핵산을 저해하는 약물		
플루사이토신	RNA 합성 저해에 따른 단백질 합성 저해; 또한 진균 DNA 합성 저해	진균 감염을 위해 경구 투여할 수 있지만 주로 다른 항진균제와 함께 사용
다른 항진균 약물		
그리세오풀빈	유사분열 미세소관의 저해	피부의 진균 감염
톨나프테이트	알려지지 않음	무좀
항바이러스 약물		
부착과 유입 저해제		
마라비록	CCR5에 결합	HIV 치료
자나미비어, 오셀타미비어	인플루엔자 바이러스의 뉴라민가수분해효소 저해	인플루엔자 치료
탈피 저해제		
아만타딘, 지만타딘	탈피를 방해	인플루엔자 치료
뉴클레오시드와 뉴클레오티드 유사체		
지도부딘(AZT)	DNA 또는 RNA 합성 저해	HIV 치료에 우선적으로 사용
아시클로비어, 갠시클로비어, 리바비린, 라미부딘	DNA 또는 RNA 합성 저해	허피스바이러스에 주로 사용
시도포비어	DNA 또는 RNA 합성 저해	사이토메갈로바이러스 감염; 천연두에 대한 효과가 있을 수 있음
아데포비어 디피복실(약품명: 헵세라)	HBV 역전사효소의 경쟁적 저해제	라미부딘-내성 감염의 치료

표 13.5 항진균과 항바이러스, 항원생동물 약물

	작용 방식	비고
조립 및 방출 저해제		
Saquinavir	단백질가수분해효소 저해제	HIV 치료
Boceprevir	단백질가수분해효소 저해제	C형 간염 치료
Zanamivir, oseltamivir	뉴라미니다아제 저해제	독감 치료
인터페론		
알파 인터페론	새로운 세포로 바이러스 전파 방해	바이러스성 간염
항원생동물 약물		
클로로퀸	DNA 합성 저해	말라리아; 단지 적혈구 감염 단계에서만 효과적
디아이오도하이드록시퀸	알려지지 않음	아메바 감염; 아메바 박멸성
메트로니다졸, 티니다졸	혐기성 대사작용 저해	편모충증, 아메바증, 트리코모나스증

항균 항생제: 세포벽 합성 저해제

항생제가 "마법의 탄환"으로 작용하기 위해서는 일반적으로 숙주인 포유동물의 구조와 기능과는 구별되는 미생물의 구조와 기능을 표적으로 삼아야만 한다. 2장에서 언급한 것처럼, 진핵의 포유동물 세포는 보통 세포벽이 없고 원형질막만을 가지고 있다. 그러나 이 원형질막도 원핵세포의 막과는 구성요소가 다르다. 이러한 이유로 미생물의 세포벽은 항생제 작용의 매력적인 표적 중의 하나이다.

페니실린

페니실린(penicillin)이란 용어는 화학적으로 연관된 50개 이상의 항생제 그룹을 의미한다(그림 13.6). 모든 페니실린은 핵심구조인 베타-락탐 고리(β-lactam ring)가 포함된 공통의 핵구조를 가지고 있다. 페니실린 분자들은 이러한 핵에 붙어 있는 곁사슬의 화학적인 차이로 구분한다. 페니실린은 세포벽 합성의 마지막 단계인 펩티도글리칸 간의 교차결합을 방해하며 주로 그람양성세균에 작용한다.

그림 13.6 항균성 항생제인 페니실린의 구조. 모든 페니실린은 보라색 음영으로 표시된—베타-락탐 고리(노란색)를 포함하는—공통적인 구조를 가지고 있다. 음영표시가 안된 부분은 페니실린마다 독특한 곁사슬을 나타낸다.

반합성이란 의미는 무엇인가?

(a) 천연 페니실린

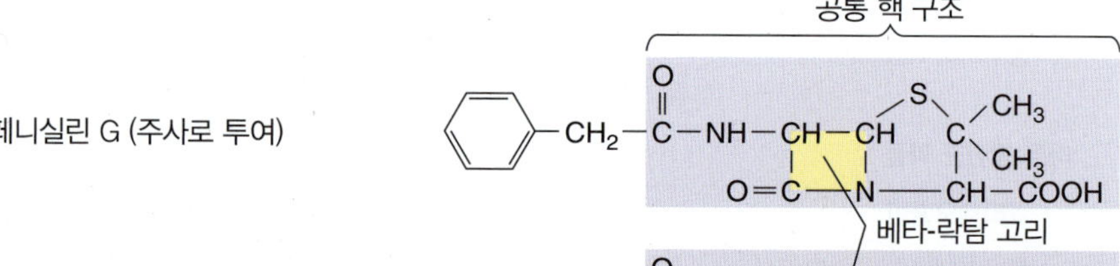

페니실린 V (경구 투여 가능)

(b) 반합성(semisynthetic) 페니실린

옥사실린: 좁은 효능 범위, 단지 그람 양성세균에만 작용하지만 페니실린 분해효소에 내성이 있음

암피실린: 확장된 효능 범위, 여러 그람 음성세균에 작용

페니실린은 천연 또는 반합성을 통해 생산될 수 있다.

천연 페니실린 푸른곰팡이(*Penicillium*)를 배양하여 추출한 페니실린을 **천연 페니실린(natural penicillin)**이라 부른다(그림 13.6a). 모든 페니실린의 기본형이 페니실린 G이다. 이 항생제는 좁지만 유용한 작용 범위를 가지고 있으며, 보통 대부분의 포도상구균, 연쇄상구균 및 여러 스피로헤타류(spirochetes) 치료를 위해 선택한다. 근육에 주사하면 페니실린 G는 3~6시간 안에 체외로 빠르게 배출된다(그림 13.7). 복용했을 때는 위의 소화액이 산성이기 때문에 그 농도가 줄어든다. 페니실린 V는 위산에 견딜 수 있어 경구 복용을 할 수 있으며, 페니실린 G가 가장 흔히 사용되는 천연 페니실린이다.

천연 페니실린은 몇 가지 단점이 있다. 그 가운데 좁은 작용 범위와 페니실린 분해효소(penicillinase)에 대한 감수성이 가장 크다. 페니실린 분해효소는 여러 세균 중 특히 포도상구균이 생산하는 효소이며 페니실린 분자의 베타-락탐 고리를 자른다(그림 13.8). 이러한 특성 때문에 페니실린 분해효소를 베타-락타메이즈(β-lactamase)라고도 부른다.

반합성 페니실린 천연 페니실린의 단점을 극복하기 위해 수많은 **반합성 페니실린(semisynthetic penicillin)**이 개발되었는데(그림 13.6b), 두 가지 방법이 사용되었다. 첫째, 과학자들은 푸른곰팡이(*Penicillium*)가 페니실린 분자를 완전히 합성하는 것을 방해하여 필요한 공통의 페니실린 핵만 얻는다. 둘째, 완전한 천연 분자에서 곁사슬을 제거한 다음 페니실린 분해효소에 저항성이 더 강한 다른 곁사슬을 화학적으로 다시 붙인다. 이렇게 함으로써 반합성 페니실린의 효능을 증가시켰다. 반합성이란 말은 페니실린의 일부는 곰팡이가 만들고 나머지 일부는 합성하여 붙였다는 의미이다.

페니실린 분해효소-내성 페니실린 베타-락타메이즈 유전자는 플라스미드에 존재하기 때문에 페니실린에 대한 포도상구균의 내성 문제가 빠르게 발생했다. 반합성 페니실린과 같이 이 효소에 상대적으로 내성을 띠는 항생제인 메티실린(methicillin)을 개발했지만 곧 이 항생제에도 내성을 띠는 세균이 나타났다. 이러한 세균을 **메티실린-내성 황색포도상구균(methicillin-resistant *Staphylococcus aureus*, MRSA)**이라 부르며 보통 멀사(mersa)라고 발음한다. 내성이 너무 퍼져서 미국에서는 더 이상 메티실린을 생산하지 않는다. MRSA라는 용어는 이제 여러 종류의 페니실린과 세팔로스포린에 내성을 가지는 균주를 일컫는다.

광범위 페니실린 천연 페니실린이 갖는 좁은 작용 범위에 대한 문제점을 극복하기 위해 더 넓은 작용 범위를 가진 반합성 페니실린이 개발되었다. 새로운 페니실린은 페니실린 분해효소에 대한 내성은 없지만, 많은 그람양성세균뿐만 아니라 그람음성세균에도 효과적이다.

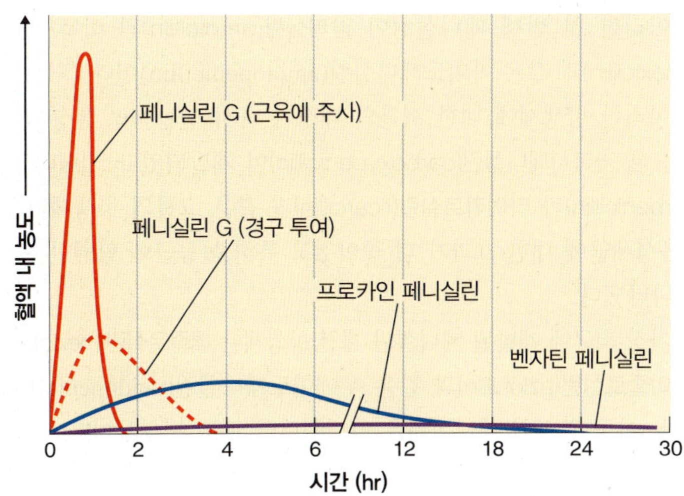

그림 13.7 **페니실린 G의 지속 시간.** 페니실린 G는 보통은 주사로 투여하는데(붉은 실선), 이 경우 약물은 혈액 속에 높은 농도로 존재하다가 빠르게 사라진다. 경구 투여를 하면(붉은 점선), 페니실린 G는 위산에 파괴되어 효과가 높지 않다. 프로카인과 벤자틴 같은 화합물과 함께 사용하면(청색과 보라색 실선) 페니실린 G의 지속시간을 늘릴 수 있다. 그러나 혈액에 도달하는 농도는 낮기 때문에 표적 세균이 항생제에 매우 민감해야만 한다.

Q 낮은 농도의 페니실린 G를 어떻게 페니실린-내성 세균을 위해 선택하는가?

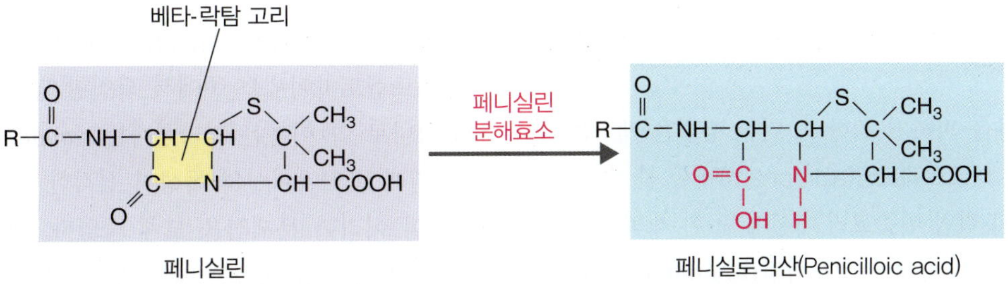

베타-락탐 고리

페니실린 분해효소

페니실린

페니실로익산(Penicilloic acid)

그림 13.8 **페니실린에 대한 페니실린 분해효소의 효과.** 세균이 베타-락탐 고리를 파괴하는 이러한 효소를 생산하는 것은 지금까지 알려진 페니실린에 대한 내성의 가장 일반적인 형태이다. R은 다른 페니실린 종마다 독특한 곁사슬을 나타내는 화합물의 약어이다.

Q 페니실린 분해효소란 무엇인가?

이러한 첫 번째 페니실린이 암피실린(ampicillin)과 아목시실린(amoxicillin)과 같은 아미노페니실린(aminopenicillin)이다.

이러한 항생제에 대한 세균의 내성이 다시 일반적인 현상이 되었을 때 **카복시페니실린**(carboxypenicillin)이 개발되었다. **카베니실린**(carbenicillin)과 **타이카르실린**(ticarcillin)과 같은 그룹의 항생제는 그람음성세균에 대한 효과가 더 좋아졌고 특히 녹농균에 탁월한 활성을 나타냈다.

가장 최근에 개발된 페니실린 계열 항생제는 **메즐로실린**(mezlocillin)과 **아즐로실린**(azlocillin)과 같은 우에이도페니실린(ueidopenicillin)이다. 이들 광범위 페니실린은 암피실린의 구조 변형체이다. 더 효과적으로 페니실린을 변형하려는 연구가 계속 진행되고 있다.

베타-락타메이즈 저해제가 포함된 페니실린 페니실린 분해효소 확산에 대한 또 다른 접근 방법은 한 스트렙토마이세트(streptomycete)의 산물인 **클라불란산**(clavulanic acid)이라고도 부르는 **칼륨 클라불라네이트**(potassium clavulanate)를 페니실린에 붙이는 것이다. 칼륨 클라불라네이트는 페니실린 분해효소의 비경쟁적 저해제로 그 자체로는 항미생물 활성이 없다. 이 물질은 아목시실린 같은 일부 신규 광범위 페니실린에 결합하여 사용한다. 이는 오그멘틴(Augmentin)이란 약품명으로 더 잘 알려져 있다.

카바페넴

카바페넴(carbapenem)은 한 분자의 탄소를 유황 분자로 바꾸고 페니실린 핵에 이중결합 하나를 더한 베타-락탐 계열의 항생제이다. 세포벽 합성을 저해하는 이 항생제는 아주 광범위한 효능을 가지고 있다. 이 그룹을 대표하는 것이 **이미페넴**(imipenem)과 **실라스타틴**(cilastatin)을 결합한 프리맥신이다. 실라스타틴은 항미생물 활성은 없지만 신장에서 결합약물이 분해되는 것을 막아준다. 실험 결과 프리맥신(Primaxin)은 환자에서 분리한 균주 98%에 효능이 있는 것으로 나타났다. 최근(2007년)에 소개된 몇 가지 항생제 중의 하나인 **도리페넴**(doripenem)은 카바페넴의 한 종으로 녹농균 감염 치료에 아주 효과적이다.

모노박탐

페니실린 분해효소의 작용을 피하기 위한 또 다른 방법은 새로운 계열의 항생제의 첫 주자인 **아즈트레오남**(aztreonam)에서 볼 수 있다. 이 항생제는 일반적인 베타-락탐 이중고리 대신에 단 한 개의 단일 고리만을 가진 합성 항생제이기 때문에 **모노박탐(monobactam)**이라 부른다. 아즈트레오남의 작용 범위는 페니실린-계열 화합물 중에는 주목할만한데, 독성은 매우 낮으면서도 슈도모나드(pseudomonads)와 대장균을 비롯한 특정 그람음성세균에만 작용한다.

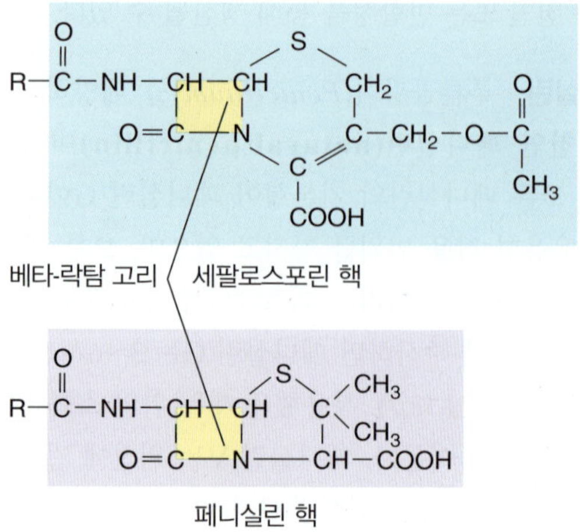

그림 13.9 **세팔로스포린과 페니실린의 핵심구조 비교**

Q 페니실린 G에 효과가 있는 베타-락타메이즈는 세팔로스포린에도 효과가 있는가?

세팔로스포린

세팔로스포린(cephalosporin)의 핵은 페니실린의 핵과 구조가 유사하다(그림 13.9). 세팔로스포린은 본질적으로 페니실린과 같은 방법으로 세포벽 합성을 저해하며 다른 베타-락탐 계열 항생제보다 훨씬 더 널리 쓰인다. 이들의 베타-락탐 고리는 페니실린과 약간 다르지만 세균들은 이 구조를 불활성화시키는 분해효소를 개발했다.

표 13.4에서는 세팔로스포린을 세대별로 분류했다.

폴리펩티드 항생제

바시트라신 바시트라신(bacitracin)[이 이름은 트래시(*Tracy*)라는 소녀의 상처에서 분리한 바실루스 간균(*Bacillus*)에서 유래했다]은 포도상구균과 연쇄상구균과 같은 그람양성세균에 주로 효과적인 폴리펩티드 항생제다. 바시트라신은 페니실린과 세팔로스포린보다는 좀 더 초기 단계에서 세포벽 합성을 억제한다. 이는 펩티도글리칸의 가닥 합성을 저해한다. 이 약은 외상 치료용으로 피부에만 바르도록 사용이 제한되어 있다.

반코마이신 반코마이신(vancomycin)은 보르네오 정글에서 발견한 스트렙토마이세스 종에서 확인한 당펩티드 항생제의 작은 그룹의 하나로 그 이름은 격파하다는(*vanquish*) 뜻의 단어에서 유래했다. 원래 반코마이신의 독성이 심각한 문제였지만, 정제 과정을 개선하여 이러한 문제점을 크게 줄였다. 세포벽 합성을 저해하는 반코마이신은 효능 범위는 매우 좁지만 MRSA의 문제점을 해결할 수 있는 아주 중요한 항생제이다. 반코마이신은 다른 항생제에 내성을 가지는 황색포도상구균의 치료를 위한 마지막 항생제로 간주된다. MRSA를 치료하기 위해 반코마이신을 남용한 결과 **반코마이신-내**

성 장구균(vancomycin-resistant enterococci, VRE)이 출현했다. 이들은 병원에서 특히 골치거리인 기회감염성 그람양성 병원체이다. 효과적인 대체 약제가 거의 없는 상황에서 반코마이신-내성 병원체의 출현은 의료계의 응급사태로 여겨진다. 반코마이신의 반합성 유도체인 테라반스(telavancin)가 새로 도입되어 제한적인 용도 범위에서 사용되고 있다.

항마이코박테리아 항생제

마이코박테리움(*Mycobacterium*)의 세포벽은 대부분의 다른 세균의 세포벽과 다르다. 이들의 세포벽에는 항산성(acid-fast) 염색이 가능하도록 해주는 한 가지 요인인 마이콜릭산(mycolic acid)이 들어 있다. 이 속의 세균은 나병과 결핵의 원인균과 같은 중요한 병원체를 포함한다.

이소니아지드(isoniazid, INH)는 결핵균(*Mycobacterium tuberculosis*)에 매우 효과적인 합성 항생제이다. INH의 1차 효과는 마이코박테리아에만 존재하는 세포벽 구성성분인 마이콜릭산의 합성을 억제하는 것이다. 이는 다른 세균에는 거의 영향이 없다. 결핵을 치료할 때 INH는 리팜핀(rifampin) 또는 에탐뷰톨(ethambutol)과 같은 약물과 함께 사용한다. 이러한 병용이 약물에 대한 내성 발생을 최소화한다. 결핵균은 주로 대식세포 안이나 조직 사이에서만 발견되기 때문에 모든 항결핵제는 이들에게 우선적으로 침투할 수 있어야만 한다.

에탐뷰톨은 마이코박테리아에만 효과가 있다. 이 약물은 마이콜릭산이 세포벽으로 삽입되는 것을 확실하게 저해한다. 상대적으로 약한 항결핵제이며 내성 문제를 피하기 위한 2차 약제로 주로 사용한다.

단백질 합성 저해제

클로람페니콜

클로람페니콜(chloramphenicol)은 70S 원핵세포 리보솜의 50S 소단위와 반응하여 늘어나는 폴리펩티드 사슬의 펩티드 결합 형성을 방해한다. 구조가 간단하기 때문에(그림 13.10) 스트렙토마이세스에서 분리하는 것보다 제약회사에서 화학적으로 합성하는 것이 더 경제적이다. 가격이 싸고 효능의 범위가 넓어서 저렴한 약값이 중요한 곳에서 흔히 사용된다. 또한 분자 크기가 작기 때문에 확산을 통하여 대부분의 약들이 일반적으로 접근할 수 없는 신체의 구석까지 도달할 수 있다. 하지만 클로람페니콜은 심각한 부작용을 가지고 있는데 그 중 가장 중요한 것이 골수 활성을 억제하여 혈액세포의 생성에 영향을 주는 것이다. 따라서 의사들은 증세가 경미하거나 적당한 대체 의약품이 있는 경우 이 약의 사용을 권장하지는 않는다.

OH CH$_2$OH O
O$_2$N–C$_6$H$_4$–CH–CH–NH–C–CHCl$_2$

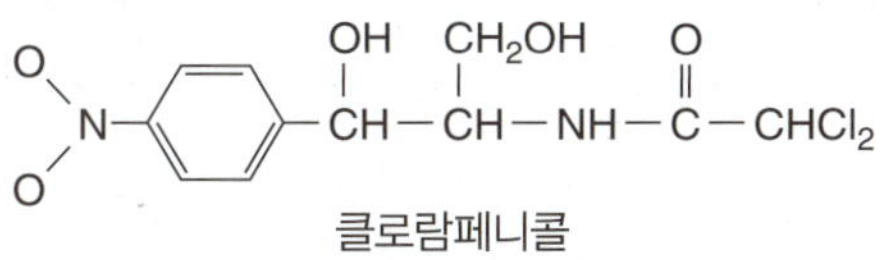

클로람페니콜

그림 13.10 항균성 항생제 클로람페니콜의 구조. 구조가 간단하기 때문에 이 약물을 스트렙토마이세스에서 분리하는 것보다 합성하는 것이 더 저렴하다는 것을 알아두자.

Q 클로람페니콜이 리보솜의 50S 소단위에 결합하면 세포에는 어떤 효과가 있는가?

아미노글라이코사이드

아미노글라이코사이드(aminoglycoside)는 아미노 당이 글라이코사이드 결합에 의해 연결된 항생제 그룹이다. 아미노글라이코사이드 항생제는 70S 원핵세포 리보솜의 30S 소단위의 모양을 변형시켜 단백질 합성의 초기 단계를 방해한다. 이러한 방해로 mRNA의 유전암호가 잘못 번역된다. 이들은 그람음성세균에 강력한 활성을 가지는 1차 항생제 중의 하나이다. 아마도 가장 잘 알려진 아미노글리코사이드는 1944년에 발견한 스트렙토마이신(streptomycin)이다. 스트렙토마이신은 아직도 결핵치료에서 하나의 대체 약제로 사용한다. 하지만 빠르게 내성이 생기고 심각한 독성 효과도 있어서 그 효용성이 감소하고 있다.

아미노글라이코사이드는 청신경을 영구 손상시켜 청력에 문제를 일으킬 수 있고 신장에도 손상을 준다는 연구 결과가 있어 그 사용이 점점 감소하고 있다. 네오마이신(neomycin)은 처방전 없이 여러 바르는 연고에 사용한다. 젠타마이신(gentamicin)은 슈도모나스 감염에 특히 효과적인데 철자에 있는 "i"는 사상형세균인 마이크로모노스포라(*Micromonospora*)로부터 유래한 이들의 출처를 반영한 것이다.

테트라사이클린

테트라사이클린(tetracycline)은 스트렙토마이세스 종들이 생산하는 광범위 항생제 그룹이다. 70S 리보솜의 30S 소단위에 아미노산을 운반해주는 tRNA의 부착을 방해함으로써 폴리펩티드 사슬에 새로운 아미노산이 연결되는 것을 막는다. 이들은 손상되지 않은 포유류 세포에는 잘 침투할 수 없기 때문에 포유류의 리보솜 활성은 저해하지 않는다. 하지만 세포 내 병원체인 리케차와 클라미디아가 테트라사이클린에 감수성인 것을 보면 적어도 조금은 숙주세포로 들어갈 수 있는 것 같다. 이 항생제의 선택적 독성은 리보솜 수준에서 세균의 감수성이 더 크기 때문이다. 테트라사이클린은 그람양성과 그람음성세균에 효과가 있을 뿐만 아니라 신체 조직에 잘 흡수되어 특히 리케차와 클라미디아 같은 세포 내 병원체에도 유용하다. 일반적으로 많이 사용하는 테트라사이클린 3가지는 옥시

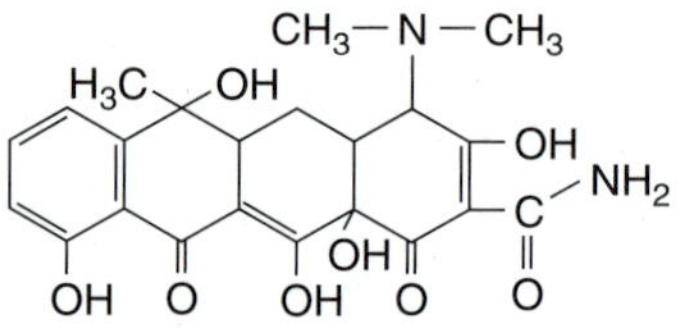

그림 13.11 항균성 항생제 테트라사이클린의 구조. 다른 테트라시이클린-타입 항생제들도 테트라사이클린의 4개의 순환고리 구조를 공유하며 서로 아주 유사하다.

Q 테트라사이클린은 어떻게 세균에 영향을 미치는가?

테트라사이클린[oxytetracycline, 약품명: 테라마이신(Terramycin)], 클로르테트라사이클린[chlortetracycline, 약품명: 오레오마이신(Aureomycin)]과 테트라사이클린 자체이다(그림 13.11).

독시사이클린(doxycycline)과 미노사이클린(minocycline) 같은 반합성 테트라사이클린도 있는데 이들은 체내에 더 오래 머문다는 장점이 있다.

테트라사이클린은 여러 요로 감염, 마이코프라스마성 폐렴, 클라미디아와 리케차 감염을 치료하는 데 사용한다. 이들은 또한 매독과 임질 같은 성병의 대체 약제로도 자주 사용된다. 넓은 작용 범위 때문에 테트라사이클린은 종종 정상 장내 미생물상을 감소시켜 소화불량을 일으키고 종종 중복감염에 이르게도 하는데, 특히 진균인 칸디다 알비칸스에 의해 일어나는 감염이다. 테트라사이클린은 동물 사료에 가장 흔하게 첨가되는 항생제인데, 이를 사용하면 가축의 체중이 훨씬 빠르게 증가한다. 하지만 인체 건강에도 일부 문제를 일으킬 수 있다.

글라이실사이클린

글라이실사이클린(glycylcycline)은 2000년도 이후에 개발된 새로운 종류의 항생제로 테트라사이클린과 구조가 유사하다. 가장 잘 알려진 것이 타이게사이클린[tygecycline, 약품명: 타이가실(Tygacil)]이다. 이 항생제는 광범위 세균 성장억제 항생제로 30S 리보솜 소단위에 결합하여 단백질 합성을 억제한다. 이 약물의 중요한 장점은 세균의 항생제 내성의 중요한 작용 원리의 하나인 약물의 빠른 방출 효과를 방해하는 것이다. 정맥을 통해 느리게 주사해야 하는 것이 단점 중의 하나이다. MRSA와 다약재내성 아시네토박터 바우마니(*Acinetobacter baumanii*) 균주에 특히 효과가 있다.

매크로라이드

매크로라이드(macrolide)는 매크로사이크릭 락톤 고리를 가진 항생제 그룹이다. 임상에서 가장 잘 알려진 것이 에리스로마이신(erythromycin)이다(그림 13.12). 작용 방식은 그림 13.4a에 보여준 늘어나는 폴리

그림 13.12 메크로라이드 계열의 대표적 항균성 항생제인 에리스로마이신의 구조. 모든 메크로라이드는 그림에서 보여주는 메크로사이클릭 락톤 고리를 가지고 있다.

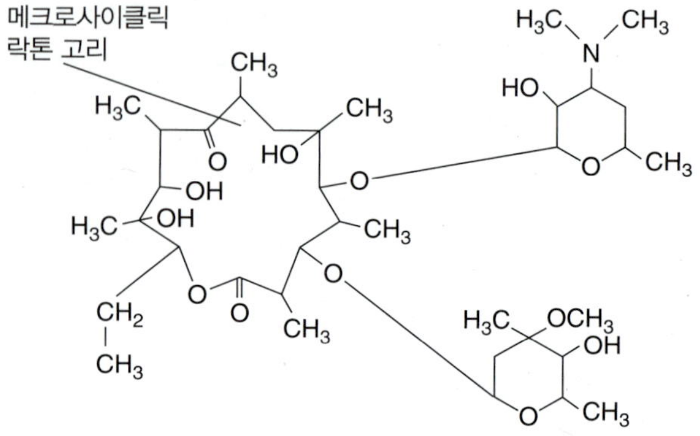

Q 매크로라이드는 어떻게 세균에 영향을 미치는가?

펩티드 사슬의 통로를 확실하게 막음으로써 단백질 합성을 억제하는 것이다. 그러나 에리스로마이신은 대부분의 그람음성 바실루스 간균의 세포벽을 통과할 수 없다. 따라서 이들의 효능 범위는 페니실린 G와 유사하며, 페니실린의 대체 약물로 주로 사용한다. 경구로 투여할 수 있기 때문에 오렌지 맛을 가미한 에리스로마이신 제품은 어린아이의 포도상구균과 연쇄상구균을 치료하기 위한 페니실린의 대체 약물로 주로 사용한다. 에리스로마이신은 **재향군인병(legionellosis)**, 마이코플라스마성 폐렴 및 여러 다른 감염을 치료하기 위한 약제로도 사용한다.

차세대 반합성 메크로라이드인 **케톨라이드(ketolide)**는 다른 매크로라이드에 대한 내성 증가에 대처하기 위해 개발되었다. 이 세대 약물의 원조는 텔리스로마이신[telithromycin, 약품명: 케텍(Ketek)]이다. 하지만 이것은 독성과 연관된 여러 가지 중대한 제약이 있다.

스트렙토그라민

앞서 반코마이신-내성 병원체의 출현이 심각한 의료 문제를 일으킨다고 언급한 바 있다. **스트렙토그라민(streptogramin)**이란 독특한 그룹의 항생제가 이에 대한 해결책일 수 있다. 처음 출시된 이러한 항생제의 하나인 시너시드(Synercid)는 매크로라이드와 연관이 적은 두 개의 고리형 펩티드인 퀴누프리스틴(quinupristin)과 달포프리스틴(dalfopristin)의 결합물이다. 이들은 클로람페니콜과 같은 다른 항생제처럼 리보솜의 50S 소단위에 결합하여 단백질 합성을 저해한다. 하지만 시너시드는 리보솜의 다른 특정 부위에 작용한다. 달포프리스틴은 단백질 합성의 초기 단계를 방해하고 퀴누프리스틴은 그 이후의 과정을 저해한다. 이들의 연합작용으로 불완전하게 합성된 펩티드 사슬이 리보솜에서 방출되고 단백질 합성 저해 효과가 상승된다. 시너시드는 다른 항생제에 내성을 가지는 여러 그람양성세

균에 광범위하게 효과가 있다. 이러한 성질 때문에 이 항생제가 비싸고 심각한 부작용을 가지고 있기는 하지만 특별한 가치가 있는 것이다.

옥사졸리디논

옥사졸리디논(oxazolidinone)은 또 다른 차세대 항생제로 반코마이신에 대한 내성을 해결하기 위해 개발되었다. 미국 식품의약국(FDA)이 2001년 이 항생제의 사용을 승인했는데, 이는 최근 25년 만에 승인된 최초의 새로운 계열의 항생제이다. 단백질 합성을 저해하는 여러 다른 항생제처럼 옥사졸리디논도 리보솜에 작용한다(그림 13.4 참조). 그러나 이들의 표적은 특이하게도 30S 소단위에 인접한 50S 소단위에 결합한다. 이 항생제는 완전한 합성 약물인데, 이 때문에 항생제에 대한 내성이 천천히 생길 수 있다. 이러한 항생제 그룹의 한 가지가 리네졸리드[linezolid, 약품명: 자이복스, (Zyvox)]이며 주로 MRSA 치료에 사용한다.

프레우로뮤틸린

프레우로뮤틸린(pleuromutilin) 유도체와 옥사졸리디논은 2000년도 이후에 개발된 두 개의 새로운 계열의 항생제를 대표한다(아래의 지질펩티드에 대한 설명 참조). 이 그룹의 가장 잘 알려진 두 개의 항생제는 뮤틸린(mutilin)과 렛파물린(retpamulin)이다. 이들은 매크로라이드와 같은 리보솜의 부위를 표적으로 하지만 매크로라이드에 대한 내성에는 영향이 없으며 그람양성세균에 효과적이다. 처음에는 프레우로티스 뮤틸러스(*Pleurotis mutilus*)라는 버섯에서 추출하였지만 지금은 대부분 반합성 유도체이다.

원형질막 손상

세균 원형질막의 합성에는 기본 구성물인 지방산의 합성이 필요하다. 새로운 항생제에 대한 매력적인 표적을 찾던 연구자들은 인간과 다른 세균의 독특한 지방산 생합성 대사과정에 특별한 관심을 가졌다. 여러 항생제와 항미생물 약물의 작용 기반은 이 과정을 억제하는 것이었다. 하지만 이러한 접근 방법의 약점은 여러 세균 병원체가 혈청으로부터 지방산을 흡수할 수 있다는 것이다. 항생제를 생산하는 스트렙토마이세트 균이 존재하는 토양 환경에는 지방산이 없다. 지방산 합성을 표적으로 하는 우수한 항미생물제에는 결핵치료제인 이소니아지드와 주방용 항균 소독제인 트리클로산(triclosan)이 있다.

지질펩티드

최근에 개발한 새로운 계열의 항생제 중 하나가 **지질펩티드(lipopeptide)**이다. 한 스트렙토마이세트 균이 생산한 댑토마이신(daptomycin)이 그 예이며 그람양성세균에 작용한다. 세균의 세포막을 공격하는 것이 이들의 작용 원리로 보이는데, 그 결과 막 구조가 변하고 이로 인해 DNA와 RNA, 단백질 합성이 중지되어 세균이 빠르게 죽게 된다. MRSA 감염을 치료하기 위해 승인된 약물이다.

폴리믹신 B(polymyxin B)는 그람음성세균에 대한 효과적인 살균 항생제이다. 오랜 기간 동안 그람음성 슈도모나스 감염 치료에 사용하던 몇 안 되는 약물 중에 하나였다. 오늘날 폴리믹신 B는 피부감염에 대한 연고치료제 이외에는 사용하지 않는다.

바시트라신과 폴리믹신 B는 일반적으로 광범위 아미노글라이코사이드인 네오마이신과 섞어 살균효과가 있는 연고 형태로 사용하며 아주 드문 경우를 제외하고는 처방전 없이 구입할 수 있다.

핵산(DNA/RNA) 합성 저해제

리파마이신

리파마이신(rifamycin) 계열의 항생제 중 가장 잘 알려진 것은 리팜핀이다. 이 약들은 구조적으로 매크로라이드와 연관이 있으며 mRNA 합성을 억제한다. 지금까지 리팜핀의 가장 중요한 사용은 마이코박테리아에 대항하여 결핵과 나병을 치료하는 것이다. 리팜핀의 중요한 특징은 조직에 침투하고 치료에 필요한 양이 뇌척수액과 농양에 도달할 수 있는 능력에 있다. 결핵균이 주로 조직이나 대식세포 안에 존재하기 때문에 이러한 특성이 아마도 항결핵 활성에 중요한 요인일 것이다. 드물게 리팜핀은 소변, 대변, 침, 땀과 심지어는 눈물까지 다홍색이 되는 부작용이 있다.

퀴놀론과 플루오로퀴놀론

1960년대 초반에 **퀴놀론(quinolone)** 그룹의 첫 번째 합성 항생제인 날리딕산(nalidixic acid)이 개발되었다. 이 약물은 DNA 복제에 필요한 DNA 자이레이즈(DNA gyrase)를 선택적으로 저해하는 특이한 살균효과를 발휘한다. 날리딕산은 단지 요로 감염에만 제한적으로 사용하지만 이는 1980년대에 수많은 합성 퀴놀론 그룹인 **플루오로퀴놀론(fluoroquinolone)** 개발의 선도적 역할을 했다.

플루오로퀴놀론은 여러 그룹으로 나누어지는데 각 그룹은 꾸준히 그 효능 범위를 넓혀가고 있다. 가장 초기 세대 약제에는 널리 사용되는 노르플록사신(norfloxacin)과 시프로플록사신(ciprofloxacin)이 포함된다. 후자는 시프로(Cipro)라는 약품명으로 더 잘 알려져 있으며 일반적으로 탄저병 치료에 사용한다. 새로운 그룹의 플루오로퀴놀론에는 가티플록사신(gatifloxacin), 제미플록사신(gemifloxacin), 목시플록사신(moxifloxacin) 등이 있다. 목시플록사신을 제외한 두 항생제는 요로 감염과 특정 형태의 폐렴 치료에 선택적으로 사용한다.

전반적으로 플루오로퀴놀론은 상대적으로 독성이 없다. 이들에 대한 내성은 빠르게 생기는데 심지어 치료 중에도 생기기도 한다.

필수 대사산물 합성의 경쟁적 저해제

설폰아미드

앞서 언급한 대로 **설폰아미드(sulfonamide)** 또는 **설파제(sulfa drug)**는 미생물 질병을 치료하기 위해 사용한 첫 번째 합성 항미생물제이다. 화학치료에서 설파제의 중요성이 점차 줄어들고 있지만 특정한 요로 감염 치료에 계속 사용하고 있고 또한 화상 환자의 감염을 조절하기 위해 실버 설파디아진(silver sulfadiazine)과 함께 사용한다. 설폰아미드는 주로 세균의 성장을 억제하는 약제로 이들의 활성은 파라-아미노벤조익산(*para*-aminobenzoic acid, PABA)과 구조가 유사하기 때문이다. 인간은 음식물에서 PABA를 섭취하는 반면에 설파제에 민감한 미생물은 이것을 직접 합성해야만 한다.

오늘날 가장 널리 사용하는 설파제는 아마도 **트리메토프림**(trimethoprim)과 **설파메톡사졸**(sulfamethoxazole)의 혼합제(TMP-SMZ)이다. 이러한 혼합은 약제 **상승작용(synergism)**의 좋은 예이다. 혼합으로 사용하면 약을 따로 사용할 때에 필요한 농도의 단 10%만 있으면 된다. 혼합사용은 또한 더 넓은 범위의 효능을 갖게 하고 내성 균주의 출현도 크게 감소시킨다.

그림 13.13은 두 가지 약이 DNA, RNA 및 단백질의 전구체를 합성하는 대사 과정의 다른 단계를 어떻게 저해하는지를 보여준다.

항진균제

진균을 비롯한 진핵생물은 인간 세포와 같은 원리로 단백질과 핵산을 합성한다. 그래서 원핵생물보다는 진핵생물에 대한 선택적 독성의 표적을 찾는 것이 더 어렵다. 게다가 특히 AIDS 환자와 같이 면역반응이 억제된 사람에게 기회 감염으로 인해 진균 감염이 더 자주 일어난다.

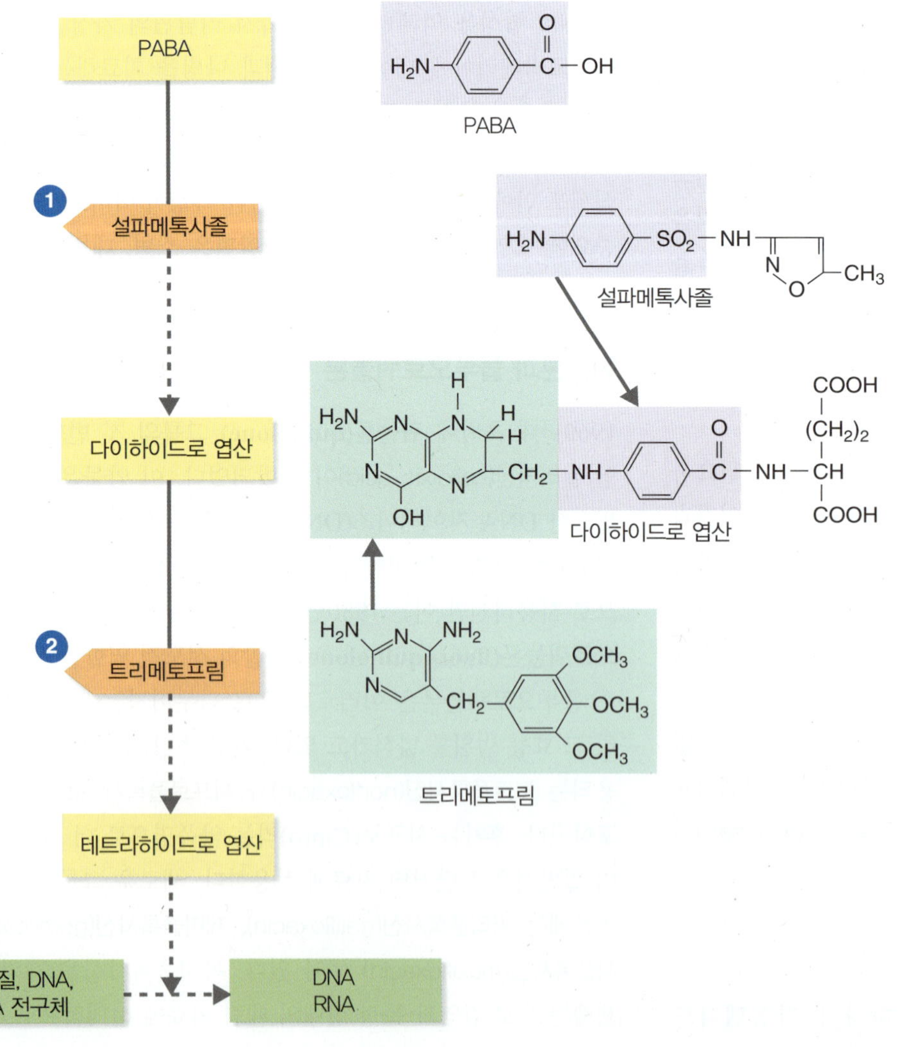

그림 13.13 합성 항균제 트리메토프림과 설파메톡사졸의 작용 원리. TMP-SMZ는 다른 단계에서 DNA와 RNA, 단백질 전구체의 합성을 저해한다. 이 약물을 함께 사용하면 상승작용이 있다.

1. 설파메톡사졸, PABA의 구조 유사체인 설폰아미드의 하나로 PABA로부터 다이하이드로 엽산의 합성을 경쟁적으로 저해한다.
2. 트리메토프림, 다이하이드로 엽산의 한 부분의 구조 유사체로 테트라하이드로 엽산 합성을 경쟁적으로 저해한다.

Q 약의 상승작용을 정의하시오.

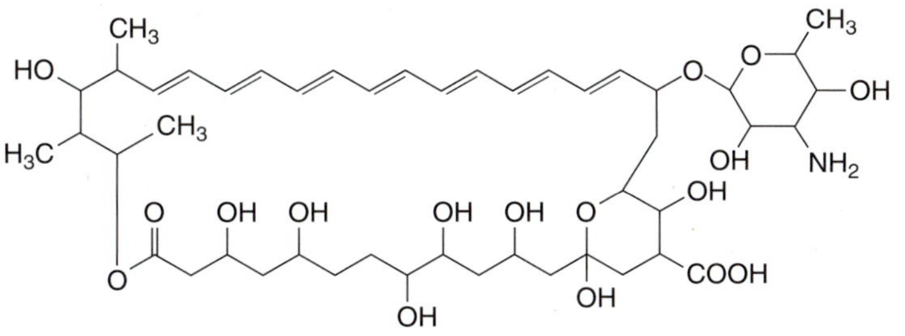

암포테리신 B

그림 13.14 폴리엔을 대표하는 항진균제인 암포테리신 B의 구조

Q 폴리엔이 진균의 원형질막은 손상시키지만 세균의 막에는 영향이 없는 이유가 무엇인가?

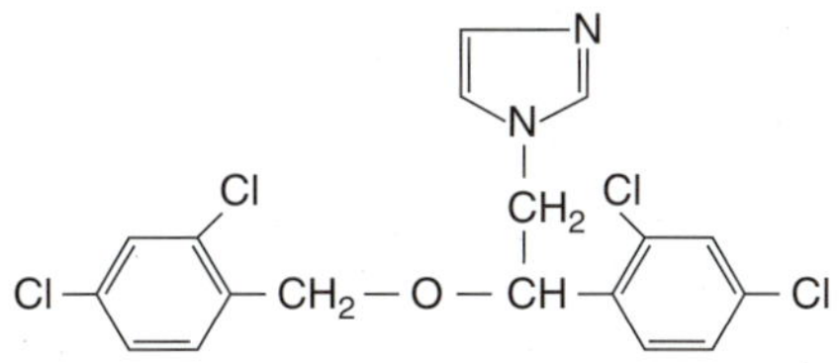

미코나졸

그림 13.15 이미다졸을 대표하는 항진균제인 미코나졸의 구조

Q 아졸은 어떻게 진균에 영향을 미치는가?

진균의 스테롤에 영향을 주는 약물

여러 항진균제는 원형질막의 스테롤을 표적으로 한다. 진균 원형질막의 주된 스테롤은 에르고스테롤(ergosterol)이고 동물은 콜레스테롤(cholesterol)이다. 진균 막의 에르고스테롤 생합성이 방해를 받으면 막의 투과성이 크게 증가하여 세포가 죽는다. 에르고스테롤 생합성의 저해는 폴리엔(polyene), 아졸(azole), 알릴아민(allylamine) 그룹 등을 비롯한 여러 항진균제가 선택적 독성을 가지는 기본 원리이다.

폴리엔 암포테리신 B(amphotericin B)는 가장 많이 사용되는 항진균 **폴리엔 항생제(polyene antibiotics)**이다(그림 13.14). 토양 스트렙토마이세스 종이 만드는 암포테리신 B는 오랫동안 히스토플라스마증(histoplasmosis)과 콕시디오이데스 진균증(coccidioidomycosis), 분아균증(blastomycosis)과 같은 침투성 진균증을 치료하는 대표 약물이었다. 하지만 약의 독성, 특히 신장에 대한 독성 때문에 아주 제한적으로 사용한다. 지방으로 둘러싼 리포솜(*liposomes*) 형태로 투여하면 독성을 최소화할 수 있다.

아졸 가장 널리 사용하는 항진균제의 일부는 **아졸 항생제(azole antibiotics)**에 속한다. 이들이 개발되기 전에 침투성 진균 감염에 사용했던 유일한 약은 암포테리신 B와 플루사이토신(flucytocine)이다(뒤에서 다시 설명). 첫 번째 아졸은 **클로트리마졸**(clotrimazole)과 **미코나졸**(miconazole) 같은 **이미다졸(imidazole)**이다(그림 13.15). 이들은 현재 무좀과 여성 질의 효모감염과 같은 피부 진균증의 치료를 위해 처방전이 필요 없는 연고 형태로 판매한다. 이 그룹의 다른 중요한 약제로는 특이하게 진균에 대한 넓은 범위의 효능을 가진 **케토코나졸**(ketoconazole)이다. 케토코나졸을 복용하면 암포테리신 B의 대체 약물로 여러 침투성 진균감염을 치료할 수 있고, 연고형태는 피부진균증(dermatomycoses)을 치료하는 데 사용한다.

독성이 적은 **트리아졸(triazole)**이 개발되자 침투성 감염 치료에 대한 케토코나졸의 사용이 줄어들었다. 이러한 형태의 최초 약물은 **플루코나졸**(fluconazole)과 **이트라코나졸**(itraconazole)이다. 이들은 훨씬 더 물에 잘 녹고, 더 간편하게 사용할 수 있도록 만들어 침투성 감염에 더 효과적이다. 트리아졸 그룹은 최근 **보리코나졸**(voriconazole)이 소개되면서 그 범위가 더 확장되었고, 이 약은 면역억제 환자의 누룩곰팡이(*Aspergillus*) 감염을 치료하기 위한 새로운 표준약물이 되었다. 가장 최근에 승인된 트리아졸 약물은 **포사코나졸**(posaconazole)로 아마도 다수의 침투성 진균 감염을 치료하기 위해 사용될 것이다.

알릴아민 **알릴아민(allylamine)**은 기능적으로 독특하게 에르고스테롤의 생합성을 저해하는 항진균제의 한 그룹이다. 이 그룹에 속한 테르비나핀(terbinafine)과 나프티핀(naftifine)은 아졸 타입의 항진균제에 내성이 생겼을 때 주로 사용한다.

진균 세포벽에 영향을 주는 약물

진균의 세포벽은 특이한 화합물을 포함하고 있다. 에르고스테롤 이외의 선택적 독성의 주된 표적은 베타-글루칸(β-glucan)이다. 이러한 새로운 계열의 항진균제는 **에키노칸딘(echinocandin)**으로 글루칸 생합성을 저해하여 결과적으로 불완전한 세포벽을 만들어 세포가 용해된다. 에키노칸딘 그룹의 한 약물인 **캐스포펀진**[caspofungin, 약품명: **칸시다스**(Cancidas)]은 면역체계가 제대로 발휘되지 않는 사람의 침투성 누룩곰팡이 감염을 치료하는 데 특히 효과적일 것으로 기대된다. 또한 이 약은 칸디다균과 같은 중요한 진균 치료에도 효과가 있다.

핵산을 저해하는 약물

피리미딘 사이토신의 유사체인 플루사이토신은 RNA 합성을 저해하여 결과적으로 단백질 합성을 방해한다. 이들의 선택적 독성은 플루사이토신을 5-플루오로우라실(5-fluorouracil)로 전환할 수 있는 진균의 능력 때문이며, 전환된 물질이 RNA에 삽입되어 결과적으로 단백질 합성을 저해한다. 포유동물 세포는 이 약을 전환시키는 효소가 없다. 플루사이토신은 효능 범위가 좁고 신장과 골수에 독성이 있어 제한적으로 사용된다.

기타 항진균제

그리세오풀빈(griseofulvin)은 한 종의 푸른곰팡이(*Penicillium*)가 생산하는 항생제이다. 복용약이지만 머리털과 손톱의 표피 진균 감염(두부백선 또는 백선)에 활성을 가지는 점이 흥미롭다. 이 약은 피부, 모낭 및 손톱에 존재하는 케라틴 단백질에 선택적으로 결합하는 것 같다. 작용 방식은 주로 미세소관(microtubule) 조립을 방해하여 세포분열을 억제하고 결과적으로 진균의 번식을 막는다.

톨네프테이트(tolnaftate)는 바르는 무좀치료제인 미코나졸의 일반적인 대용품으로 작용 방식은 알려져 있지 않다. 언데시레닉산(undecylenic acid)은 톨네프테이트나 이미다졸만큼 효과적이지는 않지만 무좀에 대한 항진균 활성을 가진 지방산이다.

펜타미딘(pentamidine)은 AIDS의 흔한 합병증인 뉴모시스티스성(pneumocystis) 폐렴 치료에 사용한다. 이 약은 또한 몇몇 원생동물이 유발하는 열대병의 치료에도 사용된다. 약의 작용 방식은 잘 모르지만 DNA에 결합하는 것 같다.

항바이러스제

소위 선진국에서는 전염병의 적어도 60%는 바이러스가, 15%는 세균이 원인인 것으로 추산한다. 매년 미국 인구의 90% 이상이 바이러스성 질병으로 고통받고 있다. 하지만 세균성 질병 치료에 사용하는 항생제 수에 비해 상대적으로 항바이러스제는 거의 없다. 최근 개발된 여러 항바이러스제는 유행하는 AIDS의 원인 병원체인 HIV에 대한 것이다. 따라서 실제 항바이러스제는 HIV의 화학치료제와 HIV를 제외한 더 일반적인 바이러스 치료제로 나누어 설명한다(표 13.5 참조).

바이러스는 숙주세포 안에서 거의 숙주세포의 유전 및 대사 메커니즘을 이용하여 자신을 복제하기 때문에, 숙주의 세포 기구를 손상하지 않고 바이러스만을 표적으로 하는 것은 상대적으로 어렵다. 오늘날 사용하는 여러 항바이러스제는 바이러스 DNA와 RNA 구성물질의 유사체이다. 그러나 바이러스의 증식에 관한 정보가 늘어남에 따라 항바이러스 활성에 필요한 표적이 더 늘어나고 있다.

뉴클레오시드와 뉴클레오티드 유사체

초기 항바이러스제의 분명한 표적은 인간 DNA에서는 사용하지 않는 RNA 바이러스에서 발견된 역전사효소(reverse transcriptase)였다. 이 계열의 약제 대부분은 뉴클레오시드와 뉴클레오티드 유사체로 구성되었다. 뉴클레오시드 유사체 중에서는 아시클로비어(acyclovir)를 주로 사용한다(그림 13.16). 음부 포진 치료제로 잘 알려져 있지만, 일반적으로 대부분의 허피스(herpes) 바이러스 감염, 특히 면역반응이 억제된 사람의 바이러스 감염 치료에 이 약을 사용한다. 아시클로비어는 바이러스 효소 타이미딘 인산화효소

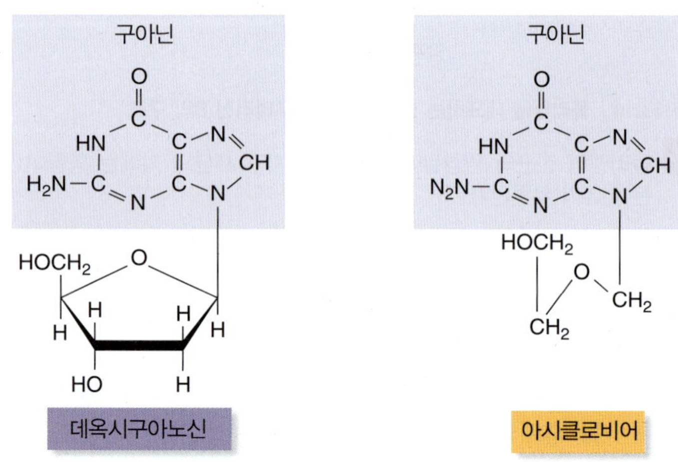

(a) 아시클로비어는 뉴클레오시드 데옥시구아노신과 구조적으로 유사하다.

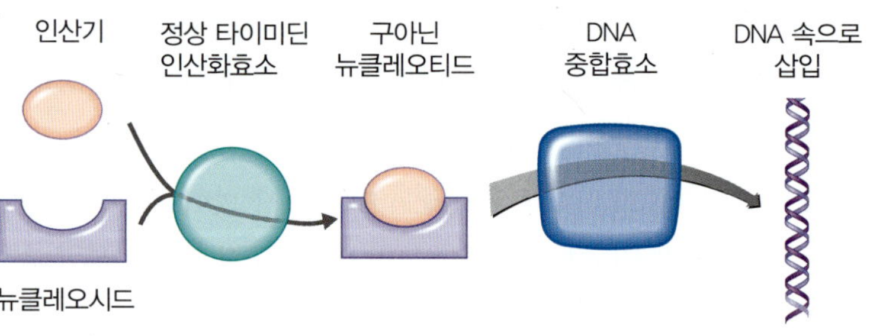

(b) 타이미딘 인산화효소는 인산기를 뉴클레오시드에 결합하여 뉴클레오티드를 합성하고 이는 다시 DNA 속으로 삽입된다.

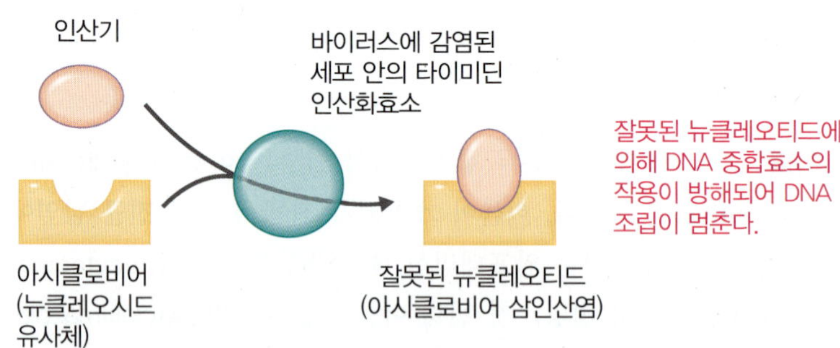

(c) 아시클로비어는 바이러스가 감염되지 않아 정상적인 타이미딘 인산화효소를 가지고 있는 세포에는 영향이 없다. 바이러스가 감염된 세포에서는 타이미딘 인산화효소가 변형되어 뉴클레오시드 데옥시구아노신의 유사체인 아시클로비어를 잘못된 뉴클레오티드로 전환시키고 이들이 결국 DNA 중합효소에 의한 DNA 합성을 중단시킨다.

그림 13.16 항바이러스제 아시클로비어의 구조와 기능

Q 일반적으로 바이러스 감염이 화학치료제로 치료하기가 어려운 이유가 무엇인가?

(thymidine kinase)에 의해 선택적으로 사용된다. **팜시클로비어**(famciclovir)와 **간시클로비어**(ganciclovir)는 아시클로비어 유도체로 작용 방식은 유사하다. **리바비린**(ribavirin)은 **구아닌**(guanine) 뉴클레오시드와 유사하며 원래 돌연변이율이 높은 RNA 바이러스의 돌연변이를 가속화시켜 축적된 오류가 한계점에 도달하게 되면 바이러스는 죽는다. 뉴클레오시드 유사체인 **라미부딘**(lamivudine)은 B형 간염치료에 사용한다. 뉴클레오티드 유사체인 **아데포비어 디피복실**[adefovir dipivoxi, 상품명: **햅세라**(Hepsera)]은 최근 라미부딘에 내성을 가지는 환자 치료에 사용한다. 뉴클레오시드 유도체인 **시도포비어**(cidofovir)는 현재 눈에 감염된 세포거대바이러스(cytomegalovirus) 치료에 사용한다. 그러나 이 약은 흥미롭게도 천연두 치료에도 효과가 있다.

다른 효소 활성 저해제

뉴라민가수분해효소(neuraminidase)의(표 13.5 참조) 두 가지 저해제인 **자나미비어**[zanamivir, 상품명: 리렌자(Relenza)]와 **오셀타미비어**[oseltamivir, 상품명: 타미플루(Tamiflu)]는 인플루엔자 독감 치료에 사용한다.

인터페론

바이러스에 감염된 세포는 종종 감염이 더 전파되는 것을 막아주는 인터페론을 생산한다. 사람의 인터페론에는 크게 세 가지 알파와 베타, 감마 형태가 있다. 알파와 베타 인테페론은 바이러스에 감염된 숙주세포에서 아주 소량 생산되어 주변에 감염되지 않은 세포로 확산된다. 이들은 세포막 또는 핵막에 있는 수용체와 반응하여 감염되지 않은 세포가 항바이러스단백질(antiviral protein, AVP)의 mRNA를 만들도록 유도한다. AVP는 바이러스 증식의 여러 단계를 방해하는 효소이다. 감마인터페론은 림프구에서 만들어져 호중성백혈구와 대식세포가 세균을 죽이도록 유도한다. 감마인터페론은 대식세포가 일산화질소(NO)를 만들어 세균을 죽이도록 하며, ATP 합성을 억제하여 종양세포를 죽인다. **알파 인터페론**은 현재 간염 바이러스 치료에 사용한다. 최근 개발된 항바이러스제인 **이미퀴모드**(imiquimod)는 인터페론 생산을 자극할 수 있다. 종종 생식기에 생기는 사마귀 치료용으로 이 약을 처방한다.

AIDS/HIV를 치료하는 항바이러스제

전 세계적 전염병인 HIV 감염을 효과적으로 치료하기 위한 관심 때문에 이들을 위해 개발한 여러 항바이러스제를 별도로 논의할 필요가 있다. HIV는 RNA 바이러스로 이들의 복제는 DNA로부터 RNA 합성을 조절하는 역전사효소에 의존한다. 사실상, **항레트로바이러스제(antiretroviral)**란 용어는 현재 HIV 감염을 치료하기 위해 사용하는 약을 의미한다. 잘 알려진 **뉴클레오시드**와 **뉴클레오티드 유사체**의 한 예는 각각 **지도부딘**(zidovudine)과 **테노포비어**(tenofovir)이다. HIV 치료에 필요한 수많은 약제를 고려하고, 특히 내성을 가지는 바이러스의 생성을 최소화하기 위해 이러한 약들을 함께 사용하는 방법이 개발되었다. 그 예로 아트리프라(Atripla)라는 약은 **테노포비어**(tenofovir), **엠트리시타빈**(emtricitabine)과 **에파비렌즈**(efavirenz)를 혼합한 것이다.

역전사효소를 저해하는 모든 약제가 뉴클레오시드나 뉴클레오티드 유사체는 아니다. 예를 들면, 몇 개 안 되는 뉴클레오시드 유사체가 아닌 약 중의 하나인 **네비라핀**(nevirapine)은 다른 작용 원리로 RNA 합성을 억제한다.

HIV의 증식 방법이 잘 알려짐에 따라 이를 제어하는 다른 접근 방법이 개발되었다. HIV에 감염된 숙주세포가 새로운 바이러스를 만들 때 이 과정은 단백질 가수분해효소가 처음 합성된 미성숙한 커다란 단백질을 자름으로써 시작된다. 결과적으로 잘려진 단백질 조각들은 새로운 바이러스 조립에 사용된다. 큰 단백질과 유사한 아미노산 서열의 가진 펩티드가 이러한 단백질 가수분해효소의 활성을 간섭하는 경쟁적 저해제로 작용할 수 있다. **단백질 가수분해효소 저해제(prorease inhibitor)**인 **아타자나비어**(atazanavir)와 **인디나비어**(indinavir), **사퀴나비어**(saquinavir)를 역전사효소 저해제와 함께 사용하면 아주 효과적이란 사실이 증명되었다.

HIV 증식의 새로운 표적을 이용하는 약이 개발 중에 있으며 몇 종은 현재 임상실험 중이다. 이러한 것들 중에는 바이러스 DNA를 감염된 세포의 DNA로 삽입시키는 효소를 방해하는 **인테그라아제 저해제(integrase inhibitor)**가 있다. 이러한 새로운 종류의 HIV 항바이러스제로 처음 승인을 받은 약은 **랄테그라비어**(raltegravir)이다.

바이러스 감염은 반드시 세포 내로 들어가야만 한다. **유입 저해제(entry inhibitor)**는 HIV가 세포 안으로 들어가기 전에 결합하는 CCR5와 같은 수용체를 표적으로 하는 항바이러스제를 포함한다(그림 13.17 참조). 감염 단계에서 이러한 바이러스 유입을 표적으로 하여 개발된 첫 번째 약물은 **마라비록**(maraviroc)이다. HIV가 세포 안으로 들어가는 과정은 **엔푸비르타이드**(enfuvirtide)와 같은 **융합 저해제(fusion inhibitor)**에 의해서도 억제된다. 이 약은 합성 펩티드로 HIV-1 외피의 gp41 단백질의 한 부분을 흉내 내어 바이러스 유입과 세포 융합을 억제한다. 하지만 가격이 상당히 비싸고 하루 두 번 주사해야만 하는 번거로움이 있다.

항원생동물제

수백 년 동안, 페루의 기나나무(cinchona tree) 껍질의 퀴닌(quinine)

HIV의 구조와 CD4⁺ T세포의 감염. 바이러스 막에 있는 gp120 당단백질 돌기가 CD4⁺ 세포 수용체에 부착한다. gp41 막관통당단백질이 어떤 융합 수용체에 결합하여 융합을 촉진하는 것으로 추정된다.

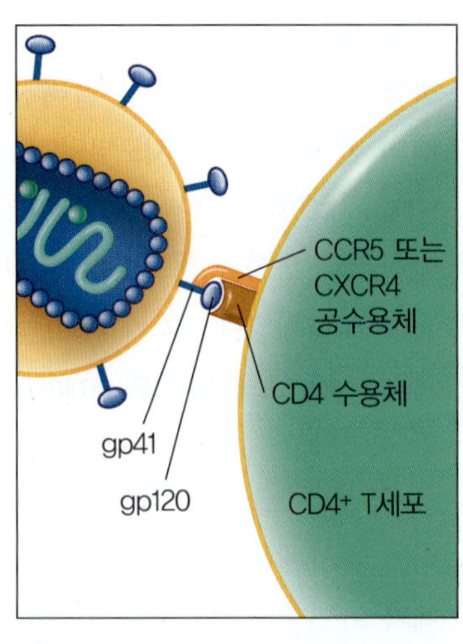

1 부착. gp120 돌기가 CD4 수용체 및 CCR5 또는 CXCR4 공수용체에 부착한다.

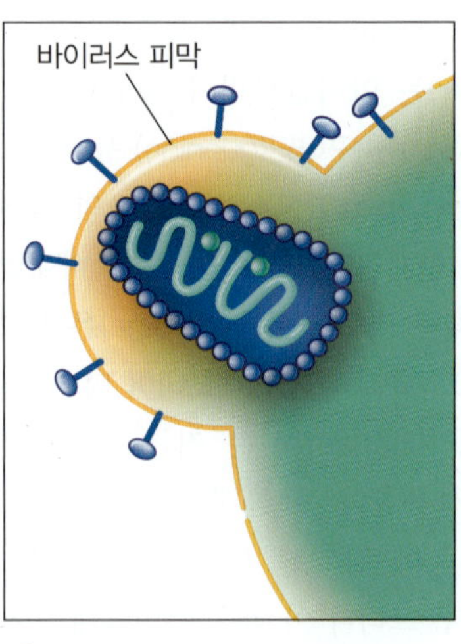

2 융합. gp41이 HIV와 숙주세포 사이의 융합을 촉진한다.

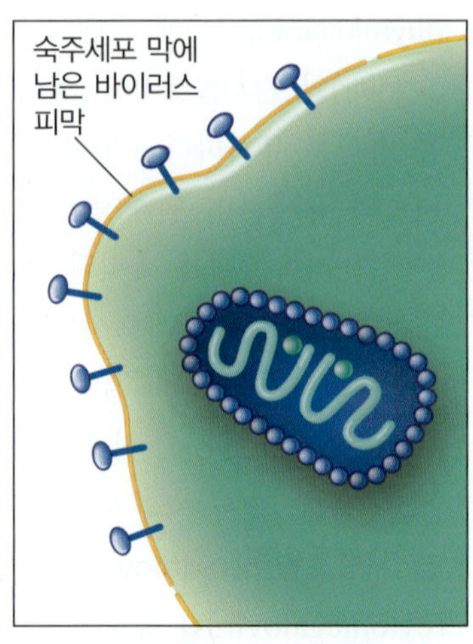

3 침투. 융합된 후에, 진입 통로가 만들어지고, 바이러스 외피는 숙주세포막에 남는다. 외피가 제거된 HIV RNA 코어(core)는 새로운 바이러스 합성을 지시한다.

그림 13.17 HIV 구조 및 표적 T세포의 수용체에 부착 방법

 HIV가 주로 CD4⁺ 세포에 감염하는 이유는 무엇인가?

성분이 말라리아를 치료하는 데 효과가 있다고 알려진 유일한 약이었다. 페루 원주민들은 퀴닌이 효과적인 근육이완제이고 퀴닌이 말라리아열에 의한 오한 증세를 조절한다는 사실을 알고 있었다. 사실, 말라리아의 원인 병원체에 대한 퀴닌의 독성은 이러한 특성과는 무관하다. 이 약은 1600년도 초반에 유럽에 소개되어 "기나껍질 가루(Jesuit's powder)"로 알려졌다.

원생동물성 질병인 말라리아 치료에 **퀴닌(quinine)**을 여전히 사용하고 있지만, 대부분은 합성유도체인 **클로로퀸(chloroquine)**으로 대체되었다. 클로로퀸에 내성이 생긴 질병이 있는 지역의 말라리아의 예방에는 새로운 약인 **메프로퀸[mefloquine, 상품명: 라리암(Lariam)]**을 종종 사용하지만, 이 약은 심각한 정신의학적인 부작용이 있는 것으로 알려져 있다.

가장 널리 사용되고 가격이 가장 저렴한 약인 클로로퀸에 대한 내성이 거의 보편적인 것이 되자, 중국 관목의 생산물인 **알테미시닌(artemisinin)**과 **알테미시닌 기반 복합치료법(artemisinin-based combination therapy, ACT)**이 말라리아의 주요 치료 방법이 되었다. 알테미시닌은 열을 다스리기 위해 오랫동안 사용해온 중국 전통 한방약으로 중국 과학자들이 주도하여 1971년 이 약의 항말라리아 특성을 확인했다. ACT는 무성생식 단계에 있는 혈액 내 열원충 종(*Plasmodium* spp.)을 죽이며(그림 9.17), 모기에 의해 감염이 전파되는 유성생식 단계도 영향을 준다. 클로로퀸과 비교해보면 가격이 비싼 ACT는 말라리아가 발생하기 쉬운 지역에서는 문제가 된다. 그 결과 저가의 효력 없는 가짜 ACT가 널리 만연하게 되었다. 이러한 가짜약들의 일부는 간단한 검사를 통과할 정도의 진짜 약 성분을 포함하고 있지만 이러한 낮은 농도의 약 사용으로 약에 대한 내성 발생이 가속화되었다.

퀴나크린(quinacrine)은 원생동물성 질병인 편모충증(giardiasis)을 치료하는 약이다. **디아이오도하이드록시퀸(diiodohydroxyquin)** 또는 아이오도퀴놀(*iodoquinol*)은 장에 발생하는 여러 아메바성 질병에 처방하는 중요한 약이지만 시신경의 손상을 피하기 위해 사용량을 신중하게 조절해야만 한다.

메트로니다졸[metronidazole, 상품명: 프라질(Flagyl)]은 가장 널리 사용되는 항원생동물제 중의 하나이다. 이 약은 특이하게 기생성 원생동물뿐만 아니라 절대 혐기성 세균에도 활성을 가진다. 예를 들면, 항원생동물 치료제로서 질편모충(*Trichomonas vaginalis*)이 원인인 질염 치료에 사용된다. 또한 편모충증과 아메바성 이질 치료에도 사용된다. 작용 방식은 원생동물이 클로스트리듐(*Clostridium*)과 같은 특정 절대 혐기성 세균과 우연하게 공유하게 된 혐기적 대사과정을 간섭하는 것이다.

티니다졸(tinidazole)은 메트로니다졸과 유사한 약으로 편모충증과 아메바증(amebiasis), 질 트리코모나스증(trichomoniasis)의 치료에 효과적이다. 또 다른 항원생동물제인 **니타족사니드(nitazoxanide)**는 크립토스포르디움 호미니스(*Cryptosporidium hominis*)가 원인인 설사증세를 치료하는 약으로 승인된 첫 번째 약이다. 이 약은 편모충증과 아메바증 치료에도 활성이 있다. 흥미롭게도 이 약은 여러 기생충병의 치료는 물론 여러 혐기성 세균에도 효과가 있다.

화학요법을 결정하기 위한 검사

미생물 종에 따라 화학치료제에 대한 감수성의 정도가 다르다. 더욱이 미생물의 감수성은 심지어 특정 약물로 치료하는 동안에도 시시각각 변한다. 따라서 의사는 치료를 시작하기 전에 병원체의 감수성에 대해 알아야만 한다. 하지만 때로는 감수성 조사 결과를 기다릴 수 없어 의사들은 병의 원인이 되는 병원체에 가장 적합하다고 생각하는 "최선의 추측"에 근거하여 치료를 시작해야만 한다.

화학치료제가 특정 병원체에 효과가 있을지를 알아내기 위해 여러 검사들을 사용할 수 있다. 그러나 병원체가 예를 들어 녹농균, 베타 용혈성 연쇄상구균 또는 임균(gonococci)으로 확인되면 특별한 감수성 검사 없이 특정한 약을 선택할 수 있다. 검사는 감수성을 예측할 수 없을 때나 항생제 내성 문제가 발생했을 때 필요하다.

확산법

최상은 아니지만 가장 널리 사용하는 검사법은 커비-바우어 검사(Kirby-Bauer test)로도 알려진 **디스크 확산법(disk-diffusion method)**이다(그림 13.18). 한천배지를 담은 페트리 접시 표면에 일정한 양의 검사 균주를 균일하게 접종한 다음 정해진 농도의 화학치료제가 묻어 있는 여과지 디스크를 고체화된 한천배지 표면에 올려놓는다. 배양 기간 동안에 화학치료제는 디스크에서 한천으로 확산된다. 치료제가 디스크로부터 더 멀리 확산되면 그 농도는 더 낮아진다. 만일 화학치료제가 효과가 있다면 일정한 배양기간 후에 디스크 주위에 균 성장이 **저해된 투명한 지역**이 형성된다. 이러한 지역의 직경을 잴 수 있는데, 일반적으로 지역이 크면 클수록 미생물은 해당 항생제에 더 감수성을 가지는 것이다. 투명한 지역의 직경을 약과 농도에 대한 표준 목록과 비교하여 대상 미생물을 감수성(sensitive), 중간 내성(intermediate) 또는 내성(resistant)으로 기록한다. 그러나 용해도가 낮은 약의 경우에는, 미생물의 감수성을 의미하는 투명한 저해 지역의 직경이 용해도가 높아 확산이 더 잘되는 약의 직경보다 훨씬 더 작을 것이다. 이러한 디스크 확산법에 의해 얻어진 결과들은 여러 임상 목적으로 사용하기에는 부적당할 때가 많다. 그러나 검사가 간단하고 비용이 저렴하여 복잡한 실험시설이 없는 곳에서는 가장 많이 사용하는 방법이다.

좀 더 발전된 확산 검사 방법인 **E 검사(E test)**를 통해 검사 담당자는 육안으로 볼 수 있을 정도로 세균의 성장을 억제하는 항생제 최소농도를 뜻하는 **최소저해농도(minimal inhibitory concentration, MIC)**를 결정할 수 있다. 항생제가 발라진 플라스틱 띠에는 항생제의 농도기울기가 형성되어 있고 MIC는 띠에 새겨진 눈금을 읽어 쉽게 결정할 수 있다(그림 13.19).

배양액 희석 검사

희석 방법의 단점은 약이 세균을 죽이는 것인지 아니면 단지 성장을 억제하는 것인지를 결정하지 못한다는 것이다. **배양액 희석 검사**는 종종 항미생물제의 MIC와 **최소살균농도(minimal bactericidal concentration, MBC)**를 결정하는 데 사용한다. 해당 항생제의 농도가 연속적으로 감소되게 만든 배양액에 검사할 세균을 접종하여

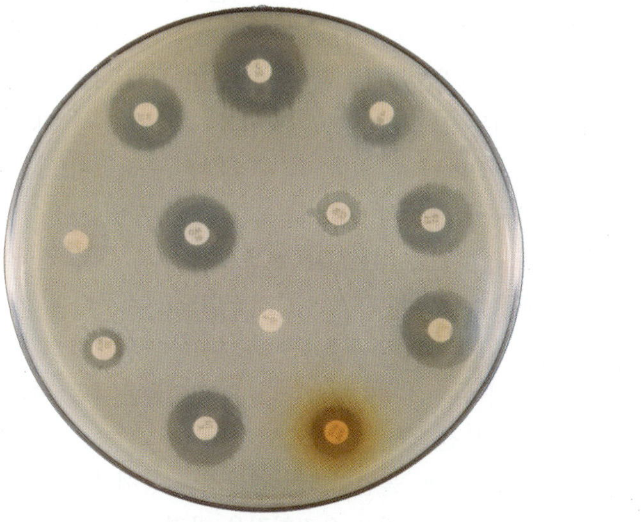

그림 13.18 항미생물제의 활성을 결정하는 디스크-확산 검사법 각 디스크에는 주변 한천배지로 확산되는 다른 화학치료제가 들어 있다. 투명한 지역은 한천배지 표면에 접종한 미생물의 성장이 억제된 것을 의미한다.

Q 검사한 세균에 대해 가장 효과적인 약물은 어느 것인가?

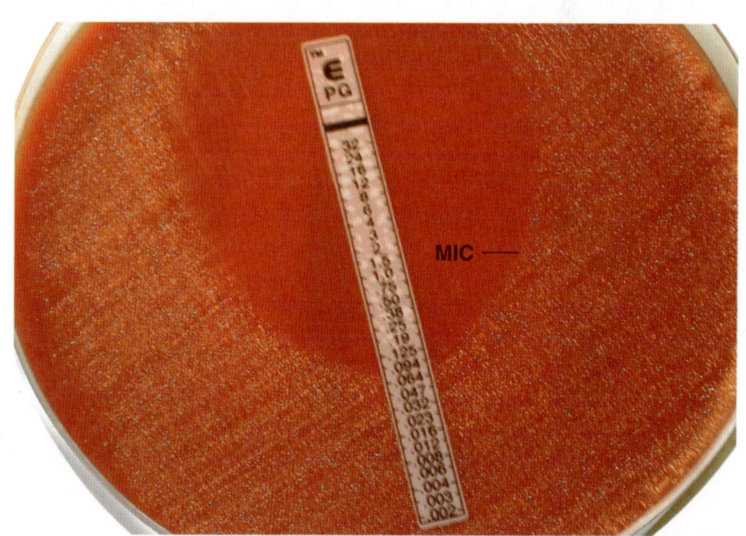

그림 13.19 항생제 감수성을 결정하고 최소저해농도(MIC)를 추정하는 농도기울기 확산법인 E(epsilometer) 검사. 검사할 세균이 접종된 한천배지 표면에 올려놓은 플라스틱 띠에는 농도기울기에 따라 항생제가 들어 있다. MIC 농도(μg/ml)를 명확하게 보여준다.

Q 왼쪽에 있는 E 검사의 MIC 농도는 얼마인가?

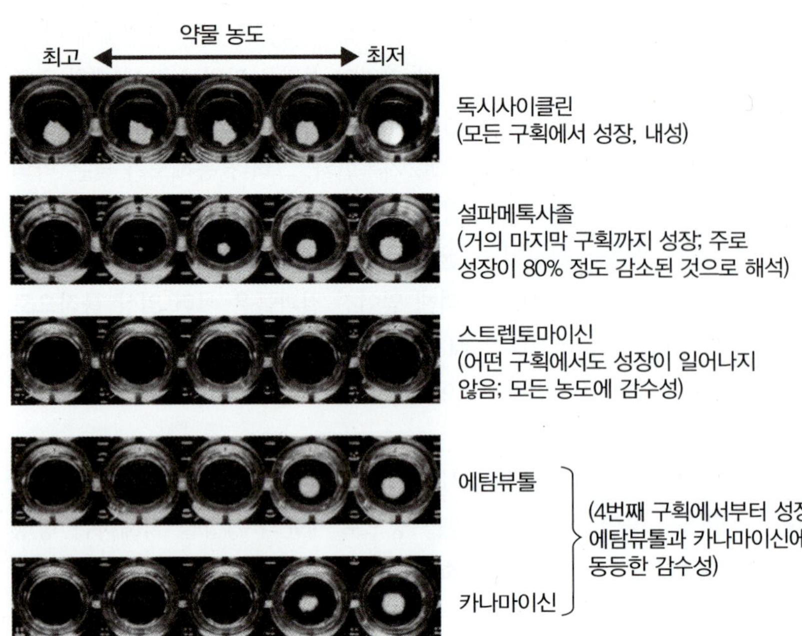

그림 13.20 항생제의 최소저해농도(MIC)를 검사하기 위해 사용하는 미세희석 또는 미세적정 평판. 이러한 평판은 정해진 농도의 항생제가 들어 있는 96개의 구획으로 구성되어 있다. 이들은 주로 냉동 또는 건조된 상태로 판매된다. 검사할 미생물을 특별한 접종 도구를 가지고 조사할 항생제를 담은 한 줄의 모든 구획에 동시에 접종한다. 만일 항생제가 미생물에 효과가 없다면 미생물은 성장하게 되고 이 미생물은 해당 항생제에 감수성이 없는 것으로 판단한다. 만일 한 구획에서 성장이 일어나지 않는다면, 이 미생물은 그 구획에 있는 항생제 농도에 감수성이 있다. 미생물이 항생제가 없는 배지에서는 성장할 수 있다는 것을 확인하기 위해 항생제를 포함하지 않은 구획에도 미생물을 접종해야 한다(양성 대조군). 또한 원하지 않는 미생물의 오염 여부를 확인하기 위해 배지에 항생제와 미생물을 접종하지 않는 구획도 포함해야만 한다(음성 대조군).

*MIC*란 무엇인가?

MIC를 결정한다(그림 13.20). MIC보다 농도가 높아서 성장이 일어나지 않은 배양액은 다시 항생제가 들어 있지 않은 배양액이나 한천배지로 옮겨 배양할 수 있다. 만일 이 배양액에서 성장이 일어난다면 이 항생제는 세균을 죽이는 것이 아니기 때문에 MBC를 결정할 수 없다. 비싼 항생제의 남용과 오용을 피하고 필요 이상으로 사용한 약 때문에 일어날 수 있는 독성 반응의 가능성을 줄일 수 있기 때문에, MIC와 MBC를 결정하는 것은 중요하다.

임상의사는 다른 검사법도 이용하는데 그 한 예로 베타-락타메이즈를 생산하는 미생물의 능력을 조사하는 방법이다. 한 가지 일반적이며 신속한 방법은 베타-락탐 고리가 깨졌을 때 색이 변하는 세팔로스포린을 이용하는 것이다. 한편, 독성이 있는 약을 사용할 때는 특히 혈청 내의 **약물 농도**를 측정하는 것이 중요하다. 이러한 조사 방법들은 약에 따라 다르며, 소규모 실험실에는 이용이 적합하지 않은 것도 있다.

감염 통제 업무를 담당하는 병원관계자는 임상에서 접할 수 있는 생물체의 감수성을 기록한 **항생제 감수성 양상표(antibiogram)**라는 정기 보고서를 작성한다. 이 보고서들은 기관에서 사용하는 항생제에 내성을 띠는 변종 병원균의 출현을 감지하는 데 특히 유용하다.

항미생물제에 대한 내성

현대 의학의 찬란한 업적 중의 하나는 항생제와 여러 항미생물제를 개발한 것이다. 그러나 표적 미생물들의 이들 약제에 대한 내성 증가로 우려가 커지고 있다. 우리 인간들도 여러 세대 동안 노출되어 왔던 질병에 종종 상대적인 저항성을 가진다는 점을 보면 이러한 현상을 이해하는 데에 도움이 된다. 예를 들면, 유럽인들이 처음 열대 지역을 식민지화했을 때 예전에 한 번도 접해보지 못했던 질병에 큰 감수성을 나타내었지만, 원주민들은 그 병에 상대적으로 내성을 가지고 있었다. 어떤 의미에서는 세균에게 항생제는 질병이라고 할 수 있다. 새로운 항생제에 처음 노출되었을 때 미생물은 항생제에 높은 감수성을 보여 치사율 또한 높아서, 수십억 개체 중 단지 소수만이 생존할 수 있을 것이다. 살아남은 미생물들은 보통 생존을 가능케 한 유전적 변이를 가지고 있고 이들의 자손도 유사한 내성을 가진다.

이러한 유전적 변화는 무작위 돌연변이 때문에 일어난다. 이러한 돌연변이는 접합이나 형질 도입과 같은 과정에 의해 세균간에 수평적으로 전파될 수 있다. 약제 내성은 플라스미드나 한 조각의 DNA에서 다른 조각의 DNA로 옮겨 다닐 수 있는 전이인자(transposons)라고 부르는 작은 DNA 조각에 의해 주로 전파된다(6장). 내성 인자(R factor)라 부르는 플라스미드를 비롯한 몇 가지 플라스미드는 한 집단 내의 세균들 사이와, 다르지만 서로 연관이 있는 세균 집단 사이에서 전파가 가능하다. R 인자들은 주로 여러 항생제에 내성을 띠는 유전자들을 가지고 있다.

한 번 획득하면, 돌연변이는 정상적인 복제과정에 의해 전파되고 자손은 부모와 똑같은 유전형질을 가진다. 세균의 빠른 번식 속도 때문에 아주 짧은 시간만 지나도 전체 집단이 새로운 항생제에 실질적인 내성을 가지게 된다.

여러 항생제에 내성을 가지는 세균을 일반적으로 **슈퍼버그**

토대 그림 13.21 세균의 항생제 내성

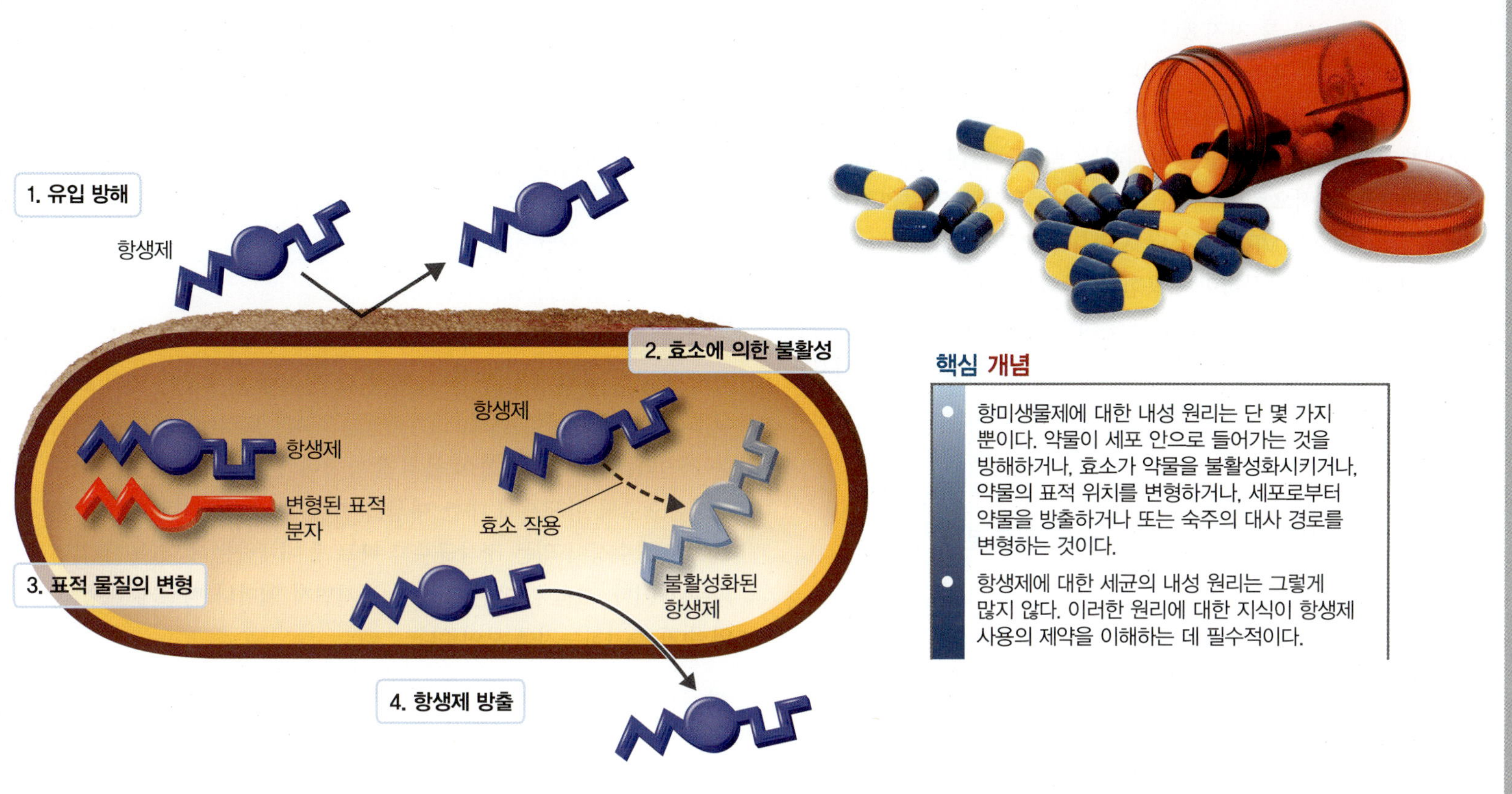

핵심 개념

- 항미생물제에 대한 내성 원리는 단 몇 가지뿐이다. 약물이 세포 안으로 들어가는 것을 방해하거나, 효소가 약물을 불활성화시키거나, 약물의 표적 위치를 변형하거나, 세포로부터 약물을 방출하거나 또는 숙주의 대사 경로를 변형하는 것이다.
- 항생제에 대한 세균의 내성 원리는 그렇게 많지 않다. 이러한 원리에 대한 지식이 항생제 사용의 제약을 이해하는 데 필수적이다.

(superbugs)라 부른다. 가장 대표적인 슈퍼버그는 MRSA지만, 슈퍼버그란 그람양성과 그람음성세균 모두를 포함하는 한 무리의 세균을 지칭하기도 한다. 이런 병원체에 의한 감염에 직면하면, 의학이 선택할 수 있는 치료 방법은 극히 제한된다.

내성 원리

세균이 화학치료제에 내성을 가지는 데는 몇 가지 원리만이 알려져 있다. 그림 13.21을 보자. 임상적으로 골치 아픈 세균의 하나인 아시네토박터 바우마니(*Acinetobacter baumanii*)는 그림 13.21에서 보여주는 주요 표적위치 모두를 이용하여 내성을 얻는다.

효소에 의한 약물을 파괴

효소를 이용한 파괴나 불활성화는 주로 페니실린과 세팔로스포린과 같은 천연물 항생제에 작용한다. 플루오로퀴놀론과 같이 완전히 합성된 화학 그룹들은 이 방법으로는 영향을 받지 않는 것 같다. 그러나 다른 방법으로 중화될 수는 있다. 이것은 미생물이 낯선 화학 구조에 적응하기 위해서는 시간이 많이 걸리지 않는다는 점을 반영한다. 페니실린/세팔로스포린 항생제, 그리고 카바페넴은 모두 베타-락타메이즈란 효소의 표적이 되는 베타-락탐 고리 구조를 가지고 있고 이 효소는 선택적으로 이 구조를 가수분해한다. 이 효소에 대해서 거의 200개의 변이가 알려져 있고 각각이 베타-락탐 고리 구조의 작은 변이에 효과를 가지고 있다. 이러한 문제가 처음 나타났을 때 기본 페니실린 분자를 변형시켰다. 이와 같이 페니실린 분해 효소에 내성을 갖는 첫 번째 약은 메티실린이다. 하지만 메티실린에 대한 내성이 곧 나타났다. 이러한 내성 세균 가운데 가장 잘 알려진 것이 MRSA로 이는 단지 메티실린뿐만 아니라 사실상 모든 항생제에 내성을 가진다. 병원 환자 가운데, MRSA의 침습성 감염은 20%에 달하는 치사율을 보인다. 또한 황색포도상구균만이 유일한 걱정 대상이 아니라 폐렴 연쇄상구균(*Streptococcus pneumoniae*)과 같은 또 다른 중요한 병원체도 베타-락탐 항생제에 내성을 가진다. 더욱이, MRSA는 페니실린과는 전혀 다른 방식으로 세포벽 합성을 방해하는 항생제인 반코마이신("최후의 항생제")과 같은 새로운 대체 항생제에도 계속해서 내성이 생기고 있다. 이렇게 적응을 아주 잘하는 세균은 심지어 베타-락타메이즈의 저해제로 특별히 개발된 클라불란산을 비롯한 복합항생제에 대한 내성도 갖게 되었다. 초기에, MRSA는 병원과 요양 시설 등에만 거의 국한된 문제점으로 혈류 감염의 약 20%를 차지했다. 그러나 MRSA는 현재 일반 집단에도 빈번히 출현하고 더 치명적이며, 심지어는 건강한 사람에게도 영향을 미친다. 이러한 균주들은 감염에 1차적으로 대응하는 선천적 방어체계인 호중성 백혈구를 파괴하는 백혈구파괴소(leukocidin)를 생산한다. 결과적으로 현재 이를 설명하는 용어를 의료 연관(health care-associated) MRSA로부터 지역사회 연관(community-associated) MRSA로 세분화하여 사용한다. 감염을 차단하고 전파를 줄이기 위해 일반적으로 코에서 시료를 채취하여 MRSA 세균을 검출하는 신속한 검사가 반드시 필요하다. 이들 중 가장 확실한 검사는 PCR 기술을 기반으로 하는 것으로 1~2시간 이내에 명확한 결과를 알려준다.

미생물 세포 안에 있는 표적 위치로의 침투 방지

그람음성세균은 포린이란 통로를 통하여 여러 분자들의 흡수를 제한하는 세포벽의 특성 때문에 항생제에 상대적으로 더 내성을 나타낸다. 일부 세균 돌연변이체는 포린 통로를 변형하여 항생제가 주변세포질 공간(periplasmic space)으로 들어갈 수 없도록 한다. 아마 더 중요한 사실은, 베타-락타메이즈 효소가 주변세포질에 존재하면서 항생제가 세균 세포 안으로 들어가기도 전에 분해시켜 버린다는 것이다.

약물의 표적 위치 변형

단백질 합성은 그림 13.4에서 보여준 대로 한 가닥의 전령 RNA를 따라 움직이는 리보솜의 활동과 연관이 있다. 특히 아미노글라이코사이드, 테트라사이클린과 매크로라이드 그룹과 같은 여러 항생제의 작용 방식은 이 위치에서 단백질 합성을 저해하는 것이다. 이 위치의 작은 변형은 세포 기능에 크게 영향을 주지 않고 항생제의 효과를 중화시킬 수 있다.

흥미롭게도 MRSA가 메티실린을 무력화시키는 주된 원리는 새로운 불활성 효소를 만드는 것이 아니라 세포막의 페니실린-결합 단백질(PBP)을 변형한 것이다. 베타-락탐 계열 항생제는 펩티도글리칸의 교차결합을 개시하고 세포벽을 형성하는 데 필수적인 PBP와 결합함으로써 작용한다. MRSA 균주는 추가적으로 변형된 PBP를 가지고 있기 때문에 항생제에 내성을 가지게 된다. 항생제는 정상 PBP의 활성을 계속해서 억제하여 이들이 세포벽 형성에 참여하는 것을 방해한다. 그러나 돌연변이체에 존재하는 추가된 PBP는 항생제와 약하게 결합하기는 하지만 여전히 MRSA가 생존하는 데 필요한 만큼의 세포벽을 합성할 수 있게 된다.

항생제의 신속한 유출(방출)

그람음성세균의 원형질막에 있는 특정 단백질은 항생제를 방출하는 펌프로 작용하여 이들이 효력을 가지는 농도에 도달하는 것을 막아준다. 이러한 방법은 항생제 테트라사이클린에서 최초로 발견하였지만 실제 거의 모든 종류의 항생제에 나타나는 내성이 이 방법에 의한 것이다. 세균은 독성 물질을 제거하기 위해 보통 이러한 방출 펌프를 많이 가지고 있다.

내성 원리의 변이

항생제 내성 원리 또한 변한다. 예를 들면 어떤 미생물은 약의 표적이 되는 효소를 아주 대량으로 생산함으로써 트리메토프림에 내성을 가진다. 반대로 미생물이 폴리엔 항생제의 표적인 스테롤을 적게 생산함으로써 항생제에 대한 내성을 가질 수 있다. 이런 내성 돌연변이가 감수성이 있는 정상균주를 빠르게 대체하는 것이 특히 걱정되는 점이다. 그림 13.22는 내성이 생기면서 얼마나 빠르게 내성 균의 수가 증가하는지를 보여준다.

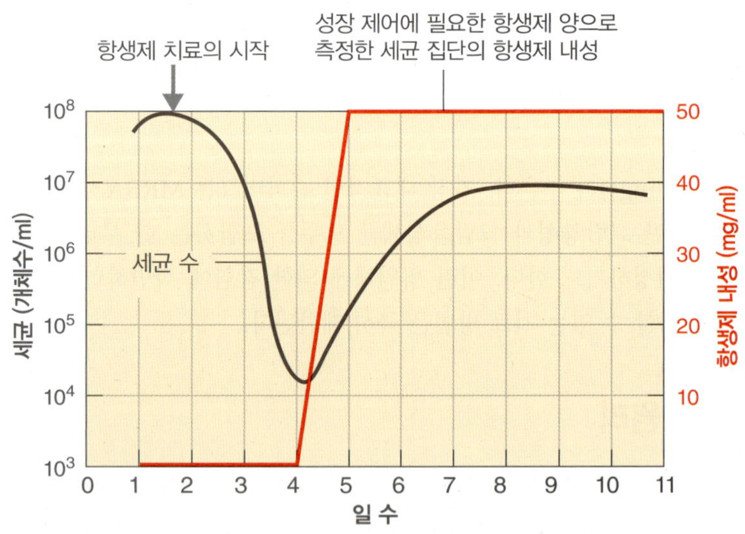

그림 13.22 항생제 치료 동안에 생기는 항생제-내성 돌연변이체의 발생. 그람음성세균이 원인인 만성신장염으로 고생하는 환자는 스트렙토마이신으로 치료한다. 치료 시작 후 약 4일이 경과할 때까지 모든 세균 집단은 기본적으로 항생제에 민감하다. 이 시기에 고농도(50,000 μg/ml)의 항생제를 필요로 하는 내성 돌연변이체가 나타나고 그 수는 급격히 증가한다. 검은 선은 환자의 세균 수를 표시한다. 항생제 치료가 시작된 후 세균 수는 4일까지 감소한다. 이 시기에 스트렙토마이신에 내성을 가진 돌연변이체가 나타난다. 이러한 내성 돌연변이체가 감수성이 있는 집단을 대체하면서 환자의 세균 집단은 증가한다.

Q 이 검사는 스트렙토마이신과 그람음성세균을 사용했다. 만일 페니실린 G를 항생제로 사용했다면 어떤 결과의 그래프가 그려지겠는가?

그림 13.23 항생제는 세계의 여러 지역에서 수십 년 동안 처방전 없이 판매되고 있다.

Q 이러한 관행이 어떻게 내성 균주의 발생으로 이어지는가?

항생제 남용

항생제는 심각하게 남용되고 있는데 특히 저개발 지역에서 더하다. 제대로 훈련된 인력이 부족한 경우 이것이 거의 예외 없이 이들 지역에서는 처방전 없이 항생제를 구입할 수 있게 만든 하나의 이유가 되었다. 예를 들면 방글라데시 농촌의 설문조사에 따르면 단지 8%의 항생제만이 의사에 의해 처방되었다. 세계 대부분 지역에서 항생제는 두통을 치료하고 다른 부적절한 용도로 팔리고 있다(그림 13.23). 항생제의 사용이 적절한 경우에도 투약하는 양이 감염을 근절하는 데 필요한 양보다 보통 적어 결과적으로 내성 균주의 생존을 부추기고 있다. 유효기간이 지났거나, 순도가 떨어지고 심지어는 가짜 항생제까지 흔하게 사용한다.

선진국도 항생제 내성 상승에 기여하고 있다. CDC는 미국에서 중이염의 30%와 일반적인 감기의 100%, 인후염의 50%에 대한 항생제 처방이 병원체를 치료하는 데 불필요하거나 부적절하다고 평가했다. 미국에서 매년 생산되는 항생제의 70% 이상이 질병 치료가 아니라 가축의 성장 촉진을 목적으로 사료에 첨가되고 있다. CDC와 소비자들은 이를 막기 위해 노력하고 있다. 2006년 유럽연합 국가에서는 동물의 성장 촉진제로 항생제 사용이 금지되었고, 2012년 미국 식품의약국(FDA)은 축산동물에 세팔로스포린 계열 항생제 사용을 금지했다. 또한 FDA는 2013년에 FDA는 축산업계가 항생제 사용을 자발적으로 줄여나갈 수 있도록 하는 계획도 수립했다.

내성의 예방과 비용

항생제 내성은 명백하게 질병과 사망률을 더 높게 만드는 것 이외에도 여러 측면에서 많은 비용이 들게 한다. 효과를 잃은 약을 대신할 수 있는 새로운 약의 개발에도 많은 비용이 든다. 이러한 약 거의 모두가 더 비싸질 것이고 심지어는 선진국에서도 제공하기가 어려울 정도로 가격이 책정될 것이다. 세계의 대부분 지역에서는 그야말로 감당할 수 없는 비용이다.

환자와 의료 종사자들이 약제 내성의 발달을 방지하기 위해 채택할 수 있는 여러 전략이 있다. 자신이 회복됐다고 느끼더라도, 환자는 항생제 내성 미생물의 생존과 증식을 억제하기 위해 언제나 처방한 항생제를 끝까지 복용해야만 한다. 환자는 새로운 병을 치료하기 위해 전에 사용하고 남은 항생제를 사용하거나 다른 환자에게 처방된 항생제를 절대로 사용해서는 안 된다. 의사들은 불필요한 처방을 피하고 항생제의 선택과 용량이 상황에 적절한지 확인해야만 한다. 광범위 항생제 대신에 가능한 가장 확실한 항생제를 처방하는 것도 항생제가 환자의 정상 미생물상 가운데 의도하지 않은 내성을 일으킬 원인이 될 가능성을 줄여준다.

항생제에 내성을 띠는 세균 변종의 출현은 항생제가 항시 사용되는 장소인 병원에서 일하는 사람들에서 특히 흔한 일이다. 다른 것과 마찬가지로 항생제를 주사할 때 주사기는 항상 수직으로 들고, 공기방울을 제거한다. 이때 항생제 용액이 에어로졸을 만들 수 있는데, 간호사나 의사가 이러한 에어로졸을 흡입하게 되면 콧구멍에 존재하는 미생물들이 이 약에 노출된다. 소독용 솜에 주사바늘을 찔러 공기를 빼내면 에어로졸의 생성을 막을 수 있다. 많은 병원들이 항생제의 사용을 효율성과 비용 측면에서 검토하는 감시위원회를 두고 있다.

항생제 안전성

항생제에 대한 논의를 하면서 때때로 부작용에 대해 언급했다. 간 또는 신장 손상, 청각장애와 같은 부작용은 심각한 문제가 될 수 있다. 거의 모든 복용약은 효과와 함께 위험도 수반하고 있는데 이를 **치료 지수**(therapeutic index)라 부른다. 때때로 여러 약을 함께 사용하는 것은 약을 단독으로 사용했을 때는 나타나지 않는 독성의 원인이 될 수 있다. 한 가지 약은 다른 약이 가지는 효과를 중화시킬 수도 있다. 또한 어떤 사람들은 약에 과민반응을 보이기도 하는데, 페니실린이 이런 예 중 하나이다.

복합치료제의 효과

두 가지 약을 동시에 사용할 때 나타나는 치료 효과가 약을 각각 따로 사용했을 때보다 더 좋은 경우가 종종 있다(그림 13.24). **상승작**

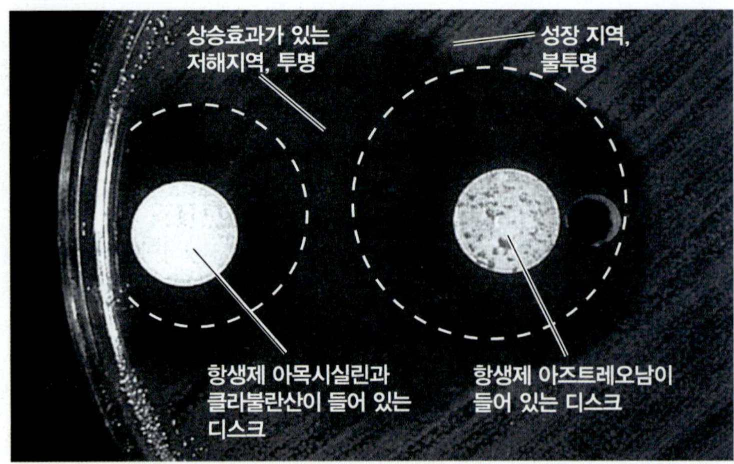

그림 13.24 두 가지 다른 항생제사이의 상승작용의 예. 사진은 세균이 접종된 페트리 접시 표면을 보여준다. 왼쪽의 종이 디스크에는 항생제 아목시실린과 클라불란산이 들어 있다. 오른쪽의 디스크에는 항생제 아즈트레오남이 들어 있다. 사진에 그려진 점선은 상승효과가 없을 때 세균의 성장이 억제된 각 디스크 주위의 투명한 영역을 보여준다. 이 두 영역과 그려진 원 밖 사이에 추가된 투명한 영역은 상승효과를 통한 세균의 성장 억제를 보여준다.

Q 만일 두 항생제가 길항작용을 한다면 페트리 접시 표면은 어떤 모양을 하겠는가?

용(synergism)이라 부르는 이러한 현상은 앞서 언급했다. 예를 들면, 세균성 심내막염(endocarditis) 치료에 페니실린과 스트렙토마이신을 함께 사용하면 따로 사용하는 것보다 훨씬 더 효과적이다. 페니실린이 세균 세포벽을 손상시켜 스트렙토마이신이 더 쉽게 흡수되도록 만든다.

약의 혼합처방은 **길항작용(antagonism)**을 나타내기도 한다. 예를 들면, 페니실린과 테트라사이클린을 동시에 사용하면 각 약을 따로 사용하는 것보다 덜 효과적인 경우가 있다. 세균의 성장이 중지되면서 세균성장 억제제인 테트라사이클린은 세균의 성장을 필요로 하는 페니실린의 작용을 간섭하게 된다.

화학치료제의 미래

병원체가 현재 사용하는 화학치료제에 내성을 가지게 되면 새로운 치료제의 필요성이 더 시급해진다. 그러나 새로운 항미생물제를 개발하는 것이 그렇게 수익성이 있는 것은 아니다. 백신처럼, 항생제는 단지 제한된 시기에 필요한 경우에만 사용한다. 따라서 제약회사들이 환자가 수년간 규칙적인 복용을 필요로 하는 고혈압 약이나 당뇨병 약과 같은 만성 질환을 치료하는 약을 개발하는 데 더 관심을 가지는 것은 당연하다. 이것은 새로운 항생제 개발의 감소와 약에 대한 내성 증가가 동시에 발생하는 "퍼펙트 스톰(perfect storm, 여러 위험 요인들이 동시에 발생하면서 엄청난 파괴력을 몰고 오는 현상: 역자주)"이다.

기존의 항생제가 계속해서 내성에 대한 문제점에 직면하는 이유의 상당 부분은 항생제 개발이 제한된 범위의 표적에 의존해서 이루어지기 때문이다(그림 13.2 참조). 병원체를 통제하는 진정한 새로운 접근 방법은 독성인자를 생산하는 미생물보다는 독성인자를 표적으로 하는 것이다. 예를 들면, 콜레라 간균을 표적으로 삼는 대신에 콜레라 독소를 표적으로 하여 이를 무독화시키거나 파괴하는 약의 개발이다. 또 다른 가능성 있는 표적으로는 병원체가 성장에 필요로 하는 철분을 격리하는 것이다. 철분을 격리하는 약은 병원체의 증식을 제한할 수 있을 것이다.

MRSA와 반코마이신-내성 황색포도상구균을 저해하는 약을 개발하는 데 초점이 집중되고 있다. 그러나 그람음성세균, 특히 슈도모나드 가운데 기회감염 병원체는, 심지어 더 어려운 골칫거리가 될 수 있다. 하나의 그룹으로 놓고 보면 그람음성세균은 항생제의 어려운 표적이다. 이들의 세포벽은 침투하기가 더 어렵고 특히 효율적인 방출 메커니즘을 가지고 있는 경향이 있다. 심해 퇴적물 같은 색다른 생태계를 탐구할 필요가 있다. 극한 환경에 있는 생물체는 이러한 환경에 대처하기 위해 새로운 방식을 가지고 있을 것이라 생각한다. 미생물만이 항미생물 물질을 생산하는 유일한 생물체는 아니다. 여러 조류, 양서류, 식물 및 포유동물도 종종 항미생물성 펩티드를 생산한다. 사실상, 이러한 펩티드는 대부분의 생명체의 정상적인 방어체계의 일부분으로 실제로 수백 가지 이상이 확인되었다. 양서류의 피부샘은 세균막을 공격하는 항미생물 펩티드의 풍부한 원천이다. 이 가운데 가장 잘 알려진 것은 히브리어로 방패라는 뜻인 **마게이닌**(magainins)이다. 이 펩티드는 심각한 내성이 생기지 않고 무기한으로 존재하는 점이 아주 흥미롭다. 다른 항미생물질인 **스쿨라민**(squalamine)이라 부르는 스테로이드는 상어에서 분리했다.

새로운 항생제 개발에 이르는 확실한 새로운 연구 방향은 아마도 미생물의 기본 유전 구조에 대한 지식에 기반하는 것이다. 이러한 지식은 항미생물제 개발을 위한 새로운 표적을 알아내는 데 도움을 줄 수 있다. 예를 들면, HIV의 단백질 가수분해효소 저해제의 개발과 같은 접근 방법이다. 퀴놀론과 옥사졸리디논과 같은 완전한 합성 분자들의 개발이 점점 더 중요해지고 있다.

아마도 **파지 치료법**(phage therapy)에 대한 관심이 새롭게 대두될 것이다. 한때 세균을 공격하는 바이러스인 박테리오파지가 특정 병원성 세균을 죽일 수 있다는 것이 알려졌다. 파지 치료법을 이용한 초기 실험은 크게 성공적이지 않았다. 그러나 특히 러시아 과학자들이 파지 치료법에 대한 실험을 계속하고 있다. 자연 토양은 박테리오파지로 가득 차 있다. 이틀에 한 번꼴로 지구상 박테리아의 절반 정도를 죽이는 정도라고 한다. 또한 대부분의 세균은 박테리오신(bacteriocin)이라는 항미생물 펩티드를 생산한다. 연구 결과에 따르면, 이 가운데에는 작용 범위가 넓은 것도 있고 좁은 것도 있다. 박테리오신은 그 작용원리가 다른 대부분의 항생제와 다르다. 일부는 세포막을 공격하고, 다른 일부는 단백질 합성에 영향을 미친다. 박테리오신의 경구독성(oral toxicity)은 매우 낮다.

운 좋은 또는 우연한 발견도 늘 고려해야 한다. 예를 들면, 처음 개발한 퀴놀론인 날리딕산은 항말라리아제인 클로로퀸의 합성 시 생성되는 중간산물로 개발되었고, 옥사졸리디논은 원래 식물에 생기는 병을 치료하다 발견했다는 점은 언급할 가치가 있다.

마지막으로 바이러스와 원생동물 같은 부류를 치료하는 약이 극히 제한적이기 때문에 이들을 치료할 수 있는 새로운 항바이러스제는 물론 항진균제가 특히 필요하다.

학습 개요

서문 (347쪽)

1. 항미생물제는 숙주 조직의 손상은 최소화하면서 병원성 미생물을 파괴하는 화학물질이다.
2. 화학치료제는 몸의 질병과 싸우는 화학물질을 포함한다.

화학요법의 역사 (349~350쪽)

1. 폴 에를리히는 미생물 질병을 치료하기 위해 화학치료란 개념을 도입했다. 그는 숙주에 해를 끼치지 않고 병원체를 죽이는 화학치료제의 개발을 예견했다.
2. 설파제는 1930년도 후반부터 각광받기 시작했다.
3. 알렉산더 플레밍은 1928년 첫 항생제인 페니실린을 발견했고, 이는 1940년에 처음으로 임상 시험에 사용했다.

항미생물 작용 범위 (350~351쪽)

1. 항균제는 원핵세포 안의 여러 표적에 영향을 준다.
2. 진균과 원생동물 감염은 치료가 더 어려운 데 그 이유는 이들이 진핵세포이기 때문이다.
3. 좁은 범위 효능 항생제는 단지 제한된 그룹의 미생물, 예를 들면 그람음성 세포에만 영향을 미친다. 광범위 효능 약물은 더 다양한 범위의 미생물에 작용한다.
4. 작고 친수성인 약물은 그람음성 세포에 영향을 미칠 수 있다.
5. 항미생물제는 정상 미생물상에 큰 손상을 입혀서는 안 된다.
6. 병원체가 사용한 약물에 내성을 가지거나 또는 일반적으로 내성 미생물이 과도하게 증식할 때 중복감염이 일어난다.

항미생물제의 작용 (351~353쪽)

1. 항미생물제는 일반적으로 미생물의 직접 죽이거나(살균작용) 또는 미생물의 성장을 억제하는(정균작용) 방법으로 작용한다.
2. 페니실린과 같은 약물은 세균의 세포벽 합성을 방해한다.
3. 클로람페니콜, 테트라사이클린 및 스트렙토마이신 같은 약물은 70S 리보솜에 작용하여 단백질 합성을 저해한다.
4. 항진균제는 세포막을 표적으로 한다.
5. 어떤 약물은 핵산 합성을 방해한다.
6. 설파닐아미드와 같은 약물은 효소활성을 경쟁적으로 저해할 수 있는 항대사산물처럼 작용한다.

흔히 사용되는 항미생물제 (353~366쪽)

항균 항생제: 세포벽 합성 저해제 (356~359쪽)

1. 모든 페니실린은 베타-락탐 고리를 포함한다.
2. 푸른곰팡이가 생산하는 천연 페니실린은 그람양성 구균과 스피로헤타에 효과가 있다.
3. 페니실린 분해효소(베타-락타메이즈)는 천연 페니실린을 파괴하는 세균의 효소이다.
4. 반합성 페니실린은 실험실에서 곰팡이에 의해 만들어진 베타-락탐 고리에 다른 곁가지를 붙여 합성한다.
5. 반합성 페니실린은 페니실린 분해효소에 내성이 있으며 천연 페니실린보다 더 넓은 범위의 효능을 가진다.
6. 카바페넴은 세포벽 합성을 저해하는 광범위 효능 항생제다.
7. 모노박탐 아즈트레오남은 그람음성세균에만 효과가 있다.
8. 세팔로스포린은 세포벽 합성을 방해하고 페니실린 내성 균주 치료에 사용한다.
9. 바시트라신과 같은 폴리펩티드는 주로 그람양성세균의 세포벽 합성을 억제한다.
10. 반코마이신은 세포벽 합성을 억제하며, 페니실린 분해효소를 생산하는 포도상구균을 죽이는 데 사용할 수 있다.

항마이코박테리아 항생제 (359쪽)

11. 이소니아지드(INH)와 에탐뷰톨은 마이코박테리아의 세포벽 합성을 저해한다.

단백질 합성 저해제 (359~361쪽)

12. 클로람페니콜, 아미노글라이코사이드, 테트라사이클린, 글라이실사이클린, 매크로라이드, 스트렙토그라민, 옥사졸리디논과 프레우로무틸린은 70S 리보솜에 작용하여 단백질 합성을 방해한다.

원형질막 손상 (361쪽)

13. 리포펩티드인 폴리믹신 B와 바시트라신은 세포막에 손상을 준다.

핵산(DNA/RNA) 합성 저해제 (361~362쪽)

14. 리파마이신은 mRNA 합성을 저해하며 결핵치료에 사용한다.
15. 퀴놀론과 플루오로퀴놀론은 DNA 자이레이즈 활성을 억제하며 요도감염 치료에 사용한다.

필수 대사산물 합성의 경쟁적 저해제 (362쪽)

16. 설폰아미드는 엽산 합성을 경쟁적으로 방해한다.
17. TMP-SMZ는 디하이드로 엽산 합성을 경쟁적으로 방해한다.

항진균제 (362~364쪽)

18. 니스타틴과 암포테리신 B와 같은 폴리엔은 원형질막의 스테롤과 결합하여 진균을 죽인다.
19. 아졸과 알릴아민은 스테롤 합성을 간섭하며 피부 및 침투성 진균증 치료에 사용한다.
20. 에키노칸딘은 진균의 세포벽 합성을 방해한다.
21. 항진균제인 플루사이토신은 사이토신의 항대사산물이다.
22. 그리세오풀빈은 진핵세포의 분열을 방해하며 진균성 피부 감염 치료에 주로 사용한다.

항바이러스제 (364~365쪽)

23. 아시클로비어와 지도부딘 같은 뉴클레오시드와 뉴클레오티드 유사체는 DNA 또는 RNA 합성을 방해한다.
24. 바이러스성 효소의 저해제는 인플루엔자 독감과 HIV 감염을 치료하는 데 사용한다.
25. 알파 인터페론은 바이러스가 새로운 세포로 전파되는 것을 억제한다.
26. 유입 저해제와 융합 저해제는 HIV 부착과 수용체 위치에 결합한다.

항원생동물제 (365~366쪽)

27. 클로로퀸, 알테미시닌, 퀴나크린, 디아이도하이드록시퀸, 펜타미딘과 메트로니다졸은 원생동물 감염을 치료하기 위해 사용한다.

화학요법을 결정하기 위한 검사 (367~368쪽)

1. 검사는 어떤 화학치료제가 특정 병원체에 대항할 가능성이 높은지를 결정하기 위해 실시한다.
2. 이러한 검사들은 감수성을 예상할 수 없거나 약에 대한 내성이 생겼을 때 실시한다.

확산법 (367쪽)

3. 커비-바우어 검사로도 알려진 디스크 확산 검사에서 배양한 세균을 한천배지에 접종하고 화학치료제가 스며들어 있는 거름종이 디스크를 위에 겹쳐 올려놓는다.
4. 배양 후, 투명한 저해 부위의 직경은 생물체가 약물에 감수성, 중간 내성 또는 내성이 있는지를 결정하는 데 사용한다.
5. MIC는 미생물의 성장을 억제할 수 있는 약의 최저농도이다. MIC는 E-검사를 통하여 추정할 수 있다.

배양액 희석 검사 (367~368쪽)

6. 배양액 희석 검사에서는, 다른 농도의 화학치료제를 들어 있는 배양액에 미생물을 키운다.
7. 세균을 죽이는 화학치료제의 최소 농도를 최소살균농도(MBC)라 부른다.

항미생물제에 대한 내성 (368~371쪽)

1. 전에는 항생제로 치료할 수 있던 많은 세균성 질병이 항생제에 내성을 갖게 되었다.
2. 슈퍼버그(superbugs)란 여러 항생제에 내성을 갖는 세균이다.
3. 플라스미드와 트랜스포존이 유전적인 약제 내성(R) 인자를 운반한다.
4. 효소가 약을 파괴하거나, 약이 표적 위치로 들어가는 것을 방해하거나, 표적 위치에서 세포 또는 물질 대사에 변화가 생기거나, 표적 위치를 바꾸거나, 또는 항생제의 빠른 방출 때문에 내성이 생긴다.
5. 적절한 농도와 양으로 약을 잘 사용하면 내성을 최소화할 수 있다.

항생제 안전성 (371쪽)

1. 위험(예: 부작용)과 혜택(예: 감염의 치료)은 항생제를 사용하기 전에 반드시 검토해야만 한다.

복합치료제의 효과 (371~372쪽)

1. 어떤 약물의 혼합사용은 상승효과가 있는데 이들은 함께 복용했을 때 더 효과적이다.
2. 어떤 약물의 혼합사용은 길항효과가 있는데 함께 사용하는 것이 단독으로 사용하는 것보다 덜 효과적이다.

화학치료제의 미래 (372~373쪽)

1. 식물과 동물이 생산하는 화학물질은 항미생물 펩티드라고 부르는 새로운 항미생물제를 제공한다.
2. 세균 자체보다 세균 독성인자가 새로운 항생제의 표적이 될 수 있다.

학습 질문

복습과 객관식 문제에 대한 해답은 책 뒤에 있음.

복습 문제

개요

1. 그려보기 다음 항생제가 작용하는 곳을 아래 그림에 표시하시오: 시프로플록사신, 테트라사이클린, 스트렙토마이신, 반코마이신, 폴리믹신 B, 설파닐아미드, 리팜핀, 에리스로마이신

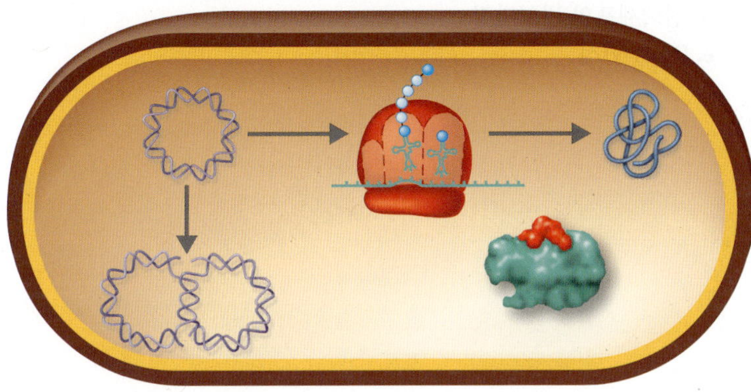

2. 효율적인 항미생물제를 확인하기 위해 사용하는 다섯 가지 기준을 열거하고 설명하시오.

3. 항바이러스제, 항진균제, 항원생동물제 및 항기생충제가 갖는 유사한 문제점은 무엇인가?

4. 약제 내성에 대해 설명하시오. 어떻게 생기는가? 약제 내성을 최소화하기 위해 취할 수 있는 조치는 무엇인가?

5. 한 질병을 치료하기 위해 두 가지 화학치료제를 동시에 사용할 때 생기는 장점을 열거하시오. 두 가지 약제를 사용할 때 생길 수 있는 문제점은 무엇인가?

6. 아래 항미생물 작용에 의해 세포는 왜 죽는가?
   a. 콜리스티메테이트는 인지질에 결합한다.
   b. 카나마이신은 70S 리보솜에 결합한다.

7. 아래 약물은 어떻게 단백질 합성을 저해하는가?
   a. 클로람페니콜
   b. 에리스로마이신
   c. 테트라사이클린
   d. 스트렙토마이신
   e. 옥사졸리디논
   f. 스트렙토그라민

8. 다이데옥시이노신(dideoxyinosine, ddI)은 구아닌의 항대사산물로 ddI의 3번째 탄소는 OH기가 없다. ddI는 어떻게 DNA 합성을 저해하는가?

9. 아래 약물 쌍의 작용 방법을 비교하시오:
   a. 페니실린과 에키노칸딘
   b. 이미다졸과 폴리믹신 B

10. 이름 답하기 이 미생물은 항생제 또는 신경근육 차단제에는 감수성이 없다. 하지만 단백질 가수분해효소 저해제에 감수성이 있다.

객관식 문제

1. 아래 보기 쌍 가운데 잘못 연결된 것은?
   a. 항기생충제 – 산화적 인산화과정 저해
   b. 항기생충제 – 세포벽 합성 저해
   c. 항진균제 – 원형질막의 손상
   d. 항진균제 – 세포분열 저해
   e. 항바이러스제 – DNA 합성 저해

2. 아래 보기 중 항바이러스제의 작용 방식에 대한 설명이 아닌 것은?
   a. 70S 리보솜의 단백질 합성 저해
   b. DNA 합성 저해
   c. RNA 합성 저해
   d. 탈피과정 저해
   e. 정답 없음

3. 아래 보기 중 진균을 죽이는 방식이 아닌 것은?
   a. 펩티도글리칸 합성 저해
   b. 세포분열 저해
   c. 원형질막 손상
   d. 핵산 합성 저해
   e. 정답 없음

4. 항미생물제는 아래 기준 모두를 충족시켜야만 한다. 아닌 것은?
   a. 선택적 독성
   b. 과민반응 생성
   c. 좁은 효능범위의 활성
   d. 약제 내성 결여
   e. 정답 없음

5. 약물이 나타낼 수 있는 가장 탁월한 항미생물 활성은?
   a. 세포벽 합성을 저해한다.
   b. 단백질 합성을 저해한다.
   c. 원형질막을 손상한다.
   d. 핵산 합성을 저해한다.
   e. 모두 다 정답

6. 단백질 합성을 저해하는 항생제는 부작용이 있다. 그 이유는?
   a. 모든 세포는 단백질을 가지고 있기 때문에
   b. 단지 일부 세포만이 단백질을 만들기 때문에
   c. 진핵생물은 80S 리보솜을 가지고 있기 때문에
   d. 진핵생물의 70S 리보솜 때문에
   e. 정답 없음

7. 아래 보기 중 진핵세포에 영향을 미치지 않는 것은?
a. 세포분열시 방추사 형성 저해
b. 스테롤과의 결합
c. 80S 리보솜과의 결합
d. DNA와 결합
e. 위의 보기 모두 다 영향이 있음

8. 세포막이 손상되면 세포는 죽는다. 그 이유는?
a. 세포가 삼투압에 의해 용해되기 때문에
b. 세포내용물이 빠져나오기 때문에
c. 세포가 원형질 분리를 일으키기 때문에
d. 세포가 세포벽이 없기 때문에
e. 정답 없음

9. DNA에 끼어 들어갈 수 있는 약물은 아래와 같은 효과를 가진다. 이 중 가장 큰 것은?
a. RNA 전사를 방해한다.
b. 단백질 합성을 방해한다.
c. DNA 복제를 간섭한다.
d. 돌연변이의 원인이 된다.
e. 단백질을 변형시킨다.

10. 클로람페니콜은 리보솜의 50S 소단위에 결합하여 어떤 과정을 방해하는가?
a. 원핵세포의 전사과정
b. 진핵세포의 전사과정
c. 원핵세포의 번역과정
d. 진핵세포의 번역과정
e. DNA 합성

14 생명공학과 DNA 기술

수천 년 동안 사람들은 미생물이 작용해서 만들어진 빵과 초콜릿, 간장 등 다양한 음식을 먹어왔다. 그러나 이런 음식이 만들어지는 데 미생물이 관여한다는 것을 알게 된 것은 불과 100년 정도밖에 되지 않는다. 이와 같은 사실이 알려지면서 미생물을 활용하여 주요 제품을 생산하는 길이 열리게 되었다. 제1차 세계대전 이후 미생물은 에탄올과 아세톤, 시트르산 등을 비롯한 다양한 화합물을 생산하는 데 활용되었다. 제2차 세계대전 이래 미생물은 항상제를 생산하기 위해 대규모로 배양되어 왔다. 더 최근에는 미생물과 미생물 효소가 종이와 섬유, 과당 등과 같은 제품을 제조하는 여러 화학적 공정을 대체하고 있다. 미생물이나 미생물 효소를 화학 합성 대신 사용하면 여러 가지 이점이 있다. 미생물을 활용하면 녹말과 같이 값싸고 흔한 원재료를 활용할 수 있고, 상온, 상압에서 반응이 일어날 수 있게 해서 고가의 위험한 고압 시스템을 쓰지 않아도 된다. 그리고 미생물은 처리하기 어려운 유독성 폐기물을 생산하지 않는다. 여기에 지난 30년 동안 발전한 DNA 기술이 더해지면서 여러 가지 제품을 생산하는 데 미생물이 다양하게 활용되고 있다.

이번 장에서 여러분은 새로운 제품에 대한 연구 개발에 활용되는 도구와 기술에 대해 공부할 것이다. 또한 DNA 기술을 활용해서 감염성 질환이 발생하는 경로를 추적하고, 또한 미생물 법의학적 방법으로 법정에서 증거를 제시하는 방법에 대해서도 알아볼 것이다.

◀ 숙주 세포에서 나오고 있는 사람면역억제바이러스(HIV)

미생물 뉴스

보통과 다른 검진

B 박사는 20년 동안 운영해온 치과병원의 문을 닫으려 한다. 4년 전에 그는 심한 피로감을 느껴 주치의를 찾았다. 그는 독감바이러스에 감염되었다고 생각해서 악수도 하지 않았고 밤에는 땀을 심하게 흘렸다. 의사가 여러 가지 혈액 검사를 해 보았는데 단 한 가지만 양성이었다. B 박사는 HIV에 감염된 것이다. 곧바로 HIV에 대한 치료를 시작했지만 1년 후에 그는 에이즈 판정을 받았다. 2년이 지난 지금 B 박사는 병세가 깊어져 더 이상 일을 할 수 없는 상태가 되었다.

B 박사는 직원들에게 그의 상황을 알리고 모두 HIV 검사를 받아 보라고 권했다. 위생사를 포함한 모든 직원은 음성으로 판명되었다. B 박사는 또한 환자들에게 치과병원을 폐업할 예정이라는 사실과 그 이유를 편지로 써서 보냈다. 이 편지를 받는 400여 명의 이전 환자들이 HIV 검사를 받았으며 그 가운데 7명이 HIV 항체에 양성 반응을 보였다.

이들 환자가 HIV에 감염된 경로가 B 박사로부터인지를 확인하려면 어떤 종류의 검사를 받아야 할까?

HIV 유전자에 결합하는 프라이머를 사용한 역전사 PCR 기법으로 분석에 필요한 DNA를 증폭시킬 수 있다. 질병통제예방센터(Centers for Disease Control and Prevention, CDC)에서는 7명의 이전 환자들이 HIV에 감염될 만한 다른 위험인자를 갖고 있는지를 조사하기 위해 면담을 실시했다. 이 가운데 5명에게서는 B 박사의 치과 치료 외에 HIV에 감염될 만한 다른 위험인자가 확인되지 않았다. CDC는 B 박사와 7명 환자들의 백혈구 세포에서 분리한 DNA를 주형으로 역전사 PCR 반응을 수행하였다(그림 참조).

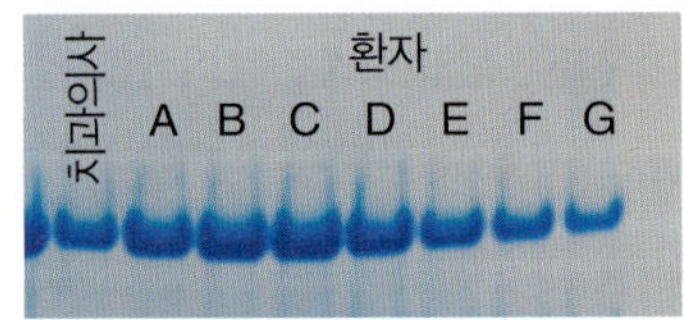

다음 그림에 나타난 PCR 증폭 결과를 통해 내릴 수 있는 결론은 무엇인가?

프라이머를 사용하여 여덟 개의 시료를 모두 증폭하여 B 박사와 7명의 과거 환자들이 모두 HIV에 감염된 것을 확인하였다. CDC는 증폭된 DNA의 염기서열을 결정하여 이를 클리블랜드에서 분리한 HIV 서열(지역 대조군)과 하이티(타지역 대조군)에서 분리한 HIV 서열과 함께 비교하였다. 서열의 일부는 다음과 같았다.

환자 A	GCTTG	GGCTG	GCGCT	GAAGT	GAGA
환자 B	GCTAT	TGCTG	GCGCT	GAATT	GCAC
환자 C	GCCAT	AGCTG	GCGCA	GAAGT	GCAC
환자 D	GCTAT	TGGCG	TGGCT	GACAG	AGAA
환자 E	GCACC	TGCTG	GCGCT	GAAGT	GAAA
환자 F	CAGAT	TGTGT	TGATT	GAACC	TCAC
환자 G	GCTAT	TGCTG	GCGCT	GAAGT	GAAA
치과의사	GCTAT	TGCTG	GCGCT	GAAGT	GCAC
지역 대조군	CAGAC	TACTG	CTAGG	AAAAA	TATT
타지역 대조군	GAAGA	CGAAA	GGACT	GCTAT	TCAG

바이러스 사이의 유사도 비율은 백분율로 얼마나 될까?

B 박사와 A, B, C, E, G 환자에서 분리한 바이러스의 서열은 87.5% 동일하였다. 이는 서로 연관된 감염사례에서 보고된 유사도와 비슷한 수치다.

바이러스 DNA에서 부호화하는 아미노산을 찾아 보시오. 아미노산 서열을 비교하면 유사도 백분율이 달라지는가?

아미노산 서열은 뉴클레오티드 서열을 반영한다. 아미노산 서명 서열(signature sequence)을 분석하면 치과의사와 환자에서 분리된 바이러스가 밀접하게 연관되어 있는지를 확인할 수 있다. HIV의 돌연변이 발생률은 매우 높아서 서로 다른 사람에게서 분리된 HIV 바이러스는 유전적으로 서로 다르다. B 박사의 HIV는 지역 대조군과 다를 뿐 아니라 타지역 대조군과도 다르다. B 박사와 A, B, C, E, G, 환자에게서 분리된 바이러스의 아미노산 서열은 대조군이나 HIV 감염 가능성이 있는 위험 행동을 보였던 두 명의 다른 환자와 다른 특성을 보였다.

PCR이나 RFLP 분석법을 통해 개인이나 공동체 또는 국가 사이에 질병이 전파되는 경로를 추적할 수 있다. 이와 같은 추적 방법은 병원체가 충분한 유전적 변이를 지니는 경우 효과적이다. B 박사는 결국 에이즈에 걸리고 말았지만 다섯 명의 이전 환자들은 양성 판정을 받자마자 HIV에 대한 관리를 시작했고 아직까지는 아무에게도 에이즈로 발전될 증후가 발견되지 않고 있다.

생명공학이란

생명공학(biotechnology)이란 미생물, 세포, 또는 세포 성분을 활용하여 유용한 산물을 만들어내는 것을 말한다. 미생물은 식품, 백신, 항생제, 비타민 등의 상용 제품을 만드는 데 오랫동안 사용되어 왔다. 또한 세균을 이용해서 광석에서 금속을 추출해내기도 한다. 더불어 동물 세포는 1950년대 이래 바이러스 백신을 생산하는 데 사용되었다. 1980년대까지 살아 있는 세포를 이용한 산물은 모두 자연에 존재하는 세포에서 만들어졌다. 과학자들의 역할은 적절한 세포를 찾아서 그 세포를 대규모로 배양하는 방법을 개발하는 것이었다.

이제 미생물은 식물체와 함께 그 생물이 자연적으로 만들어내지 않는 화합물을 생성하는 "공장"으로 활용되고 있다. 이는 때로 유전공학(genetic engineering)이라고도 불리는 **재조합 DNA 기술(recombinant DNA technology)**을 이용해서 세포에 유전자를 삽입함으로써 가능해졌다. 재조합 DNA 기술이 개발되면서 생명공학의 실질적인 적용범위는 상상을 넘어서는 수준으로 확장되고 있다.

재조합 DNA 기술

1970년과 1980년대에 과학자들은 인공적으로 재조합 DNA를 만드는 기법을 개발했다. 인간을 비롯한 척추동물에서 추출한 유전자를 세균의 DNA 안에 끼어 넣을 수도, 바이러스의 유전자를 효모에 삽입시킬 수도 있다. 많은 경우에 수용세포에서 산업적으로 유용한 산물을 생성할 수 있는 유전자를 발현시키도록 한다. 사람의 인슐린 유전자를 지니는 세균을 이용하여 이제는 당뇨병을 치료하는 인슐린을 생산하고, 간염 바이러스의 일부 유전자를 지니는 효모(바이러스의 껍질 단백질이 효모에서 생성된다)에서 B형 간염 백신을 만들고 있다. 과학자들은 이와 같은 방법이 다른 병원체에 대한 백신을 생산하는 데에도 유용하게 사용될 것으로 기대하고 있으며, 이렇게 하면 예전의 백신과 같이 병원체 전부를 쓸 필요가 없어진다.

재조합 DNA 기술을 활용하면 동일한 DNA 분자를 수천 배 이상으로 그대로 복제, **증폭**할 수 있다. 따라서 여러 가지 실험과 분석을 하기에 충분한 양의 DNA를 쉽게 만들어 낼 수 있다. 이와 같은 기법은 배양하지 못하는 바이러스나 미생물을 동정하는 데 유용하게 쓰인다.

재조합 DNA 기법

그림 14.1은 재조합 DNA를 만드는 데 흔히 사용하는 방법과 몇몇 유망한 적용 사례를 보여주고 있다. 벡터(vector)는 외부 DNA를 세포로 운송하는 DNA 분자이다. 해당 유전자를 시험관에서 벡터 DNA에 삽입한다. 그림에서 제시된 사례에서는 플라스미드 벡터를 사용하고 있다. 벡터로 선택된 DNA 분자는 플라스미드 또는 바이러스 유전체와 같이 반드시 자가복제를 할 수 있어야 한다. 재조합된 벡터 DNA는 세균과 같은 세포 안으로 전달되어 복제될 수 있어야 한다. 재조합 벡터 DNA를 지닌 세포는 배양되어 여러 개의 유전적으로 동일한 세포인 **클론(clone)**을 형성하게 되며, 각각의 클론은 여러 개의 재조합 벡터 DNA 사본을 가지고 있다. 따라서 클론 세포는 해당 유전자의 사본을 여러 개 가지게 된다. 이 때문에 DNA 벡터를 종종 **유전자 클로닝 벡터**(gene-cloning vector) 또는 단순히 **클로닝 벡터**(cloning vector)라 부른다. (클론은 '유전자를 클론'하는 전체 과정을 나타내는 동사로도 쓰인다.)

마지막 단계는 유전자 자체가 필요한지 또는 유전자의 산물이 필요한지에 따라 달라진다. 세포 클론에서 연구자는 관심 있는 유전자를 대량으로 분리하여 여러 가지 용도로 사용할 수 있다. 분리된 유전자는 다른 벡터에 삽입되어 또 다른 종류의 세포(식물 또는 동물 세포)에 도입되기도 한다. 아니면 해당 유전자를 세포 클론에서 발현시켜(전사와 번역) 그 유전자의 단백질 산물을 분리하여 여러 용도로 사용할 수 있다.

이와 같은 단백질을 얻으려는 목적으로 재조합 DNA를 사용할 때의 이점은 인간성장호르몬(human growth hormone, hGH) 생산을 성공한 초기 사례에서 잘 드러난다. 어떤 사람들은 hGH를 적정량 만들지 못해서 잘 자라지 못한다. 과거에는 이와 같은 결핍증을 고치는 데 필요한 hGH를 죽은 사람의 송과샘에서 얻었다. (다른 동물에서 얻은 성장호르몬은 사람에게 효과가 없다.) 이러한 방법은 비용이 많이 들 뿐만 아니라 호르몬을 통해 여러 가지 신경 질환이 전염될 수 있다는 위험도 있다. 유전적으로 변형된 대장균에서 생산하는 인간성장호르몬은 순도가 높고 값이 저렴하다. 또한 재조합 DNA 기술을 이용하면 전통적인 방법을 사용할 때보다 빠른 시간 안에 호르몬을 생산할 수 있다.

생명공학의 도구

과학자들은 흙이나 물을 비롯한 자연 환경에서 세균과 곰팡이를 분리하여 원하는 산물을 생성하는 개체들을 선택한다. 선택된 개체에 돌연변이를 일으켜 더 나은 산물을 때로는 더 많이 생성하도록 바꿀 수도 있다.

선택

자연상태에서 생존력을 높이는 형질을 지니는 개체는 그 형질을 갖지 못한 변이체에 비해 생존하여 번식할 가능성이 더 높다. 이를 자연선택(natural selection)이라 한다. 사람들은 **인공선택(artificial**

토대 그림 14.1

전형적인 유전자 변형 과정

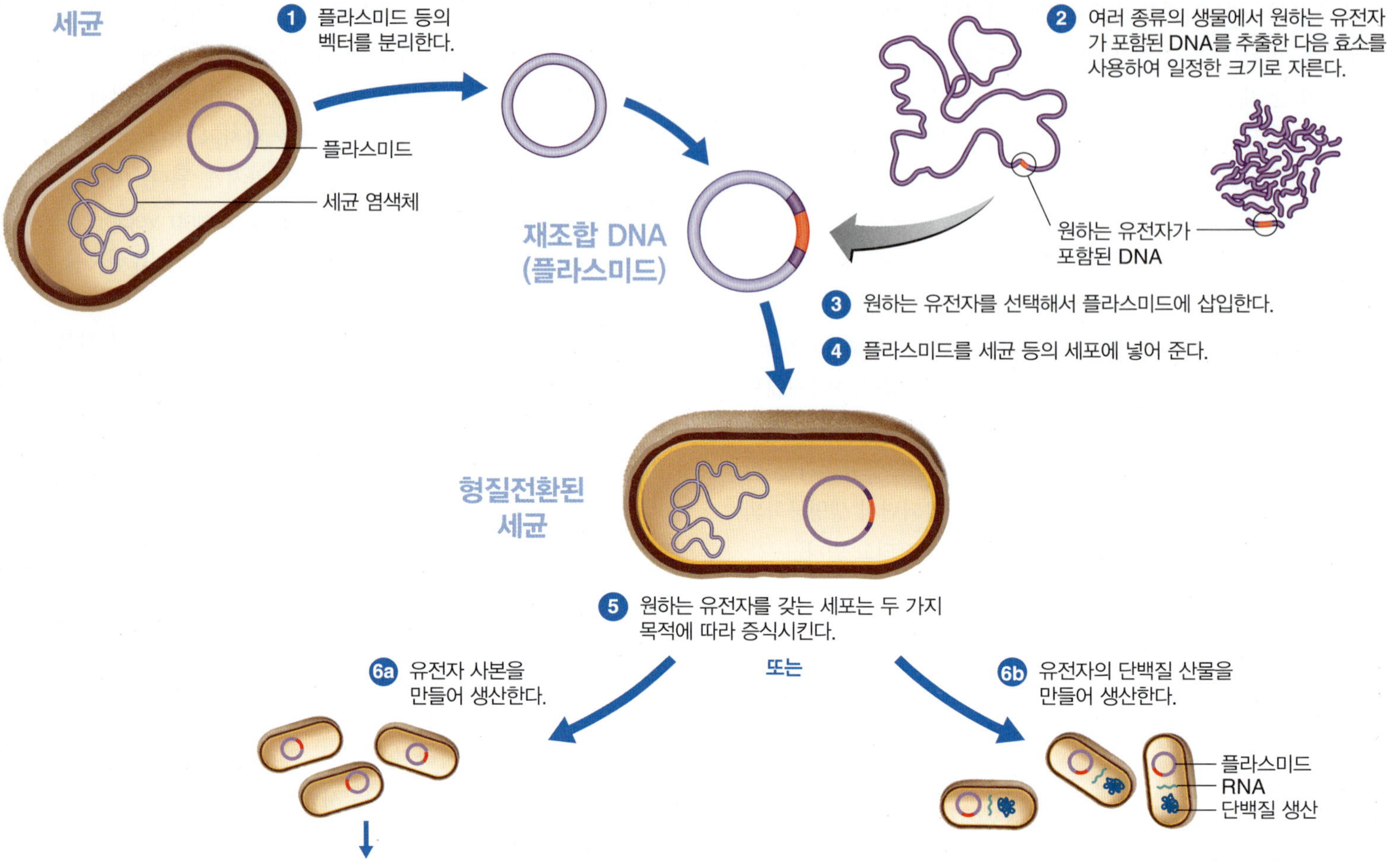

세균

1 플라스미드 등의 벡터를 분리한다.

플라스미드

세균 염색체

2 여러 종류의 생물에서 원하는 유전자가 포함된 DNA를 추출한 다음 효소를 사용하여 일정한 크기로 자른다.

원하는 유전자가 포함된 DNA

재조합 DNA (플라스미드)

3 원하는 유전자를 선택해서 플라스미드에 삽입한다.

4 플라스미드를 세균 등의 세포에 넣어 준다.

형질전환된 세균

5 원하는 유전자를 갖는 세포는 두 가지 목적에 따라 증식시킨다.

6a 유전자 사본을 만들어 생산한다.

또는

6b 유전자의 단백질 산물을 만들어 생산한다.

플라스미드

RNA

단백질 생산

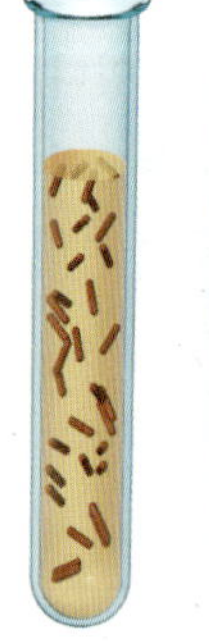

살충제 내성 단백질을 암호화하는 유전자를 식물 세포에 삽입한다.

독성 폐기물을 분해하는 분해효소유전자를 세균 세포에 삽입한다.

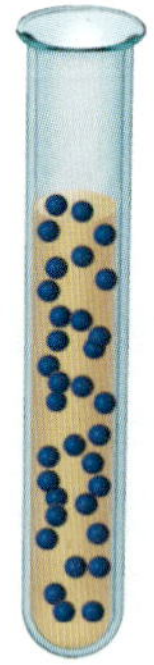

아밀로오스분해효소, 섬유소 분해효소 등은 섬유 산업에 이용된다.

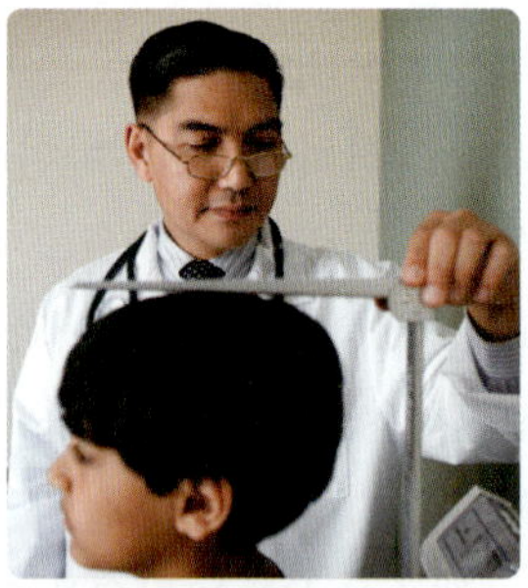

인간성장호르몬으로 성장 장애를 치료한다.

핵심 개념

- 한 개체의 세포에서 분리한 유전자를 다른 개체의 세포에 삽입하여 발현시킬 수 있다.
- 유전적으로 변형된 세포는 여러 가지 유용한 산물을 만들고 응용하는 데 사용할 수 있다.

selection)을 이용해서 키우고 있는 동식물에서 더 좋은 품종을 선택해왔다. 미생물학자들이 미생물을 분리하여 순수 배양하는 방법을 알아내면서, 맥주를 더 효과적으로 발효시킨다든지 새로운 항생제를 만들어내는 등의 유용한 형질을 갖는 미생물을 선택할 수 있게 되었다. 토양에서 항생제를 생성하는 2000종류 이상의 세균 균주가 발견되었으며 이 가운데 원하는 항생제를 생성하는 균주가 선별되었다.

돌연변이

6장에서 살펴보았듯이 돌연변이는 생물 다양성의 기반을 제공한다. 항생제 내성 돌연변이를 지니는 세균은 항생제가 존재하는 환경에서 생존하고 번식하게 될 것이다. 항생제 생산 미생물을 연구하는 생물학자들은 미생물을 돌연변이 유발원에 노출시켜 새로운 균주를 만들어낼 수 있었다. 페니실린을 생성하는 *Pennicillium* 배양액을 방사선에 노출시켜 무작위로 돌연변이를 유도한 다음, 살아남은 곰팡이 중에 페니실린을 가장 많이 생성하는 변이체를 얻었고 이들을 또 다시 돌연변이 유발원에 노출시켰다. 돌연변이를 유발시킴으로써 생물학자들은 1,000배 이상 높아진 효율로 페니실린을 생산하는 균주를 얻을 수 있었다.

원하는 특징을 가진 돌연변이를 선별하는 과정은 매우 길고 지루하다. **위치지정 돌연변이 유도법(site-directed mutagenesis)**을 이용하면 특정 유전자에 원하는 변화를 만들 수 있다. 예를 들어 효소의 특정 아미노산 하나를 바꾸어주면 세탁 효소가 찬물에서도 잘 작용한다는 것을 알았다고 하자. 유전부호표(그림 6.8 참조)를 이용해서 다음에서 설명하는 기술로 해당 아미노산을 부호화하는 DNA 서열을 만든 다음 이를 효소유전자에 끼워 넣을 수 있다.

분자유전학이 고도로 발달하여 많은 일반 유전자 클로닝 과정을 클로닝 키트(kit)를 이용하여 쉽게 수행할 수 있게 되었는데, 그 방법은 요리책을 보고 음식을 만드는 것과 크게 다르지 않다. 과학자들은 자신이 하고 싶은 실험에 따라 재료가 담겨 있는 주머니를 열고 설명서에 적힌 대로 따라 하면 된다. 다음 절에서는 이 가운데 가장 중요한 도구와 기법을 소개한 다음 이를 어떻게 적용할 수 있는지 살펴보기로 한다.

제한효소

재조합 DNA 기술은 **제한효소(restriction enzyme)**의 발견에서 시작되었다. 제한효소는 많은 세균에서 발견되는 특수한 DNA 절단 효소다. 제한효소를 처음 분리한 것은 1970년이나 그 존재는 더 일찍부터 알고 있었다. 어떤 박테리오파지는 제한된 숙주 범위를 갖는다. 만일 이들 파지를 성장 가능한 숙주가 아닌 다른 세균에 감염시키면, 새로운 숙주에 존재하는 제한효소들이 거의 모든 파지 DNA를 파괴한다. 제한효소는 파지 DNA를 분해함으로써 자신의 세포를 보호한다. 세균 DNA가 같은 제한효소에 의해 분해되지 않는 이유는 세포는 자신의 DNA에 존재하는 시토신 일부를 **메틸화(methylation)**시켜 구별할 수 있기 때문이다. 요즈음 실험실에서는 세균에 존재하는 이들 제한효소들을 분리하여 유용하게 사용하고 있다.

재조합 DNA 기술에서 중요한 것이 제한효소가 DNA에서 특정한 뉴클레오티드 염기서열만을 인식하고 절단 또는 분해(digest)한다는 것이며, 제한효소는 매번 같은 서열을 같은 방식으로 자른다. 클로닝 실험에서 일반적으로 쓰이는 전형적인 제한효소는 4개, 6개, 혹은 8개 염기서열을 인식한다. 수백 종의 제한효소들이 알려졌고, 각각은 독특한 말단을 지니는 DNA 조각을 만들어낸다. 몇몇 제한효소들이 표 14.1에 제시되어 있다. 여기서 제한효소는 이 효소를 만들어내는 세균의 이름에 따라 명명된다는 것을 알 수 있다. *Hae*III와 같은 일부 효소들은 DNA의 양쪽 가닥을 같은 위치에서 절단하여 **평활 말단(blunt end)**을 만들어내고, 또 다른 종류는 양쪽 가닥을 엇갈린 형태로 잘라 점착 말단을 형성한다(그림 14.2). **점착 말단(sticky end)**을 형성하는 제한효소가 재조합 기술에 널리 사용되는데, 같은 제한효소로 잘린 서로 다른 DNA 조각을 연결하기가 상대적으로 더 쉽기 때문이다. 점착 말단은 서로 상보적으로 염기쌍을 형성할 수 있는 단일가닥 부분이 돌출되어 있어 서로 다른 조각들이 쉽게 연결된다.

그림 14.2에 진하게 표시된 부분의 염기서열을 보면 양쪽 가닥의 서열을 서로 반대편 방향으로 읽을 때 동일하다는 것을 알 수 있다. DNA 조각의 말단을 엇갈린 형태로 자르면 말단에 단일가닥 DNA 서열이 일부 남게 된다. 만일 서로 다른 분자에서 유래한 두 개의 DNA를 같은 제한효소로 잘라주면 양쪽 말단에 서로 상보적인 서열을 지니는 단일가닥을 형성하게 되고, 이들 점착 말단이 서로 짝을 이루면서 두 조각의 DNA가 재조합될 수 있는 것이다. 점착 말단은 수소결합에 의해 자연스럽게 연결될 수 있다. 이후 DNA 연결효소(ligase)가 두 조각의 당인산 골격 사이에 남아 있는 틈을

표 14.1 재조합 DNA 기술에 흔히 사용되는 제한효소

제한효소	숙주 세균	인식서열
*Bam*HI	*Bacillus amyloliquefaciens*	G↓G A T C C G C T A G↑G
*Eco*RI	*Escherichia coli*	G↓A A T T C C T T A A↑G
*Hae*III	*Haemophilus aegyptius*	G G↓C C C C↑G G
*Hind*III	*Haemophilus influenzae*	A↓A G C T T T T C G A↑A

1 제한효소는 이중나선 DNA의 특정한 인식자리(파란 서열)에 결합하여 특정 위치를 자른다(붉은 화살표).

2 어떤 제한효소는 양쪽에 점착 말단을 지니는 DNA 조각을 만든다.

다른 개체 또는 플라스미드에서 분리된 DNA 조각이며 같은 제한효소에 의해 잘려져 있다.

3 같은 제한효소에 의해 잘린 조각은 동일한 점착 말단을 지니고 있어 서로 염기쌍을 형성할 수 있다.

4 DNA 조각이 연결되면 선형 분자가 형성될 수도 있고 그림에 나타난 것과 같은 원형 분자가 형성되기도 한다. DNA 조각들은 여러 가지 다른 조합으로 연결될 수 있다.

5 두 개의 DNA 조각이 서로 연결되는 부분에 남은 틈(nick)은 DNA 연결효소가 처리하여 재조합 DNA 분자가 완성된다.

인식자리
DNA
절단
GAATTC
CTTAAG
점착 말단
재조합 DNA

그림 14.2 재조합 DNA 제작에 필요한 제한효소

Q 제한효소가 재조합 DNA를 만드는 데 필요한 이유는?

공유결합으로 연결해 주면 새로운 재조합 DNA 분자가 만들어진다.

벡터

특정한 몇 가지 성질만 충족된다면, 매우 다양한 종류의 DNA 분자가 벡터의 역할을 할 수 있다. 가장 중요한 특성은 스스로 복제할 수 있는 능력이다. 세포 안에서 일단 복제될 수 있어야 하는 것이다. 그러면 벡터 안에 삽입된 어떤 DNA도 이와 함께 복제될 것이다. 따라서 벡터는 원하는 DNA 서열이 복제될 수 있게 하는 운반체의 기능을 할 수 있어야 한다.

벡터는 또한 재조합 DNA 과정에서 세포 밖에서 조작할 수 있는 크기여야 한다. 크기가 작을수록 다루기 쉬우며 커질수록 쉽게 조각난다. 오래 보관할 수 있어야 하는 것 또한 벡터의 중요한 요건이다. 원형 DNA 분자가 수용체 세포에서 파괴되지 않고 잘 보호될 수 있다. 그림 14.3을 보면 플라스미드 DNA가 원형인 것을 알 수 있다.

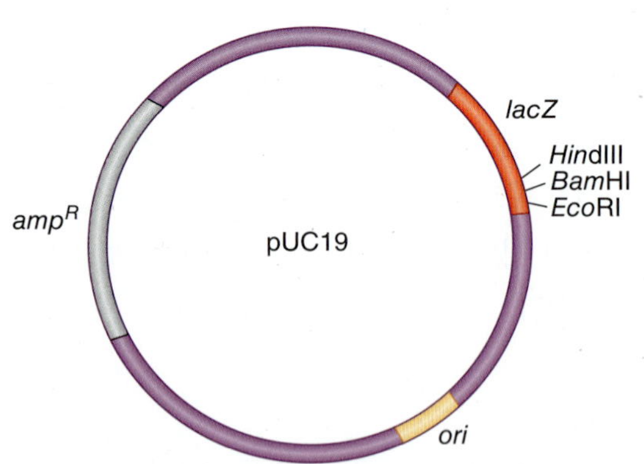

그림 14.3 클로닝에 사용되는 플라스미드. 그림에 나타난 pUC19은 대장균에서 클로닝에 사용되는 플라스미드 벡터다. 복제원점(*ori*)이 있어 대장균 내에서 스스로 복제될 수 있으며 두 개의 유전자를 지닌다. 하나는 항생제인 암피실린 내성 유전자(amp^R)이고 다른 하나는 β-갈락토시데이스 유전자(*lacZ*)로 표지유전자의 역할을 한다. 외부 DNA는 제한효소자리에 삽입될 수 있다.

Q 재조합 DNA 기술에서 벡터를 사용하는 이유는?

바이러스의 경우 DNA를 숙주의 염색체에 빠르게 삽입시킴으로써 보존력을 높이기도 한다.

벡터 내부에 표지유전자가 들어 있으면 벡터가 들어 있는 세포를 선택하는 일이 매우 쉬워진다. 항생제 내성을 부여하는 유전자나 쉽게 확인 가능한 반응을 촉매하는 효소 유전자 등이 보통 선택 표지유전자로 사용된다.

플라스미드는 가장 널리 사용되는 벡터이며 특히 R 플라스미드의 변이체들이 다양하게 활용된다. 플라스미드 DNA를 클로닝할 표적 DNA와 같은 제한효소로 잘라 DNA 조각이 동일한 점착 말단을 갖도록 한다. 이들 조각을 서로 섞어주면 클로닝될 DNA가 플라스미드 안으로 삽입된다(그림 14.2). 물론 다른 DNA가 삽입되지 않은 채 플라스미드 DNA의 양끝이 다시 연결되는 등 다양한 조합으로 이들 조각이 합쳐지는 것 또한 가능하다.

어떤 플라스미드는 여러 종의 세균에서 복제 가능하다. 이들을 **셔틀 벡터(shuttle vector)**라 하며 클로닝한 DNA 서열을 여러 다른 생물체, 즉 세균, 효모, 진균, 동식물 세포 따위로 옮겨야 할 때 사용한다. 셔틀 벡터는 제초제 내성 유전자를 식물에 삽입하는 등의 다세포 생물을 유전적으로 변형시키는 과정에 매우 유용하게 쓰인다.

바이러스 DNA가 벡터로 사용되기도 한다. 바이러스 벡터를 이용하면 대체로 플라스미드에 비해 크기가 훨씬 더 큰 외부 DNA를 클로닝할 수 있다. DNA를 바이러스 벡터에 삽입한 다음 바이러스의 숙주 세포에서 배양할 수 있다. 클로닝할 개체의 종류, 유전자의 크기 등 다양한 요인에 따라 적절한 벡터의 종류가 달라진다. 레트로바이러스와 아데노바이러스, 허피스바이러스 등의 바이러스 벡터는 손상된 유전자를 갖는 사람 세포에 유전자를 삽입하는 데 사용되고 있다.

중합효소연쇄반응

중합효소연쇄반응(polymerase chain reaction, PCR)은 소량의 DNA를 빠른 시간 안에 증폭하여 분석이 가능할 만한 양을 만들어 내는 과정이다.

PCR을 이용하면 단 한 분자의 DNA 조각에서 시작하여 몇 시간 안에 수십억 분자의 사본을 만들어낼 수 있다. PCR 반응 과정은 그림 14.4에 나타나 있다.

표적 DNA의 각 가닥은 DNA 합성의 주형으로 작용한다. 이 DNA에 네 종류의 뉴클레오티드(새로운 DNA 합성을 위한)와 합성을 촉매하는 DNA 중합효소를 첨가한다. 반응을 시작하려면 프라이머라 불리는 짧은 핵산가닥도 넣어 주어야 한다. 프라이머는 표적 DNA의 양쪽 말단에 상보적인 서열을 지닌다. 프라이머를 증폭시킬 DNA 조각과 혼성화시킨다. 중합효소가 새로운 상보적인 가닥을 합성한다. 합성이 진행되고 나면 매번 DNA에 열을 가하여 모든 DNA가 단일가닥으로 풀어지도록 한다. 새로 합성된 DNA 가닥은 다음 단계에서는 새로운 DNA 합성을 위한 주형이 된다.

이 과정은 기하급수적으로 진행된다. 반응에 필요한 모든 재료를 시험관 안에 넣은 다음 이를 **자동온도조절기(thermal cycler)**에 넣는다. 자동온도조절기에는 반응에 필요한 온도와 시간, 횟수 등을 원하는 대로 입력할 수 있다. *Thermus aquaticus*와 같은 호열성 세균의 DNA 중합효소를 분리하여 사용하게 됨으로써 자동온도조절기를 효율적으로 이용할 수 있게 되었다. 이 중합효소는 DNA를 변성시키는 열처리 과정에서도 파괴되지 않고 활성을 유지한다. 몇 시간 안에 30여 회의 증폭이 이루어질 수 있고 그 결과 표적 DNA의 양은 10억 배 이상으로 높아진다.

증폭된 DNA는 젤 전기영동을 통해 확인할 수 있다. **실시간 PCR(real-time PCR)** 또는 **정량 PCR(quantitative PCR, qPCR)**이라 불리는 방법을 사용하면 새로 만들어진 DNA만 형광 염료로 표지되어 PCR 반응이 반복될 때마다 (실시간으로) 형광염료로 표지되는 산물의 양을 측정할 수 있다. **역전사 PCR(reversetranscription PCR)**이라 불리는 또 다른 PCR 방법은 바이러스나 세포의 mRNA를 주형으로 사용한다. 역전사효소를 써서 RNA 주형에서 DNA를 만든 다음 이 DNA를 증폭하는 방법이다.

PCR은 비교적 소량의 DNA에서, 그리고 어떤 프라이머를 사용하는가에 따라 특정한 DNA 서열을 증폭하는 데 사용할 수 있다. 이 방법으로 유전체 전체를 증폭시킬 수는 없다.

PCR은 DNA의 양을 증폭시킬 필요가 있는 경우라면 어느 경우에도 적용될 수 있다. 특히 다른 방법으로는 검출하기 어려운 병원체의 존재를 확인하는 진단 방법으로 중요하게 사용된다. qPCR 검사법은 약제 내성 결핵균을 신속하게 찾아내는 방법으로 사용된다. 결핵균은 배양하는 데 6주 이상 소요되며 이 기간 동안 환자가 적절한 약제를 찾지 못해 치료 시기가 지연되는 경우가 많았다.

유전자 변형 방법

외부 DNA를 세포 안으로 도입하기

유전자를 변형시키려면 세포 바깥에서 DNA 분자를 변형한 다음 이를 살아 있는 세포 안에 넣어 주어야 한다. 세포 안으로 DNA를 도입하는 방법에는 여러 가지가 있다. 대체로 벡터와 숙주 세포의 종류에 따라 도입 방법이 정해진다.

자연상태에서 플라스미드는 유연관계가 가까운 미생물 사이에서 접합(conjugation)처럼 세포와 세포 사이의 직접 접촉에 의해

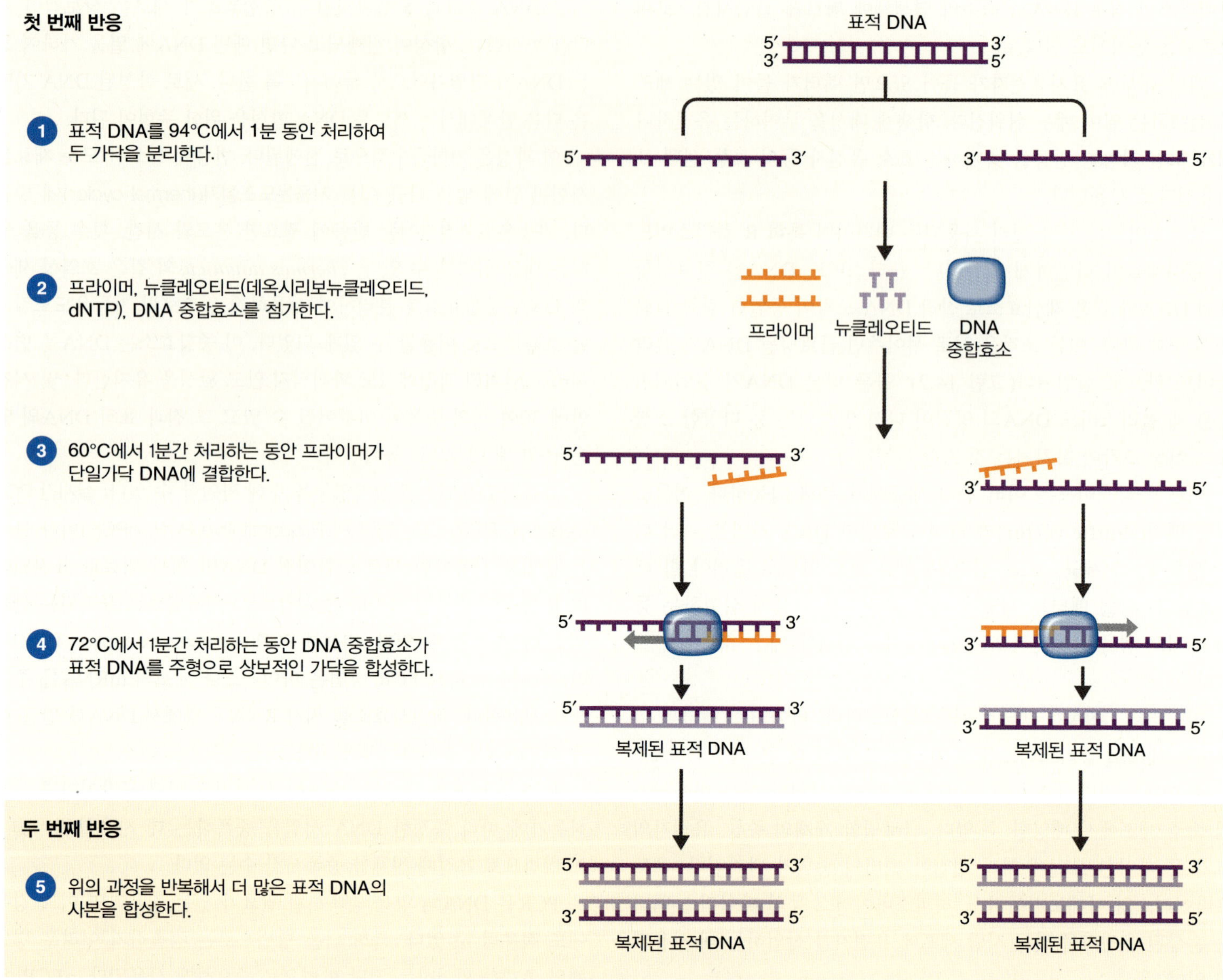

그림 14.4 중합효소연쇄반응. 데옥시뉴클레오티드(dNTP)는 표적 DNA와 염기쌍을 형성한다. 아데닌은 티민과 시토신은 구아닌과 짝을 이룬다.

Q 역전사 PCR은 이 그림에 나타난 과정과 어떻게 다른가?

대개 전달된다. 세포를 변형시키기 위해서 플라스미드는 **형질전환(transformation)**에 의해 세포로 유입되어야 한다. 형질전환은 외부 환경에서 세포로 DNA가 유입되는 과정을 말한다(6장 177쪽 참조). 대장균과 효모, 포유류 세포를 비롯한 많은 세포는 그냥 형질전환되지 않는다. 그러나 간단한 화학 처리를 통해 이들 세포를 형질전환 가능한(competent) 세포 형태로 만들어 외부 DNA를 받아들이게 할 수 있다. 대장균의 경우에는, 세포를 염화칼슘 용액에 잠깐 처리함으로써 형질전환 가능한 세포를 만들 수 있다. 염화칼슘 처리 후에 형질전환 가능 세포를 재조합 DNA와 섞어주고 가볍게 열처리하면 일부 대장균 세포가 재조합 DNA를 받아들인다.

DNA를 세포 안으로 들여보내는 다른 방법도 있다. **전기천공법(electroporation)**은 강한 전류를 흘려 세포막에 일시적으로 미세한 구멍을 만들어 DNA가 이를 통해 세포 안으로 들어가게 한다. 전기천공법은 일반적으로 모든 세포 종류에 널리 사용될 수 있다. 그러나 두꺼운 세포벽을 지니는 세포는 먼저 **원형질체(protoplast)**로 전환시켜 주어야 한다. 원형질체는 효소를 사용하여 세포벽을 제거한 형태로 원형질막이 직접 노출된 상태이다.

원형질체 융합(protoplast fusion) 반응은 원형질체의 특성을 이용한 방법이다. 용액에서 원형질체는 매우 낮지만 그래도 의미 있는 빈도로 융합되며, 폴리에틸렌 글리콜은 융합 빈도를 높여준다(그림 14.5). 새로운 잡종 세포에서는 두 종류의 "어버이" 세포에서 유래된 DNA 사이에서 자연적인 재조합 반응이 일어날 수 있다. 이

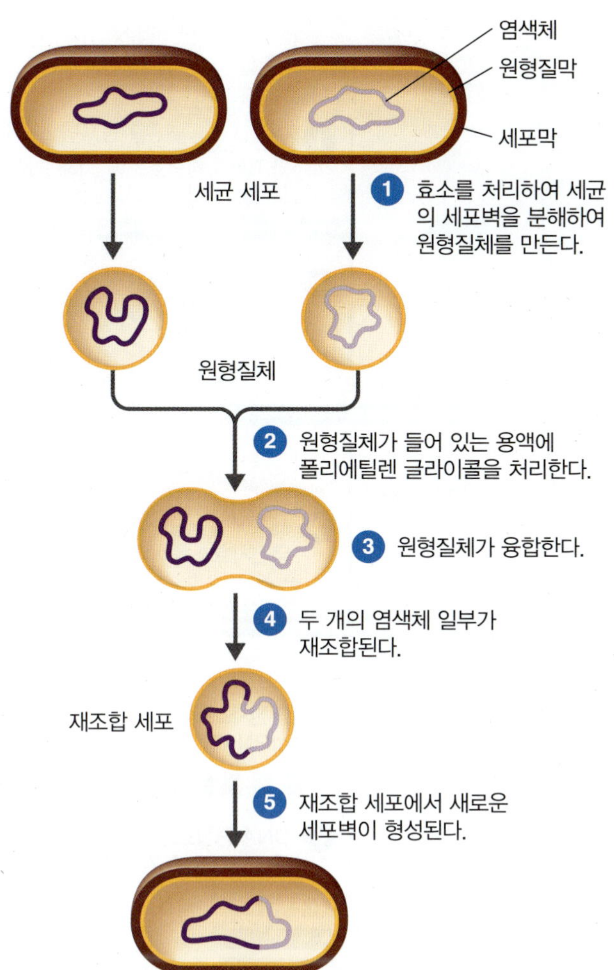

그림 14.5 원형질체 융합. 세포벽을 제거하면 세포막 사이에 융합이 일어나면서 두 개체 사이의 DNA가 교환될 수 있다.

Q 원형질체란 무엇인가?

방법은 식물이나 조류(algae) 세포의 유전자 변형 과정에서 특히 유용하게 사용된다.

외부 DNA를 식물세포 안으로 도입하는 방법 중 주목할 만한 것은 유전자 총을 사용하여 DNA 분자가 두꺼운 섬유소 벽을 통과하도록 말 그대로 쏘아 넣는 방법이다(그림 14.6). 미세한 텅스텐이나 금 입자를 DNA로 코팅한 다음 헬륨 가스를 이용해 식물 세포벽을 가로지르도록 쏘아준다. 일부 세포는 자신의 DNA와 마찬가지로 도입된 DNA 정보를 발현시킨다.

DNA는 **미세주입법(microinjection)**에 의해 동물세포에 직접 주입시킬 수도 있다. 이 방법은 지름이 세포에 비해 훨씬 가는 유리로 만든 미세 피펫을 사용한다. 미세 피펫은 원형질막을 뚫고 들어가 직접 DNA를 집어 넣을 수 있다(그림 14.7).

제한효소의 종류도 매우 다양하고 벡터나 DNA를 세포 안으로 도입하는 방법 또한 매우 다양하다. 그러나 외부 DNA는 반드시 스스로 복제할 수 있는 벡터에 들어 있거나 재조합에 의해 세포의 염색체 일부로 삽입되어야만 세포에 남아 있을 수 있다.

그림 14.6 유전자 총을 이용해서 세포 안으로 DNA로 코팅된 "탄환"을 도입할 수 있다.

Q 세포 안으로 DNA를 도입할 수 있는 그 밖의 네 가지 방법을 제시하시오.

DNA 확보하기

지금까지 제한효소를 이용하여 유전자를 벡터에 클로닝할 수 있으며 이들을 여러 가지 방법으로 다양한 세포 안으로 집어 넣을 수 있

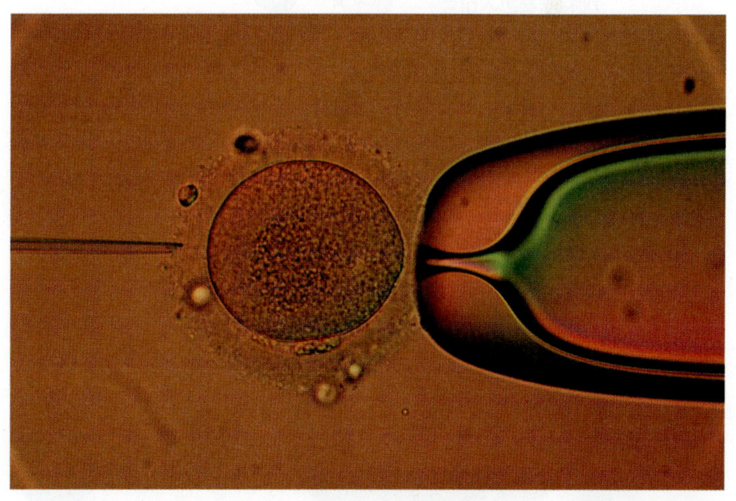

그림 14.7 외부 DNA를 난자로 미세주입. 난자를 먼저 상대적으로 큰 뭉툭한 지지 피펫으로 살짝 빨아들여 고정시킨다(오른쪽). 연구 대상 유전자 사본 수백 개를 끝이 매우 가는 미세 피펫으로 난자의 핵 안으로 주입한다(왼쪽)

Q 미세주입법을 세균이나 곰팡이 세포에 쓰기 어려운 이유는?

다는 것에 대해 알아보았다. 그러나 생물학자들은 연구 대상이 되는 유전자를 어떻게 얻을 수 있을까? 대상 유전자를 얻는 방법은 크게 두 가지 있다. (1) 자연상태의 유전자 또는 mRNA에서 만들어진 DNA 사본인 cDNA를 포함하는 유전체 도서관과 (2) 합성 DNA를 제작하는 방법을 알아보기로 한다.

유전체 도서관

특정 유전자만을 개별 DNA 조각으로 분리하는 일은 쉬운 일이 아니다. 어떤 개체의 유전자에 관심 있는 과학자들은 이 개체의 DNA를 분리하는 것에서 연구를 시작한다. 동식물이나 미생물을 막론하고 개체의 세포에서 DNA를 얻으려면 먼저 세포를 파괴하여 DNA를 침전시켜야 한다. 이렇게 해서 개체의 전체 유전체를 포함하는 DNA 덩어리를 얻을 수 있다. DNA를 제한효소로 자른 다음 제한효소 조각을 플라스미드나 파지 벡터에 재조합시키고 이를 세균 세포에 넣어 준다. 서로 다른 DNA 조각이 들어 있는 재조합 클론들의 전체 모음, 즉 **유전체 도서관(genomic library)**을 만드는 것이 이 과정의 목적이다. 여기서 "책" 한 권은 해당 유전체 DNA의 한 조각을 가지고 있는 세균 또는 파지 한 마리에 해당된다(그림 14.8). 이런 도서관은 DNA 클론을 유지하고 또 필요할 때 원하는 클론을 찾아내는 데 꼭 필요하다. 이와 같은 유전체 도서관을 만들어 파는 회사들도 있다.

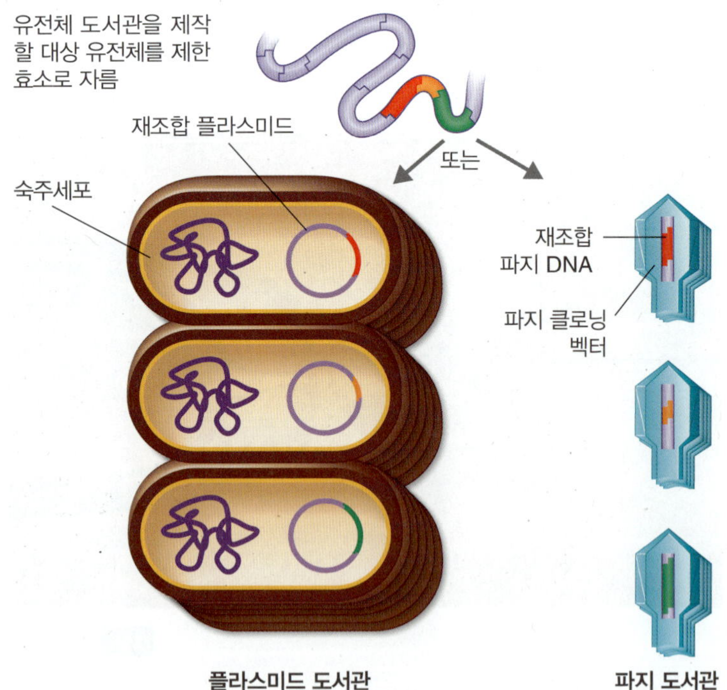

그림 14.8 유전체 도서관. 대략 하나의 유전자를 포함하는 DNA 조각이 하나의 플라스미드 또는 파지 벡터 안에 들어가 있다.

Q RFLP와 유전자를 구분하시오.

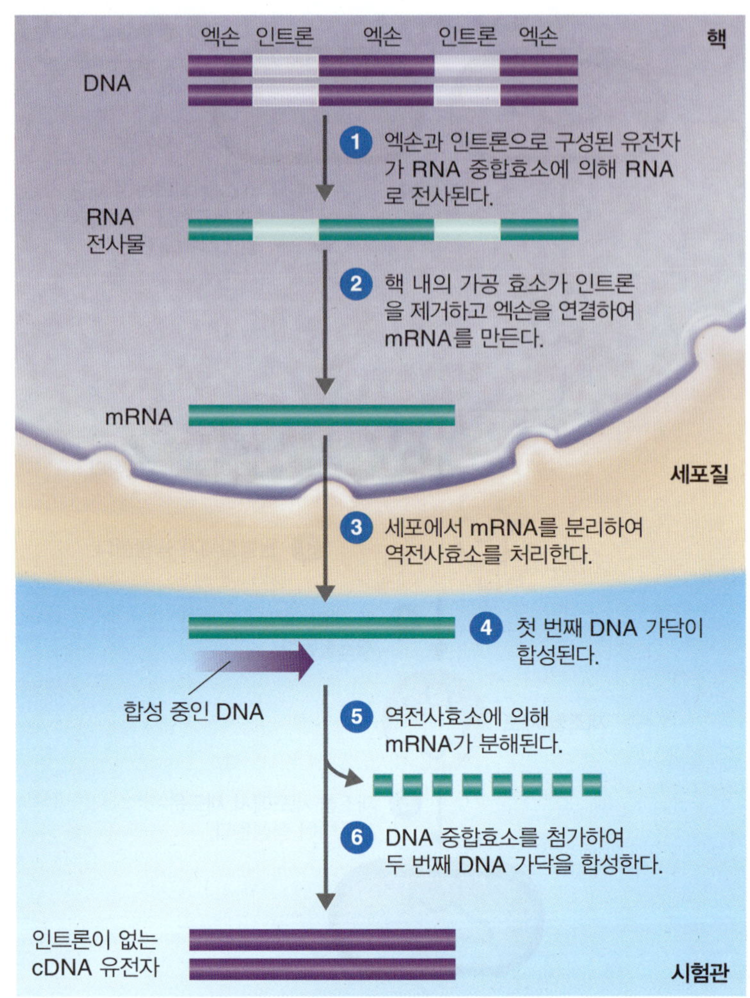

그림 14.9 진핵세포 유전자에서의 cDNA 합성. 역전사효소는 RNA 분자를 주형으로 이중나선 DNA 합성을 촉매한다.

Q 역전사효소는 DNA 중합효소와 어떤 면에서 다른가?

진핵세포의 유전자를 클로닝하려면 특수한 문제를 해결해야 한다. 진핵세포의 유전자에는 보통 단백질을 암호화하는 DNA 부분에 해당하는 **엑손(exon)**과 단백질을 암호화하지 않는 **인트론(intron)**이 뒤섞여 있다. 이와 같은 유전자에서 RNA를 전사하여 mRNA를 얻으면 인트론은 제거된다. 진핵세포의 유전자를 클로닝하기 위해서는 인트론이 제거된 형태의 유전자를 사용하는 것이 바람직하다. 인트론이 포함된 형태는 작업하기에 너무 크기 때문이다. 게다가 인트론이 있는 채로 세균 세포에 넣으면 세균에서는 인트론을 제거할 수 있는 기능이 없기 때문에 진핵세포에서와는 전혀 다른 단백질 산물이 만들어질 것이다. 엑손만을 포함하는 유전자 형태는 **역전사효소(reverse transcriptase)**라 불리는 효소를 사용하여 mRNA를 주형으로 **상보적 DNA(complementary DNA, cDNA)**를 합성함으로써 만들 수 있다(그림 14.9). 이 과정은 DNA에서 RNA가 전사되는 정상 과정과 반대 방향으로 진행된다. mRNA에서 DNA 사본을 만드는 효소가 바로 역전사효소다. mRNA에서 DNA가 역전사되고 나면 mRNA는 효소에 의해 분해된다. 이후 DNA 중합효소가 DNA의 상보가닥을 합성하여 mRNA와 같은 정보를 지닌 이중나선 DNA가 만들어진다. 조직이나 세포에서 mRNA 전체를 분리하여 cDNA 분자를 합성한 다음 이를 클로닝하여 cDNA 도서관을 만들 수 있다.

cDNA를 활용하는 방법은 진핵세포 유전자를 얻는 가장 일반적인 방법이다. 이 방법은 그러나 길이가 긴 mRNA 분자가 완전하게 DNA로 역전사되지 않을 수 있기 때문에 문제가 되기도 한다. 원하는 유전자의 일부만 역전사되는 경우도 상당히 많다.

합성 DNA

특정한 상황에서는 DNA 합성 기계를 이용하여 시험관에서 인공적으로 유전자를 합성할 수도 있다(그림 14.10). 기계의 입력판에 원하는 뉴클레오티드의 서열을 입력하면 마이크로프로세서가 저장된 뉴클레오티드와 그 밖에 필요한 재료를 이용해서 DNA를 합성한다. 이 방법으로 대략 120 뉴클레오티드 길이의 사슬까지 효율적으로 합성할 수 있다. 유전자가 이보다 큰 경우에는 몇 개의 조각을 별도로 합성한 다음 이를 연결하는 방법으로 완전한 유전자를 만들 수 있다.

이 방법의 난점은 유전자의 서열을 완전히 알아야만 사용할 수 있다는 것이다. 유전자가 이미 분리되지 않았다면, DNA 뉴클레오티드 서열은 단백질 산물의 아미노산 서열을 통해 예측할 수 있을 뿐이다. 만일 단백질의 아미노산 서열을 알고 있다면 유전부호를 바탕으로 아미노산 서열에서 역으로 DNA 서열을 추정할 수 있다. 그러나 불행히도 유전부호의 중복성으로 인해 정확한 서열을 결정할 수는 없다. 단백질이 류신을 포함하고 있다면 유전자의 해당 위치는 여섯 개의 류신 코돈 가운데 하나와 동일한 서열을 갖고 있을 것이라는 추정까지만 가능하다.

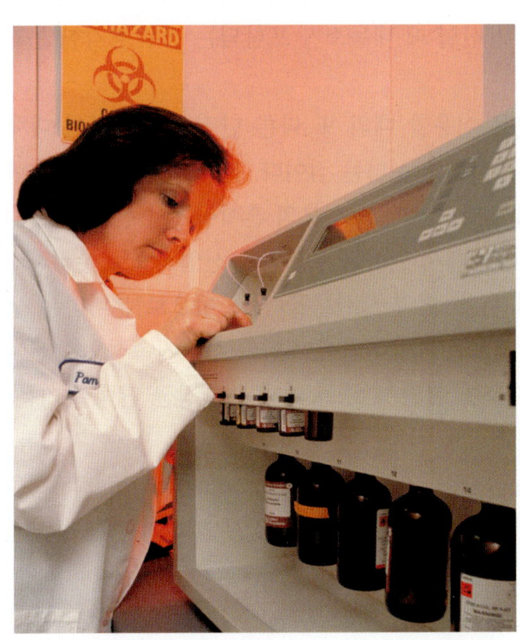

그림 14.10 DNA 합성 기계. 짧은 DNA 서열은 이와 같은 장비를 이용해서 합성할 수 있다.

 기계를 이용해서 DNA를 합성할 때 어려운 점은?

이와 같은 이유 등으로 인해 유전자를 직접 합성하는 일은 흔하지 않다. 비록 인슐린과 인터페론, 소마토스타틴 등이 이미 화학적으로 합성된 유전자에서 만들어져 판매되고 있기는 하지만 말이다. 합성 유전자를 만들 때 제한효소자리를 원하는 위치에 첨가하여 유전자를 플라스미드 벡터에 넣고 대장균에서 클로닝하기 쉽게 할 수도 있다. 합성 DNA는 선택 과정 또한 훨씬 쉽게 만들어줄 수 있다.

클론 선택하기

클로닝 과정에서 표적유전자를 가지고 있는 특정 세포를 반드시 선택해야 한다. 이는 수백만 개의 세포 가운데 단지 몇 개의 세포만이 원하는 유전자를 갖고 있을 가능성이 있기에 매우 어려운 과정이다. 여기서 우리는 **청백선별**(blue-white screening)이라 알려진 대표적인 선별 과정을 살펴볼 것이다. 이 방법은 마지막 단계에서 세균 콜로니의 색을 통해 원하는 클론을 찾아낸다.

이때 사용되는 플라스미드 벡터는 항생제 암피실린(ampicillin)에 내성을 나타내는 유전자(amp^R)를 지닌다. 숙주 세균은 벡터가 암피실린 내성 유전자를 전달해 주지 않는 한, 암피실린이 들어 있는 선택배지에서 자라지 못한다. 플라스미드 벡터는 또 하나의 효소 유전자, β-갈락토시데이스 유전자(*lacZ*)를 가지고 있다. 그림 14.3을 보면 *lacZ* 유전자에 제한효소자리가 여러 개 있음을 알 수 있다.

클론 선별의 전체 과정은 그림 14.11에 나타나 있다. 표지유전자라 할 수 있는 두 개의 유전자는 재조합된 플라스미드 DNA가 숙주 세포에 제대로 도입되었는지를 확인할 수 있게 한다. 청백선별 과정을 위해 형질전환시킨 세균들을 암피실린과 X-gal이라는 물질이 포함된 배지에서 배양한다. 암피실린은 이것의 내성 유전자가 있는 플라스미드를 전달받지 못한 세균의 성장을 막는다. X-gal은 β-갈락토시데이스의 기질이다.

실험에 사용된 세균 가운데 플라스미드에 의해 형질전환된 것만 암피실린 내성 유전자를 갖게 되어 배지에서 자랄 수 있다. 이 가운데 재조합 플라스미드에 의해 형질전환된 세균은 새로운 유전자가 *lacZ* 유전자 안에 삽입되어 있기 때문에 X-gal을 분해하지 못하여 흰색 콜로니를 형성한다. 세균이 온전한 *lacZ* 유전자를 지니는 원래의 플라스미드를 얻은 경우, 그 세포는 X-gal을 분해해서 청색 물질

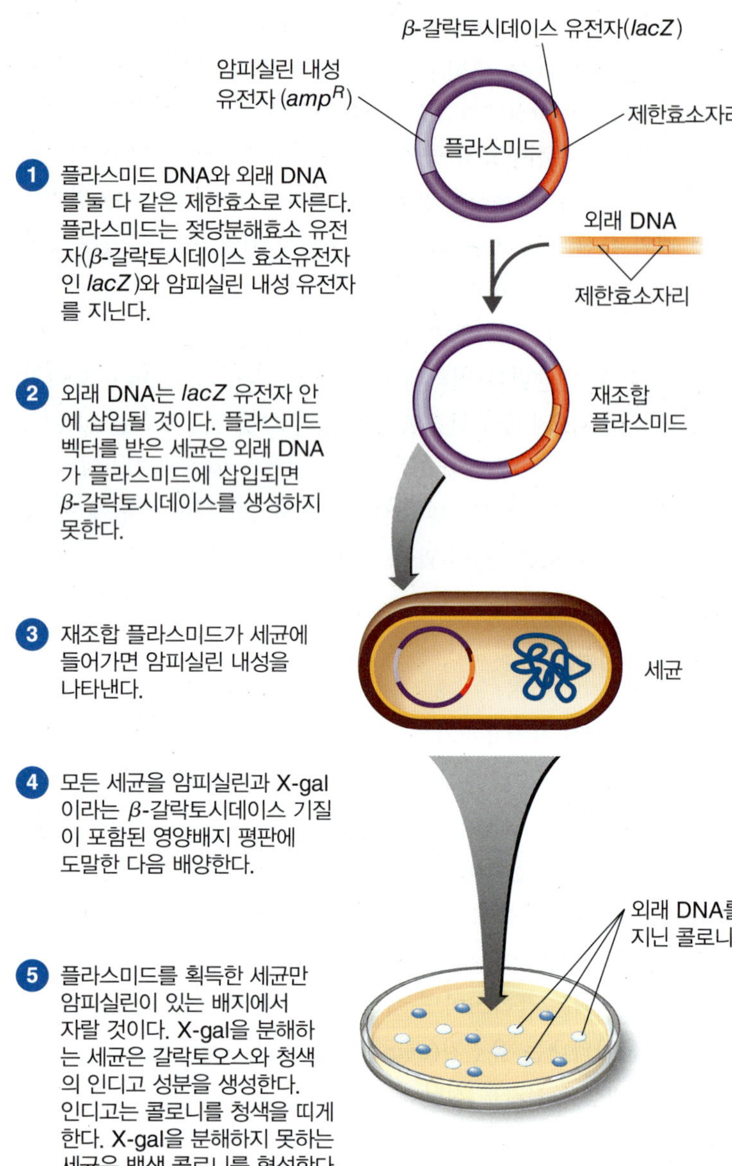

그림 14.11 청백선별, 재조합 세균을 선택하는 방법

Q 청백선별 과정에서 일부 콜로니는 청색인 반면 또 다른 콜로니는 백색인 이유는?

을 생성할 것이고 그 결과 청색 콜로니를 형성하게 된다.

여전히 어려움은 남는다. 위의 과정을 통해 외부 DNA를 포함하는 것으로 확인된 흰색 콜로니를 분리할 수는 있지만 이것이 원하는 DNA 조각을 갖고 있는지는 알 수 없기 때문이다. 이를 확인하려면 또 다른 확인 절차가 필요하다. 플라스미드에 있는 외부 DNA가 확인 가능한 산물을 생성한다면, 분리한 세균을 배양해서 이를 확인하면 된다. 그러나 경우에 따라서는 유전자 자체를 숙주 세균에서 확인해야만 할 때도 있다.

콜로니 혼성화(colony hybridization)는 특정한 유전자가 클로닝되었는지를 확인하는 일반적인 방법이다. 원하는 유전자에 상보적인 짧은 단일가닥 DNA 조각, 즉 **DNA 탐침(DNA probe)**을 합성한다. DNA 탐침이 상보적인 서열을 찾으면 표적유전자에 결합할 것이다. 효소나 형광염료를 사용하여 DNA 탐침을 표지하면 탐침이 결합해 있는 콜로니를 쉽게 찾을 수 있다. 그림 14.12는 일반적인 콜로니 혼성화 실험을 설명하고 있다. 많은 수의 DNA 탐침이 나란히 배열된 DNA 칩을 이용해서 병원균을 동정하는 데 활용하기도 한다.

유전자 산물 발현시키기

지금까지 특정한 유전자가 들어 있는 재조합 세포를 확인하는 방법을 살펴보았다. 유전자 산물을 얻는 것이 유전자 변형의 목표일 때가 있다. 초기의 유전자 변형은 대부분 대장균에서 유전자 산물을 합성하기 위한 것이었다. 대장균은 쉽게 배양할 수 있고 과학자들은 대장균의 특성과 유전학에 대해 잘 알고 있다. 이를테면 젖당 오페론의 프로모터와 같은 유도형 프로모터가 클로닝되었고 새로운 유전자를 이 같은 유도형 프로모터에 부착시킬 수 있다. 그 결과 유도물질을 첨가함으로써 클로닝된 유전자 산물을 대량으로 합성할 수 있다. 이와 같은 방법은 대장균에서 감마 인터페론을 합성하는 데 사용되었다(그림 14.13). 그러나 대장균은 몇 가지 단점도 지닌다. 대부분의 그람음성세균과 마찬가지로 대장균은 세포벽의 바깥층에서 내독소(endotoxin)를 생성한다. 내독소는 포유류에서 열과 쇼크를 일으키기 때문에 사람에게 사용할 목적으로 대장균에서 생리유용 물질을 생산할 때 내독소가 포함되는 경우 심각한 문제를 일으킬 수 있다.

대장균을 이용할 때의 또 다른 단점은 대장균이 대체로 단백질 산물을 분비하지 않는다는 점이다. 산물을 얻기 위해서 반드시 세포를 파괴해서 나오는 세포 성분의 혼합물에서 산물을 정제해야 한다. 이러한 혼합물에서 원하는 산물만을 산업적으로 분리하려면 비용이 매우 많이 든다. 만일 생산물을 세포 밖으로 분비하는 생물종을 사용한다면 세포를 배양하면서 배양액에서 지속적으로 산물을 회수할 수 있기 때문에 훨씬 더 경제적이다. 대장균 단백질 가운데 원래 분비되는 단백질에 원하는 산물이 연결되어 만들어지도록 하는 방법이 있기는 하다. 그러나 고초균(*Bacillus subtilis*)과 같은 그람양성세균은 합성한 단백질 산물을 더 잘 분비하기 때문에 산업적으로 많이 이용되고 있다.

제빵효모(*Saccharomyces cerevisiae*) 또한 재조합 DNA를 발현시키는 데 자주 사용된다. 제빵효모의 유전체는 대장균의 4배에 불과하고 진핵세포 유전체 가운데 가장 자세히 알려져 있다. 효모도 플라스미드를 가지고 있고 효모의 플라스미드는 세포벽만 제거하고

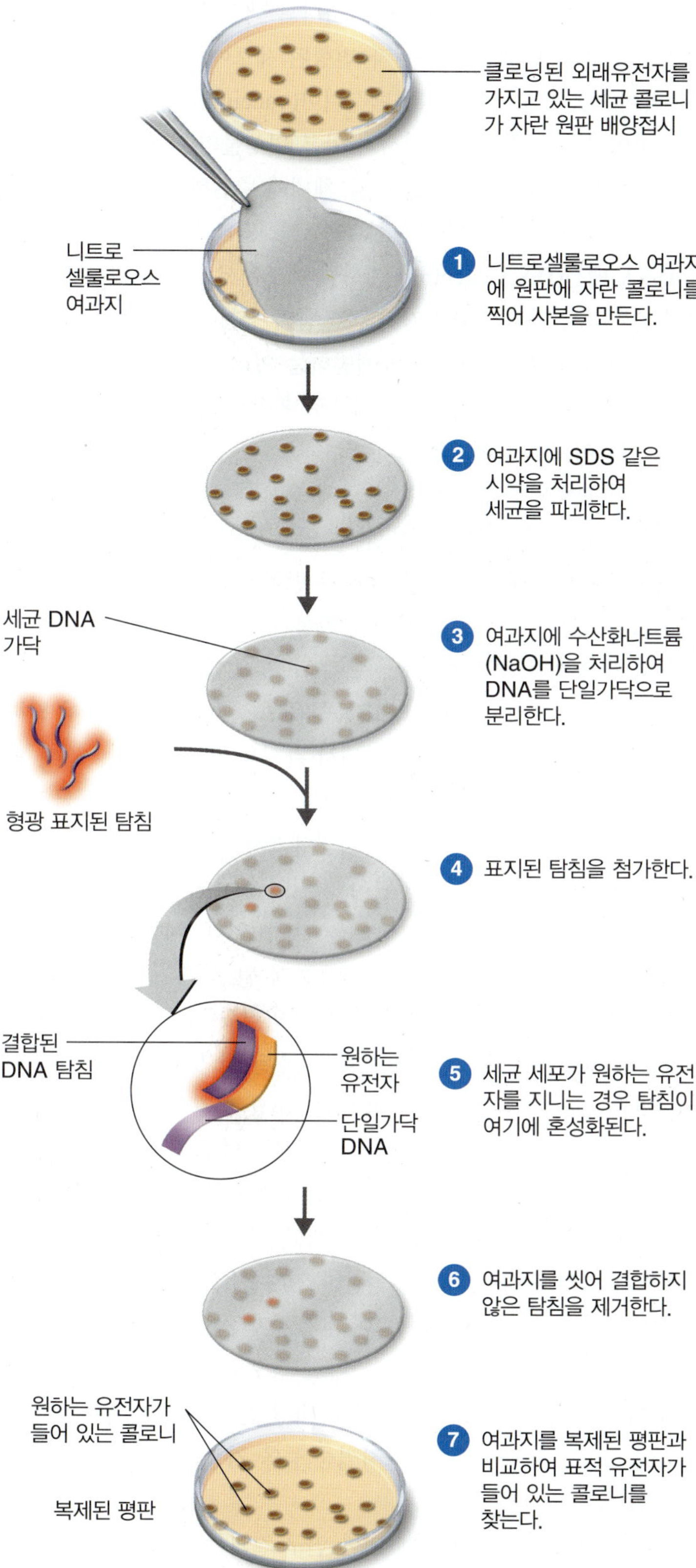

그림 14.12 콜로니 혼성화: DNA 탐침을 이용하여 원하는 유전자를 지니는 클론을 확인

DNA 탐침이란 무엇인가?

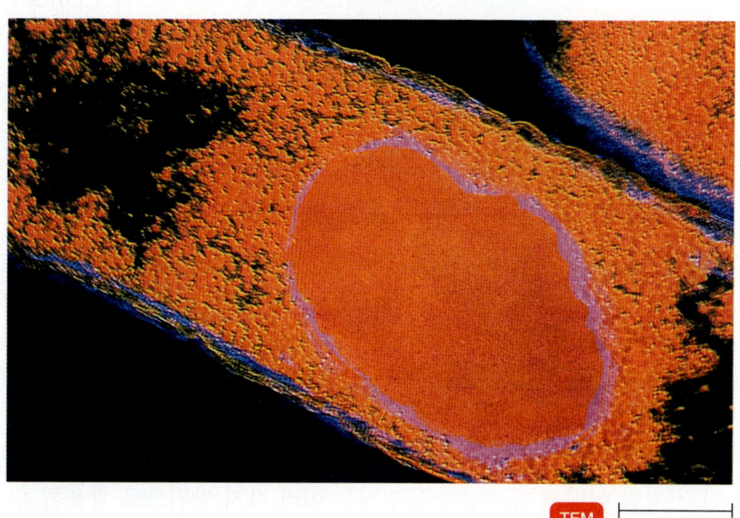

그림 14.13 유전자가 변형되어 감마 인터페론을 생성하는 대장균. 감마 인터페론은 사람에서 면역반응을 촉진하는 단백질이다. 여기에 주황색으로 나타나 있는 물질인 감마 인터페론은 세포를 파괴시키면 밖으로 방출될 수 있다.

Q 유전공학에 대장균을 사용할 때의 장점과 단점은 각각 무엇인가?

나면 쉽게 다른 효모세포로 전달된다. 진핵세포인 효모는 세균에 비해 진핵세포 유래 유전자를 더 성공적으로 발현시킬 수 있다. 게다가 효모는 지속적으로 그 산물을 분비하는 경우가 많다. 이와 같은 이유로 생명공학에서 효모가 매우 널리 쓰이고 있다.

인간 세포를 비롯한 포유류 세포주 또한 세균과 비슷한 방식으로 유전적으로 변형되어 여러 가지 산물을 생산하는 데 활용되고 있다. 과학자들은 바이러스를 키우는 숙주로 특정한 포유류 세포주를 효과적으로 배양하는 방법을 개발했다. 포유류 세포는 세포가 산물을 잘 분비하고 독소나 알레르기 유발물질이 포함될 위험이 적기 때문에 주로 의료용 단백질 산물을 만들기에 적합하다. 포유류 세포주를 이용해서 산업적인 규모로 외래 유전자 산물을 생산하고자 할 때에도, 종종 세균에서 유전자를 클로닝하는 단계를 거친다. 콜로니 형성 촉진인자(colony stimulating factor, CSF)의 예를 들어보자. 자연상태에서 백혈구 세포에서 극소량만 만들어지는 CSF는 감염에 맞서는 특정 면역세포의 성장을 촉진하는 기능이 있어 의학적으로 가치가 있다. 산업적으로 CSF를 대량생산하기 위해, 먼저 유전자를 플라스미드에 삽입한 다음 세균을 이용해서 재조합 플라스미드를 선별한다(그림 14.1 참조). 선별된 재조합 플라스미드를 포유류 세포주에 삽입해서 배양한다.

식물세포도 배양할 수 있으며, 재조합 DNA 기술을 이용해서 변형시킨 다음 유전자 변형 식물세포를 만드는 데 이용할 수 있다. 이와 같은 식물체는 값비싼 생리활성 산물을 생산하는 데 유용한 것으로 입증되었다. 진통제로 쓰이는 코데인을 비롯한 알칼로이드류, 합성 고무의 재료로 쓰이는 아이소프레노이드류, 자외선 차단제에 사용되는 동물 피부 색소의 일종인 멜라닌 색소 등이 유전자 변형 식물에서 만들어지고 있다. 유전자 변형 식물은 백신이나 항체 등 사람에게 치료 목적으로 사용되는 물질을 만드는 데 유용하다. 대량 생산이 가능하고 농업적으로 생산할 때 생산 비용이 저렴하며 포유류의 병원체나 종양 유발 유전자에 의해 산물이 오염될 위험이 낮기 때문이다. 유전자 변형 식물을 만들 때에도 세균이 활용된다.

DNA 기술의 활용

지금까지 유전자를 클로닝하는 전 과정을 살펴보았다. 앞에서 언급한 것처럼 이렇게 클로닝한 유전자는 여러 가지 방면으로 활용될 수 있다. 그 한 가지는 더 효과적이고 저렴한 유용 물질을 생산하는 것이다. 또 다른 용례는 기초 연구나, 의학, 법의학 등에서 활용할 수 있는 정보를 제공하는 것이다. 세 번째로는 유전자 클로닝을 활용해서 세포나 개체의 형질을 바꿀 수도 있다.

의학적 활용

췌장에서 만들어져서 우리 몸의 혈당량을 조절하는 호르몬인 인슐린은 매우 고가의 약물이었다. 오랫동안 인슐린 의존성 당뇨병 환자들은 도살된 동물의 췌장에서 얻은 인슐린을 주사해서 당뇨병을 조절해 왔다. 인슐린을 얻는 과정은 비용이 많이 들었으며 동물에서 분리한 인슐린은 사람의 인슐린만큼 효과가 좋지 않았다.

사람의 인슐린은 매우 귀하고 그 단백질의 크기 또한 작았기 때문에 제약 산업에서는 일찌감치 재조합 DNA 기술을 이용해서 사람의 인슐린을 생산하고자 했다. 호르몬을 만들기 위해, 인슐린 분자를 구성하는 두 개의 짧은 폴리펩티드 각각을 부호화하는 합성 유전자가 제작되었다. 이들 사슬은 단 21개와 30개 아미노산으로 이루어진 짧은 길이였기에 합성 유전자를 이용하는 것이 가능했다. 앞에서 기술한 방법에 따라, 각각의 합성 유전자를 플라스미드 벡터에 삽입한 다음 세균 효소인 β-갈락토시데이스 유전자 끝에 연결해서 인슐린 폴리펩티드가 효소와 함께 만들어지도록 했다. 두 종류의 대장균을 따로 배양해서 각각의 배양액에서 인슐린 폴리펩티드 사슬을 하나씩 만들었다. 세균에서 폴리펩티드를 분리한 다음, β-갈락토시데이스 부분을 떼어낸 후, 두 종류의 폴리펩티드를 화학적으로 연결하여 사람의 인슐린 분자를 만들어 낼 수 있었다. 이것은 DNA 기술이 이룬 초기 상업화 성공 사례 가운데 하나로 이번 장에서 논의한 여러 가지 원리와 방법을 대부분 사용하고 있다.

소단위 백신(subunit vaccine)은 병원체가 만들어내는 항원 단백질의 한 부분으로 유전자 변형된 효모에서 만들어진다. 소단위 백신은 대표적으로 B형 간염을 비롯한 여러 종류의 질병 예방에 이용되고 있다. 소단위 백신의 장점 중 하나는 백신에 의한 감염 위험이 없다는 것이다. 단백질을 유전자 변형된 세포에서 얻은 다음, 순수 분리하여 백신으로 사용한다. 백시니아(vaccinia) 바이러스와 같은 동물 바이러스를 유전자 변형시켜 다른 미생물의 표면 단백질 유전자를 갖도록 할 수 있다. 이를 동물 체내에 주입하면 바이러스는 해당 미생물에 대한 백신 기능을 한다.

DNA 백신(DNA vaccine)은 사람 세포에서 활성이 있는 프로모터에 바이러스 단백질 유전자가 클로닝된 원형 플라스미드 형태다. HIV, SARS, 독감, 말라리아를 예방하는 여러 종류의 DNA 백신이 시험 중에 있다. 표 14.2에 의학적으로 활용되고 있는 주요 재조합 DNA 제품이 수록되어 있다.

재조합 DNA 기술이 의학 연구에 중요한 이유는 더 이상 말할 필요가 없다. 혈액 투석에 사용할 수 있는 인공 혈액을 만드는 작업이 시도되고 있는데, 여기서도 유전자 변형된 돼지에서 만드는 사람의 헤모글로빈이 사용된다. 유전자 변형된 양을 이용해서 양젖에 여러 종류의 약제가 분비되도록 하는 시도도 있었다. 이와 같은 시도는 양에게 크게 영양을 주지 않고 동물을 희생시키지 않으면서 원하는 물질을 만들어낼 수 있다는 점에서 관심을 끌고 있다.

유전자 치료(gene therapy)는 일부 유전 질환에 대한 궁극적인 치료 방법을 제공해 줄 수 있다. 사람에게서 일부 세포를 떼어내어 여기서 손상을 입었거나 돌연변이가 일어난 유전자를 정상 유전자로 대체하여 형질전환시키는 상상을 할 수 있다. 이들 세포를 사람에게 다시 넣어주면 정상적으로 작용하게 될 것이다. 예를 들어 유전자 치료는 B형 혈우병과 중증 복합 면역결핍증(severe combined immunodeficiency)을 치료하는 데 사용된 바 있다. 아데노바이러스(adenovirus)와 레트로바이러스(retrovirus)가 유전자를 전달하는 도구로 가장 흔히 사용된다. 그러나 일부 연구자들은 플라스미드 벡터를 이용한 연구를 진행하고 있다. 사람의 혈우병을 치료하기 위한 최초의 유전자 치료가 1990년에 시도되었을 때 약화된 레트로바이러스가 벡터로 사용되었다. 인간 유전자를 가진 유전적으로 변형된 아데노바이러스를 사용하는 여러 유전자 치료 실험이 망막 질환의 치료와 심장 단백질의 대체, 카나반 병으로 불리는 퇴행성 뇌 질환의 치료를 위해 진행 중이다. 세포 내에 안티센스 DNA를 주입하는 방법으로 간염과 피부암, 고지혈증 등을 치료하려는 연구도 시도되고 있다.

지금까지의 유전자 치료에 대한 연구 결과는 그리 인상적이지는 않다. 바이러스 벡터의 부작용으로 인해 몇 명이 사망하기도 했다. 수많은 예비 연구가 시행되었으나 모든 유전 질환을 치료할 수 있는 것 같아 보이지는 않는다.

유전자 침묵화(gene silencing)는 매우 다양한 진핵세포에서 자연적으로 일어나는 과정이며 바이러스와 전위인자 등에 대응하는

표 **14.2** 재조합 DNA 기술로 생산된 대표적인 의약품

약제	비고
α-글루코시데이스	폼페병을 치료하기 위해 유전자 변형 포유류 세포에서 생산
자궁경부암 백신	바이러스 단백질로 이루어져 있다; 효모나 곤충 세포에서 생산
콜로니형성 촉진인자	화학치료의 부작용을 완화시킨다; 에이즈와 같은 감염성 질병에 내성을 높인다; 백혈병 치료; 대장균이나 제빵효모에서 생산
상피세포 성장인자(EGF)	상처, 화상, 궤양 치료; 대장균에서 생산
에리스로포이에틴(EPO)	빈혈치료, 포유류 세포주에서 생산
인터페론	
IFN-α	백혈병 , 악성 흑생종, 간염 치료, 대장균과 제빵효모에서 생산
IFN-β	다발성 경화증 치료; 포유류 세포주에서 생산
IFN-γ	만성 육아종병(granulomatous disease) 치료, 대장균에서 생산
B형 간염 백신	간염바이러스 유전자를 플라스미드에 지니는 제빵효모에서 생산
인간성장호르몬(hGH)	어린이의 성장결핍을 보완, 대장균에서 생산
인간 인슐린	당뇨병 치료, 동물에서 추출한 인슐린보다 효율이 높다, 대장균에서 생산
독감 백신	바이러스 유전자를 지니는 대장균이나 제빵효모에서 만드는 백신
인터루킨	면역계 조절, 암 치료에도 사용 가능, 대장균에서 생산
오르소클론 OKT3, 뮤로모나브 CD3	이식 환자들의 면역력 억제를 위해 사용하는 단클론 항체, 조직 거부 반응을 감소시킨다, 생쥐세포에서 생산
풀모자임(rhDNase)	낭성 섬유증 환자의 점액 분비를 낮추는 효소, 포유류 세포주에서 생산
릴랙신	분만 촉진에 사용, 대장균에서 생산
초과산화물 불균등화효소(SOD)	산소가 결핍된 조직에 혈액이 재공급되었을 때 활성 산소에 의한 손상을 줄여줌, 제빵효모와 *Komagataella pastoris* (효모의 일종)에서 생산
택솔	난소암 치료에 사용되는 식물의 산물, 대장균에서 생산
조직 플라스미노겐 활성자	혈전의 피브린을 분해, 심장병 치료, 포유류 세포주에서 생산
종양괴사인자(TNF)	종양세포의 사멸시킨다, 대장균에서 생산
수의학 제품	
개홍역바이러스 백신	개홍역바이러스 유전자를 포함하는 카나리폭스 바이러스
고양이백혈병바이러스 백신	고양이백혈병바이러스 유전자를 지니는 카나리폭스 바이러스

방어기전으로 보인다. 유전자 침묵화는 작은 RNA 조각을 부호화하는 유전자가 전사된다는 점에서 miRNA가 작용하는 과정과 비슷하다. 전사가 일어난 다음, **siRNA(small interfering RNA)**라 불리는 RNA가 Dicer라는 효소에 의해 가공되면서 형성된다. siRNA 분자는 mRNA와 결합해서 **RISC(RNA-induced silencing complex)**라는 단백질의 효소활성에 의해 해당 mRNA를 파괴시켜 유전자 발현을 침묵화(silencing)시킨다(**그림 14.14**).

RNAi(RNA inference)라는 새로운 기술은 유전자 치료와 암, 바이러스 감염을 치료하는 데 희망을 주고 있다.

표적유전자에 작용하는 siRNA를 부호화하는 작은 DNA 조각을 DNA 벡터에 클로닝할 수 있다. 이를 세포에 전달하면 세포는 원하는 siRNA를 만들어 낼 것이다. 황반변성과 흑색종 치료용 RNAi에 대한 임상 시도가 현재 수행되고 있다.

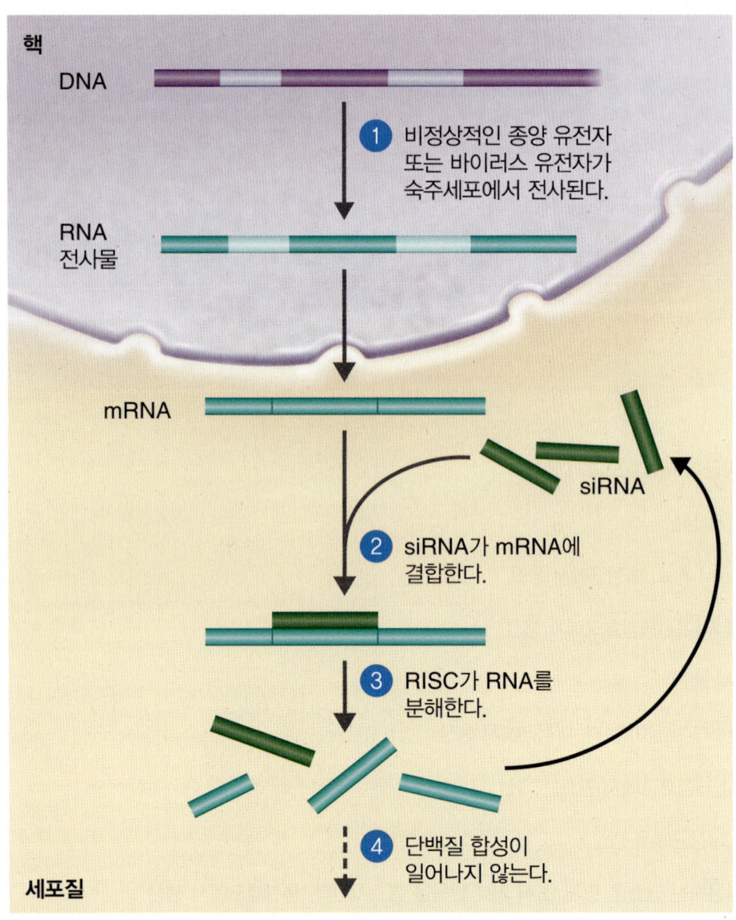

그림 14.14 유전자 침묵화를 통해 여러 질병을 치료할 수 있다.

Q RNAi가 작용하는 단계는 전사가 진행될 때인가? 전사가 끝난 다음인가?

유전체 사업

1977년 유전체로는 가장 먼저 박테리오파지 한 종류의 작은 유전체 염기서열이 전부 결정되었고, 1995년에는 독립 생활을 하는 단세포 미생물인 *Haemophilus influenzae*의 유전체 염기서열이 최초로 결정되었다. 이후 1000여 종의 원핵세포 유전체와 400여 종이 넘는 진핵세포 유전체의 염기서열이 모두 결정되었다. **샷건 염기서열결정(shotgun sequencing)**으로 독립생활을 하는 세포 유전체의 작은 조각의 염기서열을 결정한 다음 컴퓨터를 이용하여 이들 서열을 조립하는 방식으로 한다. 이들 조각 사이에 간격이 있는 경우에는 이를 찾아 다시 염기서열을 결정한다(그림 14.15). 이 방법은 미생물을 배양하지 않고 환경에서 직접 미생물 유전체를 연구하는 것을 가능하게 했다. 유전물질을 환경에서 직접 채취하여 연구하는 분야를 **메타유전체학(metagenomics)**이라 한다.

인간유전체사업은 1990년 10월에 시작하여 2003년 종료시점까지 13년에 걸쳐 국제 공동으로 진행되었다. 이 사업의 목표는 30억 뉴클레오티드 쌍, 20,000~25,000개의 유전자에 달하는 인간 유전체 전부의 염기서열을 결정하는 것이었다. 18개국에서 수천 명이 이 사업에 참여하였다. 연구자들은 많은 수의 기증자로부터 혈액(여성)과 정액(남성)을 수집하였다. 이 가운데 일부가 사용되었고 누구의 시료가 염기서열 결정에 사용되었는지는 기증자도 연구자도 알 수 없게 처리하였다. 샷건 염기서열분석의 개발은 연구 사업의 진행 속도를 크게 높여 주었고 덕분에 거의 완벽하게 인간 유전체 서열을 밝힐 수 있었다.

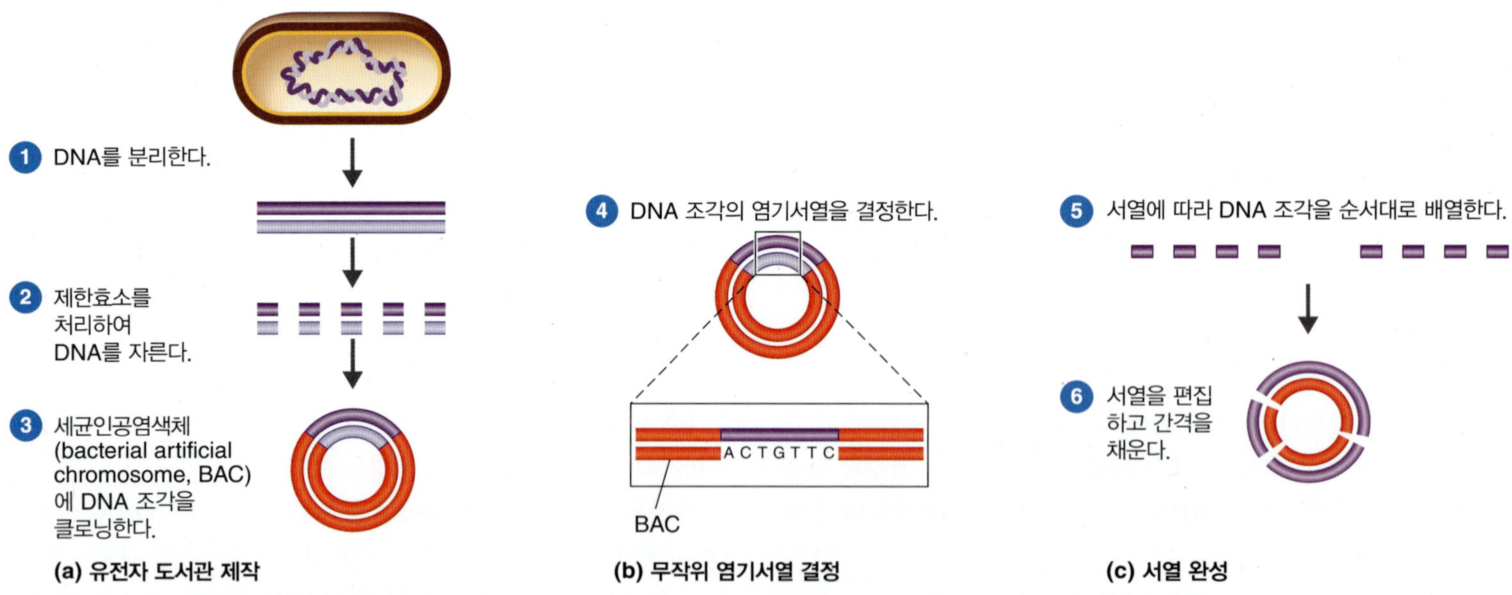

그림 14.15 샷건 염기서열결정법. 이 방법은 유전체를 조각낸 다음 각 조각의 염기서열을 결정한다. 그 다음 이들 조각을 순서대로 배열한다. 일부 조각의 염기서열이 결정되지 않은 경우 간격(gap)을 남길 수 있다.

Q 이 방법으로 유전자와 유전자의 위치를 확인할 수 있는가?

한 가지 놀라운 결과는 인간 유전체에서 2% 이하만이 기능을 지닌 산물을 부호화한다는 사실이었다. 나머지 98%는 miRNA 유전자, 바이러스 유전자의 흔적, 반복서열(짧은 직렬 반복 등), 인트론, 염색체 말단(텔로미어), 전위인자 등의 서열이다. 현재 연구자들은 특정 유전자들의 위치를 찾아내고 이들의 기능을 결정하는 작업을 진행하고 있다.

과학자들의 다음 목표는 인간단백질체사업(Human Proteome Project)으로 사람 세포에서 발현되는 모든 단백질을 알아내는 연구사업이다. 그러나 이 사업이 완성되기도 전에 벌써 우리가 생물학을 이해하는 데 큰 가치가 있는 결과가 나오고 있다. 이 연구는 앞으로 특히 유전 질환의 진단과 치료와 같은 의학 분야에 큰 기여를 하게 될 것이다.

과학적 활용

재조합 DNA 기술을 사용하여 상용 제품을 만들어 낼 수 있으나 이것만이 중요한 것이 아니다. 재조합 기술로 DNA 사본을 많이 만들어낼 수 있으므로 일종의 DNA "인쇄소" 역할을 할 수 있다. 일단 많은 양의 특정 DNA 조각이 확보되면 다음 절에서 논의하겠지만 여러 가지 분석기법을 적용하여 DNA에 담긴 정보를 "읽을" 수 있게 된다.

2010년에는 최소유전체연구사업(Minimal Genome Project) 연구진이 *Mycoplasma mycoides*의 유전체 전부를 완전히 인공 합성한 다음 DNA를 제거한 *M. capricolum* 세포에 옮겨 심는 것에 성공했다. 이렇게 변형된 세포는 *M. mycoides* 단백질을 만들었다. 이 실험을 통해 유전체에 대규모의 변이를 일으킬 수 있다는 사실 그리고 기존의 세포가 이를 수용할 수 있다는 사실을 알 수 있었다.

DNA 염기서열이 활발하게 결정되면서 생산된 대량의 정보는 **생물정보학(bioinformatics)**이라는 새로운 학문 분야를 탄생시켰다. 생물정보학은 컴퓨터 분석을 통하여 유전자의 기능을 이해하려는 학문이다. DNA 염기서열은 젠뱅크(GenBank)와 같은 웹기반 데이터베이스에 저장된다. 컴퓨터 프로그램을 이용해서 유전체 정보를 검색해서 특정한 서열을 찾거나 서로 다른 개체의 유전체에서 유사한 패턴을 찾아볼 수 있다. 이제는 미생물 유전자를 검색해서 병원체의 독성 인자 기능을 할 가능성이 있는 분자를 찾아낼 수도 있다. 유전체를 비교하여 *Chlamydia trachomatis*가 *Clostridium difficile*와 비슷한 독소를 생산한다는 사실을 발견하기도 했다.

다음 목표는 이들 유전자가 부호화하는 단백질을 찾아내는 것이다. **단백질체학(proteomics)**은 세포에서 발현되는 모든 단백질의 특성을 연구하는 학문이다.

역유전학(reverse genetics)은 유전자 서열로부터 유전자의 기능을 찾아내려는 연구 분야다. 역유전학에서는 알려진 유전자 서열을 개체에 나타나는 특정 효과와 연결시킨다. 예를 들어 만약 하나의 유전자에 돌연변이를 일으키거나 유전자 활성을 억제하였을 때, 개체에서 잃어버린 특성이 무엇인지 찾아보는 방식이다.

인간 DNA 염기서열 결정법을 적용한 사례로 낭성 섬유증(cystic fibrosis, CF)을 일으키는 돌연변이 유전자를 확인하고 클로닝한 것을 들 수 있다. 낭성 섬유증은 점액이 과다하게 분비되어 기도가 막히는 병이다. 돌연변이 유전자의 서열은 **서던블롯팅(Southern blotting**, 그림 14.16)이라 불리는 혼성화 기법에 기반한 진단법에 활용되기도 한다. 서던블롯팅은 1975년 이 방법을 개발한 개발자인 서던(Ed Southern)의 이름에 따라 명명되었다. 방법은 다음과 같다.

이 기술에서, 대상 DNA에 제한효소를 처리하여 다양한 크기의 수천 개의 조각을 만들어 낸다. 이 조각들을 제한효소 조각 길이 다형성(restriction fragment length polymorphisms)을 말하는 RFLP라고 한다. 이 다른 크기의 조각들을 **젤 전기영동(gel electrophoresis)**하여 분리한다. DNA 조각을 아가로스(agarose) 젤의 한 쪽에 있는 홈에 넣은 다음 젤에 전류를 흘린다. 전하가 걸려 있는 동안 크기가 서로 다른 RFLPs는 서로 다른 속도로 젤을 통과한다. 크기에 따라 분리된 조각을 블로팅(blotting)하여 여과지로 옮기고, 표적 유전자(이 경우에는 클론된 CF 유전자)에서 유래한 만든 표지된 탐침을 처리한다. 이 탐침은 정상 유전자와는 결합하지 않으나 돌연변이 유전자에만 혼성화될 수 있다. 탐침이 결합한 조각은 형광이나 염료의 색으로 확인한다. 이 방법으로 어떤 사람이 해당 돌연변이 유전자를 지니는지 검사할 수 있다.

이제 **유전자 검사(genetic testing)**를 통해서 수백 종의 유전질환을 검사할 수 있다. 예비 부모나 태아가 유전자 검사를 받을 수도 있다. 유방암 소인을 나타내는 유전자와 헌팅턴병 유전자에 대한 검사를 가장 많이 받고 있다. 유전자 검사를 통해 의사는 환자에게 꼭 맞는 약을 처방해 줄 수도 있다. 예를 들면 허셉틴(herceptin)이라는 약은 HER2 유전자에 특정한 돌연변이가 생긴 유방암 환자에게만 효과가 있다.

미생물 법의학

오랫동안 미생물학자는 세균이나 바이러스 병원체를 동정하는 데에 RFLP의 일종인 **DNA 지문분석(DNA fingerprinting)**을 사용해 왔다(그림 14.17).

여러 종의 병원체를 한꺼번에 검사할 수 있는 DNA 칩이나 PCR 마이크로어레이(PCR microarray) 방법도 이제 널리 활용되고 있다. PCR 마이크로어레이 방법의 한 예를 들면 22개까지의 서로 다른 미생물 프라이머를 이용하여 PCR을 시작한다. 만일 DNA가 이들 프라이머 가운데 하나에서 증폭된다면 해당 미생물이 존재한다는

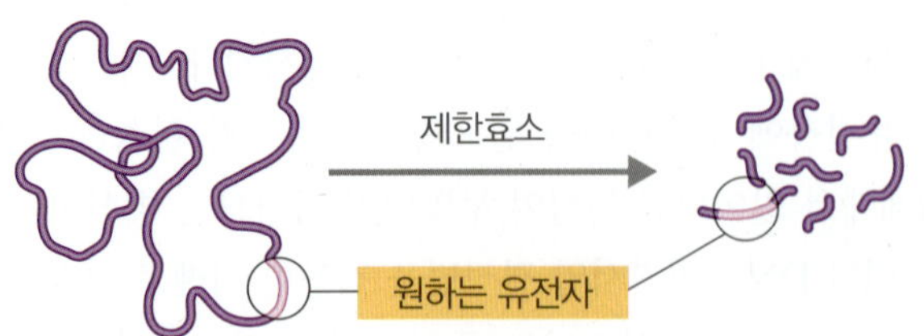

1 원하는 유전자가 있는 DNA를 사람세포에서 추출하여 제한효소로 자른다.

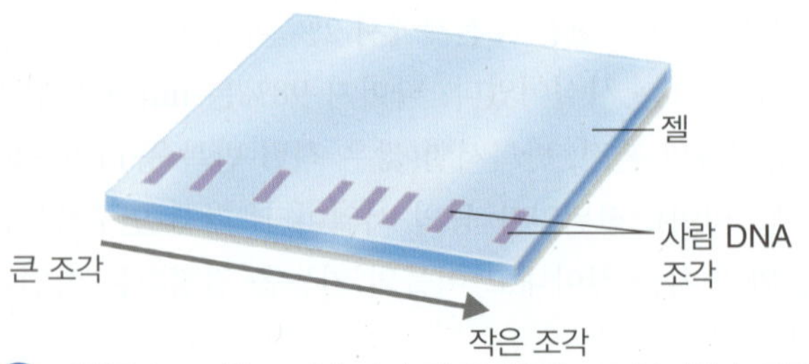

2 제한효소 조각을 크기에 따라 젤 전기영동으로 분리한다. 각각의 띠는 특정한 크기의 DNA 조각을 나타낸다. DNA를 염색하면 크기에 따른 띠를 눈으로 확인할 수 있다.

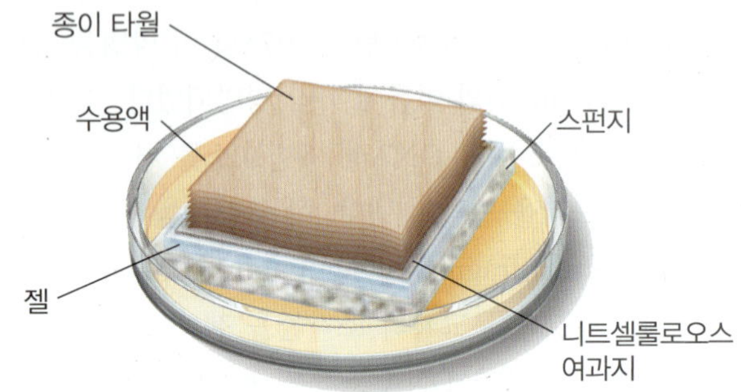

3 DNA 띠를 블롯팅하여 니트로셀룰로오스 여과지에 옮긴다. 용액이 모세관 현상에 의해 종이타월에 흡수되면서 DNA는 젤을 통과하여 여과지에 흡착된다.

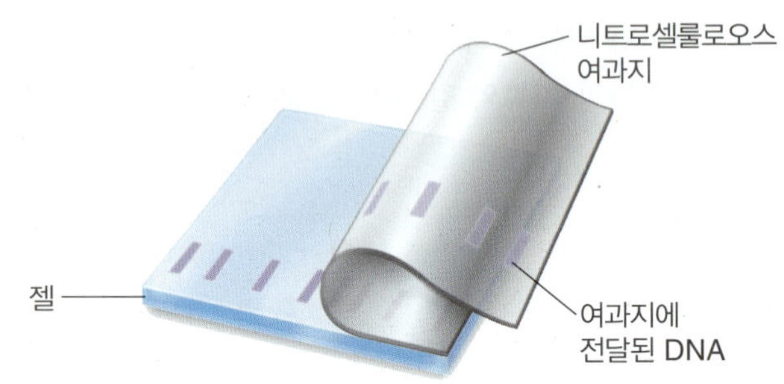

4 그 결과 니트로셀룰로오스 여과지의 젤과 똑같은 위치에 DNA 조각이 옮겨진다.

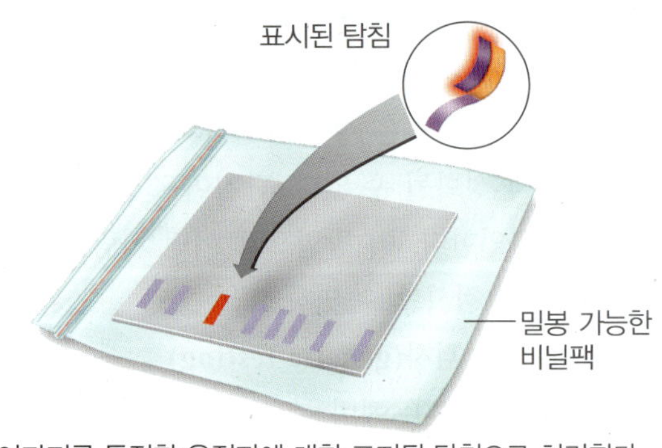

5 여과지를 특정한 유전자에 대한 표지된 탐침으로 처리한다. 탐침은 해당 유전자에 존재하는 짧은 서열과 염기쌍을 이룬다(혼성화된다).

6 원하는 유전자가 있는 조각을 여과지에서 확인한다.

그림 14.16 서던블롯팅

Q 서던블롯팅을 하는 목적은 무엇인가?

뜻이다. 미국의 질병통제센터에서는 RFLP를 활용하여 집단 식중독의 발생을 추적한다. PCR 반응에 특정한 프라이머를 쓰는 방법으로 전염병의 집단 발병을 일으킨 세균 균주를 추적할 수 있다.

병원체의 유전체학은 감염성 질병을 감시하고, 예방하며 통제하는 주요 수단이다. 병원과 식품제조업자, 일반인들이 소송에 휘말리거나 미생물 무기의 사용 가능성 등이 발생하면서 **미생물 법의학(forensic microbiology)**이라는 새로운 분야가 만들어졌다. 미생물 법의학은 법정에서 여러 차례 활용된 바 있다. 1990년대, 처음으로 HIV의 DNA 지문법을 활용하여 강간범의 유죄를 입증할 수 있었다. 이후 같은 방법으로 어떤 의사가 전 애인에게 자신의 환자에게서 분리한 HIV를 주사했다는 사실을 입증함으로써 유죄 판결을 이끌어 낼 수 있었다. 2001년에 미국에서 발생했던 탄저균 공격 사건에서는 탄저균의 DNA 지문을 사용해서 출처를 밝혔고 이를 바탕으로 용의자를 좁힐 수 있었다. 노던애리조나대학 연구진은 1993년 일본의 사이비 종교 집단에서 테러에 사용한 탄저균의 내생포자에서 DNA 염기서열을 결정하였다. 이때 내생포자가 방출되긴 했으나 사상자는 발생하지 않았다. 현재 생물학적 범죄에 사용될 수 있는 미생물에 대한 DNA 데이터베이스를 구축하는 중이다.

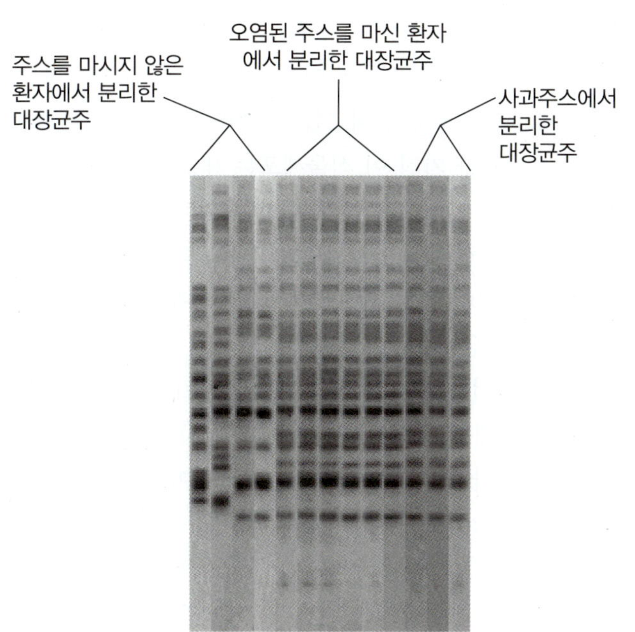

그림 14.17 감염질환을 추적하는 데 사용되는 DNA 지문. 이 사진은 대장균 O157:H7에 의한 집단발병 과정에 분리한 세균 분리주의 RFLP 패턴을 보여준다. 사과주스에서 분리한 균주는 오염된 주스를 마신 환자에서 분리한 균주와 동일한 양상을 보이지만 주스를 마시지 않은 감염환자에게서 분리한 균주는 이와 다른 양상을 나타내었다.

미생물 법의학이란?

DNA는 미라나 멸종 동식물과 같이 오래 보존되어 있는 상태나 화석에서도 추출 가능하다. 유전물질이 매우 적은 양밖에 남아 있지 않고 또한 대개는 부분적으로 분해된 상태라 할지라도 PCR을 이용하면 환경이나 더 이상 생존하지 않는 개체를 자연상태에서 그대로 연구할 수 있다. 희귀한 개체에 대한 연구를 통해 분류학의 체계가 더욱 공고하게 발전할 수 있었다.

나노기술

나노기술(nanotechnology)을 이용하면 물질을 분자수준에서 작동하는 극히 작은 전기회로나 기계를 설계하고 제작할 수 있다. 분자 크기의 로봇이나 컴퓨터를 이용해서 음식, 식물의 질병, 생물학적 무기에 아주 미량으로 들어 있는 물질을 감지할 수 있다. 그러나 이렇게 작은 기구가 작동하려면 이에 상응하는 작은 (1 nm는 10^{-9} m이고 1000 nm가 1 μm에 해당한다) 선과 부품이 있어야 한다. 세균을 이용해서 이에 필요한 작은 금속 등을 제공할 수 있다. 미국 지질학연구팀은 몇 종류의 혐기성 세균을 배양해서 독성 셀레늄, Se^{4+}을 비독성 원소 형태, Se^{0}로 환원시켰고 이것은 나노 크기의 공 모양을 이루었다(그림 14.18). 과학자들은 나노 크기의 공을 만들어서 이 안에 원하는 약물을 집어 넣고 원하는 곳으로 전달하는 연구를 진행하고 있다. 미국 에너지성의 연구진은 또한 나노 수준의 전기회로를 이용해서 수소 가스를 생산할 수 있었다. 스웨덴에서는 *Acetobacter xylinum*이라는 세균을 이용해서 인공혈관을 만들 수 있는 셀룰로스 나노섬유를 만드는 데 성공했다.

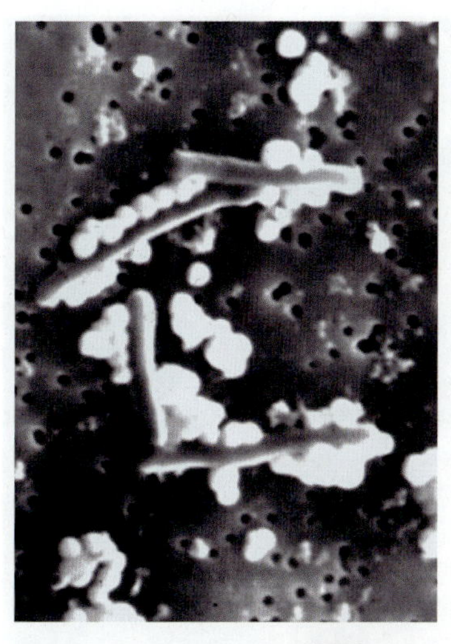

그림 14.18 셀레늄을 이용하여 바실러스(*Bacillus*) 세포가 자라면서 셀레늄 원소 사슬을 형성한다.

Q 세균을 나노기술에 이용할 수 있는 방법은 무엇인가?

농업적 활용

원하는 유전형질을 지니는 식물을 선택하는 과정은 늘 오랜 시간이 걸리는 일이었다. 전통적인 식물 교배 과정은 품이 많이 들고 씨앗이 발아해서 자라기까지 긴 시간을 기다려야 한다. 식물 조직배양 기술은 식물 육종에 혁명을 가져다주었다. 재조합 DNA 기술로 유전적으로 변형된 세포를 비롯하여 원하는 형질을 지닌 식물의 클론을 배양해서 얼마든지 많은 수를 키워낼 수 있다. 이들 세포에 적절한 처리를 하면 완전한 식물체로 자랄 수 있고 여기서 또 종자를 수확할 수도 있다.

재조합 DNA는 몇 가지 방법으로 식물 세포에 도입될 수 있다. 앞에서 원형질체 융합 방법과 DNA가 들어 있는 "총알"을 쓰는 유전자 총에 대해 설명했다. 그러나 가장 근사한 방법은 **Ti 플라스미드(tumor-inducing, Ti plasmid)**라 불리는 플라스미드를 사용하는 것이다. Ti 플라스미드는 자연상태에서 *Agrobacterium tumefaciens*라는 세균에 존재한다. 이 세균은 몇몇 식물을 감염시키는데 감염시킨 식물체 내에서 Ti 플라스미드는 식물 세포를 암세포처럼 계속 분열시켜 왕관혹(crown gall)이라 불리는 조직을 만든다(그림 14.19). Ti 플라스미드의 일부인 T-DNA가 감염된 식물의 유전체 내로 삽입된다. T-DNA는 국소적으로 세포의 성장을 촉진하여 왕관혹을 형성하게 한 다음 여기서 세균이 탄소와 질소원으로 사용할 수 있는 특정 물질을 만들도록 유도한다.

식물학자들에게 Ti 플라스미드는 재조합 DNA를 식물체 안으로 도입시킬 수 있는 운반체의 역할을 할 수 있다는 점에서 관심을 끌

그림 14.19 **장미나무에 형성된 왕관혹.** Ti 플라스미드에 있는 유전자에 의해 종양과 같은 성장이 촉진된다. Ti 플라스미드는 세균의 일종인 아그로박테리움(*Agrobacterium tumefaciens*)에 들어 있으며 식물에 감염한다.

Q 재조합 DNA 기술을 농업에 적용한 사례는?

었다(그림 14.20). 과학자들은 T-DNA 자리에 외부 DNA를 삽입하여 재조합 플라스미드를 만들어 아그로박테리아 세포에 넣은 다음, 이 재조합 세균을 이용해서 재조합 Ti 플라스미드를 식물세포에 넣었다. 외래 유전자를 가진 이 식물세포는 새로운 식물을 만드는 데 이용할 수 있다. 운이 좋으면 새 식물체는 외래 유전자를 발현할 것이다. 그러나 안타깝게도 아그로박테리아는 외떡잎 초본은 감염시키지 않아 이를 밀이나 쌀, 옥수수와 같은 곡류의 특성을 개량하는 데에는 사용할 수 없다.

이 방법을 써서 제초제인 글라이포세이트(glyphosate)에 내성을 지닌 제초제 내성 유전자를 식물에 도입시킨 것은 주목할 만한 성공사례라 하겠다. 글라이포세이트는 필수 아미노산 가운데 하나를 합성하는 효소의 작용을 막아 잡초와 작물을 모두 무차별적으로 제거한다. 살모넬라속의 일부 세균은 글라이포세이트에 내성을 나타내는 이 효소의 돌연변이를 지닌다. 이 돌연변이 유전자를 식물에 도입하면 제초제에 내성을 가진 재조합 작물을 만들 수 있다. 이제 제초제를 뿌리면 잡초만 선별적으로 제거할 수 있게 된 것이다. *Bacillus thuringiensis* 세균은 애벌래의 장에 손상을 입히는 Bt 독소를 만들어 내기 때문에 이에 민감한 일부 곤충을 사멸시킬 수 있

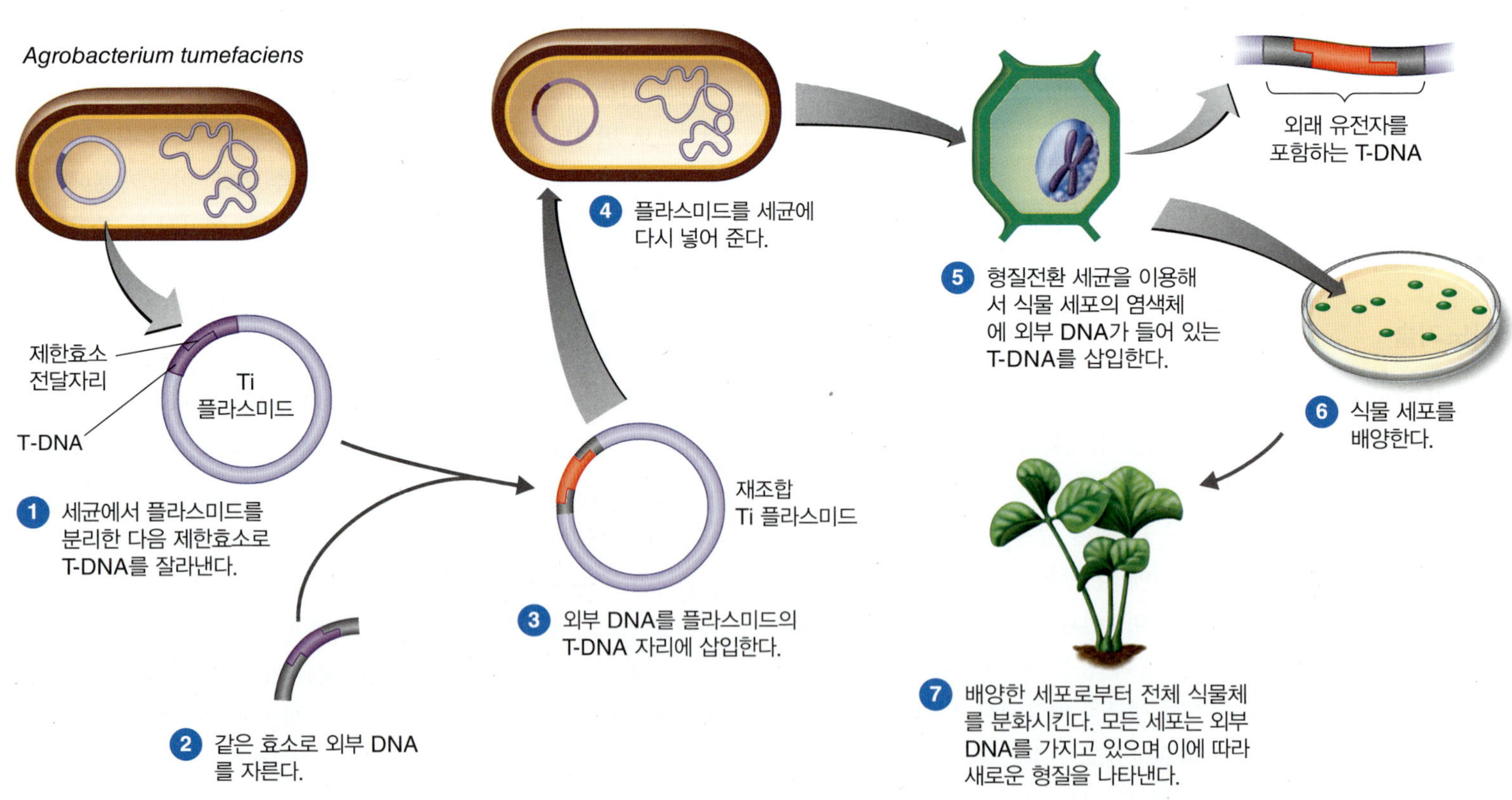

그림 14.20 **유전자 변형 식물에 벡터로 사용되는 Ti 플라스미드**

Q Ti 플라스미드가 생명공학 기술에 중요한 까닭은 무엇인가?

다. 현재 목화, 감자를 비롯한 다양한 작물에 Bt 유전자가 삽입되어 해충의 피해를 받지 않게 되었다. 이제 여러 종류의 제초제와 살충제에 내성을 지닌 다양한 작물이 이와 같은 방법으로 만들어지고 있다. 가뭄, 바이러스에 의한 감염 그 밖의 몇몇 환경 조건에 강한 형질전환 식물체도 생산되었다.

형질전환 식물의 또 다른 예는 맥그리거(MacGregor) 토마토로, 펙틴분해효소인 PG(polygalacturonase) 유전자를 억제해서 수확한 다음에도 단단하게 유지될 수 있는 종류이다. PG 유전자 발현을 억제하는 데에는 **안티센스 DNA 기술(antisense DNA technology)**이 쓰였다. 먼저 PG mRNA에 상보적인 일정 길이의 DNA를 합성한다. 이 안티센스 DNA를 세포 안에 넣어주면 PG 유전자의 mRNA에 결합해서 번역을 방해한다. DNA-RNA 혼성체는 세포에서 만드는 효소에 의해 분해되면서 안티센스 DNA가 다시 또 다른 mRNA를 억제할 수 있게 한다.

유전자 변형 식물의 잠재력이 가장 돋보이는 적용 사례는 식물체가 직접 대기 중의 질소를 고정할 수 있도록 하는 연구일 것이다. 질소 함유 영양물질의 가용성은 대체로 작물 성장의 제한요소로 작용한다. 자연상태에서는 일부 세균만이 질소고정 유전자를 가지고 있다. 알팔파와 같은 일부 식물은 이들 미생물과 공생관계를 유지하여 질소를 쉽게 얻는다. 공생 세균 *Rhizobium*의 특정 종은 이미 유전적으로 변형되어 질소고정 능력이 향상되었다. 앞으로 *Rhizobium* 균주들을 변형시켜 옥수수나 밀과 같은 작물과 공생할 수 있도록 한다면 질소 비료가 필요 없어질 수도 있다. 궁극적인 목표는 기능을 지닌 질소고정 유전자들을 직접 식물체에 넣어주는 것이다. 이와 같은 목표는 현재 상태로는 달성하기 어렵지만 전세계의 식량 생산량을 엄청나게 증가시킬 수도 있다는 잠재력이 있어 계속 연구가 진행되고 있다.

유전자 변형 세균의 예로는 원래 *Bacillus thuringiensis*에서 생산되는 Bt 독소를 만들어내도록 변형된 *Pseudomonas fluorescens*를 들 수 있다. 이 독소는 유럽옥수수좀벌레(European corn borer)와 같은 특정 곤충을 사멸시킨다. 유전적으로 변형되어 *B. thuringiensis*에서보다 훨씬 더 많은 독소를 만들어 내는 *Pseudomonas*를 식물의 종자와 섞어주면 식물이 자라면서 이 세균이 식물체의 관다발계로 들어간다. 이러한 식물을 좀벌레가 먹으면 독소가 장을 파열시켜 죽지만, 사람이나 다른 온혈동물에는 해가 없다.

축산업 또한 재조합 DNA 기술의 덕을 보고 있다. 앞에서 재조합 DNA의 초기에 어떻게 인간성장호르몬을 재조합 기술로 상용화할 수 있었는지 살펴보았다. 비슷한 방법으로 소의 성장호르몬(bovine growth hormone, bGH)도 생산할 수 있다. bGH를 송아지에 주사하면 체중이 늘어나고 젖소에서는 우유 생산도 10% 가량 증가한다. 그러나 이러한 방법은 특히 유럽에서 소비자의 저항을 불러일으켰다. 주로 우유나 육우에 포함된 bGH 일부가 인간에게 해로운 영향을 미칠지도 모른다는 아직은 입증되지 않은 두려움 때문이다.

DNA 기술의 안전성과 윤리적 쟁점

새로운 기술에 대해서는 언제나 그 안전성에 대한 우려가 뒤따른다. 유전자 변형과 생명공학 또한 예외가 아니다. 이와 같은 우려를 피할 수 없는 이유는 어떤 것이든 생각할 수 있는 모든 조건에서 완벽하게 안전하다는 사실을 증명하기란 불가능하기 때문이다. 사람들은 미생물이나 식물의 형질을 바꾸어 사람에게 유용함을 주었던 동일한 기술이 역으로 사람이나 다른 생물에게 질병을 일으킨다거나 생태학적 재앙을 초래할 수 있다는 점을 걱정한다. 그러므로 재조합 DNA를 연구하는 실험실은 유전자 변형 생물이 사고로 환경에 방출되거나 사람에게 노출되어 감염을 일으키는 일이 없도록 엄격한 기준을 적용해서 통제해야 한다. 위험을 더 낮추기 위해 미생물학자들은 미생물의 유전체에서 실험실 바깥의 환경에서는 자랄 수 없도록 필수 유전자를 제거한 미생물을 재조합 실험에 사용한다. 농업 분야에서처럼 외부 환경에서 키우기 위해 만들어진 유전자 변형 생물에는 "자살 유전자"를 함께 넣어준다. 자살 유전자는 스스로를 사멸시키는 독소 생산을 유도할 수 있으며, 따라서 원하는 기능을 마친 후에는 환경에서 오래 생존하지 못하도록 조절한다.

농업 생명공학에서의 안전에 관한 쟁점은 화학 살충제의 경우와 비슷하다. 이는 사람이나 작물에 해를 입히지 않는 무해한 곤충에 대한 독성과 관련된다. 해롭다는 것이 확인되지는 않았음에도 유전자 변형 식품은 소비자들에게 인기를 얻지 못했다. 1999년 오하이오의 연구진은 Bt 독소가 포함된 살충제를 살포한 다음 Bt 독소에 알레르기를 나타낼 수 있다는 연구 결과를 발표했다. 또한 제왕나비의 애벌레가 주로 먹는 풀에 Bt 독소 유전자를 지니는 꽃가루가 날라와서 제왕나비 애벌레가 죽을 수 있다는 연구 결과 또한 아이오와 연구진에 의해 발표되었다. 작물은 제초제에 내성을 지니도록 유전자 변형되어 원하는 작물을 재배하면서 잡초만 선택적으로 제거할 수 있다. 그러나 변형된 식물이 이와 연관된 잡초와 수정하게 되면 잡초도 제초제 내성을 획득할 수 있고 그렇게 되면 원치 않는 식물을 제어하는 일이 더욱 어려워질 수 있다. 유전자 변형 생물이 유전자를 야생종에 옮겨주어 진화의 과정에 영향을 줄 수 있는지의 여부는 아직 해결되지 않은 난제로 남아 있다.

개발 중인 기술은 또한 여러 가지 윤리적 쟁점을 야기한다. 이제 질병을 진단하기 위해 유전자 검사를 하는 일은 일상이 되었다. 그렇다면 그 결과를 알 권리는 누가 가질까? 고용주들이 이 결과를 알 권리를 가져야 할까? 이 결과가 특정 부류의 사람들을 차별하는 근거로 사용되지 않으리라는 보장을 누가 할 수 있을까? 치료할 수 없는 질병 유전자를 갖고 있다는 검사 결과는 당사자에게 반드시 알려줘야 할까? 만약 알려야 한다면 언제 알리는 것이 마땅한가?

유전 상담은 유전 질병에 대한 가족력과 함께 장차 부모가 될 사람에게 조언과 상담을 제공하는 일이다. 유전 상담은 자녀를 가질 것인지에 대한 결정을 내리는 데 점점 더 중요한 과정이 되고 있다.

아마도 새로운 기술은 우리에게 혜택을 주는 만큼 위험한 경우도 많을 것이다. 특히 DNA 기술을 이용해서 새롭고 강력한 생물무기를 개발할 수 있다는 등의 상상을 쉽게 할 수 있다. 게다가 이와 같은 연구는 매우 비밀리에 이루어지므로 일반 사람들이 이를 아는 것은 거의 불가능하다.

다른 어떤 신기술보다 분자 유전학은 이전에 상상할 수 없었던 방식으로 인간 생활을 개선해 줄 것이라는 희망을 주고 있다. 사회와 개인은 공히 이와 같은 새로운 기술의 잠재적인 영향을 이해하기 위해 모든 노력을 기울여야 할 것이다.

현미경의 발견에 못지 않게, DNA 기술의 개발은 과학과 농업, 인류의 건강에 엄청난 변화를 일으키고 있다. 단지 30년밖에 안된 이 기술로 어떤 변화를 가져올 수 있을지를 예측하는 것은 어렵다. 그러나 아마도 또 한 번 30년이 지나기 전에 이 책에서 논의한 치료법과 검사법 대부분이 DNA를 정확하게 조작할 수 있는 지금껏 볼 수 없었던 기술을 기반으로 하는 훨씬 더 강력한 방법으로 대체될 것이다.

학습 개요

생명공학이란 (379쪽)

1. 생명공학은 제품 생산에 미생물, 세포 또는 세포 성분을 사용하는 것이다.

재조합 DNA 기술 (379쪽)

2. 밀접하게 연관된 생물 사이에서는 자연적으로 재조합이 일어나서 유전자를 상호 교환할 수 있다.
3. 재조합 DNA 기술을 이용하면 실험실에서 서로 연관되지 않은 종 사이에도 유전자를 전달할 수 있다.
4. 재조합 DNA는 서로 다른 개체의 유전자들을 인공적으로 변형하여 새로운 조합을 지닌 유전자를 만드는 과정이다.

재조합 DNA 기법 (379쪽)

5. 원하는 유전자는 플라스미드나 바이러스 유전체와 같은 DNA 벡터에 삽입시킨다.
6. 벡터를 이용하면 DNA를 새로운 세포에 넣을 수 있고 이를 키워 클론을 형성한다.
7. 클론을 만들어 유전자 산물을 대량으로 얻을 수 있다.

생명공학의 도구 (379~383쪽)

선택 (379~381쪽)

1. 원하는 형질을 갖는 미생물은 인공 선택의 방법으로 선택적으로 배양한다.

돌연변이 (381쪽)

2. 돌연변이 유발원으로 돌연변이를 일으켜 원하는 형질을 지닌 미생물을 만들 수 있다.
3. 위치지정 돌연변이유발 과정을 통하여 유전자에 특정한 코돈만 바꿀 수 있다.

제한효소 (381~382쪽)

4. 재조합 DNA 작업용 키트가 사용화되어 있다.
5. 제한효소는 DNA에서 특정한 뉴클레오티드 서열을 인식해서 그 자리만 자른다.
6. 일부 제한효소는 DNA 조각의 양 끝에 단일가닥 DNA가 짧게 돌출된 형태인 점착 말단을 형성한다.
7. 같은 제한효소로 잘린 DNA 조각은 말단 단일가닥 사이에서 염기쌍이 형성되어 저절로 서로 연결된다. DNA 연결효소가 공유결합을 형성하여 연결부위의 당인산 골격을 이어준다.

벡터 (382~383쪽)

8. 셔틀 벡터는 서로 다른 여러 종류의 생물종에서 유지될 수 있는 플라스미드를 말한다.
9. 새로운 유전자를 지닌 플라스미드는 형질전환 과정을 통해 세포로 도입될 수 있다.
10. 새로운 유전자를 지닌 바이러스는 숙주 세포에 유전자를 삽입할 수 있다.

중합효소연쇄반응 (383쪽)

11. 중합효소연쇄반응(PCR)은 효소를 이용해서 원하는 DNA 조각을 증폭시킬 수 있다.
12. PCR을 이용하면 시료에 있는 DNA의 양을 원하는 만큼 만들어 유전자의 염기서열을 결정하거나 유전병을 진단하고 바이러스 감염 여부를 감지할 수 있다.

유전자 변형 방법 (383~390쪽)

외부 DNA를 세포 안으로 도입하기 (383~385쪽)

1. 세포는 형질전환에 의해 DNA 분자 형태를 그대로 세포 안으로 받아들일 수 있다. 그냥 DNA를 받아들이지 못하는 세포는 화학적인 처리를 가하여 형질전환이 가능한 상태로 만든다.
2. 원형질체나 동물 세포는 전기천공법에 의해 전류를 흘려 원형질막에 작은 구멍을 만들어 DNA가 세포 안으로 들어갈 수 있게 한다.
3. 세포벽을 제거한 원형질체의 융합을 통해 둘 이상의 세포를 합할 수 있다.
4. 식물세포에는 유전자 총으로 DNA로 코팅된 입자를 쏘아 넣는 방법을 외래 DNA를 세포 안으로 주입하기도 한다.
5. 동물세포에는 가느다란 유리로 만든 미세피펫을 이용해서 세포 안으로 외래 DNA를 주입할 수 있다.

DNA 확보하기 (385~387쪽)

6. 전체 유전체를 제한효소로 잘라 플라스미드나 파지 벡터에 삽입시킴으로써 유전체 도서관을 제작한다.
7. 역전사효소를 사용하여 mRNA에서 만든 cDNA도 유전체 도서관 형태로 클로닝할 수 있다.
8. DNA 합성 기계를 이용해서 시험관에서 합성 DNA를 만들 수 있다.

클론 선택하기 (387~388쪽)

9. 플라스미드 벡터에 있는 항생제 내성 표지자는 직접 선택 방법으로 벡터를 지니는 세포를 확인하는 데 사용된다.
10. 청백선별 과정에는 amp^R 및 β-갈락토시데이스 유전자를 지니는 벡터가 이용된다.
11. β-갈락토시데이스 유전자 자리에 원하는 유전자를 삽입시키면 β-갈락토시데이스 유전자가 파괴된다.
12. 재조합 벡터가 들어간 클론은 암피실린에 내성을 지니고 X-gal을 분해하지 못하여 백색 콜로니를 형성한다. 새로운 유전자를 갖지 않는 원래 형태 그대로의 벡터가 들어간 클론은 청색 콜로니를 형성한다. 벡터가 없는 클론은 암피실린 선택배지에서 자라지 못한다.
13. 원하는 유전자 산물이 만들어졌는지를 검사함으로써 재조합된 외부 DNA를 포함하는 클론을 확인한다.
14. DNA 탐침이라 부르는 표지한 짧은 DNA 조각으로 원하는 유전자가 들어 있는 클론인지 확인할 수 있다.

유전자 산물 발현하기 (388~390쪽)

15. 대장균은 쉽게 배양할 수 있고 유전체가 잘 연구되어 있기 때문에 재조합 DNA 기술로 단백질을 만드는 데 널리 사용된다.
16. 사람에게 쓰일 목적으로 만드는 제품에는 대장균의 내독소가 조금이라도 남아 있지 않도록 주의해야 한다.
17. 대장균에서 만들어진 산물을 회수하려면 세포를 파괴하거나 자연적으로 분비되는 단백질 유전자에 이를 연결시켜 분비되도록 한다.
18. 효모는 유전적으로 변형시켜 유전자 산물을 계속 분비시키는 것이 용이하다.
19. 유전자 변형 포유류 세포를 배양해서 의학적으로 유용한 호르몬과 같은 단백질을 생산할 수 있다.
20. 유전자 변형 식물 세포를 배양하여 새로운 특성을 지니는 식물체로 분화시킬 수 있다.

DNA 기술의 활용 (390~397쪽)

1. DNA 클론을 이용해서 제품을 생산하고, 유전자를 연구할 수 있으며 특정한 개체의 표현형을 바꿀 수도 있다.

의학적 활용 (390~392쪽)

2. 합성 유전자를 플라스미드에 존재하는 β-갈락토시데이스 유전자에 연결한 다음 대장균에 삽입시켜 사람의 인슐린을 이루는 두 개의 폴리펩티드를 생산하였다.
3. 변형된 세포와 바이러스에서 병원체의 표면 단백질을 생산하여 백신으로 이용하기도 한다.
4. DNA 백신은 세균에 클로닝된 재조합 DNA로 이루어진다.
5. 유전자 치료법으로 손상되었거나 결손된 유전자를 대체함으로써 유전병을 치료할 수 있다.
6. RNAi 기법은 비정상적인 단백질의 발현을 억제하는 데 유용하게 쓰일 수 있다.

유전체 사업 (392~393쪽)

7. 사람을 비롯하여 1000종 이상의 유전체 뉴클레오티드 서열이 완전하게 결정되었다.
8. 이는 세포에서 만들어지는 모든 단백질을 결정하는 길로 이어진다.

과학적 활용 (393~395쪽)

9. 유전자 지문법이나 유전자 치료와 같이 DNA를 이해하고 활용하는 기술이 증가하고 있다.
10. 샷건 염기서열분석에서는 자동화된 방법으로 제한효소로 잘린 조각의 뉴클레오티드 염기서열을 결정한다.
11. 생물정보학은 유전자 자료를 연구하는 데 컴퓨터를 활용하며, 단백질체학은 세포가 만드는 단백질 전체를 파악하고 이해하기 위한 연구를 말한다.
12. 서던블롯팅을 이용하여 세포 안에 특정 유전자가 존재하는지를 확인할 수 있다.
13. DNA 탐침을 이용하여 신체 조직이나 식품 등에서 병원체를 신속하게 확인할 수 있다.
14. 미생물 법의학에서는 DNA 지문법으로 세균이나 바이러스 병원체의

출처를 확인할 수 있다.

15. 나노기술에서 세균은 나노 크기의 물질을 만드는 데 사용되기도 한다.

농업적 활용 (395~397쪽)

16. 원하는 특징을 갖는 식물 세포를 클로닝하여 동일한 세포를 무수히 만들어낼 수 있다. 이들 세포는 이후 완전한 식물체로 분화시킬 수 있고, 여기서 종자를 수확할 수도 있다.

17. 식물 세포는 Ti 플라스미드 벡터를 이용하면 식물 세포의 형질을 변형시킬 수 있다. 종양 생성 T 유전자를 원하는 유전자로 대체시킨 다음 재조합 DNA를 아그로박테리움에 주입한다. 이 세균은 자연상태에서 숙주 식물을 형질전환시킨다.

18. 안티센스 DNA를 이용하여 원하지 않는 단백질 발현을 억제할 수 있다.

DNA 기술의 안전성과 윤리적 쟁점 (397~398쪽)

1. 엄격한 안전 기준을 적용하여 유전자 변형 미생물이 실수로 외부로 방출되는 것을 방지하고 있다.

2. 클로닝에 사용되는 일부 미생물은 유전적으로 변형되어 있기 때문에 실험실 외부에서는 생존하지 못한다.

3. 환경에서 직접 사용되는 미생물에는 자살 유전자가 포함되어 있어 환경에서 오랫동안 증식하지 못한다.

4. 유전자 검사는 여러 가지 윤리적 쟁점을 제기한다. 고용주나 보험회사에서 개인의 유전정보에 접근할 수 있도록 허용해야 하는지? 유전자 검사 결과에 따라 자손을 낳거나 불임 시술을 하도록 해야 하는가? 모든 사람들이 유전 상담을 받을 수 있도록 해야 하는가?

5. 유전자 변형 작물은 소비와 환경 유출 시 모두 안전해야만 한다.

학습 질문

복습과 객관식 문제에 대한 해답은 책 뒤에 있음.

복습 문제

개요

1. 다음의 용어를 비교하시오.
  a. *cDNA* 와 유전자
  b. 제한효소 조각 길이 다형성과 유전자
  c. *DNA* 탐침과 유전자
  d. *DNA* 중합효소와 *DNA* 연결효소
  e. *rDNA* 와 *cDNA*
  f. 유전체와 단백질체

2. 다음의 용어를 구별하시오. 다음 중 세포에 특정한 유전자를 주입하는 데 쓰이는 기술이 아닌 것은?
  a. 원형질체 융합
  b. 유전자 총
  c. 미세주입
  d. 전기천공

3. 표 14.1(381쪽)의 제한효소에 대한 다음 물음에 답하시오.
  a. 점착 말단을 형성하는 효소는?
  b. 점착 말단은 재조합 DNA를 만드는 데 어떤 이점이 있나?

4. 유전자를 합성한 다음 이 유전자의 사본을 많이 얻고 싶다. 클로닝과 PCR을 이용하여 필요한 사본을 얻는 방법을 각각 설명하시오.

5. 그려보기 다음에 그려진 플라스미드 pMICRO의 지도를 이용하여, 이 플라스미드를 *Eco*RI, *Hin*dIII 및 이 두 효소를 모두 처리한 다음 전기영동했을 때 나타나는 제한효소 조각을 아래의 젤에 표기하라. 어느 효소 반응에서 테트라사이클린 내성 유전자를 포함하는 가장 작은 조각을 얻을 수 있는가?

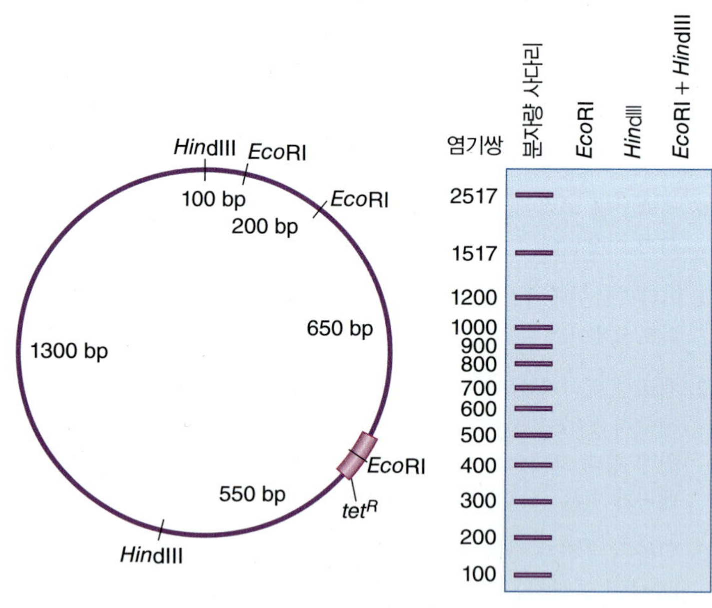

6. 재조합 DNA 실험을 두세 문장으로 설명하시오. 이때 다음 용어를 사용한다: 인트론, 엑손, DNA, mRNA, cDNA, RNA 중합효소, 역전사효소.

7. Ti 플라스미드를 이용하여 식물에 염분 내성 유전자를 삽입하려 한다. 원하는 유전자와 함께 플라스미드에 테트라사이클린 내성 유전자(tet^R)도 함께 넣을 것이다. tet^R 유전자를 사용하는 목적은 무엇일까?

8. RNAi를 이용하여 유전자를 "침묵"시키는 방법은?

9. 이름 답하기 대체로 AIDS와 관련된 이 바이러스가 포함되는 이 바이러스 종류는 유전자 치료에도 유용하게 사용될 수 있다.

객관식 문제

1. 제한효소는 다음과 같은 사실을 통해서 처음 발견되었다.
   a. DNA는 핵 안에 제한되어 있다.
   b. 파지 DNA가 숙주에서 파괴된다.
   c. 외부 DNA는 세포 안으로 들어가지 못한다.
   d. 외부 DNA는 세포질에 제한되어 있다.
   e. 위 모두 정답

2. DNA 탐침, 3′-GGCTTA은 다음 어떤 서열과 혼성화될까?
   a. 5′-CCGUUA
   b. 5′-CCGAAT
   c. 5′-GGCTTA
   d. 3′-CCGAAT
   e. 3′-GGCAAU

3. 다음 중 세포를 유전적으로 변형할 때 사용하는 네 번째 기본 단계는?
   a. 형질전환
   b. 재조합 DNA 연결
   c. 플라스미드 절단
   d. 제한효소를 유전자에 처리
   e. 유전자의 분리

4. cDNA를 제작하려면 다음 중 일부 효소의 활성이 필요하다. cDNA가 만들 때 두 번째로 필요한 효소의 활성은?
   a. 역전사효소
   b. 리보자임
   c. RNA 중합효소
   d. DNA 중합효소

5. 유전자를 바이러스에 삽입한 다음 숙주의 유전자를 변형시키려면?
   a. 플라스미드의 삽입
   b. 형질전환
   c. 형질도입
   d. PCR
   e. 서던블롯팅

6. PCR을 이용하여 작은 유전자 하나를 복제하려 한다. PCR 기기에 방사표지된 뉴클레오티드를 첨가하였다. 세 번의 복제 회로가 진행되고 나면, DNA 단일가닥 전체 가운데 몇 퍼센트의 가닥이 방사표지되었을까?
   a. 0%
   b. 12.5%
   c. 50%
   d. 87.5%
   e. 100%

7~10번 문제의 답을 다음 중에서 선택하시오.
   a. 안티센스
   b. 클론
   c. 유전체 도서관
   d. 서던블롯
   e. 벡터

7. 효모 세포에 저장된 사람의 DNA 조각.

8. 원하는 플라스미드를 포함하는 세포 집단.

9. 개체 사이에 유전자를 전달해 줄 수 있는 자가 복제 DNA.

10. mRNA에 혼성화될 수 있는 핵산 조각.

15 환경미생물학과 산업미생물학

미생물은 지구상 생물들의 삶을 유지하는 데에 없어서는 안 되는 존재이다. 특히 박테리아(Bacteria)와 고세균(Archaea) 영역(Domain)에 속하는 미생물들은 지구의 다양한 서식지에 널리 퍼져 있다. 뜨거운 온천 물에도 살고 있고, 남극의 눈 1밀리리터에서 무려 5,000여 마리에 달하는 세균이 분리되었다. 지하 1킬로미터가 넘는 곳에 있는 암석의 작은 구멍에서도 미생물을 분리하였다. 심해 탐사 결과, 엄청나게 많은 수의 미생물이 상상을 초월하는 압력받으며 영원한 암흑 세상에서 살고 있음이 밝혀졌다. 그리고 빙하가 녹아 흐르는 산 속의 맑은 시냇물에서도, 사해(Dead Sea)처럼 거의 포화상태인 소금물에서도 미생물은 발견된다. 또한 미생물은 식품 및 의약품 제조와 환경 문제 해결 등에서도 중요한 역할을 하고 있다. 이번 장에서는 크게 두 가지 주제, 환경미생물학과 산업미생물학에 대해 알아본다.

◀ *Vibrio cholerae*

깨끗한 물-삶과 죽음의 문제

이틀 전, 마이에미(Miami)에 사는 48살의 저널리스트인 채리티(Charity)는 지진 피해를 입은 여러 나라들의 복구 작업에 대해 조사하며 6주간 세계 곳곳을 방문하고 미국으로 돌아왔다. 집에 온 직후 그녀는 설사를 하기 시작했고, 날이 갈수록 증상은 점점 더 심해졌다. 이튿날까지 심한 설사를 하다가 다리에 통증까지 느끼기 시작한 그녀는 결국 병원 외래 진료를 받아야 했다. 채리티는 의사에게 구토나 열은 없었으나 설사를 10번 했고 그 설사엔 피나 점액이 섞여 나오지는 않았다고 말했다.

그녀에게 당장 어떠한 조치가 필요할까?

의사는 소량의 독시사이클린(doxycycline)을 처방하고 채리티에게 물을 자주 마시라고 했다. 그리고 그녀에게 어느 나라들을 방문했는지도 물었다. 그녀는 중국, 필리핀, 아이티, 칠레, 인도네시아 등을 방문했다고 말했다. 그녀는 이번에 아프기 전까지는 아주 건강했었다. 그녀는 아이티에서 본국으로 돌아오기 직전 식사로 그 지역 시장에서 산 새우튀김과 새우요리 등을 먹었다고 했다. 그리고 식사와 함께 물도 마셨다고 했는데, 다만 그 물이 병에 들은 생수였는지 여부는 모른다고 하였다.

의사는 그녀의 설사 원인이 무엇이라 생각해야 할까?

의사는 콜레라를 의심하고 대변 시료를 지역 검사소로 보냈다. 그 시료를 배양하였더니 *Vibrio cholerae*로 추정되는 콜로니가 나타났고, 시 보건소 실험실에서 이를 확인해 주었다. 주 보건 당국은 라텍스 응집 검사(Latex agglutination test)를 통해 이들 콜로니가 콜레라 독소를 분비함을 확인했다. CDC에서의 추가적인 실험에서도 그 분리균이 *V. cholerae* O:1의 El Tor 생물형(biotype)임을 확인했다. 또한 DNA 지문검사를 통해 이 세균이 아이티에서 전염병을 일으키고 있는 *V. cholerae*와 같은 계통의 균주임을 알 수 있었다.

콜레라는 어떻게 전염되는가? 어떻게 지진이 콜레라 전염을 촉진하는가?

*V. cholerae*는 대변-구강 경로(fecal-oral route)를 통해 전염된다. 대지진 이전, 아이티 인구의 단 63% 정도만이 조금이라도 깨끗한 물(밀폐 우물, 염소 처리된 물 또는 여과하여 안전한 용기에 담긴 물)을 마실 수 있었고, 17%만이 제대로 소독된 물을 마실 수 있었다. 대부분의 사람들이 샘물을 식수로 삼았다. 지진 이후 9개월 동안 깨끗한 물 및 위생시설의 부족과 수많은 난민들이 원인이 되어 콜레라가 순식간에 퍼져나갔으며 치사율은 3.3%에 육박했다.

채리티는 별 탈 없이 회복했다; 허나 아이티에선 왜 그렇게 치사율이 높을까?

콜레라는 조기 발견과 동시에 적절한 수분 공급 치료를 하면 치사율이 1% 미만이다. 그러나 감염자들의 만성 영양 불균형과 수분 공급 치료를 위한 물 부족이 높은 치사율에 큰 몫을 했다. 더 나아가 아이티에서는 콜레라가 역병이 된 전례가 없었다; 따라서 아이티 국민 대부분은 *V. cholera*에 면역력이 약할 수밖에 없고 이에 감염되기도 훨씬 쉬웠다.

아이티의 자료들을 통해 여러분은 어떤 조언을 하고 싶은가?

물 종류	100 ml 당 대장균류 수
처리되지 않은 물	323
염소 처리된 물(1리터에 가정용 표백제 두 방울 넣고 30분간 방치)	0
세라믹 필터로 처리한 물	0

콜레라의 확산을 막기 위해서는 수질과 위생 개선이 필요하다. 이 병은 순식간에 탈수와 쇼크, 죽음에 이르게 할 수 있으므로 신속하게 수분을 보충하는 것이 치료의 핵심이다. 그러나 수분 공급 치료에는 깨끗한 물이 필수이기 때문에 물 처리 비용이 저렴해야 한다.

미생물 다양성과 서식지

특정 환경에 다양한 미생물 집단이 살고 있다는 것은 미생물들이 그 환경에서 가용한 자원을 잘 이용하고 있음을 나타낸다. 불과 몇 밀리미터 범위의 토양 내에서도 산소와 빛, 영양분의 양이 달라진다. 호기성 생물들이 주변에 있는 산소를 소모함에 따라 혐기성 미생물이 성장할 수 있는 환경이 조성된다. 지렁이의 활동이나 밭갈이 등을 통해 토양에 산소가 들어오게 되면 호기성 생물들이 다시 살 수 있게 되고, 이러한 천이는 반복된다.

극한 온도나 pH, 높은 염분 농도 등 대부분의 생물들은 견딜 수 없는 척박한 환경에서 살아가는 미생물을 일컬어 **극한생물(extremophile)**이라고 하는데, 대부분 고세균에 속하는 미생물이다. 이들의 성장을 가능하게 하는 효소(**극한효소, extremozyme**)는 보통 효소들이 불활성화되는 온도와 염도, pH에서도 활성을 유지할 수 있기 때문에 산업계의 큰 관심을 받고 있다. 일례로 PCR 실험에 필수적인 효소인 Taq polymerase 효소는 미국 옐로스톤 국립공원의 온천에서 발견된 *Thermus aquaticus*에서 유래한 것이다. 이 효소는 물이 거의 끓는 온도인 95°C에서도 정상 기능을 하는데, 사실 이 온도가 *T. aquaticus*의 서식지 온도이다. 이와는 반대로 남극과 그린란드 대륙빙 속에서 발견된 세균들은 두께가 단지 물 분자 세 개 정도인 수막에 둘러싸여 영하 40°C에서도 생존한다. 칠레의 아타카마(Atacama) 사막에서 발견된 남세균(cyanobacteria)의 한 종은 소금 결정 안에서 산다. 이 세균에게 유일한 수분은 밤에 대기에서 흡수하는 것뿐이고, 햇빛을 에너지원으로 이용한다.

미생물들은 경쟁이 치열한 환경에서 살기 때문에 가용한 자원을 최대한 이용할 수 있어야만 한다. 다른 미생물이 이용할 수 있는 영양분을 더 빨리 대사하거나 경쟁자가 대사하지 못하는 영양소를 이용하기도 한다. 유제품 생산에 이용되는 유산균처럼 경쟁 상대가 살기 힘든 환경 여건을 조성할 수 있는 미생물도 있다. 유산균은 산소를 전자수용체로 사용하지 못하고 당을 젖산으로만 발효할 수 있어서 당에 있는 대부분의 에너지를 사용하지 못한다. 그러나 생성된 젖산의 산성도 덕분에 더 우세한 경쟁자의 성장을 억제할 수 있게 된다.

공생

공생(symbiosis)이란 상이한 두 생물이 한쪽 또는 양쪽 모두에게 이득이 되는 긴밀한 관계 속에서 살고 있는 것이다. 경제적인 측면에서 동물과 미생물의 가장 중요한 공생 사례는 **반추위(rumen)**라는 소화 기관을 가진 반추동물에서 볼 수 있다. 소와 양 같은 반추동물들은 섬유소가 풍부한 풀을 뜯는다. 반추위에 서식하는 세균들이 섬유소를 분해하여 해당 동물의 혈액으로 흡수되어 탄소 및 에너지원으로 사용될 수 있는 화합물을 만들어준다. 반추위 원생동물(protozoa)은 세균을 섭식하여 세균 수를 적정 수준으로 유지하는 데에 기여한다.

균근(mycorrhizae) 또는 균근 공생체[mycorrhizal symbionts (*myco* = 곰팡이, *rhiza* = 뿌리)]는 식물 생장에 매우 큰 도움을 주는데, 크게 **내생균근(endomycorrhizae)**과 **외생균근(ectomycorrhizae)** 두 가지 형태가 있다. 내생균근은 **균낭성-균지상 균근(vesicular-arbuscular mycorrhizae)**이라고도 한다. 두 가지 균근 모두 식물의 뿌리털과 같은 기능을 수행한다. 즉, 표면적을 증가시켜 식물의 영양분 흡수를 돕는데, 특히 인(phosphorus)처럼 토양에서 이동성이 매우 작은 물질의 흡수에 중요하다.

균낭성-균지상 균근은 흙을 채로 거르면 쉽게 분리할 수 있을 만큼 큰 포자를 만든다. 발아하는 포자에서 나온 균사(hyphae)가 식물 뿌리를 파고들어가 두 가지 구조—균낭과 균지—를 형성한다. **균낭(vesicle)**은 매끈한 타원 모양의 구조로서 저장 기능을 수행하는 것으로 생각된다. 작은 덤불 같은 **균지(arbuscule)**는 식물 세포 안에서 만들어진다(그림 15.1a). 곰팡이 균사를 통해 토양에서 균지에 도달한 영양분은 서서히 분해되어 식물에게 방출된다. 놀랍게도 이들 곰팡이는 대부분의 잔디와 다른 많은 식물들의 적절한 성장을 좌우하며, 거의 모든 식물에 존재한다.

외생균근은 소나무와 참나무 등에서 주로 자라는데, 균사체 껍질(mycelial *mantle*)을 형성하여 해당 나무의 작은 뿌리를 감싼다(그림 15.1b). 외생균근은 균낭이나 균지를 만들지 않는다. 소나무를 상업적으로 키운다면 적합한 균근이 들어 있는 토양에 묘목을 심도록 주의를 기울여야만 한다(그림 15.2a).

진미로 여겨지는 트러플(truffle)은 참나무 뿌리에서 자라는 균근이다(그림 15.2b). 생물학자들은 이것을 "땅속 버섯"(바람에 의존하지 않고 포자를 퍼뜨리는 또 다른 방법을 개발한 버섯)으로 간주한다. 이러한 분산 방법의 핵심은 동물이 트러플을 먹고 다른 곳에다 소화되지 않은 포자를 배설하도록 동물을 유인하는 트러플의 능력이다.

토양 미생물학과 생물지화학 순환

미생물에서부터 상대적으로 크기가 큰 곤충과 지렁이에 이르기까지 무수히 많은 생물들이 토양의 생기 넘치는 생명의 군집을 이루고 있다. 보통 토양 1그램에는 수백만 마리 이상의 세균이 들어 있다. 토양 1그램은 작은 시료인 것 같지만, 여기에서 놀라운 통계 수치에 나오기도 한다. 1그램 토양의 표면적은 20,000 m^2에 이르는 것으

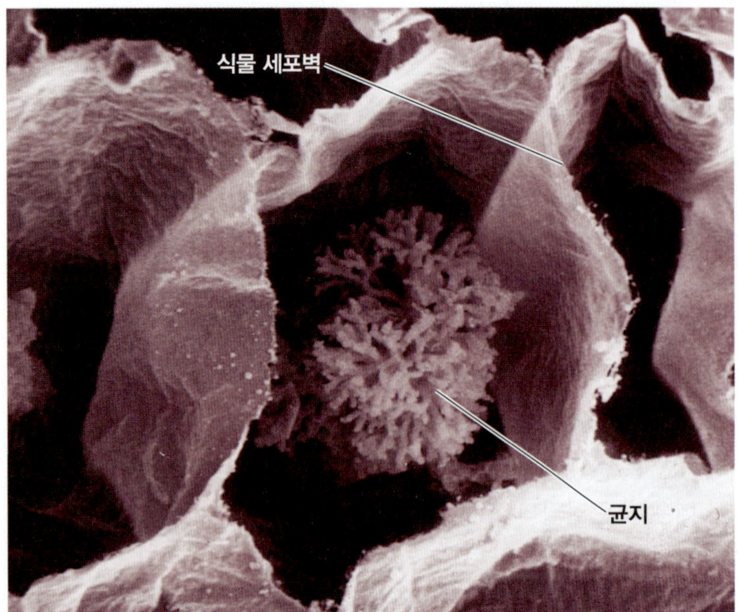

(a) (a) 내생균근(균낭성–균지상 균근). 식물 세포 안에 있는 내생균근의 완전히 발달된 균지(균지의 영문명인 '*arbuscule*'은 '작은 관목'이라는 뜻). 균지는 분해되면서 식물에게 양분을 준다. SEM 12 μm

(b) (b) 외생균근. 유칼립투스(*Eucalyptus*) 나무 뿌리를 감싸고 있는 전형적인 외생균근의 균사체 껍질 SEM 100 μm

그림 15.1 **균근**

 식물에게 균근은 어떤 가치가 있는가?

(a) 균근 감염은 많은 식물의 생장에 영향을 미친다. 사진 왼쪽의 소나무는 균근이 접종된 것이고 오른쪽 묘목은 그렇지 않은 것이다.

(b) 트러플. 주로 참나무 발견되는 균근의 한 종류

그림 15.2 **균근과 이들의 경제적 가치**

Q 균근이 인의 흡수에 중요한 이유는 무엇인가?

로 추정된다. 여기에는 1조에 달하는 세균(비록 1% 정도만 배양이 가능하지만)과, 1 km 이상의 곰팡이 균사가 들어 있을 수 있다. 그렇기는 하지만, 이 토양 시료의 가용한 표면적 중 아주 일부에만 미생물이 서식하고 있다. 토양 미생물은 흙의 가장 윗부분 몇 센티미터에 가장 많고, 이후 깊이에 따라 그 수가 급격히 감소한다. 토양에 가장 많은 생물은 세균이다.

토양 내 세균 수는 보통 영양배지를 이용한 평판계수(plate count) 방법으로 측정하는데, 이렇게 계산된 수치는 실제 세균 수를 크게 밑도는 것이다. 어떤 영양배지도 토양 미생물의 성장에 필요한 모든 영양 성분을 제공할 수가 없기 때문이다.

토양을 "생물학적 불"이라고 생각할 수 있다. 토양 미생물이 낙엽에 들어 있는 유기물질을 대사함에 따라 낙엽을 태우는 셈이다. 잎에 있던 원소들은 **생물지화학 순환(biogeochemical cycles)**에 들어가는데, 이번 장에서는 여기에 대해 논하기로 한다. 생물지화학 순환에서 원소들은 미생물의 대사 필요에 따라 산화되고 환원된다. 생물지화학 순환이 없다면 지구상 모든 삶은 종말을 고하게 될 것이다.

탄소순환

가장 기본이 되는 생물지화학 순환은 **탄소순환(carbon cycle)**이다(그림 15.3). 동식물과 미생물을 막론하고 모든 생물은 섬유소, 녹말, 지방, 단백질 등과 같은 유기화합물의 형태로 상당히 많은 양의 탄소를 가지고 있다. 이러한 유기화합물이 어떻게 생성되는지 좀 더 자세히 알아보자.

3장에서 보았듯이 독립영양생물(autotroph)은 이산화탄소를 유기물로 환원시킴으로써 지구상 모든 생명체에게 꼭 필요한 기능을 수행한다. 언뜻 보고 나무라는 실체가 뿌리를 내리고 있는 토양에서 왔다고 생각할 수도 있다. 사실은, 섬유소 성분의 대부분은 공기의 0.03%를 차지하는 이산화탄소에서 유래한다. 즉, 광합성의 결과로 생긴 것이다. 탄소순환의 첫 번째 단계인 광합성은 남세균, 녹색 식물, 조류, 녹색세균(green bacteria), 자색황세균(purple sulfur bacteria) 등과 같은 광독립영양생물(photoautotroph)들이 태양에너지를 이용하여 이산화탄소를 유기물로 고정하는 과정이다.

그 다음 단계에서는 동물과 원생동물 같은 화학종속영양생물(chemoheterotroph)들이 독립영양생물을 먹고 다시 다른 동물에게

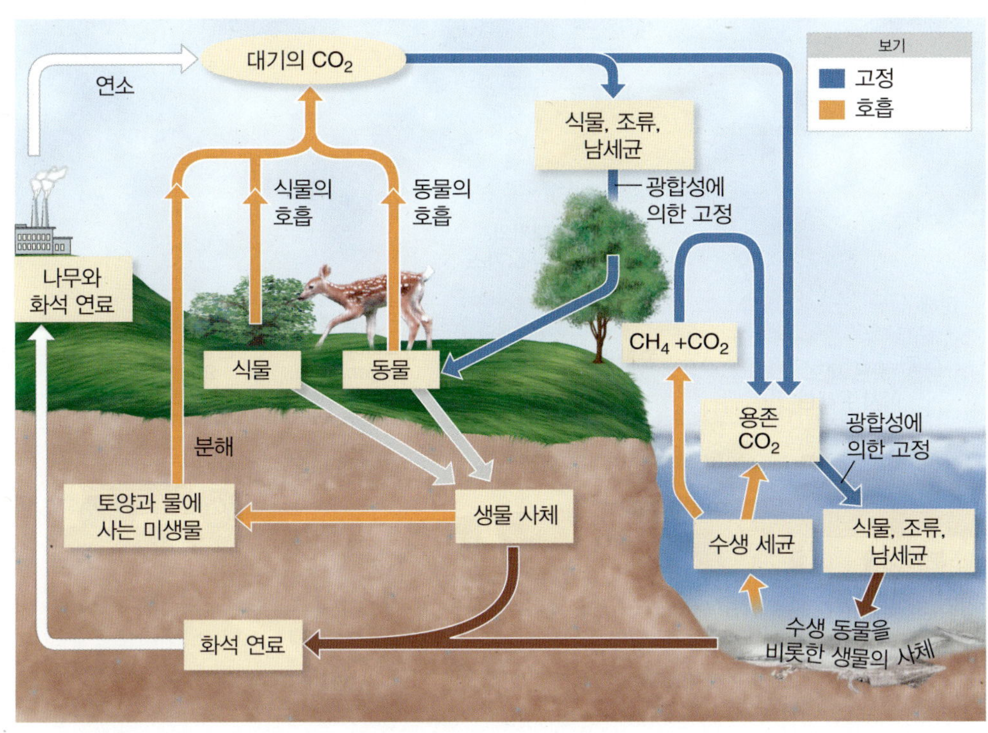

그림 15.3 탄소순환. 지구 전체로 보면, 호흡에 의해 대기로 돌아오는 CO_2 양과 광합성에 의해 제거되는 CO_2 양은 거의 균형을 이룬다. 그러나 화석연료 등의 연소에서 발생한 CO_2가 추가로 대기에 유입된다. 삼림과 습지의 파괴는 CO_2를 고정하는 생물을 제거하여, 결과적으로 대기 중 CO_2 양은 계속해서 증가하고 있다.

Q 대기에 이산화탄소가 축적되는 것이 지구 기후에 어떤 영향을 끼치는가?

잡아 먹히게 된다. 결국, 독립영양생물에 있던 유기 화합물이 소화되어 다시 합성되는 과정을 거치면서 이산화탄소에 있던 탄소 원자는 한 생명체에서 다른 생명체로 먹이사슬을 따라 전달된다.

동물을 비롯한 화학종속영양생물은 일부 유기 분자를 이용하여 에너지 필요를 충족시킨다. 에너지가 호흡을 통해 만들어지면서 방출되는 이산화탄소는 광합성에 사용될 수 있고, 다시 탄소순환을 시작하게 된다. 대부분의 탄소는 해당 생명체가 사망할 때까지 그 안에 머무른다. 동식물이 죽으면 세균과 곰팡이가 거기에 있던 유기화합물을 분해하는데, 이 과정에서 유기화합물은 궁극적으로 이산화탄소로 산화되어 다시 탄소순환에 들어간다.

석회석($CaCO_3$)과 같은 암석에 저장되어 있는 탄소는 탄산이온(CO_3^{2-}) 형태로 바다에 녹아 들어간다. 화석화된 유기 퇴적물의 엄청난 양은 석탄과 석유 같은 화석 연료의 형태로 존재한다. 이런 화석 연료를 태우면 이산화탄소가 발생하여 대기 중 이산화탄소를 증가시킨다. 많은 과학자들이 증가된 대기 이산화탄소가 **지구온난화(global warming)**의 원인이라고 믿고 있다.

탄소순환에서 또 하나 흥미로운 것은 메탄(CH_4) 가스이다. 해저 침전물에는 10조 톤에 달하는 메탄이 있는 것으로 추정되는데, 이는 석탄과 석유를 비롯한 지구 화석 연료 퇴적물의 두 배에 이르는 양이다. 게다가 심해에서는 메탄 생성 세균들이 끊임없이 메탄을 생성하고 있다. 메탄은 이산화탄소보다 훨씬 더 강력한 지구온난화 가스이기 때문에 모든 메탄 가스가 대기로 빠져나가게 된다면 지구 환경은 위험한 수준으로 변화될 것이다.

질소순환

그림 15.4는 **질소순환(nitrogen cycle)**을 도식화한 것이다. 단백질과 핵산, 기타 질소화합물을 합성하기 위해서 모든 생명체는 질소를 필요로 한다. 질소 분자(N_2)는 지구 대기의 거의 80% 수준까지 차지한다. 식물은 질소 분자를 직접 이용할 수 없기 때문에 질소 기체는 먼저 식물이 이용할 수 있는 형태로 고정되어야만 한다. 이처럼 식물에게 가용한 질소 형태로 전환하는 데에는 특정 미생물들의 역할이 중요하다.

암모니아화

토양에 있는 거의 대부분의 질소는 주로 단백질 형태로 존재한다. 생물의 사체는 미생물에 의해 가수분해되어 아미노산으로 분해되고, **탈아미노화(deamination)** 과정을 통해 아미노산의 아미노기가 분리되어 암모니아(NH_3)로 전환된다. 이렇게 암모니아가 방출되는 것을 **암모니아화(ammonification)**라고 한다(그림 15.4 참조). 다양한 세균과 곰팡이가 아래와 같이 암모니아화를 수행한다.

$$\text{죽은 세포나 배설물에서 유래한 단백질} \xrightarrow{\text{미생물에 의한 분해}} \text{아미노산}$$

$$\text{아미노산} \xrightarrow{\text{미생물에 의한 암모니아화}} \text{암모니아}(NH_3)$$

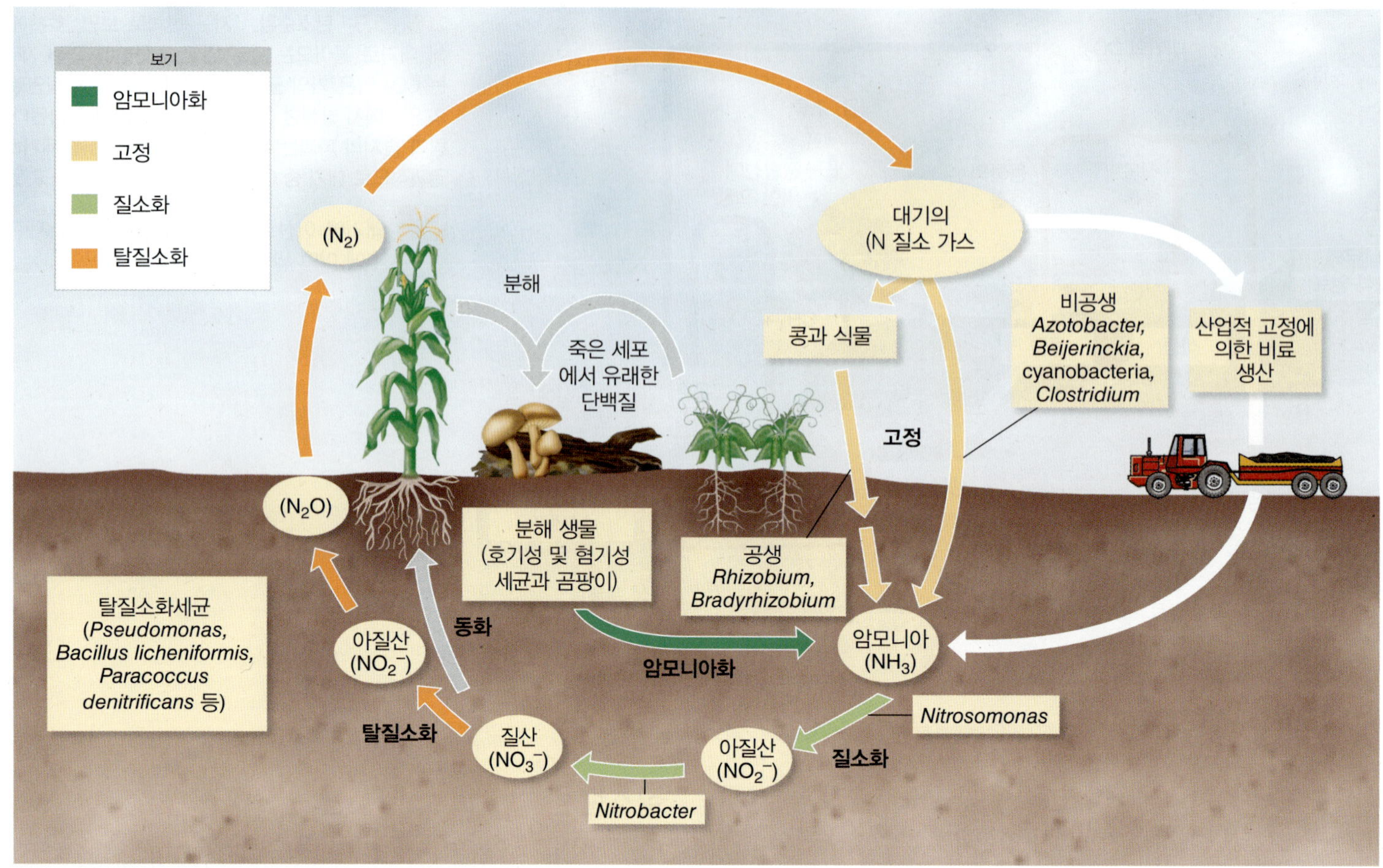

그림 15.4 질소순환. 일반적으로 대기에 있는 질소는 질소고정과 질소화, 탈질소화 과정을 거친다. 질소화 반응을 거쳐서 동식물 내로 동화되는 질산은 다시 분해 과정과 암모니아화 및 질소화 반응을 거친다.

Q 세균에 의해서만 수행되는 반응에는 어떤 것들인가?

미생물은 자라면서 세포 밖으로 단백질 분해효소를 방출하여 주변의 단백질을 분해한다. 그 결과 생긴 아미노산은 암모니아화 반응이 일어나는 미생물 세포 안으로 운반된다. 암모니아화에 의해 생긴 암모니아의 운명은 토양 조건에 따라 달라진다. (뒤에 있는 탈질소화에 대한 설명 참조). 암모니아는 기체이기 때문에 마른 토양에서는 신속하게 날아가 버리지만, 젖은 토양에서는 물에 녹아 암모늄이온(NH_4^+)이 만들어지게 된다.

$$NH_3 + H_2O \longrightarrow NH_4\ OH \longrightarrow NH_4^+ + OH^-$$

위와 같은 일련의 반응을 거쳐 생성된 암모늄이온은 세균과 식물이 아미노산 합성을 하는 데에 이용한다.

질소화

질소순환의 다음 반응은 암모늄이온의 질소가 산화되어 질산이 생기는 과정으로, **질소화(nitrification)**라고 한다. 토양에는 *Nitrosomonas*와 *Nitrobacter*속 세균과 같은 독립영양 질소화 세균이 살고 있다. 이들 미생물은 암모니아를 질산으로 산화하면서 에너지를 얻는다. 첫 번째 단계에서는 *Nitrosomonas* 등이 암모니아를 아질산으로 산화시킨다.

$$\underset{\text{암모늄이온}}{NH_4^+} \xrightarrow{\textit{Nitrosomonas}} \underset{\text{아질산이온}}{NO_2^-}$$

두 번째 단계에서는 *Nitrobacter* 등이 아질산을 질산으로 산화시킨다.

$$\underset{\text{아질산이온}}{NO_2^-} \xrightarrow{\textit{Nitrobacter}} \underset{\text{질산이온}}{NO_3^-}$$

식물은 질소원으로 질산을 이용하는 경향이 있는데, 이는 토양에서 질산의 이동성이 매우 커서 암모늄이온보다 식물 뿌리와 접하게 될 확률이 더 높기 때문이다. 암모늄이온을 이용하면 더 적은 에너지로 단백질을 합성할 수 있기 때문에 실질적으로는 암모늄이온이 더 효율적인 질소원이 될 수 있다. 그러나 양이온인 암모늄이온은 음전하를 띠고 있는 토양 입자에 결합한 상태로 주로 존재하는 반면, 음전하를 가진 질산이온은 결합하지 않은 상태로 존재한다.

탈질소화

질소화 반응 결과 생긴 질소는 완전히 산화된 상태로 여기에는 생물학적으로 가용한 에너지가 더 이상 없다. 하지만 산소가 없는 상태에서 다른 유기물을 대사하는 미생물이 이를 전자수용체로 이용할 수 있다. **탈질소화(denitrification)**라고 하는 이 반응은 질소를 대기로 보내는(특히 기체 질소 상태로) 결과를 초래한다.

탈질소화는 다음과 같이 요약될 수 있다:

$$\underset{\text{질산이온}}{NO_3^-} \longrightarrow \underset{\text{아질산 이온}}{NO_2^-} \longrightarrow \underset{\text{아산화 질소}}{N_2O} \longrightarrow \underset{\text{질소 기체}}{N_2}$$

탈질소화는 물에 잠긴 토양에서 일어나는데, 이곳에는 가용한 산소가 거의 없다. 전자 수용체로 이용할 산소가 없으면 탈질소세균은 농업비료인 질산을 대체 전자 수용체로 이용한다. 이는 곧 소중한 질산이 기체 질소로 바뀌어 대기로 날아가 버리는 것이기 때문에 상당한 경제적 손실을 의미한다.

질소고정

우리는 질소 기체의 바다 밑바닥에 살고 있다. 우리가 숨쉬는 공기의 약 79%가 질소이고, 약 1에이커당(4.000 m^2, 미식 축구 경기장 면적에 해당) 32,000톤에 달하는 질소 기둥이 서 있는 셈이다. 그러나 남세균을 비롯한 소수의 세균 종(species)만이 질소 기체를 직접 질소원으로 이용할 수 있다. 이들이 질소 기체를 암모니아로 전환하는 과정을 **질소고정(nitrogen fixation)**이라고 한다.

질소고정을 수행하는 세균들은 모두 니트로게나아제(nitrogenase)라고 하는 질소고정효소를 이용한다. 이 소중한 효소의 지구 전체 공급량은 커다란 양동이에 하나에 담을 수 있는 정도라고 추정된다. 니트로게나아제는 산소에 의해 불활성화된다. 따라서 지구 탄생 역사에서 대기에 산소가 축적되기 전 그리고 유기물 분해를 통해 질소 함유 화합물이 만들어지기 전에 먼저 진화한 것으로 추측된다. 두 부류의, 즉 자유생활(free-living)과 공생(symbiotic) 미생물이 질소고정을 수행한다. (농업비료는 산업적 물리-화학 공정을 통해 고정된 질소로 만들어진다.)

자유생활 질소고정 세균 자유생활 질소고정 세균은 특히 식물 뿌리에서 약 2 mm 이내의 지역인 근권(rhizosphere)에서 발견된다. 근권은 토양의 영양분 오아시스와도 같은 곳으로, 특히 초원에서는 그러하다. 질소를 고정할 수 있는 자유생활 세균으로는 대표적으로 *Azotobacter* 종을 꼽을 수 있다. 이들 호기성 세균들은 무엇보다도 매우 빠르게 산소를 소비함으로써 니트로게나아제가 위치한 세포 내부로 산소가 확산되는 것을 최소화하여, 산소에 민감한 효소를 보호하는 것으로 보인다.

질소를 고정하는 또 다른 자유생활 절대 호기성 세균은 *Beijerinckia*이다. *Clostridium* 종을 비롯한 일부 혐기성 세균도 질소고정을 하는데, 절대 혐기성인 *C. pasteurianum*이 잘 알려진 예이다.

호기성 광합성 남세균 중에도 질소고정을 하는 종들이 많이 있다. 이들은 토양 또는 물에 있는 탄수화물과 무관하게 에너지를 얻기 때문에 해당 환경의 질소 공급자로서 특히 유용하다. 일반적으로 남세균은 질소고정에 필요한 무산소 조건을 제공하는 **이질세포(heterocyst)**라는 특수 구조 안에 니트로게나아제를 가지고 있다.

대부분의 자유생활 질소고정 세균들은 실험실 조건에서 많은 양의 질소를 고정할 수 있다. 그러나 일반적으로 토양에서는 질소 분자를 단백질에 유입될 암모니아로 환원시키는 데에 필요한 에너지원으로 사용할 탄수화물이 부족하다. 그럼에도 불구하고 이들 질소고정 세균들은 초원과 숲, 북극 툰드라 등과 같은 지역의 질소 공급에 중요한 기여를 한다.

공생 질소고정 세균 공생 질소고정 세균들은 작물의 생장에 훨씬 더 중요한 역할을 한다. *Rhizobium*과 *Bradyrhizobium*속 등의 세균은 콩, 완두콩, 땅콩, 알팔파, 클로버 같은 콩과 식물 뿌리를 감염한다. (이러한 주요 작물은 알려진 수천 종의 콩과 식물의 극히 일부이다. 많은 종류의 콩과 식물은 세계 각지의 척박한 땅에서 발견되는 관목이나 작은 나무들이다.) 보통 근류균(*rhizobia*)이라고 알려진 이들 세균은 특정 콩과 식물 종에 특이적으로 적응하여 **뿌리혹(root nodule)**을 형성한다(그림 15.5). 그 결과 식물과 해당 세균의 공생 과정을 통해서 질소가 고정된다. 식물은 세균에게 혐기적 환경과 영양분을 제공하고, 세균은 식물의 단백질로 합성될 수 있는 질소를 고정하는 것이다.

공생 질소고정의 유사 사례는 오리나무(alder tree)와 같은 비콩과 식물에서도 볼 수 있다. 이들은 산불이나 빙하작용 이후에 처음 숲에 등장하는 나무들이다. 오리나무는 방선균(actinomycete)의 일종인 *Frankia*와 공생 관계를 맺어 질소고정 뿌리혹을 형성한다. 1에이커(약 4,000 m^2)에서 자라는 오리나무는 연간 약 50 kg의 질소를 고정하여 숲의 토양 경제에 큰 기여를 한다.

숲의 질소 경제에 중요한 기여를 하는 또 다른 존재는 곰팡이와 남세균의 상리공생 관계로 이루어진 **지의류(lichens)**이다. 이 지의류를 이루는 공생체 중 하나가 질소고정 남세균이기 때문에 그 산물은 고정된 질소이고, 이는 궁극적으로 숲의 토양을 비옥하게 한다. 자유생활 남세균은 비 온 뒤 사막과 북극 툰드라 토양에서 상당량의 질

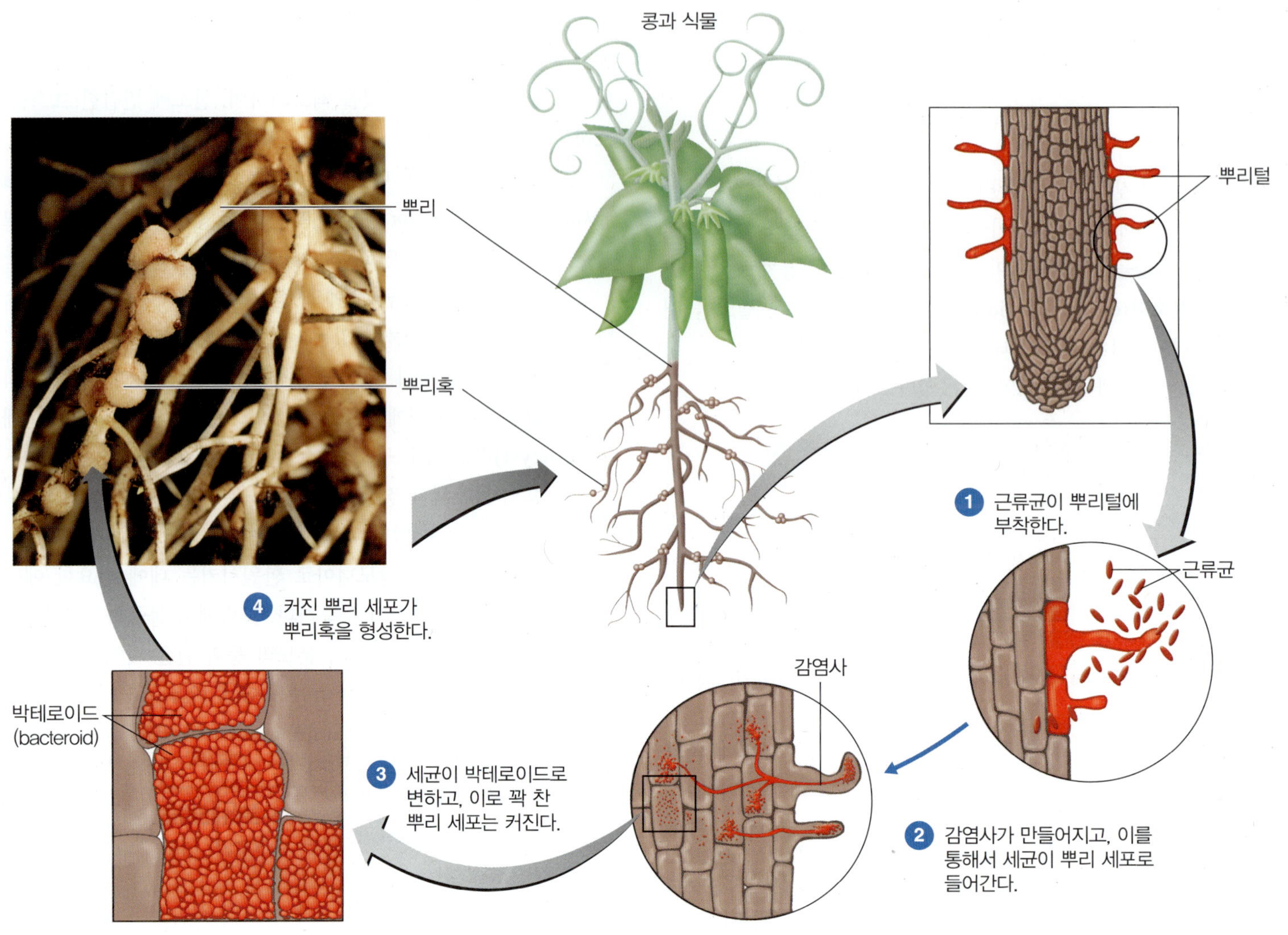

그림 15.5 **뿌리혹의 형성.** *Rhizobium*과 *Bradyrhizobium* 속의 질소고정 세균은 콩과 식물 뿌리에 이런 혹을 만든다. 이와 같은 공생 관계는 해당 식물과 세균에게 모두 유익하다.

Q 자연에서 콩과 식물은 비옥한 농지와 척박한 사막 중 어디에서 더 가치가 있을 것 같은가?

소를 고정할 수 있다. 논은 이러한 질소고정 미생물들의 성장이 매우 활발한 곳이다. 이들 남세균은 논물에서 밀집되어 자라는 작은 부유양치식물인 아졸라(*Azolla*)와 공생을 하기도 한다(그림 15.6). 아주 많은 양의 질소가 이들 미생물에 의해 고정되기 때문에 많은 경우 쌀 재배에는 다른 질소비료가 필요하지 않다.

황순환

황순환(sulfur cycle, 그림 15.7)과 질소순환은 과정 중에 원소들이 여러 산화 상태를 가진다는 점에서 유사하다. 가장 환원된 상태의 황은 냄새가 나는 황화수소(H_2S)와 같은 황화물(sulfide)이다. 질소순환에서 암모니아 이온처럼 황화수소도 일반적으로 무산소 조건에서 생성되는 환원된 화합물로서 독립영양 세균이 에너지원으로 이용할 수 있다. 이들 세균은 황화수소의 환원된 황을 원소 황 입자(elemental sulfur granule)와 완전히 산화된 상태인 황산이온(SO_4^{2-})으로 전환시킨다.

녹색황세균과 자색황세균을 비롯한 몇몇 광합성 세균들도 황화수소를 산화시켜, 세포 안에 색깔이 있는 황 과립을 생성한다. 이들은 *Beggiatoa*와 마찬가지로 황을 황산이온으로까지 더 산화시킨다. 명심해야 할 점은 이 세균들의 에너지원은 빛이고, 황화수소는 이산화탄소를 환원시키는 데에 이용된다는 것이다.

식물과 세균은 황산염을 흡수하여 인간을 비롯한 동물들에게 필요한 황 함유 아미노산의 구성 성분이 되게 한다. 아미노산에 들어있는 황은 2황화결합(disulfide link)을 통해서 단백질 구조 형성에

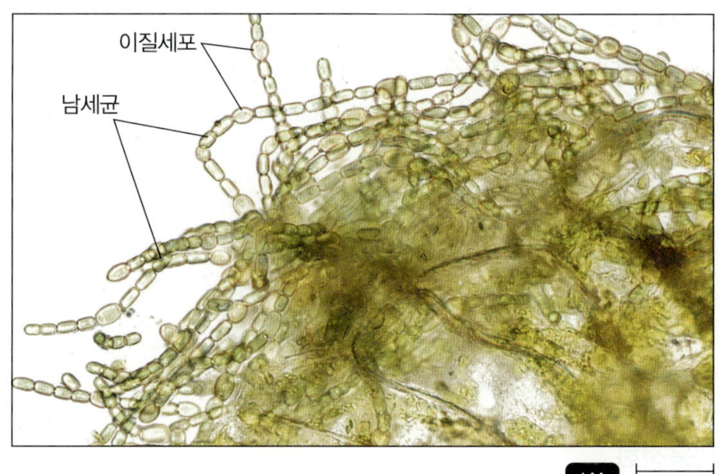

그림 15.6 **아졸라-남세균 공생.** 민물 양치류인 아졸라(*Azolla*) 잎의 단면. 잎 구멍 안에 사슬처럼 연결된 남세균(*Anabaena azollae*) 세포들이 보인다.

Q 남세균이 공생체에게 크게 기여하는 것은 무엇인가?

기여한다. **이화작용(dissimilation)**에서 단백질이 분해되면 황은 황화수소 형태로 방출되어 다시 순환에 들어간다.

암흑 속의 삶

흥미롭게도, 전체 생물 군집이 광합성 없이 황화수소의 에너지를 이용하여 살아갈 수 있다. 8장에서 소개된 화학반응식을 보면 광합성과 황화수소의 독립영양적 이용은 유사한 측면이 있다. 이러한 군집의 사례는 심해열수 등에서 볼 수 있다. 햇빛이 완전히 차단된 깊은 동굴에서도 이런 군집이 발견된다. 이런 곳에서는 광합성 식물이나 광합성 미생물이 아니라 화학독립영양(chemoautotrophic) 세균이 **1차 생산자(primary producer)** 역할을 한다.

혈암(셰일)과 화강암, 현무암 등의 암반 속으로 1 km 이상 들어간 곳에서 햇빛과 동떨어져 작동하는 또 다른 미생물 생태계가 최근에 발견되었다. **암석속생물(endolith**; '돌 안'이라는 의미)이라고 부르는 이런 세균들은 산소가 거의 없는 상태에서 최소한의 영양분만 있어도 성장할 수 있어야 한다. 또한 이러한 암반 속에서는 화학반응과 방사능에 의해서 물이 분해되어 수소가 만들어져 독립영양 암석속 세균들의 에너지원으로 이용될 수 있다. 물에 용해된 이산화탄소가 탄소원으로 이용되어 세포의 유기물이 만들어진다. 유기물은 세포 밖으로 일부 분비되기도 하고 해당 미생물이 죽어 분해되면 방출되어 다른 미생물의 성장에 이용될 수 있다. 이러한 환경에서는 특히 질소와 같은 영양분의 유입이 극히 적어서 세대기간(generation time)이 몇 년에 달하기도 한다. 최소 영양분을 가지고 살아가기 위한 다양한 생존 전략이 생겨났다. 일례로 생사의 갈림길 상황에서 어떤 미생물들은 극단적으로 크기가 작아진다. 화성처럼 척박한 환경에서 발견될 수 있는 생명의 형태를 추정하는 생태학자들은 암석속생물에 매우 큰 관심을 가지고 있다.

인순환

생물지화학 순환의 한 부분을 차지하는 또 하나의 중요한 영양 원소

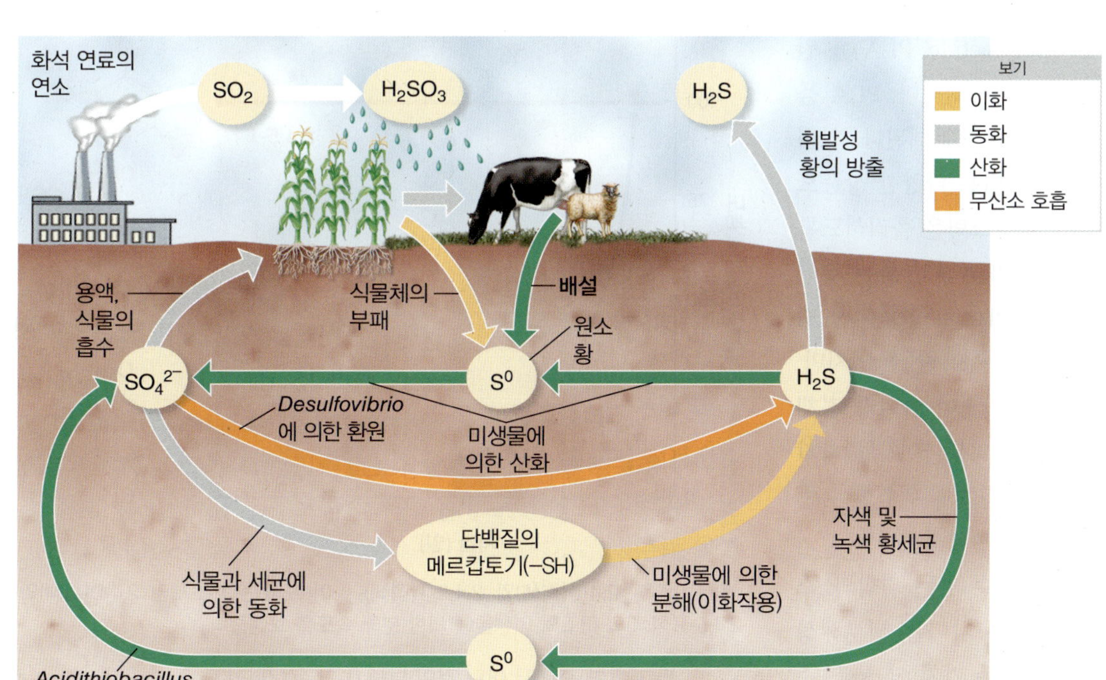

그림 15.7 **황순환.** H_2S와 원소 황(S°)처럼 환원된 형태의 황은 유산소 또는 무산소 조건에서 일부 미생물의 에너지원이 된다. 무산소 조건에서 자색황세균과 녹색황세균은 H_2O 대신에 H_2S를 광합성에 이용하여 S°를 생성한다. 일부 세균들은 무산소 조건에서 황산염(SO_4^{2-})처럼 산화된 형태의 황을 산소 대신 전자수용체로 이용한다. 많은 생물들이 황산염을 동화하여 SH기가 들어 있는 단백질을 만든다.

Q 모든 생물이 황 공급원이 필요한 이유는?

는 인이다. 한 지역에서 식물 등의 생물이 성장할 수 있는지의 여부는 인의 가용성에 따라 달라진다. 인이 지나치게 많아서 생기는 문제(부영양화, eutrophication)는 이번 장의 뒤에서 설명하기로 하다.

인은 기본적으로 인산이온 형태(PO_4^{3-})로 존재하며 산화 상태가 거의 변화지 않는다. 그 대신 **인순환(phosphorus cycle)**은 용해성-불용해성 및 유기-무기 인으로의 변화를 수반하는데, 이런 변화는 주로 pH와 관련된다. 예를 들어, 암석에 있는 인이 *Thiobacillus*와 같은 세균이 생산한 산에 의해 녹아서 이용 가능해질 수 있다. 인순환에는 이산화탄소와 질소 및 아황산 가스 등이 대기를 오가는 것과 같은 식으로 움직이는 휘발성 인 화합물이 없다는 것이 다른 원소 순환과의 큰 차이점이다. 따라서 인은 바다에 축적되는 경향이 있다. 인은 먼 옛날 바다였던 지상의 퇴적물에서 대부분 인산 칼슘(석회) 퇴적물 형태로 채굴하여 회수할 수 있다. 바닷새들은 물고기를 잡아먹고 여기에 있던 인을 구아노(guano, 새의 배설물) 형태로 배설함으로써 바다로부터 인을 채굴하는 셈이다. 이와 같은 새들이 서식하는 작은 섬들은 오랫동안 인산 비료 원료를 얻기 위한 채굴 장소로 이용되어 왔다.

토양과 물에서 합성 화합물의 분해

사람들은 토양 미생물들이 토양으로 유입되는 물질을 분해하는 것을 당연시 여기는 것 같다. 낙엽이나 동물의 잔해 같은 자연 유기물은 실제로 잘 분해된다. 그러나 플라스틱처럼 자연에 존재하지 않는 산업화 시대의 **인공합성물질(xenobiotics**, 제노바이오틱스)들이 엄청나게 토양으로 들어오고 있다. 실제로 플라스틱은 도시에서 나오는 쓰레기의 약 1/4을 차지한다. 이 문제에 대한 하나의 해결책으로 젖산발효에서 만들어지는 폴리락타이드(polylactide, PLA)를 원료로 생분해성 플라스틱을 개발하자는 의견이 제안되었다. PLA 플라스틱은 비료화처리(composting)를 통해 몇 주면 분해된다. 일회용 물병과 컵 등을 비롯하여 PLA 기반 플라스틱은 다양한 상품으로 등장하고 있다. 또 다른 형태의 생분해성 플라스틱은 폴리히드록시알카노에이트(polyhydroxyalkanoate) 또는 PHA라고 하는 것인데, 역시 발효된 옥수수 전분으로 만들어진다. PHA로 만들어진 제품(Mirel)은 더 쉽게 분해되고 더 높은 온도에서 사용할 수 있지만, PLA보다 더 비싸다는 것이 단점이다. 장벽은 기술이 아니라 경제인 것이다. 살충제를 비롯한 많은 합성 화합물은 미생물이 분해하기가 극히 어렵다. 잘 알려진 예로 살충제 DDT는 환경에 위험한 수준까지 축적될 정도로 잘 분해가 되지 않는 것으로 판명되었다.

일부 합성 화합물은 세균의 효소가 공격할 수 있는 결합과 소단위를 이용하여 만들어진다. 화학 구조의 작은 차이는 생분해성(biodegradability)에 큰 차이를 낳을 수 있다. 두 가지 제초제, 즉 2,4-D(잔디 밭 잡초 제거에 흔히 사용되는 화학물질)와 2,4,5-T(관목 제거에 사용)의 경우가 좋은 사례이다. 둘 다 베트남 전쟁 중에 고엽제로 쓰였던 에이전트 오렌지(Agent Orange)의 구성 성분이다. 2,4-D 구조에 염소 원자가 하나 추가됨으로써, 토양에서의 수명이 며칠에서 거의 영구적으로 늘어나게 되었다(그림 15.8).

생분해되지 않거나 매우 느리게 분해되는 독성 물질이 지하수로 스며드는 것도 점점 커지는 문제이다. 이들 유독 물질의 오염원으로는 매립과 불법 산업폐기물 투기, 농작물에 살포된 농약 등을 들 수 있다.

생물정화

오염물질을 해독 또는 분해시키기 위해서 미생물을 사용하는 것을 **생물정화(bioremediation)**라고 한다. 화학물질 오염 사례로 가장 극적인 사례는 유조선 난파와 원유 시추 사고로 원유가 유출되는 경우에서 볼 수 있다. 유산소 조건에서 미생물들이 원유를 분해하게 되면 생물정화는 자연스럽게 진행된다. 문제는 미생물들은 보통 물에 녹아 있는 상태로 영양분을 섭취하는데, 유류를 주성분으로 하는 물질들은 상대적으로 물에 녹지 않는다. 또한 유류 탄화수소에는 질소와 인 같은 필수 영양소가 결핍되어 있다. 질소와 인이 함유된 첨가제(fertilizer)를 공급하면 유출된 기름의 생물정화를 크게 향상시킬 수 있다(그림 15.9). 2010년에 발생한 심해 원유 시추 사고인 멕시코만 원유 유출을 통해서, 분산제 자체의 생물학적 안전성은 아직

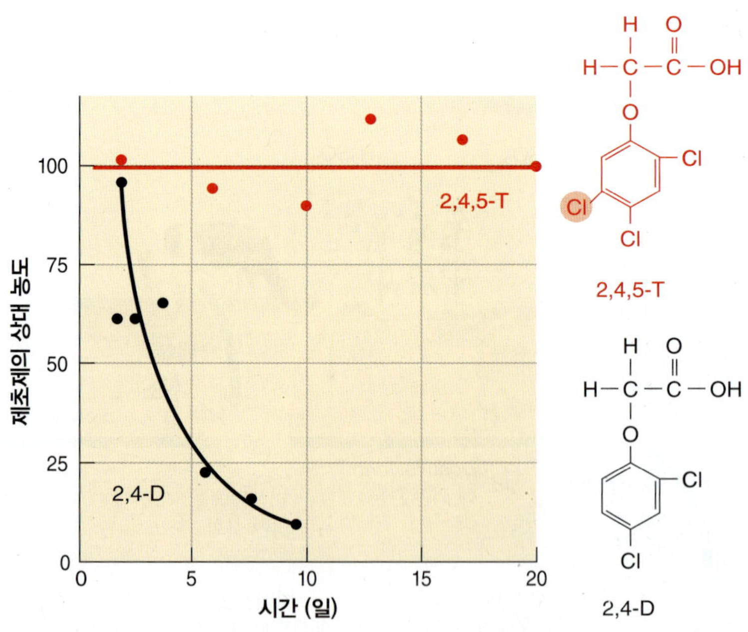

그림 15.8 2,4-D(흑색)와 2,4,5-T(적색). 이 도표는 제초제인 2,4-D(흑색)와 2,4,5-T(적색)의 구조와 미생물에 의한 분해 속도를 보여준다.

Q 두 제초제 중에서 어느 것의 분해가 더 용이한가?

그림 15.9 알래스카 원유 유출 생물정화. 실험실 책임자가 원유 유출 사고가 난 멕시코만의 기름 섞인 바닷물의 처리 전후를 비교하고 하고 있다. 기름 분해 세균으로 30일간 처리한 물이 오른쪽 수조에 담겨 있다.

 대부분의 석유 제품 화학 조성에 질소 또는 인이 포함되어 있는가?

검증되지 않았지만, 기름을 미세한 방울로 쪼개는 화학 분산제가 미생물 분해를 촉진한다는 것은 확인되었다. 이보다 훨씬 전에 알래스카에서 일어났던 엑손밸디즈(*Exxon Valdez*) 유조선 참사와 비교해 보면, 분산제를 처리한 원유가 더 빨리 분해되고 있음을 알 수 있다. 한 가지 짚어볼 점은, 멕시코만의 수온이 알래스카보다 높다는 것이다. 연구 보고에 의하면 온도가 10°C씩 떨어질 때마다 미생물 대사가 2~3배 느려진다고 한다. 멕시코만 오일 분해에서도 온도는 중요한 요인이다. 멕시코만의 해수면 온도는 상대적으로 따뜻하지만, 기름 유출 장소는 거의 1.6 km 깊이에 있으며 이곳의 온도는 약 4°C이다. 특정 오염 물질에서 잘 자라게 선택된 미생물 또는 석유 제품 분해를 잘 하도록 유전적으로 변형된 세균을 생물정화에 이용할 수도 있다. 이렇게 특화된 미생물을 첨가하는 것을 **생물증진(bioaugmentation)**이라고 한다.

고형 도시 폐기물

고형 도시 폐기물(생활 쓰레기)의 경우에는 거대한 매립지에 매립하는 것이 가장 일반적인 처리 방법이다. 대부분 무산소 조건이어서 종이처럼 생분해가 가능하다고 여겨지는 물질도 미생물이 그렇게 효과적으로 분해하지 못한다. 실제로 20년이 지난 신문이 여전히 읽을 수 있는 상태로 발견되는 것이 전혀 드문 일이 아니다. 그러나 무산소 조건에서는 폐수 처리용 혐기성 슬러지 소화조(anaerobic sludge digester)에서 이용되는 것과 같은 메탄생성세균(methanogens) 활성이 촉진된다. 이들이 생성하는 메탄은 천공(drill hole)을 통해 포집하여 전기 생산에 이용할 수도 있고, 정제하여 천연가스 수송관 시스템으로 보낼 수도 있다. 이러한 시스템은 미국 내 많은 대형 매립지 설계에 포함되어 있는데, 일부는 산업체 공장과 가정에 에너지를 공급한다.

특별히 설계된 기계로 고형 도시 폐기물을 처리하고 있는 모습

그림 15.10 도시 폐기물의 비료화(composting)

 풀과 낙엽으로 된 비료 더미에는 탄소 함량이 매우 높다; 질소 함량도 높은가?

처음부터 생분해 가능 여부에 따라 분리 수거가 되면 매립지로 들어오는 유기물의 양을 상당히 줄일 수 있다. **비료화처리(composting)**는 정원사들이 식물 잔해를 자연 부식토에 상당하는 물질로 전환시키는 데에 사용하는 방법이다(그림 15.10). 낙엽이나 깎은 잔디 더미를 미생물이 분해하는 것이다. 조건만 적절하면 2~3일 내에 호열성 세균(thermophilic bacteria)들이 퇴비 더미(compost)의 온도를 55~60°C까지 끌어올린다. 온도가 떨어진 다음에 퇴비 더미를 뒤집어 산소를 다시 공급하면 2차로 온도가 올라간다. 시간이 지나면서 호열성 미생물 집단이 중온성(mesophilic) 집단으로 대체되는데, 이들이 식물 성분을 부식토와 유사한 물질로 전환시키는 과정을 지속적으로 천천히 진행한다. 공간이 있다면, 윈드로(windrows, 이랑 같은 것)를 만들어 도시 쓰레기를 펼쳐 놓고 특수 설비를 이용하여 주기적으로 뒤집어 주면서 비료화 처리를 할 수 있다. 도시 쓰레기 처리에 비료화 처리 방법의 사용이 증가하고 있다.

수생미생물학과 하수 처리

수생미생물학(aquatic microbiology)은 호수, 연못, 개울, 강, 강어귀, 바다 등과 같은 자연수에 사는 미생물과 그들의 활동을 연구하는 학문이다. 가정과 공장 폐수는 호수와 개울로 들어가는데, 이것의 분해와 이것이 미생물에 미치는 영향이 수서미생물학에서 중요한 분야이다. 또한 도시 폐수처리 방법이 자정작용 과정을 모방하고 있음도 알게 될 것이다.

수생미생물

일반적으로 물속에 미생물이 많다는 것은 그 물에 영양분이 많다는 것을 가리킨다. 폐수나 생분해성 산업 유기 폐기물로 오염된 물에는 상대적으로 세균의 수가 많다. 마찬가지로 강이 바다로 유입되는 어귀도 영양분의 농도가 높아서 다른 해변의 해수에 비해서 많은 미생물이 존재한다.

물에서, 특히 영양분의 농도가 낮은 경우에, 미생물들은 흐름이 없는 수면이나 입자성 물질의 표면에서 자라는 경향이 있다. 물 흐름에 따라 임의로 떠 다니는 것보다는 이렇게 할 때 미생물이 더 많은 영양분을 접할 수 있다. 물에 사는 많은 세균들은 다양한 표면에 붙을 수 있는 부속지(appendage)와 부착기(holdfast)를 가지고 있는 경우가 많다. *Caulobacter*가 이런 예 중 하나이다.

담수 미생물상

전형적인 호수나 연못은 물속의 다양한 층과 거기서 발견되는 미생물상(microbiota)의 종류를 볼 수 있는 좋은 예이다. 물가 지역인 **연안대(littoral zone)**에는 뿌리를 내리고 있는 식물들이 있고 빛이 투과한다. **준조광대(limnetic zone)**는 물가에서 떨어져 있는 개방수면 수역이다. **심저대(profundal zone)**는 준조광대 아래의 깊은 곳이다. **저생대(benthic zone)**는 밑바닥 저지를 말한다.

담수의 미생물 집단은 주로 산소와 빛의 가용성에 영향을 받는다. 여러 측면에서 빛이 더 중요한 자원인데, 호수에서는 광합성 조류가 주요 유기물원, 즉 에너지원이 되기 때문이다. 이들 조류가 세균과 원생동물, 물고기 및 기타 수서 생물을 먹여 살리는 호수의 1차생산자이다. 광합성 조류들은 준조광대에 서식한다.

준조광대 중 산소가 충분한 곳에는 슈도모나드와 *Cytophaga*, *Caulobacter*, *Hyphomicrobium*종 세균들이 있다. 어항을 관리해 본 사람들은 알겠지만, 산소는 물에 잘 녹지 않는다. 정체된 물에서 영양분을 소비하여 자라는 미생물은 물속에 녹아 있는 산소를 빠르게 소모해 버린다. 용존 산소가 고갈되면 물고기가 죽게 되고, 혐기적 활성(anaerobic activity)으로 인해 악취가 나게 된다. 얕은 수층의 물결과 강의 흐름 등은 물속 전반에 걸쳐 산소량 증가에 기여하여 호기성 세균들의 성장에 도움을 준다. 즉, 물의 흐름은 수질을 개선하고 오염 유기물 분해를 촉진시킨다.

심저대와 저생대처럼 더 깊은 곳에 있는 물에는 산소 농도도 낮고 빛도 적다. 수면 근처에서 자라는 조류가 빛을 거르기 때문에 더 깊은 물속에 사는 광합성 미생물이 수면의 광합성 생물이 사용하는 것과 다른 파장의 빛을 이용하는 것이 특이한 것은 아니다.

자색황세균과 녹색황세균은 심저대에서 발견된다. 산소를 발생시키지 않는 광합성 생물인 이들 세균은 저생대의 바닥 퇴적물에서 황화수소(H_2S)를 황(S)과 황산이온(SO_4^{2-})으로 전환시킨다.

저생대의 퇴적물에는 SO_4^{2-}를 최종 전자수용체로 이용하여 이를 H_2S로 환원시키는 *Desulfovibrio* 같은 세균들이 있다. 메탄 생성 세균들도 혐기성 저생대 미생물 집단의 일원이다. 이들은 늪과 습지, 바닥 퇴적물 등에서 메탄 가스를 생성한다. *Clostridium*속 세균들도 바닥 침전물에 흔히 있고 보툴리누스 중독(botulism)을 유발하는 종도 포함되어 있는데, 특히 이는 물새에서 보툴리누스 중독 창궐의 원인이다.

해수 미생물상

주로 리보솜 RNA 분석에 의해서 해양 미생물에 대한 지식이 증가하면서 생물학자들은 해양 미생물의 중요성에 대해 점점 더 주목하고 있다. 많은 종류의 세균 집단이 해저 퇴적물에서 발견되고 있다. 이들은 대부분 고세균인데, 환경 스트레스에 잘 적응하고 에너지 요구량도 낮다. 현재까지 내려진 결론 하나는, 지구상 모든 생명체의 거의 1/3이 해양수가 아니라 해저에 사는 미생물이라는 것이다. 이 미생물들이 엄청난 양의 메탄 가스를 만들어내는데, 대기로 방출된다면 환경 피해를 입힐 것이다.

비교적 햇빛을 잘 받는 해양의 상층부에는 *Synechococcus*와 *Prochlorococcus*속의 광합성 남세균이 많다. 깊이에 따라 가용한 빛의 파장에 적응한 다양한 세균 집단이 존재한다. 바닷물 한 방울에는 직경이 채 0.7 μm도 되는 않는 작은 구균인 *Prochlorococcus*가 20,000개 정도 들어 있다. 눈에 보이지 않는 이 미세한 생물 집단이 해양 상층부 100미터를 채우고 있으며 지구상 생물의 삶에 큰 영향력을 발휘하고 있다. 해양 생물들의 삶은 **해양 식물플랑크톤(phytoplankton**; 방랑하는 식물이라는 뜻의 그리스어에서 유래)인 이러한 미세 광합성 생물들에게 크게 의존하고 있다.

이상에서 언급한 광합성 세균들은 해양 먹이사슬의 근간을 이룬다. 바닷물 1리터당 10억 마리에 달하는 이들 세균은 수일 만에 두 배로 증식하는데, 거의 같은 속도로 미생물 포식자들에게 잡혀 먹는다. 이러한 광합성 세균은 이산화탄소를 고정하여 유기물을 만드는데 이는 궁극적으로 용존 유기물로 방출되고, 종속영양 해양 세균들은 이를 이용한다. *Trichodesmium*이라는 남세균은 질소를 고정함으로써, 생물이 죽어 가라앉아 유실되는 질소를 보충하는 데에 기여한다. *Pelagibacter ubique*라는 또 다른 세균의 거대 집단은 이들 광합성 미생물 집단의 배설물을 대사한다. 많은 종류의 세균들이 연

그림 15.11 물고기 조명 기관으로서의 발광 세균. 사진은 심해 발광 물고기의 한 종류(*Photoblepharon palpebratus*)이다. 눈 밑의 발광 기관은 조직 덮개로 덮일 수 있다.

 생물발광을 내는 효소는 무엇인가?

속적으로 더 큰 소비자의 입자성 먹이원이 된다. 첫 번째 소비자는 원생동물인데, 이들은 다시 다세포 동물플랑크톤(zooplankton; 크릴 새우와 같은 부유 동물)의 먹이가 된다. 이들 동물플랑크톤도 결국에는 물고기의 먹이가 된다. 세균과 원생동물, 동물플랑크톤 등의 대사 활동에서 방출된 이산화탄소와 무기 영양분의 대부분은 광합성 식물플랑크톤이 재사용한다.

수심 100미터 아래부터는 고세균이 미생물 세계를 지배하기 시작한다. *Crenarchaeota*속의 부유성 구성원들이 해양 미생물량의 대부분을 차지한다. 이들은 깊은 바다의 차가운 온도와 낮은 산소 농도에 잘 적응하였다. 이들을 이루는 탄소는 주로 물에 녹아 있는 이산화탄소에서 온 것이다.

미생물 **생물발광(bioluminescence)**은 심해 생명체의 흥미로운 부분이다, 많은 세균들이 발광성이고, 일부는 해저 서식 어류와 공생관계를 맺고 있다. 이런 물고기들은 심해의 완전한 암흑에서 먹이감을 유인하고 잡는 데에 공생 세균이 발하는 빛을 이용하기도 한다(그림 15.11). 이들 생물발광 세균들은 루시퍼라제(luciferase)라고 부르는 발광효소를 가지고 있는데, 이 효소는 전자전달계의 플래빈단백질(flavoprotein)에서 전자를 취하여 전자 에너지의 일부를 빛의 광자로 발산한다.

수질과 관련된 미생물의 역할

자연에서 물이 순수한 상태로 존재하는 경우는 거의 없다. 빗물도 땅으로 내리는 동안 이물질을 함유하게 된다.

수질 오염

수질 오염 중에서 최우선 관심의 대상은 미생물, 특히 병원성 미생물의 오염 여부이다.

전염병의 전파 물이 땅속으로 이동하는 과정에서 대부분의 미생물이 걸러진다. 샘물이나 심층수의 수질이 일반적으로 좋은 것이 바로 이런 이유 때문이다. 가장 위험한 형태의 수질 오염은 동물의 배설물이 식수원에 들어갔을 때 발생한다. 사람이나 동물의 배설물에 섞여 배출된 병원균이 물을 오염시키고 그 물을 섭취되는 과정인 대변 구강 경로(fecal-oral route) 전파를 통해서 많은 병들이 계속해서 전염된다. 미국 질병통제예방센터(Centers for Disease Control and Prevention, CDC)는 매년 90만 명의 미국인이 수인성 질병에 걸리는 것으로 추산하고 있다. 전 세계에서 매년 200만 이상의 사람이 수인성 질병으로 사망하는 것으로 추정되는데, 희생자 대부분이 5세 이하의 어린이들이다.

이런 질병의 대표적인 예로 장티푸스와 콜레라를 들 수 있는데, 인간의 대변을 통해서만 배출되는 세균에 의해서 발병된다. 약 100년 전, 미국의학협회지 보고에 따르면 시카고의 장티푸스 사망률이 1891년 10만 명당 159.7명에서 1894년에는 31.4명으로 감소했다. 이와 같은 공중 위생의 개선에는 미시간 호수에서 도시로 수돗물을 공급하는 관을 물가에서 약 6.5 km 멀리 떨어진 곳으로 연장한 것이 큰 몫을 했다. 이렇게 한 것이 당시에는 처리되지 않은 채로 유입되어 식수원을 오염시키는 폐수를 희석시켰다는 것이 미국의학협회지의 논평이었다. 같은 논문에서 특정 질병을 일으키는 미생물 제거의 필요성에 대해서도 언급하면서, 당시 유럽에서는 이미 널리 쓰이고 있던 모래 여과상(sand filter bed)의 사용이 제안되었다. 모래여과는 샘물의 자연 정수 작용을 본뜬 것이다. 그림 15.12는 상수원에 이런 여과를 도입한 것이 필라델피아에서 장티푸스 발병에 끼친 효과를 보여준다.

화학 오염 화학 물질에 의한 수질 오염 방지도 어려운 문제이다.

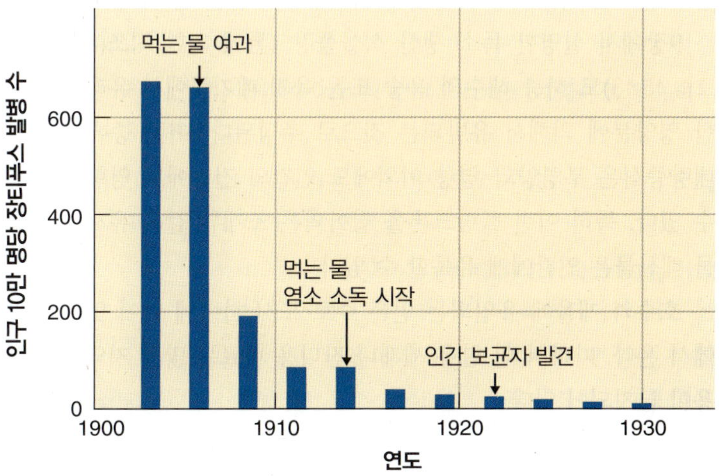

그림 15.12 1900~1930년 미국 필라델피아 장티푸스 발생 빈도. 이 도표는 수처리가 장티푸스에 미친 영향을 명확하게 보여준다.

 장티푸스 발생이 감소한 이유는 무엇이가?

토양에서 침출된 산업 및 농업 화학물질은 엄청난 양에다가 생분해가 어려운 형태로 담수로 유입된다. 흔히 농경지 물에는 비료에서 유래한 질산염(NO_3^-)이 과도하게 들어 있다. 질산염이 체내로 섭취되면 장내 세균에 의해 아질산염(NO_2^-)으로 전환된다. 아질산염은 혈액에서 산소와 경쟁하여 특히 유아에게 치명적일 수 있다.

화학 오염의 한 사례는 제2차 세계대전 직후 개발된 합성 세제이다. 당시 사용되던 비누를 급속히 대체한 이 새로운 세제는 생분해되지 않기 때문에 하천에 빠른 속도로 축적되었다. 어떤 강에서는 세제 거품 뭉쳐서 커다란 뗏목처럼 떠내려가는 것이 목격되기도 했다. 결국 이들 세제는 생분해성 합성 제제로 바뀌게 되었다.

그러나 생분해성 세제도 보통 인을 함유하고 있어서 여전히 주요 환경 문제가 되고 있다. 불행히도 인은 거의 변하지 않고 하수 처리 시스템을 통과하여 강이나 호수에 **부영양화(eutrophication)**를 일으킨다.

부영양화의 개념을 이해하기 위해서 조류와 남세균이 에너지와 탄소를 각각 햇빛과 물에 녹아 있는 이산화탄소에서 얻는다는 사실을 상기해 보자. 대부분의 물에서는 질소와 인의 양이 조류 성장에 충분하지 않다. 폐수 처리가 없거나 효율이 떨어질 경우, 가정과 농장, 공장 하수에 들어 있는 이 두 가지 영양분이 하천으로 들어갈 수 있다. 이렇게 유입된 추가 영양분은 물에서 조류가 밀집하여 증식하는 현상인 **조류 대증식(algal bloom)**을 유발한다. 대부분의 남세균이 질소를 고정할 수 있기 때문에 소량의 인만 있으면 대량 증식을 시작한다. 부영양화가 조류나 남세균의 대량 증식으로 이어지면 궁극적으로 생분해 가능한 유기물이 투기된 것과 똑같은 결과가 초래된다. 단기적으로는 이들 조류와 남세균이 산소를 생산하지만, 결국은 죽어서 세균에 의해 분해된다. 이렇게 분해가 진행되는 동안 물 속의 산소가 고갈되어 물고기가 폐사하게 된다. 분해되지 않은 유기물 찌꺼기는 바닥으로 가라앉아서 호수 바닥 퇴적을 가속화시킨다.

9장에서 설명한 독소 생산 식물플랑크톤에 의한 적조(red tide, 그림 15.13)도 하층 해수의 용승 또는 육지 폐기물에서 유래한 과도한 영양분에 의해서 유발되는 것으로 추정된다. 이런 종류의 생물 대량증식은 부영양화 영향 이외에도 인간의 건강에도 영향을 미칠 수 있다. 특히 이런 플랑크톤을 잡아먹은 조개류 같은 유사 연체동물 해산물은 인간에게 유독할 수 있다.

호수와 개울에 유입되는 인은 주로 도시 하수에 들어 있는 세제에서 온다. 따라서 인 함유 세제나 잔디용 비료는 많은 지역에서 사용이 금지되어 있다.

수질 검사

역사적으로 수질에 대한 주된 관심사는 전염병 확산과 관련되어 왔기 때문에 물의 안전성 여부를 결정하는 검사법이 많이 개발되었는데, 대부분이 식품에도 적용할 수 있다.

그림 15.13 **적조.** 이 바다의 조류 대량 증식의 원인은 물에 유입된 과다한 영양분 때문이다. 사진에서 보이는 색깔은 와편모조류(dinoflagellate)의 색소 때문이다.

Q 이와 같은 조류 대증식을 일으킨 와편모조류의 주된 에너지원은 무엇인가?

그러나 상수원에서 병원균만 조사하는 것으로는 현실성이 없다. 우선 한 가지 이유는, 장티푸스나 콜레라 원인균을 발견한다면 그 질병의 발생을 막기에는 이미 늦어버린 것이다. 게다가 이런 병원균들은 소수로 존재하는 경우가 많기 때문에 검사 시료에 포함되지 않을 수도 있다.

현재 사용되고 있는 수질 검사법은 특정 **지표생물(indicator organism)** 검출을 목표로 한다. 지표생물은 몇 가지 기준을 만족시켜야 한다. 가장 중요한 기준은 그 미생물이 인분에 충분한 개체수로 항상 존재해서, 이것이 검출되면 사람의 배설물이 유입되었다고 판단하는 신뢰성의 근거가 되어야 한다. 또한 지표생물은 최소한 병원균만큼은 물에서 생존해야만 하고, 미생물에 대한 지식이 거의 없는 사람도 할 수 있는 간단한 검사로 검출되어야 한다.

미국에서는 대장균류 세균(*coliform bacteria*)*이 담수를 대상으로 주로 사용되는 지표 생물이다. **대장균류(coliform)**는 호기성 또는 조건부 혐기성 그람음성 간균으로 내생포자를 만들지 않고, 35°C에서 젖산 액체배지에 두면 젖산을 발효하여 48시간 이내에 가스를 생성한다. 몇몇 대장균류는 장내에서만이 아니라 식물과 토양 시료에서 더 흔하게 발견되기 때문에 일반적으로 식품과 식수 기준으로 분변 대장균류(*fecal coliforms*)의 검출 여부를 명시하고 있다. 가장 흔한 분변 대장균은 사람의 장내미생물 집단의 상당 부분

* 미국 환경보호국(Environmental Protection Agency, EPA)는 바다와 만에서 채취한 물의 안전 지표로 장내구균(*Enterococcus*)을 시용할 것을 권장한다. 장내구균의 개체수는 담수와 해수 모두에서 대장균류에 비해 더 균일하게 감소한다.

을 차지하고 있는 *E. coli*이다. 별도의 시험을 통해서 분변 대장균과 비분변 대장균을 구별할 수 있다. 일부가 설사와 기회 요로 감염을 유발할 수는 있지만, 정상적인 환경에서 대장균류 자체는 병원균이 아니다.

물의 대장균류 오염 검사 방법은 주로 이들의 젖산발효 능력에 근거한 것이다. 여러 개의 시험관을 가지고 최확수법(most probable number, MPN)을 이용하여 대장균류 수를 추정할 수 있다. 막여과(membrane filtration)는 대장균류의 존재 여부와 수를 더 직접적으로 결정할 수 있는 방법으로 북미와 유럽에서 가장 널리 사용되고 있으며, 그림 5.5에 있는 것과 유사한 여과 기구를 사용한다. 이 경우, 분리이동이 가능한 여과막의 표면에 모아진 세균들을 적절한 배지 위에서 배양한 다음, 고유의 특이한 모습을 보이는 대장균류 콜로니 수를 센다. 이 방법은 여과막을 막히게 하지 않을 정도로 혼탁도가 낮고 결과를 가릴 수 있는 비대장균류(noncoliform) 세균의 수가 상대적으로 적은 물 시료에 적합하다.

특히 분변 대장균 *E. coli*를 검출하는 더 편리한 방법으로는 두 가지 기질[o-nitrophenyl-β-D-galactopyranoside (ONPG), 4-methylumbelliferyl-β-D-glucuronide (MUG)]이 들어 있는 배지를 사용하는 것이 있다. 대장균류가 만드는 베타-갈락토시다제(β-galactosidase)라는 효소는 ONPG에 작용하여 노란색을 만들기 때문에 해당 시료에 그 존재를 알 수 있다. 대장균류 중에서 *E. coli*는 거의 항상 베타-글루쿠로니다아제(β-glucuronidase)라는 효소를 생산한다는 점에서 독특한데, 이 효소는 MUG에 작용하여 장파장의 자외선을 받으면 파란색으로 빛나는 형광물질을 만든다(그림 15.14). 이렇게 간편한 검사법과 약간 변형된 방법을 이용하면 대장균류 또는 *E. coli*의 존재 여부를 알 수 있고 위에서 언급한 MPN 방법과 연계하면 정량도 가능하다. 이 방법은 막 여과법 등에서 사용되는 고체배지에도 적용할 수 있다. 자외선을 조사하면 해당 콜로니는 형광을 내게 된다.

대장균류는 수돗물 소독에서 매우 유용한 지표 생물이지만, 몇 가지 한계점을 가지고 있다. 우선 대장균류가 수도관 안쪽 면에 형성된 생물막(biofilm)에 박혀서 자라는 경우를 들 수 있다. 이들 대장균류는 수돗물의 분변 오염을 나타내는 것이 아니기 때문에 공중위생에 대한 위협은 아니다. 규정상 수돗물에서 대장균류가 검출되면 반드시 보고해야 하는데, 가끔씩 이런 대장균류가 검출되는 경우도 있다. 이렇게 되면 물을 끓여서 사용하라는 불필요한 당국의 명령이 떨어지게 된다.

더 심각한 문제는 일부 병원균, 특히 바이러스와 원생동물의 포낭(cyst)과 접합자낭(oocyst)은 화학 소독에 대해 대장균류보다 더 내성이 강하다는 것이다. 바이러스를 검출할 수 있는 정밀한 방법으로 검사를 해보면, 화학 소독으로 대장균류가 제거된 물이라도 장

그림 15.14 ONPG 및 MUG 대장균류 검사. 노란색(ONPG 양성)은 대장균류(coliforms)의 존재를 가리킨다. 파란색 형광(MUG 양성)은 분변 대장균 *E. coli*가 있음을 나타낸다. 투명한 배지는 시료가 오염되지 않았음을 나타낸다.

 MUG 검사 양성 반응에서 형광물질을 만드는 것은 무엇인가?

내 바이러스로 오염된 경우가 종종 있다. *Giardia lamblia* 포낭과 *Cryptosporidium* 접합자낭은 염소 소독에 대해 내성이 너무 강해서 이 방법으로 이를 완전히 제거한다는 것은 현실적으로 불가능하기 때문에 여과와 같은 기계적인 방법이 필요하다. 염소 소독의 일반 규칙은 바이러스는 *E. coli*보다 염소 소독에 저항성이 강하고, *Cryptosporidium*와 *Giardia*의 포낭은 바이러스보다 100배 더 강하다는 것이다.

물 처리

맑은 계곡물이나 암반수처럼 오염되지 않은 식수원이라면 최소한의 처리만으로 안전한 먹는 물을 공급할 수 있다. 그러나 대부분의 도시는 생활 하수와 공장 폐수가 유입되는 강과 같이 심하게 오염된 물에서 식수를 얻어야 한다. 그림 15.15는 이런 물을 정화하는 과정을 보여준다. 물 처리(water treatment)의 목적은 멸균수가 아니라 질병을 일으키는 미생물이 없는 물을 생산하는 하는 것이다.

응집과 여과

심하게 탁한 물은 한 동안 저수조에 그대로 담아 두어서 입자성 부유물이 최대한 많이 가라앉도록 한 다음, 점토처럼 너무 작아서 (10 μm 이하) 물속에 그냥 두면 계속 떠 있는 콜로이드성 물질의 제거 과정인 **응집(flocculation)**을 거친다. 황산 알루미늄 칼륨

그림 15.15 일반 도시 정수장의 수 처리

Q 응집에 의한 "콜로이드 입자" 제거에 관여하는 생물은?

(aluminum potassium sulfate, alum)과 같은 응집제는 미세 부유 물질을 결합시켜 **플록(floc)**이라고 하는 응집덩어리를 만든다. 이 응집물이 천천히 가라앉으면서 콜로이드성 물질을 붙잡아 침전시킨다. 많은 수의 바이러스와 세균도 이런 식으로 제거된다. 알룸(alum)은 질병의 세균 병원설(germ theory of disease)이 정립되기 오래전인 19세기 전반에 미국 서부의 군부대들에서 탁한 강물을 맑게 하는 데에 사용되었다.

응집 처리된 물은 약 60~120 cm 두께의 가는 모래나 으깬 무연탄 층을 통과하는 **여과(filtration)**를 거친다. 앞서 언급된 바와 같이 일부 원생동물의 포낭과 접합자낭은 이러한 여과처리를 통해서만 제거된다. 이런 미생물들은 주로 표면흡착에 의해서 모래 입자에 붙게 된다. 비록 모래 입자 사이의 간극이 미생물이 빠져나갈 수 있을 정도로 크지만 미생물은 이 구불구불한 경로를 빠져나가지 못한다. 이 여과기는 내부에 쌓인 물질을 제거하기 위해서 주기적으로 역류시킨다. 독성 화합물에 대한 우려가 매우 큰 도시의 상수도 처리 시스템의 경우에는 모래 여과에 활성탄 여과를 추가한다. 활성탄은 입자성 물질뿐만 아니라 물에 녹아 있는 유가 오염물질도 제거한다. 정상 가동되는 수돗물 처리장은 (세균과 원생동물보다 제거하기가 더 어려운) 바이러스를 대략 99.5%에 달하는 효율로 제거한다. 최근에는 **저압 막여과 시스템(membrane filtration system)**이 도입되고 있다. 이들 시스템의 구멍 크기는 0.2 μm 정도로 작기 때문에 *Giardia*와 *Cryptosporidium*의 제거를 더 신뢰할 수 있다.

소독

여과된 물은 도시의 수돗물 공급 시스템으로 들어가기 전에 염소 소독을 한다. 유기 물질은 염소를 중화시키기 때문에 시설 운영자들은 적정 수준의 염소량을 유지하는 데에 주의를 기울여야만 한다.

5장에서 소개한 대로, 또 다른 수돗물 소독 방법은 오존 처리이다. 오존(O_3)은 반응성이 매우 높은 산소의 한 형태로서 전기 스파크 방전과 자외선에 의해서 만들어진다. (뇌우가 온 다음이나 자외선 전등 근처의 신선한 공기 냄새가 오존 때문이다.) 수돗물 처리용 오존은 현장에서 전기를 이용하여 생산한다. 오존 처리 후에 아무런 맛과 냄새가 남지 않는다는 것도 큰 장점이다. 잔류 효과가 거의 없기 때문에 보통 오존을 1차 소독 처리로 이용하고 이어서 염소 소독을 한다. 자외선도 화학 소독의 보조 또는 대체 수단으로 이용된다. 자외선은 투과력이 낮기 때문에 물이 자외선 전등을 가까이 흘러지나가도록 관형 전등을 배열한다.

하수(폐수) 처리

하수, 혹은 폐수는 씻는 물에서부터 변기의 물까지 가정에서 쓰이는 모든 물을 포함한다. 거리의 하수구로 흘러들어가는 빗물과 어느 정도의 공업 폐수도 많은 도시에서 하수도로 들어온다. 하수는 대부분 물로 이루어져 있고 0.03% 내외의 약간의 입자상 물질을 포함한다.

그럼에도, 대다수 대도시의 하수에서 고체가 차지하는 양이 하루에 1000톤 이상에 달하기도 한다.

환경에 대한 인식이 강화되기 전에는 놀랄만한 수의 미국 대도시들이 아주 기초적인 하수 처리 시스템을 가지고 있거나 아예 이조차도 없었다. 아무런 처리과정을 거치지 않은 하수가 그대로 강이나 바다에 버려졌다. 산소도 풍부하고 꾸준히 흐르는 개울은 상당한 자정 능력을 가지고 있다. 그래서 늘어나는 인구와 그에 따르는 폐기물들이 이 자정 능력을 초과하기 전까지는, 이렇게 안일한 폐기 처리 방법이 아무런 문제가 되지 않았다. 미국에서 이런 무단 방류는 대부분 개선되었다. 그러나 전세계를 놓고 보면 전혀 다른 그림이 그려진다. 지중해에 맞닿은 많은 지역 사회에선 아무런 처리를 하지 않은 하수를 그대로 바다에 버린다.

1차 하수 처리

보통 하수 처리과정의 첫 단계를 **1차 하수 처리(primary sewage treatment**, 그림 15.16a)라고 한다. 이 과정에서는 유입 하수에 떠 있는 큰 부유물들이 걸러진 다음, 침전조를 통과하면서 모래나 비슷한 알갱이 물질들이 제거된다. 또 스키머(skimmer)로 떠 있는 기름을 제거하고, 떠 있는 찌꺼기들은 분쇄한다. 이 과정 이후에 추가 침전과정을 거쳐 하수의 고체 물질을 더 침전시킨다. 바닥에 가라앉은 침전물들을 **슬러지(sludge)**라고 하는데, 이 단계에서는 1차 슬러지(primary sludge)라고 부른다. 이 침전과정을 통해 40~60%의 부유 고체 물질이 제거되고, 때때로 이 단계에서 정화 효율을 높이기 위해 응집제가 투여되기도 한다. 1차 하수 처리 단계에서는 생물학적 활성이 중요하지는 않지만, 오랜 시간 머물면 일부 슬러지와 용

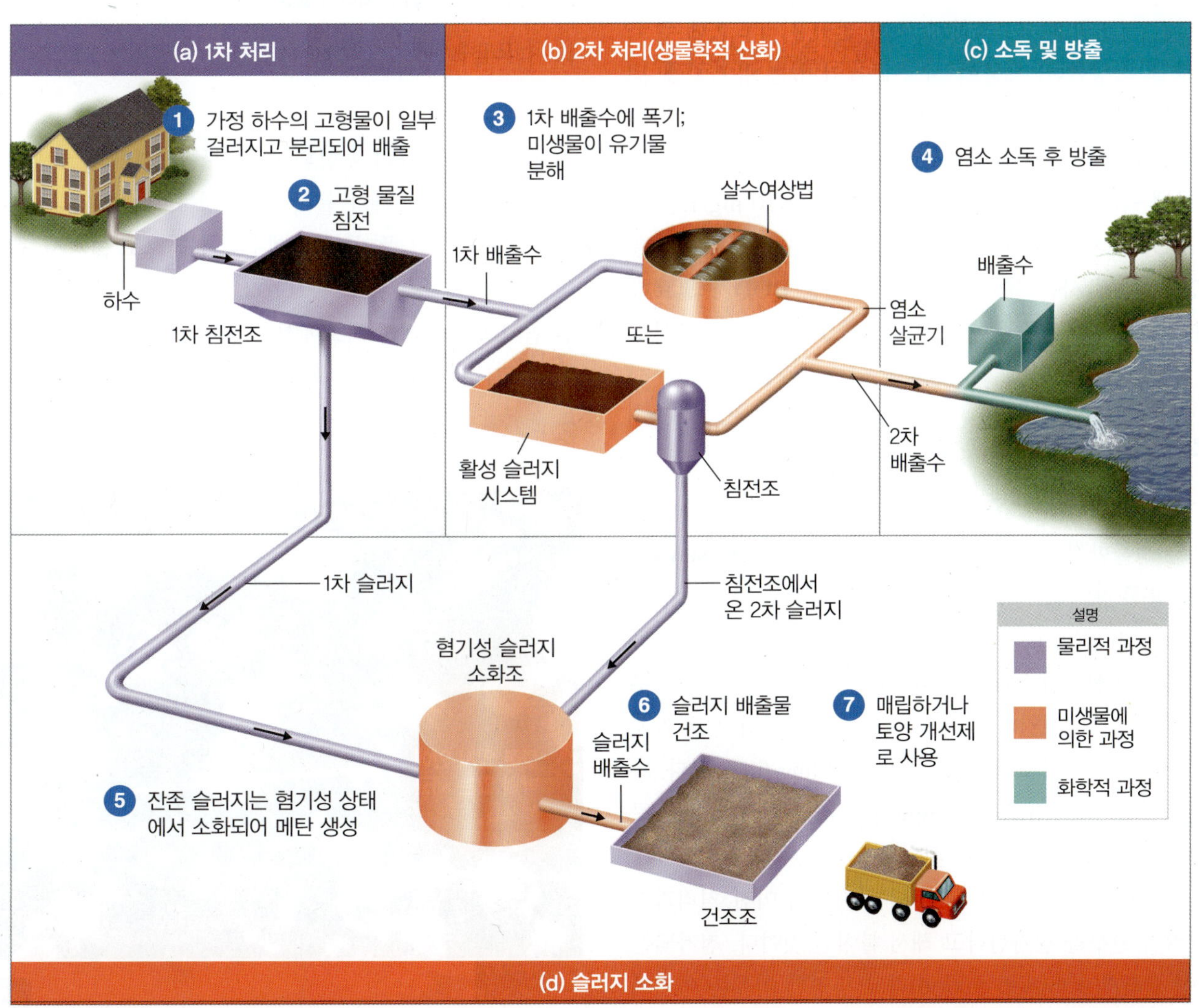

그림 15.16 **일반 하수 처리 단계.** 살수여과상 필터나 활성 슬러지 폭기조에서는 미생물의 활동에 산소가 필요한 반면, 혐기성 슬러지 소화조에서는 필요하지 않다. 그림에서 보는 대로 시스템에 따라 활성 슬러지 폭기조와 살수여과상 필터 중 하나를 사용하지, 두 개를 함께 사용하지는 않는다. 슬러지 소화과정에서 나온 메탄은 태워버리거나, 난방기나 펌프 모터를 작동하는 데에 사용한다.

Q 어떤 과정이 산소를 필요로 하는가?

존 유기물의 분해가 일어날 수도 있다. 슬러지의 제거는 지속적이거나 간헐적으로 시행되고, 이후 하수는 2차 처리과정을 밟게 된다.

생화학적 산소 요구량

하수 처리와 일반 생태학의 오수 관리에서 중요한 개념인 **생화학적 산소 요구량(biochemical oxygen demand, BOD)**은 생물학적으로 분해 가능한 수중 유기물의 양을 나타내는 수치이다. 1차 처리는 하수 내 25~35% 정도의 BOD를 제거한다.

BOD는 세균이 유기물을 대사하는 데에 필요한 산소량으로 결정한다. 전형적인 측정 방법은 공기를 통하지 않게 하는 마개가 달린 특수한 병을 이용하는 것이다. 먼저 각 병에 측정하고자 하는 물 시료 원액 또는 희석액을 가득 채운다. 물 시료에 공기를 불어넣어 용존산소량을 상대적으로 높게 하고 필요한 경우에는 세균을 접종하기도 한다. 이렇게 꽉 채워진 병을 빛이 차단된 배양기에 넣어 20°C에서 5일간 보관한 다음, 화학적 또는 전자식 방법으로 감소된 용존산소량을 측정한다. 세균이 시료에 들어 있는 유기물을 분해할수록 더 많은 산소가 소비되므로 BOD도 그만큼 커지게 된다. BOD는 일반적으로 물 1리터당 산소량을 밀리그램으로 표시한다. 일반적으로 물에 녹아 들어갈 수 있는 산소량은 대략 10 mg/L인데, 보통 하수의 BOD는 이것의 20배에 이른다. 이런 하수가 호수로 흘러들어간다면, 호수에 사는 세균들이 이처럼 높은 BOD가 필요한 유기물 분해를 시작하여 호숫물에 있는 산소를 급속하게 고갈시킬 것이다.

2차 하수 처리

1차 처리를 거친 폐수에 남아 있는 대부분의 BOD는 용존 유기물 형태이다. 대부분 생물학적 과정인 **2차 하수 처리(secondary sewage treatment)**는 용존 유기물 대부분을 제거하여 BOD를 낮추도록 고안되어 있다(그림 15.16b). 이 과정에서는 폐수에 강력한 폭기를 하여 용존 유기물을 이산화탄소와 물로 분해하는 호기성 세균을 비롯한 미생물의 성장을 촉진시킨다. 흔히 사용되는 2차 처리의 두 가지 방법은 활성 슬러지 시스템과 살수여과상법(trickling filter)이다.

활성 슬러지 시스템(activated sludge system)의 폭기조에서 공기 또는 순수한 산소를 1차 처리한 폐수에 불어넣는다(그림 15.17). 활성 슬러지 시스템이라는 이름은 유입되는 폐수에 이전 처리과정에서 나온 슬러지 일부를 첨가한다고 해서 붙여진 것이다. 첨가되는 슬러지를 활성 슬러지(activated sludge)라고 명명한 이유는 여기에 폐수 분해 미생물이 많이 들어 있기 때문이다. 이들 호기성 미생물의 활동으로 많은 양의 폐수 유기물이 이산화탄소와 물로 산화된다. 이 미생물 군집의 특히 중요한 구성원은 *Zoogloea* 종 세균들인데, 이들은 폭기조에서 플록(floc) 또는 슬러지 과립(sludge granules)이라고 부르는 세균이 포함된 덩어리를 형성한다(그림 15.18). 폐수의 용존 유기물은 플록과 플록 내 미생물로 유입된다. 4~8시간 후에 폭기를 중단하고 폭기조 내 폐수를 침전조로 옮겨서, 플록을 가라앉혀 많은 양의 유기물을 제거한다. 그 다음 이 고형물은 곧 설명하게 될 혐기성 슬러지 소화조에서 처리된다. 상대적으로 짧은 시간 동안 이루어지는 미생물의 산화보다 침전과정을 통해서 더 많은 유기물

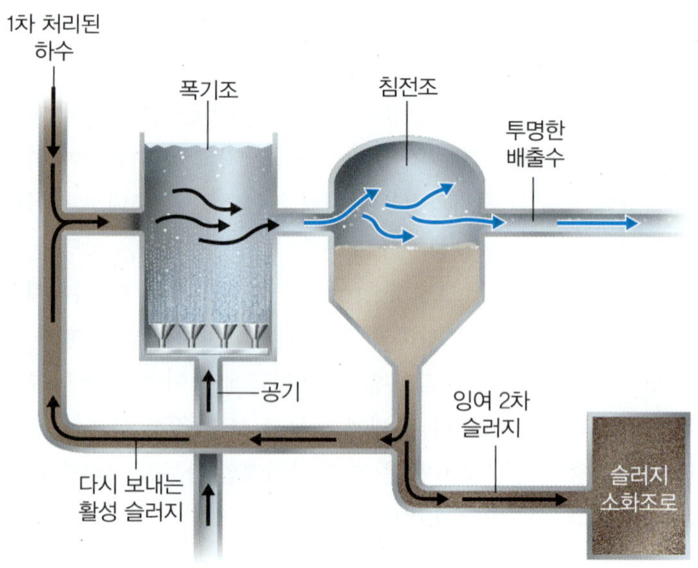

그림 15.17 2차 하수 처리의 활성 슬러지 시스템

Q 포도주 양조와 활성 슬러지 하수 처리 간에 비슷한 점은 무엇인가?

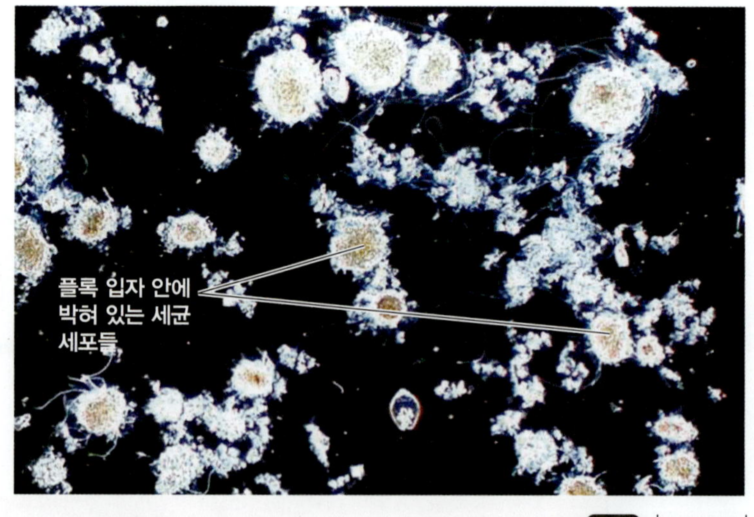

그림 15.18 활성 슬러지 시스템에서 생성된 플록. 끈적거리는 플록 덩어리는 *Zoogloea* 세균 종에 의해서 만들어진다. 만약 사진에서 보이는 사상균이 지배적이 되면 플록이 떠오르는 벌킹이라는 바람직하지 않은 현상이 생기게 된다.

Q 활성 슬러지 탱크에 폭기가 종료되면 부유 플록에 어떤 일이 생기는가?

이 제거되는 것 같다. 투명해진 폐수는 소독하여 방류한다.

가끔씩 슬러지가 침전되지 않고 물에 뜨는 경우가 있는데, 이런 현상을 **벌킹(bulking)**이라고 한다. 이런 일이 발생하면 플록 안에 있는 유기물이 방류수와 함께 흘러나가서 결국 해당 지역이 오염된다. 다양한 종류의 사상균의 성장이 벌킹의 원인인데, 주로 *Sphaerotilus natans*와 *Nocardia* 종 세균들이 주범이다. 활성 슬러지 시스템은 상당히 효율적이어서 75~95%에 달하는 BOD를 폐수에서 제거한다.

살수여과상법은 많이 사용되는 다른 2차 폐수 처리법이다. 이 방법에서는 자갈 또는 플라스틱제 등의 매체로 채워진 반응조 위로 폐수를 뿌린다(그림 15.19a). 매질은 반응조 바닥까지 공기가 도달할 수 있을 정도의 큰 크기여야 하면서도 미생물 활동에 필요한 표면적을 최대화할 만큼은 작아야 한다. 호기성 미생물이 자라서 자갈과 플라스틱제 표면에 생물막(biofilm)을 형성한다(그림 15.19b). 공기가 자갈층을 순환하기 때문에 점질층(slime layer)에 싸여 있는 이 호기성 미생물들은 표면에 조금씩 떨어지는 유기물의 대부분을 이산화탄소와 물로 산화시킨다. 살수여과상법은 BOD의 80~85%를 제거하므로, 일반적으로 활성 슬러지 시스템보다는 효율이 떨어진다. 그러나 이 방법은 운용하기가 덜 까다롭고 하수의 과부하나 독성 폐수 때문에 생기는 문제가 적다. 살수여과상법에서도 슬러지는 나온다는 것을 기억하자.

(a) 살수여상 시스템의 회전 살수관

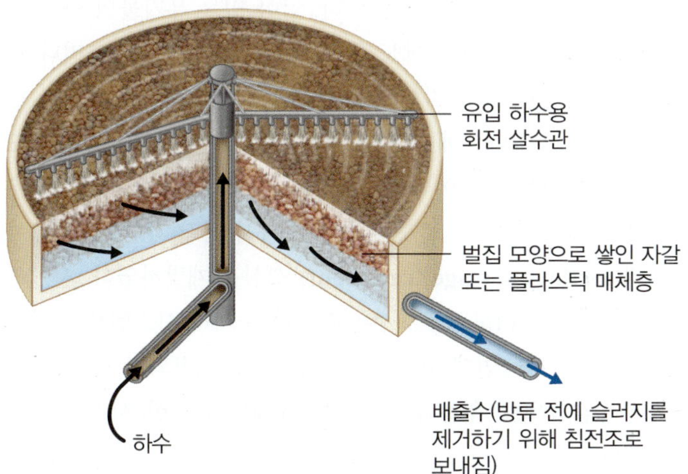

(b) 살수여상 시스템의 단면도

그림 15.19 **2차 하수 처리의 살수여과상법.** 하수는 회전파이프 시스템에서 자갈과 플라스틱 매체가 채워진 벌집 모양의 여과상으로 뿌려진다. 이 여과상은 표면적을 최대화하고 산소가 안쪽까지 깊이 들어갈 수 있도록 설계된 것이다.

 모래와 골프 공 중에서 어느 것이 살수여과상 시스템에 더 효율적인 매체가 될까?

회전원판법(rotating biological contactor) 생물막에 기반한 또 다른 2차 하수 처리 방법이다. 약 1 m 정도 직경의 원판 여러 개를 묶어 폐수 속에 40% 정도 잠기게 설치한 다음 천천히 회전시킨다. 회전을 통해 공기가 공급되고 원판의 생물막과 폐수가 접촉하게 된다. 또한 생물막이 너무 두꺼워지면 회전에 의해서 일부가 벗겨져 나온다. 이렇게 분리된 생물막은 활성 슬러지 시스템에서 축적되는 플록에 해당한다.

소독과 방류

처리된 하수는 방류되기 전에 통상 염소 소독을 한다(그림 15.16c). 인과 중금속에 의한 수질 오염 방지를 위해서 종종 살수관수장(spray irrigation field)이 이용되기도 하지만 하수는 보통 바다나 강으로 방류된다.

하수는 먹는 물로 사용될 수 있을 정도까지 처리될 수도 있다—애교 있게 말해서 "화장실에서 수도로"라고 한다. 이런 방법은 현재 미국의 몇몇 건조한 지역에 위치한 도시에서 사용되고 있으며 확대될 전망이다. 보통 필터를 이용해서 처리된 하수에서 미세부유물질을 제거한 다음, 이를 역삼투 정수 시스템에 통과시켜 미생물을 제거한다. 자외선 조사와 과산화수소 처리로 잔존 미생물을 죽인다.

슬러지 분해

1차 슬러지는 1차 처리 침전조에 쌓이는데, 활성 슬러지법과 살수여과상법에서도 축적되는 슬러지가 있다. 이들 슬러지는 보통 **혐기성 슬러지 소화조(anaerobic sludge digester)**로 보내져 더 처리된다. (그림 15.16d와 그림 15.20). 슬러지 분해 공정은 산소가 거의 없는 큰 탱크에서 수행된다.

2차 하수 처리의 주안점은 유기물이 이산화탄소와 물 그리고 침전될 수 있는 고형물로 전환되도록 유산소 조건을 유지하는 것이다. 반면 혐기성 슬러지 소화조는 혐기성 세균의 성장을 촉진하도록 고안되어 있는데, 특히 유기 고형물을 수용성 물질과 메탄(60~70%), 이산화탄소(20~30%)와 같은 가스로 분해하여 유기 고형물의 양을 줄여주는 메탄 생성 세균이 잘 자라도록 한다. 메탄과 이산화탄소는

(a) 미국 캘리포니아의 한 하수처리장에 있는 혐기성 슬러지 소화조. 거의 대부분의 소화조는 지하에 위치한다. 특히 추운 지방에서는 반드시 그렇다. 흔히 이런 소화조에서 나오는 메탄은 해당 처리장에서 펌프나 난방기를 가동하는 데에 사용된다. 잉여 메탄은 이 사진의 소화조 꼭대기에 보이는 것처럼 태워버린다.

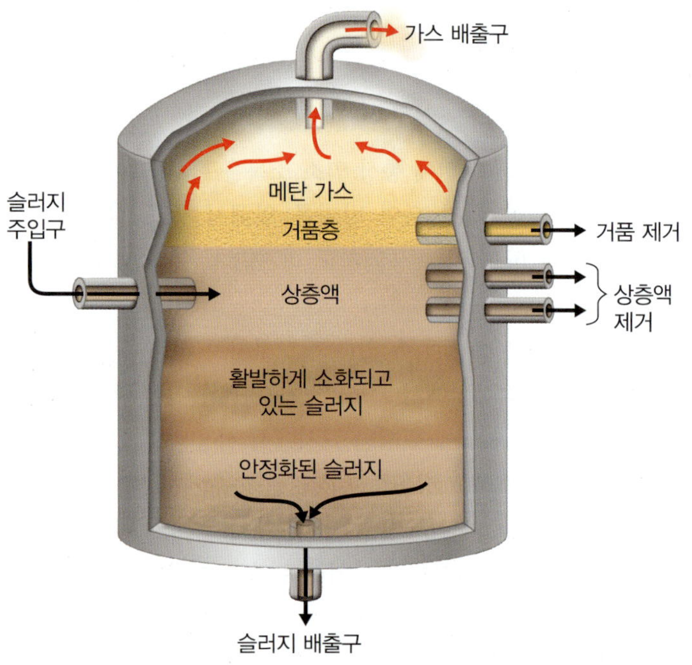

(b) 슬러지 소화조의 단면. 고형물에서는 거품과 상층액 층이 줄어들기 때문에 2차 처리를 거치는 동안 재순환된다.

그림 15.20 **슬러지 소화**

Q 안정화된 슬러지의 가능한 용도에는 어떤 것이 있는가?

상대적으로 무해한 최종 산물로서, 유산소 처리 과정에서 나오는 이산화탄소와 물에 해당한다. 메탄은 보통 소화조 난방 연료로 쓰이고 종종 하수 처리장의 동력 설비를 작동시키는 데에도 이용된다.

혐기성 슬러지 소화조의 공정은 크게 세 단계로 나눌 수 있다. 첫 번째 단계는 다양한 혐기성 및 조건부 혐기성 미생물이 슬러지를 발효하여 이산화탄소와 유기산을 발생시키는 것이다. 두 번째 단계에서는 이 유기산들이 대사과정을 거쳐 아세트산과 같은 유기산뿐만 아니라 수소와 이산화탄소가 생성된다. 이들 물질은 메탄 생성 세균에 의해 메탄이 만들어지는 세 번째 단계의 원재료가 된다. 이 메탄의 대부분은 수소 가스에서 이산화탄소로 전자가 전달되어 이산화탄소가 환원되면서 에너지가 생산되는 과정에서 나온다.

$$CO_2 + 4H_2 \longrightarrow CH_4 + 2H_2O$$

또 다른 메탄 생성 미생물들은 아세트산(CH_3COOH)을 분해하여 메탄과 이산화탄소를 만든다:

$$CH_3COOH \longrightarrow CH_4 + CO_2$$

혐기적 소화가 끝난 후에도 많은 양의 소화되지 않은 슬러지가 남게 되는데, 상대적으로 안정하고 활성이 없다. 부피를 줄이기 위해서 이 슬러지는 얕은 건조조나 수분제거용 필터로 펌프질 된다. 이 과정을 거치고 나면 슬러지는 매립되거나, 바이오고형물(biosolids)이라고도 부르는 토양 개량제로 사용될 수 있다. 슬러지는 크게 두 개의 등급으로 나뉜다: A등급 슬러지에서는 병원체가 검출되지 않고, B등급 슬러지는 병원체의 수가 특정 수준 이하가 되도록 처리된 것이다. 대부분의 슬러지는 B등급으로 이것이 뿌려진 곳에는 일반인의 접근이 제한된다. 슬러지의 식물 성장 촉진 효과는 시중에서 팔리고 있는 잔디 비료 대비 약 1/5 정도이지만, 부엽토와 뿌리 덮개와 같은 기능으로 토양을 개량하는 가치를 가지고 있다. 식물에게 해로운 중금속 오염이 이런 슬러지의 잠재적 문제점이다.

3차 하수 처리

이상에서 살펴본 대로 1, 2차 하수 처리에서 생물학적으로 분해 가능한 유기물을 모두 제거할 수는 없다. 남아 있는 유기물의 양이 그리 많지 않으면 그대로 방류에도 큰 문제가 되지 않는다. 그러나 결국에는 인구 증가로 인해 자연수의 자정 능력이 감당할 수 있는 한계를 넘어설 것이기 때문에 추가 처리가 필요해진다. 심지어 지금도 처리된 하수가 작은 개울이나 물놀이용 호수 등으로 들어가는 경우에는 1, 2차 처리만으로는 불충분하다. 따라서 어떤 지역에서는 **3차 하수 처리(tertiary sewage treatment)** 시설을 개발하였다. 시에라네바다 산맥의 타호(Tahoe) 호수는 3차 하수 처리 시스템으로 가장 잘 알려진 곳 중 하나인데, 이 주변은 대규모로 개발되어 있다. 샌프란시스코만 남쪽으로 유입되는 하수 처리에도 유사한 시스템이 사용되고 있다.

2차 처리 시설에서 배출되는 하수에는 어느 정도 BOD가 남아 있다. 또한 처리 전 하수에 있던 질소의 약 50%와 인의 약 70%가 남아 있어서 호수 생태계에 큰 영향을 미칠 수 있다. 3차 처리는 BOD와 질소, 인 등을 모두 제거하도록 설계된다. 3차 처리는 상대적으로 생물학적 처리에 덜 의존한다. 인은 석회와 명반, 염화철과 같은 화학물질과 결합시켜 침전시킨다. 가는 모래와 활성탄 필터로 작은 입자상 물질과 용존 화합물을 제거한다. 질소는 암모니아로 전환시켜 탈기탑(stripping tower)으로 보낸다. 시스템에 따라서는 탈질 세균을 이용하여 질소 가스로 만들어 방출하기도 한다. 마지막에 염소처리로 물을 소독한다.

3차 처리를 거친 물은 마실 수 있을 정도로 깨끗하지만, 처리 비용이 매우 많이 든다. 2차 처리는 비용 면에서는 저렴하지만, 2차 처리만 거친 물에는 여전히 꽤 많은 오염 물질이 남아 있다. 2차 처리된 물을 농업 용수로 사용할 수 있도록 2차 처리 시설을 설계하는 데에 많은 연구가 진행되고 있다. 이러한 연구가 성공하면 수질 오염원을 제거하고, 식물에 양분도 공급하고, 이미 부족 상태인 물 공급에 대한 부담을 줄일 수 있을 것이다. 즉, 이렇게 처리된 하수가 토양에 뿌려지면, 그 토양이 하수가 지하수와 상수원 표면에 도달하기 전에 화학물질과 미생물을 제거하는 살수여과상 필터 역할을 하는 것이다.

식품 미생물학

오늘날 우리가 사용하는 식품 보존법 대부분은 아마 오래전에 우연히 알려졌을 것이다. 문화의 초기 단계에 사람들은 말린 고기와 절인 생선이 덜 상한다는 것을 발견했다. 유목민들은 우유가 시어지면 부패를 막을 수 있으면서 여전히 맛있다는 것을 알았을 것이다. 더 나아가 시어진 우유를 응고시켜 수분을 제거하고 숙성시키면(사실상 치즈 제조) 보존하기가 더 쉬워지고 맛이 더 좋아졌다. 농부들은 곡식을 말리면 곰팡이가 슬지 않는다는 것을 알았다.

음식과 질병

점점 더 많은 식품이 중앙 생산 시설에서 생산되어 널리 유통됨에 따라, 먹거리가 질병을 널리 퍼뜨리는 원인이 될 가능성도 그만큼 높아지고 있다. 이를 최소화하기 위해 지역사회에서는 낙농장과 식당을 관리감독하는 기관을 설립했다. 미국 식품의약국(FDA)과 농무부(USDA)도 항구와 중앙처리지역에 대한 감시 시스템을 가동하고 있다. 이 분야의 새로운 진전은 **식품안전관리인증기준(Hazard Analysis and Critical Control Point, HACCP;** 위해요소분석과 중요관리점, 해썹**)** 제도의 도입인데, 이는 식료품의 생산에서 소비에 이르기까지 안전을 보장하기 위해 구축된 시스템이다. 이 제도의 도입 전에는 정부 기관의 주된 업무는 식품의 오염 여부를 확인하기 위해 표본 조사를 하는 것이었다. 오염 여부를 조사하기 위한 이런 표본 추출도 계속 필요하겠지만, HACCP 제도는 식품이 유해 미생물에 오염될 만한 요소를 찾아내 오염을 막기 위해 만들어진 것이다. 이렇게 위해요소를 감시하여 미생물이 들어오는 것이나, 혹시 들어온 경우 이것이 확산되는 것을 막을 수 있다. 예를 들어 HACCP 제도를 통해 육류 가공 과정 중 어느 단계에서 동물의 내장 물질로 오염될 가능성이 높은지를 알아낼 수 있다. 또한 HACCP 제도에는 병원균의 살균을 위한 적정 온도와 이들의 증식 억제를 위한 적정 저장 온도의 모니터링도 포함되어 있다.

방사선과 산업적 식품 보존

미생물에게 방사선이 치명적이라는 것은 오랫동안 알려져 있었다. 사실, 영국에서는 1905년에 이온화방사선을 이용한 식품 상태 개선 방법에 특허가 부여되기도 했다. X-선은 1921년에 돼지고기에 있는 선모충증(trichinellosis)의 원인이 되는 유충을 죽이기 위한 방법으로 제안되었다. 이온화방사선은 DNA 합성을 방해하여 미생물과 곤충, 식물 등의 번식을 효과적으로 억제한다. 이온화방사선은 보통 방사성 코발트-60에 의해 생성되는 X-선 또는 감마선이다. 어느 정도의 에너지 수준까지는 전자가속기에 의해 발생하는 고에너지 전자도 사용된다. 이 둘의 주된 차이점은 침입 정도이다. 이들은 표적 생물은 비활성화시키면서 해당 식품이나 포장재에는 방사능을 일절 생성하지 않는다. 다양한 생물을 제거하는 데 필요한 상대적인 방사선량이 표 15.1에 표기되어 있다. 흡수된 방사선을 측정하는 단위는 초기 방사선과 의사의 이름을 딴 그레이(Gray)이고, 1,000 그레이를 kGy로 줄여서 쓴다.

- 적은 양의 방사선(1 kGy 이하)은 해충 구제나 발아 억제에 사용된다. 또한 보관 중인 과일의 숙성을 지연시키는 역할을 하기도 한다.
- 1~10 kGy의 저온살균 양(pasteurizing doses)은 육류나 가금류에 있는 병원균을 현저하게 줄이거나 없앨 때 사용된다.
- 많은 양의 방사선(10 kGy 이상)은 향신료를 멸균하거나 적어도 세균 수를 현저하게 줄이기 위해 흔히 사용된다. 대부분은 건강에 특별히 지장을 주지는 않지만, 향신료에 1그램당 보통 100만 여 마리의 세균이 존재한다.

표 15.1 여러 종류의 생물 제거에 필요한 대략적인 방사량

생물	양 (kGy)*
고등동물 (전신)	0.005~0.1
곤충	0.01~1
내생포자를 만들지 않는 세균	0.5~10
세균의 내생포자	10~50
바이러스	10~200

*Gray는 흡수된 방사선의 측정 단위임; kGy는 1000 Gray임.

출처: J. Farkas, "Physical Methods of Food Preservation," in *Food Microbiology: Fundamentals and Frontiers*, 2d ed., M.P. Doyle et al. (eds) (Washington, DC: ASM Press, 2001).

그림 15.21 **방사선 조사 로고.** 국제 래듀라(radura) 표시인 이 로고는 해당 식품이 방사선 조사 처리되었음을 나타낸다.

Q 방사선 조사와 화학물질 첨가가 같은 것인가?

미국에서는 우주비행사가 먹는 고기를 살균하는 것이 방사선 사용의 특수한 목적 중 하나다. 또 몇몇 의료시설에서도 면역계가 손상된 환자들이 섭취하는 음식을 살균하기 위해 방사선을 사용한다. 심박동조율기처럼 인체에 이식되는 수많은 의료용품도 방사능 처리된다. 미국에서는 방사능 처리된 식품을 래듀라(radura) 표시(그림 15.21)와 함께 별도의 안내문으로 알리고 있다. 그런데 안타깝게도 래듀라 마크가 본래 의도인 식품의 적절한 처리나 보관에 대한 인증보다는 경고로 인식되는 경우가 많다. 흔히 오해를 하지만, 방사능 처리된 식품은 방사성의 띠지 않는다. 병원에 있는 X-선 진찰대가 지속적으로 전리 방사선에 노출되지만 전혀 방사성을 띠지 않는 것처럼 말이다. 최근에 미국식품의약국(US FDA)은 "방사(irradiation)"라는 용어 대신 "저온살균(pasteurization)"을 사용할 수 있도록 승인하였다.

깊은 침투가 요구되는 상황이라면 코발트-60의 감마 레이가 권장된다. 그러나 이런 처리는 보호벽으로 격리된 곳에서 몇 시간 동안 진행되어야 한다.

고에너지 전자 가속기는 더 빠르게, 몇 초 만에 살균을 하지만 투과력이 약해 얇게 썬 육류나 베이컨 등에만 사용 가능하다. 미생물학 실험에서 사용되는 대부분의 플라스틱 용품이 이러한 방식으로 살균된다. 최근에는 탄저균 내생포자 등의 생물학무기로 인한 테러를 막으려는 목적으로도 우편물에 방사능을 쪼이기도 한다.

고압 식품 보존

식품 보존법(pascalation)의 최근 동향 중 하나는 고압가공기술의 사용이다. 과일과 델리용 육류, 미리 조리된 닭고기 조각 등의 포장된 식품을 가압된 물 탱크에 담는데, 압력은 87,000 psi (pounds per square)에 이른다. 이는 동전 위에 코끼리 세 마리가 올라서는 것과 비슷한 압력이다. 이 공정은 많은 세포 기능을 파괴시킴으로써 살모넬라(*Salmonella*)와 리스테리아(*Listeria*), 병원성 대장균 등을 비롯한 많은 세균을 없앤다. 또한 이 과정에서 다른 비병원성 미생물도 함께 죽기 때문에 식품의 보관 기간을 늘어난다.

이 과정에는 어떠한 첨가물도 들어가지 않기 때문에 별다른 승인이 필요 없다. 다른 어떤 방법보다도 식품의 빛깔과 맛을 잘 보존하고 방사능과 관련된 우려를 일으키지도 않는다.

식품 생산과 미생물의 역할

식품산업에 사용되는 미생물은 19세기 말에 최초로 순수배양되었다. 이러한 발전은 특정 미생물과 그들의 활동 및 생산물 사이의 관계에 대한 이해의 증진으로 이어졌다. 이때를 식품산업 미생물학의 출발점으로 보아도 무방하다. 예를 들어 특정한 조건에서 배양된 효모가 맥주를 발효하고 특정 세균은 맥주를 상하게 한다는 것을 알게 되면서 양조업자는 맥주의 품질을 더 잘 유지하고 관리할 수 있었다. 몇몇 업체에서는 미생물에 대한 연구를 활발히 진행하여 자신들만의 특색이 있는 제품 생산을 위한 미생물을 선별하게 되었다. 양조업계에서는 효모의 분리 동정을 집중적으로 수행하여 알코올을 더 많이 만들어내는 균주를 찾아냈다. 이번 절에서는 일상적으로 접하는 몇몇 식품에서 미생물이 어떤 역할을 하는지에 대해 알아보기로 한다.

치즈

미국은 매년 수백만 톤의 치즈를 생산하며 전 세계의 치즈산업을 주도하고 있다. 치즈는 종류가 다양하지만, 모두 **응유(curd)**가 있어야 만들 수 있다. 응유는 우유의 액체 부분인 **유장(whey)**에서 분리할 수 있다(그림 15.22). 단백질인 **카제인(casein)**으로 된 응유는 보통 **레닌(renin** 또는 chymosin)이라는 효소의 작용으로 만들어지는데, 이 작용에는 특정 젖산 생산 세균에 의해 조성되는 산성 조건이 도움이 된다. 유제품이 숙성되는 동안, 접종된 젖산균은 발효 유제품 특유의 맛과 향을 만든다. 리코타 치즈나 코티지 치즈 같은 숙성시키지 않은 치즈를 제외하고는 응유는 미생물에 의한 숙성과정을 거친다.

일반적으로 단단한 정도에 따라 치즈를 분류하는데, 치즈의 단단함은 숙성과정에서 결정된다. 응유에서 수분이 많이 빠질수록, 또 더 응축될수록 치즈가 단단해진다.

단단한 체다 치즈와 스위스 치즈는 산소가 없는 상태에서 자란 젖산균에 의해 숙성된다. 이러한 치즈는 크기가 꽤 큰 경우도 있다. 숙성시간이 길수록 치즈는 더 산성을 띠고 쏘는 맛이 강해진다. 스위스 치즈에 있는 구멍은 *Propionibacterium*종이 방출하는 이산화탄소에 의해 만들어진다. 림버거(Limburger)처럼 좀 더 부드러운 치즈는 표면에서 자라는 세균과 다른 주변 미생물에 의해 숙성된다. 블루치즈와 로퀴포트(Roquefort) 치즈는 접종된 푸른곰팡이에 의해

(a) 레닌의 작용으로 응고된 우유(응유)에 숙성 세균을 접종하여 맛과 산도를 낸다. 이 사진에서는 담당 직원들이 응유를 기다란 조각으로 자르고 있다.

(b) 응유를 깍두기 모양으로 잘게 잘라 유장이 잘 빠져나가게 한다.

(c) 응유를 갈아서 유장을 더 제거하고 네모난 덩어리로 압축시켜 더 숙성시킨다. 숙성 기간이 길수록 치즈는 산성(쏘는 맛)이 더 강해진다.

그림 15.22 **체다 치즈 제조**

Q 완제품 치즈에 살아 있는 세균이 있는가?

숙성된다. 치즈의 조직이 느슨해 호기성 곰팡이에게 필요한 산소가 공급될 수 있다. 블루치즈에서 보이는 청록색 물질이 바로 푸른곰팡이가 자란 것이다. 부드러운 카망베르(Camembert) 치즈는 작은 통에서 숙성된다. 표면에서 자라는 푸른곰팡이가 치즈 속으로 스며들어 숙성시킬 수 있도록 하기 위해서다.

기타 유제품

버터는 액상인 버터밀크에서 지방구(fatty globule)가 분리될 때까지 크림(cream; 우유에서 분리된 연한 황색을 띤 유지방-역자주)을 휘저어 만든다. 버터 특유의 맛과 향은 **다이아세틸**(diacetyl) 때문이다. 다이아세틸은 두 개의 아세트산 분자로 구성되는데, 이는 젖산균 발효의 최종산물이다. 현재 시판되고 있는 버터밀크 대부분은 버터 제조과정에서의 부산물이 아니라 탈지유에 젖산과 다이아세틸을 만드는 세균을 접종해서 만들어진 것이다. **배양발효크림**(cultured sour cream)은 버터밀크에 사용되는 것과 유사한 미생물을 크림에 접종해서 만든다.

약산성 유제품인 요거트는 세계적인 식품이고 미국에서도 인기가 많다. 시중에서 유통되는 요거트는 우유로 만드는데, 수분의 1/4 분 이상을 진공 팬에서 증발시킨 상태다. 수분이 없어 고체에 가까워진 우유에 산 생성을 위한 *Streptococcus thermophilus*와 맛과 향을 내기 위한 *Lactobacillus delbrueckii bulgaricus*를 접종한다. 발효는 약 45°C에서 몇 시간 정도 이루어지며 그 동안 *S. thermophilus*는 *L.d. bulgaricus*보다 많아진다. 맛을 내는 미생물과 산을 생성하는 미생물 간의 균형을 맞추는 것이 요거트 제조의 비법이다.

케피어(kefir)와 **큐미스**(kumiss)는 발효유 음료이며 동유럽에서 많이 마신다. 이 음료에는 보통 젖산을 만드는 세균에 젖당 발효 효모가 추가되어 알코올 함유량이 1~2% 정도 된다.

비유제품 발효

역사적으로 우유의 발효기술을 통해 유제품을 보관해 두었다가 나중에 소비할 수 있게 되었다. 다른 미생물 발효를 이용하여 특정 식물을 먹을 수 있게 만들었다. 예를 들어 중앙 아메리카와 남아메리카의 원주민들은 카카오 열매를 발효시켜 먹는 법을 알았다. 발효 중에 나오는 미생물의 산물이 초콜릿 맛을 낸다.

미생물은 제빵에도 활용된다. 효모가 밀가루 반죽에 있는 당분을 발효시킨다. 제빵에 사용되는 효모는 *Saccharomyces cerevisiae*이다. 이 효모는 맥주나 와인을 만들 때도 사용된다(한때 *S. cerevisiae*가 *S. carlsbergensis*, *S. uvarum*, *S. ellipsoideus* 등 여러 종으로 분류되었었는데, 예전 문헌에서는 이와 같은 이름들을 종종 발견할 수 있다.) *S. cerevisiae*는 산소가 있든 없든 잘 자라지만, 조건부 혐기성인 대장균과는 달리 산소가 없는 상태에서 무한정 성장하지는 못한다. 지난 1세기 동안 다양한 *S. cerevisiae* 균주가 개발되었으며, 각각 특정한 발효에 맞게 특화되었다.

효모는 산소가 없어야 에탄올을 만들기 때문에 무산소 조건은 양조과정에 필수적이다. 제빵과정에서는 이산화탄소가 기포를 일으켜 빵이 부풀게 한다. 이산화탄소가 만들어지려면 유산소 조건이 유리하므로 가능한 이 조건이 충족되어야 한다. 이 때문에 빵을 만들 때 반죽을 자꾸 주무르는 것이다. 발효과정에서 만들어지는 에탄올은 굽는 동안 날아간다. 호밀빵이나 사워도우 등의 빵에서는 젖산균이 특유의 시큼한 향을 만들어낸다.

이외에도 발효를 활용한 음식은 사우어크라우트, 피클, 올리브, 코코아, 그리고 원두가 발효과정을 거치는 커피까지 매우 다양하다.

주류 및 식초

제조과정에 미생물이 관여하지 않는 주류는 거의 없다. 맥주와 에일은 효모로 곡물의 전분을 발효시켜 만든다. **맥주(beer)**는 밑에 쌓인 효모(bottom yeast)에 의해 천천히 발효된다. 에일은 상대적으로 고온에서 빠르게 발효되는데, 이산화탄소에 의해 위로 떠올라 보통 덩어리를 형성하는 효모(top yeast)가 이용된다. 효모는 전분을 직접 이용할 수 없기 때문에 곡물의 전분이 먼저 포도당과 엿당으로 변환되어야만, 효모가 이를 에탄올과 이산화탄소로 발효시킬 수 있다. **맥아 제조(malting)**라고 부르는 이 전환과정에서 보리와 같이 전분을 함유한 곡물을 발아시킨 다음 말려서 가루로 빻는다. 이렇게 만들어진 **맥아(malt)**에는 녹말분해효소인 아밀라아제(amylase)가 들어 있는데, 이 효소가 곡물의 전분을 효모가 발효시킬 수 있는 형태의 탄수화물로 전환시킨다. 라이트 비어를 만들 때는 아밀라아제 또는 선별된 효모 균주를 사용하여 전분을 포도당과 엿당으로 더 많이 전환시킨다. 그 결과 탄수화물은 적어지고 그 만큼 알코올은 많아진다. 그 다음에 맥주를 희석하여 알코올 함량을 보통 수준으로 낮춘다. 쌀로 만드는 일본 정종인 **사케(sake)**는 맥아 없이 쌀로 만들어지는데, 누룩곰팡이(*Aspergillus*)가 쌀의 전분을 발효 가능한 당으로 변환시킨다. 위스키와 보드카, 럼과 같은 증류주(*distilled spirit*)를 만들 때는 곡물과 감자, 당밀 등에 있는 탄수화물을 알코올로 발효시킨다. 그 다음 발효된 알코올을 증류시켜 도수가 높은 술을 만든다.

보통 와인(wine)은 과일 중에서도 특히 효모가 직접 발효 가능한 당이 풍부한 포도로 만든다. 따라서 와인 제조에는 맥아 제조과정이 필요가 없다. 포도로 만들 경우 당을 보충할 필요가 없지만, 다른 과일을 사용하면 알코올 생산량을 맞추기 위해 당을 더 첨가해야 할 때도 있다. 와인 제조과정은 그림 15.23에 나타나 있다. 말산(malic acid) 농도가 높아서 산성이 강한 포도로 와인을 만들 때는 젖산균의 역할이 중요하다. 이들 젖산균이 **감산발효(malolactic fermentation)**를 통해 말산을 산성이 약한 젖산으로 변환시키기 때문이다. 이러한 과정을 지나 산성이 약하고 맛이 더 좋은 와인이 생산된다.

와인을 공기에 노출시키면 호기성 세균이 자라서 와인 속의 에탄올을 아세트산으로 변환시켜 맛이 시큼해진다. 즉, 식초[*vinegar* (*vin* = 와인; *aigre* = 신)]가 되어버린 것이다. 현재는 애초부터 식초를 만들 목적으로 이 방법을 사용한다. 먼저 효모에 의한 탄수화물의 발효로 에탄올이 만들어진다. 이렇게 생성된 에탄올을 아세트산 생산 세균 속인 아세토박터(Acetobacter)와 글루코노박터(Gluconobacter)가 아세트산으로 산화시킨다.

산업미생물학

미생물학을 산업 분야에 응용하는 일은 유제품에서 젖산을 만들거나 양조과정에서 에탄올을 만드는 것처럼 대규모 식품 발효에서부터 시작되었다. 젖당과 에탄올은 식품 이외에 다른 분야의 산업에서도 활용 가치가 높은 것으로 나타났다. 제1, 2차 세계대전 때 미생물 발효와 관련 기술들이 글리세롤과 아세톤과 같은 군사 관련 화합물을 만드는 데 사용되었다. 현재의 산업미생물학은 제2차 세계대전 이후에 개발된 항생제 제조법에서부터 시작되었다. 최근에 이 고전적인 미생물학적 발효가 재조명되고 있는데, 특히 이를 이용해서 재생 가능한 제품을 생산하거나 이상적으로는 폐기물을 활용할 수 있기 때문이다.

최근 들어 이른바 **생명공학(biotechnology)**이라는 유전자 변형 기술이 보급되면서 산업미생물학은 크게 도약했다. 14장에서는 재조합 DNA 기술을 통해 유전자 변형 생물체를 만드는 기술과 이들 생물에서 유래한 일부 제품에 대해 다룬 바 있다.

발효 기술

미생물학을 응용한 산업 제품은 대부분 발효과정을 거친다. 상업적으로 가치가 있는 물질을 생산하기 위하여 미생물 또는 기타 단일세포를 대규모로 배양하는 것을 공업발효(industrial fermentation)라고 한다. 바로 앞에서 유제품과 맥주, 와인 생산 등에 이용되는 혐기적 식품 발효와 같은 친숙한 발효 사례를 다루었다. 수시로 공기를 공급한다는 점 말고는 거의 같은 기술로 유전자 변형 미생물에서 인슐린이나 인간성장호르몬과 같은 산업 제품을 생산할 수 있다. 공업발효는 또한 생명공학 분야에서도 이용되어 유전자 변형 동식물 세포에서 유용한 산물을 생산하고 있다(14장 참조). 예를 들어, 동물세포는 단일클론 항체 생산에 이용된다.

공업발효에 사용되는 장치를 **생물반응기(bioreactor)**라고 한다. 이는 pH 조절과 온도 조절, 통기 등을 세밀하게 할 수 있도록 설계되어 있다. 여러 디자인이 있지만 가장 널리 사용되는 생물반응기

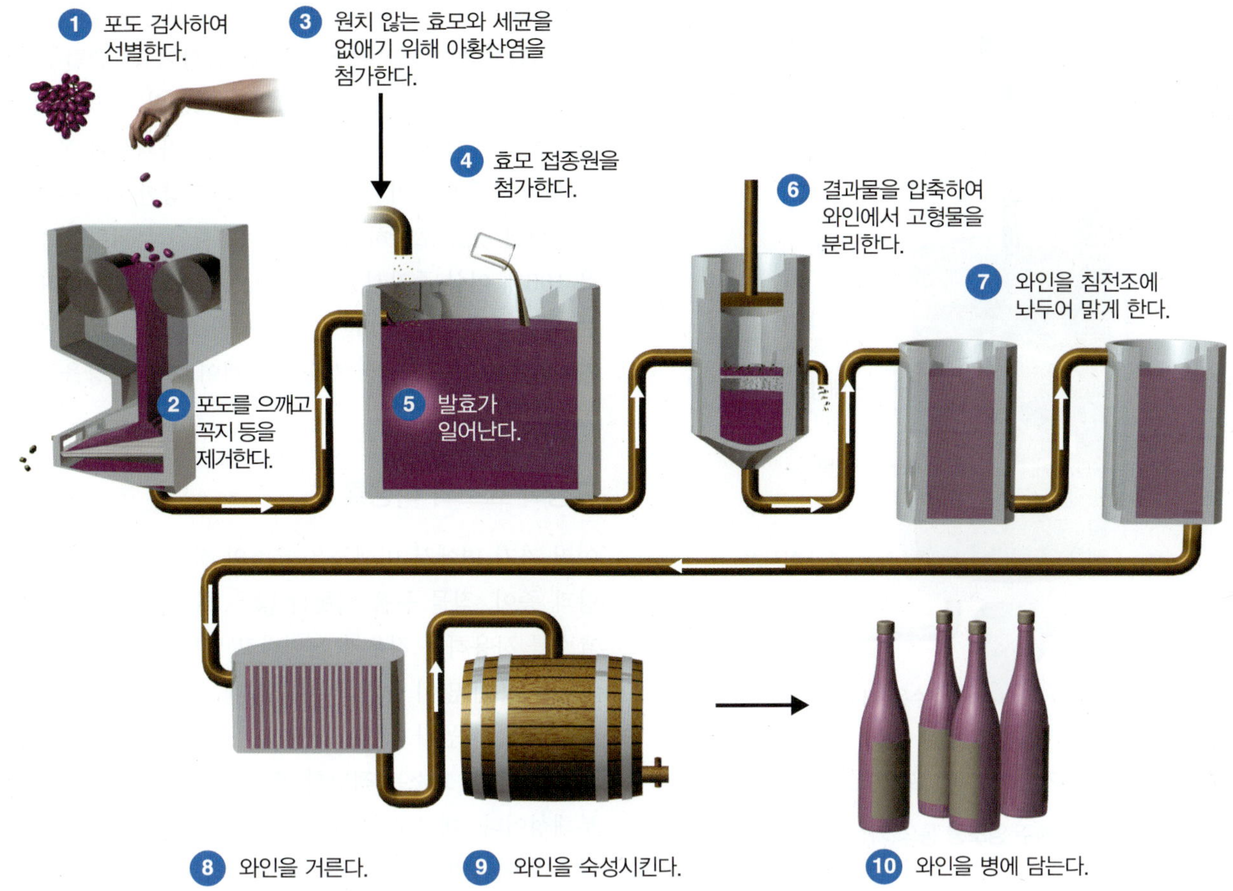

그림 15.23 적포도주 양조의 기본 단계. 백포도주를 만들기 위해서는 발효에 앞서 압착을 하여 고형물에서 색깔이 빠져나오지 않게 한다.

Q 5단계에서 공기가 들어가면 어떤 일이 생기는가? 10단계에 들어간다면?

는 지속적으로 휘젓는 방식이다(그림 15.24). 하단의 공기 확산기(유입되는 공기의 흐름을 분산시켜 통기를 최대화시킴)를 통해 공기가 유입되고, 일련의 임펠러 패들(impeller paddle)과 고정된 정류벽에 의해 미생물 현탁액이 계속 교반된다. 산소는 물에 잘 녹지 않기 때문에 걸쭉한 미생물 현탁액을 통기가 잘 되는 상태로 유지하기는 어렵다. 통기 및 기타 성장 조건(배지 조성 등)의 효율을 극대화하기 위해 매우 정교한 설계를 개발하고 있다. 유전자 변형된 미생물과 진핵세포의 높은 가치 때문에 다양한 형태의 생물반응기 개발에 박차가 가해져 컴퓨터로 제어하는 것도 개발되었다.

50만 리터를 수용할 정도로 크기가 큰 생물반응기도 있다. 발효의 종료 단계에서 발효 산물을 회수하면 이를 **배치생산**(batch production)이라고 한다. 다른 형태의 발효기도 있다. **연속배양생산**(continuous flow production)의 경우에는 고정된 효소나 배양되는 세포로 기질(주로 탄소원)이 지속적으로 공급되고, 사용된 배지와 원하는 산물은 지속적으로 회수된다.

일반적으로 공업발효에서 미생물은 에탄올과 같은 1차 대사산물이나 페니실린과 같은 2차 대사산물을 만들어낸다. **1차 대사산물(primary metabolite)**은 기본적으로 새로운 세포가 만들어지는 것과 동시에 생산되어, 생산곡선은 세포의 집단의 성장곡선과 거의 일치한다(아주 약간 뒤처지기는 하지만)(그림 15.25a). **2차 대사산물(secondary metabolite)**은 해당 미생물이 **영양기(trophophase)**라고 하는 지수성장기 거의 끝내고 성장의 정지기로 접어들어야 비로소 만들어진다(그림 15.25b). 대부분의 2차 대사산물이 만들어지는 이 시기를 **생산기(idiophase)**라고 한다. 2차 대사산물은 1차 대사산물이 미생물에 의해 전환된 것일 수 있다. 아니면, 해당 미생물의 세포수가 상당한 숫자에 도달한 다음에 만들어지는 성장배지 성분의 대사산물이거나 1차 대사산물이 축적된 것일 수도 있다. 세포대사는 세포과정의 저분자 화합물 지문, 즉 대사의 프로필을 남긴다. 이러한 화합물 지문을 이용하여 대사물질을 포함한 세포과정을 연구하는 분야를 **대사체학(metabolomics)**이라고 한다.

균주 개량도 산업미생물학 분야에서 꾸준하게 진행되고 있는 연구 활동이다. [미생물 **균주(strain)**는 생리학적으로 어느 정도 차이

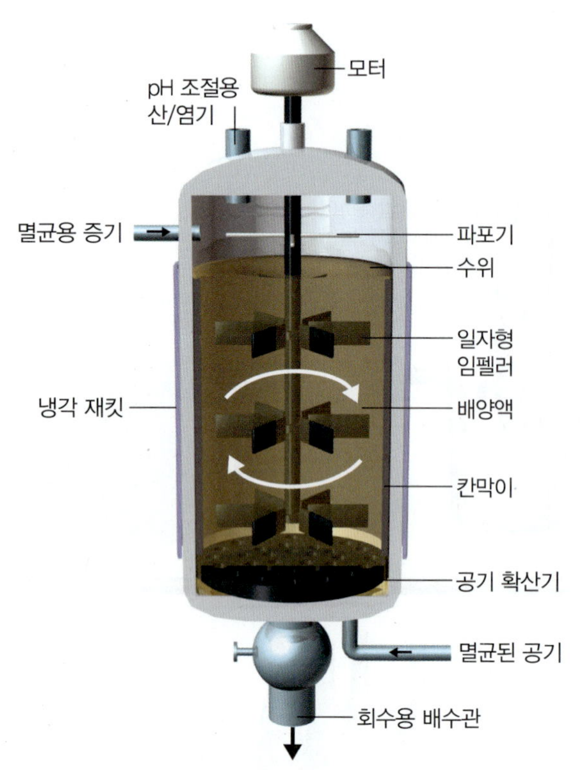

그림 15.24 공업발효용 생물반응기. 연속 교반 생물반응기의 단면

Q 그림에 있는 생물반응기와 맥주 양조용 통의 가장 중요한 차이점 한 가지를 설명하시오.

를 보인다. 예를 들어, 한 균주가 일부 부가적 활성을 가지거나 아니면 이런 능력이 없을 수도 있지만, 이런 차이가 종의 정체성을 바꿀 만큼은 아니다.] 잘 알려진 예로 페니실린 생산에 사용되는 사상균 균주를 들 수 있다. 원래의 *Penicillium* 균주는 산업적으로 이용할 수 있을 만큼의 페니실린을 만들지 않았다. 일리노이주 피오리아(Peoria)시의 한 슈퍼마켓에 있던 곰팡이 핀 캔털루프(cantaloupe; 껍질은 녹색에 과육은 오렌지색인 메론의 일종-역자주)에서 더 효율적인 균주가 분리되었다. 이 균주에 자외선과 X-선, 질소 머스터드(화학적 돌연변이 유발원) 등으로 다양한 처리를 하였다. 일부 자연발생된 것을 포함하여 돌연변이체들을 분리하여 신속하게 생산량을 100배 이상 증가시켰다. 현재 사용하고 있는 페니실린 생산 균주는 원래 균주처럼 5 mg/L가 아니라 60,000 mg/L를 생산한다. 여기서 그치지 않고 발효 기술의 발전이 이 생산량을 거의 3배로 만들었다.

고정화 효소와 미생물

여러 가지 면에서 미생물은 효소의 집합체이다. 산업계에서 액상과당과 종이, 직물 등을 비롯한 많은 제품 생산에 미생물에서 분리한 효소를 사용하는 경우가 늘어나고 있다. 이러한 효소는 특이적이고 처리 비용이 많이 들거나 유독한 폐기물을 만들지 않기 때문에 이에 대한 수요가 높다. 그리고 열이나 산을 필요로 하는 기존의 화학 공정과는 달리, 효소는 적당한 조건에서 반응을 수행하고 안전하며 생분해성이다. 대부분 산업의 목적상, 효소는 어떤 고체 지지대 고정되든지 아니면 다른 방법으로 효소의 손실 없이 연속적으로 흐르는 기질을 산물로 전환시켜야만 한다.

연속배양 기법은 살아 있는 전세포(whole cell)와 때로는 심지어 죽은 세포에도 적용된다(그림 15.26). 전세포 시스템은 통기가 어렵고, 고정화 효소와 같은 단일 효소 특이성은 없다. 그러나 해당 공정이 해당 미생물에 있는 여러 효소에 의해 수행되는 일련의 반응을 필요로 한다면 전세포가 유리하다. 또한 전세포는 높은 반응 속도로

(a) 효모가 만드는 에탄올과 같은 1차 대사산물은 생산 곡선은 세포의 성장곡선에 약간만 뒤처진다.

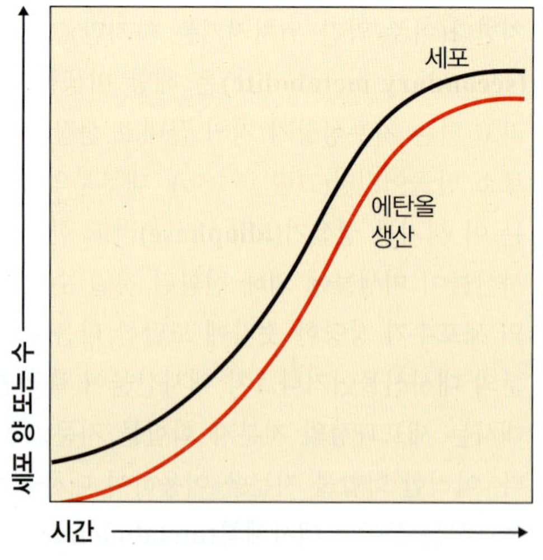

(b) 사상균이 만드는 페니실린과 같은 2차 대사산물의 생산은 세포의 지수성장기(영양기)가 끝난 이후에만 시작된다. 2차 대사산물의 주된 생산은 세포 성장의 정지기(생산기)에 일어난다.

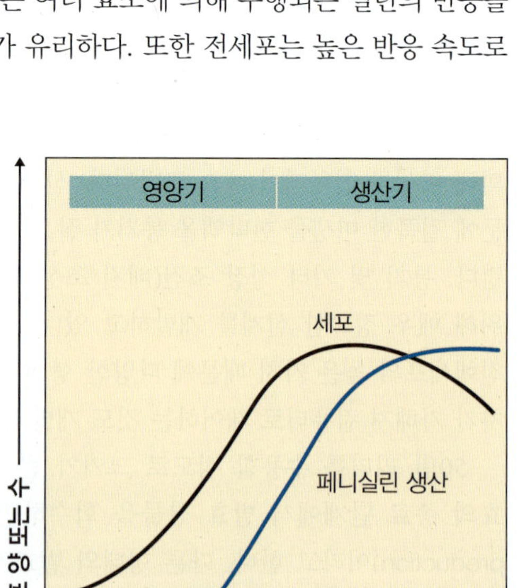

그림 15.25 1차 및 2차 발효

 2차 대사산물의 원래 어디에서 유래하는가?

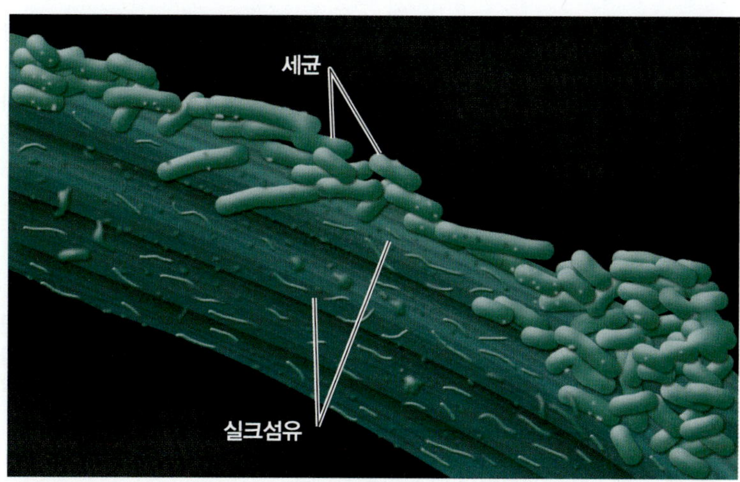

그림 15.26 **고정화 세포.** 일부 산업 공정에서는 그림에서 보는 것처럼 실크섬유 같은 표면에 세포를 고정시킨다. 기질이 고정된 세포 위로 흘러간다.

Q 이 공정과 하수 처리의 살수여과상법이 어떤 면에서 유사한가?

작동하고 있는 대량의 세포를 이용하여 연속배양 공정을 가능하게 한다는 장점도 있다. 보통 미세 구체나 섬유에 붙어 있는 고정화 세포가 액상과당과 아스파르트산(aspartic acid), 기타 여러 생명공학 제품의 생산에 현재 이용되고 있다.

공업 제품

이번 절에서는 더 중요한 미생물 제품 몇 가지와 성장하고 있는 대체에너지 산업에 대해서 살펴보기로 한다.

아미노산

아미노산은 미생물을 이용해서 생산하는 주요 산업 제품이다. 일례로, MSG로 잘 알려져 있는 조미료인 글루탐산일나트륨(monosodium glutamate) 제조에 사용되는 **글루탐산(glutamic acid)**은 매년 100만 톤 이상 생산되고 있다. **리신(lysine)**과 **메티오닌(methionine)** 등 일부 아미노산은 동물이 합성할 수 없는데, 보통 음식에는 그 함량이 낮다. 따라서 곡물식품 보충제로 사용하기 위해 리신 및 기타 필수 아미노산을 합성하는 것은 중요한 산업이다. 리신과 메티오닌 각각 매년 25만 톤 이상 생산된다.

미생물을 이용해 만드는 두 가지 아미노산인 **페닐알라닌(phenylalanine)**과 **아스파르트산(aspartic acid)**은 무설탕 감미료(NutraSweet)의 성분으로 중요해졌다. 이들 각 아미노산은 미국에서만 매년 약 7,000~8,000톤씩 생산되고 있다.

자연 상태에서는 되먹임 억제가 1차 대사산물의 과도한 생산을 막기 때문에 미생물은 자신들의 필요 이상으로 과다하게 아미노산을 만들지 않는다. 미생물을 이용하여 아미노산을 산업적으로 생산하려면 특별하게 선택한 돌연변이체와 때로는 기발한 방법으로 대사회로를 조작해야 한다. 예를 들어, L-형태의 아미노산만이 필요한 경우에는 미생물학적 생산이 화학적 생산보다 더 유리하다. 왜냐하면 전자에서는 L-형태만을 만들지만 후자의 경우에는 **D-형태(D-isomer)**와 **L-형태(L-isomer)**가 모두 생성되기 때문이다.

시트르산

시트르산(citric acid)은 오렌지와 레몬 같은 감귤류의 구성 성분인데, 한때는 이런 과일이 시트르산의 유일한 산업적 공급원이었다. 그러나 100여 년 전에 시트르산이 사상균 대사의 산물로 알려지게 되었다. 제1차 세계대전으로 이탈리아에서 레몬 수확이 어려워지자 이 발견이 처음으로 산업 공정에 사용되었다. 시트르산은 식품의 신맛과 향을 내는 분명한 용도를 훨씬 뛰어넘어서 매우 다양하게 사용된다. 많은 식품에서 시트르산은 항산화 및 pH 조절 물질이며, 유제품에서는 유화제로 흔히 사용된다. 전 세계적으로 매년 160만 톤이 넘는 시트르산이 생산된다. 이 가운데 대부분은 당밀을 기질로 하여 사상균인 *Aspergillus niger*를 이용하여 만든다.

효소

효소는 여러 산업에서 널리 사용된다. 예를 들어, **아밀라아제(amylase)**는 옥수수 전분으로 시럽을 만들고, 종이를 매끄럽게 처리하는 데에 이용되며, 전분에서 포도당을 생산하는 데에도 이용된다. 미생물을 이용한 아밀라아제의 생산은 미국 최초의 생명공학 특허인데, 일본 과학자인 조키치 타카미네(Jokichi Takamine)에게 주어졌다. 곰팡이를 이용하여 **코지(koji)**라고 하는 효소액을 만드는 기본 과정은 일본에서 발효 콩 식품을 만드는 데 수백 년간 사용되어 온 것이었다. 코지는 곰팡이가 피었다는 뜻을 지닌 일본 단어의 약어인데, 이것은 쌀이나 밀과 콩 혼합물과 같은 곡물에 사상진균(*Aspergillus*)이 침투했음을 나타낸다. 우선, 코지에 있는 아밀라아제가 전분을 당으로 전환시킨다. 그러나 코지에는 단백질분해효소도 있어서 콩 단백질을 더 소화가 잘 되고 맛도 좋은 형태로 만든다. **간장**과 **미소**(miso; 일본 된장) 같은 일본 음식의 핵심은 콩 발효를 기본으로 한다. 잘 알려진 일본 곡주인 **사케(sake)**는 코지의 아밀라아제를 이용하여 쌀에 있는 전분을 효모가 알코올 생산에 이용할 수 있는 형태로 바꾼다. 이것은 맥주 양조에 사용되는 보리 몰트에 해당한다고 볼 수 있다.

포도당 이성화효소(glucose isomerase)도 중요한 효소인데, 아밀라아제에 의해 전분에서 만들어진 포도당을 과당으로 전환시킨다. 과당은 많은 식품에서 단맛을 내는 데 설탕 대신 사용된다. 아마도 미국에서 만들어지는 빵의 절반에 **단백질가수분해효소**(protease)가 이용된다. 이 효소는 밀에 들어 있는 글루텐(단백질의 일종)의 양을 조절하여 빵의 질을 향상시키고 일정하게 만들어 준다. 다른 단백질가수분해효소는 연육제 또는 단백질성 때를 제거하는 세제 첨가제로 이용된다. 전체 산업 효소의 약 1/3이 이런 목적으로 사용된다. 우유에서 응유를 생성하는 효소인 레닌(rennin)은 보통 곰팡이를 이용해서 상업적으로 생산되는데, 최근에는 유전자 변형된 세균이 이용되고 있다.

비타민

비타민은 알약과 씹어 먹는 약, 물약 등의 형태로 엄청나게 팔리고 있고 식품 보조제로도 쓰인다. 미생물은 일부 비타민의 값싼 공급원이다. *Pseudomonas*와 *Propionibacterium* 종들은 비타민 B_{12}를 생산한다. 리보플라빈[*Riboflavin* (B_2)]은 주로 *Ashbya gossypii* 같은 진균의 발효로 만들어지는 또 다른 비타민이다. 비타민 C (ascorbic acid)는 연간 6만 톤 정도 생산되는데, *Acetobacter* 종이 포도당을 복잡하게 변형시킨 결과물이다.

의약품

현대식 제약 미생물학은 항생제가 도입된 시기인 제2차 세계대전 후부터 발달하였다.

모든 항생제는 원래 미생물의 대사산물이다. 대부분이 여전히 미생물 발효로 생산되고 있고 영양학적, 유전학적 변형을 통해서 더 생산성이 뛰어난 돌연변이체를 선별하는 연구가 계속되고 있다. 최소한 6,000개의 항생제가 알려져 있다. *Streptomyces hygroscopius*라는 한 종의 몇 균주가 거의 200개의 서로 다른 항생제를 만든다. 항생제의 산업적 생산은 보통 성장배지에 적절한 사상균 또는 방선균의 포자를 접종하고 공기를 세게 공급하여 이루어진다.

백신도 산업미생물의 생산품이다. 대부분의 항바이러스 백신은 유정란이나 세포 배양에서 대량 생산된다. 일반적으로 세균성 질병에 대한 백신을 생산하려면 세균을 대량으로 키워야 한다. 소단위 백신의 개발 및 생산에서 재조합 DNA 기술의 중요성이 증가하고 있다.

스테로이드(steroid)는 매우 중요한 화합물 그룹이며, 여기에는 항염증제로 사용되는 **코르티손**(cortisone)과 경구 피임약에 사용되는 **에스트로겐**(estrogen) 및 **프로게스테론**(progesterone) 등이 포함된다. 스테로이드를 동물에서 얻는 것이나 화학적으로 합성하는 것은 어려운 일이다. 그러나 미생물은 스테롤(sterol) 또는 쉽게 얻을 수 있는 관련 화합물에서 스테로이드를 합성할 수 있다. 일례로, 그림 15.27은 스테롤이 값비싼 스테로이드로 바뀌는 과정을 보여준다.

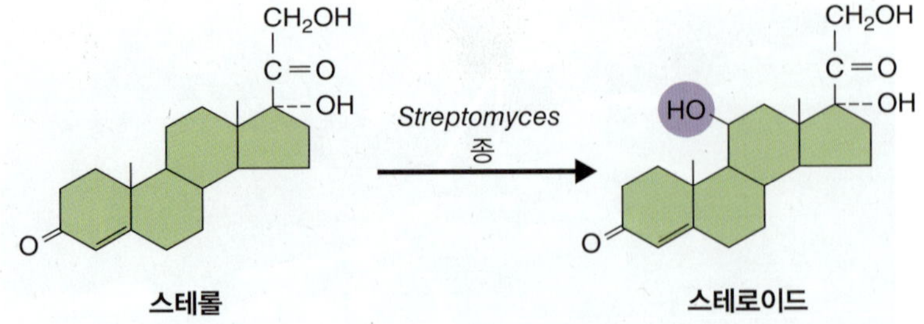

그림 15.27 스테로이드 생산. 이 그림은 *Streptomyces*가 스테롤과 같은 전구화합물을 전환시키는 과정을 보여준다. 화학적인 방법으로 11번 탄소에 수산기를 첨가하려면(스테로이드에 보라색으로 강조) 30여 단계가 필요하지만, 이 미생물은 단 한 번에 이를 수행한다.

Q 스테로이드 상품의 이름 하나를 대시오.

리칭(leaching)에 의한 구리 추출

*Thiobacillus ferrooxidans*는 구리 함량이 0.1% 정도밖에 되지 않아 수익성이 없는 저급의 구리 광석에서 구리를 뽑아내는 데 사용된다. 전 세계 구리의 최소한 25%는 이런 방식으로 생산된다. *Thiobacillus* 세균은 황화제1철(ferrous sulfide)의 환원형 철(Fe^{2+})을 황산제2철(ferric sulfate)의 산화형 철(Fe^{3+})로 산화시키면서 에너지를 얻는다. 황산(H_2SO_4)도 이 반응의 산물 가운데 하나이다. Fe^{3+}가 들어 있는 이 산성 용액을 스프링클러로 뿌려서 구리 광석에 스며들게 한다(그림 15.28). Fe^{2+}와 *T. ferrooxidans*은 구리 광석에 보통 존재하기 때문에 이 반응을 계속 일어나게 한다. 살수되는 물에 있는 Fe^{3+}는 구리 광석에 **황화구리**(copper sulfide) 형태로 있는 불용성 구리와 반응하여 **황산구리**(copper sulfate) 형태의 수용성 구리(Cu^{2+})를 생성한다. pH를 충분히 낮게 유지하기 위해서, 황산을 첨가할 수도 있다. 이 수용성 황산구리는 수집조로 흘러 내려가서 쇠 부스러기와 접촉하게 된다. 황산구리는 철과 화학적으로 반응하여 금속성 구리(Cu^0)로 침전된다. 이 반응에서 금속성 철(Fe^0)은 Fe^{2+}로 전환되어 산화촉진연못으로 보내지는데, 여기서 *Acidithiobacillus* 세균이 이것을 에너지원으로 이용하여 같은 과정을 반복한다. 시간은 아주 많이 걸리지만, 이 과정은 경제적이고 원석에 있던 구리의 70%까지 추출해 낼 수 있다. 우라늄과 금, 코발트 광석 등도 비슷한 방법으로 처리한다. 이 과정의 전체 배열은 연속흐름 생물배양기와 비슷하다.

산업제품으로서의 미생물

종종 미생물 자체가 산업제품이 된다. **빵효모**[baker's yeast (*S. cerevisiae*)]는 거대한 통기 발효조에서 생산된다. 발효의 마지막 단계에서 발효조의 내용물의 약 4%가 효모 고형물이다. 이 효모를 연

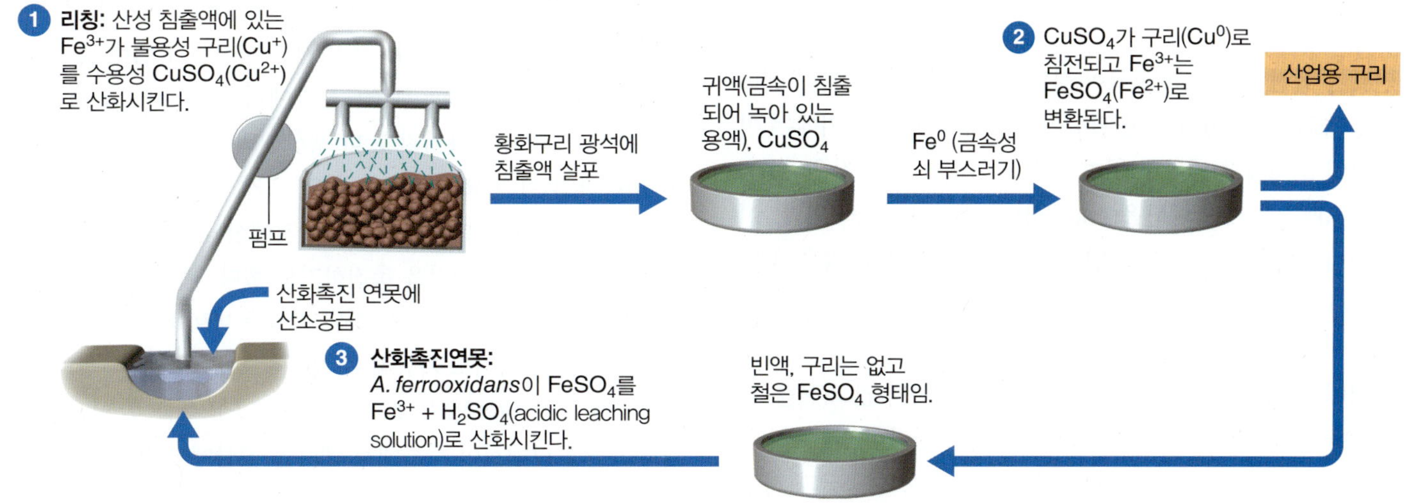

그림 15.28 구리 광석의 생물학적 리칭. 이 과정의 화학은 이 그림에 나타낸 것보다 훨씬 더 복잡하다. 광석에 들어 있는 불용성 구리를 수용성으로 바꾸는 생물학적/화학적 과정에 *Acidithiobacillus ferrooxidans* 세균를 사용하여 광석에서 구리를 뽑아내고 금속성으로 침전시킨다. 이 용액은 계속해서 순환된다.

Q 이와 유사한 방법으로 추출하는 또 다른 금속의 이름을 대시오.

속원심분리로 모은 다음 압축하여, 흔히 보는 제빵용 효모 덩어리나 팩에 포장된 효모를 생산한다. 제빵업체들은 효모를 50파운드(약 23 kg) 상자 단위로 구입한다.

산업적으로 중요하게 팔리는 또 다른 미생물은 공생 질소고정 세균인 *Rhizobium*과 *Bradyrhizobium*이다. 이 세균들은 수분을 보존하기 위해서 보통 피트모스(peat moss; 이끼류가 죽어 퇴적된 후 탄화된 유기물질-역자주)와 혼합된다. 농부는 이 혼합물을 콩과 식물의 씨와 섞어서 해당 식물이 효율적인 질소고정 균주에 확실히 감염되도록 한다. 채소를 재배하는 사람들은 잎을 갉아 먹는 곤충의 애벌레를 제어하기 위해서 곤충의 병원체인 *Bacillus thuringiensis*를 다년간 이용해 왔다. 이 세균이 생산하는 독소(Bt-독소)를 일부 나방과 딱정벌레, 파리 등의 애벌레가 먹게 되면 그 곤충은 죽게 된다. *B. thuringiensis*의 아종인 *israelensis*는 특히 모기에 효과적인 Bt-독소를 생산하여 지역 방역 프로그램에 널리 이용되고 있다. Bt-독소와 *B. thuringiensis*의 내생포자가 들어 있는 제품이 시판되고 있다.

그림 15.29 매립지 고형 폐기물에서의 메탄 생산. 매립지에서는 메탄이 축적되는데, 이는 에너지로 이용될 수 있다. 로스앤젤레스 인근에 있는 이 시설에서는 매립지에서 생기는 메탄으로 가동되는 50개의 마이크로터빈을 이용하여 전기를 생산한다. 마이크로터빈 바로 뒤에 있는 5개의 가스분출기둥이 있어서 과도한 메탄 연소로 생기는 불꽃을 가려준다. 이것은 비행기가 공항 조명으로 오인하는 것을 막기 위해 꼭 필요하다.

Q 매립지에서는 어떻게 메탄이 만들어지는가?

미생물을 이용한 대체 에너지원

화석연료의 고갈과 가격 상승으로 인해 재생 가능한 에너지 자원에 대한 관심이 쏠릴 수밖에 없다. 이들 중 가장 두드러지는 것은 **바이오매스(biomass)**이다. 바이오매스는 생명체에서 유래하는 다양한 유기물질을 뜻하는데, 농작물과 나무, 도시 폐기물 등도 포함한다. 바이오매스를 대체 에너지 자원으로 가공하는 과정인 **생물전환(bioconversion)**에 미생물이 활용될 수 있다. 또한 생물전환은 폐기 처분해야 하는 폐기물의 양을 줄여줄 수 있다.

메탄(methane)은 생물전환으로 생산되는 가장 유용한 에너지 자원 가운데 하나이다. 많은 지역에서 매립지 폐기물로 상당한 양의 메탄을 만들어 낸다(그림 15.29).

생물연료

화석 연료가 점점 비싸지고 공급이 불확실해지면서 재생 가능 에너지인 **생물연료(biofuel)**에 대한 관심이 증가하고 있다. 초기에는 이미 가솔린의 보조제로 널리 쓰이며 기술도 확실히 자리 잡은 (90% 가솔린 + 10% 에탄올) **에탄올(ethanol)**에 관심이 집중되었다. 이를테면 브라질에서는 교통수단 연료의 1/3에 버금가는 많은 양의 에탄올을 사탕수수에서 생산해낸다. 미국에선 일부 자동차들이 E85 연료(15% 가솔린 + 85% 에탄올)로 움직인다. 하지만 에탄올은 몇 가지 단점이 있다: 에탄올은 기존 송유관에 적합하지 않고(물을 너무 잘 흡수하기 때문에), 가솔린에 비해 에너지 함량이 30% 적다. 또한 옥수수 등에서 에탄올을 생산하면 소중한 식량의 공급과 가격 형성에 타격이 갈 수 있다.

이러한 결점들은 옥수수대, 나무, 폐휴지, 그리고 먹지 않는 식물 종들인 자트로파, 카멜리나, 미스칸투스 등의 섬유질에서 뽑아내는 생물연료로 관심을 돌리게 만들었다. 미국 내에서는 한때 중서부 지방의 대초원을 수놓았던 스위치그라스(switchgrass)에 특별한 관심이 있다. 이 식물은 다년생이면서 특별한 관리 없이 수확할 수 있다. 섬유소에서 에탄올을 생산하는 기술은 옥수수나 사탕수수에서 에탄올을 생산하는 기술보다 비용이 많이 들고 덜 알려져 있다. 섬유소를 구성하고 있는 당 분자는 효소를 이용하여 쪼개낼 수 있다. 실제로 이런 효소를 합성하는 유전자를 유전적으로 대장균에 도입하였다. 섬유소(celluose)가 들어 있는 원래 물질에는 비슷한 성분인 헤미셀룰로오스(hemicellulose)도 상당량 들어 있어서, 이를 분해하려면 또 다른 미생물이 필요한데, 아마도 유전적으로 변형된 미생물일 것이다. 난분해성 섬유질 성분인 리그닌(lignin)은 태워서 발효 과정의 초기 단계에 필요한 열로 쓸 수 있다.

탄소 사슬이 더 긴 부탄올(butanol) 같은 "상위" 알코올과 특히 이소부탄올(isobutanol) 및 이소부틸알데하이드(isobutyraldehyde) 같은 분기 알코올은 기존 알코올보다 이점이 있다. 이들은 물을 덜 흡수하며 에너지 효율도 더 높다. 포도당에서 다양한 상위 알코올을 만들기 위해 세균을 유전자 변형시켰다. 미생물을 이용한 생물연료 생산에서 중요한 관건은 연료 회수를 위해 미생물을 모으는 고비용 과정을 배제할 수 있도록 미생물이 연료를 분비하게 만드는 것이다.

조류는 이론적으로 아주 매력적인 생물연료 추출원이다. 조류는 여러 장점들을 가지고 있다. 첫 번째로 재배하기 위해 넓은 땅을 필요로 하지 않는다. 또한 해조류는 1에이커(약 4000 m^2) 기준으로 옥수수보다 40배의 에너지를 더 생산해낸다. 게다가 해조류 재배에는 비옥한 땅이 필요한 것도 아니고 그저 풍부한 햇빛만 있으면 된다. 시험운행 중인 몇몇 해조류 생산지에선 심지어 발전소에서 방출되는 이산화탄소로 성장을 촉진하기도 했다. 해조류는 거의 하루 단위로 수확할 수 있다. 여기서 짜낸 기름은 바이오 디젤, 그리고 아마도 제트 연료로까지도 가공될 수 있다. 보통 조류는 무게의 20% 이상을 기름으로 내놓는다(그림 15.30a 참조). 추출 후 남은 찌꺼기는 탄수화물과 단백질이 풍부해서 에탄올 생산에 이용할 수도 있고 동물의 사료로 쓸 수도 있다.

수소도 이상적인 화석 연료 대체 후보인데, 특히 물을 분해해서 수소를 생산해낼 수 있다면 더욱 그렇다. 수소는 연료 전지에 쓰여 전기를 생산할 수 있으며, 연소시켜도 유해한 잔여물이 남지 않는다. 대부분의 수소 생산 연구는 물리적, 화학적 방법에 집중되고 있지만, 다양한 폐기물의 발효작용이나 광합성 작용의 변화를 통해 세균이나 조류에서 수소를 생산하는 방법도 잠재적으로 가능하다.

위에 제시한 기술들이 제대로 쓰이기 위해서는 시간이 더 필요하다. 모든 기술들이 초기에는 다 그렇듯이, 현재로서는 이를 뒷받침할 과학이 아직 걸음마 수준이다.

산업미생물학과 미래

미생물은 우리가 존재조차 알지 못했을 때부터 인류에게 늘 큰 도움이 되었다. 미생물은 앞으로도 대부분의 식품 가공 기술의 핵심 역할을 계속 수행할 것이다. 재조합 DNA 기술의 발전은 새로운 제품과 응용에 대한 잠재력을 확장시켜 산업미생물학에 대한 관심을 증폭시켰다. 화석 연료의 공급이 점점 고갈되어 가면서 수소나 에탄올과 같은 재생 가능한 에너지 자원에 대한 관심은 높아져만 갈 것이다. 이러한 제품을 산업적 규모로 생산하기 위한 맞춤형 미생물의 활용 기술도 그만큼 중요해질 것이라 전망된다. 생명공학의 신기술과 신제품들이 시장에 등장하게 되면 지금으로서는 제대로 상상할 수도 없는 방식으로 우리의 삶과 안녕에 영향을 미칠 것이다.

학습 개요

미생물 다양성과 서식지 (405쪽)

1. 대사 다양성과 다양한 탄소 및 에너지원 이용 능력, 다양한 물리적 환경에서 성장할 수 있는 능력 때문에 미생물은 매우 다양한 서식지에서 살고 있다.
2. 극한생물은 극단의 온도, pH 또는 염도 조건에서 살고 있다.

공생 (405쪽)

3. 공생은 상이한 두 생물체 또는 생물 집단 사이의 관계이다.
4. 균근이라고 부르는 공생 곰팡이는 식물의 뿌리 표면과 내부에 사는데, 해당 식물의 표면적을 증가시켜서 양분 흡수를 돕는다.

토양 미생물학과 생물지화학 순환 (405~413쪽)

1. 생물지화학 순환에서 화학 원소들은 생물체와 비생물체를 오가며 순환된다.
2. 토양 미생물은 유기물을 분해하여 탄소와 질소, 황 함유 화합물 등을 가용한 형태로 전환시킨다.
3. 미생물은 생물지화학 순환을 지속시키는 데에 필수적이다.
4. 생물지화학 순환 동안 원소들은 미생물에 의해 산화되고 환원된다.

탄소순환 (406~407쪽)

5. 이산화탄소는 광독립영양 생물과 화학독립영양 생물에 의해서 유기 화합물로 들어가게 된다.
6. 이들 유기 화합물은 화학종속영양 생물의 영양분이 된다.
7. 화학종속영양 생물은 이산화탄소를 방출하고, 광독립영양 생물은 이를 사용한다.
8. 탄소가 $CaCO_3$ 또는 화석 연료 같은 형태가 되면 순환 고리에서 제외된다.

질소순환 (407~410쪽)

9. 미생물은 죽은 세포의 단백질을 분해하여 아미노산을 방출시킨다.
10. 미생물이 암모니아화 과정을 통해 아미노산을 분해하면 암모니아가 발생한다.
11. 질소화 세균은 암모니아에 들어 있는 질소를 산화하여 에너지를 얻고 질산을 생성한다.
12. 탈질소화 세균은 질산에 있는 질소를 질소 분자(N_2)로 환원시킨다.
13. N_2는 질소고정 세균에 의해 암모니아로 전환된다.
14. 질소고정 세균에는 *Azotobacter*와 *cyanobacteria*처럼 자유생활을 하는 것과 *Rhizobium*과 *Frankia* 같은 공생 세균이 있다.
15. 세균과 식물은 암모니아와 질산을 이용하여 단백질의 구성 단위인 아미노산을 합성한다.

황순환 (410~411쪽)

16. 독립영양 세균은 황화수소(H_2S)를 이용하는데, 이 과정에서 황은 S^0 또는 SO_4^{2-} 형태로 산화된다.
17. 식물과 일부 미생물은 SO_4^{2-}를 환원시켜 특정 아미노산을 만든다. 순차적으로 동물은 이들 아미노산을 사용한다.
18. 이와 같은 아미노산의 부패 또는 이화 과정에서 H_2S가 방출된다.

암흑 속의 삶 (411쪽)

19. 화학독립영양 생물은 심해 열수 분출구와 암석 속에서 1차 생산자이다.

인순환 (411~412쪽)

20. 인(PO_4^{3-})은 암석과 새의 구아노에서 발견된다.
21. 미생물이 만든 산에 의해서 용해가 되면 PO_4^{3-}는 식물과 미생물이 이용할 수 있다.
22. 단단한 돌 안에 사는 암석속 세균은 독립영양생물로 수소를 에너지원으로 이용한다.

토양과 물에서 합성 화합물의 분해 (412~413쪽)

23. 살충제를 비롯한 많은 합성 화합물은 미생물이 잘 분해하지 못한다.
24. 생물정화란 오염물질을 제거에 미생물을 이용하는 것이다.
25. 질소와 인 첨가제를 공급하여 기름 분해 세균의 성장을 증진시킬 수 있다.
26. 도시의 쓰레기 매립지는 수분과 산소가 부족하기 때문에 고형 폐기물이 잘 분해되지 않는다.
27. 일부 매립지에서는 메탄생성 세균이 만들어낸 메탄을 화수하여 에너지로 사용한다.
28. 비료화 처리를 이용하면 유기물의 생분해를 촉진시킬 수 있다.

수생미생물학과 하수 처리 (413~423쪽)

수생미생물 (414~415쪽)

1. 자연수에 서식하는 미생물과 이들의 기능을 연구하는 학문 분야를 수생미생물학이라고 한다.
2. 자연수에는 호수, 연못, 개울, 강, 강어귀, 바다 등이 있다.
3. 수중 세균의 밀도는 해당 물에 들어 있는 유기물질의 양에 비례한다.
4. 대부분의 수생 세균은 자유 부유 상태보다는 표면 위에서 자라는 경

향이 있다.

5. 담수 미생물상의 숫자와 위치는 산소와 빛의 가용성에 따라 좌우된다.

6. 광합성 조류는 호수의 1차 생산자인데, 준조광대에서 발견된다.

7. *Pseudomonads*, *Cytophaga*, *Caulobacter*, *Hyphomicrobium* 등은 산소가 풍부한 준조광대에서 발견된다.

8. 고여 있는 물의 미생물은 가용한 산소를 소진시켜 악취와 물고기 폐사를 초래할 수 있다.

9. 자색황세균과 녹색황세균은 심저대에서 발견되는데, 여기에는 빛이 도달하고 황화수소(H_2S)는 있지만 산소는 없다.

10. *Desulfovibrio*는 저생대 진흙에서 SO_4^{2-}를 H_2S로 환원시킨다.

11. 메탄 생성 세균들도 저생대에서 발견된다.

12. 먼 바다에서는 식물성 플랑크톤이 1차 생산자이다.

13. *Pelagibacter ubique*는 해수의 분해자이다.

14. 수심 100미터 이하에서는 고세균이 지배적이다.

15. 일부 조류와 세균은 루시퍼라제라는 효소를 가지고 있어서 빛을 낸다.

수질과 관련된 미생물의 역할 (415~417쪽)

16. 지하수 저장소로 물이 스며드는 과정에서 물속 미생물이 걸러진다.

17. 일부 병원성 미생물은 먹는 물과 놀이용 물을 통해서 사람에게 전염된다.

18. 난분해성 화학 오염물질은 수생 생태계 먹이사슬에서 농축될 수 있다.

19. 인과 같은 양분은 조류 대증식 현상을 초래하는데, 이는 수생 생태계의 부영양화로 이어질 수 있다.

20. 세균 오염 수질 검사는 지표생물의 존재 여부에 근거하는데, 가장 널리 사용되는 지표생물은 대장균류이다.

21. 대장균류는 호기성 또는 조건부 혐기성이면서 내생포자를 생성하지 않는 그람음성 간균으로 35℃에서 48시간 이내에 젖산을 발효시켜 산과 가스를 발생한다.

22. 주로 *E. coli*인 분변 대장균류가 발견되면 인분 오염을 의미한다.

물 처리 (417~418쪽)

23. 상수원으로 사용될 물은 저수조에 부유물질이 가라앉을 만큼 충분한 시간 저수조에 담아 놓는다.

24. 응집처리는 알룸과 같은 화학물질을 이용하여 콜로이드성 물질을 덩어리지게 하여 가라앉힌다.

25. 여과를 통해 원생동물의 포낭과 기타 미생물을 제거할 수 있다.

26. 염소 소독으로 먹는 물의 잔존 병원성 세균을 죽인다.

하수(폐수) 처리 (418~423쪽)

27. 생활 폐수를 하수라고 하는데, 여기에는 가정 폐수와 화장실 오물, 빗물 등이 포함된다.

28. 1차 하수 처리는 슬러지라고 하는 고형물을 제거하는 것이다.

29. 1차 처리에서는 생물학적 활성이 그다지 중요하지 않다.

30. 생화학적 산소요구량(BOD)은 해당 물에서 생물학적으로 분해 가능한 유기물을 측정하는 한 방법이다.

31. 1차 처리에서는 대략 25~35% 정도의 BOD가 하수에서 제거된다.

32. BOD는 세균이 해당 유기물을 분해하는 데에 필요한 산소량을 측정하여 결정한다.

33. 2차 하수 처리는 1차 처리 후에 남은 유기물질을 생물학적으로 분해하는 것이다.

34. 2차 하수 처리 방법에는 활성 슬러지 시스템과 살수여상법, 회전원판법 등이 있다.

35. 미생물은 산소를 이용하여 유기물질을 분해한다.

36. 2차 처리에서 최대 95%까지 BOD를 제거한다.

37. 처리된 하수를 자연 환경으로 방출하기 전에 주로 염소로 소독을 한다.

38. 슬러지는 혐기성 슬러지 소화조에서 처리된다. 세균이 유기물을 분해하여 더 간단한 유기화합물과 메탄, 이산화탄소 등을 생산한다.

39. 혐기성 슬러지 소화조에서 생산된 메탄은 소화조의 열공급이나 다른 기기 운용에 이용된다.

40. 과도한 슬러지는 주기적으로 소화조에서 제거하여 말린 다음, 처리하거나(매립 또는 토양 개량제) 소각한다.

41. 3차 처리에서는 하수에 남아 있는 BOD와 질소, 인 등을 모두 제거하기 위해서 물리적인 여과와 화학적 침전을 이용한다.

42. 3차 처리를 하면 마실 수 있는 물을 공급할 수 있는 반면, 2차 처리까지만 거친 물은 관개용수로만 사용할 수 있다.

식품 미생물학 (423~426쪽)

1. 최초의 식품 보존법은 건조, 소금 또는 설탕 절임, 발효 등이었다.

음식과 질병 (423쪽)

2. 미국에서는 식품의약국과 농무부가 식품안전을 관리감독하며 위해 HACCP(해썹, 식품안전관리인증기준) 제도를 시행하고 있다.

방사선과 산업적 식품 보존 (423~424쪽)

3. 감마선과 X-선은 식품의 멸균, 곤충 및 기생충 제거, 과일 및 채소의 싹틈 방지 등을 목적으로 사용된다.

고압 식품 보존 (424쪽)

4. 가압수는 과일 및 육류에 있는 세균을 제거하는 데에 사용된다.

식품 생산과 미생물의 역할 (424~426쪽)

5. 우유 단백질인 카제인은 젖산 발효균 또는 레닌 효소의 작용 때문에 액체 상태인 우유에서 분리된다.
6. 옛날식 버터밀크는 버터 제조과정에서 자라는 젖산균에 의해서 만들어진다.
7. 효모는 빵 반죽에 있는 당을 에탄올과 CO_2로 발효시킨다. CO_2는 빵을 부풀어 오르게 한다.
8. 효모를 이용하여 곡물과 감자, 당밀 등을 에탄올로 발효시켜 맥주, 아일, 사케, 증류주 등을 생산한다.

산업미생물학 (426~432쪽)

1. 미생물은 산업공정에서 사용되는 알코올과 아세톤을 생산한다.
2. 유전자 변형을 통해 여러 신제품을 생산할 수 있는 능력 때문에 산업미생물학에 큰 변화를 일어나고 있다.
3. 생명공학은 살아 있는 생물을 이용하여 상품을 만드는 하나의 방법이다.

발효 기술 (426~429쪽)

4. 대규모의 세포 배양을 공업 발효라고 한다.
5. 공업 발효는 통기와 pH, 온도 등을 제어할 수 있는 생물반응기에서 이루어진다.
6. 에탄올과 같은 1차 대사산물은 세포가 자라는 영양기 동안에 만들어진다.
7. 페니실린과 같은 2차 대사산물은 정지기(또는 생산기) 동안에 만들어진다.
8. 원하는 산물을 만드는 돌연변이 균주를 선별할 수 있다.
9. 효소나 전체 세포를 고체 구나 섬유에 고정시킬 수 있다. 기질이 표면 위를 지나가면서 효소반응이 일어나 기질이 원하는 산물로 전환된다.

공업 제품 (429~431쪽)

10. 식품과 의약품에 사용되는 아미노산의 대부분은 세균을 이용하여 생산한다.
11. 미생물을 이용하여 아미노산을 생산하면 *L*-이성질체를 만들 수 있다. 화학적 방법을 이용하면 *D*-이성질체와 *L*-이성질체가 혼합된 상태로 만들어진다.
12. 식품에 사용되는 구연산은 *Aspergillus niger*를 이용하여 만든다.
13. 식품과 의약품, 기타 제품의 제조에 이용되는 효소는 미생물이 만든 것이다.
14. 식품 보조제로 쓰이는 일부 비타민은 미생물이 만든 것이다.
15. 백신과 항생제, 스테로이드 등은 미생물 성장의 산물이다.
16. *Acidithiobacillus ferrooxidans*의 대사 능력을 이용하여 원석에서 우라늄과 구리를 추출할 수 있다.
17. 포도주 양조와 제빵용으로 효모를 배양한다; 기타 다른 미생물(*Rhizobium*과 *Bradyrhizobium*, *Bacillus thuringiensis* 등)도 농업에 사용할 목적으로 배양한다.

미생물을 이용한 대체 에너지원 (431쪽)

18. 바이오매스라고 하는 유기 폐기물은 미생물에 의해서 대체 에너지인 메탄으로 전환될 수 있는데, 이 과정을 생물전환이라고 한다.
19. 미생물 발효로 생산되는 연료로는 메탄과 에탄올, 수소 등이 있다.

생물연료 (432쪽)

20. 생물연료에는 알코올과 수소(미생물 발효로 생산), 오일(조류에서 얻음) 등이 포함된다.

산업미생물학과 미래 (432쪽)

21. 재조합 DNA 기술은 앞으로 의약품 및 기타 유용 산물을 생산할 수 있는 산업미생물학의 능력을 계속 발전시켜 나갈 것이다.

학습 질문

복습과 객관식 문제에 대한 해답은 책 뒤에 있음.

복습 문제

개요

1. 코알라는 초식동물이다. 코알라의 소화 기관에 대해 어떤 유추를 할 수 있겠는가?
2. 곰팡이는 박테리아에 감염되지 않는다는 점을 감안하여 왜 *Penicillium*이 페니실린을 만들어내는지 대한 가능한 이유를 설명해 보시오.
3. 황순환에서 미생물은 (a)_______와(과) 같은 유기 황 화합물을 분해하여 H_2S를 배출하는데, H_2S는 *Acidithiobacillus*에 의해 (b)_______(으)로 산화될 수 있다. 이 이온은 (c)________에 의해 아미노산으로 동화되거나 *Desulfovibrio*에 의해 (d)______(으)로 환원될 수 있다. 광독립영양 세균은 H_2S를 전자공여체로 사용하여 (e)________을(를)

합성한다. 이 대사에 의한 부산물 중 황이 포함된 것은 (f)________ 이다.

4. 인순환이 중요한 이유는 무엇인가?

5. 그려보기 아래 그림에 다음에 열거한 작용이 어디에서 일어나는지 표시하고, 각 작용에 관여하는 생물을 한 가지 이상 적으시오: 암모니아화, 분해, 탈질소화, 질소화, 질소고정.

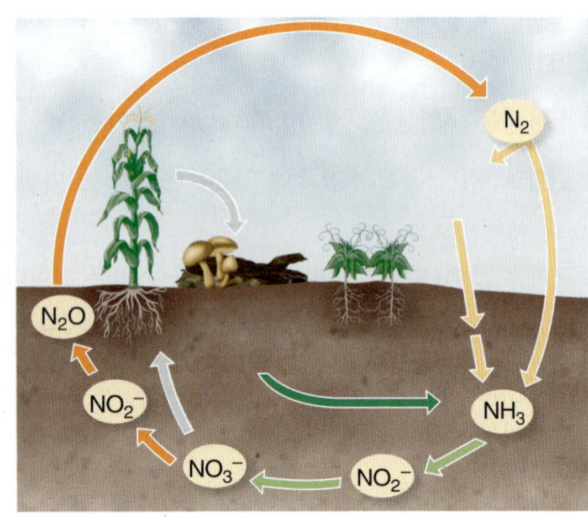

6. 다음 생물들은 식물과 곰팡이의 공생체로서 중요한 역할을 담당한다. 각 생물과 그 숙주의 공생관계를 설명하시오: 남세균, 균근, *Rhizobium*, *Frankia*.

7. 수돗물(먹는 물) 처리과정의 개요를 서술하시오.

8. 다음 과정들은 폐수처리의 일부분이다. 하수 처리의 각 단계에 알맞은 과정을 짝지으시오. 각 처리 단계는 여러 번 쓰일 수도, 한 번 쓰일 수도, 혹은 쓰이지 않을 수도 있다.

과정	처리 단계
________ a. 침출지	1. 1차
________ b. 고형물 제거	2. 2차
________ c. 생물학적 분해	3. 3차
________ d. 활성 슬러지 시스템	
________ e. 인의 화학적 침전	
________ f. 살수여과상법	
________ g. 먹을 수 있는 물 생산	

9. 생물정화는 오염물질을 제거하는 데 살아 있는 생물을 사용하는 것을 일컫는다. 생물정화의 예를 세 가지 드시오.

10. 이름 답하기 질소고정 작용을 돕는 이 원핵생물은 논에 질소비료를 공급한다. 민물 식물인 *Azolla*의 세포에 공생하는 이것은 무엇인가?

11. 산업미생물학이란 무엇이고 이것이 왜 중요한가?

12. 병원이나 실험실에서 사용하는 멸균과정과 공업살균은 어떻게 다른가?

13. 공업살균에서 통조림용 검은 딸기를 최소 116°C 대신에 통상 100°C로 열처리하는 이유는 무엇인가?

14. 치즈 생산과정의 개요를 설명하고, 단단한 치즈와 부드러운 치즈의 생산과정을 비교하시오.

15. 맥주는 물과 맥아, 효모로 만든다. 홉은 풍미를 위해서 첨가된다. 물과 맥아, 효모의 사용 목적은 무엇인가? 맥아란 무엇인가?

16. 공장에서 항생제를 생산하는 데에 거대한 플라스크보다 생물반응기가 더 좋은 이유는 무엇인가?

17. 종이를 제조하는 과정에서 표백제와 포름알데히드 성분의 접착제가 사용된다. 미생물 효소인 자일라나제(xylanase)는 검은 리그닌을 분해하여 종이를 희게 만든다. 옥시다제(oxidase)는 섬유질을 서로 붙게 하며, 섬유소분해효소(cellulase)는 잉크를 제거한다. 기존의 화학적 방법에 비해서 종이 제조에 이들 미생물 효소를 이용하여 얻을 수 이점을 세 가지 열거하시오.

18. 생물전화의 한 가지 예를 설명하시오. 결과적으로 연료를 생산할 수 있는 대사과정에는 어떤 것이 있는가?

19. 그려보기 이 그래프에 영양기(trophophase)와 생산기(idiophase)를 표시하시오. 1차 대사산물과 2차 대사산물이 만들어지는 때를 표시하시오.

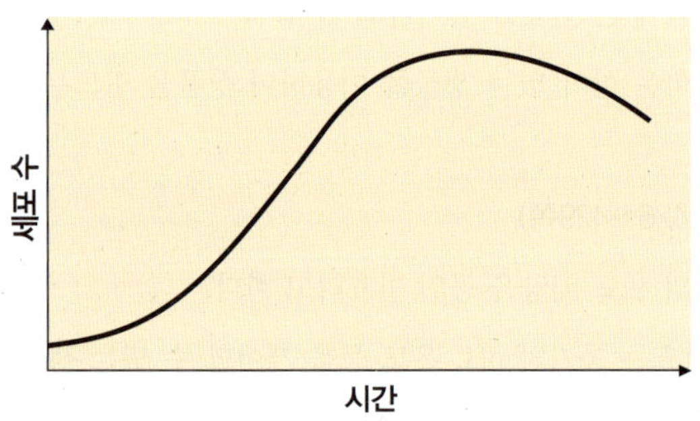

20. 이름 답하기 핵과 세포벽이 있고 출아법을 이용하는 이 미생물은 루벤후크가 최초로 관찰하였다. 비록 역사가 기록되기 이전부터 인간은 이 미생물을 사용하고 있었지만, 이것이 어떤 작용을 하는지를 처음으로 알아낸 사람은 파스퇴르였다.

객관식 문제

1~4번의 답을 다음 중에서 선택하시오.

a. 호기 상태에서 일어난다.
b. 혐기 상태에서 일어난다.
c. 공기의 유무는 아무 상관이 없다.

1. 활성 슬러지법

2. 탈질소화반응

3. 질소고정

4. 메탄 생산

5. 병원에서 정맥주사용 용액을 만들기 위해 사용되는 물에 내독소가 포함되어 있었다. 감염 관리 직원이 이 세균이 어디서 왔는지 알아내기 위해서 평판계수 실험을 수행하였다. 그 결과는 다음과 같다:

	세균 수/100 ml
도시 수도관	0
보일러	0
온수 공급관	300

다음 중 이 결과에 근거해서 이 세균에 대해 내릴 수 없는 결론은?
a. 세균이 생물막 형태로 송수관 속에 존재했다.
b. 이 세균은 그람음성이다.
c. 이 세균은 분변 오염에서 왔다.
d. 이 세균은 도시의 수도관에서 왔다.
e. 답 없음

6~8번의 답을 다음 중에서 선택하시오.
a. 유산소 호흡
b. 무산소 호흡
c. 산소 비발생 광독립영양 생물
d. 산소 발생 광독립영양 생물

6. $CO_2 + H_2S \rightarrow C_6H_{12}O_6 + S^0$

7. $SO_4^{2-} + 10H^+ + 10e^- \rightarrow H_2S + 4H_2O$

8. $CO_2 + 8H^+ + 8e^- \rightarrow CH_4 + 2H_2O$

9. 다음 중 수질오염으로 인한 결과는?
a. 전염병 확산
b. 부영양화 증가
c. BOD 증가
d. 조류 성장 증가
e. 답 없음

10. 대장균류가 하수의 오염 정도를 나타내는 지표생물로 사용되는 이유는 무엇인가?
a. 병원균이기 때문에
b. 젖당을 발효하기 때문에
c. 인간의 장에 많기 때문에
d. 48시간 이내에 성장하기 때문에
e. 이상 모두 정답

11. 전자레인지용 플라스틱에 담긴 식품은
a. 탈수되었다.
b. 동결건조되었다.
c. 무균 상태로 포장되었다.
d. 공업살균되었다.
e. 고온고압멸균되었다.

12. 비타민 C 생산 과정 중에서 *Acetobacter*는 단 하나의 단계에만 필요하다. 이 단계를 실행하는 가장 쉬운 방법은
a. 기질과 *Acetobacter*를 함께 시험관에 넣는 것이다.
b. *Acetobacter*를 특정 표면에 부착시키고 그 위로 기질을 흘리는 것이다.
c. 기질과 *Acetobacter*를 함께 생물반응기에 넣는 것이다.
d. 이 단계의 대체 방안을 찾는 것이다.
e. 답 없음

13~15번 문제의 답을 다음 중에서 선택하시오.
a. *Bacillus coagulans*
b. *Byssochlamys*
c. 플랫사우어 부패
d. *Lactobacillus*
e. 고열성 무산소 부패

13. 부적절한 처리로 인해 생기는 통조림 식품의 부패로 가스 생산이 동반됨.

14. *Geobacillus stearothermophilus*이 일으키는 통조림 식품의 부패.

15. 산성 식품의 부패를 일으키는 내열성 곰팡이.

16. *12D* 처리라는 용어가 의미하는 것은?
a. 12마리 세균을 사멸시키기에 충분한 열처리.
b. 식품 보존을 위해서 12가지의 다른 처리를 하는 것.
c. *C. botulinum*의 내생포자가 10^{12}만큼 감소하는 것.
d. 호열성 세균을 제거하는 한 방법.

17. 다음 중 미생물이 생산하는 연료가 아닌 것은?
a. 조류 기름
b. 에탄올
c. 수소
d. 메탄
e. 우라늄

18. 식품 보존에 사용되는 방사선은?
a. 이온화
b. 비이온화
c. 전파
d. 마이크로파
e. 이상 모두

19. 다음 중 포도주 양조과정에서 바람직하지 않은 반응은?
a. 설탕 → 에탄올
b. 에탄올 → 초산
c. 말산 → 젖산
d. 포도당 → 피루브산

20. 다음 반응 중 *Acidithiobacillus ferrooxidans*가 수행하는 산화반응은?
a. $Fe^{2+} \rightarrow Fe^{3+}$
b. $Fe^{3+} \rightarrow Fe^{2+}$
c. $CuS \rightarrow CuSO_4$
d. $Fe^0 \rightarrow Cu^0$
e. 답 없음

부록 A

버지편람에 따른 원핵생물의 분류*

- 영역: 고세균
  - **크렌아케오타문(Crenarchaeota)**
    - 강: Thermoprotei
      - 목: Desulfurococcales
        - 과: Desulfurococcaceae
          - *Desulfurococcus*
        - 과: Pyrodictiaceae
          - *Pyrodictium*
      - 목: Sulfolobales
        - 과: Sulfolobaceae
          - *Sulfolobus*
  - **유리아케오타문(Euryarchaeota)**
    - 강: Methanobacteria
      - 목: Methanobacteriales
        - 과: Methanobacteriaceae
          - *Methanobacterium*
    - 강: Methanococci
      - 목: Methanococcales
        - 과: Methaococcaceae
          - *Methanothermococcus*
    - 강: Halobacteria
      - 목: Halobacteriales
        - 과: Halobacteriaceae
          - *Haloarcula*
          - *Halobacterium*
          - *Halococcus*
    - 강: Thermoplasmata
      - 목: Thermoplasmatales
        - 과: Thermoplasmataceae
          - *Thermoplasma*
    - 강: Thermococci
      - 목: Thermococcales
        - 과: Thermococcaceae
          - *Pyrococcus*
          - *Thermococcus*
- 영역: 세균
  - 미분류
    - *Thermovibrio*
  - **열포균문(Thermotogae)**
    - 강: Thermotogae
      - 목: Thermotogales
        - 과: Thermotogaceae
          - *Thermotoga*
  - **이상구균-서열균문(Deinococcus-Thermus)**
    - 강: Deinococci
      - 목: Deinococcales
        - 과: Deinococcaceae
          - *Deinococcus*
      - 목: Thermales
        - *Thermus*
  - **크리시오게네스균문(Chrysiogenetes)**
  - **녹만균문(Chloroflexi)**
    - 강: Chloroflexi
      - 목: Chloroflexales
        - 과: Chloroflexaceae
          - *Chloroflexus*
  - **남세균문(Cyanobacteria)**
    - 강: Cyanobacteria
      - *Gloeocapsa*
      - *Prochlorococcus*
      - *Synechococcus*
      - *Spirulina*
      - *Anabaena*
  - **녹균문(Chlorobi)**
    - 강: Chlorobia
      - 목: Chlorobiales
        - 과: Chlorobiaceae
          - *Chlorobium*
  - **가변세균문(Proteobacteria)**
    - 강: 알파가변세균(Alphaproteobacteria)
      - 목: Rhodospirillales
        - 과: Rhodospirillaceae
          - *Azospirillum*
          - *Magnetospirillum*
          - *Rhodospirillum*
        - 과: Acetobacteraceae
          - *Acetobacter*
          - *Gluconacetobacter*
          - *Gluconobacter*
          - *Stella*
      - 목: Rickettsiales
        - 과: Rickettsiaceae
          - *Rickettsia*
        - 과: Anaplasmataceae
          - *Anaplasma*
          - *Ehrlichia*
          - *Wolbachia*
        - 미분류
          - *Pelagibacter*
      - 목: Rhodobacterales
        - 과: Rhodobacteraceae
          - *Paracoccus*
      - 목: Caulobacterales
        - 과: Caulobacteraceae
          - *Caulobacter*
      - 목: Rhizobiales
        - 과: Rhizobiaceae
          - *Agrobacterium*
          - *Rhizobium*
        - 과: Bartonellaceae
          - *Bartonella*
        - 과: Brucellaceae
          - *Brucella*
        - 과: Beijerinckiaceae
          - *Beijerinckia*
        - 과: Bradyrhizobiaceae
          - *Bradyrhizobium*
          - *Nitrobacter*
          - *Rhodopseudomonas*
        - 과: Hyphomicrobiaceae
          - *Hyphomicrobium*
    - 강: 베타가변세균(Betaproteobacteria)
      - 목: Burkholderiales
        - 과: Burkholderiaceae

* 분류는 세균 분류를 위한 버지편람(*Bergey's Manual of Systematic Bacteriology*) 2판 5권(2004)을 따랐다. 배양 가능한 세균과 고세균 동정을 위해서는 세균 동정을 위한 버지편람(*Bergey's Manual of Determinative Bacteriology*) 9판(1994)을 사용해야 한다.

Burkholderia
Cupriavidus
Ralstonia
과: Alcaligenaceae
Alcaligenes
Bordetella
미분류
Sphaerotilus
목: Hydrogenophilales
과: Hydrogenophilaceae
Thiobacillus
목: Methylophilales
과: Methylophilaceae
Methylophilus
목: Neisseriales
과: Neisseriaceae
Aquaspirillum
Neisseria
목: Nitrosomonadales
과: Nitrosomonadaceae
Nitrosomonas
과: Spirillaceae
Spirillum
목: Rhodocyclales
과: Rhodocyclaceae
Propionibacter
Zoogloea
강: 감마가변세균(Gammaproteobacteria)
목: Chromatiales
과: Chromatiaceae
Chromatium
Thiocapsa
과: Ectothiorhodospiraceae
Ectothiorhodospira
목: Xanthomonadales
과: Xanthomonadaceae
Xanthomonas
목: Thiotrichales
과: Thiotrichaceae
Beggiatoa
Thiomargarita
과: Francisellaceae
Francisella
목: Legionellales
과: Legionellaceae
Legionella
과: Coxiellaceae
Coxiella
목: Pseudomonadales
과: Pseudomonadaceae
Azomonas
Azotobacter
Pseudomonas
과: Moraxellaceae
Acinetobacter
Moraxella
목: Vibrionales
과: Vibrionaceae
Aliivibrio
Photobacterium
Vibrio
목: Aeromonadales
과: Aeromonadaceae
Aeromonas
목: Enterobacteriales
과: Enterobacteriaceae
Citrobacter
Enterobacter
Erwinia
Escherichia
Klebsiella
Pantoea
Plesiomonas
Proteus
Salmonella
Serratia
Shigella
Yersinia
목: Pasteurellales
과: Pasteurellaceae
Haemophilus
Pasteurella
Mannheimia
미분류
Carsonella
강: 델타가변세균(Deltaproteobacteria)
목: Desulfovibrionales
과: Desulfovibrionaceae
Desulfovibrio
목: Bdellovibrionales
과: Bdellovibrionaceae
Bdellovibrio
목: Myxococcales
과: Myxococcaceae
Myxococcus
강: 입실론가변세균(Epsilonproteobacteria)
목: Campylobacterales
과: Campylobacteraceae
Campylobacter
과: Helicobacteraceae
Helicobacter
후벽균문(Firmicutes)
강: Bacilli
목: Bacillales
과: Bacillaceae
Bacillus
Geobacillus
과: Listeriaceae
Listeria
과: Paenibacillaceae
Paenibacillus
과: Staphylococcaceae
Staphylococcus
과: Thermoactinomycetaceae
Thermoactinomyces
목: Lactobacillales
과: Lactobacillaceae
Lactobacillus
Pediococcus
과: Leuconostocaceae
Leuconostoc
과: Streptococcaceae
Lactococcus
Streptococcus
강: Clostridia
목: Clostridiales
과: Clostridiaceae
Clostridium
과: Peptococcaceae
Desulfotomaculum
과: Veillonellaceae
Veillonella
미분류
Epulopiscium
목: Thermoanaerobacteriales
과: Thermoanaerobacteriaceae
Thermoanaerobacterium
테네리쿠테스문(Tenericutes)

목: Mycoplasmatales
과: Mycoplasmataceae
Mycoplasma
Ureaplasma
목: Entomoplasmatales
과: Spiroplasmataceae
Spiroplasma
목: Anaeroplasmatales
과: Erysipelotrichidae
Erysipelothrix

방선균문(Actinobacteria)
강: Actinobacteria
목: Actinomycetales
과: Actinomycetaceae
Actinomyces
Arcanobacterium
목: Micrococcineae
과: Micrococcaceae
Micrococcus
과: Brevibacteriaceae
Brevibacterium
과: Cellulomonadaceae
Tropheryma
과: Corynebacteriaceae
Corynebacterium
과: Mycobacteriaceae
Mycobacterium
과: Nocardiaceae
Nocardia
Rhodococus
과: Micromonosporaceae
Micromonospora
과: Streptomycetaceae
Streptomyces
과: Frankiaceae
Frankia
목: Bifidobacteriales
과: Bifidobacteriaceae
Bifidobacterium
Gardnerella

부유균문(Planctomycetes)
목: Planctomycetales
과: Planctomycetaceae
Gemmata

클라미디아균문(Chlamydiae)
목: Chlamydiales
과: Chlamydiaceae
Chlamydia
Chlamydophila

스피로헤타문(Spirochaetes)
강: Spirochaetes
목: Spirochaetales
과: Spirochaetaceae
Treponema
과: Leptospiraceae
Leptospira

의간균문(Bacteroidetes)
강: Bacteroidetes
목: Bacteroidales
과: Bacteroidaceae
Bacteroides
과: Porphyromonadaceae
Porphyromonas
과: Prevotellaceae
Prevotella
강: Flavobacteria
목: Flavobacteriales
과: Flavobacteriaceae
과: Blattabacteriaceae
Blattabacterium
강: Sphingobacteria
목: Sphingobacteriales
과: Flexibacteraceae
Cytophaga

푸소박테리움문(Fusobacteria)
강: Fusobacteria
목: Fusobacteriales
과: Fusobacteriaceae
Fusobacterium
Streptobacillus

부록 B

복습과 객관식 문제 해답

제1장

복습 문제

1. 사람들은 거름에서 나오는 파리와 죽은 동물에서 나오는 구더기 그리고 액체에서 하루 이틀 후에 미생물이 나타나는 것을 볼 수 있기 때문에 살아 있는 생물은 무생물에서 발생한다고 믿게 되었다.

2. a. 어떤 미생물은 곤충에 질병을 일으킨다. 곤충을 죽이는 미생물은 해충에 특이적이고 환경에 지속되지 않기 때문에 효과적인 생물학적 제어제가 될 수 있다.

b. 탄소와 산소, 질소, 황, 인은 모든 생명체에 요구된다. 미생물은 이런 원소를 다른 생명체가 유용한 형태로 전환한다. 많은 세균이 물질을 분해하고 대기로 식물이 사용하는 이산화탄소를 방출한다. 일부 세균은 대기에서 질소를 취할 수 있어 이를 식물과 다른 미생물이 사용할 수 있는 형태로 전환한다.

c. 정상미생물상은 사람 몸 안팎에서 발견되는 미생물이다. 이들은 보통 질병을 일으키지 않고 이로울 수 있다.

d. 하수에 있는 유기물질은 하수처리시설에서 세균에 의해 분해되어 이산화탄소와 질산, 인산, 황산, 다른 무기 화합물이 된다.

e. 유전자재조합 기술로 세균에 인슐린 생산을 위한 유전자를 삽입하게 되었다. 이 세균은 인간 인슐린을 비싸지 않게 생산할 수 있다.

f. 미생물은 백신으로 이용될 수 있다. 일부 미생물은 유전적으로 백신 성분을 생산하기 위해 변형된다.

g. 생물막은 세균이 서로간에 그리고 고체표면에 부착된 세균 집합체이다.

3.

a. 1, 3	c. 1, 4, 5	e. 5	g. 4
b. 8	d. 2	f. 3	h. 7

4.

a. 7	c. 3	e. 6	g. 1
b. 4	d. 2	f. 5	

5.

a. 11	e. 3	i. 1	m. 7	q. 13
b. 14	f. 9	j. 12	n. 5	r. 16
c. 15	g. 10	k. 18	o. 6	
d. 17	h. 2	l. 4	p. 8	

6. a. *B. thuringiensis*는 생물학적 살충제로 판매된다.

b. *Saccharomyces*는 효모로 빵과 와인, 맥주를 제조하기 위해 판매된다.

7.

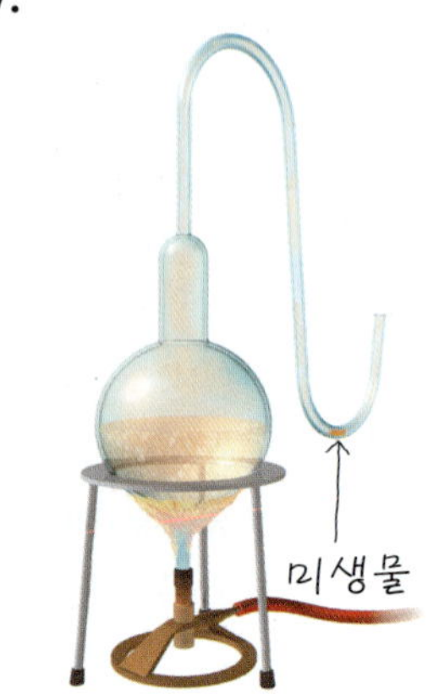

8. 세균

객관식 문제

1. a	**6.** e
2. c	**7.** c
3. d	**8.** a
4. c	**9.** c
5. b	**10.** a

제2장

복습 문제

1. a. 복합광학현미경 b. 암시야현미경
c. 위상차현미경 d. 형광현미경
e. 전자현미경 f. 차등간섭대비현미경

2.

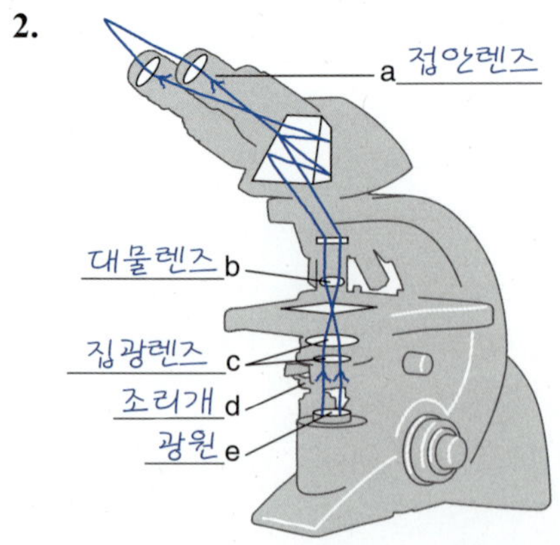

3. 접안렌즈 배율 × 유침용 대물렌즈 배율 = 시료의 총 배율

10×	100×	1,000×

4. 그람염색에서 매염제는 기본 염료와 조합되어 복합체를 형성한다. 이것은 그람양성 세포에서 씻겨나가지 않는다. 편모염색에서 매염제는 편모에 축적되어 이들을 광학현미경으로 볼 수 있다.

5. 대응염색은 색이 없는 비항산성 세포를 염색하여 이들을 현미경으로 쉽게 관찰할 수 있다.

6. 그람염색에서 탈색제는 그람음성 세포에서 색을 제거한다. 항산성염색에서 탈색제는 비항산성 세포에서 색을 제거한다.

7. a. 보라색 e. 보라색
   b. 보라색 f. 보라색
   c. 보라색 g. 무색
   d. 보라색 h. 적색

8. a. 와 e. b. 와 e.

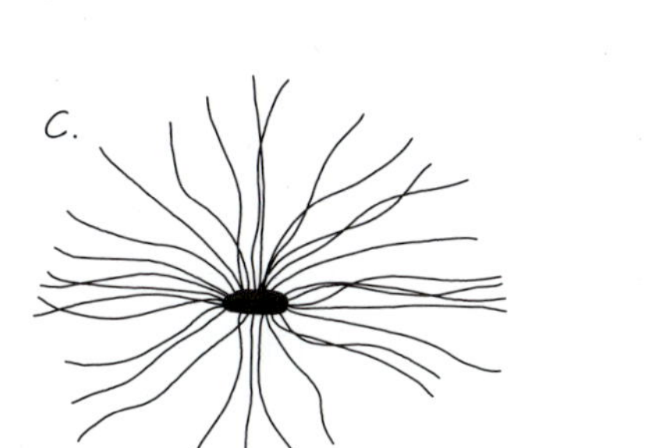

d. 와 e.

9. a. 포자생식
   b. 어떤 열악한 환경조건
   c. 발아
   d. 선호하는 환경조건

10.

11. a. 4
    b. 6
    c. 1
    d. 3
    e. 1, 5
    f. 3, 9
    g. 2, 8
    h. 7

12. 내생포자는 하나의 세포에게 성장과 분열의 반대로서 "휴지" 혹은 생존하는 방법을 제공하기에 휴지 구조라고 불린다. 왜냐하면 이것은 보호적인 내생포자 벽은 세균이 열악한 조건의 환경을 견뎌내게 한다.

13. a. 그림 (a)는 지질다당류-인지질-지질단백질 층이 없기 때문에 그람양성세균을 말한다.
    b. 그람음성세균은 초기에 바이올렛 염색이 유지된다. 그러나 탈색제에 의해 외막이 녹을 때 이것은 방출된다. 염료-요오드 복합체가 들어간 다음, 이것은 그람양성 세포의 펩티도글리칸에 붙잡히게 된다.
    c. 그람음성 세포의 외층은 페니실린이 세포로 들어가는 것을 막는다.
    d. 필수적인 분자는 그람양성 벽을 통해 확산된다. 그람음성 외막에 있는 포린과 특수한 통로단백질은 작은 수용성 분자를 통과시킨다.
    e. 그람음성

14. a. 3
    b. 4
    c. 7
    d. 1
    e. 6
    f. 2
    g. 5

15. 방선균류(Actinomycete)

객관식 문제

1. c	**5.** a	**9.** c	**13.** a	**17.** e
2. d	**6.** e	**10.** e	**14.** d	**18.** a
3. b	**7.** d	**11.** d	**15.** e	**19.** b
4. a	**8.** b	**12.** b	**16.** b	

제3장

복습 문제

1. (a)은 캘빈-벤슨 회로, (b)는 해당과정, 그리고 (c)는 크렙스 회로이다.
   a. 글리세롤은 경로 (b)에 의해 디히드록시아세톤 인산으로 분해된다. 지방산은 경로 (c)로 아세틸기로 들어간다.
   b. 경로 (c), α-케토글루타르산에서
   c. 글리세르알데히드-3-인산은 캘빈-벤슨 회로에서 해당과정으로 들어간다. 해당과정에서 피루브산은 탈탄산되어 크렙스 회로로 들어갈 아세틸기를 만든다.
   d. (a)에서 포도당과 글리세르알데히드-3-인산 사이
   e. 피루브산의 아세틸기로 전환, 이소시트르산의 α-케토글루타르

산으로 전환, α-케토글루타르산의 숙시닐-조효소A로 전환

f. 아세틸기로 경로 (c)에 의해

g.

	소모	생산
캘빈-벤슨 회로	6 NADPH	
해당과정		2 NADH
피루브산 → 아세틸		1 NADH
이소시트르산 → α-케토글루타르산		1 NADH
α-케토글루타르산 → 숙시닐~조효소A		1 NADH
숙신산 → 푸마르산		1 $FADH_2$
말산 → 옥살로아세트산		1 NADH

h. 디히드록시아세톤 인산; 아세틸; 옥살로아세트산; α.-케토글루타르산

2. 산화-환원: 한 기질이 전자를 잃고 다른 기질이 전자를 얻는 연동된 반응
   a. 유산소 호흡에서 최종 전자수용체는 산소 분자이다; 무산소 호흡에서 이것은 다른 무기 분자이다.
   b. 전자전달사슬은 호흡에서 이용되지만 발효에서는 이용되지 않는다. 호흡에서 최종 전자수용체는 보통 무기물이다; 발효에서 이것은 보통 유기물이다.
   c. 순환적 광인산화에서 전자는 엽록소로 돌아간다. 비순환적 광인산화에서 엽록소는 전자를 수소 원자로부터 받는다.

3. a. 광인산화
   b. 산화적 인산화
   c. 기질수준의 인산화

4. 산화

5. a. CO_2 e. CO_2
   b. 빛 f. 무기 분자
   c. 유기 분자 g. 유기 분자
   d. 빛 h. 유기 분자

6. 양성자는 막의 한쪽에서 다른 쪽으로 펴내어진다; 양성자가 막을 건너 되돌아오는 이동이 ATP를 생산한다. a와 b. 바깥부분은 산성이고 양전하를 가진다. c. 에너지-보존 위치는 양성자가 밖으로 펴내는 세 개의 자리이다. d. 운동에너지는 ATP 합성효소에서 실체화된다.

7. NAD^+가 더 많은 전자를 획득하는 데 필요하다. NADH는 보통 호흡으로 다시 산화된다. NADH는 발효로 다시 산화될 수 있다.

8. 화학독립영양생물

객관식 문제

1. a 3. b 5. c 7. b 9. c
2. d 4. c 6. b 8. a 10. b

제4장

복습 문제

1. 이분법에서 세포는 늘어나고 염색체는 복제된다. 그 다음 핵질이 균등하게 나누어진다. 원형질막은 세포의 중앙으로 함입된다. 세포벽은 두꺼워지고 함입된 막 사이 안쪽에 자란다; 결과로 새로운 두 세포가 된다.

2. 탄소: 살아 있는 세포를 구성하는 분자의 합성. 수소: 전자의 원천이고 유기 분자의 성분. 산소: 유기 분자의 성분; 유산소생물의 전자수용체. 질소: 아미노산의 성분. 인: 인지질과 핵산에. 황: 일부 아미노산에.

3. a. H_2O_2을 O_2와 H_2O로 분해한다.
   b. H_2O_2; 과산화물 이온은 O_2^{2-}이다.
   c. H_2O_2의 분해를 촉매;

$$NADH + H^+ + H_2O_2 \longrightarrow NAD^+ + 2H_2O$$

   d. O_2^-; 이 음이온은 하나의 비공유 전자를 가진다.
   e. 초과산화물을 O_2와 H_2O_2로 전환시킨다;

$$2O_2^- + 2H^+ \longrightarrow O_2 + H_2O_2$$

   이 효소들은 호흡 동안 생성되는 강한 산화제, 과산화물과 초과산화물로부터 세포를 보호하는 데 중요하다.

4. 직접측정법은 직접현미경계수, 평판계수법, 여과법과 최확수법이 있고 간접측정법은 탁도, 대사활성, 건조중량을 측정하는 방법이 있다.

5. 세균의 성장 속도는 온도가 낮아짐에 따라 늦어진다. 중온성세균은 냉장 온도에서 천천히 자랄 것이고 냉동고에서 유지상태로 남을 것이다. 세균은 냉장고에서 식품을 빨리 상하게 하지 않을 것이다.

6. 세포 수 × $2^{n\ 세대}$ = 총 세포 수

$$6 \times 2^7 = 768$$

7. 석유는 기름분해세균의 탄소와 에너지 요구에 적합하다; 그러나 질소와 인산은 다량으로 함유되어 있지 않다. 질소와 질소와 인산은 단백질과 인지질, 핵산과 ATP를 만드는 데 필수적이다.

8. 화학 한정배지는 정확한 화학조성이 알려진 배지이다. 복합배지는 정확한 화학조성을 모르는 배지이다.

9.

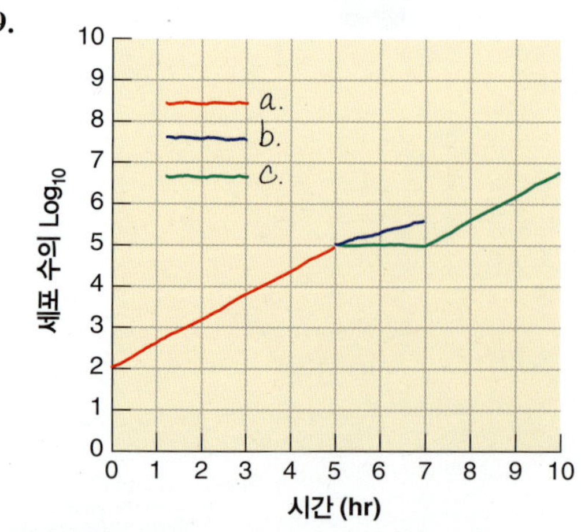

10. 저온, 고염, 유산소

객관식 문제

1. c **3.** 3 **5.** c **7.** e **9.** b
2. a **4.** 1 **6.** d **8.** c **10.** b

제5장

복습 문제

1. 가압증기멸균기. 물 분자가 열을 잘 전달하기 때문에 습열은 세포에 즉시 전달된다.

2. 저온살균은 질병이나 식품의 빠른 손상을 일으키는 대부분의 생물을 제거한다.

3. 열사멸온도의 결정에 영향을 주는 변수는
- 세균 종의 타고난 열내성
- 냉동 건조되었든지, 젖었든지 등의 배양의 과거 보관상태
- 검사 동안 세포의 응집
- 수분의 함량
- 유기물질의 함량
- 가열 후 배양의 생존율을 결정하는데 사용되는 배지와 배양온도

4. a. 전리방사선이 DNA를 직접 부수는 능력. 그러나 세포 내 물의 함량이 높기 때문에 DNA 가닥을 부수는 자유라디칼(H· 과 OH·)이 형성될 가능성이 높다.
b. 티민 이량체

5.

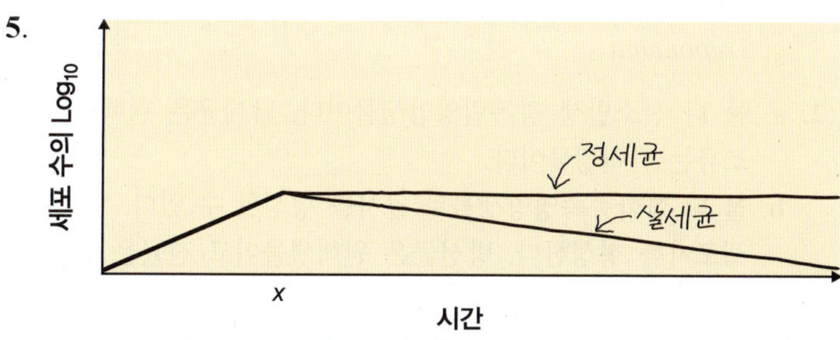

6. 세 과정 모두 미생물을 죽인다; 그러나 습기와/또는 온도가 증가함에 따라 짧은 시간이 같은 결과를 달성하는 데 필요하다.

7. 소금과 설탕은 고장액 환경을 만든다. 소금과 설탕(보존제로)은 세포 구조나 대사에 직접 영향을 주지는 않는다; 대신 이들은 삼투압을 변경시킨다. 잼과 젤리는 설탕으로 보존된다; 고기는 보통 소금으로 보존된다. 곰팡이는 세균보다 높은 삼투압에서 성장하는 능력이 있다.

8. 소독제 B가 더 희석가능하고 효과가 유지되어 선호된다.

9. 4차암모늄화합물은 그람양성세균에 가장 효과적이다. 욕조의 갈라진 틈이나 배수구 주변에 껴 있는 그람음성세균은 욕조를 씻을 때 씻겨나가지 않는다. 그람음성세균은 세척과정에서 살아남을 수 있다. 일부 슈도모나드는 축적된 4차암모늄화합물에서 성장할 수 있다.

10. 슈도모나드(*Pseudomonas*와 *Burkholderia*)

객관식 문제

1. d **3.** d **5.** b **7.** b **9.** a
2. b **4.** d **6.** b **8.** a **10.** b

제6장

복습 문제

1. DNA는 데옥시라이보스 당과 인산기가 반복적으로 연결된 실과 같은 구조로 이루어져 있으며 각각의 당에는 질소함유 염기가 부착되어 있다. 아데닌, 티민, 사이토신, 구아닌의 네 종류 염기가 DNA에 들어 있다. 세포 안에서 DNA는 두 가닥이 서로 꼬여 이중나선을 형성한다. 두 가닥의 염기 사이에 수소결합이 형성되어 두 개의 가닥이 서로 결합할 수 있다. 염기는 특수하게 서로 상보적인 관계를 지닌 A와 T, 그리고 C와 G가 서로 짝을 이룬다. DNA의 뉴클레오티드 서열에 담겨 있는 정보에 따라 세포 안에서 RNA와 단백질 합성이 일어난다.

2.

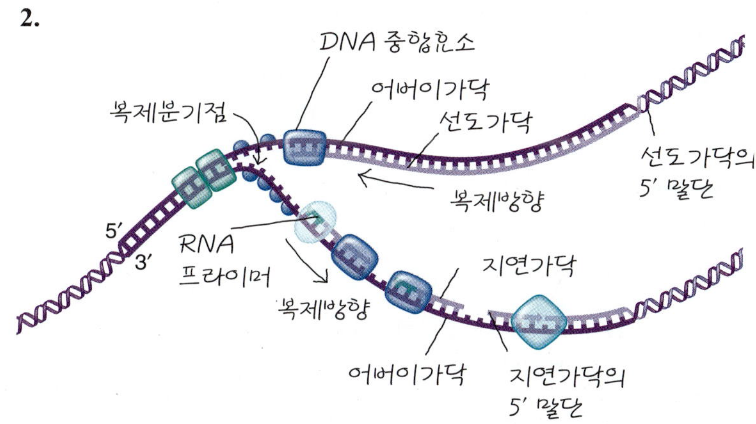

3. a. 2 c. 3 e. 5
b. 4 d. 1

4. a. ATATTACTTTGCATGGACT.
b. met-lys-arg-thr-(종결).
c. TATAATGAAACGTTCCTGA.
d. 변화 없음.
e. 아르지닌이 시스테인으로 치환.
f. 스레오닌이 프롤린으로 치환(미스센스 돌연변이).
g. 틀변환 돌연변이.
h. 인접한 타이민 염기가 결합하여 이량체를 형성한다.
i. ACT.

5. 철이 부족하면 철을 필요로 하는 단백질을 암호화하는 RNA에 상보적인 서열을 갖는 miRNA의 합성이 촉진된다.

6. a. 번역 이후. b. 전사 이후.
c. 전사 이전. d. 전사 이전.

7. CTTTGA. 세균에 존재하는 내생포자와 색소 등은 자외선에 의한 손상으로부터 유전자를 보호한다. 이와 더불어 손상된 DNA를 수선함으로써 티민 다량체를 제거하고 원래의 DNA 상태로 복구할 수 있기 때문이다.

8. a. 배양액 1에서는 아무런 변화가 일어나지 않는다. 배양액 2에서는 F^+로 변하지만 원래의 유전형은 바뀌지 않는다.
b. 공여세포와 수용세포의 DNA 사이에서 서로 재조합이 일어나서 $A^+B^+C^+$와 $A^-B^-C^-$ 유전형 사이의 모든 조합이 생겨날 수 있다. 만약 F 플라스미드 또한 모두 전달된다면 수용세포가 F^+로 전환될 가능성도 있다.

9. 돌연변이와 재조합은 유전적 다양성을 제공한다. 환경 인자들은 자연선택 과정을 통해 개체의 생존에 유리한 형질을 선택한다. 유전적 다양성은 일부 개체가 자연선택과정에서 생존하는 데 유리한 형질을 보유할 수 있는 가능성을 높인다. 생존한 개체는 계속 유전자의 변화를 겪게 될 것이고 이와 같은 과정을 통해 종의 진화가 이루어진다.

10. 대장균(*Escherichia coli*)

객관식 문제

1. c	3. c	5. c	7. a	9. d
2. d	4. d	6. b	8. c	10. a

제7장

복습 문제

1. A와 D가 유사한 G~C%를 지니므로 가장 밀접하게 연관되어 있는 것으로 보인다. 같은 종에 속하는 것은 없다.

2. A와 D가 가장 밀접하게 연관되어 있다.

3. 분기도는 생물들 사이의 유사도를 한눈에 보여주기 위한 목적으로 작성한다. 이분검색표는 동정에는 활용할 수 있으나 분기도와 같이 유사성을 보여주지는 못한다. 마이코플라스마속의 폐렴균과 대장균은 검색표에서 같은 가지의 끝에 위치하지만 분기도를 보면 마이코플라스마속은 클로스트리디움속과 더 밀접하게 연관되어 있음을 알 수 있다.

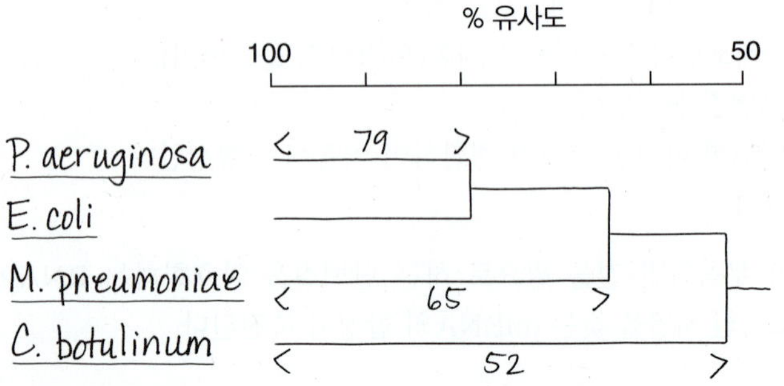

4. 한 가지 가능한 예는 다음과 같다. 형태 또는 포도당 발효와 같은 특성에서 시작하는 또 다른 양식의 검색표를 작성할 수도 있다.

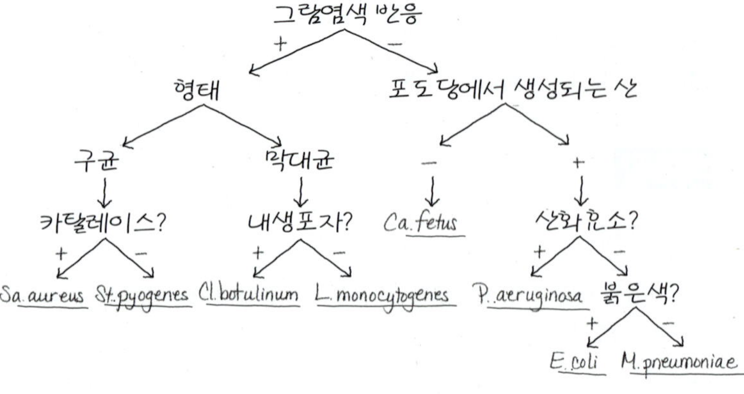

객관식 문제

1. b	3. d	5. e	7. a	9. a
2. e	4. b	6. a	8. e	10. b

제8장

복습 문제

1. a. *Clostridium*
b. *Bacillus*
c. *Streptomyces*
d. *Mycobacterium*
e. *Streptococcus*
f. *Staphylococcus*
g. *Treponema*
h. *Spirillum*
i. *Pseudomonas*
j. *Escherichia*
k. *Mycoplasma*
l. *Rickettsia*
m. *Chlamydia*

2. a. 둘 다 산소발생 광독립영양생물이다. 남세균은 원핵생물이나 조류는 진핵생물이다.
b. 둘 다 화학종속영양생물로 균사를 형성할 수 있다. 일부는 분생포자를 형성한다. 방선균은 원핵생물이고 진균은 진핵생물이다.
c. *Bacillus*는 내생포자를 형성하고 *Lactobacillus*는 내생포자를 형성하지 않는 발효균이다.
d. 둘 다 작은 막대 모양의 세균이다. *Pseudomonas*는 산화적 대사과정을 지니고 *Escherichia*는 발효도 가능하다. *Pseudomonas*에는 극편모가 있고 *Escherichia*에는 주모성 편모가 달려 있다.
e. 둘 다 나선형 세균이다. *Leptospira*(스피로헤타에 속함)는 축사를 지닌다. *Spirillum*(나선균에 속함)은 편모를 이용해 이동한다.
f. 둘 다 그람음성, 막대 모양 세균이다. *Escherichia*는 조건부 혐기성이고 *Bacteroides*는 혐기성이다.
g. 둘 다 절대 세포내 기생생물이다. *Rickettsia*는 진드기에 의해 전염되고 *Chlamydia*는 독특한 발달 단계를 지닌다.

h. 둘 다 펩티도글리칸으로 이루어진 세포벽을 지니지 않는다. *Mycobacterium*은 마이콜산의 함량이 높은 세포벽을 가지고, *Mycoplasma*는 세포벽이 없다.

3. 여러 가지 방식으로 검색표를 작성할 수 있다. 한 가지 예를 제시하면 다음과 같다.

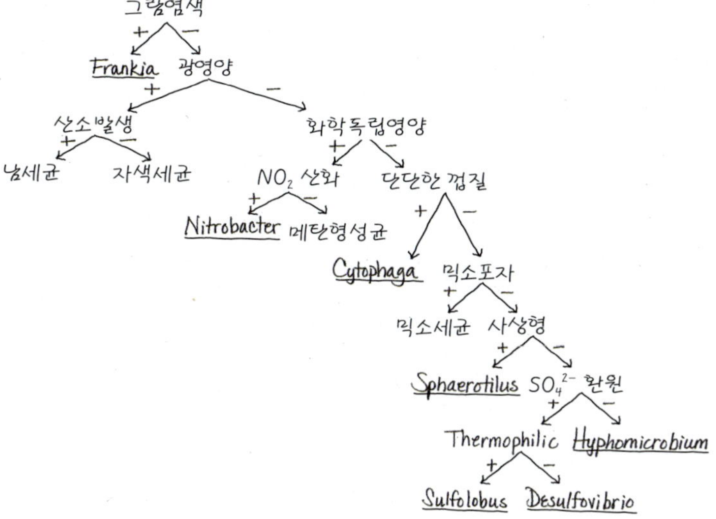

4. 메탄생성균

객관식 문제

1. b **3.** e **5.** b **7.** e **9.** b
2. b **4.** a **6.** c **8.** b **10.** a

제9장

복습 문제

1. a. 전신성
b. 피하성
c. 피부성
d. 표면성
e. 전신성

2. a. *E. coli*
b. *P. chrysogenum*

3. 새로 노출된 바위나 흙 표면에 최초로 군집을 형성하는 지의류는 거대한 무기물 입자를 화학적으로 부식시켜 그 결과 흙을 축적하는 작용을 한다.

4. 세포성 점균은 아메바형 세포로 따로 존재한다. 변형체성 점균은 다핵성 원형질 덩어리의 형태로 존재한다. 두 종류 모두 포자를 형성하여 어려운 환경 조건을 이겨낸다.

5. a. 편모
b. *Giardia*
c. 없음
d. *Nosema*
e. 위족
f. *Entamoeba*
g. 없음
h. *Plasmodium*(열원충속)
i. 섬모
j. *Balantidium*
k. 편모
l. *Trypanosoma*(파동편모충속)
m. 편모
n. *Trichomonas*(세포편모충속)

6. *Trichomonas*(파동편모충)은 숙주 바깥에서 오래 생존할 수 없다. 세포를 보호하는 피낭이 없기 때문이다. 따라서 파동편모충은 반드시 숙주에서 다른 숙주로 빨리 전파되어야만 한다.

객관식 문제

1. d **3.** b **5.** e **7.** d **9.** c
2. b **4.** a **6.** b **8.** a

제10장

복습 문제

1. 바이러스가 증식하려면 반드시 살아 있는 숙주세포가 필요하기 때문이다.

2. 바이러스는
- DNA 또는 RNA를 포함한다.
- 핵산을 단백질 껍질이 둘러싸고 있다.
- 세포의 합성 기구를 이용하여 살아 있는 세포 안에서만 증식한다.
- 바이러스 입자를 합성한다.

바이러스 입자(virion)는 바이러스의 핵산을 다른 세포로 전달하여 바이러스 증식을 시작할 수 있는 완전히 발달한 형태의 바이러스를 말한다.

3. 다면체(그림 10.2); 나선형(그림 10.4); 외피형(그림 10.3); 복합형(그림 10.5).

4.

부착 유입 생합성 성숙

탈피

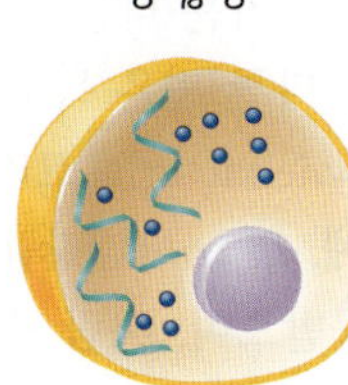
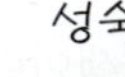
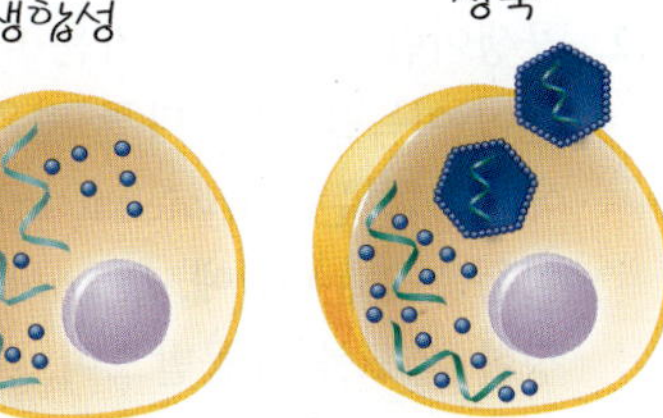

5. 두 종류의 바이러스 모두 −가닥이 더 많은 +가닥을 합성하는 주

형이 되어 이중가닥 RNA를 생성한다. 두 종류 모두에서 + 가닥은 mRNA로 작용한다.

6. 황색포도상구균(*S. aureus*)에 항생체를 처치하면 프로파지에 존재하는 P-V leukocidin 유전자의 발현이 활성화된다.

7. a. 바이러스는 숙주의 조직에서 쉽게 관찰되지 않을 수 있다. 바이러스는 새로운 숙주에 접종하기 위해 배양하기가 쉽지 않다. 게다가 바이러스는 숙주와 숙주의 세포 종류에 특이적이어서 코흐의 가설 세 번째 단계에 필요한 실험 동물을 구하기 어려울 수 있다.
   b. 일부 바이러스는 세포를 감염시켜도 암을 일으키지 않는다. 암은 감염된 이후 오랫동안 발생하지 않을 수도 있다. (따라서) 암은 전염되는 것으로 보이지 않다.

8. a. 아급성 경화성 범뇌염(Subacute sclerosing panencephalitis)
   b. 일반적인 바이러스
   c. 다양한 답이 가능하다. 예시, 잠재성 또는 비정상적인 조직에서 자랄

9. a. 단단한 세포벽
   b. 수액을 빠는 곤충 등의 매개체
   c. 식물 원형질체나 곤충 세포 배양액

10. 허피스바이러스과

객관식 문제

1. e **3.** b **5.** b **7.** c **9.** d
2. c **4.** c **6.** e **8.** d

제11장

복습 문제

1. a. 병인학이란 어떤 병의 원인에 대해서 연구하는 학문이며, 병리는 병이 발생하는 방식을 뜻한다.
   b. 감염이란 어떤 미생물이 우리 몸에 대량 서식하는 상태이다. 질병이란 건강한 상태를 벗어나는 우리 몸의 변화이다. 감염으로 병이 생길 수 있지만, 감염된다고 반드시 병이 생기는 것은 아니다.
   c. 전염병은 한 사람으로부터 다른 사람으로 퍼지는 병이며, 비전염병은 한 사람에게서 다른 사람에게로 옮지 않는 병이다.

2. 공생이란 같이 살아 가는 다른 생명체들을 뜻한다. 편리공생—한 편이 이득을 얻고 다른 편은 득도 해도 입지 않는다; 예, 눈 표면에 서식하는 corynebacteria(코리네세균). 상리공생—양쪽 모두 이득을 얻는다; 예, *E. coli*(대장균)은 대장에서 양분을 취하고 일정한 온도를 제공받으며, 사람 숙주가 필요로 하는 비타민 K와 비타민 B 일부를 생산한다. 기생—한 편은 이득을 얻고 다른 편은 해를 입는다; 예, *Salmonella enterica*(장티푸스균)은 대장의 따뜻한 환경에서 양분을 얻지만, 사람 숙주는 위장염 또는 장티푸스에 걸린다.

3. a. 급성
   b. 만성
   c. 아급성

4. 입원 환자들은 면역이 약해진 상태일 수 있어 감염에 걸리기 쉽다. 병원성 미생물은 주로 접촉성 전염과 공기 전염으로 환자에게 전염된다. 병원소는 병원 직원, 방문객 및 다른 환자들이 될 수 있다.

5. 환자가 느끼는 몸 상태의 변화를 **증상**(symptom)이라 한다. 무기력증 또는 통증과 같은 증상은 의사가 측정할 수 없는 것이다. 의사가 관찰 또는 측정할 수 있는 객관적 변화를 일컬어 **징후**(sign)라 한다.

6. 국부 감염한 미생물이 혈액 또는 림프관으로 들어가 전신에 퍼지면, 전심 감염을 일으킬 수 있다.

7. 일부는 상리공생 미생물로 숙주에게 필수적인 화학물질 또는 환경을 제공한다. 다른 일부는 편리공생 생명체로 필수적이지는 않으며, 또 다른 미생물도 그 역할을 할 수 있다.

8. 잠복기, 전구기, 급성기, 호전기(위기의 가능성), 회복기.

9. *Escherichia coli*

10. 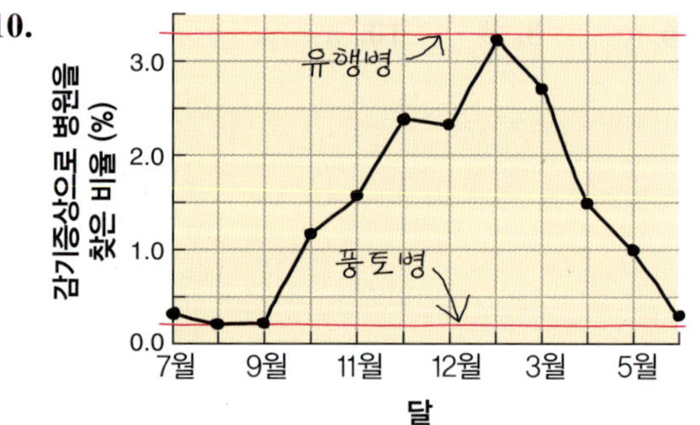

객관식 문제

1. a **3.** a **5.** a **7.** c **9.** c
2. b **4.** d **6.** a **8.** a **10.** b

제12장

복습 문제

1. 미생물이 병을 일으킬 수 있는 능력을 **병원성**(pathogenicity)이라 한다. 병원성의 세기를 **독성**(virulence)이라 한다.

2. 피막을 가진 세균은 식작용에 자항성을 가져 이를 회피함으로써 계속 증식할 수 있다. *Streptococcus pneumoniae*와 *Klebsiella pneumoniae*는 독성을 가지는 피막을 만든다. *Streptococcus pyogenes*의 세포벽에 있는 M 단백질과 *Staphylococcus aureus*

의 세포벽에 A 단백질은 이들이 식작용을 받지 않도록 해준다.

3. 헤모리신은 적혈구를 파괴한다; 적혈구가 용해되면 세균의 증식에 필요한 양분이 공급된다. 류코시딘(백혈구파괴소)은 식작용이 활발한 호중성백혈구와 대식세포를 파괴한다; 이로 인해 감염에 대한 숙주 저항성이 감소한다. 응고효소 혈액 내 피브리노겐을 응고시킨다; 응고물은 세균을 식작용과 그 외의 숙주 방어로부터 보호한다. 세균의 인산화효소가 피브린을 분해한다; 인산화효소는 세균을 격리하는 혈액응고를 파괴할 수 있어 세균이 퍼질 수 있게 된다. 히알루로니다아제는 세포들을 서로 붙여주는 히알루론산을 가수분해한다; 이로써 세균이 조직 내에 퍼질 수 있게 된다. 시더로포어는 숙주의 철수송 단백질로부터 철분을 빼앗아, 세균 증식에 필요한 철분을 얻는다. IgA 단백질분해효소는 IgA 항체를 분해한다; IgA 항체는 점막 표면을 보호한다.

4. a. 세균을 억제할 것이다.
   b. *N. gonorrhoeae*의 부착을 방해할 것이다.
   c. *S. pyogenes*이 숙주세포에 부착하지 못하고 식작용을 더 잘 받게 될 것이다.

5.

	외독소	내독소
근원 세균	그람 +	그람 −
화학적 성질	단백질	지질 A
독소생산성	높음	낮음
약리 작용	세포의 일부분이나 정상 기능을 파괴함	전신적, 열, 무기력감, 통증과 쇼크
예	보툴리누스 독소	살모넬라증

6.

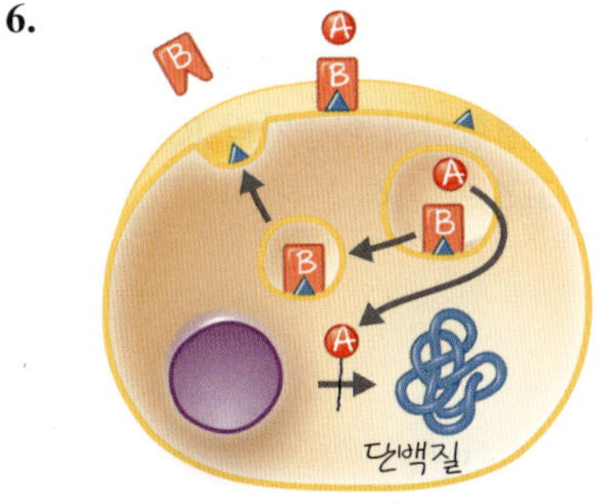

7. 병원성 진균은 특별한 독성인자를 갖고 있지 않다; 피막, 대사산물, 독소, 알레르기반응으로 독성을 나타낸다. 일부 진균은 독소를 만드는데, 이것을 섭취하면 병이 생긴다. 원생동물과 연충은 숙주 조직을 파괴하고 독성 대사노폐물을 만들어 증상을 유발한다.

8. 레지오넬라.

9. 바이러스는 숙주세포 안에서 복제하므로 숙주의 면역반응을 회피한다; 일부 바이러스는 숙주세포 내에 장기간 잠복할 수 있다. 어떤 원생동물은 돌연변이로 항원을 바꾸어 면역반응을 피한다.

10. *Neisseria gonorrhoeae*

객관식 문제

1. d	**3.** d	**5.** c	**7.** b	**9.** d
2. c	**4.** a	**6.** a	**8.** a	**10.** c

제13장

복습 문제

1.

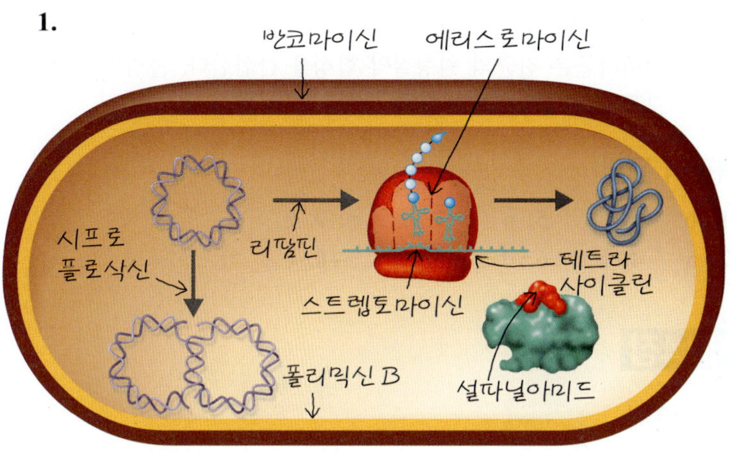

2. 항미생물제는 (1) 선택적 독성을 발휘해야만 하고; (2) 광범위-효능을 가지고 있어야 하고; (3) 숙주 내에서 과민반응을 일으키지 말아야 하고; (4) 약제 내성을 생성하지 않아야 하고; (5) 정상 미생물상을 해치지 말아야 한다.

3. 바이러스는 숙주세포의 대사 기구를 이용하기 때문에 숙주에 해를 끼치지 않고 바이러스만을 손상하는 것은 어렵다. 진균, 원생동물 그리고 기생충은 진핵세포로 이루어져 있다. 따라서 항바이러스, 항진균, 항원생동물, 그리고 항기생충 약물들도 또한 진핵세포에 반드시 영향을 준다.

4. 약제 내성은 화학치료제에 대한 미생물의 감수성이 없어진 것이다. 약제 내성은 미생물이 항미생물제에 지속적으로 노출되었을 때 생길 수 있다. 약제-내성 미생물의 발생을 최소화하는 방법에는 항미생물제를 신중하게 사용하거나, 처방에 따라 약을 복용하거나, 또는 두 가지 이상의 약을 동시에 복용하는 것을 포함한다.

5. 두 가지 치료제를 동시에 사용할 때 생기는 장점으로는 내성을 가지는 미생물 종의 발생을 막을 수 있고, 상승 효과의 이점을 얻을 수 있으며, 진단을 내릴 때까지 치료를 제공하고, 함께 사용함으로써 각 약물의 사용량이 감소하여 개별 약물에 의한 독성이 줄어드는 것 등이 있다. 두 가지 약제를 사용할 때 생길 수 있는 한 가지 문제점은 두 약제의 길항효과이다.

6. a. 폴리믹신 B처럼, 원형질막 누설을 일으킨다.
   b. 단백질 번역과정을 간섭한다.

7. a. 펩티드결합의 형성을 방해한다.
   b. mRNA를 따라 리보솜이 이동하는 것을 막는다.

c. mRNA-리보솜 복합체에 tRNA의 부착을 간섭한다.
d. 리보솜의 30S 소단위의 모양을 변화시켜 결과적으로 mRNA의 번역과정에 오류를 일으킨다.
e. 70S 리보솜의 형성을 막는다.
f. 리보솜으로부터 펩티드의 방출을 막는다.

8. DNA 중합효소는 3′-OH 기에 염기를 더해준다.

9. a. 페니실린은 세균의 세포벽 합성을 저해한다. 에키노칸딘은 진균의 세포벽 합성을 저해한다.
b. 이미다졸은 진균의 원형질막 합성을 간섭한다. 폴리믹신 B는 모든 원형질막을 방해한다.

객관식 문제

1. b **3.** a **5.** a **7.** e **9.** c
2. a **4.** b **6.** d **8.** b **10.** c

제14장

복습 문제

1. a. 둘 다 DNA. cDNA는 RNA-의존 DNA 중합효소가 합성한 DNA를 말하고, 유전자는 단백질 또는 RNA를 부호화하는 DNA상의 전사 단위를 말한다.
b. 둘 다 DNA. 제한효소 조각은 제한효소가 DNA를 가수분해하였을 때 만들어지는 DNA 조각이다. 유전자는 단백질 또는 RNA를 부호화하는 DNA상의 전사 단위를 말한다.
c. 둘 다 DNA. DNA 탐침은 짧은 단일가닥 DNA 조각으로 유전자가 아니다. 유전자는 단백질 또는 RNA를 부호화하는 DNA상의 전사 단위를 말한다.
d. 둘 다 효소. DNA 중합효소는 DNA 주형에 따라 뉴클레오티드를 재료로 DNA를 중합한다. DNA 연결효소는 뉴클레오티드 중합체 조각을 서로 연결한다.
e. 둘 다 DNA. 재조합 DNA는 서로 다른 두 개체의 DNA가 합해지면서 만들어진다. cDNA는 RNA 가닥을 주형으로 만들어진 DNA를 말한다.
f. 단백질체는 유전체가 발현되면서 전체 세포에서 만들어지는 단백질의 총합을 말한다. 유전체는 개체가 갖는 유전정보의 총합이다. 유전체가 부호화하는 단백질이 단백질체를 이룬다.

2. 원형질체 융합에서 세포벽이 제거된 두 개의 세포가 합쳐지면서 DNA는 다양한 형태로 새로운 조합을 이룰 수 있다. 따라서 이 과정에서 다양한 유전형이 만들어질 수 있다. b, c, d를 이용하면 특정한 유전자만을 세포 안으로 삽입시킬 수 있다.

3. a. *Bam*HI, *Eco*RI, *Hin*dIII.
b. 동일한 제한효소를 이용해서 만들어진 DNA 조각은 서로 상보적인 점착 말단이 염기쌍을 형성하면서 저절로 이어질 수 있다.

4. 유전자를 플라스미드에 재조합하여 세균세포 안으로 형질전환시킬 수 있다. 형질전환된 세포가 분열함에 따라 플라스미드의 수도 많아진다. PCR은 DNA 중합효소와 해당 유전자의 양쪽에 결합하여 이를 증폭시킬 수 있는 프라이머를 이용하여 유전자 사본을 대량으로 증폭시킬 수 있다.

5.

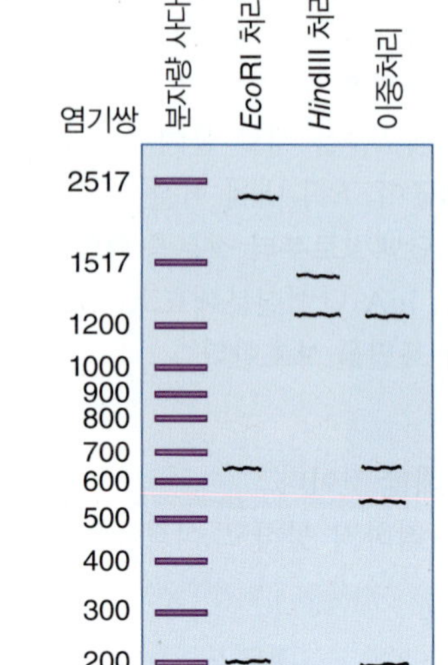

6. 진핵세포에서 RNA 중합효소는 DNA를 전사하며 mRNA로 가공되는 과정에서 인트론을 제거하고 엑손 부분만 남긴다. mRNA와 역전사효소를 이용하여 cDNA를 만들 수 있다.

7. 실험에서 형질전환된 소수의 식물세포를 배양 접시에서 선택하게 된다. 이때 배지에 테트라사이클린을 넣어 배양하면 플라스미드로 형질전환된 세포만 자라서 형질전환 세포를 선택하기 쉽다.

8. RNAi에서 siRNA는 mRNA에 결합하여 이중가닥 RNA를 형성하고 형성된 이중가닥 RNA는 효소에 의해 분해된다.

9. 레트로바이러스

객관식 문제

1. b **3.** b **5.** c **7.** c **9.** e
2. b **4.** b **6.** d **8.** b **10.** a

제15장

복습 문제

1. 코알라는 섬유소를 분해하는 많은 미생물을 수용할 수 있는 소화기관을 가지고 있어야 한다.

2. *Penicillium*은 페니실린을 생산하여 더 빨리 자라는 세균들과의 경쟁을 줄일 수 있다.

3. a. 아미노산
b. SO_4^{2-}

c. 식물과 세균
d. H_2S
e. 탄수화물
f. S^0

4. 인은 모든 생물이 이용할 수 있어야만 한다.

5.

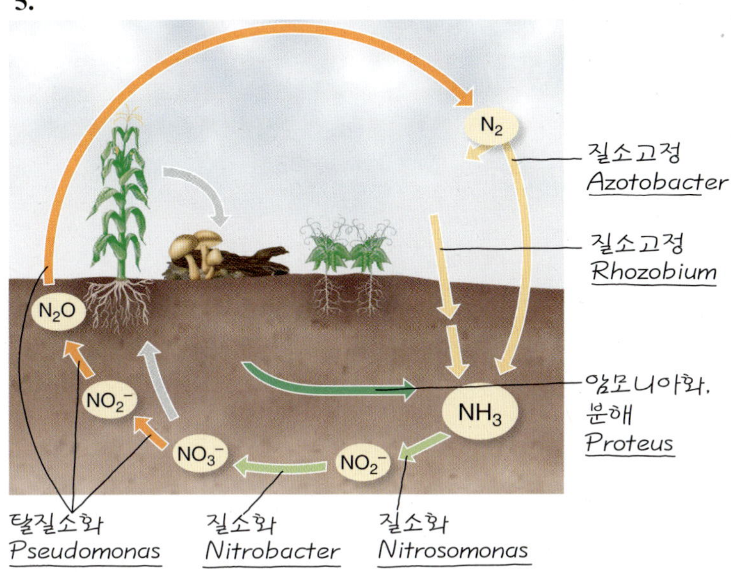

6. 남세균: 지의류에서 진균과 짝을 이루어 광독립영양을 담당하며, 질소고정을 하기도 한다. 민물 식물인 *Azolla*와 공생하여 질소고정을 한다.
균근: 고등 식물의 뿌리 내부 또는 표면에 자라는 곰팡이로 영양분의 흡수를 돕는다.
Rhizobium: 콩과식물의 뿌리혹에서 질소를 고정한다.
Frankia: 오리나무와 장미, 기타 식물의 뿌리혹에서 질소를 고정한다.

7. 침강
응집처리
모래 여과(또는 활성탄 여과)
염소 소독
염소 소독 이전의 처리 정도는 해당 물에 들어 있는 무기 및 유기물의 양에 달려 있다.

8. a. 2
b. 1
c. 2
d. 2
e. 3
f. 2
g. 3

9. 하수, 제초제, 오일 또는 PCB의 생분해

10. 남세균(*Anabaena*)

11. 산업미생물학은 미생물을 이용하여 제품을 생산하거나 공정을 운용하는 것에 대해 연구하는 학문이다. 산업미생물학이 제공하는 것으로는 (1) 항체처럼 다른 방법으로는 얻을 수 없는 화학물질, (2) 오염물질을 제거하는 공정, (3) 원하는 풍미와 보관 기간을 늘린 발효 식품, (4) 다양한 상품 제조용 효소 등이 있다.

12. 공업살균의 목적은 부패균 및 병원체를 제거하는 것이다. 병원살균의 목적은 완전한 멸균이다.

13. 딸기류에 있는 산이 일부 미생물의 성장을 막기 때문이다.

14. 우유 —(젖산 세균)→ 응유 + 유장
응유 ↓ 치즈, 유장 ↓ 폐기물

단단한 치즈는 응유 안에서 젖산 세균의 무산소 성장에 의해 숙성된다. 부드러운 치즈는 응유 겉에서 사상균의 유산소 성장에 의해 숙성된다.

15. 영양분이 물에 녹아야만 한다. 물은 가수분해에도 필요하다. 맥아는 효모가 발효하여 알코올을 만드는 탄소 및 에너지원이다. 곡물(예, 보리)에 있는 전분에 아밀라아제가 작용한 결과로 맥아에는 포도당과 맥아당이 들어 있다.

16. 생물반응기는 단순한 플라스크에 보다 다음과 같은 이점을 제공한다.
- 더 큰 부피로 배양할 수 있다.
- pH, 온도, 용존 산소, 공기 공급 등과 같은 중요한 환경 조건을 모니터링하고 조절하는 공정 계측장치를 사용할 수 있다.
- 멸균 및 세정 시스템을 장착할 수 있다.
- 공정 진행 중에 무균 상태로 시료를 채취할 수 있는 시스템을 제공한다.
- 공기 공급과 혼합 특성이 향상되어 세포 성장 및 최종 세포 밀도가 증가한다.
- 고도의 자동화가 가능하다.
- 공정의 재현성이 향상된다.

17. (1) 효소는 유해한 폐기물을 만들지 않는다. (2) 효소는 적절한 조건에서 작용한다. 예를 들면, 효소는 높은 온도나 산도를 필요로 하지 않는다. (3) 효소를 사용하면 알코올과 아세톤 같은 용매 합성에 석유를 사용할 필요가 없다. (4) 효소는 생분해된다. (5) 효소는 유독하지 않다.

18. 옥수수에서 에탄올 생산 또는 하수에서 메탄 생산. 알코올과 수소는 발효에 의해서, 메탄은 무기호흡에 의해서 생산된다.

19.

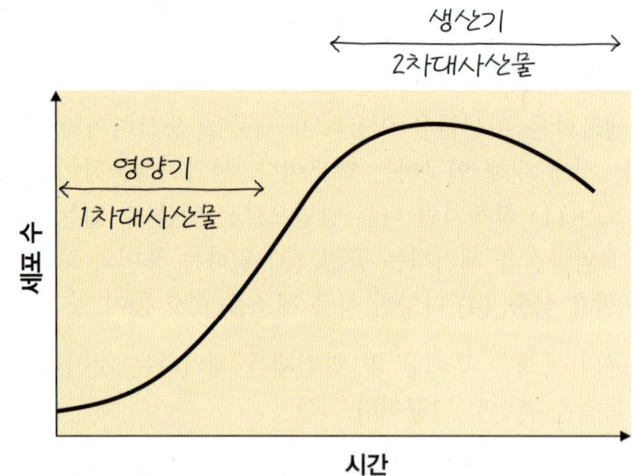

20. *Saccharomyces cerevisiae*

객관식 문제

1. a	**6.** c	**11.** c	**16.** c
2. b	**7.** b	**12.** b	**17.** e
3. b	**8.** b	**13.** e	**18.** a
4. b	**9.** e	**14.** c	**19.** b
5. c	**10.** c	**15.** b	**20.** a

국문 찾아보기

ㅅ

ㅈ

기타

찾아보기

영문 찾아보기

C

D

찾아보기

E

F

G

H

I

K

L

M

찾아보기

Q

R

S

T

U

V

W

X

Y, Z